水利水电工程施工技术全书

第四卷 金属结构制作与
机电安装工程

第一册

水电站机电安装
工程基础知识

刘灿学 徐广涛 李红春 等 编著

中国水利水电出版社
www.waterpub.com.cn

·北京·

内 容 提 要

本书为《水利水电工程施工技术全书》第四卷《金属结构制作与机电安装工程》中的第一分册。本书系统阐述了水电工程建设管理和施工中必备的基本知识，除文字叙述外，还附有大量插图、表格和计算公式，便于理解和实际应用。主要内容包括：水电机电安装工程发展综述、施工组织设计、基本安装工艺、金属切割与焊接、设备的防腐、设备的起重和运输、水电机电安装常用材料和水电机电安装工程相关知识等。附录中还列出了在安装过程中常用的物理单位换算，以及力学、电工、热工计算公式和其他相关的辅助资料，便于在工程施工中随时查阅。

本书可作为水利水电工程施工领域的工程技术人员、工程管理人员和高级技术工人的工具书，也可供从事水利水电工程科研、设计、建设及运行管理和相关企事业单位的工程技术、工程管理人员使用，并可作为大专院校水利水电工程及机电专业师生教学参考书。

图书在版编目（ＣＩＰ）数据

水电站机电安装工程基础知识 / 刘灿学等编著. --
北京 ： 中国水利水电出版社，2018.10
（水利水电工程施工技术全书. 第四卷，金属结构制
作与机电安装工程 ； 第一册）
ISBN 978-7-5170-7031-3

Ⅰ．①水… Ⅱ．①刘… Ⅲ．①水力发电站—机电设备
—设备安装 Ⅳ．①TV734

中国版本图书馆CIP数据核字(2018)第238540号

书 名	水利水电工程施工技术全书 **第四卷 金属结构制作与机电安装工程** **第一册 水电站机电安装工程基础知识** SHUIDIANZHAN JIDIAN ANZHUANG GONGCHENG JICHU ZHISHI	
作 者	刘灿学 徐广涛 李红春 等 编著	
出版发行	中国水利水电出版社 （北京市海淀区玉渊潭南路 1 号 D 座 100038） 网址：www. waterpub. com. cn E-mail：sales@waterpub. com. cn 电话：（010）68367658（营销中心）	
经 售	北京科水图书销售中心（零售） 电话：（010）88383994、63202643、68545874 全国各地新华书店和相关出版物销售网点	
排 版	中国水利水电出版社微机排版中心	
印 刷	天津嘉恒印务有限公司	
规 格	184mm×260mm 16 开本 42 印张 996 千字	
版 次	2018 年 10 月第 1 版 2018 年 10 月第 1 次印刷	
印 数	0001—3000 册	
定 价	**178.00 元**	

《水利水电工程施工技术全书》
编审委员会

《水利水电工程施工技术全书》
各卷主（组）编单位和主编（审）人员

卷序	卷名	组编单位	主编单位	主编人	主审人
第一卷	地基与基础工程	中国电力建设集团（股份）有限公司	中国电力建设集团（股份）有限公司 中国水电基础局有限公司 中国葛洲坝集团基础工程有限公司	宗敦峰 肖恩尚 焦家训	谭靖夷 夏可风
第二卷	土石方工程	中国人民武装警察部队水电指挥部	中国人民武装警察部队水电指挥部 中国水利水电第十四工程局有限公司 中国水利水电第五工程局有限公司	梅锦煜 和孙文 吴高见	马洪琪 梅锦煜
第三卷	混凝土工程	中国电力建设集团（股份）有限公司	中国水利水电第四工程局有限公司 中国葛洲坝集团有限公司 中国水利水电第八工程局有限公司	席　浩 戴志清 涂怀健	张超然 周厚贵
第四卷	金属结构制作与机电安装工程	中国能源建设集团（股份）有限公司	中国葛洲坝集团有限公司 中国电力建设集团（股份）有限公司 中国葛洲坝集团机电建设有限公司	江小兵 付元初 张　晔	付元初 杨浩忠
第五卷	施工导（截）流与度汛工程	中国能源建设集团（股份）有限公司	中国能源建设集团（股份）有限公司 中国葛洲坝集团有限公司 中国水利水电第八工程局有限公司	周厚贵 郭光文 涂怀健	郑守仁

《水利水电工程施工技术全书》
第四卷《金属结构制作与机电安装工程》
编委会

主　　编：江小兵　付元初　张　晔

主　　审：付元初　杨浩忠

委　　员：（以姓氏笔画为序）

马军领　马经红　王生瓒　王启茂　王定苍

王建华　王益民　王家强　吉振伟　刘灿学

刘和林　许礼达　牟官华　李红春　李丽丽

杨　刚　张为明　陈　强　陈梁年　周　晖

周光荣　赵显忠　姚卫星　姚正鸿　高鹏飞

梅　骏　龚祖春　盛国林　彭景亮　曾　文

曾　辉　曾洪富　谢荣复　蔡国忠　潘家根

秘 书 长：马经红（兼）

副秘书长：李红春　安　磊　王启茂　漆卫国

《水利水电工程施工技术全书》
第四卷《金属结构制作与机电安装工程》
第一册《水电站机电安装工程基础知识》
主编单位、主编人及审查人

主编单位　中国葛洲坝集团有限公司　中国电力建设集团（股份）有限公司
主 编 人　刘灿学　李红春　徐广涛　张小阳
审 查 人　张　晔　王守运　付元初　 李红春

各章节编写单位及编写人

序号	章	名称	编写单位	编写人	审查人
1	第1章	水电机电安装工程发展综述	中国水电建设集团有限公司	付元初　曾　文　熊海华	付元初　 李红春 　张　晔　王守运
2	第2章	施工组织设计	中国葛洲坝集团机电建设有限公司	李正安　陈训耀　李启义　陈友兵　周　辉　唐桂芳	张　晔
3	第3章	基本安装工艺	中国葛洲坝集团机电建设有限公司	赵士儒	张　晔
4	第4章	金属切割与焊接	中国葛洲坝集团有限公司　中国葛洲坝集团机电建设有限公司　中国葛洲坝集团机械船舶有限公司	漆卫国　罗小国　张建中　仵海进　王　爽　范于芳	王守运　漆卫国　雷家琦　张　晔
5	第5章	设备的防腐	中国葛洲坝集团机械船舶有限公司	张小阳　李丽丽	王守运　漆卫国　雷家琦
6	第6章	设备的起重和运输	中国葛洲坝集团机电建设有限公司	程志勇　刘　波　程振时　明　力	王守运　程振时　张　晔

序号	章	名称	编写单位	编写人		审查人	
7	第7章	水电机电安装常用材料	中国葛洲坝集团机电建设有限公司 三峡电力职业学院	张孝伟 李启义 赵 华 陈友兵 常金志 周 辉 盛国林 陈春海		张 晔	王守运
8	第8章	水电机电安装工程相关知识	三峡电力职业学院	丁 岩 罗 蓉 陆发荣 卞首蓉 夏敏静 张浩浩 吕建民		张 晔 付元初	王守运 肖少华
9	附录		三峡电力职业学院	盛国林 丁 岩 罗 蓉 夏敏静 何朝阳 陈经文		付元初 张 晔	王守运

序 一

水利水电工程建设在我国作为一项基础建设事业，已经走过了近百年的历程，这是一条不平凡而又伟大的创业之路。

新中国成立66年来，党和国家领导一直高度重视水利水电工程建设，水电在我国已经成为了一种不可替代的清洁能源。我国已经成为世界上水电装机容量第一位的大国，水利水电工程建设不论是规模还是技术水平，都处于国际领先或先进水平，这是几代水利水电工程建设者长期艰苦奋斗所创造出来的。

改革开放以来，特别是进入21世纪以后，我国的水利水电工程建设又进入了一个前所未有的高速发展时期。到2014年，我国水电总装机容量突破3亿kW，占全国电力装机容量的23%。发电量也历史性地突破31万亿kW·h。水电作为我国当前重要的可再生能源，为我国能源电力结构调整、温室气体减排和气候环境改善做出了重大贡献。

我国水利水电工程建设在新技术、新工艺、新材料、新设备等方面都取得了突破性的进展，无论是技术、工艺，还是在材料、设备等方面，都取得了令人瞩目的成就，它不仅推动了技术创新市场的活跃和发展，也推动了水利水电工程建设的前进步伐。

为了对当今水利水电工程施工技术进展进行科学的总结，及时形成我国水利水电工程施工技术的自主知识产权和满足水利水电建设事业的工作需要，全国水利水电施工技术信息网组织编撰了《水利水电工程施工技术全书》。该全书编撰历时5年，在编撰过程中组织了一大批长期工作在工程建设一线的中青年技术负责人和技术骨干执笔，并得到了有关领导、知名专家的悉心指导和审定，遵循"简明、实用、求新"的编撰原则，立足于满足广大水利水电工程技术人员的实际工作需要，并注重参考和指导价值。该全书内容涵盖了水利水电工程建设地基与基础工程、土石方工程、混凝土工程、金属结构制作与机电安装工程、施工导（截）流与度汛工程等内容的目标任务、原理方法及工程实例，既有理论阐述，又有实例介绍，重点突出，图文并茂，针对性及可操作性强，对今后的水利水电工程建设施工具有重要指导作用。

《水利水电工程施工技术全书》是对水利水电施工技术实践的总结和理论提炼，是一套具有权威性、实用性的大型工具书，为水利水电工程施工"四新"技术成果的推广、应用、继承、创新提供了一个有效载体。为大力推动水利水电技术进步和创新，推进中国水利水电事业又好又快地发展，具有十分重要的现实意义和深远的科技意义。

水利水电工程是人类文明进步的共同成果，是现代社会发展对保障水资源供给和可再生能源供应的基本需求，水利水电工程施工技术在近代水利水电工程建设中起到了重要的推动作用。人类应对全球气候变化的共识之一是低碳减排，尽可能多地利用绿色能源就成为重要选择，太阳能、风能及水能等成为首选，其中水能蕴藏丰富、可再生性、技术成熟、调度灵活等特点成为最优的绿色能源。随着水利水电工程建设与管理技术的不断发展，水利水电工程，特别是一些高坝大库能有效利用自然条件、降低开发运行成本、提高水库综合效能，高坝大库的（高度、库容）记录不断被刷新。特别是随着三峡、拉西瓦、小湾、溪洛渡、锦屏、向家坝等一批大型、特大型水利水电工程相继建成并投入运行，标志着我国水利水电工程技术已跨入世界领先行列。

近年来，我国水利水电工程施工企业积极实施走出去战略，海外市场开拓业绩突出。目前，我国水利水电工程施工企业在亚洲、非洲、南美洲多个国家承建了上百个水利水电工程项目，如尼罗河上的苏丹麦洛维水电站、号称"东南亚三峡工程"的马来西亚巴贡水电站、巨型碾压混凝土坝泰国科隆泰丹水利工程、位居非洲第一水利枢纽工程的埃塞俄比亚泰克泽水电站等，"中国水电"的品牌价值已被全球业内所认可。

《水利水电工程施工技术全书》对我国水利水电施工技术进行了全面阐述。特别是在众多国内外大型水利水电工程成功建设后，我国水利水电工程施工人员创造出一大批新技术、新工法、新经验，对这些内容及时总结并公开出版，与全体水利水电工作者分享，这不仅能促进我国水利水电行业的快速发展，提高水利水电工程施工质量，保障施工安全，规范水利水电施工行业发展，而且有助于我国水利水电行业走进更多国际市场，展示我国水利水电行业的国际形象和实力，提高我国水利水电行业在国际上的影响力。

该全书的出版不仅能提高水利水电工程施工的技术水平，而且有助于提高我国水利水电行业在国内、国际上的影响力，我在此向广大水利水电工程建设者、工程技术人员、勘测设计人员和在校的水利水电专业师生推荐此书。

孙洪水

2015 年 4 月 8 日

序 二

《水利水电工程施工技术全书》作为我国水利水电工程技术综合性大型工具书之一，与广大读者见面了！

这是一套非常好的工具书，它也是在《水利水电工程施工手册》基础上的传承、修订和创新。集中介绍了进入 21 世纪以来我国在水利水电施工领域从施工地基与基础工程、土石方工程、混凝土工程、金属结构制作与机电安装工程、施工导（截）流与度汛工程等方面采用的各类创新技术，如信息化技术的运用：在施工过程模拟仿真技术、混凝土温控防裂技术与工艺智能化等关键技术，应用了数字信息技术、施工仿真技术和云计算技术，实现工程施工全过程实时监控，使现代信息技术与传统筑坝施工技术相结合，提高了混凝土施工质量，简化了施工工艺，降低了施工成本，达到了混凝土坝快速施工的目的；再如碾压混凝土技术在国内大规模运用：节省了水泥，降低了能耗，简化了施工工艺，降低了工程造价和成本；还有，在科研、勘察设计和施工一体化方面，数字化设计研究面向设计施工一体化的三维施工总布置、水工结构、钢筋配置、金属结构设计技术，推广复杂结构三维技施设计技术和前期项目三维枢纽设计技术，形成建筑工程信息模型的协同设计能力，推进建筑工程三维数字化设计移交标准工程化应用，也有了长足的进步。因此，在当前形势下，编撰出一部新的水利水电施工技术大型工具书非常必要和及时。

随着水利水电工程施工技术的不断推进，必然会给水利水电施工带来新的发展机遇。同时，也会出现更多值得研究的新课题，相信这些都将对水利水电工程建设事业起到积极的促进作用。该全书是当今反映水利水电工程施工技术最全、最新的系列图书，体现了当前水利水电最先进的施工技术，其中多项工程实例都是曾经创造了水利水电工程的世界纪录。该全书总结的施工技术具有先进性、前瞻性，可读性强。该全书的编者们都是参加过我国大型水利水电工程的建设者，有着非常丰富的各专业施工经验。他们以高度的社会责任感和使命感、饱满的工作热情和扎实的工作作风，大力发展和创新水电科学技术，为推进我国水利水电事业又好又快地发展，做出了新的贡献！

近年来，我国水利水电工程建设快速发展，各类施工技术日臻成熟，相继建成了三峡、龙滩、水布垭等具有代表性的水电工程，又有拉西瓦、小湾、溪洛渡、锦屏、糯扎渡、向家坝等一批大型、特大型水电工程，在施工过程中总结和积累了大量新的施工技术，尤其是混凝土温控防裂的施工方法在三峡水利枢纽工程的成功应用，高寒地区高拱坝冬季施工综合技术在拉西瓦等多座水电站工程中的应用……，其中的多项施工技术获得过国家发明专利，达到了国际领先水平，为今后水利水电工程施工提供了参考与借鉴。

目前，我国水利水电工程施工技术已经走在了世界的前列，该全书的出版，是对我国水利水电工程建设领域的一大贡献，为后续在水利水电开发，例如金沙江上游、长江上游、通天河、黄河上游的水电开发、南水北调西线工程等建设提供借鉴。该全书可作为工具书，为广大工程建设者们提供一个完整的水利水电工程施工理论体系及工程实例，对今后水利水电工程建设具有指导、传承和促进发展的显著作用。

《水利水电工程施工技术全书》的编撰、出版是一项浩繁辛苦的工作，也是一项具有创造性的劳动过程，凝聚了几百位编、审人员近5年的辛勤劳动，克服各种困难。值此该全书出版之际，谨向所有为该全书的编撰给予关心、支持以及为此付出了辛勤劳动的领导、专家和同志们表示衷心的感谢！

2015 年 4 月 18 日

本 卷 序

《水利水电工程施工技术全书》第四卷《金属结构制作与机电安装工程》作为一部全面介绍水利水电工程在金属结构制作与机电安装领域内施工新技术、新工艺、新材料的大型工具书，经本卷各册、各章编审技术人员的多年辛勤劳动和不懈努力，至今得以出版与读者见面。

水电机电设备安装在中国作为一个特定的施工技术行业伴随着新中国水力发电建设事业的发展已经走过了65年的历程，这是一条平凡而伟大的创业之路。

65年多来，通过包括水电机电设备安装在内的几代工程建设者的开发和奋斗，水电在中国已经成为一种重要的不可替代的清洁能源。至今，中国已是世界上第一位的水电装机容量大国，不论其已投运机组设备的技术水平和数量，还是在建水电工程的规模，在世界上均遥遥领先。回顾、总结几代水电机电安装人的事业成果和经验，编撰反映中国水电机电安装施工技术的全书，既是我国水力发电建设事业可持续发展的需要，也是一个国家工匠文化建设和技术知识传承的需要。新中国水电机电安装事业的发展和技术进步是史无前例的，它是在中国优越的水力资源条件下，水力发电建设事业发展的结果，归根结底，是国家工业化发展和技术进步的产物。

一个水电站的建设，不论其投资多么巨大，规模多么宏伟，涉及的地质条件多么复杂，施工多么艰巨，其最终的目标必定是安装发电设备并让其安全稳定地运行，以电量送出的多少和电站调洪、调峰能力大小来衡量工程最终的经济与社会效益，而不是建造一座以改变自然资源面貌为代价的"建筑丰碑"。我们必须以最小的环境代价建成最有效益的清洁能源，这也是我们水电机电工程建设者们共同的基本宿愿。

作为水电站建设的一个环节，水电机电安装起着将电站建设投资转化为现实收益的重要桥梁作用。而机电安装企业也是在中国特色经济条件下形成的一个特定的专业施工技术群体，半个多世纪以来它承担了中国几乎全部的大中型水电机组的安装工程，向中国水力发电建设的方方面面培养和输送了大量有实践知识、有理论水平的工程师，它的存在和发展同样是中国水力发电事业蒸蒸日上的一个方面。我们将不断总结发展过程中的经验和教训，在建设中国水电工程的同时，实现走出国门，创建世界水电建设顶级品牌的目标。

本卷的编撰工作量巨大，大部分编撰任务都是由中国水电机电安装老一辈的技术干部们承担；他们参加了新中国所有的水电机电建设，见证了中国水电的发展历程，为中国的水电机电安装技术迈上世界领先地位奉献了他们的聪明和智慧。在以三峡为代表的一大批世界最大容量的机组安装期间，他们大多数人虽然已经退休，但是他们仍在设计、制造、管理、安装各层面对安装技术的创新和发展起着核心推动作用，为本卷内容注入了新的知识和技术。

本卷在以下的章节，将通过众多有丰富实践经验、有相当理论知识水平的工程师们的总结和归纳，向读者全面展开介绍我国水利水电建设金属结构制作与机电安装工程的博大、丰富的知识和经验，展示其规范合理的施工程序、精湛细致的施工工艺和大量丰富的工程实例，并期望以此书，告谢社会各界，尤其是国内外从事水电建设的各方，其长期以来对我国水电机电安装行业和安装技术的关心、关爱、支持和帮助，我们将终身不忘。

2016 年 6 月

前　言

由全国水利水电施工技术信息网组织编写的《水利水电工程施工技术全书》第四卷《金属结构制作与机电安装工程》共分为七册，《水电站机电安装工程基础知识》为第一册，由中国葛洲坝集团有限公司组织编写，参与本册编写的单位有中国电力建设集团（股份）有限公司、中国葛洲坝集团机电建设有限公司、中国葛洲坝集团机械船舶有限公司、三峡电力职业学院等。

本册在卷首综述，回顾了我国水电机电安装事业的发展历程，总结了60多年来机电安装技术和施工能力的进步以及带有变革性的重大技术创新，概要地介绍了现代水利水电工程金属结构制作与机电安装工程施工技术现状和技术要领，全面反映了我国水电机电安装作为一个特定的施工技术行业的综合技术水平。作为对水电站机电安装工程基础知识的介绍，书中对金属结构制作与机电安装工程施工组织设计、基本安装工艺、设备的起重运输、安装常用材料作了较详细的介绍，并加入金属切割与焊接、设备防腐、与机电安装工程相关的知识以强化读者作为工程师和高级技师的必要技能。在本册附录，应广大读者要求，为方便使用，重点录入了与机电安装工程有关的物理量单位及换算，材料力学、电工、热工学应用公式，介绍了高强度螺栓和常用润滑油及润滑脂知识。使本书作为水电站机电安装工程基础知识尽量具有实用性、参考性和可操作性。

参与编写和审定本册的技术人员和专家为了编审好本册工具书，从搜集资料、组织编写、形成初稿、反复修改、精炼，到审定终稿，历经数载，放弃了许多休息时间，花费了不少业余精力。在此，谨向他们致以衷心地感谢和敬意！

本册由中国电力建设集团（股份）有限公司付元初、中国葛洲坝集团有限公司张晔最终审定。

本册虽经多次审查修改，但仍可能存在疏漏或错误，敬请各位读者提出宝贵的意见。

作者
2017 年 6 月

目 录

1 水电机电安装工程发展综述

1.1 水电机电安装事业的发展

水电机电设备安装在我国作为一个特定的施工技术行业伴随着新中国水力发电建设事业的发展已经走过了 60 多年的历程，这是一条平凡而伟大的创业之路。

60 多年来，通过包括水电机电设备安装在内的几代工程建设者的开发和奋斗，水电在我国已经成为一种重要的不可替代的清洁能源。至今，我国已是世界上第一位的水电装机容量大国，不论其已投运机组设备的技术水平和数量，还是在建水电工程的规模，在世界上均遥遥领先。回顾、总结几代水电机电安装人的事业成果和经验，编撰《水利水电工程施工技术全书》，既是我国水力发电建设事业可持续发展的需要，也是企业文化建设和技术知识传承发展的需要。

1.1.1 水电机电安装发展回顾

1951 年，中华人民共和国成立初始，国家燃料工业部组织在东北丰满水电站修复并开始安装苏联制造的 72.5MW 机组，丰满水电工程公司安装工程队成立，新中国水电机电安装行业从此诞生。

1957 年，由当时的电力工业部组建成立水力发电建设总局机电安装工程公司；1958年下放至地方；1963 年水利电力部恢复成立水利水电机电安装局，直至 1969 年"文化大革命"期间撤销。

随后，原水利水电机电安装局下属的八个机电安装工程处分别以属地原则划归水电工程局管辖，建立各工程局的机电安装工程处。其演变结果是：

机电安装工程一处划归中国水利水电第一工程局有限公司和中国水利水电第七工程局有限公司；

机电安装工程三处划归中国水利水电第十二工程局有限公司、中国水利水电第十六工程局和武警水电安能集团公司；

机电安装工程四处划归中国葛洲坝集团股份有限公司、中国水利水电第八工程局有限公司、广西水利水电工程局和中国水利水电第七工程局有限公司的一部分；

机电安装工程五处划归中国水利水电第十工程局有限公司和中国水利水电第六工程局有限公司；

机电安装工程七处划归中国水利水电第九工程局有限公司和中国水利水电第十四工程局有限公司；

机电安装工程二处和六处在 1965 年合并为八处，以后分别划归中国水利水电第四工程局有限公司、中国水利水电第五工程局有限公司、中国水利水电第三工程局有限公司、中国水利水电第十一工程局有限公司和中国水利水电第二工程局有限公司。

经过从 1969 年至今的发展和重组，水电机电安装企业已经成为中国电力建设集团有限公司、中国能源建设集团有限公司和武警安能集团公司不可分割的重要组成部分。

新中国成立 60 多年来，尤其是改革开放 35 年以来，我国水电机电安装行业经历了从无到有，从小到大，从弱到强的发展壮大过程。20 世纪 90 年代以来，我国水电装机容量以每年均投产 3000MW 以上的速度快速发展；2003 年后，以三峡水利枢纽工程左岸水电站机组投产发电为代表，全国水电装机容量每年均投产 10000MW 以上，2010 年 4 月，全国水电装机容量超过 2 亿 kW，2016 年年底，水电装机达到 3.3 亿 kW。而 2008 年和 2009 年，每年投产更是超过 20000MW，这样的发展速度在世界水电建设史上实属罕见。2010 年以后，随着三峡水利枢纽工程地下水电站、金沙江、雅砻江、澜沧江流域一大批新建大型、巨型水电站机组的相继投产，其中包括向家坝水电站单机容量为 800MW 巨型混流式水轮发电机组和水头达 300m 的锦屏二级水电站超长引水道单机容量为 600MW 的高水头混流式水轮发电机组，将我国水电机组投产水平和投产质量进一步推进至世界的新高峰。我国各年份水电装机容量和发电量递增统计见表 1-1。

表 1-1　　　　　　　　我国各年份水电装机容量和发电量递增统计表

年　　份	装机容量/万 kW	年发电量/(亿 kW·h)
1949	16.3	7.1
20 世纪 50 年代末（至 1962 年）	237.9	90.4
20 世纪 60 年代末	623.5	204.6
20 世纪 70 年代末	2032	582.1
20 世纪 80 年代末	3605	1263
1991	3788	1248
1992	4068	1315
1993	4459	1507
1994	4906	1668
1995	5218	1768
1996	5558	1869
1997	5973	1946
1998	6506	2043
1999	7297	2129
2000	7935	2431
2001	8300.6	2611
2002	8607	2746
2003	9489.6	2813.5
2004	10524.16	3309.9
2005	11738.79	3963.96

年　份	装机容量/万 kW	年发电量/(亿 kW·h)
2006	13029.22	4147.7
2007	14823	4714
2008	17260	5655
2009	19679	5747
2010	21340	6863
2011	23051	6626
2012	24945	8461
2013	28002	8963
2014	30183	10661
2015	31600	11200
2016	33000	11800

注　2015 年度数据为初统计数。

表 1-1 中机组的约 70% 为大中型机组，其中的 97% 由中央直属的水电施工企业安装。作为专业性和技术性较强的安装工程建设实体，水电机电安装施工企业（以下简称安装企业）自力更生、不断创新，研究掌握了具有国际领先水平的施工技术和安装工艺，约 190GW 的大中型水电机组的投产和运行，造就了一批有代表性的综合实力较强的安装企业，充分展现了我国水力发电行业的综合实力和技术水平。目前，我国水电机电安装施工从业人数约 16000 人，具有年安装投产大中型水电机组 30000MW、制造、安装各类水工金属结构 100 万 t 的能力。

1.1.2　安装技术和施工能力的进步

20 世纪 50 年代初，以上犹、大伙房、梅山、佛子岭、狮子滩、黄坛口、流溪河为代表的水电站的建设开创了我国水电机电安装的早期历史，安装机组的容量大多在 15MW 左右。在此之后的 60 多年，机组安装容量等级上了若干个台阶。

20 世纪 50 年代末至 60 年代中，以新安江、柘溪、新丰江水电站为代表的 72.5～80MW 机组的安装。

20 世纪 60 年代中，以云峰、龚嘴水电站为代表的 100MW 机组的安装。

20 世纪 60 年代末至 70 年代中，以刘家峡、丹江口水电站为代表的 150～225MW 机组的安装。

20 世纪 80 年代初至 90 年代中，以葛洲坝、水口水电站为代表的 125MW 及以上的大型轴流转桨式水轮发电机组的安装，其中水口水电站 200MW 轴流转桨式机组为目前世界上该类型单机容量最大的机组。

20 世纪 80 年代中至 90 年代末，以白山、龙羊峡、漫湾、隔河岩、五强溪、天生桥、岩滩、小浪底水电站为代表的 250～300MW 级混流式机组的安装。

20 世纪 90 年代末，以李家峡、二滩水电站为代表的 400～550MW 级大型混流式机组的安装。

20 世纪 90 年代以后，以广州抽水蓄能、十三陵、天荒坪、泰安等抽水蓄能电站为代表的 200～300MW 级混流可逆式抽水蓄能机组的安装。

进入 21 世纪的前 10 年，以三峡、龙滩、小湾、拉西瓦、构皮滩、瀑布沟等水电站为代表的一系列 600～700MW 级超大型混流式机组安装。

2010 年至今，以三峡水利枢纽工程地下水电站、溪洛渡、向家坝、锦屏、官地、糯扎渡等水电站为代表的一系列超大型混流式机组以及以深溪沟、银盘、安谷、桐子林、枕头坝等水电站大型轴流转桨式机组的高质量、高水平安装投产。

通过以上各时段持续的实践锻炼和不断的攻坚克难，我国水电机电安装建设者，已经掌握了极其丰富、成熟的水电站成套机电设备的安装、调试和试运行试验技术，可归纳为：

（1）能安装单机容量达 800MW 的大型混流式水轮发电机组；在三峡水利枢纽工程左岸水电站创造了一年投产 7 台 700MW 机组的工程业绩和在溪洛渡水电站一年投产 12 台 770MW 机组的业绩。

（2）能安装单机容量达 200MW 轴流转桨式水轮机组、单机容量达 57MW 的灯泡贯流式水轮发电机组和单机容量达 180MW 的 6 喷嘴冲击式水轮发电机组。

（3）能安装大容量、高扬程的可逆式抽水蓄能水泵水轮机组及其配套设备和可控硅静止式变频装置，完善了蓄能机组的各种启动方式和工况转换的技术和标准。

（4）能实现由计算机监控系统管理和操作的水电站各种自动装置和自动化设备的安装，调整和操作世界上一流的电器制造商生产的各种机电一体化控制设备，如微机调速器、励磁系统、智能化在线监测装置等。

（5）具备年安装投产大中型水电机组 30000MW 以上的能力；流程化作业、均衡生产和连续投产的概念和实践已作为网络计划编制的原则，并形成施工管理软件，单项工程年内投产机组间隔可缩短至 2 个月。

（6）能现场组装、焊接直径大于 8m 的全不锈钢（马氏体）混流式水轮机偏心或对称分瓣的转轮，其工艺技术已达到世界先进水平；实施并完善了包括小浪底、龙滩、小湾、三峡水利枢纽工程右岸、官地等水电站在内的现场散件组装焊接直径超过 8m 的全不锈钢（马氏体）混流式水轮机转轮工艺，质量完全符合国际标准。

（7）能现场组装、焊接直径大于 10m 的水轮发电机转子圆盘式支架，包括具有斜向支臂非对称焊接收缩结构的圆盘支架，焊接技术、变形控制技术、组装质量达到或超过在工厂制造的要求。

（8）能现场装配铁芯外径大于 16m、铁芯高度大于 3.5m 的全空冷水轮发电机定子和铁芯外径大于 19m 的水内冷水轮发电机定子，其工艺技术成熟，装配水平在世界领先。水轮发电机定子现场装配在我国已成为规范性的机组设备制造原则。

（9）能安装调整各种形式的高速、重载推力轴承、高速可逆式推力轴承和重载推力导轴承，其中包括轴向负荷达 4100t 的双支点单弹性梁推力轴承、5000 吨级单支点多支柱销支撑的推力轴承和弹簧簇多支点支撑的推力轴承，其推力轴瓦运行温度差可调整控制在要求的范围内（一般控制在 5K 以内）。

（10）能现场制造各种类型水轮机的埋设部件，包括座环、蜗壳、尾水肘管、锥管、基础环、机坑里衬等，其制造质量和供货保证率已得到国际认可，我国在建水电工程水轮机埋件的制造绝大部分采用现场制造方式，典型工程包括五强溪、三峡、龙滩、小湾等一系列大型巨型水电站。

（11）安装了世界上首台 400MW 定子蒸发冷却的水轮发电机，并于 1999 年 12 月投入商业运行；继巴西伊泰普水电站之后，在我国已安装投运了 22 台单机容量 840MVA，定子水冷、转子强迫空冷的水轮发电机，其安装工艺和技术在世界水电大型内冷电机的技术领域里又有新的突破。2012 年又成功安装投运了 2 台单机容量为 840MVA，完全具有我国自主知识产权的定子蒸发冷却的水轮发电机，安装工艺在世界领先。

（12）能制造和安装直径达 14.4m 的目前世界上最大的压力钢管、水头达 600～700m 大直径的高压输水钢管、水电站船闸和升船机的超大型金属结构；掌握了抗拉强度达 600～1000MPa 级高强钢材的各种加工、焊接和安装工艺。

（13）能安装容量 800MVA 级、电压等级在 500kV 及以上的整体式或三相组合式电力变压器、500kV 及以上高压电力电缆、气体绝缘金属封闭线路（GIL）以及气体绝缘金属封闭组合电器（GIS），并在我国西南地区初步实践了现场组装壳式三相组合电力变压器的工艺。

丰富的工程经验和高强度的施工管理，造就了上述施工技术和施工能力的形成，充分彰显了我国水电机电安装企业的实力和经验。世界上没有任何一个国家的水电专业施工队伍或工程公司能像我国水电机电安装企业一样在半个多世纪的时间内经历过这么多的工程，完成过这么多台各式机组设备的安装，处理和解决过这么多复杂的施工技术难题，我国的水电机电安装企业的技术实力和施工能力在全世界已无可否认地处于了领先地位。

1.1.3 新中国成立 60 年多来带变革性的重大技术创新

（1）发电机定子现场整体叠片组装、嵌装全部绕组的现场装配工艺和定子整体吊装技术，使得定子装配质量发生了质的改变。20 世纪 80 年代以后的大中型水轮发电机定子已经如同发电机转子一样，被确定为在现场整体装配，实现了定子运输、制造装配质量的技术进步，机组设备的整体质量和运行可靠性显著提高。

（2）大型混流式水轮机转轮（直径大于 5.5m）由分瓣（半）结构现场组装焊接发展到以散件运输至现场、在现场整体组焊、加工的制造工艺，对我国西南地区的大型水电站建设具有重大现实意义。

（3）大型水轮发电机圆盘式转子支架（直径大于 6m）结构的采用取代了支臂式（工字形或盒形）转子支架，现场装配以焊接代替了传统的螺栓连接，结构和装配工艺的改变增加了发电机转子的径向刚度和轴向刚度。

（4）发电机推力轴承的推力轴瓦以及导轴承的导轴瓦由单一的巴氏合金瓦面材料改为增加了弹性金属塑料瓦面的新材料、新结构、新工艺。推力轴瓦采用弹性金属塑料瓦技术和巴氏合金瓦先进支撑方式的应用已从根本上解决了大型推力轴承运行可靠性的问题。

（5）超大型水轮机埋件（如尾水管的肘管、锥管、基础环、蜗壳、座环、机坑里衬、接力器里衬等）在现场下料、卷板制造的生产方式有效解决了大型结构件运输困难和电力装机快速增长下设备制造能力不足的问题，制造成本显著降低，设备交货进度和投产速度显著加快。

（6）通过对发电机结构设计原理和通风冷却过程中热交换机理的理解和工艺措施保证，提升安装技术与相应操作水平，使700MW级以上全空冷水轮发电机安装与投运顺利成功，国产700MW级全空冷水轮发电机的运行指标全面达到国际先进水平，并可与进口水内冷水轮发电机定子绕组的相应温升指标相比美。

（7）新型发电机内冷技术用于水电工程，定子绕组直接水冷却水轮发电机安装工艺和试验调整技术成熟，444MVA和840MVA定子绕组蒸发冷却水轮发电机技术在我国已获得成功。

（8）用于压力钢管、高压岔管和蜗壳的600MPa和800MPa级高强度钢的焊接和应力消除技术、无损检测技术已经成熟。高强度钢压力钢管焊接采用80%氩气和20%二氧化碳混合气体保护的脉冲电源全位置自动焊接新技术已推广使用；振动时效技术、爆炸消除焊缝残余应力技术和智能超声波检测（衍射时差——TOFD探伤）技术在大型钢闸门制造中应用成功，使我国又具备了一种高效的应力消除和无损检测手段，并具有环保、健康和节能的综合效果。

（9）采用调心定轮的平面钢闸门、支撑滑道为减磨自润滑材料的平面滑动闸门及大型链轮平面闸门、面板经机加工的偏心铰弧形闸门以及人字闸门采用支撑与止水合为一体的刚性支撑及底枢轴瓦自润滑轴承等技术的不断进步，在三峡水利枢纽工程船闸人字门和小湾水电站放空底孔事故平板链轮门等大型闸门的制造中得到充分的考验和检验，小湾水电站平板链轮门160m的设计挡水水头和远高于国标制造精度的技术条件将我国水工闸门制造技术提升到了世界领先的水平。

（10）高电压等级（500kV及以上）封闭组合电器设备GIS、GIL（含高落差式）的安装、调试技术，超大容量三相整体变压器、三相组合式变压器和新型大容量壳式组合变压器现场安装技术已经成熟，安装质量达国际先进水平。

（11）可逆式抽水蓄能机组启动试运行试验技术不断完善，在世界上第一次对可逆式抽水蓄能机组启动试验程序、试验要求及启动试验、验收的技术阶段作了明确的界定，大大缩短了我国抽水蓄能电站机组启动调试的必要时间。

（12）大型灯泡贯流式水轮发电机组、大型冲击式机组安装技术已经成熟。安装工艺进一步熟练，成熟的安装工艺已编制形成了行业技术标准和相应的工艺规范。

（13）掌握了以新型自动化监测元件和装置为基础的水电站计算机监控系统和状态监测系统的安装和调试技术，对判断机组运行稳定性和发电设备的运行状况起着重要的作用，为机组运行诊断专家系统的建立和使用提供了相对真实的信息数据。

（14）依托成熟的施工经验，制定发布了大量工艺导则、技术规范、质量标准和启动试验规程等标准，形成了当今世界上最丰富、最全面、最合理、最系统的机电安装施工标准化体系，为确保我国机电安装工程质量提供了最重要的技术支撑，也是这个行业达到世界先进水平的重要标志。

半个多世纪以来，尤其是得益于改革开放以来大量进口的机组设备，通过我国水电建设者和工程技术人员不断实践和技术创新，我国水电机电安装行业完成了由工艺性安装转变为研究性安装、由从动操作转变为主动操作、由粗放型经营转变为集约型管理的蜕变，实现了与国际全面接轨，我国水电机电安装施工技术已整体达到国际领先水平。

1.1.4　安装技术发展与展望

"十二五"期间，在建水电工程规模达85000MW，投产装机容量将达71000MW，而到2020年年底，我国的水电装机规模将达到420000MW，完成绝大部分的经济可开发水电工程的建设。

第十三个五年计划将建设多座抽水蓄能电站和高水头长距离送电的巨型常规水电站，总体可分成如下几类：

（1）以金沙江、雅砻江、澜沧江流域一批新建大型水电站项目为代表的600～1000MW巨型水轮发电机组和相应机电设备的安装。

（2）以呼蓄、仙游、清原、洪屏、仙居、敦化、丰宁等新建抽水蓄能电站为代表的300～400MW级高扬程可逆式蓄能机组及启动设备的安装以及在不同上下水库蓄水条件下，机组不同启动方式和调试、试验。后期的交流励磁可变速发电电动机的安装。

（3）以蜀河、沙坪、黄丰、峡江、岳州、岷江下游等水利水电工程为代表的一大批30～60MW低水头灯泡贯流式机组的安装。

（4）以吉牛、那邦、鸭嘴河、玛依纳、厄瓜多尔—科卡科多辛克雷等中外国家特殊水电工程为代表的一批高水头（600m以上）大容量（120MW以上）多喷嘴冲击式水轮机组的安装。

（5）以桐子林、安谷、枕头坝、大藤峡等为代表的150～250MW级低水头大型轴流转桨式水轮机组的安装。

上述在建工程基本构成了2015年以后我国水电机电设备的安装格局，相应的机电安装技术也必将围绕着这些工程的建设和投产而继续展开，它们将是：

（1）1000MW级超大型水电机组定、转子装配中的结构刚强度及装配应力控制技术、超大型转子磁轭加温热套技术；散件转轮在现场组装、焊接、消应、加工和静平衡验收技术及相关标准。降低大型、超大型发电机定子机座及铁芯运行振动、提高其稳定性的安装工艺技术和结构优化研究。

（2）大型机组埋件现场制作工艺流程的规范化与制造方式的产业化，埋件制造技术的进一步革新。

（3）内冷电机绕组的安装与试验（包括检漏、水力和电气试验）技术，水处理系统或冷却介质参数与机组联合启动调试技术。

（4）超大容量、高铁芯全空冷电机的安装技术和工艺，定子、转子绕组的温升、温差控制技术。

（5）超大型机组整体装配中的同心度控制技术、总装配技术研究（联轴工艺、轴线垂直度、同心度、径、轴向间隙、受力、高程等调整工艺）。

（6）800MVA及以上各种形式大容量变压器的运输、安装和试验，其中包括局放试验的要求和试验方法。

（7）750kV及以上超高压电气设备的安装试验技术和相关试验设备的应用。

（8）研究从安装调整工艺上保证高转速可逆式抽水蓄能机组转动部件运行安全和稳定性的措施。使可逆式机组启动试验、调试技术进一步成熟，工况转换智能化程度和转换成功率的进一步提高；着手研究交流励磁可变速发电电动机及其励磁、调速系统的安装、调试技术。

（9）积极做好水头为 2000m 级、单机容量达 400MW 以上的冲击式水轮机组的安装技术准备。

（10）大型灯泡贯流式发电机冷却系统的改进和安装技术，灯泡机组轴线调整标准的进一步规范、灯泡机组振动标准的确定与振动现场监测技术的研究。

（11）水电站与电力系统之间长距离线路条件下调试和送出试验的研究与操作技术。

（12）机组运行状态在线监测技术进一步实用化和标准化，其中包括对机组稳定性监测和故障诊断技术，促使在水电站计算机监控系统的安装、调试中将这部分相对独立的系统包括进去，掌握其工作原理和智能软件。

（13）水电机组安装技术标准体系的最终建成和技术标准的国际化输出。

1.2　水电站金属结构的制造安装

水电站金属结构是水利水电工程中的重要设备之一，对水利水电工程的运行起着十分重要的作用。随着我国水利水电工程建设的发展，水电站金属结构的技术水平已有很大的提高，如小湾水电站底孔弧形闸门孔口尺寸 5m×7m，水头达到了 160.3m；溪洛渡水电站固定启闭机容量达到 2×8000kN；快速闸门液压启闭机容量达到 4500kN/12000kN；而坝顶门式启闭机容量已达到 8000kN；龙滩水电站 2×2000kN 门式启闭机跨距达到了 27.5m；三峡水利枢纽工程五级船闸的最大落差达 113m，船闸人字门单扇门尺寸 20m×38m，输水阀门工作水头超过 45m 等。此外，岩滩、水口、隔河岩、高坝洲等水电站的大型垂直升船机也相继建成，目前正在兴建调试的三峡水利枢纽工程 3000 吨级垂直升船机行程达到 113m，采用齿轮齿轨爬升长螺母短螺杆安全装置，其规模和难度都是世界上最大的。上述这些工程实例充分说明我国水电站金属结构已有众多的技术和规模都达到或超过了世界水平。

1.2.1　压力钢管制作与安装

压力钢管按布置形式可分为坝内式钢管、隧洞式钢管及露天式钢管，也可分为明钢管和埋藏式钢管。水电站引水压力钢管和岔管承受巨大的水压力，属金属结构压力容器，对材料和焊接工艺等有不同于一般水工建筑物的特殊要求。随着水电站建设规模的扩大，压力钢管的设计水头和管径相应增大，高强度钢材的广泛应用，且工程建设周期缩短。通过隔河岩水电站压力钢管（直径 8m、SM58Q 高强度钢）、三峡水利枢纽工程压力钢管（直径 12.4m、R_m=610N/mm²）及彭水水电站压力钢管（直径 14m、R_m=600N/mm² 级高强度钢）等一批大型压力钢管的制造和安装，针对压力钢管材料选择、焊接、检测试验及应力消除等技术水平得到很大的提高。其中，三峡水利枢纽工程高强度钢压力钢管焊接施工中富氩保护脉冲电源全位置自动焊新技术，对压力钢管及蜗壳焊接速度及质量的提高，有着很好效果。爆炸法消除焊接残余应力为高强度调质（或控轧）钢消除应力提供了更好的选择；衍射时差法超声检测技术应用（TOFD）可减少或取代 RT 检查，既环保又快速便捷；多丝埋弧焊、气体保护焊及自保护药芯焊等新技术得到应用，特别是世界最大直径（直径 14.4m）压力钢管——向家坝水电站超大型压力钢管制造安装完成，标志着又一具有世界级水平的技术难题得以攻克。国内压力钢管部分工程实例见表1-2。

表1-2　　　　　　　　　　　国内压力钢管部分工程实例表

序号	水电站名称	所在地	钢管内径/m	设计水头/m	HD值	钢管壁厚/mm	钢材材质	年份
1	鲁布革	云南省	4.6	327.7	1508	42	A537	1987
2	岩滩	广西壮族自治区	10.8	38	410.4			1989
3	水口	福建省	10.5					1992
4	五强溪	湖南省	11.2~11.8					1993
5	隔河岩	湖北省	8	170	1360	32~46	SM58Q	1993
6	羊卓雍湖	西藏自治区	2.3	840.5	1933.15	28~54	HS610U-M	1996
7	十三陵	北京市	3.2~2	481/685.7		42~52	800MPa	
8	二滩	四川省	9	189	1700	28~52	ASTMA537CL.1	1998
9	小浪底	河南省	7.8	146	1138.8	20~34	ASTMA537CL.1，A517	1998
10	三峡（二期）	湖北省	12.4	140	1730	28~60	16MnR，610U2，610F1	2003
11	公伯峡	青海省	8	135	1080	16~36	Q345D，WDB620	2004
12	拉西瓦	青海省	8	286.1	2289			2008
13	龙滩	广西壮族自治区	10	245.3	2453	18~52	16MnR，600MPa	2009
14	小湾	云南省	9.6	255	2452		ADB610D	2009
15	构皮滩	贵州省	8	214	1712			2009
16	彭水	四川省	14	140	1960	40~45	16MnR，WDL610D	2008
17	向家坝	云南省	14.4	112		48	600MPa	2010
18	溪洛渡	四川省	10	280	2800			2012
19	糯扎渡	云南省	9.2	224	2062			2013
20	锦屏一级	四川省	9	249.67	2247	24~44	16MnR，600MPa	2012
21	锦屏二级	四川省	6.5	321	2086.5	20~56	16MnR，WCF610	2013
22	官地	四川省	11.8	132.38	1562.1	32~40	600MPa	2011

1.2.2　水利水电工程闸门制作与安装

水利水电工程闸门的主要结构型式有平面闸门、弧形闸门、拱形闸门、扇形闸门及舌瓣闸门等。随着科学技术进步和对闸门水力学问题的深入研究，20世纪50年代后，水工与通航建筑物的闸门技术向高水头、大型化方向发展，闸门类型则趋于简化，但闸门尺寸、重量、零部件承载能力及制造精度等方面对制造和安装提出了更高的要求。

高水头弧形闸门大多采用偏心铰、伸缩式及滑动转铰式止水形式，国内在20世纪80年代开始研制了几例相应的闸门，如龙羊峡、东江、天生桥、小浪底、漫湾、宝珠寺等水电工程亦相继应用了偏心铰式和伸缩式止水闸门，其中偏心铰、伸缩式两种止水形式均能适应工作于100m以上水头弧形闸门的要求（在小湾水电站放空底孔弧门已达到160.2m）。特大型孔口、偏心铰或伸缩式止水的弧形闸门对制造及安装精度提出了远高于规范的要求，如弧门半径公差从规范要求的 $R\pm2\text{mm}$ 提高到 $R^0_{-1}\text{mm}$。国内外偏心铰及伸缩式弧形闸门部分工程实例见表1-3。

表1-3　　　　　　　　　国内外偏心铰及伸缩式弧形闸门部分工程实例表

序号	水电站名称	国家	孔口尺寸 (宽×高)/ (m×m)	设计水头 /m	总水压 P /kN	建成年份	止水形式	备注
1	大渡	日本	5.0×5.6	60	16800	已建	偏心铰（压紧式）	
2	阿斯旺	埃及	4.2×3.15	80	10380	已建	偏心铰	
3	努列克	苏联	5×6	110	33000	1973	偏心铰	
4	罗贡	苏联	5×6.7	200/85	67000	1998	偏心铰	
5	塔贝拉	巴基斯坦	4.9×7.3	136	48650	1972	偏心铰	
6	萨扬—舒申斯克	苏联	5×6	117	35100	1978	伸缩式水封	
7	克拉斯诺亚尔斯克	苏联	5×6	98/60	29400	已建	伸缩式水封	
8	布列斯卡雅	苏联	5.5×6	117	38610	已建	伸缩式水封	
9	山罗	越南	6×9.6	72.83	55192	2008		12套
10	龙羊峡	中国	5.6×7.6	120	64000	1987	偏心铰	
11	东江二级	中国	6.4×7.1	120	54530	1987	偏心铰	
12	小浪底	中国	4.8×5.4 4.8×4.8 4.5×5.5	140 130.5 122.05	82600 42000	1999	偏心铰	
13	水布垭	中国	6×7	152.2	94369	2006	偏心铰	
14	九甸峡	中国	5×5	92	36740	2008	偏心铰	
15	鲁布革	中国	8.5×9	55	42075	已建	伸缩式水封	
16	宝珠寺	中国	4×8	80	47250	1995	伸缩式水封	
17	漫湾	中国	3.5×3.5	90.5	11090	1993	伸缩式水封	
18	天生桥一级	中国	6.4×7.5	120	57600	1996	伸缩式水封	
19	紫坪铺	中国	5.4×7.8 3.0×3.0	105 120		2004	伸缩式水封	
20	小湾	中国	6×7 6×7 5×7 6×6.5	110 120 160.3 90.4	最大水压 115194	2006 2007 2007 2008	伸缩式水封	2套 3套 2套 6套
21	瀑布沟	中国	6.5×8	126.28	121870	2009	伸缩式水封	
22	喀腊塑克	中国	5×5.5	88		2009	伸缩式水封	
23	糯扎渡	中国	5×9 5×8.5	103 126	74057 84828	2013	伸缩式水封	2套 2套
24	锦屏一级	中国	5×6 5×6	91 131	最大水压	2013	伸缩式水封	5套 2套
25	溪洛渡	中国	6×6.7	105.5	82856	2013	伸缩式水封	8套

序号	水电站名称	国家	孔口尺寸（宽×高）/（m×m）	设计水头/m	总水压 P/kN	建成年份	止水形式	备　注
26	三峡	中国	7×9	85	63000	2001		23套
27	龙滩	中国	5×8	110	56176	2006		弧面加工后贴焊不锈钢板
28	深溪沟	中国	7×17（半径28m）	40	54640	2010		3套
29	向家坝	中国	5.0×11.259	83.475	58796	2013		10套
30	溪洛渡	中国	14×12（半径23m）	65	145838	2013		4套（单套重量大于700t）

高水头（事故）平面闸门止水常用的止水形式有预压式和充压伸缩式两种，闸门支承型式常采用定轮和链轮。小浪底、三峡、水布垭及武都等水电工程平板定轮门设计轮压分别已达到4050kN、4500kN、5400kN、5000kN，正在研究的6000kN级定轮已完成原型试验（原型试验的载荷轮压为7500kN）。设计水头160.2m小湾水电站放空底孔事故平板链轮门已完成制造和安装，该链轮门应用了沉淀硬化不锈钢及34CrNi3Mo等高性能材料，其制造安装精度也达到了较高的水平。国内平面闸门及船闸金属结构部分应用工程实例见表1-4。

表1-4　　　　　国内平面闸门及船闸金属结构部分应用工程实例表

序号	水电站名称	所在地	孔口尺寸（宽×高）/（m×m）	设计水头/m	建成年份	支承形式	备　注
1	葛洲坝	湖北省	5×6	24	1981	—	船闸输水廊道反向弧门
2	万安	江西省	3×4	34	1986	—	船闸输水廊道反向弧门
3	三峡	湖北省	4.2×4.5 4.5×5.5	45.2 22.6	2003	不锈钢刚性底止水	船闸输水廊道反向弧门（共24套）
4	葛洲坝	湖北省	19.7×34.5	32.5	1981		船闸人字闸门
5	大源渡	湖南省	13.4×18.25单扇门尺寸		1998		船闸人字闸门
6	三峡	湖北省	20.2×38.5单扇门尺寸	最大挡水高度36.75	2003		船闸人字闸门单扇门重838.6t
7	三峡	湖北省	6×12 7×11 10×15.526 5×7.63	79 85 43.2 100	2001	定轮 定轮 定轮 定轮	其中最大轮压4500kN

序号	水电站名称	所在地	孔口尺寸（宽×高）/(m×m)	设计水头/m	建成年份	支承形式	备 注
8	水布垭	湖北省	5×11	152.2	2006	定轮	轮压 5400kN 水压 89634kN
9	武都	四川省	6×8.5	75	2010	定轮	轮压 5000kN
10	东江	湖南省	7.5×9	120	1987	链轮	
11	龙羊峡	青海省	5×9.5	120	1987	链轮	
12	漫湾	云南省	5×6	98	1993	链轮	
13	天生桥一级	贵州省	6.8×9	120	1996	链轮	
14	宝珠寺	四川省	4×9.2 4×8	80 60	1996	链轮	
15	二滩	四川省	5.2×11.88（斜长）	90		链轮	
16	小湾	云南省	5×12	160.2	2008	链轮	
17	瀑布沟	四川省	7×9	123.78	2010	链轮	

三峡水利枢纽工程船闸金属结构中，船闸人字门最大门高 38.25m，宽 20m，单扇门重达 800 多 t，最大工作水头 36.25m，为目前世界上淹没水深最大的船闸人字门。船闸第 2 至第 4 闸室充泄水阀门尺寸为 4.2m×4.5m，工作水头 45.2m，为目前世界上已建船闸最大的阀门。通过三峡水利枢纽工程船闸金属结构的制造安装，使我国船闸金属结构制造技术达到了世界先进水平。

1.2.3 启闭机制造与安装

水利水电工程启闭机的主要形式有固定卷扬启闭机、液压启闭机、门（桥、台车）式（即移动式）启闭机等。为了满足高水头、大型闸门的启闭及适应先进的水电站控制系统的要求，启闭机则向大容量、液压式、高扬程及自动（智能）化方向发展。国内投入运行的液压启闭机的容量已达到 12000kN，固定卷扬式启闭机的容量也达到了 9000kN，门式启闭机容量已达到 8000kN，已有较多扬程超过 100m 的大容量启闭设备投入运行。高扬程卷扬启闭设备中折线卷筒得到比较普遍的应用，变频控制、PLC、现场总线及多传动出力均衡等电气传动与控制技术的进步，使启闭设备性能自动化、智能化、集成化。如乌东德水电工程导流洞封堵闸门固定卷扬式启闭机的容量将为 12500kN，达到国际领先水平。国内已建及在建各类启闭机工程实例见表 1-5。

表 1-5　　　　　　　　国内已建及在建各类启闭机工程实例表

序号	水电站名称	所在地	启闭容量/kN	扬程（行程）	启闭机型式	备 注
1	福堂坝	四川省	5000	55	固定卷扬	
2	三板溪	湖南省	5000	80	固定卷扬	
3	水布垭	湖北省	3200	159	固定卷扬	
4	黑麋峰	湖南省	4500	57	固定卷扬	
5	积石峡	青海省	6300	55	固定卷扬	

序号	水电站名称	所在地	启闭容量/kN	扬程（行程）	启闭机型式	备　注
6	硗碛	四川省	2500	106	固定卷扬	
7	毛尔盖	四川省	2×3600	93	固定卷扬	
8	喀腊塑克	新疆维吾尔自治区	2×4000	85	固定卷扬	
9	功果桥	云南省	2×5000	28	固定卷扬	
10	溪洛渡	云南省	2×8000	50	固定卷扬	
11	溪洛渡	四川省	2×7000	66	固定卷扬	
12	深溪沟	四川省	2×8000	47	固定卷扬	
13	大岗山	四川省	7000	18	固定卷扬	
14	锦屏一级	四川省	2×5500	58	固定卷扬	
15	锦屏二级	四川省	9000	118	固定卷扬	持住力
16	乌东德	四川省	1×12500	72	固定卷扬	导流洞封堵闸门
17	向家坝	云南省	2×6500	90	固定卷扬	
18	向家坝	四川省	2×4500	45	固定卷扬	
19	李家峡	青海省	4000/400	100	门式	
20	漫湾	云南省	5000		门式	
21	二滩	四川省	5000	20	门式	弧形轨道
22	龙羊峡	青海省	5000	140	门式	
23	平班	广西壮族自治区	2×2800	60	门式	
24	三峡	湖北省	4500	130	门式	
25	三峡	湖北省	5000		门式	
26	三峡	湖北省	3500/1000/100	105	门式	
27	锦屏一级	四川省	6300/200	25	门式	弧形轨道、斜拉工况
28	彭水	重庆市	2×2500/350	50	门式	
29	彭水	重庆市	2×2000/650/650	66	门式	
30	龙滩	广西壮族自治区	2×2000/1000/400	52	门式	
31	龙滩	广西壮族自治区	3000	107	门式	
32	丹江口	湖北省	5000/250	80	门式	
33	喀腊塑克	新疆维吾尔自治区	3200/200	95	门式	
34	景洪	云南省	3500/1000	85	门式	
35	拉西瓦	青海省	3200	24	门式	弧形轨道、斜拉工况
36	小湾	云南省	6000（设计6600）	30	门式	弧形轨道、斜拉工况
37	向家坝	四川省	4000	90	门式	轨距31m
38	溪洛渡	四川省	8000/250	20	门式	弧形轨道、斜拉工况
39	大岗山	四川省	7000	20	门式	弧形轨道、斜拉工况
40	龙滩	广西壮族自治区	5000	51	台车式	

序号	水电站名称	所在地	启闭容量/kN	扬程（行程）	启闭机型式	备 注
41	白鹤滩	四川省	2×6300	65	台车式	在建
42	天生桥	贵州省	5000		液压启闭机	
43	李家峡	青海省	启门力3200 持住力6300		液压启闭机	
44	二滩	四川省	启门力3000 持住力8000		液压启闭机	
45	小湾	云南省	5500/2000		液压启闭机	启闭导流底孔工作闸门，动水启闭
46	小湾	云南省	3000/8000		液压启闭机	动水启闭
47	三峡	湖北省	4000	10.35	液压启闭机	启闭泄洪深孔弧门
48	三峡	湖北省	4500/8000		液压启闭机	动水闭门、静水启门
49	水布垭	湖北省	启门力5500 下压力1000	11.76	液压启闭机	启闭偏心铰弧门
50	景洪	云南省	启门力3000 持住力5500	13.5	液压启闭机	启闭进水口快速事故门
51	景洪	云南省	2×4000	10	液压启闭机	启闭弧形闸门
52	光照	贵州省	2×5000	12.1	液压启闭机	启闭弧形闸门
53	瀑布沟	四川省	4500/10000		液压启闭机	启闭进水口快速闸门
54	溪洛渡	云南省	4500/12000		液压启闭机	启闭进水口快速闸门
55	锦屏一级	四川省	启门力4500 持住力11000		液压启闭机	启闭进水口快速闸门
56	向家坝	云南省	启门力6000 闭门力3500	15	液压启闭机	启闭进水口事故门
57	向家坝	四川省	启门力8500 闭门力4000	17	液压启闭机	启闭进水口事故门
58	向家坝	云南省	启门力10000 闭门力3500	6	液压启闭机	启闭进水口事故门

1.2.4 升船机制造与安装

升船机相比船闸具有不消耗水、过坝速度快及沿海地区闸坝可防止海水进入内河等优点。升船机分垂直升船机与斜面升船机两大类。就升船机对船只的支承方式而言，又可分干运和湿运。按驱动方式则可分为钢丝绳卷扬式、齿轮齿条爬升式、水力驱动式等。在我国升船机的建设起步较晚，20世纪90年代前，规模也较小，此后随着岩滩、水口、高坝洲、隔河岩、彭水等水利工程升船机的相继完成，升船机的建设进程明显加快，特别是三峡水利枢纽工程升船机，其过船规模为3000吨级，最大提升高度113m，具有提升高度大、提升重量大、上游通航水位变幅大和下游水位变化速率快的特点，是目前世界上技术难度和规模最大的升船机。国内外已建及在建升船机工程实例见表1-6。

表 1-6

国内外已建及在建升船机工程实例表

序号	国家	水电站名称	所在河流	升船机型式	提升高度/m	船厢参数				最大过船吨级	建成年份
						净长/m	净宽/m	水深/m	船厢+水重/t		
1	美国	Anderton	Trent-Mersey运河	双联水压垂直，1907年改为双线双平衡重	15.4	22.8	4.8	1.4	240	100	1875
2	美国	Georgetown	Potomac运河	平衡重纵向斜面（1:12）半湿运	11.6	34.1	5.1	2.4	390	135	1876
3	法国	Les Fon tincttes	新Flossee运河	双联水压垂直，湿运	13.1	40.1	5.6	2	800	300	1888
4	比利时	Lo Lowviere	中央运河	双联水压垂直，湿运	15.4	43.2	5.8	2.4	1050	360	1888
5	德国	亨利兴堡	多特蒙德-埃姆斯运河	浮筒式垂直，湿运	14~16	68	8.6	2.5	2340	800	1899
6	加拿大	Peterborough	Trent运河	双联水压垂直，湿运	19.8	42.4	10	2.7	1714	800	1904
7	加拿大	Kirkfield	Trent运河	双联水压垂直，湿运	14.8	42.4	10	2.7	1714	800	1907
8	德国	尼德芬诺	哈芬-奥德水道	平衡重式垂直，湿运	36	85	12.2	2.5	4300	1000	1934
9	德国	罗德塞	维塞-易北河	浮筒式垂直，湿运	18.7	85	12	2.5	4000	1000	1938
10	德国	亨利兴堡	多特蒙德-埃姆斯运河	浮筒式垂直，湿运	13.7	90	12	3	5000	1350	1962
11	比利时	隆库尔	布鲁塞尔-河勒罗尔	纵向斜面（1:20），湿运（双线平衡重）	67.5	91	12	3~3.7	4500~5200	1350	1967
12	苏联	克拉斯诺亚尔斯克	叶尼塞河	斜向斜面（1:10），湿运（自行式下水）	101	90	18	3.3	6720	1600	1968
13	法国	阿尔泽维勒	来因-玛隆运河	横向斜面（1:25），湿运	44.5	42.5	5.5	3.2	894	350	1970
14	法国	蒙泰施	加隆支运河	水坡（1:33）	14.3	125	6	最大3.25		350	1973
15	德国	吕内堡	易北支运河	双线平衡重垂直，湿运（齿轮爬升）	38	100	12	3.5	5700	350	1975
16	法国	范塞兰尼斯	中间运河	水坡（1:20）	13.6	88	6	4.4		350	1983
17	比利时	斯特勒比-蒂厄	中央运河	双线平衡重垂直，湿运（钢丝绳提升）	73	112	12	3.5~4.3	7500~8800	1350	1987

序号	国家	水电站名称	所在河流	升船机型式	提升高度/m	船厢参数				最大过船吨级	建成年份
						净长/m	净宽/m	水深/m	船厢+水重/t		
18	中国	白莲河	浠水	斜面、干运	54.1	21.6	7.6		240	10	1965
19	中国	丹江口	汉江	垂直、干运（可湿运、可水平移动）	50.5	32.5（24）	10.7	0.9	450	150	1973
20	中国	丹江口	汉江	纵向斜面（1：7）、干运（可湿运）	33	32.5	10.7	0.9	450	150	1973
21	中国	丹江口（加高改造后）	汉江	垂直、干、湿运	62	28（湿）34（干）	10.2	1.4（湿）		300	2012
22	中国	丹江口（加高改造后）	汉江	斜面（1：7）、干、湿运	最大行程330	28（湿）34（干）	10.2	1.4（湿）		300	2012
23	中国	岩滩	红水河	垂直、湿运、部分平衡、船厢下水	68.5	44	11.18	1.8	1430	250，远期500	2000
24	中国	水口	闽江	垂直、湿运、全平衡	59	114	12	2.5	5500	2×500	2004
25	中国	高坝洲	清江	垂直、湿运、全平衡	40.3	42	10.2	1.7	1560	300	2008
26	中国	隔河岩	清江	垂直、湿运、全平衡	40+82（二级）	42	10.2	1.7	1495	300	2008
27	中国	景洪	澜沧江	垂直、湿运、水力驱动	66.86	67.1	12	2.5	2976	300	在建
28	中国	三峡	长江	垂直、湿运、全平衡、齿轮齿条爬升式	113	120	18	3.5	11800	3000	在建
29	中国	向家坝	金沙江	垂直、湿运、全平衡、齿轮爬升式	114.2	116	12	2.5	7200	2×500	在建
30	中国	思林	乌江	垂直、湿运、全平衡	76.7	59	12	2.5	3000	500	在建
31	中国	彭水	乌江	垂直、湿运、全平衡	66.6	71	16	8.2（船厢高度）	3250	500	2011
32	中国	亭子口	嘉陵江	垂直、湿运、全平衡	85.4	116	12	2.5	6250	2×500	在建

1.3 水轮发电机组及其附属设备安装

水轮发电机组是水电站最重要的动力设备，也是水电站电源产生的基础设备，其设计制造质量的优劣、安装调整质量的好坏直接关系到水电站能否安全稳定运行、关系到电能指标和水电站的经济效益。一个水电站的机电安装工程，水轮发电机组安装是控制全过程的最关键项目和最主要的安装施工内容。

1910 年 8 月我国第一座水电站——云南石龙坝跃龙水电站开工建设，1912 年 5 月机组安装完成投产，装机容量 2×240kW。1951 年四川长寿县龙溪河下硐水电站安装了我国自行设计制造的第一台 800kW 混流式水轮发电机组。1960 年新安江第一台国产 75.5MW 水轮发电机组安装投产。1969 年我国第一座百万千瓦水电站——刘家峡电站国产第一台 225MW 水轮发电机组安装投产。

1979 年，我国第一部正式的"水轮发电机组安装技术规范"即电力部标准《电力建设施工及验收技术规范（水轮发电机组篇）》（SDJ 81—79）颁发，1988 年修订后的《水轮发电机组安装技术规范》（GB 8564—88）作为国家标准正式颁发，在全国范围内执行使用时间长达 15 年。2003 年经再次修订为《水轮发电机组安装技术规范》（GB/T 8564—2003），目前还在执行。1993 年发布我国第一部关于水轮发动机组启动试验的电力部标准《水轮发动机组起动试验规程》（DL 507—93），2002 年经修订充实完善为《水轮发电机组启动试验规程》（DL/T 507—2002），2014 年又进行修订为《水轮发电机组启动试验规程》（DL/T 507—2014）。2010 年发布《水电水利基本建设工程单元工程质量等级评定标准》（DL/T 5113）关于水轮发电机组和辅助设备部分的系列标准全部编制完成。30 多年来，上述标准对全国水电工程水轮发电机组及辅助设备安装、启动试运行的规范指导和技术进步起到了关键性的作用。

2008 年年底，三峡水电站 26 台单机容量 700MW 的水轮发电机组全部投产，而 2010 年 8 月，小湾水电站 6 台单机容量为 700MW 的高水头水轮发电机组在 11 个月的时段内也相继顺利投产。2014 年 6 月底，装机容量仅次于三峡水电站的溪洛渡、向家坝水电站全部建成投产。

1.3.1 水轮机及其附属设备安装
1.3.1.1 混流式水轮机安装

（1）各个时期安装投产有代表性的混流式水轮机见表 1—7，部分水电站混流式水轮机单机容量增长见图 1—1。

（2）混流式水轮机安装技术发展简述。混流式水轮机是水电站应用得最广泛的水轮机机型，也是我国西南地区水电进一步持续开发所将采用的基本机型，适用水头范围为50～350m。盐锅峡水电站混流式水轮机最高水头仅为 39.5m，而硗碛水电站混流式水轮机最高水头达到 555m，单机容量 80MW，额定转速 $n=600r/min$，转轮直径 $D_1=2.888m$。

新中国成立初期，丰满水电站安装了当时国内最大的由苏联列宁格勒金属工厂（LMZ）制造的 85MW 的混流式水轮机，接着在官厅、狮子滩、上犹江等水电站安装投产了新中国第一批国产的所谓"中型"的混流式水轮机，装机容量 10.5～16.7MW；1960 年国产

表 1 - 7　各个时期安装投产有代表性的混流式水轮机表

序号	水电站制造厂名称	水轮机型号	水头范围/m	额定水头/m	额定流量/(m³/s)	额定转速/(r/min)	额定出力/MW	最大出力/MW	最高效率/%	比转速/(m·kW)	空化系数	吸出高度/m	安装高程/m	转轮重/t	水轮机重/t	首台机发电年份
1	溪洛渡-哈电	HLA956-LJ-740	154.6~229.4	197.00	442.00	125.00	784.00	870.00	96.57	149.96	0.1140	-12.90	359.00	238.0	2780.0	2015
	溪洛渡-东电	HLD515-LJ-740	154.6~229.4	197.00	432.67	125.00	784.00	870.00	96.61	149.96	0.1142	-9.69	359.00	239.7	2421.0	2013
	溪洛渡-福伊特	HLV120-LJ-765	154.6~229.4	197.00	430.47	125.00	784.00	870.00	96.91	149.96	0.1142	-11.57	359.00	195.0	2367.0	2013
2	向家坝-天阿	HLF197-LJ-930	86.1~114.2	100.00	886.00	71.40	812.00	812.00	96.66	203.54	0.221	-12.30	255.00	430.7	3212.0	2013
	向家坝-哈电	HLA1015-LJ-996	86.1~114.2	100.00	884.00	71.40	812.00	812.00	96.53	213.70	0.197	-10.00	258.00	420.0	3800.0	2015
3	官地	HLD583-LJ-770	108.2~128	115.00	586.00	100.00	611.00	679.00	96.51	207.56	0.150	-8.60	1195.80	246.0	2372.0	2012
4	锦屏一级	HLD483C-LJ-660	153~240	200.00	332.00	142.90	611.00	660.00	96.41	148.51	0.088	-9.43	1630.70	193.0	1650.0	2013
5	锦屏二级	F32.0/11	279.2~318.8	288.00	228.60	166.67	611.00	659.00	95.79	109.72	0.0647	-10.10	1316.80	125.0	1730.0	2012
6	瀑布沟-东电	HLD418-LJ-69 6.4 (D1)	114.3~181.7	148.00	419.07	125.00	611.00	679.00	96.43	181.21	0.1145	-7.68	661.00	200.0	1968.0	2010
	瀑布沟-GEHA	HLF60 0A-LJ-620 (D2)	114.3~181.7	148.00	409.80	125.00	611.00	679.00	96.29	181.20	0.114	-6.18	661.00	185.0	1522.0	2010
7	糯扎渡		152~215	187.00		125.00	660.00	730.00				-10.40	588.50			2012

续表

序号	水电站-制造厂名称	水轮机型号	水头范围/m	额定水头/m	额定流量/(m³/s)	额定转速/(r/min)	额定出力/MW	最大出力/MW	最高效率/%	比转速/(m·kW)	空化系数	吸出高度/m	安装高程/m	转轮重/t	水轮机重/t	首台机发电年份
8	小湾	HL152-LJ-660	164~251	216.00	360.30	150.00	714.00						980.00	148.0	1703.0	2009
9	龙滩	HLS152-LJ-790	97~179	140.00	550.00	107.10	714.00		96.33	188.00	0.136	-5.80	215.00	264.0	2255.0	2007
10	拉西瓦	HLV155-LJ-690	192~220	205.00		142.90	711.00		96.10	155.30	0.0906	-10.90	2220.00	182.0	1800.0	2009
11	三峡-Alstom	HL262-LJ-1041.6	61~113	80.60	991.80	75.00	714.00	852.00	96.26	262.00	0.150	-5.00	57.00	448.0	3308.0	2003
12	三峡-V.G.S	HL262-LJ-983.2	61~113	80.60	995.60	75.00	714.00	852.00	96.26	262.00	0.120	-5.00	57.00	407.0	3190.0	2003
13	五强溪	HL295-LJ-830	36.2~60.1	44.50	627.00	68.18	248.00	290.00	95.00	295.00	0.132	0.90	50.00	274.6	2120.0	1994
14	岩滩	HLA296a-LJ-800	37~68.5	59.40	580.00	75.00	307.10	290.00	94.40	252.00	0.13	1.50	154.50	302.5	1710.0	1992
15	小浪底	HL175-LJ-635.6	67.91~141.67	112.00	296.00	107.10	306.00	324.00	95.85	175.00	0.087	-6.49	129.00			1999
16	大朝山	HL261-LJ-610.49	50.10~87.9	72.50	345.87	115.40	229.60	255.00	96.13	261.00	0.106	-5.80	802.40	141.6	925.5	2001
17	莲花	HLA551-LJ-610	39~57.2	47.00	331.00	93.57	140.40	154.34	95.02	285.00	0.160	-2.00	159.28			1996
18	万家寨	HL219-LJ-610	50~80	68.00	290.00	100.00	183.77	204.10	95.40	219.50	0.148	-3.58			745.0	1998

序号	水电站制造厂名称	水轮机型号	水头范围 /m	额定水头 /m	额定流量 /(m³/s)	额定转速 /(r/min)	额定出力 /MW	最大出力 /MW	最高效率 /%	比转速 /(m·kW)	空化系数	吸出高度 /m	安装高程 /m	转轮重 /t	水轮机重 /t	首台机发电年份
19	李家峡	HL197-LJ-603	114.5~135.6	122.00	362.38	125.00	408.20	448.80	95.77	197.00	0.066	-7.00	2041.50	147.0	1170.0	1997
20	龙羊峡	HLD06a-LJ-600	75.5~148.5	122.00	298.00	125.00	325.60	356.10	93.00	176.00	0.053	-3.50	2447.50	149.0	1000.0	1987
21	二滩	HL181-LJ-636	135~189.2	165.00	364.00	142.86	561.00	621.00	96.02	181.00	0.065	-8.40	1002.50	106.0	1150.0	1998
22	天生桥一级	HL211-LJ-577.5	83~143	111.00	301.33	136.40	310.00	340.00	96.20	211.00	0.09	-3.84	633.50	90.0	1020.0	1998
23	隔河岩	HL231-LJ-573.92	80.7~121.5	103.00	326.00	136.40	310.00		95.29	231.00	0.100	-4.41	74.00	86.7	825.0	1993
24	白山	HL200-LJ-550	81~126	112.00	307.00	125.00	306.00	306.00	92.50	190.00	0.100	-4.28	286.00	110.9	688.0	1983
25	漫湾	HLD85-LJ-550	69.3~100	89.00	316.00	125.00	255.10		94.40	231.00	0.108	-5.30	890.00	119.2	914.0	1993
26	刘家峡	HL001-LJ-550	70~114	100.00	259.00	125.00	230.00		93.00	190.00	0.086	-4.00	1616.50	115.0	653.0	1969
27	丹江口	HL220-LJ-550	57~81.5	63.50	277.00	100.00	154.00		92.80	219.00	0.133	0.30	88.00	103.0	588.7	1968
28	龚嘴	HL220-LJ-550	39.7~55.3	48.00	241.00	88.20	102.50		92.50	224.00	0.133	-3.50	467.00	114.0	636.0	1971
29	乌江渡	HL160-LJ-520	94.2~134.2	120.00	203.00	150.00	214.30		91.50	175.00	0.063	-3.50	622.50	87.0	627.0	1979
30	天生桥二级	HLA339-LJ-450	174~204	176.00	139.80	200.00	225.00	255	94.50	148.00	0.060	-5.50	434.50	48.0	555.0	1992
31	丰满	HLA296-LJ-420	49.2~71.5	60.55	162.10	150.00	87.60		94.60	263.00	0.130	-1.00	192.50	46.0	306.8	1991

序号	水电站(制造厂)名称	水轮机型号	水头范围 /m	额定水头 /m	额定流量 /(m³/s)	额定转速 /(r/min)	额定出力 /MW	最大出力 /MW	最高效率 /%	比转速 /(m·kW)	空化系数	吸出高度 /m	安装高程 /m	转轮重 /t	水轮机重 /t	首台机发电年份
32	东风	HL203-LJ-410	95~132	117.00	160.50	187.50	172.94		95.50	203.00	0.114	-4.50	832.00	35.5	357.0	1994
33	盐锅峡	HL257-LJ-410	37~39.5	38.00	148.50	107.10	51.20	55	95.20		0.145	-1.30				1965
34	云峰	HL180-LJ-410	68.2~109.2	89.00	135.00	150.00	105.70		92.00	178.00	0.085	-1.70	206.00	40.0	304.0	1966
35	碧口	HL220-LJ-410	57.5~86.2	73.00	160.00	150.00	105.00		92.00	227.00	0.133	-3.00	612.30	45.2	300.0	1976
36	凤滩	HL220-LJ-410	54~91	73.00	160.00	150.00	103.00			226.00	0.133	-3.20	111.00	44.0	310.0	1978
37	枫树坝	HL220-LJ-410	55~74	60.00	155.00	136.40	82.00		91.10	234.00	0.160	-2.00	89.30	42.0	400.0	1973
38	柘溪	HL220-LJ-410	47~74	60.00	146.00	136.40	77.30		90.20	227.00	0.133	-1.60	93.00	46.0	286.0	1961
39	新安江	HL180-LJ-410	57.8~84.3	73.00	118.00	150.00	75.50		91.50	193.00	0.085	1.30	24.00	37.5	285.0	1959
40	桓仁	HL220-LJ-410	57.8~84.3	73.00	118.00	150.00	75.00		90.10	179.00	0.133	1.30			219.1	1968
41	鲁布革	HL99-LJ-344.2	295~372.5	312.00	53.50	333.30	153.00	172.00	94.60	99.00	0.040	-6.50	755.00	27.0	308.0	1988
42	大广坝	HLD85-LJ-310	62.9~87.4	73.00	92.90	214.30	61.54		94.00	249.00	0.122	-3.50	49.50	19.8	192.0	1993
43	古田二级	HL160-LJ-330	101.6~125	103.00	74.50	214.30	67.00		90.00	169.00	0.063	2.50	131.00	26.0	230.0	1969

注 哈电—哈尔滨电机厂有限责任公司；东电—东方电机有限公司；福伊特—上海福伊特水电设备有限公司；天阿—天津阿尔斯通水电设备有限责任公司；Alstom—Alstom. ABB联合体；V. G. S—Voith. GE. Seimens 联合体；GEHA—加拿大 GE。

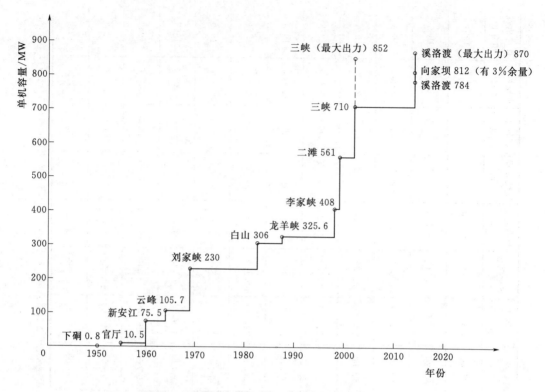

图 1-1　部分水电站混流式水轮机单机容量增长图

单机容量为 75.5MW 的新安江水电站大型混流式水轮机的安装投产，标志着我国水轮机制造安装迈上了一个全新的台阶。接着刘家峡水电站单机容量 230MW、丹江口水电站单机容量 155MW、龚嘴水电站单机容量 110MW、白山水电站单机容量 306MW 等一大批典型的混流式水轮机安装及顺利投产，为我国混流式水轮机安装可持续发展的理论和实践打下了坚实的基础。20 世纪 90 年代，以李家峡水电站、二滩水电站的单机容量在 448.8～621MW 之间的混流式水轮机为代表，实现了混流式水轮机安装单机容量提升的跨越式的发展。

进入 21 世纪的前 10 年，三峡、龙滩、小峡、拉西瓦、溪洛渡、向家坝等水电站 700～800MW 巨型混流式水轮机的安装和投产，使我国混流式水轮机的安装技术发展到了世界的领先水平。

现代大型混流式水轮机安装中的主要技术简述如下：

1) 尾水肘管已由传统的钢筋混凝土衬砌改为钢板衬砌，肘管安装如同尾水锥管一样，成为混流式水轮机基础安装的一部分，并形成了相应的安装调整工艺方法，包括防吊装变形及加固措施、混凝土浇筑程序控制措施等。

2) 座环为平板型上、下环板与固定导叶组成的焊接结构，上、下环板采用厚度超过 200mm 的 Z35 类抗撕裂钢板，固定导叶则采用合金钢板卷制加工而成。座环的安装在于分瓣座环组合后，对上、下环板制定合理的焊接工艺和进行无损检测，以期尽量减少焊接内应力；而对其焊接变形和装配尺寸精度，则主要依靠座环现场加工工序来解决。

3) 蜗壳采用抗拉强度超过 590MPa 的高强钢板制造，数控自动切割下料，滚压卷制成型。现场安装时，焊前预热，焊后作保温消氢处理。蜗壳焊接后的无损检测方法，除超声和射线探伤检查外，又增加了 TOFD 衍射时差法智能超声检测手段。蜗壳埋入混凝土的方式已分别实践了加弹性垫层埋入、充水保压埋入和直接浇混凝土埋入的多种方式，均取得成功。

4) 水轮机埋件：蜗壳、尾水锥管、尾水肘管、机坑里衬等的制作，已经改为由安装施工企业在现场制造，既解决了运输和生产成本的根本问题，也进一步提高了埋件的制造精度和减少了安装调整难度。

5) 转轮的组装焊接和加工，无论是分瓣（半）结构，还是由上冠、下环、叶片散件组焊的结构，其组焊工艺均已成熟，并形成了行业的工艺标准，与制造厂家配合已经完全掌握了现场全不锈钢（马氏体）转轮的焊接工艺和应力消除的方法。

6) 新型座环现场加工程序和工艺的制定，保证了导水机构安装、调整的精度；而水轮机筒型阀的广泛使用又对座环的安装、加工提出了新的要求，筒型阀先进的同步机构和同步控制技术，已完全避免了运行中阀体卡阻的故障。

7) 主轴与转轮的连接采用摩擦和剪切传递扭矩的两种方式。前者多用于中、小型混流式水轮机，主轴与转轮依靠大轴止口和径向销钉定位；后者用销钉螺栓或销套定位并传递扭矩，多用于大型混流式水轮机。螺栓的伸长由专用工具—液压拉伸器或加热棒来操作，保证安装的精度可完全满足设计要求。

8) 水轮机总装配工艺中在大轴垂直度、盘车摆度校正、止漏环圆度和径向间隙调整、特殊结构副底环安装、水导瓦间隙分配等方面，经不断实践体验，逐步完善了相应的调整方法和质量标准，尤其是对难度较大的高水头混流式水轮机的总装配，工艺进一步成熟。

9) 机组启动试运行中，主轴密封工作状态、水导轴承处的轴摆度、水导瓦运行温度的调整和处理以及水轮机稳定工作范围的测取、筒型阀的动作试验已成为试运行中安装企业应完成和研究的主要的工作内容。

1.3.1.2 轴流（转桨）式水轮机安装

(1) 各个时期安装投产有代表性的轴流（转桨）式水轮机见表 1-8、轴流（转桨）式水轮机单机容量增长见图 1-2。

(2) 轴流（转桨）式水轮机安装技术发展简述。轴流式水轮机一般均指轴流转桨式水轮机，虽然其结构复杂、造价较高，但水轮机平均效率高，电能效益好，能适用于水头变幅相对较大的中低水头段，即 8～70m 范围。石门水电站 13MW 轴流（转桨）式水轮机最高水头达 78m，而富春江水电站水轮机最低水头则为 8m。我国早期的轴流（转桨）式水轮机为大伙房水电站的水轮机，单机出力 16.6MW，1959 年投产。

1975 年，八盘峡水电站首次引进瑞典 KMW 公司 KV4-55 型转桨式水轮机，单机出力 37MW，额定水头 $H_r=18m$，转轮直径 $D_1=5.5m$。该水轮机具有结构新颖合理、安装调整方便、工艺要求严格的特点，为我国轴流转桨式水轮机传统安装工艺的改进提供了良好的借鉴。

1981 年葛洲坝水利枢纽二江电厂 1 号、2 号机组（单机容量为 175.3MW）轴流（转桨）式水轮机投入运行，转轮直径达 11.3m。1993 年当时世界上单机容量最大的水口水电站轴流（转桨）式水轮机投入运行，额定出力 204MW。随后，又有铜街子、乐滩、平

表1-8

各个时期安装投产有代表性的轴流（转桨）式水轮机表

序号	水电站名称	水轮机型号	水头范围/m	额定水头/m	额定流量/(m³/s)	额定转速/(r/min)	额定出力/MW	最高效率/%	比转速/(m·kW)	空化系数	吸出高度/m	安装高程/m	转轮重/t	水轮机重/t	首台机发电年份
1	安谷	ZZD-LH-865	31.14~37.40	33.0	637.30	88.20	193.88	95.62	491.00	0.618	-10.79	352.38	232.00	1486.6	2015
2	枕头坝	ZZ-LH-875	17.98~36.49	29.5	678.22	83.30	183.68	95.17	519.00	0.69	-10.89	577.98	265.00	1740.0	2014
3	桐子林	ZZA1093-LH-1010	11.48~27.70	20.0	836.51	66.70	153.10	95.74	617.06	0.9204	-9.5	982.00	360.00	2185.0	2015
4	深溪沟	ZZK40-LH-830	20.10~40.00	30.0	625.30	90.90	168.40	95.3	531.30	0.718	-12.214	608.64	230.00	1526.0	2010
5	银盘	ZZ(zk52)-LH-860	13.00~35.12	26.5	632.00	83.30	152.60	94.72	487.00		-8.20	172.55	256.00	1410.0	2009
6	班多	ZZ(zk52)-LH-660	33.00~41.50	35.5	374.50	115.40	122.45	94.73	466.01			2705.05	140.00	1070.0	2010
7	草街	ZZ-LH-950	7.90~25.40	20.0	698.40	68.20	128.20	94.80	577.20			169.48			2010
8	平班	ZZ-LH-722	27.20~39.00	34.0	440.29	107.14	138.50		485.70			393.25			2008
9	乐滩	ZZ-LH-1040	8.65~31.50	19.5	863.90	62.50	153.10	92.634（额定点）	682.00				430.00	2130.0	2007
10	沙湾	ZZD345E-LH-850	21.24~28.24	24.5	549.50	76.90	123.10	94.69	495.00	0.80		395.00	400.00	1325.0	2009
11	葛洲坝（大机）	ZZ560-LH-1130	8.30~27.00	18.6	1130.00	54.60	175.30	92.50	591.80		-8.00	36.60	468.00	2150.0	1981
12	葛洲坝（小机）	ZZ500-LH-1020	8.30~27.00	18.6	825.00	62.50	129.00	93.00	581.00	0.68	-7.00	36.60	425.50	1676.0	1982
13	铜街子	ZZ440-LH-850	28.00~40.00	31.0	575.00	88.20	154.00	93.00	473.00	0.71	-9.20	430.50	300.00	1250.0	1992
14	大化	ZZ440-LH-850	13.00~39.50	22.0	556.00	76.92	103.00	92.00	518.00	0.45	-6.00	112.00	330.00	1323.0	1983
15	万安	ZZ440-LH-850	15.00~32.30	22.0	556.00	76.92	103.00	93.00	518.00		-6.00			1412.0	1990

序号	水电站名称	水轮机型号	水头范围/m	额定水头/m	额定流量/(m³/s)	额定转速/(r/min)	额定出力/MW	最高效率/%	比转速/(m·kW)	空化系数	吸出高度/m	安装高程/m	转轮重/t	水轮机重/t	首台机发电年份
16	水口	ZZ393-LJ-800	30.90~57.80	47.0	467.70	107.10	204.00	95.10	393.00	0.33	-7.50	3.90	320.00	1763.0	1993
17	沙溪口	ZZF01-LH-800	7.00~24.00	17.5	525.00	75.00	77.32	90.00	583.00	0.85	-5.70		210.00	810.0	1987
18	乐滩	ZZF01-LH-800	6.00~18.20	14.3	500.00	62.50	62.30	92.00	561.00		-4.73		167.00	764.0	1981
19	富春江	ZZ560-LH-800	8.00~22.00	14.3	500.00	82.50	61.60	92.50	558.00	0.47	-3.00	4.10	168.00	765.0	1971
20	大峡	ZZF23-LH-700	13.20~31.40	23.0	369.60	88.20	77.30	94.00	487.00	0.63	-5.50		165.00	708.0	1995
21	东西关	ZZ500-LH-640	9.50~24.30	17.0	312.00	93.80	46.10	93.29	583.00					620.0	1995
22	三门峡	ZZA79-LJ-600	15.00~52.00	30.0	197.50	100.00	51.60	91.50	323.00	0.257	-2.80	275.20	135.00	710.0	1973
23	红石	ZDA190-LH-600	22.80~25.60	23.3	251.00	107.00	51.55	91.00	475.00	0.46	-4.00	259.90	60.00	394.0	1985
24	青铜峡	ZZ560-LH-550	16.40~21.20	18.0	250.00	107.00	37.20		557.00	0.875	-5.70	1134.25	68.70	392.0	1967
25	八盘峡	ZZ560-LH-550	11.60~19.50	18.0	250.00	115.40	37.00	91.00	599.00	0.76	-7.00	1552.00	62.70	385.0	1978
26	青溪	ZZ500-LJ-500	10.00~25.00	20.5	209.10	125.00	37.30	92.10	553.00		-6.90			310.0	1993
27	长湖	ZZ440-LH-450	22.00~34.40	28.0	153.00	150.00	37.50	92.00	451.00	0.71	-6.50	18.50	41.00	264.0	1973
28	石塘	ZZ500-LH-420	14.60~24.21	26.0	139.00	150.00	26.80	92.50	510.00		-5.80		30.00	200.0	1989
29	大伙房	ZZ440-LH-330	13.00~34.00	25.2	76.50	214.30	16.60	90.20	489.00		-2.50	89.00	182.00	145.0	1959
30	石门	ZZ013-LJ-180	35.00~78.00	67.0	22.50	500.00	13.00	89.00	297.00	0.33	-9.00	531.50	6.33	49.0	1976

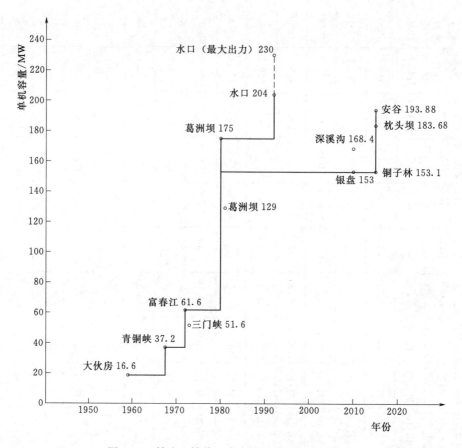

图 1-2 轴流（转桨）式水轮机单机容量增长图

板、沙湾、深溪沟、银盘、草街等水电站的一大批轴流（转桨）式水轮机投入运行，其单机容量均在 150MW 左右，转轮直径一般不超过 8.5m，其中转轮直径最大的为乐滩水电站水轮机，$D_1=10.4m$。随着我国水电开发重心向西南转移，与混流式水轮机相比较，近 10 多年来对轴流（转桨）式水轮机的设计、制造和安装的研究开发程度略有逊色，但通过对上述一系列大型轴流机组安装工程的实践，加上轴流转桨式水轮机结构设计具有一定的相似性和通用性，所以总的安装技术早已成熟，下一阶段还将有桐子林、安谷、枕头坝、大藤峡、赛格、小南海等水电站的水轮机开始安装。其中赛格水电站水轮机单机容量 223.5MW，额定水头 46m，最小水头 33.7m，转轮直径 8.0m 左右，是我国后期单机容量最大的轴流转桨式水轮机。

现代大型轴流转桨式水轮机安装中的主要技术简述如下。

1）采用高尾水管型的设计，使尾水肘管加长，尾水管底板至桨叶中心的高程距离放大至 $2.8D_1$，水轮机效率提高，但使转轮安装检修难度增加，土建工程成本提高。

2）座环下环或固定导叶在混凝土基础上的固定方式有：无下环结构，固定导叶与上环板分体，固定导叶直接与基础连接；有下环结构、座环分瓣；或有下环但固定导叶直接与基础连接的三种方式。现代安装工艺已经很好地解决了分体结构无下环板座环的安装与调整，主要是固定导叶基础调整和混凝土的防变形浇筑工艺，最终控制座环上环板顶盖安装平面的水平与高程。

3）由于在结构上有将推力轴承支撑在水轮机内顶盖（支持盖）上的设计，推力支架在支持盖上的安装调整往往作为推力轴承受力调整的主要内容，安装精度较高，（不包括推力轴承支撑在发电机下机架上的布置设计）相应的安装调整工艺及相关技术要求也已经成熟。

4）转轮和主轴吊入机坑时，一般均采取与支持盖一同组合整体吊入的方式，转轮叶片不再开孔悬挂，主轴和转轮的重量由支持盖承受。

5）只要运输条件允许，转轮体均整体出厂运输至工地，在工地再安装叶片及其密封件并作油压操作试验，转轮体内部不再在现场分解重组装。转轮一般均采用活塞带动操作架操作叶片的结构，近来已多改为采用缸动式的结构，即活塞不动，由缸体带动操作架操作叶片，安装时缸体导向配合件的精度检查对安装提出了质量要求，并且转轮在安装中要起吊翻身。

6）轴流（转桨）式水轮机主轴可以与发电机轴分开为两根轴，也可以设计成整台机组一根主轴的型式。当推力轴承支撑在发电机下机架上时，采用两根轴或一根轴方案均可；当推力轴承支撑在支持盖上时，为降低厂房高度，机组也可以采用一根轴型式。不同型式轴系结构及其连接对安装程序和工艺的要求均已在相关工程中实施，效果均良好（如水口、葛洲坝水电站 125MW 机组均为一根轴结构，深溪沟、沙湾水电站等机组为两根轴结构）。

7）主轴与轮毂体的连接一般均采用摩擦传递扭矩的方式，依靠径向销钉和大轴止口定位、单头螺栓连接，螺栓的应力和伸长由液压拉伸器操作，而转轮叶片法兰把合螺栓的应力和伸长值，多采用加热棒来操作保证。

8）机组启动试运行后，主轴密封的工作状态、水导摆度、水导瓦温及水导内置式冷却器冷却效果，叶片密封状况，水轮机在不同水头和桨叶角度下的协联及运行稳定性等已成为安装企业应完成和研究的主要的工作内容。

1.3.1.3 灯泡贯流式水轮发电机组安装

（1）各个时期安装投产有代表性的灯泡贯流式水轮发电机组见表 1－9，国内灯泡贯流式水轮发电机组单机容量增长见图 1－3。

（2）灯泡贯流式水轮发电机组安装技术发展简述。灯泡贯流式水轮发电机组系由贯流式水轮机和灯泡式发电机组合而成，是目前世界上应用得最广泛的低水头和超低水头的水电机组机型。1930 年德国人库尼（Kuhne）注册获贯流式水轮机专利，1933 年瑞士爱舍维斯公司（Esther Wyss，简称 EW）正式获得灯泡贯流式水轮发电机组制造专利，1936年将第一台灯泡贯流式机组安装在波兰的诺斯汀（Rostin）水电站，单机出力 195kW。由于灯泡贯流式水轮发电机组（以下简称灯泡机组）在低水头、河床式水利枢纽以及航运发电工程枢纽中有明显的应用优势，因其技术经济指标先进、工程布置简单、投资少、维护方便，而获得了迅猛的发展。灯泡机组应用水头一般在 26m 及以下。灯泡机组功率因数高，不作调相运行。

20 世纪 70 年代以来，西方各国和苏联已经开始大量安装使用灯泡机组。1977 年法国奈尔皮克公司为美国石岛水电站设计安装了 8 台 54MW 的灯泡机组，转轮直径 $D_1 =$ 7.4m。随后，奥地利、瑞士、德国、苏联和日本均先后发展了大批的灯泡机组。日本日立公司为只见水电站制造安装的灯泡机组单机容量 65.8MW，至今仍是世界上已投入运

表 1-9

各个时期安装投产有代表性的灯泡贯流式水轮发电机组表

序号	水电站名称	所在地	台数×水轮机额定出力/MW	最大水头 H_{max}/m	额定水头 H_r/m	最小水头 H_{min}/m	转轮直径 D_1/m	额定转速 n_r/(r/min)	发电机容量/(MW/MVA)	GD^2/(t·m²)	电压/kV	cosφ	备注
1	洪江	湖南省	6×46.4	27.30	20	8.4	5.46	136.4	45/47.37	2129	10.5	0.95	
2	炳灵	甘肃省	5×48	25.70	16.1	11.6	6.2	107.1	48/50.53	3934	13.8	0.95	
3	桥巩	广西壮族自治区	8×58.5	24.30	13.8	5.5	7.4	83.3	57/61.96	7980	10.5	0.92	
4	沙坪二级	四川省	6×59.5	24.60	14.3	5.9	7.2	88.2	58/62.7	8000	10.5	0.925	
5	康扬	青海省	7×41.58	22.25	18.7	13.5	5.46	125	40.75/42.85	2757	10.5	0.8	以上五叶片
6	紫兰坝	四川省	3×35	19.90	15.4	8.1	5.35	136.4	34/35.79	1994	10.5	0.95	
7	黄丰	青海省	5×45.92	19.10	16	13.75	5.98	115.4	45/47.37	3400	13.8	0.95	
8	尼那	青海省	4×41	18.10	14	12.1	6	107.1	40/42.1	3000	10.5	0.95	
9	直岗拉卡	青海省	5×39	17.50	12.5	9.6	6.1	100	38.5/40	3200	10.5	0.95	
10	沙坡头	宁夏回族自治区	4×29.9	11.00	8.7	5.9	6.85	75	29/32.22	4100	10.5	0.9	
11	乌金峡	甘肃省	4×36.1	13.04	9.2	4.84	7	78.95	35/36.84	3000	10.5	0.95	
12	柴家峡	甘肃省	4×24.67	10.00	6.8	3.1	7.2	68.2	24/25.46	5000	10.5	0.95	
13	清水塘	湖南省	4×32.83	9.50	7.7	3	7.5	62.5	32/33.68	7300	10.5	0.95	
14	峡江	江西省	9×41	13.42	8.6	3.91	7.7	71.4	40/44.44	7000	10.5	0.9	以上四叶片
15	河口	甘肃省	4×19.07	6.80	5.3	2	7.2	68.2	10.5/19.5	4850	10.5	0.95	
16	株溪口	湖南省	4×18.97	9.50	6.1	3.5	6.3	93.75	18.5/20.6		10.5	0.9	
17	崔家营	湖北省	6×15.4	8.40	4.7	1.5	6.91	71.4	15/16.67	3800	10.5	0.9	
18	大顶子山	黑龙江省	6×11.39	8.70	5.23	2	5.6	93.75	11/11.96	480	6.3	0.92	以上三叶片
19	渭沱	重庆市	2×3.56	3.40	2.4	2	5.3	93.75	3.5/3.89	288	6.3	0.9	二叶片改造

28

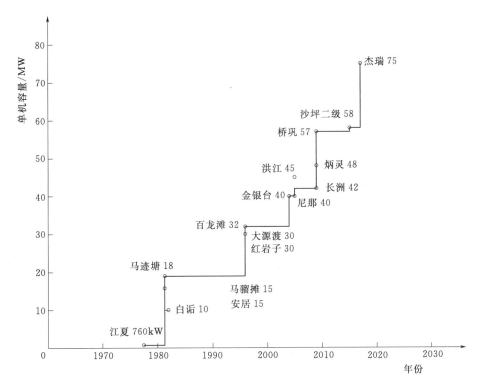

图 1-3　国内灯泡贯流式水轮发电机组单机容量增长图

行的最大灯泡机组。挪威克瓦纳公司曾制造过单机容量 45MW，转轮直径达 8.2m 的灯泡机组，并以带行星增速齿轮传动的机组著称。

我国 1980 年前先后安装投产了一批小型的灯泡机组，容量不足 2000kW。20 世纪 80 年代，富春江水电设备总厂制造的江厦潮汐式灯泡贯流式机组（试验性机组）具有相当的代表性。该机组单机容量 500～700kW，可正反转双向运行，有发电、泄水、抽水等 6 种运行工况。1982 年马迹塘水电站引进 3 台由奥地利依林公司制造的灯泡机组，单机容量 18MW，$D_1 = 6.3m$。此后我国中、大型容量的灯泡机组通过引进、消化和吸收，进入了大发展的时代。1996 年富春江水电设备总厂与日本富士合作，制造安装了百龙滩水电站单机 32MW 的灯泡机组，同一时期，天津水电设备总厂与法国 Alstom 公司合作并制造安装了贡川水电站 21.5MW 的灯泡机组。20 世纪末至 21 世纪初，国内灯泡机组随着贵港、红岩子、金银台、凌津滩、大源渡、洪江、江口、尼那、康扬等一系列水电站或水利、航电枢纽的建成投产，跃上了 30～45MW 的等级，而其中以长洲水电站 15 台 42MW 的灯泡机组为代表。2008 年炳灵水电站 5 台单机容量 48MW 的灯泡机组投产；2009 年国内单机容量最大的桥巩水电站 6 台 57MW 灯泡机组投产，标志着我国灯泡机组制造和安装已达到国际先进水平。当前，我国正在制造巴西杰瑞水电站 18 台 75MW 的特大型灯泡机组，而国内沙坪、峡江、岷江下游老木孔、犍为等水电站和水利枢纽工程的开发，为 50～60MW 级的灯泡机组的制造和安装提供了广阔的工程应用前景。

现代大型灯泡贯流式机组安装中的主要技术简述如下：

1）严格控制管型座安装过程中的组装、吊装顺序，内壳体组合后，按设计要求正公差均匀扭紧组合螺栓、内壳体与上下梯形柱及固定导叶对装焊缝应按规范要求焊接和无损检测，并安装可靠的内、外壳体支撑。管环座在安装、焊接、调整后外壳体下游侧、内壳体上下游侧法兰面的平面度、垂直度、内壳体下游侧法兰面与机组桨叶中心线的轴向距离均应符合《水轮发电机组安装技术规范》（GB/T 8564—2003）的相关要求，尤其要防止焊接后的变形。混凝土浇筑时应对法兰面和螺孔进行有效保护，并全过程监测（示）管型座法兰的变形和位移情况。

2）灯泡机组安装时，各部位支撑（包括灯泡体支撑、风道框架等）安装间隙和压缩量的调整，应考虑或适应机组热膨胀变形的影响，防止运行泡体热变形位移引起机组热态气隙和轴线的改变。

3）导水机构预组装时，应按照先吊装、调整外导水环（其进水边法兰朝下）、吊装插入导水叶、装配拐臂和导叶端盖，再吊装内导水环（其进水边法兰朝下）的顺序进行。内外导水环应严格同心，导叶内、外端面间隙分配和头、尾部端面间隙调整应符合设计规定。导水机构正式安装完成后以及主轴、转轮、发电机转子吊入调整后均应复测导水叶端面立面间隙。

4）现代大、中型灯泡机组转轮体一般不在工地再做分解、清扫和装配，在检查后仅安装叶片和泄水锥，并按设计要求做叶片操作试验和严密性耐压试验。

5）转轮和发电机转子吊装前后均有必要测量转轮、转子轴线中心与机组主轴中心的同轴度，当松开吊钩、拆除其吊装工具后，应测量计算转轮和转子的下垂度，以便满足转轮室或定子吊装后调整叶片与转轮室间隙及发电机空气间隙的需要。

6）在工地叠片组装的定子，组装时应严格控制定位筋焊缝的连接强度，定位筋与铁芯的径向配合尺寸与间隙的控制应严格按设计要求进行。铁芯压紧度应略高于同尺寸的立式水轮发电机定子，防止运行中因定子热膨胀、运行磁拉力、可能的定、转子短路引起的不平衡磁拉力、振动等对铁芯的影响，产生铁芯塌陷、变位、空气间隙不均，甚至与定转子碰擦等事故；若厂家对定子机座与管环座内壳体上游测法兰组合面有方位要求，应严格按标记的方位吊装定子。

7）优化灯泡机组双支点，双悬臂轴线结构的轴线调整工艺，盘车标准应符合电力行业标准的规定。发电机空气间隙的调整应考虑热变形、泡灯体上浮位移，定子铁芯自重下垂等各种因素的影响，灯泡机组发电机宜安装在线气隙监测装置。

8）组合轴承装配与安装中，应特别注意分瓣推力镜板组合时的装配精度。无论是组合式镜板结构，还是镜板与大轴为一体的结构，正、反向推力瓦与镜板工作面紧靠时，抗重支柱的轴向间隙及其总间隙应满足设计要求，并应考虑轴膨胀变形对间隙的影响。

9）灯泡机组各部位振动摆度的测量应按照《水轮发电机组状态在线监测系统技术导则》（GB/T 28570—2012）来配置。其中水导轴承和组合轴承处大轴摆度和轴承的径向、轴向振动测量点布置位置和方位已严格统一，应能监测出机组轴线的最真实运行状态。

1.3.1.4 水斗式水轮机安装

（1）各个时期安装投产有代表性的水斗式水轮机见表1-10。

表 1-10

各个时期安装投产有代表性的水斗式水轮机表

序号	水电站名称	所在地	水头/m	额定水头/m	转轮型号	单机容量（水轮机出力）/MW	转轮直径 D_1/m	转速/(r/min)	单喷嘴比转速/(m·kW)	喷嘴数	投产年份
1	苏巴姑	四川省	1171.00~1209.60	1209.60~1171.00	CJ244-L-188/2×10.5 244为VA模型编号	26（26.8）	1.88	750	12.6	2	2010
2	天湖	广西壮族自治区	1016.00~1026.00	1022.40	CJ20-L-170/2×9.2	15（15.6）	1.7	750	11.5	2	1992
3	羊卓雍湖	西藏自治区	790.00~859.00	816.00	CJA870-L-156.5/3×11	22.5（23.1）最大25.6	1.565	750	15.1 最大15.9	3	1997
4	南山一级	广西壮族自治区	950.00~1000.00	965.00	CJA237a-L-165/4×10	30	1.65	750	~12.1	4	~2007
5	大春河一级	云南省		762.40	CJA870-L-185/2×11.5	15	1.85	600	~12.97	2	2006
6	腊门嘎	云南省	778.00	745.00	CJA870-L-185/2×12	16	1.85	600	~13.8	2	2006
7	九龙一道桥	四川省	723.70~757.70	724.00	CJP1002-L-184/4×14.1	40（41.45）	1.84	600	16.3	4	~2007
8	桃花山	云南省		672.00	CJA237-L-140/2×9.2	16	1.4	750	~13.9	4	1997
9	禄劝 洗马河二级赛珠	云南省	714.40	668.00	CJ1085-L-176/4×13.4	34（35.1）	1.76	600	16.6	4	~2007
10	堵堵洛河二级	云南省		598.50	CJA475-L-170/4×10	20	1.7	600	~14.3	4	
11	盐水沟（以礼河）	云南省	583.00~628.20	589.00	2CJ20-W-170/2×15	37.5	1.7	600	~20	2+2	1970
12	冶勒	四川省	548.00~644.80	580.00	CJ1085X-L-165/6×15.6 1085X为VA模型编号	120	2.6	375	~18.8	6	2006
13	鸭嘴河：烟岗	四川省	586.84~631.75	600.00	CJ1085X-L-165/6×15.6 1085X为VA模型编号	60（61.9）	1.65	600	20.5	6	2011
14	鸭嘴河：跑马坪	四川省	586.84~631.75		CJ1085X-L-165/6×15.6 1085X为VA模型编号	60（61.9）				6	2010
15	大发	四川省	482.00~513.80	482.00	CJ-L-297/6×25.5	120（123）	2.97	300	19	6	2009
16	任宗海	四川省	547.60~610.00	560.00	CJ-L-255/6×23.1	120（123）	2.55	375	19.7	6	2009
17	金窝	四川省	594.90~619.80	595.00	CJ-L-263/6×24	140（143.6）	2.66	375	19.7	6	2009

序号	水电站名称	所在地	水头 /m	额定水头 /m	转轮型号	单机容量（水轮机出力） /MW	转轮直径 D_1/m	转速 /(r/min)	单喷嘴比转速 /(m·kW)	喷嘴数	投产年份
18	吉沙	云南省		485.00	CJKA001-L-217.2/6X18.1	60 (61.5)	2.172	428.6	19.1	6	
19	白水河二级	贵州省	570.60~596.10	580.60	CJA237-L-160/4×11	17	1.6	600	~13.7	4	1998
20	高桥	云南省	550.00~591.00	555.00	CJSDF01-L-159.5/4×14.2	30 (30.93)	1.595	600	19.6	4	2003
21	巴郎口	四川省	507.50~543.00	510.00	CJA237-L-215/6×16.5	48 (49.5)	2.15	428.6	16.1	6	
22	玛依纳	哈萨克斯坦	458.20~521.70 494.00/471.40 /430.00	471.40	CJ-L-350/6×29 VA模型编号为1085X	153.5/160.2	3.5	300	18.2	6	由我国承建
23	FAN水电站	埃塞俄比亚	572.00~610.00	457.00	CJ-L-188/5×15.2 VA模型编号为1085X	47.7/2台	1.88	500		5	由我国承建
24	吉牛	四川省	465.50~506.50	447.00	CJ-L-289/6×25.8 VA模型编号为1085X	123/2台	2.89	300	20.3	6	
25	九龙县斜卡	四川省	413.00~498.80	447.00	CJA237-L-230/4×21	45 (46.4)	2.3	375	19.7	4	
26	盈江那邦水电站	云南省				60					
27	谭岭	广东省	456.00~470.00	458.00		12.5	1.7	500	~18.7	2	1969
28	磨房沟二级	四川省	456.00~462.00	458.00		13.0	1.7	500	~19	2	1971
29	小河头	四川省	410.20~445.20	411.00	CJA237-L-190/4×18	30	1.9	428.6	~20.1	4	2005
30	可河	四川省	398.00~429.90	398.00	CJA237-L-160/4×14.5	18	1.6	500	~18.9	4	2004
31	阿鸠田	云南省	395.59~421.27	405.00	CJA237-L-215/4×18	35	2.15	375	~19.7	4	2004
32	草坡	四川省	388.00~391.00	390.00		(15.6)	2.15	375	19.1	2	1988
33	百丈际	四川省		350.00		12.5	1.46	500	~18.46	2+2	1960
34	阿里洲	云南省		628.00		42	1.7				1961
35	科卡·科多·辛克雷	厄瓜多尔	594.27~617.24	604.10	CJ-L-335/6×26 VA模型编号为1176N	188.266	3.349	300	17.7	6	2015.7

注 VA—奥地利维奥，现为奥地利 ANDRiTZ。

（2）水斗式水轮机安装技术发展简述。水斗式水轮机属冲击式水轮机，是典型的冲击式水轮机机型。1889 年由美国工程师 Lester Allan Pelton 注册的专利发明制造，故称为PELTON 式水轮机。该机型具有应用水头高，运行负荷范围宽，平均效率高和启闭快速等特点，为混流式水轮机不能适应的超高水头水力资源的开发提供了可能。它将是我国西南地区水电开发的又一种有应用前景的机型。

水斗式水轮机最初在北美和欧洲的山脉地区得到快速的应用，经一个多世纪的发展，水斗式水轮机已成为一种从模型水力设计发展到能可靠运行的成熟机型。模型最高效率已可达到 92％以上，应用水头已接近 2000m，转轮制造工艺从最初的铸钢件发展到不锈钢整体锻造、分件锻造后焊接，然后数控加工，喷针操作机构由外置式发展为内置式直流喷嘴，投运后的初期检查和可能的缺陷预防也形成了成熟的经验和规范。目前世界上容量最大的水斗式水轮机为瑞士 Bieudron 水电站的水轮机，单机出力 423MW，五喷嘴立轴式，设计水头 1869m，额定转速 428.6r/min，直径 3.993m。能生产现代水斗式水轮机的国外厂家有德国 Voith - Siemens 水电、奥地利 Andritz 水电、法国 Alstom 水电，而国内制造厂家一般都具有生产制造中、小型水斗式水轮机的能力，若遇大型水斗式水轮机的设计制造项目，一般都与国外厂家协作或依靠合资公司中母公司的技术支持。

我国较早期的国产水斗式水轮机于 1960 年在百丈溪水电站投运，水头 350.00m，单机出力 12500kW，$n=500r/min$，双喷嘴双转轮。随后，国产水斗式水轮机又先后在谭岑、磨房沟等水电站安装投运，出力均在 15000kW 左右。1961 年云南阿里洲水电站安装了由捷克 SKODA 公司生产的 42000kW 的水斗式水轮机，水头 628.00m。1970 年以里河盐水沟水电站又安装了 SKODA 公司生产的卧式双转轮、双喷嘴水斗式水轮机，水头589m，单机出力 37500kW，$n=600r/min$，是国内目前最大的卧式水斗式水轮机。在长达 30 多年的时间内，我国水斗式水轮机的容量均在 60MW 以下，而 2010 年建成的苏巴姑水电站的水斗式水轮机水头达 1175m，为国内最高。2006 年冶勒水电站由 Alstom 公司生产的 120MW 立轴六喷嘴水斗式水轮机安装投运。两年后，与国外厂家协作生产的国产田湾河梯级大发、任宗海、金窝三座水电站的共 6 台大型水斗式水轮机投入运行，其中金窝水电站水轮机单机出力 143.6MW，为国内目前单机出力之最。至此我国的水斗式水轮机的发展已进入大型机组制造与安装阶段。

2010 年，由中国水电建设集团承建与安装的南美洲厄瓜多尔 科卡·科多·辛克雷（CCS 项目）水电站的 8 台水斗式水轮机单机出力为 188.3MW，额定水头 $H_r=604.1m$，已于 2016 年竣工，为目前国内安装企业承担的最大水斗式水轮机安装项目。

现代大型水斗式水轮机安装中的主要技术简述如下：

1）水斗式水轮机埋设部件相对特殊，但结构相对简单，主要包括基础板、锚环、平水栅、上下转轮室（机壳）、配水环管、中心锥体、机坑里衬等。其中最主要的部件为配水环管，其安装、耐压试验和保压浇筑混凝土是埋件安装中的重要工序，其安装质量决定着水斗式水轮机最终的安装质量和运行质量水平。配水环管一般由屈服限超过 500MPa、抗拉强度为 590～770MPa 的钢板焊接制造。竖轴机组配水环管各喷嘴安装法兰垂直度、中心点高程、中心距、间距（即三维坐标值）均应控制在±2～±3mm 之间，喷嘴正式安装前以加工垫的方式调整上述安装误差。配水环管安装调整中的基准线包括：

A. 进水口法兰调整基准线：一条与配水环管进水口法兰面平行，用以检查法兰面到机组 X 轴线的距离，法兰面与 X 轴线平行度；另一条为纵轴线，控制进水口法兰轴线与机组 Y 轴线的距离偏差，为球阀、压力钢管安装连接做准备。

B. 喷嘴法兰的定位线：即机组 X、Y 轴线，该线用于检查每个喷嘴法兰到机组中心的距离，定位每个喷嘴的 X 和 Y 坐标值。

C. 法兰面垂直度检查线：用线锤在法兰面左右分别布置吊线检查。

D. 机组中心线：在平水栅中央设支撑架找正中心，控制喷嘴法兰到机组中心的距离。

E. 各喷嘴法兰中心点的确定：即法兰面的安装调整基准点。调整一般可按先中心高程—中心点到机组中心的距离—中心点相互间距—法兰面垂直度的顺序进行。

配水环管安装完成后，按要求进行水压试验，试验压力一般为 1.5 倍最大工作压力，时间为 1h，试验完成后降压至规定的内水压力下保压浇筑混凝土。

2）具有中锥体结构的水斗式水轮机，应在配水环管安装并浇筑混凝土后安装调整，中锥体为主轴的安装基准，主轴调整合格后以其为基准采用模拟喷嘴法（假喷嘴）测量确定喷嘴调整垫的加工尺寸，确保喷嘴的最终安装质量。

3）为克服配水环管在浇筑混凝土后可能引起的变位和变形，喷嘴正式安装时以其和配水环管安装法兰面之间的厚调整垫加以补偿。喷嘴安装后，与水斗分水刃的对中偏差，与转轮节圆相切点距离均应符合设计要求。

4）机组盘车合格后，应对喷嘴射流中心（喷针中心）与转轮水斗中心（分水刃）的偏差进行校核，防止水力不平衡对水轮机效率的影响。

5）转轮室（机壳）内的真空补气管安装应严格按照图纸规定的方位和高程控制，防止影响补气效果。

6）机组启动试运行中，应注意以下各项：

A. 配水环管充水时必须仔细谨慎地进行，喷针关闭侧油压处于工作状态并锁定，折向器关闭，同时注意利用球阀下游伸缩节的排气阀排除空气。

B. 机组空转运转状态下调速器的试验应按照喷针与折向器的协联关系进行，初步校验空载开启度下的协联关系，机组扰动试验要求与混流式水轮机组相同。

C. 水斗式水轮机由于折向器动作迅速（2～3s 全关），机组转速上升幅度不大，而喷针关闭时间较长（30～40s）。因此，甩负荷时的转速上升和压力上升均较混流式机组小得多，故设计将机组过速试验时的过速值取得较低，一般在 110%～115% 额定转速之间，所以过速试验风险相对较小。

D. 水斗式水轮机的尾水位很低，尾水室内的尾水位与转轮中心的高度距离一般在 2.75～4.0m，称为转轮排出高度。而尾水洞为无压洞。机组运转时，在折向器、喷嘴动作后，转轮是在空气中旋转，为加快机组停机时间，一般都采用电制动加机械制动的联合制动方式，也有采用制动喷嘴的双射流方式，这是水斗式水轮机的特点。

E. 对于特殊的下游流量工况，尾水洞为有压洞。处于机组尾水位较高，转轮排出高度偏低条件下的水斗式水轮机，有时设有运行中的压水装置，保证在压低尾水状态下机组还能带负荷运行，此时还应进行机组带负荷高尾水位条件下的压水运行试验，以检验在压水工况下，水轮机的出力特性和效率。

1.3.1.5 混流式水泵水轮机安装

（1）各个时期安装投产的有代表性的混流水泵水轮机安装见表1-11。

表1-11　　各个时期安装投产的有代表性的混流水泵水轮机安装表

序号	水电站名称	所在地	台数×单机容量/MW	转速/(r/min)	水轮机工况			水泵工况			一台机组投运年份
					H_{tmax}/m	H_r/m	H_{tmin}/m	H_{pmax}/m	H_{pmin}/m	最大入力/MW	
1	十三陵	北京市	4×200	500	474.8	430.0	427.2	488.6	440.4	203.5	1995
2	天荒坪	浙江省	6×300	500	603.5	526.0	512.0	644.0	533.2	333	1997
3	广州抽水蓄能电站一期	广东省	4×300	500	537.18	496.0	494.0	550.0	514.14	326	1992
4	广州抽水蓄能电站二期	广东省	4×300	500	536.0	512.0	494.0	544.8	514.5	308.73	1998
5	桐柏	浙江省	4×300	300	285.7	244.0	230.5	288.27	237.54	312.0	2005
6	泰安	山东省	4×250	300	256.0	225.0	221.0	259.6	223.58	262.8	2006
7	琅琊山	安徽省	4×150	230.8	147.0	126.0	117.4	152.8	124.6	160.7	2006
8	张河湾	河北省	4×250	333.3	341.76	305	282.79	350.08	294.96	267	2008
9	宜兴	江苏省	4×250	375	407.0	363.0	344.0	420.0	360.0	275.0	2009
10	西龙池	山西省	4×300	500	687.7	640.0	611.6	703.0	634.0	319.6	2009
11	宝泉	河南省	4×300	500	562.45	510.0	485.5	572.5	501.7	315.4	2009
12	惠州	广东省	8×300	500	553.7	517.4.0	506..0	561.4	510.7	314.5	2009
13	白莲河	湖北省	4×300	250	213.7	195.0	178.3	222.7	191.0	325.0	2009
14	黑麋峰	湖南省	4×300	300	331.5	295	268.2	337.6	276.2	305.85	2009
15	蒲石河	辽宁省	4×300	333.3	330.0	308.0	294.0	330.0	294.0	322.0	2010
16	呼和浩特	内蒙古自治区	4×300	500	585	521	505			315.1	
17	响水涧	安徽省	4×250	250	217.4	190.0	172.2	222.3	179.5	268.14	2011
18	仙游	福建省	4×300	428.6	472.6	430.0	413.4	479.9	424.1	328.0	2012
19	仙居	浙江省	4×375	375	493.35		416.0	501.8	429.0	385	2014
20	溧阳	江苏省	6×250	300	291.3		227.2	295	237.5		2013
21	清原	广东省	4×320	428.6	502.7	470.0	440.3	509.5	450.7	332.75	2014
22	岗南	河北省	1×11	250/273	64.0	47.0	28.0	59.0	31.0	15.0	1968
23	密云	北京市	2×11	250/273	64.0		28.0	59.0	28.0		1973
24	潘家口	河北省	3×90	124.8~125	85.7		36.0	85.7	36.0	91	1991
25	羊卓雍湖	西藏自治区	4×22.5	750	1020	816.0		850.0			1997
26	溪口	浙江省	2×40	600	268.0	240.0	229.0	276.0	242.0	44.1	1998

序号	水电站名称	所在地	台数×单机容量/MW	转速/(r/min)	水轮机工况			水泵工况			一台机组投运年份
					H_{tmax}/m	H_r/m	H_{tmin}/m	H_{pmax}/m	H_{pmin}/m	最大入力/MW	
27	响洪甸	安徽省	2×40	166.7/150	63.0	45.0	27.0	64.0	32.0		2000
28	天堂	湖北省	2×35	157.9	52.0	43.0	38.0				2000
29	沙河	江苏省	2×50	300	121.0	97.7	93.7	125.0	100.7	57.76	2002
30	白山	吉林省	2×150	200	123.9	105.8	105.8	130.4	108.2	151.3	2005
31	回龙	河南省	2×60	750	412.3	379.0	362.8	424.4	378.5	66.7	2005

注 西藏羊卓雍湖抽水蓄能电站为三机串联式机组，非可逆式机组。

（2）混流式水泵水轮机安装技术发展简述。抽水蓄能电站的水泵水轮机与常规水轮机的不同之处在于它具有发电和抽水两种功能。早期使用的水泵水轮机，其水轮机与水泵分体设置，称为组合式水泵水轮机，连同发电电动机合称为三机串联抽水蓄能机组。由于水轮机和水泵为各自独立的机械，能分别在其最优工况下工作，达到较高的总效率。机组在两种工况下的旋转方向相同，工况转换方便，但组合式机组结构复杂，整体尺寸大，投资较高。

现代普遍采用的水泵水轮机为水泵与水轮机合为一体，并可以双向旋转的所谓可逆式机组。转轮向一个方向旋转时发电（水轮机工况），向另一个方向旋转时抽水（水泵工况），这是当代水力机械在技术上的重大突破。可逆式水泵水轮机主机只有一台，机械设备结构及布置简单，总体重量减轻，输水管道系统（压力引水钢管及尾水管道）简单，所需阀门设备少。随着水力机械技术的进一步发展，一体式水泵水轮机的水力性能不断提高，其总体效率已接近和达到组合式机组的水平。

可逆式水泵水轮机可以设计成混流可逆式、斜流可逆式、轴流可逆式、贯流可逆式等型式，其应用水头范围见表1-12。

表1-12　　　　　　　各种型式可逆式水泵水轮机应用水头范围表

水泵水轮机型式	应用水头范围	水泵水轮机型式	应用水头范围
混流可逆式	30～700m 或更高	轴流可逆式	≤50m，很少采用
斜流可逆式	≤150m，水头变幅较大时采用	贯流可逆式	≤15m，用于潮汐电站

由于混流式水泵水轮机适应水头范围宽，综合效率高，操作维护简单，已成为可逆式水泵水轮机中应用得最为广泛、成熟的机型，在我国更是如此。今后一段时期内抽水蓄能电站的开发，将几乎全部采用具有混流式转轮的可逆式水泵水轮机机型（以下简称可逆式水泵水轮机），并向着高水头、大容量和高转速的方向发展。

当然，对于水头变化幅度很大的抽水蓄能电站，一体式的水泵和水轮机都很难适应偏离最优工况点较远的工作范围，特别是水泵工况时的效率会有一定程度的下降，水力振动也会加剧，为此设计了具有两种同步转速的可逆式水泵水轮机和发电电动机。在水泵工况时，利用改变机组转速（即改变发电电动机磁极对数）来使水泵适应某些工况区域，提高其水力性能。在机组设计和安装方面增加了因发电电动机转子磁极结构不同和运行中要求停机换极操作（倒极设备安装及操控自动化系统等）的复杂程度，但因总体效果不甚明显和现代混流可逆式水泵水轮机本身性能的不断提高而近来很少采用。

抽水蓄能水泵水轮机组的另一个特点是水泵工况的启动运行操作复杂，技术难度较大。水泵工况启动的方式、上下游水库的充蓄水状况、启动设备安装、调试和试验、转轮充水造压和工况转换等均要求施工和调试单位具有一定的技术水平、施工业绩和试运行试验经验。培养水电安装施工企业具有一定的可逆式抽水蓄能机组启动试运行技能和资质仍然是当前我国水电机电安装施工企业科学发展的一项重大任务。

20 世纪 50 年代，我国曾经对云南抚仙湖抽水蓄能电源点进行过研究和初步设计，但直至 70 年代初作为一种新型蓄能电源的样板，才在河北岗南和北京密云建成初期的抽水蓄能电站。两电站分别安装由日本富士电机和天津发电设备厂制造的斜流可逆式水泵水轮机和发电电动机，该机组通过发电电动机转子换极具有双同步转速，使水电安装界的耳目和视野为之一新。前者为当时世界上最新型的水泵水轮机，斜流桨叶与主轴轴线成 49°，转轮体内安装有在锥面上操作的连杆机构，而桨叶接力器则装在发电电动机转子的中心体内，安装后运行情况较好。后者，机组事故较多、运行效果不佳、运行成功率极低。90 年代初，潘家口常规和蓄能相结合水电站由意大利 DPEW 公司制造的三台可变转速混流可逆式机组安装完成并投入运行，单机容量 90MW，水头范围 35～85m（最大水头和最小水头之比为 2.4：1），转速分别为 142.8r/min 和 125r/min，相应磁极对数为 21 对/24 对，换极操作十分复杂。同时，该机组水泵工况启动用的变频器（SFC）容量达 60MW，可在低水头范围内（$H < 45m$ 时）通过变频器驱动发电电动机作无级变速运行，使水泵的运行效率更高。但变频器作为运行设备时故障率较高，冷却问题复杂，投资也较大，现代大型抽水蓄能机组的变频器（SFC）已不再要求具备此项功能。潘家口水电站以后，我国抽水蓄能电站的建设方才进入了大中型水泵水轮机安装、试验与启动试运行阶段。

相对有级变速而言，无级变速是水力机械适应水头变化的最理想的调节方式，由于受发电电动机磁极对数和电网频率的限制，发电电动机只有一种同步转速。要改变水泵的转速，只能改变发电电动机磁极对数。但正如前述，改变发电电动机磁极对数从电机结构设计、安装、运行操作等方面均带来较大的困难，对于大容量电机，还会增加事故频发的隐患。所以，近 20 年来在国外出现了交流励磁的可变速发电电动机，用于抽水蓄能电站对水泵水轮机组的驱动。该电机转子为三相交流励磁，由变频器提供励磁电源，可在额定转速±4%～±8% 的范围内无级变速，可以从根本上解决水轮机和水泵两种工况在转速上不匹配的问题，也保证了水泵和水轮机可以经常运行在最优效率区。此外，通过无级变速，同时取得了调节水泵工况输入功率和控制电网频率的效果。1990 年世界上最早的可变转速混流可逆式机组在日本的矢木泽抽水蓄能电站投入运行，单机容量 85MVA，采用交—交流变频器，转速 130～156r/min。但是，可变速蓄能机组造价昂贵，发电机转子结构复杂，除在日本国以外，世界上尚还极少采用。目前世界上最大交流励磁可变速机组为日本的葛野川抽水蓄能电站，发电工况单机容量 475MVA，转速 500r/min±4%（即 480～520r/min），水泵工况扬程 739～782m，也是世界上扬程最高的单级混流可逆式水泵水轮机（机组分别由日立、三菱、东芝制造）。世界上转轮直径最大的混流式水泵水轮机的转轮 $D_1 =$

8.23m（8.4m），为美国芦丁顿水电站的机组改造（在建），最大运行水头113.6m，单机容量312MW。

1998年西藏羊卓雍湖抽水蓄能电站建成，安装我国唯一的、由奥地利伏依特公司生产的4台单机22.5MW三机串联式抽水蓄能机组，发电电动机下面为三喷嘴冲击式水轮机，再下面为联轴器和六级离心抽水泵，离心抽水泵下方为下推力轴承，整个机组全部高度为23.4m。随后在20世纪90年代我国又有广州抽水蓄能电站、天荒坪、十三陵、溪口、响洪甸等抽水蓄能电站建成投产，水泵水轮机全部为混流可逆式，单机容量已达300MW，转速可达500r/min，水头（扬程）已超过600m。进入21世纪，我国又先后建成一大批大型抽水蓄能电站，如桐柏、泰安、张河湾、琅琊山、西龙池、黑麋峰、宜兴、宝泉、惠州、白莲河等水电站。在建的还有呼蓄、仙游、响水涧、清源、溧阳、洪屏一级、天荒坪二期、仙居、敦化、绩溪、河北丰宁等水电站，其中浙江仙居水电站的水泵水轮机单机出力为375MW，天荒坪二期水电站、绩溪水电站水泵扬程达763.6m，水泵水轮机也全部为混流可逆式。与此同时，我国大型水泵水轮机的制造也逐步实现了由完全依靠进口逐步转变为合作制造，直至完全由国内制造的过程。可逆式水泵水轮机的启动调试技术逐步完善和成熟，并建立了系统的启动试验国家标准和相应技术保障体系。2001年我国发布第一部关于可逆式机组的启动调试和试运行国家标准为《可逆式抽水蓄能机组启动试验规程》（GB/T 18482—2001），2010年又颁发了第一次修订版（GB/T 18482—2010），可逆式机组的启动调试和试运行已经成为一项专门的成熟技术而为安装、试验企业所掌握，大大提高了抽水蓄能电站投产的效率和建设水平。

现代大型混流式水泵水轮机安装中的主要技术简述如下：

1）尾水肘管上管口位置的安装调整应加以精细化。上管口位置是整台机组初期的安装基位，对于转轮为下折方式的水泵水轮机结构，肘管上管口通过法兰面与锥管连接，更应严格控制它的安装位置和调整精度。二期混凝土浇筑时要加强对肘管上浮及位移变形的监测，尾水锥管和肘管的安装均应考虑可逆式水泵水轮机过流部件为双向流和深尾水埋深的特点。

2）可逆式水泵水轮机的蜗壳和座环都是在制造厂家组焊后分瓣运至工地，在施工现场只进行分瓣体的组焊和座环加工，但应注意在座环组合缝处的蜗壳凑合瓦块的切割下料与尺寸测量。蜗壳必须作水压试验，试验合格后降低压力，在保持一定压力情况下浇筑二期混凝土，蜗壳水压试验最高压力，压力上升、下降规律、试验时间以及保压浇筑混凝土的要求均应严格按照设计程序进行。

3）高水头可逆式水泵水轮机的止漏环结构比较特殊，既要有效地起到止漏和减压的效果，又要在转轮在空气中运转时（机组调相工况）承受高温空气摩擦的考验，在通入外部冷却润滑水的条件下工作。出于固定止漏环维修较转动止漏环方便的原因，固定止漏环一般用黄铜或铜合金制作，与顶盖、座环的配合多采用过盈配合或过渡配合方式。而止漏环结构多设计成阶梯与迷宫组合式或阶梯与梳齿的组合方式，安装时应注意：

A. 下固定止漏环为整个机组安装的中心基准，它是由尾水肘管上管口中心点位置传递过来的。一旦确定，即为后续转动部件和发电机各部件的中心基准。其安装调整应在底环调整完毕后进行，下止漏环组装与安装时应注意止漏环冷却润滑水管的位置和安装要求。

B. 下固定与转动止漏环间隙均匀性保证措施，除结构设计上预留其中一个阶梯环的间隙测量孔之外，还可以利用推轴平移转轮的方法来检测止漏环各个方向的总间隙及其分配情况，与间隙测量孔所测得的数据相互比较，综合分析确定止漏环间隙的大小和均匀程度。

C. 要保证高水头混流式水泵水轮机上、下止漏环的同心度是项较复杂的工作，而止漏环间隙的大小、间隙均匀程度，对水轮机的效率、振动、水环润滑、水压脉动等均有很大的关系，所以《水轮发电机组安装技术规范》（GB/T 8564—2003）规定：止漏环间隙与实际平均间隙之差，不超过设计间隙的±10%，实际施工都按照不超过设计间隙的±8%以内控制。

D. 为克服水泵水轮机在 S 形运行区内低水头空载运行时的不稳定性，有些水泵水轮机使用单元式接力器—导叶组件或采用增加非同步导叶—接力器的导叶机构，各单元接力器同步调整或非同步导叶及接力器安装作为当前蓄能机组一项特殊的安装工序及工艺，应在安装、调整和试验中引起足够的注意。机组启动试运行期间，在低水头下空载并网时，应多次调整各单元接力器或非同步导叶—接力器的开启规律，以满足机组能稳定并网的要求。

E. 可逆式机组水泵工况启动方式复杂，涉及电气、水力、机械等多方面影响因素，而且与抽水蓄能电站上、下游水库的充蓄水规律和水位（扬程）有关。有关抽水蓄能电站首台机组首次采用水泵工况启动（即电动机启动）并抽水的启动试运行方式一直是现代可逆式机组启动方式研究的一项工程技术课题。实际工程建设中，可以按照《可逆式抽水蓄能机组启动试运行规程》（GB/T 18482—2010）的规定，结合水电站具体情况编制详细可行的操作大纲实施。

F. 由于蓄能机组高尾水位的特点，机组试运行试验中应注意水轮机工况下甩负荷关闭导叶规律不当对机组抬机和蜗壳、压力钢管水压脉动的影响，必要时要经过多次调整；同时，也要注意水泵抽水运行造压时，水电站扬程与导水叶开启规律的关系，尽量减少水泵从零流量工况向抽水工况过渡时，导叶与转轮间压力脉动和机组噪声、振动的量值。

1.3.1.6　调速系统设备安装

近半个世纪以来，我国水轮机调速器制造和安装事业取得了质的飞跃，由 20 世纪五六十年代复杂的、结构巧妙的机械液压型调速器，进化为 20 世纪六七十年代电子管、晶体管模拟电路电气液压型，发展到 20 世纪 80 年代初以来的基于集成电路或微计算机的数字式电气液压型调速器。关键的电液转换元件和液压随动系统元器件技术都取得了很大发展。

国内外部分调速器电液转换元件见表 1-13。

表 1-13　　　　　　　　　国内外部分调速器电液转换元件表

国家	公　　司	调速器电液转换元件
美国	Woodward	电液伺服比例阀
瑞士	Sulzer Escher Wyss	电液伺服比例阀
法国	NEYRPIC	电液伺服阀
德国	VOITH	电液伺服阀
瑞典	ABB	电液伺服阀
日本	HITACHI	电液伺服阀
苏联	列宁格勒金属工厂	电液伺服阀
中国	哈尔滨电机厂有限责任公司	电液伺服阀

国家	公司	调速器电液转换元件
中国	东方电机股份有限公司	电液伺服比例阀
中国	南京南瑞集团公司	电液伺服比例阀
中国	上海中船重工第七〇四研究所	电液伺服比例阀
中国	长江三峡能事达电气股份有限公司	步进电机
中国	长沙星特自控设备实业有限公司	电液伺服阀
中国	北京市水科学技术研究院	电液伺服比例阀
中国	武汉三联水电控制设备有限公司	电液伺服阀、步进电机
中国	武汉长江控制设备研究所有限公司	电液伺服阀、比例阀、步进电机、力矩电机
中国	天津电气传动设计研究所有限公司	电液伺服阀、步进电机

　　1991 年以后，微机电液调速器的硬件开始采用工业化生产的工业控制机。随后我国微机电液调速器纷纷采用国际知名品牌的通用工业控制器，初期为总线工控机 STD，后来逐步倾向于可编程控制器 PLC，可编程计算机控制器 PCC 和工业控制机 IPC。20 世纪末，我国电液调速器进一步改进，采用步进电动机、直流伺服电动机作为调速器的电/机转换部件。由于步进电动机和伺服电动机的电/机转换部件不需要液压油，结构简单，工作可靠，操作维护方便，易于掌握，并具有失电后自动复中功能，解决了我国调速器长期以来存在的抗油污能力差，电液转换部件故障率高的难题。至今这类伺服电动机（包括步进电动机、直流伺服电动机和交流伺服电动机）控制的调速器已成为我国调速器的主导产品，在大中型调速器中占到总量的 70% 左右。调速系统的操作油压也从 2.5MPa 分别提高到 4.0MPa 和 6.3MPa。现在我国数字式（微机）电液调速器的技术性能和功能与国际先进水平基本保持在同步状态，在双机双冗余和双机交叉冗余技术、适应式变参数调节、伺服/步进电动机构成的电/机转换部件等方面已在国际同行中领先。但采用国际知名品牌的 IPC、PLC 和 PCC 作为调速器电气柜硬件核心，对提高调速器电气柜质量、工艺水平和可靠性是必要的。装配了上述硬件的调节器加上电液随动系统，技术指标均满足国家标准要求。目前，除去非技术因素原因需要进口调速器设备外，对所有机型的机组（混流式、轴流转桨式、贯流式、冲击式、抽水蓄能可逆式等），国产调速器均有相应可靠的产品，同时也能与主机组设备相配套而出口国外。近几年来，在微机调速器中开始采用工业标准液压元件，如采用电液比例阀和数字阀作为调速器的电液转换部件，采用逻辑插装阀完成油泵组、分段关闭、油压截止阀等功能。而采用伺服比例阀控制的调速器，其控制信号用流量和压力量传递，没有机械位移，机构简单。在大型水轮发电机组的控制中逐年增多。

　　由于微型计算机的采用，因其有强大的运算能力、记忆能力、逻辑判断能力和通信能力，使微机调速器具有许多先进功能。目前，已将与上位机通信、频率跟踪、电气开度限制、人工失灵设定、故障诊断及处理列为必须实现的功能。另外可具有手自动无条件、无扰动的切换、离线诊断、计算机辅助试验、事故数据记录、防错、容错功能，死区和零点漂移的动态补偿等先进功能。工程应用与选择调速器时，应根据调节对象、水电站条件、电力系统要求等有针对性地选择需要的功能和插件，切忌功能太多，影响调速器主要的调节性能。

　　现阶段，国产调速器可达到的基本调节性能指标如下：

（1）转速死区：$i_x<0.02\%$；转速不灵敏度等于 1/2 转速死区：$\xi<0.01\%$。

（2）双调节电液调节装置的协联随动装置不准确度：$i_a<1.0\%$。

（3）静特性曲线非线性度：$\varepsilon\leqslant3\%$。

（4）空载时相对转速摆动：$<\pm0.15\%$，即$<\pm0.075\mathrm{Hz}$（对于 50Hz 电力系统）。

（5）甩 25% 负荷时接力器不动时间：$T_q\leqslant0.2\mathrm{s}$。

（6）机组甩 100% 负荷时的动态品质为：偏离稳态转速 3% 以上的波动次数不超过 2次；机组最低转速不低于 90% 额定值；从甩负荷后接力器首次向开启方向移动时起，到机组转速摆动相对值不超过 $\pm0.5\%$ 为止的调节时间不大于 40s（也可参照 IEC 61362 标准原则考核）。

现代水轮机调速系统设备安装调试中的主要技术如下：

1）调速系统设备安装由调速器柜安装、电调盘（柜）安装、油压装置安装、管路配制安装、辅助设备（过速限制器、分段关闭系统、测速齿盘等）安装、系统充油调整试验、机电静态联合调试、启动试运行调试试验等几部分组成。

2）调速器设备安装前的一般性检查试验应注意开箱检查、表计检查、盘柜内电气接线检查、绝缘测定等环节。其中绝缘电阻测定必须按电气设备绝缘规范进行，回路电压小于 100V 时用 250V 兆欧表、回路电压为 100～250V 时用 500V 兆欧表测量，在环境温度 5～30℃、相对湿度 45%～90% 条件下，其值不小于 1MΩ 或 5MΩ（单独盘柜）。

3）油压装置调整试验应包括：压力油罐 1.25 倍额定油压的耐油压试验，油泵组运转试验，阀组调整试验，油压装置系统密封性能试验，压力信号器和油位信号器整定，油压装置自动运行模拟试验等。自动运行模拟试验时，用人工排油排气，检查压力信号器和油位信号器动作，控制油泵按各种方式运行，并自动补气、补油，不允许用人工拨动信号器接点的方式进行模拟试验。

4）数字式电液调速器电气部分试验时，除对调节器的静态特性进行测试（在不同的永态转差系数下）外，还应对调节器的动态特性进行测试，记录调节器输出的过渡过程曲线。

5）电气—机械/液压转换装置试验、机械液压部分调整试验、电液随动装置试验、电液调节系统的整机调整试验等均应在机组无水（静态）调试期间进行。其中整机调整试验中以水轮机导水叶（或喷针）在无水中由接力器（或喷嘴接力器）操作开关时间的整定和紧急停机试验为主要项目。有分段关闭要求的调速器，应在直线关闭时间调整后投入分段关闭装置，按设计要求调整拐点位置和接力器全行程关闭时间，并记录接力器开、关过程曲线。

整机系统试验完成后，应得出调节装置系统的静、动态特性和转速死区、接力器不动时间，系统漏油量及耗油量指标以及装置系统的综合漂移值。

6）机组充水后的电液调速器的调整试验将配合机组启动试运行试验同步进行，按照《水轮发电机组启动试验规程》（DL/T 507—2014）、《水轮机电液调节系统及装置调整试验导则》（DL/T 496—2016）的规定分步操作。

1.3.2　水轮发电机及其附属设备安装

1.3.2.1　水轮发电机设备安装

（1）各个时期安装投产有代表性的水轮发电机见表 1-14、水轮发电机单机容量增长见图 1-4。

表1—14 各个时期安装投产有代表性的水轮发电机表

序号	水电站-制造厂名称	额定容量		额定电压 /V	功率因数	转速/(r/min)		额定效率 /%	转动惯量 /(t·m²)	冷却方式	结构型式	推力负荷 /MN	推力轴承结构型式	定子结构	转子结构	发电机总重量 /t	首台发电机投运年份
		MW	MVA			额定	飞逸										
1	新安江	75.0	88.20	13800	0.850	150.00	290	97.71	11400	空冷	悬式	6.60	抗重螺钉	分瓣	有轴、带风扇	635	1959
2	新安江	72.5	85.30	13800	0.850	150.00	290	97.30	9000	双水内冷	悬式	6.40	抗重螺钉	分瓣	有轴、带风扇	460	1968
3	云峰	100.0	118.00	13800	0.850	150.00	354	98.00	17500	空冷	悬式	9.81	抗重螺钉	分瓣	有轴、带风扇	940	1966
4	刘家峡	225.0	257.00	15750	0.875	125.00	250	98.34	54000	空冷	悬式	15.70	弹性油箱	分瓣	热套、中心体	1315	1969
5	刘家峡	300.0	343.00	18000	0.875	125.00	250	97.46	53000	双水内冷	悬式	15.45	弹性油箱	分瓣	无轴、中心体	1268	1974
6	乌江渡	210.0	240.00	15750	0.875	150.00	285	98.00	33000	空冷	半伞式	13.73	弹性油箱	分瓣	无轮毂焊接	1075	1979
7	葛洲坝（大机）	170.0	194.00	13800	0.875	54.60	120	97.50	172000	空冷	半伞式	37.28	平衡梁	分瓣	无轴、盒型支臂	1635	1981
8	葛洲坝（小机）	125.0	143.00	13800	0.875	62.50	140	97.50	90000	空冷	半伞式	32.37	弹性油箱	分瓣	无轴、盒型支臂	1320	1982
9	白山	300.0	343.00	18000	0.875	125.00	260	98.40	70000	空冷	悬式	17.66	多波纹液压支柱式	工地组装	轮辐式	1520	1983
10	龙羊峡	320.0	356.00	15750	0.900	125.00	256	98.30	85000	空冷	半伞式	22.27	双层瓦弹性油箱	分瓣	无轴、中心体	1666	1987
11	岩滩	302.5	346.00	15750	0.875	75.00	145	98.50	180000	空冷	半伞式	26.98	双层瓦弹性油箱	工地组装	圆盘式	2146	1992
12	天生桥二级	220.0	245.00	18000	0.900	200.00	363	98.20	21200	空冷	半伞式	12.16	弹性油箱	工地组装	无轴、圆盘式	1160	1992
13	漫湾	250.0	286.00	15750	0.875	125.00	250	98.40	54000	空冷	半伞式	17.17	弹性油箱	工地组装	圆盘式	1400	1993
14	五强溪	240.0	267.00	15750	0.900	68.18	140	98.50	180000	空冷	半伞式	26.49	弹性油箱	工地组装	圆盘式	1900	1994
15	水口	200.0	222.00	13800	0.900	107.10	246	98.57	66000	空冷	半伞式	40.22	双层单弹性支点双弹性梁	工地组装	圆盘式	1420	1993
16	隔河岩	300.0	340.00	18000	0.9	136.40	270	98.50	66500	空冷	半伞式	16.19	小弹簧束	工地组装	圆盘式	1300	1993

序号	水电站-制造厂名称	额定容量		额定电压/V	功率因数	转速/(r/min)		额定效率/%	转动惯量/(t·m²)	冷却方式	结构型式	推力负荷/MN	推力轴承结构型式	定子结构	转子结构	发电机总重量/t	首台发电机投运年份
		MW	MVA			额定	飞逸										
17	李家峡	400.0	444.00	18000	0.9	125.0	250	98.50	85000	空冷(4号发电机为蒸发冷却)	半伞式	25.31	弹性油箱	工地组装	圆盘式	2200	1997
18	二滩	550.0	612.00/642.00	18000	0.9/0.925	142.9	275	98.58	95000	空冷	半伞式	21.78	75个小弹簧束	工地组装	圆盘式	1701	1998
19	小浪底	300.0	334.00	18000	0.9	107.1				空冷	半伞式	33.80	弹性油箱	工地组装	圆盘式	1870	2000
20	三峡右岸-V.G.S	700.0	840.00	20000	0.9	75.0	150	98.75	450000	定子绕组水冷	半伞式	39.73	单层瓦-小弹簧束	工地组装	圆盘式	3143	2003
21	三峡左岸Alstom/ABB	700.0	840.00	20000	0.9	75.0	150	98.77	450000	定子绕组水冷	半伞式	40.30/56.90	双层瓦-小支柱弹性支撑	工地组装	圆盘式-斜元件	3459	2003
22	三峡右岸-哈电	700.0	840.00	20000	0.9	75.0	151	98.73	450000	全空冷	半伞式	54.50	双层瓦-小支柱弹性支撑	工地组装	圆盘式-斜元件	3640	2007
23	三峡右岸-东电	700.0	840.00	20000	0.9	75.0	150	98.75	450000	定子绕组水冷	半伞式	38.30	单层瓦-小弹簧束	工地组装	圆盘式-斜元件	3640	2007
24	三峡右岸-Alstom	700.0	840.00	20000	0.9	71.4	143	98.77	450000	定子绕组水冷	半伞式	56.90	双层瓦-小支柱弹性支撑	工地组装	圆盘式-斜元件	3333.5	2007
25	三峡地下电站-东电	700.0	840.00	20000	0.9	75.0	150	98.75	450000	定子绕组蒸发冷却	半伞式		单层瓦-小弹簧束	工地组装	圆盘式-斜元件		2011
26	龙滩	700.0	777.80	18000	0.9	107.1	214	98.67	220000	全空冷	半伞式	30.41	双层瓦-小支柱弹性支撑	工地组装	圆盘式-斜元件	3028	2007
27	小湾	700.0	777.80	18000	0.9	150.0	290	98.76	110000	全空冷	半伞式	27.30	双层瓦-小支柱弹性支撑	工地组装	圆盘式-斜元件		2009

序号	水电站名称-制造厂名称	额定容量		额定电压/V	功率因数	转速/(r/min)		额定效率/%	转动惯量/(t·m²)	冷却方式	结构型式	推力负荷/MN	推力轴承结构型式	定子结构	转子结构	发电机总重量/t	首台发电机投运年份
		MW	MVA			额定	飞逸										
28	拉西瓦	700.0	757.00	18000	0.925	142.9	255	98.81	130000	全空冷	半伞式	26.00	双层瓦-小支撑弹性支撑	工地组装	圆盘式-斜元件		2010
29	糯扎渡-东电	650.0	722.30	18000	0.9	125.0	250	98.81	175000	全空冷	半伞式		单层瓦-小弹簧束支撑	工地组装	圆盘式-斜元件		2012
30	锦屏一级	600.0	649.00/700.00	20000	0.925	142.9	280	98.81	120000	全空冷	半伞式	25.50	双层瓦-小支柱弹性支撑	工地组装	圆盘式-斜元件	2465	2013
31	锦屏二级	600.0	667.00	20000	0.9	166.7	300	98.775	75000	全空冷	半伞式	23.10	双层瓦-小弹簧束支撑	工地组装	圆盘式-斜元件	2360	2012
32	官地	600.0	667.00	20000	0.9	100.0	190	98.78	220000	全空冷	半伞式	33.84	双层瓦-小支柱弹性支撑	工地组装	圆盘式-斜元件	2771	2012
33	向家坝-哈电	800.0	888.90	20000	0.9	75.0	150	98.75	490000	全空冷	半伞式	50.52	双层瓦-小支柱弹性支撑	工地组装	圆盘式-斜元件	3797	2013
34	向家坝-天阿	800.0	888.90	23000	0.9	71.4	134	98.80	490000	全空冷	半伞式	43.36	双层瓦-小支柱弹性支撑	工地组装	圆盘式-斜元件	3793	2015
35	溪洛渡-哈电	770.0	855.60	20000	0.9	125.0	240	98.75	180000	全空冷	半伞式	3400.00	双层瓦-小支柱弹性支撑	工地组装	圆盘式-斜元件	3178	2014
36	溪洛渡-东电	770.0	855.60	20000	0.9	125.0	240	98.80	190000	全空冷	半伞式	3700.00	单层瓦-小弹簧束支撑	工地组装	斜立筋圆盘式结构	3106	2013
37	溪洛渡-福伊特	770.0	855.60	20000	0.9	125.0	224	98.90	180000	全空冷	半伞式	3059.00	弹性橡胶垫	工地组装	径向立筋圆盘式结构	3080	2013

注 哈电—哈尔滨电机厂有限责任公司；东电—东方电机有限公司；福伊特—上海福伊特水电设备有限责任公司；天阿—天津阿尔斯通水电设备有限责任公司；Alstom—Alstom. ABB 联合体；V. G. S—Voith. GE. Seimens 联合体。

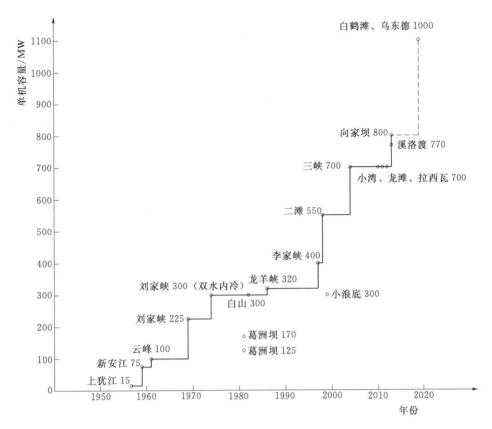

图 1-4　水轮发电机单机容量增长图

（2）水轮发电机安装技术发展简述。水轮发电机系指由水轮机驱动的三相交流同步发电机，是水电站最主要的动力设备，国外专业书籍中称其为水电站的心脏。水轮发电机的结构型式通常由水轮机的形式和转速确定。中、小型冲击式（水斗式）水轮机驱动的水轮发电机多采用卧式型式，混流式、轴流式以及大、中型冲击式水轮机驱动的水轮发电机一般均为立式结构，而贯流式水轮机驱动的发电机一般均为卧式灯泡式。立式水轮发电机按推力轴承是否在发电机转子的上、下方又分为悬吊式和伞式两种结构。由于水轮发电机组启动快、开、停机迅速，运行调度灵活，因而在电力系统中的大、中型水轮发电机除担负基荷外，还常用作调峰、调频、调相，或作事故备用，与其他类型的发电机相比，水轮发电机具有下列主要特点：

1）水轮发电机为低速旋转电机，具有较大的结构尺寸和转动惯量，即 GD^2。

2）由于水电站一般距离负荷中心较远，外送输电线路较长，电网对水轮发电机有较高的静态和动态稳定性要求，而水轮发电机较大的 GD^2 又正好具有满足电网对其静、动态稳定性要求的条件。

3）由于结构尺寸大，发电机通风冷却设计及其冷却效果较汽轮发电机简单和有效；但立式水轮发电机推力轴承因其轴向推力负荷巨大和较大的线速度而使设计制造安装调整困难。

4）虽然水轮发电机达到飞逸转速的可能性极小，但在结构设计时，仍需考虑转动部件在飞逸转速下的机械强度的可靠性，尤其是结构尺寸较大（转子直径超过15m）的水轮发电机和高转速发电电动机。

5）水轮发电机通常为单台件设计，小批量生产，同容量发电机间不具备互换性。

我国现代水轮发电机的电磁、机械设计理论和计算方式已经经典化和模块化，相关设计软件也在不断完善，日趋实用。不同结构型式的大型、超大型、巨型水轮发电机的安装调整也已经同步达到世界先进水平。

1950年国产第一台800kW水轮发电机制造完成并于第二年安装在四川省甘洛县苏雄水电站。半个多世纪以来，水轮发电机的设计、制造和安装经历了以江西上犹江、新安江、云峰、刘家峡、白山、龙羊峡、李家峡、二滩等水电站为代表的几个历史阶段。

1969年4月，我国第一座百万千瓦水电站刘家峡水电站首台225MW悬吊型水轮发电机安装投产，采用大型三波纹液压支柱式弹性油箱推力轴承支承，定子铁芯高度2.02m。1973年年底，我国第一台300MW双水内冷水轮发电机又在刘家峡水电站5号机组安装建成投产，这是我国继新安江水电站9号机组后第一次对大型水轮发电机水内冷技术的实践和尝试。由于设计经验不足，受定子汇流铜排温升过高限制，达不到额定出力，且转子内冷水系统故障率较高，已经改造为全空冷发电机。

1983年，水轮发电机定子现场整体叠片组装，嵌装全部线圈的新型安装工艺在白山水电站机组安装中实施，从此开创了我国中、大型水轮发电机定子制造、安装的新工艺。由于定子现场叠片整体组装较分瓣制造、现场合缝下线的工艺有明显的优越性和质量保证。从那时开始，水轮发电机定子就无例外的如同转子一样在现场整体组合装配，并制定了相应的行业标准和工艺导则。

1999年，我国第一台定子绕组蒸发冷却，转子强迫风冷的水轮发电机在李家峡水电站作试验性投产（李家峡水电站4号发电机），单机功率400MW，纯蒸发冷却运行时的自然冷却容量设计值为320MW。1998年二滩水电站由加拿大GE公司与国内厂家联合制造的单机容量642MVA的发电机投入运行，第一次将我国水轮发电机安装投产的单机容量提高到500MW以上。

2003—2005年三峡水利枢纽左岸水电站14台引进与联合制造的778MVA（最大容量840MVA）的定子水内冷、转子强迫空冷水轮发电机相继投产，2007年单机容量840MVA的国内全空冷水轮发电机在三峡水利枢纽右岸水电站23～26号机组顺利投产，使我国的水轮发电机制造安装技术进入了世界先进水平的行列。龙滩、拉西瓦、小湾等水电站778MVA的全空冷水轮发电机共18台相继于2007年5月至2010年年底前安装并顺利投产运行。不断成熟、完善的水轮发电机安装技术为进一步实施我国西南地区后续超大型水电站（如溪洛渡、向家坝、糯扎渡、锦屏一级、锦屏二级、长河坝、梨园、大岗山等水电站）水轮发电机的设计、制造、安装提供了十分可靠的技术保障和工程实践经验。至此我国水轮发电机设计制造及其安装调整、启动试运行技术，已经达到世界的先进水平。

现代大型水轮发电机安装中的主要技术简介如下：

1）定子现场整体叠片组装已成为现代水轮发电机定子安装的一种最普遍采用的工艺方式。从分瓣定子在工厂制造，运至水电站安装现场组合并对定子合缝处线槽下线的工艺而改变为定子在现场整体叠片下线，是一个重大的安装技术创新和技术进步。定子现场整体叠片组装及下线装配的工艺已于 1988 年制定为《水轮发电机定子现场装配工艺导则》（SD 287—88），2009 年进一步修订为《水轮发电机定子现场装配工艺导则》（DL/T 5420—2009）标准。机座组焊、铁芯叠片压紧、槽形检查、线圈下线工艺、装配过程中电气试验等在施工中的工艺要点和技术质量要求已有详细的规定。

对于中小型水轮发电机定子，保留采用分瓣定子在工地组合下线的方式也是可行的。

2）大中水轮发电机转子一般均在现场装配。关于圆盘式转子支架和支臂式支架的组合（或焊接）、调整工艺的不同特点、圆盘式转子支架组焊要点、叠片式磁轭的叠片工艺、磁轭压紧要求、磁轭与转子支架的配合安装要点（冷、热打键或热加垫）及配合施工工艺（其中最为主要的是配键工艺及磁轭绝热加温工艺）、磁极挂装及高程调整以及防磁极线圈松动甩出措施等均在 2009 年制定的电力行业标准《水轮发电机转子现场装配工艺导则》（DL/T 5230—2009）中有详细的规定。

3）推力轴承安装调整工艺因轴承支撑结构不同而有所区别，推力油槽内施工空间又因推力轴承尺寸大小和是否与导轴承（下导轴承或上导轴承）共置一个油槽内而有所不同。对于我国已经广泛采用的液压支柱弹性油箱式（单波纹、三波纹）、刚性抗重螺栓支柱式、多弹簧支撑式、多弹性销支撑带抗重螺栓可调式，以及双支点单弹性梁式、刚性平衡块式、弹性抗重垫块等结构型式的推力轴瓦安装调整，以及以弹性金属塑料为瓦面材料的推力轴承的安装调整工艺均已成熟。推力轴承受力均匀程度和机组轴线调整质量由运行中各轴瓦相互间温差来综合反映，但并不是绝对的画等号，过于强调运行中各轴瓦温差的绝对平衡并不科学，巴氏合金轴瓦和弹性金属塑料瓦在允许的温度范围内各轴瓦瓦温均有一定偏差是受多种因素的影响，相互温差在 3～5K 以内已属正常。

4）定子绕组整体交流耐压时，应切除部分照明，在黑暗中观察绕组电晕情况。额定电压在 6.3kV 及以上的水轮发电机定子绕组，在 1.0～1.1 倍或以上额定线电压下，"其端部应无明显的晕带和连续的金黄色亮点"。部分文献和规定中误描述为"其端部应无明显的金黄色亮点和连续的晕带"是不正确的。

5）水内冷却电机定子装配中，增加了绕组及其连接管路安装及试验的要求。应特别注意内冷式汇流母线（汇流铜管或铜排）对接接头的结构和安装中的焊接质量，接头应进行泄漏、水压试验和通纯水流量试验，其机械强度必须满足发电机长期运行和耐受震动或电动力的要求。绕组及其连接管路的泄漏、水压、通纯水流量试验应按照《水轮发电机定子现场装配工艺导则》（DL/T 5420—2009）及厂家的要求进行。

蒸发冷却电机定子装配和冷却介质注入工艺应按照厂家的特殊要求进行，尤其注意在冷却系统静态时，介质液位不得低于线棒直线段的 2/3，但不高于定子线棒。单根线棒下线前以及蒸发冷却系统各分支管路和冷凝器的壳体均应进行气密、耐压、通气等试验。

6）关于超大容量全空冷电机装配技术。超大容量全空冷电机是在我国水轮发电机单机容量提升至 700MW/778MVA 以上之后，在定子采用水冷方式成功的基础上，经过电磁和结构上的优化设计和试验研究，并参考世界上有限的超大容量空冷水轮发电机设计制造的实例而自行设计制造的。首批 700MW 全空冷水轮发电机在龙滩水电站和三峡枢纽工程右岸水电站 26～23 号机组上成功实施。今后我国在建水电工程，巨型或超大容量的水轮发电机已推荐普遍采用全空冷却方式，而较少采用介质（水或其他蒸发冷却介质）直接冷却的方式。

超大容量全空冷电机通风冷却系统设计难点是：空气对电机冷却的效果和冷却均匀性。应设法降低定子各部平均温升和避免不均匀热膨胀导致的结构部件变形和应力，从而保证电机的可靠性和使用寿命。一般应按以下步骤考虑。

A. 完成发电机传热冷却计算，求出带走发电机全部损耗（不包括轴承损耗）维持允许温升所需的冷却风量。

B. 根据通风回路结构建立流体网络等效模型，进行通风网络计算，求出发电机额定转速下产生的风量及通风损耗，计算风量应大于所需冷却风量，风量分配应合理。

C. 选择优良高效的热交换元件（如空气冷却器）和合理的冷却水管路布置，保证冷却效果的实现。

全空冷电机安装除严格按照《水轮发电机组安装技术规范》（GB/T 8564—2003）等规程、规范和制造厂指导文件的要求进行外，还应充分注意下列工艺细节问题：

D. 所有导致发热、过热的电气与机械元件、部件在装配中应有新的补充工艺要求，尽量减少运行中局部发热产生的可能。如严格控制定子线棒并头接头，极间连接、汇流铜排及其引出线接头、磁极接头、阻尼环接头的焊接工艺和质量，必要时抽查接头质量（焊接接头作外观检查或测量直流电阻、机械接头按螺栓压紧力矩和间隙测量或测接头电阻，相互比较，偏差小于 30%）。

E. 对通风回路路径中各部件的装配尺寸偏差加以控制，减少漏风风量损失和风损耗。如控制转动部分和固定部分的轴向、径向间隙值；挡风板径向间隙偏差不大于±20%（当转动后径向间隙增大时取负偏差、反之取正偏差），轴向间隙要均匀，相互偏差小于20%，与设计值偏差也小于 20%。

F. 热交换系统中的空冷却器、冷却水管的安装、试验工艺应严格控制。

G. 搞清设计意图，装配中对各部件热态下动态间隙或尺寸变形的范围应严格控制和保证，防止产生不均匀热膨胀造成过大局部应力或翘曲。

H. 保证温度、水压、流量等运行参数测量系统及元件的安装工艺和监测的可靠性。

I. 铁损试验不仅要控制 90min 内的铁芯温升和各点温差，还应控制单位损耗率指标，建议不超过硅钢片原材料单位比损耗率的 1.3 倍，且作为试验验收考核指标。

J. 定子线槽槽楔导风口应严格与铁芯通风沟对齐，偏差不超过 0.5～1.0mm。

K. 穿过发电机风洞的发电机主引线周围应有防电磁感应发热的技术措施。

L. 冷却水管路系统布置应尽量减少曲折和局部损失，发电机空气冷却器、各部油槽冷却器的冷却水量调整范围应在充水试验时测定。空气冷却器水量最大值应大于设计要求值的 1.2 倍以上，空气冷却器应作热交换能力的出厂试验和现场检验。

M. 机组启动试运行阶段，若因库水位原因机组不能按额定出力运行时，则建议在短路试验后作短路工况下的温升试验，发电机升至额定电流，稳定后测量各部温升，初步考验发电机的通风冷却效果（此时发电机总损耗尚未达额定损耗值）。

7）关于发电机斜元件结构。大型水轮发电机定子基础和机座、转子支臂和上机架支腿采用斜向布置即斜元件结构是电机设计中的重大技术创新。安装过程中应注意：

A. 转子斜向支臂与中心体斜向翅板（立腹板）的对接立焊缝是整个发电机最重要的传力焊缝，应有专门的预热施焊措施与消应工艺，其对接板尺寸与角变形偏差应严格控制，焊接中随时调整施焊顺序，以保证焊后尺寸、形状的正确。

B. 定子铁芯定位筋与托板除安装工艺间隙外，一般应无间隙，在装配选择时应注意它们之间的配合，定位筋鸽尾间隙（包括定位筋鸽尾与铁芯冲片的间隙）超过 0.3mm 时应处理或废掉。

C. 定子基础板螺栓按要求扭矩拧紧，不留径向和切向移动的可能。

D. 上机架斜支臂与定子机座上环（或上支撑）的连接，在沿支臂轴向方向应是可移动的装配机构。

E. 机组带负荷稳定运行时，应测量定子机座在冷、热态下的切向和径向变形量、测量定子机座、铁芯的振动及其频谱。

8) 机组盘车进行轴线检查时，若确定确实由于设备加工公差偏大而引起机组轴线状态的超差，可根据机组结构不同，一般均在发电机推力头与转子中心体的组合面或发电机与水轮机连轴法兰面间处理；悬吊型发电机则在推力头与大轴的轴向配合面处理或研刮推力头。按照国际规定，一般不得以加垫方式调整，而应以加工方式解决轴线修正问题。

1.3.2.2 发电电动机设备安装

（1）国内各个时期安装有代表性的可逆式发电电动机见表 1-15。

表 1-15　　　　　国内各个时期安装有代表性的可逆式发电电动机表

序号	水电站名称	台数×单机容量/MW	电压/kV	转速/(r/min)	飞逸转速/(r/min)	发电机工况		电动机工况		第一台机组投运年份
						功率因数	容量/(MW/MVA)	功率因数	轴输出功率/最大入力/MW	
1	十三陵	4×200	13.8	500	725	0.9	200/222	1.0	/218	1995
2	天荒坪	6×300	18	500	680/720	0.9	300/333.33（最大 350 MVA）	0.975 吸收有功，发送感性无功	/336	1997
3	广州抽水蓄能电站一期	4×300	18	500	725	0.9	300/334	0.975	/334	1992
4	广州抽水蓄能电站二期	4×300	18	500	725	0.9	300/334（最大 380 MVA）	0.975	/312	1998
5	桐柏	4×300	18	300	465	0.9	300/334（最大 350MVA，$\cos\varphi=0.95$ 滞后）	0.975 吸收有功，发送感性无功	/336	2005（6）
6	泰安	4×250	15.75	300	470	0.9	250/278	0.975	/274	2005（6）
7	琅琊山	4×150		230.8						2006

序号	水电站名称	台数×单机容量/MW	电压/kV	转速/(r/min)	飞逸转速/(r/min)	发电机工况		电动机工况		第一台机组投运年份
						功率因数	容量/(MW/MVA)	功率因数	轴输出功率/最大入力/MW	
8	张河湾	4×250	15.75	333.3	535	0.9	250/278	0.98	268/	2008
9	宜兴	4×250	15.75	375		0.9	250/278	0.98	275	2009
10	西龙池	4×300	18	500	725	0.9	300/333.33	0.975	316.9/	2009
11	宝泉	4×300	18	500	725		300/333.33		315.1/330	2009
12	惠州	8×300	18	500	725	0.9 (0.925)	/334 (360)	0.95	/330	2009
13	白莲河	4×300	15.75	250	725		300/333.33			2009
14	黑麋峰	4×300	18	300	465	0.9	300/334	0.975	325/	2009
15	蒲石河	4×300	18	333.3		0.9	300/333.33	0.98	/322	2011
16	呼和浩特	4×300	18	500		0.9	300/334	0.975	/320	
17	响水涧	4×250		250						2011
18	仙游	4×300	15.75	428.6	620	0.9	300/333.33	0.98	325/	2013
19	仙居	4×375	18	375	555	0.9	375/416.7	0.975	413	2015
20	溧阳	6×250	15.75	300	475	0.9	250/277.78	0.975 吸收有功,发送感性无功	269/	2013
21	清原	4×320	15.75	428.6	620	0.9	/356	0.975	331/	2014
22	岗南	1×11	10.5	250/273						1968
23	密云	2×11 (13)	10.5	250/273						1973
24	潘家口	3×90	13.8	125～142.9						1991
25	溪口	2×40	10.5	600						1998
26	响洪甸	2×40	10.5	150/166.7	335	0.875	40/45.71	1.0	42/55	2000
27	白山	2×150	13.8	200		0.88	145/165	0.91	168	2005
28	回龙	2×60	10.5	750		0.9	60/67	1.0	65.6	2005
29	羊卓雍湖①	4×22.5+1×22.5(常规)	6.3/6.0	750						1997

① 羊卓雍湖抽水蓄能电站为三机串联式机组,非可逆式机组。

(2)可逆式发电电动机安装技术发展简述。抽水蓄能电站的发电电动机通常由混流式或斜流式水泵水轮机驱动,是可逆式的旋转电机。当电机向一个方向旋转时,为发电工况,由水泵水轮机驱动发电;当电机向另一个方向旋转时,为电动机工况,由电网输入功率，电动机驱动水泵水轮机抽水。随着抽水蓄能电站设计扬程的不断提高，发电电动机的转速也不断提高，最高可达 500r/min 以上，溪口、回龙抽水蓄能电站发电电动机的转速已分别达 600r/min 和 750r/min，但电机尺寸也相对减小。目前，世界上用于抽水蓄能电站单机容量最大的发电电动机，为日本的神流川抽水蓄能电站的发电电动机（由日立制造）。发电工况时，水泵水轮机（由东芝制造）单机出力 482MW；电动机工况时，最高使用扬程 728m，水泵入力为 464MW，额定转速 500r/min。

发电电动机的主要特点如第 1.3.1.5 条所述，其抽水工况下的启动方式复杂、实现 96％以上操作成功率的难度较大，目前国内普遍采用的是静止变频器（SFC）启动和同步启动（又称背靠背启动）的方式。而单机容量较小时，可以利用电动机转子磁极上设置的阻尼绕组作异步启动（全压或降压启动），或用同轴小电机（拖动）启动。对于利用 SFC 启动或背靠背启动的方式，需要进行比较复杂的机械和电气操作，且操作程序严格，均要求操作人员有较高的电气知识、分析判断能力和现场操作技术水平。发电电动机的另一个特点是运行期间启动频繁。机组在结构设计上必须要适应频繁启动所引起的温度变化和应力交变的要求，尤其是转子磁极、定子机座，线棒绝缘与固定、通风冷却系统的设计和安装。另外，由于抽水蓄能电站工况多变，易出现复杂的过渡工况或系统要求工况，发电电动机除运行在发电、抽水工况外，还可运行在发电调相和抽水调相工况，而且这些工况根据电网需要会不断转换，在转换过程中将产生各种复杂的水力过程、机电暂态过程，使机组产生比常规水轮发电机组复杂得多的振动、压力脉动、噪声等现象，对电机结构设计和安装调试提出了更严格的要求。

20 世纪 70 年代初，岗南抽水蓄能电站引进投产的发电电动机具有 250r/min 和 273r/min 两种转速，单机容量 14.5MW，采用异步启动方式，发电电动机在上机架和转子中心体间设有磁力反推力装置（即磁力减载装置），以减轻机组在异步启动时的推力轴承摩擦阻力矩。90 年代初，潘家口混合式抽水蓄能电站建成，发电电动机采用 SFC 和背靠背启动方式，在低水头范围内，该机组的 SFC 还可以串入发电电动机输入回路，通过它输出变频交流驱动电动机作无级变速运行。

1998 年建成投产的羊卓雍湖抽水蓄能电站，为三机串联式机组，其悬吊型发电电动机组只有一个旋转方向。单机出力 22.5MW/21MW（发电机/电动机），额定电压 6.3kV/6.0kV，水泵工况即电动机启动时，采用"水力回流"三机同时运行的方式。即：该机组水斗式水轮机和多级抽水泵上游侧输水系统各有一条压力管道，但通过支管相互连通。

在水泵工况启动时，先打开水斗式水轮机的进水球阀和水泵进水（即尾水）蝶阀，再打开水斗式水轮机的喷嘴针阀，使水轮机和充有水的水泵同时同一方向旋转，机组转速随针阀开度加大而提高，水泵出口水压亦同时升高。当这一造压过程使水泵的内压力略高于水泵出口球阀上游钢管侧压力时，打开水泵出口球阀，机组进入"水力回流"运行状态，即水流由水轮机喷嘴→水轮机水斗→尾水→水泵进水蝶阀→水泵叶轮→水泵出口球阀→机组上游侧压力钢管支管→水轮机进口球阀→水轮机喷嘴。当机组转速达到额定转速时，发电电动机投励并入电网，蓄能水泵抽水原动力随着水轮机针阀的逐渐关闭，从由水轮机提供动力状态逐步转移到由发电电动机驱动水泵状态，即电网供电。如果西藏电网能提供该台蓄能泵抽水的全部功率，则水轮机喷嘴针阀全部关闭，否则将根据电网提供功率的能力，水轮机针阀仍然部分开启，提供水泵抽水所需功率与电网所能提供功率的差额，抽水流量将小于额定值。蓄能泵退出运行时，先投入水轮机，打开针阀逐渐将水泵负荷从发电电动机转移到水轮机上。当发电电动机有功功率为零时，跳开出口断路器，然后逐步关闭蓄能泵出口球阀和水轮机喷嘴针阀，使水轮机和水泵同时停下。

随后近 20 年内，我国抽水蓄能发电电动机的安装投产已呈明显的发展趋势。已建发电电动机单机最大输出功率可达 370MW 以上，转速达 500r/min。在建的清源抽水蓄能电站的发电电动机为东芝（杭州）水电制造，发电工况额定容量 356MVA，电动机工况输出功率（水泵入力）不小于 331MW，电压 15.75kV。适应调压范围 $\pm5\%$，$n_r=428.6r/min$。另一建设中的仙居抽水蓄能电站的发电电动机单机出力达 400MVA（发电工况）。当前，我国在建的发电电动机全部与混流可逆式水泵水轮机配套，均为可逆式旋转电机，已投产总容量达 1500 万 kW。相应的安装、调试与启动试验技术进一步成熟，启动方式进一步合理，交接验收工作也进一步规范。随着大规模风电、核电在电力系统中的投入，今后我国抽水蓄能电站及其发电电动机的大规模制造、安装和投产将是一个不可争议的现实。

正如第 1.3.1.5 条所述，近 20 年来在国外出现了交流励磁的可变速发电电动机，用于抽水蓄能电站对水泵水轮机组的驱动，可实现无级变速，是水力机械适应水头变化的最理想的调节方式。保证了水泵和水轮机可以经常运行在最优效率区。此外，通过无级变速，同时取得了调节水泵工况输入功率和控制电网频率的效果。对于容量在 100MW 以下的交流励磁可变速发电电动机，除可实现额定转速 $\pm4\%\sim\pm8\%$ 的范围内无级变速外，还可以利用转子的三相交流励磁特性直接启动发电电动机，而不需要采用静止变频器 SFC。

现代大型发电电动机安装中的主要技术简述如下：

1）可逆式机组最重要的结构特征之一，就是采用双向推力轴承。安装时，推力瓦支撑中心与瓦面几何中心在圆周方向的偏心等于零。在径向方向的偏心取决于油槽内冷、热油循环的路径，安装时，一般支撑中心较瓦面几何中心更靠轴瓦的外圆侧，应按设计要求调整。瓦面圆周方向两侧的进出油边尺寸和侧边挡块间隙在按图纸检查无误后再行安装。

2）高压油顶起装置对于高速、双向旋转的推力轴承安全运行起着关键的作用。由于轴瓦周向（圆周方向）无偏心距，瓦面初始油膜的建立完全依靠高压油顶起装置注油和进油边的尺寸来保证，机组启动和停机时，高压油顶起装置宜全程投入，其工作电源除具备交流二路电源外，还应增设并检查直流备用电源的可靠性。

3）高速、大容量发电电动机的定子铁芯的直径较小，但高度均超过 3.0m 以上。由于蓄能机组启停频繁，电机内温度变化剧烈。若采用现场整体叠片、下线装配的工艺，应注意定位筋与铁芯的径向和切向（对于鸽尾型定位筋为斜向）间隙值，注意定位筋托板的焊接尺寸，保证铁芯和机座在热膨胀时的相互适应性和保证在短路电动力作用下铁芯定位筋的承受能力。发电机定子、转子、挡风板、转子磁轭、磁极通风隙的结构和安装可以完全按照全空冷大型电机的安装要求进行，线棒端部绑扎和槽楔的紧度应相适当，安装工艺应充分考虑并保证电机通风冷却意图的实现和适应热膨胀的要求。

4）如前所述，对于以异步启动方式启动的发电电动机，设计有磁力减载系统，以减轻推力轴承的启动摩擦力矩。安装时，磁力减载装置（反磁推力）与转子中心体的轴向间隙偏差不应超过设计总间隙 20%，励磁直流电源在机组启动时应可靠。

5）现代发电电动机水泵（电动机）工况最主要的启动方式为采用静止变频器 SFC 启动，必须在对 SFC 进行静态分部调试合格的基础上来启动发电电动机。掌握 SFC 的调试技术是掌握现代大型发电电动机安装高端技术的必要条件，主要包括下列内容：变频器冷却系统试验；变频器功率部分和控制系统的检查和试验；变频器短路试验；变频器脉冲运行功能的检查和试验；发电电动机定子通流试验；发电电动机转子初始位置检测。

6）发电电动机转子阻尼条、阻尼环及其接头结构尺寸较大，以承受异步运行时的转差电流。安装时应注意接头止动和防甩装配设计是否合理，安装方向是否正确。

7）抽水蓄能电站发电电动机转速较高，转动部件在额定转速或飞逸时的离心力巨大，单位重量的离心力远远超出常规巨型发电机（如三峡水利枢纽、向家坝水电站的机组）相应数值的 10 倍以上。安装时应严格检查磁极线圈、磁轭各部件、阻尼接头、锁定元件、垫板、压板等的牢固性、安全性。机组过速试验后，应检查上述各部件的变形、变位状况，发现问题及时处理。机组运行中应随时监视磁极线圈匝间绝缘状况，发现转子一点接地信号，或匝间短路信号，应立即停机检查。发电电动机宜安装在线气隙监测装置，在线监测其空气间隙在运行中的变化情况和气隙变化发展趋势。

8）应注意启动调试中的几个主要技术问题：

A. 根据机组双向旋转的特点，动平衡试验应分别在两个旋转方向下进行；同时，电流保护需在两个方向下校核，主变升流试验需在换相开关的两个位置分别进行，同期电压回路亦需在发电和抽水两个方向分别进行试验。

B. 抽水蓄能机组有多种基本运行工况，即：静止、发电、发电方向调相、抽水、抽水方向调相。应能根据要求实现各种运行工况可靠快捷的自动转换。

C. 首台机组发电和抽水试验程序的安排应与水库初期蓄水要求时序相结合。

D. 机组尾水淹没深度大，试运行期间必须考虑地下厂房的安全。

E. 应充分做好引水系统一洞两机或多机布置的机组甩负荷试验方案与安全措施，包括水轮机工况及水泵工况下的双机甩负荷试验等。

F. 注意水库水位限幅保护功能试验的特殊性。

G. 注意本电厂机组背靠背启动试验的拖动规律及启动成功率。

H. 抽水蓄能机组无 72h 连续试运行的规定，应以 15d 考核试运行作为机组及其相关机电设备的最终验收依据。由于试验项目多、难度大、周期长，与电力系统调度联系频繁，通常首台机组调试试验包括无水调试和有水调试时间约需 4~5 个月，加上 15d 考核试运行，总共约需半年。因此，在安排工程总进度和首台机组投产时，试运行所需时间必须予以充分考虑并留有足够余地。

9）对于今后待发展的交流励磁的可变速发电电动机，其安装技术和研究方向可大致归纳如下：

A. 发电电动机转子结构及交流励磁绕组装配程序、装配工艺、装配质量标准的研究。

B. 发电电动机转子交流励磁绕组电气试验方法及试验标准。

C. 发电电动机定子结构及定子绕组装配程序、装配工艺、装配质量标准的研究。

D. 发电电动机定子绕组电气试验方法及试验标准。

E. 可变速交流励磁发电电动机励磁系统设备安装及调试技术。

F. 可变速交流励磁发电电动机启动试验技术、变转速运行控制技术、转速与水头最优协联关系试验技术、电力系统机网协调调度试验技术等。

1.3.2.3 励磁系统设备安装

励磁系统装置是水轮发电机和发电电动机（以下简称水轮发电机）的重要附属设备，是为同步发电机提供可调励磁电流的装置的组合。它包括励磁电源（励磁变压器及晶闸管整流装置等）、自动励磁调节器、手动控制单元、灭磁、保护、监控装置和仪表以及其他附属设备。技术性能好、调节灵敏、正确的励磁系统，可以提高机组运行的可靠性和电力系统稳定性水平。励磁系统设备的作用为：

（1）维持发电机端电压或指定控制点的电压在给定水平上。

（2）在并列运行的发电机组间合理稳定的分配无功功率。

（3）提高电力系统的稳定性包括提高电力系统的静态稳定性、改善电力系统的暂态稳定性、改善电力系统的动态稳定型（常用的附加补偿环节——称为电力系统稳定器 Power System Stabilizer，简称 PSS）。

随着电力系统规模的不断扩大，对发电机励磁系统的性能和质量提出了更高的要求。特别是大型水电机组，大都与长输电线路和大电网联系在一起，并且承担系统调峰、调频任务，更需要配置性能好、反应速度快的励磁系统以满足电力系统稳定运行的需要。

励磁系统按供电方式可分为他励和自励两大类。他励是指发电机的励磁电源由与发电机无电的直接联系的电源提供，他励是指励磁电源不受发电机运行状态的影响，可靠性高，但装置复杂，多了旋转励磁电机，如直流励磁机、交流励磁机等；自励是指励磁电源取自发电机本身，采用静止部件构成，取消了旋转的励磁电机，运行维护较简单，但受发电机运行状态的影响较大。

半个世纪以来，励磁系统经历了从同轴励磁机旋转励磁到静止励磁的发展过程，随着微机和大功率晶闸管技术的发展，现代水轮发电机励磁系统多采用自并励（激）微机控制静止晶闸管整流励磁系统，旋转型励磁机已被淘汰。

静止整流励磁系统，由于省去了励磁机这样一个响应时间较长、惯性较大的中间环节，有速度调节快的特点。因此，得以迅速广泛推广应用。静止晶闸管整流励磁系统按其组成结构和接线可分为自并励、直流侧并联自复励、直流侧串联自复励、交流侧并联自复励（电相加）、交流侧并联自复励（磁相加）、交流侧串联自复励以及用于抽水蓄能机组的他励—自并励混合励磁、自并励—他励混合励磁、具有正负励磁的自并励等九类。

我国与电网连接的大中型水电机组的励磁方式，已普遍优先采用晶闸管静止整流自并励励磁系统。因为它的电压响应速度快，输出几乎可以用毫秒级的时延从最大正电压转变到最大负电压，满足大电网稳定运行的需要，而且结构简单、体积小、制造和布置方便。

总之，国产励磁设备在学习国外经验以后，均在不断地创新中，目前设备的软、硬件技术已经相当成熟，随着应用需求的扩大，必将还有更新的通用产品问世。

现代水轮发电机励磁系统设备安装调试中的主要技术简介如下：

（1）励磁系统设备的安装，应在水电站厂房相应部位室内建筑施工全部完成后进行，安装场地应清洁、干燥、通风。

（2）励磁系统各面盘柜无论是抽屉式还是柜门式，均应按照通用电气盘柜的安装要求进行。整流功率柜的通风冷却系统风路不应有堵塞和不畅通现象，热交换器的冷却水路应畅通。

（3）检查并操作（手动和电动）磁场断路器设备的传动机构，合闸线圈，锁扣机构其动作应符合相应产品标准的要求。灭弧触头、主触头动作顺序应正确，接触灵活无卡涩现象，合闸后主触头接触电阻和超程应符合产品技术条件规定，磁场断路器灭弧系统检查应符合所选用产品的订货要求。

（4）应严格注意晶闸管整流元件的安装、拆卸工艺方法，注意与散热器的统一安装。

（5）严格注意屏蔽电缆的敷设与配线工艺；若要进行印刷电路板及电子元器件焊接，应严格按厂家工艺、国家标准和行业标准的工艺操作，或直接更换印刷电路板。

（6）励磁系统安装过程中的电气试验项目如下：

1）系统各部件回路绝缘电阻测定，尤其应控制与励磁绕组及回路在电气上直接连接的所有回路和设备的绝缘，用 1000V 兆欧表测量不应小于 $1M\Omega$。

2）系统各部件的介电强度试验，额定励磁电压为 500V 及以下者，为 10 倍额定励磁电压，且最小值不得低于 1500V；额定励磁电压大于 500V 者，为 2 倍额定励磁电压加 4000V。

（7）励磁系统及装置安装与启动试运行过程中的调试试验项目主要有：

1）自动励磁调节器各基本单元的调试与试验，其中包括测量单元、调差单元、积分和放大单元、移相单元的检查和试验。

2）自动励磁调节器各辅助单元的调试与试验，其中包括起励单元、最大励磁电流限制器、励磁过电流限制器、欠励限制器、稳压单元、断线保护等辅助单元的检查和调试。

3）自动励磁调节器总体静态特性试验。

4）功率单元均流、均压试验。

5）自动励磁调试器电压整定范围测定试验。

6）励磁系统手动控制单元调节范围测定试验。

7）转子过电压保护整定值检查。

8）发电机电压调差率的测定。

9）发电机电压静差率的测定。

10）带自动励磁调节器的发电机电压—频率特性测量。

11）发电机起励和逆变灭磁试验。

12）手动/自动切换试验。

13）励磁系统顶值电压和电压响应时间测定。

14）10％的阶跃试验。

15）发电机无功负荷从空载到满载间的调节试验。

16）发电机甩负荷试验中的励磁系统调节品质的测量。

17）励磁系统装置运行中振动、噪声和环境试验。

以上试验项目均可以按照同步电机励磁系统《同步电机励磁系统 大、中型同步发电机励磁系统技术要求》（GB/T 7409.3）、《大中型水轮发电机静止整流励磁系统及装置技术条件》（DL/T 583）、《大中型水轮发电机静止整流励磁系统及装置试验规程》（DL/T 489）、《大中型水轮发电机微机励磁调节器试验和调整导则》（DL/T 1013）和《发电机励磁系统及装置安装、验收规程》（DL/T 490）的基本要求执行。

（8）励磁系统装置的特殊试验项目。

1）励磁调节器电磁兼容性试验。由于励磁设备的工作环境中可能存在以下各种干扰，如：高压电气设备操作产生的拉弧、浪涌电流或闪络、绝缘击穿所引起的高频暂态电流和电压；雷击、故障电流所引起的地电位升高和高频暂态；工频、射频对电子设备和传输信号的干扰和影响；静态放电；低压电器设备操作引起的干扰。

为了减少电磁干扰的影响，可采用励磁屏柜可靠接地，通过屏蔽和非屏蔽电缆与发电机，水电站升压站相关一次、二次设备连接等措施加以防范。励磁系统装置电磁兼容试验一般视为型式试验。可参照《量度继电器和保护装置 第27部分：产品安全要求》（GB/T 14598.27）、《电磁兼容试验和测量技术抗扰度试验总论》（GB/T 17626.1）中抗扰度试验总论的要求进行和评估，试验内容一般包括：

静电放电试验；辐射电磁场抗干扰度试验；电快速瞬变/脉冲群抗扰度试验；浪涌抗干扰度试验；1MHz 和 100kHz 脉冲群抗扰度试验。

2）电力系统稳定器 PSS 试验。随着电力系统的扩大、输电距离的增加，电网的小干扰稳定性减弱，最为经济的措施是投入电力系统稳定器 PSS，目前大中型水电机组均要求励磁系统具备 PSS 功能。PSS 整定试验的时段程序内容包括：

A. 在励磁系统投产试验时或投产后规定的时段内进行完整的 PSS 整定试验。

B. 相同机组和相同励磁系统后续 PSS 试验，可参照前台机组 PSS 参数设定，进行有无 PSS 条件下发电机负载阶跃试验。

C. 在电力系统结构发生显著变化时应进行完整的 PSS 试验。

D. 一般在机组大修试验后应进行有无 PSS 的发电机负载阶跃试验。

1.4 水电站电气设备安装

水电站电气设备系统是一个庞大而复杂的系统。它既包含了高压配电装置、主变压器、开关装置、出线站设备、厂用电设备、防雷接地及照明设备等一次设备，也包含了为确保水电站所有金属结构和机电设备的安全、正常运行所必需的信号、测量、控制和保护装置。

随着科学技术的进步和电力设备制造业技术的迅速提高，我国一些大中型水电站采用的主要电气设备，如主变压器、高压开关设备、高压电力电缆、GIL、继电保护装置、计算机监控系统等，都达到了世界先进水平。

水电站电气设备安装的基本特点是：

（1）安装质量要求愈来愈高，工艺难度越来越大。随着新技术、新材料、新工艺、新方法在现代电气设备设计、制造中的广泛应用，水电站电气设备制造技术迅速发展，超高压电气主设备、运用微机电子技术的测量、控制、保护设备等得到广泛推广应用。由于水电站现场安装环境比较恶劣，交通不便，对现场安装的环境和工艺质量提出了越来越高的要求。

（2）安装调试技术不断进步。新中国成立 60 多年来，已成功安装调试了各种电压等级及多种结构型式的电力变压器、110～750kV 的 GIS 开关设备、110～750kV 高压电力电缆以及气体绝缘金属封闭线路 GIL、发电机出口 SF₆ 断路器、微机电液调速器、微机励磁调节器、水电站计算机监控系统、火灾自动报警控制系统、水情自动测报系统、微机继电保护系统等一系列由国内外知名厂家生产的具有国际先进水平的电气设备及装置。通过这些电气设备及装置的安装调试，积累了丰富的安装调试经验，提高了安装调试技术水平。

（3）设备运输距离长、道路条件差，故运输难度大。由于地理位置的原因，通向处于崇山峻岭中的水电站的道路交通相对较差，大型电气设备尤其是主变压器的运输是安装中要解决的一个重大问题。特殊情况时，设计采用了在现场组装的变压器。

1.4.1 高压电气设备安装

高压电气设备安装主要包括高压断路器、高压隔离开关、互感器及高频通道设备、避雷器、一次拉线、SF₆ 气体绝缘金属封闭式组合电器等设备的安装。其中 SF₆ 气体绝缘金属封闭式组合电器（GIS）已作为水电站高压电气设备的主要形式，其安装已经成为水电站高压电气设备安装的主要内容。随着电压等级的不断升高，对高压电气设备安装的技术要求也越来越严格。

（1）GIS 是将若干独立元件封闭组合在充有高于大气压的 SF₆ 气体的接地金属外壳内，而形成的由气体绝缘的金属封闭开关设备。

20 世纪 60 年代末，我国开始研制 SF₆ 气体绝缘金属封闭式组合电器 GIS，1972 年第一套进口 110kV GIS 设备在丹江口水电站投入运行；1982 年第一套 220kV 电压等级的 GIS 在江西斗门变电所投运；1990 年西安高压开关厂与日本三菱电机公司合作生产了 363kV GIS，于同年在安康水电站投入运行；1992 年 550kV GIS 在天生桥二级水电站投运；而由沈阳高压开关厂开发的国产 550kV GIS 也于 1989 年在辽宁辽阳变电所投入运行。2008 年首批 750kV GIS 用于拉西瓦水电站。特高压 1000kV GIS 也在开发研制与示范性运行过程中。GIS 体积小，全套装置占地面积少，且运行不受环境条件的影响，维护简单，检修周期长，对于受地形、地理条件限制的水电站设备布置更为有利。行业内普遍认为 750kV 及以上电压等级高压电气设备将优先采用 GIS，而 1000kV 及以上电压级，GIS 将可能是唯一正确的选择。

近 30 年来，我国水电站已投运的 GIS 运行情况总的是良好的，但不论是国外公司引进的 GIS 还是国产 GIS，都发生过事故或故障，特别是投运初期。如：套管爆炸、隔离刀闸触头烧坏、对地闪络、SF₆ 年漏气率偏高等。其中因设备制造缺陷引起的事故率约占 87%，因安装与运行不当或其他的原因为 13% 左右。不过我国 GIS 运行实践表明，GIS 配电装置运行可靠性仍较敞开式配电装置高，维护也简单，检修间隔周期长。

（2）高压电气设备安装可参照各制造厂的技术要求和《电气装置安装工程 高压电器施工及验收规范》（GB 50147—2010）的规定执行，其安装质量标准可按照《电气装置安装工程质量检验及评定规程 第 2 部分：高压电器施工质量检验》（DL/T 5161.2—2002）的规定执行。

1.4.2 变压器（电抗器）安装

变压器按使用要求可分为升压、降压、配电、联络和厂用变压器等；按绕组形式分有双绕组、三绕组、多绕组和自耦变压器；按相数分有单相和三相变压器；按铁芯结构分有芯式和壳式变压器。目前，我国生产的变压器采用的冷却方式有油循环和强迫油循环自然冷却、强迫油循环风冷却、强迫油循环水冷却及强迫油循环导向冷却、强迫油循环集中冷却几种形式。

（1）水电站用大型变压器即主变压器有：常规三相变压器、三相组合式变压器、单相变压器组和现场组装三相变压器四种型式。

由于变压器容量的增大和受山区交通运输条件的限制，常规整体三相变压器运输尺寸和重量很难满足要求，如三峡水利枢纽左岸水电站安装的 500kV、840MVA 整体三相变压器尺寸重量均超大。目前，大型水电站的主变压器多采用"三相组合式变压器"或"单相变压器组"的型式。对于单相变压器组，三台单相变压器必须分别布置在三个彼此分隔的变压器室内。因此，整体占用布置场地较大。由于低压侧大电流离相封闭母线需要在变压器外部进行三角形连接，导致离相封闭母线布置复杂，安装工作量大。对于三相组合式变压器，由三台特殊单相变压器组合成一台三相变压器，这种形式变压器是为满足运输条件受限制，而现场布置条件又紧张的发电厂或变电站而设计的。三个特殊单相变压器运输到现场后仅用上部母线连接箱（或共用箱盖）将三台单相变压器连成一体。低压侧三角形连接和高压中性点在母线连接箱（或共用箱盖）内完成。安装完成后可视为一台三相变压器而整体布置在一个变压器室内。这种变压器的难点在于三相组合安装时的结构和工艺保证。另外由于低压电流大，低压侧引线的三角形接线其设计、制造具有一定难度。

近年来，结合工程需要，我国引进了"壳式变压器"（天生桥二级水电站首次采用日本三菱电机公司的壳式结构主变及联络变压器），研制了"现场组装式三相变压器"（漫湾水电站 220kV 主变采用现场组装技术）。现场组装三相变压器又称为解体变压器，它在工厂分解成尽可能减少现场工作量的各个运输单元运至现场，在现场具备一定防尘、防潮条件的组装厂房内进行器身装配、引线连接并抽真空注氮气。然后运到安装位置进行套管安装、外部设备连接、真空注油、试验等，最后投入运行。这种变压器对现场组装条件要求高，工艺复杂，技术风险较大。变压器传统结构为芯式，对大容量超高压电力变压器，壳式结构更具优越性。1993 年我国天生桥二级水电站采用了日本三菱电机公司制造的 500kV、500MVA 的大型组合壳式变压器，变压器低压为双分裂绕组，出厂时分为三个单相变压器和一个上节油箱，充氮运输至工地，在现场再组合成一个三相变压器，上、下节油箱采用带油焊接，内部各相引线的连接在上节油箱内完成，总重 351t。

（2）我国水电站主变压器高、低压侧的连接方式：低压侧与各种类型的母线（矩形、槽形、菱形及各类型的封闭母线）采用直接连接，大容量机组与变压器通常采用离相封闭母线连接。高压侧的连接方式：20 世纪 70 年代以前，绝大多数是采用钢芯铝绞线连接；70 年代以后，采用高压充油电缆（110kV、220kV、330kV）和主变高压侧连接，连接的方式有间接式和直接式两种。目前，有地下厂房的水电站普遍采用高压挤包绝缘电力电缆（110～550kV）将高压电气设备与主变高压侧连接，或主变高压侧与 GIS 直接连接再由高压电缆引出与户外配电装置连接，但电缆头制作工艺较复杂。自 90 年代以来，随着 SF_6 全封闭组合电器在大、中型水电站开关站的广泛应用，主变压器与 SF_6 全封闭组合电器的连接一般采用特殊的油/SF_6 套管直接连接或通过 SF_6 气体绝缘金属封闭管母线 GIB 的连接方式；但若高压配电装置选用户外式时，变压器高压侧则通过 XLPE 电缆或架空导线与高压配电装置连接。

（3）电力变压器的安装可按照制造厂的要求和《电气装置安装工程 电力变压器、油浸电抗器、互感器施工及验收规范》（GB 50148—2010）的规定执行，其安装质量标准可按照《电气装置安装工程质量检验及评定规程 第 3 部分：电力变压器、油浸电抗器、互感器施工质量检验》（DL/T 5161.3—2002）的规定执行。

1.4.3 发电机电压设备安装

发电机电压设备安装包括发电机断路器 GCB、消弧线圈、电压互感器、电流互感器和母线等设备的安装。

（1）我国水电站已装备过的发电机断路器有少油断路器、空气断路器、SF_6 断路器和真空断路器四种。为满足机组较频繁的开、停机操作，在机组单元回路上装设单元断路器是必要的，如装设在发电机出口。大型水电站的水轮发电机出口多装设 SF_6 断路器，而少油断路器因为开断电流小、灭弧性能差、可靠性低、安全隐患大等原因已不再使用。

与高压断路器相比，发电机断路器 GCB 具有以下特点：

1）额定电压与发电机电压匹配，一般为 $10\sim24kV$，今后白鹤滩水电站的发电机断路器 GCB 额定电压将达 27kV。

2）额定电流大。

3）开断电流大。

4）由于发电机断路器位置紧靠机端，直流分量衰减慢，短路时短路电流延时过零，增加了开断难度。

5）安装在调峰水电站或抽水蓄能电站发电电动机出口的断路器，需要适应频繁的开断操作和可能的低频开断的要求。

但装设发电机断路器也具有以下优点：

1）发电机断路器的机械寿命较长（可达 10000 次），大于高压断路器。

2）由于采用三相机械联动，因此操作的同期性好、相间分合闸的不同期时间极小，优于高压断路器。

3）切断反相电流的能力比高压断路器大。

4）可提高发电机—变压器单元设备保护的选择性，满足发电机—变压器单元实现快速短路保护的要求。

5）可提高厂用电运行的可靠性和灵活性，电源引接较灵活。

SF_6 断路器设备的特点是体积紧凑、维护方便、无火灾危险、检修周期间隔长，但电弧燃烧后 SF_6 会分解出氟化合物，具有毒性，如泄漏，会对人体产生危害。目前国内大型水电站装设的发电机 SF_6 断路器多为瑞士 ABB 的 HEC 系列产品，我国在 20 世纪 90 年代末也开始研发 SF_6 发电机断路器。2014 年由中国西电集团西安高压开关有限责任公司生产的发电机出口断路器在向家坝左岸水电站投入使用，额定电压 27kV，开断电流 160kA。

各种发电机断路器的安装程序与高压断路器的安装程序基本相同。

（2）20 世纪 70 年代，我国开始研究离相封闭母线，经过几年的努力，产品即应用于发电机出线回路上。80 年代以来，陆续开发应用了 9000～12500A 全连式离相封闭母线的产品。90 年代开始开发 23000A 自冷全连式离相封闭母线。2003 年，三峡水利枢纽左岸水电站 20kV、26000A 自冷式微增压离相封闭母线投入运行。目前全国已有近千套国内制造的封闭母线投入运行。

由于发电机容量的不断增大，系统容量也相应增大，当短路电流达到 200～350kA，母线短路就成为最严重的问题，而金属离相封闭母线在上述运行条件下，均可安全工作。除离相封闭母线外，还有封闭共相母线、槽形母线、矩形母线等，主要用于中小型水电站的水轮发电机。

各种发电机出口母线的安装可按照制造厂的要求和《电气装置安装工程 母线装置施工及验收规范》（GB 50149—2010）的规定执行，其安装质量标准可按照《电气装置安装工程质量检验及评定规程 第 4 部分：母线装置施工质量检验》（DL/T 5161.4—2002）的规定执行。

（3）消弧线圈（接地变压器）安装、TV 柜安装、TA 安装和试验等比较简单。

1.4.4 水电站二次设备安装

水电站安装配置了各种金属结构设备和机电设备，其在水电站运行中大部分有两种工况，即运行、停止或开断、闭合，而水轮发电机组、蓄能可逆式机组则有多达十几种工况。为了保证水电站安全、经济运行，必须正确、清晰、完整地反映各种设备在不同工况下或工况变化情况下的运行参数，即要求水电站有一套反映这些工况的监测系统，即信号、测量系统；为了上述设备能根据电力系统或电站运行、泄洪、灌溉等要求经常进行工况转换，又必须配备一套完整的控制、操作系统；另除正常运行外，在设备异常或事故工况，还需要配备一套完整、可靠的继电保护系统。这些信号、测量系统、控制、操作系统、继电保护系统都是电气二次所包含的范围，另外，水电站的通信设备、火灾自动报警控制系统、水情自动测报系统、调度通信系统、自动化元件等系统和设备，也属二次系统的范畴。

随着现代控制技术和计算机技术的发展，我国水电站自动化水平不断提高。

水电站电气二次设备安装有以下特点：

（1）涉及范围广泛，专业工作门类众多，专业技术要求严格。

（2）施工过程各工序质量必须控制严格，回路错误返工难度大，故要求精细化施工安装。

（3）试验调试工作独立性强，操作失误对主设备的影响极大。

（4）电气二次设备安装对工期要求没有主机设备严格。

水电站二次设备安装及质量验收可按照《电气装置安装工程 电气设备交接试验标准》（GB 50150—2006）、《电气装置安装工程 低压电器施工及验收规范》（GB 50254—2014）、《电气装置安装工程质量检验及评定规程 第 12 部分：低压电器施工质量检验》（DL/T 5161.12—2002）等国家及电力行业标准以及相关行业、厂家标准要求执行。

1.4.5 电缆敷设和气体绝缘金属封闭线路 GIL 安装

高压电缆作为地下厂房内主变压器与地面开关站、或地下厂房内的 GIS 与水电站出线站之间的连接得到普遍采用。20 世纪 60—80 年代，主要采用自容式充油电力电缆。90 年代以来，开始广泛采用挤包绝缘电力电缆，充油电力电缆已经被完全取代。挤包绝缘电力电缆主要有两种类型，即低密度聚乙烯绝缘（LDPE）和交联聚乙烯绝缘（XLPE）两种。据不完全统计，到 2010 年为止，全国有 70 座大型水电站均使用了 110～550kV 挤包绝缘高压电力电缆。

近年来气体绝缘金属封闭线路（GIL）在大型地下式水电站中得到应用。气体绝缘金属封闭线路可输送容量大（额定载流量可达 3150A）、可靠性高、安装维修方便、寿命长，但价格相对挤包绝缘电力电缆较贵，目前正在国产化以降低价格。作为在地下布置的大输出容量的 500kV 电压级 GIS 开关站，进线采用 SF_6 管道（GIB）与主变压器连接，出线采用 SF_6 管道出线即气体绝缘金属封闭线路 GIL 与电站出线站连接是一种较好的布置方式。我国张河湾抽水蓄能电站 500kV GIS 开关站一回出线首次采用了 GIL 出线，总长约 390m，一端通过 SF_6/SF_6 GIL 接头连接 500kV GIS 地下开关站；另一端通过 SF_6/空气套管与出线连接。而溪洛渡水电站连接地下 GIS 开关站和地面出线站的 GIL 布置落差达 480m，是典型的高落差 GIL 布置。

（1）电力电缆的安装可按照制造厂的要求和《高压充油电缆施工工艺规程》（DL 453）、《电气装置安装工程 电缆线路施工及验收规范》（GB 50168）的规定执行，其安装质量标准可按照《电气装置安装工程质量检验及评定规程 第 5 部分：电缆线路施工质量检验》（DL/T 5161.5）的规定执行。

（2）气体绝缘金属封闭线路（GIL）安装可参照各制造厂的技术规定和高压电气设备 GIS 安装中管道母线安装的技术要求执行。

1.4.6 照明、直流系统、厂用电系统安装

发电厂和变电所有工作照明和事故照明的照明装置的工作电压一般为 220V 或更低，事故照明的独立电源是 110V 或 220V 的蓄电池组。

大、中型水电站的操作控制电源一般采用直流蓄电池供电，由蓄电池组、充电装置、直流配电盘及辅助设施等组成。直流电源系统的额定电压一般为 220V 或 110V，信号电源一般为 48V 或 24V。由于密封防爆免维护蓄电池优点较多，大、中型水电站已普遍采用。

水电站的厂用电主要供给机组和水电站本身的负荷用电，接其用途可分为机组自用电、公用厂用电。

（1）电气照明装置的安装可按照制造厂的要求和《电气装置安装工程 电气照明装置施工及验收规范》（GB 50259）的规定执行，其安装质量标准可按照《电气装置安装工程质量检验及评定规程 第 17 部分：电气照明装置施工质量检验》（DL/T 5161.17）的规定执行。

（2）直流系统设备的安装包括充电设备、直流配电屏、蓄电池安装及初充电及首次放电试验等可按照制造厂的要求和《电气装置安装工程 蓄电池施工及验收规范》（GB

50172）的规定执行，其安装质量标准可按照《电气装置安装工程质量检验及评定规程第9部分：蓄电池施工质量检验》（DL/T 5161.9）的规定执行。

（3）厂用电系统设备的安装可根据相关国家标准及厂家说明书，比照高、低压电气设备安装、变压器安装、电气盘柜安装的要求进行。其备用厂用电源、事故照明自动投切设备安装与试验应作为重点项目保证安全实施。

1.4.7 接地系统安装

水电站电气设备在运行中将可能承受雷击过电压、暂时过电压、操作过电压。为了保证交流电网正常运行和故障时的人身及设备安全，电气设备及设施应接地。不同用途和不同电压的电气设备，应使用同一个接地系统，接地电阻应符合其中最小值的要求。接地极、接地干线、接地分支线及接地端子总称接地装置。接地和接零按其作用可分为工作接地、保护接地、重复接地、保护接零几种。

（1）接地装置与电气设备安装基础一般均采用预埋方式。由于预埋件是与土建施工同时进行的，土建和安装工作要密切配合，应尽量减少相互干扰。

（2）接地系统设备的安装可按照《电气装置安装工程　接地装置施工及验收规范》（GB 50169）的规定执行，其安装质量标准可按照《电气装置安装工程质量检验及评定规程第6部分：接地装置施工质量检验》（DL/T 5161.6）的规定执行。

（3）接地电阻的要求与测试一般按照以下规定执行：

1）接地电阻：分为大接地短路电流系统接地电阻、小接地短路电流系统接地电阻和低压系统接地电阻。水电站全站接地系统的接地电阻属大接地短路电流系统接地电阻，当经验算后接触电势和跨步电势值不超过规定值时可放宽至不超过 0.5Ω。高压与低压电力设备共用的接地装置的接地电阻和仅用于高压电力设备的接地电阻属于小接地短路电流系统接地电阻，前者不宜超过 4Ω，后者不宜超过 10Ω。低压系统接地电阻不宜超过 4Ω。

若接地装置的接地电阻高于设计要求值，应采取适当工程措施以降低接地电阻，直到满足要求为止。

2）接地电阻测试方法：接地电阻的测试方法，一般有电流—电压表法、补偿法和电桥法几种。大型接地网的接地电阻，应采用独立电源或经隔离变压器供电的电流电压表任意夹角三极法测量，并尽可能加大测量电流，测量电流一般不小于10A。

1.4.8 电气试验

水电站机电安装电气试验负责检验水电站机电设备的电气性能以及其安装质量，检查各部件、电气设备之间的电气配合与接线正确性，并调整其电气参数使之满足相应的规程和运行要求，保证水电站安全可靠地投入运行。

（1）电气试验的主要工作内容。

1）高压试验：发电机、变压器、母线、电力电缆、电压（电流）互感器、GIS断路器等高压电气设备的特性及电气强度试验。

2）自动化元件、自动装置、继电器及仪器仪表的校验和整定。

3）控制、保护、测量系统、计算机监控系统回路接线的正确性检查，电气联动试验。

4）启动调试、系统调试及试运行中的相关试验。

5）配合电力系统、制造厂家、科研单位和电力试验研究单位完成必要的机电设备的性能试验和系统试验。

（2）主要试验设备。试验设备是水电站机电安装电气试验工作必备的手段，与安装的机组型式、试验室组织结构和调试工作量有关，设备的配置以保证施工进度、安装质量和运行安全为原则，并根据企业能力和发展需求来购置。主要包括：发电机电气试验装置、高压设备试验装置、绝缘油试验设备、直流泄漏、耐压试验设备、继电保护校验仪、介损测量装置（包括配套的控制保护器）、继电保护校验仪、多量程仪用电流互感器、仪用电压互感器、交直流稳压电源、各种信号发生器、示波器、压力表、温度计等热工仪表校验仪、各种形式传感器校验率定仪、各种电工仪表、标准电阻箱、电桥、标准电压表以及笔记本电脑等。必要时可配备超高压试验设备以完成高压电气设备的工频（雷电、操作耐压）耐压试验。

电气设备及电工仪表技术及装置更新较快，设备的配置不追求一步到位。

（3）电气试验质量控制依据。电气试验质量控制及验收应以与试验项目相关的国标和行业标准为依据，可按照《电气装置安装工程　电气设备交接试验标准》（GB 50150）、《绝缘配合　第1部分：定义、原则和规则》（GB 311.1）、《现场绝缘试验实施导则》（DL 474.1～5）系列标准等国家及电力行业标准以及相关行业、厂家要求执行。设计、制造厂另有要求的还应符合设计制造的有关要求。每一项试验开始前都应按规定制定好试验措施和方案，编制试验大纲并经审查；试验所用仪器仪表应经过校验在有效期内；试验方法、步骤严格按措施进行；试验人员应具备相关资质。

参 考 文 献

［1］　王冰，杨德晔．中国水力发电工程．机电卷．北京：中国电力出版社，2000．

［2］　张晔．水利水电工程施工手册．第四卷：金属结构制作与机电安装工程．北京：中国电力出版社，2004．

［3］　付元初，等．中国电气工程大典．第五卷：水力发电工程．北京：中国电力出版社，2009．

［4］　付元初．中国水电机电安装50年发展与技术进步∥第一届水力发电技术国际会议论文集．北京：中国电力出版社，2006．

2 施 工 组 织 设 计

2.1 金属结构及机电安装工程的范围和特点

随着我国机电安装工程规模的不断扩大，水电机电设备形式多样化和种类、容量、重量和尺寸不断增加，安装技术水平的不断提高，使得水电机电安装工程的范围也不断扩大，并形成了独特而鲜明的特点。

2.1.1 金属结构及机电安装工程的范围

（1）金属结构设备的制造及安装。

1）引水系统压力钢管的制造及安装。

2）各类钢闸门及拦污栅的制造安装。

3）通航系统金属结构的制造及安装（包括系统内各类钢闸门、启闭机及升船机等）。

4）各类启闭机设备的安装。

（2）水轮发电机组及附属设备安装。

1）水轮机及其附属设备安装，包括：各类型式水轮机安装；各类型式可逆式水轮机安装；调速器系统设备安装；主阀安装；圆筒阀安装。

2）发电机及其附属设备安装，包括：各类水轮发电机安装；各类发电电动机安装。

3）水力机械辅助设备安装，包括：油、气、水系统及设备安装；水力测量系统及设备安装；消防系统及设备安装；空调、通风系统及设备安装；生活用水系统及设备安装。

4）厂内起重设备安装及试验。

（3）电气设备安装。

1）电工一次设备安装，包括：升压变压器及中性点设备安装；高压电缆安装；长距离输电母线（GIL）安装；全封闭组线合电气（GIS）设备安装及开关站敞开设备安装与拉线；励磁系统安装；线路并联电抗器及中性点设备安装；封闭母线（IPB）和常规母线及发电电压设备安装；厂用电系统设备与电缆/光缆安装；全厂照明安装；全厂接地防雷安装等。

2）电工二次设备安装，包括：发变组继电保护安装；发变组故障录波安装；机组直流电源安装；机组现地监控及测量设备安装；水电站计算机监控系统设备安装；水电站安控设备安装；电力系统及设备保护、测控及自动装置安装；电力系统及设备故障录波设备安装；开关站及公用直流电源系统安装；图像监控系统安装；控制电缆、光缆安装；水电站通信系统设备安装；电梯安装等。

以上这些安装项目包括合同所规定的所有安装设备的接收、转运、吊装、安装、调整、校验、试验、系统调试、试运行直至向发包人进行完工验收的全部工作以及发包人委托的设备缺陷处理或更换和零件、材料、设备的采购及其他工作。

同时，应参加发包人组织的设备出厂验收、现场交货验收及其他相关工作。按合同或发包人要求完成设备临时运行、维护和保养工作、配合电力系统调试等工作。

对上述工作范围内的全部工作，应向发包人提交所安装设备的数据库，提交安装作业包及安装标准。并应按有关条款的规定提交设备检验证书、安装记录、校验记录、测试和试验报告、竣工验收文件和图纸等，应以纸质和电子文档方式提交；完成合同条款规定的技术服务；安装工作的全过程接受发包人和监理单位的监督。

2.1.2 金属结构及机电安装的特点

（1）安装工程受自然环境的影响较大，部分安装作业必须露天进行，尤其是金属结构安装工程在施工中可能受到洪水的威胁；有些工程则受到地质条件的影响或安装条件的限制，同时水下工程和隐蔽工程较多，部分设备又多在复杂的水力、机械、电气条件下运行。安装工程的施工质量可影响到工程效益的发挥。因此，必须根据施工的总体进度计划和总体平面布置图，妥善的研究安装进度和安装方案，合理地制定施工组织设计，加强现场的施工协调工作，并提出保证安装工程质量的可靠施工方案。

（2）机电设备安装工程与混凝土浇筑和建筑物装修之间存在着大量的交叉与平行作业，机电安装工程本身在主机安装、辅机安装和电气安装之间也存在着大量立体交叉、平行的工作。因此，要分析研究安装工程与土建工程的施工衔接配合关系以及机电安装各项工作之间的衔接配合的关系，合理进行工序间的安排、协调与配合，并充分注意到现场施工设备和其他施工资源的土建与机电安装的合理使用。

（3）金属结构及机电设备的构件，一般具有尺寸大、重量重的特点，例如特大型整体水轮机转轮、发电机大部件的中心体、变压器、电抗器、桥机大梁等重大件的起重及运输方案，涉及设计、制造、土建施工、道路交通和施工设备等有关方面。因此，应仔细调查、研究和了解各方面的条件，提出切实可行的设备起吊、运输方案与措施以及对分部运输设备的现场组装方案。

（4）安装工程是设计、制造工作的继续，是设计、制造和运行之间的重要环节，大部分设备需要在施工现场组装、调试。越大的机电及金属结构工程，在工地组装调试的工作量就越大，有些安装部件还需要在工地完成最后的制造工序或全部在工地制造（例如水轮机转轮的工地组焊、水轮机和发电机部分部件在工地制造等）。因此，安装程序和方法与设计、制造密切相关，应全面了解并参与审查设计和制造方案，必要时提出修改意见，以保证机电设备安装质量优良，能长期安全、稳定运行，安装工程的质量始终是最重要的目标。

（5）水电站根据不同的自然条件进行设计，相应的机电设备，特别是水轮发电机组设备也根据水电站设计的总体要求而各有所异，设备的参数、结构、尺寸各不相同，不可能采用同一种标准设计。因此，对水电设备的安装不可能像一般的通用机电设备和热力发电设备安装那样按标准件进行安装。除了应遵循基本的安装工艺技术规定外，还应针对机电设备的不同形式和不同结构，制定和采用适合本机电设备的安装工艺方案和具体的技术措施。

（6）目前水轮发电机组的单机容量越来越大，电气设备的电压越来越高，自动化水平越来越先进，设备的尺寸和重量越来越大。机电设备中应用了大量新技术、新工艺、新材料，安装工艺复杂，安装难度加大。机电安装人员应充分了解设计、制造的特殊要求，研究采用这些新技术、新工艺及新材料的措施或安排必要的科学试验。同时，对机电安装施工人员也提出较高的要求，安装人员必须具备必要的专业基础知识，并经常对施工人员进行新技术、新工艺的培训和考核。使这些新技术、新工艺及新材料能够在实践中充分发挥其应有的作用。

（7）随着水电事业的发展进步，设计水平的提高、设备制造质量的改进，安装技术的进步，先进工器具的使用，工程的总体工期比过去任何一个时代都短，机电、金属结构设备的安装进度也同样在不断的加快。例如一个1000MW的水电站从机电设备安装开始到投产，20世纪七八十年代一般需要3～4年，而目前只要不到2年的时间；一个500kV两回出线六回进线开关站，过去需要几年的施工时间才能投产，现代采用GIS设备，安装只要半年时间；一台500kV、300MVA变压器过去滤油需要几个月的时间，现代由于绝缘油采用高性能的真空滤油机滤油，仅十余个工作日就完成了全部油处理工作。

（8）机电、金属结构安装工程施工是一个庞大的系统工程，工程设计、设备制造、工程监理、设备安装等有多家承担和参与。部分工程项目，往往有多家单位联合分段施工，这就使得安装工程的接口增加。如果各参与单位或工程各接口单位的配合不良，将会发生施工错误，导致工期延误，甚至于造成质量事故。因此，必须加强施工管理，随时做好施工协调和综合平衡，及时处理施工中发生的问题，保证工程有序、快速、优质进行。

（9）水电站机电安装涉及多种专业，包括机械、电气、材料、加工、动力、水工等领域，为规范在这些领域范围内的施工，必须制定和严格执行相关的标准和规范。因金属结构制作安装和机电安装内容多、范围广，相应的标准和规范也多。除了国家标准外，还有大量的部颁（行业）标准，国内外的各制造厂家根据设备的特点和要求也编制了制造厂的标准和试验规范，工程业主和安装自身也有自己的企业标准。

这些标准中，国家标准是最基本的，是所有一切其他标准（规范）的母标准。其他标准也是根据被安装设备的特点制定的更具体的专项标准。安装人员必须认真学习、深刻理解这些标准，严格执行这些标准和规范，并在执行中不断提高。这既是保证施工质量的要求，也是保证施工安全所必需的。

（10）机电安装的安全性及环境保护要求较严。

1）安全性问题：安全性问题是指人身（安装人员、运行人员、用电人员及规定距离内的其他人员）安全和设备安全。在设备运输、吊装、安装、调试的全过程必须把安全工作放在首位。同时，严格防止发生电气事故和消防安全。各类事故的发生将造成人员的伤亡和设备的损失，已运行设备的事故致使停电时，将造成国民经济的重大损失和给人民带来不便。

2）环境保护问题：环境保护问题是水电站建设中不可忽视的问题。水电站建设过程中决不能破坏优美的自然环境和良好的生态。在施工组织设计中应提出切实有效环境保护方案，每项具体工作必须有详细的环境保护措施。

2.2 施工组织设计编写的原则与依据

2.2.1 施工组织设计编写的原则

工程施工必须以满足施工安全为前提，以确保工程质量为准则，以保证工程进度为目标。编写施工组织设计应按下列原则进行：

(1) 保证文明施工安全生产。

(2) 保证水电站机电安装工程质量；保证文明施工安全生产。

(3) 保证符合国家环境保护要求。

(4) 保证施工工期的要求。

(5) 保证满足水电站其他承包人协调施工。

(6) 尽可能地节省资源和投资。

2.2.2 施工组织设计编写的依据

施工组织设计按时间阶段通常分为投标阶段施工组织设计和施工阶段的施工组织设计。施工组织设计是纲领性的技术文件，重点对施工规划、管理及主要施工方案进行阐述，具体施工生产由施工技术措施和生产工艺措施指导完成。

施工组织设计编写的主要依据有如下。

(1) 计划文件。

1) 国家关于基本建设的规定、批准的基本建设计划文件。

2) 建设地点所在地区主管部门的批件。

(2) 招标文件或合同文件。与业主签订的合同文件，主要有合同范围、质量标准、安全防护、环境保护、进度要求及其他。

(3) 施工标准。

1) 质量、职业健康安全、环境保护等标准，包括：质量管理体系文件；职业健康安全管理体系文件；环境管理体系文件。

2) 技术标准，包括：国家标准、规范、法规；行业标准、规范；企业标准、规范；国际标准、规范、法规。

(4) 设计文件。

1) 设计单位提供的设计图纸、说明书、设计修改通知等技术文件。

2) 设备制造厂提供的随机文件，包括设计图纸、说明书等以及修改通知等技术文件。

(5) 会议文件。

1) 与安装有关的设计联络会文件。

2) 技术研讨会会议纪要。

(6) 工程当地自然条件。

1) 工程当地水文资料。

2）工程当地气象资料。

3）工程当地地质资料。

（7）工程施工现场资料。

1）工程总体布置资料，包括：工程规划的交通情况（如公路、铁路、机场、桥梁、隧洞等），以及与公用设施等有关自然条件资料及防汛要求；工程规划的设备装卸存储情况（如仓库、码头等）；工程供电；工程供排水；工程供排风；其他公用设施等。

2）相关土建工程的资料，包括：土建施工场地布置；土建施工交通；风水电供应；临时建筑物；工程施工进度；施工方法。

（8）四新技术。

1）国际国内的新技术。

2）国际国内的新设备。

3）国际国内的新材料。

4）国际国内的新工艺。

（9）工程当地资源。

1）工程当地可以用的设备。

2）工程当地可以用的材料。

3）工程当地可以用的人力资源。

（10）本单位有关文件。

1）有关项目施工设备管理的文件。

2）有关项目施工机构设置及人力资源管理的文件。

3）与工程相同或相似的项目竣工资料。

4）其他。

2.3 施工组织设计编写的内容

（1）工程概况。

1）工程名称、地点、建设单位、主要工程内容、工程总造价、建设总工期。

2）工程建设背景。

3）工程所在地区的自然条件（水文、地质）及技术经济条件。

4）合同项目的组成和布置、主要参数（如水电站形式、机组数量、容量、主接线形式、接入电网的电压，闸门形式、数量、重量等）、合同范围、主要工程量、工作接口、控制性进度、交通运输条件、涉及的新工艺、新技术、新设备、新材料及施工重点难点。

（2）施工组织机构。包括施工组织机构的确定，主要管理人员的配备、分工和明确职责。

（3）施工进度计划。指施工总进度计划是根据合同要求制定的纲领性的进度计划，主要考虑了土建交面进度和设备到货时间等因素，在此应充分注意控制性节点工期及关键路线，然后分解制定各主要单项工程进度等。

（4）施工总平面图。将业主给定的范围和场地以及这些场地实际具备的条件，结合机电金属结构设备安装所需的各项设施，如设备材料仓库、拼装制作场地、供水、排水、排污、供风、供电、运输道路等临时设施，绘制在施工总平面图上。

（5）技术准备。通过对安装设备建设地区自然条件及经济技术条件等的调研，掌握了解设计意图和进度要求，编制各项有关施工技术措施以及新工艺、新技术、新材料的试验及应用等技术准备工作。

另外，还应编制：施工图纸到达工地计划、安装部位土建交面计划和设备到货计划。

（6）技术方案。根据设备到货进度和安装部位交面的情况，确定设备的安装程序、安装工艺及吊装方案，选择永久设备的储存保管方案、起重运输方案，初期蓄水发电试运行方案，以及施工期防汛措施、技术安全措施和科研计划。

（7）资源配置。根据总进度计划编制。

1）施工设备、工器具需用计划。

2）主要材料需用计划。

3）人员配备计划以及技术培训计划等。

（8）质量管理体系。建立和健全工程项目的质量管理体系，制订质量计划，明确质量方针，确定质量目标，明确有关管理、执行和验证人员的质量职责，规范各级岗位人员及各单位、部门的质量工作行为，以文件的形式规定质量体系要素控制方式、方法及所采用的作业指导书以及资源配置等一系列质量管理措施，确保施工生产全过程处于良好的受控状态，确保工程质量和进度满足规定要求。

（9）安全文明生产。建立和健全工程项目的安全管理体系，确定安全管理目标，明确有关管理人员的职责，精心编制安全技术措施，科学组织，文明生产，确保施工人员的人身安全和施工设备的安全。

（10）环境保护。依据国家和地方有关环境保护法律、法规、标准、合同有关条款及建设单位关于环境保护的要求，积极应用先进的环境保护技术，确保施工环境的质量。

（11）主要经济技术指标。必要时应汇总计算劳动生产率指标、临时工程费用指标、工程质量指标、施工机械及设备动力指标、工期指标和成本指标等。

（12）施工协调。制定或明确建设单位与各承包单位、各承包单位之间的配合协作关系及各自的职责。

2.4　施工总进度计划

编制施工总进度计划的目的在于合理安排施工进度，做到协调均衡、连续施工。施工总进度计划也是编制劳动力计划、材料供应计划、加工件计划、施工机械需求计划的依据。

施工总进度计划是在确定了施工技术方案和组织方案，按需要将单元工程划分为各工序项目、确定各工序项目之间的逻辑关系及各工序项目的持续时间的基础上进行编制。编制成的施工总进度计划应满足预定的目标，否则应修改原施工技术方案和组织方案，对计划做出调整。经反复修改方案和计划均不能达到原定目标时，应对原定目标重新审定。

（1）施工总进度计划编制原则。

1）安装工程施工总进度应满足合同文件对防洪、灌溉、航运、蓄水发电等工期的要求，并能预见到为保证上述要求时安装工程在进度、技术、人力、物力与土建工程配合方面的问题，针对这些问题提出相应的措施，做好工程施工网络计划，并列出关键路线。

2）施工总进度计划必须与已确定的施工技术方案相吻合，考虑各工序间的衔接关系，按顺序组织均衡持续施工。

3）首先安排最长、工程量最大、技术难度最高和占用劳动力最多的主导工序。

4）优先安排易受季节影响的工程尽量避开季节因素对施工的影响。

5）施工进度应保证施工质量与安全。

6）做好安装工程与土建工程施工的相互配合，编制施工进度时应明确下列配合工作：

A. 结合施工导流方案和进度，安排导流封堵闸门安装。

B. 结合大坝浇筑方案的进度，安排压力钢管、闸门、管路等埋设件安装。

C. 结合工程导流、水库蓄水、灌溉、通航等方案和进度，安排闸门、启闭机及相关设备安装。

D. 结合隧洞开挖、混凝土衬砌方案和进度，安排洞内压力钢管安装。

E. 结合主、副厂房开挖、混凝土浇筑方案和进度，安排桥式起重机、机组和电气埋件及设备安装。

F. 结合开关站土建施工方案和进度，安排开关站设备等安装。

安装工程与土建施工方案与进度紧密相关（如坝体预留钢管槽、钢管可分期安装而不影响大坝浇筑进度）；第一台安装发电机组的位置和初期发电必须安装的机电设备对主、副厂房浇筑、装修方案均有影响，必要时应按安装工程的要求修改土建施工方案与进度。

7）考虑施工地点的地域因素、人文因素等对施工工期的影响。特别是国际工程，当地的气候、法律、宗教、道路以及当地设备、材料、人力资源等供应条件，都是影响施工进度的重要因素。

（2）施工总进度计划编制依据。

1）已确定的安装工程施工的开工时间、竣工时间及重要工程节点时间。

2）土建施工进度计划（土建与金属结构、机电交接面时间）。

3）设备的到货时间，设备运输路线和时间。

4）枢纽大坝、厂房、开关站土建设计图（结构、布置）。

5）金属结构、机电设备结构图（材料、结构、布置）。

6）工程具备挡水条件的时间，水库蓄水时间，具备系统倒送电条件的时间，机组72h连续试运行结束时间。

上述依据构成施工进度计划的约束条件。

（3）施工总进度计划的内容。

1）施工工作项目，并按一定方式（逻辑关系）进行组织。

2）工程开工时间、竣工时间及各节点工期。

3）工作项目的工期、最早开工时间、最早完工时间及总浮时、自由浮时。

4）工作项目需要投入的资源，包括施工设备、材料、人力资源等。

5）根据浮时显示出施工总进度的关键工作和关键路线。

（4）施工总进度计划编制的应用软件。

1）Excel。早期的很多施工进度计划用 Excel 来表示，简单的项目和施工横道基本可表示施工进度计划中各项目的开工时间、完工时间和持续时段，亦可人为添加项目间的关系。

2）AutoCAD。跟 Excel 类似，优点是绘图更方便，可绘制出更漂亮的施工网络图。

3）Project。Microsoft Project（或 MSP）是微软推出的项目管理工具软件，凝集了许多成熟的项目管理现代理论和方法，可以帮助项目管理者实现时间、资源、成本的计划、控制。

4）P3。P3（Primavera Project Planner）软件是国际流行的项目管理软件，是工程计划编制和进度控制使用最多的软件之一。

（5）施工总进度计划编制流程。总进度计划编制流程见图 2-1。

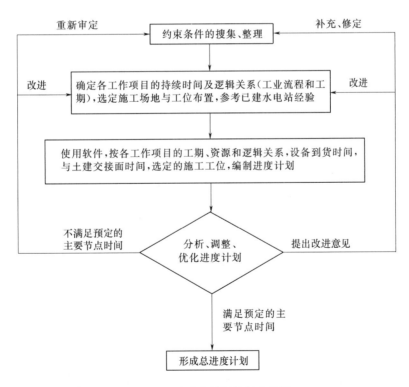

图 2-1　总进度计划编制流程图

（6）施工总进度计划编制实例。某水电站泄洪坝段金属结构安装及调试总进度见图 2-2；某水电站封闭母线安装网络进度见图 2-3；某水电站 2 号机组安装、试运行进度

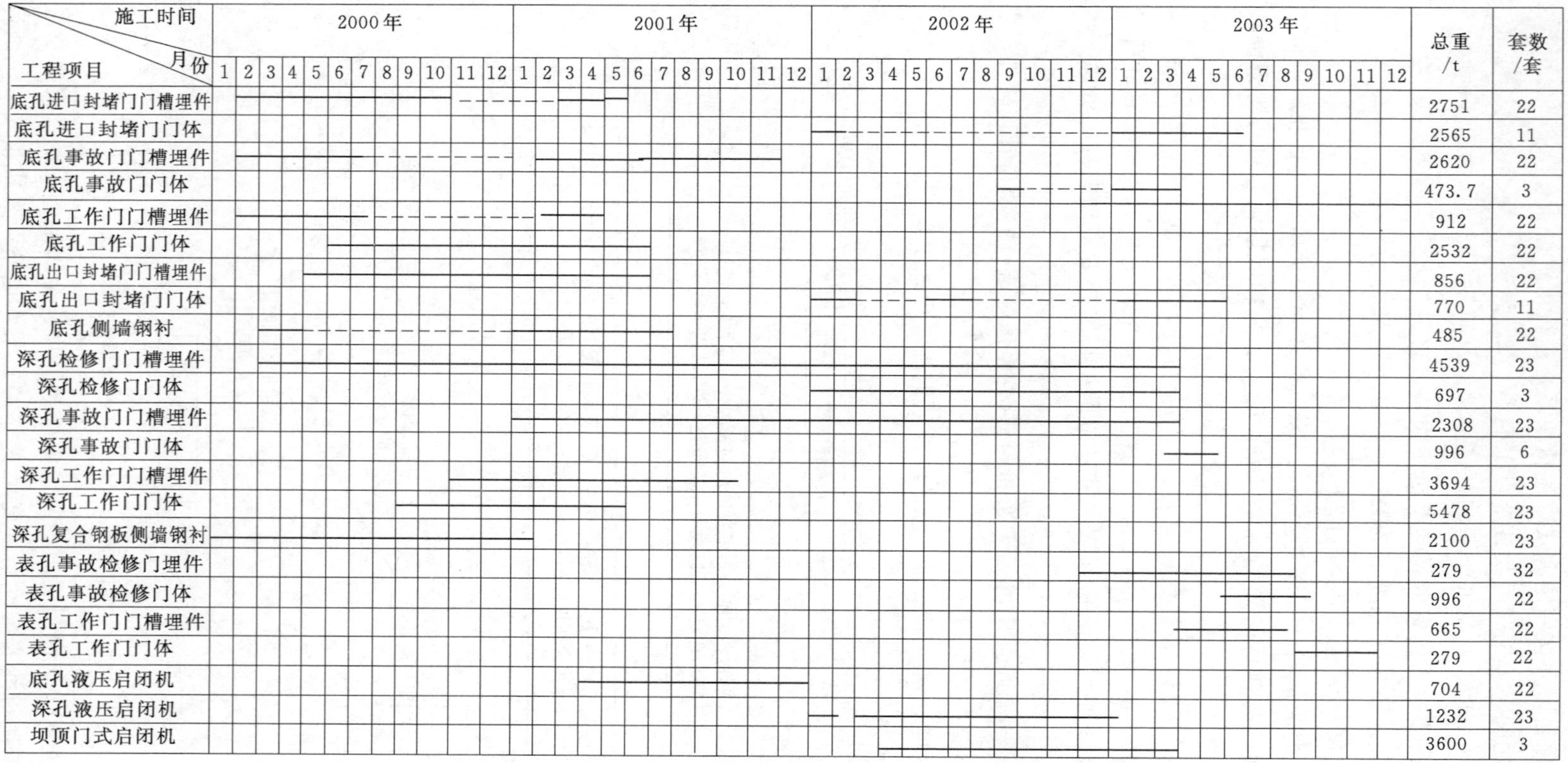

工程项目	总重/t	套数/套
底孔进口封堵门门槽埋件	2751	22
底孔进口封堵门门体	2565	11
底孔事故门门槽埋件	2620	22
底孔事故门门体	473.7	3
底孔工作门门槽埋件	912	22
底孔工作门门体	2532	22
底孔出口封堵门门槽埋件	856	22
底孔出口封堵门门体	770	11
底孔侧封墙钢衬	485	22
深孔检修门门槽埋件	4539	23
深孔检修门门体	697	3
深孔事故门门槽埋件	2308	23
深孔事故门门体	996	6
深孔工作门门槽埋件	3694	23
深孔工作门门体	5478	23
深孔复合钢板侧墙钢衬	2100	23
表孔事故检修门门槽埋件	279	32
表孔事故检修门门体	996	22
表孔工作门门槽埋件	665	22
表孔工作门门体	279	22
底孔液压启闭机	704	22
深孔液压启闭机	1232	23
坝顶门式启闭机	3600	3

（施工时间：2000年、2001年、2002年、2003年，按月份1~12排列的进度横道图）

图 2-2 某水电站泄洪坝段金属结构安装及调试总进度图

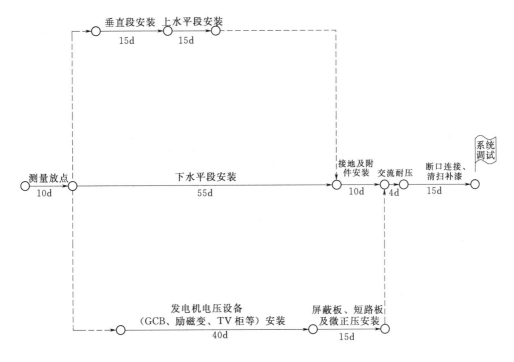

图 2-3　某水电站封闭母线安装网络进度图

图（Project 编制）见图 2-4。

（7）加快安装进度的途径。加快安装进度受到多方面的条件的影响，但最基本的途径还是要有一支经验丰富、技术高超并善于施工协调组织和管理优良的安装队伍。

1）提高机电设备及金属结构产品的制造质量，是加快安装进度的前提。如果设备结构设计合理而便于安装、制造质量提高（包括国产设备和国外进口设备），安装的工期将会相应缩短。

2）合理安排设备到货期，切忌因设备供应不及时而影响安装工期。

3）加强与土建施工的配合，保证土建施工按期提交安装工作面。

4）在机电设备及金属结构安装前充分做好准备工作，按施工组织设计的要求，统一部署，搞好综合平衡，加强施工管理。

5）不断总结施工经验，提高施工技术水平和安装人员的素质，培养足够数量有经验的技术人员、技工和项目负责人。

6）配置合适的施工机具，积极采用新技术、新工艺，研制新机具，提高机械化施工程度，在保质量、保安全的前提下加快施工进度，降低工程成本。

7）机组台数较多的水电站设备安装时，宜采用平行、流水作业法。各台机组设备按一定的时间间隔顺序安装，每台设备安装的绝对工期并不缩短，但整个水电站的安装总工期可以大大缩短。

8）充分合理利用安装场地，以适应多台设备同时平行交叉安装作业的需要。应合理扩大安装场地，充分利用厂内外的空间，增加工作面。

标识号	任务名称	工期/d	开始日期/(年·月·日)	完成日期/(年·月·日)
1	2号机组安装	240	2010.1.1	2010.8.28
2	安装工作面清扫	1	2010.1.1	2010.1.1
3	定子组装（本机坑）	75	2010.1.2	2010.3.17
4	定子安装调整及二期	10	2010.3.28	2010.4.6
5	定子下线与耐压试验	75	2010.4.7	2010.6.20
6	底环组装	15	2010.2.1	2010.3.15
7	顶盖及圆筒阀组焊	40	2010.2.16	2010.5.27
8	底环安装调整	10	2010.3.18	2010.3.27
9	导水机构、圆筒阀预装	50	2010.4.7	2010.5.26
10	转轮加工（组装、联轴、焊接、加工等）	80	2010.1.1	2010.3.21
11	主轴与转轮吊装	5	2010.5.27	2010.5.31
12	导水机构大件吊装	10	2010.6.1	2010.6.10
13	导水机构调整	48	2010.6.11	2010.7.28
14	水发联轴	10	2010.6.11	2010.6.20
15	下机架组装	60	2010.3.1	2010.4.29
16	下机架及轴承吊装调整及二期	20	2010.6.21	2010.7.10
17	转子组装（1号工位）	170	2010.1.15	2010.7.13
18	转子吊装	5	2010.7.11	2010.7.15
19	上机架安装	45	2010.4.15	2010.5.29
20	上端轴、上机架安装	7	2010.7.16	2010.7.22
21	整体盘车检查	7	2010.7.23	2010.7.29
22	机组回装	15	2010.7.30	2010.8.13
23	无水调试	15	2010.8.4	2010.8.18
24	有水调试及试运行	10	2010.8.19	2010.8.28
25	2号机组发电	0	2010.8.28	2010.8.28

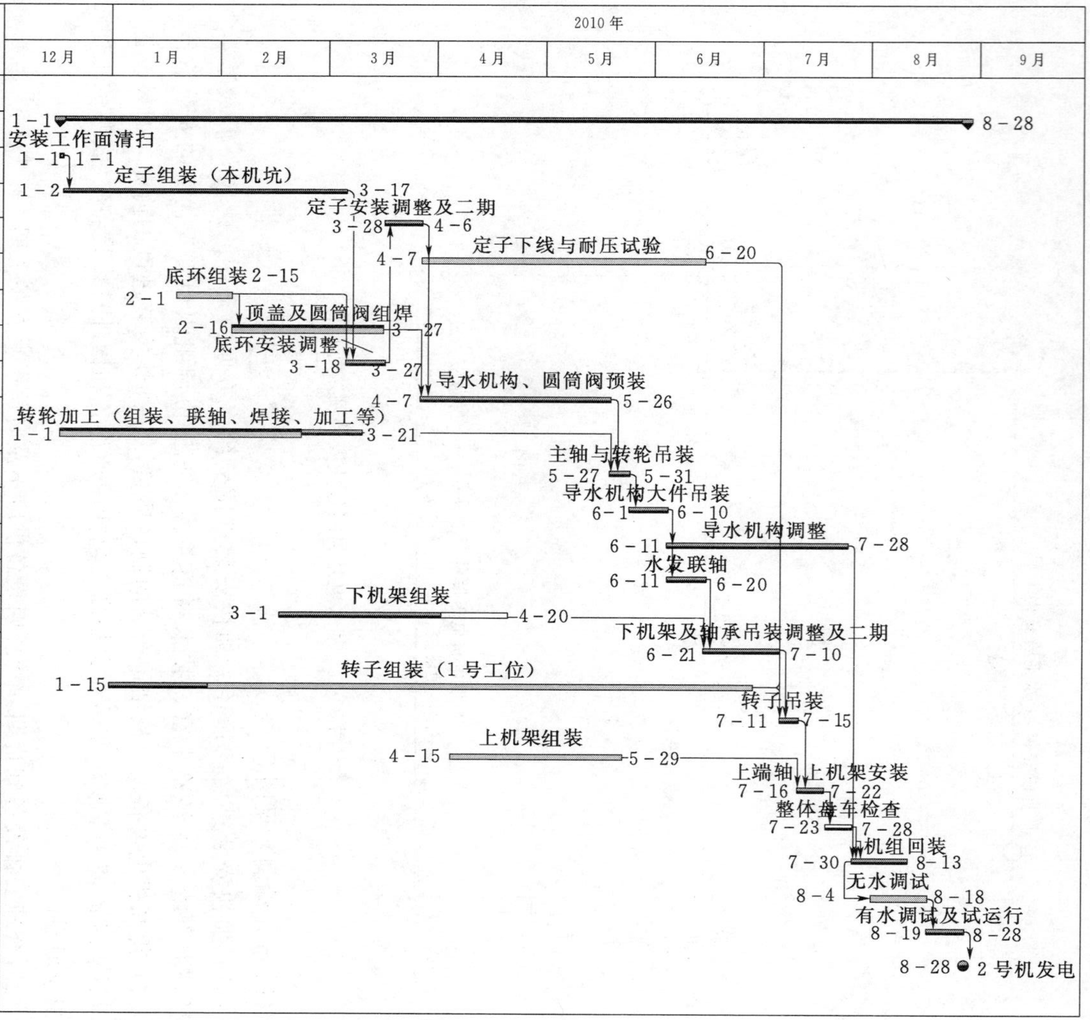

图 2-4　某水电站 2 号机组安装、试运行进度图（Project 编制）

2.5　施工场地布置

2.5.1　施工场地的总体布置

施工总布置应在全面了解、综合分析枢纽工程布置、主体建筑物特点和社会环境及自然条件等基础上，合理确定并统筹规划布置施工设施和临时设施，妥善处理施工场地内外关系。以施工总布置图的形式反映拟建的永久建筑物、施工设施及临时设施的布局。

（1）施工总布置的任务。施工总布置的基本任务是：根据机电设备安装工程规模、特点和施工条件，研究解决工程施工期间所需的辅助企业、交通道路、仓库、临时房屋、施工动力、给排水管线及其他施工设施等的总体布置问题，即正确解决施工地区的空间组织问题，以期在规定期限内完成整个机电设备安装工程的建设任务。

（2）施工总体布置基本原则：施工总体布置设计的基本原则为：应在因地制宜、因时制宜和利于生产、方便生活、快速安全、经济可靠、易于管理的原则下进行，并注意以下事项：

1）场地划分和布置应符合国家有关安全、防火、卫生、环境保护等规定。

2）选用合适的防洪、排水标准，其系统布置应能保证施工场地和施工设施的安全。

3）施工场地选择应综合考虑地形、地质条件，场内外交通布置，给水、供电、防洪排水等要求，尽量选择地形平坦宽阔、靠近施工现场、地质条件好的场地。

4）布置要紧凑，占地要少。资源流向合理，尽量减少二次搬运。临时设施工程在满足使用的前提下，尽量利用已有的材料，多用装配式结构，以节省临建费用。

（3）施工总体布置主要内容。

1）选择合适的施工场地，布置各施工辅助企业及其他生产辅助设施，布置仓库、施工管理及生活福利设施。

2）配合选择对外运输方案，选择场内运输方式以及河流两岸交通联系的方式，布置线路，确定渡口、桥梁位置，组织场内运输。

3）确定施工场地排水、防洪标准，规划布置排水、防洪沟道系统。

4）选择给水、供电、压缩空气、供热以及通信等系统的位置，布置干管、干线。

5）研究环境保护措施。

2.5.2　施工临时设施

（1）安装工程临时设施的一般内容。临建工程主要分为施工区和生活区两部分。主要安装工程生产性临时设施和施工场地一般包括：压力钢管制造厂、闸门制造装配厂、配管场、修配厂、发电机磁轭铁片清洗去锈场、电气试验室、机电设备预装场、施工变电所、制氧站、生产采暖供热站、工具站（库）、永久设备库、保温库、材料库、燃料库及油库、汽车库、工地（现场）办公室以及各工种班组的安装作业场、作业室和休息室等。其他生产临时设施主要包括：风、水、电供应系统，排水系统和通信设施，起重装卸设备和设施，交通运输设施等。生活临时设施一般包括：职工宿舍、食堂、招待所、医务室、俱乐部等。

（2）生产及生活临时设施和场地面积。

1）生产临时设施面积计算，包括：

A. 钢管厂：钢管厂包括瓦片加工车间、钢管对圆、焊接、组装、探伤、除锈、涂装等场地。加工车间的长度约为钢管直径的 $10\sim12$ 倍，车间宽度约为钢管直径的 $2\sim2.3$ 倍。车间内部按工序先后，分为画线、切割、刨边、卷板、修弧、加劲环切割等区域。卷板区应能满足最大长度钢板的卷制，其两侧宽度可根据需要适当放宽。

钢管制造厂房和场地面积可分别参照式（2-1）估算：

$$A=5Q\varphi \tag{2-1}$$

式中　A——钢管厂厂房或场地面积，m^2；

　　　Q——钢管制造组装的工程量，t；

　　　φ——钢管厂的厂房及场地面积换算系数，m^2/t，见表 2-1。

表 2-1　　　　　　　　钢管厂的厂房及场地面积换算系数表

钢管工程量/t	厂　房　φ	场　地　φ
$200\sim500$	$0.80\sim0.40$	$2.40\sim1.20$
$600\sim1000$	$0.33\sim0.26$	$1.17\sim0.90$
$2000\sim5000$	$0.13\sim0.07$	$0.52\sim0.28$
$6000\sim10000$	$0.06\sim0.04$	$0.24\sim0.18$

B. 修配厂：根据机床的设置台数按式（2-2）估算：

$$A=rn \tag{2-2}$$

式中　A——修配厂厂房面积，m^2；

　　　r——机床所需面积，$m^2/台$，取 $r=7\sim20m^2/台$；

　　　n——修配厂设置的机床总台数，见表 2-2。

表 2-2　　　　　　　　修配厂设置的机床总台数表

水电站容量/MW	<100	$100\sim150$	$150\sim1000$	$1000\sim3000$	>3000
n/台	$8\sim10$	$15\sim20$	$25\sim30$	$35\sim45$	$45\sim55$
$r/(m^2/台)$	20	15	10	8	7

C. 设备库：各类永久设备的仓库面积按式（2-3）计算：

$$F=\frac{QK\beta}{Pa} \tag{2-3}$$

式中　F——仓库或堆放场面积，m^2；

　　　Q——各类永久设备总重量，t；

　　　K——同时储存系数，见表 2-3；

　　　β——永久设备需用的各类仓库或堆放场面积计算系数，见表 2-4；

　　　P——永久设备单位面积的储存量，t/m^2，见表 2-5；

　　　a——场地利用系数，取 $0.7\sim0.75$。

表 2-3　　　　　　　　永久设备同时储存系数表

机组台数	1	2	3	4	>5
K	1	0.75	0.6	0.45	0.35

表 2 - 4				永久设备仓库或堆放场面积计算系数表			
仓库类别	机械设备		电气设备		闸门及启闭机设备	
	$\beta/\%$	$P/(t/m^2)$	$\beta/\%$	$P/(t/m^2)$	$\beta/\%$	$P/(t/m^2)$
保温仓库	10	0.1	10	0.1		
封闭仓库	15～20	0.2	20	0.2	2	0.1
敞棚仓库	10～15	0.2	12～18	0.2	10	0.2～0.3
露天仓库	55～65	0.2	50	0.2	88	1.0～2.0
电缆堆放场			2～8	0.01		

表 2 - 5		永久设备单位面积储存量表		
材料类别	单 位	P	存入方式
型钢与钢板	t/m^2	0.5～0.7	露天或敞棚
管材	t/m^2	0.4～0.5	露天或敞棚
原木	m^3/m^2	1.3～1.5	露天或敞棚
加工成材	m^3/m^2	0.7～0.8	露天或敞棚
五金	t/m^2	0.4～0.6	库房
电器	t/m^2	0.1～0.2	库房

D. 材料仓库：材料仓库或堆放场的面积按式（2-4）计算：

$$F=\frac{Q}{Pa} \tag{2-4}$$

式中 F——仓库或堆放场面积，m^2；

Q——材料总重量或体积，t 或 m^3；

P——各种材料单位面积储存量，t/m^2 或 m^3/m^2，见表 2-5；

a——场地利用系数，取 0.6～0.7。

E. 作业室：作业室的面积按式（2-5）计算：

$$F=NC \tag{2-5}$$

式中 F——作业室面积，m^2；

N——施工工人总平均数或一个班组工人数，人；

C——平均每人需用作业室的面积，取 2.0～2.5m^2/人。

各班组作业需用的场地为 1.5F。

F. 机具站及汽车库：机具站及汽车库或停放场需用面积可参考表 2-6 估算。

表 2 - 6	机具站及汽车库需用的面积表	
设 备 名 称	需用库房或场地面积 /(m²/台)	存 放 方 法
汽车	20～30	室内
汽车	40～60	室外
汽车起重机	30～40	室外
平板拖车	100～150	室外
其他施工机械（电焊机、空气压缩机、卷扬机、水泵等）	4～6	室内或室外

G. 现场办公室。现场办公室面积按办公人员总人数及每人 $3.5\sim4m^2$ 指标计算。

2）生活临时设施的控制面积计算。生活临时设施的控制面积可按不同容量水电站所需平均施工人员人数根据经验控制。按 $12\sim16m^2$/人推荐，其控制面积见表 2-7。

表 2-7   生活临时设施控制面积表

临时设施名称	<100MW 水电站		100~500MW 水电站		500~1000MW 水电站		1000~4000MW 水电站	
	计算人数/人	控制面积/m²	计算人数/人	控制面积/m²	计算人数/人	控制面积/m²	计算人数/人	控制面积/m²
宿舍	200	1500	350	2500	500	3600	700	5000
食堂	200	300	350	500	500	700	700	900
其他	200	1400	350	1900	500	2200	700	2500
合计		3200		4900		6500		8400

对于一些大型和超大型水电站施工时，往往有多家施工队伍施工，可按同期参加施工的人数确定生活临时设施的面积。

（3）施工供电。

1）施工供电的重要性。施工供电除供金属结构制作、安装和机电安装使用，还供厂房排水、初期发电备用电源及泄洪闸门启闭机使用。因此，必须有可靠的供电措施。

2）按供电等级分区供给。施工供电按供电等级一般可分为厂房、坝区、开关站、钢管厂、后方配管场、修配厂、试验室、作业室、永久设备库、材料库、生活区等区域。各供电区应有专线和专用变压器供电，其中厂房、坝区和开关站按一级负荷供电。

3）确定施工现场的动力和照明用电量。总用电功率可按式（2-6）计算：

$$P=1.10(K_1\sum P^c+K_2\sum P^a+K_3\sum P^b) \tag{2-6}$$

式中 P——总用电容量，kW；

$\sum P^c$——全部施工用电设备功率的总和，kW；

$\sum P^a$——室内照明设备额定容量的总和，kW；

$\sum P^b$——室外照明设备额定容量的总和，kW；

K_1——全部施工用电设备同时使用系数，按用电设备台数在 $0.6\sim1$ 间选用；用电设备越多，K_1 越小；

K_2——室内照明设备同时使用系数，一般采用 $K_2=0.8$；

K_3——室外照明设备同时使用系数，一般采用 $K_3=1$；

1.10——用电不均匀系数。

4）电源选择。选择电源最经济的方案是利用施工现场附近已有的高压线路或变电所供电，但事先需向供电部门申请。如工地附近电源可以满足施工用电时，变压器的容量可按式（2-7）计算。

$$W=\frac{KP}{0.75} \tag{2-7}$$

式中 W——变压器容量，kVA；

P——变压器服务范围内的总用电功率，kVA；

K——功率损失系数。计算变电所容量时，取 1.05；计算临时发电站时，取 1.10。

根据计算出的总用电功率，参照变压器规格表选用变压器。

在首台机组启动试运行时，需要外来独立电源。如电站设计时未考虑外来电源，就必须选择与施工电源分开的稳定电源，用于机组启动试运行，变压器的容量根据试运行时用电大小进行选择。

5）确定电源供电点，进行供电线路的布置。

6）计算确定配电导线。导线断面可根据电流强度进行选择，然后以电压降及力学强度加以核算。

7）若设计文件要求增加应急电源系统，则根据设计文件要求和施工用电容量选择合适的应急电源（如柴油发电机组）。

（4）施工照明。

1）施工照明线路要求：

A. 室内、室外配线，应采用电压不低于 500V 的绝缘导线。

B. 下列场所应采用金属管配线：有易燃、易爆危险的场所。

C. 腐蚀性场所配线，应采用全塑制品，所有接头处应密封。

D. 人体能触及到的地方，照明电压不得高于 36V；在潮湿的地方施工时，照明供电电压不应大于 24V。

E. 下列场所的室内、外配线应采用铜线：移动用的导线；特别潮湿场所；剧烈振动设备的用电线路以及其他有特殊规定的场所。

F. 每个分支线路导线间及导线对地的绝缘电阻应不小于 0.5MΩ。对于 36V 及 12V 安全电压线路，其绝缘电阻亦不应低于 0.5MΩ。

2）灯具安装的基本要求：

A. 220V 照明灯头离地高度应满足下列要求。在潮湿或危险场所及户外应不低于 2.5m。在不属于潮湿或危险场所一般不低于 2m。

如因生产和生活需要，必须将电灯适当放低时，灯头的最低垂直距离不应低于 1m，并应采用安全灯头。

B. 用电灯引线作吊灯线时，灯头和吊灯盒与吊灯线连接处，均应打一背扣，以免接头受力而导致接触不良，断路或坠落。

C. 采用螺口灯座时，应将火（相）线接顶芯极，零线接螺纹极。

D. 在安装插座时，插座接线孔要按一定顺序排列：单相双孔插座双孔垂直排列时，相线孔在上方，零线孔在下方；单相双孔水平排列时，相线在右孔，零线在左孔；单相三孔插座，保护接地在上孔，相线在右孔，零线在左孔。

E. 漏电的保护装置采用漏电保护器或漏电开关。当漏电电流超过整定电流值时，漏电保护器动作切断电路。若发现漏电保护器动作，则应查出漏电接地点并进行绝缘处理后再送电。

（5）施工用风。

1）施工用风一般为分区供应，分为厂房区、坝区、钢管厂、开关站、后方作业场等。一般需要用风的位置有：各种风动工具，如风砂轮、风铲、风扳机、转子磁轭叠压用气锤、铆钉枪等；钢管和金属结构加工使用的碳弧气刨；钢管、闸门、油管路等喷丸去锈，设备清扫。

2）供风站及风压。一般由压缩空气站供风。当总供风管路风压不足时，应在相应部位设移动式空气压缩机及气罐。将施工用风量折算成移动式空气压缩机台数，其需用指标见表 2-8。供风要满足风量要求，并保证工作场的供风清洁。风压要求为 0.5～0.8MPa。

表 2-8　　　　　　　　　　　移动式空气压缩机需用指标表

水电站容量 /MW	厂房 /(10m³/min)	坝区 /(10m³/min)	钢 管 厂		后方作业场 /(6m³/min)
			10m³/min	20m³/min	
<100	1	1	2		1
<500	1	2	3		2
<1000	2	2	3		2
<4000	2	3	2	1	2

注　计算单位为台。

3）风动工具用风量见表 2-9。

表 2-9　　　　　　　　　　　风 动 工 具 用 风 量 表

工 具 名 称	规 格	风 压 /(kgf/cm²)[①]	用 风 量 /(m³/min)
风铲	0～6	5	0.3～0.6
风钻	05～32	5	1.7～2.0
风镐	03～11	5～6	0.8～1.0
风砂轮	ϕ125～250mm	5	1.1～1.6
铆钉枪	07～28	5	0.8～1.4
喷漆器	ϕ0.4～1.0mm 喷嘴	3	0.26～1.65
喷丸去锈机	ϕ6～9mm 喷嘴	6	2.33～5.00
风扳机	M40 螺丝用	5	2.0
	M100 螺丝用	7	4.0
碳弧气刨		6	2.0～4.0

①　kgf 为非法定计量单位，1kgf≈9.81N。以下同。

（6）施工用水。施工用水包括生产、生活及消防用水三部分。

一般机电安装及金属结构制造安装的生产用水量较小，前方用水可从土建供水管上取水；后方及车间用水可从生活供水管上取水。

1）生产用水量可按式（2-8）计算：

$$q_1 = \frac{1.1Q_1N_1K_1}{t \times 8 \times 3600} \tag{2-8}$$

式中　q_1——生产用水量，L/s；

　　　Q_1——最大年度（或季度、月度）工种工程量，可由总进度计划表及主要工种工程量表中求得；

N_1——各工种工段施工用水定额；

K_1——每班用水不均衡系数；

t——与 Q_1 相应的工作延续时间（天数）按每天一班计算。

如有蜗壳水压试验的要求，则需另外考虑用水量。

2）施工机械用水量可按式（2-9）计算：

$$q_2=\frac{1.1Q_2N_2K_2}{8\times3600} \tag{2-9}$$

式中 q_2——施工机械用水量，L/s；

Q_2——同一种机械的台数，台；

N_2——该种机械的台班用水定额；

K_2——施工机械用水不均衡系数。

3）生活用水量可按式（2-10）计算：

$$q_3=\frac{1.1PN_3K_3}{24\times3600} \tag{2-10}$$

式中 q_3——生活用水量，L/s；

P——施工工地高峰时工人人数，人；

N_3——每人每日用水定额；

K_3——每日用水不均衡系数。

4）消防用水量计算。消防水量 q_4 应根据施工工地的大小和居住人数，按消防用水定额确定。

5）总用水量计算。总用水量 Q 应根据下列情况考虑：

当 $(q_1+q_2+q_3)\leqslant q_4$ 时，则 $Q=q_4$（失火时停止施工）；

当 $(q_1+q_2+q_3)>q_4$ 时，则 $Q=q_1+q_2+q_3$（失火时停止施工）。

以上适用于工地面积小于 10 万 m^2 时的用水量。

（7）临时设施布置实例。

1）水布垭水电站压力钢管厂布置。水布垭水利枢纽位于湖北省恩施土家族苗族自治州巴东县境内，水电站厂房内安装 4 台 400MW 水轮发电机组，单机单管供水，压力钢管直径 8.5～6.9m，4 条共约 1415m。整个钢管制造厂占地面积 11270m²（130m×90m），主要生产水布垭水电站的压力钢管，按其生产流水线规划有板材存放区，瓦片制作车间（含板材画线与下料、数控切割、铣边、刨边、卷板等）、单节制作与大节制作区、涂装车间、成品堆放区等，其压力钢管布置见图 2-5。

2）大岗山水电站压力钢管厂布置。大岗山水电站坝址位于四川省大渡河中游上段雅安市石棉县挖角乡境内，厂房为地下水电站厂房，水电站安装 4 台单机额定容量 650MW 的水轮发电机组，水电站单机单管供水，4 条管道平行布置，管径为 10.00m，管道长度为 303.38～345.40m。压力钢管加工总占地面积 30000m²，布置有瓦片车间（为跨度 29m，长 60m 的钢结构厂房，间内布置 10t 龙门吊和 25t 龙门吊各 1 台）、钢管组圆焊接车间（活动钢结构的防风防雨工棚），防腐车间（2 个 13m×13m 工作间）等。大岗山水

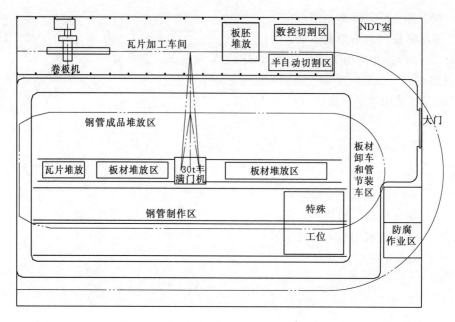

图 2-5　水布垭水电站压力钢管布置示意图

电站压力钢管厂布置见图 2-6。

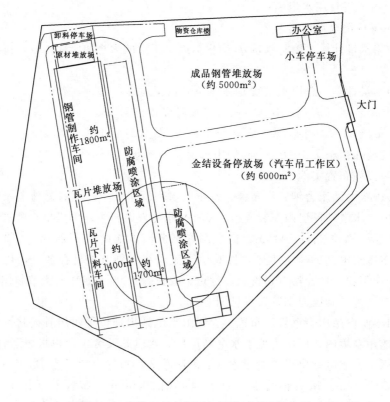

图 2-6　大岗山水电站压力钢管厂布置示意图

3）李家峡水电站临时设施布置。李家峡水电站共安装 5 台 400MW 机组及其相应的机电设备。其机组安装强度为 2 台/年。机电设备安装的生产临时设施占地面积为 19000m²，其中场地面积 13000m²，建筑面积（库房、修配车间、作业室、办公室等）6000m²。其临时生产设施场地的中部布置一条长 174m 的 60t 门机轨道，在门机起吊范围内布置设备堆放区、作业平台等。场地西侧分别为库房、修配车间、作业室、办公室和变电所等。在场地内可存放 30t 以下的机电设备、各类安装用材料，并可进行零部件的机加工、管路配制、发电机铁片清扫和轴瓦研刮等工作。李家峡水电站的生产临时设施布置见图 2-7。

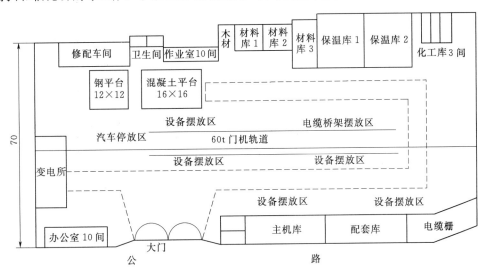

图 2-7　李家峡水电站的生产临时设施布置图（单位：m）

4）宜兴抽水蓄能电站机电设备安装临时设施布置。宜兴抽水蓄能电站本共安装有 4 台单机出力为 250MW 的立轴单级混流可逆式机组及其辅助系统设备安装。机电设备安装的生产临时施工场地占地面积约 9750m²。主要规划有 500m² 机电设备仓库、400m² 简易棚库、1820m² 露天设备堆放场、675m² 制作拼装场和原材料堆放场、675m² 模板和钢筋堆放场以及物资办公室、劳保库、工具库、小型材料库、管道预制车间、模板加工房、钢筋加工房和其他相关的临时设施等。宜兴抽水蓄能电站生产施工场地布置见图 2-8。

生活区场地根据水电站机电设备安装高峰期人数，房屋建筑按 300 人进行规划布置，占地面积约为 5400m²、建筑面积约为 2460m²。主要规划有：2 栋 3 层职工宿舍楼、1 栋 2 层管理办公楼、食堂（食堂饭厅兼娱乐室）、澡堂、锅炉房、停车库、停车场等。1 号楼为 2 层办公楼，共 18 间作为办公用房；2 号、3 号楼为 3 层职工宿舍楼共计 51 间（3.3m×6m）（不包括卫生间）。宜兴抽水蓄能电站机电安装生活区场地平面布置见图 2-9。

5）三峡水利枢纽地下水电站机电设备安装临时设施布置。三峡水利枢纽地下水电站共安装有 6 台单机出力为 700MW 的混流式水轮发电机组及其辅助系统设备安装。机电设备安装的生产临时施工场地占地面积约 15000m²。主要规划有 850m² 机电设备仓库、约 5000m² 露天设备堆放场、400m² 的钢平台和 1000m² 的工装制作场地、300m² 的转子冲片堆放区和 400m² 的转子冲片清洗区以及物资仓库、办公室、劳保库、工具库、小型材料

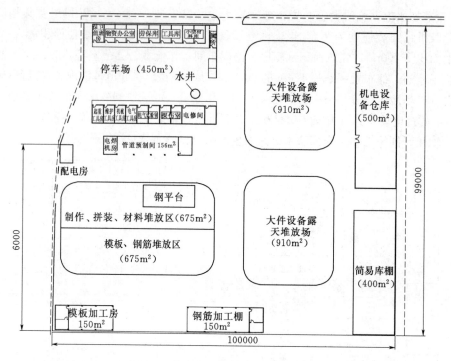

图 2-8　宜兴抽水蓄能电站生产施工场地布置图（单位：mm）

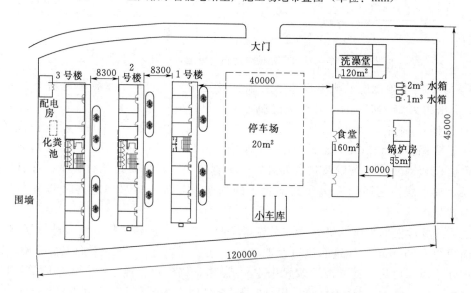

图 2-9　宜兴抽水蓄能电站机电安装生活区场地平面布置图（单位：mm）

库、工作间和配电房等临时设施。三峡水利枢纽地下水电站生产施工场地布置见图 2-10。生活区为两层双边办公住宿楼一座、三层双边职工宿舍楼三座以及生活辅助设施的食堂、澡堂、锅炉房等相应设施。共有房 240 间，占地面积约 5000m²。

6）锦屏二级水电站机电设备安装临时设施布置。锦屏二级水电站共安装有 8 台单机出力为 600MW 的混流式水轮发电机组及其辅助系统设备安装。机电设备安装的生产临时

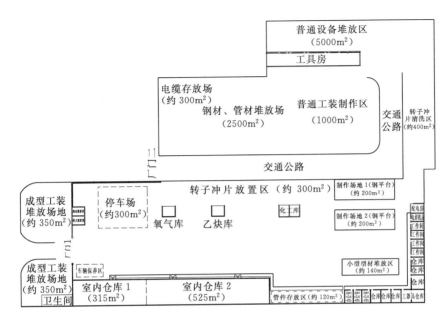

图 2-10　三峡水利枢纽地下水电站生产施工场地布置图

施工场地占地面积约 8000m²，其临时设施布置图见 2-11。

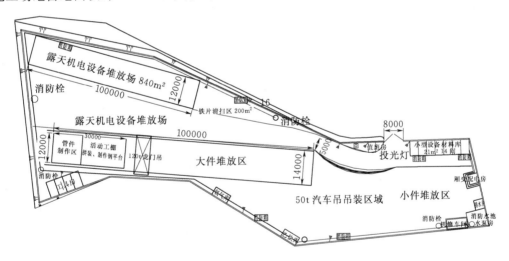

图 2-11　锦屏二级水电站机电设备安装临时设施布置图（单位：mm）

7）瀑布沟水电站机电设备安装临时设施布置。瀑布沟水电站共安装有 6 台单机出力为 600MW 的混流式水轮发电机组及其辅助系统设备安装。机电设备安装的生产临时施工场地占地面积约 8000m²，其临时设施布置见图 2-12。

（8）水电站厂房内施工场地。厂房内的施工场地是指水电站厂房内的安装场以及设备安装所在地的零星空间。安装场主要用作设备检修和安装以及设备进场装卸转运的场地。安装场的面积由设计单位考虑。国内外部分水电站厂房安装场尺寸的比较，见表 2-10。

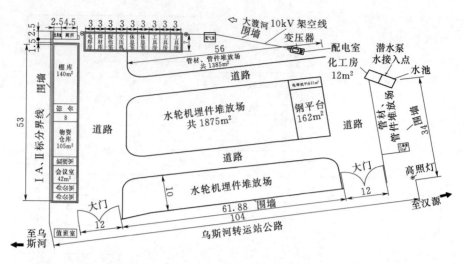

图 2-12 瀑布沟水电站机电设备安装临时设施布置图（单位：m）

表 2-10　　　　　　　　国内外部分水电站厂房安装场尺寸比较表

水电站名称		大古力Ⅲ	伊泰普	古里Ⅱ	天生桥二级	漫湾	隔河岩	岩滩	三峡
安装场长度/m	安Ⅰ	72.00	130.80	108.50	13.20	14.15	15.00	50.00	28.00
	安Ⅱ	45.00	98.15	22.30	24.00	37.00	28.00		38.30
	安Ⅲ				9.50	11.00			38.30
安装场总长/m		117.00	228.95	130.80	46.70	62.15	43.00	50.00	104.60
机组段总长/m		36.27	34.00	28.00	19.00	26.00	24.00	33.50	38.30
安装场长度与机组段长度之比		3.23	6.73	4.67	2.46	2.39	1.79	1.49	2.73

安装场使用的强度，除了安装场面积的因素以外，还与每年要求安装投产（或检修）的机组台数及各安装工序的施工工期有关。国内外部分大型水电站厂房安装场负荷强度比较见表 2-11。

表 2-11　　　　　　　　国内外部分大型水电站厂房安装场负荷强度比较表

序号	水电站名称	大古力Ⅲ	伊泰普	古里Ⅱ	三峡
(1)	每台机组重量/t	5500	5919	4440	6465
(2)	年投产机组台数	2	3	4	6
(3)	年投产机组总重量(1)×(2)/t	11000	17757	17760	38790
(4)	安装场长度/m	117	228.95	130.8	104.6
(5)	安装场宽度/m	38.4	29	25.5	38
(6)	安装场面积(4)×(5)/m²	4492.8	6639.55	3335.4	3974.8
(7)	安装场平均负荷/(t/m²)	2.45	2.67	5.32	9.76

在安装场面积相对较小或负荷强度较大时，可通过下列各种途经来弥补：

1）在未安装的机坑内搭设合适的平台，作为设备组装的场地。

2）在不影响安全和施工操作的前提下，利用机组间的空地作为设备组装场地。

3）在厂外另辟设备组装场地，对尺寸不太大的设备组装后，整体拖运到厂内吊装。

4）合理安排设备的进场和组装场地的衔接，提高场地的利用率。

5）合理调度和采取加快安装进度的措施，提高场地的周转率。

6）在安装场另设转子中心体焊接组装场地，缩短转子组装周期。

2.6 施工技术方案

施工技术方案是施工组织设计的中心环节。施工方案的内容和侧重点也各不相同。进行施工方案设计时，在充分应用先进的、成熟的施工方案的同时，还应对具体情况进行具体分析。并充分考虑现场道路、土建进度和形象面貌、现场起重设备配置等。

金属结构部分：大坝进口闸门、拦污栅、启闭机安装；尾水闸门、拦污栅、启闭机安装；压力钢管安装等。

机电设备安装部分：全厂机电设备预埋件、大坝机电设备、厂房水轮发电机组、辅助设备、电气一次设备、电气二次设备、厂房起重设备等。

（1）施工技术方案编制原则。

1）制订方案必须符合现场实际情况，有操作性。

2）确保工程质量和施工安全。

3）满足合同工期要求。

4）经济合理。

（2）施工技术方案编制依据。

1）现行的国家和行业标准、规范、法规。

2）合同文件。

3）设计文件。设计单位和设备厂家提供的设计图纸、说明书等技术文件，与安装有关的设计联络会文件。

4）施工现场条件。包括工程形象进度、现场施工设备配置、施工场地条件、现场交通运输条件等。

5）工程进度要求。

6）适用国内、外先进施工经验和技术，以及有关施工单位的施工经验和能力。

（3）施工技术方案编制内容。一般包含以下内容：

1）工作范围和主要工作内容。

2）主要工程量。

3）主要技术特性。

4）施工程序。

5）工期要求。

6）资源配置。包括劳动力、施工设备、施工工装、施工工器具等。

7）施工场地布置与临时设施。

8）重大件设备的运输与吊装。

9）施工工艺措施。

10）质量检验。包括质量检查项目与工艺要求、质量保证措施等。

11）安全措施。包括危险源辨识、安全防护措施、注意事项等。

12）环境保护措施。

（4）方案评价。施工方案评价是方案技术经济评价重要一环。目的在于对施工项目各可行方案进行比较，选择出工期短、质量好、成本低的施工方案。评价施工方案的方法主要有：

1）定性分析评价。定性是指结合施工经验，对多个方案的优缺点进行分析比较，最后选定较优方案的评价方法。

2）定量分析评价。定量是通过计算各方案的一些主要技术经济指标（包括工期、劳动力、主要材料消耗和成本等）进行综合比较分析，从中选出综合指标较佳方案的一种方法。

2.7 施工资源配置

2.7.1 施工机械设备的配备

（1）起重运输设备。起重设备主要用于设备仓库的设备装卸、厂房大件在主厂房桥机具备使用条件之前的吊装、桥机吊装范围之外的设备吊装、金属结构件的吊装等。起重设备的选择要结合设备的重量、施工部位与起重设备停车的距离（即幅度）、设备价格、施工工期等因素综合考虑。

仓库起重设备选择：小件集装箱的仓库可直接使用叉车装卸。大件设备露天堆放的，可使用汽车吊。如果大件设备较多，重量重，可在堆放场设置龙门吊，把大件堆放在龙门吊起吊范围内。

厂房起重设备选择：厂内设备在主厂房桥机投入使用之前的设备吊装需要另外配置设备，如吊装桥机、尾水管、座环、蜗壳等。这些设备的安装有些可以使用土建浇筑混凝土的起重设备吊装，但桥机梁、小车、座环等部件重量往往超过土建起重设备的起吊重量，需另选起重设备。

大件设备的运输，如主变、转轮、主轴、转子中心体等设备，当条件允许时可将到货的设备直接运输至厂房安装间，由桥机卸车。如果设备在仓库存放或者主变压器与安装间没有运输轨道，则需要另外选择起重运输设备装、卸车运输。

运输设备指从仓库或码头至设备安装部位所需的运输设备。运输设备的选择同样结合设备的重量、经济性、工期等因素来考虑。小件集装箱可以用5t、8t载重汽车运输，存放在仓库的大件设备如定子机座、转子支臂、桥机梁等，可临时租用载重合适的平板车进行运输。

根据设备运输和安装的需要，配备足够数量、形式合适的卷扬机、手拉葫芦、导链、千斤顶、钢丝绳等起重器具。

（2）焊接、探伤设备。安装过程中主要使用的焊接设备有：普通焊接用400A或

500A 的逆变焊机；不锈钢焊接使用氩弧焊机；铜焊接使用铜焊机；

焊接的配套设备有焊条烘箱、温控柜、履带加热板等；

探伤设备有 X 射线探伤机、超声波探伤仪、磁粉探伤仪、智能探伤仪等，根据焊接和探伤要求配置。

（3）金加工设备。根据加工需要配置车床、铣床、刨床、钻床等金加工设备。

（4）安装施工设备。安装施工过程中使用的主要大型设备有空压机、滤油机、压力泵、油罐、磁座钻、弯管机、变压器、柴油机等。

工器具主要有水准仪、经纬仪、内径千分尺、各种水平仪、塞尺、百分表等。

（5）试验设备。根据试验项目、电压等级等选择试验设备。

（6）施工设备配置实例。

1）实例一：某水电站 6×700MW 混流式水轮发电机组机电设备安装主要施工设备见表 2-12。

表 2-12　某水电站 6×700MW 混流式水轮发电机组机电设备安装主要施工设备表

序号	名　称	型号及规格	数量	备注
起重运输设备				
1	履带式起重机	德国 DEMAG，300t	1 台	
2	200t 汽车起重机	德国 KRUPP	1 台	
3	50t 汽车起重机	日本 TODANO	1 台	
4	牵引车	德国奔驰 3850A	1 台	
5	牵引车	德国奔驰 4850A	1 台	
6	平板拖车	德国 SCHEUERLE	1 台	
7	平板拖车	德国 SCHEUERLE	1 台	
8	履带式起重机	德国 DEMAG300T	1 台	
9	汽车吊	QY50A，50t	1 台	
10	汽车吊	QY25A，25t	1 台	
11	半挂平板车扶桑	W400，100t	1 台	
12	平板拖车	40t	1 台	
13	平板拖车	60t	1 台	
14	载重汽车	红岩 18t	1 台	
15	载重汽车	东铃 10t	2 台	
16	小货车	NHR，1.25t	4 台	
17	大客车	YBL6980	4 台	
18	叉车	CPCD30C，5t	1 台	
19	手动液压叉车	2t	3 台	
20	油压千斤顶	100t	4 台	
21	油压千斤顶	50t	20 台	
22	液压千斤顶	32t	20 台	
23	螺旋千斤顶	50t	30 台	

序号	名　称	型号及规格	数量	备注
24	螺旋千斤顶	5t，15t	各20台	
25	导链	0.5～1t	5 副	
26	导链	1.5t～3t	20 副	
27	导链	10t	10 副	
28	电动卷扬机	JM10，10t	2 台	
29	电动卷扬机	JM8，8t	2 台	
30	电动卷扬机	JM5，5t	4 台	
31	电动卷扬机	JM3，3t	2 台	
32	环形吊车葫芦		3 台	
	金加工设备			
1	普通车床	CA6140，1.5m	1 台	
2	普通车床	CW6263B，3m	1 台	
3	牛头刨床	B655	2 台	
4	摇臂钻床	Z53A，ϕ35	1 台	
5	铣床	X5032	1 台	
6	弓锯床	G7022A	1 台	
7	磁座钻	J3C49	4 台	
8	研磨机床		1 台	
9	台座钻	16mm	2 台	
	管道安装设备			
1	套丝机	TQ100A	1 台	
2	套丝机	Z3TR4	1 台	
3	切管套丝机	QJ4 - C	2 台	
4	咬口机	YZL - 16	1 台	
5	坡口机	212B	1 台	
6	电动试压泵	2D - SY710/10MPa	1 台	
7	液压弯管机	160mm	1 台	
8	真空滤油机	6000L/H	2 台	
9	管道冲洗设备	SX - 1300 型	1 台	
10	高压清洗机	HDS698C	1 台	
	焊接设备			
1	半自动氩弧焊机	NSA - 300 - 1	10 台	
2	逆变焊机	ZXJ - 500，500A	2 台	
3	可控硅直流焊机	ZX5 - 1000	2 台	
4	脉冲氩弧焊机	NSA - 400	2 台	
5	半自动氩弧焊机	NSA - 300 - 1	20 台	
6	碳弧气刨机	AX - 800	4 台	
7	半自动切割机	CGI - 30	2 台	

序号	名　称	型号及规格	数量	备注
8	便携式交流焊机	WSM－200	3台	
9	自动温控设备	240kW	2台	
10	自动温控设备	180kW	2台	
11	远红外履带式加热板	5kW	100块	
12	焊条烘箱	ZYH－100	5台	
13	X射线机	3006	1台	
14	超声波探伤仪	EPOCH－111数字式	2台	
15	磁粉探伤仪	CDX－4磁轭式	2台	
16	智能探伤仪	DCJ	1台	
17	其他设备			
18	红外测温仪	RAYTEK	1台	
19	粗糙度仪	123A－M	1台	
20	湿膜测厚仪	SHJ	1台	
21	干膜测厚仪	BTG－10F1	1台	
22	附着力测试仪		1台	
23	喷丸机	PMB－02	1台	
24	喷涂机	GBQ6C	1台	
25	空压机	W－6/7/6m³	1台	
26	空压机	W－0.9/1/0.9m	3台	
27	座式砂轮机	S3SL－400	2台	
28	砂轮机	ϕ400，ϕ350	16台	
29	角向磨光机	ϕ125	30台	
30	台虎钳	8″	20台	
31	电钻	手枪式、手提式	10台	
32	磁座电钻	ϕ49	2台	
33	磁座钻	MAB－80	2台	
34	磁力电钻	MAB350，MAB500	4台	
35	电锤		5台	
36	台钻		13台	
37	射钉枪	DX750	1台	
38	电动拉铆枪		2把	
39	手动拉铆枪		4把	

序号	名　称	型号及规格	数量	备注
40	手动铆螺母枪		2把	
41	冲击钻	$\phi 13\sim 16$mm，HR2010	4台	
42	联轴加工设备		2套	含刀具
43	转子保温罩		1套	
44	加热棒			
电气设备				
1	电缆打号机	M-11C	2台	
2	电缆标牌机	M-300	1台	
3	电缆打号机凯普丽标	M-1 ProC	1台	
4	电缆标牌机凯普丽标	C-450P	1台	
5	高压开关柜	6kV	2台	
6	行灯变压器	4kVA	20台	
7	普通按键电话机		60部	
8	保安电话分线箱10对		9只	
9	板式滤油机		1台	
10	配电变压器	S9-1000kVA，6/0.4kV	2台	
11	配电变压器	S9-560kVA，6/0.4kV	2台	
12	配电变压器	S9-200kVA，6/0.4kV	1台	
13	箱式变压器	XB-1000kVA，6/0.4kV	2台	
14	导线压接机（电动液压型、配压模）		1台	
15	低压配电屏（进线屏）	GGD2-04	3台	
16	低压配电屏（负荷屏）	GGD2-39	4面	
17	低压分电箱XL		15台	
18	油泵		1台	
19	油罐	60m³	2个	
20	油罐	5m³	1个	
21	干燥空气发生器（机）		1台	
22	真空泵		2台	
23	除湿机		8台	
24	空调	（挂机、2匹）	1台	
25	吸尘器		4台	
26	冰柜		1台	
27	串联谐振试验变压器	55kV/3300kVA	1台	
28	试验变压器	100kV/100kVA	1台	
29	试验变压器	50kV/30kVA	1台	

序号	名　称	型号及规格	数量	备注
30	试验变压器	10kV/5kVA	2台	
31	高压直流发生器	ZGF - 60II	1台	
32	高压直流发生器	ZGF - 120	1台	
33	高压直流发生器	ZGF - 200	1台	
34	直流稳压电源	WYJ	1台	
35	交流稳压电源	ZDY - 3	1台	
36	大电流发生装置	5000/5A	1台	
37	低频信号发生器	CDF - B	1台	
38	标准电流互感器	HL1	2台	
39	标准电压互感器	JDZ - 10	2台	
40	常规测量表计		30块	
41	电度计量箱		1个	
42	电缆交流耐压装置		1台	
43	多功能自动化校验仪		1台	
44	多通道数字记录仪		1台	
45	机组状态测试仪		1台	
46	继电保护测试仪		2台	
47	仪器仪表耐压仪	5000V	1台	
48	兆欧表	5000V	1块	
49	便携式电脑		10台	
50	FLUKE数字万用表	FLUKE	5块	
51	避雷器	20kV	3台	
52	避雷器	10kV	3台	
53	硬钎焊机		3台	
54	GIS开关特性测试仪		1台	
55	GIS直阻测试仪		1台	
56	充气装置SF$_6$		3台	
57	真空泵装置（双极式）	1.3Pa	3台	
58	施工监测主要仪器设备			
59	经纬仪	J2	2台	
60	全站仪	DTM530	2台	
61	水准仪	AT - G2	1台	
62	水准仪	NA2	2台	
63	水准仪	SPTL	1台	
64	水准仪	N1007 一级	2台	

序号	名　称	型号及规格	数量	备注
65	组合式内径平分尺	250～1500m	2把	
66	组合式外径平分尺	600～6000mm	2把	
67	真空测量仪		2台	
68	露点仪		2台	
69	含氧测量仪		2台	
70	湿度计		4块	
71	交直流分压器	SGB－100A	1台	
72	数显交直流分压器	SGY－200A	1台	
73	高压试电器	SD－4	1台	
74	数字六通道记录仪	HIOKI 8832	1台	
75	电子系统监测分析仪	DRANETZ 8000	1台	
76	电量记录分析仪	WFLC	2台	
77	频率时间参数综合仪	HDS－900	1台	
78	FLUKE 示波器	FLUKE－99B	1台	
79	双踪示波器	TOSHIBA	1台	
80	便携式电脑	IBM	2台	
81	便携式电脑	TOSHIBA	1台	
82	继电保护测试仪	P40	1台	
83	继电保护测试仪	PW30A	1台	
84	高压开关动态测试仪	GKC－B3	1台	
85	电量变送器校验装置	CL301	1台	
86	数字式直流电阻测试仪	SB2236	1台	
87	变压比测量仪	QJ35A	1台	
88	自动变比组别测试仪	KP－4	1台	
89	变压器快速测阻仪	SB2234－2	1台	
90	变压器直阻快速测试仪 JD2204/2		1台	
91	数字式介损测试仪	SB2204/2	1台	
92	介损测试仪	AI－6000（D 型）	1台	
93	FLUKE 数字兆欧表	FLUKE－1520	1块	
94	兆欧表	日本 KYORITSU，5000V	1块	
95	电动兆欧表	500V，1000V，2500V	各2块	
96	压力表校验台	YJY－600A	1台	
97	数字钳形相位表	SMG－2B	4块	

序号	名　　称	型号及规格	数量	备注
98	FLUKE数字钳型电流表	FLUKE－336	1块	
99	数显相序表	SM4030	2块	
100	红外线测温仪	RAYTEK ST60	2台	
101	声级计	HY104	1	
102	冲击试验器	CS－1型	1台	
103	数字频率计	PP27	2	
104	FLUKE台式万用表	FLUKE－45	1块	
105	数字万用表	FLUKE	10块	
106	手持对讲机	KENWOOD	6个	

2）实例二：某直径10m的压力钢管制造和安装主要设备见表2－13。

表2－13　　　　　某直径10m的压力钢管制造和安装主要设备表

序号	类别	名　　称	型号与规格	数量	备　　注
1	（一）起重运输设备	龙门吊	10t	1台	布置在瓦片制造车间
2		龙门吊	25t	1台	布置在钢管加工厂
3		汽车吊	50t	2台	
4		汽车吊	YQ－16	1台	
5		平板车	40t	1辆	
6		载重汽车	18t	1辆	
7		载重汽车	EQ145	2辆	
8		卷扬机	JJM－5	2台	
9		卷扬机	JJM－3	2台	
10		转运台车	25t	1台	电动，车间转运
11		钢管拖运弧形台车	25t	3台	自制，洞内运输
12		滑车组	25t	1台	
13		手拉葫芦	10t	4台	
14		千斤顶	32t/16t	4台/10台	
15	（二）焊接与切割设备	半自动切割机	CG1－30	4台	
16		数控切割机		1台	
17		半自动焊机	400A	4台	MAG
18		直流电焊机	ZX$_7$－800A/400A	4/10台	逆变焊机
19		电脑温控仪	240	1台	配远红外电加热器
20		电脑温控仪	90	1台	配远红外电加热器
21		焊条烘箱	ZYH－200	2台	
22		移动式空压机	0.9m³/min	3台	

序号	类别	名　称	型号与规格	数量	备　注
23	（三）冷作设备	卷板机	80×3000	1台	根据钢管参数选用
24		铣边机	XBJ-12	1台	
25		油压机	200t	1台	配自制校正架
26		座式砂轮机	S35L-400	1台	
27		磁座式砂轮机	JIC-23	1台	
28		砂轮切割机	φ400mm	2台	
29		台钻	φ19mm	1台	
30		磁力电钻	φ32mm	1台	
31	（四）防腐设备	压力式喷砂机	PMB-027R	1台	
32		空压机	10m³/min	1台	
33		高压无气喷枪	GPQ6C	1台	
34		压力储气罐	5m³	1个	
35		轴流风机	7.5kW	1台	
36	（五）检测与试验设备	经纬仪	J2	1台	
37		水准仪	DS3	2台	
38		超声探伤仪	PROCHⅢ	1台	数字式
39		超声探伤仪	CTS-23	2台	
40		X射线探伤仪	3005	1台	
41		粗糙度仪	123A-M	1台	
42		电脑涂层测量仪	HCC-24	1台	
43		湿膜测厚仪	SHJ	1台	
44		干膜测厚仪	CTG-10	1台	
45		测漏仪	DJ-ⅡB	1台	
46		附着力测试仪		1台	
47		红外测温仪		2台	

2.7.2　施工劳力资源

施工劳动力资源的配置根据工作内容、工程量、工程进度进行安排。按各个工种在各个施工时段的人数进行统计，统计的最高峰人数是临建设施建设的依据。劳动力资源也是工程施工强度的重要指标。

某水电站6×700MW混流式机组机电设备安装劳动力配置见表2-14，某直径10m的压力钢管制造、安装劳动力配置见表2-15。

表2-14

某水电站6×700MW混流式机组机电设备安装劳动力配置表

单位：人

时间	工种 水轮机工	发电机工	调速器工	配管工	电焊工	起重工	一次电工	二次电工	卷线工	维护电工	试验工	油漆工	测量工	普工	司机	保卫	技术质检	管服人员	合计
2009年 三季度				10	4	4		6		8	2	2	4	40	8	9	8	30	4050
2009年 四季度				25	8	4	8	10		8	8	2	4	70	8	9	8	30	16160
2010年 一季度		20		35	20	12	10	15		8	10	2	4	140	12	12	16	40	29619
2010年 二季度	10	40	4	35	24	14	20	25	12	8	12	2	4	200	17	12	20	40	39901
2010年 三季度	16	50	8	35	30	18	20	30	15	8	16	2	4	260	18	12	30	40	53973
2010年 四季度	20	50	8	35	30	18	20	30	40	8	16	2	4	280	18	15	40	40	61453
2011年 一季度	20	50	8	30	30	14	20	30	40	8	16	2	4	280	18	15	40	40	60381
2011年 二季度	20	50	8	30	30	14	15	30	40	8	12	2	4	270	18	15	40	40	60095
2011年 三季度	20	50	8	25	30	14	12	25	45	8	12	2	4	260	17	12	40	40	57529
2011年 四季度	20	45	8	20	30	14	10	20	45	8	12	2	4	240	16	12	40	40	55305
2012年 一季度	18	40	8	20	16	14	6	20	40	8	12	2	4	200	16	12	40	40	49659
2012年 二季度	14	30	8	15	10	10	6	15	40	8	12	2	4	150	15	12	40	40	41656
2012年 三季度	8	10	4	10	6	4		10		8	12	2	4	40	12	12	40	40	26866
合计																			556647

表 2－15　　　　　某直径 10m 的压力钢管制造、安装劳动力配置表　　　　单位：人

| 年份 | 2009 | 2010 | | | | 2011 | |
| 季度 | | | | | | | |
工种	四	一	二	三	四	一	二
铆工	10	24	30	30	22	22	16
焊工	20	40	48	48	28	28	20
起重工	2	6	6	6	4	4	2
探伤工	2	2	4	4	2	2	2
维护电工	2	2	2	2	2	2	2
防腐工	4	8	10	10	6	6	6
普工	4	6	8	8	6	6	6
司机	2	3	4	4	2	2	2
技术质检人员	3	3	4	4	2	2	2
队级管理人员	2	3	4	4	2	2	2
合计	51	97	120	120	76	76	60

2.8　施工组织机构

（1）现场施工项目部组织机构一般按照分级管理的方式，分为决策层、管理层和作业层。

决策层——项目经理部。项目经理部包括项目经理、副经理、总工程师、总经济师和总质检师等。

管理层——职能管理部门。包括技术质检部、安全环保部、施工管理部、合同管理部、设备物资部、综合管理部等，根据项目的具体情况可增加管理部门或合并部门职能。

各部门的具体职能如下：

1）技术质检部：负责机电安装工程的图纸审核、施工技术管理与协调、技术措施的编制、印发及技术交底工作；负责编制施工年计划、季度计划、月计划；负责信息处理及信息交换工作；负责分包人的技术评审工作；负责施工过程的质量控制，工程、工序质量的检查验收，竣工资料的编制、移交，质量体系的运行。另在试运行期间设有试运行办公室，对机组整个试运行和可靠性运行的配合工作全面负责，包括试运行和可靠性运行物资资料的准备、试运行前的检查验收、运行值班、试运行期间的资料整理通报等工作。

2）安全环保部：负责项目部安全、环境体系的运行管理，水土保持措施的编制，施工区与生活区的卫生设施及治理，施工中的噪声、粉尘、废物等的治理及防止饮用水源的污染，安全防汛工作等。

3）施工管理部：负责机电安装工程的现场施工调度工作；负责施工进度控制，负责施工周计划的编制并督促作业层实施，负责施工现场作业人员调配，设备车辆调配，负责对外对内关系的联络及协调工作；负责文明施工工作；负责信息采样的收集工作；负责对辅助工的集中管理工作等。负责工程项目的施工安全管理和危险源辨识工作。

4）合同管理部：负责工程结算、成本控制，财务及合同的管理工作。

5）设备物资部：负责机电安装工程自购设备、材料的询价及采购工作；负责机电设备到货情况统计跟踪、周报表的编制并及时与施工管理部、技术管理部的信息沟通；负责机电设备的调拨、运输、保管工作；负责施工设备的调配及管理工作，负责施工工器具及消耗性材料的采购、验收、保管、发放等工作和施工工器具的调配、采购。

6）综合管理部：负责经理部交办的日常事务、文件收发流转，党群日常工作，负责后勤保障服务，治安保卫，劳动力的调配、卫生医务等工作。

作业层——设作业队或作业班组。根据施工内容的不同分为不同的作业队伍。水电站机电安装项目可分为主机队、电气队、配管队、起运队、电气试验室等，根据项目施工工作量可合并部分职能。

（2）施工组织机构还有另一种平面管理模式，即下设所有部门和作业队、室全部直接由决策层管理。

某水电站分级管理模式组织机构见图 2-13，某水电站平面管理模式组织机构见图 2-14。

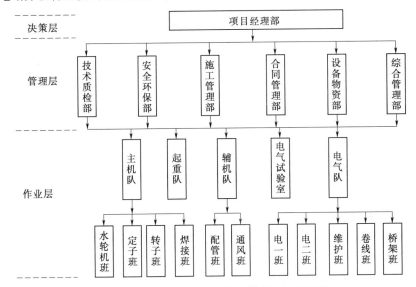

图 2-13 某水电站分级管理模式组织机构图

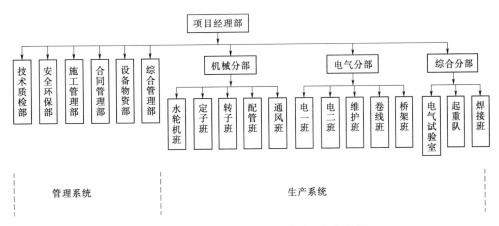

图 2-14 某水电站平面管理模式组织机构图

2.9　施工计划管理

施工计划管理主要涉及资金、劳务、设备和物资等，各项施工计划按合同工程施工总进度的要求进行制定、管理与实施。

（1）资金计划管理。现场应设置专门资金管理部门，配置专业人员，建立健全财务制度、结算制度和资金管理制度对项目资金进行管理，以保障合同工程履行期间筹资渠道畅通，资金充足且符合施工进度要求，使合同项目有良好的资金环境。

确定项目资金使用计划应综合考虑投标报价、市场因素、现场条件，保障各项资金调配合理、安排均衡。

（2）劳务计划管理。劳动力使用计划由生产部门提出，现场人力资源管理部门负责劳务采购与劳务管理工作。劳务采购与劳务管理应遵循国家、地方相关法律、法规要求，并接受相关方监督。劳动力使用计划应根据合同工程施工总进度计划安排按年、季、月进行编制。

（3）设备和物资计划管理。设备物资管理部门根据工程施工进度，编制永久设备年、月供货计划。设备物资管理部门根据工程施工进度和项目生产计划，编制施工生产设备年、月供货计划。设备物资管理部门收集专业技术人员提交的工程物资需要计划，查对库存物资，根据工程进展情况，编制物资年、月供货计划。

2.10　施工调度管理

施工调度主要根据合同要求和施工进度进行管理。

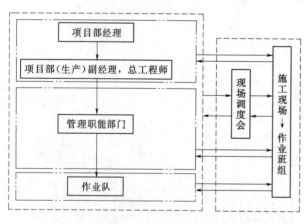

图 2-15　现场施工调度管理组织结构图

（1）施工调度管理组织结构。现场施工调度管理组织结构可参照图 2-15 设置。

（2）管理内容。现场施工调度管理包括资源组织与优化、施工进度管理、现场施工协调与配合等。

（3）施工准备。施工准备工作包括施工组织设计、质量计划、施工人员和设备组织、临时工程设计与建设，施工现场供电、供水、通信准备与工程相关方关系协调等。

（4）施工总进度计划分解细化。工程应根据工程施工总进度计划，遵循合同规定、监理指示和现场实际将施工总进度计划按年、月、周或工程项目进行分解细化。分解细化的进度计划应对施工形象面貌、计划完成工程量、资源配置、施工准备工作、施工图纸、施工检验和验收、相关方配合等提出说明和要求。

（5）进度计划的实施。进度计划实施阶段应做好以下工作：即时组织人员、设备、材料进场；各单项工程按时开工；加强现场施工调度与协调；进度检查、分析与调整。

（6）生产调度会议。生产调度会议定期召开，总结上阶段计划落实情况，安排下阶段生产计划，协调解决技术服务、质量隐患、安全整改、设备供货、图纸供应、劳动力使用、施工设备、工器具和材料供应等多方面的问题。

（7）进度报告。进度报告按批准的格式提交，其内容包括：月完成工程量和累计完成工程量（包括永久工程和临时工程）；现场施工设备的投运数量和运行状况；工程设备的到货情况；劳动力数量；当前影响施工进度计划的因素和采取的改进措施；进度计划调整及其说明；质量事故和质量缺陷纪录，以及处理结果；安全事故以及人员伤亡和财产损失情况。

（8）施工协调与配合。现场施工协调与配合涉及相关方包括业主、工程监理、工程设计单位、设备制造商、其他施工承包人、水电站营运单位、电力调度部门等。

施工协调与配合内容包括施工场地、施工道路、运输通道、施工进度衔接和工作面交接、测量网点和公用设备使用与维护、施工用水、排水、通风协调、设计更改、设备供货、技术服务、设备缺陷处理、质量检查与验收、安全检查、试验配合等。

现场施工协调与配合解决问题途径有口头联系、书面报告、生产例会、专题会议等形式。

2.11　施工设备及材料管理

设备物资管理涉及工程永久设备、施工设备、工程物资材料等。根据质量体系文件和工程要求进行管理。

（1）设备和物资管理组织结构。现场设置设备、物资管理部门，负责设备物资管理，其组织结构见图2-16。技术、质量、安全、环保等部门协助设备的检验验收和安全保卫工作。

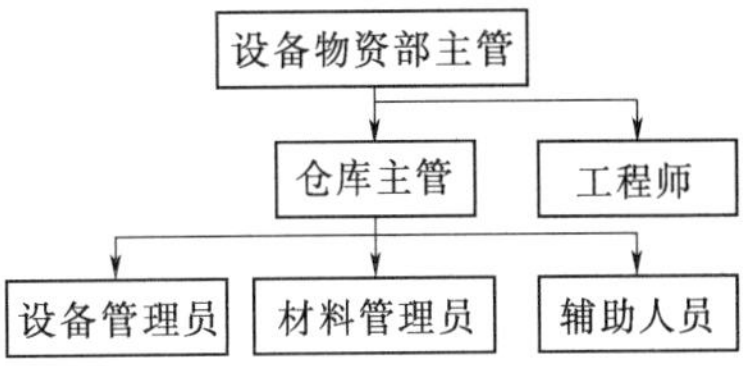

（2）管理内容。包括：编制供货计划；永久设备到货装卸、清点、检查、交接、保管、发放；自行采购设备、装置性物资的订货、采购、运输、验收和临时保管；设备安装剩余零部件和材料的回收、登记造册与退还；施工设备协调管理；安装工具及仪器、仪表的使用计划编制，领取、维护、保养、归还等工作。

图2-16　设备和物资管理组织结构图

（3）管理制度。包括：岗位责任制；设备、物资的台账、报表和领用管理制度；设备事故报告、事故处理制度；设备到货随箱图纸资料管理制度。

（4）工作程序。设备和物资管理的工作程序见图2-17。

（5）永久设备管理。水电站永久设备按合同和工程特性划分为主体设备和配套设备。主体设备为形成单独运用或控制功能的成套设备（包括随设备供应的透平油、变压器油、SF_6气体等）。配套设备，包括主体设备之间的各种母线、电线、光缆、电缆及电缆支架、管路（含阀门）、为发挥主体设备功能的配套的附件或单独设备或单体装置、仪器或灯具、

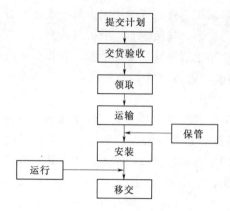

提交计划 → 交货验收 → 领取 → 运输 → 安装 → 移交

保管 → 安装

运行 → 移交

图2-17 设备和物资管理的工作程序图

器具等。

跟踪设备供货信息，对关键设备供货计划变更，及时反馈给生产部门，以便同步修正和调整施工进度计划和生产计划。应做好供货申请、设备交货验收、设备保管等日常管理工作。

设备交货验收：在设备到货后，组织相关人员参加设备的现场开箱验收。验收时对照设备清单检查设备的数量和质量，做好记录后办理正式移交手续。

设备保管：接收设备后，按设备保护要求，妥善存储或保管，对需要特殊存储的特种部件严格按照供货厂家的有关规定进行保管。建立设备管理台账，台账内容至少包括设备名称、规格型号、数量、调拨时间、保管地点、安装部位和时间。

（6）施工设备管理。包括：组织施工设备按计划进场；施工设备的性能和生产能力，需满足施工进度与施工强度及施工质量的需要；施工设备进场前按有关规定进行年检和定期检修，并由具有设备鉴定资格的机构出具检修合格证或经工程监理检查和鉴定；主要施工设备备有使用和检修记录，并配置足够的备品备件以保证施工设备的正常运行。

（7）物资管理。施工材料包括装置性材料和辅助材料。装置性材料包括固定或防护主体设备和配套设备材料的法兰、螺栓、膨胀螺栓、支架、管夹、电缆夹、套管、油漆、支吊架、电缆头、电缆鼻子、绝缘包装材料、接线盒、分线盒、开关盒、插座盒、后置式固定装置、防火封堵及保温材料等。辅助材料包括按技术规定用于设备构件连接或安装设备所用的消耗性材料等，如焊条、氧气、乙炔、棉纱、油料、油脂、螺栓锁定胶等，属于安装施工用材料。

按计划采购物资材料，物资材料根据施工进度计划的修正进行调整。

按业主的有关规定开展材料的统计和核销工作，材料收入和消耗台账应真实可靠、完整齐备。

工程材料进场后按材料规格、要求分类妥善存储保管。现场有合理的材料储备量和储存的必要条件，对有特殊仓储保管要求的材料设专人或专项保管。

（8）代用品管理。若未能使用业主及设计文件原指定的型号、品牌及等级的材料与设备，完成指定部位的埋件埋设或设备的安装及调试工作，或动用已完成安装、调试的设施之后，在正式移交时，部分或全部设备的外观性能和使用价值已不能达到移交的必需条件，而必须更换的情况下，按规定的程序申请使用代用品。

代用申请至少包括下述内容：工程部位和代号；标题（部件和部分的名称）；参考图纸和技术规范、图号和详图、技术规范和设计文件及条款。

代用申请时应提交：代用品清单；代用品全部的技术资料，包括图纸，全部性能规范；提交试验数据和完成监理单位可能要求的试验，并提供推荐代用产品的样品（如果必需）；所推荐的代用品的材料、设备或系统的比较资料；代用品质量和性能证明材料等。

2.12　施工现场的技术管理

（1）现场施工技术管理系统组织结构。现场施工技术管理组织结构见图2-18。

（2）现场施工技术管理内容。现场施工技术管理内容包括：工程相关法律、法规、标准、规程、规范的收集整理与发放；工程设计技术资料和设计图纸、设备厂家技术资料、图纸、随机技术文件的收集整理与发放；工程施工图纸审核；施工组织设计、施工技术方案、施工技术措施、施工工艺编制和施工技术交底；安全技术措施编制、危险源辨识和安全技术交底；科技进步的归口管理及相关业务；竣工资料及工程建设档案的编制及移交。

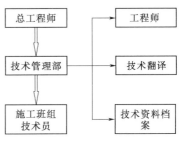

图2-18　现场施工技术管理组织结构图

（3）施工技术管理程序。施工技术管理程序见图2-19。

（4）施工技术管理制度。技术管理制度包括以下几项内容：技术管理办法；技术管理部职责范围；工程图纸和技术文件资料管理办法；竣工资料编制归档要求；工程建设档案案卷规定；合同工程竣工管理规定；技术标准、图书资料管理办法；技术进步及合理化建议奖励办法；计算机管理办法；技术标准和规范目录；技术文件审批程序和审批权限的规定；施工技术文件及工艺卡编制的要求；执行施工工艺文件的规定；现场施工资料（含图像）的收集、编制管理办法。

（5）施工准备过程技术管理工作。施工准备过程技术管理工作包括以下内容：施工设计图纸和厂家技术资料发放；施工图纸审核；施工组织设计、施工技术方案编制；物资需用量计划、设备进场计划编制；职工培训；材料采购、工装制作、施工现场布置及其他开工准备工作的技术指导与配合工作等。

（6）施工生产过程技术管理工作。施工生产过程技术管理工作包括以下内容：施工技术和安全技术交底；施工技术协调和现场技术指导；新工艺、新技术、新设备、新材料在工程中的应用及检验等。

（7）技术标准、规程、规范管理。应编制合同工程适用技术标准、规程、

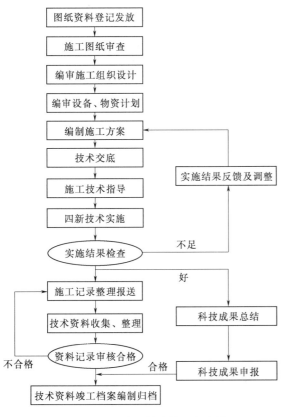

图2-19　施工技术管理程序图

规范清单和使用计划，以满足施工需要。

档案管理人员应及时更新已经过期的标准、规程、规范，以保证施工中执行标准、规程、规范的有效版本。

（8）科技图书、资料管理。项目部技术资料室应收集工程相关科技图书、技术资料，并制定相应管理制度。

（9）科技成果管理。项目部技术质量部门负责本单位施工技术科技成果收集、整理、申报，协助上级部门对立项项目进行监督管理和成果评价验收工作。

（10）竣工资料及档案编制。水电站机电安装工程竣工资料和工程建设档案的收集、整理、总结和立卷归档参照《水电建设项目文件收集与档案整理规范》（DL/T 1396—2014）的规定执行。

水电站机电安装工程竣工资料和工程建设档案的编制工作应与工程建设同步进行，在工程建设初期即应成立相关组织，明确工作目标，配备专职人员，保证工作有效进行。

竣工资料归档范围应满足以下总体要求：凡在设计、施工、监理、监测、管理工作中形成和使用的、具有保存价值的各种载体资料。

竣工资料归档份数按合同要求执行。

工程归档资料至少应包括以下内容：

1）合同文件及其他依据性文件。

2）施工技术准备文件。包括技术交底及图纸会审记录；施工预算的编制和审查；施工组织设计；施工进度计划；局部施工方案；设备安装方案；设备调整方案等。

3）施工现场准备文件：质量保证措施，施工安全措施、环保措施等。

4）基础数据记录：交面记录，机坑测量记录，大件中心、高程测量布点记录。

5）设备供货资料：进场设备、材料检查及试验记录，设备出厂资料，质量合格证书，质量保证书，商检证明和说明书，开箱检验报告等。

6）安装施工资料：施工记录；施工周报；缺陷记录及处理；专家验收申报文件；施工往来文函、监理通知指令；专题纪要、会议纪要；需要后期完善的事项。

7）工程质量事故处理记录，重大事故处理记录。

8）工程变更记录：设计变更通知、施工变更申请等。

9）施工质量评定。

10）调整试验和试运行记录：联调计划方案；安装调整记录；启动调试大纲、调试记录和调试报告：系统调试大纲、调试记录和调试报告：安装调试、性能鉴定及试运行等资料。

11）施工质量评定资料。

12）工程完工验收文件。

A. 工程完工总结：工程概况表，工程完工总结报告，设计、监理及其他相关单位的总结报告。

B. 工程验收记录：工程验收申请报告，工序检查验收签证，设备安装质量签证。

C. 工程质量验收评定意见，验收证明书，验收工作报告，验收鉴定书，移交证书，工程质量保修书。

D. 造价文件：工程量细目清单，计划及实际进度记录，质量奖励资料，索赔资料，完工决算，设备明细表。

13）声像、缩微、电子档案：电子文档，工程数码照片，录音、录像资料等。

14）公安消防、技术监督等部门出具的认可文件或准许使用文件。

15）其他重要的施工文件。

2.13 施工质量管理

根据施工生产质量标准、体系文件和合同文件的要求，确定质量管理目标，建立和完善质量管理体系，制定质量管理措施。

（1）根据质量管理体系文件和合同文件要求，制定本工程施工的质量管理目标。

（2）质量管理体系与组织结构。按照《质量管理体系　基础和术语》（GB/T 19000—2008）标准建立和健全质量管理体系，设立质量管理机构实施质量管理。现场施工质量管理组织结构见图 2-20 的设置。

（3）质量管理内容。包括：工程质量策划，项目施工质量计划编制；质量管理组织结构设置与岗位职责规定；制定质量管理制度；收集与整理工程质量标准、规程和规范；质量教育与培训；关键质量控制点设置；质量检查和考核；质量事故的调查与监督处理；质量管理体系运行监督与检查。

（4）施工质量管理程序。施工质量管理程序见图 2-21。

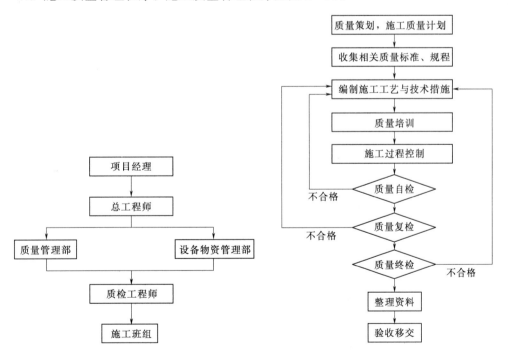

图 2-20 现场施工质量管理组织结构图   图 2-21 施工质量管理程序图

（5）施工质量控制。

1）施工生产过程控制。严格按照质量管理体系和有关设备安装验收规范进行施工生产全过程控制，使操作者、材料、施工机械设备、施工方法和施工环境等因素均处于受控状态。避免系统性因素变异发生，确保关键工序的质量。施工生产过程控制见图 2-22。

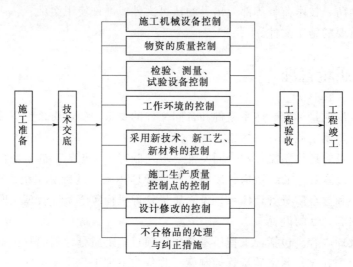

图 2-22 施工生产过程控制图

2）质量控制点。设置质量控制点，以强化质量管理。水电站机电设备安装质量控制点（指被强化质量控制的部位与过程）见表 2-16。

表 2-16 水电站机电设备安装质量控制点一览表

项　目	控　制　点
水轮机及其附属设备安装	尾水锥管里衬安装检查和验收
	基础环、底环安装检查和验收
	座环、蜗壳的安装检查和验收
	机坑里衬的安装检查
	转轮联轴检查和验收
	顶盖组装检查
	导水机构组装检查
	传动部分组装检查
	主轴密封安装检查
	水导轴承安装检查
	止漏环间隙检查
	机组轴线检查（水轮机与发电机联轴后进行盘车检查）
	水轮机机墩内部各种管路、测压管路安装检查及承压管路的耐压试验、验收
	操作、控制、保护和指示装置模拟试验
	水轮机充水试验，整机试运行和验收
调速系统安装	压力油罐耐压试验、验收
	油压装置动作试验

项　　目	控　制　点
调速系统安装	调速系统整体耐压试验和验收
	调速系统模拟动作试验
	调速系统最低动作油压试验
	管路检查和压力试验
水轮机进水阀安装	筒阀体组装的圆度及圆锥度检查
	筒阀体焊接其焊缝的质量检查
	筒阀体焊后的圆度及圆锥度检查
	固定导叶上圆筒阀导轨焊接质量检查
	圆筒阀总装同步机构试验检查
发电机及其附属设备安装	定子安装总体检查
	转子组装总体检查
	各部轴承安装检查
	发电机绕组绝缘电阻测定
	发电机绕组直流电阻测定
	发电机绕组交、直流耐压试验
	整机起晕电压试验
	制动器耐压试验
	轴承绝缘电阻测定
	测温元件绝缘电阻测定
	转子每个磁极交流阻抗测定
	定子铁芯试验
	短路特性试验
	空载特性试验
	定子绕组匝间绝缘试验
	轴电压测定
	相序试验
	定子对地电容电流测定
	动平衡校准
	波形畸变系数试验
	电话谐波因数试验
	振动、摆度测定
	轴承温升的测定
	绕组温升的测定
	冷却系统的压力试验
	润滑油系统检查

项　　目	控　制　点
发电机及其附属设备安装	油槽密封状态检查
	各种停机和启动试验
	过速试验
	机组并列及带负荷试验
	甩负荷试验
	进相试验
	发电机噪声水平测定
励磁系统安装	各部件的绝缘测定及介质电气强度试验
	自动励磁调节器各基本单元和辅助单元的静态特性试验及总体静态特性试验
	检测控制、保护、信号等回路的动作正确性试验
	励磁系统顶值电压及电压响应时间的测定
	在发电机额定电流（稳态短路方式）和在空载额定电压情况下，分别进行灭磁试验，并记录灭磁时间常数
	起励试验
	灭磁试验（包括逆变灭磁）
	功率单元均流试验
	自动/手动自动切换试验
	所有辅助功能单元的动作特性试验
	励磁电源变压器、变比、接线组别、绝缘特性、工频耐压等试验
	励磁调节器的电压整定范围试验
	自动控制单元调节范围试验
	在自动励磁调节器投入状态下，进行开机、停机试验、发电机的电压频率特性试验、测定发电机的调差率
	发电机空载状态下10％阶跃响应试验
	机组零起升压试验
	发电机甩负荷试验
	励磁系统在额定工况72h下连续运行试验
水力机械附属设备安装	与本合同有关的隐蔽工程覆盖前验收
	各类水泵、滤水器、空气压缩机、油泵、滤油设备启动运行试验
	各类管道充水、耐压和渗漏试验
	各类贮气罐的耐压试验
	各类安全阀、减压阀动作及调整试验
	各类贮油罐的渗漏试验
	测量管路耐压试验、通水试验
	各类阀门耐压试验、动作及调整试验
	各类测量表计的动作试验及调整标定试验
	油系统管路检查及充油

项　　目	控　制　点
起重设备安装	轨道安装尺寸复查
	桥架组装尺寸检查
	小车组装检查
	单车调试及并车试验
	载荷起升能力试验
	运行试验
电气一次设备安装	埋件及设备基础架制作及防腐
	设备（包括埋件与接地）安装部位环境及安装条件
	预埋件及接地、设备基础及设备基架的方位、高程、中心
	电气设备安装方位、高程、水平、垂直及接地
	电气设备连接接触紧密度
	电气设备附件安装的准确性与密实程度
	开关设备绝缘、操作特性
	封闭母线安装高程、水平或垂直、同心度
	封闭母线焊接
	充气（SF$_6$）设备的水分与密封性
	一次拉线金具压接及跳线的弧垂
	电缆桥架水平度、直度
	电缆敷设的分层、排列
	主变压器注油、滤油
电气二次设备安装	盘柜安装
	二次回路接线
	电缆孔洞封堵
	设备的操作及联动、参数整定

3）质量控制与保障措施。

质量保障：从组织、资源、制度等方面予以保障。

质量控制：根据工程施工特点，针对具体的施工项目或工艺过程，制定针对性强的质量保证体系文件和施工工艺文件，对工程施工的全过程，全方位提出质量控制方面的要求和规定。严格执行质量控制程序。施工过程中，严格按照程序文件及质量计划、检验试验计划的要求，按照国际、国内、行业颁布的有关标准、规范及合同的有关规定，对工程施工质量进行严格地控制，加强质量体系运行检查与监督。

（6）施工质量检验。

1）质量检查的依据。包括：工程合同文件；与本合同工程有关的国标、部标及本行业的技术标准、规程及规范；工程设计单位的设计图纸、技术文件的各项技术要求；设备制造厂随机到货的设备图纸、技术资料的各项技术要求及设备合同文件规定的技术标准及要求。

2）合同工程执行标准、规程和规范。合同工程施工中项目实施、检查、调整、试验及验收均应遵循设备合同中规定的技术要求和设备厂家有关技术文件，并符合国家和部颁的现行技术规范、规程、标准要求。

3）工程材料、设备、安装工艺质量的检验。工程使用设备和材料型号、规格、数量和质量须符合设计要求和合同规定。采购的工程材料和设备的检验按规定的程序进行，并通过监理工程师验收。验收时，出示产品合格证书和材质证明，并按照合同和技术规范的规定进行检验测试和材料的抽样试验。对于由业主负责采购的工程设备和材料，工程参与监理工程师组织的交货验收。

设备安装质量自检后，报监理工程师检查验收，关键项目施工质量还需获得设备厂家代表认可或按合同规定执行。

4）隐蔽工程和工程的隐蔽部位质量检查。隐蔽工程和工程的隐蔽部位施工质量按照特殊过程进行控制。隐蔽工程的施工质量采取旁站监督的方式进行见证。隐蔽工程和工程的隐蔽部位具备覆盖条件后（覆盖前），应通知监理工程师进行检查验收，并备齐自检记录和必要的检查资料。

5）检测与试验。机电设备的现场试验按合同和相关规程、规范要求进行。现场试验应提交试验计划，大型试验方案应报监理工程师审批，试验报告应获得设备制造厂的认可。

6）设备调试和启动试运行试验。水电站机电设备安装调试包括设备安装预调试、单体调试、系统调试。机电设备的安装调试应严格地按照设备承包人的技术指令工作。机组启动试运行试验按启动验收委员会批准的现场启动试验大纲完成（或配合完成）各项试验。其性能指标满足合同及规范要求。

7）质量自检。设备安装后，按质量管理体系要求对照标准施工人员或施工班组完成质量自检，若不合格，查找原因，重新施工生产；若自检合格、做好详细质量检查记录并签字后，报上一级质量检查部门检查验收。

8）质量复检。自检合格记录完整，上报施工生产队（车间）进行质量复检，若不合格，查找原因，重新施工生产；复检合格签字后，报上一级质量检查部门检查验收。

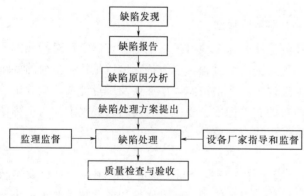

图 2-23　质量缺陷处理程序图

9）质量终检。复检合格记录完整，上报项目部专职质检人员进行质量终检，若不合格，查找原因，重新施工生产；终检合格签字后，方可进入下一工序施工生产。

10）质量验收。工程项目分阶段检查验收。报上一级质量检查部门检查验收时，提供材料质量证明书和设备出厂合格证、材料试验和设备检测成果、施工和安装记录等资料。

（7）质量缺陷处理。机电设备安装质量缺陷包括设备缺陷和施工质量缺陷。设备自身缺陷处理应经设备厂商或业主委托。施工质量缺陷应由责任承包人承担。

1）质量缺陷处理程序。质量缺陷处理程序见图 2－23。

2）质量缺陷发现与报告。机电设备安装质量缺陷通过设备开箱检验和设备安装施工检验发现。在设备安装过程中，发现存在质量缺陷或质量隐患，按其责任和性质以口头或书面形式通告相关方。质量缺陷书面报告须详细描述缺陷或事故发生的部位、现象、特征及有关记录（包括照相与摄影资料）、潜在的危害等。

3）质量缺陷原因分析。针对缺陷严重程度，应会同设备厂商代表、监理工程师和业主代表，召开不同规模的专题讨论或专家技术咨询会议，分析缺陷或事故产生的具体原因，制定缺陷或事故的处理方案。

4）缺陷处理。设备自身缺陷的修复或处理方案由设备供货商或其现场代表提出，处理需经业主或设备厂商委托。责任施工质量缺陷应按合同规定进行处理。设备缺陷处理过程接受厂家代表和监理的现场监督。缺陷处理后应按照有关的验收标准对其进行验收，设备缺陷处理后的质量应获得厂家、监理工程师的认可。

2.14 施工安全管理

根据安全标准、文件和合同文件的要求，确定职业健康安全管理目标，建立和完善职业健康安全管理体系，制定职业健康安全管理措施。

（1）根据安全标准、职业健康安全管理体系文件和合同文件的要求，制定本工程施工生产的安全管理目标。

（2）施工安全管理体系与组织结构。根据《职业健康安全管理体系规范》（GB/T 28001—2011）以及相关法律、法规、标准，结合工程实际，建立工程施工职业健康安全管理体系。现场施工安全管理系统组织结构见图 2－24。

（3）施工安全管理内容。包括：建立健全安全管理组织机构与管理制度；安全岗位职责规定明确；安全管理体系运行监督与检查；进场安全教育与培训；安全技术措施、手册编制、安全技术交底；危险源辨识与风险评价；安全措施落实情况统计与分析；安全检查和考核；安全事故的调查与监督处理。

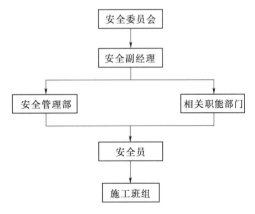

图 2－24 现场施工安全管理系统组织结构图

（4）施工安全管理程序。施工安全管理程序见图 2－25。

（5）施工安全管理制度。包括：安全生产责任制度；安全教育与培训制度；安全技术交底制度；安全检查、考核与评价制度；安全例会制度；分包安全管理制度；施工班组安全管理制度；安全费用管理制度；安全风险评价预控制度；设备安全管理制度；重大危险源及事故隐患排查制度；安全信息和事故报告制度；应急预案制度；劳动保护管理制度；

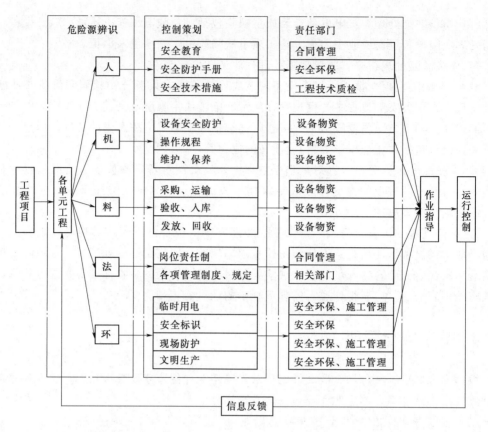

图 2-25　施工安全管理程序图

消防管理制度。

（6）危险源辨识与风险评价。合同工程各项目工程施工前，对本项目施工活动进行初步的危险源辨识、风险评价和风险控制的策划，识别施工过程中的危害因素。施工中建立动态的风险预测和控制机制，使各项目工程施工所有安全活动处于受控状态。

1）施工区域与作业活动划分。水电站主要施工作业（工作）活动主要有：土石方开挖、支护施工、钻孔和灌浆、混凝土施工、砌体施工、建筑与装修、金属结构预埋件制造与安装、闸门和启闭机的安装、施工用电、机械修理、仓库、办公区和生活区安全管理等施工作业（工作）和活动。

2）危险源辨识。危险源辨识范围为合同工程施工范围的施工作业活动和活动场所，主要包括：工程地址的工程地质、地形、自然灾害、气象条件、资源、交通条件等；现场场区的平面布置；建（构）筑物的结构、施工生产（工艺）过程的施工作业和作业场所内的设施；施工生产设备、装置、工器具，特别是危险性较大的设备；管理设施、事故突发事件的应急救援和辅助生产、生活卫生设施；进入施工作业场所人员（包括参观者、访问者及相关人员）的活动。

3）确定可能发生的事故类别。对工程危险源可能导致的事故类别执行《企业职工伤亡事故分类标准》（GB 6441—86）的有关规定，主要有：物体打击、车辆伤害、机械伤害、起重伤害、触电、淹溺、灼烫、火灾、高处坠落、坍塌、冒顶片帮、透水、爆炸（包括放炮、火药爆炸）、容器爆炸、其他爆炸、中毒和窒息、其他伤害等。

4）风险分析评价方法。工程风险分析评价方法主要采用 LEC 法（LEC 法是一种常用的系统危害性的半定量评价方法），其危险性（D）值的表示方法由三种主要因素 L、E、C 的指标值的乘积表示，即 $D=LEC$，由 D 值确定风险等级。三种主要因素的评价方法为：发生事故的可能性大小（L）见表 2-17；人体暴露于潜在危险环境中频繁程度（E）见表 2-18；发生事故产生的后果（C）见表 2-19。

表 2-17　　　　　　　　　　发生事故的可能性大小（L）表

分数值	事故（事件）发生的可能性	分数值	事故（事件）发生的可能性
11	完全可以预料	0.5	很不可能，可以设想
6	相当可能	0.2	极不可能
3	可能，但不经常	0.1	实际不可能
1	可能性小，完全意外		

表 2-18　　　　　　　人体暴露于潜在危险环境中频繁程度（E）表

分数值	暴露于潜在危险环境中频繁程度	分数值	暴露于潜在危险环境中频繁程度
11	连续暴露	2	每月1次暴露
6	每天工作时间内暴露	1	每年几次暴露
3	每周1次，或偶然暴露	0.5	非常罕见地暴露

表 2-19　　　　　　　　　　发生事故产生的后果（C）表

分数值	发生事故产生的后果	分数值	发生事故产生的后果
110	大灾难，许多人死亡	7	严重，重伤
40	灾难，数人死亡	3	重大，致残
15	非常严重，一人死亡	1	引人注目，需要救护

5）评价风险等级。风险等级分值（D）见表 2-20。

表 2-20　　　　　　　　　　风险等级分值（D）表

D 值	危险程度	风险等级
>320	极其危险，不能继续作业	3
160~320	高度危险，要立即整改	2
70~160	显著危险，需要整改	2
20~70	一般危险，需要注意	1
<20	稍有危险，可以接受	1

危害性分值 $D=LEC$，D 越大，危害性也越大。

6）确定危害程度。当 $D<70$ 为一般风险，$70 \leqslant D \leqslant 320$ 为重大风险，$D>320$ 为不可承受的风险。

7）危险源辨识、风险评价的初步分析结果。根据上述危险源辨识、风险评价方法及

《企业职工伤亡事故分类》（GB 6441—86），通过对工程危险源辨识、风险评价，初步建立项目的危险源辨识、主要风险评价清单。

8）风险控制策划。通过风险评价，针对风险制定相应措施进行风险控制。选择风险控制措施的原则，首先考虑消除风险，其次是降低、限制风险，再是使用个人防护措施。

风险控制的方法依据风险控制的策划原则，结合实际选择控制方法。控制方法包括目标、管理方案、运行控制程序、突发事件的应急与响应等。

9）风险预测和控制机制。工程开工前，完成危险源辨识、风险评价和风险控制策划。

组织制定《危险源辨识、风险评价和风险策划控制清单》和《重大危害、危险因素及策划控制清单》。

根据制定的目标、管理方案、运行控制程序、突发事件的应急与相应措施等要求组织进行风险控制的实施。

风险控制措施实施的监督检查，监督检查方式为现场检查和信息跟踪。在实施过程中予以评审，必要时，修订风险控制措施。

工程项目施工期间，当施工条件发生明显变化时，如气候条件、作业空间、施工工期、增加大量新员工等，对已辨识出的危害、危险因素以及评价结果和控制措施要进行一次重新确认，及时更新《危险源辨识、风险评价和风险策划控制清单》和《重大危害、危险因素及策划控制清单》。

（7）施工安全管理措施。水电站金属结构与机电安装施工安全技术措施一般包括：施工用电安全技术措施；起重运输作业安全措施；大件运输和起吊安全措施；高空与深井、隧洞作业安全技术措施；防辐射伤害安全技术措施；机坑作业安全技术措施；试验安全技术措施；机组启动与试运行安全技术措施；安全度汛保证措施。

（8）安全检查。安全检查主要内容包括（但不限于）：施工人员在施工过程中的违反安全规程的现象，持证上岗情况；安全防护用品的发放和正确使用情况；施工现场各类安全标识、标牌的配挂情况；各类安全防护设施的落实情况及可靠程度；安全技术措施的执行和落实情况以及安全交底记录；设备的安全装置、附件及用电设备的绝缘保护性能情况和完好程度；班组安全活动开展情况；现场文明施工情况等。

2.15 施工环境管理

根据环境标准、环境保护管理体系和合同文件的要求，确定环境保护目标，建立和完善环境保护管理体系，制定环境保护措施。

（1）根据环境标准、环境保护管理体系和合同文件的要求，制定本工程施工的环境管理目标。

（2）环境保护管理体系与组织结构。为满足环境保护法律法规的要求，建立环境保护管理体系，通过施工过程中的经验总结，不断加强改进，确保环境保护管理的持续性、适宜性、符合性与有效性。

（3）环境保护管理内容。遵守国家有关环境保护的法律、法规和规章及本合同有关规定，做好施工区的环境保护工作。编制详细的施工区和生活区的环境保护措施计划，报批后实施。根据具体的施工计划制定出与工程同步的防止施工环境污染的措施，根据环保工作和劳动保护条例，布设环保设施（包括设备、设施、器材等）。认真做好施工区和生活营地的环境保护工作，防止工程施工造成施工附近地区环境污染。定期对环保设施、水土保持工程进行维护、保养和检查，确保环保水保指标符合要求。

（4）环境保护管理制度。

1）工程环境保护规划制度。根据工程施工的特点和要求，在工程开工时，对工程施工过程中，可能会对环境保护、水土保持、人群健康造成污染和影响的工程项目、污染源、工序、工艺进行预测评估，并做出治理措施和工程环境保护总体规划。

2）检查、报告制度。定期进行环境保护大检查和日常巡查，并做好记录和跟踪验证工作，对工程施工过程中存在的重大环境保护治理问题，以书面的形式向业主以及监理和本单位上级主管部门汇报。

3）例会制度。定期召开环境保护例会，对上阶段环境保护管理情况进行总结点评，并提出存在的问题及整改要求，对下阶段环境保护重点治理工作做出安排。

（5）重要环境因素。水电站机电设备安装重要环境因素包括（但不限于）：

噪声：施工、生产区域的噪声超标排放。

废水：超标外排的施工废水、生活废水等。

废气：交通车辆，施工机械，其他施工生产中超标排放的废气。

废弃物：列入国家危险废物名录中危险的废物。

粉尘：超标排放的施工粉尘。

潜在泄漏：危险化学品泄漏、油类泄漏、放射性物品泄漏。

水土流失：因施工方法不当造成边坡坍塌，水土流失。

生态环境破坏：植被、动物、文物、自然景观等破坏，或因防洪度汛措施不当导致损害。

（6）环境保护措施。环境保护措施包括（但不限于）：施工弃渣的处理；生产废气、废水和废油等的治理措施；生活垃圾处理；施工场地的边坡保护和水土流失防治措施；防止饮用水污染措施；施工中的噪声、粉尘等的治理措施；电磁辐射的防护措施；景观与视觉保护和生态保护措施；完工后的场地清理与恢复措施。

2.16　文明施工

2.16.1　文明施工的基本条件

文明施工是指在施工管理过程中，按照现代化施工的客观要求，使施工现场保持良好的施工环境和施工秩序。

文明施工的基本条件包括：有整套的施工组织设计（或施工方案），有严格的成品保护措施和制度，大小临时设施和各种材料、构件、半成品按平面布置堆放整齐，施工场地平整，道路畅通，排水设施得当，水电线路整齐，机具设备状况良好，使用合理，施工作业符合消防和安全要求。

2.16.2 创建安全文明施工场所的基本要求

(1) 施工场所的分类。施工场所按其范围和施工特点可分为以下类别。

1) 工程建设区域，即一个大的工程建设项目所划定的建设区域，包括竣工区域、在施工区域、待建区域、企业生产区域和企业生活区域等。它的有关规划安排应符合维护所属城市或地方的地域环境、城市市容、交通条件、安全文明等的要求。

2) 施工工地，即在施工工程的施工区域，包括施工和生产作业区、材料堆放场地和库区以及管理和生活临时设施区。

3) 施工作业区，正在进行施工作业的区域或地段，包括以下3种类型：

A. 单项作业和正常配合作业区段，即以单项作业为主导、伴有其他配合作业的区段。例如进行结构、墙体施工的作业区，以结构和墙体为主，其他水、暖、电、卫敷管作业配合进行的区域。

B. 交叉作业区段，即多种作业交叉和协调进行的区段。在交叉作业区段，没有明显的居主导地位（其他作业都要服从和配合其施工要求）的单项作业，在各项同时交叉进行的作业之间需要进行很好的协调安排，以确保有条不紊和安全顺利地进行。

C. 特种作业和危险作业区段，即进行电气焊、爆破、预应力、高压、水下等特种作业以及在有毒、有害、有危险场所进行的区段。

对于不同类型的施工场所，除遵守一般的安全文明施工作业要求外，还应注意满足它们的特殊要求。

(2) 创建安全文明施工场所的基本要求。

1) 施工总平面布置的基本要求。

A. 区域划分。按功能划分成施工作业区、辅助作业区、材料堆置区、施工管理生活设施区等。

B. 区域交叉保护。对有安全问题存在的区域交叉部分采取保护措施。

C. 起重设备设置。满足作业覆盖要求和臂杆回转域内的安全要求。

D. 外域围护。工地周边设置与外界隔离的围挡；临街或在人口稠密区、宜砌围墙，脚手架外侧面全封闭围护。

E. 三通一平和排水。

F. 工地临时用电设施。

G. 标牌、标志设施企业标志、工程标牌、安全标志齐全。

H. 消防设施。

2) 三通一平和排水控尘、控废的基本要求。

A. 场平。平整施工场地、清除障碍物，无坑洼。

B. 道路通。车行道、人行道坚实平整，有良好视野，雨季不存水，出入口之间畅通，必要处设交通标志；轨道与车行、人行道交叉处采用平接措施。

C. 电通、水通。工地供电和供水线路架设要畅通。

D. 排水、排污。具有良好的排水系统，设污水沉淀池，妥善处理污水，未经处理的污水不得直接排入城市下水道和河流。

E. 尘土、废气和废渣控制。控制工地的尘土、废气、废水和固体废弃物，按照要求定期清理废弃物，禁止将含有废弃物和有毒物质的垃圾土做回填土使用。

3）作业区域的条理化和防（围）护的基本要求。

A. 作业区域的条理化。有满足要求的操作场地或作业面，清除影响作业的障碍物，妥善处置有危险性的突出物，材料整齐堆放，有良好的安全通道。

B. 拆除物品的清理。拆下来的设备包装材料、脚手架等材料物品以及施工余料、废料、垃圾应及时清运出去，木料上的钉子应及时拔掉或拍平（防止扎脚）。

C. 有危险作业区域的防护凡有可能发生块体或物品掉落、弹出、飞溅以及其他伤害物的区域均应设置安全防护措施，以保护现场其他人员的安全。

4）材料、设备工具存放保管的基本要求。

A. 设备、材料和工机具等物品的码垛堆放。按规定平整场地、设置支垫物；按平面布置图划定的地点分类堆放整齐、稳固和不超过规定高度；设备和材料应离开场地围挡或临时建筑墙体至少 500mm，并将两头进口封堵，严禁紧贴围挡或临时建筑墙体堆料。

B. 设备和材料等物品的支架堆放。易滚（滑）和重心较高的设备和材料物品的支架堆放，其支架应稳定可靠。必要时应进行设计，严格按照设计要求堆放。

C. 易燃和有毒物品的存放。油漆、稀释剂等易燃品和其他对职工健康有害的物品应分类存放在通风良好、严禁烟火并有消防用品的专用仓库内。

5）工地消防的基本要求和规定。

A. 一般规定：①重点工程应编制防火技术措施并履行报批手续，一般工程应有防火技术方案；②按规定配置消防器材、设施和用品，并建立消防组织；③明确划定用火和禁火区域；④动火作业必须履行审批制度，动火操作人员持证上岗并有专人监护；⑤定期进行防火检查，及时消除火灾隐患。

B. 消防器材的日常管理：①消防梯保持完整完好；②水枪经常检查，保持开关灵活、喷嘴畅通、附件齐全无锈蚀；③水带收藏时应单层卷起，竖放在架上；④各种管接口应接装灵便、松紧适度、无泄露，使用时不得摔压；⑤消火栓按室内、室外的不同要求定期进行检查和及时加注润滑油，消火栓应经常清理，冬季采用防冻措施。

C. 24m 以上高层建筑施工防火：①设置具有足够扬程的高压水泵和其他消防实施；②视需要增设临时水箱、以保证有足够的消防水源；③设专职消防监护员巡回检查；④现场配报警装置，及时报告火险。

D. 地下室施工防火：①保持出入口通畅；②在门窗洞口和通气孔处禁放氧气瓶和乙炔瓶；③不准用做危险品仓库和存放有毒、易燃物品；④应有火险报警装置。

E. 锅炉房防火：①按每 25m² 面积配备个适合类型的灭火器；②烟囱上应安装消烟防尘和火星熄灭装置；③禁止在房内堆放其他燃料和燃烧废物。

2.16.3 安全文明管理措施

（1）文明施工专项。

1）施工人员应严格执行操作规程，严格遵守安全文明施工规定，进入施工现场必须按劳保规定着装和使用安全防护用品，禁止违章作业，不断提高安全文明施工水平。

2）施工现场安全文明施工责任区划分明确，有明显的安全文明施工责任区标示牌。

3）设备、材料进场计划合理，按时向监理提交，并认真执行经批准后的进场计划。

4）施工现场临时用房须按规划布置，严禁乱搭乱建、随意放置。

5）施工现场应设置足够的临时环保厕所（不少于6套），设专人负责施工期的运行维护。

6）施工现场通道平整、畅通，安全标志、卫生设施齐全。

7）风、水、电、管线、施工照明等布置合理，标识清晰。

8）施工设备定点停放、材料工具摆放整齐有序，现场整洁，车容机貌整洁，易燃易爆物品按规定限量分类存放。

9）设备材料包装物、施工废弃物及生活垃圾应清理，并及时清场。

10）施工用各类脚手架、吊篮、通道、爬梯、护栏、安全网等防护设施完善可靠，安全标志醒目。

11）现场消防措施、制度完善，灭火器材配置齐全合理。

12）坚持每天开展班组安全活动和预知危险活动，认真落实班前安全文明施工、班中安全文明施工检查、班后安全文明施工小结制度，并有活动记录。

13）坚持每周一次的"安全文明生产日"活动，做到有内容、有目的、有记录、保证"人员、时间、内容、效果"四落实，并留下活动凭证。

14）积极进行安全文明施工隐患整改，消除危险性因素。

15）认真坚持安全技术措施交底制度，单元工程未交底前不得开工，并严格按安全技术措施进行施工。

16）运行区域机组段之间场地只能按要求规定的不同区域设计荷载安排组装和堆放组装完成的大型部件，未经允许不得堆放其他部件。

17）走道及施工场地内需摆放一定数量的垃圾箱；每个施工部位的施工垃圾应及时清理；每个流动施工部位的施工人员应配备垃圾袋。

18）现场办公室及工具房干净、整洁、有序。

（2）现场文明施工管理。

1）项目部对参与施工的各工程队签订文明施工协议书，将文明施工按区域落实责任人，建立健全岗位责任制，把文明施工落到实处，提高全体施工人员施工的自觉性和责任感。

2）加强对施工人员的全面管理，所有进入工地人员均要进行注册登记。落实防范措施，做好防盗工作，及时制止各类违法行为和暴力行为，并报告公安部门，确保施工区域内无违法违纪现象发生。尊重当地行政管理部门的意见和建议，积极主动争取当地政府支持，自觉遵守各项行政管理制度和规定，搞好文明共建工作。

3）施工现场内所有临时设施按施工总平面布置图进行布置管理，使施工现场处于有序状态。

4）工区内设置醒目的标识牌，标明工程项目名称、范围、开竣工时间、工地负责人；施工部位设置醒目的施工标识牌，标明文明施工注意事项、文明施工责任人，所有施工管理人员和操作人员必须佩戴证明其身份的标识牌。设立监督电话，接受社会监督，提高全体施工人员的文明施工意识。

5）合理安排施工顺序避免工序相互干扰，施工现场设置施工工艺牌，建立工艺卡、工序转接制度，凡下道工序对上道工序会产生损伤或污染的，要对上道工序采取保护或覆盖措施。

6）坚持每天开展班组安全活动和预知危险活动，认真落实班前安全文明施工、班中安全文明施工检查、班后安全文明施工小结制度，并有活动记录。坚持每周一次的"安全文明生产日"活动，做到有内容、有目的、有记录、保证"人员、时间、内容、效果"四落实，并留下活动凭证。

7）重要施工场地设有操作规程、值班制度和安全标志，特殊部位施工人员进入实行现场凭证登记、检查准入制度。值班人员按时交接班，认真做好施工记录，不得与闲散人员玩耍。值班人员遇到业主、监理检查工作时，主动介绍情况。

8）主要施工干道，经常保养维护，为文明施工创造必要的条件，施工设备严禁沿道停放，在指定地点有序停放，经常冲洗擦拭，确保设备的整洁和完好率。

9）项目经理对自检和上级部门组织的检查中查出文明施工中存在的问题，不但要立即纠正，而且要针对文明施工中的薄弱环节，进行改进和完善，使文明施工不断优化和提高。

10）建立有效的安全保证体系，落实安全责任人制度，完善现场各类安全设施，防止安全事故发生，实现安全目标。

11）加强施工环保意识，减少各类污染源，保护好植被，加强对噪声、粉尘、废气、废水、废油的控制治理，及时清除垃圾和废弃物，严格按指定的地点堆放处理，严禁乱倒乱卸。

12）与其他施工单位保持良好的关系，服从上级单位和监理单位的协调。

13）工程完工后，按要求及时拆除所有工地围墙、安全防护设施和其他临时设施，并将工地及周围环境清理整洁，做到工完、料清、场地净。

（3）设备及材料管理。

1）各施工设备（包括永久设备和施工设备）的停放及材料堆积与施工平面布置图相符，摆放合理有序，井然有序，充分利用有效空间。

2）各类材料按规格分别搁放整齐，并挂设产品标识牌，内容包括名称、品种、规格、数量、产地、出厂日期、材质合格证号等。

3）现场料具库设置货架，各类材料及工具分类摆好，设标签，库内整洁，人行道畅通。

4）所有工装及临时设施在安装基地制作完成，除锈防腐。经安全监督员检验合格后，方能运至施工现场投入使用。工作结束后，工装及临时设施立即撤离。

5）永久设备运至现场开箱检查后，设备进入安装程序，其包装材料及时清理，并按合同要求进行回收。

6）各类施工设备进场必须经安全检查，且检查记录齐全，检查合格后方能投入使用。施工设备运行期间明确设备责任人，设备运行记录真实、准确。

7）到货的永久机电设备，采取文明装卸，按合同规定和厂家的技术要求在安装现场妥善存贮、保管。

8）施工机械操作人员及特殊工种作业人员必须持证上岗（操作证），例如起重工、电焊工、探伤工等。

（4）施工现场综合治理。

1）项目部对现场所有施工人员进行综合治理教育，拥护党和政府的各项方针政策，搞好精神文明建设，以健康的精神风貌投入到施工生产中去。

2）项目部组织全体员工认真学习国家的有关法律法规，增强全员法制观念。项目经理与有关部门签订社会治安责任书，严禁打架斗殴，寻衅闹事，杜绝刑事犯罪和违法乱纪的现象发生，为工程顺利进展提供良好的环境。

3）加强现场保卫工作，施工现场及安装基地设门卫和专职保卫人员值班，设备和材料出厂实施严格的"出厂证"制度，加大夜间巡逻的力度，严防盗窃工程设备材料的现象发生。

4）项目部制定消防管理制度，明确专人负责消防管理工作，开展消防安全活动和消防安全知识宣传教育，项目经理与有关消防部门签订消防责任书。

5）施工现场张贴醒目的消防安全标语、标志牌，配置足够的消防设施，培训施工人员会熟练使用消防器材。

6）机坑内及堆放有易燃物品的施工区确需电焊、火焊作业时，须采取可靠的防火措施，在安全监督员开具动火证后方可开始工作，作业时设专人监护火种散落情形。

7）易燃易爆物品设置专用仓库保管，并有醒目标识，专用消防器材配置齐全。

参 考 文 献

［1］周鹤良.电气工程师手册.北京：中国电力出版社，2010.

［2］黎文安.电气设备手册.北京：中国水利水电出版社，2007.

［3］杨文渊.起重吊装常用数据手册.北京：人民交通出版社，2001.

［4］张晔.水利水电工程施工手册　金属结构制作与机电安装工程.北京：中国电力出版社，2004.

［5］周庆，张志贤.安装工程材料手册.北京：中国计划出版社，2004.

［6］钟汉华，薛建荣.施工组织与管理.第2版.北京：中国水利水电出版社，2010.

3 基本安装工艺

　　水电站机电设备一般包括机械设备（水轮发电机组和辅助设备）、电气设备和金属结构设备三大类。这三类设备安装工艺有类似之处，但各有各自的特色。本章主要介绍机械设备的基本安装工艺，可供电气设备和金属结构设备安装参考。

3.1　水电站机电设备安装常用术语

3.1.1　安装基准

　　（1）原始基准。原始基准是指水电站设计、土建施工使用并保留下来的基准点，包括高程基准点和平面坐标基准点，如厂房内高程基准点，机组机坑设计 X、Y 十字线，这是机组安装的原始基准。

　　（2）安装基准。安装基准是指安装过程中用来确定其他有关零部件位置的一些特定的几何元素，如点、线、面等。立轴混流式水轮机座环固定叶水平中心点，座环固定叶内切圆圆心，是机组设计、安装的高程和中心的理论基准点。在实际安装中，座环的上法兰面和内圆面是机组安装的高程、中心基准面。

　　（3）工艺基准。工艺基准是被安装的零部件上的几何元素（点、线、面等），它是该零部件在安装中调整、定位用的被测量的几何元素（点、线、面等），它确定了该零部件的安装位置，如立轴混流式水轮机座环的上法兰面和内圆面是座环安装的工艺基准（面）；发电机转子中心体或主轴的下法兰面和下止口内圆中心，是转子组装的工艺基准。

　　（4）校核基准。校核基准是在已就位安装的零部件上的几何元素（点、线、面等），它用来校正其他安装件的位置，或作为其他安装件定位的基准，如发电机主轴上法兰面高程可用来校正定子铁芯水平中心高程的（校核）基准，发电机主轴上法兰面高程和止口内圆面中心可作为下机架安装高程和中心的（校核）基准。

　　（5）安装的基准件。一台机组安装中，最先安装而且起基础作用的零部件，它的定位将确定整个机组的位置。立轴混流式水轮机以座环为基准件，立轴轴流式水轮机以转轮室为基准件，水斗式水轮机以机壳为基准件，卧式混流式水轮机以整体座环—蜗壳为基准件，灯泡贯流式水轮机以管形座为基准件。

　　（6）机组轴线（十字线）：站在厂房内，面向上游，伸出左手指向正前方，则为 $+Y$ 方向；伸出右手指向右侧，则为 $+X$ 方向；头顶向上，则为 $+Z$（高程）方向；原点是机组中心。这就构成了完整的直角坐标系。

3.1.2　安装程序

　　在水电站施工现场，依据设备的形式、结构特点和功能，将其零部件按某一选定顺序进行组装（调整），就位安装调整，总装成整机，满足设计和规范要求，并经试运行验证，可保证设备安全、可靠、稳定、经济运行。这一顺序称之为安装程序。水电站机电设备安装程序见图 3-1。

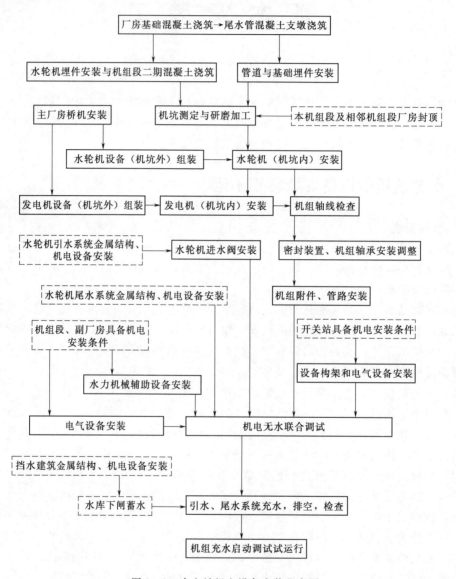

图 3-1　水电站机电设备安装程序图

3.1.3　安装工艺

在施工现场，将设备各零部件，按照选定的安装程序和特定的方法（手段）进行组装（调整），在安装部位就位、安装、调整、试验，组成整机，满足设计和规范要求，从而保证设备安全、可靠、稳定、经济运行。这一特定的方法（手段）称为安装工艺。水电站机电设备的结构和功能不同，安装程序也不同，但安装工艺基本相同。

（1）确定设备零部件安装位置的要素（X、Y、Z 坐标）——方位、高程、水平。被安装部件的任意一点位置用 X、Y、Z 坐标值表达。被安装部件的工艺基准通常选用中心点（X、Y 坐标值—方位，Z 坐标值—高程）、中心线（铅垂方向的中心轴线，水平面上的水平中心轴线或分布圆线）和特征面（面上所有点的高程在一定数值范围内，这就是该面的水平）。

（2）旋转机械设备从结构上分为固定部分和转动部分，设计、制造和安装应确保两者间的径向和轴向间隙为设计值。这是确保机组运行质量和安全运行的重要条件。因此，一是使固定部分各零部件同轴（在一条轴线上），转动部分各零部件同轴（在一条轴线上）；工地总装后，应使转动部分轴线和固定部分轴线重合，从而保证了固定部分和转动部分的径向间隙为设计值。在安装中，这一工作称为部件的中心和圆度找正。二是使固定部分和转动部分的特征点、特征面运行在设计高程上，从而保证了固定部分和转动部分的轴向间隙为设计值。在安装中，这一工作称为高程和水平测定。中心和圆度找正、高程和水平测定是水电站机电设备安装的重要安装工艺。

3.2 安装施工中的基本测量

水电站机电设备各部件的中心、圆度、水平、高程、垂直度的测量、评定和调整是最基本的工艺。本节以水轮发电机组部件的基本测量为例，说明部件测量的基本方法，也适用于其他设备的安装调整。

3.2.1 中心和圆度的测量与评定

圆柱形部件和环形部件的位置，用中心、圆度、垂直度和高程来定位和定形。下面介绍中心和圆度的测量与评定。

（1）X、Y 刻线法。使设备上的 X、Y 刻线与安装部位的设计 X、Y 十字线对正。适用于基准件的安装，如立轴混流式水轮机的座环安装。步骤为：

1）挂安装部位的设计 X、Y 十字钢琴线。

2）自十字钢琴线吊线锤，用钢板尺量取十字钢琴线到设备上的 $+X$、$+Y$ 刻线的距离，记作 ΔX_1、ΔY_1，称为刻线偏差。调整被安装的设备，使刻线偏差趋向 0。

3）自十字钢琴线交叉点（中心点）吊线锤，用钢卷尺测量设备法兰内圆面（圆周均布）8 点的半径值，应不超过 1mm。

4）复查刻线偏差，记作 ΔX、ΔY，此即为 X、Y 轴线方向上的刻线偏差 $[(\Delta X)^2 + (\Delta Y)^2]^{\frac{1}{2}}$ 即为中心偏差。

（2）环形部件形心法。使被安装设备的零部件的形心与基准件（或校核基准）的中心对正。方法有：

1）挂中心钢琴线法：挂中心钢琴线，用千分尺测杆和耳机电测法测量，适用于内圆面中心和圆度测量。

图 3－2（a）中，用电线将钢琴线—干电池组—耳机—设备（被测工件）测量面连接起来。测量时，施工人员将千分尺尾端与设备（被测工件）测量面接触，晃动千分尺头部，当千分尺头部与钢琴线刚刚接触时（电路接通），则耳机发出响声。凭借响声的一致

性，读取千分尺读数，即为设备半径相对值。这就是耳机电测法测设备中心和圆度的基本方法。工艺步骤为：

A. 布置水平梁和求心器，挂钢琴线，布置油桶（油液面应淹没重锤高度 1/2 以上）。用电线将钢琴线—干电池组—耳机—设备（被测工件）测量面连接起来。

B. 在被安装的设备法兰内圆面，自 +Y 起等分为 4～64 测点［优选 $2^{(n+1)}$ 个测点］。

C. 用千分尺，测量钢琴线至各测点距离（半径），记作 $R_{i=1,2,3,\cdots,48}$。

D. 最大半径与最小半径之差为圆度，实测半径与平均半径之差为圆度公差；按式（3-1）计算断面形心的中心偏差：

$$
\left.
\begin{aligned}
\Delta x &= \frac{2}{n} \sum_{i=1}^{n} R_i \cos\theta_i \\
\Delta y &= \frac{2}{n} \sum_{i=1}^{n} R_i \sin\theta_i
\end{aligned}
\right\}
\tag{3-1}
$$

式中　Δx、Δy——以设计中心钢琴线所确定的中心（或基准件法兰内圆中心）到被安装的设备形心的距离在 X、Y 轴线上的投影值，称为被安装的设备在 X 和 Y 轴线上的中心偏差；

n——测点总数，$n=4\sim16$（其中 16 为环形体最大测点数）；

i——测点序号，$i=1$，2，3，4，…；

R_i——第 i 点千分尺读数（即半径值）；

θ_i——第 i 点与 +X 轴的夹角。

E. 一般中心定位精度（中心偏差）0.05mm。刚性环形圆盘圆周均布分为 8 点，其中圆周均布 4 点用来定位，其余圆周均布的 4 点用来校核。当环形圆盘圆周均布分为 16 点或及以上时，按式（3-1）计算中心偏差，应满足图纸、规范要求。

耳机电测法见图 3-2，工艺步骤为：

第一，布置水平梁和求心器，挂基准件（座环上法兰内圆）的中心钢琴线，定位精度 0.05mm（圆周均布 4 点定位，圆周均布 8 点校核）。

第二，在设备（底环）内圆面，自 +Y_1 号导水叶起等分为 8～48 点（1～2 倍导水叶个数）。

第三，用千分尺，测量钢琴线至各测点距离（半径），记作 $R_{i=1,2,3,\cdots,48}$。

第四，最大半径与最小半径之差为底环圆度，实测半径与平均半径之差为底环圆度公差；底环与座环的同轴度按式（3-1）计算在 X 和 Y 轴线上的中心偏差 ΔX、ΔY（底环内圆形心到座环上法兰内圆中心的距离在 X、Y 轴线上的投影值）。均应满足图纸、规范要求。

2）测圆架法：使用测圆架和千分尺（或百分表）测量，适用于内、外圆面中心和圆度测量，如转子组装（外圆面测量）、定子组装（内圆面测量）（图 3-3～图 3-5）。

工艺步骤为：

A. 以被安装件的工艺基准为基准，挂基准钢琴线，安装、调整测圆架中心和垂直度。转子组装中，挂转子中心体上下法兰止口中心连线的钢琴线（或在中心体下法兰面水平情况下，挂下法兰止口中心线的钢琴线）。定子组装中，挂铁芯拉紧螺栓分布圆中心的

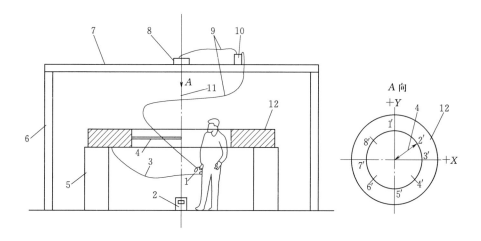

（a）圆度、中心测量（用千分尺和耳机电测法）

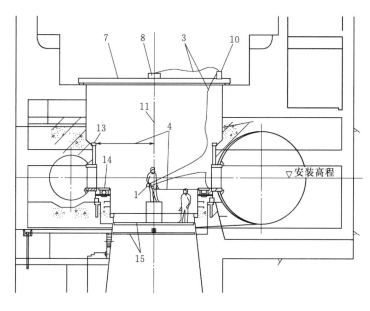

（b）底环安装

图 3-2　耳机电测法图

1—耳机；2—油桶；3—电线；4—千分尺；5—支墩；6—支架；7—水平梁；8—求心器；9—电线；
10—干电池组平台；11—钢琴线；12—被测工件；13—座环；14—底环；15—平台；1′～8′—分度点

钢琴线。

B. 在测圆架上，装百分表（或挂钢琴线），测量被安装件上、中、下三个水平面上的半径值，记作 $R_{i=1,2,3,\cdots,48}$。

C. 最大半径与最小半径之差为圆度，实测半径与平均半径之差为圆度公差；按式（3-1）计算中心偏差。转子组装中，在测圆架上挂钢琴线和用千分尺测量时，千分尺读数大的点，该点实际半径小，按式（3-1）计算中心偏差时，等号右边应冠以"－"号。

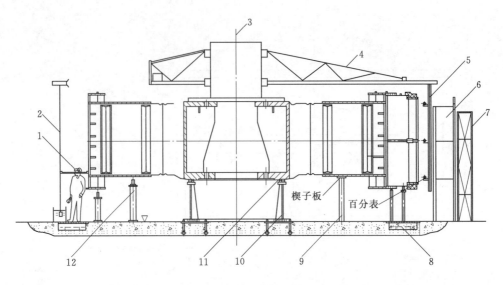

图 3-3 中心和外圆面圆度测量图 (转子组装)

1—千分尺;2—钢琴线;3—转子中心线(上、下法兰止口中心连线);4—转子测圆架;5—钢架
(支臂—装百分表)或挂钢琴线(用千分尺测);6—磁轭叠装工作平台;7—铁片堆放支架;
8—磁轭安装支撑;9—转子支架调整支墩;10—转子中心体支墩;
11—转子中心体下法兰;12—焊接用临时支撑

图 3-4 某水电站机组转子测圆架

同样道理,定子组装中,装百分表测量时,式(3-1)等号右边应冠以"-"号。

(3)圆柱形部件的间隙定心法。使圆柱形部件(如机组转动部分——转子,转轮)与环形部件(如机组固定部分——定子,底环止漏环)间的间隙均匀,达到调整圆柱形部件与环形部件的同轴度的方法,如水轮机主轴与转轮安装[图3-6(b)]。

图3-6(a)给出圆柱形部件的间隙定心法简图,工艺步骤为:

1)将圆柱形部件外圆面与环形部件内圆面对应等分为4~16点。

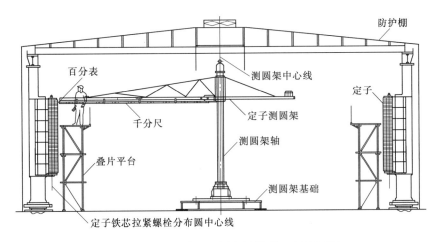

图 3-5　中心和内圆面圆度测量图（定子组装）

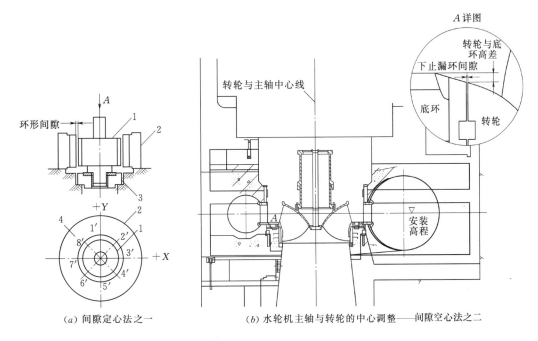

（a）间隙定心法之一　　　　（b）水轮机主轴与转轮的中心调整——间隙空心法之二

图 3-6　间隙定心法图

1—圆柱形部件（转子）；2—环形部件（定子）；3—下机架；4—环形间隙测点；1′～8′—分度点

2）用塞尺或专用工具测量圆柱形部件外圆面与环形部件内圆面的间隙 $R_{i=1,2,3,\cdots}$。

3）实测间隙与平均间隙之差为间隙的均匀性；圆柱形部件与环形部件的同轴度按式（3-2）计算 X、Y 轴线上的中心偏差量。

$$
\left.\begin{aligned}
\Delta X &= \frac{2}{n}\sum_{i=1}^{n}R_i\cos\theta_i \\
\Delta Y &= \frac{2}{n}\sum_{i=1}^{n}R_i\sin\theta_i
\end{aligned}\right\}
\tag{3-2}
$$

式中　ΔX、ΔY——圆柱形部件外圆面与环形部件内圆面的同轴度在 X、Y 轴线上的中心偏差；

　　　　n——测点总数，$n=4\sim12$；

　　　　i——测点序号，$i=1,2,3,4,\cdots,12$；

　　　　R_i——第 i 点间隙值；

　　　　θ_i——第 i 点与 $+X$ 轴的夹角。

4）按计算的 ΔX、ΔY 值调整环形部件的位置（中心）和形状（圆度）。

5）重复 2）、3）、4）三步，直至 X、Y 轴线上的中心偏差 ΔX、ΔY 符合要求为止。

图 3-6（b）给出水轮机主轴与转轮安装简图，调整项目之一是中心调整。将转轮的下部转动止漏环与底环的下部固定止漏环之间隙，自 $+Y$ 起圆周均布分为 8 点，用塞尺测量间隙值。移动转轮，使 8 点止漏环间隙在实测平均间隙的 $\pm20\%$ 范围内，为合格。

（4）部件旋转测圆法。此法适用于测量旋转机械的固定部件圆度和转动部件圆度。将固定部件内圆、转动部件外圆等分成 n 个测点，选定固定部件第 1 个测点作为定点（或装百分表），旋转转动部件，使转动部件的 n 个测点依次在固定部件第 1 个测点停留，测量间隙（或读取百分表读数），旋转一周后，所测间隙（或百分表读数）就是转动部件外圆圆度。同法，选定转动部件第一测点作为定点（或装百分表），旋转转动部件，使转动部件的第 1 个测点依次在固定部件的 n 个测点停留，测量间隙（或读取百分表读数），旋转一周后，所测间隙（或百分表读数）就是固定部件内圆圆度。举例如下：

1）机组轴线检查（盘车）时测量定子、转子圆度：

A. 旋转转子，人站在定子 $+Y$ 方向定子上（不动），磁极按顺序、逐个停在 $+Y$ 这一点上，测量气隙（测量点为磁极个数），转一周后，所测气隙是转子圆度。

B. 旋转转子，人站在转子 1 号磁极上（$+Y$ 方向），跟着转子转动，每停一点，都测量 1 号磁极处气隙，转一周后，所测气隙是定子圆度。

C. 测出转子在 $0°$ 和 $180°$ 时全部磁极气隙，从而计算转子相对定子的中心偏差。

2）同法可测出水轮机转轮止漏环和固定止漏环圆度，测点从 $+Y$ 起分为 8 点。

3）设备形心偏差（圆度）按式（3-3）计算：

$$\left.\begin{array}{l} X_i = -\dfrac{2}{n}\displaystyle\sum_{i=1}^{n} R_i\cos\theta_i \\[3mm] Y_i = -\dfrac{2}{n}\displaystyle\sum_{i=1}^{n} R_i\sin\theta_i \end{array}\right\} \tag{3-3}$$

式中　X_i、Y_i——以转心为坐标原点的 XOY 平面坐标（设备形心偏差在轴线上的投影值）；

　　　　n——测点数；

　　　　R——气隙（止漏环间隙）；

　　　　θ——测点与 $+X$ 轴夹角；

　　　　i——测点序号。

利用此办法检查圆度通常作为转子吊入机坑后，对定子、转子圆度的校核。

（5）部件旋转定心法。此法适用于测量调整旋转机械的固定部件与转动部件的同轴度。

1）立轴旋转机械旋转定心法工艺：

A. 固定部件（以下简称定子）的圆度和中心已调整合格，并已加固定位；转动部件（以下简称转子）的圆度已调整合格，且支撑于推力轴承上，转动部件轴线处于自由悬垂状态。

B. 用最靠近推力轴承处的导轴瓦抱轴，轴瓦间隙 $0.03\sim0.05\text{mm}$。

C. 转动转子在 $0°$ 和 $180°$ 停留，测量记录定、转子间的间隙（圆周均布 $4\sim64$ 点）。

D. 按式（3-3）～式（3-5）计算转动部件轴线（相对于固定部件的最优中心）的偏心 ΔX、ΔY。

E. 按上述计算的偏心值 ΔX、ΔY，用偏抱导轴瓦的方法，使转子旋转一周，轴线则移向新的位置。重复上述步骤，直至转子轴线处于定子的最优中心上为止（ΔX、ΔY 趋向于零）。

2）卧轴旋转机械旋转定心法工艺将在第 4.5 节（卧轴旋转机械联轴器的找正）介绍。

3）水轮发电机组的中心调整工艺要点：

A. 前提条件：推力瓦受力调整完成，迷宫环间隙、发电机气隙、顶盖密封、空气围带等处没有碰撞，主轴处于自由悬垂状态。1 号磁极处于 $+Y$ 位置。

B. 在上导、水导轴颈的 $+X$、$+Y$ 方向装百分表监视主轴位移量。

C. 在上导（或下导），用均布 4 块瓦抱轴，轴瓦间隙 $0.03\sim0.05\text{mm}$。测量记录迷宫环间隙，发电机气隙，主轴密封处间隙（记为 X_0、Y_0）。

D. 用盘车的动力转动转子 $0°$ 和 $180°$，测量记录迷宫环间隙，发电机气隙，主轴密封处间隙（记为 $X_{0°}$、$Y_{0°}$；$X_{180°}$、$Y_{180°}$）。

E. 按式（3-3）计算轴线偏心：计算转子（转轮）在 $0°$ 和 $180°$ 时形心，则中心偏差 ΔX 和 ΔY 见式（3-4）和式（3-5）：

$$\Delta X = (X_{0°} + X_{180°})/2 \tag{3-4}$$

$$\Delta Y = (Y_{0°} + Y_{180°})/2 \tag{3-5}$$

因此，转子（转轮）在 $0°$ 和 $180°$ 时，形心间连线之中心即为转心，其坐标即为相对于定子（止漏环）的中心偏差。

F. 按上述计算的偏心值 ΔX、ΔY，用偏抱上导（或下导）瓦的方法，用盘车的动力使机组旋转一周，轴线则移向新的位置。重复上述各步，直至机组轴线处于定子（和止漏环）的最优中心上为止。

（6）机组轴线检查（盘车）工艺。

1）刚性盘车工艺：

A. 调整机组中心，使机组轴线位于定转子气隙和止漏环间隙的最优中心上。

B. 调整镜板水平达 0.02mm/m，且推力轴承各瓦受力初调均匀。

C. 用最靠近推力头的导轴瓦，均布四块抱住主轴，单侧间隙 0.03~0.05mm。

D. 在各导轴颈和法兰外圆面，自 +Y 起，等分 8 点，反时针编点号。在 +Y 和 +X 处架设百分表。

E. 逐点转动转子，记录 1~8 点百分表读数后，返回第一点，记录百分表回零情况。

F. 计算各导轴颈和法兰的摆度、中心偏差，绘制机组轴线状态图，分析机组轴线状态。如有超差，需处理。

2）用百分表测量时盘车摆度的计算：在各连轴法兰、轴颈 +X、+Y 处设百分表，顺时针转动一周，按圆周均布 8 点（反时针编号）记录读数。

A. 读数准确性的校验：

a. 将 9 点读数（含回零点）描成光滑曲线，与该摆度下标准正弦曲线比较，其误差不大于 20%。

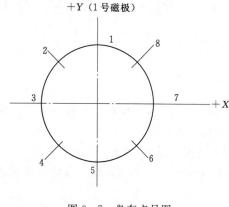

图 3-7　盘车点号图

b. 百分表读数大部分回零，个别没有回零，其值不大于 0.05mm。

c. 重复性强，连续几次盘车所得摆度大小与方位接近。

B. 根据百分表读数简便计算主轴摆度和主轴横向位移（图 3-7）：

X 轴向摆度 = 7 点读数 − 3 点读数 = −（3 点读数 − 7 点读数）；

Y 轴向摆度 = 1 点读数 − 5 点读数；

合成摆度与 +X 夹角 = $\arctan \dfrac{X}{Y}$（X 轴向摆度/Y 轴向摆度）；

主轴横向位移 = 抱轴处轴颈的摆度。

3）用百分表读数按式（3-6）计算设备测量断面的形心坐标：

$$
\left.
\begin{array}{l}
X_i = \dfrac{2}{n} \sum\limits_{i=1}^{n} R_i \cos\theta_i \\[3mm]
Y_i = \dfrac{2}{n} \sum\limits_{i=1}^{n} R_i \sin\theta_i
\end{array}
\right\}
\qquad (3-6)
$$

式中　X_i、Y_i——以转心为坐标原点的 XOY 平面坐标；

　　　　n——测点总数，$n=8$；

　　　　i——测点序号，$i=1$，2，3，4，…，8；

　　　　R_i——第 i 点百分表读数；

　　　　θ_i——第 i 点与 +X 轴的夹角。

4）实例。某水电站 2 号机盘车数据见表 3-1。

表 3-1   **某水电站 2 号机盘车数据**

2 号机盘车百分表读数（+X 方向）									
测点号	1	2	3	4	5	6	7	8	9
上导	0	0	0.030	0.040	0.040	0.040	0.040	0.040	0
受油器上管上端	0	0.010	0	0.040	0.080	0.120	0.100	0.050	
受油器上管下端	0	0.010	0.020	−0.060	−0.070	−0.020	0	0	
受油器下管	0	−0.020	0.040	−0.010	−0.020	−0.010	−0.010	0.030	

计 算								
项　　目	1−5	3−7	摆度 /mm	方位 /rad	2−6	4−8	摆度 /mm	方位 /rad
上导	−0.040	−0.010	0.041	−2.897	−0.040	0	0.040	3.142
受油器下管偏心	0.010	0.025			−0.005	−0.020		
受油器上管倾斜	−0.075	−0.060			−0.070	0.025		

2 号机盘车百分表读数（+Y 方向）									
测点号	1	2	3	4	5	6	7	8	9
上导	0	0	0.030	0.040	0.040	0.040	0.040	0.040	0
受油器上管上端	0	0.010	0	0.040	0.080	0.120	0.100	0.050	
受油器上管下端	0	0.010	0.020	−0.060	−0.070	−0.020	0	0	
受油器下管	0	−0.020	0.040	−0.010	−0.020	−0.010	−0.010	0.030	

计 算								
项　　目	1−5	3−7	摆度 /mm	方位 /rad	2−6	4−8	摆度 /mm	方位 /rad
上导	−0.040	−0.010	0.041	−2.897	−0.040	0	0.040	3.142
受油器下管偏心	0.010	0.025			−0.005	−0.020		
受油器上管倾斜	−0.075	−0.060			−0.070	0.025		

注 1. 1 点摆度＝1 点读数−5 点读数；

    2. 3 点摆度＝3 点读数−7 点读数；

    3. 合成摆度＝$[(1 点摆度)^2+(3 点摆度)^2]^{\frac{1}{2}}$；

    4. 2 点摆度、4 点摆度类推。

（7）导轴承间隙分配工艺。水力机组通常有上导轴承、下导轴承、水导轴承，计三部导轴承。其作用是维持机组在确定的转动中心线上（附近）转动。机组轴线检查合格后，需分配各部导轴瓦间隙。

1）三部导轴承瓦间隙分配的原则：

A. 上导轴承瓦、下导轴承瓦、水导轴承瓦，这三部导轴承瓦都以盘车确定的机组转动轴线为中心。

B. 同一部导轴承的各瓦都位于以盘车确定的机组转动轴线在该处的中心为圆心的同一圆周上。

C. 机组轴线检查合格。确认推力轴承受力调整合格，离推力轴承最近的导轴瓦将机组主轴已抱住并定位于机组最优中心上。调整导轴瓦间隙时，在被抱住的轴颈处＋Y、＋X方向上各装一块百分表，百分表指针调零，以监视主轴位移。

2）轴瓦间隙 h 计算见式（3-7）（见图3-8）。

$$h=R-r+e\times\cos\theta=\frac{H}{2}+e\times\cos\theta \tag{3-7}$$

式中　θ——轴瓦与最大偏心方向的夹角；

　　　　R——轴承分布圆半径；

　　　　r——主轴半径；

　　　　H——轴瓦总间隙；

　　　　e——主轴偏心距（由盘车结果求得）。

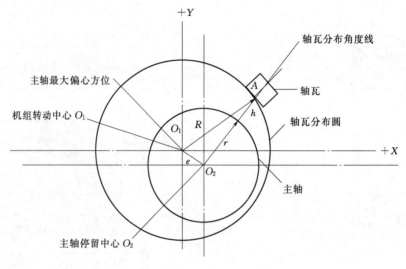

图3-8　导轴承间隙计算图

按式（3-7）分配间隙的各导轴瓦能保证它们（支点）位于以该处的转动中心为圆心的同一圆周上。

3）其中抱轴的导轴瓦间隙，按设计总间隙的一半均匀调整。

3.2.2　水平、平面度和高程测量与评定

被测平面水平是指该平面在某一方向上（如 X、Y 轴线上）到基准平面（方形水平仪所确定的水平面）高度差。被测平面平面度是指该平面在某一范围内到基准水平面的高度差。被测平面高程是指该平面上某一特定点（范围）到黄海水（平）面的高度，又称为海拔。

（1）设备被测平面高程的测量。使用三级水准仪测量，测量精度 0.5～1mm，安装允许误差±3mm。

（2）设备工艺基准面水平测量。

1）设备平面尺寸小时（直径小于 3m，如主轴法兰面），使用方形水平仪（或合像水平仪）沿轴线上测量，所得数据为被测面轴线上水平度，测量精度 0.02mm/m，安装允许误差 0.02～0.40mm/m。为消除仪器本身误差，需调头（即在原处调转180°）再测量。圆形法兰面水平测量见图3-9。

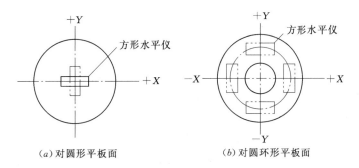

(a) 对圆形平板面　　　　　(b) 对圆环形平板面

被测件是直径为 D 的圆形平板，在 X、Y 轴线上测量。

X 轴线上，调头前水平仪读数 A（代数值，mm/m），调头后读数 B，则 X 轴线上水平度为 $(A+B)/2$（mm/m）；

Y 轴线上，调头前水平仪读数 C（代数值，mm/m），调头后读数 D，则 Y 轴线上水平度为 $(C+D)/2$（mm/m）。

被测件是圆环形平板，在 X、Y 轴线上测量。

在 $+X$ 轴线处，调头前水平仪读数 A（代数值，mm/m），调头后读数 B，则 $+X$ 轴线上水平度为 $H_{+x}=(A+B)/2$（mm/m）；

在 $-X$ 轴线处，调头前水平仪读数 C（代数值，mm/m），调头后读数 D，则 $-X$ 轴线上水平度为 $H_{-x}=(C+D)/2$（mm/m）。

在 $+Y$ 轴线处，调头前水平仪读数 E（代数值，mm/m），调头后读数 F，则 $+Y$ 轴线上水平度为 $H_{+y}=(E+F)/2$（mm/m）；

在 $-Y$ 轴线处，调头前水平仪读数 G（代数值，mm/m），调头后读数 H，则 $-Y$ 轴线上水平度为 $H_{-y}=(G+H)/2$（mm/m）。

则 X 轴线上水平度为 $H_x=(H_{+x}+H_{-x})/2$（mm/m）；

Y 轴线上水平度为 $H_y=(H_{+y}+H_{-y})/2$（mm/m）。

图 3-9　圆形法兰面水平测量图

2）设备平面尺寸较小时（直径 3～4m，如中小型水轮机座环），使用水平梁和方形水平仪（或合像水平仪）多点（圆周均布 4～24 点）、在直径上测量，所得数据为被测面的径向水平度，测量精度 0.02mm/m，安装允许误差 0.02～0.40mm。为消除仪器和水平梁本身误差，每点均需整体调头再测量，取两次测量的平均值作为该方向的水平度。

3）设备平面尺寸较大时（直径大于 4m，如大中型水轮机座环），使用一级水准仪（配铟钢尺）多点（圆周均布 8～64 点）测量，所得数据为被测面的水平度、平面度和高程、高度，测量精度 0.02mm/m，安装允许误差径向水平 0.15～0.40mm。按安装的习惯，分径向水平和周向水平，用直径上两端点高程差度量径向水平，用圆周上最低点与最高点高程差来度量平面度。两相关法兰面对应点的高差，即为两相关法兰面之间的高度。

（3）设备平面度测量与计算。

1）金属结构件直线度和平面度简易测量法：

A. 在构件某一平面上拉一根直线，用钢板尺测量直线到构件平面的距离，使直线起点和终点到构件平面距离相等，测量直线中间各点到构件平面的距离，就测出构件平面的直线度。

B. 在大型焊接管形部件的上管口断面，任选 4 点，拉 A 和 B 点间直线（第一条），自 C 点向 D 点拉第二条直线，若第二条直线与第一条直线刚好接触，则 D 点在 A、B、C

3 点所确定的平面上，即 A、B、C、D 4 点共面。若第二条直线与第一条直线不接触，或第二条直线将第一条直线压成折线，则 D 点不在 A、B、C 3 点所确定的平面上。此法可粗略评估管口断面的平面度，如蜗壳、尾水管环节管口断面。

2）利用水平仪多点闭环测量方法，根据所测得的数据，计算各相邻测点之间的高差，绘制各测量点高差分布曲线及拟合正弦曲线，从而确定法兰面实际平面度。

A. 将被测圆周分成距离 $L=0.2\sim1.0\text{m}$ 的"n"等份（$n\geqslant8$），按顺时针方向从点 1 到点 $n-1$ 编号。通常点 1 高程 h_1 设为 0，即 $h_1=0$。

B. 在点 1 与点 2 之间测量，调头前与调头后两次水平仪读数的代数平均值，再乘以测点间距离 L，即为点 2 相对点 1 的高程差 h_2。

在点 2 与点 3 之间测量，调头前与调头后两次水平仪读数的代数平均值，再乘以测点间距离 L，即为点 3 相对点 2 的高程差 $h_{2\sim3}$。则点 3 相对点 1 的高程差 $h_3=h_2+h_{2\sim3}$。

依上同法，可得各测点相对点 1 的高程差 h_2，h_3，…，h_n。

依数值 h_1，h_2，h_3，…，h_n，绘制被测面的平面度曲线，应近似正弦曲线。

C. h_n-h_1 称为误差，如果数值太大（平面度曲线偏离正弦曲线过大），应重测。如果误差正常，则应将 h_n-h_1 平均分配到各点，得到修正后的各测点相对点 1 的高程差 H_1，H_2，H_3，…，H_n。绘制修正后的被测面平面度曲线。

D. 由被测面平面度曲线可确定：水平度平均值；平面高点的位置；平面低点的位置；平面高低点差；相对于平均值的平面度误差。

E. 水平仪多点闭环测量方法，工作量较大，易疲劳、易出错，故适用于直径 4m 以下的、具有精加工平面的平面度测量。

利用水平仪多点闭环测量的实例——某发电机轴上法兰面的平面度测量，法兰外径 3300mm，法兰内径 2370mm，测量圆周直径 2393mm，使用 300mm 长度方型水平仪（精度 0.02mm/m），测量点数 26，其测量数据见表 3-2，修正前法兰面平面度曲线见图 3-10，修正后法兰面平面度曲线见图 3-11。由图 3-11 可知，法兰面最高点高程 0.01116mm，法兰面最低点高程 -0.0078mm，平面高低点最大差 0.01896mm，法兰面水平度 0.008mm/m。

表 3-2　　　　　　　　发电机轴上法兰面的平面度测量数据表　　　　　　　单位：μm

测点	水平仪读数	高程值（累加值）	修正后读数	修正后高程值
1	0	0	0	0
2	-1.50	-1.50	-1.86	-1.86
3	-1.50	-3.00	-1.86	-3.72
4	-3.00	-6.00	-3.36	-7.08
5	1.50	-4.50	1.14	-5.94
6	-1.50	-6.00	-1.86	-7.80
7	3.00	-3.00	2.64	-5.16
8	1.50	-1.50	1.14	-4.02
9	1.50	0.00	1.14	-2.88
10	4.50	4.50	4.14	1.26

测点	水平仪读数	高程值（累加值）	修正后读数	修正后高程值
11	3.00	7.50	2.64	3.90
12	0	7.50	−0.36	3.54
13	3.00	10.50	2.64	6.18
14	3.00	13.50	2.64	8.82
15	1.50	15.00	1.14	9.96
16	1.50	16.50	1.14	11.10
17	−1.50	15.00	−1.86	9.24
18	1.50	16.50	1.14	10.38
19	0	16.50	−0.36	10.02
20	1.50	18.00	1.14	11.16
21	−1.50	16.50	−1.86	9.30
22	−1.50	15.00	−1.86	7.44
23	−1.50	13.50	−1.86	5.58
24	−1.50	12.00	−1.86	3.72
25	−1.50	10.50	−1.86	1.86
26	−1.50	9.00	−1.86	0

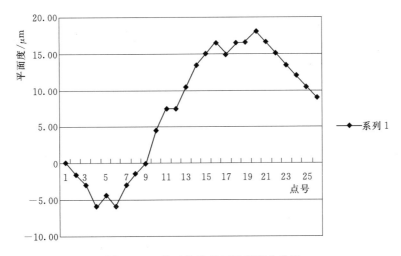

图 3-10　修正前法兰面平面度曲线图

（4）水轮机主轴上法兰面水平调整工艺。立式水轮机主轴和转轮吊入机坑后，用三组 6 对楔子板支撑于基础环下平面上。当水轮机主轴法兰用来作为发电机安装的基准时，必须进行主轴法兰水平和主轴垂直度调整。下面介绍水轮机主轴上法兰面水平调整工艺，见图 3-12。

1）场地布置：

A. 在基础环上，自＋Y 起沿圆周均布 3 组 6 对楔子板，调整其顶部高程差小于

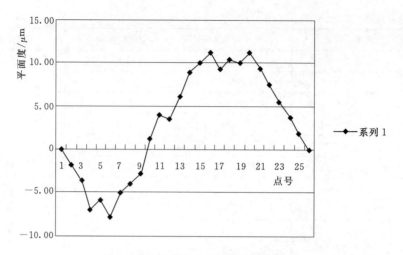

图 3-11 修正后法兰面平面度曲线图

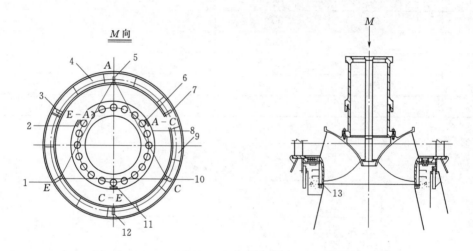

图 3-12 水轮机主轴上法兰面水平调整工艺图

1—楔子板（E组）；2—水平仪（E-A位置）；3—楔子板（F组）；4—楔子板（6组）分布圆；5—楔子板
（A组）；6—水平仪（A-C位置）；7—楔子板（B组）；8—水轮机主轴上法兰面；9—转轮下环；
10—楔子板（C组）；11—水平仪（C-E位置）；12—楔子板（D组）；13—楔子板（6组）

0.5～1.0mm。

B. 将水轮机主轴与转轮整体吊入机坑，就位于6对楔子板上。

C. 选A、C、E三组楔子板作调整用，其中心连线组成等边三角形△ACE，边长为L。使用方形水平仪，在主轴上法兰面上，分别沿△ACE的三边的平行方向上A-C、C-E、E-A测量。

2）测量与计算：

在A-C位置上，调头前水平仪读数A（代数值，mm/m），调头后读数B，则A-C连线上水平度为$(A+B)/2$(mm/m)；设A点高程为0，则C点相对A点高差为$h_{A-C}=[(A+B)/2]L$(mm)$=h_C$。

在 C - E 位置上，调头前水平仪读数 C（代数值，mm/m），调头后读数 D，则 C - E 连线上水平度为 $(C+D)/2(\text{mm/m})$；E 点相对 C 点高差为 $h_{C-E}=[(C+D)/2]L(\text{mm})$；$E$ 点相对 C 点的高差为 $h_E=h_C+h_{C-E}(\text{mm})$。

在 E - A 位置上，调头前水平仪读数 E（代数值，mm/m），调头后读数 F，则 E - A 连线上水平度为 $(E+F)/2(\text{mm/m})$；A 点相对 E 点高差为 $h_{E-A}=[(E+F)/2]L(\text{mm})$；$A$ 点相对 E 点的高差为 $h_A=h_E+h_{E-A}(\text{mm})$。

计算出 A 点相对 E 点的高差为 h_A，应为 0。否则，应将误差 h_A 均匀分配到三点上去，从而得到各测点相对 A 点（基点）高差 H_A、H_{DC}、H_E。

3）依据各测点相对 A 点（基点）高差 H_A、H_{DC}、H_E，即可调整 A、C、E 三组楔子板搭叠高度，调好后另 B、D、F 三组楔子板跟进。

3.2.3 垂直度测量和评定

被测面（线）在 Z 轴线方向上到垂直于水平基准面的平面（琴线）距离差，称之为被测面（线）的垂直度。

（1）使用方形水平仪测量。将方形水平仪侧工作面紧靠于被测立面，读取水泡偏离方向和格数，即为该被测立面的垂直度。如接力器里衬基础法兰面垂直度检查，导水叶轴线垂直度检查。

（2）挂一根琴线（或钢琴线）（带重锤），用钢板尺测量。将被测立面等分成 $3\sim n$ 点，用钢板尺测量琴线到被测立面测点距离，其差值即为垂直度（直线度）。

（3）挂一根钢琴线（带重锤、油桶），用千分尺和耳机电测法测量。将被测立面（或内圆面某一被测母线）等分成 $3\sim n$ 点，用千分尺和耳机电测法，测量钢琴线到被测立面测点距离，其差值即为垂直度（直线度）。如定子铁芯内圆面某一轴向母线的垂直度测量。

如需测量已就位安装的一根（空心）轴的轴线垂直度，可挂轴的内孔中心钢琴线，用千分尺测杆和耳机电测法，测量轴内孔断面圆周均布 4 点半径值 ［见图 3-13 (a)］。则可按下列步骤计算轴线垂直度：

1）测量误差的评定：对每一测量平面的径向两读数之和应是一常数。

2）计算轴线倾斜值：

$$
\left.
\begin{aligned}
\Delta x &= \frac{(A_1-A_3)-(B_1-B_3)}{2} \\
\Delta y &= \frac{(A_2-A_4)-(B_2-B_4)}{2} \\
\Delta &= \sqrt{\Delta x^2+\Delta y^2}
\end{aligned}
\right\}
\tag{3-8}
$$

式中　A_1、A_2、A_3、A_4——A 断面 1、2、3、4 测点半径值，mm；

$\quad\quad\ \ B_1$、B_2、B_3、B_4——B 断面 1、2、3、4 测点半径值，mm；

$\quad\quad\quad\quad\quad \Delta x$——$X$ 轴线方向上的倾斜值，mm；

$\quad\quad\quad\quad\quad \Delta y$——$Y$ 轴线方向上的倾斜值，mm；

$\quad\quad\quad\quad\quad\ \Delta$——轴线倾斜值，mm。

3）计算轴线倾斜度：

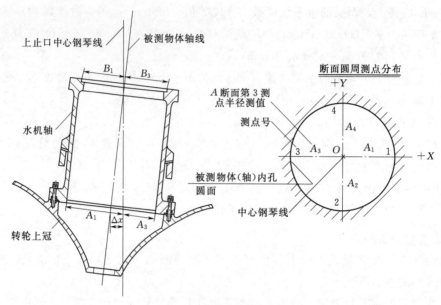

（a）一根轴的轴线垂直度测量

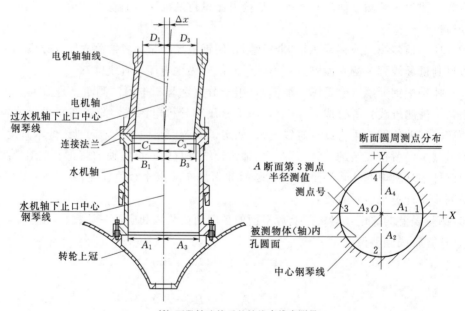

（b）两段轴连接后的轴线直线度测量

图 3-13　轴线垂直度、直线度测量图

$$\delta = \frac{\Delta}{L} \leqslant 规定值 \qquad (3-9)$$

式中　δ——轴线倾斜度，mm/m；

　　　L——两个测量断面的间距，m。

如需测量已连接就位安装的几段轴的轴线直线度，可挂轴的内孔中心钢琴线，用千分尺测杆和耳机电测法，测量轴内孔断面圆周均布 4 测点半径值［见图 3-13（b）］。则可按下列步骤计算连轴后轴线折线度：

4）测量误差的评定：对每一测量平面的径向两读数之和应是一常数。

5）按式（3-9）、式（3-11）计算水机轴的垂直度。

6）计算连轴法兰处电机轴与水机轴的同轴度：

$$
\left.
\begin{aligned}
\Delta x &= \frac{(B_1 - B_3) - (C_1 - C_3)}{2} \\
\Delta y &= \frac{(B_2 - B_4) - (C_2 - C_4)}{2} \\
\Delta &= \sqrt{\Delta x^2 + \Delta y^2}
\end{aligned}
\right\}
\tag{3-10}
$$

式中　B_1、B_2、B_3、B_4——（水机轴上法兰内孔）B 断面 1、2、3、4 测点半径值，mm；

　　　C_1、C_2、C_3、C_4——（电机轴下法兰内孔）C 断面 1、2、3、4 测点半径值，mm；

　　　Δx——X 轴线上电机轴与水机轴的偏心值，mm；

　　　Δy——Y 轴线上电机轴与水机轴的偏心值，mm；

　　　Δ——电机轴与水机轴的合成偏心值，mm。

7）计算电机轴的轴线倾斜值：

$$
\left.
\begin{aligned}
\Delta x &= \frac{(C_1 - C_3) - (D_1 - D_3)}{2} \\
\Delta y &= \frac{(C_2 - C_4) - (D_2 - D_4)}{2} \\
\Delta &= \sqrt{\Delta x^2 + \Delta y^2}
\end{aligned}
\right\}
\tag{3-11}
$$

式中　C_1、C_2、C_3、C_4——C 断面 1、2、3、4 测点半径值，mm；

　　　D_1、D_2、D_3、D_4——D 断面 1、2、3、4 测点半径值，mm；

　　　Δx——X 轴线上的倾斜值，mm；

　　　Δy——Y 轴线上的倾斜值，mm；

　　　Δ——电机轴的轴线倾斜值，mm。

8）计算电机轴的轴线倾斜度：

$$
\delta = \frac{\Delta}{L} \leqslant 规定值
\tag{3-12}
$$

式中　δ——电机轴的轴线倾斜度，mm/m；

　　　L——C、D 两个测量断面的间距，m。

（4）挂四根钢琴线（带重锤、油桶），用千分尺和耳机电测法测量。在轴类零件外围圆周均布挂四根钢琴线，用千分尺和耳机电测法，测量钢琴线到被测轴外圆面的径向距离，计算轴线的同轴度、垂直度、直线度（见图 3-14）。

1）被测轴在静止状态下测量［见图 3-14（a）］。

A. 测量误差的评定：被选定的一组测量数据应符合式（3-13）的条件，才可使用。

$$
\left.
\begin{aligned}
[(A_1 + A_3) + (B_1 + B_3)] - [(A_2 + A_4) + (B_2 + B_4)] &\leqslant 0.04\text{mm} \\
[(C_1 + C_3) + (D_1 + D_3)] - [(C_2 + C_4) + (D_2 + D_4)] &\leqslant 0.04\text{mm}
\end{aligned}
\right\}
\tag{3-13}
$$

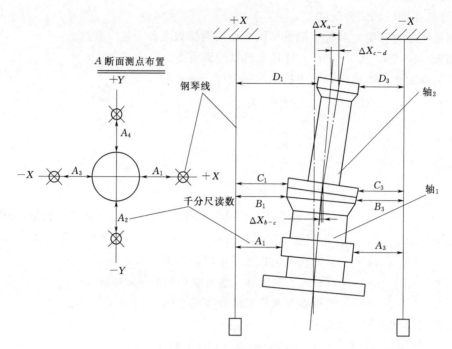

（a）挂四根钢琴线布置与测量

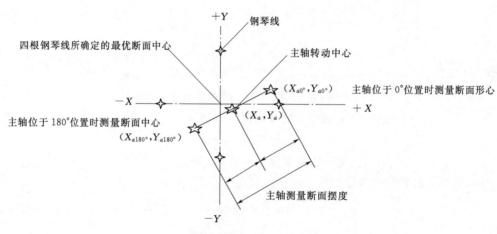

（b）断面形心、转动中心、摆度

图 3-14　挂四根钢琴线时轴线垂直度、直线度测量图
ΔX_{b-c}—轴 2 与轴 1 的同轴度；ΔX_{c-d}—轴 2 从 C 断面到 D 断面的轴线
倾斜值；ΔX_{a-d}—轴 1 与轴 2 从 A 断面到 D 断面的轴线倾斜值

式中　A_1、A_2、A_3、A_4——A 断面四根钢琴线 1、2、3、4 到被测轴外圆面的径向距离，mm；

　　　B_1、B_2、B_3、B_4——B 断面四根钢琴线 1、2、3、4 到被测轴外圆面的径向距离，mm；

　　　C_1、C_2、C_3、C_4——C 断面四根钢琴线 1、2、3、4 到被测轴外圆面的径向距

离，mm；

D_1、D_2、D_3、D_4——D 断面四根钢琴线 1、2、3、4 到被测轴外圆面的径向距离，mm。

B. 计算轴线倾斜值。计算轴 1（水机轴）的轴线垂直度：按式（3-14）和式（3-12）计算：

$$\Delta x = \frac{(A_1 - A_3) - (B_1 - B_3)}{2} \left.\vphantom{\begin{array}{c}1\\1\\1\end{array}}\right\}$$

$$\Delta y = \frac{(A_2 - A_4) - (B_2 - B_4)}{2} \qquad (3-14)$$

$$\Delta = \sqrt{\Delta x^2 + \Delta y^2}$$

$$\delta = \frac{\Delta}{L} \leqslant 规定值$$

式中　A_1、A_2、A_3、A_4——A 断面四根钢琴线 1、2、3、4 到被测轴外圆面的径向距离，mm；

B_1、B_2、B_3、B_4——B 断面四根钢琴线 1、2、3、4 到被测轴外圆面的径向距离，mm；

Δx——X 轴线方向上的倾斜值，mm；

Δy——Y 轴线方向上的倾斜值，mm；

Δ——轴线倾斜值，mm；

δ——轴线倾斜度，mm/m；

L——A、B 两个测量断面的间距，m。

C. 计算连轴法兰处轴 2（电机轴）与轴 1（水机轴）的同轴度：

$$\Delta x = \frac{(B_1 - B_3) - (C_1 - C_3)}{2} \left.\vphantom{\begin{array}{c}1\\1\\1\end{array}}\right\}$$

$$\Delta y = \frac{(B_2 - B_4) - (C_2 - C_4)}{2} \qquad (3-15)$$

$$\Delta = \sqrt{\Delta x^2 + \Delta y^2}$$

式中　B_1、B_2、B_3、B_4——轴 1（水机轴）上部 B 断面四根钢琴线 1、2、3、4 到被测轴外圆面的径向距离，mm；

C_1、C_2、C_3、C_4——轴 2（电机轴）下部 C 断面四根钢琴线 1、2、3、4 到被测轴外圆面的径向距离，mm；

Δx——X 轴线上轴 2（电机轴）与轴 1（水机轴）的偏心值，mm；

Δy——Y 轴线上轴 2（电机轴）与轴 1（水机轴）的偏心值，mm；

Δ——轴 2（电机轴）与轴 1（水机轴）的合成偏心值，mm。

D. 计算电机轴的轴线倾斜值：

$$\left.\begin{array}{c} \Delta x = \dfrac{(C_1 - C_3) - (D_1 - D_3)}{2} \\[3mm] \Delta y = \dfrac{(C_2 - C_4) - (D_2 - D_4)}{2} \\[3mm] \Delta = \sqrt{\Delta x^2 + \Delta y^2} \end{array}\right\} \tag{3-16}$$

式中 C_1、C_2、C_3、C_4——C 断面四根钢琴线 1、2、3、4 到被测轴外圆面的径向距离，mm；

$\qquad$ D_1、D_2、D_3、D_4——D 断面四根钢琴线 1、2、3、4 到被测轴外圆面的径向距离，mm；

$\qquad$ Δx——X 轴线上的倾斜值，mm；

$\qquad$ Δy——Y 轴线上的倾斜值，mm；

$\qquad$ Δ——轴线合成倾斜值，mm。

E. 计算电机轴的轴线倾斜度按式（3-12）计算：

$$\delta = \frac{\Delta}{L} \leqslant 规定值 \tag{3-17}$$

式中 δ——轴线倾斜度，mm/m；

$\qquad$ L——C、D 两个测量断面的间距，m。

2）被测轴在转动过程中测量：在轴类部件外围圆周均布挂四根钢琴线（固定不动），当轴类部件的某一特定点转动到 0°、90°、180°、270°位置时，在轴 1 的两测量断面（A，B）上，用千分尺，测量四根钢琴线到被测轴的径向距离 [见图 3-14（a）]。

A. 读数准确性校验：对每一测量平面各直径方向上两读数之和应相等。

B. 按式（3-3）计算主轴在 0°、90°、180°、270°位置上的断面形心坐标：

$$\left.\begin{array}{c} x_i = -\dfrac{2}{n}\sum_{i=1}^{n} R_i \cos\theta_i \\[4mm] y_i = -\dfrac{2}{n}\sum_{i=1}^{n} R_i \sin\theta_i \end{array}\right\}$$

式中 x_i，y_i——以四根钢琴线所确定的中心铅垂线为 Z 轴的 XOY 平面坐标 [图 3-14（b）]；

$\qquad$ n——测点总数，$n=4$；

$\qquad$ i——测点序号，$i=1$，2，3，4；

$\qquad$ R_i——某断面上第 i 点千分尺读数，R 分别取 A、B 两个断面；

$\qquad$ θ_i——第 i 点与 $+X$ 轴的夹角。

C. 由主轴在 0°和 180°、90°和 270°位置时的断面形心坐标值，可计算出转动中心坐标值和摆度值；可绘制出轴在某一状态下（如 0°位置），X 轴线上主轴轴线状态图和 Y 轴线上主轴轴线状态图 [见图 3-14（b）]。

3.3 螺栓连接与螺栓紧固工艺

螺栓连接是水电设备常用的、重要的可拆卸连接方式，如设备分瓣面的组合螺栓（满足密封要求），发电机轴与水轮机主轴的连轴螺栓（满足传递扭矩的要求），安装时它们都有预紧力的要求。

3.3.1 水电设备中的螺栓连接

（1）螺栓连接的应用。

1）水电设备组装和安装常用的螺栓有：普通螺栓；设备加固用基础螺栓；主轴连接螺栓；管路法兰连接螺栓；吊环螺栓。

2）螺栓连接件的许用应力：材料的最大工作拉应力和压应力一般不超过该材料屈服强度 R_d 的 1/3，同时不超过极限强度 R_m 的 1/5。当要求有预紧应力时，螺栓、螺杆及连杆等均应进行预紧应力处理，其值不得大于该材料屈服强度 R_d 的 3/4，螺栓的承受负荷不得小于设计连接负荷的 2 倍。

（2）水电设备中螺栓连接件的常用材料和许用应力。

螺栓连接件的常用材料和许用应力见表 3-3，常用的螺纹材料力学性能见表 3-4，螺栓的许用应力见表 3-5，螺栓连接中预紧力 F_y 与工作载荷 F_g 的关系见表 3-6。

表 3-3　　　　　　　　　螺栓连接件的常用材料和许用应力表

序号	零部件名称		材料	抗拉强度 /MPa	屈服强度 /MPa	许用应力（参考值） /MPa	备注
1	水轮机环形部件分瓣面螺栓		钢35	450～700 （调质）	320～370 （调质）	170（抗拉）	
2	顶盖安装螺栓		40Cr	735（调质）	540（调质）		
3	转桨式转轮叶片螺栓		35Cr	930	735	110～120	
			40Cr	685～735 （调质）	490～540 （调质）		
4	连轴螺栓	厚壁	钢35	490～750 （调质）	295～370 （调质）	120	
		薄壁	40Cr	685～735 （调质）	490～540 （调质）	200（抗拉）	
5	座环基础螺栓		Q235	375～500	205～225		
			Q345	470～630	275～345		
			钢35	490～750 （调质）	295～370 （调质）	170（抗拉）	
6	定转子铁芯拉紧螺栓		钢15冷拉 圆钢	375	225		
			钢45冷拉 圆钢	630～800 （调质）	430～370 （调质）		

序号	零部件名称	材料	抗拉强度/MPa	屈服强度/MPa	许用应力（参考值）/MPa	备注
6	定转子铁芯拉紧螺栓	Q390 冷拉圆钢	490～650	330～370		
		Q420 冷拉圆钢	520～680	400～420		
		42CrMo 圆钢	550～650			
7	定子基础螺栓	Q345	470～630	275～345		
		钢 35	490～750（调质）	295～370（调质）	170（抗拉）	
8	管路法兰连接螺栓				0.5×屈服强度	

表 3-4　　　　　　　　常用的螺纹材料力学性能表　　　　　　　单位：MPa

材料	抗拉强度 σ_b	屈服强度 σ_s	抗拉疲劳极限 σ_{-1}	说　明
Q235-B	410～470	240	120～160	
Q345	470～630	275～345		
35	490～630	275～430	170～220	
45	550～700	345～500	190～250	
15MnVB	1000～1200	800		
40Cr	590～735	345～540	240～340	
30CrMo	930	785		
35CrMo	590～735	390～540		

表 3-5　　　　　　　　螺　栓　的　许　用　应　力　表

载荷性质	螺栓种类		许用应力		安全系数	说　　明
静载荷	普通螺栓		$[\sigma]=\sigma_{s/n}$		控制预紧力时，$n=1.2～1.5$；不控制预紧力时，$n=2.5～5$	
	铰制孔螺栓		$[\tau]=\sigma_{s/n}$	$[\sigma_p]=\sigma_{s/n_\sigma}$	钢 $n_\tau=2.5$，$n_\sigma=1.25$；铸铁 $n_\sigma=1.5～2.5$；铜 $n_\sigma=2.5～4.0$	
变载荷	普通螺栓	按应力幅	$[\sigma]=\varepsilon\sigma_{-1}/(nK_\sigma)$		控制预紧力时，$n=1.2～1.5$；不控制预紧力时，$n=2.5～5$	ε—螺栓尺寸系数，$\varepsilon=1.0$（M12）～0.5（M80）；K_σ—螺纹疲劳缺口系数
		按最大应力	$[\sigma]=\sigma_{s/n}$		控制预紧力时，$n=1.2～1.5$；不控制预紧力时，$n=2.5～5$	
	铰制孔螺栓		$[\tau]=\sigma_{s/n_\tau}$	$[\sigma_p]=\sigma_s/n_\sigma$	$n_\tau=3.5～5$；n_σ 按静载加大 30%～50%	

表 3 - 6 　　　　　　　螺栓连接中预紧力 F_y 与工作载荷 F_g 的关系表

连接特性		预紧力 F_y	说　明
紧固连接	静载荷	$(1.2\sim2.0)F_g$	不应超过 $0.5\sigma_s A_w$
	动载荷	$(2.0\sim4.0)F_g$	
紧密连接	被连接件间有软质垫片	$(1.5\sim2.5)F_g$	不应超过 $(0.6\sim0.7)\sigma_s A_w$
	被连接件间有金属成型垫片	$(2.5\sim3.5)F_g$	
	被连接件间有金属平垫片	$(3.0\sim4.5)F_g$	

注　σ_s 为材料的屈服强度；A_w 为螺栓螺纹部分有效截面积。

（3）水电设备中常见的螺栓破坏形式。

1）M24 及以下螺栓常见的破坏形式是滑丝（螺纹牙的剪切破坏），主要原因是操作者的拧紧力矩过大。

2）M80 及以上细牙螺纹常见的破坏形式是螺纹间咬死，即在拧紧或松开过程中，螺纹牙表面产生铁屑，并积聚成块，使螺纹拧不动，也松不开。主要原因是螺纹表面光洁度不够，或过渡配合的螺纹反复拧紧与松开。因此，水电设备中的螺纹不采用过渡配合；安装时，对 M80 及以上细牙螺纹应进行螺纹表面清扫、研磨和试配、补打号，正式装配时螺纹部分涂丝扣脂，螺帽与螺栓对号装配；螺栓紧固时，禁止用冲击力撞击扳手的紧固方式。

（4）螺纹研磨和试配工艺。

螺纹研磨和试配的目的：去除螺纹毛刺，校验或处理螺纹表面粗糙度和配合间隙，达到《普通螺纹　公差》（GB/T 197—2003）的要求。

螺纹研磨工艺：用汽油清洗螺纹；外观检查螺纹牙型及表面光洁程度；用三角油石研磨外螺纹，用电动砂轮机带多层纱布轮抛光内螺纹，局部毛刺用三角油石修磨。研磨后，用手触摸螺纹，应感觉光滑。注意不要伤手。

螺栓试配工艺：用酒精白布擦净螺纹，涂丝扣脂；按编号，用手将螺栓旋入和旋出螺母，不得碰伤螺纹；用手推动螺栓，应感到有晃动量；用手将螺栓旋出螺母后，检查螺纹，不应有拉毛现象（不出现毛刺和细铁屑）。如不符合要求，应与制造厂研究处理。

3.3.2　螺栓连接预紧力的控制

（1）螺栓连接预紧力的选择。

1）确定预紧应力大小的因素。

A. 螺纹连接的压力传递见图 3 - 15。在工作载荷作用下，螺栓伸长了，被连接件压缩力减少，其量值为 F'_f，但仍保留有规定的压缩力 F_f（称为剩余预紧力），其大小由连接的性质所确定。

B. 螺栓最初扭紧时，由于接触部分（螺纹面、支撑面、结合面）的粗糙度、行位误差等的影响，会产生局部塑性变形，而引起预紧应力的减少，扭紧后终止（称为初始松动）。

C. 高温下工作的螺栓连接应考虑热附加载荷和连接的应力松弛。

2）在螺纹连接体中，扭紧力矩与螺栓螺纹部分产生的预紧力 F_y 的关系，在弹性范

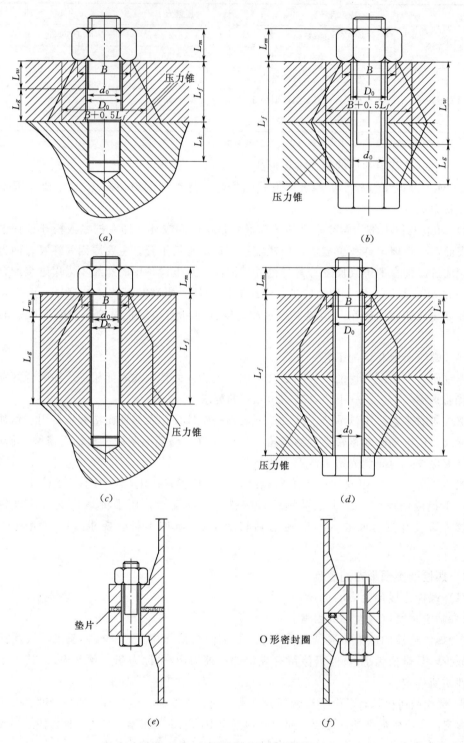

图 3-15　螺纹连接的压力传递图

围内，是一斜直线，其斜率与螺纹副、支撑面的摩擦系数有关，而摩擦系数的取值有一个变动范围；扭紧工具的拧紧力矩有一个变动范围。因此，螺栓螺纹部分产生的预紧应力也在最大值和最小值之间变动。

允许的最大预紧应力是指螺栓连接件不出现屈服的最大预紧应力，通常不超过材料屈服极限的 2/5。

预紧应力的最大值与最小值之比 α_y 称为预紧力分散系数，α_y 与螺纹连接体表面状态、扭紧方法（工具）有关（见表 3-7）。

在计算扭紧力矩时，采用预紧应力的平均值。

表 3-7　　　　　　　　　　　　　　　预 紧 力 分 散 系 数 表

扭紧方法	表　面　状　态			螺纹润滑状态	分散系数 α_y
	螺栓	螺母	支撑面		
用测力矩扳手	无处理或磷化			涂润滑油或 MoS_2	1.25～1.80
用限力矩扳手	无处理或磷化			各种状态	1.4～2.5
风动冲击扳手 电动冲击扳手	镀锌或镀镉			涂润滑油或 MoS_2	2.0～4.0
测量螺栓伸长法	各种状态			各种状态	1.2～1.6
测量螺母转角法	各种状态			各种状态	2.0
用液压拉伸器	各种状态			各种状态	1.0
用加热法	各种状态			各种状态	1.0
用长柄扳手人力扭紧	各种状态			各种状态	3.0

3）预紧力 F_y 的取值。通常预紧力 F_y 按式（3-18）和式（3-19）选取：

碳素钢螺栓　　　　　　　　　$F_y = (0.6 \sim 0.7)\sigma_s A_l$ 　　　　　　　　　（3-18）

合金钢螺栓　　　　　　　　　$F_y = (0.5 \sim 0.6)\sigma_s A_l$ 　　　　　　　　　（3-19）

式中　σ_s——螺栓材料的屈服极限，MPa；

　　　A_l——螺栓公称应力截面积，mm^2。

$$A_1 = \frac{\pi}{4}\left(\frac{d_2 + d_3}{2}\right)$$ 　　　　　　　　　（3-20）

式中　d_2——外螺纹中径，mm；

　　　d_3——螺纹的计算直径，$d_3 = d_1 - H/6$，mm；

　　　d_1——外螺纹小径，mm；

　　　H——螺纹原始三角形高度，mm。

（2）螺栓连接的扭紧力矩、螺栓伸长值和螺母转角。

1）扭紧力矩。

A. 螺纹副力矩 T_w（N·m）按式（3-21）计算：

$$T_1 = \frac{1}{2}F_y d_2 \tan(\rho' + \psi) = \frac{1}{2}F_y d_2 \tan\left(\frac{\tan\rho' + \tan\psi}{1 - \tan\rho'\tan\psi}\right) \approx \frac{1}{2}F_y d_2 (1.15\mu_w + \tan\psi)$$

（3-21）

$$\mu_w = \tan\rho$$

$$\frac{\mu_w}{\cos\alpha'} = \tan\rho'$$

$$\tan\psi = \frac{np}{\pi d_2}$$

式中 F_y——螺栓连接的预紧力，N；

  d_2——螺纹中径，m；

  μ_w——螺纹面的摩擦系数，μ_w 查表 3-8；

  ρ——螺纹面的摩擦角；

  ρ'——计及螺纹牙形半角影响（轴向截面）的当量摩擦角；

  α'——轴向截面螺纹牙形半角；

  ψ——螺纹升角；

  n——螺纹线数；

  p——螺距，m。

  B. 螺母承压面摩擦力矩 T_f（N·m）按式（3-22）计算：

$$T_f = \frac{1}{2}F_y d_m \mu_f = \frac{1}{2}F_y \mu_f \left(\frac{2}{3}\frac{B^3 - d_0^3}{B^2 - d_0^2} \right) \tag{3-22}$$

$$d_w = \frac{2}{3}\left(\frac{B^3 - d_0^3}{B^2 - d_0^2} \right)$$

式中 μ_f——螺母承压面的摩擦系数，μ_f 查表 3-9；

  d_0——螺栓钉孔内径，m；

  d_w——螺母承压面力矩的等效直径，m；

  B——螺母对边距离，m。

  C. 螺栓连接紧固时的扭紧力矩 T_y（N·m）按式（3-23）计算：

$$T_y = \frac{1}{2}F_y \left[d_2(1.15\mu_w + \tan\psi) + d_w\mu_f \right] = \frac{1}{2}F_y \left[d_2\left(1.15\mu_w + \frac{np}{\pi d_2} \right) + \frac{2}{3}\left(\frac{B^3 - d_0^3}{B^2 - d_0^2} \right)\mu_f \right]$$

$$\tag{3-23}$$

  在全部扭紧力矩中，由于螺纹副摩擦产生的力矩占 40%，由于螺纹升角引起螺栓伸长产生的力矩占 10%，由于螺母承压面摩擦产生的力矩占 50%。

  钢制螺纹面摩擦系数见表 3-8，钢制螺母承压面摩擦系数见表 3-9。

表 3-8   钢制螺纹面摩擦系数表

螺纹表面状态	无处理或磷化		镀锌、镀镉		氧 化	
	无油	涂丝扣脂	无油	涂丝扣脂	无油	涂丝扣脂
摩擦系数 μ_w	0.10～0.21	0.06～0.15	0.08～0.21	0.05～0.15	0.10～0.21	0.05～0.15

表 3-9   钢制螺母承压面摩擦系数表

承压面状态	干燥加工表面	有油加工表面	加紫铜垫片＋油
摩擦系数 μ_f	0.10～0.21	0.06～0.17	0.10～0.15

  2）螺栓连接紧固时的螺栓伸长值。螺栓连接紧固时的螺栓伸长值 ΔL（mm）按式（3-24）计算：

$$\Delta L = \frac{F_y}{E_{sh}} \sum \frac{l_i}{A_i} \tag{3-24}$$

式中 l_i、A_i——螺栓某分段的长度（mm）和截面积（mm²）；

其余符号意义同前。

对图 3-15（a）中的双头螺栓，紧固时的螺栓伸长值 ΔL 按式（3-25）计算：

$$\Delta L = \frac{F_y}{E_{sh}} \left(\frac{L_g}{A_g} + \frac{L_{sw} + L_m}{A_w} + \frac{L_k}{A_k} \right) \tag{3-25}$$

对图 3-15（b）中的普通螺栓，紧固时的螺栓伸长值 ΔL 按式（3-26）计算：

$$\Delta L = \frac{F_y}{E_{sh}} \left(\frac{L_g}{A_g} + \frac{L_{sw} + L_m}{A_w} \right) \tag{3-26}$$

对图 3-15（e）中带有垫片的法兰连接螺栓，紧固时的螺栓伸长值 ΔL 按式（3-27）计算：

$$\Delta L = F_y \left(\frac{1}{C_f} + \frac{l_d}{E_d A_D} \right) \tag{3-27}$$

式中 符号意义同前。

测定螺栓伸长值方法有两种：第一种是用测微仪（如百分表、深度尺等）直接测量螺栓伸长值 ΔL；第二种是在螺栓中心孔内放入带百分表和弹簧的测长杆（见图 3-17 中的伸长测量装置）。如果螺栓中心孔是通孔，测长杆的百分表读数应是按上述公式计算的计算值 ΔL；如果螺栓中心孔是盲孔（见图 3-17），测长杆的百分表读数应是 $\Delta L'$（mm），按式（3-28）计算：

$$\Delta L' = \sigma_y L_{盲孔} / E \tag{3-28}$$

式中 σ_y——螺栓预紧应力，MPa；

$L_{盲孔}$——螺栓中心盲孔深度，mm；

E——螺栓材料的弹性模量，MPa。

3）螺栓连接紧固时的螺母转角。螺栓连接紧固时的螺母转角 φ 按式（3-29）计算：

$$\varphi = \frac{\Delta L_j}{P} 360° \mu \tag{3-29}$$

式中 φ——紧固时螺母转角，（°）；

P——螺纹螺距，m；

μ——系数，由试验确定；

ΔL_j——螺栓的计算伸长（在拧紧螺母时，包含螺栓伸长和被连接件压缩两部分），m。

$$\Delta L_j = \Delta L + \frac{F_y L_f}{A_f E_f} \tag{3-30}$$

式中 ΔL——计算的紧固时的螺栓伸长值，m；

F_y——紧固时螺栓的预紧力，N；

L_f——被连接件的计算长度（连接法兰厚度，图 3-15），mm；

E_f——被连接件材料的弹性模量，MPa；

A_f——被连接件的压力锥当量受压面积（图 3-15），mm²，按式（3-31）计算。

$$A_f = \frac{\pi}{4}\left[(B+0.1L_f)^2 - d_0^2\right] \qquad (3-31)$$

式中　d_0——法兰螺钉孔内径，mm；

B——螺母对边尺寸，mm。

螺栓最初扭紧时，由于接触部分（螺纹面、支撑面、结合面）的粗糙度、行位误差等的影响，会产生局部塑性变形。因此，确定螺母转角 φ 的计算起点比较困难。有的专家建议，取达到一定扭紧力矩值，如 $50\% \sim 70\%$ 预紧力矩，反复拧紧和松开，待接触表面磨合后再测定需要的螺母转角 φ。

3.3.3　螺栓连接的紧固工艺

（1）螺栓预紧的紧固方法综述。

1）螺栓预紧的紧固工艺步骤。

A. 均布穿入部分螺栓，按 $1/3 \sim 1/2$ 预紧应力均匀紧固这些螺栓，用塞尺检查合缝面（或法兰面）间隙，应符合设计要求。

B. 穿入剩余的螺栓，按设计预紧应力均匀紧固这些螺栓。

C. 按设计预紧应力均匀紧固穿入的螺栓（用加热法，需先松开、冷却、再加热紧固。对 M56 及以下螺栓，用其他方法紧固，可不松开，继续紧固）。

D. 按设计安装防松装置。

2）螺栓预紧的紧固方法见表 3-10。

表 3-10　　　　　　　　　　　螺栓预紧的紧固方法表

	紧固方法	紧固工艺要点	优　缺　点	适用范围
1	用力矩扳手人力扭紧螺母	1）均布穿入部分螺栓，并均匀紧固，使合缝面（或法兰面）无间隙； 2）穿入剩余的螺栓，按设计预紧应力均匀紧固； 3）按设计预紧应力均匀紧固1）步穿入的螺栓		M30 及以下螺栓
2	用风动扳手、液压扳手扭紧螺母	1）均布穿入部分螺栓，并均匀紧固，使合缝面（或法兰面）无间隙； 2）穿入剩余的螺栓，按设计预紧应力均匀紧固； 3）按设计预紧应力均匀紧固1）步穿入的螺栓； 4）按设计安装防松装置		M56 及以下螺栓
3	用加热箱加热	1）均布穿入部分冷螺栓，均布紧固，使合缝面（或法兰面）无间隙； 2）穿入和备紧所有热组合螺栓，并备紧螺母，用半导体点温计测量这些螺栓表面温度； 3）松开1）步穿入的螺栓，加热、穿入、备紧螺母； 4）螺栓全部冷却后，敲击检查紧固的均匀性	1）适用于螺栓较多的场合； 2）螺栓的预紧力精确度、均匀性不高	M56 及以下螺栓

	紧固方法	紧固工艺要点	优 缺 点	适用范围
4	用桥机—滑轮—拉力计—扳手系统直接拉伸	1）均布穿入部分螺栓，并均匀紧固，使合缝面（或法兰面）无间隙； 2）穿入剩余的螺栓，按设计预紧应力均匀紧固； 3）松开1）步穿入的螺栓，然后，按设计预紧应力均匀紧固； 4）按设计安装防松装置	适用范围较广，需要事前预埋地锚	M72及以上螺栓
5	用液压拉伸器拉伸	1）均布穿入部分螺栓，并均匀紧固，使合缝面（或法兰面）无间隙； 2）穿入剩余的螺栓，按设计预紧应力均匀紧固； 3）松开1）步穿入的螺栓，然后，按设计预紧应力均匀紧固； 4）按设计安装防松装置	1）适用范围较广，但要求螺栓立式布置，螺栓上要有专门用于拉伸的螺纹； 2）用液压拉伸器拉伸螺栓，在边加压一边扳动螺帽旋紧时，受空间限制，扳动螺帽旋紧不能尽力，需要使螺栓过伸长，有时螺栓受力接近螺栓材料的屈服强度	M72及以上螺栓
6	用管状加热器加热	1）均布穿入部分螺栓，并均匀紧固，使合缝面（或法兰面）无间隙； 2）穿入剩余的螺栓，按设计预紧应力均匀紧固； 3）松开1）步穿入的螺栓，然后，按设计预紧应力均匀紧固； 4）按设计安装防松装置	1）不适用于铰制孔螺栓； 2）紧固工艺较复杂。必须一次加热、紧固，冷态测得伸长值达到设计值；伸长值未达到设计值者，必须按"加热，松开→冷却达室温→加热，紧固→冷却达室温，测伸长"工艺重新进行	M72及以上螺栓

（2）用桥机—滑轮—拉力计—扳手系统紧固螺栓。此法简单易行，只需要事先在施工现场预埋地锚即可实施。用该系统紧固螺栓，通常可用扭紧力矩、或螺母转角或测螺栓伸长控制预紧力。

1）布置设备并连接桥机—滑轮—拉力计—扳手紧固叶片和缸体螺栓（见图3－16）。

2）对称均布紧固4～6个螺栓（作为预紧螺栓）达设计拧紧力矩（或伸长值）的30％～50％。

3）测量法兰面间隙，用0.02mm塞尺检查，应塞不进。

4）分两次对称紧固其余螺栓，第一次达设计拧紧力矩（或伸长值）的50％～80％，第二次达设计拧紧力矩（或伸长值）。

5）松开预紧螺栓后，再次紧固这些螺栓达设计拧紧力矩（或伸长值）。

6）此法适用范围较广，但可根据需要事先埋设地锚。

（3）用液压拉伸器紧固螺栓。这是用测螺栓伸长值来控制预紧力的工艺。

1）对称布置2～4台液压拉伸器并联好管路和油泵（见图3－17）。总体操作步骤：

A.对液压拉伸器逐渐加压，使螺栓渐渐伸长，同时不断扳动螺帽旋紧。

B.液压拉伸器泄压，测量螺栓伸长值。

C.再加压、扳动螺帽旋紧，泄压、测量螺栓伸长值，反复进行，直至螺栓伸长值符合要求。

2）对称均布紧固4～6个螺栓（作为预紧螺栓）达设计伸长值的30％～50％。

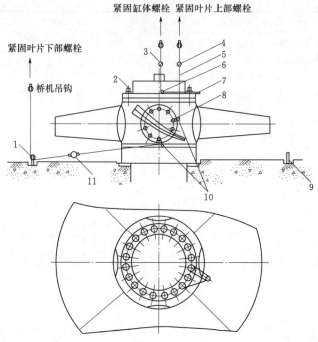

图 3-16　用桥机—滑轮—拉力计—扳手紧固叶片和缸体螺栓图

1—地锚—滑轮—钢丝绳；2—缸体螺栓；3—拉力计；4—拉力计；5—钢丝绳；
6—滑轮；7—扳手；8—叶片螺栓；9—地锚；10—扳手；11—拉力计

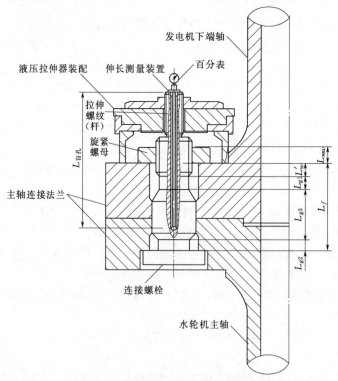

图 3-17　用液压拉伸器紧固联轴螺栓图

3）测量法兰面间隙，用 0.02mm 塞尺检查，应塞不进。

4）对称紧固其余螺栓，达设计伸长值。

5）松开预紧螺栓后，再次紧固这些螺栓达设计伸长值。

6）此法适用于竖直布置的螺栓（为了防止漏油，拉伸器不能水平布置）。需要专用的拉伸螺纹（在螺栓端部）和螺帽，扭紧过程中不会直接损伤工作螺纹。在边加压边扳动螺帽旋紧时，受空间限制，扳动螺帽旋紧时不能尽力，故需要使螺栓过伸长，从而使用于拉伸螺杆的螺纹受力接近材料的屈服极限。

（4）用管状加热器热紧螺栓。用管状加热器加热紧螺栓，使之伸长。用转角法控制加热后螺母转角，用测量冷态螺栓伸长值控制预紧力（见图 3-18）。其热紧螺栓工艺为：

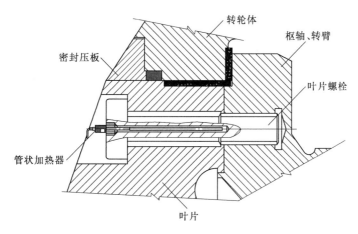

图 3-18　用管状加热器紧固叶片连接螺栓图

1）取 1～2 组螺栓和螺母，作加热时间、螺栓伸长值 ΔL 与螺母转角 φ 的关系试验，并按式（3-32）求出系数 μ 值：

$$\varphi = \frac{\Delta L}{P} 360^{\circ} \mu \qquad (3-32)$$

式中　φ——螺母转角，（°）；

　　　P——螺纹螺距，mm；

　　　μ——系数，由试验确定；

　　　ΔL——螺栓的伸长值，mm。

2）穿入全部螺栓，用大锤和扳手打紧，用以消除法兰面间隙（用 0.02mm 塞尺检查应塞不进）。

3）将全部螺栓分成两组。

4）加热紧固第一组螺栓，使螺母转角为计算值 φ 的 1/3～1/2，冷后，测螺栓净伸长值。

5）加热紧固第二组螺栓，使螺母转角为计算值 φ 的 1/3～1/2，冷后，测螺栓净伸长值。

6）用 0.02mm 塞尺检查法兰面间隙，应塞不进。

7）加热松开第一组螺栓，冷后，重新加热紧固，螺母转角 φ 为式（3-32）计算值。再冷后，测量螺栓净伸长值，应为设计伸长值。

8）加热松开第二组螺栓，冷后，重新加热紧固，螺母转角 φ 为式（3-32）计算值。再冷后，测量螺栓净伸长值，应为设计伸长值。

9）对冷态螺栓净伸长值与设计伸长值不符者，加热松开。冷后，重新加热紧固，螺母转角为修正后的值 φ'。根据 7）、8）两步所测螺栓实际净伸长值螺母实际转角，代入式（3-32）中，求出修正后的 μ 值。再将 μ 值代入式（3-32），求出设计伸长值时的螺母控制转角 φ'。螺栓冷后，测量螺栓净伸长值。重复该步，直到符合设计伸长值为止。

10）此法不适合销钉螺栓，加热温度也不宜过高。必须一次加热、紧固，冷态测得伸长值达到设计值；伸长值未达到设计值者，必须按"加热，松开→冷却达室温→加热，紧固→冷却达室温，测伸长"工艺重新进行。

（5）利用加热箱加热紧固螺栓。利用加热箱加热紧固螺栓，适用于 M80 以下的环形部件或转子支臂与中心体的组合螺栓。加热箱的热源是电炉丝，其功率和箱内容积，按组合螺栓尺寸和数量设计。加热的温升 Δt（℃）按式（3-33）计算：

$$\Delta t = \Delta t_\theta + \Delta t' \tag{3-33}$$

$$\Delta t_\theta = \frac{\sigma}{\alpha E}$$

式中　Δt_θ——理论加热温升，℃；

　　　σ——要求达到的连接应力，MPa；

　　　α——螺栓材料的线胀系数，1/℃；

　　　E——材料弹性模量，MPa；

　　$\Delta t'$——计及传送和穿螺栓过程中的散热，温升补偿值，℃。

操作步骤：

1）将螺栓和螺母全部放入加温箱内，温升达 Δt 后，保温 2～4h。

2）均布穿入部分冷螺栓，用大锤和扳手人力均布紧固，使合缝面（或法兰面）无间隙。

3）从加热箱中取出 2～4 个螺栓和螺母穿入钉孔备紧螺母（可用轻便扳手和手锤敲紧螺母，以消除螺纹间隙）。用半导体点温计测量这些螺栓表面温度，其温度降低值应接近 $\Delta t'$ 值，否则应调整加温箱内的温度。

4）穿入和备紧所有组合螺栓，用半导体点温计测量这些螺栓表面温度，其温度降低值应接近 $\Delta t'$ 值。若温度降低值稍大于 $\Delta t'$ 值，可立即用大锤和扳手稍加打紧螺母，并应加快穿入和备紧速度，以减少热量损失。

5）松开 2）步穿入的螺栓，再加热、穿入螺栓，备紧螺母。

6）组合螺栓全部冷却后（约 6～8h），用手锤敲击螺栓头部，其响声应为实芯声；或用大锤和扳手试打紧螺母，应打不动。全面检查组合面间隙，在螺栓附近不应有间隙。

7）加温箱加热法简便，劳动强度低，功效高。但螺栓预紧力不易准确测量，螺栓预紧力不均匀。用半导体点温计抽查温度只是粗略的检测手段。

3.4 环形部件的组合与安装

3.4.1 环形部件的组合工艺

（1）清扫设备分瓣组合面、法兰面等加工面，应光洁无毛刺。

（2）依次吊装各分瓣，就位于组合支墩楔子板上。打入销钉，穿入组合螺栓，将各分瓣拉靠，先组合成两个半圆，再组合成整圆。

（3）紧固组合螺栓，预紧力应达设计值。

（4）检查组合缝间隙，用 0.05mm 塞尺检查，不能通过；允许有局部间隙，用 0.10mm 塞尺检查，不应超过组合面宽度的 1/3，总长不应超过周长的 20%；组合螺栓及销钉周围不应有间隙。组合缝处的安装法兰面错牙应符合设计要求，一般不超过 0.10mm。

（5）按设计要求对设备分瓣组合面进行防腐、密封（涂铅油，或加密封条，或封焊）。

3.4.2 环形部件的安装

调整环形部件的中心、圆度和方位，水平和高程，则环形部件定位和定形。

（1）将环形部件吊入安装部位，就位于楔子板上，调整环形部件被测量面的水平和高程。

（2）调整环形部件上的 $+Y$、$+X$ 刻线对正安装部位的设计十字线；调整环形部件中心与基准中心的同轴度；调整环形部件的圆度。

（3）复查环形部件的中心、圆度和方位，水平和高程，应符合图纸和规范要求。

3.5 卧轴旋转机械联轴器的找正

3.5.1 联轴器安装内容

联轴器是将两根轴按一定要求连接起来的部件，通常用来传递扭矩。

联轴器安装实质就是两根轴的对中。因此，联轴器安装内容是：

（1）将联轴器安装在传动轴上，检查联轴器与传动轴的同轴度。

（2）调整相连的两个联轴器的同轴度。

3.5.2 检查联轴器与传动轴的同轴度和垂直度

将联轴器安装在传动轴上，装百分表检查联轴器与传动轴的同轴度（径向跳动 ΔR）和垂直度（端面跳动 ΔZ）见图 3-19，应符合图纸、规范的要求。常用的联轴器安装要求见表 3-11。

3.5.3 调整相连的两个联轴器的同轴度

测量两联轴器圆周偏心 X 和端面间隙 Z。

（1）粗调。用直尺测量径向偏心和用塞尺测量端部间隙［见图 3-20（a）、（c）］。

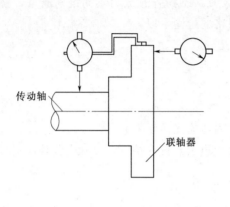

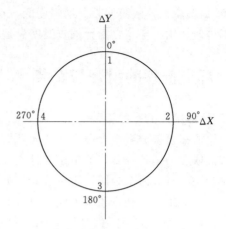

(a)用百分表检查联轴器与
轴的同轴度

(b)按四点(0°、90°、180°、270°)
做测量记录

图 3-19　检查联轴器与传动轴的同轴度和垂直度图

1～4—分度点

表 3-11 常用的联轴器安装要求表

联 轴 器 型 式		轴径 d /mm	许用相对位移/mm			端面间隙 (不小于) /mm
			轴向 (ΔZ)	径向 (ΔX、ΔY)	角向	
固定式联轴器	凸缘联轴器 1、4—半联轴器；2—螺栓；3—尼龙锁紧螺母	10～180	≤0.04	≤0.03		
可移式联轴器	滑块（金属）联轴器 1、3—半联轴器；2—十字滑块	15～150		0.04d	30′	

联轴器型式	轴径 d /mm	许用相对位移/mm			端面间隙（不小于）/mm
		轴向（ΔZ）	径向（ΔX、ΔY）	角向	
齿轮联轴器 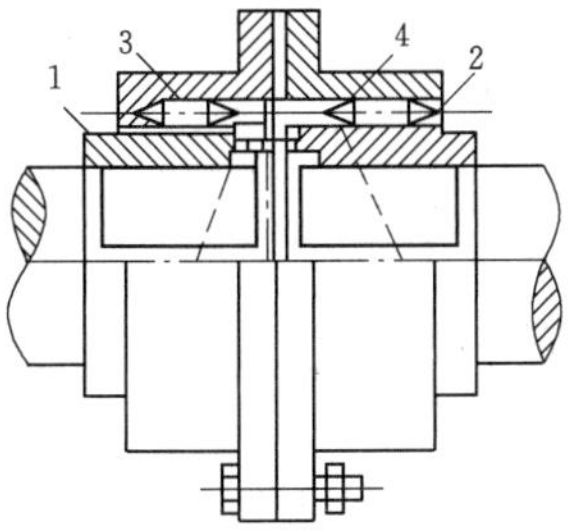 1—套筒；2—齿；3—带内齿的联轴节；4—空隙	170～185 220～250 290～430 490～590 680～780 900～1100 1250	±1	0.30 0.45 0.65 0.90 1.20 1.50	0.5/1000 1/1000 1.5/1000 2/1000	2.5 5.0 5.0 7.5 10 15
弹性柱销联轴器 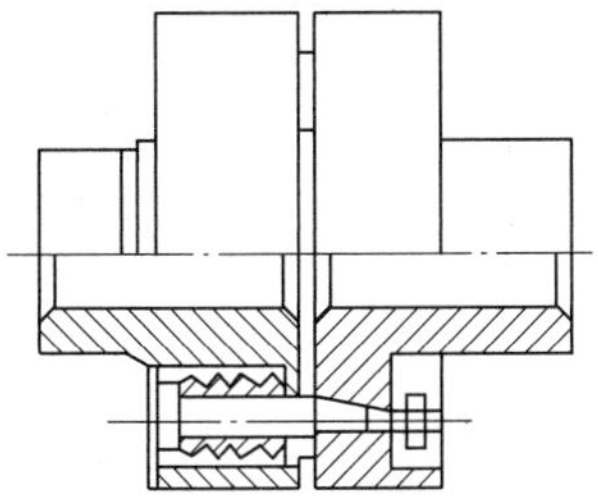 	12～140 170～220 260～500	±0.5～±3.0	0.05 0.05 0.10	0.2/1000	1～5 2～6 2～15

（左侧栏：可移式联轴器）

1）从 +Y（顶端）起顺时针标记 0°、90°、180°、270°四点空间位置。在两联轴器外圆面上，从 +Y（顶端，0°）起顺时针标记 1、2、3、4 四点。两联轴器外圆面上的标记点依次对正。

2）静态下用塞尺测量 0°、90°、180°、270°四点两联轴器的轴向间隙，调整从动联轴器的位置，使两联轴器的轴向间隙基本符合设计值（即两轴线基本平行）。

3）静态下用钢板尺靠在主动联轴器的外圆上四个互相垂直位置（0°、90°、180°、270°），根据钢板尺与从动联轴器的外圆间隙情况，调整从动联轴器的位置，使两轴线基本同轴。

（2）精调。采用旋转定心法［见图 3-20（b）、（c）］。

1）从 +Y（顶端）起顺时针标记 0°、90°、180°、270°四点空间位置。在两联轴器外圆面上，从 +Y（顶端，0°处）起顺时针标记 1 点、2 点、3 点、4 点四个点。两联轴器外圆面上的标记点依次对正。在 +Y（顶端，点 1）装设百分表，表架固定于主动联轴器外圆面上的点 1，表针指向从动联轴器外圆面上的点 1。

2）反时针逐点转动两联轴器，读取百分表的径向读数 R_{0-1}、R_{90-1}、R_{180-1}、R_{270-1}（规定低于主动联轴器外圆面为正值）。读取用塞尺测量的端部间隙 Z_{0-1}、Z_{0-2}、Z_{0-3}、Z_{0-4}，Z_{90-1}、Z_{90-2}、Z_{90-3}、Z_{90-4}，Z_{180-1}、Z_{180-2}、Z_{180-3}、Z_{180-4}，Z_{270-1}、Z_{270-2}、Z_{270-3}、Z_{270-4} 四组记录。

3）计算从动联轴器移动量（见图 3-21）。

A. 消除径向偏差的从动联轴器移动量按式（3-34）计算：

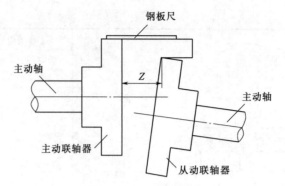

(a) 用钢板尺测量两联轴器圆周
偏心 X 和端面间隙 Z

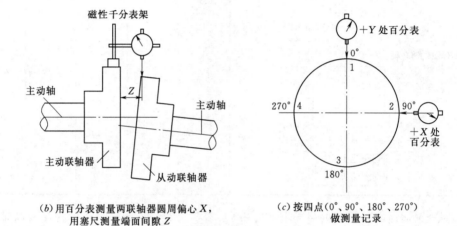

(b) 用百分表测量两联轴器圆周偏心 X，
用塞尺测量端面间隙 Z

(c) 按四点(0°、90°、180°、270°)
做测量记录

图 3-20 测量两联轴器圆周偏心 X 和端面间隙 Z 图

1~4—分度点

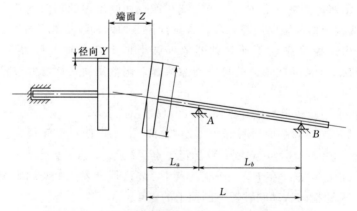

图 3-21 计算从动联轴器轴承处综合调整量示意图

$$
\left.
\begin{aligned}
\Delta Y &= \frac{R_{0\text{-}1} + R_{180\text{-}1}}{2} \\
\Delta X &= \frac{R_{90\text{-}1} + R_{270\text{-}1}}{2}
\end{aligned}
\right\}
\tag{3-34}
$$

当 $\Delta Y > 0$（$\Delta X > 0$）时，从动联轴器的前后两轴承座向上（向右侧-面向主动联轴器）移动。

B. 依据 0°和 180°的数据，按式（3-35）计算消除端部间隙偏差的从动联轴器移动量：

$$\left.\begin{aligned}\Delta Z_0 &= \frac{(Z_{0-1} + Z_{180-1}) - (Z_{0-3} + Z_{180-3})}{2} \\ \Delta Z_{90} &= \frac{(Z_{0-2} + Z_{180-2}) - (Z_{0-4} + Z_{180-4})}{2}\end{aligned}\right\} \qquad (3-35)$$

当 $\Delta Z_0 > 0$（$\Delta Z_{90} > 0$）时，从动联轴器的后轴承座向上（向右侧-面向主动联轴器）移动。

C. 依据 90°和 270°的数据，校核消除端部间隙偏差的从动联轴器移动量按式（3-36）计算：

$$\left.\begin{aligned}\Delta Z_0 &= \frac{(Z_{90-1} + Z_{270-1}) - (Z_{90-3} + Z_{270-3})}{2} \\ \Delta Z_{90} &= \frac{(Z_{90-2} + Z_{270-2}) - (Z_{90-4} + Z_{270-4})}{2}\end{aligned}\right\} \qquad (3-36)$$

式（3-35）计算结果应与式（3-36）计算结果相等。否则，需找出原因，修改后重新测量。

4）为消除径向偏差和端部间隙偏差，计算轴承座综合调整量（见图 3-21）。

A. 为消除径向偏差的从动联轴器移动量：

垂直方向——向上移动 ΔY；

水平方向——向右侧移动 ΔX。

则从动联轴器的轴承 A、B 应同时移动：

垂直方向——向上移动 ΔY；

水平方向——向右移动 ΔX。

B. 为消除端部间隙偏差的从动联轴器移动量 ΔZ_0、ΔZ_{90}，则从动联轴器的后轴承 B 应向上和向右移动。

垂直方向——向上移动：

$$(Y_{B-0})_1 = \frac{L_B \Delta Z_0}{D} \qquad (3-37)$$

水平方向——向右侧移动：

$$(X_{B-90})_1 = \frac{L_B \Delta Z_{90}}{D} \qquad (3-38)$$

此时，从动联轴器随后轴承 B 的移动而下移，为消除该下移，前轴承 A 应向上（向右）移动。

垂直方向——向上移动：

$$(Y_{A-0})_1 = -\frac{L_A (Y_{B-0})_1}{L_B} \qquad (3-39)$$

水平方向——向右侧移动：

$$(X_{A-90})_1 = -\frac{L_A (X_{B-90})_1}{L_B} \qquad (3-40)$$

以上各式中　D——从动联轴器外圆直径，mm。

参　考　文　献

［1］　山本晃. 螺栓连接的理论与计算. 上海：上海科学技术文献出版社，1984.

［2］　濮良贵. 机械零件. 北京：人民教育出版社出版，1962.

［3］　机械设计手册编委会编著. 机械设计手册. 北京：机械工业出版社，2004.

［4］　А. Н. СВЕРЧКОВ РЕМОНТ И НАЛАЛКА ПАРОВЫХ ТУРЬИН ГОСЭНЕРГОИЗДАТ，2012.

4 金属切割与焊接

在各种金属产品制造中，焊接与切割是一种十分重要的加工工艺。据统计，每年需要通过切割与焊接加工之后才能成为最终产品的钢材占钢材消耗总量的45％左右。

焊接就是通过加热或加压，或两者并用，并且用或不用填充材料，使工件达到原子间结合的一种方法。而切割则是使材料分离的加工方法。

4.1 气割

气割是金属在高纯度氧流中燃烧的化学过程和借助高速氧流动量排除熔渣的物理过程相结合的一种加工过程。气割除了必须使用高纯度氧外，还必须使用可燃气体，如乙炔、液化石油气、天然气等。气割是焊接结构生产备料工序中应用最为广泛的加工方法之一。

4.1.1 气割的原理、分类及应用

（1）原理。气割的原理是利用燃气与氧混合燃烧产生的热能（即预热火焰的热量）预热金属表面，使预热处金属达到燃点，并使其呈活化状态，然后送进高纯度、高速度的切割氧流，使金属（主要是铁）在氧中剧烈燃烧，生成氧化熔渣同时放出大量热量，借助这些燃烧热和熔渣不断加热切口处金属，并使热量迅速传递，直到工件底部，同时借助高速氧流的动量把燃烧生成的氧化熔渣吹除，被切工件与割炬相对移动形成割缝，达到切割金属的目的。

气割原理见图4-1。并非所有的金属都可以进行气割加工，只有满足以下条件的金属才能顺利地实现气割。

1）金属能与氧发生剧烈的燃烧反应并放出足够的反应热。这种燃烧热除了补偿因辐射、传导和排渣等热散失外，还必须保证将切口前缘的金属表层迅速且连续地预热到其燃点。否则，生成热低，气割不能正常进行。

2）金属的燃点应比熔点低，否则不能实现气割，而变成熔割。气割时金属在固态下燃烧才能保证切口平整。

3）燃烧生成的氧化物熔渣的熔点应比金属熔点低，且流动性好。氧化物的熔点低于金属的熔点，则生成的氧化物才可能以液体状态从切口中被纯氧吹除。否则氧化物会比液体金属先凝固，而在液体金属表面形成固态薄膜，或黏度大，不易被吹除，且阻碍下层金属与氧接触，使切割过程发生困难。

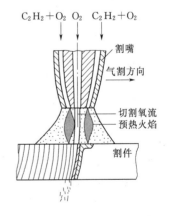

图4-1 气割原理示意图

4）金属的热导率不能太高。如热导率过高，预热火焰热和燃烧反应热会迅速散失，使气割过程不能开始或中途中断。

在金属材料中，中低碳钢及低合金钢符合上述条件，气割性能良好，是气割加工的主要对象。

（2）分类及应用。气割可分为氧—燃气切割和氧—熔剂切割两大类。根据可燃气体的不同，氧—燃气切割又可分类为氧—乙炔切割、氧—丙烷切割、氧—液化石油气切割、氧—天然气切割以及氧—氢切割等，其中氧—乙炔切割应用最为普遍。

目前，气割主要用于切割各种碳钢和普通低合金钢，其中淬火倾向大的高碳钢和强度等级高的低合金钢气割时，为了避免切口处淬硬或产生裂纹，应采取适当加大预热火焰功率和放慢切割速度，甚至切割前先对工件进行预热等工艺措施，厚度较大的不锈钢板和铸铁件冒口可以采用特种气割方法进行气割。

随着各种自动、半自动气割设备和新型割嘴的应用，特别是数控火焰切割技术的发展，气割的精度和效率大幅度提高，使得气割可以代替部分机械加工，应用领域更加广阔。

4.1.2 气割设备及器具

（1）割炬。割炬又称割枪，是气割必不可少的器具。割炬的作用是向割嘴稳定地供送预热用气体和切割氧，并能控制这些气体的压力和流量，调节预热火焰的特性等。

（2）小车式半自动切割机。常用小车式半自动切割机的切割厚度为 6～100mm，更换适当的割嘴，可以割至 150mm，主要用于切割直线及坡口，当配上半径杆，也可切割直径 200～2000mm 的圆，也可在横移杆上配置两把割炬，作 Y 形坡口切割。

（3）仿形切割机。主要用于切割 5～100mm 的各种形状的零件，配置该机所带的圆板及附件后，可切割 600mm 以下的圆形零件。

（4）圆切割机。圆切割机是专用于切割圆形零件、圆孔和法兰的半自动切割机。

（5）多向切割机（全位置切割机）。多向切割机的切割厚度一般为 6～30mm。主要用于造船、锅炉压力容器、储罐、大型水工金属结构制作与安装中进行全位置切割，提高钢结构件的装配质量。

（6）数控切割机。数控切割机是 20 世纪 80 年代开发的一种新型高效节材的高科技切割设备，它适用于不同厚度的金属板材、管材及轴类的精密落料。可以切割平面任意几何形状及筒体子管、母管的任意角度正交、斜交的马鞍形相贯线。

数控火焰切割机是自动化的高效火焰切割设备。由于采用计算机控制，使气割机具备割炬自动点火、自动升降、自动穿孔、自动切割、自动喷粉画线、割缝自动补偿、割炬任意程序段自动返回、动态图形跟踪显示、钢板自动套料等功能。利用数控切割机下料，不用画线，不需制作样板，可根据图纸尺寸直接输入到计算机中，即可切割出所需形状的工件及任意形式的坡口。通过套料系统还可以对钢板优化套裁，达到节省钢材的目的。由于工件的尺寸精度高及切割表面质量好，减少二次加工，从而缩短工期、降低成本，经济效益十分显著。

4.1.3 气割用气体

气割常用的气体有氧气、乙炔、液化石油气及各种混合燃气，城市煤气也可用于气割。几种切割中常用可燃气体的物理和化学性能见表 4-1。

表 4-1 几种切割中常用可燃气体的物理和化学性能表

序号	气体种类		乙炔	丙烷	丙烯	丁烷	天然气	氢
1	相对分子质量		26	44	42	58	16	2
2	密度（标准状态下）/(kg/m³)		1.17	1.85	1.82	2.46	0.71	0.08
3	15.6℃时相对于空气质量比（空气=1）		0.906	1.52	1.48	2.0	0.55	0.07
4	着火点/℃		335	510	455	502	645	510
5	总热值/(kJ/m³)	O_2 中燃烧	52963	85746	81182	121482	37681	10048
		空气中燃烧	50208	51212	49204	49380	56233	—
6	理论需氧量（氧—燃气体积比）		2.5	5.0	4.5	6.5	2.0	0.5
7	实际耗氧量（氧—燃气体积比）		1.1	3.5	2.6	—	1.5	0.25
8	中性焰温度/℃	氧气中燃烧	3100	2520	2870		2540	2600
		空气中燃烧	2630	2116	2104	2132	2066	2210
9	火焰燃烧速度/(m/s)	氧气中燃烧	8.0	4.0	—		5.5	11.2
		空气中燃烧	5.8	3.9	—		5.5	11.0
10	爆炸范围（可燃气体的体积分数)/%	氧气中	2.8~93	2.3~55	2.1~53	—	5.5~62	4.0~96
		空气中	2.5~80	2.5~10	2.4~10	1.9~8.4	5.3~14	4.1~74

4.1.4 气割工艺参数

（1）影响气割过程的主要因素。影响气割过程（包括切割速度和质量）的主要工艺因素有：①切割氧的纯度；②切割氧的流量、压力及氧流形状；③切割氧流的流速、动量；④预热火焰的功率；⑤被切割金属的成分、性能、表面状态及初始温度；⑥其他工艺因素。其中切割氧流起着主导作用。切割氧流既要使金属燃烧，又要把燃烧生成的氧化物（熔渣）从切口中吹除。因此，切割氧的纯度、流量、流速和氧流形状对气割质量和切割速度有重要影响。

（2）气割的工艺参数。气割的工艺参数包括预热火焰功率、氧气压力、切割速度、割嘴到工件距离以及切割倾角等。

1）预热火焰的选择。预热火焰是影响气割质量的重要工艺参数。气割时一般应选用中性焰或轻微的氧化焰。同时，火焰的强度要适中。应根据工件厚度、割嘴种类和质量要求选用预热火焰。

A. 预热火焰的功率要随着板厚增大而加大，割件越厚，预热火焰功率越大。氧—乙炔预热火焰的功率与板厚的关系见表 4-2。

表 4-2 氧—乙炔预热火焰的功率与板厚的关系表

板厚/mm	3~25	25~50	50~100	100~200	200~300
火焰功率（乙炔消耗量）/(L/min)	4~8.3	9.2~12.5	12.5~16.7	16.7~20	20~21.7

B. 在切割较厚钢板时，应采用轻微碳化焰，以免切口上缘熔塌，同时也可使外焰长一些。

C. 使用扩散形割嘴和氧帘割嘴切割厚度 200mm 以下钢板时，火焰功率应选大一些，以加速切口前缘加热到燃点，从而获得较高的切割速度。

D. 切割碳含量较高或合金元素含量较多的钢材时，因他们的燃点较高，预热火焰的功率要大一些。

E. 用单割嘴切割坡口时，因熔渣被吹响切口外侧，为补充热量，要加大火焰的功率。

气割的预热时间应根据割件厚度而定，气割选定预热时间的经验数据见表 4-3。

表 4-3 气割选定预热时间的经验数据表

金属厚度/mm	预热时间/s	金属厚度/mm	预热时间/s
20	6～7	150	25～28
50	9～10	200	30～35
100	15～17	—	—

2）切割氧压力的选定。切割氧压力取决于割嘴类型和嘴号，可根据工件厚度选择氧气压力。切割氧气压力过大，易使切口变宽、粗糙；压力过小，使切割过程缓慢，易造成黏渣。切割氧气压力的推荐值见表 4-4。

表 4-4 切割氧气压力的推荐值

工件厚度/mm	3～12	12～30	30～50	50～100	100～150	150～200	200～300
切割氧压力/MPa	0.4～0.5	0.5～0.6	0.5～0.7	0.6～0.8	0.8～1.2	1.0～1.4	1.0～1.4

在实际切割工作中，最佳切割氧压力可用试放"风线"的办法来确定。对所采用的割嘴，当风线最清晰、且长度最长时，这时的切割氧压力即为合适值，可获得最佳的切割效果。

3）切割速度。切割速度与工件厚度、割嘴形式有关，一般随工件厚度增大而减慢。切割速度必须与切口内金属的氧化速度相适应。切割速度太慢会使切口上缘熔化，太快则后拖量过大，甚至割不透，造成切割中断。在切割操作时，切割速度可根据熔渣火花在切口中落下的方向来掌握，当火花呈垂直或稍偏向前方排出时，即为正常速度。在直线切割时，可采用火花稍偏向后方排出的较快速度。

氧化速度快，排渣能力强，则可以提高切割速度。切割速度过慢会降低生产效率，且会造成切口局部熔化，影响割口表面质量。机器切割速度比手工切割速度平均可提高 20%，机械化切割时切割速度的推荐数据见表 4-5。

4）割嘴到工件表面距离。割嘴到工件表面的距离根据工件厚度及预热火焰长度来确定。割嘴高度过低会使切口上线发生熔塌及增碳，飞溅时易堵塞割嘴，甚至引起回火。割嘴高度过大，热损失增加，且预热火焰对切口前缘的加热作用减弱，预热不充分，切割氧流动能下降，使排渣困难，影响切割质量。同时，进入切口的氧纯度也降低，导致后拖量和切口宽度增大，在切割薄板场合还会使切割速度降低。

表 4 - 5 　　　　　　　　　**机械化切割时切割速度的推荐数据表** 　　　　　单位：mm/min

序号	切割形式	钢板厚度/mm										
		5	10	20	30	50	80	100	150	200	250	300
1	半成品直线切割	—	710～730	580～630	520～560	440～480	380～420	360～390	—	—	—	—
2	具有机加工余量的零件的切割	300	350	330	470	400	350	330	290	260	250	240
3	表面质量要求低的直线切割	710～760	570～620	470～500	410～450	350～380	310～330	290～310	260～280	230～250	220～240	210～230
4	精确的直线切割	590～640	480～520	390～420	350～380	300～320	260～280	240～260	210～230	200～210	180～200	170～190
5	精确的成型切割	400～500	320～400	260～330	230～290	200～250	170～220	160～200	150～180	140～160	130～150	120～140

注 上述数据是在切割氧纯度为 99.5％时获得的。

预热火焰焰心一般应离开工件表面 2～4mm。割嘴到工件表面的距离可按表 4 - 6 选取。

表 4 - 6 　　　　　　　　　　　　　**割嘴到工件表面的距离表** 　　　　　　单位：mm

序号	环　缝　式		多　喷　嘴　式	
1	板厚	割嘴到工件的距离	板厚	割嘴到工件的距离
2	3～10	2～3	3～10	3～6
3	10～25	3～4	10～25	5～10
4	25～50	3～5	25～50	7～12
5	50～100	4～6	50～100	10～15
6	100～200	5～8	100～200	10～18
7	200～300	7～10	200～300	15～20
8	＞300	8～12	＞300	20～30

5）切割倾角。割嘴与割件间的切割倾角直接影响气割速度和后拖量。切割倾角的大小主要根据工件厚度而定，工件厚度在 30mm 以下时，后倾角为 20°～30°；工件厚度大于 30mm 时，起割时为 5°～10° 的前倾角，割透后割嘴垂直于工件，结束时为 5°～10° 的后倾角。手工曲线切割时，割嘴垂直于工件。

4.1.5 气割技术的发展

工业的迅猛发展使钢材切割工作量大幅度增加，提高切割速度和效率引起人们的关注。一些工业发达国家，如德国、日本、瑞典等，积极开发各种新型切割设备（特别是数控切割机）和新的切割工艺。相继开发出了各种快速割嘴和高速切割方法，如高压扩散型快速割嘴、高压细氧射流割嘴、离压氧帘快速割嘴、双层氧帘割嘴，以及多割嘴组合高速切割方法等。

针对厚度 12mm 的碳素钢板，使用高压扩散型氧帘割嘴时直线切割的速度可达到

3.5m/min，双层氧帘割嘴的切割速度可达到 1.7m/min。但是，近年来随着等离子弧切割技术的崛起（等离子弧切割中薄板的速度比氧气切割快几倍），有关氧气切割的研究逐渐减少。现在应用较普遍的是低压扩散型割嘴、氧帘割嘴和传统的直筒形割嘴。成形零件的实用切割速度仍处于 1m/min 以内。

针对氧气切割，国内外重点是开发自动化和机械化气割设备和装置，目的是提高切割效率。已经开发出的简易数控光电跟踪切割机、小型可搬移式数控气割机、自动坡口切割装置、多割炬自动气割机等，还开发出气割机器人以实现型钢的自动切割。

为了提高切割效率，各种快速割嘴相继问世，割嘴的切割氧孔道由过去的圆柱形变为特性曲面，将喷气发动机的原理应用于割嘴切割氧孔道上。快速割嘴的问世及与各种切割机的配合，大大提高了切割速度和切割质量。快速切割还具有减小切割热变形、热影响区小、割缝窄等优点。快速切割工艺需要各种切割设备来保证，配备的切割设备精度越高，快速切割的效果越好。

在割嘴制造工艺上，主要是提高切割氧孔道的加工精度和降低孔面粗糙度，使切割氧喷射流更规则和挺直有力，从而提高切割速度和切口质量。还开发出连续铸坯切割用的新型割嘴，来加快开坯的切割速度。

快速切割工艺的问世，促进了各种切割设备的发展。特别是随着计算机技术的发展，微机控制的自动化数控切割机及编程机有了很大的发展和应用。

数控技术的引入，使切割领域进入了高科技的自动化控制阶段。仅就数控火焰气割机而言，不仅使气割技术实现了自动点火、自动调高、自动穿孔、自动切割、自动冲打标记、自动喷粉画线等全过程自动化控制，还因其切割质量的高精度，而使气割技术从一种依赖于机械加工方法保证尺寸精度的粗加工工艺，跃居为可以保证高精度尺寸的一次加工成形工艺。

4.2 等离子弧切割

等离子弧是自由电弧压缩而成的。电弧通过水冷喷嘴限制其直径，称机械压缩。水冷内壁温度较低，紧贴喷嘴内壁的气体温度也极低，形成了一定厚度的冷气膜，冷气膜进一步迫使弧柱截面减小，称热压缩。弧柱截面的缩小，使电流密度大为提高，增强了磁收缩效应，称磁压缩。在三种压缩的作用下，等离子弧的能量集中（能量密度可达 $10^5 \sim 10^6\,W/cm^2$）、温度高（弧柱中心温度 18000～24000K）、焰流速度大（可达 300m/s）。这些特性使得等离子弧广泛应用于焊接、喷涂、堆焊及切割。

4.2.1 等离子弧切割原理、特点及分类

等离子弧切割是利用等离子弧热能实现金属熔化的切割方法。根据切割气流的不同，分为氮等离子弧切割、空气等离子弧切割和氧等离子弧切割等。

切割用等离子弧温度一般在 10000～14000℃ 之间，远远超过所有金属及非金属的熔点。因此能够切割绝大部分金属和非金属材料。这种方法诞生于 20 世纪 50 年代，最初用于切割氧乙炔焰无法切割的金属材料，如铝合金及不锈钢等。随着这种方法的发展，其应用范围已经扩大到碳钢和低合金钢。

（1）原理。等离子弧割枪的基本设计与等离子弧焊枪相似。用于焊接时，采用低速的离子气流熔化母材以形成焊接接头；用于切割时，采用高速的离子气流熔化母材并吹掉熔融金属而形成切口。切割用离子气焰流速度及强度取决于离子气种类、气体压力、电流、喷嘴孔道比及喷嘴至工件的距离等参数。等离子弧割枪的基本构造见图4-2。

等离子弧切割时采用直流正接性电流，即工件接电源正极。

（2）切割特点。与机械切割相比，等离子弧切割具有切割厚度大、机动灵活，装夹工件简单及可以切割曲线等优点。与氧乙炔焰切割相比，等离子弧能量集中、切割变形小、起始切割时不用预热，能切割几乎所有的金属，而且切割碳钢的速度快。但是由于割口较宽，所以被熔化掉的金属较多，板材较厚时切口不如氧乙炔焰切割的那样光滑平整。为了保证切口的侧面平行，需要专门的割嘴。为了获得一定形状的坡口，还需要专门的切割技术。切割过程中会产生弧光辐射、烟尘及噪声等公害。

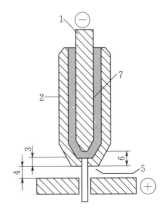

图4-2 等离子弧割枪的基本构造图

1—电极；2—压缩喷嘴；3—压缩喷嘴孔道长度；4—喷嘴至工件的距离；5—压缩喷嘴孔径；6—电极内缩距离；7—离子气

（3）等离子弧切割方法分类。等离子弧切割方法除一般形式外，派生出的形式还有双流（保护）等离子弧切割、水保护等离子弧切割、水再压缩等离子弧切割、空气等离子弧切割、大电流密度等离子弧切割及水下等离子弧切割等。

目前生产中常用的是一般等离子弧切割、水再压缩等离子弧切割和空气等离子弧切割三种。

1）一般等离子弧切割。一般等离子弧切割的原理见图4-3。一般的等离子弧切割不用保护气体，工作气体和切割气体从同一个喷嘴内喷出。引弧时，喷出小气流离子气体作为电离介质，切割时，则同时喷出大气流气体以排除熔化金属。

一般等离子弧切割可采用转移型电弧或非转移型电弧，非转移型电弧适宜于切割非金属材料。但由于工件不接电，电弧挺度差，故非转移型电弧切割金属材料的切割厚度小。切割金属材料通常都采用转移型电弧。因为工件接电，电弧挺度好，可以切割较厚的钢板。切割薄金属板材时，可以采用微束等离

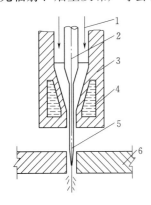

图4-3 一般等离子弧切割的原理图

1—等离子气；2—电极；3—喷嘴；4—冷却水；5—等离子弧；6—工件

子弧切割，以获得更窄的切口。常用工作气体为氮、氩或两者混合气。

2）水再压缩等离子弧切割（注水等离子切割）。水再压缩等离子弧切割是一种自动切割方法（见图4-4）。一般使用250～750A的电流。所注水流沿电弧周围喷出，喷出水有两种形态：一是水沿电弧径向高速喷出；二是水以漩涡形式切向喷出并包围电弧。注水对电弧造成的收缩比传统方法造成的电弧收缩更大。这项技术的优点在于提高了割口的直线度、垂直度，同时也提高了切割速度，最大限度地减少了结瘤的形成。切割时，由割枪喷

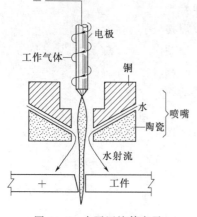

图 4-4 水再压缩等离子
弧切割原理图

出的除工作气体外，还伴随着高速流动的水束，共同迅速地将熔化金属排开。

高压高速水流在割枪中，一方面对喷嘴起冷却作用；另一方面对电弧起再压缩作用。喷出的水束一部分被高温电弧蒸发，分解成氧与氢，它们与工作气体共同组成切割气体，使等离子弧具有更高的能量；另一部分对电弧有着强烈的冷却作用，使等离子弧的能量更为集中，因而可增加切割速度。喷出割枪的工作气体采用压缩空气时，为水再压缩空气等离子弧切割，它利用空气热熔值高的特点，可进一步提高切割速度。

水再压缩等离子弧切割与其他等离子弧切割相比，具有以下特点：

A. 切割速度快。

B. 切割质量好，切口宽度小、上缘无圆角、切割面光洁发亮，切口下缘几乎无黏渣，切割面倾斜度小，且可获得一边近于垂直的切割面。

C. 因喷射水的冷却作用，工件的热影响区小，热变形几乎为零，尺寸精度高。

D. 喷嘴的寿命长，这是由于水对喷嘴的冷却作用强，而且绝缘外喷嘴避免了"双弧"的发生。

E. 金属粒子及烟尘少，噪声低，弧光辐射弱。

3) 空气等离子弧切割。空气等离子弧切割一般使用压缩空气作离子气。空气等离子弧切割的原理见图 4-5。这种方法切割成本低，气体来源方便。压缩空气在电弧中加热后分解和电离，生成的氧与切割金属产生强烈化学放热反应，加快了切割速度。充分电离了的空气等离子体的热熔值高，因而电弧的能量大，其切割速度高，切割质量好，特别适宜于切割厚 30mm 以下的碳钢，也可以切割铜、不锈钢、铝及其他材料。但是这种切割方法的电极受到强烈的氧化腐蚀，一般采用镶嵌式纯锆或纯锆电极，不能采用纯钨电极或氧化物钨电极。

空气等离子弧切割的主要缺点如下：

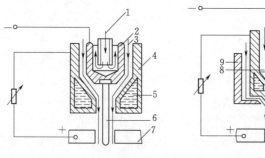

(a) 单一空气等离子弧切割   (b) 复合式空气等离子弧切割

图 4-5 空气等离子弧切割的原理示意图

1—电极冷却水；2—镶嵌式电极；3—压缩空气；4—压缩喷嘴；5—压缩喷嘴冷却水；
6—等离子弧；7—工件；8—工作气体；9—外喷嘴

A. 切割面上附有氮化物层，焊接时焊缝中会产生气孔。因此，用于焊接坡口的切割时，需用砂轮打磨，耗费工时。

B. 电极和喷嘴易损耗，使用寿命短，需经常更换。

4.2.2 等离子弧切割设备

等离子弧切割系统主要由供气装置、电源、高频发生器以及割枪等几部分组成。水冷割枪还需有冷却循环水装置，用于机械切割还要有小型切割机或数控切割机等。空气等离子弧切割系统见图4-6。

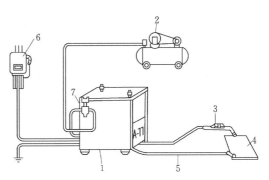

图4-6　空气等离子弧切割系统示意图
1—电源；2—空气压缩机；3—割枪；4—工件；
5—接工件电缆；6—电源开关；7—过滤减压阀

4.2.3 等离子弧切割工艺

（1）气体选择。等离子弧切割工作气体既是等离子弧的导电介质，同时还要排除切口中的熔融金属。因此，对等离子弧的切割特性以及切割质量和速度有明显的影响。等离子弧切割使用的离子气有 N_2、Ar、$N_2 + H_2$、$Ar + N_2$、压缩空气、氧气等。离子气的种类决定切割时的弧压，弧压越高切割功率越大，切割速度及切割厚度都相应提高。但弧压越高，要求切割电源的空载电压也越高，否则难以引弧或电弧在切割过程中容易熄灭。

各种气体在等离子弧切割中的适用性见表4-7，等离子弧切割常用气体的选择见表4-8。

表4-7　　　　　　　　　　各种气体在等离子弧切割中的适用性表

序号	气体	主　要　用　途	备　　注
1	Ar、$Ar + H_2$ $Ar + N_2$ $Ar + N_2 + H_2$	切割不锈钢、有色金属及其合金	Ar仅用于切割薄金属
2	N_2 $N_2 + H_2$	切割不锈钢、有色金属及其合金	N_2作为水再压缩等离子弧的工作气体也可用于切割碳素钢
3	O_2（或粗氧） 空气	切割碳素钢和低合金钢，也用于切割不锈钢和铝	重要的铝合金结构件一般不用

表4-8　　　　　　　　　　等离子弧切割常用气体的选择表

序号	工件厚度/mm	气体种类及含量	空载电压/V	切割电压/V
1	≤120	N_2	250～350	150～200
2	≤150	$N_2 + Ar$（N_2 60％～80％）	200～350	120～200
3	≤200	$N_2 + H_2$（N_2 50％～80％）	300～500	180～300
4	≤200	$Ar + H_2$（H_2约35％）	250～500	150～300

N_2是一种广泛采用的切割离子气，氮气的热压缩效应比较强，携带性好，动能大，价廉易得。但氮气用作离子气时，由于引弧性和稳弧性较差，需要有较高的空载电压，一般在 165V 以上。Ar 作离子气时，只需 75～80V 的空载电压，但切割厚度仅在 30mm 以下，因不经济不常使用。H_2 的携热性、导热性都很好，所需分解热较大，故要求 350V 以上的空载电压才能产生稳定的等离子弧。由于氢气等离子弧的喷嘴很易烧损，因此氢常作为一种辅助气体而被加入，特别是大厚度工件切割时加入一点氢对提高切割能力和改善切口质量有显著成效。N_2、H_2、Ar 任意两种气体混合使用，都比任何单一气体使用时效果好，其中尤以 Ar＋H_2 及 N_2＋H_2 混合气切口质量和切割效果最好。但由于 N_2 价格低廉，生产中应用较多。压缩空气作离子气时热熔值高，弧压 100V 以上，电源电压 200V 以上，在切割 30mm 以下厚度的材料时，有取代氧乙炔焰切割的趋势。

采用上述气体时应注意的事项如下：

1) 氮气中常含有氧气等杂质，随气体纯度的降低，钨极的烧损增加，会引起工艺参数的变化，使切割质量降低。钨极与工件之间的距离增大，容易产生双弧，烧坏喷嘴，致使切割过程中断。氮气的纯度应在 99.5％以上。

2) 用 H_2 作为切割气时，一般是使非转移弧在纯 N_2 或纯 Ar 中激发，等到转移型弧激发产生后 3～6s 再开始供应 H_2 为好，否则非转移型弧将不易引燃，影响切割的顺利进行。

3) H_2 是一种易燃气体，与空气混合后很易爆炸，所以储存 H_2 的钢瓶应专用，严禁用装氧的气瓶来改装。另外，通 H_2 的管路、接头、阀门等一定不能漏气。切割结束时，应先关闭 H_2。

（2）切割工艺参数。等离子弧切割工艺参数包括切割电流、切割电压、切割速度、气体流量以及喷嘴高度。

1) 切割电流。一般依据板厚及切割速度选择切割电流。提供切割设备的厂家都会向用户说明某一电流等级的切割设备能够切割板材的最大厚度。

对于确定厚度的板材，切割电流越大，切割速度越快。但切割电流过大，易烧损电极和喷嘴，易产生双弧，因此对一定的电极和喷嘴有一合适的电流。切割电流也影响切割速度和割口宽度，切割电流增大会使弧柱变粗，致使切口变宽，易形成 V 形割口。等离子弧切割电流与割口宽度的关系见表 4－9。

表 4－9　　　　　　　　　　　等离子弧切割电流与割口宽度的关系表

切割电流/A	20	60	120	250	500
割口宽度/mm	1.0	2.0	3.0	4.5	9.0

2) 切割电压。虽然可以通过提高电流增加切割厚度及切割速度，但单纯增加电流使弧柱变粗，切口加宽，所以切割大厚度工件时，提高切割电压的效果更好。可以通过增加气体流量或改变气体成分来提高切割电压，但切割电压超过空载电压 2/3 时容易熄弧。因此，选择的电源空载电压不得低于 150V，一般应是切割电压的两倍。

切割大厚度板材和采用双原子气体时，空载电压相应要高。空载电压还与割枪结构、喷嘴距工件高度、气体流量等有关。

3) 切割速度。切割速度决定于材质板厚、切割电流、气体种类及流量、喷嘴结构和合适的后拖量等。在同样的功率下，增大切割速度将导致切口变窄，热影响区减小。因此，在保证切透的前提下尽可能选用大的切割速度。切割时割枪应垂直工件表面，但有时为了有利于排除熔渣，也可稍带一定的后倾角，一般情况下倾斜角不大于3°。

4）气体流量。气体流量要与喷嘴孔径相适应。气体流量大，利于压缩电弧，使等离子弧的能量更为集中，提高了工作电压，有利于提高切割速度和及时吹除熔化金属。但当气体流量过大，会因冷却气流从电弧中带走过多的热量，而使切割能力下降，电弧燃烧不稳定，甚至使切割过程无法正常进行。

5）喷嘴高度。喷嘴距工件表面间的高度一般在6～8mm之间。空气等离子弧切割和水再压缩等离子弧切割的喷嘴距离工件高度略小，正常切割时一般为2～5mm。喷嘴高度增加时，电弧电压升高，等离子弧柱长度将增加，散失在空间的能量也增加。结果导致有效热量减少，对熔融金属的吹力减弱引起切口下部熔瘤增多，切割质量明显变坏，同时还增加了出现双弧的可能性。当高度过小时，喷嘴与工件间易短路而烧坏喷嘴，破坏切割过程的正常进行。除了正常切割外，空气等离子弧切割时还可以将喷嘴与工件接触，即喷嘴贴着工件表面滑动，这种切割方式称为接触切割或笔式切割，切割厚度约为正常切割时的一半。

6）常用金属材料的切割参数。几乎所有的金属材料和非金属参数都可以进行等离子弧切割。各种不同厚度材料的等离子弧切割工艺参数见表4-10。

表4-10　　　　　　　　各种不同厚度材料的等离子弧切割工艺参数表

材料	工件厚度/mm	喷嘴孔径/mm	空载电压/V	切割电流/A	切割电压/V	氮气流量/(L/h)	切割速度/(m/h)
不锈钢	8	3	160	185	120	2100～2300	45～50
	20	3	160	220	120～125	1900～2200	32～40
	30	3	230	280	135～140	2700	35～40
	45	3.5	240	340	145	2500	20～25
铝及铝合金	12	2.8	215	250	125	4400	—
	21	3.0	230	300	130	4400	75～80
	34	3.2	240	350	140	4400	35
	80	3.5	245	350	150	4400	10
紫铜	18	3.2	180	340	84	1660	30
	38	3.2	252	304	106	1570	11.3
低碳钢	50	7	252	300	110	1050	10
	85	10	252	300	110	1230	5

7）大厚度工件的切割工艺。生产中已能用等离子弧切割厚度100～200mm的不锈钢，为了保证大厚度板的切割质量，应注意以下工艺特点：

A．随切割厚度的增加，需熔化的金属量也增加，因此所要求的等离子弧功率比较大。切割厚度80mm以上的板材，一般在50～100kW之间。为了减少喷嘴和钨极的烧损，在相同功率时，以提高等离子弧的切割电压为宜。为此，要求切割电源的空载电压在220V以上。

B. 要求等离子弧呈细长形，挺度好，弧柱维持高温度的距离要长，即轴向温度梯度要小，弧柱上温度分布均匀。这样，切口底部能得到足够的热量保证割透。最好采用热熔值较大、热传导率高的氮、氢混合气体。

C. 转弧时，由于有大的电流突变，往往会引起转弧过程中电弧中断、喷嘴烧坏等现象，因此要求设备采用电流递增转弧或分级转弧的办法。一般可在切割回路中串入限流电阻（约 0.4Ω），以降低转弧时的电流值，然后再把电阻短路掉。

D. 切割开始时要预热，预热时间根据被切割材料的性能和厚度确定。对于不锈钢，当工件厚度为 200mm 时，要预热 8～20s；当工件厚度为 50mm 时，要预热 2.5～3.5s。大厚度工件切割开始后，要等到沿工件厚度方向都割透后再移动割炬，实现连续切割，否则工件将切割不透。收尾时要待完全割开后才断弧。

4.2.4 切口质量

切口质量主要以切口表面粗糙度、切口的宽度和垂直度、切纹深度、切口底部结瘤、切口顶部边沿的锐度及切口热影响区硬度和宽度来评定。良好切口的标准是，其宽度要窄，切口横断面呈矩形，切口表面光洁，切口底部无结瘤或挂渣，切口表面硬度不妨碍切后的机加工。

等离子弧切口的表面质量介于氧乙炔焰切割和带锯切割之间，当板厚在 100mm 以上时，因较低的切割速度下熔化较多的金属，往往形成粗糙的切口。

（1）表面粗糙度。等离子弧可以切割大约 75mm 厚的钢板。切割后的切割面粗糙度和氧切割的很相似。厚板低速切割容易造成切割面的污染和粗糙。在使用自动注水式切割或水保护切割设备时，切割面的氧化一般是不存在的。但是以氧作为离子气切割碳钢时，切割面就容易形成很薄的氧化膜。

（2）切口宽度和垂直度。切割厚 50mm 以下的碳钢板材时，等离子弧切口宽度约为氧—乙炔切割切口宽度的 1.5～2 倍。例如，在厚 25mm 的钢板上形成的切口宽大约为 5mm。切口宽度随板厚的增加而增加。等离子喷射去除掉切口顶部的金属要比底部多，这将造成切口顶部比底部的宽度要大一些。如割枪的离子气是沿切向以漩涡状顺时针旋转，在切割厚 25mm 的钢板时，在切口左侧形成的典型切割角度是 4°～6°，切口右侧形成的典型角度是 2°。为提高切割质量，应把生成工件的一侧放置在右侧。

（3）切口底部结瘤。等离子切割时，熔化金属被高速吹落的同时，还有一部分会附着于切割面下缘而凝固残留下来，此附着物称为结瘤。利用自动切割设备，在切割厚 75mm 以下的铝合金和不锈钢或 40mm 以下的碳钢时基本不存在结瘤。切割碳钢时不粘有结瘤与选择切割速度和电流有很大关系，结瘤通常在切割厚板时出现。

（4）切口顶部边沿的锐度。良好的等离子弧切口顶部边沿不应有圆角，应该在切割面与工件上面形成一个 90° 的角度。切口顶部边沿倒圆是由于对于确定厚度的板材使用的切割能量过大或者是割枪喷嘴距工件的距离太大。

4.2.5 等离子弧切割技术发展

等离子弧切割最初所用的电流都在 100A 以上，高的达到 750～800A，用于大厚度钢板的切割。20 世纪 80 年代以后，为了适应中小企业的需要，开发出空冷式小电流空气等离子弧切割设备，切割电流在 10～100A 之间。这种方法既可切割碳素钢，也能切割不锈钢等薄板，设备简单、操作方便，迅速得到普及。

目前国内已有数十家企业生产切割电流 2～250A 的小、中型空气等离子弧切割机，能提供系列化产品。还研制出水再压缩空气等离子弧切割机，性能和技术指标都达到了较高的水平，从普通等离子弧切割发展到精密高速等离子弧切割。等离子弧切割技术还发展到水下等离子弧切割、水帘等离子弧切割，解决了等离子弧切割产生的有害物质对人体和环境危害的问题。

4.3 碳弧气刨

使用焊接技术制造金属结构时，必须先将金属切割成符合要求的形状，有时还需要刨削各种坡口，清焊根及清除焊接缺陷。对金属进行切割和刨削的方法多种多样，应用电弧热切割和刨削金属则是焊接结构生产时广泛采用的方法。电弧切割与电弧气刨的工作原理一样，所用电源、工具、材料及气源大同小异，不同之处仅仅在于具体操作略有不同。可以认为电弧气刨是电弧切割的一种特殊形式，而碳弧气刨则是电弧气刨家族中的一员，因其具有设备投资少、操作简单方便、生产效率高等显著优点而得到广泛应用。

4.3.1 碳弧气刨的原理、特点及适用范围

（1）原理。碳弧气刨是利用在碳棒与工件之间产生的电弧热将金属熔化，同时用压缩空气将这些熔化金属吹掉，从而在金属上刨削出沟槽的一种热加工工艺。其工作原理见图4－7。

（2）特点。

1）与用风铲或砂轮相比，效率高、噪声小，并可减轻劳动强度。

2）与等离子弧气刨相比，设备简单，压缩空气容易获得且成本低。

3）由于碳弧气刨是利用高温而不是利用氧化作用刨削金属的，因而不但适用于黑色金属，而且还适用于不锈钢、铝、铜等有色金属及其合金。

4）由于碳弧气刨是利用压缩空气把熔化金属吹去，因而可进行全位置操作；手工碳弧气刨的灵活性和可操作性较好，因而在狭窄工位或可达性差的部位，碳弧气刨仍可使用。

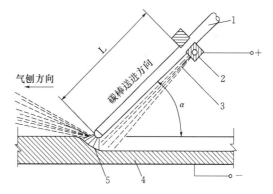

图 4－7　碳弧气刨工作原理示意图
1—碳棒；2—气刨枪夹头；3—压缩空气；4—工件；
5—电弧；L—碳棒外伸长；α—碳棒与工件夹角

5）在清除焊缝或铸件缺陷时，被刨削面光洁铮亮，在电弧下可清楚地观察到缺陷的形状和深度，故有利于清除缺陷。

6）碳弧气刨也具有明显的缺点，如产生烟雾、噪声较大、粉尘污染、弧光辐射、对操作者的技术要求高等。

（3）适用范围。碳弧气刨工艺可以加工大多数金属材料，由于具有效率高、劳动强度低等优点，因而被广泛应用于船舶制造、机械制造、锅炉、金属结构制造等行业，成为生产中不可缺少的工艺技术手段。主要作用有：①清焊根和背面开槽；②清除焊缝中的缺陷；③开坡口，特别是中、厚板对接坡口，管对接 U 形坡口；④切割不锈钢等金属的中、厚板材；⑤清除铸件表面飞边、飞刺、浇铸口及缺陷；⑥在板材上开孔；⑦刨除焊缝表面的余高。

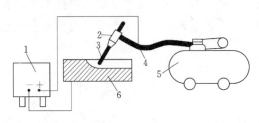

图 4-8　碳弧气刨系统示意图
1—电源；2—气刨枪；3—碳棒；4—电缆
气管；5—空气压缩机；6—工件

4.3.2　设备及材料

碳弧气刨系统由电源、气刨枪、碳棒、电缆气管及空气压缩机组成，见图 4-8。

4.3.3　碳弧气刨工艺参数及其影响

（1）电源极性。碳弧气刨一般采用直流反接。这样电弧稳定，熔化金属的流动性好，凝固温度较低。因此，反接时刨削过程稳定，电弧发出连续的刷刷声，刨槽宽窄一致，光滑明亮。若极性接错，电弧不稳且发出断续的嘟嘟声。

（2）电流与碳棒直径。电流与碳棒直径成正比关系，一般可参照下面的经验公式（4-1）选择电流，即：

$$I=(30\sim50)d \qquad\qquad (4-1)$$

式中　I——电流，A；

　　　d——碳棒直径，mm。

对于一定直径的碳棒，如果电流较小，则电弧不稳，且易产生夹碳缺陷；适当增大电流，可提高刨削速度，使刨槽表面光滑、宽度增大。在实际应用中，一般选用较大的电流，但电流过大时，碳棒头部过热而发红，镀铜层易脱落，碳棒烧损很快，甚至碳棒熔化，造成严重渗碳。正常电流下，碳棒发红长度约为 25mm。碳棒直径的选择主要根据所需的刨槽宽度而定，碳棒直径越大，则刨槽越宽。一般碳棒直径应比所要求的刨槽宽度小2~4mm。

（3）刨削速度。刨削速度对刨槽尺寸、表面质量和刨削过程的稳定性有一定的影响。刨削速度取决于碳棒直径、刨削的材料、压缩空气压力、电流大小，应与刨槽深度（或碳棒与工件间的夹角）相匹配。刨削速度太快，易造成碳棒与金属短路、电弧熄灭，形成夹碳缺陷。一般刨削速度控制在 0.5~1.2m/min 为宜。

（4）压缩空气压力。压缩空气的压力会直接影响刨削速度和刨槽表面质量。压力高，可提高刨削速度和刨槽表面的光滑程度；压力低，则易造成刨槽表面黏渣。一般要求压缩空气压力为 0.4~0.6MPa。压缩空气所含水分和油分可通过在压缩空气管路中加过滤装置予以清除，以保证刨削质量。

（5）碳棒外伸长。碳棒从导电嘴至电弧始端的长度称为外伸长。手工碳弧气刨时，伸出长度大，压缩空气的喷嘴离电弧就远，电阻也增大，碳棒易发热、烧损也较大，并且造成风力不足，不能将熔渣顺利吹掉，而且碳棒也容易折断。一般外伸长 80~100mm 为宜。随着碳棒烧损，碳棒的外伸长不断减少，当外伸长减少到 20～30mm 时，应将外伸长重新调整至 80～100mm。当采用碳弧气刨加工有色金属时，碳棒的外伸长应适当减短。

（6）碳棒与工件间的夹角。碳棒与工件间的夹角 α（见图 4-7）大小，主要会影响刨槽深度和刨削速度。夹角增大，则刨削深度增加，刨削速度减小。一般手工碳弧气刨采用夹角 45°～60°左右为宜。

4.4 焊条电弧焊

焊条电弧焊是利用焊条与工件之间建立起来的稳定燃烧的电弧，使焊条和工件熔化，从而获得牢固焊接接头的工艺方法。

4.4.1 焊接电弧

（1）电弧的静特性。在电极材料、气体介质和弧长一定的情况下，电弧稳定燃烧时，焊接电流与电弧电压变化的关系，称为焊接电弧的静特性（即伏—安特性）。由于焊条电弧焊使用的焊接电流较小，特别是电流密度较小，所以焊条电弧焊电弧的静特性处于电弧静特性曲线的水平段（见图 4-9）。在此水平段区间内，弧长基本保持不变时，若在一定范围内改变电流值，电弧电压几乎不发生变化，电弧均稳定燃烧。当焊接电流不变时，电弧越长，电弧电压越高。

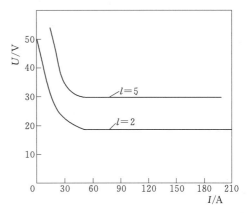

图 4-9 焊条电弧焊电弧的
静（伏—安）特性图（单位：mm）
l—弧长

（2）电弧温度的分布。焊条电弧焊电弧在焊条末端和工件间燃烧，焊条和工件都是电极，两电极的温度由极性和电极材料决定。电弧阴、阳两极的最高温度接近于材料的沸点，焊接钢材时，阴极约 2400℃，阳极约 2600℃，弧柱的温度为 6000～7000℃。随着焊接电流的增大，弧柱的温度也增高。由于交流电弧两个电极的极性在不断地变化，故两个电极的平均温度是相等的，而直流电弧正极的温度比负极高 200℃左右。

（3）电弧偏吹。在正常情况下，电弧有一定的刚直性，即其中心轴线总是和焊条轴线一致，随焊条轴线的变化而改变，常利用电弧的这一特性来控制焊缝的成形。但有时在焊接过程中，因气流干扰、磁场作用或焊条偏心等影响，使电弧中心偏离电极轴线，这种现象称为电弧偏吹。

1）产生电弧偏吹的原因：

A. 焊条偏心过度，焊条药皮厚薄不均匀。药皮较厚的一边比药皮较薄的一边熔化时吸收的热量多，药皮较薄的一边很快熔化而使电弧外露，迫使电弧向外偏吹。

B. 电弧周围气体流动过强也会产生偏吹。造成电弧周围气体流动过强的因素很多，主要是大气中的气流和热对流作用。如在露天大风中焊接时因风力影响造成偏吹；在管线焊接时，由于空气在管子中高速流动形成"穿堂风"，造成电弧偏吹；对接接头处间隙较大，焊接时造成热对流而引起偏吹。

C. 直流电弧焊时，因受到焊接回路所产生的电磁场作用而引起的电弧偏吹称焊接电弧的磁偏吹。造成磁偏吹的原因主要有：

第一，不对称铁磁物质的影响。当电弧的周围有铁磁物质时，因磁场分布不均匀会造成磁偏吹。

第二，接地线位置不正确。通过焊件的电流在空间产生磁场，当焊条与焊件垂直时，电弧一侧的磁力线密度较大，而电弧另一侧的磁力线稀疏，磁力线的不均匀分布致使密度大的一侧对电弧产生推力，使电弧偏离轴线。

第三，焊条与焊件相对位置不对称。在焊缝起始处，焊条与工件相对位置不对称，造成电弧的周围磁场分布不均匀，再加上热对流的影响，造成电弧偏吹。同理，在焊缝收尾处也会造成偏吹。

在焊接时，磁场是由焊接电流所产生的。因此，焊接电流越大，磁场就越强，磁偏吹现象也就越严重。只有在使用直流弧焊电源时，才产生磁偏吹现象，而在使用交流弧焊电源时，因磁场是周期性变化的，且变化频率很快（50Hz），一般看不到明显的磁偏吹现象。

2）防止电弧偏吹的措施：

A. 焊接过程中遇到焊条偏心引起的偏吹，应立即停止焊接。如果偏心度较小，可转动焊条将偏心位置移到焊接前进方向，调整焊条角度后再施焊；如果偏心度较大，就必须更换的焊条。

B. 焊接过程中若遇到气流引起的偏吹，要停止焊接，查明原因，采用遮挡等方法来解决。

C. 当发生磁偏吹时，可以将焊条向磁偏吹相反的方向倾斜，以改变电弧左右空间的大小，使磁力线密度均匀，减小偏吹程度；改变接地线位置或在焊件两侧加接地线，可减少因导线接地位置引起的磁偏吹。另外采用短弧焊，也可减小磁偏吹。

4.4.2　焊接设备

（1）基本焊接电路。焊条电弧焊的基本焊接电路见图 4-10。它由交流或直流弧焊电源、焊钳、电缆、焊条、电弧、工件及地线等组成。

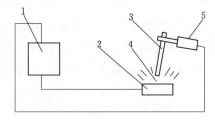

图 4-10　焊条电弧焊的基本焊接电路图
1—弧焊电源；2—工件；3—焊条；
4—电弧；5—焊钳

用直流电源焊接时，工件和焊条与电源输出端正、负极的接法，称极性。工件接直流电源正极，焊条接负极时，称正接或正极性；反之称为反接或反极性。无论采用正接还是反接，主要从电弧稳定燃烧的条件来考虑。不同类型的焊条要求不同的接法，一般在焊条使用说明书上都有规定。用交流弧焊电源焊接时，极性在不断变化，所以不用考虑极性接法。

（2）对弧焊电源的要求。为了保证焊接电弧容易引燃，并能在要求的焊接电流下稳定燃烧，焊条电弧焊电源应满足以下几个基本条件。

1）具有陡降外特性。焊接电源的外特性是指在规定范围内，焊接电源稳态输出的电流和输出电压的关系。为了达到焊条电弧由引弧到稳定燃烧的目的，焊条电弧焊要求焊接电源提供较高的空载电压，电弧稳定燃烧后，随着电流增加，电压急剧降低；当焊条与工件短路时，短路电流不应太大，应限制在一定范围内。具有上述特性的弧焊电源称为陡降外特性电源。

2）合适的空载电压和短路电流。空载电压过低时，引弧困难，电弧燃烧也不稳定；而空载电压过高时，容易引弧，但操作者触电危险大，焊机材料消耗增多，不经济。所以在满足焊接工艺要求的前提下，空载电压应尽可能低。目前焊条电弧焊电源的空载电压一般小于80V。

在引弧和焊条熔化向工件过渡时经常发生短路，若短路电流过大，不但易使焊条过热，引起药皮发红脱落，飞溅增大，而且易使焊机过载烧坏；若短路电流太小，会使引弧和短路过渡困难。

具有陡降外特性的电源，不但能保证电弧稳定燃烧，而且在短路时不会产生过大的电流，避免了电源设备过热而被烧坏。一般弧焊电源的短路电流为焊接电流的120%～150%，最大不超过200%。当焊接电流为300A时，最大短路电流应不超过600A。

3）良好的动特性。焊接过程中，焊条与工件间会频繁短路和重新引燃电弧，电源的负荷处于不断变化状态中。要求焊机的输出电压和电流能迅速地适应电弧焊接过程中的这些变化，焊接电弧才能稳定燃烧。焊机适应焊接电弧变化的特性叫做焊接电源的动特性。焊机动特性好时，容易引弧、焊接过程稳定、飞溅小，操作时感到电弧平静、柔和。

4）良好的调节特性。焊接时，被焊工件材质、厚度、坡口形式、焊接位置、焊条型号和直径不同，要求焊接电源提供的焊接电流不同。为了获得各种焊接参数及适应于不同规格焊条的焊接，要求焊接电源能灵活、均匀、方便地调节焊接电流，并保证一定的调节范围。一般要求焊条电弧焊机的电流调节应不小于最小电流的4～5倍，这样就能满足使用要求。

（3）电源种类及特点。焊条电弧焊采用的焊接电流既可以是交流也可以是直流，所以焊条电弧焊电源既有交流电源也有直流电源。目前，我国焊条电弧焊常用的电源有三大类：弧焊变压器、弧焊整流器和逆变弧焊电源，前一种属于交流电源，后两种属于直流电源。

弧焊变压器用以将电网的交流电变成适宜于弧焊的交流电。与直流电源相比，具有结构简单、制造方便、使用可靠、维修容易和成本低等优点，但电弧稳定性不如直流弧焊机，主要适用于酸性焊条，目前，在国内焊接生产中仍占有很大的比例。弧焊整流器的结构相当于在弧焊变压器上加上整流器，从而把交流电变成直流电。它既弥补了弧焊变压器电弧稳定性差的缺点，又具有结构简单、噪声低等特点。逆变弧焊电源可通过逆变改变电源的频率，得到想要的焊接波形。具有体积小、重量轻、高效节能、引弧容易、电弧稳定、飞溅少，适用于合同电弧焊的所有场合，已被广泛应用。

（4）电源的选择。焊条电弧焊要求电源具有陡降的外特性、良好的动特性和合适的电流调节范围。选择焊条电弧焊电源应主要考虑以下因素：

1）所要求的焊接电流的种类。

2）所要求的电流范围。

3）弧焊电源的功率。

4）工作条件和节能要求等。

首先，电源的种类有交流、直流及交直流两用，主要是根据所使用的焊条类型和所要焊接的焊缝形式进行选择。低氢钠型碱性焊条须选用直流弧焊电源，以保证电弧稳定燃烧。酸性焊条既可选用交流焊机，也可使用直流焊机，但从经济性考虑，一般选用结构简单、价格低廉的交流焊机。

其次，根据焊接产品所需的焊接电流范围和实际负载持续率来选择弧焊电源的容量，即弧焊电源的额定电流。在维修性的焊接工作条件下，由于焊缝不长，连续使用焊接电源的时间较短，可选用额定负载持续率较低的弧焊电源。从节能要求出发，应尽可能选用高效节能的弧焊电源，如优先考虑弧焊逆变器，其次是弧焊整流器、变压器。

此外，必须考虑焊接现场一次电源的情况，如果可以利用电网，则应查明电源是单相还是三相。如果不能利用电网，就必须使用发动机驱动的弧焊电源，如野外长输管道的焊接施工，主要采用柴油或汽油发动机驱动的直流弧焊电源。

4.4.3 焊条

（1）焊条的组成及其作用。涂有药皮的供焊条电弧焊用的熔化电极称为电焊条，简称焊条。焊条由焊芯和药皮（涂层）组成。通常焊条引弧端有倒角，药皮被除去一部分，露出焊芯端头。有的焊条引弧端涂有引弧剂，使引弧更容易。在靠近夹持端的药皮上印有焊条牌号。

焊条中被药皮包覆的金属芯称焊芯。焊条电弧焊时，焊芯与焊件之间产生电弧并熔化成为填充金属。按国家标准规定，用于焊芯的专用金属丝分为碳素结构钢、低合金结构钢和不锈钢3种。焊芯的成分将直接影响着熔敷金属的成分和性能。

涂敷在焊芯表面的涂料层称为药皮。焊条药皮是矿石粉末、铁合金粉末、有机物和化工制品等原料按一定比例配制后压涂在焊芯表面上的一层涂料。其主要作用是：

1）改善焊接工艺性能。药皮可保证电弧容易引燃并稳定地连续燃烧；同时减少飞溅，改善熔滴过渡和焊缝成形等。

2）机械保护。焊接时，药皮熔化或分解后产生大量的气体和熔渣，隔绝空气，防止熔滴和熔池金属与空气接触。熔渣凝固后的渣壳覆盖在焊缝表面，可防止高温的焊缝金属被氧化和氮化，并可减慢冷却速度，防止裂纹产生。

3）冶金处理。通过熔渣和铁合金进行脱氧、去硫、去磷、去氢和渗合金等焊接冶金反应，可以去除有害杂质，增添有用元素，使焊缝具有良好的力学性能。

4）渗合金。药皮中含有合金元素，熔化后过渡到熔池中，可改善焊缝金属的性能。

（2）焊条的分类、型号及牌号。焊条种类繁多，国产焊条有300多种。在同一类型焊条中，根据不同特性分成不同的型号。某一型号的焊条可能有一个或几个品种。同一型号的焊条在不同的焊条制造厂往往可有不同的牌号。

1）焊条分类。焊条的分类方法很多，可以从不同的角度对焊条进行分类，不同的国家焊条种类的划分、型号牌号的编制方法都有很大的差异。

A. 按药皮主要成分分类。可将焊条分为：不定型、氧化钛型、钛钙型、钛铁矿型、氧化铁型、纤维素型、低氢钾型、低氢钠型、石墨型和盐基型等 10 大类。

B. 按熔渣性质分类。可将焊条分为酸性焊条和碱性焊条两大类，熔渣以酸性氧化物为主的焊条称为酸性焊条，熔渣以碱性氧化物和氟化钙为主的焊条称为碱性焊条，在碳钢焊条和低合金钢焊条中，低氢型焊条（包括低氢钠型、低氢钾型和铁粉低氢型）是碱性焊条；其他涂料类型的焊条均属酸性焊条。

碱性焊条与强度级别相同的酸性焊条相比，其熔敷金属的塑性和韧性高、扩散氢含量低、抗裂性能强。因此，当产品设计或焊接工艺规程规定用碱性焊条时，不能用酸性焊条代替。但碱性焊条的焊接工艺性能（包括稳弧性、脱渣性、飞溅等）较差，对锈、水、油污的敏感性大，容易出气孔，有毒气体和烟尘多，毒性也大。

C. 按焊条用途分类。可分为：结构钢焊条、钼和铬钼耐热钢焊条、不锈钢焊条、堆焊焊条、低温钢焊条、铸铁焊条、镍和镍合金焊条、铜和铜合金焊条、铝和铝合金焊条和特殊用途焊条等 10 大类。

D. 按焊条性能分类。按性能分类的焊条，都是根据其特殊使用性能而制造的专用焊条，有超低氢焊条、低尘低毒焊条、立向下焊条、底层焊条、铁粉高效焊条、抗潮焊条、水下焊条、重力焊条和躺焊焊条等。

2）焊条型号。焊条型号是以焊条国家标准为依据，反映焊条主要特性的一种表示方法。型号按熔敷金属力学性能、药皮类型、焊接位置、电流类型、熔敷金属化学成分和焊后状态等进行划分。例如焊条型号 E5015 中，E 表示焊条；50 表示熔敷金属最小抗拉强度为 490MPa；15 表示该焊条药皮类型为碱性，适用于全位置焊接，可采用直流反极性电源。不同类型焊条的型号表示方法不同。具体的表示方法和表达的意义在各类焊条相对应的国家标准均有详细规定。

（3）焊条的选用原则。焊条的种类繁多，每种焊条均有一定的特性和用途。选用焊条是焊接准备工作中一个很重要的环节。在实际工作中，除了要认真了解各种焊条的成分、性能及用途外，还应根据被焊焊件的状况、施工条件及焊接工艺等综合考虑，选用焊条一般应考虑以下原则。

1）焊接材料的力学性能和化学成分。

A. 对于普通结构钢，通常要求焊缝金属与母材等强度，应选用抗拉强度等于或稍高于母材的焊条。

B. 对于合金结构钢，通常要求焊缝金属的主要合金成分与母材金属相同或相近。

C. 在被焊结构刚性大、接头应力高、焊缝容易产生裂纹的情况下，可以考虑选用比母材强度低一级的焊条。

D. 当母材中 C 及 S、P 等杂质元素含量偏高时，焊缝容易产生裂纹，应选抗裂性能好的低氢型焊条。

2）焊件的使用性能和工作条件。

A. 对承受动载荷和冲击载荷的焊件，除满足强度要求外，还要保证焊缝具有较高的韧性和塑性，应选用塑性和韧性指标较高的低氢型焊条。

B. 接触腐蚀介质的焊件，应根据介质的性质及腐蚀特征，选用相应的不锈钢焊条或其他耐腐蚀焊条。

C. 在高温或低温条件下工作的焊件，应选用相应的耐热钢或低温钢焊条。

3）焊件的结构特点和受力状态。

A. 对结构形状复杂、刚性大及大厚度焊件，由于焊接过程中产生很大的应力，容易使焊缝产生裂纹，应选用抗裂性能好的低氢型焊条。

B. 对焊接部位难以清理干净的焊件，应选用氧化性强，对铁锈、氧化皮、油污不敏感的酸性焊条。

C. 对受条件限制不能翻转的焊件，有些焊缝处于非平焊位置，应选用全位置焊接的焊条。

4）施工条件及设备。

A. 在没有直流电源，而焊接结构又要求必须使用低氢型焊条的场合，应选用交、直流两用低氢型焊条。

B. 在狭小或通风条件差的场所，应选用酸性焊条或低尘焊条。

5）改善操作工艺性能。在满足产品性能要求的条件下，尽量选用电弧稳定、飞溅少、焊缝成形均匀整齐、容易脱渣的工艺性能好的酸性焊条。焊条工艺性能要满足施焊操作需要。如在非水平位置施焊时，应选用适于各种位置焊接的焊条。如在向下立焊、管道焊接、底层焊接、盖面焊、重力焊时，可选用相应的专用焊条。

6）合理的经济效益。在满足使用性能和操作工艺性的条件下，尽量选用成本低、效率高的焊条。对于焊接量大的结构，应尽量采用高效焊条，如铁粉焊条、高效率不锈钢焊条及重力焊条等，以提高焊接生产率。

（4）常用钢材的焊条选用。常用钢材推荐选用的焊条见表4-11，不锈钢复合钢板推荐选用的焊条见表4-12。

表4-11　　　　　　　　　　常用钢材推荐选用的焊条表

钢　号	母材技术条件		焊条型号
	材料状态	屈服点/MPa	
Q235	热轧	≥235	E4303、E4315、E4316
Q345	热轧	≥275～345	E5015、E5016
Q390、15MnV、15MnTi、45号	热轧、正火	≥330～390	E5015、E5515-N1
Q420、15MnVN	正火、正火+回火、控轧、调质	≥400～420	E5515-N1
Q460、14MnMoV	正火、正火+回火、控轧、调质	≥440～460	E6015-N2、E6015-3M2
Q500、07MnCrMoVR	正火、正火+回火、控轧、调质	≥490	E6015-N2、E6015-3M2
Q620、14MnMoVB、HQ70	调质	≥590	E7015-N3
Q690、HQ80C	调质	≥670～690	E8015-N3
0Cr18Ni9、1Cr18Ni9Ti	热轧	—	E347-15、E347-16
0Cr13	热轧	—	E410-15、E410-16

表 4 - 12　　　　　　　　　　　不锈钢复合钢板推荐选用的焊条表

复合钢板的牌号	基层	过渡层	复层
	焊条型号	焊条型号	焊条型号
Q235＋1Cr13	E4303、E4315	E309 - 16、E309 - 15	E308 - 16、E308 - 15
Q345＋1Cr13	E5003、E5015	E309 - 16	E308 - 16
Q235＋1Cr18Ni9Ti	E4303、E4315	E309 - 16、E309 - 15	E347 - 16、E347 - 15
Q345＋1Cr18Ni9Ti	E5015	E309 - 16	E347 - 16
Q235＋1Cr18Ni12Mo2Ti	E4303、E4315	E309Mo - 16	E318 - 16
Q345＋1Cr18Ni12Mo3Ti	E5015	E309Mo - 16	E318 - 16

（5）焊条的管理和使用。

1）焊条的库存管理。焊条入库前要检查焊条质量保证书和焊条型号（牌号）标识。焊接压力容器及水工金属结构一类、二类焊缝的焊条，应按国家标准要求进行复验，复验合格后才能办理入库手续。

在仓库里，焊条应按种类、牌号、批次、规格、入库时间分类堆放，并应有明确标识。库房内要保持通风、干燥（室温宜大于5℃，相对湿度小于60％）。堆放时不要直接放在地面上，要用木板垫高，距离地面高度不小于300mm，并离墙距离不小于300mm，上下左右空气流通。搬运过程中要轻拿轻放，防止包装损坏。

2）施工中的焊条管理。焊条在领用和再烘干时都必须认真核对牌号，分清规格，并做好记录。当焊条端头有油漆着色或药皮上印有字符标记时，要仔细核对，防止用错。不同牌号的焊条不能混在同一烘干箱中烘干。如果使用时间较长或在野外施工，要使用焊条保温筒，随用随取。低氢焊条一般在常温下超过4h，即应重新烘干。

3）焊条使用前的检验。焊条应有制造厂的质量合格证，凡无合格证或对其质量有怀疑时，应按批抽查检验，合格者方可使用，存放多年的焊条应进行工艺性能试验，待检验合格后才能使用。

如发现焊条内部有锈迹，须经试验合格后才能使用。焊条受潮严重，已发现药皮脱落者，一般应予报废。

4）焊条的烘焙。焊条使用前一般应按说明书规定的烘焙温度进行烘干。焊条烘干的目的是去除受潮涂层中的水分，以便减少熔敷金属中的氢，防止产生气孔和冷裂纹。烘干焊条要严格按照规定的工艺参数进行。烘干温度过高时，涂层中某些成分会发生分解，降低机械保护的效果；烘干温度过低或烘干时间不够时，则受潮涂层的水分去除不彻底，仍会产生气孔和延迟裂纹。

A. 碱性低氢型焊条烘焙温度一般为350～400℃，对含氢量有特殊要求的超低氢型焊条的烘焙温度应提高到400～450℃，烘箱温度应缓慢升高，烘焙1h，烘干后放在100～150℃的恒温箱内，随用随取。切不可突然将冷焊条放入高温烘箱内或突然冷却，以免药皮开裂。取出后放在焊条保温筒内。重复烘干次数不宜超过两次。

B. 酸性焊条要根据受潮情况，在100～150℃上烘焙1～2h。若储存时间短且包装完好，用于一般钢结构，在使用前也可不烘焙。

C. 烘干焊条时，每层焊条堆放得不能太厚（以 3～5 层为宜），以免焊条受热不均和潮气不易排出。烘干时，须做好记录。

4.4.4　焊条电弧焊的接头设计

（1）接头形式。焊条电弧焊常用的基本接头形式有四种：对接接头、角接接头、搭接接头和 T 形接头。选择接头形式时，主要根据产品的结构特点，并综合考虑受力条件、加工成本等因素。对接接头在各种焊接结构中应用十分广泛，是一种比较理想的接头形式。与搭接接头相比，具有受力简单均匀、应力集中相对较小，能承受较大载荷、节省材料等优点，但对接接头对下料尺寸和组装要求比较严格。T 形接头能承受各种方向的力和力矩，在闸门结构中应用较多。角接接头的承载能力差，一般不用于重要的焊接结构或箱形物体上。搭接接头一般用于厚度小于 12mm 的钢板，其搭接长度为 3～5 倍的板厚，搭接接头易于装配，但承载能力差。

（2）坡口形式。根据设计或工艺需要，将焊件的待焊部位加工成一定几何形状的沟槽称为坡口。开坡口的目的是为了得到在焊件厚度上全部焊透的焊缝。常用的坡口形式有 I 形、V 形、X 形、Y 形、双 Y 形、带钝边 U 形坡口等。一般对接接头板厚小于 6mm 时，用 I 形坡口采用单面焊或双面焊即可保证焊透；板厚大于 3mm 时，为了保证焊缝有效厚度或焊透，改善焊缝成形，可加工成 X 形、Y 形、U 形等形状的坡口。

在板厚相同时，双面坡口比单面坡口、U 形比 V 形坡口消耗焊条少，焊接变形小，随着板厚增大，这些优点更加突出。但 U 形坡口加工较困难，坡口加工费用较高，一般用于较重要的结构。当不同厚度的钢板对接时，应按有关标准和技术文件要求对厚板坡口侧进行削薄处理。

坡口形式及尺寸一般随板厚变化而变化，同时还与焊接方法、焊接位置、热输入量、加工方法及工件材质有关。坡口形式及尺寸按《气焊、焊条电弧焊、气体保护焊和高能束焊的推荐坡口》（GB/T 985.1—2008）及《复合钢的推荐坡口》（GB/T 985.4—2008）的规定执行。

4.4.5　焊接工艺参数

焊接工艺参数是指焊接时，为保证焊接质量而选定的诸物理量（例如：焊接电流、电弧电压、焊接速度等）的总称。焊条电弧焊的焊接工艺参数主要包括焊条直径、焊接电流、电弧电压、焊接速度和热输入等。

（1）焊条直径。焊条直径根据焊件厚度、接头形式、焊缝位置、焊道层次等因素进行选择。为提高生产效率，应尽可能地选用直径较大的焊条。

厚度较大的焊件，搭接和 T 形接头的焊缝可选用直径较大的焊条。对于小坡口接头，为了保证根部焊透，宜采用较小直径的焊条，如打底焊时一般选用 ϕ2.5mm 或 ϕ3.2mm 焊条。不同的焊接位置，选用的焊条直径也不同，通常平焊时选用较粗的 ϕ4.0～6.0mm 的焊条；立焊和仰焊时选用 ϕ3.2～4.0mm 的焊条；横焊时选用 ϕ3.2～5.0mm 的焊条。多层焊的第一层焊缝选用细焊条。对于特殊钢材，需要小工艺参数焊接时可选小直径焊条。

焊条直径根据工件厚度选择时，焊条直径与焊件厚度的关系见表 4-13。

表 4 - 13　　　　　　　　　　焊条直径与焊件厚度的关系表

焊件厚度/mm	2	3	4～5	6～12	≥13
焊条直径/mm	2.0	3.2	3.2～4.0	4.0～5.0	4.0～6.0

（2）焊接电流。焊接电流是焊条电弧焊最重要的一个工艺参数，它的大小直接影响焊接质量及焊缝成形。当焊接电流过大时，焊缝厚度和余高增加，可能造成咬边、烧穿等缺陷，增大焊件变形，还会使接头热影响区晶粒粗大，韧性降低；当焊接电流过小时，则引弧困难，焊条易粘连在工件上，电弧不稳定，易产生未焊透、未熔合、气孔和夹渣等缺陷，且生产率低。

选择焊接电流大小时，应根据焊条类型、焊条直径、焊件厚度以及接头形式、焊缝位置、焊道层次来综合考虑。首先应保证焊接质量，其次应尽量采用较大的电流，以提高生产效率。但主要考虑焊条直径、焊接位置和焊道层次等因素。

1）焊条直径。焊条直径越大，焊接电流就越大，每种焊条都有一个最合适电流范围，各种直径焊条使用电流参考值见表 4 - 14。

表 4 - 14　　　　　　　　　　各种直径焊条使用电流参考值

焊条直径/mm	1.6	2.0	2.5	3.2	4.0	5.0	6.0
焊接电流/A	25～40	40～65	50～80	100～130	160～210	200～270	260～300

当使用碳钢焊条焊接时，还可以根据选定的焊条直径，用经验公式（4 - 2）计算焊接电流：

$$I = Kd \qquad\qquad (4-2)$$

式中　I——焊接电流，A；

　　　K——经验系数，A/mm，见表 4 - 15；

　　　d——焊条直径，mm。

表 4 - 15　　　　　　　　焊接电流经验系数与焊条直径的关系表

焊条直径 d/mm	1.6	2.0～2.5	3.2	4.0～6.0
经验系数 K	20～25	25～30	30～40	40～50

2）焊接位置。在平焊位置焊接时，可选择偏大些的焊接电流；横焊和立焊时，焊接电流应比平焊位置电流小 10%～15%；仰焊时，焊接电流应比平焊位置电流小 10%～20%；角焊缝电流比平位置电流稍大些。

3）焊道层次。在多层焊或多层多道焊的打底焊道时，为了保证背面焊道质量和便于操作，应使用较小电流；焊接填充焊道时，为了提高效率，保证熔合良好，可使用较大的电流；焊接盖面焊道时，为防止咬边和保证焊道成形美观，应选用稍小电流。

另外，当使用碱性焊条时，比酸性焊条的焊接电流减少 10% 左右。焊接厚板时，应选用较大的焊接电流。

（3）电弧电压。电弧电压主要影响焊缝宽度，电弧电压越高，焊缝就越宽，熔深和余高减少，飞溅增加，焊缝成形不易控制。电弧电压的大小主要取决于电弧长度，电弧长，电弧电压就高；电弧短，电弧电压就低。焊接过程中，电弧不宜过长，否则会出现电弧燃烧不稳定、飞溅大、熔深浅及产生咬边、气孔等缺陷；若电弧太短，容易黏焊条。一般在焊接过程中，电弧长度等于焊条直径的 0.5～1.0 倍为好，相应的电弧电压为 16～25V。碱性焊条的电弧长度不超过焊条的直径，为焊条直径的一半较好，尽可能地选用短弧焊；酸性焊条的电弧长度应等于焊条直径。

（4）焊接速度。焊接速度是指焊接过程中焊条沿焊接方向移动的速度，即单位时间内完成的焊缝长度。主要取决于焊条的熔化速度和所要求的焊缝尺寸、装配间隙和焊接位置等。当焊接速度太慢时，焊缝变宽，余高增加，外形不整齐，易产生焊瘤等缺陷；当焊接速度太快时，焊缝变窄，严重凹凸不平，易产生咬边及焊缝波形变尖。焊接速度还直接决定着热输入量的大小，一般根据钢材的淬硬倾向来选择。焊条电弧焊时，焊接速度由焊工根据具体情况灵活掌握，以确保焊缝质量和外观尺寸满足要求。

（5）热输入。熔焊时，由焊接能源输入给单位长度焊缝上的热量称为热输入，又称为线能量。其计算式（4-3）为：

$$q=IU/v \qquad\qquad (4-3)$$

式中　q——单位长度焊缝的热输入，即线能量，J/cm；

　　　I——焊接电流，A；

　　　U——电弧电压，V；

　　　v——焊接速度，cm/s。

焊接线能量会影响焊接接头的性能，不同的钢材，焊接线能量最佳范围也不一样。线能量对低碳钢焊接接头的影响不大。因此，对于低碳钢焊条电弧焊一般不规定线能量。对于低合金钢和不锈钢等钢种，线能量太大时，接头性能可能降低；线能量太小时，有的钢种焊接时可能产生裂纹。因此，焊接工艺应规定线能量。一般要通过工艺试验来确定线能量的范围。

（6）焊接层数。当焊件较厚时，要进行多层焊或多层多道焊。多层焊时，后一层焊缝对前一层焊缝有热处理作用，能细化晶粒，提高焊缝接头的塑性。因此对于一些重要结构，焊接层数多些好，每层厚度最好不大于 4mm。实践经验表明，当每层厚度为焊条直径的 0.8～1.2 倍时，焊接质量最好，生产效率最高，并且容易操作。

（7）预热温度。预热是焊接开始前对被焊工件的全部或局部进行适当加热的工艺措施。预热的主要作用如下：

1）预热能减缓焊后的冷却速度，有利于焊缝金属中扩散氢的逸出，避免产生氢致裂纹。同时也减少焊缝及热影响区的淬硬程度，提高了焊接接头的抗裂性。

2）预热可降低焊接应力。均匀地局部预热或整体预热，可以减少焊接区域被焊工件之间的温度差（也称为温度梯度）。这样，一方面，降低了焊接应力；另一方面，降低了焊接应变速率，有利于避免产生焊接裂纹。

3）预热可以降低焊接结构的拘束度，对降低角接接头的拘束度尤为明显。随着预热温度的提高，裂纹发生率下降。

预热温度应根据钢材的化学成分、焊件的性能、结构的刚性、焊接方法和施焊环境温度以及有关产品的技术标准等条件综合考虑，重要结构要经过裂纹试验确定不产生裂纹的最低预热温度。预热温度选得越高，防止裂纹产生的效果越好；但超过必需的预热温度，会使熔合区附近的金属晶粒粗化，降低接头质量，劳动条件恶化。另外，预热温度在钢材板厚方向及焊缝区域的均匀性，对降低焊接应力有着重要的影响。局部预热的宽度，应根据被焊工件的拘束度情况而定，一般应为焊缝区周围各3倍板厚，且不得小于100mm。

（8）后热与焊后热处理。焊后立即对焊件的全部（或局部）进行加热或保温，使其缓冷的工艺措施称为后热。后热的目的是避免形成硬脆组织，以及使扩散氢逸出焊缝表面，从而防止产生裂纹。

焊后为改善焊接接头的显微组织和性能或消除焊接残余应力而进行的热处理称为焊后热处理。焊后热处理的主要作用是消除焊件的焊接残余应力，降低焊接区的硬度，促使扩散氢逸出，稳定组织及改善力学性能等。因此，选择热处理温度时要根据钢材的性能、显微组织、接头的工作温度、结构型式、热处理目的来综合考虑，并通过显微金相和硬度试验来确定。

对于易产生脆断和延迟裂纹的重要结构，尺寸稳定性要求高的结构，以及有应力腐蚀的结构，应考虑进行消除应力退火；对于锅炉、压力容器，则有专门的规程规定，厚度超过一定限度后要进行消除应力退火。消除应力退火的工艺参数按有关规程或产品设计文件根据结构材质确定，必要时通过试验确定。

4.5 埋弧焊

4.5.1 埋弧焊的原理、特点及应用

（1）埋弧焊原理。埋弧焊是电弧在焊剂层下进行焊接的方法，它是利用焊丝与焊件之间在焊剂层下燃烧的电弧产生热量，熔化焊丝、焊剂和母材金属而形成焊缝，连接被焊件。在埋弧焊中，颗粒状焊剂对电弧和焊接区起保护和合金化作用，而焊丝则作为填充金属。

埋弧焊过程原理见图4-11。焊丝和焊件分别与焊接电源的输出端相接。焊丝由送丝机构连续向覆盖焊剂的焊接区给送。电弧引燃后，焊剂、焊丝和母材在电弧热的作用下熔化并形成熔池。熔化的熔渣覆盖住熔池金属及高温焊接区，起到良好的保护作用。未熔化的焊剂也具有隔离空气，屏蔽电弧光和热的作用，并提高了电弧的热效率。

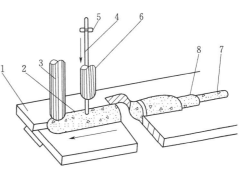

图4-11　埋弧焊过程原理图
1—工件；2—焊剂；3—焊剂漏斗；4—焊丝；
5—送丝滚轮；6—导电嘴；7—焊缝；8—渣壳

熔融的焊剂与熔化金属之间可产生各种冶金反应。正确地控制这些冶金反应的进程，可以获得化学成分、力学性能符合预定技术要求的焊缝金属。同时焊剂的成分也影响到电弧的稳定性、弧柱的最高温度以及焊接区热量的分布。熔渣的特性也对焊缝成形起到一定的作用。

埋弧焊时，可以采用较短的焊丝伸出长度并可在焊接过程中基本保持不变，焊丝可以较高的速度自动给送，因此可以采用大电流进行焊接，从而可达到相当高的熔敷效率。

（2）埋弧焊的特点。埋弧焊与其他焊接方法相比，具有下列优点：

1）生产效率高。埋弧焊所用焊接电流大，相应电流密度也大（见表 4-16）。同时，焊剂和熔渣具有隔热作用，电弧的熔透能力和焊丝的熔敷速度都大大提高。以厚度 8～10mm 的钢板对接焊为例，单丝埋弧焊焊接速度可达 30～50m/h，若采用双丝或多丝焊，速度还可以提高 1 倍以上，而焊条电弧焊焊接速度则不超过 6～8m/h。同时，由于埋弧焊热效率高，熔深大，单丝或多丝埋弧焊可以通过单面焊双面成形工艺，完成厚度 20mm 以下直边对接接头，或以双面焊完成 40mm 以下的直边对接和单 V 形坡口对接接头。

表 4-16　　　　　　　　焊条电弧焊与埋弧焊的焊接电流、电流密度比较表

焊条/焊丝直径 /mm	焊 条 电 弧 焊		埋 弧 焊	
	焊接电流/A	电流密度/(A/mm²)	焊接电流/A	电流密度/(A/mm²)
2.0	50～65	16～25	200～400	63～125
3.2	80～130	11～18	350～600	50～85
4.0	125～200	10～16	500～800	40～63
5.0	190～250	10～18	700～1000	30～50

2）焊接质量好。因为熔渣的保护，熔化金属不与空气接触，焊缝金属中含氮量低，而且熔池金属凝固较慢，液态金属与熔化焊剂间的冶金反应充分，减少了焊缝产生气孔、裂纹的可能性。利用焊剂对焊缝金属脱氧还原反应以及渗合金作用，可以获得力学性能优良、致密性高的优质焊缝金属。焊缝金属的性能容易通过焊剂和焊丝的选配实现任意调整。自动焊时，焊接工艺参数通过自动调节保持稳定，焊缝成形好、成分和性能稳定、质量高。

3）劳动条件好，环保。埋弧焊弧光不外露，没有弧光辐射，几乎没有烟尘，无噪音。机械化的焊接方法对焊工操作技术要求不高，减轻了焊工劳动强度。

4）不产生任何飞溅，焊缝表面光洁，焊后无需修磨焊缝表面，省略辅助工序。

5）易于实现机械化和自动化操作，焊接过程稳定，焊接参数调整范围广。

埋弧焊也有如下缺点：

1）埋弧焊采用颗粒状焊剂进行保护，一般只适用于平焊和角焊位置的焊接，对工件的倾斜度亦有严格的限制，否则焊剂和焊接熔池难以保持。其他位置的焊接，则需采用特殊装置来保证焊剂覆盖焊缝区。

2）焊接时不能直接观察电弧与坡口的相对位置，需要采用焊缝自动跟踪装置，对装配精度要求高。

3）埋弧焊使用电流较大，电弧的电场强度较高，电流小于 100A 时，电弧稳定性较差，因此不适合焊接薄板。

4）机动性差，设备成本高、复杂，需要采用辅助装置。

（3）埋弧焊的应用。埋弧焊是焊接生产中应用最为广泛的机械化焊接方法之一。由于焊接熔深大、生产效率高、机械化程度高，因而适用于中厚板长焊缝的焊接。特别是在船

舶制造、发电设备、锅炉、压力容器、大型管道、铁路车辆、重型机械、桥梁及炼油化工装备制造业中，已成为主导焊接工艺。

随着焊接冶金技术和焊接材料生产技术的发展和埋弧焊工艺的改进，埋弧焊可以焊接的钢种有：所有牌号的低碳钢，$W(C) < 0.6\%$ 的中碳钢，各种低合金高强度钢、耐热钢、耐候钢、低温用钢、各种铬钢和铬镍不锈钢、高合金耐热钢以及镍基合金等。淬硬性较高的高碳钢、马氏体时效钢，铜及其合金也可采用埋弧焊焊接，但必须采取特殊的焊接工艺才能保证接头的质量。埋弧焊还可以用于不锈耐蚀、硬质耐磨合金的表面堆焊。

铸铁、奥氏体锰钢、高碳工具钢、铝和镁及其合金尚不能采用埋弧焊进行焊接。

4.5.2 埋弧焊设备

埋弧焊设备包括主要设备和辅助设备。主要设备是埋弧焊机；辅助设备有埋弧焊焊接操作机、埋弧焊焊件变位装置和埋弧焊焊缝成形装置等。

（1）埋弧焊机分类。埋弧焊机由机头、控制箱、导轨（或支架）以及焊接电源组成，大致有如下 4 种分类方法。

1）按用途分专用和通用两种，通用焊机广泛用于各种结构的对接、角接、环缝和纵缝的焊接，而专用焊机则适用于特定的焊缝或构件，如埋弧自动角焊机、T 形梁焊机、埋弧堆焊机等。

2）按送丝方式分等速送丝式和变速送丝式两种，前者适用于细焊丝高电流密度条件的焊接，而后者则适用于粗丝低电流密度条件下的焊接。

3）按行走机构形式分为小车式、门架式和悬臂式三类，通用埋弧焊机多采用小车式结构，可适合平板对接、角接及筒体内外环缝的焊接；门架式行走机构适用于大型结构件的平板对接、角接；悬臂式焊机则适用于大型工字梁、化工容器、锅炉汽包等圆筒、圆球形结构上的纵缝和环缝的焊接。

4）按焊丝数目和形状可分为单丝、双丝、多丝及带状电极焊机。焊接生产中应用最广泛的是单丝焊机；双丝或多丝埋弧焊是提高生产效率的有效方法，目前得到了越来越多的应用，使用最多的是双丝和三丝埋弧焊；带状电极埋弧焊机主要用作大面积堆焊。

（2）埋弧焊电源。埋弧焊可以采用交流电源或直流电源，在双丝和多丝焊工艺中也可以交流电源和直流电源配合使用。直流电源包括硅弧焊整流器、晶闸管弧焊整流器和逆变式弧焊电源等多种形式，可提供平特性、缓降特性、陡降特性、垂降特性的输出。交流电源通常是弧焊变压器类型，一般提供陡降特性的输出。电源外特性的选用视具体应用而定，在细焊丝薄板焊接时，电弧具有上升静特性，根据电弧调节系统的要求，宜采用平特性电源；而对于一般的粗焊丝埋弧焊，电弧具有水平静特性，应采用下降外特性电源。埋弧焊通常是高负载持续率、大电流的焊接过程，所以一般埋弧焊机电源都具有大电流、100% 负载持续率的输出能力。

1）直流电源。直流电源的外特性可以是平特性、缓降特性、垂降或陡降特性，也可能同时具有多种外特性。一般直流电源用于小电流范围、快速引弧、短焊缝、高速焊接、所采用焊剂的稳弧性差以及焊接工艺参数稳定性要求较高的场合。采用直流电源进行埋弧焊时，极性不同将产生不同的焊接效果。直流正接时，焊丝熔敷率高；直流反接时，熔深大。

直流埋弧焊电源的电流容量在 400～1500A 的范围内。小容量的电源（300～600A）常常是多功能的，可以进行 TIG 焊、实芯或药芯熔化极气体保护焊，也可用于 $\phi 1.6mm$、$\phi 2.0mm$ 或 $\phi 2.4mm$ 焊丝的半自动埋弧焊。自动埋弧焊的焊接电流在 300～1000A 的范围内，采用 $\phi 2.0～6.4mm$ 焊丝。由于磁偏吹的影响，直流埋弧焊的焊接电流很少在 1000A 以上。

2）交流电源。一般交流电源输出为陡降外特性，在极性换向时，输出电流下降到零，反向再引弧要求空载电压较高。为了利于引弧，埋弧焊交流电源空载电压一般都高于 80V。同时，对焊剂的要求较高，一般适合直流埋弧焊的焊剂不一定适合交流埋弧焊。采用交流电源时，焊丝熔敷效率及焊缝熔深介于直流正接和直流反接之间，而且电弧的磁偏吹最小。因此，交流电源多用于大电流埋弧焊和采用直流磁偏吹严重的场合。单丝自动埋弧焊常用的电源类型见表 4-17。

表 4-17　　　　　　　　　　　　单丝自动埋弧焊常用的电源类型表

焊接电流/A	焊接速度/(cm/min)	电 源 类 型
300～500	>100	直流
600～900	38～75	直流或交流
1200 以上	12.5～38	交流

（3）埋弧焊控制系统。埋弧焊基本的控制系统由以下 5 个部分组成。

1）送丝速度控制，在恒压系统中控制焊接电流，在恒流系统中控制电弧电压。

2）焊接电源的参数给定，在恒压系统中控制电弧电压，在恒流系统中控制焊接电流。

3）焊接启动/停止开关。

4）手动或自动行走选择开关。

5）待焊状态焊丝的送进/回抽。

在埋弧焊数字控制系统中普遍采用电流、电压和送丝速度的数字显示。典型的数字控制包括：送丝速度控制，焊接电源控制（电压控制），焊接启/停、自动/手动行走选择，焊丝送进/回抽，试车，弧坑填充以及焊剂的送给控制。埋弧焊数字控制系统的优势在于对焊接过程的精确控制。但是，它不能与所有焊接电源兼容。

（4）埋弧焊机的选用原则。埋弧焊电源是埋弧焊设备中的关键部分，正确地选用可获得良好的经济效益，选用时可参照以下原则：

1）焊接电流类型。选用弧焊变压器，它有成本低，结构简单，工作可靠，维修方便等特点。但正弦波输出电流的过零时间较长（小电流时波形畸变尤为严重），电弧在过零时容易产生熄弧现象；难以避免的铁芯振动（小电流时铁芯受力大，特别严重）不仅噪声大，还会影响电流的稳定性。此外，在电气线路上无电网补偿等因素都会造成这种交流电源不如直流电源稳定。因此，除焊接工艺方面的因素外，此种弧焊电源只适用于要求不太高且电流较大的焊接。

但交流电弧无直流电弧所存在的磁偏吹现象，在某些特殊场合（如窄间隙焊接），为避免磁偏吹现象可选用交流弧焊电源，在弧焊变压器不能满足焊接精度与质量要求时，可考虑采用晶闸管电抗器式矩形波交流电源和 AC/DC 波形控制弧焊电源。

2）容量选择。选用埋弧焊机前应先确定容量，按工艺要求确定焊机可能使用的最大容量，然后选择适当的电源。

此外，要注意的是负载持续率，一般焊机型号的后半部数字是指额定电流，但必须在规定的负载持续率之内，如果实际负载持续率超过规定值则应选择大一挡容量的电源。

3）结构考虑。根据各类弧焊电源的结构特点，选用时应从工艺要求、价格及使用维修等实际情况考虑。

交流弧焊电源中，增强漏磁式弧焊变压器要比串联电抗器式电源噪声小，电流调节范围大，体积小，但串联电抗器式电源的结构简单，维修方便。

晶闸管电抗器式矩形波交流电源的性能大大优于普通弧焊变压器，但价格较贵，电路复杂。

直流弧焊电源中，晶闸管式弧焊整流电源的各项性能均比磁放大器式的要好，但电路复杂，维修技术要求高。

逆变式弧焊整流电源有体积小，重量轻，节能等优点。但对电网及周围设备容易产生干扰，因此对使用环境有较高的要求，如干燥、通风、防尘以及不影响周围设备的场合。

4）输出特性。埋弧焊的送丝方式有等速与变速两种。对于等速送丝系统，弧长的稳定依靠电弧自身调节作用，故要求电源输出特性平或缓降；变速送丝系统有弧压反馈的送丝系统和焊接电流反馈的送丝系统两种，由于有电弧强迫调节作用，对于弧压反馈的送丝系统所配的弧焊电源的输出特性可略陡降，以增加电流的稳定性，焊机的送丝系统动态响应速度越快，所配埋弧焊电源的输出特性可陡降。送丝系统动态响应速度越快弧长越稳定，在此基础上，输出特性越陡焊接电流越稳定。而焊接电流反馈的送丝系统则使用平特性电源，以保证弧长不变，送丝系统强迫调节使焊接电流稳定。同时，无论何种送丝系统，均要求短路电流大些，以利起弧。

（5）埋弧焊工艺装备。埋弧焊工艺装备主要包括焊接操作机、焊件变位机械和埋弧焊焊缝成形装置3大类。这些装备在大中型焊件的自动化焊接生产中发挥着愈来愈重要的作用。

1）焊接操作机。焊接操作机常称之为焊机变位装置，是一种将焊接机头按焊件外形定位并带动机头沿焊缝以规定速度移动而实现焊接过程自动化的机械。它与焊件变位装置配合使用，可以完成各种位置焊件的焊接。在埋弧焊中最常用的焊接操作机有立柱横梁式焊接操作机、侧梁式焊接操作机和龙门式焊接操作机。

2）焊件变位机械。焊件变位机械是在焊接过程中用以改变焊件的空间位置，使其处在适宜于焊接作业位置的各种机械装备。使用焊件变位机械，不仅可提高焊接效率，而且也保证了焊接质量。焊件变位机械常与焊接操作机组合使用，以完成各种形状焊缝的自动焊接。焊件变位机械按其结构和功能可分为以下4类：①焊接滚轮架；②焊接变位机；③焊接翻转机；④焊接回转平台。

A．焊接滚轮架是通过电动机驱动的滚轮带动焊件以一定速度旋转的变位机械，在焊接生产中应用的焊接滚轮架通常由一副主动滚轮架和一副被动滚轮架组成。

在埋弧自动焊中，焊接滚轮架与各种焊接操作机组合，用于圆柱形焊件环缝的焊接。目前，在工业生产中最常用的焊接滚轮架可分成两大类：一类是自调式焊接滚轮架；另一类是可调式焊接滚轮架。

自调式焊接滚轮架的结构特点是每一副滚轮架由两组双滚轮，且每组滚轮支架可以其支点为中心旋转，因此可在相当宽的范围内适应不同直径的焊件而无需改变两组滚轮之间的距离。但在焊接直径很小的焊件时，焊件的外圆只能与每对滚轮架的两个滚轮接触，滚轮架的承载重量将相应地降低为额定载荷的75%。

可调式滚轮架的结构特点是，每一副滚轮架的滚轮间距可按焊件的直径进行调节。其调节的方法有多种，最简单的办法是：在滚轮架支座面上钻两排间距相等的螺栓孔，滚轮座则按焊件的直径安装在相应的孔位，并用螺栓固定。

可调式焊接滚轮架，通常采用一副主动滚轮架和一副被动滚轮架组合。其中主动滚轮架可分为单驱动和双驱动。两台电动机可通过电子线路同步启动。双驱动的优点是焊件旋转速度平稳，并可消除跳动现象。

B. 焊接变位机是一种可将焊件回转又可作翻转的机械，以使焊件上的焊缝始终处于容易焊接的位置。合理使用焊接变位机可提高焊接效率，改善焊接质量，并减轻焊工的劳动强度。同时，它也是实现焊接工艺过程机械化和自动化不可缺少的重要工艺装备之一。焊接变位机与焊接操作机组合使用，可以解决形状复杂焊件的自动焊。目前，焊接变位机已广泛用于工程机械、重型机械、车辆和锅炉压力容器等制造行业。

C. 焊接翻转机是一种将焊件绕水平轴翻转或连续旋转，使焊缝始终处于容易焊接位置的变位机械。在焊接生产中，常用的焊接翻转机种类有：头尾架式、框架式、链条式、圆环式和推举式。在埋弧焊中，主要采用头尾架式翻转机。

D. 焊接回转平台是将焊件绕垂直中心轴，以规定速度回转的焊接变位机械。实际上，它是一种无倾斜机构的焊接变位机，主要用于同一个平面上环形焊缝的焊接和平面螺旋堆焊等。

焊接回转台可与横梁式焊接操作机以及门架式焊接操作机组合使用，以完成各种圆柱形部件环缝的焊接，如接管与法兰的焊接，封头与法兰的焊接以及各种管件的焊接等。当焊接回转台用于封头、端盖和管板平面连续螺旋堆焊时，回转台的转速应与焊接机头的移动速度精确地协调控制，并按螺旋形堆焊焊道中径逐道自动调整转速。

3）埋弧焊焊缝成形装置。焊缝成形装置有多种，如铜垫板、焊剂衬垫、焊剂—铜垫及陶质衬垫等。

4.5.3 埋弧焊用焊接材料

（1）埋弧焊用焊剂。

1）埋弧焊焊剂的分类。埋弧焊焊剂可按用途、化学成分、制造方法、物理特性和颗粒构造进行分类。

A. 按焊剂的用途分类。焊剂按适用于焊接的钢种可分为碳钢埋弧焊剂、合金钢埋弧焊剂、不锈钢埋弧焊剂、铜及铜合金埋弧焊剂和不锈钢及镍基合金埋弧堆焊用焊剂；焊剂按适用的焊丝直径分为细焊丝（$\phi 1.6 \sim 2.5mm$）埋弧焊剂和粗焊丝埋弧焊剂；按适用的焊接位置可分为平焊位埋弧焊焊剂和强迫成形焊剂；按特殊的用途可分为高速埋弧焊焊剂、窄间隙埋弧焊焊剂、多丝埋弧焊焊剂和带极堆焊埋弧焊焊剂等。

B. 按焊剂的化学成分分类。埋弧焊焊剂按其组分中酸性氧化物和碱性氧化物的比例可分成酸性焊剂和碱性焊剂。焊剂的碱度愈高，合金元素的掺合率愈高，焊缝金属的纯度也愈高，缺口冲击韧度也随之提高。按焊剂中的 SiO_2 含量可将其分为低硅焊剂和高硅焊剂。W(SiO₂) 在 35％ 以下者称为低硅焊剂；W(SiO₂)>40％ 者称为高硅焊剂。按焊剂中 Mn 含量可分为无锰焊剂和有锰焊剂。焊剂中 W(Mn) 小于 1％ 者称为无锰焊剂，含锰量超过此值者为有锰焊剂。

C. 按焊剂的制造方法分类。按制造方法可将焊剂分为熔炼焊剂和烧结焊剂两种。熔炼焊剂是将炉料组成物按一定的配比在电炉或火焰炉内熔炼后制成的。而烧结焊剂是配料粉碎成粉末再用黏结剂黏合成细小的颗粒焙烧制成。

D. 按焊剂的物理特性分类。按焊剂在熔化状态的黏度随温度变化的特性，可分长渣焊剂和短渣焊剂。短渣焊剂焊接工艺性较好，利于脱渣和焊缝成形。长渣焊剂则相反。

E. 按焊剂的颗粒构造分类。熔炼焊剂按焊剂颗粒构造可分为玻璃状焊剂和浮石状焊剂。玻璃状焊剂颗粒呈透明的彩色，而浮石状焊剂为不透明的多孔体。玻璃状焊剂的堆密度高于 1.4g/cm³，而浮石状焊剂则不到 1g/cm³。因此，玻璃状焊剂能更好地隔离焊接区不受空气的侵入。

2）对焊剂性能的基本要求。在埋弧焊中，焊剂对焊缝的质量和力学性能起着决定性的作用，故对焊剂的性能提出了下列多方面的要求：①保证焊缝金属具有符合要求的化学成分和力学性能；②保证电弧稳定燃烧，焊接冶金反应充分；③保证焊缝金属内不产生裂纹和气孔；④保证焊缝成形良好；⑤保证熔渣的脱渣性良好；⑥保证焊接过程其他有害物质析出最少。

为达到上述要求，焊剂应具有合适的组分和碱度，使合金元素有效地过渡、脱硫、脱磷和去气完全。在焊剂中可加适量的碱土金属（钠、钾和钙）以提高电弧燃烧的稳定性。但焊剂中氟的存在对电弧稳定性不利，氟还可能以氟化氢、氟化硅等有害气体析出。但焊剂中的氟化钙对防止气孔的形成起主要作用，故焊剂中的氟化钙含量应恰当控制。焊剂中的氧化锰含量增加，加强了脱硫作用，提高了焊缝的抗裂性。焊接的脱渣性主要取决于熔渣与金属之间热膨胀系数的差异以及熔渣壳与焊缝表面的化学结合力。因此，焊剂的组分应使熔渣与金属的膨胀系数有较大的差异，并尽量减小其化学结合力。

3）埋弧焊焊剂的标准型号和商品牌号。埋弧焊焊剂按所焊钢种类别可分为碳钢埋弧焊焊剂、低合金钢埋弧焊焊剂、不锈钢埋弧焊焊剂，我国已相继对这三类焊剂的制造规定了《埋弧焊用碳钢焊丝和焊剂》（GB/T 5293）、《埋弧焊用低合金钢焊丝和焊剂》（GB/T 12470）和《埋弧焊用不锈钢焊丝和焊剂》（GB/T 17854）三个国家标准。按上述标准，这三类埋弧焊用焊剂标准型号的表示方法如下：

A. 碳钢埋弧焊用焊剂标准型号表示方法。这类焊剂型号原则上按焊丝—焊剂组合的熔敷金属力学性能和热处理状态等进行划分，其编写方法为：以字母"F"表示焊剂，第一位数字表示焊丝焊剂组合的熔敷金属抗拉强度标准规定的最小值；第二位字母表示试件的热处理状态，"A"表示焊后状态，"P"表示焊后热处理状态；第三位数字表示熔敷金属冲击吸收功不小于27J时的最低试验温度。符号"—"后面表示焊丝牌号，按《熔化焊用钢丝》（GB/T 14957）的规定。

B. 低合金钢埋弧焊焊剂标准型号表示方法。低合金钢埋弧焊焊剂型号的表示方法与碳钢埋弧焊焊剂大同小异，原则上也是以焊丝—焊剂组合的熔敷金属力学性能、热处理状态加以分类。其型号的编写方法如下：以首位字母"F"表示焊剂，"F"后面的两位数字表示焊丝焊剂组合的熔敷金属最低抗拉强度值；数字后面的字母表示焊件的热处理状态，"A"表示焊后状态，"P"表示焊后热处理状态；该字母后面的数字表示熔敷金属冲击吸收功不小于 27J 时的最低试验温度。"—"的后面列出焊丝的标准牌号，按 GB/T 14957 的规定。如要求标注熔敷金属扩散氢含量，则可以后缀"—H×"表示。

C. 不锈钢埋弧焊焊剂标准型号表示方法。不锈钢埋弧焊用焊剂的型号按熔敷金属的化学成分和力学性能来划分，并以焊剂焊丝组合表示。其编写方法为：字母"F"表示焊剂，其后三位数字表示熔敷金属的化学成分和力学性能。如对化学成分有特殊要求，则用化学符号表示，较低的碳含量用"L"表示，列于数字后面。"—"后面表示焊丝的牌号。

在实际焊剂工业生产中，习惯采用焊剂的商品牌号，其编制方法与焊剂型号不同，所列牌号主要表征焊剂的主要化学成分。

熔炼焊剂牌号为：$HJ \times_1 \times_2 \times_3$ 其中 HJ 表示焊剂两字汉语拼音的第一个字母。

第一位数字 $\times_1$，以数字 1～4 表示，代表焊剂的类型及 MnO 的平均质量分数（见表 4-18）。

表 4-18　　　　　　　　熔炼焊剂牌号中的 $\times_1$ 的含义表

焊剂牌号	焊剂类型	焊剂中 MnO 的平均质量分数/%
$HJ1 \times_2 \times_3$	无锰	<2
$HJ2 \times_2 \times_3$	低锰	2～15
$HJ3 \times_2 \times_3$	中锰	15～30
$HJ4 \times_2 \times_3$	高锰	>30

第二位数字 $\times_2$ 以数字 1～9 表示，代表熔炼焊剂中 SiO_2 和 CaF_2 的平均质量分数（见表 4-19）。

表 4-19　　　　　　　　熔炼焊剂牌号中的 $\times_2$ 的含义表

焊　剂　牌　号	焊　剂　类　型	平均含量/%	
		$W(SiO_2)$	$W(CaF_2)$
$HJ \times_1 1 \times_3$	低硅低氟	—	<10
$HJ \times_1 2 \times_3$	中硅低氟	10～30	<10
$HJ \times_1 3 \times_3$	高硅低氟	>30	<10
$HJ \times_1 4 \times_3$	低硅中氟	<10	10～30
$HJ \times_1 5 \times_3$	中硅中氟	10～30	10～30
$HJ \times_1 6 \times_3$	高硅中氟	>30	10～30
$HJ \times_1 7 \times_3$	低硅高氟	<10	>30
$HJ \times_1 8 \times_3$	中硅高氟	10～30	>30
$HJ \times_1 9 \times_3$	其他类型	—	—

$\times_3$ 为一类焊剂中多种焊剂的编号。

举例：低碳钢焊接常用的高锰高硅低氟焊剂，其牌号为 HJ431×，其中，第一位数字 4 表示高锰；第二位数字 3 表示高硅低氟；第三位数字 1 表示高锰高硅低氟焊剂一类中的序号；×表示细颗粒度。

烧结焊剂牌号表示方法如下：

SJ$\times_1\times_2\times_3$ 其中 SJ 为"烧结"二字汉语拼音的第一个字母，表示埋弧焊用烧结焊剂。牌号第一位数字以数字 1～6 表示，即 SJ1～SJ6 代表焊剂熔渣渣系（见表 4-20）。

表 4-20　　　　　　　　　　　　烧结焊剂牌号中 $\times_1$ 的含义表

焊剂牌号	熔渣渣系类型	主要成分范围（质量分数）
SJ1$\times_2\times_3$	氟碱型	$CaF_2 \geqslant 15\%$，$CaO+MgO+CaF_2 > 50\%$，$SiO_2 < 20\%$
SJ2$\times_2\times_3$	高铝型	$Al_2O_3 \geqslant 20\%$，$Al_2O_3+CaO+MgO > 45\%$
SJ3$\times_2\times_3$	硅钙型	$CaO+MgO+SiO_2 > 60\%$
SJ4$\times_2\times_3$	硅锰型	$MnO+SiO_2 > 50\%$
SJ5$\times_2\times_3$	铝钛型	$Al_2O_3+TiO_2 > 45\%$
SJ6$\times_2\times_3$	其他型	

第二、第三位数字 $\times_2\times_3$ 表示同一渣系类型中的几种不同的牌号，依自然顺序排列。

举例：普通碳素结构钢、低合金钢埋弧焊用硅钙型烧结焊剂 SJ301，其含义为：

SJ 表示埋弧焊用烧结焊剂；第一位数字 3 表示硅钙型渣系；第二、第三位数字 01 表示该渣系的第 1 种烧结型焊剂。

4）焊剂的储存与烘干。埋弧焊焊剂在大气中存放时，会吸收水分。焊剂中的水分是焊缝产生气孔和冷裂纹的主要原因，故应将其质量分数控制在 0.1% 以下。烧结焊剂的吸潮性比熔炼焊剂高得多。因此，烧结焊剂在使用前应按产品说明书的规定温度进行烘干。熔炼焊剂也有一定的吸潮性，如在大气中长时间存放时，水分含量也会超过标准规定。因此熔炼焊剂同样应注意焊前的烘干。

（2）埋弧焊用焊丝。国产埋弧焊用焊丝已列入《熔化焊用钢丝》（GB/T 14957），其中分低碳结构钢焊丝、合金结构钢焊丝和不锈钢焊丝，在《埋弧焊用碳钢焊丝和焊剂》（GB/T 5293）和《埋弧焊用低合金钢焊丝和焊剂》（GB/T 12470）中分别列出了 9 种常用碳钢焊丝和 21 种常用低合金钢焊丝。但焊丝的品种不全，还不能满足我国现代制造工业的需要，为弥补这一不足，可参见美国焊接学会《埋弧焊用低合金钢焊丝和焊剂》（AWS A5.23/A5.23M）的标准。不锈钢焊丝可采用《埋弧焊用不锈钢焊丝和焊剂》（GB/T 17854）中规定的焊丝牌号。

碳钢焊丝分为低硅低锰、低硅中锰和中硅高锰三种，因此必须配用高锰高硅、中锰中硅或低锰中硅焊剂。不锈钢焊丝都是中锰中硅或中锰高硅焊丝，且铬含量较高，为防止其烧损，应用低锰中硅中氟或无锰低硅高氟焊剂。

碳素结构钢、低合金钢和不锈钢焊丝应按上述国家标准生产和供应。焊丝的化学成分和力学性能必须符合标准规定。尚未列入国家标准的焊丝，供、需双方应订立技术协议，详细规定焊丝的化学成分和质量要求。

焊丝的表面质量应符合如下规定：

1）焊丝表面应光滑，无毛刺、凹痕、裂纹、折痕、氧化皮等缺陷，或其他不利于焊接操作和焊缝金属性能的外来物质。

2）焊丝表面允许有不超出直径容许偏差 1/2 的划痕及不超出直径容许偏差的局部缺

陷存在。

3）碳钢焊丝和低合金钢焊丝表面可以镀铜，但镀层表面应光滑，不得有肉眼可见的裂纹、麻点、锈蚀等缺陷。

（3）埋弧焊焊剂与焊丝的选配。埋弧焊焊剂与焊丝的选配是焊制高质量焊接接头的决定性因素之一，是制定埋弧焊工艺过程的重要环节。在进行埋弧焊用焊剂与焊丝的选配时，应着重考虑埋弧焊的工艺特点和冶金特点。

第一是稀释率高，在不开坡口对接单道焊或双面焊以及开坡口对接的根部焊道焊接时，由于埋弧焊焊缝熔深大，母材大量熔化，进入焊缝金属，稀释率可高达70%。在这种情况下，焊缝金属的成分在很大程度上取决于母材的成分，而焊丝的成分不起主要作用。因此，选用合金元素含量低于母材的焊丝进行焊接，并不降低接头的强度。例如Q345钢不开坡口对接接头，可选用锰含量比母材略低的H08MnA焊丝和HJ431焊剂。

第二是热输入高。埋弧焊是一种高效焊接方法，为获得高的熔敷率，通常选用大电流焊接，因此焊接过程中就产生了高的输入热量，结果降低了焊缝金属和热影响区的冷却速度，也就降低了接头的强度和韧度。因此，在厚板开坡口焊接时，应选用合金成分略高于母材的焊丝并配用中性焊剂。

第三是焊接速度快，埋弧焊一般的焊接速度为25m/h，最高的焊接速度可达100m/h。在这种情况下，焊缝良好的成形不仅取决于焊接参数的合理选配，而且也取决于焊剂的特性。硅钙型、硅锰型及氧化铝型焊剂能满足高速埋弧焊的要求。

4.5.4 埋弧焊工艺及技术

（1）埋弧焊工艺基础。埋弧焊工艺的主要内容有：焊接工艺方法的选择、焊前准备、焊接坡口的设计、焊接材料的选定、焊接参数的制定、焊缝缺陷的检查方法及修补技术的制定、焊前预处理与焊后热处理技术的制定等。

编制焊接工艺的原则是：首先要保证接头的质量完全符合焊件技术条件或相应产品质量标准的规定；其次是最大限度地降低生产成本，即以最高的焊接速度、最低的焊材消耗和能量消耗以及最少的焊接工时完成整个焊接过程。

编制焊接工艺的依据是焊件材料的牌号和规格，焊件的形状和结构，焊接位置以及对焊接接头性能的技术要求等。

根据上述基本原始资料，可制定出初步的工艺方案，即结合工厂生产车间现有焊接设备和工艺装备，选择焊接工艺方法（如单丝焊或多丝焊、单面焊或双面焊、多层多道焊等），焊剂/焊丝组合，焊丝直径和焊接坡口设计等。

焊接参数的制定应以相应的焊接工艺试验结果或焊接工艺评定结果为依据。埋弧焊参数分为主要参数和次要参数。主要参数是指那些直接影响焊缝质量和生产效率的参数。它们是焊接电流、电弧电压、焊接速度、电流种类及极性和预热温度等。对焊缝质量产生有限影响或无多大影响的参数称为次要参数。它们是焊丝伸出长度、焊丝倾角、焊丝与焊件的相对位置、焊剂粒度、焊剂堆散高度和多丝焊的丝间距离等。有关操作技术的参数有引弧和收弧技术、焊接衬垫的压紧力、焊丝端的对中以及电弧长度的控制等。

焊接参数从两个方面决定了焊缝质量。一方面，焊接电流、电弧电压和焊接速度三个参数合成的焊接热输入影响着焊缝的强度和韧度；另一方面，这些参数分别影响到焊缝成形，也就影响到焊缝的抗裂性、对气孔和夹渣的敏感性。这些参数的合理匹配才能焊出成形良好，无缺陷的焊缝。对于操作者来说，最主要的任务是正确调整各焊接参数，控制最佳的焊道成形。

（2）埋弧焊接头的设计。埋弧焊可在平焊位置和横焊位置完成对接、角接、搭接和塞接焊缝。接头形式是由焊件的结构型式决定的。其中对接接头和角接接头是埋弧焊的最主要接头形式。从结构的强度考虑，对接接头可以达到与母材等强的性能，而角接接头是焊接梁柱等金属构件的主要连接元件。根据接头在结构中的受力条件，对接接头和角接接头可以加工成 V 形、I 形、U 形、J 形、Y 形、X 形、K 形及组合形坡口。

1）埋弧焊接头和坡口形式的设计原则。埋弧焊接头和坡口形式的设计应充分利用埋弧焊深熔、高熔敷效率的特点。焊接接头设计应首先保证结构的强度要求，即焊缝应具有足够的熔深和厚度。其次是考虑经济性，即在保证熔透的前提下，尽量减少焊接坡口的填充金属量，缩短焊接时间。从经济观点出发，埋弧焊的接头应尽量不开坡口，或少开坡口。因埋弧焊可使用高达 2000A 的焊接电流，单面焊熔深可达 18～20mm，因此 40mm 以下的钢板可采用 I 形直边对接形式进行埋弧焊而获得全焊透的对接缝。

对于重要的焊接结构，如锅炉、压力容器、船舶和重型机械等，板厚大于 20mm 的对接接头就要求开一定形状的坡口，以达到优质和高效的统一。

在厚度超过 50mm 的厚板结构中，坡口的形状对生产成本有相当大的影响。其中 U 形坡口虽然加工费时，但焊缝截面减少很多，焊材的消耗明显减少；双 V 形坡口与单 V 形坡口相比，在相同的板厚下，焊缝截面积可减少一半。对于厚度超过 100mm 的特厚板结构，即使焊接坡口采用 U 形，焊缝金属的填充量仍相当可观。为降低生产成本，目前已推广使用坡口倾角仅为 1°～3° 的窄坡口或窄间隙接头形式。

2）埋弧焊接头坡口标准。埋弧焊接头坡口的基本形式和尺寸已由《埋弧焊的推荐坡口》（GB/T 985.2—2008）加以标准化，该标准规定了 23 种埋弧焊接头的坡口形式和尺寸。这些坡口可以根据板厚、焊件结构、焊接工艺方法来选定。对于一些特种焊接结构，可以根据其结构特点和具体要求自行设计坡口形式。

坡口的制备可以采用热切割、电弧气刨和机械加工等方法来完成。坡口尺寸的加工精度可按焊件的尺寸、钢种和对接头的要求来确定。

3）焊接衬垫。埋弧焊是一种深熔焊接法，且熔池体积较大，处于液态的时间较长，因此通常采用各种衬垫来完成焊接。焊接衬垫常用于要求全焊透的各种接头。焊接衬垫可分为两种：一种是固定衬垫，它作为接头的一部分，与接头其余部分形成一个整体。固定衬垫有：垫板、底层焊道；另一种是临时衬垫，它是焊接工艺装备的一部分，焊后可立即拆离焊缝。例如，铜衬垫、焊剂垫、陶瓷衬垫和柔性衬带等均属于临时衬垫。

A. 垫板。某些焊接结构的焊接接头只允许从单面进行焊接，且要求全焊透。在这种情况下，可以采用永久钢垫板，定位焊在焊缝背面。垫板的材料牌号应与焊件钢材相近或完全相同。焊接过程中，焊缝熔透到垫板上，焊缝底部与垫板接触面熔合。按设计要求，焊后将垫板永久保留。

B. 底层焊道。在一些组合式焊接坡口中，如不对称双 V 形坡口、V-U 形组合坡口等，通常采用焊条电弧焊、气体保护焊或药芯焊丝气体保护焊等方法完成底层焊道的焊接。这种底层焊缝成为从另一面进行埋弧焊的支托。底层焊缝的厚度，即不对称双面坡口中小坡口的深度按照正面焊缝埋弧焊参数来确定，既要保证双面焊缝之间完全焊透，又要避免烧穿。在这种情况下，双面坡口之间的钝边是很重要的坡口参数。加大钝边尺寸可降低烧穿的几率，减少填充金属量，但焊缝中母材的比例增高，会使母材中的大量杂质混入焊缝，甚至导致裂纹等缺陷的产生。在不开坡口 I 形直边对接接头中，当边缘加工误差较大，装配间隙宽窄不均时，往往在埋弧焊缝的反面先用焊条电弧焊封底1～2层，正面埋弧焊焊缝完成后，再用电弧气刨或其他加工方法把封底焊道清除掉，然后焊上埋弧焊缝。

C. 铜衬垫。铜衬垫可分为固定式铜垫板和移动式铜滑块两类。铜质垫板主要用于中厚板对接缝单面焊双面成形工艺。

D. 焊剂垫。焊剂垫是单面焊双面成形埋弧焊中应用较广的一种衬垫。焊剂垫通常由焊剂槽、加压元件、支架三部分组成。焊剂槽可用薄板卷制而成，使其有一定的柔性，便于在顶紧力的作用下与焊件背面贴紧。加压元件通常采用橡胶软管或橡胶膜，通以 0.3～0.6MPa 的压缩空气，焊剂垫支架可采用型钢或薄钢板压制而成。正确使用焊剂垫可以焊成背面焊道成形匀称、表面光滑的单面焊双面成形焊缝。

E. 陶瓷衬垫。陶瓷衬垫也是单面焊双面成形埋弧焊常用的临时衬垫之一，具有价格低廉，使用方便的特点。

F. 柔性衬带。在薄板和薄壁管埋弧焊中，也经常使用柔性衬带支托焊接熔池。柔性衬带有以下几种：陶瓷衬带，玻璃纤维布衬带，石棉布衬带，热固化焊剂衬带等。这些衬带借助粘接带紧贴在焊缝背面，使用十分方便。

（3）埋弧焊焊前准备。埋弧焊焊前准备工作包括焊接坡口的制备、清理、焊剂的烘干、焊丝的清理、缠绕以及接头的组装、固定、夹紧或打底焊等。

1）焊接坡口的制备。埋弧焊焊缝坡口的制备对焊缝质量起着至关重要的作用。目前在工业生产上使用的埋弧自动焊机大都是机械化焊接设备，焊机小车或焊件转动只是等速运动，对坡口角度、钝边或间隙的误差不能自适应调整焊接速度或其他工艺参数以弥补坡口尺寸的偏差。因此在焊缝坡口的制备过程中应采取适当措施保证坡口加工尺寸符合标准的规定，特别是钝边和间隙尺寸必须严格控制。对于重要的焊接结构，焊缝坡口最好采用机械加工方法制备，对无法用机械加工制备坡口的焊件，也应采用自动切割机、数控切割机或靠模切割机加工坡口。采用手工火焰切割或手工等离子切割均不能保证标准要求的坡口尺寸误差，除非切割后再用砂轮修磨整形。因此焊接坡口正确的加工方法和加工精度要求以及严格的工序检查，无论是对于保证埋弧焊质量，还是降低成本，缩短制造周期都是十分重要的。

如果坡口尺寸、钝边、间隙、坡口倾角或 U 形坡口底部尺寸等超出了容许的误差，就很可能出现烧穿、未焊透、余高过大或过小、未熔合和夹渣等缺陷，焊后必须返修而降低了生产效率。

焊接坡口的表面状态对焊缝质量也很重要，不应忽视。坡口表面如残留锈斑、氧化皮、气割残渣、冷凝水和油污等，就可能在焊缝中引起气孔。特别是坡口表面上的水分对气孔的形成有较大的影响。因此，焊前必须将这些污染物清理干净。

在低合金钢和不锈钢的焊接中，焊接坡口的清理更为重要，坡口表面的锈蚀和水分、油污不但会引起气孔，而且可能引起氢致裂纹、焊缝增碳，甚至降低不锈钢焊接接头的耐蚀性和低合金钢接头的力学性能，应特别注意。

2）焊材的准备。对于埋弧焊用焊材（焊剂和焊丝），焊前应作适当处理。碳钢埋弧焊时，酸性焊剂在焊前应进行 $250 \sim 300℃$ 的烘干，以消除焊剂中水分，防止焊接过程中气孔的形成。低合金钢埋弧焊时，碱性焊剂应在 $400 \sim 450℃$ 温度下烘干，消除焊剂中的结晶水，降低焊缝中的氢含量，保证焊缝不出现白点、氢致裂纹等缺陷。焊剂在焊前彻底烘干是低合金钢埋弧焊焊前准备工作的重要环节。

低碳钢和低合金钢埋弧焊焊丝表面应保持光洁，对于油、锈和其他有害涂料，焊前应清除干净，否则也可能导致焊缝出现气孔。不锈钢埋弧焊丝表面应采用丙酮等溶剂彻底清除油污。

3）焊件的组装。埋弧焊接头的组装状况对焊接质量有很大的影响。对接接头的间隙和错边在很大程度上影响着焊缝的熔透和表面成形，焊前应仔细检查。接头的组装误差主要决定于画线、下料、成形和坡口的加工精度。因此接头的装配质量是通过严格控制前道工序的加工偏差来保证的。特别是单面焊双面成形时，因接头的装配间隙是决定熔透深度的重要因素，装配间隙应严格控制，在同一条焊缝上装配间隙的误差不应超过 1mm，否则就很难保证单面焊双面成形焊缝的均匀熔透。

焊接接头的错边应控制在容许范围之内，错边超差，不仅影响焊缝外形，而且还会引起咬边、夹渣等缺陷。接头的错边量应控制在不超过接头板厚的 10％，最大不超过 3mm。

对于需要加衬垫的焊接接头，固定垫板的装配定位十分重要，应保证垫板与接头的背面完全贴紧。使用焊剂垫时，应将焊剂垫对钢板的压紧力调整到合适的范围，与所选用的焊接参数相适应。如果焊剂垫的顶压力超过电弧的穿透力，则可能形成内凹超过标准规定的焊缝；反之，则会形成焊瘤等缺陷。

对于需焊条电弧焊封底的埋弧焊接头，推荐采用 E5015 或 E5016 等低氢型碱性焊条，而不宜采用 E4313、E4303 等酸性药皮焊条。因为埋弧焊焊缝与酸性焊条焊缝金属混合后往往会出现气孔。封底焊缝的质量应完全符合对主焊缝的质量要求。不符合质量要求的封底焊缝应清除后重新按正式的工艺焊接。

（4）焊接工艺参数的选择原则。

1）焊接参数选择依据。焊接参数的选择是针对将要投产的焊接结构施工图上标明的具体焊接接头进行的。根据产品图样和相应的技术条件，下列原始条件是已知的：接头的钢材钢号（牌号）、板厚，工件的形状和尺寸，焊缝的种类，焊缝的位置，接头的形式，坡口的形式和尺寸，对接头性能的技术要求（包括焊后无损检测方法、抽查比例以及对接头强度、塑性、韧性、硬度和其他理化性能的合格标准），焊接结构（产品）的生产批量和进度要求等。

2）焊接工艺的制定程序。根据上述已知条件，通过对比分析。

第一步，可选定埋弧焊工艺方法，单丝焊还是多丝焊或其他工艺方法，同时根据焊件的形状和尺寸可选定细丝埋弧焊，还是粗丝埋弧焊。例如小直径圆筒的内外环缝应采用 $\phi2.0mm$ 焊丝的细丝埋弧焊；船形位置厚板角接接头通常可采用 $\phi5.0mm$、$\phi6.0mm$ 焊丝的粗丝埋弧焊；厚板深坡口对接接头纵缝和环缝宜采用 $\phi4.0mm$ 焊丝的埋弧焊。

第二步，焊接工艺方法选定后，即可按照钢材牌号、板厚和对接头性能的要求，选用适用的焊丝和焊剂牌号，对于厚板深坡口或窄间隙埋弧焊接头，应选择既能满足接头性能要求又具有良好工艺性和脱渣性的焊剂。

第三步，根据所焊钢材的焊接性试验报告，选定预热温度、层间温度、后热温度以及焊后热处理温度和保温时间。由于埋弧焊的电弧热效率较高，焊缝及热影响区的冷却速度较慢，因此对于一般焊接结构，板厚低于90mm的低碳钢接头可不作预热；厚度50mm以下的普通低合金钢，如施工现场的环境温度在10℃以上，焊前也不必预热；抗拉强度600MPa以上的高强钢或其他低合金钢，板厚20mm以上的接头应预热80～120℃。后热和焊后热处理通常也只用于低合金钢厚板接头，具体温度参数依据钢种、板厚及结构型式等而定。

最后根据板厚，坡口形式和尺寸选定焊接电流、电弧电压和焊接速度等参数。

3）焊接电流的选择。埋弧焊焊接电流主要按焊丝直径和所要求的熔透深度来选择。同时还应考虑所焊钢种的焊接性对热输入的限制，焊丝直径选定后焊接电流已有一个确定的范围，即对一定的焊丝直径为维持电弧的稳定燃烧，焊丝承受焊接电流的能力有一定的极限。

4）电弧电压的选择。电弧电压是决定焊道宽度的主要参数，因此电弧电压应按所要求的焊道宽度来选择，同时应考虑与焊接电流的匹配关系。随着焊接电流的提高，电弧电压大致上以100∶1.3的比例相应增高。例如，当焊接电流为750～800A时，对于中等熔宽焊道，对应的电压为31～32V；对于宽焊道，对应的电弧电压为35～36V。在实际生产中，为保证焊道具有足够的熔宽，一般均取较高的电弧电压。

5）焊接速度的选择。埋弧焊时，焊接速度与焊接电流之间存在一定的匹配关系。在给定的焊接电流下，过高的焊接速度会导致未焊透和咬边；过低的焊接速度会造成焊道余高和熔宽过大。

（5）埋弧焊实施方法及工艺参数的选择。

1）对接接头单面焊。对接接头埋弧焊时，工件可以开坡口或不开坡口。开坡口不仅为了保证熔深，有时还为了达到其他工艺目的。如焊接合金钢时，可以控制熔合比；而在焊接低碳钢时，可以控制焊缝余高等。在不开坡口的情况下，埋弧焊可以一次焊透20mm以下的工件，但要求预留5～6mm的间隙，否则厚度超过16mm的板料必须开坡口才能用单面焊一次焊透。

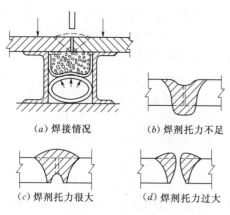

（a）焊接情况　　（b）焊剂托力不足

（c）焊剂托力很大　　（d）焊剂托力过大

图4-12　在焊剂垫上对焊接图

对接接头单面焊可采用以下几种方法：在焊剂垫上焊，在焊剂铜垫板上焊，在永久性垫板或锁底接头上焊，以及在临时衬垫上焊和悬空焊等。

A. 在焊剂垫上焊接。用这种方法焊接时，焊缝成形的质量主要取决于焊剂垫托力的大小和均匀与否，以及装配间隙的均匀与否。图4-12说明焊剂垫托力与焊缝成形的关系。板厚2～8mm的对接接头在具有焊剂垫的电磁平台上焊接所用的参数（见表4-21），电磁平台在焊接中起固定板料的作用。

表 4－21　　　　　　　对接接头在电磁平台-焊剂垫上单面焊的焊接参数表

板厚/mm	装配间隙/mm	焊丝直径/mm	焊接电流/A	电弧电压/V	焊接速度/(cm/min)	电流种类	焊剂垫中焊剂颗粒	焊接垫软管中的空气压力/kPa
2	0～1.0	1.6	120	24～28	73	直流反接	细小	81
3	0～1.5	1.6	275～300	28～30	56.7	交流或直流反接	细小	81
		2.0	275～300	28～30	56.7			
		3.0	400～425	25～28	117			
4	0～1.5	2.0	375～400	28～30	66.7	交流或直流反接	细小	101～152
		4.0	525～550	28～30	83.3			101
5	0～2.5	2.0	425～450	32～34	58.3	交流或直流反接	细小	101～152
		4.0	575～625	28～30	76.7			
6	0～3.0	2.0	475	32～34	50	交流或直流反接	正常	101～152
		4.0	600～650	28～32	67.5			
7	0～3.0	4.0	650～700	30～34	61.7	交流或直流反接	正常	101～152
8	0～3.5	4.0	725～775	30～36	56.7	交流或直流反接	正常	101～152

板厚 10～20mm 的 I 形坡口对接接头预留装配间隙并在焊剂垫上进行单面焊的焊接参数（见表 4－22），所用的焊剂垫应尽可能选用细颗粒焊剂。

表 4－22　　　　　　　　对接接头在焊剂垫上单面焊的焊接参数表

板厚/mm	装配间隙/mm	焊接电流/A	电弧电压/V		焊接速度/(cm/min)
			交流	直流反接	
10	3～4	700～750	34～36	32～34	50
12	4～5	750～800	36～40	34～36	45
14	4～5	850～900	36～40	34～36	42
16	5～6	900～950	38～42	36～38	33
18	5～6	950～1000	40～44	36～40	28
20	5～6	950～1000	40～44	36～40	25

注　焊丝直径 5mm。

B. 在焊剂铜垫板上焊接。这种方法采用带沟槽的铜垫板，沟槽中铺撒焊剂，焊接时，这部分焊剂起焊剂垫的作用，同时又保护铜垫板免受电弧直接作用。沟槽起焊缝背面成形作用。这种工艺对工件装配质量、垫板上焊剂托力均匀与否均不敏感。板料可用电磁平台固定，也可用龙门压力架固定。铜垫板截面形状见图 4－13，铜垫板沟槽尺寸见表 4－23，龙门架焊剂铜垫板上单面焊的焊接参数见表 4－24。

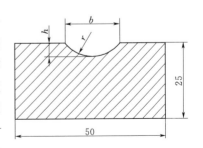

图 4－13　铜垫板截面形状图
（单位：mm）

表 4 - 23	铜垫板沟槽尺寸表		单位：mm
焊件厚度	槽宽 b	槽深 h	沟槽曲率半径 r
4～6	10	2.5	7.0
6～8	12	3.0	7.5
8～10	14	3.5	9.5
12～14	18	4.0	12.0

表 4 - 24　　　　　　龙门架焊剂铜垫板上单面焊的焊接参数表

板厚/mm	装配间隙/mm	焊丝直径/mm	焊接电流/A	电弧电压/V	焊接速度 /(cm/min)
3	2	3	380～420	27～29	78.3
4	2～3	4	450～500	29～31	68.0
5	2～3	4	520～560	31～33	63.0
6	3	4	550～600	33～35	63.0
7	3	4	640～680	35～37	58.0
8	3～4	4	680～720	35～37	53.3
9	3～4	4	720～780	36～38	46.0
10	4	4	780～820	38～40	46.0
12	5	4	850～900	39～41	38.0
14	5	4	880～920	39～41	36.0

C. 在永久性垫板或锁底接头上焊接。当焊件结构允许焊后保留永久性垫板时，厚10mm 以下的工件可采用永久性垫板单面焊方法，其永久性钢垫板尺寸见表 4 - 25。垫板必须紧贴在待焊板缘上，垫板与工件板面间的间隙不得超过 0.5～1mm。

表 4 - 25	对接用的永久性钢垫板尺寸表	单位：mm
板　厚	垫　板　厚　度	垫　板　宽　度
2～6	0.5δ	4δ＋5
6～10	(0.3～0.4)δ	

厚度大于 10mm 的工件，可采用锁底对接接头焊接方法（见图 4 - 14）[《埋弧焊的推荐坡口》(GB/T 985.2—2008)]。此法用于小直径厚壁圆筒形工件的环缝焊接，效果很好。

D. 在临时性的衬垫上焊接。这种方法采用柔性的热固化焊剂衬垫贴合在接缝背面进行焊接。衬垫材料需要专门制造或由焊接材料制造部门供应。另外还有采用陶瓷材料制造的衬垫进行单面焊的方法。

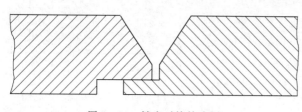

图 4 - 14　锁底对接接头图

2）对接接头双面焊。一般工件厚度为 10～40mm 的对接接头，通常采用双面焊。接头形式根据钢种、接头性能要求的不同，可采用图 4 - 15 所示的 I 形、Y 形、X 形坡口接焊。

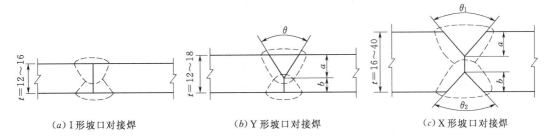

(a) I 形坡口对接焊　　　　　(b) Y 形坡口对接焊　　　　　(c) X 形坡口对接焊

图 4-15　不同板厚的接头形式图（单位：mm）

这种方法对焊接工艺参数的波动和工件装配质量都不敏感，其焊接技术关键是保证第一面焊的熔深和熔池的不流溢和不烧穿。焊接第一面的实施方法有悬空法、加焊剂垫法以及利用薄钢带、石棉绳、石棉板等做成临时工艺垫板法。

A. 悬空焊。装配时不留间隙或只留很小的间隙（一般不超过 1mm）。第一面焊接达到的熔深一般小于工件厚度的一半。反面焊接的熔深要求达到工件厚度的 60%～70%，以保证工件完全焊透。不开坡口对接接头悬空双面焊的焊接参数见表 4-26。

表 4-26　　　　　　　　　　不开坡口对接接头悬空双面焊的焊接参数表

工件厚度/mm	焊丝直径/mm	焊接顺序	焊接电流/A	电弧电压/V	焊接速度/(cm/min)
6	4	正	380～420	30	58
		反	430～470	30	55
8	4	正	440～480	30	50
		反	480～530	31	50
10	4	正	530～570	31	46
		反	590～640	33	46
12	4	正	620～660	35	42
		反	680～720	35	41
14	4	正	680～720	37	41
		反	730～770	40	38
16	5	正	800～850	34～36	63
		反	850～900	36～38	43
18	5	正	850～900	35～37	60
		反	900～950	37～39	48
20	5	正	850～900	36～38	60
		反	900～950	38～40	40
22	5	正	850～900	36～38	42
		反	900～1000	38～40	40
24	5	正	900～950	37～39	45
		反	1000～1050	38～40	40

B. 在焊剂垫上焊接结构实例见图 4-16，焊接第一面时采用预留间隙不开坡口的方法最为经济。第一面的焊接参数应保证熔深超过工件厚度的 60%～70%。焊完第一面后翻转工件，进行反面焊接，其参数可以与正面的相同以保证工件完全焊透。预留间隙双面焊的焊接参数依工件不同而异（见表 4-27 所列数据可供参考）。在预留间隙的坡口内，焊前均匀塞填干净焊剂，然后在焊剂垫上施焊，可减少产生夹渣的可能，并可改善焊缝成形。第一面焊道焊接后，是否需要清根，视第一道焊缝的质量而定。

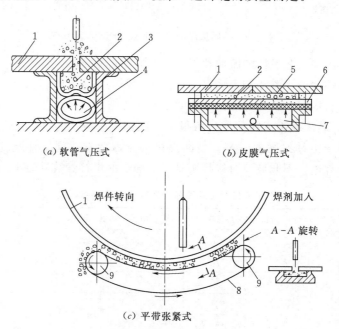

(a) 软管气压式   (b) 皮膜气压式

(c) 平带张紧式

图 4-16　焊剂垫上焊接结构实例图
1—焊件；2—焊剂；3—帆布；4—充气软管；5—橡皮膜；
6—压板；7—气室；8—皮带；9—带轮

表 4-27　　　　　　　　　　对接接头预留间隙双面焊的焊接参数表

工件厚度/mm	装配间隙/mm	焊丝直径/mm	焊接电流/A	焊接电压/V	焊接速度/(cm/min)
6	0+1	3	380～400	30～32	57～60
		4	400～550	28～32	63～73
8	0+1	3	400～420	30～32	53～57
		4	500～600	36～40	63～67
10	2±1	4	500～600	34～38	50～60
		5	600～700	38～40	58～67
12	2±1	4	550～580	34～38	50～57
		5	600～700	34～38	58～67
14	3±0.5	4	550～720	38～42	50～53
		5	650～750	36～40	50～57

工件厚度/mm	装配间隙/mm	焊丝直径/mm	焊接电流/A	焊接电压/V	焊接速度/(cm/min)
16	3～4	5	700～750	34～36	45～50
18	4～5	5	750～800	36～40	45
20	4～5	5	850～900	36～40	45
24	4～5	5	900～950	38～42	42
28	5～6	5	900～950	38～42	33
30	6～7	5	950～1000	40～44	27
40	8～9	5	1100～1200	40～44	20
50	10～11	5	1200～1300	44～48	17

注 采用交流或直流反接电源，当采用 HJ431 焊剂时，第一面在焊剂垫上焊。

如果工件需要开坡口，坡口形式按工件厚度决定。开坡口工件双面焊的焊接参数见表 4-28。

表 4-28   开坡口工件双面焊的焊接参数表

工件厚度/mm	坡口形式	焊丝直径/mm	焊接顺序	坡口尺寸			焊接电流/A	电弧电压/V	焊接速度/(cm/min)
				$\alpha/(°)$	b/mm	P/mm			
14		5	正	70	3	3	830～850	36～38	42
			反				600～620	36～38	75
16		5	正	70	3	3	830～850	36～38	33
			反				600～620	36～38	75
18		5	正	70	3	3	830～860	36～38	33
			反				600～620	36～38	75
22		6	正	70	3	3	1050～1150	38～40	30
		5	反				600～620	36～38	75
24		6	正	70	3	3	1100	38～40	40
		5	反				800	36～38	47
30		6	正	70	3	3	1000	36～40	30
			反				900～1000	36～38	33

C. 在临时衬垫上焊接。采用此法焊接第一面时，一般都要求接头处留有一定间隙，以保证焊剂能填满其中。临时衬垫的作用是托住间隙中的焊剂。焊完第一面后，去除临时衬垫及间隙中的焊剂和焊缝底层的渣壳，用同样参数焊接第二面。要求每面熔深均达板厚的 60%～70%。

D. 多层焊。当板厚超过 40～50mm 时，往往需要采用多层焊。多层焊时坡口形状一般采用 V 形和 X 形，而且坡口角度比较窄。图 4-17 (b) 所示的焊道宽度比焊缝深度小得多，此时在焊缝中心容易产生梨形焊道裂纹。

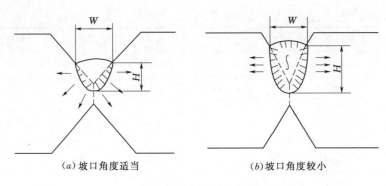

(a)坡口角度适当　　　　　　　　(b)坡口角度较小

图 4-17　多层焊坡口角度对焊缝的影响图

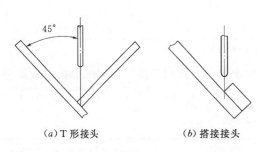

(a)T形接头　　　　　　(b)搭接接头

图 4-18　船形焊示意图

3) 角焊缝焊接。焊接 T 形接头或搭接接头的角焊缝时，采用船形焊和平角焊两种方法。

A. 船形焊将工件角焊缝的两边置于与垂直线各成 45°的位置（见图 4-18），可为焊缝成形提供最有利的条件。这种焊接法接头的装配间隙不超过 1～1.5mm，否则，必须采取措施，以防止液态金属流失。船形焊焊接参数见表 4-29。

表 4-29　　　　　　　　　　　　　　　船 形 焊 焊 接 参 数 表

焊脚高度/mm	焊丝直径/mm	焊接电流/A	电弧电压/V	焊接速度/(cm/min)
6	2.0	450～470	34～36	67
8	3.0	550～600	34～36	50
	4.0	575～625	34～36	50
10	3.0	600～650	34～36	38
	4.0	650～700	34～36	38
12	3.0	600～650	34～36	25
	4.0	725～775	36～38	33
	5.0	775～825	36～38	30

B. 平角焊。当工件不便于采用船形焊时，可采用平角焊来焊接角焊缝（见图 4-19）。这种焊接方法对接头装配间隙较不敏感，即使间隙达到 2～3mm，也不必采取防止液态金属流失的措施。焊丝与焊缝的相对位置，对平角焊的质量有重大影响；焊丝偏角 α 一般在 20°～30°之间。每一单道平角焊缝的截面积不得超过 40～50mm²，当焊脚高度超过 8mm×8mm 时，会产生金属溢流和咬边。平角焊的焊接条件，平角焊焊接工艺参数见表 4-30。

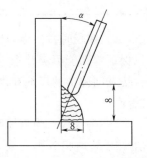

图 4-19　平角焊示意图

表 4 - 30   平角焊焊接工艺参数表

焊脚高度/mm	焊丝直径/mm	焊接电流/A	电流种类	电弧电压/V	焊接速度 /(cm/min)
3	2	200～220	直流反接	25～28	100
4	2	280～300	交流或直流反接	28～30	92
	3	350	交流或直流反接	28～30	92
5	2	375～400	交流或直流反接	30～32	92
	3	450	交流或直流反接	28～30	92
	4	450	交流或直流反接	28～30	100
8	2	375～400	交流或直流反接	30～32	47
	3	500	交流或直流反接	30～32	80
	4	675	交流或直流反接	32～35	83

注 用细颗粒 HJ431 焊剂。

(6) 埋弧焊工艺的优化设计。目前,绝大多数在工业生产中使用的埋弧焊工艺都是以经验为基础的,比较稳妥的焊接工艺,即焊接参数在较宽范围内的波动,均能获得质量符合要求的接头。但是这种工艺有时不是很经济的,生产效率也较低。

另一种焊接工艺是以达到最大经济效果为出发点的,采用这种焊接工艺可以获得最高的生产效率,但焊接参数很接近边界状态,生产工艺条件稍有偏差,接头中就会出现各种焊接缺陷,甚至使整个焊接过程失稳,结果不能持续地取得预期的经济效果。

还有第三种是优化的焊接工艺,它是以全面采用先进的技术并用精确的计算方法确定焊接参数为特征的,是焊接质量与效率的统一。首先焊接过程是高速完成的,同时焊接质量又是优等的,焊缝具有良好的成形、光滑的外表、最佳的焊缝金属成分和力学性能,接头中不存在产品技术条件不允许的各种焊接缺陷和焊接变形,因此能持续稳定地取得最好的经济效益。

优化焊接工艺的实施是靠先进的焊接工艺,精密控制的焊接设备,合理的坡口设计,最佳的焊材选择,精确的焊接参数计算以及生产全过程的严格质量控制来保证的。尽管优化的是焊接工艺,然而与焊接工艺有关的工艺装备、焊接设备和其他相关制造工艺也应提高到新的水平。

4.5.5 常用金属材料的埋弧焊工艺

(1) 碳素结构钢的焊接性及埋弧焊工艺要点。碳素结构钢是化学成分最为简单的钢种,主要合金元素是碳。碳钢的焊接性基本取决于碳含量,随着碳含量的提高,焊接性变差。从淬硬性角度看,碳含量愈高,淬硬性愈大,硬度愈高,显微组织中马氏体组分愈多,冷裂倾向也就愈大。从焊接热裂纹角度来看,对于埋弧焊,当 $W(C)$ 超过 0.2%,在有害杂质硫、磷的共同作用下,就可能形成沿焊缝中心线产生的热裂纹。因此,严格地说,只有 $W(C)$ 低于 0.2% 的碳素钢才具有良好的焊接性。

碳钢中的锰、硅等合金元素对其焊接性也有一定的影响,锰和硅作为合金元素在不同程度上提高了钢的淬硬性。通常利用碳当量来综合评定其对焊接性的影响。最常用的碳当量经验公式为：

$$Ce = W(C) + W(Mn)/6 + W(Si)/24$$

实际上，对碳钢来说，$W(Si)$ 最高不到 0.4%，折合成 $W(C)$ 仅为 0.016%，可以忽略不计，故碳当量公式可简化成：

$$Ce = W(C) + W(Mn)/6$$

从焊接热裂纹的角度来看，碳钢中的锰、硅合金元素不但不提高热裂倾向，而且还有一定的有利作用。在焊接冶金过程中，锰能促进脱硫反应，形成熔点较高的 MnS，提高了焊缝的抗热裂性。因此，评定焊接热裂纹倾向的碳当量公式是：

$$Ce = W(C) + 2W(S) + W(P)/3 + [W(Si) - 0.4]/7 + [W(Mn) - 1.0]/8$$

对于碳素钢来说，后两项可以忽略不计，故热裂纹倾向主要取决于钢中的 C、S 和 P 的含量。C、S 和 P 含量愈高，热裂倾向愈大。

焊缝中的氧和氮含量对焊缝的质量有重要的影响。它们不仅以氧化物和氮化物形式存在，降低了焊缝的力学性能，特别是明显降低冲击韧度和时效冲击韧度，而且还可能以气态形式存在，而导致焊缝产生气孔，降低焊缝金属的致密性。埋弧焊焊缝中的 O、N 含量取决于所选用的焊剂类型。

1）低碳钢的焊接性。低碳钢因碳含量较低，合金元素锰和硅含量不高，总的来说，其焊接性良好，不会因焊接热循环的快速冷却而引起淬硬而使组织脆化。因此，在板厚小于 70mm 的焊件焊接时，焊前不需预热，不必严格保持层间温度，除了锅炉、压力容器等重要焊接结构外，焊后不必作消除应力处理。焊接接头具有足够的力学性能和工艺性能。但在下列情况下，低碳钢的埋弧焊也会出现各种问题。

A. 热裂纹问题。在直边对接（I 形坡口）单面或双面埋弧焊中，当母材的 $W(C)$ 超过 0.20%，$W(S) > 0.03\%$，且板厚大于 16mm 时，往往在焊缝中心形成热裂纹。在母材偏析带严重的情况下也可能在枝晶间形成人字形裂纹。其原因是在直边对接焊时，母材在焊缝中所占比率较大（约 70%），使焊缝中的 C、S 和 P 含量超过了产生热裂纹的临界值，如焊缝成形系数小于 1.3 时，就会产生沿焊缝中心线的热裂纹。解决的办法是选用碳含量较低的焊丝，调整焊接参数，改善焊缝成形。

B. 液化裂纹问题。液化裂纹多半出现于以高热输入焊的直边对接焊缝中，裂纹部位总是在焊缝的边缘内侧。这种液化裂纹的尺寸很小，有的甚至只有几个晶粒的长度，并埋藏于焊缝内部的熔合边界，不易发现，但经常导致焊接产品试板弯曲试样冷弯不合格。为消除这种液化裂纹，首先可适当降低焊接热输入，加快焊接速度，缩短焊缝在高温停留的时间，但热输入的降低可能引起未焊透，因此当热输入降至允许的最低值而仍未消除液化裂纹时，则就必须采取第二种办法，即将直边对接改成 V 形坡口对接，并将单层焊改为多层焊。

C. 层状撕裂问题。在厚度大于 80mm 的碳钢厚板埋弧焊时，如钢材的冶炼质量较差，存在较多的非金属夹杂物，则在焊接应力较高的接头中，在焊接热影响区或靠近热影响区部位有时会形成层状撕裂，并在平行于钢板轧制方向扩展。这种裂纹通常在 200℃ 温度以下，在较高的 Z 向焊接拉应力作用下而产生。避免层状撕裂的方法是对焊件进行适当的预热，减小焊接热输入和焊道尺寸，降低焊接收缩应力。对于钢板分层严重的焊件，一种有效解决办法就是对坡口表面作预堆焊。

2）中碳钢的焊接性。中碳钢的 W(C) 范围为 0.25%～0.60%，如中碳钢的含碳量偏下限，W(C)＝0.30%～0.40%，且焊件的厚度不超过 40mm，其焊接性尚可，仍可按低碳钢的埋弧焊工艺进行焊接。当 W(C)＞0.40%，碳当量高于 0.6% 时，钢材就有较高的淬硬倾向，焊接热影响区对冷裂纹比较敏感，当板厚超过 30mm 时，焊前必须进行预热。同时，对焊剂应作高温烘干处理，严格控制焊缝金属中的氢含量。

当焊缝中母材的熔合比较高而使焊缝碳含量超过极限值时，很容易产生焊缝热裂纹，特别是弧坑热裂纹。此外，焊缝中碳含量增高，对气孔的敏感性也随之增大。

因此中碳钢焊接时必须按焊件母材实际的碳含量，锰、硅及硫、磷含量确定埋弧焊的参数。

3）高碳钢的焊接性。高碳钢的 W(C) 高于 0.6%，比中碳钢具有更大的淬硬倾向并形成高碳马氏体，对冷裂纹的敏感性更大。同时，焊接热影响区内形成的马氏体组织性能脆而硬，接头的塑性和韧性大大下降。因此，高碳钢的焊接性较差，必须采取特殊的焊接工艺，才能保证接头的性能。在焊接结构中一般很少采用。

4）低碳钢埋弧焊工艺要点。总的来说，绝大多数低碳钢具有良好的焊接性，可以采用较宽范围的焊接参数进行埋弧焊，不必严格控制焊接热输入。

低碳钢焊件坡口制备可以采用火焰切割或等离子切割，接缝边缘的切割毛刺必须清除干净。对于接缝装配间隙要求严格的接头，最好采用机械加工方法制备坡口。

低碳钢埋弧焊焊材的选配比较简单，对于 Q235、Q255 普通碳素结构钢，不论焊件的厚度大小均可选用焊丝 HJ430 或 HJ431＋H08A 焊接。对于 15、20、25、30 优质碳素结构钢，以及 20g 和 20R 锅炉和压力容器用碳素钢可选用 HJ430 或 HJ431＋H08MnA。对于焊后需做热处理的厚壁焊件，也可选用 H10Mn2 焊丝。但不推荐采用 H08MnSiA 焊丝。

低碳钢埋弧焊，焊件焊前一般不需预热。如焊接环境温度低于 0℃，则应将焊件预热至 30～50℃。厚度超过 70mm 的焊件，焊前应预热至 100～120℃。

低碳钢焊件焊后热处理的必要性需要根据产品技术条件及设计要求予以确定。

5）中碳钢埋弧焊工艺要点。中碳钢具有较高的淬硬倾向，在冷态焊时，热影响区极易形成马氏体组织，焊前通常要求预热至 150～200℃。但在埋弧焊时，因热输入量较大，焊接区受热面积较宽，加上高温熔渣覆盖于焊缝表面，大大降低了焊缝及热影响区的冷却速度，减弱了淬硬程度并降低了冷裂纹的几率。这样，采用埋弧焊焊接中碳钢时，预热温度可不如焊条电弧焊那样高。对于厚度在 30mm 以下的焊件，焊前甚至可以不必预热，可利用埋弧焊的层间余热，对焊件起预热作用。对于碳含量较高，壁厚较大的焊件焊前必须预热，焊接过程中保持层间温度。对于拘束度较高的焊接接头，焊后应立即作 250℃后热处理。

中碳钢焊件的坡口最好采用机械加工方法制备，除非火焰切割前对切割边缘进行适当的预热。焊接坡口表面必须清除油污、氧化皮、水分和其他杂质，以防止污染物在电弧高温下分解而向焊缝金属渗氢。

中碳钢埋弧焊应采用较大的坡口和多层多道焊工艺。充分利用次层焊道的热量对前层焊道的回火作用，同时降低热影响区的冷却速度，减少产生冷裂纹的可能性。其次，应控制焊接热输入，采用中等的工艺参数进行埋弧焊。

中碳钢埋弧焊的焊接材料最好选用低氢的。焊剂可采用 HJ350 或 HJ351 以及 SJ301。焊丝可选配 H10Mn2。对于不太重要的中碳钢薄壁焊件，也可采用焊丝 HJ431 与 H10Mn2 组合。焊剂在焊前应作（300～400℃）×2h 高温烘焙，以减少焊剂中的水分含量。

中碳钢焊件焊后原则上应作消除应力处理，热处理温度可在 600～650℃ 范围内选定。

6）高碳钢埋弧焊工艺要点。高碳钢零件通常均通过正火或淬火＋回火处理，硬度较高，对冷裂纹十分敏感。因此，焊前应将焊件整体退火，降低硬度和裂纹倾向。

焊前必须高温预热，预热温度可在 250～350℃ 范围内，视焊件的碳当量选定。焊后必须作 350℃ 以上温度的后热处理或焊后立即将焊件送炉内作 650℃ 消除应力处理。

高碳钢埋弧焊焊接材料应选用低氢型碱性焊剂，如焊剂 HJ250、HJ251 和 SJ101 等。焊前，焊剂必须在 350～400℃ 温度下做高温烘焙。焊丝牌号的选择根据对接头的强度要求而定，如对焊缝不提出等强要求，则可选用焊丝 H10Mn2；如要求等强，则应选用合金钢焊丝 H10Mn2Mo 或 H30CrMnSiA。

焊件经消除应力处理后，再按照对零件的硬度和耐磨性要求做相应的调质处理。

7）碳钢埋弧焊典型工艺。

A. Q235 中厚板对接接头的双面埋弧焊。

a. 板厚：24～34mm。

b. 坡口形式：不对称 X 形坡口，坡口角度 60°±5°，钝边 2^{+1}mm，装配间隙 2^{+1}mm。

c. 焊接材料：焊丝 H08MnA，直径 4.0mm；焊剂 HJ431，300～350℃烘干 2h。

d. 焊接坡口表面及两侧 15～20mm 范围内清除干净氧化皮、油锈等。

e. 清除焊丝表面的油锈等污物。

f. 焊接参数：直流反接；$I=580\sim650$A，$U=34\sim36$V；$V=25\sim30$m/h，焊丝伸出长度 30～40mm。

g. 操作技术：多层多道焊接，第一层在焊接垫上进行焊接，先焊一面，坡口深度 6～10mm。

B. 130mm 中碳钢厚板对接接头的单面埋弧焊。

a. 板厚：130mm，W(C) 约为 0.35%。

b. 坡口形式：V 形坡口，坡口角度 20°，根部间隙 16mm，衬垫尺寸 40mm×6mm。

c. 焊接材料：焊丝 H10Mn2，直径 4.0mm；焊剂 HJ350，400～450℃烘干 2h。

d. 焊接坡口表面及两侧 15～20mm 范围内清除干净氧化皮、油锈等。

e. 预热温度：120～150℃。

f. 首层封底焊接：焊条电弧焊，焊条 E5015，直径 4.0mm。

g. 埋弧焊参数：首层单丝埋弧焊，直流反接；$I=700$A，$U=30$V；$V=30$m/h，焊丝伸出长度 30～40mm。其他层双丝埋弧焊，前置焊丝直流反接，$I=800$A，$U=30$V；后置焊丝用交流，$I=700$A，$U=35$V，$V=760$mm/min。

h. 操作技术：多层多道焊接。

（2）低合金高强度钢的焊接性及埋弧焊工艺要点。低合金高强度钢是在碳素钢的基础上添加一定量的合金化元素而成，其合金元素的质量分数一般不超过 5%，用以提高钢的强度并保证其具有一定的塑性和韧性。

1）低合金高强度钢的焊接性。低合金高强度钢含有一定量的合金元素及微合金化元素，其焊接性与碳钢有区别，主要是焊接热影响区组织与性能的变化对焊接热输入较敏感，热影响区淬硬倾向增大，对氢致裂纹敏感性较大，含有碳、氮化合物形成元素的低合金高强度钢还存在再热裂纹的危险等。

A. 焊接热影响区脆化。依据焊接热影响区被加热的峰值温度不同，焊接热影响区可分为熔合区（1350～1450℃）、粗晶区（1000～1350℃）、细晶区（800～1000℃）、不完全相变区（700～800℃）及回火区（500～700℃）。不同部位热影响区组织与性能取决于钢的化学成分和焊接时加热与冷却的速度。对于某些低合金高强度钢，如果焊接冷却速度控制不当，焊接热影响区局部区域将产生淬硬或脆性组织，导致抗裂性或韧性降低。

低合金高强度钢焊接时，热影响区中被加热到 1100℃以上的粗晶区及加热温度为 700～800℃的不完全相变区是焊接接头的两个薄弱区。热轧钢焊接时，如果热输入过大，粗晶区将因晶粒严重长大或出现魏氏组织等而降低韧性；如果焊接热输入过小，由于粗晶区组织中马氏体比例增大而降低韧性。正火钢焊接时，粗晶区组织性能受焊接热输入的影响更为显著。Nb、V 微合金化的 14MnNb、Q420 等正火钢焊接时，如果热输入较大，粗晶区的 Bb（C，N）、V（C，N）析出相将固溶于奥氏体中，从而失去了抑制奥氏体晶粒长大及细化组织的作用，粗晶区将产生粗大的粒状贝氏体、上贝氏体组织而导致粗晶区韧性的显著降低。焊接热影响区的不完全相变区，在焊接加热时，该区域内只有部分富碳组元发生奥氏体转变，在随后的焊接冷却过程中，这部分富碳奥氏体将转变成高碳孪晶马氏体，而这种高碳马氏体的转变终了温度（M_f）低于室温，相当一部分奥氏体残留在马氏体岛的周围，形成所谓的 M-A 组元。M-A 组元的形成是该区域的组织脆化的主要原因。防止不完全相变区组织脆化的措施是控制焊接冷却速度，避免脆硬的马氏体产生。

B. 热应变脆化。在自由氮含量较高的 C-Mn 系低合金高强度钢中，焊接接头熔合区及最高加热温度低于 Ac_1 的亚临界热影响区，常常有热应变脆化现象，它是热和应变同时作用下产生的一种动态应变时效。热应变脆化容易在最高加热温度范围 200～400℃的亚临界热影响区产生。如有缺口效应，则热应变脆化更为严重，熔合区常常存在缺口性质的缺陷，当缺陷周围受到连续的焊接热应变作用后，由于存在应变集中和不利组织，热应变脆化倾向就更大，所以热应变脆化也容易发生在熔合区。

C. 冷裂纹敏感性。焊接冷裂纹（也称氢致裂纹或延迟裂纹）是低合金高强度钢焊接时最容易产生，而且是危害最为严重的工艺缺陷，它常常是焊接结构失效破坏的主要原因。低合金高强度钢焊接时产生的氢致裂纹主要发生在焊接热影响区，有时也会出现在焊缝金属中。根据钢种的类型、焊接区氢含量及应力水平的不同，氢致裂纹可能在焊后 200℃以下立即产生，或在焊后一段时间内产生。当低合金高强度钢焊接热影响区中产生淬硬的 M 或 M+B 混合组织时，对氢致裂纹敏感；而产生 B 或 B+F 组织时，对氢致裂纹不敏感。热影响区最高硬度可被用来粗略地评定焊接氢致裂纹敏感性。对一般低合金高强度钢，为防止氢致裂纹的产生，焊接热影响区硬度应控制在 350HV 以下。

强度级别较低的热轧钢，由于其合金元素含量少，钢的淬硬倾向比低碳钢稍大。如Q345钢、15MnV钢焊接时，快速冷却可能出现淬硬的马氏体组织，冷裂倾向增大。但由于热轧钢的碳当量比较低，通常冷裂倾向不大。但在环境温度很低或钢板厚度大时应采取措施防止冷裂纹的产生。

控轧控冷钢碳含量和碳当量都很低，其冷裂纹敏感性较低。除超厚焊接结构外，490MPa级的控轧控冷钢焊接，一般不需要预热。

正火钢合金元素含量较高，焊接热影响区的淬硬倾向增加。对强度级别及碳当量较低的正火钢，冷裂倾向不大。但随着强度级别及板厚的增加，其淬硬性及冷裂倾向都随之增大，需要采取控制焊接热输入、降低含氢量、预热和及时后热等措施，以防止冷裂纹的产生。

D. 热裂纹敏感性。与碳素钢相比，低合金高强度钢是 $W(C)$、$W(S)$ 较低，且 $W(Mn)$ 较高，其热裂纹倾向较小。但有时也会在焊缝中出现热裂纹，如在厚板结构多层多道埋弧焊焊缝的根部焊道或靠近坡口边缘的高稀释率焊道中易出现焊缝金属热裂纹。采用 $Mn:Si$ 含量较高的焊接材料，减小焊接热输入，减少母材在焊缝中的熔合比，增大焊缝成形系数，有利于防止焊缝金属的热裂纹。

E. 再热裂纹敏感性。低合金钢焊接接头中的再热裂纹亦称消除应力裂纹，出现在焊后消除应力热处理过程中。再热裂纹属于沿晶断裂，一般都出现在热影响区的粗晶区，有时也出现在焊缝金属中。其产生与杂质元素 P、Sn、Sb、As 在初生奥氏体晶界的偏聚导致的晶界脆化有关，也与 V、Nb 等元素的化合物强化晶内有关。Mn-Mo-Nb 和 Mn-Mo-V 系低合金高强度钢对再热裂纹的产生有一定的敏感性，这些钢在焊后热处理时应注意防止再热裂纹的产生。

F. 层状撕裂倾向。大型厚板焊接结构焊接时，如在钢板厚度方向承受较大的拉伸应力，可能沿钢板轧制方向发生阶梯状的层状撕裂。这种裂纹常出现在要求焊透的角接接头或丁字接头中。选用抗层状撕裂钢；改善接头形式以减缓钢板 Z 向的应力应变；在满足产品使用要求的前提下，选用强度级别较低的焊接材料或采用低强焊材预堆边；采用预热及降氢等措施都有利于防止层状撕裂。

2）低合金高强度钢的埋弧焊工艺要点。拟定低合金高强度钢焊接工艺的原则是采用最经济的工艺焊制各项性能满足技术要求，且无任何超标缺陷的焊接接头。对于低合金高强度钢，应对结构中每种类型的焊接接头编制详细的焊接工艺规程。

A. 焊前准备。低合金结构钢埋弧焊的焊前准备工作包括坡口的制备、焊接区的清理和焊接材料的前处理等。

a. 坡口的制备。焊接坡口的几何形状、尺寸和制备方法，直接影响到低合金结构钢接头的质量、焊接效率和经济性。在设计焊接坡口时，首先应避免采用只能局部焊透的坡口形式，钝边尺寸应考虑充分利用埋弧焊的深熔特点，但又不致引起热裂纹来选定。接头的装配间隙，无论是对接接头还是角接接头应尽量小，接头的结合面应采用机械加工法或精密切割制备，以确保工艺规定的装配间隙。

低合金钢对接接头可采用碳钢埋弧焊相似的坡口形式。V 形坡口坡口角度一般取60°。当采用加大间隙埋弧焊工艺时，坡口角度可适当减小到 45°或 30°，但应保证焊丝能伸入坡口根部，并便于脱渣。当板厚大于 30mm 时，应尽量采用双面 V 形坡口。U 形坡口与 V 形坡口相比，U 形坡口加工较费时，但焊缝截面可显著减少，在低合金钢厚板结构中，应优先考虑采用 U 形坡口。当板厚超过 100mm 时，在设备条件许可的情况下，可尽量采用窄坡口或窄间隙埋弧焊。

低合金钢接头坡口可采用火焰切割、等离子弧切割和机械加工等方法制备。热切割和电弧气刨具有与焊接相似的快速加热与冷却的热循环过程。在热切割边缘会形成一定深度的淬硬层，并往往成为钢板矫正、卷制和冲压成形过程中的开裂源。为了防止热切割裂纹，屈服点超过 500MPa 或合金总质量分数大于 3%，厚度超过 50mm 的低合金厚板，切割前应将钢板切割区预热至 100℃ 以上，切割后采用磁粉或渗透探伤对切割表面进行裂纹检查。

低合金钢焊缝背面采用碳弧气刨清根时，气刨前应对气刨区进行预热。

b. 焊接区的清理。低合金钢接头焊接区的焊前清理工作是保证接头质量的重要环节。为防止低合金钢焊接接头的冷裂纹，建立低氢的焊接环境是十分重要的。钢材的淬硬倾向愈高，对焊接区清理的要求愈严格。坡口边缘及表面应清除干净可能产生各种有害气体的氧化皮、锈斑、油脂及其他污染物。待焊坡口表面的吸附水分应用火焰加热予以清除，因为水分在电弧高温作用下的分解是焊接气氛中氢的主要来源之一。

直接在切割边缘或切割坡口面上实施埋弧焊时，焊前必须清理干净切割面的氧化皮和熔化金属毛刺，必要时需用砂轮修磨。

如焊件表面未经喷丸、喷砂等预处理且表面锈蚀严重，则应将坡口两侧各 30～50mm 范围用砂轮打磨至露出金属光泽。

c. 焊接材料的焊前处理。埋弧焊接中所使用的焊接材料主要是焊丝和焊剂。其中焊剂中的水分是焊接气氛中氢的主要来源，其影响程度远比钢板表面吸附水分的影响严重。无论是烧结焊剂，还是熔炼焊剂，焊剂中少量的水分就能使焊缝金属中扩散氢含量明显增加。

对于屈服点低于 450MPa 的普通低合金钢厚板的埋弧焊焊缝，扩散氢含量超过 10mL/100g，焊缝金属就有出现冷裂纹的危险，对于屈服极限高于 450MPa 板厚大于 50mm 的调质高强钢埋弧焊焊缝，由于焊接残余应力较高，扩散氢含量超过 5mL/100g 的焊缝金属，就可能导致冷裂纹的形成。在烧结焊剂中，0.2% 的水分含量就能使焊缝金属的扩散氢含量达到 5mL/100g。

低合金钢埋弧焊前，必须将焊剂按技术条件烘干。被焊钢材的强度愈高，焊剂烘干的要求愈严格。对于碱性熔炼焊剂，最佳的烘干温度为 470～500℃/2h，烘干后焊剂的水分可降低到 0.02% 以下，残余扩散氢可降到 0.7～1.1mL/100g。但对于含 CaF2 的焊剂，当烘干温度超过 450℃ 时，会析出氟气而改变焊剂的特性。这类焊剂最好采用 350℃/4h 的烘干工艺，焊剂的堆散高度不超过 40mm，可取得较好的烘干效果。

低合金钢埋弧焊用焊丝最好采用表面镀铜的焊丝，可大大简化焊丝表面的清理工作，只需用棉纱擦去焊丝表面的尘土即可。镀铜焊丝具有一定的防锈性能，但在潮湿空气中长时间堆放，镀铜焊丝表面也会锈蚀。因此，镀铜焊丝也需存放在相对湿度不超过 65% 的干燥仓库内，随用随取。

B. 焊材选择。焊材的选择对低合金钢埋弧焊接头的性能起着决定性的作用。由于各种合金元素对低合金钢埋弧焊焊缝性能的影响比较复杂，且低合金钢焊件的制造工艺程序较多。因此，在焊接材料选用时，应考虑各方面的因素。对于受力部件，应按接头等强性原则选择焊接材料。对于在低温下工作的焊接结构，焊材选择时应考虑如下方面：

a. 应保证接头各区的低温韧性，在这种情况下，韧性比强度更为重要。

b. 应考虑焊接结构的加工工艺，如剪切、冷冲压、冷卷、热卷及各种热处理工艺对接头性能的影响。剪切、冷冲压和冷卷等冷作加工，要求焊接接头具有与母材相当的塑性变形能力；而热卷和热处理等热加工，则要求接头经高温加热后仍保持产品技术条件所规定的强度和韧性。

c. 应注意焊接参数及热输入对接头性能的影响。

d. 应考虑到焊接接头在低温下长时间连续运行可能发生的性能变化。

C. 焊接工艺方案。低合金结构钢的埋弧焊可以根据板厚、焊件结构、焊接接头性能的要求以及生产批量等选择适用的焊接工艺方案。选择的原则是确保接头质量的前提下，采用效率最高和成本最低的工艺方案。如对厚度 20mm 以下的平板对接，若对接头冲击韧性要求不高，则可采用单面焊双面成形，或不开坡口双面焊等高热输入焊接法。但在焊接冶金质量不高，层状偏析较严重的钢板时，则必须采用开坡口的多层焊接法，否则接头的冷弯角往往因焊缝过热区的液化裂纹的形成而达不到要求。对于高强度调质钢也应采用控制热输入的多层多道焊接法，过高的热输入可能导致接头的热影响区调质效应的丧失，而使接头的强度低于标准规定的最低合格指标。对于焊接性良好的微合金高强钢，即使板厚达到 30mm，也可采用不开坡口对接单面焊或双面焊，而不致降低接头的各项力学性能。

对于厚度大于 20mm 而小于 40mm 的平板对接接头，为达到全焊透，要求开一定深度的 V 形或 X 形坡口。在这种情况下，也应充分利用埋弧焊的深熔特点，尽量减小坡口深度，以降低焊材的消耗，提高效率。对于厚度大于 40mm 的对接接头，最好采用开 U 形坡口的多层多道焊接法。对于必须从单面焊接的接头，根部焊道可以采用焊条电弧焊或气体保护焊封底，也可以采用钢衬垫。但应特别注意，焊条电弧焊或气体保护焊焊缝金属的成分，应与埋弧焊焊缝金属相匹配。固定钢衬垫的成分应与焊件母材成分相近。如果钢衬垫焊后需要加工去除，则可采用任何牌号的低碳钢板制作。

中薄板角接和搭接接头通常采用单丝埋弧焊。厚板角接缝可采用双丝或三丝埋弧焊。为进一步提高焊接效率，可采用附加铁粉的埋弧焊接法。在焊件的表面进行堆焊，通常选用多丝埋弧焊或带极埋弧堆焊。

D. 焊接工艺参数。埋弧焊的焊接工艺参数包括焊接电流种类、极性、焊接电流、电弧电压、焊接速度、焊丝直径、焊丝伸出长度和焊件倾角等。对低合金钢埋弧焊接头质量起重要作用的参数是：焊接电流及种类与极性、电弧电压和焊接速度。

焊接电流及种类与极性不仅决定焊丝的熔敷速度，而且也决定焊缝金属中的扩散氢含量。后者对于焊制无裂纹优质低合金钢焊接接头至关重要。直流正极性焊接时，焊缝金属中扩散氢含量最高；交流焊接时次之；直流反极性焊接时最低。因此，在焊接对冷裂纹较敏感的低合金钢（特别是厚板）时，应采用直流反极性焊接。

焊接电流主要根据所选定的焊丝直径及所要求的熔透深度来选定。在平焊位置的平板对接，多用直径 4.0mm 或 5.0mm 焊丝；对于焊接工位固定的埋弧焊，也可选用直径为 6.0mm 的焊丝。焊接圆筒形焊件时，焊丝直径取决于圆筒的直径。直径小于 1000mm 的圆筒环缝应采用直径为 3.0mm 焊丝，这样便于获得成形良好的焊缝。当圆筒直径小于 500mm 时，最好采用直径为 2.0mm 的焊丝。各种直径焊丝适用的埋弧焊焊接电流范围见表 4-31。

表 4-31　　　　　　　　各种直径焊丝适用的埋弧焊焊接电流范围表

焊丝直径/mm	焊接电流范围/A	焊丝直径/mm	焊接电流范围/A
2.0	200～500	4.0	400～1000
2.5	250～700	5.0	500～1200
3.0	300～800	6.0	700～1600

在低合金钢埋弧焊时，焊接电流的大小不仅决定了焊缝的熔透深度、焊缝成形，而且主要决定了焊缝及热影响区的裂纹敏感性及力学性能。因此，焊接电流不应单纯地按焊丝直径和所要求的熔透深度来选定，而应通过焊接工艺评定试验，选定适合于待焊钢种且接头力学性能满足具体产品技术要求的焊接电流范围。对于一种新钢种，应该完成系统的工艺试验，以确定最佳的焊接电流范围。对于绝大多数低合金结构钢，焊接电流的上限应局限在 800A 以下，最常用的范围是 400～700A。对于高强度调质钢的埋弧焊，焊接电流应根据该钢种允许的焊接热输入来确定。

电弧电压和焊接速度则根据焊缝成形的要求来选定，其原则与碳钢埋弧焊工艺参数匹配关系相似。

E. 操作技术。低合金结构钢埋弧焊的操作技术与碳钢埋弧焊相类似。

鉴于低合金结构钢对缺口和裂纹比较敏感，故应特别注意焊道成形，焊道与坡口边缘的交接处应平滑过渡。在多层多道焊缝中，焊道之间应均匀搭接，交接处不应形成凹槽、咬边或凸鼓等缺陷，收弧时必须填满弧坑。纵缝焊接时，应在引弧板上并离焊缝末端至少 50mm 处熄弧。高强钢厚板接缝必须遵守连续焊满不间断焊接的原则，否则极易产生氢致延迟裂纹。如因设备故障等特殊原因而被迫中止焊接，则必须将焊件保持在所规定的预热温度以上。

3）常用低合金高强度钢埋弧焊工艺。

A. Q345 钢的埋弧焊。

a. 焊前准备。钢板可采用火焰切割、等离子弧切割下料。板厚 70mm 以下，切割边缘不必预热；70mm 以上，切割起始部位应预热至 100～120℃。

采用碳弧气刨制备坡口时，厚度 40mm 以上的钢板，气刨前应预热至 80～100℃。焊剂应在 350～400℃下烘干 2h。

坡口形式：对接接头依据板厚不同可采用 I 形、V 形和 U 形坡口。

b. 工艺参数。焊丝分别为 H08MnA（20mm 以下薄板时选用）、H10Mn2，直径分别为 4.0mm 或 5.0mm；焊剂 HJ431、HJ350、SJ301（对接头冲击韧度要求较高时选用HJ350）。

使用直径 4.0mm 焊丝时，$I=600\sim680A$，$U=34\sim38V$，$V=20\sim30m/h$；使用直径 5.0mm 焊丝时，$I=650\sim720A$，$U=36\sim40V$，$V=25\sim32m/h$。

预热温度：板厚大于 50mm 的焊件，焊前预热 80~100℃。

焊后热处理：对于普通钢结构，接头最大厚度超过 50mm 的重要承载部件，焊后需进行消除应力处理，其温度范围为 560~640℃，保温时间 2.5min/mm。对于压力容器预热焊的部件，壁厚大于 34mm，不预热焊的部件，壁厚大于 30mm 时，焊后需作消除应力处理。推荐的最佳处理温度为 600~620℃，保温时间 3min/mm。

B. Q390 钢的埋弧焊。

a. 焊前准备。Q390 钢的埋弧焊前准备工作基本与 Q345 钢埋弧焊相同。坡口形式按接头种类及板厚不同可采用 I 形、V 形和 U 形坡口。

b. 工艺参数。焊接参数同 Q345 钢埋弧焊参数。

焊丝分别为 H10Mn2、H08MnMo，直径分别为 4.0mm 或 5.0mm（焊件焊后需经过热处理且对接头强度要求较高时应选用焊丝 H08MnMo）；焊剂分别为 HJ431、HJ350、SJ301（对接头冲击韧度要求较高时选用焊剂 HJ350）。

预热温度：板厚大于 35mm 的焊件，焊前预热 100~120℃。

焊后热处理：对于普通钢结构的重要承载部件，接头最大厚度超过 40mm 时，焊后需作消除应力处理，其温度范围为 600~650℃，保温时间 2.5min/mm。对于压力容器预热焊的部件，壁厚大于 32mm，不预热焊的部件，壁厚大于 28mm 时，焊后需作消除应力处理。推荐的最佳处理温度为 600~630℃，保温时间 3min/mm。

C. 15MnMoVN 调质高强钢的埋弧焊。

a. 焊前准备。厚 60mm 以上的轧制钢板可采用热切割下料。切割前将切割起始部位应预热至 100~120℃。厚度超过 100mm 的轧制钢板，切割前应作 680~700℃ 的退火处理。正火或调质状态的钢板，切割前不必预热。

焊接坡口边缘、冲压件切割边缘表面应作磁粉检查。

焊剂应在 350~400℃ 下烘干 2h。

b. 工艺参数。焊丝分别为 H08Mn2Mo、H08Mn2NiMo（对接头低温冲击韧度要求较高时，可选用焊丝 H08Mn2NiMo），直径 4.0mm；焊剂为 HJ250 或 HJ250+HJ350，混合比为 2∶1。对接头低温冲击韧度要求较高时应选用 HJ250。

焊接电流 $I=650\sim700A$，$U=34\sim36V$，$V\approx30m/h$。

预热温度：板厚大于 20mm 时，焊前应预热至 100~150℃；超过 60mm 时，最低预热温度为 150℃；焊接过程中，保持层间温度不低于 150℃。

焊后消氢处理：壁厚大于 60mm 的焊件，焊后应立即进行（300~350℃）×（2~3h）的消氢处理。

消除应力热处理：接头最大厚度超过 20mm 的焊件，焊后需进行消除应力处理，其温度范围为 620~630℃，保温时间 4min/mm。

（3）奥氏体不锈钢的焊接性及埋弧焊工艺要点。当钢中 $W(Cr)>12\%$ 时就具有抗化学侵蚀的能力，这类钢统称为不锈耐蚀钢，简称不锈钢，是目前工业上应用最为广泛的高合金钢之一，在发电设备、水工建筑物高速过水流道中，已占有越来越重要的地位。不锈钢作为一种结构材料大部分用于焊接结构，并且多采用焊条电弧焊和钨极氩弧焊等方法焊接。随着工业加工设备向大型化、高参数、高效率方向发展，所使用的不锈钢板材厚度不断加大，这就要求应用高效的焊接方法完成不锈钢焊接结构的生产。因此，不锈钢埋弧焊工艺的开发受到了重视，并在实际生产中扩大了应用范围。

1) 奥氏体不锈钢焊接性。与其他不锈钢相比，奥氏体不锈钢的焊接是比较容易的。镍铬奥氏体不锈钢具有较好的塑性和韧性，无淬硬倾向，易于采用各种熔焊方法焊接，焊接接头在焊后状态下具有较优的力学性能，通常无需热处理，焊接工艺较简单。但因奥氏体不发生二次相变，初生柱状晶比较发达，故对焊接热裂纹比较敏感，尤其是采用高线能量焊接时，热裂纹问题更为突出，必须在焊接材料选配和焊接工艺上采取相应的措施。

2) 奥氏体不锈钢埋弧焊工艺特点。奥氏体不锈钢埋弧焊的工艺性与碳钢及低合金钢相似，如焊接参数选择恰当，焊缝成形良好。其主要特点是含有较高的易氧化元素，如铬、钛等，如选用普通焊剂，焊丝中的这些元素将严重氧化烧损，并形成与焊缝表面牢固结合的渣壳，恶化了脱渣性，同时也降低了焊缝金属的力学性能及耐腐蚀性。为了使焊缝金属各项性能基本等同于所焊母材相应的规定指标，必须确保焊缝金属的主要合金成分与母材的成分相匹配。焊缝金属的成分主要取决于焊材成分、母材在焊缝中的比率以及合金元素通过熔渣—金属冶金反应产生的渗合和烧损。奥氏体不锈钢埋弧焊焊缝金属化学成分控制是一个比较复杂的问题。既要保证焊缝无裂纹，又要使接头具有与母材相当的耐腐蚀性，同时还要防止焊缝金属经受重复加热、焊后热处理和高温工作条件下的脆变倾向。因此，必须正确选择焊丝、焊剂，拟定合理的焊接工艺和焊后热处理工艺。

在设计奥氏体不锈钢埋弧焊工艺时，还应考虑到这种钢特殊的物理性能，即低的热导率、高电阻率和热膨胀系数，以及表面存在高强度保护膜等。这些特性决定了焊件将产生较大的挠曲变形和近缝区过热，并容易导致未熔合等缺陷的形成。为减少焊接收缩变形，应合理设计坡口，尽量减小焊缝的截面，V 形坡口张开角不宜大于 60°。

埋弧焊还具有高线能量、熔池尺寸大、冷却速度和凝固速度较慢的特点。这对奥氏体不锈钢也会产生不利的影响，会加剧结晶过程中合金元素和杂质的偏析，促使形成粗大的初生结晶，导致焊缝金属和近缝区的热裂倾向。因此必须采取相应的措施，克服这些不利因素的影响。

奥氏体不锈钢的埋弧焊可以采用交流电源，也可采用直流电源反极性，这主要取决于所用焊剂的特性，由于在小电流下直流电弧更加稳定，大多数情况都采用直流电焊接。因奥氏体钢电阻较高，熔点较低，在使用相同直径焊丝时，焊接电流应比碳钢埋弧焊低 20% 左右。同理，应严格控制焊丝伸出长度，伸出长度过大或焊嘴接触不良，都会造成焊丝熔化速度不均匀和焊缝成形恶化。

奥氏体不锈钢埋弧焊的另一个特点是接头在焊后要求快速冷却，尽量缩短接头在高温下停留的时间，防止碳化铬沿晶界析出。另外，焊缝金属中的铁素体含量也与接头的冷却速度有关。冷却速度越慢，铁素体含量越多。当铁素体含量超过一定数量时，不仅降低焊缝金属的力学性能，而且也影响耐腐蚀性能。因此，奥氏体不锈钢焊接时，即使是厚板，也不应预热，并要控制层间温度，最好不超过 100℃。对于一些有特殊要求的焊件，需采取加速冷却焊缝的措施。如将焊缝压紧在通水冷却的铜衬垫上焊接，或在焊缝背面通压缩空气或喷水冷却。

3）奥氏体不锈钢埋弧焊工艺。

A. 焊前准备。奥氏体不锈钢可以采用等离子弧切割下料，切割后切割边缘应用机械加工法去除切割热影响区，如采用冲剪方法下料，则应用切割加工法将冷作硬化带加工掉。

所有焊接坡口和边缘应采用机械加工法制备。焊接前应用丙酮彻底清除坡口表面的油污。焊接坡口形式可以采用直边对接，V 形或 U 形坡口。坡口尺寸可参见《埋弧焊的推荐坡口》（GB/T 985.2—2008），坡口角度取标准规定范围的下限值。

焊剂应在 250～300℃ 温度下烘焙 2～3h。焊丝表面应用丙酮清洗除油。焊丝给送轮和校正轮焊前也应清洗干净。焊件装配工夹具与不锈钢件表面接触部位应采用铜质过渡段，防止碳钢器具表面的铁离子黏附于不锈钢表面，而导致该部位耐腐蚀性丧失。

B. 焊接材料。奥氏体不锈钢埋弧焊应选择无锰中硅中氟、低锰低硅高氟和无锰低硅高氟焊剂，如焊剂 HJ150、HJ151、HJ151Nb、HJ172 等。焊剂 HJ151Nb 标称成分与焊剂 HJ151 相同，只是掺和了金属 Nb 粉，适于含 Nb 不锈钢的埋弧焊。对于耐腐蚀性要求较低的焊接接头，也可选用低锰高硅中氟焊剂，如 HJ260 焊剂。

烧结焊剂具有工艺性良好、脱渣容易、焊缝金属成分稳定、易于控制等优点，在奥氏体不锈钢埋弧焊中已逐渐推广应用。国产不锈钢埋弧焊烧结焊剂有 SJ601 和 SJ641。焊剂 SJ641 为 $CaO - MgO - CaF_2 - SiO_2$ 渣系，粒度在 $0.28～1.60mm$ 之间，直流反极性施焊，可配用焊丝 H0Cr21Ni10、H0Cr19Ni12Mo2 等。焊剂 SJ601 和 SJ601Cr 也可用于不锈钢的埋弧焊，这种烧结焊剂可与超低碳不锈钢焊丝之外的各种不锈钢焊丝配用。

奥氏体不锈钢埋弧焊焊丝主要按所焊的不锈钢种类选择。奥氏体不锈钢适用的埋弧焊焊丝牌号见表 4-32。

表 4-32　　　　　　　　　奥氏体不锈钢适用的埋弧焊焊丝牌号表

不锈钢钢号	埋弧焊焊丝牌号
00Cr18Ni10	H00Cr21Ni10
0Cr18Ni9，1Cr18Ni9	H0Cr21Ni10
0Cr18Ni9Ti，1Cr18Ni9Ti	H0Cr20Ni10Nb
1Cr18Ni11Nb	H0Cr20Ni10Nb
00Cr17Ni14Mo2	H00Cr19Ni12Mo2
0Cr18Ni12Mo2Ti，1Cr18Ni12Mo2Ti	H00Cr19Ni12Mo2Ti
00Cr17Ni14Mo3	H00Cr19Ni12Mo2
0Cr18Ni12Mo3Ti，1Cr18Ni12Mo3Ti	H00Cr19Ni12Mo2Ti

对于奥氏体不锈钢埋弧焊来说，除了接头的耐腐蚀性满足技术要求外，还应考虑焊缝金属中含有一定量的铁素体，以增加其抗裂性。对于长期在高温下运行的奥氏体不锈钢焊件，应控制铁素体含量不超过 5%，以防止焊缝金属的 σ 相脆化。对于不锈钢厚板多层焊缝和焊后需要经过消除应力处理的焊件，选择含钼不锈钢焊丝时，要特别谨慎，焊缝金属中含钼量过高，会加速铁素体在高温作用下向 σ 相转变。

选择焊接材料时，还应考虑埋弧焊工艺方法对焊缝金属成分的影响，在直边对接单面焊和双面焊时，熔合比较好，达 $50\% \sim 80\%$，焊丝金属仅占一小部分，而由熔渣—金属间冶金反应产生的合金元素渗合或烧损对焊缝金属成分变化影响较小。在这种情况下，只要按母材的成分选择焊丝，即可获得所要求的焊缝金属成分。

C. 焊接工艺参数。

a. 温度。奥氏体不锈钢埋弧焊焊件可以不作预热。10mm 以下薄板焊接时，应将工件压紧在铜衬垫上，使其快速冷却。无法采用铜衬垫的焊件可用压缩空气或喷水冷却。厚度超过 60mm 的不锈钢焊件，为了降低收缩应力，可将焊件预热到 $100 \sim 150℃$。

b. 焊接参数。奥氏体不锈钢埋弧焊焊接参数有焊接电流 I、电弧电压 U、焊接速度 V 和焊丝伸出长度。由于奥氏体钢与铁素体钢物理性能不同，故适用的参数有所差异。其总的选择原则是要求选用较低的焊接线能量，即较低的焊接电流、较高的焊接速度及与其相配的电弧电压。但因奥氏体不锈钢焊接时，焊接规范参数对焊缝形状、成分和组织的影响有其独特的规律性，在选择时应加以充分考虑。

D. 操作技术。采用短的焊丝伸出长度，经常更换导电嘴，避免焊丝伸出段在焊接过程中发红，10mm 以下薄板单面焊时，背面加铜衬垫，正面采用夹紧装置压平，防止焊接过程中变形，厚板开坡口焊缝，采用窄焊道多层焊技术，层间仔细清渣。

20mm 以上厚板纵缝对接焊应将焊件反变形组装，反变形量按板厚和坡口形式而定。

多层焊缝的焊接顺序应将与腐蚀介质接触一面的焊缝最后焊接。地线端头应用铜质垫块并借助夹钳与工件表面夹紧。

4.5.6 埋弧焊接头中的常见缺陷及其防止措施

（1）埋弧焊接头中的常见缺陷及形成原因。埋弧焊接头中的常见缺陷主要有裂纹、夹渣、气孔、未焊透、未熔合、咬边、焊瘤及溢流等。埋弧焊接头中的裂纹按其形成机理可分为热裂纹（结晶裂纹）、冷裂纹、层状撕裂及再热裂纹四种。

在实际焊接生产中，影响焊接缺陷产生的因素往往是错综复杂的。其中包括结构因素、冶金因素、工艺因素及操作因素等。而这几个主要因素本身又涉及很多方面。例如在工艺因素中必须考虑坡口准备、组装误差、焊前清理、焊接参数及焊后热处理参数等。因此，为查明实际产品焊接接头中产生的某种缺陷的形成原因，应按具体的焊接条件进行全面的分析。

1）热裂纹形成的原因。在各种钢的埋弧焊接头中，常见的热裂纹有两种，即结晶裂纹和液化裂纹。结晶裂纹是焊接熔池初次结晶过程中形成的裂纹，是一种沿焊缝金属初次结晶晶界的开裂。液化裂纹是紧靠熔合线母材晶界被焊接电弧热局部重熔，并在焊接收缩拉应力作用下产生的裂纹。这两种裂纹虽然都是在高温下产生的，但其形成机理是不同的。

A. 结晶裂纹。在焊缝金属结晶的过程中，形成结晶裂纹必须同时具备以下三个条件：第一，在焊接熔池金属中必须存在一定数量的低熔共晶体。这主要取决于母材和焊接材料中形成低熔点共晶体的合金成分和杂质的含量以及熔池的过热程度。第二，焊缝金属的结晶方式可能使低熔点共晶体被封闭在柱状晶体之间。第三，焊缝金属在结晶过程中必须受到足够大的拉伸应变的作用。

B. 液化裂纹。在埋弧焊过程中，紧靠熔合线的母材区域被加热到接近钢熔点的高温，此时母材晶体本身未发生熔化，而晶界的低熔点共晶则已完全熔化。当焊缝金属冷却时，焊缝产生一定的应变。如果在这些低熔共晶体未完全重新凝固之前，焊缝熔合区已受到较大的应变，则在这些晶界上就可能出现裂纹。低熔点共晶液层的熔点通常在 $664\sim1190℃$ 之间，如其熔点愈低，凝固时间愈长，则液化裂纹倾向愈高。另外，近缝区在高温下停留时间越长，即焊接热输入越大，裂纹倾向也越严重。

2) 冷裂纹形成的原因。埋弧焊接头中的冷裂纹主要在屈服点大于 $300MPa$ 的低、中合金钢中产生。钢材的强度愈高，或提高淬硬倾向的合金成分总含量愈高，则焊接冷裂纹形成的几率愈大。在不可淬硬的低碳钢焊接接头中，通常不会产生冷裂纹。

冷裂纹总是在焊接接头冷却到 $200℃$ 以下，或者在室温下延迟一段时间后形成（也称延迟裂纹）。冷裂纹的形成过程比较复杂，影响因素也较多。但主要与下列三个因素有关：①焊接区的淬硬程度（包括焊缝金属和热影响区），即马氏体组分在金相组织所占的比例。②焊缝金属中的扩散氢含量。③焊接接头中残余拉伸应力的分布与高低，其中包括相变应力的作用。在促使焊接冷裂纹形成的三要素中，热影响区或焊缝金属内淬硬组织的形成是根本原因。

在埋弧焊接头中，由于焊接条件的不同，焊接冷裂纹可能出现在焊缝金属中，也可能在热影响区内产生，或者两者均有之。

3) 层状撕裂形成的原因。层状撕裂主要以钢板轧制方向分布的非金属夹杂物为起裂源，并在钢板厚度方向的拘束拉应力作用下，形成阶梯式的层状撕裂。在这种裂纹的形成过程中，焊接热影响区的氢脆和应变实效脆变也起一定的促进作用。焊接接头的拘束度和受力方向也是诱发这种裂纹的主要因素。层状撕裂的形成基本上有两个阶段。最初是热影响区的夹杂物集中区在焊接拉伸应力作用下产生与基体的剥离，形成层状撕裂斑点，当这些斑点长大到一定尺寸时，则以脆断的方式扩展，合并成宏观裂纹。

钢材的层状撕裂倾向，首先，取决于钢中非金属夹杂物 MnS、Al_2O_3 和硅酸盐的数量、形状及其分布形式。钢中硫和氧的含量越低，抗层状撕裂的性能越高。其次，钢的层状撕裂几率也取决于接头的拘束度。第三，焊接热影响区的热应变时效脆变和氢脆也是促使层状撕裂的主要因素之一。某些钢材在 $400\sim600℃$ 温度区间具有蓝脆倾向，在 $250℃$ 左右则出现热应变时效。当采用酸性焊剂埋弧焊时，特别是焊剂未经严格烘干，焊缝热影响区可能聚集大量氢，并富集于非金属夹杂物周围，在 $100℃$ 以下导致金属变脆，使钢材的 Z 向拉伸特性明显下降，提高了层状撕裂的倾向。

4) 再热裂纹形成的原因。再热裂纹主要出现在以沉淀硬化机制强化的低合金耐热钢和高铬镍热强钢厚壁接头中。如 $Cr-Mo-V$，$Cr-Mo-V-B$ 和 $Mn-Ni-Mo-V$ 合金系列的低合金钢具有较高的再热裂纹倾向。

在厚壁埋弧焊接头中，再热裂纹的最主要的形式是消除应力处理裂纹，其形成过程如下：当含有 Cr、Mo、V 等合金元素的低合金钢埋弧焊时，紧靠熔合线的区域被加热到 $1000\sim1350℃$ 的高温，促使该区的合金碳化物完全固溶，同时奥氏体晶粒急剧长大。当这种接头在 $500\sim680℃$ 的温度范围内进行热处理时，合金碳化物逐渐从晶体内部沉淀，并使之强化。这种强化不仅阻碍了晶粒本身的整体变形，而且也抑制了晶粒的局部应变。这样，焊件在热处理过程中产生的蠕变应变就集中于晶界。如蠕变应变超过了晶界的变形能力，即导致晶界开裂，并最终形成宏观裂纹。

由此可见，消除应力处理裂纹的原因，主要是钢内存在较多的碳化物形成元素，具有较高的沉淀硬化倾向。其次是焊缝热影响区奥氏体化温度过高，使碳化物全部溶解于固溶体中，并且奥氏体晶粒急剧长大，明显减少了晶界的总面积，为碳化物在热处理过程中产生晶内沉淀创造了条件。此外，焊接接头中存在较高的内应力，使消除应力处理过程中接头部位产生相当大的蠕变应变，以致弱化的晶界经受不住这种应变而开裂。最后，消除应力处理的工艺参数如加热速度、最高加热温度、保温时间对再热裂纹的形成几率有重要影响。

5）气孔形成的原因。焊缝中气孔的形成与焊接熔池在高温下吸收和析出气体有关。在埋弧焊过程中，可能促使气孔形成的气体有氮、氢及一氧化碳等。

焊缝中气孔形成的过程有两种形式：一种是气体在高温下单纯物理性溶解于熔池金属中。当熔池冷却时，金属对气体的溶解度急剧降低而处于过饱和状态，所溶解的气体就会向外析出。如果析出的气体被正在凝固的金属所包围，就形成了气孔。另一种是熔池金属中的元素或氧化物的化学反应。如碳氧化反应产生的气体，坡口表面氧化膜的氧化反应，水分的蒸发，有机物的分解产生的氢气等，这些气体进入熔池金属而引起气孔。

焊缝中气孔的形成主要取决于焊接条件，被焊材料和焊接材料的种类及成分。具体原因可归纳为以下几点：

A. 沸腾钢埋弧焊，或采用沸腾钢焊丝、且焊剂选配不当时，由于这些材料含有过量的气体，在重熔时析出而引起气孔。

B. 埋弧焊时，焊剂的堆散高度不足，或焊剂供给突然中断，使电弧暴露于大气中，焊接气氛中卷入大量空气而产生氮气孔。

C. 采用未经烘干的焊剂，焊剂中的水分被电弧高温分解，产生大量的氢气。氢在高温下快速溶解于液态熔池金属，熔池凝固时氢大量析出而形成气孔。

D. 焊丝和母材中的碳，与接头焊接区表面的铁锈、氧化皮等在电弧高温下产生氧化反应而形成一氧化碳气体。这种气体在金属中的溶解度较低，当熔池冷却时，一氧化碳气体从熔池金属中大量逸出而形成气孔。

6）未焊透和未熔合形成的原因。未焊透和未熔合均是由于焊接参数选择不合适及操作不当而引起的。未焊透主要是焊接参数选择不正确，如焊接电流过低，焊接速度太快或电弧电压偏高等。其次，未焊透的形成与坡口的几何形状与尺寸有关。如 V 形坡口的坡口角度太小，钝边太大以及间隙太小都可能引起未焊透。I 形坡口对接接头埋弧焊时，焊丝偏离坡口间隙中心也是未焊透的成因之一。

未熔合的主要原因有：①I 形坡口对接焊时，焊丝偏离接缝中心，V 形和 U 形坡口对接焊时，焊丝离坡口侧壁的距离太大；②采用直流电源焊接时，由于焊接电缆连接焊件的位置不当引起电弧偏吹；③焊接电流或电弧电压选择不正确，或电网电压波动过大引起焊接电流或电弧电压的波动超过了允许范围；④焊件位置下倾的角度太大，或环缝焊接时焊丝位置超前，使熔池金属流淌至电弧的前方；⑤V 形坡口对接或角焊缝焊接时，焊丝的倾角不恰当。

7）夹渣形成的原因。夹渣是残留在焊道之间或焊道与坡口侧壁之间的熔渣，它是一种宏观缺欠。与焊缝金属中的非金属夹杂物有根本的区别，主要是在多道焊缝中形成。

产生夹渣的主要原因是焊道间清理不干净，特别是当坡口侧壁咬边较深时，熔渣嵌入咬边凹槽内，熔渣不易清除干净而残留在焊缝中形成夹渣。其次，焊接参数选择不匹配，造成焊道成形不良，脱渣困难，也容易引起夹渣。

焊剂的工艺性差，脱渣性不好也是造成夹渣的重要原因。例如选用高碱度熔炼焊剂焊接时，不仅脱渣较困难，而且熔渣易黏附在焊道表面而形成夹渣。

操作不当，如焊丝位置偏离坡口侧壁，焊丝倾角过大或过小等都可能造成焊道层间夹渣。

8）咬边、焊瘤及溢流形成的原因。咬边是焊丝位置调整不正确所致。开坡口的对接焊缝焊接时，焊丝离坡口侧壁太近，角焊缝水平横焊时，焊丝离焊件立板侧面太近或倾角太小都可能引起咬边。平角焊缝和开坡口对接焊缝埋弧焊时，电弧电压太高，且焊接速度太快也容易产生咬边。

焊瘤主要产生于单面焊双面成形对接焊缝以及厚壁开坡口对接接头的封底焊道。其形成原因主要有：①焊接电流的向上波动超过临界值；②在焊剂垫上进行单面焊双面成形埋弧焊时，焊剂垫压力不均匀或焊剂填充量不足；③接头组装间隙局部过大；④焊接速度不稳定，时快时慢。

溢流的主要原因是焊接熔池的尺寸过大，焊件前倾，环缝焊接时焊丝偏离中心超前等。

（2）防止措施。

1）热裂纹的防止措施。

A. 结晶裂纹的防止措施。为防止焊缝金属中形成结晶裂纹，可采取以下冶金和工艺措施：

第一，严格控制焊缝金属的化学成分，尽可能降低焊缝金属中 C、S、P 和其他易形成低熔点共晶体的合金成分的含量。

第二，选用优质低碳焊丝和脱硫脱磷能力较强的焊剂。

第三，改进坡口设计，适当增大坡口角度、减小钝边深度。

第四，调整焊缝形状系数，即适当增加焊缝宽度，减小熔深，使焊缝横截面的形状有利于一次结晶将低熔点共晶体推向不易产生裂纹的部位。调节焊接参数，即提高电弧电压、降低焊接电流可明显改善焊缝成形。

B. 液化裂纹的防止措施。为可靠液化裂纹的形成，首先应从结构材料选用上着手，尽量采用 C、S、P 含量较低的母材；其次是采用小的焊接线能量。

2）冷裂纹的防止措施。防止冷裂纹可以采取以下措施：

A. 采取各种工艺措施，控制焊缝和热影响区的冷却速度，尽量减少或不能形成淬硬组织。如焊前预热并保持层间温度是控制焊接接头冷却速度最常用的方法。

B. 选择低氢碱性焊剂，并在使用前严格按要求烘干，彻底清除坡口面和焊丝表面的油污及水分。

C. 焊后保温或焊后消氢处理，加速焊缝金属中扩散氢的逸出。

D. 尽量降低接头拘束度，避免造成应力集中。

上述各项防止冷裂纹的措施不是任何有冷裂倾向的焊件都必须采取的。在实际焊接生产中，应根据被焊钢材对冷裂敏感性、接头的形式、板厚及拘束度等条件拟定经济而合理的防止措施。

3）层状撕裂的防止措施。为防止厚壁埋弧焊接头中出现层状撕裂，可以从冶金、设计和工艺三方面采取相应的措施。

A. 冶金措施。为提高钢材抗层状撕裂的能力，改善钢材厚度方向的性能是一项根本性的措施。层状撕裂主要起源于钢中硫化锰等杂质。如将钢中的硫含量降低至 $0.01\% \sim 0.005\%$，则可显著提高钢材厚度方向的断面收缩率。

B. 设计措施。防止层状撕裂的设计措施主要是指在结构设计时设法减少厚度方向的应力，通常在结构设计时，可采取下列措施：

a. 合理设计结构节点，尽量降低垂直作用于钢板厚度方向的载荷，避免采用可能造成厚度方向应力集中的接头形式。

b. 选择适当的坡口形式，以减少作用于钢材厚度方向的内应力，尽量采用全焊透结构，但必须缩小焊缝的截面。

c. 采用具有一定弹性的设计结构，以降低焊接内应力峰值。

d. 尽可能扩大承受垂直于表面载荷的节点面积。

C. 工艺措施。在设计焊接工艺时，为防止层状撕裂，应从降低焊接接头内应力的角度拟定焊接参数。焊接顺序、焊道层次、焊接热输入、焊接材料的选配、预热和层间温度等都是影响接头内应力分布和大小的因素。对存在层状撕裂危险的接头应尽可能先焊，使接头可自由收缩，避免过高的内应力。采用低的焊接热输入，可减少焊缝的收缩量，降低接头的收缩应力。

在选择焊接材料时，应遵循强度低匹配的原则，使焊缝金属的强度接近或略低于母材的强度，而塑性优于母材，这样可以使焊接应力大部分作用于塑性较好的焊缝金属。

为使焊缝金属和热影响区具有较高的塑性变形能力，适当的焊前预热将起到一定的有利作用，同时也可降低接头内应力的峰值。

在某些特殊情况下，如母材抗层状撕裂的能力较低，且接头的形式不利于防止层状撕裂，则可在接头坡口侧面或钢板表面堆焊一定厚度的低强度、高塑性过渡层金属，对防止层状撕裂是相当有效的。钢板表面堆焊方案见图 4-20，所堆焊的熔敷金属应为低氢型的。

4）再热裂纹的防止措施。为防止低合金钢厚壁接头中再热裂纹的形成，首先在结构设计阶段，尽可能选用对再热裂纹不敏感的钢材，即不选用碳化物形成元素含量超过临界值的钢材。含有一定量 V、Nb、Cr、Mo 及 B 等合金元素的低合金钢对再热裂纹都有某种程度的敏感性。如因结构的运行条件要求必须采用含有上列合金元素的低合金钢，则应从焊接工艺上采取相应的措施。

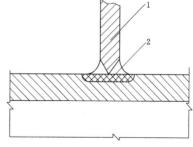

图 4-20　钢板表面堆焊方案图
1—受力部件；2—高塑性堆焊层

A. 降低焊接热输入，以较低的焊接热输入进行埋弧焊，可以减小焊接热影响区过热区的尺寸，并利用相邻焊道的热作用细化过热区的晶粒，缩小可能诱发再热裂纹的粗晶区，降低再热裂纹的形成几率。

B. 适当提高焊前预热温度并加低温后热可降低接头的内应力水平和峰值，缓解促使再热裂纹产生的力学因素。

C. 选用强度略低于母材且无沉淀硬化倾向的焊接填充金属，使焊件在消除应力热处理过程中，焊缝金属先于母材热影响区产生蠕变，避免热影响区产生过量应变。

D. 在结构设计中，避免采用高拘束度的接头形式。

E. 消除焊件几何形状的突变以及所有可能引起应力集中的表面缺欠，如咬边、根部缺口等。

F. 正确选择焊件消除应力处理的温度，避免在再热裂纹敏感温度区间进行消除应力处理。

5）气孔的防止措施。为有效地防止埋弧焊焊缝中各种气孔的形成，应采取下列冶金及工艺措施：①焊接沸腾钢和半镇静钢时，应选用硅镇静钢焊丝和还原能力较强的高锰高硅焊剂；②焊剂在使用前应按规定的烘干条件进行烘干；③当焊接作业区空气相对湿度较高（80％以上）时，焊前应采用合适的方法加热坡口表面及其边缘，消除钢材表面的吸附水；④焊前应将坡口面及其两侧各 30mm 范围内的铁锈、氧化皮及油污等清除干净；⑤为防止由电弧偏吹引起的气孔，除了修正焊接电缆连接焊件的位置外，应采用直流反接焊接，并适当降低焊接电流和电弧电压。

6）未焊透和未熔合的防止措施。为防止埋弧焊接头中形成未焊透，应从焊接工艺方面采取下列措施：

A. 正确选择焊接电流、电弧电压和焊接速度等工艺参数。提高焊接电流，降低电弧电压和焊接速度可增加焊缝的熔透深度。在埋弧焊中，按照所使用的焊丝直径，焊接电流与熔透深度的关系是 100：(1.1～1.3)，即焊接电流每增加 100A，熔透深度增大 1.1～1.3mm。焊丝直径越小，此比值越高。

B. 焊接坡口的几何形状和尺寸以及接头的装配间隙应符合焊接工艺规程的要求。

C. 在直边对接接头和开坡口对接接头的根部焊道焊接时，焊丝端部应始终对准接缝间隙中心线。

未熔合可以采取以下工艺措施加以防止：

A. 正确控制焊丝离坡口侧壁的距离和倾角，U 形坡口和 V 形坡口多道焊接时，焊丝离坡口侧壁的距离大致等于焊丝的直径。

B. 正确选择焊接参数，以保证每道焊缝焊接时，焊接电弧有足够的热量同时熔化前道焊道表层和坡口侧壁，并形成均匀的焊道。

C. 采取正确的焊接电缆接法和直流反接法，防止电弧发生偏吹。

7）夹渣的防止措施。夹渣多产生于多道埋弧焊焊缝中，为防止夹渣的形成，可以采取下列工艺措施：①设计合适的坡口形状和尺寸，使多道焊时，熔渣容易脱落清理；②选择脱渣性良好，且在焊道表面不会产生黏渣现象的焊剂；③正确选择焊接参数，使熔渣有充足的时间上浮到熔池表面；④每道焊道焊接前，应将前道焊道表面和坡口侧壁的熔渣清除干净；⑤严格控制焊丝离坡口侧壁的距离，此距离太近，容易引起咬边，且清渣困难；距离太远，容易引起未熔合或夹渣。合适的距离约等于焊丝的直径。

8）咬边、焊瘤和溢流的防止措施。咬边的防止措施主要是正确调整焊接参数。当发现咬边时，应适当调低焊接参数，包括电弧电压、焊接电流和焊接速度，并使之优化匹配。平角焊缝焊接时应正确调整焊丝的倾角。

焊瘤的防止可以采取下列措施：①采用焊接电流波动范围不超过10％的焊接电源；埋弧焊机小车或机头的行走速度应保持恒定，误差不应超过给定值的5％；②在焊剂垫上进行单面焊双面成形埋弧焊时，焊剂垫中焊剂的填充量要充足且均匀；焊剂垫的压紧力应符合工艺规程的要求，并保持恒定；③接头装配间隙的误差不应超过±0.5mm。

溢流的防止方法是应使焊接熔池始终保持在正确的位置。焊接速度和焊接电流适中。双丝埋弧焊时，焊丝间距和焊丝与熔池的相对位置应保持在焊接工艺规程规定的范围之内。环缝埋弧焊时，焊丝偏离焊件中心线的位置应按焊件直径和焊接速度综合选定，太小或太大都会引起溢流。

4.6 气体保护电弧焊

4.6.1 气体保护电弧焊基本原理

气体保护电弧焊（以下简称气体保护焊）是通过电极（焊丝或钨极）与母材间产生的电弧，熔化焊丝（或填充金属丝）及母材，形成焊缝金属，电极、电弧和焊接熔池是靠从焊枪喷嘴喷出的保护气体来保护，以防止大气的侵入，从而获得完好焊接接头。

气体保护焊与焊条电弧焊有很大的不同。焊条电弧焊是通过焊条药皮中稳弧剂的作用，提高电弧的稳定性并通过药皮过渡合金元素，使焊缝金属获得所要求的物理及力学性能。而气体保护焊是通过保护气体的合理选择及电源特性的相应控制，实现稳定的电弧过程；通过焊丝或填充金属丝成分的合理选择，使焊缝金属获得所要求的物理及力学性能。

4.6.2 气体保护焊的分类、优缺点及适用范围

（1）气体保护焊的分类。气体保护焊的分类方法很多，其分类方法见表4-33。由表4-33可见，气体保护焊按电极类型分，可分为熔化极气体保护焊和非熔化极气体保护焊；按焊丝形式分，可分为实芯焊丝气体保护焊和药芯焊丝电弧焊；按所采用的保护气体的种类分，可分为二氧化碳气体保护焊（简称CO_2焊）、惰性气体保护焊、混合气体保护焊等。

熔化极惰性气体保护焊简称MIG焊，熔化极活性气体保护焊简称MAG焊，钨极氩弧焊和钨极氦弧焊都属于非熔化极惰性气体保护焊，简称TIG焊。

在熔化极气体保护焊方面，还可以根据其电弧特征，特别是熔滴过渡形式，分为短路电弧焊、喷射电弧焊、脉冲电弧焊、潜弧焊以及大电流电弧焊等方法。焊接方法及保护气体的种类见表4-34。

表 4-33   气体保护焊的分类方法表

分类方法			采用的保护气体
按电极类型	按焊丝形式	按保护气体种类	
熔化极气体保护焊	实芯焊丝气体保护焊	二氧化碳气体保护焊	CO_2
			$CO_2 + O_2$
		惰性气体保护焊	Ar
			He
			Ar+He
		混合气体保护焊	$Ar+CO_2$
			$Ar+O_2$
			$Ar+CO_2+O_2$
			$Ar+He+CO_2+O_2$
	药芯焊丝电弧焊	药芯焊丝气体保护焊	CO_2
			$Ar+CO_2$
		药芯焊丝自保护电弧焊	—
非熔化极气体保护焊	—	钨极氩弧焊	Ar
		钨极氦弧焊	He

表 4-34   焊接方法及保护气体的种类表

焊接方法 ＼ 保护气体种类	氩气（Ar）	混合气体（$Ar+CO_2$，$Ar+O_2$）	二氧化碳（CO_2）
短路电弧焊	×	○	◎
喷射电弧焊	◎	○	×
脉冲电弧焊	◎	○	×
潜弧焊	×	△	◎
大电流电弧焊	◎	○	△

注 ◎—最常用；○—常用；△—不常用；×—不用。

短路电弧焊，通常采用细焊丝，焊接电流较小，因其熔滴过渡形式为短路过渡而得名，这种方法特别适合于薄板和空间位置的焊接。

喷射电弧焊的熔滴特别细小，是沿焊丝轴向高速过渡到熔池，熔滴过渡过程极为稳定。使用氩气，或是 CO_2 的体积分数不超过 25% 的富氩混合气体，或是 O_2 不超过 5% 的富氩混合气体，都可实现喷射电弧焊过程。

脉冲电弧焊是通过特殊的焊接电源提供脉冲电流而进行焊接的。这种方法特别适合于薄板和空间位置的焊接。

潜弧焊是 CO_2 焊中，在大电流范围内采用的一种方法。由于电弧大部分潜入熔池，有利于防止飞溅的产生。

大电流电弧焊法，通常称为大电流 MIG 焊。此种方法适合于厚板的高效率焊接，近年来得到了迅速发展。在铝及铝合金的焊接中，大电流 MIG 焊方法的高效特点更为突出。

气体保护焊近年来发展很快。开发了多种新型气体保护焊接法。其中，表面张力过渡焊是一种低飞溅的 CO_2 气体保护焊。热丝 TIG 焊对于克服常规 TIG 焊效率较低的缺点发挥了很大作用。活性助焊剂-TIG 焊（A-TIG），则可使焊缝熔深成倍增加。随着电子技术的进步，双丝气体保护焊也有了很大的发展，特别是双电源双丝焊系统，可实现高效、飞溅小的稳定焊接过程。

1）熔化极气体保护焊。熔化极气体保护焊方法见图4-21，焊丝经送丝轮5送入焊枪，再经导电嘴3后，与母材之间产生电弧。以此电弧为热源熔化焊丝和母材，其周围有从喷嘴喷出的气体保护焊接区，隔离空气，保证焊接过程的正常进行。

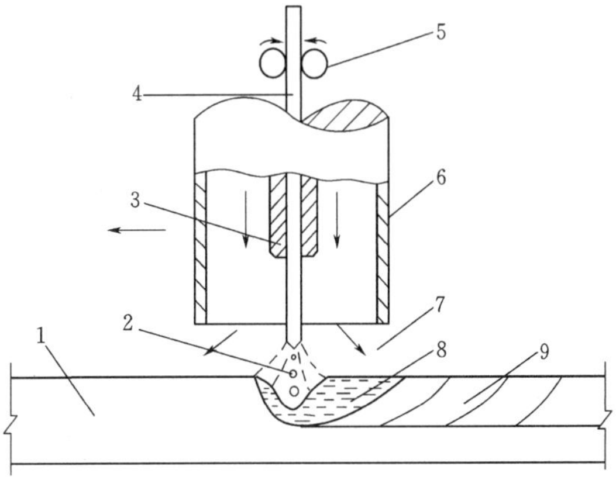

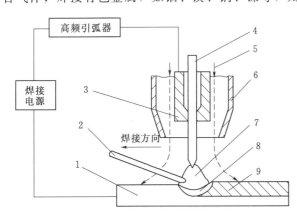

图4-21 熔化极气体保护焊方法示意图

1—母材；2—电弧；3—导电嘴；4—焊丝；5—送丝轮；
6—喷嘴；7—保护气体；8—熔池；9—焊缝金属

熔化极气体保护焊应用范围较广。与非熔化极气体保护焊相比，它更适合于较厚工件的焊接，可充分发挥其生产效率高的优点。另外，熔化极气体保护焊特别适合于自动焊，即可配套于自动化焊接专机，也可配套于焊接机器人。

根据不同的被焊材质，应该选用不同的保护气体。焊接黑色金属，可选用 CO_2 或混合气体；焊接有色金属，如铝、镁、铜、镍等，则应选用惰性气体。

图4-22 非熔化极气体保护焊示意图

1—母材；2—填充金属丝；3—电极夹；4—钨电极；5—惰性气体；6—喷嘴；7—电弧；8—熔池；9—焊缝金属

2）非熔化极气体保护焊。非熔化极气体保护焊见图4-22。这种方法是以惰性气体为保护气体，以钨极与母材之间产生的电弧为热源而进行熔化焊。采用这种方法施焊，根据具体情况可以使用填充金属，也可以不使用填充金属。这种方法通常采用氩气作为保护气体，所以又称为钨极氩弧焊。这种方法通过焊接参数的优化选择，可以很好地控制焊缝成形，获得美观的焊缝。

非熔化极气体保护焊熔深相对较浅，特别适合于薄壁焊件的焊接。同时，由于这种焊接方法中的钨极并不熔化，即使是填丝焊，焊丝也只是被电弧加热熔化而进入熔池，并不存在熔化极的那种熔滴过渡，因此不产生焊接飞溅，焊缝外观也明显优于熔化极气体保护焊。

非熔化极气体保护焊过程易于控制，易于获得内在质量与外观质量均优良的焊接接头。因此，这种方法除了广泛应用于薄板焊件的焊接之外，也常常用于对焊接质量要求严格的较厚焊件的焊接。正因为这种方法焊接质量好，易于控制其焊道成形，所以在要求单面焊双面成形的底层焊道的焊接施工中，常常被看做是最为适宜的焊接方法。

非熔化极气体保护焊时，针对不同的母材，要兼顾焊接质量与尽量减少钨极烧损两个方面，就需要选择合理的电流极性。例如，焊接铜及其合金时，通常选择正极性；而焊接铝及其合金时要选择反极性，以使其具有阴极清理作用，也常常将交流钨极氩弧焊作为铝合金焊接的首选方案。

在自动化焊接中，非熔化极气体保护焊虽然不像熔化极气体保护焊那样普遍，但也有应用。对于薄板而又不要求余高的场合，可以采用不填丝母材自熔的焊接方式；在焊缝不允许下凹或要求有一定余高的场合，可以配备送丝机构，进行填丝 TIG 焊接。

3）特殊形式气体保护焊方法简介。

A. 双丝气体保护焊。双丝气体保护焊（简称双丝焊）是熔化极气体保护焊中新开发的一种高效焊接法。双丝焊分为单电源双丝焊和双电源双丝焊。其中，单电源双丝焊由同一个焊接电源同时给两根焊丝供电，即两根焊丝同电位。两根焊丝经专用的焊枪中送出而进行焊接（见图 4-23）。双电源双丝焊采用两台焊接电源分别给两根焊丝供电，两根焊丝虽然也是经同一把焊枪中送出，但它们是互相绝缘的。

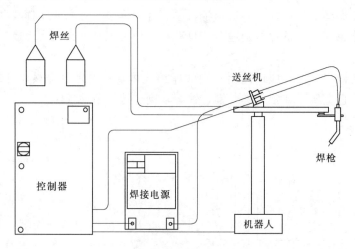

图 4-23　单电源双丝焊系统构成示意图

a. 单电源双丝焊系统。图 4-23 是一个以焊接机器人为执行机构的单电源双丝焊系统。它是两根焊丝经同一把焊枪并行送出，焊接时形成一个熔池。焊道尺寸可以与单丝气保焊时相同，但焊接速度可以提高 1 倍。由于两根焊丝是平行给送的，所以焊枪与母材之间距离的变化对焊接过程影响不大，可以得到稳定的电弧过程。为薄板高速双丝焊系统，焊接速度 2.5m/min。因为，两根焊丝经焊枪平行送出，可高速焊接而不致将焊件烧穿。同时，即使焊丝伸出长度发生变化，由于焊丝前端的间隔一定，仍可获得稳定的焊道成形。这种方法焊枪的尺寸较小，与夹具和焊件之间的干涉问题并不突出，这也是其优点之一。

b. 双电源双丝焊系统。双电源双丝焊系统构成见图 4-24。该系统由两台数字式逆变焊接电源、1 台协调器、2 台送丝机和一把双丝焊枪组成。两根焊丝从同一个喷嘴中送出，

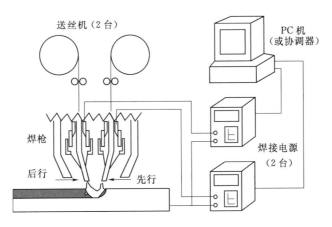

图 4-24　双电源双丝焊系统构成示意图

但两根焊丝具有相互绝缘的各自的导电嘴。2 台焊接电源分别独立地向两根焊丝供电，两根焊丝的焊接电流、电弧电压等焊接参数均可独立设定。两根靠近的焊丝前端形成两个靠近的电弧，在母材上形成同一个熔池。另外，按照焊接方向，分为先行焊丝和后行焊丝，它们均可使用脉冲电流，即每根焊丝可以有自己独立相位控制的脉冲波形。两根焊丝的电流脉冲波形控制，可以是交错的，也可以是同步的；也可实现后行焊丝电流脉冲，滞后先行焊丝若干毫秒的实时控制。这种双丝焊的优点在于焊接过程稳定、焊缝质量优良。在进行铝合金焊接时，可以实现基本无飞溅的过程。同时，该焊接设备中，还可以存储多套优化的焊接参数，可以方便地调出使用。这种双丝焊由于采用了同一把焊枪中设置两个相互绝缘的导电嘴，同时还要有枪体冷却通道，所以焊枪尺寸相对较大，这是该方法的一个不可避免的缺点，通常只用于自动焊。

B. 表面张力过渡 CO_2 焊。飞溅大是 CO_2 焊的主要缺点之一，表面张力过渡焊接法（Surface Tension Transfer，简称 STT）就是为解决这一问题而发展起来的。

CO_2 焊飞溅较大与其熔滴短路过渡机制有关。早期的研究已提出了短路过渡中的液相金属表面张力过渡理论：在焊丝端部所形成的液相金属熔滴，与焊丝之间的液相桥缩颈不断变细的过程中，存在着一个临界尺寸。在达到此临界尺寸之前，表面张力阻碍小桥变细，而短路电流却起着促进的作用；一旦达到该临界尺寸，表面张力则促进小桥破断，实现短路过渡。由此便引出如下构想：在液相桥达到临界尺寸以前，增加短路电流，以促进液相桥不断变细，直到达到临界尺寸；而当达到临界尺寸以后，立即降低短路电流至较低水平，保证液相桥完全在表面张力下实现过渡。这种理想状态，即可获得无飞溅的熔滴过渡过程。

要实现上述构想，关键在于开发相应的焊接电源。表面张力过渡的焊接电源，并不是传统意义上的恒流或恒压电源，而是一种高频电源。这种特殊的焊接电源，根据焊接过程的瞬时能量要求，引入焊枪与焊件间的电压反馈信号，实现焊接电流微秒级的瞬时精细控制。

这种电源，可以有效地降低焊接飞溅，减少焊接烟尘并改善焊缝成形，也比较适合于全位置焊接。所以在实际焊接工程方面，特别是管道的现场对接总成焊接施工中，得到了较为广泛的应用。

C. 气电立焊。气电立焊（英文简称 EGW）是由普通熔化极气体保护焊和电渣焊发展而形成的一种熔化极气体保护焊方法。这种焊接方法的优点是，可不开坡口焊接厚板，生产效率高，成本低。气电立焊与电渣焊类似，也是利用水冷滑块挡住熔化金属，使之强迫成形，以实现立焊位置的焊接。不同之处在于气电立焊依靠气体保护和电弧加热，保护气体可以是单一气体（如 CO_2）或混合气体（如 Ar＋CO_2）。焊丝可以是实芯焊丝，也可以是药芯焊丝。通过坡口形状的合理设计和采用特殊形式的挡块，不仅可以进行双道焊（如 X 形坡口），而且可以进行多道焊，从而有利于解决高强钢焊接热影响区冲击韧度低的问题。其中药芯焊丝气电立焊的原理见图 4－25。可以看到，焊丝连续向下送入由母材和两个水冷滑块形成的凹槽中，在焊丝和母材金属之间形成电弧，并不断地熔化和流向电弧下的熔池中。随着熔池的上升，电弧和水冷滑块也随着上移，原先的凹槽被熔化金属填充，并形成焊缝。

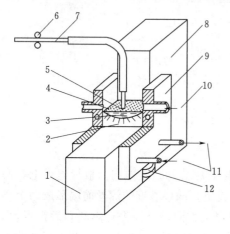

图 4－25　药芯焊丝气电立焊原理示意图
1—母材；2—凝固的焊缝金属；3—熔融金属；
4—熔渣；5—电弧；6—送丝轮；7—药芯
焊丝；8—母材；9—水冷滑块；10—保护
气体；11—冷却水；12—焊道

气电立焊通常用于低碳钢和低合金钢的焊接，也可用于奥氏体不锈钢和其他金属合金焊接，适用于中厚板件，如船舶、桥梁、大直径容器、大直径厚壁管等。板厚在 12～80mm 之间最为适宜。

D. A－TIG 焊。常规 TIG 焊的主要不足之一是其焊道熔深小，即单道焊的可焊厚度受到限制。例如，在焊接不锈钢时，其单道可焊厚度上限仅为 3mm（氩气保护）。如果增加焊接电流，则其焊缝宽度增加而熔深基本不变；加入氮、氢等其他保护气体，则熔深略有增加。

A－TIG 焊的主要特点是在施焊板材的表面涂上一层很薄的活性助焊剂（一般为 SiO_2、TiO_2、Cr_2O_3 以及卤化物的混合物），使得电弧收缩和改变熔池流态，从而大幅增加 TIG 焊的熔深。在相同规范，相同设备条件下，A－TIG 焊的熔深能比常规 TIG 焊增加 1～3 倍。在焊接厚度 12mm 以下的不锈钢材料时，无需加工坡口，可一次焊接完成，并实现单面焊双面成形。涂活性剂与未涂活性剂的焊缝熔深的对比见图 4－26，对比试验所用母材为 SUS304 不锈钢，保护气体为氩气，焊接速度为 200mm/min，电弧长度 5mm，涂敷的活性剂为 TiO_2。同时由于

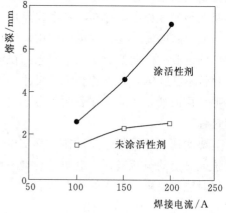

图 4－26　涂活性剂与未涂活性剂
的焊缝熔深对比图

活性助焊剂在电弧高温下分解的作用，对于焊缝金属中的非纯净物有净化作用，能够提高焊接接头性能。

A-TIG焊可明显提高焊接质量与效率、降低焊接成本，操作简单、方便。广泛应用于钛合金、不锈钢、镍基合金、铜镍合金及碳钢的焊接，还可用于航空、航天、造船、汽车、锅炉等要求较高的场合。

E.窄间隙熔化极气体保护焊。窄间隙熔化极气体保护焊是传统熔化极气体保护焊的一种特殊形式，它是用于焊接厚板的多层多道焊接技术。通常采用I形坡口或角度很小的V形坡口（极接近于I形坡口），其间隙较小，大约为13mm，窄间隙熔化极气体保护焊的典型坡口形式见图4-27。该技术主要用于连接碳钢和低合金钢，是一种效率高和变形小的焊接方法，原则上适用于所有位置的焊接。

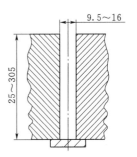

图4-27　窄间隙熔化极气体保护焊的典型坡口形式示意图（单位：mm）

由于坡口间隙小，所以要求采用专用焊枪，保证焊丝和保护气体能送到焊接电弧处。应使用水冷导电嘴和从板材表面输入保护气体的喷嘴。通常采用一个或两个导电嘴送进细焊丝。可以用脉冲电流或直流反极性射流过渡焊接。

在应用窄间隙气体保护焊技术进行全位置焊接时，因使用细焊丝，导电嘴都深入到窄坡口内，并使焊丝对准坡口侧壁与尖角处，必须提高焊接速度，以降低线能量和形成小的焊接熔池。

与其他电弧焊方法相比，窄间隙焊接具有如下优点：

第一，填充金属少，效率高，节省材料，经济性好，尤其在焊接50mm以上厚板时。

第二，残余应力和变形小。

第三，热输入较低，焊接热影响区小，接头具有良好的力学性能。

第四，采用喷射过渡形式焊接，可进行全位置焊接。

主要缺点是：

第一，接头的装配质量要求高，焊枪的位置要求精确。

第二，容易产生未焊透和夹渣缺欠。

（2）气体保护焊的优缺点。

1）气体保护焊的优点：①是一种高效、节能、节材的焊接方法。如不像焊条电弧焊那样每焊一道都要清渣，因而减少了辅助时间，提高了工效；也不用换焊条，防止了因扔掉焊条头而浪费材料；②焊接电极是连续送进的焊丝（指熔化极而言），容易实现自动化焊接；③属于明弧焊方法，没有焊剂覆盖，便于观察监控；④与埋弧焊和焊条电弧焊相比，更适合于薄板的焊接；⑤在空间位置焊接作业中，具有独到优势；⑥它是低氢焊接方法。

2）气体保护焊的缺点：①在窄小空间部位及可达性差的地方焊接时，不如焊条电弧焊灵活方便；②保护气体的抗风能力有限，在野外现场施工时，如风力较大，需采取相应的防风措施；③采用实芯焊丝时，向焊缝中过渡合金元素只能通过焊丝，不像焊条电弧焊或埋弧焊那样，还可以通过调整药皮或焊剂的成分而方便地实现；④明弧焊，辐射和弧光较强。

（3）气体保护焊的应用范围。就母材材质而言，气体保护焊根据所采用的保护气体种类的不同，适合于焊接不同的金属。CO_2 气体保护焊可以焊接碳钢和低合金钢等；MAG焊也具有一定的氧化性，所以它与 CO_2 气体保护焊一样，适合于焊接碳钢及低合金钢等，而不能焊接有色金属及活性金属，如铝、镁、钛、铜等。MAG 焊与 CO_2 焊相比，飞溅小，成形美观。在对产品的外观质量要求越来越高的情况下，CO_2 气体保护焊虽然廉价，但因飞溅大和成形较差而被 MAG 焊所取代。惰性气体保护焊除了可以焊接碳钢及低合金钢外，也适合于焊接铝（Al）、镁（Mg）、钛（Ti）、铜（Cu）、镍（Ni）等有色金属及其合金。

就焊件厚度而言，气体保护焊适合于焊接薄板及中厚板焊件。不论是熔化极气体保护焊还是非熔化极气体保护焊，都可以成功地焊接厚度不足 1mm 的薄板。原则上可焊厚度没有上限，但一般来说，对于黑色金属，当厚度超过 12mm 时，其他电弧焊方法，如埋弧焊，从效率上和成本上都比气保焊具有优势。

就焊接位置而言，气保焊适合于各种位置的焊接。但是，由于采用的保护气体不同，具体的适应性也不同。比如，氩气比空气的密度大，因而氩弧焊更适合于水平位置的焊接；氦气的密度比空气小，因此氦弧焊更适合于空间位置的焊接，特别是仰焊位置的焊接。总体上看，熔化极气体保护焊对焊接位置的适应性更强些。

就焊接自动化而言，无论是熔化极气体保护焊还是非熔化极气体保护焊，均适合应用于自动化焊接系统。特别是熔化极气体保护焊，连续送进的焊丝就是产生电弧的电极，而且适合于各种位置的焊接，所以除了可以用于自动焊专机系统之外，尤其适合于焊接机器人系统。

4.6.3 气体保护焊用焊接材料

（1）气体保护焊用保护气体。

1）保护气体的种类及应用范围。气体保护焊所用的气体主要有氧化性气体与惰性气体两种。其中，氧化性气体主要是 CO_2，用于 CO_2 气体保护焊及富氩混合气体保护焊（氧气也是氧化性气体，用于 MAG 焊，它不能单独作为焊接用保护气体）；惰性气体即氩气和氦气，用于 MIG 焊，其中氩气还用于富氩混合气体保护焊。另外，有时氢气和氮气也用于混合气体保护焊。

A. CO_2 气体。CO_2 气体是略有气味的无色气体。在不加压冷却时，气体将直接变成固体——干冰；升高温度，固态 CO_2 又直接变成气体。CO_2 气体在加压的情况下，即变成无色的液体。该液体的比重随温度的变化而变化：当温度低于 $-11℃$ 时，它比水重；当温度高于 $-11℃$ 时，它比水轻。常压下液态 CO_2 的沸点很低，为 $-78℃$。在 $0℃$ 和一个大气压下，1kg CO_2 液体可蒸发 509 升 CO_2 气体。通常容积为 40L 的标准钢瓶可灌装 25kg 液态 CO_2。

瓶装 CO_2 气与氩气等其他气体的满瓶压力不同：CO_2 气瓶的标准钢瓶满瓶时的压力为 5.9～7.0MPa，而氩气等其他气体钢瓶满瓶时的压力可达 12～15MPa。必须指出，CO_2 气瓶的标准钢瓶满瓶时指示压力的大小，并不代表瓶中液态 CO_2 的多少。因为，通常 25kg 液态 CO_2 只占钢瓶容积的 80％ 左右，其余 20％ 左右的空间则充满了气化的 CO_2。压力表上所指示的压力值，就是这部分气体的饱和压力，此值与环境温度的高低是相对应的。只要气瓶内还有液态 CO_2 存在，此饱和气压即基本恒定不变。当气瓶内的液态 CO_2 全部挥发成 CO_2 气体之后，瓶内气体的压力便随着 CO_2 气体的消耗而逐渐下降。

液态 CO_2 中约可溶解 0.05％（质量百分比）的水，多余的水则呈自由状态沉于瓶底。溶于 CO_2 液体中的水分，将随着 CO_2 的蒸发而蒸发。当气瓶内压力低于 1.0MPa 时，除溶解于 CO_2 液体中的水分要蒸发外，沉于瓶底的多余水分也要蒸发，从而将大大提高 CO_2 气体中的含水量。因此，低于 1.0MPa 的 CO_2 气瓶中的气体就不应再用来焊接。

焊接用 CO_2 气体的纯度应当较高，一般不应低于 99.5％，重要部件的焊接则要求 CO_2 气体的纯度不小于 99.8％，露点低于 $-40℃$。

在焊接现场，对于纯度偏低的 CO_2 气体，采取下列提纯措施，对减少气体中的水分是有效的：

a. 将气瓶倒立 1～2h，以便瓶中自由状态的水分沉积到瓶口部位；然后打开瓶阀，放水 2～3 次，每次间隔 30min 左右。

b. 然后将钢瓶正立放置约 2h，再放气 2～3min，以除去钢瓶顶部的杂气。

c. 在气路系统中设立 2～3 个干燥器，并注意经常更换干燥剂。

大多数活性气体都不能单独作为保护气体使用，CO_2 气体是例外。CO_2 气体保护焊焊接速度较快，与氩气保护焊相比具有较大熔深；同时，其焊接成本也明显低于惰性气体保护焊。CO_2 气体适用于碳钢及低合金钢等黑色金属的焊接，可以采用短路过渡方式焊接薄板，也可以采用大电流潜弧焊方式进行厚板焊接。

B. 氩气与氦气。氩气与氦气都是惰性气体，在用于焊接时，都可以起到机械隔离的作用，防止空气侵入焊接区，从而保护熔池金属不与空气作用，获得完好的焊接接头。但是，氩气与氦气又有各自不同的特性，从而适应不同的焊接要求。

a. 氩气。氩气是气体保护焊中 MIG 焊和 MAG 焊时常用的惰性气体。密度比空气大 38％。不论是在低温还是在高温条件下，它都不与液态金属发生化学作用，也不溶于液态金属。因此，氩弧焊时，焊接冶金问题比较简单，而且焊接质量优良，焊缝成形良好，飞溅也极小。

氩气的电离电压比氦气低，在给定的弧长下，电弧电压比较低。因此，在给定的电流下，氩弧焊比氦弧焊所产生的热量少，从而氩弧焊比氦弧焊更适合于焊接薄壁件。氩气的密度约为氦气的 10 倍，因此更适合于平焊和平角焊位置的焊接。氩气成本比氦气低，而且资源比氦气丰富，这也是氩气比氦气应用更为广泛的原因之一。

焊接用氩气的纯度应不低于 99.99％。

b. 氦气。氦气也是惰性气体，它主要用于铝、镁和铜及其合金的焊接。氦气是密度较小的气体，它是从天然气中分离而得，通常以瓶装压缩气体供应。

氦气密度比空气小，因此为保护良好需要采用较大的气体流量。在平焊位置焊时，其气体流量是氩气的 2～3 倍。同时，氦气更适合于仰焊位置的焊接，因为氦气上浮，故能保持良好的保护作用，而氩气则有下沉的趋势。使用氦气时，通常可得到粗滴的金属过渡，但在最大的电流值下，也可实现喷射过渡。与氩气相比，其所焊的焊道外观较差且飞溅较大。在任何给定的弧长和电流值下，氦所产生的电弧温度高些，从而使氦气更适合于焊接厚壁件以及像铜、铝、镁等导热性良好的金属。通常，氦气保护比氩气保护可获得更宽的焊道和更大的熔深。

C. 混合气体。混合气体可分为惰性气体氩与氦的混合气，以及惰性气体与活性气体的混合气。不同的混合气体适用于焊接不同材质或不同要求的焊件。

a. Ar+He 混合气体。采用这种混合气体，可以得到氩与氦两者的焊接特性，即氦的良好深熔特性与氩的喷射过渡特性。这两种气体的混合比范围，按体积计算通常为 80% He+20% Ar 至 50% He+50% Ar。可用于焊接所有金属，但主要用于铝、铜、镁及其合金的焊接。75% He+25% Ar 混合气体普遍用于焊接铝及其合金，不但可实现大厚度焊件的高速焊接，同时还有助于减少气孔。

b. Ar+CO_2 混合气体。这种混合气体通常在氩气中加入不超过 20% 的 CO_2 气体，在焊接黑色金属时，能维持喷射过渡并改善熔池的润湿作用和电弧特性，得到飞溅小而成形良好的焊缝。

含 20%~50% CO_2 的 Ar+CO_2 混合气体可以用于钢的短路过渡焊接。在较高的电流值下，可促使产生粗滴过渡。这种混合气体可以用于不锈钢的焊接，但会使焊缝金属增碳，从而降低其耐腐蚀性能，故较少应用。这种混合气体不能用于焊接有色金属，因为 CO_2 会导致熔化金属氧化并产生气孔。

c. Ar+O_2 混合气体。这种混合气体通常含氧量为 1%、2% 或 5%。由于混合气体具有轻微的氧化性，因而所用的填充材料必须含有脱氧剂，以防止产生气孔。在焊接黑色金属时，纯氩不总是保持最好的电弧特性，熔池金属的润湿性差。在氩中加入少量的氧，不仅有利于稳定电弧、减少飞溅、保持氩的喷射过渡特性，而且使熔池金属的润湿性较好，并可减少咬边缺陷。加入 1% 或 2% 的氧，可以焊接不锈钢；加入 5% 的氧，可以焊接低碳钢、低合金钢及脱氧铜。

d. He+Ar+CO_2 混合气体。使用这种混合气体，可以促使焊接熔池具有更好的润湿性，90% He+7.5% Ae+2.5% CO_2 的混合气体用于焊接不锈钢，可促使短路过渡，而焊接气氛的氧化性较小，不会降低焊缝金属的耐腐蚀性能。60%~70% He+25%~35% Ar+5% CO_2 的混合气体用于焊接韧性要求高的低合金钢，这种混合气体也促使短路过渡，同时由于 CO_2 的含量较低，所以不会使焊缝金属增碳，从而不会导致其韧性降低。

D. 氮气。氮气主要用于铜及其合金的焊接。氮具有与氦相似的特性，它比氦能产生更大的熔深并有促进粗滴过渡的趋势。铜及铜合金焊接时因氦气价格昂贵而选用氮气，是一种可行的方案。氮气的电弧功率是氩气的 3 倍，所以在采用氩-氮混合气体焊接铜合金时，对于中厚板可不预热焊接。

E. 氢气。氢气是一种还原性气体。一般是在氩气中加入适量的氢气，可提高电弧电压，即提高电弧的热功率，增加熔透深度，并可防止咬边和抑制 CO 气孔的形成。但是，这种混合气体只限于焊接不锈钢、镍基合金及镍—铜合金。

2) 保护气体的选用原则。保护气体选用的总原则是含有氧化性的气体，如 CO_2 气体、Ar+CO_2 混合气体、Ar+O_2 混合气体、He+Ar+CO_2 混合气体等，可用于焊接黑色金属，如焊接碳钢及低合金钢等，而不能用于焊接铝、镁等有色金属。即使是镍基合金，采用这种具有氧化性的保护气体焊接，也会引起严重的氧化及焊缝表面成形不良。因此，对于这些对氧化敏感的金属，应采用惰性气体保护。非熔化极气体保护焊的气体选择较为简单，通常只有氩（Ar）、氦（He）两种气体；而熔化极气体保护焊的气体选择则相对复杂一些。

为某一给定的用途选择保护气体时，要考虑以下几个方面因素：母材的种类和厚度、气体的费用与效果、接头形式、焊接位置、所采用的具体焊接方法、焊接速度要求等。熔化极气体保护焊所用的各种保护气体的用途见表4-35，熔化极气体保护焊短路过渡、喷射过渡的保护气体选用举例分别见表4-36和表4-37。

表4-35　　　　　　　　　熔化极气体保护焊所用的各种保护气体的用途表

气体的类型	典型的混合气体比例/%	主要用途
氩（Ar）	—	有色金属
氦（He）	—	铝（Al）、镁（Mg）及铜合金
二氧化碳（CO_2）	—	低碳钢与低合金钢
氩＋氦（Ar＋He）	Ar(20~50)＋He(80~50)	铝（Al）、镁（Mg）、铜（Cu）及镍（Ni）基合金
氩＋氧（Ar＋O_2）	Ar＋O_2(1~2)	不锈钢
	Ar＋O_2(3~5)	低碳钢与低合金钢
氩＋二氧化碳（Ar＋CO_2）	Ar(50~80)＋CO_2(50~20)	低碳钢与低合金钢
氩＋氦＋二氧化碳（Ar＋He＋CO_2）	Ar7.5＋He90＋$CO_2$2.5	不锈钢
	Ar(25~35)＋He(60~70)＋$CO_2$5	低合金钢

表4-36　　　　　　　　　熔化极气体保护焊短路过渡保护气体选用举例表

被焊材料	保护气体	特点
低碳钢	Ar＋8%CO_2 Ar＋15%CO_2	熔敷率高，高速焊不易烧穿，最少的烟尘和飞溅，间隙搭桥性好，空间位置熔池易控制，焊缝成形美观，冲击韧度好
	Ar＋20%CO_2 Ar＋25%CO_2	焊速高，熔深较大，易控制熔池，适于全位置焊，与纯CO_2比飞溅少，成形美观，冲击韧度好，但熔深浅
	CO_2	飞溅大，烟尘大，冲击韧度低，但便宜，能满足一般要求
	80%CO_2＋20%O_2	与纯CO_2类似，但氧化性更强，电弧热量更高，可以提高焊接速度和熔深
低合金钢	Ar＋25%CO_2	较好的冲击韧度，良好的电弧稳定性、润湿性和焊道成形；较少的飞溅
	He＋(25~35)%Ar＋4.5%CO_2	氧化性弱，冲击韧度好，良好的电弧稳定性、润湿性和焊道成形；较少的飞溅
不锈钢	Ar＋5%CO_2＋2%O_2	电弧稳定、飞溅少、焊道成形良好
	He＋7.5%Ar＋2.5%CO_2	对耐腐蚀性无影响；热影响区小；不咬边；烟尘少
铝（Al）、铜（Cu）、镁（Mg）、镍（Ni）等	Ar或Ar＋He	氩适合于薄金属焊接；氩＋氦适合于较厚的工件

表 4 – 37 熔化极气体保护焊喷射过渡保护气体选用举例表

被焊材料	保护气体	焊件厚度/mm	特　　点
铝及铝合金	100%Ar	≤25	较好的熔滴过渡，电弧稳定，极少的飞溅
	35%Ar+65%He	25~76	热输入比纯氩大；改善 Al—Mg 合金的熔化特性，减少气孔
	25%Ar+75%He	>76	热输入高，增加熔深，减少气孔，适于焊接厚铝板
镁	100%Ar	—	良好的清理作用
钛	100%Ar	—	良好的电弧稳定性，焊缝污染小，焊缝背面要求惰性气体保护以防止空气污染
铜及铜合金	100%Ar	≤3.2	能产生稳定的射流过渡；良好的润湿性
	Ar+(50~70)%He	—	热输入量比纯氩大，可以减小预热温度
镍及镍合金	100%Ar	≤3.2	能产生稳定的射流、脉冲射滴及短路过渡
	Ar+(15~20)%He	—	热输入量高于纯氩
不锈钢	99%Ar+1%O_2	—	改善电弧稳定性，可用于射流过渡及脉冲射滴过渡；能较好控制熔池，焊道成形良好，在焊较厚焊件时产生的咬边少
	98%Ar+2%O_2	—	较好的电弧稳定性，可用于射流过渡及脉冲射滴过渡；焊道成形良好，焊接较薄件时比 1%O_2 混合气体有更高的焊接速度
低合金高强钢	98%Ar+2%O_2	—	最小的咬边和良好的韧性，可用于射流过渡及脉冲射滴过渡
	65Ar+26.5%He+8%CO_2+0.5%O_2	—	电弧稳定，尤其在大电流时可得到稳定的喷射过渡，能实现大电流下的高熔敷速度；焊缝冲击韧度高
低碳钢	Ar+(3~5)%O_2	—	改善电弧稳定性，可用射流过渡及脉冲射滴过渡；能较好控制熔池，焊道成形良好，最少的咬边，更高的焊接速度
	Ar+(10~20)%O_2	—	电弧稳定，可用射流过渡及脉冲射滴过渡；焊道成形良好，可高速焊接，飞溅较小
	80%Ar+15%CO_2+5%O_2	—	电弧稳定，可用射流过渡及脉冲射滴过渡；焊道成形良好，熔深较大
	65Ar+26.5%He+8%CO_2+0.5%O_2	—	电弧稳定，尤其在大电流时可得到稳定的喷射过渡，能实现大电流下的高熔敷速度；焊缝冲击韧度高

（2）气体保护焊用焊丝。气体保护焊用焊丝不像焊条那样种类繁多，大的分类有"实芯焊丝"与"药芯焊丝"两类，这两类焊丝针对不同种类的母材又有其相应种类的焊丝。其中，实芯焊丝包括：碳钢和低合金钢焊丝、不锈钢焊丝、铝及铝合金焊丝等；药芯焊丝包括碳钢药芯焊丝、低合金钢药芯焊丝、不锈钢药芯焊丝等。

1）碳钢及低合金钢焊丝。《气体保护电弧焊用碳钢、低合金钢焊丝》（GB/T 8110）对用于碳钢、低合金钢熔化极气体保护焊用的实芯焊丝，规定了其化学成分及力学性能指标等，可作为选用焊丝的依据。

焊丝型号的表示方法为 ER××-×，字母 ER 表示焊丝，ER 后面的两位数字表示熔敷金属的最低抗拉强度值，短画线"–"后面的字母或数字表示焊丝化学成分分类代号。如还附有其他化学成分时，直接用元素符号表示，并以短画线"–"与前面的数字分开。

焊丝的选用主要应根据焊件材质及性能要求，选择适用的焊丝；同时，也要考虑到所采用的焊接方法，如采用 CO_2 气体保护焊，为防止气孔的产生，应配用锰、硅含量较高的焊丝；而采用惰性气体保护焊时，则可选用脱氧元素较低的焊丝。GB/T 8110 所规定的焊丝，同时推荐用于非熔化极气体保护焊的填充丝。

2）不锈钢焊丝。不锈钢焊丝的类别大致分为奥氏体型、铁素体型和马氏体型三种。行业标准 YB/T5092 中规定了不锈钢焊丝的化学成分。所列焊丝可用作不锈钢的熔化极气体保护焊及非熔化极气体保护焊，可以根据待焊母材的化学成分、焊接接头的综合性能要求以及适于采用的焊接工艺进行选用。

3）铝及铝合金焊丝。根据《铝及铝合金焊丝》（GB/T 10858）的规定，对于气体保护焊用的铝及铝合金焊丝的分类、型号、技术要求及检验规则等作了规定。焊丝的型号表示方法为首位为"S"（"丝"字的汉语拼音第一个字母），"S"后面用化学元素符号表示焊丝的主要合金组成，化学元素后面的数字表示同类焊丝的不同品种。

4）碳钢药芯焊丝。按《碳钢药芯焊丝》（GB/T 10045）规定了碳钢药芯焊丝的分类、型号、技术要求、试验方法、检验规则及包装等项要求。

焊丝根据熔敷金属的力学性能、焊接位置、焊丝类别特点（包括保护类型、电流类型、渣系特点等）进行分类。

焊丝型号的表示方法为：E×××T-×ML，E 表示焊丝；T 表示药芯焊丝；E 后面的 2 位数字表示熔敷金属的力学性能；E 后面的第 3 个数字表示推荐的焊接位置。其中 0 表示平焊和横焊位置；1 表示全位置；短画线"-"后面的符号×表示焊丝的类别特点；M 表示保护气体为 $75\%\sim80\%Ar+CO_2$，当无 M 时，表示保护气体为 CO_2 或自保护；L 表示焊丝熔敷金属的冲击性能在 $-40℃$ 时，其 V 形缺口冲击吸收功不小于 27J，当无 L 时，表示焊丝熔敷金属的冲击性能符合一般要求。

5）低合金钢药芯焊丝的型号。根据《低合金钢药芯焊丝》（GB/T 17493）的规定，低合金钢药芯焊丝的型号根据其熔敷金属力学性能、焊接位置、焊丝类别特点（保护类型、电流类型、渣系特点等）及熔敷金属的化学成分进行划分。

E 表示焊丝；T 表示药芯焊丝；E 后面的 2 位数字表示熔敷金属的力学性能。第 3 位数字表示推荐的焊接位置，其中 0 表示平焊和横焊位置；1 表示全位置。T 后的数字表示焊丝的渣系、保护类型及电流类型。短画线"-"后面的字母及数字表示熔敷金属化学成分分类代号。

6）不锈钢药芯焊丝的型号。根据《不锈钢药芯焊丝》（GB/T 17853）的规定，不锈钢药芯焊丝型号根据其熔敷金属化学成分、焊接位置、保护气体及焊接电流种类来划分。

E 表示焊丝；若改用 R 表示填充焊丝。后面的三位或四位数字表示焊丝熔敷金属化学成分分类代号；如有特殊要求的化学成分，将其元素符号附加在数字后面；此外，L 表示碳含量较低；H 表示碳含量较高；T 表示药芯焊丝；T 后面的一位数字表示焊接位置；0 表示平焊和横焊位置；1 表示全位置；短画线"-"后面的数字表示保护气体及焊接电流类型。

（3）焊丝的选用。

1）焊丝的选用原则。焊丝的选用受许多因素影响，概括起来主要有三个方面的因素：

一是焊接性，包括接头性能和使用性能；二是工艺性，包括操作性能和成形性能；三是经济性，包括生产效率和消耗费用。需要指出的是焊接性因素还受母材成分和性能的影响，同时也与接头尺寸、形状以及焊接工艺条件有关。因此，焊丝并非决定焊接性的唯一因素，焊丝的选择将因这些因素的变化而有所变化。

焊丝的选择还要考虑工艺性。其中操作性能包括电弧稳定性、飞溅大小和多少、脱渣性、烟尘情况等。成形性能是指焊缝表面成形、熔透成形以及几何形状上的缺欠情况（如咬边、余高等）。焊接操作工艺性应能够适应焊接空间位置的施焊要求。

经济合理性是必须考虑的重要因素。如实芯焊丝已能充分满足要求时，则不应选用药芯焊丝，因后者售价较高。如果能采用纯 CO_2 保护，就不必采用富氩混合气保护，后者将会增大成本。

2）选用焊丝应考虑的几个问题。

A. 焊缝成分与性能的控制。

第一，不应要求焊缝成分与母材成分相同。焊缝成分与母材相同时，往往未必能满足性能要求，因为焊缝与母材所经历的冶金过程是完全不同的。钢材冶炼浇铸后，须再轧制（塑性变形加工），而更多的低合金钢和中、高合金钢在轧制后还要经过复杂的热处理，方可满足实际使用要求。焊缝金属主要是在铸态条件下满足使用要求，一部分焊缝焊后虽经过热处理，但这些热处理往往只是简单的回火处理，其主要目的常常是消除应力和软化组织。即焊缝性能主要靠成分进行调整，而不是靠焊后热处理。况且，焊缝金属还有结合性能的要求，不能产生各种结合上的缺欠，如气孔和裂纹等。例如 30CrMnSi 钢其焊缝成分不能是 30CrMnSi，否则易产生裂纹，实践中是采用 18CrMo 焊丝氩弧焊焊接，焊缝成分大体是 18CrMo；又如纯镍焊接，焊缝不可能是纯镍，采用的焊丝必须含有铝、钛，否则易于产生气孔；对结构钢而言，焊缝的含碳量应控制在 $W(C) < 0.12\%$，否则易出现热裂纹。

第二，焊缝成分不等于焊丝成分。所谓焊丝的成分应该指熔敷金属的成分，是焊丝熔化后，完全没有母材参与的条件下，所形成的焊缝金属。实际焊缝有母材参与，并受熔合比的影响。熔合比是母材金属在焊缝金属中所占的比例。对于同一焊丝，熔合比不同，所形成的焊缝将具有不同的成分。

第三，选择焊丝不能只看标称成分（规范规定），而要控制其熔敷金属实际成分。

第四，要正确对待有关规范。选择焊丝应按标准或规范验收，有时也须具体分析，应以能满足产品实际使用要求为准。须知，不同钢号焊丝的熔敷金属力学性能是有差别的。一般要求具有良好的强韧性匹配时，希望熔敷金属中的 $W(Mn) \approx 1.0\%$，$W(Si) \approx 0.4\%$，考虑 CO_2 焊时的合金过渡系数，焊丝中的 Mn 应为 $W(Mn) = 1.40\% \sim 1.50\%$，而 Si 则应为 $W(Si) = 0.7\% \sim 0.9\%$。这时，焊丝 ER50 - 6 可能较 ER49 - 1 更为合适。因此，必须根据具体使用要求来选择适用的焊丝。

B. 焊缝的强韧性匹配问题。

a. 焊缝的强度上限问题。焊缝强度与母材强度之比可以大于 1，称为超强组配；两者之比等于 1，称为等强组配；两者之比小于 1，则称为低强组配。传统观念以及有关规定多是主张超强组配，甚至认为越超强越安全。实际上，目前许多方面已提出应规定焊缝强度的上限。通常钢的强度提高，其塑性和韧性随之恶化，由于焊接方法和焊接材料的不同，在同一等级水平下，焊缝韧性可具有不同的水平。大量实验表明超强或低强均不很有利，最佳 NDT 是等强组配。但从防止冷裂角度考虑，低强组配更有利。

同时，还必须注意到：熔敷金属实际强度总是较标称强度超出许多。所以按标称强度选用的低强焊丝，实际所得的焊缝强度未必低。

b. 抗裂问题。

第一，焊接热裂纹。防止热裂纹的产生，不外乎是控制成分和调整工艺。就控制成分来说，关键是选择适用的焊丝。针对具体成分的母材，选择不同的焊丝，可以得到不同的焊缝成分，在抗裂性上也就会有差异。以奥氏体钢为例，对于 $\gamma + \delta$ 双相焊缝，必须控制 Cr_{eq}/Ni_{eq}，以保证为 FA 凝固模式（先结晶析出铁素体，随后发生包晶和共晶反应，凝固结束后的组织为奥氏体＋铁素体，称为 FA 凝固模式）。常见 18－8 型奥氏体钢焊接属于这种情况。成分控制中最为重要的问题是限制有害杂质。对于不同材料的焊缝，有害杂质未必相同。例如，对于单相 γ 的奥氏体钢或合金的焊缝金属，硅是非常有害的杂质，铌也促使热裂，硅与铌均可形成低熔点共晶体。但在 $\gamma + \delta$ 双相焊缝中，硅或铌作为铁素体化元素，能促使形成 δ 相，反而有利于改善抗裂性。对于各种材料，均须严格限制硫、磷的含量。合金化程度越高，就要求对硫、磷的限制越严格。结构钢焊缝中的含碳量最好限制为 $W(C) < 0.10\%$，不要超过 0.12%，同时适当提高 Mn/S 的比值。而磷难于用锰或其他成分来控制，只能限制其数量。

第二，焊接冷裂纹。防止冷裂纹总的原则是控制冷裂纹的三大影响因素，尽量消除焊接区氢的来源，改善焊接接头的组织以及尽可能降低接头应力。就焊丝的选择来说，主要遵循以下两点：一是选用优质的低碳低氢焊丝；二是选用低匹配焊丝。对于低碳低合金高强钢的焊接接头，采用低强焊丝适当降低焊缝强度，可降低拘束应力而减轻熔合区的负担，因而有利于提高焊接接头的抗裂性能。但某些淬硬倾向大的超高强度钢（如 35CrNi3Mo 钢），采用低匹配的焊缝并非有利。因此，低匹配焊丝的选用要结合具体的实际条件考虑。

第三，焊接再热裂纹。在选用焊丝时，为防止再热裂纹的产生，应考虑以下两点：一是不采用再热裂纹敏感的焊丝。杂质 P 在晶界的偏析是产生再热裂纹的主要原因之一，为防止再热裂纹，要尽量使焊丝中含磷量低于再热裂纹敏感临界值。二是用低匹配的焊丝。适当降低焊缝金属的强度以提高其塑性变形能力，从而可以减轻近缝区塑性应变的集中程度，缓和焊接接头的受力状态，也有利于降低再热裂纹的敏感性。实际上，采用低强高塑的焊丝在焊缝表层进行改性，也可以达到降低再热裂纹倾向的效果。

第四，焊接应力腐蚀裂纹（SCC）。影响应力腐蚀开裂的因素很多，涉及产品结构设计、金属材料的冶金品种、安装施工及生产管理等多方面因素。而选择焊丝的重要依据是产品的工作条件，因此必须详细了解产品的工作条件，尤其要注意工作环境介质的腐蚀特性，如果焊丝选择不当，即使母材具有很强的抗 SCC 能力，也会造成构件的过早破坏。

C. 焊丝的焊接工艺性能。焊接工艺性能是表示焊接作业难易程度的术语，它包括电弧稳定性、飞溅颗粒大小及数量、脱渣性、焊缝的外观与形状等内容。对于碳钢的焊接（特别是手工焊），主要是根据焊接工艺性能来选择焊接施工方法及焊接材料。各种 MAG 焊的焊接工艺性能对比见表 4-38。

表 4-38　　　　　　　　　　各种 MAG 焊的焊接工艺性能对比表

焊 接 工 艺 性 能			CO_2 焊接实芯焊丝	$Ar-CO_2$ 焊实芯焊丝	CO_2 焊接，药芯焊丝	
					熔渣型	金属粉型
操作难易	平焊	超薄板（$t \leqslant 2mm$）	C-	A	C-	C-
		薄板（$t < 6mm$）	C	A	A	A
		中板（$t > 6mm$）	B	B	B	B
		厚板（$t > 25mm$）	B	B	B	B
	横角焊	1 层	C	A	A	B
		多层	C	B	A	B
	立焊	向上	B	A	A	C-
		向下	B	B	A	C-
焊缝外观	平焊		C	A	A+	B
	横角焊		C-	A	A+	B
	立焊		C	A	A	C
	仰焊		C-	B	A	C-
其他	电弧稳定性		C	A	A	A
	熔深		A+	A	A	A
	飞溅		C-	A	A	A
	脱渣性		—	—	A+	C*
	咬边		A	A	A+	A

注　A+—非常优秀；A—优秀；B—良好；C—普通；C-—稍差；C*—极少量渣。

各种 MAG 焊的焊接性比较结果见表 4-39。被焊件的材质、操作环境、焊工技能等因素对各种 MAG 焊的焊接适应性比较结果见表 4-40。

表 4-39　　　　　　　　　　各种 MAG 焊的焊接性比较结果表

焊 接 性	CO_2 焊接实芯焊丝	$Ar-CO_2$ 焊实芯焊丝	CO_2 焊接，药芯焊丝	
			熔渣型	金属粉型
抗裂纹性	A+	A+	A	A+
抗气孔性	A	A	A	A
角焊缝抗油漆性	C-	C-	C-	C-
缺口韧性	C	A	A	A
熔敷金属扩散氢含量（甘油法）/(mL/100g)	<2	<2	<5	<3

注　A+—非常优秀；A—优秀；C—普通；C-—稍差。

238

表 4 - 40			各种 MAG 焊的焊接适用性比较结果表	
适应性	CO_2 焊接 实芯焊丝	$Ar - CO_2$ 焊 实芯焊丝	CO_2 焊接,药芯焊丝	
			熔渣型	金属粉型
适用钢种	碳钢、低合金钢、 耐磨堆焊	碳钢、低合金钢、 耐磨堆焊	碳钢、低合金钢、不锈钢、 低温钢、耐磨堆焊	碳钢、低合金钢、不锈钢、 低温钢、耐磨堆焊
适用板厚	≥0.8mm	≥0.8mm	≥2.5mm	≥0.8mm
坡口精度	较敏感	较敏感	较敏感	较敏感
母材污染	敏感	敏感	敏感	敏感
自动化	适合	较适合	适合	适合
操作者水平	中-高	中-高	中-高	中-高
备注	短弧焊,适于薄板及全位置焊		焊缝外观成形美观, 适于全位置焊	焊接厚板效率高, 最适合于平焊

从表 4 - 39 和表 4 - 40 可知,中、厚板全位置最好采用熔渣型药芯焊丝,适应的钢种与实芯焊丝同样广泛,但是抗裂性稍差。因此,对于抗裂性要求高的场合,最合适的选择是金属粉型药芯焊丝。

当采用实芯焊丝气保焊来焊接碳钢或低合金高强钢时,一般都通过调整焊丝的化学成分来获得所要求的焊缝金属抗拉强度及冲击韧性。在抗拉强度 550MPa 以下的较低强度水平时,一般选用 Mn - Si 型或 Mn - Si - Mo 型实芯焊丝即可;而当焊接强度更高的低合金高强钢时,则要选用 Mn、Mo 含量更高的焊丝,或在 Mn - Mo 型基础上添加 Cr、Ni、V 等合金元素的焊丝。当对于低温韧性有较高要求时,可以选用含有(0.5%~2%)Ni 的焊丝;也可以在 Mn - Mo 或 Mn - Mo - Ni 合金系基础上,采用 Ti - B 系微合金化的焊丝,以提高针状铁素体含量,获得较高的低温韧性。

对于药芯焊丝,除非对接头的力学性能有特别的要求,一般很少选择碱性焊丝。实际工程中,焊接强度高于 600MPa 的钢材或高铬、钼含量的耐热钢时才需要选用碱性焊丝,以防止焊接裂纹,保证韧性。碱性焊丝的熔渣流动性好,有助于对表面有涂层或表面被污染的钢板的焊接。

从操作简便、手感舒畅的角度出发,多数情况下都首选金红石型药芯焊丝,尽管在平焊位置也有人喜欢金属粉型焊丝。金红石型药芯焊丝在很大的电流范围内熔滴的过渡形式都不会发生变动,直径 1.2mm 焊丝的焊接电流从 140~300A 都能在喷射过渡形式下操作,焊缝光亮平滑,焊渣能自行脱落,热量和辐射水平也比金属粉型焊丝低,尤其适应大电流 CO_2 气保焊。

此外,应尽量选择一些发尘量较低,或有害气体产生较少的焊丝,以保证工人的身体健康。

D. 焊丝的技术经济特性。实芯焊丝、药芯焊丝与焊条相比,具有生产效率高、焊接质量好及综合成本低的技术经济特性。

a. 生产效率高。与焊条电弧焊相比,焊丝可连续自动给送,大大节约了更换焊条、引弧和收弧等的辅助时间,且熔敷速度高。

b. 焊接质量好。药芯焊丝,特别是气保护药芯焊丝具有优良的工艺和力学性能。和焊条相比,通常在药芯中加入稳弧剂、造渣剂,因此与实芯焊丝相比电弧稳定柔和,飞溅极小，而且由于有熔渣作用，焊缝成形美观，易于全位置焊接。

c. 综合成本低。药芯焊丝不仅具有优良的工艺性能和力学性能，而且其焊接综合成本比实芯焊丝和焊条都低。焊接生产成本由所消耗的焊材、辅助材料、人工、能源消耗等诸项费用构成。由于以下原因使药芯焊丝综合成本大大低于焊条并与实芯焊丝相当。

第一，药芯焊丝有效利用率高，焊条由于丢弃焊条头，有效利用率仅为 85%，而药芯、实芯焊丝利用率接近 100%。

第二，药芯焊丝熔敷效率高，一般可达 85%～90%，焊条熔敷效率为 70%～75%，实芯焊丝虽然平焊时效率可达 95%，但在立焊、横焊及仰焊时焊接参数一般要比平焊时减小 15%～50%，而药芯焊丝在各种位置基本采用同一规范。因此，在空间位置焊接时药芯焊丝成本低于实心焊丝。

第三，单位长度焊缝所消耗的熔敷金属量小，这是因为药芯焊丝电流密度大，电弧穿透力强，易于深入坡口根部，因此使用药芯焊丝焊接时坡口角度可更小。

第四，人工工时费用低，由于药芯焊丝熔敷速度是焊条的 3～5 倍，同时飞溅少且颗粒细小，比实芯焊丝节约了大量清理飞溅的辅助时间。因此，药芯焊丝的人工费用最低。

(4) 气体保护焊用钨极。气体保护焊中，非熔化极惰性气体保护焊（TIG 焊）使用钨极作为电极。在焊接过程中，钨极并不熔化，只是它与焊件之间产生电弧作为热源来熔化母材与填充丝而进行焊接。

1) 钨极的分类。钨极分为纯钨极和合金化钨极两大类，其中合金化钨极根据加入的合金元素种类而分为钍（Th）钨极、铈（Ce）钨极、镧（La）钨极、锆（Zr）钨极等，较常用的是钍钨极和铈钨极。

2) 钨极的选用。钨极的选择主要应根据采用的电流形式（直流或交流）、电流极性（正接或反接）、所要求的熔深及接头形式等。

首先，钨极的载流能力不但与钨极种类有关，而且也与电流形式密切相关，可以作为选择钨极的依据之一。就纯钨极而言，当其直径为 1.6mm 时，直流正接最大可使用 100A 的焊接电流；而同样是 100A 的焊接电流，当为直流反接时，则需要直径 6mm 的粗钨极。因此，正极性时较小直径的钨极可承载较大的焊接电流。但是，钨极直径的选择还要考虑到待焊工件的材质。如焊接铝、镁等氧化膜熔点较高的材料时，一定要有"阴极破碎"作用，以去除氧化膜，保证焊接过程的正常进行。这时就要采用反极性焊接，也就是说，这时为减少钨极的烧损要采用直径较大的钨极。当采用交流电焊接铝、镁材料时，钨极直径的选择可以适中。

其次，钨极的选择也要考虑接头形式及所要求的熔透深度。

4.6.4 二氧化碳气体保护焊

CO_2 气体保护焊主要用于碳钢和低合金钢的焊接。

(1) CO_2 气体保护焊参数及其影响因素。CO_2 气体保护焊的主要焊接参数有焊丝直径、焊接电流、电弧电压、焊接速度、气体流量及焊丝伸出长度等。

1) 焊丝直径。CO_2 气体保护焊所用的焊丝直径范围较宽，直径 1.6mm 及以下的焊丝多用于手工焊，超过直径 1.6mm 的焊丝多用于自动化焊接。

通常根据焊件的板厚和焊接位置来选择焊丝直径（见表 4 - 41）。一定的焊丝直径又与一定的焊接电流相适应（见表 4 - 42）。

表 4 - 41　　　　　　　　　　焊 丝 直 径 的 选 择 表

焊丝直径/mm	熔滴过渡形式	焊件板厚/mm	焊接位置
0.5～0.8	短路过渡	0.4～3.2	全位置
	射滴过渡	2.5～4	水平
1.0～1.4	短路过渡	2～8	全位置
	射滴过渡	4～12	水平
1.6	短路过渡	3～12	全位置
	射滴过渡	>8	水平
≥2.0	射滴过渡	>10	水平

表 4 - 42　　　　　　　　　不同直径焊丝的电流范围表

焊丝直径/mm	电流范围/A	焊丝直径/mm	电流范围/A
0.6	40～90	1.2	80～350
0.8	50～120	1.6	140～500
1.0	70～180	2.0	200～550

直径 1.0mm 以下焊丝的熔滴过渡形式以短路过渡为主，直径 1.2～1.6mm 焊丝的熔滴过渡形式可以为短路过渡或射滴过渡，直径 2.0mm 以上的焊丝（粗丝）通常是射滴过渡。

从焊接位置上看，细丝可用于平焊和全位置焊接，粗丝则只适用于水平位置的焊接。

从板厚来看，细丝适合于薄板，可采用短路过渡；粗丝适用于厚板，可采用射滴过渡。采用粗丝焊接既可提高效率，又可加大熔深。另外，在焊接电流和焊接速度一定时，焊丝直径越小，焊缝的熔深越大。

2）焊接电流。焊接电流是影响焊接质量的重要工艺参数，它的大小主要取决于送丝速度，随着送丝速度的增加，焊接电流也增加。另外，焊接电流的大小还与焊丝伸出长度、焊丝直径、气体成分等有关。当喷嘴与母材间距增加时，焊丝伸出长度增加，焊接电流相应减小。

焊接电流对焊缝的熔深和焊缝成形均有较大影响。无论是平板堆焊还是开坡口的焊缝，都是随着焊接电流的增加，熔深增加。当焊接电流在 250A 以下时，焊缝熔深较小，一般在 1～2mm；当焊接电流超过 300A 后，熔深明显增大。通常，I 形坡口时，若假设间隙为 0 时熔深为 100%，则间隙为 0.5mm 时熔深为 110%，间隙为 1.0mm 时熔深为 125%。如间隙超过 2mm，就会烧穿。V 形坡口对接焊时也有类似的情况。

CO_2 气体保护焊中，针对被焊件的板厚并兼顾焊接位置来选择适宜的焊接电流十分重要。特别是手工焊时，通常焊丝较细，因而焊接热输入较低。在厚板焊接时，为保证熔深和坡口面的良好熔合，在保证飞溅不过大的前提下，应尽可能采用高的焊接电流。在横向摆动焊接中，有时焊枪于焊趾处稍作停留，就是一种既保证熔合良好，又不提高焊接电流的有效工艺措施。

3）电弧电压。电弧电压是电弧两端之间的电压降，在 CO_2 气体保护焊中可以认为是导电嘴到焊件之间的电压。这一参数对焊接过程稳定性、熔滴过渡、焊缝成形、焊接飞溅等均有重要影响。

短路过渡时弧长较短，随着弧长的增加，电压升高，飞溅也增加。再进一步增加电弧电压，弧长缩短，直至引起焊丝与熔池的固体短路。

可以根据所采用的焊接电流（I）大小，计算出电弧电压的近似值。

当焊接电流在200A以下时，主要是短路过渡，电弧电压可由式（4-4）计算：

$$U=0.04I+16\pm2(\text{V}) \tag{4-4}$$

当焊接电流在200A以上时，主要是射滴过渡，电弧电压可由式（4-5）计算：

$$U=0.04I+20\pm2(\text{V}) \tag{4-5}$$

粗丝情况下，焊接电流在600A以上时，电弧电压一般为40V左右。

电弧电压对焊缝熔宽和焊缝成形有较大的影响。电弧电压升高，熔宽增加，熔深变浅，余高减小，焊趾平滑；电弧电压降低，则熔深变大，焊缝变得窄而高。

4）焊接速度。焊接速度与电弧电压和焊接电流之间也有一个对应关系。在一定的电弧电压和焊接电流下，焊接速度与焊缝成形的关系见图4-28，不同焊接速度时的焊缝成形见图4-29。

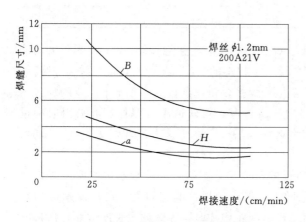

图4-28　焊接速度与焊缝成形的关系图

　　B—熔宽；H—熔深；a—焊缝余高

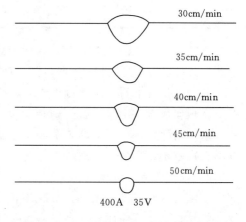

图4-29　不同焊接速度时的焊缝成形图

由图4-28、图4-29可见，焊接速度增加时，焊缝的熔深、熔宽和余高均减小，即成为凸起的焊道。焊接速度若过快，易出现咬边。为防止这种情况，应适当增加焊接电流、减小弧长，并使焊枪带有前倾角（电弧指向焊接方向）进行焊接。

焊接速度慢时，焊道变宽，甚至出现液态金属导前，造成焊瘤。

手工焊时，适宜的焊接速度为300～600mm/min。过慢和过快的焊接速度都给操作带来困难。自动焊时由于能严格控制焊接工艺参数，焊接速度可提高。

5）气体流量。气体流量是气体保护焊的重要参数之一。保护效果不好时，将出现气孔，以致使焊缝成形变坏，甚至使焊接过程无法进行。通常情况下，保护气体流量与焊接电流有关。当采用小电流焊接薄板时，气体流量可小些；采用大电流焊接厚板时，气体流量要适当加大。气体流量的掌握也要根据具体情况来定。在无坡口的平板对接焊时，气体流量可稍大些；在深坡口内焊接时，气体流量可稍小些。

另外，施焊现场有风，喷嘴距焊件过高，以及喷嘴上黏附大量飞溅物等，都将影响保护效果。为增强保护效果，要在有风的场地采取有效的防风措施。

喷嘴高度一定时，气体流量与气孔的关系见表 4-43。由表 4-43 中数据可见，当气体流量小于 10L/min 时，焊缝中会产生气孔；达到 15L/min 后，保护效果明显增强。气体流量也并非越大越好，如流量过大，形成涡流将空气卷入，也将产生气孔，并会破坏焊接过程的稳定性。

表 4-43　　　　　　　　　　　　　　气体流量与气孔的关系表

喷嘴高度/mm	气体流量/(L/min)	表面气孔	内部气孔
20	25	无	无
	20	无	无
	15	无	无
	10	微量	少量
	5	少量	大量

6）电流极性。CO_2 气体保护焊主要是采用直流反极性，即焊丝接正极，焊件接负极。这时焊接过程稳定，飞溅也较小。相反，当采用正极性时，在相同的焊接电流下，焊接速度大为提高，约为反极性的 1.6 倍，且熔深较浅，余高增加，飞溅也大。

利用上述特点，正极性主要用于堆焊、铸铁补焊和大电流高速 CO_2 气体保护焊。

7）焊丝伸出长度。焊丝伸出长度是指从导电嘴到焊丝端头的这段焊丝的长度。这个伸出长度对焊接电流、焊缝熔深、焊接飞溅等均有影响，因此保持这个长度稳定不变，是获得稳定焊接过程的重要因素之一。

在焊接电流相同时，焊丝伸出长度的增加将引起熔化速度的增加。这样，当送丝速度不变时，焊丝伸出长度增加，焊接电流则减小，易导致未焊透和熔合不良。同时，焊丝伸出长度过大，电弧不稳，飞溅大，焊缝成形恶化，甚至产生气孔，或者难以正常焊接。反之，焊丝伸出长度减小时，焊接电流增加，熔深变大。伸出长度过小时会烧毁导电嘴，也不能进行正常焊接。

适宜的焊丝伸出长度可按式（4-6）计算：

$$L = 10d \tag{4-6}$$

式中　d——焊丝直径，mm。

（2）坡口形状设计与焊接参数选择。无论是手工焊还是自动焊，其坡口形状均与接头形式、板厚和焊接位置等因素有关。

选择坡口形状及坡口尺寸的原则除了接头形式以外，主要是板厚和空间位置。例如，薄板和空间位置的焊接，都是采用短路过渡，此时熔深较浅，故坡口钝边较小而根部间隙可稍大些。厚板的平焊大都采用射滴过渡，此时熔深较大，故坡口钝边可大些，而坡口角度和根部间隙均较小。这样既可熔透良好，又能减少填充金属，提高生产效率。

通常，当焊件厚度小于 6mm 时，可采用 I 形坡口单面焊；焊件厚度大于 6mm 时，可采用 I 形坡口带垫板单面焊或采用 V 形坡口单面焊；当焊件更厚时，可采用双面焊。不同厚度的钢板的典型坡口形状，可参照《二氧化碳气体保护焊工艺规程》（JB/T 9186—1999）及《气焊、焊条电弧焊、气体保护焊和高能束焊的推荐坡口》（GB/T 985.1—2008）。

生产中应根据板厚、接头形式、坡口尺寸、焊接位置以及对接头质量的具体要求，合理选择焊接参数。碳钢 CO_2 气体保护焊工艺参数见表 4-44。

表 4-44　　　　　　　　　碳钢 CO_2 气体保护焊工艺参数表

接头形式	母材厚度/mm	坡口形式	焊接位置	有无垫板	焊丝直径/mm	坡口或坡口面角度/(°)	根部间隙/mm	钝边/mm	焊接电流/A	电弧电压/V	气体流量/(L/mm)	自动焊速度/(m/h)
对接接头	1.0~2.0	I	平	无	0.5~1.2	—	0~0.5	—	35~120	17~21	6~12	18~35
				有	0.5~1.2	—	0~1.0	—	40~150	18~23	6~12	18~35
			立	无	0.5~0.8	—	0~0.5	—	35~100	16~19	8~15	—
				有	0.5~1.0	—	0~1.0	—	35~100	16~19	8~15	—
	2.0~4.5	I	平	无	0.8~1.2	—	0~2.0	—	100~230	20~26	10~15	20~30
				有	0.8~1.6	—	0~2.5	—	120~290	21~27	10~15	20~30
			立	无	0.8~1.2	—	0~1.5	—	70~120	17~20	10~15	—
				有	0.8~1.0	—	0~2.0	—	70~120	17~20	10~15	—
	5.0~9.0	I	平	无	1.2~1.6	—	1.0~2.0	—	200~400	23~40	15~20	20~42
				有	1.2~1.6	—	1.0~3.0	—	250~420	26~41	15~25	18~35
	10~12	I	平	无	1.6	—	1.0~2.0	—	350~450	32~43	20~25	20~42
	5~60	半 V	平	无	1.2~1.6	45~60	0~2.0	0~0.5	200~450	23~43	15~25	20~42
				有	1.2~1.6	30~50	4.0~7.0	0~3.0	250~450	26~43	20~25	18~35
			立	无	0.8~1.2	45~60	0~2.0	0~3.0	100~150	17~21	10~15	—
				有	0.8~1.2	35~50	4.0~7.0	0~2.0	100~150	17~21	10~15	—
			横	无	1.2~1.6	40~50	0~2.0	0~5.0	200~400	23~40	15~25	—
				有	1.2~1.6	30~50	4.0~7.0	0~3.0	250~400	26~40	20~25	—
		V	平	无	1.2~1.6	45~60	0~2.0	0~5.0	200~450	23~43	15~25	20~42
				有	1.2~1.6	35~50	2.0~6.0	0~3.0	250~450	26~43	20~25	18~35
			立	无	0.8~1.2	45~60	0~2.0	0~3.0	100~150	17~21	10~15	—
				有	0.8~1.2	35~50	3.0~6.0	0~3.0	100~150	17~21	10~15	—
	10~100	K	平	无	1.2~1.6	40~60	0~2.0	0~5.0	200~450	23~43	15~25	20~42
			立	无	0.8~1.2	45~60	0~2.0	0~3.0	100~150	17~21	10~15	—
			横	无	1.2~1.6	45~60	0~3.0	0~5.0	200~400	23~40	15~25	—
		X	平	无	1.2~1.6	45~60	0~2.0	0~5.0	200~450	23~43	15~25	20~42
			立	无	1.0~1.2	45~60	0~2.0	0~3.0	100~150	19~21	10~15	—
	20~60	U	平	无	1.2~1.6	10~12	0~2.0	5.0~8.0	200~450	23~43	20~25	20~42
	40~100	双 U	平	无	1.2~1.6	10~12	0~2.0	5.0~8.0	200~450	23~43	20~25	20~42

接头形式	母材厚度/mm	坡口形式	焊接位置	有无垫板	焊丝直径/mm	坡口或坡口面角度/(°)	根部间隙/mm	钝边/mm	焊接电流/A	电弧电压/V	气体流量/(L/mm)	自动焊速度/(m/h)
T形接头	1.0~2.0	I	平	无	0.5~1.2	—		—	40~120	18~21	6~12	18~35
			立	无	0.5~1.2	—	0~0.5	—	40~120	18~21	6~12	—
			横	无	0.5~0.8	—		—	35~100	19~19	6~12	—
	2.0~4.5	I	平	无	0.8~1.6	—		—	100~230	20~26	10~15	20~30
			立	无	0.8~1.0	—	0~1.0	—	70~120	17~20	10~15	—
			横	无	0.8~1.6	—		—	100~230	20~26	10~15	—
	5.0~6.0	I	平	无	0.8~1.6	—		—	200~450	23~43	15~25	20~42
			立	无	0.8~1.2	—	0~2.0	—	100~150	17~21	10~15	—
			横	无	0.8~1.6	—		—	200~450	23~43	15~25	—
	5~60	V	平	无	1.2~1.6	40~60	0~2.0	0~5.0	200~450	23~43	15~25	20~42
			平	有	1.2~1.6	30~50	4.0~7.0	0~3.0	250~450	25~43	20~25	18~35
			立	无	0.8~1.2	45~60	0~2.0	0~5.0	100~150	17~21	10~15	—
			立	有	0.8~1.2	35~50	4.0~7.0	0~2.0	100~150	17~21	10~15	—
			横	无	1.2~1.6	40~50	0~2.0	0~5.0	200~400	23~40	15~25	—
			横	有	1.2~1.6	30~50	4.0~7.0	0~3.0	250~400	26~40	20~25	—
	10~100	K	平	无	1.2~1.6	45~60	0~2.0	0~5.0	200~450	23~43	15~25	20~42
			立	无	0.8~1.2	45~60	0~2.0	0~3.0	100~150	17~21	10~15	—
			横	无	1.2~1.6	45~60	0~3.0	0~5.0	200~400	23~40	15~20	—
角接接头	1~2	I	平	无	0.5~1.2	—		—	40~120	18~21	6~12	20~35
			立	无	0.5~0.8	—	0~0.5	—	35~80	16~18	6~12	—
			横	无	0.5~1.2	—		—	40~120	18~21	6~12	—
	2~4.5	I	平	无	0.8~1.6	—		—	100~230	20~26	10~15	20~30
			立	无	0.8~1.2	—	0~1.5	—	70~120	17~20	10~15	—
			横	无	0.8~1.6	—		—	100~230	20~26	10~15	—
	5~30	I	平	无	0.8~1.6	—	0~2.0	—	200~450	23~43	20~25	20~42
			立	无	0.8~1.2	—	0~1.5	—	100~150	17~21	10~15	—
			横	无	0.8~1.6	—	0~2.0	—	200~400	23~40	15~25	—
	5~60	半V	平	无	1.2~1.6	45~60	0~2.0	0~3.0	200~450	23~43	15~25	20~42
			平	有	1.2~1.6	30~50	2.0~7.0	0~5.0	200~450	26~43	20~25	18~35
			立	无	0.8~1.2	45~60	0~2.0	0~3.0	100~150	17~21	10~15	—
			立	有	0.8~1.2	35~50	4.0~7.0	0~5.0	100~150	17~21	10~15	—
			横	无	1.2~1.6	40~50	0~2.0	0~3.0	200~400	23~40	15~25	—
			横	有	1.2~1.6	30~50	2.0~7.0	0~5.0	250~400	26~40	20~25	—

接头形式	母材厚度/mm	坡口形式	焊接位置	有无垫板	焊丝直径/mm	坡口或坡口面角度/(°)	根部间隙/mm	钝边/mm	焊接电流/A	电弧电压/V	气体流量/(L/mm)	自动焊速度/(m/h)
角接接头	5~60	V	平	无	1.2~1.6	45~60	0~2.0	0~3.0	200~450	23~40	15~25	20~42
			平	有	1.2~1.6	35~60	2.0~6.0	0~5.0	250~450	26~43	20~25	18~35
			立	无	0.8~1.2	45~60	0~2.0	0~3.0	100~150	17~21	10~15	—
			立	有	0.8~1.2	35~60	3.0~7.0	0~5.0	100~150	17~21	10~15	—
	10~100	K	平	无	1.2~1.6	40~60	0~2.0	0~5.0	200~450	23~43	15~25	20~42
			立	无	0.8~1.2	40~60	0~2.0	0~3.0	100~150	17~21	10~15	—
			横	无	1.2~1.6	40~60	0~3.0	0~5.0	200~400	23~40	15~25	—
搭接接头	1~4.5	I	横	无	0.8~1.2	—	0~1.0	—	40~230	17~26	8~15	—
	5~30	I	横	无	1.2~1.6	—	0~2.0	—	200~400	23~40	15~25	—

焊接过程中，应观察电弧现象及焊缝成形质量，并适当调节焊接参数。

4.6.5 熔化极活性气体保护焊（MAG 焊）

（1）MAG 焊的基本特点。在氩中加入一定比例的氧化性气体（CO_2、O_2，或其混合气体）混合而成的气体作为保护气体的焊接方法称为熔化极活性气体保护焊（英文简称 MAG 焊）。MAG 焊的主要特点如下：

1）与纯氩气保护焊接相比，MAG 焊电弧稳定性好，而且焊缝成形系数合理。

2）与纯 CO_2 气体保护焊相比，MAG 焊飞溅小，焊缝成形美观。

3）根据不同的混合气体比例，MAG 焊可实现不同的熔滴过渡形式，如短路过渡、喷射过渡等。

4）MAG 焊对焊件壁厚的适应性强，从薄板到厚板均可焊接。

但 MAG 焊因其电弧气氛具有一定的氧化性，不能用于铝（Al）、镁（Mg）、钛（Ti）、铜（Cu）等金属及其合金的焊接，而是多用于碳钢和低合金钢的焊接。

（2）保护气体成分对 MAG 焊过程的影响。MAG 焊通常采用的混合气体为 $Ar+CO_2$ 或 $Ar+O_2$，其中 $Ar+CO_2$ 混合气体最为常用。混合气体的成分比例不同，其电弧特性、熔滴过渡形式、飞溅大小以及焊缝成形等也不同。

MAG 焊采用的电流极性通常为反极性，即焊件接负极，焊丝接正极。

1）气体成分对熔滴过渡形式的影响。通常所说的"富氩混合气体"（Ar80％＋$CO_2$20％）可实现喷射过渡，当其中的 CO_2 超过 30％ 时，采用常规 MAG 焊机很难实现喷射过渡；当混合气体中的 CO_2 超过 50％ 时，便不再具有富氩混合气体保护焊的特征，而逐渐向 CO_2 气体保护焊的特点转化。

2）气体成分对焊接飞溅的影响。向 CO_2 中加入 Ar，则随着 Ar 的增加，焊接飞溅逐渐减少。例如，采用直径 1.2mm 的 H08Mn2SiA 焊丝，焊接电流为 135A，电弧电压为 20V 时，若进行短路过渡焊接，当 Ar 的加入量达到 50％ 时，其飞溅情况较纯 CO_2 气体保护焊已大有改观；如加入的 Ar 达到 80%，其飞溅已很少了。

Ar+O₂ 的混合气体保护焊，与纯 CO_2 气体保护焊相比，飞溅也明显减小。在相同的焊接参数下，以 Ar95%+O₂5% 的混合气体保护焊为例，当焊接参数处于 CO_2 气体保护焊的中等电流区域（半短路过渡区），CO_2 气体保护焊的飞溅率高达 10%，而 Ar+O₂ 的混合气体保护焊却在 2% 以下。

3）气体成分对焊缝成形的影响。采用富氩混合气体（CO_2 含量不超过 20%）保护焊焊接钢时，可实现喷射过渡，焊缝形成指状熔深。如气体成分发生变化，则将影响熔滴过渡形式，进而影响焊缝成形。Ar+CO_2 的混合气体保护焊，当 CO_2 含量超过 20% 时，则其熔滴过渡形式便由喷射过渡变为射滴过渡，相应地其熔透形状也由指状熔深转变为盆底状熔深。随着 CO_2 含量的继续增加，则盆底状的熔深将进一步增加。如采用短路过渡焊接参数，熔深也是随着 CO_2 含量的增加而增加。例如，当气体为 Ar80%+$CO_2$20% 时，熔深较浅；当 CO_2 达到 50% 时，则其熔深与 CO_2 气体保护焊时相当。也就是说，短路过渡焊接时，采用 Ar 和 CO_2 各占一半的混合气体，可以使得熔深较大而飞溅较小。

气体混合比例不同，对空间位置焊缝成形的影响也不同。通常在 Ar80%+$CO_2$20% 的混合比时，具有最宽的焊接参数范围和最好的焊缝成形，因此这种富氩混合气体保护焊方法应用最为广泛。

（3）MAG 焊常用的焊接参数。MAG 焊主要用于碳钢及低合金钢的焊接。不同成分的保护气体，其电弧特性也不同，故焊接特点也有差异。所采用的焊丝，也应根据焊缝性能的具体要求以及电弧气氛的氧化性强弱来合理地加以选择。

1）短路过渡焊接参数。短路过渡焊接时，MAG 焊比 CO_2 气体保护焊电弧更稳定，飞溅也更小。MAG 焊短路过渡的适应性较强，既可焊接不足厚 1mm 的薄板，也可焊接 10mm 左右的厚板，其短路过渡焊接参数见表 4-45。

表 4-45　　　　　　　　　　　　　　　**MAG 焊短路过渡焊接参数表**

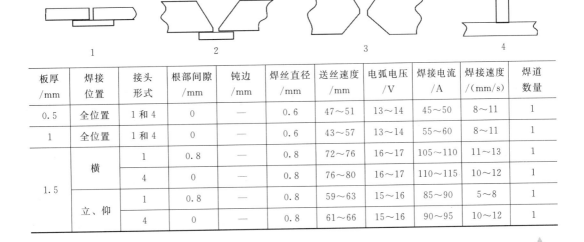

板厚/mm	焊接位置	接头形式	根部间隙/mm	钝边/mm	焊丝直径/mm	送丝速度/mm	电弧电压/V	焊接电流/A	焊接速度/(mm/s)	焊道数量
0.5	全位置	1和4	0	—	0.6	47~51	13~14	45~50	8~11	1
1	全位置	1和4	0	—	0.6	43~57	13~14	55~60	8~11	1
1.5	横	1	0.8		0.8	72~76	16~17	105~110	11~13	1
		4	0		0.8	76~80	16~17	110~115	10~12	1
	立、仰	1	0.8		0.8	59~63	15~16	85~90	5~8	1
		4	0		0.8	61~66	15~16	90~95	10~12	1

板厚/mm	焊接位置	接头形式	根部间隙/mm	钝边/mm	焊丝直径/mm	送丝速度/mm	电弧电压/V	焊接电流/A	焊接速度/(mm/s)	焊道数量
3	平	1	0.8	—	0.8	110～115	18～20	150～155	6～8	1
		1	0.8	—	1.0	63～68	18～19	160～165	6～8	1
	横	1	0.8	—	0.8	93～97	17～18	130～135	5～8	1
		4	0	—	0.8	114～118	18～20	155～160	10～12	1
	立、仰	1	0.8	—	0.8	93～97	17～18	130～135	5～8	1
		4	0	—	0.8	93～97	17～18	130～135	8～10	1
5	平	1	5	—	1.2	93～97	19～20	210～215	6～10	1
		2	2.5	1.5	1.2	93～97	19～20	210～215	5～8	1
	横	4	0	—	1.2	89～95	19～21	210～215	6～8	1
	立、仰	1	5	—	1.2	75～80	10～20	175～185	5～7	2
		2	2.5	1.5	0.8	85～90	17～18	120～125	5～6	2
		4	0	—	0.8	100～105	17～19	140～145	5～8	1
8	平	2	3.0	1.5	1.2	100～105	20～22	220～240	5～8	2
	横	2	3	1.5	1.2	180～190	18～20	175～190	4～6	2
		4	0	—	1.2	235～245	20～22	220～230	4～6	1
	立、仰	2	2.5	1.5	1.0	90～95	18～20	135～150	3～5	2
		4	0	—	1.0	102～106	19～21	140～160	5～7	2
10	仰	4	0	—	1.0	95～100	17～19	105～150	2～3	1
	横	2	2.5	1.5	1.2	75～80	18～20	175～185	5～7	4
		4	0	—	1.2	100～105	20～21	220～240	3～5	2
	立	2	2.5	1.5	1.0	115～120	19～20	150～160	5～8	2
		4	0	—	1.0	115～120	19～20	150～160	2～3	2
	仰	4和2	2.5	1.5	1.0	125～130	19～21	165～180	4～6	2
12	横	3	2.5	1.5	1.2	75～80	18～20	175～200	3～5	4
		4	0	—	1.2	100～105	20～21	220～230	5～7	4
	立	3	2.5	1.5	1.0	115～120	19～20	150～160	3～4	4
		4	0	—	1.0	115～120	19～20	150～160	5～7	2
	仰	4和2	2.5	1.5	1.0	123～130	19～21	165～180	3～5	5

短路过渡 MAG 焊主要是采用较细的焊丝和较小的焊接电流，过细的焊丝则要求使用专用的拉丝式焊枪。使用的保护气体主要是 $Ar+CO_2$，其中 CO_2 不超过 50%。焊道熔深较浅，焊接速度较低。

2）喷射过渡焊接参数。喷射过渡为 MAG 焊中最常用的熔滴过渡形式。喷射过渡时电弧十分稳定，成形较好，飞溅小。实现喷射过渡的临界电流与焊丝直径及气体成分等因素有关。焊丝直径增加，混合气体中的 CO_2 增加，都使临界电流增大。在稳定的喷射过渡时，通常焊接电流比临界电流高出 30～50A。

MAG 焊时最常用的混合气体为 $Ar+CO_2$（15%～25%）的富氩混合气体，这时可实现稳定的喷射过渡，焊缝表面平坦，成形良好，飞溅也很小。当混合气体中的 CO_2 超过 30% 时，喷射过渡将变得很不稳定。

3）脉冲焊接参数。脉冲 MAG 焊与其他脉冲焊一样，脉冲参数较多，合理选择较为复杂。要获得稳定的脉冲过渡过程，焊接电流必须大于临界平均电流值。这时即可实现所谓一个脉冲过渡一个或多个熔滴的脉冲喷射过渡。与非脉冲电流焊接相比，脉冲焊时的临界平均电流较低。这就是说，脉冲焊可以在电流较低的情况下实现稳定的喷射过渡焊接过程。通常，对于维持电弧燃烧的维弧电流取较低值（30～80A），脉宽比 30%～50%，脉冲频率 40～150Hz 为宜。电流过小时，电弧不稳；电流过大，又会减弱脉冲焊的优点。脉宽比宜取较小值，是为降低临界平均电流和提高电弧挺度。频率不宜过高，如超过 150Hz，电弧噪声太大。

脉冲 MAG 焊不但成形好，而且在相同的有效焊接电流时，熔深和熔宽都比非脉冲电流焊接时有所增加。飞溅较小，效率较高。脉冲 MAG 焊与其他脉冲焊一样，特别有利于空间位置的焊接。通过脉冲参数的合理调节，容易控制液态熔池，获得理想的焊缝成形。

4）焊丝直径与焊接条件。了解焊丝直径与焊接条件的基本关系，可以为选择焊接参数提供便捷途径。对每一种成分和直径的焊丝，都有一定的适用电流范围。熔化极气体保护焊所用的焊丝直径在 0.4～5mm 范围内。通常手工焊多用直径 0.6～1.4mm 的较细焊丝；而自动焊则常用直径 1.6～4.0mm 的较粗焊丝。通常，在焊接生产中，除特殊要求外，很少使用直径 0.8mm 以下的细丝。

不同直径焊丝的电流范围见表 4-46。直径 1.0mm 以下的焊丝使用的电流范围较窄，主要采用短路过渡形式；而较粗焊丝所用的电流范围则较宽，如直径 1.2～1.6mm 焊丝 CO_2 焊的熔滴过渡可以采用短路过渡和潜弧状态下的喷射过渡。直径 2.0mm 以上的粗丝 CO_2 焊基本采用潜弧状态下的喷射过渡。MAG 焊时直径 1.0mm 以下的细丝也是以短路过渡为主，较粗焊丝以射滴过渡为主，其使用电流均大于临界电流。同时，还可以采用脉冲 MAG 焊。因此，细焊丝不但可用于平焊，也可以用于全位置焊接；而粗焊丝只能用于平焊。在使用脉冲 MAG 焊时，可以使用较粗的焊丝进行全位置焊接，焊丝直径的选择见表 4-47。表 4-47 中还列出了各种直径焊丝所适用的板厚范围和焊接位置。细丝主要用于薄板和任意位置的焊接，采用短路过渡和脉冲 MAG 焊；而粗丝则多用于厚板的平焊位置焊接，以提高熔敷速度并增加熔深。

表 4-46   不同直径焊丝的电流范围表

焊丝直径/mm	CO_2 焊电流范围/A	MAG 焊	
		非脉冲电流范围/A	脉冲电流范围/A
0.5	35～80	25～80	—
0.8	50～120	30～120	—
1.0	70～180	50～300（260）	—
1.2	80～350	60～440（320）	60～350

焊丝直径/mm	CO_2 焊电流范围/A	MAG 焊	
		非脉冲电流范围/A	脉冲电流范围/A
1.6	140～500	120～550（360）	80～500
2.0	200～550	450～650（400）	—
2.5	300～650	—	—
3.0	500～750	—	—
4.0	600～850	650～800（630）	—
5.0	700～1000	750～900（700）	—

注　表中括弧内的数字为临界电流。临界电流以下为短路过渡；超过临界电流则为射滴（或射流）过渡。

表 4-47　　　　焊丝直径的选择表

焊丝直径/mm	熔滴过渡形式	可焊板厚/mm	焊接位置
0.5～0.8	短路过渡	0.4～3.2	全位置
	射滴过渡	2.5～4	平焊
	脉冲射滴过渡	—	—
1.0～1.4	短路过渡	2～8	全位置
	射滴过渡（CO_2 焊）	2～12	平焊
	射流过渡（MAG 焊）	>6	平焊
	脉冲射滴过渡	2～9	全位置
1.6	短路过渡	3～12	全位置
	射滴过渡（CO_2 焊）	>8	平焊
	射流过渡（MAG 焊）	>8	平焊
	脉冲射滴过渡（MAG 焊）	>8	全位置
2.0～5.0	射滴过渡（CO_2 焊）	>10	平焊
	射流过渡（MAG 焊）	>10	平焊
	脉冲射滴过渡	>6	平焊

4.6.6　熔化极惰性气体保护焊工艺（MIG 焊）

熔化极惰性气体保护焊，即 MIG 焊的基本特点及适用范围已在第 4.6.2 条中做了介绍。本小节重点介绍铝合金的焊接特点及其 MIG 焊焊接参数。

（1）铝及铝合金的焊接特点。铝合金与钢铁材料相比，具有一些显著不同的特点，因此必须注意由此而引起的相应的焊接特点。

1）导热快，必须集中快速地供给大量的热能才能实现熔焊过程。纯铝的熔点为 660℃，铝合金的熔点一般为 530～650℃。尽管其熔点远比钢铁材料低，但其导热系数却为钢的 3 倍以上，故要达到熔化温度、实现正常的焊接过程，务必快速集中地向焊接区供给足够的热量，对于大厚度焊件的焊接，根据情况往往要采取预热措施。

2）易氧化，所生成的氧化膜妨碍焊接。铝的熔点虽低，但其生成的 Al_2O_3 氧化膜的熔点却高达 2050℃，而铝又极易生成这种氧化膜。该高熔点氧化膜妨碍焊丝金属与熔池金属的相互熔合，因为焊接时氧化膜浮于熔池表面隔离着焊丝金属与熔池金属。因此，在 MIG 焊时必须采用反极性接法，利用阴极破碎作用清理氧化膜。

3）易吸潮，形成气孔。铝及其合金同其他金属一样，在熔化状态会吸收一些气体，如 H_2 等。同时，其表面极易形成的 Al_2O_3 氧化膜更容易吸收水分，从而成为产生气孔的原因。因此，在铝合金焊接中，对焊丝及母材表面的污染十分敏感，特别是 MIG 焊时，稍不留意便会出现气孔。故通常认为，在铝合金 MIG 焊时，很难实现绝对的所谓无气孔焊接；只能通过仔细的焊前清理和适宜的工艺措施，将极少量的微气孔数量控制在允许的范围之内。

4）热膨胀系数大，易产生焊接变形。铝及铝合金的加热膨胀及冷却收缩的变形量，约为钢的两倍多，故极易产生焊接变形。防止变形的有效措施，除了选择合理的焊接参数和焊接顺序外，采用适宜的夹具也是简便且可行的，薄板焊接时尤其如此。

5）受焊接热影响，接头有软化现象。热处理型铝合金焊接后，接头热影响区出现软化现象，即强度降低。根据其合金系统的不同，通过时效处理后，其强度恢复的程度差异很大。如 7×××系（Al‑Zn）合金，可恢复到接近母材的程度；而 6×××系（Al‑Mg‑Si）合金，一般很难恢复到母材强度的 60% 以上。

（2）焊前准备。

1）焊件的准备。因为铝材表面常常覆盖一层薄而致密的氧化膜，这种氧化膜极易吸水，即三氧化二铝与结晶水共存（$Al_2O_3 \cdot H_2O$，$Al_2O_3 \cdot 3H_2O$）。此氧化膜不但妨碍焊缝的良好熔合，而且是形成气孔的原因之一。另外，如焊件被油、锈等污染，也会引起气孔，所以在焊前必须对污物和氧化膜仔细清理。必须指出，单纯指望反极性的阴极清理作用去除氧化膜往往是不充分的。

A. 油污的清理。可采用汽油、四氯化碳、丙酮等擦拭。擦拭时要用清洁的布蘸上以上的溶剂来操作；不要使用棉纱，因棉纱易挂在较粗糙的焊件表面，特别是残留在坡口面，成为焊接缺陷之隐患。

B. 氧化膜的清理。焊件表面的氧化膜不能采用以上溶剂擦拭的方法去除，只能采用化学方法或机械方法来清理。

2）焊丝的准备。铝合金焊丝较软，纯铝焊丝更软。所以为保证送丝稳定性，一定要使用规则绕盘的焊丝。焊丝应是清理干净并经光亮处理的合格产品，通常应采用塑料袋真空密封包装。每盘焊丝开封后应尽快用完，以免污染后影响焊接质量。污染的焊丝很难清理，结果会使焊接气孔严重，甚至无法施焊。

通常，在焊接过程中，所熔化的焊丝的表面积比坡口面的表面积要大得多，所以焊丝表面的清洁度对焊接质量的影响尤为重要。因此，在焊接时要注意保持焊丝的清洁，不要重新被污染。

（3）焊接参数。铝及铝合金通常采用直流反极性焊接。薄板和中厚板焊接时，采用纯氩为保护气体；焊接厚板大件时，采用（Ar＋He）混合气体保护，其中 He 的比例多为 25% 左右。厚板也可采用富氦的保护气体，但国内应用较少。

铝合金 MIG 焊可采用短路过渡、脉冲过渡、喷射过渡和大电流焊接法。

1）短路过渡 MIG 焊参数。短路过渡焊接法适用于薄板（1～2mm）的对接、搭接、角接和端接焊缝的全位置焊接。铝合金对接接头的手工 MIG 焊工艺参数见表4-48。焊接时一般采用较细的焊丝和较小的焊接电流。因为细丝较软而送丝困难，常采用拉丝式送丝方式。

表 4-48　　　　　　　　　　铝合金对接接头的手工 MIG 焊工艺参数表

板厚/mm	坡口形式	焊接位置	焊道数量	焊接电流/A	电弧电压/V	焊接速度/(mm/min)	焊丝直径/mm	送丝速度/(m/min)	氩气流量/(L/min)
1	I	全位置	1	15~40	12~15	500~600	0.8	—	13
2	I	全位置	1	70~90	14~17	400~600	0.8	—	15~18
	I+垫板	平	1	110~120	17~18	1200~1400	1.2	5.9~6.2	15~18
3	I+垫板	平	1	100~140	18~22	750~950	0.8	6.2~7.1	20
		横、立、仰	1	110~130	21~23	600~750	1.2	5.9~6.8	15~18
4	I+垫板	平	1	170~210	22~24	550~750	0.8	5.0~6.3	20
		横、立、仰	1	150~180	22~26	400~600	1.6	4.3~6.3	16~20
	I	平	2	160~190	22~25	600~900	1.6	4.7~5.6	16~20
		横、立、仰	2	135~160	23~26	500~700	1.2	6.5~8.4	16~20
6	I+垫板	平	1	230~270	24~27	400~500	1.6	7.0~8.3	20~24
	V+垫板	平	1	200~250	24~27	400~500	1.6	5.9~7.7	20~24
		横、立、仰	2	170~190	23~26	600~700	1.6	5.0~5.6	20~24
8	V	平	2	240~270	24~27	450~550	1.6	7.3~8.3	20~24
		横、立、仰	3	200~225	24~28	450~600	1.6	5.9~6.8	20~24
	V+垫板	平	2	240~290	25~28	450~550	1.6	7.3~8.9	20~24
		横、立、仰	4	190~210	24~28	600~700	1.6	5.6~6.3	20~24
	X	平	2	250~290	24~27	450~550	1.6	7.7~8.9	20~24
		横、立、仰	2（4）	190~210	24~28	400~600	1.6	5.6~6.3	20~24
10	V	平	3	240~260	25~28	400~600	1.6	7.3~8.0	20~24
		横	4	210~225	24~28	500~600	1.6	6.3~6.8	20~24
		立、仰	3	205~225	24~28	400~550	1.6	6.1~6.8	20~24
	X	平	2	290~330	25~29	450~650	1.6	8.9~10	20~24
		立、横、仰	2~5	190~210	24~28	350~550	1.6	5.6~6.3	20~24
	V+垫板	平	3	250~270	24~28	500~750	1.6	7.7~8.3	20~24
		立	3	220~240	24~28	450~550	1.6	6.6~7.3	20~24
		横、仰	3	215~250	25~28	350~500	1.6	6.5~7.7	20~24
12	V	平	4	230~260	25~28	350~600	1.6	7.0~8.0	20~24
		立、横、仰	4（5）	210~230	24~28	450~550	1.6	6.3~7.0	20~24
	X	平	3	230~300	25~28	400~700	1.6	7.0~9.3	20~24
		立、横、仰	3~8	190~230	24~28	300~450	1.6	5.6~7.0	20~24
	V+垫板	平	3	250~275	25~28	500~600	1.6	7.7~8.5	20~24
		立、横、仰	3（4）	220~245	25~28	400~550	1.6	6.6~7.5	20~24

板厚/mm	坡口形式	焊接位置	焊道数量	焊接电流/A	电弧电压/V	焊接速度/(mm/min)	焊丝直径/mm	送丝速度/(m/min)	氩气流量/(L/min)
16	X	平	4	310～350	26～30	300～400	2.4	4.3～4.8	24～30
		立	4	220～250	25～28	150～300	1.6	6.6～7.7	24～30
		横、仰	10～12	230～250	25～28	400～500	1.6	7.0～7.5	24～30

注 1. 焊枪倾角为前倾角 5°～15°，立焊即指向上立焊。

2. 本表所列数据为 5083 母材采用 5183 焊丝时的焊接参数，根据材料种类不同，焊接电流可在 10% 以内变化，相应地其焊接速度也要有所增减。

3. 焊接速度为每道焊接时的大概数值，当采用其他焊丝焊接时应略作调整。

4. 送丝速度是针对 5183 而言的，若采用其他焊丝则应作适当增减。

2）喷射过渡 MIG 焊参数。喷射过渡是铝合金 MIG 焊中最常用的方法。但只有当焊接电流大于喷射过渡的临界值电流时，才能实现稳定的焊接过程。例如，对于直径分别为 1.2mm、1.6mm 和 2.4mm 焊丝，其临界电流分别为 130A、170A 和 220A。

喷射过渡宜采用恒压电源配合等速送丝。此外，对于铝合金 MIG 焊而言，有一种介于短路过渡和喷射过渡之间的过渡形式，即亚射流过渡。亚射流过渡时电弧电压比喷射过渡稍低，这时的电弧潜入熔池凹坑内，可见弧长不足 8mm，发出轻轻的"啪啪"声，与之区别的短路过渡为"吧吧"声。

亚射流过渡焊接铝合金具有如下许多优点：

A. 焊缝熔透形状由喷射过渡的指状变为盆底状，有利于改善焊缝的力学性能。

B. 电弧电压改变时，熔深形状几乎不变，有利于获得形状和尺寸均一的焊缝。

C. 亚射流过渡采用恒流电源配合等速送丝，抗外界干扰能力强。如送丝速度受到干扰而变化时，其熔深变化较小。

亚射流过渡形式的焊接参数调节，可在开始焊接时先将参数调到喷射过渡，然后立即加快送丝速度（即降低电弧电压），当听到轻微的"啪啪"声时，即开始了亚射流焊接过程。

3）脉冲 MIG 焊参数。采用脉冲焊扩大了焊接电流范围，而且提高了电弧稳定性，容易实现空间位置的焊接。同时，其焊接质量好，特别是抗气孔能力强。铝合金脉冲 MIG 焊的典型焊接参数见表 4-49。

表 4-49　　　　　铝合金脉冲 MIG 焊的典型焊接参数表

板厚/mm	接头形式	焊接位置	焊丝直径/mm	焊接电流/A	电弧电压/V	焊接速度/(mm/min)	气体流量/(L/min)
3	对接 I 形	平	1.4～1.6	70～100	18～20	210～240	8～10
		横	1.4～1.6	70～100	18～20	210～240	13～15
		立向下	1.4～1.6	60～80	17～18	210～240	8～10
		仰	1.2 或 1.6	60～80	17～18	180～210	8～10
4～6	T 形	平	1.6 或 2.0	180～200	22～23	140～200	10～12
		立向上	1.6 或 2.0	150～180	21～22	120～180	10～12
		仰	1.6 或 2.0	120～180	20～22	120～180	8～12

板厚 /mm	接头形式	焊接位置	焊丝直径 /mm	焊接电流 /A	电弧电压 /V	焊接速度 /(mm/min)	气体流量 /(L/min)
14~25	T形	立向上	2.0或2.4	220~230	21~24	60~150	12~15
		仰	2.0或2.4	240~300	23~24	60~120	14~16

脉冲焊的焊接参数较多，除了普通 MIG 焊的焊丝直径、焊丝伸出长度、焊接速度、气体流量、电弧电压等以外，尚有脉冲电流 $I_{脉}$、基值电流 $I_{基}$、脉冲时间 $t_{脉}$、基值时间 $t_{基}$、脉冲周期 T（$T = t_{脉} + t_{基}$）、脉冲频率 f（$f = 1/T$）、脉宽比 K [$K = (t_{脉}/T) \times 100\%$]、平均电流 $I_{平}$，即焊接电流。这些参数也都对脉冲焊接过程有直接影响。

脉冲焊接参数的调节，通常是基值电流保持不变，而主要改变脉冲电流，从而改变焊接电流的平均值。因此，脉冲焊的主要参数可归结为脉冲频率、脉宽比和焊接电流。一般脉宽比选 25%~50%，空间焊接时可选 30%~40%；脉冲频率可为 35~75Hz。

4）大电流 MIG 焊参数。大电流 MIG 焊是铝合金厚板焊接的一种高效焊接方法，它可以采用直径为 3.2~5.6mm 的焊丝，使用 500~1000A 的焊接电流。这时，焊丝端头潜入熔池凹坑中，但并不发生所谓的"起皱"现象（起皱即焊道表面粗糙——氧化物与金属相混杂，并有许多气孔）。

大电流 MIG 焊可以采用双层喷嘴，即双层气体保护，也可采用普通的单喷嘴焊枪。可采用纯 Ar，也可采用 Ar+He 混合气体。

4.6.7 药芯焊丝电弧焊

（1）药芯焊丝电弧焊的工作原理。药芯焊丝是继焊条、实芯焊丝之后广泛采用的一类新型焊接材料，它是用薄钢带卷成圆形钢管或异形截面钢管，并在其中填满一定成分的药粉，或在焊接钢管或无缝钢管中填满药粉，经拉拔制成的焊丝。圆管截面药芯焊丝的结构见图 4-30。

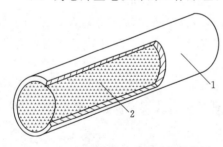

图 4-30 圆管截面药芯焊丝的结构图
1—钢带或钢管；2—药芯

使用药芯焊丝作为填充金属的各种电弧焊方法统称为药芯焊丝电弧焊。它是利用连续送进的、可熔化的药芯焊丝与焊件之间的电弧所产生的高温，进行焊接的高效熔焊方法。

药芯焊丝电弧焊的电弧特性，基本上与熔化极气体保护焊相同；其熔滴过渡形式也可为喷射过渡、滴状过渡或短路过渡。

1）药芯焊丝气体保护电弧焊。药芯焊丝气体保护电弧焊的工作原理 [见图 4-31(a)]。这种方法与通常的熔化极气体保护焊的主要区别就在于药芯焊丝上，它除了采用辅助的外加保护气体以外，还有药芯焊丝熔化时所产生的气体和熔渣的保护。两种工艺法所需的设备，包括焊枪在内，基本上是相同的。

2）自保护药芯焊丝电弧焊。这种方法与药芯焊丝气体保护电弧焊的区别，主要是不用外加辅助保护气体，完全依靠药芯熔化时所产生的气体和熔渣来保护熔滴和

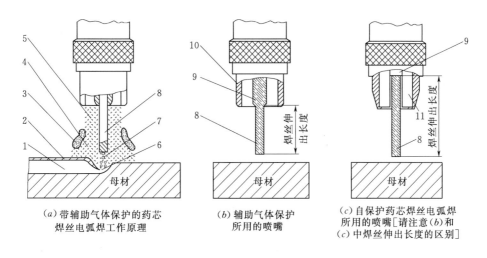

（a）带辅助气体保护的药芯
焊丝电弧焊工作原理

（b）辅助气体保护
所用的喷嘴

（c）自保护药芯焊丝电弧焊
所用的喷嘴［请注意（b）和
（c）中焊丝伸出长度的区别］

图 4-31　药芯焊丝气体保护焊的工作原理图

1—焊缝金属；2—凝固的熔渣；3—熔渣；4—药芯产生的气体保护层；5—外加的气体保护层；6—熔池；

7—熔渣包裹着的金属小熔滴；8—药芯焊丝；9—导电嘴；10—喷嘴；11—绝缘的焊丝导管

熔池。因此，这种方法称为自保护药芯焊丝电弧焊，所使用的焊丝称为自保护药芯焊丝。

自保护与气体保护方法的区别还在于焊枪的形式和焊丝伸出长度〔见图 4-30（b）、（c）〕，自保护方法中的焊丝伸出长度较长，有利于获得较高的熔敷速度，这是因为焊丝伸出部分较长而被电流预热得更好。要注意的是，当采用较大焊丝伸出长度的专用自保护焊枪时，要求见图 4-30（c），要另外加装一个绝缘的焊丝导管，以保证焊丝的指向性。当然，自保护焊焊枪，也可以与通常的熔化极气体保护焊焊枪相同，只是不通保护气体而已——目前国内多采用此种方式，因其方便且易行。

（2）药芯焊丝电弧焊的特点。药芯焊丝电弧焊除了具有 CO_2 气体保护焊的全部优点之外，还具有如下优点：

1）生产效率高。在平焊位置，药芯焊丝的熔敷速度比实芯焊丝高 10% 左右，比焊条电弧焊高 50% 以上；在其他位置，药芯焊丝的熔敷速度比实芯焊丝高 1 倍以上，比焊条电弧焊高约 3 倍。

药芯焊丝的熔敷效率高达 85%～90%，生产效率是实芯焊丝的 1.5～2 倍，是焊条电弧焊的 5～8 倍。

另外，使用小直径药芯焊丝焊接时，可以采用相对较大的焊接电流进行全位置焊接。例如，采用直径 1.2mm 的药芯焊丝，当焊接电流为 230～250A 时，焊接中厚板对接接头或角接接头，操作过程中不需要调整焊接电流；当焊接电流为 280A 时，可以进行向下立焊。这些优点在造船和大型钢结构施工中特别有利，可以大大缩短辅助时间，提高生产效率。

2）焊接质量好。药芯焊丝电弧焊采用气-渣联合保护，有较为充分的冶金作用，可以去除杂质，净化焊缝金属；防止空气侵入，改善脱氧效果；可以渗合金。因此，焊缝金属的力学性能，特别是塑性和冲击韧性较好。

3）焊接工艺性好。由于药芯与焊条药皮具有近似的成分和相同的作用，所以药芯焊丝引弧容易，电弧气氛柔和、稳定；飞溅颗粒小且易于清除；可选用的焊接参数范围较大；因是自动送丝，操作较为方便，与焊条电弧焊相比，容易掌握。

4）应用范围广。通过改变药芯配方，可方便地调整熔敷金属的成分和性能，易于使焊缝金属获得所要求的强度、塑韧性以及耐热、耐腐蚀或耐磨等特殊性能。因此，扩大了药芯焊丝电弧焊的应用范围。

5）节约熔敷金属。当焊接电流相同时，由于药芯焊丝导电截面小，电流密度大，因此熔深大。采用药芯焊丝焊接中厚板对接接头时，只需加工 40°坡口，钝边也可以大些；而焊条电弧焊时，通常需加工 60°坡口，钝边也比较小。因此，采用药芯焊丝焊接，可节约熔敷金属 40%以上。焊接角焊缝时，节约熔敷金属的效果更为明显。

6）节约能源。由于药芯焊丝电弧焊的熔敷效率高、熔深大，需要熔敷金属量少，大大减少了焊接时间，因而节省了电能。实测数据表明，实芯焊丝电弧焊的耗电量是焊条电弧焊的 1/3，而药芯焊丝电弧焊的耗电量只有实芯焊丝电弧焊的一半。

7）综合成本低。尽管药芯焊丝的价格较实芯焊丝和焊条贵，但考虑到焊材与能源的消耗量、设备折旧、焊接效率、辅助时间、人工费用等方面的综合费用，药芯焊丝 CO_2 气体保护焊的总费用实际比实芯焊丝 CO_2 气体保护焊稍低，比焊条电弧焊可降低 30%以上。

药芯焊丝电弧焊是一种高效、优质、低耗、节能的焊接方法。但也有一些不足之处：

1）焊接烟尘较大。据测定，E500T－5 药芯焊丝与 E5015 焊条相比，单位重量焊材的发尘量、烟中锰和氟的含量都较少，但药芯焊丝电弧焊的熔敷速度是焊条电弧焊的 3 倍以上，按单位时间计算，药芯焊丝电弧焊烟尘中，锰（Mn）、氟（F）的含量与焊条电弧焊相近，而发尘量则比 E5015 焊条电弧焊要高一些。

2）送丝相对困难。由于药芯焊丝刚度较小，焊丝受压时容易变形，严重时可能漏焊粉（指有缝药芯焊丝），造成送丝不均匀，影响焊接质量。

3）有缝药芯焊丝保存困难。由于有缝药芯焊丝制造过程不能镀铜，长期存放时，焊丝容易吸潮和生锈，将影响焊接质量；故保存时要注意防潮，而且存放期不可太久。

（3）药芯焊丝电弧焊的应用范围。药芯焊丝已广泛应用于低碳钢、低合金钢、耐热钢、耐候钢及某些不锈钢的薄板和中厚板的焊接，还可用于耐磨堆焊。

近年来，药芯焊丝电弧焊已成功应用于建造海上采油钻井平台、特大储罐、造船工业、机械制造、原子能工业、石油管道、电力设备等的焊接和耐磨零件的堆焊。

药芯焊丝电弧焊，可以采用大电流密度的喷射型过渡的电弧，具有最大的焊缝熔深，适合于中厚板焊接；也可以采用粗滴过渡或短路过渡的电弧，这两种电弧是在较低的电流密度下产生的，具有较浅的熔深，更适合于薄板焊接。

药芯焊丝气体保护焊所焊的接头，质量与熔化极气体保护焊和埋弧焊接头不相上下，符合许多产品技术规程的要求。

自保护药芯焊丝电弧焊不适于喷射型电弧。由于金属是从焊丝的外侧向熔池过渡，在没有外加气体保护的情况下，此区域防氧化的效果是最小的。如果成为细颗粒喷射过渡，则金属颗粒的总表面积增大，便会造成过分的氧化。因此，自保护方法必须以粗滴或短路的熔滴过渡进行。

自保护药芯焊丝电弧焊的焊缝质量，一般低于外加气体保护方法。其质量稍低的主要原因是在焊接过程中焊缝金属受大气污染较严重；另一个原因是，焊丝药芯中有造气与脱氧的成分。因而降低塑性与冲击韧度，特别是低温韧性下降更为明显。

药芯焊丝电弧焊的应用范围见表 4-50。

表 4-50 药芯焊丝电弧焊的应用范围表

焊接方法	应用范围		焊接位置	自动化程度	环境要求	焊接质量
	钢材种类	厚度/mm				
外加气体保护	低、中碳钢	≥0.5	全位置	手工或自动	风速不大于2m/s	焊缝冲击韧度高
	490～784MPa 级高强钢					
	耐热钢					
	耐候钢					
	低温钢					
	不锈钢					
自保护	低、中碳钢	≥0.5	全位置	手工或自动	风速不大于12m/s	焊缝冲击韧度低
	490MPa 级高强钢					
	耐热钢					
	不锈钢					

（4）焊接材料。

1）保护气体。药芯焊丝气体保护电弧焊使用的保护气体，与一般熔化极气体保护焊所用的气体相同，包括 $100\%CO_2$、$80\%Ar+20\%CO_2$、$75\%Ar+25\%CO_2$、$98\%Ar+2\%O_2$ 等。因为经济的原因，最常用的是纯 CO_2 保护气体。

2）药芯焊丝的分类。

A. 按保护方式分类：

a. 气保护药芯焊丝。这类焊丝药芯中只有稳弧剂、脱氧剂和渗合金剂，焊接过程中需另加保护气体才能获得满意的效果。焊接时熔深大，焊缝金属质量高，塑性和韧性较好；但抗风能力弱，只能在风速不大于 2m/s 的环境中使用。气体保护焊用药芯焊丝根据保护气体的种类可细分为：CO_2 气体保护焊、熔化极惰性气体保护焊、混合气体保护焊以及钨极惰性气体保护焊用药芯焊丝。其中 CO_2 气体保护焊药芯焊丝主要用于结构件的制造焊接，其用量大大超过了其他种类气体保护焊用药芯焊丝。由于不同种类的保护气体在焊接冶金反应过程中的表现行为是不同的，因此药芯焊丝在药粉中所采用的冶金处理方式以及程度也是不同的。所以，尽管被焊金属相同，不同种类气体保护焊用药芯焊丝原则上是不能相互代用的。

b. 自保护药芯焊丝。这类焊丝焊接时不需外加保护气体，药芯中除含有造渣剂、稳弧剂、脱氧剂、渗合金剂外，还含有造气剂及脱氮剂。焊接过程中，依靠药芯熔化产生的气体及熔渣保护熔池金属，可在风速不超过 12m/s（相当于 6 级风）的环境中施焊，特别适用于野外安装作业。但由于造气剂、造渣剂包覆在金属外皮内部，所产生的气、渣对熔滴（特别是焊丝端部的熔滴）的保护效果较差，因此，焊缝金属的塑性和韧性较差。随着科技的不断进步，特别是近几年高韧性自保护药芯焊丝的出现，对于一般结构甚至一些较为重要的结构，自保护药芯焊丝也完全可以满足结构对焊接材料的要求。另外，该类焊丝在焊接时烟尘较多，尽量不要在室内施焊，在室外应用时，也要注意通风。

B. 按芯部药粉类型（有无造渣剂）分类。按这种方法分类可分成药粉型（有渣型）和金属粉型（无渣型）两类。药粉型中又包括钛型渣（酸性）、钛钙型渣（中性或弱碱性）和钙型渣（碱性）。目前用量较大的 CO_2 气体保护焊药芯焊丝多为钛型（酸性）渣系，自保护药芯焊丝多采用高氟化物（弱碱性）渣系。应当指出，酸、碱性渣系药芯焊丝熔敷金属含氢量的差别远小于酸、碱性焊条，酸性渣系药芯焊丝熔敷金属含氢量可以达到低氢型（碱性）焊条标准（小于 8mL/100g）。钛型渣系药芯焊丝熔敷金属不仅含氢量可以达到低氢，而且其力学性能也可以达到高韧性。当然碱性渣系药芯焊丝在熔敷金属含氢量方面仍占有一定的优势，可以达到超低氢焊条的水平（小于 3mL/100g），但其在焊接工艺性能方面仍与钛型渣系药芯焊丝有较大的差距。由于药芯焊丝与焊条的加工工艺差别较大，粉芯与焊条药皮配方设计、原材料的选择也有很大差别。因此，建立在焊条熔渣理论基础上的某些经验不能简单地套用到药芯焊丝的选择原则中，应该以药芯焊丝产品的性能作为选材的依据。

药粉型药芯焊丝的药芯中有造渣剂，焊接过程中产生的熔渣较多。而金属粉型药芯焊丝的药芯中没有造渣剂，除有少量稳弧剂外，大部分是金属粉末，包括铁粉和脱氧剂等。由于焊接时产生的熔渣很少，不必清渣就可以连续进行多层焊（3～4 层）。

C. 按截面形状分类。按截面形状可粗分为两大类，即简单截面药芯焊丝和复杂截面药芯焊丝。

简单截面即 O 形截面药芯焊丝，它又可分为两类：有缝和无缝。直径在 2.0mm 以下的细丝多采用简单 O 形截面有缝药芯焊丝。此类焊丝截面形状简单，比较容易制造，生产成本低，价格稍便宜。但因为有缝，故密封性不好，表面不能镀铜，容易吸潮，也容易生锈，储存期较短。无缝药芯焊丝密封性好，不易吸潮，表面能镀铜，不易生锈，储存期较长，但制造工艺较复杂，设备投入大，生产成本高，价格较贵。

复杂截面主要有 T 形、E 形、梅花形和双层形等截面形状。复杂截面形状主要用于直径在 2.0mm 以上的粗丝。采用复杂截面形状的药芯焊丝，因金属外皮进入到焊丝芯部，一方面对于改善熔滴过渡、减少飞溅、提高电弧稳定性是有利的；另一方面焊丝挺度较 O 形截面药芯焊丝好，在送丝轮压力作用下焊丝截面形状的变化较 O 形截面小，对于提高送丝稳定性是有利的。复杂截面形状在提高药芯焊丝焊接过程稳定性方面的优势，粗直径焊丝显得尤为突出。但制造设备复杂，生产成本高。

随着药芯焊丝直径的减小，焊接电流密度的增加，药芯焊丝截面形状对焊接过程稳定性的影响将减小。焊丝越细，截面形状在影响焊接过程稳定性诸多因素中所占比重越小。粗直径药芯焊丝全位置焊接适应性较差，多用于平焊、平角焊。特别是直径在 3.0mm 以上的粗丝主要应用于堆焊。

D. 按金属外皮所用材料分类。药芯焊丝的金属外皮所用材料有低碳钢、不锈钢和镍及其合金。低碳钢的加工性能优良，成为药芯焊丝的首选外皮材料。目前生产的药芯焊丝的外皮材料大多为冷轧低碳钢带，少数品种选用低碳钢盘条或无缝管作为外皮材料；即使是不锈钢系列的药芯焊丝，某些产品也采用低碳钢外皮，通过粉芯添加铬（Cr）、镍（Ni）等合金元素，经过焊接过程中的冶金反应后形成不锈钢焊缝金属。

但是，在药芯焊丝生产中，因受加粉系数的制约，合金含量较高的药芯焊丝采用低碳钢外皮制造则难度很大。因此，对于铬、镍含量较高的高合金钢，常采用不锈钢作为外皮材料；而对于镍基合金，则采用纯镍或镍基合金作为外皮材料。

作为药芯焊丝的外皮材料，除上述三种材料外，在其他的特殊用途中，也采用铜、铝、锌、铌等具有良好延展性的金属材料制造粉芯丝。例如，采用铝及锌铝合金作为外皮制造喷涂用粉芯丝。

E. 按用途分类。药芯焊丝按被焊钢种可分为：碳钢用药芯焊丝、低合金钢用药芯焊丝、低合金高强度钢用药芯焊丝、低温钢用药芯焊丝、耐热钢用药芯焊丝、不锈钢用药芯焊丝和镍及镍合金用药芯焊丝。药芯焊丝按被焊结构类型可分为：一般结构用药芯焊丝、船用药芯焊丝、锅炉及压力容器用药芯焊丝和硬面堆焊用药芯焊丝。药芯焊丝按焊接方法可分为：CO_2 气体保护焊用药芯焊丝、TIG 焊用药芯焊丝、MIG 焊用药芯焊丝、MAG 焊用药芯焊丝、埋弧焊用药芯焊丝和热喷涂用粉芯线材。

（5）焊接参数。药芯焊丝电弧焊的焊接参数，与实芯焊丝气保焊一样，主要参数包括焊接电流、电弧电压、焊丝伸出长度、焊接速度、喷嘴高度及保护气体流量等；次要参数包括焊接电流的种类和极性、焊枪倾角、摆动方式、摆动幅度和频率、喷嘴直径等。焊接参数对焊接过程的影响及其变化规律可参照第 4.6.5 条和第 4.6.6 条的相关内容。但由于药芯焊丝填充药粉在焊接过程中的造气、造渣等一系列冶金作用，其影响程度不仅使药芯焊丝与实芯焊丝有差别，而且同一型号规格不同厂家生产的药芯焊丝其影响程度也有差别。因此，最佳焊接参数的选择应是在确定的生产厂家、针对具体的药芯焊丝产品和施焊时的实际工况条件基础上，通过工艺试验最终确定。

1）焊接电流、电弧电压。在药芯焊丝电弧焊过程中，焊接电流、电弧电压对焊缝几何形状（熔宽、熔深）的影响规律同实芯焊丝基本一致。略有差别的是焊接电流、电弧电压对药芯焊丝熔滴过渡形态的影响（见图 4-32）。图 4-32 中为焊接电流、电弧电压对直径 1.6mm E71T-1 型药芯焊丝三种熔滴过渡形态的影响，阴影部分为喷射过渡。焊接电流的适用范围很大，而电弧电压的可变范围较小，且随着电流的增加，电弧电压应适当增加。大电流焊接时，电弧电压应足够高。这一规律对选择焊接参数具有重要的指导意义。不同直径药芯焊丝常用焊接电流、电弧电压范围见表 4-51。各种位置焊接中厚板时的焊接电流、电弧电压常用范围见表 4-52。

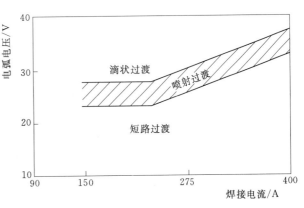

图 4-32　焊接电流、电弧电压对药芯焊丝熔滴过渡形态的影响示意图

表 4−51   不同直径药芯焊丝常用焊接电流、电弧电压范围表

CO₂ 气体保护药芯焊丝

焊丝直径/mm	1.2	1.4	1.6
焊接电流/A	110～350	130～400	150～450
电弧电压/V	18～32	20～34	22～38

自保护药芯焊丝

焊丝直径/mm	1.6	2.0	2.4
焊接电流/A	150～250	180～350	200～400
电弧电压/V	20～25	22～28	22～32

表 4−52   各种位置焊接中厚板时的焊接电流、电弧电压常用范围表

焊接位置	直径 1.2mm CO₂ 气体保护药芯焊丝		直径 2.0mm 自保护药芯焊丝	
	焊接电流/A	电弧电压/V	焊接电流/A	电弧电压/V
平焊	160～350	22～32	180～350	22～28
横焊	180～260	22～30	180～250	22～25
向上立焊	160～240	22～30	180～220	22～25
向下立焊	240～260	25～30	180～260	24～28
仰焊	160～200	22～25	180～220	22～25

2) 焊丝伸出长度。气体保护药芯焊丝电弧焊时，焊丝伸出长度一般为 15～25mm。焊接电流较小时，焊丝伸出长度小；电流增加时，焊丝伸出长度适当增加。以直径 1.6mm CO₂ 气体保护药芯焊丝为例，如电流为 250A 以下时，焊丝伸出长度为 15～20mm；电流在 250A 以上时，焊丝伸出长度以 20～25mm 为宜。改变焊丝伸出长度，会对焊接工艺性能产生影响。当焊丝伸出长度过大时，熔深变浅，同时由于气体保护效果下降易产生气孔；焊丝伸出长度过小时，长时间焊接后，飞溅物易于黏附在喷嘴上，扰乱保护气流，影响保护效果，这也是产生气孔的原因之一。

自保护药芯焊丝电弧焊时，焊丝伸出长度范围较宽，一般为 25～70mm。直径 3.0mm 以上的粗丝，焊丝伸出长度甚至接近 100mm。

3) 保护气体流量。选择气体保护焊药芯焊丝进行焊接时，保护气体流量也是重要的焊接参数之一。保护气体流量的选择可根据焊接电流的大小、气体喷嘴的直径和保护气体的种类等因素确定。

4) 焊接速度。当焊接电流、电弧电压确定后，焊接速度不仅对焊缝几何形状产生影响，而且对焊接质量也有影响。药芯焊丝的手工焊接时，焊接速度通常在 30～50cm/min 范围内。自动焊接时，焊接速度可达 1m/min 以上。

(6) 焊接工艺。制定合理的焊接工艺应综合考虑焊件的结构特征、接头设计、母材及焊材的各种性能、焊接设备及施工条件等多种因素。

1) 接头准备。使用药芯焊丝采用角焊缝可以较容易地实现搭接接头、T 形接头和角

接接头的全位置焊接。因药芯焊丝的穿透能力较强，可以选择较小的焊脚尺寸，以减小焊材用量和焊接时间，提高效率。使用药芯焊丝时，对接头的准备有较高的要求：气割和等离子弧切割后的结瘤必须清除；坡口角度可以选择比焊条电弧焊、实芯焊丝气保焊小 $10°\sim20°$。

2）焊接工艺参数。表 4-53～表 4-55 分别为不同位置的角焊缝、无衬垫对接焊缝及有衬垫对接焊缝在各种位置的焊接工艺参数。

表 4-53   不同位置角焊缝的焊接工艺参数表

焊接位置	焊丝种类（直径）	焊接电流/A	电弧电压/V
平或横焊	全位置用药芯焊丝（$\phi1.2mm$）	250～270	26～29
立向上焊		210～230	24～27
立向下焊		260～280	28～30
仰焊		220～250	27～30

表 4-54   不同位置无衬垫对接焊缝的焊接参数表

焊接位置	焊丝种类（直径）	坡口形状（精度公差）	焊接电流/A	电弧电压/V
平焊	全位置用药芯焊丝（直径1.2mm）	40° 允许公差：1）坡口角度 α：$-5°\sim+10°$；2）根部间隙 b：0～5mm	260～300	26～30
横焊			240～280	26～28
向上立焊			260～280	26～28

表 4-55   不同位置有衬垫对接焊缝的焊接参数表

焊接位置	焊丝种类（直径）	坡口形状（精度公差）	焊接电流/A	电弧电压/V
平焊	全位置用药芯焊丝（直径1.2mm）	40° 允许公差：1）坡口角度 α：$-5°\sim+10°$；2）根部间隙 b：4～12mm	180～200 / 240～280	25～27 / 25～30
横焊			180～200 / 220～260	25～27 / 25～30
向上立焊			160～180 / 200～240	25～27 / 25～30

4.6.8 钨极惰性气体保护焊（TIG 焊）

钨极惰性气体保护焊是以钨或钨的合金作为电极材料，在惰性气体的保护下，利用电极与母材金属（工件）之间产生的电弧热熔化母材和填充金属丝的焊接过程，英文称为 GTAW。

（1）TIG 焊的原理、分类及特点。

1）原理。TIG 焊焊接过程见图 4-22。焊接时，惰性气体以一定的流量从焊枪的喷嘴中连续喷出，在电弧周围形成气体保护层将空气隔离，以防止大气中的氧、氮等对钨极、熔池及焊接热影响区金属的有害影响，从而获得优质的焊缝。焊接过程根据工件的具体要求可以加或者不加填充焊丝。当需要填充金属时，一般在焊接方向的一侧把焊丝送入焊接区熔入熔池而成为焊缝金属的组成部分。

焊接时所用的惰性气体有氩气（Ar）、氦气（He）或氩氦混合气体。在某些场合还可加入少量的氢气（H_2）。用氩气保护的成为钨极氩弧焊，用氦气保护的称为钨极氦弧焊。两者在电、热特性方面有所不同。

2）分类。根据不同的分类方式，TIG 焊大致有如下几种类型：

A. 按电流波形可分为直流 TIG 焊、交流 TIG 焊及脉冲 TIG 焊。交流 TIG 焊又可分为正弦波交流 TIG 焊及方波交流 TIG 焊，而脉冲 TIG 焊又可根据频率分为低频、中频及高频脉冲 TIG 焊。

B. 按操作机械化程度不同可分为手工 TIG 焊和自动 TIG 焊。

C. 按保护气体成分可分为氩弧 TIG 焊、氦弧 TIG 焊及混合气体 TIG 焊。

D. 按填充焊丝的状态可分为冷丝 TIG 焊、热丝 TIG 焊。

E. 按填充焊丝根数可分为单丝 TIG 焊及双丝 TIG 焊。

通常根据工件材质、厚度、产品技术要求以及生产率要求等条件来选用不同的 TIG 焊方法。如直流 TIG 焊适合不锈钢、耐热钢、铜合金、钛合金等材料的焊接，交流 TIG 焊适于铝及铝合金、镁合金、铝青铜等的焊接。脉冲 TIG 焊用来焊接薄板、全位置管道、高速焊以及对热敏感性较强的材料。热丝、双丝 TIG 焊主要是为了提高焊接生产效率。直流氦弧 TIG 焊几乎可以焊接所有金属，尤其适于大厚度（10mm 以上）铝板的焊接。上述几种钨极惰性气体保护焊方法中手工钨极氩弧焊应用最为广泛。

3）特点。TIG 焊的主要特点如下：

A. 惰性气体具有极好的保护作用，能有效地隔绝周围空气；它本身既不与金属起化学反应，也不溶于金属，使得焊接过程中熔池的冶金反应简单且易于控制，为获得高质量的焊缝提供了良好条件。

B. 电弧非常稳定，即使在很小的电流情况下（小于 10A）仍可稳定燃烧，特别适合于薄板材料焊接。

C. 热源和填充焊丝可分别控制，因而热输入容易调整，所以这种焊接方法可进行全位置焊接，也是实现单面焊双面成形的理想方法。

D. 焊接时可填丝，也可不填丝。填丝焊时，焊丝也不产生电弧，故没有焊接飞溅物，也不影响电弧稳定性，焊缝成形美观。

E. 电弧在焊接过程中能够自动清除工件表面的氧化膜，因此，可成功地焊接一些化学活泼性强的有色金属，如铝（Al）、镁（Mg）及其合金。

F. 电弧热量集中，焊接薄板时，焊件变形明显小于气焊和焊条电弧焊。

G. 易于实现机械化和自动化焊接。

H. 钨极承载电流能力较差，过大的电流会引起钨极的熔化和蒸发，其微粒可能进入熔池造成对焊缝金属的污染，使接头的力学性能降低。因此，其熔敷速度小、熔深浅、生产效率低。

I. 惰性气体在焊接过程中仅仅起保护隔离作用，因此对工件表面状态要求较高。工件在焊前应进行表面清洗、脱脂、去锈等准备工作。

J. 焊接时，气体的保护效果受周围气流影响较大，不适宜室外工作。

（2）TIG焊的应用范围。TIG焊作为一种优质方便的弧焊方法，其应用范围极为广泛。

1）从被焊材质看，除了熔点很低的铅、锌难以焊接之外，大多数金属都可以采用TIG焊。例如：碳钢、合金钢、不锈钢、镍及镍合金、铝及铝合金、镁及镁合金、钛及钛合金、锆合金以及难熔金属等。

2）从被焊工件的厚度上看，TIG焊特别适于焊接3mm以下的薄板，不足1mm的薄板也可以获得满意的焊接质量。通常较厚的焊件不大采用TIG焊；但是当要求较高时，厚壁件也仍然可以采用TIG焊，例如厚壁管子、阀门法兰盘等的焊接，即可采用填丝TIG焊。这时的生产效率尽管低一些，但是可以保证较高的焊接质量，特别是其漂亮平滑的焊缝外观，通常是熔化极方法所不能达到的。

3）从被焊工件的形状来看，形状复杂而焊缝较短时，通常宜采用手工TIG焊；形状规律性强、焊缝又较长时，例如直线或环形的长缝，一般宜采用自动TIG焊。

4）从焊接位置上看，尽管原则上TIG焊可以实现全位置焊接，但它更适合于平焊位置的焊接。对于空间位置的焊接，特别是仰焊，采用较细焊丝的熔化极气体保护焊方法更为适宜。

（3）TIG焊的电流种类及极性选择。TIG焊根据工件的材质和要求可选择直流、交流和脉冲三种焊接电源。直流焊接电源有正极性和反极性两种接法。焊接铝、镁及其合金时应优先选择交流焊接电源，其他金属一般选择直流正极性。

1）直流TIG焊。TIG焊采用直流电时，分为直流正接和直流反接两种。两种极性具有不同的特点，因而适用于不同的焊接要求。

直流正接即焊件接焊接电源的正极，钨极连接负极，是TIG焊中应用最广的一种形式。

直流正接时，焊件为阳极。由于在直流电弧中，70%的热量产生在阳极，故可得到深而窄的熔池，不但生产率高，而且焊件的收缩应力和变形都小。

直流正接时，钨极为阴极，阴极热量小，只占电弧热量的1/3。因此，一定尺寸的钨极所能承受的焊接电流比反接时大，即同样的焊接电流下可采用直径较小的钨极。例如，当焊接电流为125A时，正接时可采用直径1.6mm的钨极，而反接时则需要直径6.0mm的钨极。采用小直径钨极时，电流密度大，所以直流正接时的电弧稳定性比直流反接时好。

但是，直流正接时焊件为阳极，所以没有清理焊件表面氧化膜的所谓"阴极清理"作用，因此通常不能用于焊接较为活泼的金属，如铝、镁及其合金等。

直流反接时，焊件接电源的负极，钨极接电源的正极。这时电子由焊件流向钨极，钨极产热较高，而焊件的产热量较低。直流反极性电弧的总能量比直流正接时高些。

直流反接时，钨极温度高而烧损严重，因此大大缩短了钨极的使用寿命，在同样的电流下，反接就要比正接使用粗得多的钨极。

反接时，阴极焊件的热量低，所以焊道熔深浅，焊道外观宽而平，焊接效率较低。

由于反接具有上述的不足之处，所以通常很少采用这种形式进行焊接。但是，反接具有去除氧化膜的作用，即所谓的"阴极破碎"或"阴极雾化"作用。这种作用是成功地焊接铝、镁及其合金的重要因素。如前所述，铝合金表面有一层 Al_2O_3 氧化膜，这是一种致密的难熔氧化膜，熔点为 2050℃。焊接时，这种氧化膜覆盖着熔池表面坡口边缘，是造成未熔合、起皱和气孔的主要原因。反接时，正离子"轰击"熔池的阴极清理作用，犹如喷丸处理一般，可清除氧化膜，从而获得表面光亮、成形良好的优质焊接接头。尽管如此，仍很少采用直流反接来焊接铝、镁及其合金。为了延长钨极使用寿命，采用交流电进行焊接是合理的。因为在交流的负半波时，同样具有阴极清理作用；正半波时，既可减弱钨极的烧损，又可获得较大熔深和较高的效率。

2）交流 TIG 焊。交流 TIG 焊是焊接铝、镁及其合金的常用方法。在负半波（焊件为阴极）时，阴极具有去除氧化膜的作用，使焊缝表面光亮及保证焊缝质量；而在正半波（钨极为阴极）时，钨极得以冷却，同时可发射足够的电子，利于稳定电弧。

但是，交流 TIG 存在两个主要问题：一是会产生直流分量，从而一方面使阴极清理作用减弱；另一方面又使电源变压器能耗增加，甚至有发热过大乃至烧毁设备的危险。二是交流电要过零点，因此电弧稳定性较差，要采取过零时的稳弧措施。

3）脉冲 TIG 焊。脉冲 TIG 焊是采用可控的脉冲电流来加热工件进行焊接。当每一次脉冲电流通过时，工件被加热熔化形成一个点状熔池，基值电流通过时使熔池冷凝结晶，同时维持电弧燃烧。因此，焊接过程是一个断续的加热过程，焊缝是由一个一个点状熔池叠加而成。电弧是脉动的，有明亮和暗淡的闪烁现象。由于采用了脉冲电流，故可以减少焊接电流平均值（交流是有效值），降低焊件的热输入。通过脉冲电流、脉冲时间和基值电流、基值时间的调节能够方便地调整热输入量大小。

实践证明，脉冲电流频率超过 5kHz 后，电弧具有强烈的电磁收缩效果，使得高频电弧的挺度大为增加，即使在小电流情况下，电弧也有很强的稳定性和指向性，因此对薄板焊接非常有效；电弧压力随着焊接电流频率的增高而增大。所以高频电弧具有很强的穿透力，增加焊缝熔深；高频电弧的振荡作用有利于晶粒细化、消除气孔，得到优良的焊接接头。

交流脉冲 TIG 焊可以得到稳定的交流氩弧，同时通过调节正负半波的占空比既满足去除氧化膜，又能得到大的熔深，钨棒烧损又最少。综合上述分析可知，脉冲 TIG 焊具有以下几个特点：

A. 焊接是脉冲式加热，熔池金属高温停留时间短，金属冷凝快，可减少热敏感材料产生裂纹的倾向性。

B. 焊件热输入少，电弧能量集中且挺度高，有利于薄板、超薄板焊接；接头热影响区和变形小，可以焊接 0.1mm 厚不锈钢薄片。

C. 可以精确地控制热输入和熔池尺寸，得到均匀的熔深，适合于单面焊双面成形和全位置管道焊接。

D. 高频电弧振荡作用有利于获得细晶粒的金相组织，消除气孔，提高接头的力学性能。

E. 高频电弧挺度大、指向性强，适合于高速焊，焊接速度最高可达到 3m/min，大大提高生产率。

（4）焊接工艺。

1）接头及坡口形式。TIG 焊主要用于较薄焊件的焊接，接头准备的质量（包括接头形式的选择）对焊接质量的影响很大。根据焊件壁厚及形式等特点，其接头形式可以采用对接、搭接、角接、T 形接头和端接等基本形式。坡口的形状和尺寸取决于工件的材质、厚度及工作要求。

对接接头可采用 I 形或卷边接头形式，也可采用开坡口的接头形式，主要是根据板厚来选择适宜的接头形式。I 形接头的板厚一般不超过 4mm，可根据要求留不同的间隙或不留间隙。厚板可进行填丝焊接，如板较薄或要求无余高时，即可不填丝。不足 1mm 的薄板，通常采用卷边对接的形式。当接头两边的板厚相差较大时，需将厚板的边缘削薄，使两者板边的厚度相当。当板厚大于 3mm 时，可采用 V 形坡口对接形式。

采用搭接接头时，两块板的焊接部位要接触良好。角接接头要采用适宜的工装卡具，保证焊后的焊件角度。

不论哪种接头形式，在薄板焊接时，采用专用夹具保证焊件接缝的平直度及防止错边，都是非常重要的。

2）焊前清理。TIG 焊时，对于焊件和填充金属表面的污染比较敏感，焊前必须清除填充焊丝及工件坡口和坡口两侧表面至少 20mm 范围内的油污、水分、灰尘、氧化膜等。与熔化极方法时一样，清理方法分为化学清理和机械清理两种。通常严格的清理工艺主要用于铝、镁、钛等金属及其合金。

A. 脱脂、除尘。可以用有机溶剂（汽油、丙酮、三氯乙烯、四氯化碳等）擦洗，也可以配制专用化学溶液清洗。

B. 清除氧化膜：

a. 机械清理。机械清理方法主要有砂轮、砂布打磨、刮刀刮削以及喷丸处理等。机械清理方法主要用于去除金属表面的氧化膜、锈蚀污染，以及轧制生产中造成的氧化皮等。要注意铝合金等软质金属切忌用砂轮或砂布打磨，因为打磨的压力会将砂粒及磨下的污物碎碾成屑，压入较软的金属基材中，反而造成污染。同样，采用锉刀清理铝合金时，要用专用的所谓"弓弧锉刀"。因为这种锉刀的"搓板式"刀纹不会夹带碎屑而重新造成污染。

机械清理一般都是在临焊接之前进行，而且清理后的表面要使用丙酮等溶剂清洗擦拭，然后进行焊接。

b. 化学清理。依靠化学反应的方法去除焊丝或工件表面的氧化膜，清洗溶液和方法因材料而异，铝及铝合金的清理方法见表 4-56；钛合金和镁合金清理工艺分别见表 4-57 和表 4-58。

3）电流种类及极性的选取。TIG 焊时，焊接电流的种类及极性对焊接质量和焊缝成形影响很大。直流反接时，具有"阴极清理"作用；交流的负半波时，也有这种清理作用。

表 4 - 56　　　　　　　　　**铝及铝合金的清理方法表**

材料	碱　　　洗			冲洗	中和光化			冲洗	干燥
	溶液	温度/℃	时间/min		溶液	温度/℃	时间/min		
纯铝	NaOH6%～10%	40～50	≤20	清水	HNO₃30%	室温	1～3	清水	风干或低温干燥
铝镁、铝锰合金	NaOH6%～10%	40～50	≤7	清水	HNO₃30%	室温	1～3	清水	

表 4 - 57　　　　　　　　　**钛合金清理工艺表**

配方号	清 理 液 组 分	浸洗时间（室温）/min	冲洗液
A	HCl 350mL/L，HNO₃ 60mL/L，NaF 50mL/L，H₂O 余量	3	冷水
B	HF 10%，HNO₃30%，H₂O 60%	1	

表 4 - 58　　　　　　　　　**镁合金清理工艺表**

作　用	清理液配方	浸洗时间（室温）/min	冲洗液
除油污	硝酸溶液20%～25%	1～2	70～90℃热水
除氧化膜	铬酸水溶液150～200g/L	7～15	50℃热水

另外，不同的电流类型相对应的焊缝熔透情况也不相同。采用直流反接时，焊道宽而浅；采用直流正接时，焊道深而窄。在填丝焊的情况下，采用交流时，其熔宽和熔深居中，而其余高比直流反接和直流正接都高。因此，在选择焊接电源种类及其电流极性时，要考虑到焊件的材质和板厚等具体情况。TIG焊时不同金属的适用电流类型见表4-59。钨极氩弧焊时的焊接特性见表4-60。

表 4 - 59　　　　　　　　　**TIG焊时不同金属的适用电流类型表**

被 焊 金 属		交流	直　　　流	
			正接	反接
低碳钢	0.4～0.8mm	好	优	不推荐
	0.8～3.2mm	不推荐	优	不推荐
高碳钢		—	优	不推荐
铸铁		—	优	不推荐
不锈钢		—	优	不推荐
耐热钢		—	优	不推荐
难熔合金		不推荐	优	不推荐
铝合金	≤0.6mm	优	不推荐	好
	>0.6mm	优	不推荐	不推荐
	铸件	优	不推荐	不推荐
铍		—	好	优
铜及铜合金	黄铜	好	优	不推荐
	脱氧铜	不推荐	优	不推荐
	硅青铜	不推荐	优	不推荐

被 焊 金 属		交流	直 流	
			正接	反接
镁合金	≤3.2mm	优	不推荐	好
	>4.8mm	优	不推荐	不推荐
	铸件	优	不推荐	不推荐
银		好	优	不推荐
钛合金		不推荐	优	不推荐

表 4-60　　　　　　　　　　钨极氩弧焊时的焊接特性表

母 材	电 流 及 极 性	焊 接 特 性
铝（任意厚度）	交流（高周波）	引弧性好，焊道清洁，耗气量小
铝铜合金	交流或直流正接	最宜于母材表面补焊
镁（1.5mm 以下）	交流（高周波）	焊道清洁，耗气量小
低碳钢（3mm 以下）	直流正接	焊道清洁，平焊时熔池易控制
低合金钢	直流正接	焊道清洁，平焊时熔池易控制
不锈钢	直流直接	较薄母材焊接熔池易控制
钛（薄壁管）	直流正接或交流	焊道清洁，熔敷率适宜
镍铜合金	直流正接或交流	施焊易控制
硅铜合金	直流正接	电弧长度适宜，易于控制

4）保护气体和钨极的选用。TIG 焊的保护气体通常多使用氩气，也可使用氩与氦的混合气体。TIG 焊对氩气的纯度要求较高，目前市场出售的瓶装氩气的纯度能够达到99.99%，可以直接用于各种金属材料的焊接。

采用氩-氦混合气体时，电弧稳定，既具有一定的阴极清理作用，又具有较高的电弧温度，焊件熔透较深，焊接速度也较快。通常的混合比例为氦 75%～80%，氩为 25%～20%（体积分数）。

也可在氩气中添加氢气，以提高电弧热功率，增加熔透深度，同时防止咬边和抑制 CO 气孔。因为其中的氢是还原性气体，这种混合气体只限于焊接不锈钢、镍基合金、镍-铜合金。一般的混合比例为氢气 5%～15%（体积分数）。但要注意，其中的含氢量不可太大，否则易产生氢气孔。

决定 TIG 焊保护效果的主要因素有喷嘴尺寸、喷嘴与母材之间的距离、保护气体流量、周围气流等。保护气体流量的选择通常首先要考虑焊枪喷嘴尺寸和所需保护的范围以及所使用的焊接电流大小。喷嘴尺寸的选择要求对熔池周围的高温母材区给予充分保护。对一种直径的喷嘴，如果保护气体流量过大，将会形成紊流，并导致空气的卷入。喷嘴形状也具有同等重要的作用。TIG 喷嘴孔径与保护气体流量的选用范围见表 4-61。

TIG 喷嘴孔径与保护气体流量的选用范围表

焊接电流/A	直流正极性焊接		直流反极性焊接	
	喷嘴孔径/mm	气体流量/(L/min)	喷嘴孔径/mm	气体流量/(L/min)
10～100	4～9.5	4～5	8～9.5	6～8
100～150	4～9.5	4～7	9.5～11	7～10
150～200	6～13	6～8	11～13	7～10
200～300	8～13	8～9	13～16	8～15
300～500	13～16	9～12	16～19	8～15

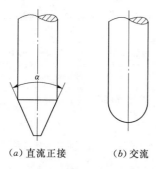

（a）直流正接　　（b）交流

图 4－33　钨极端部形状示意图

TIG 焊所用的钨极，国内主要使用纯钨极、钍钨极和铈钨极。国外也有使用锆钨极、镧钨极和钇钨极的。上述这些在纯钨中加入相应元素氧化物而制作的钨极，均提高了钨极发射电子的能力，但与纯钨极相比，价格较贵而且具有一定的放射性，其中铈钨极的放射性较小。

另外，钨极端部的形状对钨极使用寿命和焊接质量都有很大影响。钨极的端部形状可以是尖的、半球形的，或是一个直径比细钨极直径还大的球状体。根据所用焊接电流种类，钨极端部形状见图 4－33。

焊接不同金属时推荐的钨极及保护气体见表 4－62。钨极尖端形状及电流范围见表 4－63。

表 4－62　　　　　　　　**焊接不同金属时推荐的钨极及保护气体表**

金属种类	厚度	电流类型	电极	保护气体
铝合金	所有厚度	交流	纯钨或锆钨极	氩或氩-氦
	厚的	直流正接	钍钨极	氩-氦或氩
	薄的	直流正接	钍钨极或锆钨极	氩
铜及铜合金	所有厚度	直流正接	钍钨极	氩-氦或氩
	薄的	交流	纯钨或锆钨极	氩
镁及镁合金	所有厚度	交流	纯钨或锆钨极	氩
	薄的	直流反接	锆钨或钍钨极	氩
镍及镍合金	所有厚度	直流正接	钍钨极	氩
低碳钢、低合金钢	所有厚度	直流正接	钍钨极	氩或氩-氦
	薄的	交流	纯钨或锆钨极	氩
不锈钢	所有厚度	直流正接	钍钨极	氩或氩-氦
	薄的	交流	纯钨或锆钨极	氩
钛	所有厚度	直流正接	钍钨极	氩

表 4-63 **钨极尖端形状及电流范围表**

钨极直径/mm	尖端直径/mm	锥角/(°)	直流正接	
			恒定电流范围/A	脉冲电流范围/A
1.0	0.13	12	2~15	2~25
1.0	0.25	20	5~30	5~60
1.6	0.51	25	8~50	8~100
1.6	0.76	30	10~70	10~140
2.4	0.76	35	12~90	12~180
2.4	1.1	45	15~150	15~250
3.2	1.1	60	20~200	20~300
3.2	1.5	90	25~250	25~350

5）喷嘴高度。喷嘴端面至工件表面的距离即为喷嘴高度。喷嘴高度越小，保护效果越好，但能观察的范围和保护区较小，填丝比较困难，施焊难度也大；喷嘴高度太小时，容易使钨极与焊丝或熔池短路，产生夹钨缺欠；喷嘴高度越大，能观察的范围越大，但保护效果变差。一般喷嘴高度应在 8~14mm 之间。

6）焊丝直径。应根据焊接电流的大小选择焊丝直径，其之间的关系见表 4-64。

表 4-64 **焊接电流与焊丝直径之间的关系表**

焊接电流/A	10~20	20~50	50~100	100~200	200~300	300~400	400~500
焊丝直径/mm	≤1.0	1.0~1.6	1.0~2.4	1.6~3.0	2.4~4.5	3.0~6.0	4.5~8.0

以上所讨论的是 TIG 焊应用时必要的基础及各焊接参数对焊缝成形与焊接质量的影响。但在实际生产中独立的参数并不多，例如手工 TIG 焊工艺中只规定焊接电流与气体流量两个参数；自动 TIG 焊时需考虑的焊接参数有焊接电流、电弧电压、焊接速度、气体流量、焊丝直径与送丝速度等。除此之外，焊接一些特别活泼的金属时，如钛必须加强高温区的保护，应采取严格的气体保护措施。

普通碳钢对接接头手工 TIG 焊参数见表 4-65，奥氏体不锈钢对接接头手工 TIG 焊参数见表 4-66，铝合金对接接头手工交流 TIG 焊参数见表 4-67。

表 4-65 **普通碳钢对接接头手工 TIG 焊参数表**

板厚/mm	焊接电流/A	焊丝直径/mm	焊接速度/(mm/min)	氩气流量/(L/mm)
0.9	100	1.6	300~370	4~5
1.2	100~125	1.6	300~450	
1.5	100~140	1.6	300~450	
2.4	140~170	2.4	300~450	6~8
3.2	150~200	3.2	250~300	

表 4-66　　　　　　　　　奥氏体不锈钢对接接头手工 TIG 焊参数表

板厚/mm	坡口形式	间隙/mm	钝边/mm	焊接位置	层数	钨极直径/mm	焊接电流/A	焊速/(mm/min)	填丝直径/mm	氩气流量/(L/min)	喷嘴直径/mm
1	I	0	—	平 / 立	1	1.6	50~80	100~120 / 80~100	0.6~1.2	4~6	11
2.4	I	0~1	—	平 / 立	1	1.6	80~120	100~120 / 80~100	1~2	6~10	11
3.2	I	0~2	—	平 / 立	2	2.4	105~150	100~120 / 80~100	2~3.2	6~10	11
4	V	0~2	1.6~2	平 / 立	2	2.4	150~200	100~120 / 80~100	3.2~4	6~10	11
6	V	0~2	0~2	平 / 立	3 / 2	2.4	150~200	100~150 / 80~100	3.2~4	6~10	11
6	V+垫板	0~2	0~2	平 / 立	2	2.4	180~230 / 150~200	100~150	3.2~4	6~10	11
6	V+垫板	3~5	0	平 / 立	3	2.4	180~220 / 150~200	80~150	3.2~4	6~10	11

表 4-67　　　　　　　　　铝合金对接接头手工交流 TIG 焊参数表

板厚/mm	坡口形式	焊接位置	焊道数	电流/A	焊速/(mm/min)	钨极直径/mm	焊丝直径/mm	氩气流量/(L/min)	喷嘴内径/mm
0.8~1.2	I	平 / 立、横	1	65~80 / 50~70	300~450 / 200~300	1.6 或 2.4	1.6 或 2.4	5~8	8~9.5
2	I	平 / 立、横、仰	1	110~140 / 90~120	280~380 / 200~340	2.4	2.4	5~8 / 5~10	8~9.5
3	I	平 / 立、横、仰	1	150~180 / 130~160	280~380 / 200~300	2.4 或 3.2	3.2	7~10 / 7~11	9.5~11
4	I	平 / 立、横	1	200~230 / 180~210	150~250 / 100~200	3.2 或 4.0	3.2 或 4.0	7~10	11~13
4	I	平	2	180~210 / 160~210	200~300 / 150~250	3.2 或 4.0	3.2 或 4.0	7~10	11~13
6	V 形+垫板	平	1	270~300	150~300	5.0	5.0	8~11	13~16
6	V	平 / 立、横、仰	2	230~270 / 200~240	200~300 / 100~200	4.0 或 5.0	4.0 或 5.0	8~11	13~16
10	V 形+垫板	平 / 立、横、仰	2 / 3	280~340 / 250~280	120~180 / 100~150	6.4 5.0	5.0	10~15	16
10	V	平 / 立、横	2 / 3	340~380 / 320~360	170~220 / 170~270	6.4	5.0 或 6.0	10~15	16
10	X	平 / 立、横、仰	2	320~360 / 240~280	150~250 / 100~150	6.4 5.0	5.0	10~15	16
12	V 形+垫板	平	2	360~470	70~150	6.4	6.0	10~15	16
12	V	平 / 立、横	3 / 4	360~400 / 340~380	150~200 / 170~270	6.4	6.0	10~15	16
12	X	平 / 立、横、仰	4	300~350 / 240~290	150~250 / 70~150	6.4 5.0	5.0	10~15	16

4.7 焊接标准与公式

4.7.1 国内外焊接标准体系

标准化是实现社会化、集约化生产的重要技术基础，是加快技术进步、推进技术创新、加强科学管理、提高产品质量的重要保证，是协调社会经济活动、规范市场秩序、联结国内外市场的重要手段。在企业的经营活动中推行标准化，贯彻实施标准，对提高企业管理水平和产品质量、降低成本、提高效益、增强竞争力，具有十分重要的意义。

（1）我国焊接标准体系。我国标准分为国家标准、行业标准、地方标准和企业标准四级。国家标准由国家质量监督检验检疫总局批准颁布，行业标准由各产业部门审批并报国家质量技术监督局备案，地方标准则由各地方政府的标准化机构负责管理，仅在其地方政府的管辖地域内实行。在我国的各级标准中，国家标准和行业标准占据着主导地位。

焊接是一种跨行业应用的通用性加工技术，不同行业对焊接的需求差别显著。所以对焊接标准体系的分类很难做准确的描述。

从当前的实际应用角度出发，我国目前的焊接标准体系实际上包含了两部分，即通用部分和专用部分。通用部分具体包括适用范围广、跨行业应用的通用性国家标准和行业标准。专用部分则是那些适用范围相对较窄、仅针对个别行业（或产品）的焊接标准。

我国现行通用性焊接标准体系由以下几部分组成：

1）术语、符号、分类。

2）一般要求。

3）焊接材料。

4）焊缝的试验和检验。

5）焊接材料的试验。

6）热切割。

7）弧焊设备。

8）电阻焊设备。

9）其他。

我国通用性焊接标准体系见表 4-68。

表 4-68　　　　　　　　　　我国通用性焊接标准体系表

类别	标准编号	标 准 名 称
术语符号分类	GB/T 3375	焊接术语
	GB/T 2900.22	电工名词术语　电焊机
	GB/T 16672	焊缝—工作位置—倾角和转角的定义
	GB/T 324	焊缝符号表示法
	GB/T 10249	电焊机型号编制方法
	GB/T 5185	焊接及相关工艺方法代号
	GB/T 14693	无损检测　符号表示法

类别	标准编号	标 准 名 称
术语符号分类	GB/T 6417.1	金属熔化焊接接头缺欠分类及说明
	GB/T 6417.2	金属压力焊接头缺欠分类及说明
	GB/T 19418	钢的弧焊接头 缺陷质量分级指南
	GB/T 985.1	气焊、焊条电弧焊、气体保护焊和高能束焊的推荐坡口
	GB/T 985.2	埋弧焊的推荐坡口
	GB/T 985.3	铝及铝合金气体保护焊的推荐坡口
	GB/T 985.4	复合钢的推荐坡口
	GB/T 19804	焊接结构的一般尺寸公差和形位公差
	JB/T 7949	钢结构焊缝外形尺寸
	JB/T 10045.1	热切割 方法和分类
	JB/T 10045.2	热切割 术语和定义
	JB/T 10045.3	热切割 气割质量和尺寸偏差
	JB/T 10045.4	热切割 等离子弧切割质量和尺寸偏差
	JB/T 10045.5	热切割 气割表面质量样板
一般要求	GB 9448	焊接与切割安全
	GB/T 12467.1	金属材料熔焊质量要求 第1部分：质量要求相应等级的选择准则
	GB/T 12467.2	金属材料熔焊质量要求 第2部分：完整质量要求
	GB/T 12467.3	金属材料熔焊质量要求 第3部分：一般质量要求
	GB/T 12467.4	金属材料熔焊质量要求 第4部分：基本质量要求
	GB/T 15169	钢熔化焊焊工技能评定
	GB/T 19805	焊接操作工技能评定
	GB/T 18591	焊接 预热温度、道间温度及预热维持温度的测量指南
	GB/T 19419	焊接管理 任务与职责
	GB/T 19866	焊接工艺规程及评定的一般原则
	GB/T 19867.1	电弧焊焊接工艺规程
	GB/T 19867.2	气焊焊接工艺规程
	GB/T 19868.1	基于试验焊接材料的工艺评定
	GB/T 19868.2	基于焊接经验的工艺评定
	GB/T 19868.3	基于标准焊接规程的工艺评定
	GB/T 19868.4	基于预生产焊接试验的工艺评定
	GB/T 19869.1	钢、镍及镍合金的焊接工艺评定试验
	GB 50661	钢结构焊接规范
	GB 50236	现场设备、工业管道焊接工程施工规范
	JB/T 3223	焊接材料质量管理规程
	JB/T 9185	钨极惰性气体保护焊工艺方法
	JB/T 9186	二氧化碳气体保护焊工艺规程

类别	标准编号	标准 名 称
焊接材料	GB/T 983	不锈钢焊条
	GB/T 984	堆焊焊条
	GB/T 3669	铝及铝合金焊条
	GB/T 3670	铜及铜合金焊条
	GB/T 5117	非合金钢及细晶粒钢焊条
	GB/T 5118	热强钢焊条
	GB/T 5293	埋弧焊用碳钢焊丝和焊剂
	GB/T 8110	气体保护电弧焊用碳钢、低合金钢焊丝
	GB/T 9460	铜及铜合金焊丝
	GB/T 10044	铸铁焊条及焊丝
	GB/T 10045	碳钢药芯焊丝
	GB/T 10858	铝及铝合金焊丝
	GB/T 12470	埋弧焊用低合金钢焊丝和焊剂
	GB/T 13814	镍及镍合金焊条
	GB/T 15620	镍及镍合金焊丝
	GB/T 17493	低合金钢药芯焊丝
	GB/T 17853	不锈钢药芯焊丝
	GB/T 17854	埋弧焊用不锈钢焊丝和焊剂
	GB/T 3429	焊接用钢盘条
	GB/T 4241	焊接用不锈钢盘条
焊缝的试验和检验	GB/T 2649	焊接接头机械性能试验取样方法
	GB/T 2650	焊接接头冲击试验方法
	GB/T 2651	焊接接头拉伸试验方法
	GB/T 2652	焊缝及熔敷金属拉伸试验方法
	GB/T 2653	焊接接头弯曲试验方法
	GB/T 2654	焊接接头硬度试验方法
	GB/T 16957	复合钢板 焊接接头力学性能试验方法
	GB/T 1954	铬镍奥氏体不锈钢焊缝铁素体含量测定方法
	GB/T 3323	金属熔化焊接接头射线照相
	GB/T 11345	焊缝无损检测 超声检测 技术、检测等级和评定
	GB/T 12605	无损检测 金属管道熔化焊环向对接接头射线照相检测方法
	GB/T 15830	无损检测 钢制管道环向焊缝对接接头超声检测方法
	JB/T 6061	无损检测 焊缝磁粉检测
	JB/T 6062	无损检测 焊缝渗透检测

类别	标准编号	标 准 名 称
焊接材料的试验	GB/T 3965	熔敷金属中扩散氢测定方法
	GB/T 25776	焊接材料焊接工艺性能评定方法
	GB/T 25777	焊接材料熔敷金属化学成分分析试样制备方法
	GB/T 25774.1	焊接材料的检验 第1部分：钢、镍及镍合金熔敷金属力学
热切割	GB/T 5107	气焊设备 焊接、切割和相关工艺设备用软管接头
	GB/T 7899	焊接、切割及类似工艺用 气瓶减压器
	GB 20262	焊接、切割及类似工艺用 气瓶减压器安全规范
	JB/T 5101	气割机用割炬
	JB/T 6970	射吸式割炬
	JB/T 7436	小车式气割机
	JB/T 7438	空气等离子弧切割机
	JB/T 7947	等压式焊炬、割炬
	JB/T 7950	快速割嘴
弧焊设备	GB/T 8118	电弧焊机通用技术条件
	GB 10235	弧焊变压器防触电装置
	GB/T 13164	埋弧焊机
	GB 15579.1	弧焊设备 第1部分：焊接电源
	GB 15579.5	弧焊设备 第5部分：送丝装置
	GB 15579.7	弧焊设备 第7部分：焊炬（枪）
	GB 15579.11	弧焊设备 第11部分：电焊钳
	GB 15579.12	弧焊设备 第12部分：焊接电缆耦合装置
电阻焊设备	GB/T 8366	阻焊 电阻焊机 机械和电气要求
	GB 15578	电阻焊机的安全要求
	GB/T 18495	电阻焊与焊钳一体式的变压器
其他	GB 15701	焊接防护服
	GB/T 3609.1	职业眼面部防护 焊接防护 第1部分：焊接防护具
	GB 16194	车间空气中电焊烟尘卫生标准
	JB/T 6965	焊接操作机
	JB/T 8833	焊接变位机
	JB/T 9187	焊接滚轮架
	JB/T 6232	电焊条保温筒技术条件

（2）水电水利行业焊接标准体系。焊接是制造业应用最为广泛的一种材料连接方法，国际标准和国家标准侧重于共性要求的规定，而不同行业对焊接具有不同的特殊要求，这些特殊要求通常以行业标准的形式体现。

在水电水利工程施工建设中，焊接同样是一种关键的施工技术，所涉及的焊接标准

（或规程）（见表 4 - 69）。

表 4 - 69　　　　　　　　　　　　水电水利行业的主要焊接标准表

标准标号	标 准 名 称
SL 36	水工金属结构焊接通用技术条件
SL 35	水工金属结构焊工考试规则
DL/T 5017	水电水利工程压力钢管制造安装及验收规范
DL/T 5018	水电水利工程钢闸门制造安装及验收规范
DL/T 5019	水电水利工程启闭机制造安装及验收规程
DL/T 754	铝母线焊接技术规程
DL/T 820	管道焊接接头超声波检验技术规程
DL/T 5070	水轮机金属蜗壳现场制造安装及焊接工艺导则
DL/T 5071	混流式水轮机转轮现场制造工艺导则
DL/T 5230	水轮发电机转子现场装配工艺导则
DL/T 5420	水轮发电机定子现场装配工艺导则
DL/T 678	电力钢结构焊接通用技术条件
DL/T 679	焊工技术考核规程
SL 381	水利工程启闭机制造安装及验收规程
GB/T 14173	水利水电工程钢闸门制造、安装及验收规程
SL 432	水利工程压力钢管制造安装及验收规程

（3）ISO 焊接标准体系。根据 ISO/TC 44 的内部分工，其焊接标准的制修订由各分技术委员会（SC）具体负责。标准项目基本分为焊接材料、焊缝的试验与检验、电阻焊、术语及表示方法、气焊、焊接健康与安全、金属焊接领域的统一要求、焊接人员认可、软钎焊等 9 类。常用 ISO 焊接标准见表 4 - 70。

表 4 - 70　　　　　　　　　　　　常用 ISO 焊接标准表

类别	标准编号	标 准 名 称
焊接材料	ISO 544	手工焊接用填充料　尺寸要求
	ISO 636	焊接消耗品　非合金钢和细粒钢的钨惰性气体焊用焊条、焊丝和熔敷金属　分类
	ISO 864	弧焊　碳钢及碳锰钢实芯焊丝和药芯焊丝　焊丝、焊丝盘、焊丝卷的尺寸
	ISO 2560	焊接材料　非合金钢和细晶粒钢的手工金属电弧焊用涂敷焊条　分类
	ISO 3581	焊接耗材　不锈钢和耐热钢的手工电弧焊用包覆焊条　分类
	ISO 14171	焊料　非合金钢和细粒钢埋弧焊用焊丝和焊丝-焊剂混合物　分类
	ISO 14174	焊接耗材　埋弧焊和电渣焊熔剂　分类
	ISO 14175	焊接用料　电弧焊接和切割用保护气体
	ISO 14341	焊料　非合金钢和细粒钢金属气体保护焊用焊丝和熔敷金属　分类
	ISO 14343	电焊消耗品　不锈钢和耐热钢电弧焊用焊丝电极、焊丝和焊条　分类
	ISO 14344	焊接耗材　填充材料和焊剂的采购

类别	标准编号	标 准 名 称
焊接材料	ISO 17633	焊接耗材 不锈钢和耐热钢气体保护和非气体保护金属电弧焊用管状加芯焊条
	ISO 18275	焊接耗材 高强度钢气体保护焊和非气体保护金属电弧焊用管芯焊条 分类
	ISO 18276	焊接消耗品 高强度钢的气体保护和非气体保护金属极电弧焊用药芯电极 分类
焊缝的试验与检验	ISO 17635	焊接无损检验 金属材料熔料的一般规则
	ISO 17636	焊缝的无损检验 熔焊接头的放射检验
	ISO 17637	焊缝的无损检验 熔焊接头的外观检验
	ISO 17638	焊缝的无损检验 磁粒子检验
	ISO 17639	焊缝的无损检验 接缝的宏观和微观检验
	ISO 17640	焊接无损检验 焊接头的超声波试验
	ISO 17641	金属材料焊接的有损试验 焊接的热裂试验 弧焊工艺
	ISO 17642	金属材料焊接的有损试验 焊接的冷裂试验 弧焊工艺
	ISO 17643	焊接的无损检验 用矢量分析的焊接涡流检验
术语及表示方法	ISO 857	焊接和相关工艺 术语
	ISO 2553	焊接 工作位置 倾角和转角的定义
	ISO 4063	焊接及有关工艺 工艺和参考值的命名
	ISO 6520	金属焊接缺陷的分类和说明
	ISO 6947	焊接 工作位置 倾角和转角的定义
	ISO 9692	焊接和相关工艺 接头制备的建议
	ISO 17659	焊接 图示焊接接头的多语种术语
健康与安全	ISO 10882	焊接和相关工艺的卫生与安全 工作人员呼吸区域中空气中悬浮颗粒物及气体的取样
	ISO 15011	焊接和相关工艺的健康和安全 烟和气体取样的实验室法
	ISO 17864	金属和合金的腐蚀性 静电位控制下的临界点蚀温度测定
一般要求	ISO 3834	金属材料的熔化焊质量要求
	ISO 5817	钢弧焊接头 缺点等级导则
	ISO 13916	焊接 预热温度、道间温度和预热维持温度测量的指南
	ISO 15607	金属材料焊接程序规范和合格鉴定 总则
	ISO 15609	金属材料的焊接程序规范和鉴定 焊接程序规范
	ISO 15610	金属材料焊接工艺规范与鉴定 根据试验焊接消耗品的鉴定
	ISO 15611	金属材料焊接工艺的规范和鉴定 根据焊接经历的鉴定
	ISO 15612	金属材料的焊接程序规范和鉴定 通过标准焊接程序的采用进行合格鉴定
	ISO 15613	金属材料的焊接程序规范和鉴定 基于预生产焊接试验的鉴定
	ISO 15614	金属材料焊接工艺规程及评定 焊接工艺评定试验
	ISO/TR 17671	焊接 金属材料焊接的推荐
人员认可	ISO 9609	焊工合格考试 熔焊
	ISO 14731	焊接调节 定量作业及可靠性
	ISO 14732	焊接操作人员 金属材料的机械化焊接和自动焊接的焊工及焊接调整工的资格考试
	ISO 15618	从事水下焊接的焊员资格检验

（4）AWS 标准体系。在国际上，美国焊接标准具有重要的影响。而美国焊接学会（AWS）标准是美国焊接标准的主体部分。AWS 标准体系的特点表现在：体系中每个标准相对独立，标准的适用范围明确，针对性强；标准的内涵丰富，适用方便；与 ISO 标准相比，在焊接材料、工艺及结构应用等方面优势明显。常用 AWS 标准见表 4 - 71。

表 4 - 71　　　　　　　　　　　常 用 AWS 标 准

标准编号	标 准 名 称
AWS A1. 1	焊接工业的米制实施规程指南
AWS A2.1	焊接符号图表
AWS A3.0	标准焊接术语和定义
AWS A5.01	填充金属采购指南
AWS A5.1	电弧焊接碳钢涂料焊条规范
AWS A5.11	保护金属电弧焊用镍和镍合金焊接电极规范
AWS A5.17	埋弧焊用碳钢焊条和助熔剂规范
AWS A5.18	气体保护电弧焊用碳钢焊条和焊棒的规范
AWS A5.20	助熔剂芯电弧焊用碳钢焊条规范
AWS A5.23	埋弧焊用低合金钢电极和助熔剂规范
AWS A5.28	气体保护电弧焊用低合金钢焊条和焊棒
AWS A5.29	熔剂芯电弧焊用低合金钢焊条的规范
AWS A5.4	屏蔽金属电弧焊不锈钢焊接电极
AWS A5.5	屏蔽金属电弧焊用低合金钢电焊条的规范
AWS A5.9	裸露不锈钢焊接电极和焊棒规范

4.7.2　焊接施工常用公式

（1）焊条药皮质量系数的计算。焊条药皮质量系数即焊条药皮与焊芯（不包括无药皮的夹持端）的质量比：

$$K_b = \frac{m_0}{m_1} \times 100\%\qquad(4-7)$$

式中　K_b——药皮质量系数，%；

　　　m_0——药皮质量，kg；

　　　m_1——焊芯质量，kg。

（2）熔敷系数的计算。熔敷系数是指熔焊过程中，单位电流、单位时间内，焊芯或焊丝熔敷在焊件上的金属量，其关系如下：

$$\alpha_H = \frac{m}{It}\qquad(4-8)$$

式中　α_H——熔敷系数，g/Ah；

　　　m——熔敷焊缝金属质量，g；

　　　I——焊接电流，A；

　　　t——焊接时间，h。

（3）熔化系数的计算。熔化系数指熔焊过程中，单位电流、单位时间内，焊芯或焊丝的熔化量，其关系如下：

$$\alpha_P = \frac{m_0 - m_1}{It} \tag{4-9}$$

式中　α_P——熔敷系数，g/Ah；

　　　m_0——焊芯或焊丝原质量，g；

　　　m_1——焊后剩余焊芯或焊丝原质量，g；

　　　I——焊接电流，A；

　　　t——焊接时间，h。

（4）热输入的计算。热输入指熔化焊时，由焊接能源输入给单位长度焊缝上的热量，其关系如下：

$$q = \frac{UI}{v} \tag{4-10}$$

式中　q——热输入，J/cm；

　　　U——电弧电压，V；

　　　I——焊接电流，A；

　　　v——焊接速度，cm/s。

（5）熔合比及焊缝金属化学成分的计算。一般熔焊时，焊缝金属由局部熔化的母材和填充金属组成。在焊缝金属中，熔化的母材所占的比例称为熔合比 θ，以式（4-11）和图 4-34 表示。

$$\theta = \frac{A_b}{A_t} = \frac{A_b}{A_b + A_d} \tag{4-11}$$

式中　θ——熔合比；

　　　A_b——焊缝横截面上熔化母材所占面积；

　　　A_d——焊缝横截面上填充金属所占面积；

　　　A_t——焊缝横截面总面积。

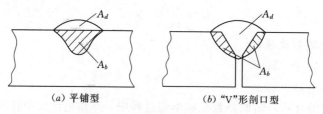

（a）平铺型　　　　　　　　（b）"V"形剖口型

图 4-34　熔合比概念示意图

合金元素在焊缝中的含量，对于多层多道焊来说，影响因素较多，各道焊缝合金元素含量并不相等，靠近母材的焊缝成分与熔敷金属成分相差较多，而远离母材的焊缝成分与熔敷金属成分较为接近。在实际焊接过程中，常用控制熔合比的方法来减少母材对焊缝的稀释作用，以满足焊缝对成分和性能的要求。对于单层单道焊缝，焊缝成分可以通过式（4-12）计算得出：

$$W(Mw) = \eta_1 \theta W(Mb) + \eta_2 (1-\theta) W(Md) \tag{4-12}$$

式中　W(Mw)——某合金元素在焊缝中的质量分数，%；

　　　W(Mb)——该合金元素在母材中的质量分数，%；

　　　W(Md)——该合金元素在焊接材料中的质量分数，%；

　　　　η_1——母材中该合金元素的过渡系数，%；

　　　　η_2——焊接材料中该合金元素的过渡系数，%；

　　　　θ——熔合比。

多层焊时，如果各层的熔合比恒定，可由式（4-13）推导出第 n 层焊缝金属中合金元素的实际含量为：

$$W(Mn) = W(Md) - [W(Md) - W(Mb)]\theta^n \tag{4-13}$$

式中　W(Mn)——第 n 层焊缝金属中合金元素的实际质量分数，%。

由于 θ 总是小于1，随 n 增大，母材对焊缝金属的稀释作用减小，n 大到一定程度后，W(Mn) 将趋近于 W(Mb)。

（6）碳当量的计算。碳当量是把钢中合金元素（包括碳）的含量按其作用换算成碳的相当含量。可作为评定钢材淬硬、冷裂及脆化等性能的一种参考指标。

许多国家根据各自的钢材冶金系统等具体情况，相继建立了不同碳当量公式。其中以国际焊接学会（IIW）推荐的 CE_{IIW} 及日本 JIS 标准所规定的 CE_{JIS} 应用比较广泛，如下式：

$$CE_{IIW} = W(C) + \frac{1}{6}W(Mn) + \frac{1}{5}[W(Cr) + W(Mo) + W(V)] + \frac{1}{15}[W(Ni) + W(Cu)] (\%)$$

$$\tag{4-14}$$

$$CE_{JIS} = W(C) + \frac{1}{6}W(Mn) + \frac{1}{24}W(Si) + \frac{1}{5}W(Cr) + \frac{1}{4}W(Mo) + \frac{1}{14}W(V) + \frac{1}{40}W(Ni) (\%)$$

$$\tag{4-15}$$

式中　W(X)——该元素在钢中的质量分数，%。

计算碳当量时，应取其上限值。

CE_{IIW} 主要适用于中高强度的非调质低合金高强钢（$R_m = 500 \sim 900\text{MPa}$）。

CE_{JIS} 主要适用于低碳调质低合金高强钢（$R_m = 500 \sim 1000\text{MPa}$）。

式（4-14）及式（4-15）都适用于含碳量偏高的钢种［W(C)≥0.18%］。这类钢的化学成分范围为：W(C)≤0.2%；W(Si)≤0.55%；W(Mn)≤1.5%；W(Cu)≤0.5%；W(Ni)≤2.5%；W(Cr)≤1.25%；W(Mo)≤0.7%；W(V)≤0.1%；W(B)≤0.006%。

可以使用式（4-14）及式（4-15）作为判据估算被焊钢材的焊接冷裂纹倾向。计算结果得到的碳当量数值越大，则被焊钢材的淬硬倾向越大，热影响区越容易产生冷裂纹。

近年来，许多国家为改进钢种的性能及焊接性，开发了低碳微量多合金元素的低合金高强度钢。对于这种类型的钢，式（4-14）及式（4-15）已不适用。因此，日本学者伊藤等在大量试验的基础上，提出了 P_{cm} 公式。该式适用于 W(C)≤0.17%，$R_m = 400 \sim 1000\text{MPa}$ 的低合金高强钢。

$$P_{cm} = W(C) + \frac{1}{30}W(Si) + \frac{1}{20}[W(Mn) + W(Cu) + W(Cr)] + \frac{1}{60}W(Ni)$$

$$+\frac{1}{15}W(Mo)+\frac{1}{10}W(V)+5W(B)(\%)$$

$$(4-16)$$

式中 P_{cm}——低碳微量多合金元素钢的碳当量。

P_{cm} 适用钢种的化学成分见表 4-72。

表 4-72 P_{cm} 适用钢种的化学成分表

合金元素	C	Si	Mn	Cu	Cr	Ni	Mo	V	Nb	Ti	B
含量 （质量分数，%）	0.07～ 0.22	0～ 0.60	0.40～ 1.40	0～ 0.50	0～ 1.20	0～ 1.20	0～ 0.70	0～ 0.12	0～ 0.04	0～ 0.05	0～ 0.005

根据 P_{cm}、被焊材料的板厚（δ）及熔敷金属中的含氢量（用 $[H]$ 表示），可以确定为了防止焊接冷裂纹所需要的焊前预热温度。

由于 P_{cm} 原则上适用于含碳量较低的钢种 $[W(C)=0.07\%\sim0.22\%]$，而 CE_{IIW} 和 CE_{JIS} 主要适用于含碳量较高的钢 $[W(C)\geqslant0.18\%]$，在工程上应用有些不便。为适应工程上的需要，又进行了许多研究，通过大量试验，把钢 $W(C)$ 的范围扩大到 $0.034\%\sim0.254\%$，建立了一个新的碳当量公式 CEN 如下：

$$CEN=W(C)+A(C)\left[\frac{1}{24}W(Si)+\frac{1}{16}W(Mn)+\frac{1}{15}W(Cu)+\frac{1}{20}W(Ni)\right.$$

$$\left.+\frac{1}{5}W(Cr+Mo+V+Nb)+5W(B)\right]$$

$$(4-17)$$

式中 $A(C)$——碳的适用系数。

$$A(C)=0.75+0.25\tanh\{20[W(C)-0.12]\} \qquad (4-18)$$

式中 $\tanh$——双曲线正切函数。

为区别起见，经计算给出 $A(C)$ 与 $W(C)$ 的关系见表 4-73。

表 4-73 $A(C)$ 与 $W(C)$ 的关系表

$W(C)/\%$	0	0.08	0.12	0.16	0.20	0.26
$A(C)$	0.500	0.584	0.754	0.916	0.98	0.99

公式 CEN 是目前含碳量范围较宽的碳当量公式，对于确定防止冷裂的预热温度比其他碳当量公式更为可靠。

（7）冷裂敏感指数及预热温度的计算。根据碳当量（CE_{IIW}、CE_{JIS}、P_{cm} 和 CEN 等），可以预测低合金钢的焊接冷裂纹敏感性。所采用的判据公式有多种。应当指出的是，每个判据公式都是在一定试验条件下建立的。所以应用这些公式评定冷裂纹敏感性时，应当注意这些公式的适用范围。

由 P_{cm}、熔敷金属含氢量 $[H]$ 及板厚（δ）或拘束度（R）所建立的冷裂纹敏感性判据式（4-19）～式（4-21）计算：

$$P_c=P_{cm}+\frac{[H]}{60}+\frac{\delta}{600} \qquad (4-19)$$

或

$$P_w=P_{cm}+\frac{[H]}{60}+\frac{R}{4\times10^5} \qquad (4-20)$$

或
$$P_H = P_{cm} + 0.75\lg[H] + \frac{R}{4 \times 10^5} \quad (4-21)$$

式中　　$[H]$——熔敷金属中扩散氢含量（GB/T 3965 中的甘油法），mL/100g；

　　　　δ——被焊金属的板厚，mm；

　　　　R——拘束度，N/(mm·mm)；

P_c、P_w、P_H——冷裂纹敏感指数。

根据 P_c、P_w 和 P_H 建立的临界预热温度 t_0 计算公式为：

$$t_0 = 1440 P_c（或\ P_w）- 392℃ \quad (4-22)$$

$$t_0 = 1600 P_H - 408℃ \quad (4-23)$$

根据国产低合金钢的 P_{cm}、抗拉强度 R_m、板厚 δ 和采用相匹配焊条的扩散氢含量 $[H]$ 所建立的预热温度（℃）计算公式为：

$$t_0 = -214 + 324 P_{cm} + 17.7[H] + 0.014 R_m + 4.73\delta \quad (4-24)$$

式中　　R_m——被焊金属抗拉强度，MPa；

其余符号意义同前。

（8）热裂纹敏感指数的计算。热裂纹敏感指数（简称 HCS），其计算公式（4-25）为：

$$\mathrm{HCS} = \frac{\mathrm{C}\left(\mathrm{S} + \mathrm{P} + \dfrac{\mathrm{Si}}{25} + \dfrac{\mathrm{Ni}}{100}\right)}{3\mathrm{Mn} + \mathrm{Cr} + \mathrm{Mo} + \mathrm{V}} \times 10^3 \quad (4-25)$$

当 HCS≤4 时，一般不会产生热裂纹。HCS 越大的金属材料，其热裂纹敏感性越高。该式适用于一般低合金高强钢，包括低温钢和珠光体耐热钢。

（9）不锈钢镍当量 Ni_{eq} 及铬当量 Cr_{eq} 的计算。

1）应用舍夫勒图的 Ni_{eq} 及 Cr_{eq} 的计算公式为：

$$\mathrm{Cr}_{eq} = \mathrm{W(Cr)} + \mathrm{W(Mo)} + 1.5\mathrm{W(Si)} + 0.5\mathrm{W(Nb)} \quad (4-26)$$

$$\mathrm{Ni}_{eq} = \mathrm{W(Ni)} + 30\mathrm{W(C)} + 0.5\mathrm{W(Mn)} \quad (4-27)$$

2）应用德龙图的 Ni_{eq} 及 Cr_{eq} 的计算公式为：

$$\mathrm{Cr}_{eq} = \mathrm{W(Cr)} + \mathrm{W(Mo)} + 1.5\mathrm{W(Si)} + 0.5\mathrm{W(Nb)} \quad (4-28)$$

$$\mathrm{Ni}_{eq} = \mathrm{W(Ni)} + 30\mathrm{W(C)} + 30\mathrm{W(N)} + 0.5\mathrm{W(Mn)} \quad (4-29)$$

3）应用 WRC 图的 Ni_{eq} 及 Cr_{eq} 的计算公式为：

$$\mathrm{Cr}_{eq} = \mathrm{W(Cr)} + \mathrm{W(Mo)} + 0.7\mathrm{W(Nb)} \quad (4-30)$$

$$\mathrm{Ni}_{eq} = \mathrm{W(Ni)} + 35\mathrm{W(C)} + 20\mathrm{W(N)} \quad (4-31)$$

（10）负载持续率的计算。负载持续率是表示焊接电源工作状态的参数，在选定的工作时间周期内（我国标准规定 500A 以下的焊机工作时间周期为 5min），负载工作的持续时间与全周期时间的比值介于 0～1 之间，可用百分数表示：

$$DY = \frac{t}{T} \times 100\% \quad (4-32)$$

式中　DY——实际负载持续率,%;

　　　　t——选定工作时间周期内负载的时间，min;

　　　　T——选定的工作时间周期，min。

　　不同实际负载持续率条件下，允许使用的输出电流可按式（4-33）计算为：

$$I=\sqrt{\frac{DY_N}{DY}}I_N \qquad (4-33)$$

式中　DY_N——额定负载持续率，%;

　　　　DY——实际负载持续率，%;

　　　　I_N——额定负载持续率时的额定焊接电流，A;

　　　　I——实际负载持续率时允许使用的焊接电流，A。

　　（11）氧气瓶内氧气贮存量的计算：

$$V=10V_0p \qquad (4-34)$$

式中　V_0——氧气瓶容积，L;

　　　　p——氧气瓶内的氧气压力，MPa;

　　　　V_0——氧气贮存量，L。

　　（12）氧气瓶压力与温度的关系：

$$p=15\times\frac{273+t}{293} \qquad (4-35)$$

式中　t——氧气瓶实际温度,℃;

　　　　p——实际温度下氧气瓶内的氧气压力，MPa。

　　（13）焊接材料消耗量的计算。

　　1）焊条消耗量的计算：

$$m=\frac{Al\rho}{K_n}(1+K_b) \qquad (4-36)$$

式中　m——焊条消耗量，g;

　　　　A——焊缝横截面积，cm^2;

　　　　l——焊缝长度，cm;

　　　　ρ——熔敷金属密度，g/cm^3;

　　　　K_b——药皮质量系数，见表4-74;

　　　　K_n——焊条的转熔系数，见表4-74。

表4-74　　　　　　　　常用焊条的药皮质量系数 K_b 和转熔系数 K_n

焊条型号	E4301	E4303	E4320	E5015
K_b	0.325	0.45	0.46	0.41
K_n	0.700	0.77	0.77	0.79

　　2）焊丝消耗量的计算：

$$m_s=\frac{Al\rho}{1000K_n} \qquad (4-37)$$

式中　A——焊缝熔敷金属横截面积，cm^2;

K_n——焊丝的转熔系数，常取 $K_n=0.92\sim0.99$；

其余符号意义同前。

3）焊剂消耗量的计算：

$$m_j=(0.8\sim1.2)m_s$$

式中　m_j——焊剂消耗量，kg；

　　　m_s——焊丝消耗量，kg。

4）保护气体消耗量的计算：

$$V=q_v(1+\eta)tn \qquad\qquad (4-38)$$

式中　V——保护气体体积，L；

　　　q_v——保护气体流量，L/min；

　　　t——单件产品焊接基本时间，min；

　　　n——每年、每月、每周或每日焊件数量；

　　　η——气体损耗系数（常取 $\eta=0.03\sim0.05$）。

标准容量为 40L 的钢瓶，可以灌装 25kg 液态 CO_2，在标准状态下，1kg CO_2 可以气化成 509L 气态 CO_2，去掉不能再用于焊接的 CO_2 气体，在标准状态下，每瓶液态 CO_2 可以提供 12324L 气态 CO_2，这样就可以计算出每日、每周、每月或每年需要的液态 CO_2 瓶数 N：$N=\dfrac{V}{12324}$（瓶）。

标准容量为 40L 的氩气钢瓶，在 20℃、15MPa 压力时，瓶内有氩气 6000L，这样就可以计算出每日、每周、每月或每年需要的氩气瓶数 N：$N=\dfrac{V}{6000}$（瓶）。

（14）弧焊接头的静载强度计算。

1）对接焊缝的静载强度计算。对接接头和 T 形接头或十字接头，无论它们是否预开坡口，只要是焊透了的焊缝均为对接焊缝。这类焊缝的静载强度计算公式见表 4-75。

表 4-75　　　　　　　　　对接焊缝接头静载强度计算公式表

名称	简图	计算公式	备注
对接接头		受拉：$\sigma_t=\dfrac{P}{l\delta}\leqslant[\sigma'_t]$ 受压：$\sigma_p=\dfrac{P}{l\delta}\leqslant[\sigma'_p]$ 受剪：$\tau=\dfrac{Q}{l\delta}\leqslant[\tau']$	$[\sigma'_t]$—焊缝的许用拉应力； $[\sigma'_p]$—焊缝的许用压应力； $[\tau']$—焊缝的许用切应力； δ—接头中较薄板的厚度
开坡口焊透 T 形或十字接头		平面内弯矩 M_1： $\sigma_t=\dfrac{6M_1}{l^2\delta}\leqslant[\sigma'_t]$ 平面外弯矩 M_2： $\sigma_t=\dfrac{6M_2}{l\delta^2}\leqslant[\sigma'_t]$	

对接焊缝的计算长度一般取焊缝的实际长度，计算厚度取被连接板中较薄的厚度（对

接接头）或立板的厚度（T形接头或十字接头）。对接焊缝的计算断面见图4-35。

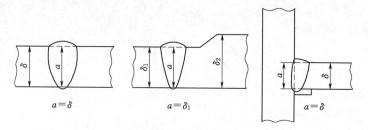

$a=\delta$ $a=\delta_1$ $a=\delta$

图4-35 对接焊缝的计算断面（a为计算厚度）

2）角焊缝静载强度计算公式。由角焊缝组成的接头，其焊缝的静载强度计算公式列于表4-76及表4-77。表中角焊缝的计算长度一般取每条焊缝实际长度减去10mm，计算高度a取焊缝内接三角形的最小高度（见图4-36）。

3）部分熔透焊缝的静载强度计算。部分熔透T形接头或十字接头的焊缝静载强度计算公式同角焊缝的计算公式，但焊缝的计算厚度应按图4-37确定。部分熔透的对接接头，其焊缝强度因传递轴向力的力线发生弯曲，出于安全考虑，也按角焊缝计算，所用强度计算公式见表4-78。

表4-76   T形接头或十字接头角焊缝静载强度计算公式表

接 头 简 图	计 算 公 式	备 注
（接头简图）	受拉：$\tau=\dfrac{P}{2al}\leqslant[\tau']$	
	受压：$\tau=\dfrac{P}{2al}\leqslant[\tau'_a]$	
	平面内弯矩M_1：$\tau=\dfrac{3M_1}{al^2}\leqslant[\tau']$	
	平面外弯矩M_2：$\tau=\dfrac{M_2}{la(a+\delta)}\leqslant[\tau']$	
（接头简图）	受弯：$\tau=\dfrac{4M(R+a)}{\pi[(R+a)^4-R^4]}\leqslant[\tau']$	τ—切应力符号； $[\tau']$—角焊缝许用切应力； a—角焊缝计算厚度。 承受压应力时，考虑到板的断面可以传递部分压力，许用压力从$[\tau']$提高到$[\tau'_a]$
	受扭：$\tau=\dfrac{2T(R+a)}{\pi[(R+a)^4-R^4]}\leqslant[\tau']$	
（接头简图）	受弯：$\tau=\dfrac{M}{I_x}y_{max}\leqslant[\tau']$	

接 头 简 图	计 算 公 式	备 注
	受拉或受压：$\tau = \dfrac{P}{2al} \leqslant [\tau']$	
	受拉或受压：$\tau = \dfrac{P}{2al} \leqslant [\tau']$	$[\tau']$—角焊缝许用切应力 $\sum l = l_1 + l_2 + l_3 + l_4 + l_5$
	受拉或受压：$\tau = \dfrac{P}{a\sum l} \leqslant [\tau']$	
	受弯：$\tau = \dfrac{6M}{ah^2} \leqslant [\tau']$	
	受弯：$\tau = \dfrac{M}{la(h+a)} \leqslant [\tau']$	
	受弯：$\tau = \dfrac{M}{la(h+a)} \leqslant [\tau']$	τ 平行于焊缝方向

接 头 简 图	计 算 公 式	备 注
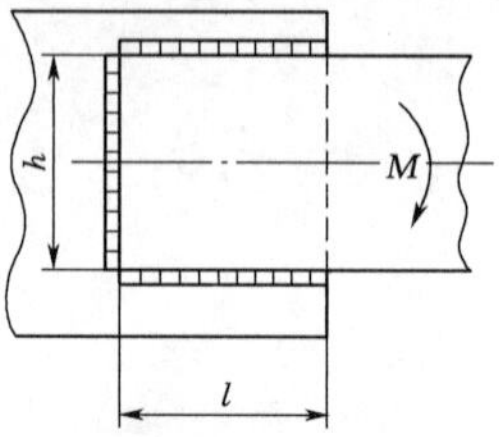 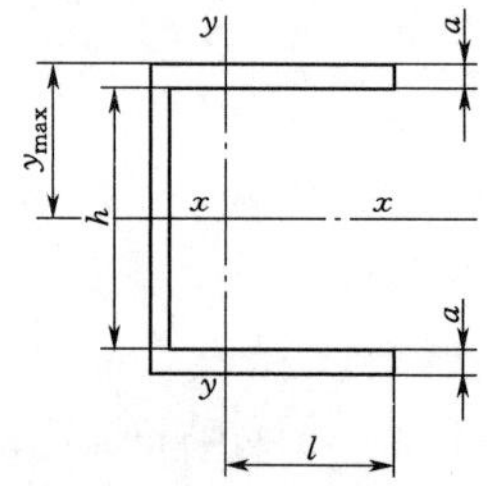	受弯： （1）分段计算法 $$\tau=\dfrac{M}{la(h+a)+\dfrac{ah^2}{6}}\leqslant[\tau']$$ （2）轴惯性矩计算法 $$\tau=\dfrac{M}{I_x}y_{max}\leqslant[\tau']$$ （3）极惯性矩计算法 $$\tau=\dfrac{M}{I_\rho}r_{max}\leqslant[\tau']$$ $$I_\rho=I_x+I_y$$	y_{max}—焊缝计算截面距 x 轴的最大距离； I_ρ—焊缝的计算截面对 O 点极惯性矩； I_x—焊缝计算截面对 x 轴的惯性矩； I_y—焊缝计算截面对 y 轴的惯性矩； r_{max}—焊缝计算截面距 O 点的最大距离

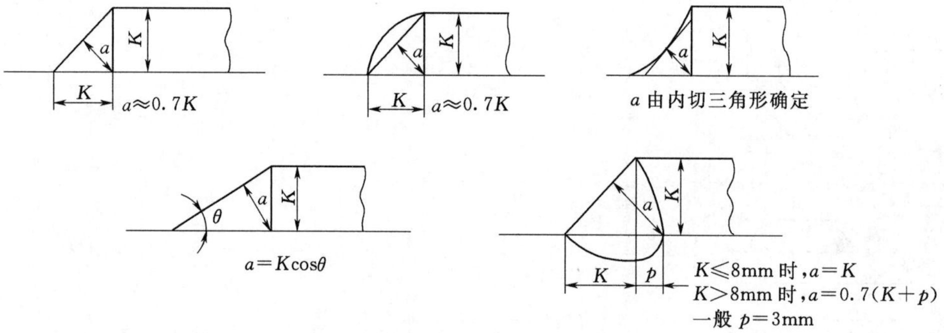

图 4-36　常用角焊缝的计算断面

a—计算厚度；K—焊脚尺寸；p—熔深

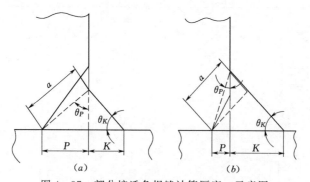

图 4-37　部分熔透角焊缝计算厚度 a 示意图

注：$P>K$（或 $\theta_P>\theta_K$），$a=\dfrac{P}{\sin\theta_P}$；$P<K$（或 $\theta_P<\theta_K$），$a=(P+K)\sin\theta_K$

当 $\theta_K=45°$ 时，$a=\sqrt{P^2+K^2}$；当 $\theta_K=45°$ 时，$a=\dfrac{P+K}{\sqrt{2}}$。

表 4 - 78　　　　　　　　　　部分熔透对接接头焊缝静载强度计算公式表

接 头 简 图	计 算 公 式	备 注
	受拉：$\tau=\dfrac{P}{2al}\leqslant[\tau']$	V 形坡口： $\alpha\geqslant60°$时，$a=s$ $\alpha<60°$时，$a=0.75s$ U 形、J 形坡口：$a=s$ $I_x=al(\delta-a)^2$ l—焊缝长度
	受剪：$\tau=\dfrac{Q}{2al}\leqslant[\tau']$	
	受弯：$\tau=\dfrac{M}{I_x}y_{max}\leqslant[\tau']$	

（15）焊接变形的估算。

1）纵向收缩量的估算。

A. 对接焊缝纵向收缩量的估算为：

$$\Delta L=0.006\times\frac{L}{\delta} \qquad\qquad (4-39)$$

式中　ΔL——纵向收缩量，mm；

　　　L——焊缝长度，mm；

　　　δ——板厚，mm。

B. 角焊缝纵向收缩量的估算为：

$$\Delta L=0.05\times\frac{A_wL}{A} \qquad\qquad (4-40)$$

式中　ΔL——纵向收缩量，mm；

　　　L——焊缝长度，mm；

　　　A_w——焊缝截面积，mm^2；

　　　A——焊件截面积，mm^2。

2）横向收缩量的估算。

A. 对接焊缝横向收缩量的估算为：

$$\Delta B=0.18\times\frac{A_w}{\delta}+0.05b \qquad\qquad (4-41)$$

式中　ΔB——横向收缩量，mm；

　　　δ——板厚，mm；

　　　b——根部间隙，mm。

B. 角焊缝横向收缩量的估算为：

$$\Delta B=C\frac{K^2}{\delta} \qquad\qquad (4-42)$$

式中　ΔB——横向收缩量，mm；

　　　C——系数，单面焊时 $C=0.075$，双面焊时 $C=0.083$；

K——焊脚尺寸，mm；

δ——翼板厚度，mm。

3）角变形的估算。

A. T形接头翼板角变形的计算（见图 4-38）：

$$\Delta b = 0.2 \times \frac{BK^{1.3}}{\delta^2} \qquad (4-43)$$

式中　Δb——翼板角变形，mm；

B——翼板宽度，mm；

K——焊脚尺寸，mm；

δ——翼板厚度，mm。

B. T形接头翼板反变形数值的估算（见图 4-39）：

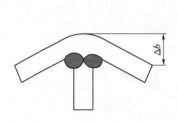

图 4-38　翼板角变形示意图

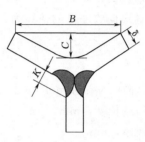

图 4-39　翼板反变形
数值示意图

$$C = \frac{KB}{30\delta} \qquad (4-44)$$

式中　C——翼板反变形估算值，mm；

B——翼板宽度，mm；

K——焊脚尺寸，mm；

δ——翼板厚度，mm。

4.8　焊接工艺规程

焊接工艺规程是将焊接工艺过程的内容，按一定格式写成的技术文件。它是以科学理论为指导，结合现场的生产条件，在实践的基础上总结制订出来的。

4.8.1　焊接工艺规程的编制

（1）编制焊接工艺规程的原则。编制焊接工艺规程应遵守以下原则：

1）技术上的先进性。制定焊接工艺规程时，要调查材料发展信息，了解国内外焊接技术的发展状况，对本企业生产上的差距做到心中有数。要充分利用焊接工艺方面的最新科学技术成就，广泛推广采用焊接的先进经验。如目前的逆变弧焊电源、粗丝 CO_2 气体保护焊、脉冲熔化极氩弧焊等，都成为国内外公认的先进技术，这在编制焊接工艺规程时应优先考虑。即使受到本单位生产条件、资金等限制时，一时不能采用的先进技术，要根据产品的实际情况，结合市场调查，在综合分析的基础上，做出明确规划，尽可能保持焊接工艺规程的先进性。

2）经济上的合理性。在一定生产条件下，要对多种工艺方法进行对比计算，要尽量选择经济上最合理的焊接方法。

3）技术上的可行性。制定的焊接工艺规程必须从本企业的实际条件出发，充分利用自己拥有的设备，根据企业的潜力和发展方向，结合具体生产条件，消除生产中的薄弱环节。

4）创造良好的劳动条件。焊接工艺规程必须保证操作者具有安全良好的劳动条件。因此，应尽量采用机械化和自动化，采用先进的工艺装备等，从而提高生产效率，改善劳动条件。

（2）编制焊接工艺规程的依据。编制焊接工艺规程的依据有：

1）产品的整套装配图和零件图。这是编制焊接工艺规程的主要资料。因为从图中可以了解到产品的技术特性和要求、结构特点、材料规格、牌号、焊缝位置、焊接节点和坡口形式、探伤要求和方法等。

2）有关技术标准。产品的种类、焊接材料、坡口形式、检验方法等，都有一系列的相应国家标准和行业标准。受到这些标准的制约，才能保证产品质量，这是必须熟悉掌握的。

3）产品验收质量标准。在制定焊接工艺规程时，要仔细了解产品的验收质量标准，并在工艺文件中明确表示出来。如焊缝表面几何尺寸、探伤方式及合格等级、水压试验的压力要求等。

4）产品类型。焊接结构生产一般分单件、批量以及定型产品三类。应根据生产类型制定相应的焊接工艺。例如，大批量或定型产品的生产，就应考虑比较先进的设备、专用工卡具和专用生产场地。而单件和非标产品，则应充分利用工厂现有生产条件，挖掘潜力，努力降低产品成本。

5）工厂生产条件。为了所编制的焊接工艺规程能切实可行，达到指导生产的目的，一定要从本单位的实际情况出发，要掌握生产车间面积、动力、起重能力、加工设备以及工人素质、技术等级等资料。

（3）编制焊接工艺规程的步骤。焊接工艺规程是否合理，直接关系到生产组织能否正常运行。制定的焊接工艺规程，既要保证焊接生产质量达到产品图样的各项技术要求，又要有较高的劳动生产率，保证在业主、顾客规定的期限内交货，同时又要减少人力、物力等方面的消耗，节约资金。焊接工艺规程编制过程要严谨、细致，其步骤如下：

1）准备工作：①收集所需的各种原始资料；②根据生产类型确定生产工艺水平；③研究产品的特点、技术要求和验收标准；④掌握国内外同类产品生产现状及先进的工艺。

2）产品的工艺过程分析。工艺过程分析是指对整个焊接产品的结构、材料、加工方法和技术要求进行研究，提出问题并解决问题的过程。通过对产品结构技术要求的分析，寻求产品从原材料到成品的制造过程中所用的工艺方法，预见可能出现的技术难题并加以研究、解决。

3）拟定工艺路线。拟定工艺路线是把组成产品的零部件的加工顺序排列出来的过程。它是在工艺过程分析的基础上完成的，是编制焊接工艺规程的总体构思和布局。拟定工艺路线要完成以下内容：

A. 加工方法的确定。包括备料、成形、装配、焊接、矫正、检验等方法。选择加工方法一定要考虑企业现有的加工能力和产品生产类型的性质。

B. 加工顺序的确定。合理地安排加工顺序能减少不必要的运输、存储工作，同时能使各个工序衔接紧凑，提高生产效率。这里尤其要注意装配-焊接顺序的确定，零部件的装配-焊接和最后总装顺序不同，结构的残余应力和变形是不一样的，对产品的尺寸、加工质量也有很大影响。

C. 加工设备和工装的确定。拟定工艺路线的过程就是产品生产方案论证、确定的过程。产品的工艺路线并不是唯一的，要对不同的工艺路线进行分析，确定最合理、最经济的工艺路线。在拟定工艺路线时，从粗略到详细，最后经过试验或试生产确定最佳方案。

最佳的工艺路线是：①在保证产品质量的前提下，工艺路线最短，工序少，采用较为先进的设备和方法，生产率高；②设备的利用率高，消耗的材料少，材料的利用率高；③在产品制造过程中，生产路线应符合车间的布置，零部件无折返现象；④生产中要保证安全，工人劳动强度低，劳动条件好；⑤工艺路线应符合工厂的条件，产品能顺利地制造出来且经济效益客观。

4）填写焊接工艺规程。拟定的工艺路线经审查确定后，就要填写工艺文件。工艺文件是生产活动中应遵循的规律和依据，工艺文件有多种形式，如产品零部件明细表、工艺流程图等。焊接工艺规程是一种重要的工艺文件形式，它反映设计的基本内容。常用的焊接工艺规程由工艺过程卡片、工艺卡片、工序卡片、工艺守则等。

（4）焊接工艺规程的内容和要求。焊接工艺规程的编制内容和要求见表4-79。

表4-79 焊接工艺规程的编制内容和要求表

项目	内 容 与 要 求
焊接材料	1. 焊接材料包括焊条、焊丝、焊剂、气体、电极和衬垫等； 2. 应根据母材的化学成分、力学性能、焊接性能结合产品的结构特点和使用条件综合考虑，选用焊接材料； 3. 焊缝金属的性能应高于或等于相应母材标准规定值的下限或满足图样规定的技术要求
焊接准备	1. 焊缝坡口的选择应使焊缝金属填充尽量少；避免产生缺陷，减少残余焊接变形和应力，有利于操作等； 2. 坡口制备时，对碳素钢和$R_m \leqslant 540MPa$的碳锰低合金钢，可采用冷、热加工方法；对$R_m > 540MPa$的碳锰低合金钢、铬钼低合金钢和高合金钢，应采用冷加工，若采用热加工则应采用冷加工方法去除切割表面层； 3. 焊接坡口应平整，不得有裂纹、分层、夹渣等缺陷，尺寸符合图样要求； 4. 应将坡口表面及两侧的水、锈、油污、积渣和其他有害杂质清除干净； 5. 奥氏体高合金钢坡口两侧应刷防溅剂，防止飞溅附在母材上； 6. 焊条、焊剂按规定烘干、保温；焊丝需除油、锈；保护气体应干燥； 7. 根据母材的化学成分、焊接性能、厚度、焊接接头拘束度、焊接方法和焊接环境等综合因素确定预热与否及预热温度； 8. 采用局部预热时，应防止局部应力过大，预热范围为焊缝两侧各不小于焊件厚度的3倍，且不小于100mm； 9. 焊接设备等应处于正常工作状态，仪表应定期校验； 10. 定位焊不得有裂纹、气孔、夹渣； 11. 避免强行组装

项目	内 容 与 要 求
焊接要求	1. 焊接环境的风速：气体保护焊时大于 2m/s，其他焊接方法时大于 10m/s，相对湿度大于 90%；雨、雪环境的露天施工，焊件温度低于−10℃时应采取措施，否则禁焊； 2. 当焊件温度为−20～−10℃时，应将始焊处 100mm 范围内预热到 15℃以上； 3. 禁止在非焊接部位引弧； 4. 电弧擦伤处的弧坑需补焊并打磨； 5. 双面焊需清理焊根，显露出正面打底的焊缝金属，对于自动焊，经试验确认能保证焊透，可以不做清根处理； 6. 层间温度不超过规定的范围，当预热时，层间温度不得低于预热温度； 7. 每条焊缝尽可能一次焊完，当中断焊接时，对冷裂纹敏感的焊件应采取后热、缓冷等措施，重新施焊时，需按规定进行预热； 8. 采用锤击改善焊接质量时，第一层和盖面层焊缝不应锤击
焊后热处理	1. 根据母材的化学成分、焊接性能、厚度、焊接接头拘束度、产品使用条件和有关标准，综合确定是否需要进行焊后热处理； 2. 焊后热处理应在补焊后及压力试验前进行； 3. 尽可能整体热处理，当分段热处理时，焊缝加热重叠部分长度至少为 1500mm，加热区以外部分应采取措施防止产生有害的温度梯度； 4. 焊件进炉时炉内温度不得高于 300℃； 5. 焊件升温至 300℃以后，加热区升温速度不得超过（5500/δ）℃/h，最小可为 50℃/h； 6. 焊件升温期间，加热区内任意 5000mm 长度内的温差不得大于 120℃； 7. 焊件保温期内，加热区内最高与最低温差不宜大于 65℃； 8. 焊件温度高于 300℃时，加热区降温速度不得超过（6500/δ）℃/h，且不得超过 260℃/h，最小可为 50℃/h； 9. 焊件出炉时，炉温不得高于 300℃，出炉后应在静止的空气中冷却
焊缝返修	1. 对需返修的焊接缺陷应分析产生原因，提出改进措施，编制返修工艺； 2. 焊缝同一部位返修次数不宜超过 2 次； 3. 返修前将缺陷彻底清除； 4. 如需预热，预热温度应较原焊缝适当提高； 5. 返修焊缝性能、质量应与原焊缝相同； 6. 要求热处理的焊件，如在热处理后返修补焊的，必须重新进行热处理
焊接检验	1. 焊前检验包括：母材、焊接材料、焊接设备、仪表、工艺装备；焊接坡口、接头装配及清理；焊工资格、焊接工艺文件； 2. 焊接过程中检验包括：焊接工艺参数；执行工艺情况，执行技术标准及图样规定情况； 3. 焊后检验包括：施焊记录；焊缝外观及尺寸；后热、焊后热处理；无损检测；焊接工艺纪律检查；试板；压力试验；致密性试验等

（5）编制焊接工艺规程的注意事项。编制焊接工艺规程时要注意以下几点。

1）焊接工艺规程应做到正确、完整、统一和清晰。

2）焊接工艺过程的格式、填写方法、使用的名词术语、符号和代号均应符合有关标准规定，计量单位采用法定计量单位。

3）同一产品的各种焊接工艺规程应协调一致，不得相互矛盾。结构特征和工艺特征相似的零部件，尽量使用通用的工艺规程。

4）每一栏填写的内容要简明扼要、文字规范，语言清晰易懂。对于难以用文字说明的工序或工序内容，应绘制示意图，并标注加工要求。

4.8.2 焊接工艺评定

焊接工艺评定标准因行业不同而异，要求比较严格的承压设备和水电水利工程压力钢管及钢闸门等产品执行《承压设备焊接工艺评定》（NB/T 47014）标准和相应产品标准。

焊接工艺评定的总体步骤是：确定焊接工艺评定项目→编制焊接工艺评定任务书→拟定预焊接工艺规程（焊接工艺评定指导书）→试件准备、焊接试件→检验试件、制取试样和检验试样→评定焊接接头是否具有所要求的使用性能→编制焊接工艺评定报告。

（1）焊接工艺评定项目的确定。

1）根据产品的实际要求、技术条件、相关标准及规程的要求确定该产品是否需要做焊接工艺评定。如果不属于上述情况，则应根据结构的重要程度、使用要求等确定评定的原则。

2）将焊接结构的接头形式、焊缝形式、坡口形式、母材类别、板厚、焊接方法、焊缝类别等列出明细表。

3）按照下列评定原则确定评定项目。在实际焊接施工中，涉及的焊接方法很多，如常用的焊条电弧焊、自动埋弧焊、熔化极气体保护焊等，每种焊接方法都有其特点和适用范围；焊接产品使用的钢材种类繁多，其化学成分和力学性能各不相同；焊接接头的形式也是多种多样，焊接位置还分平、横、立、仰等，甚至每条焊道的焊接工艺参数往往区别很大，影响焊接的工艺因素也很多，如果焊接条件稍有不同就做焊接工艺评定，那么评定的数量和工作量将是非常大的。前人已经为我们积累了大量的成熟经验，我们可以对上述条件进行归纳，且重点放在对焊接接头使用性能的影响程度上，只对有重要影响的条件予以考虑。

A. 焊接工艺因素评定原则。根据焊接工艺因素对焊接接头力学性能的影响程度把焊接工艺因素分为重要因素、补加因素和次要因素。

重要因素是指影响焊接接头抗拉强度和弯曲性能（对不锈钢还包括耐蚀性要求）的焊接工艺因素。

补加因素是指影响焊接接头冲击韧度的焊接工艺因素。当规定进行冲击试验时，需要增加补加因素的试验。

次要因素是指对要求测定的力学性能无明显影响的焊接工艺因素。

对于某种焊接方法而言按照工艺因素的评定原则为：

a. 当变更任何一个重要因素时都要重新进行评定。

b. 当增加或变更任何一个补加因素时，则可按照增加或变更的补加因素增焊冲击韧度试件进行试验。

c. 当变更次要因素时，不需要重新进行评定，但需要重新编制焊接工艺规程。

B. 焊接方法变更评定原则。不同的焊接方法对焊接接头的力学性能影响很大，因此采用不同的焊接方法应分别进行焊接工艺评定。

C. 母材首次使用评定原则。制造单位首次使用，或是新材料，以前没有进行过焊接工艺评定的要进行焊接工艺评定。

D. 母材分类分组评定原则。依据母材的化学成分、力学性能和焊接性能进行分类分组，详见各产品标准，组别评定原则为：

a. 当重要因素、补加因素不变时，某一钢号评定合格的焊接工艺可以用于同组的其他钢号母材，因此同组具有可替代性。

b. 在同类别号中，当重要因素、补加因素不变时，高组别号的钢材评定适用于低组别号的钢材。

类别评定原则为：不同类别号的钢材组成的焊接接头，即使两者分别进行过"评定"，仍应进行"评定"。但类别号Ⅱ与Ⅰ组成的焊接接头，若母材类别号Ⅱ经评定合格，可不再重做工艺评定。

E. 焊后热处理分类评定原则。改变焊后热处理类别需要重新评定；当规定进行冲击试验时，焊后热处理的温度和时间范围改变需要重新评定。

F. 厚度适用范围控制原则。评定试件母材的厚度不同、试件焊缝金属厚度不同、试件是否要求做冲击试验其适用焊件的厚度范围不同，经评定合格的对接焊缝试件的焊接工艺，适用于焊件的母材厚度和焊缝金属厚度的有效范围应符合标准要求。

G. 焊缝形式适用评定原则。

a. 评定对接焊工艺时采用对接焊缝试件；评定角焊缝焊接工艺时采用角焊缝试件或对接焊缝试件；评定组合焊缝焊接工艺时采用对接焊缝试件，当组合焊缝要求焊透时，应增加组合焊缝试件。

b. 对接焊缝试件或角焊缝试件，经评定合格的工艺用于焊接角焊缝时，焊件厚度的有效范围不限。

c. 当同一条焊缝使用两种或两种以上焊接方法或重要因素、补加因素不同的焊接工艺时，可按每种焊接方法和工艺分别进行评定；亦可使用两种或两种以上焊接方法或焊接工艺进行组合评定。

（2）编制焊接工艺评定任务书。焊接工艺评定任务书是对焊接工艺评定提出任务要求的文件，主要内容有任务书编号，有针对性设定的母材、焊接材料、接头形式、焊接方法、使用性能要求等情况，要求的检验项目和数量等。每次确定焊接工艺评定任务时，都应对已经评定合格的项目以及以后制造产品可能涉及的情况进行全面考虑，在尽量减少评定数量的原则下，尽量形成完整的系列，以确保适用性、完整性和系统性。

（3）拟定预焊接工艺规程。它是焊接技术人员根据产品图样及有关技术要求，对要求评定的所有接头按照钢材类别组别进行分类汇总，再结合本企业已有的评定项目，然后根据焊接评定规程，确定需要评定的项目，列出清单。焊接技术人员再根据实践经验和相关技术数据以及企业的生产条件编制每一项的预焊接工艺规程，作为被验证的焊接工艺，并按此文件施焊试件，进行焊接工艺评定，评定合格后，以此为基础制定正式的焊接工艺规程。

预焊接工艺规程的内容包括母材类别组别及厚度、接头形式、焊接位置、焊接方法、坡口形式与尺寸、焊层焊道布置及顺序、焊接材料、焊接参数、预热温度及方式、层间温度、焊后热处理等，以上内容并非每一项工艺评定全部都有，可视需要取舍。

（4）试件的准备与施焊。预焊接工艺规程拟定完成后，应按其进行试件准备与施焊，同时注意以下几点：

1）试件所用钢材和焊材，必须经过检查验收合格方可使用，领用时应注明型（牌）

号、规格、批号、入厂编号、标准号等内容。应有原生产厂家的质量证明文件或复验报告单，其化学成分、力学性能符合标准规定。

2）试件应按规定的规格、尺寸加工，采用气割下料时应将其热影响区用机械方法去掉，采用剪切方法下料时应用机械加工的方法将加工硬化区去掉。试件的数量和尺寸要满足制备试样的需要。

3）检查调试好焊接设备，使之处于完好状态。

4）焊接材料按要求烘干和使用。

5）由熟练焊工严格按照预焊接工艺规程进行施焊和控制，并做好详细记录。

6）需要焊后热处理的要严格按照热处理工艺进行热处理。

（5）试件的检验与试验结果的评定。试件焊完后即可进行焊缝质量检测及力学性能试验。

常规检测项目包括：焊缝外观检验、无损探伤、力学性能检验、金相检验、断口检验等。各项试验试样的切取参见有关标准，各项试验都应有试验报告。

（6）焊接工艺评定报告。整个评定的原始技术资料包括母材和焊材的质量证明文件或复验报告、领料单、试件图样和加工工艺文件、施焊记录、焊缝外观检验表、热处理记录表、无损检测报告、力学性能报告单等，以上单、表均需要有关人员签字并为此负责，以保证原始资料的正确性和有效性。根据以上资料整理焊接工艺评定报告，并将其作为焊接工艺评定报告的附件存入档案。

焊接工艺评定报告的内容均为实际使用的条件和数据，包括所采用的焊接方法及其自动化程度、焊接接头简图（坡口形式与尺寸、焊接层/道及其顺序、衬垫）、母材及焊材、焊接位置、预热及层间温度、焊接参数以及无损检测、拉伸、弯曲、冲击等检验结果，还有评定结论及编制、审核、批准人员的签名等内容。

4.9 焊接质量检验

4.9.1 焊接全过程的质量检验

按照生产过程特点，焊接质量检验可分为三个阶段，即焊前检验、焊接过程中的检验和焊后质量检验。

（1）焊前检验。焊前检验的目的：以预防为主，达到消除或减小焊接缺陷产生的可能性。焊接前检验主要包括以下几方面的内容。

1）图样审查及技术条件分析。对设计图样的审查和技术条件的分析是保证焊接产品得以顺利生产的重要环节。图样审查的主要依据是焊接结构的合同文件、设计图样以及国家或第三方的有关法规和技术规范。图样的审核一般分为合同审图和工艺审图。

合同审图是签订合同之前要进行的审图工作，审查的主要内容如下：

A. 根据本企业的技术装备和工艺条件，确定能否承担制造任务，有无超出正常工装能力或特殊要求的工件。

B. 设计图样和技术条件是否符合国家现行的有关标准或技术规范的规定。

C. 审查图样是否有设计、校对、审核和批准人的签字，标题栏内的主要内容，如设备名称、图号、位号及材料规格表中各零部件的重量及总重量，是否与合同或协议内容相同。

工艺审图主要是进行技术条件分析和产品结构焊接可达到性分析，其主要内容如下：

D. 审查设计图样的设计条件是否符合现行的工艺规程、检验规程等具体规定的产品制造方法、检验方法和检验程序。

E. 审核图样的各部分尺寸、总图和零件图及节点与大样图的相关尺寸是否一致。

F. 审核各种无损检测及耐压和气密性试验的要求是否合理与可操作。

G. 审查各种钢材、特别是承压部件材料的焊接性，审查有无新材料或新钢种需要做焊接性试验或焊接工艺评定试验。

H. 审核焊接接头结构型式的合理性，估计母材厚度、结构形状、焊缝位置、坡口形式、拘束度、塑性变形及加工后必须达到的形状和尺寸、焊缝的检验要求等。

I. 审查图样对焊接过程的要求，包括焊前预热、层间温度控制及焊后热处理温度的选择是否合理，以及这些温度及其保温时间是否与该材料的脆性温度重合或接近。

J. 审核与焊接结构相关的国家标准、行业标准、企业标准和技术规范中质量要求和质量评定方法。

2）材料检验。材料检验包括母材检验和焊接材料检验。

母材检验包括焊接产品主材和外协委托加工件的检验，主要内容如下：

A. 材料入库要有材质证明书，实物上要有符合规定的材料标记符号，要对材料的数量和几何尺寸进行检验复核，对材料的表面质量进行检查验收。

B. 根据有关规定，需要时对材料化学成分进行检验或复验。

C. 必要时，对母材力学性能进行试验或复验，包括拉伸试验、弯曲试验、冲击试验等。

D. 根据合同或标准、规范的要求，对有些用作重要设备的母材还要做无损检测、显微检验和必要的腐蚀检验及硬度检验。

焊接材料检验：焊接材料（包括焊条、焊丝、焊剂、保护气体等）的选用和审批手续、代用的焊接材料及审批手续、焊接材料及代用的焊接材料合格证书、焊接材料及代用的焊接材料质量复验、焊接材料的型号及颜色标记以及焊接材料的工艺处理。

3）焊接工艺评定审核。焊接工艺评定的审核是确定焊接工艺参数的重要前提，审核的主要内容如下：

A. 焊接工艺评定是否符合工艺评定标准和设计技术条件的要求，是否与生产条件相符合。如果已有的焊接工艺都不符合要求，则要重新设计一个符合产品要求的工艺评定方案，再进行工艺评定试验。

B. 审查焊接工艺评定的相关试验数据。对焊接工艺参数及试件尺寸、坡口形式与尺寸以及试件的外观检验报告、无损检测报告、力学性能试验报告、焊缝的化学成分分析报告等进行认真审查，以确认所选的焊接工艺评定试验项目是否齐全，所有项目的数据是否合格，并估计该工艺评定保证焊接接头质量的可靠程度。

4）焊工技能评定。根据《钢熔化焊焊工技能评定》（GB/T 15169）或《水工金属结构焊工考试规则》（SL 35）以及《特种设备焊接操作人员考试细则》的规定，凡从事其所辖范围的焊工，都应按照有关规定参加考试，并取得有关部门认可的合格证书，才能进行相应材料和位置的焊接。因此，在焊接前必须检查焊工所持合格证的有效性，包括审核焊工考试记录表上的焊接方法、试件形式、焊接位置及材料类别等是否与焊接产品的要求一致，所有的考试项目是否合格，近期内实际焊接的成绩等。

5）焊前准备工作检查：

A. 切割下料前，板材表面腐蚀及机械损伤情况检查。

B. 坡口外观尺寸的检查。必要时用磁粉或渗透探伤检查坡口表面是否存在裂纹或夹层。

C. 工件组装的间隙大小、平直度和错边量的检查。

D. 坡口面及距坡口边缘 15～20mm 范围以内的油污等有机物及锈蚀情况检查。

E. 工件组装尺寸的精度检查以及焊接用胎具、卡具的牢固度和稳定性的检查。

F. 焊件试板材料钢号、试板加工、试板尺寸的检验。

G. 焊接预热方式、预热温度的检测。

H. 焊工资格证书有效期、考试合格项目的检查。

6）检测手段及人员资格审查：

A. 检查所用的检测方法是否正确，审查这种方法的可靠性和准确性。

B. 检查所选定的检测仪器、仪表和工具是否符合有关标准的要求，是否经过有关部门的计量检定。对无损探伤设备和仪器以及长度、温度、压力等计量仪器、仪表和工具等都要进行检定。

C. 对有关检验人员的资格证书及实际检验技能进行审定，以保证检验结果的客观性与可靠性。

7）焊前安全检查：

A. 焊接作业现场安全检查：检查焊工防护用品是否按规定穿戴；焊机接线是否正确、是否装有独立的电源开关、焊机外壳是否可靠接地保护；现场设备、材料、工具摆放是否有序，通道是否畅通；室内作业通风是否良好，登高焊接作业现场是否符合要求等。

B. 焊接作业的工具安全检查：检查焊钳、面罩、角磨机、手锤、扁铲等工具是否完好可靠，符合操作需要。

C. 焊接作业的夹具安全检查：检查夹紧工具、压紧夹具、拉紧工具和撑具是否完整、可靠好用。

D. 焊接环境检查：焊前应查看当天的天气情况，露天施焊时，要有防护措施；雨、雪天应停止焊接；检查相对湿度、风力、风向及气温，并采取相应的防护措施，以保证焊接过程不受外界环境的影响。

（2）焊接过程中的检验。焊接过程中检验的目的是防止和及时发现焊接缺陷，进行焊接缺陷修复，保证焊件在焊接过程中的质量。

1）检查所用焊接工艺参数是否与工艺规程的规定相符合（由于水电施工受现场条件限制，焊接电缆线通常较长，需用钳形电流表检查焊接电流），发现问题要及时纠正，严肃焊接工艺纪律。

2）检查焊接材料领用单与实际使用的焊接材料是否相符合；检查焊接材料的外观质

量、牌号和规格。

3）检查现场施焊部位的施焊方向和顺序是否与工艺规程规定相一致。

4）检查焊接试板的施焊位置，是否按正式焊件的焊接工艺施焊，并按工艺文件所要求的内容进行检验。

5）焊接过程中焊缝质量的检验。

A. 焊完第一道后和多层多道焊的焊道间的检验。检查焊道的成形和清渣情况，是否存在未熔合、未焊透、夹渣、气孔或裂纹等焊接缺陷，不合格的焊缝要进行处理后再继续焊接。

B. 清根质量检查。

C. 外观检验。焊缝成形后，要进行焊缝尺寸及表面缺陷的检查。

6）预热、层间温度和焊后消氢的检查。

7）检查焊接设备的运转情况，同时要检查焊接设备电流表和电压表的指示值是否与焊接工艺规程相符合，发现问题要及时处理。

（3）焊后质量检验。焊后质量检验的目的是鉴定产品焊接质量是否符合图样、工艺技术文件和相关技术标准的要求。包括焊缝的非破坏性试验、破坏性试验和其他检验，还应核对检验资料是否齐全、真实可靠。

4.9.2 焊接质量检验管理

焊接质量检验管理，包括焊接检验工作管理和焊缝质量监控工作管理两个方面。焊接质量的保证和控制是相辅相成的，焊接质量的保证包括规程、标准的贯彻，焊接工艺文件的编制，焊接工艺评定、焊接材料的管理、焊工管理等；焊接质量检验是控制焊接质量的必要手段。

（1）焊接检验工作管理。质量检验人员必须经过专门的培训，合格者方可上岗。对于专业性很强的质量检测人员，如无损检测人员，必须按照国家有关规定，经培训考取相应级别证书，并按照规定从事相应的无损检测工作。检测工作要有严格的制度、明确的委托手续、完整的检验记录、正确的检验报告、清楚的反馈程序、复验标记和焊缝抽检合格率统计资料等。

（2）焊缝质量监控工作管理。焊缝质量监控是指内部质量监控和焊缝外部质量监控。内部质量检测多用无损检测方法，该方法标准明确，反馈渠道清楚；而外部质量监控主要是对焊缝表面质量，如表面裂纹、焊缝余高、咬边等的检验。质量监控要运用各种监测手段，对监测的结果要反馈至有关生产过程和部门，进行分析、处理与控制。

（3）焊工培训与考核。

1）焊工考核的必要性和依据。焊工技术水平的高低是决定焊接质量的重要因素。所以，重要的水工金属结构产品和机电安装工程（如钢闸门、压力钢管、机组重要部件等）的焊接，必须由经专业培训、考试合格并领取合格证书的焊工施焊。

对从事水电水利行业一类、二类焊缝焊接的焊工，应经过专门的焊接基础知识和操作技能的培训，并按《水工金属结构焊工考试规则》（SL 35）规定的考试办法进行考试，并取得焊工合格证书。

2）焊工考核的基本内容。焊工考核分为基本知识和操作技能两部分。基本知识部分是在技术常识的范围内，加入有关工艺过程、焊接设备、安全技术等知识。操作技能方面主要是按规定考核焊工焊接各种位置（平、立、横、仰）的试件，来确定焊缝的熔深、接头的内部质量及力学性能等是否符合焊缝的设计要求。一般，焊工应先进行基本知识考试，合格后才能进行操作技能考试。技能考试分为若干项目，每个项目均规定了相应的代号。但是不同行业对 SL 35 考试项目的分类及代号的规定选择有所不一样。因此，质量监督人员应该熟悉本行业对 SL 35 的应用及考试项目代号。

3）焊工资格的检查。在产品正式焊接及焊接工艺评定试件施焊之前，质量监督人员应检查焊工的资格，即检查焊工合格证的下列内容：

A. 检查有效期。从焊工考试合格之日起，计算有效期，不得超过规定期限（一般有效期为 3 年）；否则应重新进行考试，合格后才能允许继续承担合格项目所覆盖范围内的焊接工作。

B. 检查考试项目。检查焊接方法和焊接位置与焊接产品条件的一致性；检查考试钢材和焊接材料与产品的一致性；检查试样形式、规格与焊接产品的一致性。考试项目与产品不符者，不许焊接。

4.9.3　焊接产品的质量检验

（1）焊接产品质量检验的重要性及检验方法。

1）焊接产品质量检验的重要性。焊接产品质量的好坏，将直接影响产品结构的安全性。如果水电站压力钢管的纵缝、环缝焊接接头存在严重的焊接缺陷，在水轮发电机组运行过程中，受到高水头压力的作用下，很有可能使该结构破坏，甚至造成严重的事故。同样，如果压力容器的焊接接头质量低劣的话，有可能造成爆炸事故。起重结构的焊接接头质量不过关，也会造成结构断裂，进而造成设备与人身重大安全事故。总之，质量低劣的焊接接头，将直接影响到焊接结构的安全使用，同时还可能导致种种意外事故，造成生命和财产的损失。

焊接产品的质量除了取决于结构设计、材料选择、施工工艺等因素外，为了保证产品质量，还应在施工阶段的各个环节，通过各种焊接检验方法减少或避免焊接缺陷的产生，同时能发现并判断焊接缺陷的性质、部位和尺寸，以便及时消除缺陷。

焊接产品质量检验是焊后对焊接产品质量进行全面评定所进行的综合性检验。通过对焊接产品进行全面的质量检验，可做出客观的评定，以便及时清除各种焊接缺陷，从而保证焊接产品的安全运行，避免破坏事故的发生。

2）焊接产品质量检验的方法。焊接产品质量检验的方法很多，其分类见图 4-40。

（2）常用非破坏性检验方法。

1）外观检验和测量。外观检验是用肉眼和借助样板，或焊缝检验尺、量块、低倍放大镜（不大于 5 倍）观察焊件，以发现未熔合、表面气孔、咬边、焊瘤及表面裂纹等表面焊接缺陷的检验方法。被检验的焊接接头应清理干净，不应有焊接熔渣和其他覆盖层。在测量焊缝外形尺寸时，可采用标准样板和量规。在多层焊时，要特别重视根部焊道的外观检验。对低合金高强钢做外观检查时，常需进行 2 次，即焊后检验 1 次，经 1~2d 后再检验 1 次，看是否产生延迟裂纹。对未填满的弧坑应仔细检查，以发现可能出现的弧坑裂纹。

2）致密性检验。焊接接头密封性检验的方法见表 4-80。

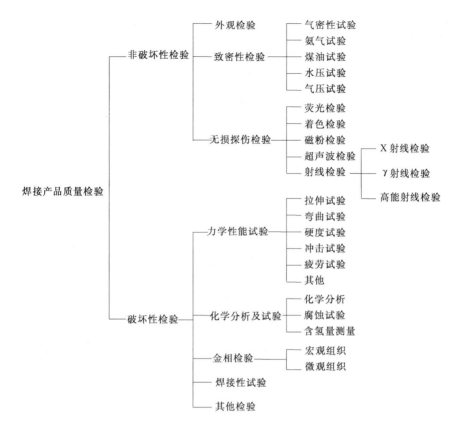

图 4 - 40 焊接产品质量检验方法的分类图

焊接接头密封性和强度检验的方法见表 4 - 81。

表 4 - 80　　　　　　　　　　　焊接接头密封性检验的方法表

检验方法	适用范围	检验程序	评定方法
煤油试验	敞开容器，储存液体容器及同类其他产品的容器	（1）在焊接接头的一面涂上白垩粉水溶液，而在另一面涂煤油 2～3 次； （2）在气温高于 -5℃ 的条件下，涂煤油后立即观察，检验的持续时间为 15～30min； （3）碳钢和低合金钢做煤油试验所需时间（水平位置）推荐为：金属厚度不大于 5mm，为 20min；厚度 5～10mm，为 35min；厚度 10～15mm，为 45min；厚度大于 15mm，为 1h（注：当煤油渗透为其他位置时，煤油作用时间可酌情增加）	在规定时间内，焊缝表面未出现油斑和油带，即定为合格
吹气试验	低压容器和管道	（1）用压缩空气流喷吹焊缝，压缩空气压力不小于 0.4MPa，喷嘴与焊缝距离不大于 30mm，且垂直对准焊缝； （2）在焊缝另一面涂以 100g/L 的肥皂液，观察肥皂液一侧是否出现肥皂泡	出现肥皂泡即为缺陷

表 4-81　　　　　　　　　　　　　焊接接头密封性和强度检验方法表

检验方法	适用范围	检验程序	评定方法
水压试验	焊接容器的密封性试验和强度试验	（1）试验时水温应维持在 5℃； （2）首先将焊件内的空气排尽，再用水将容器灌满，并堵塞好容器上的一切孔和眼，用水泵把容器内的水压逐级提高到技术条件规定的数值（一般是工作压力的 1.25～1.5 倍），在此压力下保持一段时间（一般为 20min），然后把压力降低到工作压力，用 1～1.5kg 左右的圆头小锤在距焊缝 15～20mm 处沿着焊缝轻轻敲打； （3）对管道进行检查时，宜用阀门将其分成若干段，依次进行试验	焊接接头上焊缝如无水珠、细水流或"出汗"时，即为合格
气压试验	一般用于排水困难的低压容器和管道	气压试验的危险性比水压试验大，进行试验时必须按以下安全规定操作： （1）试验要在隔离场所内进行； （2）在输气管道上要设置一储气罐，储气罐的气体出入口处装有气阀，以保证进气稳定。在容器或管道入口端需安装安全阀、工作压力计和监控压力计； （3）当试验压力达到规定值（一般是工作压力的 1.25～1.50 倍）时，关闭输气阀门，停止加压； （4）施压下的容器或管道不得敲击、振动、修补缺陷； （5）低温下试验时，要采取防冰冻的措施。 试验时，当停止加压后，涂肥皂液检漏或检查工作压力表数值变化	没有发现漏气，压力表数值未变，定为合格

3）焊缝的无损探伤检验。焊接结构无损探伤（无损检测）是利用超声波、射线、电磁辐射、磁性、涡流等物理现象，在不损害被检产品的情况下，检验焊接质量的有效方法。常用无损探伤方法的比较见表 4-82。

表 4-82　　　　　　　　　　　　　常用无损探伤方法的比较表

探伤方法		探伤工件	探测厚度	探出缺陷	判伤方法	检疵灵敏度	探伤结论	主要优点	主要缺点
射线探伤	γ射线	金属材料或非金属材料，无特殊加工要求	取决于射线源的剂量大小，一般为 500mm 以下	近表面及内部缺陷	由照相底片观察	通常为厚度的 3%～5%	缺陷的位置、形状及大小以及分布情况	与 X 射线比较，设备轻便，不易损坏，照透厚度范围较大，可一次拍照多张底片	灵敏度低，曝光时间长，安全防护要求较高，对人体有害
	X射线		取决于 X 射线探伤仪的电压等级，一般为 180mm 以下			可达厚度的 1%		透视灵敏度高，能保持永久性的缺陷记录，不受材料形状限制	费用高，设备较重，不能发现与射线方向垂直的线性缺陷，照透厚度较 γ 射线小

探伤方法	探伤工件	探测厚度	探出缺陷	判伤方法	检疵灵敏度	探伤结论	主要优点	主要缺点
超声波探伤	简单形状的任何材料或工件表面粗糙度 Ra 在 3.2μm 以上	随材料不同而异，锻钢材可达1000mm以上	任何部位的缺陷（表面、近表面、内表面、底部）	由图形上信号的变化确定缺陷有无	灵敏度高且不随工件厚度变化而变化	缺陷的位置、深度、大小与分布情况	适用范围广，灵敏度高，对人体无害，运用灵活，即时可得出探伤结果。能对正在运行的设备进行探伤	只能检验简单形状的工件，表面要求较高，不能确定缺陷性质及准确的尺寸。其准确性在一定程度上取决于探伤人员的经验，不能保留永久性的探伤记录
TOFD探伤	简单形状的任何材料或工件表面粗糙度 Ra 在 3.2μm 以上	12～400mm	内部缺陷	D扫描图像分析测量	灵敏度高	缺陷的位置、深度、大小与分布情况	缺陷的检出率高，任何方向的缺陷都能有效发现，D扫描成像，缺陷判读更加直观，定量精确，检测数据数字记录	存在表面盲区，对噪声敏感，对粗晶材料，检出比较困难，对复杂几何形状的工件比较难测量
磁粉探伤	铁磁性金属表面粗糙度 Ra 在 1.6μm 以上	原则上不限	表面及近表面缺陷	由磁粉排列情况直接观察	取决于磁化方法，磁化电流（交、直流）及其大小，缺陷位置深度，磁粉粒度、性能及表面粗糙度等因素	缺陷的位置、形状及长度	灵敏度高，速度快，能直接观察缺陷，操作方便	不能检验非磁性材料，不能发现内部缺陷，表面加工要求高，难于确定缺陷深度
渗透探伤	金属或非金属工件表面粗糙度 Ra 在 1.6μm 以上	不受厚度限制	表面缺陷	由试件表面的显现粉上直接观察	稍低于荧光探伤，可发现宽不小于0.01mm深不小于0.03～0.04mm的缺陷	表面缺陷的位置、形状及长度	不需专门设备，操作简便，耗费最廉	灵敏度较低，速度慢，表面粗糙度要求高

不同材质焊缝无损探伤方法的选择见表4-83。

表4-83　　　　　　　　　不同材质焊缝无损探伤方法的选择表

检验对象		射线探伤	超声波探伤	TOFD探伤	磁粉探伤	渗透探伤
铁素体钢焊缝	内部缺陷	★	★	★	×	×
	表面缺陷	△	△	△	★	★
奥氏体钢焊缝	内部缺陷	★	△	★	×	×
	表面缺陷	△	△	△	×	★
铝合金焊缝	内部缺陷	★	★	★	×	×
	表面缺陷	△	△	△	×	★
其他金属焊缝	内部缺陷	★	★	★	×	×
	表面缺陷	△	△	△	×	★

注 ★—合适；△—有附加条件合适；×—不合适。

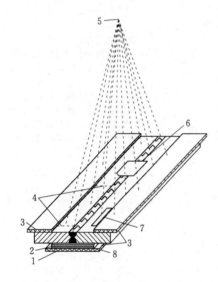

图4-41　焊缝的射线探伤示意图
1—增感屏；2—暗盒；3—铝板；4—定位
标记；5—射线源；6—像质计；
7—识别标记；8—底片

A. 焊缝的射线探伤。利用X射线或γ射线照射焊接接头检查内部缺陷的无损检测方法，称为射线探伤见图4-41。

射线探伤原理：X射线、γ射线是一种波长较短的电磁波，当穿透物体时被部分吸收，使能量发生衰减。如果透过金属材料的厚度不同（例如焊缝内部有裂纹、气孔、未焊透等缺陷时，该处发生空穴，使材料变薄）或密度不同（如焊缝内部有夹渣等缺陷时），产生的衰减也不同，透过较厚或密度较大的物体时，衰减大，因此射到底片上的射线强度就较弱，底片的感光度较小，经过显影后得到的黑度就浅；反之，黑度就深。根据底片上黑度深浅不同的影像，就能将缺陷清楚地显示出来。

判断照相底片上的焊接缺陷影像时，要将可能出现的各种伪缺陷及时发现，否则会产生误判，影响焊缝质量的准确评定。

B. 焊缝的超声波探伤。超声波是弹性介质中的机械振荡，以波的形式在材料介质中传播。用于金属材料超声波探伤的常用频率为0.5～20MHz。超声波能在任何介质中传播，由于超声波的波长较短，在固体中传播时，传播能量较大。

a. 超声波探伤仪的结构及工作原理。目前使用最广泛的超声波探伤仪是A型脉冲反射式超声探伤仪，它是利用焊缝及母材的正常组织与焊缝中的缺陷具有不同的声阻抗（材料密度与声速的乘积）和声波在不同的声阻抗的异质界面上会产生反射的原理来发现缺陷的。

超声波探伤仪由机体和探头两部分组成。机体主要由同步电路、扫描电路、发射电路、接收放大电路、时标电路和示波器等部分组成。探头是一种声电换能器，也称超声波转换器。它由压电晶片、有机玻璃透声楔块和阻尼吸收块组成。

探头分为直探头和斜探头两类，超声波探伤焊缝中的缺陷一般采用斜探头，因为实际生产中探伤焊缝时，焊缝的余高并不去除，因此不能用直探头从焊缝表面将超声波传入焊缝内部。同时，焊缝中的裂纹和未焊透缺陷在多数情况下垂直于焊缝表面，当超声波从表面传入时，超声波的传播方向与缺陷方向平行，就不易发现缺陷。应用斜探头探伤可以使超声波从焊缝两侧的基体金属表面以一定角度传入焊缝。斜探头探伤原理见图4-42。

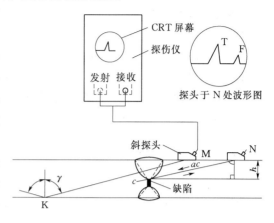

图4-42 斜探头探伤原理示意图

当斜探头置于M处时，若超声波没有遇到焊缝中的缺陷，一直传播到底部K处后继续向前反射传播，探头接收器接收不到反射波，因此示波器屏幕上仅有始脉冲T。当探头移至N处时，超声波遇到缺陷c，就被反射回来，探头接收后，在屏幕上就会出现缺陷脉冲F，缺陷位置可以按下式计算：

$$h = ac\cos\gamma \qquad\qquad (4-45)$$

式中 h——缺陷深度；

ac——斜边长。

超声波探伤前应将焊缝两侧探伤表面打磨光洁，表面粗糙度 Ra 不超过 $6.3\mu m$，以保证良好的声波耦合。探头中发射出的脉冲超声波是通过声波耦合介质（水、油、甘油或糨糊等）传播到焊件中的。

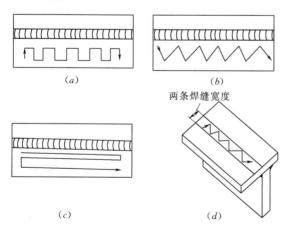

图4-43 探头的移动方式图

b. 超声波探伤技术。采用斜探头探伤时，首先应选择探头的角度，目前探头角度有30°、40°及50°三种。选择探头角度时，将斜探头紧贴于焊缝垂直位置，其声速中心刚好穿过钢板厚度的1/2处最为宜。

探伤时，探头在焊缝两侧应做有规则的移动，以保证焊缝截面和焊缝长度上全部探到。探头的移动方式见图4-43。

c. 用超声波探伤仪判断焊缝缺陷。气孔波形呈球形，反射面较小，对超声波的反射不大，可在屏幕上单独出现一个尖波，波形也比较单纯。而对于链状气孔，屏幕上则不断出现缺陷波。对于密集气孔，屏幕上则出现数个此起彼落的缺陷波。各种缺陷的波形见图4-44。

裂纹波形的反射面积比气孔大，且较为曲折，采用斜探头检验时，屏幕上会出现锯齿较多的尖波波形。

夹渣波形本身的形状不规则，表面粗糙，因此，波形由一串高低不同的小波组成，且波形根部较宽。

d. 质量标准。超声波探测焊缝的方向愈多，波束垂直于缺陷表面的概率愈大，缺陷的检出率也愈高，其评定结果也愈准确。《焊缝无损检测　超声检测　技术、检测等级和评定》（GB/T 11345—2013）规定了母材厚度不小于 8mm 的低超声衰减的金属材料熔化焊焊接接头的手工超声检测技术。

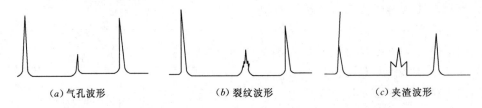

(a) 气孔波形　　　　　　　(b) 裂纹波形　　　　　　　(c) 夹渣波形

图 4-44　各种缺陷的波形图

C. 焊缝的 TOFD 探伤。超声波衍射时差法（TOFD）是利用缺陷端点的衍射波信号发现缺陷和测定缺陷尺寸的一种超声检测方法。

a. TOFD 探伤原理。TOFD 探伤一般采用一对晶片尺寸、中心频率和折射角等参数相同两个探头一发一收产生非聚集的纵波，从待检工件内部结构（主要是指缺陷）的"端角"和"端点"处得到衍射能量，用于缺陷的检测、定量和定位。TOFD 检测原理见图 4-45。

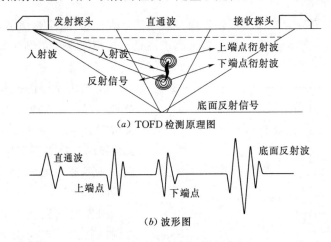

(a) TOFD 检测原理图

(b) 波形图

图 4-45　TOFD 检测原理示意图

系统通过数字采样，记录每个检测位置的完整的不检波 A 扫描信息，连续的 A 扫描数据显示成 D 扫描，振幅用灰度显示，形成 TOFD 图像。

b. TOFD 检测的基本程序为：

检测系统设置和校准——主要是设置检测系统一些功能参数，如：PCS 计算、探头延迟的测量、激发模式、触发电压、探头频率、工件厚度、滤波器、脉冲重复频率、编码器校准等。检测前应在对比试块或被检工件上设置检测灵敏度，设置应满足相关标准规定。

检测——用非平行扫查和偏置非平行扫查对焊缝进行扫查，采集 TOFD 图像。

数据分析——根据 TOFD 图像，对缺陷波的相位、缺陷形成点线面、显示轮廓、缺陷所处的深度位置以及缺陷波幅的观察，结合所检测的焊接结构，判定缺陷性质类型（上表面或下表面开口型缺陷或内部缺陷），还可确定以下特征：缺陷的位置（X、Y 坐标）、缺陷长度（ΔX）、缺陷埋藏深度和自身高度（H、Δh）。在 TOFD 图像缺陷位置做出标记，方便调用缺陷信息。数据分析可在检测设备上进行也可使用离线分析软件进行。

c. 验收标准与缺陷评定。近年来，TOFD 法在欧洲、美国和日本已广泛用于锅炉、压力容器和压力管道焊缝的检测，在最新欧洲标准 ENV 583 - 6：2000、CEN/TS - 14751：2004、NEN1882：2005，英国 BS7706：1993 [2]、美国 ASME 2235：2001 [3]、ASTM E2373—2004 和日本 2423：2001 [4] 等中都已经对 TOFD 法有了相关的规定。我国《承压设备无损检测标准 第 10 部分：衍射时差法超声检测》（JB/T 4730.10）和各行业、企业 TOFD 标准相继发布，对缺陷评定与质量分级有如下内容：①焊接接头中不允许存在以下缺陷：裂纹、未熔合的缺陷；全熔透焊缝存在未焊透、非熔透焊缝存在未焊透尺寸超标；表面开口缺陷；②缺陷自身高度 Δh 评定；③条状缺陷和缺陷累计长度的评定；④单个点状缺陷显示评定；对于密集型点状缺陷显示的评定。

D. 焊缝的渗透探伤。采用带有荧光材料（荧光法）或红色染料（着色法）的渗透剂的渗透作用，显示缺陷痕迹的无损检测方法，称为渗透探伤。

渗透探伤原理及步骤：将含有染料的渗透液涂敷在被检焊件表面，利用液体的毛细作用，使其渗入表面开口缺陷中，然后去除表面多余渗透液，干燥后施加显像剂，将缺陷中的渗透液吸到焊件表面上来，通过观察缺陷显示痕迹来进行焊接结构开口缺陷的质量评定。渗透检验的基本步骤见图 4 - 46。

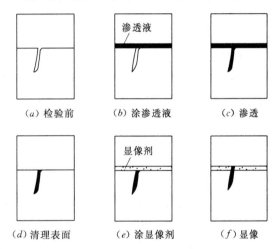

（a）检验前　（b）涂渗透液　（c）渗透

（d）清理表面　（e）涂显像剂　（f）显像

图 4 - 46　渗透检验的基本步骤示意图

渗透检验各种焊接缺陷痕迹的显示特征见表 4 - 84。

表 4 - 84　　　　　渗透检验各种焊接缺陷痕迹的显示特征表

缺 陷 种 类		缺陷痕迹的显示特征
焊接气孔		呈圆形或长条形，显示比较均匀，边缘减淡
焊接裂纹	热裂纹	显示一般带曲折的波浪状或锯齿状的细条纹
	冷裂纹	显示一般呈直线细条纹
	弧坑裂纹	显示呈星状或锯齿状纹
未焊透		呈一条连续或断续直线条纹
未熔合		呈直线状或椭圆形条纹
夹渣		缺陷显示不规则，形状多样且深浅不一

E. 焊件的磁粉探伤。利用在强磁场中，铁磁性材料表层缺陷产生的漏磁场吸附磁粉的现象而进行的无损检测方法，称为磁粉探伤。

a. 磁粉探伤原理。当铁磁材料的焊件沿轴向通入电流或在其上面放置轭形磁铁，此时焊件被磁化。若被磁化的焊件内部组织均匀、没有任何缺陷，磁力线在焊件内部是平行、均匀分布的。当焊件存在裂纹、气孔、夹渣等缺陷时，由于这些缺陷中的物质是非磁性的，磁阻很大，因此遇到缺陷的磁力线只能绕过缺陷部位，结果在缺陷上下部位出现磁力线聚集和弯曲现象。当缺陷分布在焊件表面或近表面时，缺陷一段弯曲的磁力线被挤出焊件表面，通过外部空间再回到焊件中去，即产生了漏磁现象。焊件表面缺陷时磁力线分布情况，如图 4 - 47 中 C 和 D 所示。这种漏磁在焊件表面形成一个有 S、N 两极的局部小磁场。此时 C 和 D 处表面的磁力线的密度增加，

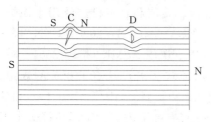

图 4 - 47　焊件表面缺陷时
磁力线分布情况图

如在 C 和 D 处喷洒磁导率大而矫顽率小的磁悬液，其中的磁粉将会吸附在漏磁部位，形成磁粉堆积，即表明此处存在缺陷。

b. 检验方法。磁粉检验时，应先将检验部位表面磨光，防止因焊件表面粗糙度引起漏磁而降低检验的准确性。磁粉检验所发现的缺陷只能做定量分析，而对缺陷的性质和表面深度只能依据经验来估计。

磁粉检验只适用于铁磁性材料（包括焊件）。非铁磁性材料如奥氏体不锈钢、铜、铝等不适用。

（3）常用破坏性检验方法。破坏性检验是从焊件上切取试样，以检验其各种力学性能、化学成分和进行组织的试验方法，破坏性检验中的许多试验方法和焊接性试验中的试验方法是一样的。

1）焊接接头的力学性能试验。

A. 拉伸试验。用于评定焊缝或焊接接头的强度和塑性性能。抗拉强度和屈服强度的差值 $(R_m - R_{eL})$ 能定性说明焊缝或焊接接头的塑性储备量。伸长率 (A) 和断面收缩率 (Z) 可以看出塑性变形的不均匀程度，能定性说明焊缝金属的偏析和组织不均匀性，以及焊接接头各区域的性能差别。

B. 弯曲试验。用于评定焊接接头塑性并可反映出焊接接头各个区域的塑性差别，暴露焊接缺陷，考核熔合区的结合质量。弯曲试验可分为横弯、纵弯、正弯、背弯和侧弯。侧弯试验能评定出焊缝与母材之间的结合强度、双金属焊接接头过渡层及异种钢接头的脆性、多层焊的层间缺陷等。

C. 冲击试验。用于评定焊缝金属和焊接接头的韧性和缺口敏感性。试样为 V 形缺口，缺口应开在焊接接头最薄弱区，如熔合区、过热区、焊缝根部等。根据需要可以做常温冲击、低温冲击试验。冲击试验的断口情况对接头是否处于脆性状态的判断很重要，常常被用于宏观和微观断口分析。

D. 硬度试验。用于评定焊接接头的硬化倾向，并可间接考核接头的脆化程度，以对比焊接接头各个区域性能上的差别，找出区域性偏析和近缝区的淬硬倾向。

E. 疲劳试验。用于测定焊缝金属和焊接接头承受交变载荷时的强度，焊接接头的疲劳极限主要取决于施加的载荷和振幅。

2）焊接接头的金相检验。焊接金相检验是把焊接接头上的金属试样经过加工、磨光、抛光和选用适当的方法显示其组织后，用肉眼或在显微镜下进行组织观察，并根据焊接冶金、焊接工艺、金属相图与相变原理及有关标准和图谱，定性或定量地分析接头的组织形貌特征，从而判断焊接接头的质量和性能，查找接头产生缺陷的原因，为改进焊接工艺、选择焊接材料或钢材等提供资料。

A. 宏观金相检验。宏观金相检验是采用肉眼或通过 20～30 倍以下的放大镜来检查经侵蚀或不经侵蚀的金属截面，以确定其宏观组织及缺陷类型。能在一个很大的视域范围内，对材料的不均匀性、宏观组织缺陷的分布和类别等进行检测和评定。

B. 微观金相检验。微观金相检验是利用光学显微镜（放大倍数在 50～2000 之间）检查焊接接头各区域的微观组织、偏析和分布。通过微观组织分析，研究母材、焊接材料与焊接工艺存在的问题及解决的途径。

3）断口分析。断口分析是对试样或构件断裂后的破断表面形貌进行研究，了解材料断裂时呈现的各种断裂形态特征，探讨其断裂机理和材料性能的关系。

断口分析的目的：①判定断裂的性质，寻找破断原因；②研究断裂机理；③提出防止断裂的措施。在焊接检验中主要是了解断口的组成，断裂的性质及类型、组织与缺陷对断裂的影响等。

断口分析一般包括宏观分析和微观分析两个方面。宏观断口分析主要是看金属断口上纤维区、放射区和剪切唇三者的形貌、特征、分布以及各自所占比例，从而判断断裂的性质和类型。微观断口分析的目的是为了进一步确认宏观分析的结果，它是在宏观分析的基础上，选择裂纹源部位、扩展部位、快速破断区以及其他可疑区域进行微观观察。

4）化学成分分析与试验。

A. 化学成分分析。主要是对焊缝金属的化学成分进行分析。从焊缝金属中截取试样是关键，除了应注意试样不得氧化和沾染油污外，还应注意取样部位在焊缝中所处的位置和层次。不同层次的焊缝金属受母材的稀释作用不同。一般以多层焊或多层堆焊的第三层以上的成分作为熔敷金属的成分。

B. 扩散氢的测定。熔敷金属中的扩散氢的测定有 45℃ 甘油法、水银法和色谱法三种。目前多用甘油法，按《熔敷金属中扩散氢测定方法》（GB/T 3965—2012）的规定进行。但甘油法的精度较差，正逐步被色谱法所取代，水银法因污染问题极少应用。

C. 腐蚀试验。焊缝金属或焊接接头的腐蚀破坏有晶间腐蚀试验、应力腐蚀试验、静水腐蚀试验和动水腐蚀试验等。其中焊接接头晶间腐蚀试验的目的是利用试件正确地确定奥氏体和奥氏体—铁素体型不锈钢产品，在正常使用条件下所发生的晶间腐蚀倾向。

参 考 文 献

[1] 姜焕中. 电弧焊及电渣焊. 修订本. 北京：机械工业出版社，1988.

[2] 中国机械工程学会. 焊接手册：第 1 卷. 第 3 版. 北京：机械工业出版社，2007.

［3］　姜泽东．埋弧自动焊工艺分析及操作案例．北京：化学工业出版社，2009.

［4］　陈祝年．焊接工程师手册．北京：机械工业出版社，2002.

［5］　刘云龙．焊工技师手册．北京：机械工业出版社，2000.

［6］　陈裕川．焊工手册：埋弧焊·气体保护焊·电渣焊·等离子弧焊．第2版．北京：机械工业出版社，2007.

［7］　尹士科．焊接材料实用基础知识．北京：化学工业出版社，2004.

［8］　中国标准出版社第三编辑室．机械制造加工工艺标准汇编：焊接与切割卷．北京：中国标准出版社，2009.

5 设备的防腐

5.1 设备防腐概论

水电站金属结构及机电设备所处的环境工况具有特殊性和复杂性，长期受到恶劣工况的考验和各种环境界质的侵蚀，泄水闸和冲砂闸处于干湿交替或高速含砂水流的冲击磨蚀环境，沿海防潮闸或拦河闸长期处于淡海水交替、干湿交替及暴晒的复杂环境中，各类坝上机电设备，长期受大气紫外线暴晒和酸雨的侵蚀等，还有部分设备如压力钢管投入运行后维修困难。如何采取有效的防腐蚀措施，保证施工质量，延长构件和设备的使用寿命，对保障金属结构和机电设备的安全运行极为重要，因为金属结构设备的安全运行直接影响到水利水电工程安全和社会经济效益的正常发挥。本章重点介绍了金属结构和机电设备的防腐蚀措施选择、施工质量控制、质量检验及标准规范等几个方面的内容。

5.1.1 金属在自然环境下的腐蚀

金属结构的主要原材料是钢铁，常温条件下钢铁的腐蚀本质上是电化学腐蚀，而不是简单的铁与氧直接氧化反应生成铁锈。

整个电化学腐蚀过程由三个环节组成，用腐蚀微电池描述了类似的腐蚀过程，腐蚀微电池见图 5-1。

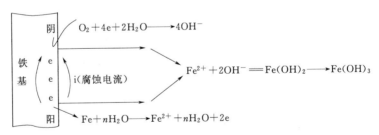

图 5-1　腐蚀微电池示意图

（1）阳极过程。金属溶解，Fe 失去电子，以离子的形式进入溶液，并把当量的电子留在金属上：

$$Fe \longrightarrow Fe^{2+} + 2e$$

（2）阴极过程。从阳极流过来的电子被电解质溶液中能够吸收电子的氧化性物质所接受，即溶解氧夺得电子后成为氧离子，再和水作用生成氢氧根离子：

$$O_2 + 4e \longrightarrow 2O^{2-}$$
$$O^{2-} + H_2O \longrightarrow 2OH^-$$

（3）电流的流动。因为阳极过程和阴极过程是互不依赖的相对独立过程，电流在阳极和阴极间的流动是通过下述过程实现的：在金属中是多余的电子从阳极流向阴极，而在溶液中是依靠离子的迁移，即阳离子从阳极区向阴极区移动，阴离子从阴极区向阳极区移动，这样整个电池系统中的电路构成回路。图5-1中，阴极区的氢氧根离子与阳极区溶解的铁离子通过移动结合生成氢氧化铁，氢氧化铁 [Fe(OH)₃] 干燥时，部分脱水：$2Fe(OH)_3 \Longleftrightarrow Fe_2O_3 + 3H_2O$，即 $Fe(OH)_3$ 及脱水后的 Fe_2O_3 是红褐色铁锈的主要成分。

在腐蚀微电池中，金属的腐蚀破坏将集中地出现在阳极区，表现在阳极区铁离子的溶解，而在阴极区只起到传递电子的作用，不会发生任何金属损失。

腐蚀电池工作时所包含的上述三个基本过程既是相互独立的，又是紧密联系的。只要其中一个过程受到阻滞不能进行，则其他两个过程也将受到阻碍而不能进行，整个腐蚀电池的工作势必停止，金属的电化学腐蚀过程也就停止了。

5.1.2 金属结构的防腐蚀保护措施

由电化学腐蚀原理可知，钢铁发生腐蚀必须具备三个条件：首先，钢铁表面存在电位差；其次，阴极与阳极间有良好的接触；第三，阴极与阳极处在互相连通的电解质水中。

我国金属结构的防腐蚀措施常用的有三类，即涂料保护、金属喷涂和涂料联合保护、电化学保护（以牺牲阳极法阴极保护为主）。现分别简要介绍如下。

（1）涂料保护。涂料保护是目前应用最为广泛的方法之一，它是将涂料涂装在金属结构的表面形成保护层，把钢铁基体与电解质溶液、空气等隔绝开来，以避免产生腐蚀的条件。

这种方法的特点是：①选择范围广、品种多；②施工简便，适应性强，涂料能涂装在各种复杂的表面上。同时，也适应于钢铁以外的其他表面；③性能良好的涂料配合正确的施工工艺，可以获得较好的保护效果。目前，我国一些水电工程金属结构和机电设备的涂料保护有效期可达6～8年，若与其他方法联合保护，效果更佳。

但涂料保护也存着一些问题：①相对而言，涂料的保护周期较短；②由于金属结构长效防腐对涂料施工要求较高，需要一定的涂膜厚度和涂装层数，因而施工周期较长；③部分防锈颜料或溶剂具有毒性或刺激性味道，对人体有害。

（2）金属涂层和涂料联合保护。金属涂层保护主要是喷锌、喷铝或喷锌铝合金层等，现在工程施工均在金属涂层表面外加涂料保护，涂覆涂料封闭层、中间层和面层等，形成复合涂层联合保护，以增加保护寿命。

以金属喷锌为例，金属锌层和涂料复合涂层具有双重的保护作用，一方面，像涂料那样起着覆盖作用，将基体与水、空气等腐蚀介质隔离开来；另一方面，当复合涂层有孔隙或局部损坏时，腐蚀介质与基体接触，锌涂层与基体构成腐蚀电池，钢铁基体为阴极，锌为阳极，腐蚀反应通过消耗阳极锌而使基体受到保护，锌涂层的牺牲阳极保护作用原理见图5-2。

在阳极区，锌溶解成锌离子进入水中，释放出的电子沿钢铁流向阴极（钢铁基体与水接触处），在阴极区仅发生氧夺取电子的过程，而无腐蚀产生，这样就牺牲了锌涂层，而保护了基体，发挥了牺牲阳极类型的阴极保护作用。

锌涂层在水中、城市和中性环境下可提供长期的保护作用，但它对酸的敏感性，限制了它在工业大气环境中的应用。在工业环境中，燃烧煤和油带来了大量的硫污染，构成的酸性环境会使锌生成易溶于水的腐蚀产物硫酸锌，因此喷涂层会损耗较快。

喷铝近年来应用有所增加，主要是各种稀土铝喷涂材料的推出，但在淡水环境中应用效果较差。一方面，是其对钢材表面预处理质量要求较高，施工难度大，容易脱落；另一方面，铝是一种活泼性非常高的金属，在空气中表面瞬间会形成致密的 $Al_2O_3 \cdot 3H_2O$ 氧化层，致密的氧化层反而使其电化学保护性能低于锌，一般在工业大气环境、水上结构或海洋环境使用较多。喷铝涂层具有较多的孔隙，必须进行涂料封闭，且封闭的越早越好，喷铝层对

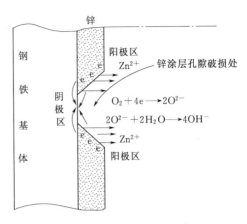

图 5-2　锌涂层的牺牲阳极保护作用原理图

封闭涂料的匹配性要求较高，一般要求预涂磷酸盐封闭底漆或铬酸盐封闭底漆，否则易起泡，封闭涂层下的铝涂层也易产生白色絮状的氢氧化物等腐蚀产物。

热喷涂锌铝合金通常使用的牌号为 Zn-Al15，即含 Zn 量 85%，含 Al 量 15% 的二元锌铝合金。Zn-Al15 是一种在许多方面都优于纯锌或纯铝的两相组织结构的涂层，该合金的热喷涂涂层微观组织结构是富锌相和富铝相二相结构组成。在腐蚀环境下，富锌相优先被溶解，其腐蚀产物封闭了涂层中的孔隙。富锌相的阳极作用不但保护了钢铁基体，还减缓了富铝相的腐蚀速度。富铝相具有较高的硬度，从而强化了整个涂层，提高了耐磨性和抗冲蚀性能以及使用寿命。虽然锌铝合金的许多试验性能优良，但由于其价格及施工难度比喷锌高，施工效率比喷锌低，在水电工程使用方面用量比喷锌少。

（3）电化学保护。根据对被保护结构提供电流的方式不同，电化学保护方法分为两种，即牺牲阳极法阴极保护和外加电流法阴极保护。目前，主要应用在海水或淡海水交界处的金属结构上，且以牺牲阳极法阴极保护联合涂料保护为主，外加电流阴极保护由于水工金属结构的外形复杂，保护电流不容易达到均匀保护效果而应用较少。

牺牲阳极法阴极保护原理见图 5-3，选择一种电极电位比被保护金属更负的活泼金属或合金，把它与被保护金属共同置于电解质环境中并从外部实现电连接，这种负电位的活泼金属或合金在所构成的电化学电池中成为阳极而优先腐蚀溶解（故被称为牺牲阳极），释放出的电子（即负电流）使被保护金属阴极极化到所需电位范围，从而抑阻腐蚀实现保护。

金属结构—焊接导线—牺牲阳极—淡海水—金属结构，构成了一个完整的电流回路，金属结构通过相连的牺牲阳极而得到阴极保护。在牺牲阳极上发生了 $M \longrightarrow M^{2+} + 2e^-$ 的氧化反应，金属原子溶解转变成离子进入水环境，同时释放出电子，传输到金属结构使之产生阴极极化，实现阴极保护。

牺牲阳极法阴极保护技术有其独特的优点：①它不需要任何外部电源，增强了应用的广泛性；②其放电过程对邻近的结构物可能产生的杂散电流干扰很小，甚至无干扰；③对小型工程而言，这种阴极保护成本很低；④施工安装简单，阴极保护系统运行期间的维护管理成本很低；⑤在低电阻率（海水或淡海水）环境中，运行良好。

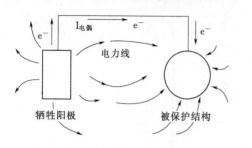

图 5-3　牺牲阳极法阴极保护原理图

裸露的钢结构实施牺牲阳极法阴极保护需要消耗大量的阳极金属，对整个系统都是不经济的。因此，在大型钢结构上常与涂料联合保护。牺牲阳极的作用在于从根本上防止腐蚀的开始，从而避免涂料被下面的锈层顶起破坏，而涂料完整地覆盖整个钢结构表面，又将保护电流降到最小的程度，两者相辅相成，显示了联合保护的良好效果及经济合理性。目前，在水工金属结构上较常用的是防潮闸及海工钢结构等。

（4）保护措施的选择。由前所述三类保护措施的原理和特点可知，它们各适用于不同类型结构的腐蚀环境，现简单介绍如下。

1）牺牲阳极法阴极保护与涂料联合防护适用于高电导率的海水或淡海水介质中金属结构的保护，如防潮闸等。尤其是一些难以更换的金属埋件，建议在安装时加装牺牲阳极保护。

2）金属喷涂和涂料联合保护适用于维修条件较差，工作环境恶劣，防腐要求较高的重要结构。如水库的深水闸门、多孔泄洪闸门、船闸的工作闸门及船闸廊道输水闸门等，大直径压力钢管、隧洞钢板衬砌等。

3）涂料保护对于结构没有特殊的要求，应用比较广泛，但以水上结构为主。近年来研制出了许多新型长效防腐涂料，显示出了其广泛的适用性，也可用在水下结构如压力钢管的防腐，以耐磨长效防腐涂料为主。

在水利水电工程中，有时同一金属结构的各个部位并不在同一腐蚀环境里工作，其各个部位的腐蚀情况也有所不同，应具体情况具体分析，本着节约等效的原则，对结构采取多种保护措施的联合防腐。

等效防腐的含义是金属结构各个部位应具有相同的防护年限。根据等效防腐的原则，设计人员除考虑金属结构的强度和功能外，还应照顾到防腐蚀工艺性需要。第一，结构设计时，应尽可能避免采用容易积水的结构型式，否则应在适当的地方开排水孔。对难于进行内部防腐施工的箱形梁等结构应尽可能采用封闭腔体形式；第二，既不能满足防腐蚀工艺要求又不能采用封闭腔体的部位，应加大钢材的腐蚀裕量；第三，结构设计时，应尽量避免异种金属接触形成电偶腐蚀现象，绝对不能出现大阴极小阳极的情况；第四，选用不锈钢或不锈钢复合板时，应考虑焊接对热影响区的金相组织和电化学性能影响，否则容易出现点蚀、晶间腐蚀等现象；第五，高强螺栓连接面在表面预处理质量合格后，宜覆盖 $40\mu m$ 的热喷锌或无机富锌层。普通螺栓连接面在表面预处理质量合格后可涂环氧富锌、无机富锌或环氧云铁中间漆一道，厚度 $40\mu m$；第六，止水压板应与闸门迎水面的防腐要求相同，紧固件应采取必要的防腐蚀措施，如采用达克罗或镀锌处理等；第七，长年不接触水的表孔闸门背水面等腐蚀较轻的部位，可以在设计时适当降低涂层厚度要求。

5.2 表面预处理工艺及质量控制

金属结构无论采用何种保护方法，均要求以金属或非金属保护层覆盖整个被保护结构表面，使之与腐蚀性物质隔离，以防止或减弱腐蚀性环境对结构的破坏。只有涂层与基体间实现良好的结合，才能延长涂层的有效寿命。在影响涂层寿命的诸多因素中，涂装前钢材表面预处理质量是最主要的因素。

各种因素对涂膜寿命影响的统计分析结果（见表 5-1），在金属热喷涂中，表面预处理质量影响更大。

表 5-1　　　　　　　　　各种因素对涂膜寿命影响的统计分析结果表

因　　素	影　响　程　度	因　　素	影　响　程　度
钢材表面预处理质量	49.5	涂料种类	4.9
膜厚	19.1	其他因素	26.5

从表 5-1 可看出，钢材表面预处理质量的控制是确保涂层防腐寿命的最关键环节。

5.2.1　影响钢材表面预处理质量的主要因素

表面预处理，俗称除锈。钢材经过表面预处理，主要达到以下三个目的：第一，使基体表面洁净化，以去除影响涂层结合性能的不利因素，如氧化皮、水分、油污和尘土等；第二，除去基体表面的钝化膜，使表面活化，有利于涂覆材料微粒与基体之间的紧密结合；第三，粗化，增加基体结合的表面积及保证涂层的收缩应力被限制在局部区域。所以，除锈不仅要除去钢铁表面的铁锈，还要除去覆盖在钢材上面的氧化皮以及尘土、油脂等，同时要求通过除锈使钢材表面形成一定的粗糙度。表面预处理质量包括清除铁锈、氧化物、污物的程度即"清洁度"以及除锈后钢材表面形成的轮廓"粗糙度"。现将各因素对涂层保护性能影响分析如下。

（1）清洁度的影响。

1）氧化皮。氧化皮俗称黑皮，在它的表面是 Fe_2O_3，中间层是 Fe_3O_4，紧贴金属基体表面的是 FeO。Fe_2O_3 在化学上是稳定的，而 FeO 则很不稳定，易水解生成体积较大的氢氧化铁，体积的增大会导致氧化皮破裂。

另外，氧化皮有一定的导电性，且电极电位比钢铁还高，在腐蚀介质中，促进铁作为阳极而腐蚀。钢板上带有大量氧化皮时，氧化皮部分相当于大阴极，氧化皮的不连续处则成为一个小阳极，会导致严重的孔蚀。

钢在高温下被轧成钢板及型材，表面就生成了蓝黑色的氧化皮。氧化皮又硬又脆，冷却时，由于收缩率的不同，氧化皮中就会出现细微的裂纹，水从裂纹渗透到钢材，形成腐蚀电池。基材为阳极，氧化皮起阴极作用，钢材开始发生点蚀。水解作用也从这些裂纹开始，并且沿着黑皮与金属的界面向内深入，从而在界面上生成较大体积的氢氧化铁。涂料如果涂装在带有氧化皮的钢结构表面，往往当时检查不出问题，但由于裂纹中水分的影响，疏松蚀产物导致上面的氧化皮和涂层发生开裂，氧化皮连带涂层一起剥落。

2）铁锈。铁锈俗称"黄锈"，是黄褐色的疏松物质。钢材表面铁锈的存在，对涂膜最直接的影响是一般涂料不能渗进锈层到达底材，导致降低涂层与底材的结合能力，从而降低了涂层的保护效果。

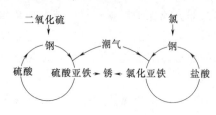

图 5-4　锈蚀循环示意图

锈层对涂层保护性能更重要的影响是锈层中含有杂质，例如工业大气中锈层吸收了空气中的二氧化硫，生成硫酸亚铁。同样道理，这种可溶性铁盐还有氯化亚铁。这些铁盐在（见图 5-4）循环过程中，一方面，水解氧化成大量的铁锈；另一方面，生成硫酸和盐酸，加速钢铁的腐蚀。在残存有铁锈的表面进行涂装，锈层底部的 $FeSO_4$ 和 $FeCl_2$ 在涂层下会引发这个循环，引起锈蚀和涂膜失效。

这些铁盐存在于锈斑下蚀孔的底部，因此很难完全除掉，必须予以注意。目前，国际标准或中国承建的国外工程中，表面预处理后常要求进行残存氯离子的检测，在国内购买专业的仪器可进行检测。

3）旧涂层。旧涂层指在役的金属结构表面，一般说来，旧涂层对新保护层的附着是不利的，特别是已经失去了抗水、防锈能力的旧漆层（结构已经锈蚀），或者旧漆层虽然完好，但不能适应新涂层的旧漆，应该彻底清除掉，否则会影响新涂层的附着和保护性能。但当旧涂层底层是喷锌且只有局部失效时，也可以只把失效的部分除掉。《水工金属结构防腐蚀规范》（SL 105—2007）第 3.2.7 条规定"在役金属结构进行防腐维护时，宜彻底清除旧涂料涂层和基底锈蚀部位的金属涂层，与基底结合牢固且保存完好的金属涂层可在清理出金属涂层的光泽后予以保留。"

4）油污、水分。在结构进行加工、维修和保养中，其表面往往会沾上各种油类，如机油、黄油等，灰尘散落在油上形成油污。油污严重影响新涂层的附着力和干燥性能。

目前常用的涂料大都是不溶于水的，因此结构表面如有水分存在，在结构面与涂层之间形成润湿层，大大降低涂层的结合力。当水分较多时，会引起涂层脱落。另外，由于水分子附着于构件的表面，将会促进金属进一步腐蚀，成为被保护结构的锈源。

（2）粗糙度的影响。涂装前钢材表面粗糙度对涂膜保护性能有很大影响，因为表面粗糙度直接影响涂膜与钢材之间的附着力和涂层厚度的分布。

对涂层组织的研究表明，涂层与基体间的结合是由机械作用力及分子引力产生的，表面粗糙度提高涂层和基体之间结合力的原理有以下几点：

1）表面粗糙度的存在，增加了基体的表面积，经过喷砂处理后的钢板表面积大约可以增加 20%～60%。这样涂膜与表面之间的分子引力也会相应增加，从而提高涂层的附着力。

2）表面粗糙度的存在可以限制涂层的收缩应力。在局部区域，表面粗糙度的存在限制了漆膜的移动，可防止涂层出现裂纹。特别是双组分涂料，固化时有相当大的张力，粗糙度抵消了部分张力对涂膜的不利影响。

3）起到"机械键"的作用。在有粗糙度的表面涂装，涂层嵌入基体表面的凹坑之中，使涂层与基体表面除了分子引力之外，还有机械咬合的作用，有利于提高涂层的附着力。

特别是热喷涂，喷涂粒子与基体表面的凸凹之处进行机械咬合，是涂层与基体结合的主要形式。

4）表面粗糙度可以支承涂层的一部分质量，减少流挂，有利于垂直表面上的涂装。

但是，表面粗糙度同时也会影响涂层厚度的分布，特别是在粗糙度偏大的基体表面上，涂层厚度分布是不均匀的。与光滑基体表面相比，涂料用量一定，在粗糙表面上涂层的有效厚度就要低得多，特别是波峰处涂膜层度往往不足。粗糙度较大的钢材表面4道涂层剖面见图5-5所示的A、B、C等处，早期的锈蚀就从这里开始。此外，粗糙度过大会在较深的凹坑内截留气泡，这是涂膜起泡的原因之一。

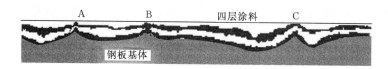

图5-5 粗糙度较大的钢材表面4道涂层的剖面示意图

为了确保涂层的保护性能，应对涂装前钢材表面粗糙度有所限制，一般钢材表面粗糙度不超过 $Rz100\mu m$，超厚浆型涂料最大不要超过 $Rz150\mu m$。表面粗糙度的大小取决于磨料的品种、粒度，喷射角度和距离以及空气压力等工艺因素。

5.2.2 表面预处理工艺

（1）表面预处理方法分类。钢材表面预处理的方法主要有以下七种，它们所能达到的清洁度和粗糙度有很大不同，本节将对比介绍几种方法的特点和适用范围。

1）手工清理。手工清理主要工具是铲子、刮刀、敲锈锤、钢丝刷、粗锉等，这种清理方法效率低、质量差、劳动强度大，不能清除所有的锈和氧化皮。

手工清理只适用于其他清理方法无法采用的场合。对于锈蚀严重，锈包密布，锈坑较深的钢结构，先人工粗略地铲、敲，除去锈块及锈包，再进行喷射处理，可以充分发挥磨料的能量，提高工效，降低消耗。

2）动力工具清理。动力工具清理指采用各种风动或电动除锈工具（如砂轮、钢丝轮）依靠动力工具高速旋转产生的动能带动各种打磨材料，以达到除锈效果的半机械化除锈工艺。

工具清理最大缺点是抛光后的表面会影响涂层的附着力。我国于2002年颁布了手工和动力工具清理除锈方法国家标准《涂覆涂料前钢材表面处理 表面处理方法 手工和动力工具清洗》（GB/T 18839.3）[等效采用国际标准《涂装油漆和有关产品前钢材预处理 表面预处理方法 第3部分：手工和动力工具清洗》（ISO 8504—3）]。

3）火焰清理。火焰清理是利用火焰的高温高热清除旧漆层、油脂及铁锈、氧化皮等污染物。其原理是燃烧旧漆、油脂等有机物，使其碳化而清除；对铁锈和氧化皮是利用加热后基体金属与氧化皮、铁锈之间热膨胀系数不同，使氧化皮崩裂，铁锈脱落。

进行火焰清理时，应避免局部过热引起结构变形，火焰清理后的表面要用钢丝刷将灰尘、松弛的氧化皮刷掉。

4）喷射处理（干式）。喷射处理是以压缩空气为动力，通过软管、喷嘴使磨料高速喷射到钢材表面，对钢材产生冲击和切削作用，从而达到除锈目的。喷射处理根据使用磨料种类不同，可分为喷丸处理和喷砂处理，喷丸处理使用的是丸状磨料如铁丸等，一般应用于容易回收磨料的喷丸车间。喷砂处理使用的为钢砂、石英砂、金刚砂等棱角状磨料，由于其价格便宜，来源广泛而在金属结构防腐施工中应用较多。喷射处理除了能得到需要的清洁度外，还使钢材表面具有一定的粗糙度，使涂膜有良好的附着力，尤其是金属热喷涂，主要靠机械咬合作用附着，喷砂后提供了合适涂装的"齿"形表面。

5）抛丸处理。抛丸处理是利用抛丸机叶轮在高速旋转时产生的离心力，将除锈磨料以很高的线速度抛向被除锈的钢板表面，使磨料对钢材表面产生冲击和磨削作用，从而达到除锈要求的一种机械除锈工艺方法。抛丸设备由抛丸器、磨料循环系统、磨料清扫装置、通风除尘设备及清理室组成。抛丸除锈是一种较为环保、效率高、劳动强度低、能实现自动化流水作业的先进除锈工艺，在同样生产效率的前提下，离心式抛丸清理所需能源消耗仅为空气喷砂方法所需能量的十分之一。但其投资较高，在大批量定型钢管防腐或钢板表面预处理时可采用。目前，已有大型金属结构厂投资建设此类厂房，是今后高效、环保施工方法的趋势。

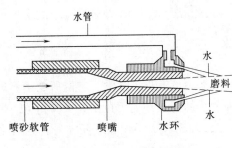

图 5-6　湿喷砂示意图

6）湿喷砂。湿喷砂主要作为干喷砂方法的一个补充，常用于易燃易爆和环保要求较高的场合。在磨料中添加一部分水，以全湿的磨料喷射到被处理表面（见图 5-6）。可以有效除去氧化皮、锈蚀、旧涂层，其最大的优点是减少尘埃飞扬，保护环境，同时还可除去部分盐分。采用湿喷砂时宜在水中加入一定量的缓蚀剂，缓蚀剂类型分为阳极型、阴极型和混合型，目前使用较多的一种缓蚀剂是亚硝酸钠。

7）真空喷砂。在喷砂枪头加罩，利用压缩空气引射，旁边的真空室抽空，用吸砂管连接真空室和喷枪罩，从而将喷枪内喷出的磨料和除下的铁锈等一起吸入真空室内。它最大的优点是不污染环境。小型化的设备可用于水利水电工程工地焊缝的喷砂除锈，如洞内压力钢管的工地焊缝，闸门的工地焊缝等。但由于其效率偏低，人工费和设备费偏高，工程管理方面应单独考虑工地焊缝施工费用，才能有效提高工程总体质量。

下面重点介绍水利水电行业常用的喷砂除锈（干式）方法及工艺。

（2）喷砂处理（干式）。喷砂除锈是金属结构行业应用最广泛的表面预处工艺，与抛丸处理相比，有以下一些优点：一是适应性强，既可清理工件的外壁，也可清理工件内壁；二是机动性强，可在室内进行，也可在露天或临时工棚实施突击性作业。下面分别就单台套喷砂设备及工厂喷砂涂装车间两种方式介绍。

1）单台套喷砂设备。单台套喷砂主要设备由压缩空气系统、喷砂罐、喷嘴、空气软管等组成，喷砂系统组成见图 5-7。

A. 压缩空气系统。压缩空气是喷射作业的动力，它供给磨料以能量，使磨料获得较高速度，同时还供应工人呼吸所需的清洁空气。空压机产生的压缩空气温度较高，一般为 70～80℃，而且含有大量的油和水雾气，这对表面预处理质量和工人健康都不利，所以必须经过冷却和滤清，以达到分离油水和保证压缩空气清洁干燥。一般压缩空气系统由空压机、储气罐、油水分离气、空气滤清器等组成。一般大型企业均由厂内压缩空气系统供气。

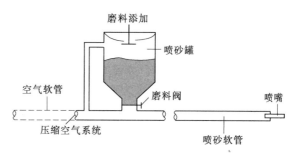

图 5-7　喷砂系统组成示意图

喷砂处理是以压缩空气为动力的表面处理方法。因此，确保足够的压缩空气量和工作压力是提高清理效果的必要条件。如以莎贝珂喷砂机为例，该机砂罐的设计工作压力为 0.8MPa，喷嘴进口处工作压力达 0.7MPa 时，效果十分理想。压力越低，效率越低，当工作压力降到 0.42MPa 时经济效益就相当低了。工作压力和清理效率关系见表 5-2。

表 5-2　　　　　　　　　　　工作压力和清理效率关系表

有效工作压力/MPa	清理效率/%	有效工作压力/MPa	清理效率/%
0.70	100	0.42	50
0.56	66		

压缩空气的工作压力通过空气软管、磨料桶、喷砂软管后也有一定的压力损失，根据测算，一般情况下约有 10%～15% 的压降，也就是说要想使喷嘴处的工作压力达到 0.70MPa 左右的理想压力，空压机的工作压力一般要到 0.80MPa 以上。

B. 喷砂罐。喷砂罐有多种不同的规格，大规格砂罐磨料容量大些，对于大面积清理，要选择一次装填磨料足以连续工作 30～40min 的砂罐。砂罐是压力容器，必须按国家有关标准设计、加工和进行压力试验。喷砂机出厂必须附有压力容器质量检验报告，有压力容器标牌。

C. 喷嘴。喷嘴的作用在于使磨料在喷嘴收缩断面处获得很高的速度和冲击能量，以提高表面预处理的效率和质量。选择合适的喷嘴是提高喷射清理效果的关键。决定喷射清理效率的主要因素是口径和内部的线型结构。

对于大面积的表面或易于清理的表面，在压缩空气工作压力不变并且容量许可的条件下，应尽可能采用大口径喷射。

喷嘴的内部结构主要有直桶形和文丘里形两种，为防止堵塞，喷嘴直径应为磨料粒度的 3～4 倍。文丘里形喷嘴由收缩和扩散段两部分组成，根据空气动力学，该种结构的喷嘴压力损失最小，其磨料出口速度可达 200m/s 以上，为直桶形喷嘴磨料出口速度的 2 倍多，故具有很强的冲击力和切削力。其次从文丘里型喷嘴喷出的磨料流发散角大，磨料分布均匀，其有效清理面积要比直桶形喷嘴高出 15%～40%。一般喷嘴直径的增大量以不超过原始口径的 25% 为宜。

D. 空气软管。空气在管内流动时，由于气流与管壁的摩擦，不可避免地会造成压力损失。输气管道越长，直径越小，管壁越粗糙，则空气压力的损失越大。因此，要尽可能缩短长度，增大软管直径。

空气软管的直径一般视喷嘴大小而定，应不小于喷嘴直径的 3 倍。当软管长度大于 30m 时，应增大到 4 倍。

E. 喷砂软管。作业中，磨料与压缩空气混合后经喷砂软管到达喷嘴，由于磨料的存在，除了纯空气流动造成的压力损失外，还有附加损失。缩短喷砂机与工件之间距离和适当增大软管直径可降低压力损失。如喷砂软管直径小，不仅增加了压力损失，还加剧软管磨损，降低使用寿命。但喷砂软管直径过大则会使流速降低，使得大颗粒磨料得不到足够动力，有可能堵塞管道。

2) 喷砂涂装车间的建设及布置。随着国家经济能力和工业技术的发展，水电行业防腐施工技术水平也在逐渐提高，加之日益严格的环保要求，行业内迫切需求建设经济、高效、环保喷砂涂装车间，一般并列而建。主要由车间土建、压缩空气系统、喷砂系统、磨料回收系统、磨料清理系统、通风除尘系统和涂装间组成，其中压缩空气由工厂供气系统配套使用。

A. 设计原则。喷砂间的设计要遵照先进性、实用性、环保性和安全性的原则，既要体现当代涂装的发展水平，又要以实用为原则，以最低的投资、最低的运行成本、最少的维修概率、最简易的操作方式为设计目标。

a. 实用性：喷砂间的设计首先要考虑实用，实用主要体现在实用方便可靠、故障率少、维修简易方便、更换零件便捷。

b. 环保性：喷砂间会产生大量粉尘，在设计中要防止粉尘泄漏，特别考虑大门的密封；要尽量减少粉尘的排放；喷砂工人的呼吸空气，要由经过特殊处理的专门空气来供应。另外，充分采取措施降低噪声。

c. 安全性：由于喷砂间作业环境恶劣，作业工人处于密封的环境之中，且带有一定的危险性，因此，喷砂间的设计、内部结构的布置、运载机构的维护修理、电气系统的设计与布置，都要从安全的角度来考虑。设计中应严格遵守下列国家规范：《涂装作业安全规程　涂漆前处理工艺安全及其通风净化》（GB 7692）；《涂装作业安全规程　涂漆前处理工艺通风净化》（GB 7693）；《大气污染物综合排放标准》（GB 16297）。

d. 先进性：系统的设计与设备的配套要体现现代化生产的要求，在资金允许的前提下，有条件地采用先进的技术和设计。先进性主要体现在喷砂效率高、控制方便、粉尘处理量大。电器控制系统实行控制柜集中控制、设备分别控制、工作状态显示、安全系统显示。

B. 车间土建。根据国内现有喷砂涂装车间设计的经验，工艺设计应提供给土建设计以下资料：

a. 车间设备的布置形式及所有机房的尺寸参数。

b. 所有工艺设备的位置及承重参数。

c. 准确的预埋铁要求参数。

d. 机房内检修设备用的电动吊车参数，及楼面吊装孔尺寸位置。

e. 作业区域地面的承重要求，除须考虑分段重量、脚墩重量外，还必须考虑每班生产所用的磨料重量。

f. 机房内储料桶布置区域，是整个车间中对地面施重的最大的区域，在工艺设计中必须列出详细的计算说明。

g. 直径大于200mm的工艺穿墙孔或等面积的矩形孔的准确位置。

C. 喷砂系统。喷砂系统一般配套采购。每个工厂根据自己的每天需喷砂工件的面积来确定喷砂设备的功率和数量。例如中国葛洲坝集团机械船舶有限公司建设的喷砂涂装车间规模两喷两涂，两间喷砂间合计每日5000m² 工作量（Sa2.5级），每间喷砂间配备10台连续出砂喷砂机（一机两枪），均配有电—气遥控装置，喷砂机的遥控磨料阀等主要阀件采用美国CLEMCO产品，料位仪采用日本产品，电磁阀进口。喷砂枪上配有24V安全电源、喷嘴、打砂灯及无线遥控器。为了方便使用及操作，在喷砂房墙上安装有快卸接口模板，该板上配有打砂管输出接口、照明接口、操作人员呼吸面具接口。所有喷砂机电源采用集中控制，体现了先进性和实用性。

D. 磨料回收系统。根据磨料回收方式的不同，回收系统分为机械和气流两种回收形式。气流回收的机械磨损较小，但是其单位能源的回收率较低，故目前国内喷砂房均采用机械回收形式。机械回收是根据喷砂房的要求采用皮带输送机、斗式提升机及螺旋输送机等输送机械组成磨料回收链。磨料对设备的磨蚀性很大，故在选用中必须考虑设备的磨损，以减少磨料对设备的损伤度，延长设备连续工作寿命。同时，应根据每天需要喷砂面积，计算出每天用砂量，进而设计出传送带和提升机的输送能力。

E. 磨料清理系统。磨料清理设备目前有两种形式：滚动筛加幕帘风洗型与振动筛加幕帘风洗型。两种形式各有优缺点。滚动筛体积小，结构简单，清理量大，维修简单，近几年采用较多。缺点是清理效果较差；相反，振动筛体积大，结构复杂，振动大，对车间建筑有一定的影响。优点是其清理的磨料可达到基本无尘。设计中为了避免其振动对建筑结构的影响，可采用钢结构承接平台以使振动源与建筑楼板、梁等结构隔离，但其造价有可能增加。

F. 通风除尘系统。基于环保的要求和工人劳动保护的需要，通风除尘系统是整个车间设计中的重要部分。由于现在喷砂房的通风除尘设备大量采用长寿命、高精度的滤筒形式。所以经过处理后的空气可以循环至喷砂作业区，空气中的温湿度能源二次利用，减少了新鲜空气的进风量，节约了能源。

设计循环风量时主要考虑的因素有：喷砂用压缩空气的进风量；冬季加温用的空气进风量；去湿用的空气进风量。循环风量应小于总通风风量减去以上三种风量的和，否则易造成作业区为正压而导致粉尘外溢。因此，在风机出口设置分流阀，以保证喷砂房内压小于大气压力。

喷砂时产生的大量粉尘弥漫于作业区内。提高能见度的唯一方法是增加通风除尘的风量。车间喷砂时的空气含尘浓度很难准确测量，通常采用在停止喷砂后车间内空气恢复正常的时间作为衡量标准。目前国内大部分以每小时换气10次为设计依据。

通风系统的设计，除了通风风量需要确定

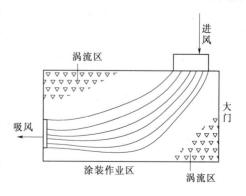

图 5-8 后下方抽风形式示意图

外，气流的布置方式也是重要的因素。大多数采用作业区前上方进风。后下方抽风形式见图 5-8。

这样的气流布置基本无短路现象，作业区内绝大部分的垂直截面均有有效气流通过。而空气涡流区仅产生在前下方和后上方，正处于有效作业区外。实践证明，此种气流设计可使喷砂后的空气恢复时间降至 15min 以内，缩短了喷砂无效作业时间。

3）喷砂处理的工艺。喷砂处理的效率和质量除了与钢材表面原始状态和除锈等级要求有关外，还要受压缩空气容量和压力、磨料种类、喷嘴直径、喷射距离、操作方法等工艺因素的影响。

A. 工艺参数：

喷枪压缩空气工作压力：0.60～0.70MPa 为宜，以 0.70MPa 最为理想。

喷射角：磨料喷射方向与工件表面法线之间夹角以 15°～30° 为宜。

喷射距离：喷嘴到工件距离一般取 100～300mm。

喷嘴：由于磨损，喷嘴孔口直径增大 25% 时宜更换。

磨料粒度：0.5～1.5mm。

B. 操作方法要点：

a. 喷砂设备应尽量接近工件，以减少管路长度和压力损失，避免过多的管道磨损，也便于施工人员相互联系。

b. 喷砂软管力求顺直，减少压力损失和磨料对弯折处软管的集中磨损。对运用中必须弯折处，要经常调换磨损方向，使磨损比较均匀，延长软管使用寿命。

c. 在施工前对整个结构全面考虑，合理安排喷射位置，拟定喷射路线，减少移位和翻身次数，防止漏喷，提高磨料利用率和工作效率。

d. 喷嘴移动速度应视空气压力、出砂量及结构表面污染情况灵活掌握。喷嘴移动速度过快，表面处理不彻底，再补喷时会使附近已喷好的表面遭到磨损，且降低工效，喷嘴移动速度过慢，会使工件遭到削弱。

e. 在喷射过程中，控制适当的料、气比例是提高工效、保证质量、降低磨料损耗和节省材料的关键。既要避免砂阀过小，空气量大引起磨料供应太少而影响工效，又要防止砂阀过大，空气量过小引起喷射无力，灰尘弥漫，影响视线而盲目乱喷、漏喷和重喷。

f. 喷射完毕，应用压缩空气吹净表面的灰尘和附近的积砂。

g. 涂装前如发现基体金属表面被污染或返锈，应重新处理达到原要求的表面清洁度等级。

4）磨料选择。磨料选择是表面预处理中极为重要的一环。当设备和工艺参数选定以后，钢材表面预处理的质量、效率和成本就取决于磨料的选择。

A. 磨料分类。按材质分，磨料可分为金属磨料和非金属磨料两大类。非金属磨料有石英砂、金刚砂、炉渣等。因这类磨料通常不予回收，故又称消耗性磨料，但有些场合还是可以回收一部分。

由于劳动卫生和环境保护的原因，石英砂有许多国家严禁使用，我国也禁止在敞开场所使用石英砂，一些金属冶炼炉渣取而代之。另外，现行标准已将河砂从可选用磨料中删去，因为河砂在工程实践中出现的质量问题较多，一是河砂中不可避免地夹杂一些泥土，在喷射处理后容易残留在钢铁的粗糙表面，容易发生锈蚀，造成涂层和基体结合强度下降；二是河砂硬度不够，形成的粗糙度多数情况下不能满足规范要求。

金属磨料包括钢丸、钢砂、铁丸、铁砂和钢丝段等。金属磨料的质量主要指其粒度分布、物理性能和化学成分。我国于 2008 年颁布了《涂覆涂料前钢材表面处理　喷射清理用金属磨料的技术要求　第 3 部分：高碳铸钢丸和砂》（GB/T 18838.3—2008）、《涂覆涂料前钢材表面处理　喷射清理用金属磨料的技术要求　第 4 部分：低碳铸钢丸》（GB/T 18838.4—2008）。金属磨料复用率高，尽管单价高于非金属磨料，但其综合经济性能仍优于非金属性磨料。

B. 磨料的选用。在喷射处理中磨料在喷嘴出口处的能量是一定的，磨料质量大，其速度就低，清理能力将降低，所以宜采用磨料质量小而喷射距离近的工艺。根据相关规范规定，金属磨料的选择范围宜为 0.5～1.5mm，非金属磨料的选择范围宜为 0.5～3.0mm。选用磨料时应考虑的因素包括：被清理表面的原始状态；涂装设计对表面清洁度和粗糙度的要求；清理作业的场所。

5) 喷射作业的安全与防护。喷射作业的安全与防护应该包括两个方面：喷射设备的安全可靠性，以及作业人员个体防护的完整、有效。

喷射作业是在一定压力下工作的，喷射时设备的各有关部件必须具有足够的耐压强度。其中砂罐必须由有劳动安全部门签发的设计许可证的单位设计，由有压力容器制造许可证的工厂制造。使用过程中，不得随意在磨料罐上施行焊接和切割等影响其强度的任何作业。磨料罐承受的压力一般不超过 0.8MPa，介质为空气。砂罐上的检查孔和添料口上的密封件要经常检查，若有损坏，应立即更换。软管需接长的地方，接头和喷砂软管联结必须牢靠，不能因喷砂软管的移动而发生错动。

由于磨料在喷嘴出口处的速度很高，可能超过 200m/s。这对人身安全造成了很大威胁，因此，无关人员必须远离工作场所。喷射时喷嘴不能对人，喷射人员与管理砂罐人员之间，在喷射开始、停止或调整出砂量时，必须有简单明了的信号，而且操作者必须采取全身穿防护服，并提供清洁的呼吸空气等措施，按相关规范中关于喷射清理的安全与防护规定执行。

5.2.3　表面预处理质量检验

（1）表面预处理清洁度等级的选择及评定。

1）清洁度等级的选择。金属表面预处理不仅要除去钢材表面的铁锈，还包括覆盖在钢表面的氧化皮、旧涂层、污染的油脂、焊渣、灰尘等污物。钢材表面除锈质量主要是指上述污物的清除程度，称其为清洁度。清洁度的选取取决于腐蚀环境和使用的涂层系统。不同的涂料对除锈的质量要求不一样，一般涂料的性能越好，对底材处理的质量要求越高。处理后清洁度级别较低的底材表面，即使使用高性能涂料，也达不到应有的效果，造成浪费。传统性的油性涂料及沥青类涂料的湿润性较好，对除锈的质量要求相对较低，而现代的高性能涂料，则要求有较高的除锈级别。

提高除锈级别有利于提高涂层的保护性能。但是随着除锈等级的提高，会成倍地增加磨料和压缩空气的消耗量，从而大大提高了表面预处理的成本，所以级别过高，也是不可取的。Sa3 级对表面除锈要求极为严格，达到这一等级的清理费用是昂贵的，也难以保持，目前工程上较少采用；而 Sa2 级则不能满足金属热喷涂及一些高性能涂料的要求，而 Sa2 $\frac{1}{2}$ 级的优点在于除了极恶劣的环境外，它能以相对低的成本满足绝大部分情况的需要。

启闭机等水上设备及结构的防腐，有时选用传统油性涂料，这类涂料的润湿性和渗透性较好，对表面预处理的质量要求可适当降低。但选用现代的高性能涂料时，如富锌涂料、环氧树脂涂料、聚氨酯涂料等，必须达到 Sa2 $\frac{1}{2}$ 级。

2）清洁度等级标准的划分。为了统一、正确、方便地判断钢材表面除锈后的清洁度，需要制订钢材除锈质量标准。国际标准化组织色漆和清漆技术委员会涂装前表面处理分会（ISO/TC35/SC12）制定了《涂装油漆和有关产品涂装前钢材表面处理—表面清洁度的目测评定》（ISO 8501），并于 1994 年进行了修订。标准的基础是美国钢结构涂装协会于 1952 年制定的 SSPC 表面处理规范（并于 1967 年和 1982 年进行了修订）和瑞典于 1962 年颁布的 SIS 055900 规范（1967 年修订）。另外，英国有 BS 4232.1967 标准，日本有 JSRA—SPSS—1975 标准，德国有 DIN55928 标准。

1988 年我国等效采用了国际标准 ISO 8501.1：1988 颁布了《涂装前钢材表面锈蚀等级和除锈等级》（GB 8923—88），对推动我国的表面预处理质量和标准化工作起到了巨大的推动作用。2011 年，国标委等效采用国际标准 ISO 8501.1：2007 对 GB 8923—88 进行了修订，颁布了《涂覆涂料前钢材表面处理 表面清洁度的目视评定 第 1 部分：未涂覆过的钢材表面和全面清除原有涂层后的钢材表面的锈蚀等级和处理等级》 （GB/T 8923.1—2011），适用于新结构（新钢板）除锈后的清洁度评定。2008 年，国标委等效采用了国际标准 ISO 8501 颁布了《涂覆涂料前钢材表面处理 表面清洁度的目视评定 第 2 部分：已涂覆过的钢材表面局部清除原有涂层后的处理等级》（GB/T 8923.2—2008），2009 年颁布了《涂覆涂料前钢材表面处理 表面清洁度的目视评定 第 3 部分：焊缝、边缘和其他区域的表面缺陷的处理等级》（GB/T 8923.3—2009），《涂覆涂料前钢材表面处理 表面清洁度的目视评定 第 4 部分：与高压水喷射处理有关的初始表面状态、处理等级和除锈等级》（GB/T 8923.4），分别用于旧涂层、焊缝和边缘、高压水处理等特殊部位及处理方法的清洁度等评定。

由于水利水电工程大部分金属结构常年处于水中，腐蚀条件较为苛刻，新、旧结构一般均进行全面喷砂处理，所以最常用 GB/T 8923.1 进行对照评定清洁度。对于在役设备旧涂层的处理一般也进行全面处理，如有局部处理可参照执行 GB/T 8923.2，焊缝、边缘和其他区域的涂装前表面缺陷的处理等级可参照执行 GB/T 8923.3。下面仅就最常用的 GB/T 8923.1 的应用方法进行说明。

第一，钢板除锈前原始锈蚀等级。该标准将钢材原始状态分为四种不同的锈蚀等级，分别以 A、B、C、D 表示。评定前应首先知道除锈前钢板的原始锈蚀等级。

A：全面地覆盖着氧化皮而几乎没有铁锈的钢材表；

B：已锈蚀，并且部分氧化皮已剥落的钢材表面；

C：氧化皮已因锈蚀而剥落或者可以刮除，并且有少量点蚀的钢材表面；

D：氧化皮已因锈蚀而全面剥离，并且普遍发生点蚀的钢材表面。

第二，除锈等级划分。这部分涉及的表面预处理方法有喷射或抛射除锈（用 Sa 表示）、手工和动力除锈（用 St 表示）和火焰除锈（用 F1 表示）。除文字叙述外，都有相应的彩色照片作为对照。

Sa：喷射（或抛射）除锈的钢材表面四个除锈等级。

Sa1：轻度的喷射或抛射除锈：钢材表面应无可见的油脂和污垢，并且没有附着不牢的氧化皮、铁锈和油漆涂层等附着物。

Sa2：彻底的喷射或抛射除锈：钢材表面应无可见的油脂和污垢，并且氧化皮、铁锈和油漆层等附着物已基本清除，其残留物应是牢固附着的。

Sa2 $\frac{1}{2}$：非常彻底的喷射或抛射除锈：钢材表面应无可见的油脂、污垢、氧化皮、铁锈和油漆涂层等附着物，任何残留的痕迹应仅是点状或条纹状的轻微色斑。

Sa3：使钢材表观洁净的喷射或抛射除锈：钢材表面应无可见的油脂、污垢、氧化皮、铁锈和油漆涂层等附着物，该表面应显示均匀的金属色泽。

对应原始锈蚀等级为 A、B、C、D 的钢板，分别有 Sa1、Sa2、Sa2 $\frac{1}{2}$ 和 Sa3 四个除锈等级（注意全面覆盖氧化皮的 A 级钢板除锈后没有 ASa1 和 ASa2 照片），例如除锈前是 B 级钢板，则对应有四个除锈级别的清洁度，分别为 BSa1、BSa2、BSa2 $\frac{1}{2}$ 和 BSa3 四个等级。

St：手工和动力工具除锈的钢材表面两个除锈等级。

St2：彻底的手工和动力工具除锈：钢材表面应无可见的油脂和污垢，并且没有附着不牢的氧化皮、铁锈和油漆涂层等附着物。有 BSt2、CSt2 和 DSt2 三个级别的照片。

St3：非常彻底的手工和动力工具除锈：钢材表面应无可见的油脂和污垢，并且没有附着不牢的氧化皮、铁锈和油漆涂层等附着物。除锈比 St2 更为彻底，底材显露部分的表面应具有金属光泽。有 BSt3、CSt3 和 DSt3 三个级别的照片。

原始锈蚀等级为 A 级的新钢板，不适合手工和动力工具除锈方法。

火焰除锈等级。除锈前，厚的锈层应铲除，火焰加热作业后应以动力钢丝刷清理附着在钢板表面的产物。F1：钢材表面应无氧化皮、铁锈和油漆涂层等附着物，任何残留的痕迹应仅为表面变色（不同颜色的暗影）。共有 AF1、BF1、CF1 和 DF1 四个级别的照片。

3）清洁度等级的评定方法。评定除锈等级时应在良好的散射日光下或相当的人工照明条件下进行，待检查的钢材表面应与相应的照片进行目视比较，以与钢材表面外观最接近照片所标示的除锈等级作为评定结果。

GB 8923.1—2011 中的除锈等级与国外标准中对应等级（见表 5-3）。

（2）表面预处理粗糙度等级的选择及评定。

1）粗糙度等级的选择。表面粗糙度的含意包括两个方面：一是表面粗糙度的大小；二是表面粗糙度的轮廓形状（尖角形或弧形）。

表 5 - 3

表 5 - 3　　　　　　　　　　　　　　主要国家除锈等级标准对照表

中国 GB 8923.1	国际标准 ISO 8501—1	瑞典 SIS 05590	德国 DIN 55928	美国 SSPC	英国 BS 4232	日本 JSRA—SPSS	
Sa1	Sa1	Sa1	Sa1	Sp7	—	—	
Sa2	Sa2	Sa2	Sa2	Sp6	3 级	Sd1	Sh1
$Sa2\frac{1}{2}$	$Sa2\frac{1}{2}$	$Sa2\frac{1}{2}$	$Sa2\frac{1}{2}$	Sp10	2 级	Sd2	Sh2
Sa3	Sa3	Sa3	Sa3	Sp5	1 级	Sd3	Sh3
St2	St2	St2	St2	Sp2			
St3	St3	St3	St3	Sp3	—	Pt3	

一般涂料喷涂较合适的表面粗糙度值范围是 $50 \sim 80 \mu m$ 左右，但不同类型的涂层对粗糙度的要求有所不同，像金属喷涂基体的表面粗糙度可增大到 $100 \mu m$ 左右，压力钢管内壁用超厚浆型涂料可增大到 $150 \mu m$ 左右，其关系见表 5 - 4。

表 5 - 4　　　　　　涂层系统和涂层厚度与表面粗糙度 Rz 的参考关系表　　　　　　单位：μm

涂层类别	非厚浆型涂料	厚浆型涂料	超厚浆型涂料	金属热喷涂
粗糙度 Rz	$40 \sim 70$	$60 \sim 100$	$100 \sim 150$	$60 \sim 100$

对于粗糙度形状，不像对表面清洁度和粗糙度值那么重视，但是在热喷涂时表面轮廓呈尖角形较好，就是说要求采用棱角状磨料清理，尖角状轮廓有利于涂层的附着，特别是喷铝一般认为附着力稍差，宜选用棱角状磨料。

2）粗糙度等级标准的划分。为了定量描述加工作业以后的钢材表面粗糙度，我国于2000 年颁布实施了表面粗糙度标准《表面粗糙度术语，表面及其参数》（GB/T 3505—2000）（代替 GB 3505—83）。特别说明，GB 3505—83 中关于表面粗糙度最大轮廓参数用 Ry 表示，而修订后的 GB/T 3505—2000 版标准用 Rz 代替了 Ry，所以，在各不同时期的防腐标准中分别用 Ry、Rz 来表示，现在国家标准统一采用 Rz 表示表面粗糙度最大轮廓参数。

由于无法直接测量喷砂后杂乱表面的粗糙度数值，国际标准化组织——色漆和清漆技术委员会专门制定了用样块法评定喷射清理后钢材表面特征的国际标准 ISO 8503。我国也于1991 年参照采用 ISO 8503 颁布了《涂装前钢材表面粗糙度等级的评定（比较样块法）》（GB/T 13288—91），2008 年后又按 ISO 版本样式将（GB/T 13288—91）重新修订成两部分，分别为《涂覆涂料前钢材表面处理　喷射清理后的钢材表面粗糙度特性　第 1 部分：ISO 表面粗糙度比较样块的技术要求和定义》（GB/T 13288.1—2008），以及《涂覆涂料前钢材表面处理　喷射清理后的钢材表面粗糙度特性　第 2 部分：磨料喷射清理后钢材表面粗糙度等级的测定方法　比较样块法》（GB/T 13288.2—2011）。现将该标准的应用介绍如下：

A. GB/T 13288.1—2008 中的表面粗糙度比较样块的技术要求和定义：

"S" 样块：用于评定采用丸粒磨料或混合磨料喷（抛）射清理后获得的表面粗糙度的标准比较样块。

"G" 样块：用于评定采用砂粒状磨料或混合磨料喷（抛）射清理后获得的表面粗糙

度的标准比较样块。

"S"样块和"G"样块分别由小块样块组成。每小块样块上都标有编号，其粗糙度公称值和公差见表 5-5。

表 5-5　　　　　　　　"S"样块和"G"样块粗糙度公称值和公差表　　　　　　　单位：μm

区域	丸粒磨料"S"样块粗糙度		砂粒磨料"G"样块粗糙度	
	公称值	允许公差	公称值	允许公差
1	25	3	25	3
2	40	5	60	10
3	70	10	100	15
4	100	15	150	20

B. 粗糙度等级的划分。本标准将表面粗糙度分为三个粗糙度等级（细 F、中 M、粗 C），这些等级分别由文字和标准比较样块来定义。表面粗糙度等级的划分见表 5-6。

表 5-6　　　　　　　　　　　　　表面粗糙度等级划分表

级别	代号	定　义	粗糙度参数值/μm	
			丸状磨料	棱角状磨料
细细		钢材表面所呈现的粗糙度小于样块 1 时呈现的粗糙度	<25	25
细	F	钢材表面呈现的粗糙度等同于样块 1 时呈现的粗糙度或介于 1 与 2 之间	25～40（包含 25，不包含 40）	25～60（不包含 25 和 60）
中	M	钢材表面所呈现的粗糙度等同于样块 2 时呈现的粗糙度或介于 2 与 3 之间	40～70（包含 40，不包含 70）	60～100（包含 60，不包含 100）
粗	C	钢材表面呈现的粗糙度等同于样块 3 时呈现的粗糙度或介于 3 与 4 之间	70～100（包含 70，不包含 100）	100～150（包含 100，不包含 150）
粗粗		钢材表面呈现的粗糙度等同于或大于样块 4	≥100	≥150

3）GB/T 13288.2—2011 比较样块法是除去待测表面的浮灰和碎屑后，根据使用的磨料选择"G"样块或"S"样块与被测表面某一区域对照，确定其表面粗糙度等级。如目视评定有困难时，则用触摸法，即用拇指甲背面在样块和被测表面交替划动，以最为接近的触觉所标示的粗糙度等级作为评定结果。一般每 2m² 的钢材表面至少有一个评定点，且每一评定点的面积不小于 50mm²。

另外，国际标准 ISO 8503 还有两部分内容，ISO 8503.3：基准样块的校准和表面粗糙度测定方法（显微法）和 ISO 8503.4：基准样块的校准和表面粗糙度测定方法（触针法）。我国也等效采用上两部分内容颁布了 GB/T 13288.3 和 GB/T 13288.4。两个标准分别叙述了用显微法和触针法校验 ISO 基准样块的操作规程，该方法也可用来测定清理后钢材表面粗糙度。但显微法和滑动触针法仪器昂贵，制样复杂，适合实验室应用。

评定表面粗糙度时应按照 GB/T 13288，用标准样块目视比较评定粗糙度等级，或用仪器法直接测定表面粗糙度值。仪器法指的是用表面轮廓仪直接测定其粗糙度值，其测量值近似等于 $Rz(Ry)$ 值。表面轮廓仪在国外同类标准中符合美国 ASTM 标准规定用法。

目前，水电工程施工中这两种方法应用较为普遍。

5.3 涂料涂装防腐工艺及质量控制

金属结构防腐涂装主要有涂料防腐、金属喷涂与涂料联合防腐两大类体系。本节主要讲述涂料涂装的基本知识及应用。

5.3.1 涂料涂装基本知识

涂料是涂覆在被涂物表面并能形成牢固附着的连续薄膜的材料，并对被涂物起到保护、装饰及其他一些特殊功能，如防火、保温、伪装、示温等。被涂物件表面可以是金属，如钢铁、铝、不锈钢等，也可以是非金属混凝土、木材、砖石等。涂料保护是防腐技术的一个分支，特别是石油化工和有机合成工业的发展，为涂料工业提供了新的原料来源，涂料保护仍是一种重要而可靠的防腐手段。

（1）涂料保护中常用的术语。

涂层：一道涂覆所得到的连续膜层；

涂膜：涂覆一道或多道涂层所形成的连续膜层；

涂层系统：由同种或异种涂层组成的系统；

底层：涂层系统中处于中间层或面层之下的涂层，或直接涂于基底表面的涂层；

中间层：涂层系统中处于底层和面层之间的涂层；

面层：涂层系统中处于中间层和底层上的涂层；

附着力：涂层与基底间联结力的总和；

刷痕：刷涂层干燥后出现的条状隆起现象；

起泡：涂膜脱起成拱状或泡的现象；

橘皮：涂膜上出现的类似橘皮的皱纹表层；

起皱：在干燥过程中涂膜通常由于表干过快所引起的折起现象；

针孔：在涂覆和干燥过程中涂膜中产生小孔现象。

（2）涂料保护的机理和涂层破坏因素。

1）涂层的保护机理。涂层基于以下三方面的作用对金属起到保护作用。

A. 屏蔽作用。金属表面涂覆涂料后，相对来说把金属表面和外界环境隔开了，这种作用称为屏蔽作用。但必须指出，薄薄的一层涂料不能起到绝对的屏蔽作用。因为，高聚物都具有一定的透气性，其结构气孔平均直径一般都在 $10^{-7} \sim 10^{-9}$ m，而水和氧的分子直径通常只有几个埃（$1 \text{Å} = 10^{-10}$ m）。所以在涂层较薄时，它们是可以自由通过的。现代涂料研究理论指出，任何涂料涂膜也不能完全阻止水和氧的渗透，也就是说，不能单纯依靠涂料涂膜的屏蔽作用来阻止腐蚀的发生。由此也可看出表面预处理的重要性，必须提高表面预处理的清洁度，以提高涂料分子与基体的结合度，即使有水和氧渗透到基底，也要减少其与基体的接触数量。

为了提高涂层的抗渗性，防腐涂料应选用透气性小的成膜物质和屏蔽性强的涂料，同时应增加涂覆层数，以使涂层达到一定厚度而无贯穿性孔隙。

B. 缓蚀作用。涂膜除含有主要成膜物质外，还要加入缓蚀作用的颜料和助剂等，如一些氧化性的颜料红丹、铬酸锌等，它们与钢铁接触（有微量水）时能发生一定的化学反应，形成保护性薄膜，使金属表面钝化，提高了涂层的保护作用。助剂的作用主要是改善涂料的贮存、施工性能，增加涂膜稳定、韧性、防污等性能。

C. 电化学保护作用。介质渗透涂层接触到金属表面上就会形成膜下的电化学腐蚀，在涂料中使用活性比铁高的金属做填料，如锌等，会起到牺牲阳极的电化学保护作用。

2）涂层的破坏因素。涂层的破坏，绝大部分是由于涂层存在的缺陷而引起的。因为有缺陷的地方会发生金属的局部腐蚀，而金属的局部腐蚀往往导致涂层的鼓泡、剥离、龟裂等。

A. 由于金属基体表面处理不干净而存在残碱、残盐、残存氧化物或锈斑而引起的破坏作用。碱对金属有较大的亲和势，即使在涂覆层后，它还是能自发地沿着涂层与金属的界面间扩展而破坏涂层与金属表面的黏附。铁盐会与通过涂层渗进来的水分子发生水解，并与氧分子作用生成不溶性产物。

$$FeSO_4 + H_2O \longrightarrow Fe(OH)_2 + H_2SO_4$$
$$Fe(OH)_2 + O_2 + H_2O \longrightarrow 4Fe(OH)_3$$

涂层下的金属与不溶性产物在电解质的存在下形成了腐蚀电池。

轧制氧化皮是一层比较牢固的氧化物，一般的防锈底漆，带锈底漆对它均无大的作用，而阻蚀剂又被氧化物所隔开，无法对基体金属起作用，铁与氧化皮组成的腐蚀电池仍起作用。

B. 由于水的渗透使涂层体积增加所引起的破坏。一般认为涂料含亲水基团多，交联度低，有水溶性物质存在和增塑剂的加入都会使涂层的吸水率增加。例如，一些油性涂料吸水率高，即耐水性差，而环氧沥青系涂料的耐水性较好。

C. 由于光照、温度、化学介质、磨损或机械损伤等某种因素引起的破坏。光照会使涂膜老化、粉化；过高的温度（超过高聚物所能承受的极限温度）会使涂膜出现发软或龟裂等毛病；化学介质会使涂膜溶胀或溶解、脆化等。机械损伤使涂膜破裂。所有这些破坏都会引起金属的腐蚀，应通过正确选用涂料和避免机械损伤来防止。

D. 由于施工质量低而引起的破坏。按照某一腐蚀环境的要求，即使选用了合适的涂料，但如果涂装施工质量低，仍得不到良好的涂层。如工地焊缝防腐施工难度较大，这些部位在运行过程中容易发生腐蚀破坏，造成设备提前报废。

（3）涂料的组成及各成分的作用。涂料一般由不挥发组分与挥发组分两大部分所组成。不挥发组分是涂料的成膜物质，也称涂料的固体组分，而成膜物质又分为主要成膜物质、次要成膜物质与辅助成膜物质（见表5-7）。

主要成膜物质可单独成膜，也可黏结颜料等物质共同成膜，涂料中没有它就不成为涂料，它是涂料的基础，所以称为基料，也称黏结剂。主要成膜物质分油料与树脂两大类。以油料为主要成膜物质的涂料，习惯上称"油性漆"，以树脂为主要成膜物质的涂料，称"树脂涂料"。

次要成膜物质也是构成漆膜的组成部分，但是它不能离开主要成膜物质而单独地成膜。为了改进漆膜性能，往往在主要成膜物质中加入颜料、填料等次要成膜物质。

表 5-7　　　　　　　　　　　　　　**涂料的组成、作用与原料表**

涂料的组成		作 用	原 料
主要成膜物质	油料	黏着物体的表面，也可以黏结颜料物质共同黏着物体表面而成膜	干性植物油：桐油、亚麻仁油、苏子油等； 半干性植物油：豆油、棉籽油、葵花子油等； 不干性植物油：蓖麻油、花生油、椰子油等
	树脂		天然树脂：虫胶、松香、沥青等； 合成树脂：酚醛、醇酸、丙烯酸、环氧、聚氨酯等
次要成膜物质	颜料	赋予涂料以特殊的性能要求	防锈颜料：红丹、锌铬黄、偏硼酸钡等； 无机颜料：钛白、氧化锌、铬黄、氧化铁红、炭黑等； 有机颜料：甲苯胺红、酞菁蓝、耐晒黄等
	体质颜料		碳酸钙、滑石粉、硫酸钡、重晶石粉等
辅助成膜物质	助剂	改善涂料的贮存、施工性能与涂膜的性能	催干剂、固化剂、增韧剂、稳定剂、防毒剂、防结皮剂、润湿剂、防污剂等
挥发物质	溶剂	调节涂料稠度，改善涂布操作	松香水、苯、甲苯、二甲苯、氯苯、环戊二烯、醋酸丁酯、醋酸乙酯、乙醇、丁醇、丙酮、环乙酮等

辅助成膜物质不能单独成膜，而仅是对涂料成膜过程或者涂膜性能起一些辅助作用。

不含颜料和体质颜料的透明涂料称为清漆；含颜料和体质颜料的不透明涂料称为色漆。含大量体质颜料的稠厚浆状体称为腻子。

涂料的挥发组分只存在于涂料中，在涂料成膜的过程中挥发掉，不再存在于涂膜中。不含挥发组分（溶剂与稀释剂）的涂料称为无溶剂涂料，无溶剂又呈粉末状的称为粉末涂料。以有机溶剂作为溶剂与稀释剂的称为溶剂型涂料，以水作稀释剂的称为水性涂料。

（4）涂料的固化方式。涂料固化成膜是指液态或黏稠状薄膜转变为固态涂膜的整个过程，即成膜过程。涂料的固化成膜质量直接关系到涂层的使用效果，是涂装施工过程中的非常重要的一个环节。

涂料的固化成膜主要有两种类型，物理固化型和化学固化型。

物理固化主要依靠涂料中的溶剂挥发而固化成膜，如氯化橡胶涂料、沥青涂料、乙烯涂料、丙烯酸涂料等。涂料涂装在基体上之后，溶剂挥发而留下固态物质固化成膜。除了溶剂型外，水性涂料也是物理固化型，水分挥发后，聚合物粒子凝聚成膜。物理固化涂料属单纯溶剂挥发型涂料，干燥较快，成膜对温度没有苛刻要求，成膜后仍能溶于溶剂。所以，在多层涂装时具有优异的层间结合力，两层间隔时间较长（如 3 个月）也能相溶结合，甚至可重涂在旧涂层上。适用于化工厂环境、道路标记和游泳池类的涂装维护方面。

化学固化涂料主要靠成膜物质与固化剂发生交联化学反应固化，或与水蒸气、空气中的氧气等发生交联化学反应固化成膜，变成高分子聚合物或缩合物而固化成膜，主要有以下方式。

1）固化剂固化。固化剂固化型涂料通常是两罐装，具有良好的耐溶剂和耐化学药品性，以及良好的耐蚀、硬度和附着力。缺点是有一定的固化（反应）温度和重涂间隔时间，超过最长间隔时间重涂需将底层打磨（毛）处理。如环氧类涂料、聚氨酯类涂料。

2）氧气固化。油性涂料、醇酸及酚醛类涂料，涂覆后要靠吸收空气中氧气与脂肪酸反应才能干燥，通常单罐装。

3）水气固化。无机正硅酸乙酯锌粉涂料，须吸收空气中水分与正硅酸乙酯反应才能进行缩聚反应而固化成膜。单罐装的聚氨酯涂料也是依靠水气进行固化反应而成膜的。

典型的物理固化型涂料氯化橡胶，其特点是固化过程伴随有大量的溶剂挥发，所以两层之间重涂不能间隔时间过短，一定要让底层涂料的溶剂充分挥发，其最长间隔时间倒没有限制，因为后涂涂层的溶剂可以溶解已经固化涂层，从而实现两层重溶，具有优异层间结合力。而化学固化类涂料，不但有最小涂覆间隔时间要求，还有最长间隔时间要求；因为其固化后变成高分子聚合物或缩合物而成膜，不再溶于溶剂，所以须靠两层间的交联化学反应实现层间结合，即在化学固化期内进行重涂。比如环氧类涂料常温（20℃）最长重涂间隔时间一般不超 7d，温度高，重涂间隔时间还要缩短，重涂应该在 7d 以内进行，否则，超过最长间隔时间重涂，两层间将没有交联化学反应，没有层间结合力，需将底层打磨（毛）处理后，再涂面漆。如水电工程经常要求工地安装后再涂装一道面漆，如为物理固化类涂料，只需冲洗干净表面即可重涂，而如果是化学固化类涂料，则施工方需将底层用粗砂纸打毛后再涂面漆，否则最后涂装一道面漆容易片状脱落，工程实例中经常出现这一情况。

5.3.2　常用涂料的基本性能及使用

防腐涂料品种繁多，可以根据用途、施工方法、漆膜外观、干燥机理等不同方法来划分。根据近年来涂料的发展状况，可以分为常规涂料和高性能涂料。常规涂料包括传统油性涂料、沥青系涂料和以酚醛树脂或醇酸树脂为基料的涂料，常规涂料已开发使用多年，这类涂料的原料易得，合成工艺简单，价格低廉，有一定的耐蚀性，但一般常规涂料（除沥青外）都含有可皂化的漆料，耐化学性差，耐水性差。因此，多用于腐蚀性较弱的水上环境或室内金属结构或机电设备（如启闭机等）。高性能涂料主要包括近年来发展的以环氧树脂、聚氨酯树脂和氯化橡胶等具有各种特殊功能的合成树脂为基料的长效防腐涂料以及各类富锌涂料。下面按品种介绍几种水利水电工程常用的防腐涂料。

（1）红丹油性防锈漆。红丹油性防锈漆属传统油性涂料，最大的优点是润湿性好，具有良好的附着力，对底材表面处理的要求低，一般达到 Sa2 级或 St3 级即可满足要求，初期涂装费用较低。

红丹油性防锈漆主要由红丹粉、精炼干性植物油、催干剂、助剂及溶剂等组成。红丹是其中最主要的防锈成分，又名铅丹，橘红色，化学成分是 Pb_3O_4。该涂料不耐水，主要应用于陆上钢结构设备的防腐。

红丹防锈漆施工性能良好，无气喷涂、空气喷涂、刷涂、辊涂均可，可以和油性、酚醛、醇酸等传统型产品配套使用，但干性较慢，25℃时表干 8h 左右，实干 24h，重复涂装时间间隔见表 5-8。

表 5-8　　　　　　　　　　　　　红丹防锈漆重复涂装时间间隔

底材温度/℃	3	20	30
最短/h	48	24	20
最长	3 个月		

涂料在使用前要充分调和，若颜料已沉降，则倾出大部分液体，将颜料与余下的液体充分混合，再逐渐加入倾出的液体充分调和，在使用之前应过滤。漆膜内含有红丹，不宜用于较封闭的结构内进行火焰校正，以防铅中毒；红丹漆膜不宜在大气中暴露太久，不然，漆膜易发白或变色。

（2）铁红油性防锈漆。铁红油性防锈漆主要由精炼干性植物油、氧化铁红等防锈颜料、催干剂、助剂及溶剂等组成。氧化铁红是其主要防锈颜料，但其不耐水，不耐碱，不适于水下，适用于作室内外一般要求的钢结构表面的大气防锈底漆。

铁红油性防锈漆的其他性能如附着力、防锈性能、施工性能、配套性、复涂间隔等与红丹油性防锈漆近似，具体参照厂家产品说明书。

（3）醇酸树脂涂料。醇酸树脂，广义而言，系指由多元酸（或酐）和多元醇酯化缩合而成的多元酸树脂或聚酯树脂或纯的醇酸树脂。但纯的醇酸树脂，由于结构和性能方面的原因，一般不能作为涂料应用，而用多元酸（或酐）和多元醇及脂肪酸三者酯化和缩聚而成的改性醇酸树脂。

醇酸树脂涂料具有很多特点。如对金属和木材附着力强、硬度大、弹性好、光泽好、大气环境下有极好的耐久性，良好的绝缘性以及施工方便等。但醇酸树脂涂料耐水性不好，不耐碱，修补困难。

常用的有铁红醇酸树脂底漆（防锈漆）、灰醇酸树脂面漆和醇酸树脂磁漆等。其施工性能与酚醛树脂涂料近似。复涂时间间隔常温下最短20h左右，最长不限。一般与传统油性涂料、酚醛树脂涂料和醇酸树脂涂料配套使用，常用于室内启闭机的防腐。

（4）环氧沥青防锈漆。

1）环氧沥青防锈漆的组成。环氧沥青防锈漆是由环氧树脂、煤焦沥青、防锈颜料、溶剂及聚酰胺树脂为固化剂组成的两罐装涂料。环氧沥青防锈漆的主要组成是环氧树脂和沥青，因此，环氧与沥青的配比以及两者在溶剂中的溶解性都是非常重要的。如果成膜物质间的配比适当，颜料体积比和固化剂的选择合理，就能获得防锈性能优异的环氧沥青防锈漆。

2）环氧沥青防锈漆的性能。环氧树脂的分子结构决定了环氧型涂料具有优异的耐碱性、抗化学性和附着力，成膜后漆膜坚韧而富有弹性，但由于分子中含有羟基，耐水性稍差。沥青涂料则具有优异的耐水性和润湿性，防锈性能好，但存在耐热性差，不耐日光曝晒和干湿交替，漆膜机械强度低等缺点。由一定比例的环氧树脂和煤焦沥青组成的环氧沥青防锈漆，克服了两者各自的缺点，发挥了两者的优点，使它既具有环氧系涂料的漆膜坚韧、耐化学药品、附着力强的性能，又具备了煤焦沥青耐水性好、成本低的优点，与各类车间底漆有良好的配套性能。缺点是不能在低于5℃的气温下使用，两罐装不便于使用。

由于环氧沥青防锈漆的这些突出性能，在我国以及世界各国都得到了迅速的发展和大量的应用。现在环氧沥青防锈漆除用作船底防锈漆、海上钢铁设施外，在金属结构和机电设备方面主要应用于压力钢管内壁和一些常年置于水下结构的防腐。

3）环氧沥青防锈漆的干燥及重涂间隔时间。环氧沥青防锈漆为化学固化型涂料，涂装过程中涂层的干燥和固化是否彻底，对漆膜的保护性能和物理性能将有影响；而涂装间隔时间将会关系到层与层之间的附着力，因此有必要特别介绍。

环氧沥青防锈漆的干燥和固化速度取决温度和时间两个因素。环氧沥青的漆膜干燥和固化速度，随着温度的升高而加速。当温度在10℃以下时，固化速度变得很缓慢，在5℃以下时则不再发生固化反应，在25℃时需7d才能完全完成固化反应。因此在冬季施工时，必须进入涂装车间并加设保温装置，进行分段涂装，以得到理想的漆膜。不同温度下厚浆型环氧沥青防锈漆干燥时间见表5-9。

表5-9　　　　　　　　　　　不同温度下厚浆型环氧沥青防锈漆干燥时间表

温度/℃	5	20	30
表干时间/h	8	2	1
实干时间/h	48	24	16

环氧沥青防锈漆属化学固化型涂料，充分固化后的底层再重涂面层，层与层之间互不相溶而影响层间附着力。另外漆膜在大气中暴晒时间较长后，因紫外线的作用，漆膜表面形成胺化后的薄层而使漆膜粉化，也会影响漆膜层间的结合和附着力。因而对环氧沥青系涂料的干燥时间和涂装间隔，均有较严格的要求。在环氧型涂料的说明书中，一般都明确规定了最短和最长的涂装时间。不同温度下环氧沥青重涂涂装间隔见表5-10。

表5-10　　　　　　　　　　　不同温度下环氧沥青重涂涂装间隔表

温度/℃	10	20	30
最短间隔时间/h	48	24	16
最长间隔时间/d	7	5	2

（5）氯化橡胶防锈漆。氯化橡胶系天然橡胶或合成异戊橡胶溶入CCl_4中，通入氯气反应制得，在氯化反应过程中有加成、取代和环化反应。为了使橡胶中的双键饱和，增强抗老化性能，必须通入足够的氯气，使其含氯量达65％左右。其分子式一般以$(C_{10}H_{11}Cl_7)_n$的表示，不含酯键，故耐皂化和耐腐蚀，具有优异的耐水性、耐酸、耐碱、不燃烧，其漆膜的水蒸气透过率和氧气透过率低，具有优良的防锈性能和长效防锈效果。另外，氯化橡胶涂料施工性能优良，干燥快，漆膜层与层之间有互溶性，层间附着力良好，能在低气温下施工。氯化橡胶涂料的缺点是润湿性略差，如不注意，容易出现针孔现象。

氯化橡胶在涂料工业中的应用已有百余年的历史，在20世纪60年代，由于厚浆型氯化橡胶涂料的问世，使氯化橡胶涂料在制造和使用两个方面均获得了迅速的发展。但由于氯化橡胶涂料是典型的溶剂型涂料，在施工过程中会挥发大量的溶剂和其他有机挥发物的（VOC），会促使NO_2和O_2在地表产生臭氧，地表的臭氧对人有刺激作用，影响上呼吸道，引起咳嗽，太高浓度的臭氧还会严重损害森林和植被。很多国家已立法对VOC进行了限制，所以，近年氯化橡胶涂料的应用也在减少，在欧美等国甚至逐步退出了市场。

（6）聚氨酯涂料。聚氨酯全称聚氨基甲酸酯，是指结构中含氨基甲酸酯链节的聚合物。聚氨酯的单体是异氰酸酯和多羟基化合物。异氰酸酯有芳香族和脂肪族两大类。芳香族异氰酸酯廉价易得，但常温下反应活性大，耐候性差，太阳光下容易失光、粉化，所以多用于（室内）家具涂料。而脂肪族聚氨酯涂料耐候性好，但价格昂贵，随着化学工业的发展，成本不断下降，应用越来越多。

聚氨酯涂料的优点是适应性及综合性能好。综合性能即其耐化学品性、附着力、耐磨、抗浸透、硬度与弹性等能同时良好地表现，从而能适应复杂多变的环境。另外聚氨酯涂料还具有优异的保光性和保色性，装饰性能良好。

聚氨酯涂料的缺点是双组分固化、施工复杂，不能应用于水下环境。对施工环境条件有一定的要求，一般情况下环境温度不低于 0℃ 及环境湿度不大于 75%，否则固化困难且漆膜易起泡。对复涂时间间隔有一定的要求（不同品种要求不同），超过最长间隔时间，须将前道漆膜用砂纸打毛再行复涂。

目前，最常用的是用含羟基丙烯酸酯与脂肪族多异氰酸酯反应而成丙烯酸聚氨酯涂料，涂膜具有很好的硬度以有极好的柔韧性，耐化学腐蚀。突出的耐候性，光亮饱满，干燥性好，表干快而不黏灰等特性，使之成为水上钢结构防腐体系中的首选面漆，如三峡水利工程三期坝顶门机的面漆等均为可覆涂丙烯酸聚氨酯面漆，其前道配套涂料是环氧云铁（中间）防锈漆。丙烯酸聚氨酯面漆具体的配套方案如下：

底层　　　环氧（无机）富锌底漆　　　60μm　　（漆层厚度）
中间层　　环氧云铁中间漆　　　　　80μm　　（漆层厚度）
面层　　　丙烯酸脂肪族聚氨酯面漆　80μm　　（漆层厚度）

（7）环氧富锌底漆。环氧富锌底漆由环氧树脂为基料、聚酰胺树脂为固化剂、金属锌粉及助剂组成，一般为两罐装。富锌底漆的干膜中锌粉含量约在 80% 左右，由于锌具有阴极保护作用，因此环氧富锌底漆具有很好的防锈性能。其主要优缺点见表 5-11。

表 5-11　　　　　　　　　　　　环氧富锌底漆主要优缺点表

优　点	缺　点
1. 具有优异的防锈性能和耐久性； 2. 具有优异的附着力和耐冲击性能； 3. 具有优异的耐磨性； 4. 干性快、施工性能好； 5. 能与大部分高性能防防锈漆和面漆配套使用	1. 两罐装使用不便； 2. 焊接切割时易产生 ZnO 有毒气体； 3. 二次除锈工作量大

配套使用时应注意环氧富锌底漆涂覆后不应长时间曝露，宜尽快涂覆中间漆或面漆，否则其表面会形成锌盐（碱式碳酸锌，俗称白锈）。在已形成锌盐的表面涂装面漆，应采用清扫级喷砂或机械除锈的二次除锈。

环氧富锌底漆能与环氧云铁中间漆、环氧沥青、氯化橡胶等防锈漆或面漆配套使用，但不能与油性、醇酸、聚酯类油漆配套使用。

（8）环氧云铁防锈漆。环氧云铁防锈漆是以环氧树脂为基料，云母氧化铁为颜料，聚酰胺树脂为固化剂的双组分防锈漆。其颜料云母氧化铁呈鳞片状，在漆膜中层层叠积排列大大延滞了引起金属腐蚀的水、氧气和其他有害离子的渗入，具有较好的耐水、酸、碱的能力。又因云母氧化铁光敏性弱，化学稳定性好，因而具有较好耐候性。其漆膜略微粗糙，有利于面漆的结合，可作为环氧富锌底漆，无机锌底漆等高性能防锈漆的中间层漆，以增强整个涂膜的层间附着力和保护性能。也可用作喷锌（铝）层表面的封闭涂料，也可直接涂装在经过喷砂处理的钢铁表面作防锈底漆之用，其涂装注意事项同其他环氧系列涂料。

（9）无机富锌底漆。无机富锌底漆根据载体类型主要分为：水性后固型、水性自固型和溶剂自固型三种。

水性后固型载体主要包括碱金属硅酸盐、磷酸盐等，它们必须在涂覆后，再涂刷一层酸性固化剂（磷酸或氯化镁溶液），涂层才能固化。

水性自固型的载体包括水溶性碱金属硅酸盐，硅酸季胺，磷酸盐等，这些涂料的固化是在涂料中的水蒸发后自固化的。

溶剂自固型的载体包括钛酸盐、有机硅酸盐和这些硅酸盐的聚合物改进，它的固化取决于大气中的潮气，这些体系可完全水解成多硅酸盐。其成膜机理主要靠正硅酸乙酯吸收空气中的水分，发生水解反应，然后与锌和铁发生缩聚反应而固化成膜。溶剂自固型无机富锌涂料，施工时大气湿度不得低于50%，否则容易形成干喷或难以固化，所以在夏季北方高温干旱的季节使用时应特别注意。

载体是硅酸锂的无机富锌涂料属水性自固型，如LW-1型无机富锌涂料。由于其固化不依赖空气中的水分，所以对大气环境的湿度没有苛刻的要求。

无机富锌涂料的防锈作用主要有电化学保护作用，其主要优缺点见表5-12。

表5-12   无机富锌涂料的主要优缺点表

优　　点	缺　　点
1. 符合环保要求； 2. 具有优良的防锈性能和耐候性； 3. 具有优异的机械性能； 4. 固体含量高； 5. 适合阴极保护	1. 对表面处理要求较高（Sa2$\frac{1}{2}$）； 2. 价格较贵； 3. 施工要求高，推荐采用无气喷涂； 4. 两罐装，锌粉易沉淀，喷涂时应搅拌，防止沉淀规定

（10）氟树脂涂料。这是指以氟树脂为主要成膜物质的涂料；又称氟碳漆、氟涂料、氟树脂涂料等。在各种涂料之中，氟树脂涂料由于引入的氟元素电负性大，碳氟键能强，涂层中含有大量的F—C键，决定了其超强的稳定性，不粉化、不褪色，使用寿命长达20年，具有比任何其他类涂料更为优异的使用性能。具有耐候性、耐热性、耐低温性、耐化学药品性，而且具有独特的不黏性和低摩擦性。

经过几十年的快速发展，氟涂料成为继丙烯酸涂料、聚氨酯涂料、有机硅涂料等高性能涂料之后，综合性能最高的涂料品种。目前，应用比较广泛的氟树脂涂料主要有PTFE、PVDF、PEVE等三大类型。其具有优异的施工性，双组分包装、贮存期长、施工方便。水电工程坝顶结构需要亮丽装饰功能时可以采用，但由于价格偏高，仅部分水利枢纽风景区应用。

5.3.3　涂料涂装环境条件及施工工艺控制

（1）环境条件控制。

1）环境湿度。涂装质量和施工时的空气湿度有直接关系，通常情况下，当相对湿度超过85%时，是不能进行涂装作业的。湿度太高，水分会在涂装的表面产生凝聚，将降低涂料的附着力。当工件表面温度接近或低于露点时，会出现冷凝。为了避免在易冷凝的情况下施工作业，进行涂装作业之前，应首先测定空气的露点和钢铁表面的温度，所有标准均规定涂装时须在工件表面温度至少高于露点以上3℃的条件下进行。

钢铁表面温度可用磁性金属表面接触温度计或点接触表面温度计来测量。空气温度可用水银或酒精温度计来测量。空气湿度可用干湿温度计或其他湿度计来测量。露点可根据测得的空气温度和相对湿度查表得到，也可以用露点温度计直接测量出露点值。

钢铁锈蚀的临界相对湿度约为60%，在这个湿度条件下，开始缓慢形成铁锈。当相对湿度超过70%时定义为潮湿大气，腐蚀速度会急剧增大，表面预处理后应尽快涂装，不应超过2h，超过相对湿度85%时，应停止喷砂和喷涂施工。

2）环境温度。在涂装施工中，温度也是一个重要条件。在夏天气温较高时，涂料中的溶剂和稀释剂挥发速度加快。对于物理固化型涂料，特别是油性涂料，涂膜表面的溶剂快速挥发而固化，涂膜表面产生一层很薄的干膜，阻碍涂层里面的溶剂和稀释剂的继续挥发，造成皱皮、露底或起泡等缺陷。对于化学固化型材料，若气温偏高，涂料混合熟化后的使用时间明显缩短。因为温度升高而加快了基料和固化剂的化学反应速度，这时涂层的固化时间和覆涂的间隔时间也相应缩短。当涂料在温度较高的表面喷涂时，由于固化速度加快，而使涂料不能充分的融合，流平性变差，易造成多孔性涂层。

基于以上这些原因，在温度高于30℃时，涂装的效果是不理想的。所以，夏天阳光直射的钢材表面是不宜涂装的，这时可选择早、晚比较凉爽的条件下施工。另外，在温度较高的密封舱室内喷涂时，由于溶剂和稀释剂的挥发速度较快，在短时间内就会产生很高的溶剂气体浓度，要特别重视采用合理有效的通风换气，避免发生起火爆炸的危险。水工金属结构大型箱梁内喷涂施工多次发生爆炸致人残伤事故。

在气温偏低的条件下涂装时，涂料的黏度随温度降低而增加，使涂料的施工性能变差。有时必须加入额外的稀释剂来获得较好的涂刷性能，影响涂层的质量。低温时，涂层的固化时间将延长，在涂层的干燥过程中，竖直表面的涂料可能引起流挂。有些双组分涂料在低温下根本就不能固化，基料和固化剂之间的交联反应在低温下几乎停止。

3）重涂间隔时间。表面预处理与涂装之间的间隔时间应尽可能缩短。在潮湿环境条件下，应在2h内涂装完毕，晴天或湿度不大的条件下，最长也不应超过8h。湿度过大时，不但不能涂装，表面预处理也应停止。所以，第一层涂料无论如何要在钢铁表面变色（有色腐蚀物的出现）前涂装。特别是使用高性能涂料时，即使出现微小的腐蚀产物和外来物质（如灰尘），也会严重影响涂层的附着力和其他性能。

在已经完成的底层涂料上进行第二道重复涂装时，间隔时间也有严格的规定。对于物理干燥型涂料，涂膜层间的附着力一般是较好的，因为新涂膜中的溶剂会渗透到底层的表面，使之略微软化，使层涂膜融为一体，层间的附着力较好。要注意的是间隔时间不能太短，防止下道涂膜内滞留大量溶剂挥发不出去，造成长期不能干透的弊病。对于化学固化型涂料在这方面就更为重要，因为超过规定的涂装间隔，会严重影响涂膜的层间附着力，引起面层涂膜剥落。有的水电工程习惯于在闸门安装完成后再全部喷涂一道面漆，以利工程的美观，但如果是化学固化型涂料，超过规定的最长涂装间隔时间，一定要采取措施，可用粗砂布将底层涂料的表面打毛，以增加涂膜的层间附着力，否则，补涂表层容易脱落。

4）其他环境条件。

A. 清洁环境。涂装作业应在清洁的环境中进行，应避免在涂装过程中水分和油分玷污涂层。涂装应避免在大风中进行，因为未干的涂层会被灰尘污染。在大风中进行喷涂作业，涂料的损失严重，同时，漆雾会被大风吹得很远而玷污其他工件。另外，在大风中施工，涂层的表面快速干燥可能造成皱皮、起泡或露底等缺陷。

喷砂区域必须与喷涂区域合理分开，以防受灰尘、磨料等的玷污。现在很多水工金属结构制造企业都建有防腐车间，自动回收磨料的喷砂房和封闭的喷漆车间是分开的。如葛洲坝集团机械船舶有限公司的防腐车间，建有独立的两喷两涂车间，工艺系统具有先进性、实用性和安全性，通风、除尘、漆雾处理和调节温度、湿度功能齐全，已经达到船舶行业的表面预处理条件，防腐施工质量可大大提高。

B. 通风。要求保证烟、蒸气处于低浓度状态；溶剂蒸气必须保持在临界值或职业暴露标准以下。

C. 照明。要足够明亮，适于进行涂装和检测。

（2）涂装过程工艺条件控制。涂层施工的质量对涂层的寿命有重要的影响，除前所述施工操作方法和环境条件要求外，涂装操作的准备工作也非常重要，是涂装工艺流程的重要组成部分。良好的管理对工作质量具有重要的影响，应尽力保证高标准施工。

1）涂料的储存。

A. 储存油漆的仓库应符合要求，库内温度不得达到油漆使用的极限温度。

B. 油漆出入库应登记批号，发放涂料应按先入库先发放顺序进行。

2）开听。

A. 涂料开听前，应仔细检查并确认涂料的品种、牌号、颜色、有效储存期限等是否符合要求，一般在涂料听上都有明显的标记和说明，如有标记遗失或模糊不清难于辨认的情况，应由技术人员仔细查对原始资料，或开听核对，确认无误后，方能使用。

B. 涂料开听前，要将听盖上面及周围的灰尘和赃物擦拭干净，避免异物混入涂料。

C. 开听后，发现表面有结皮时，要沿边缘将漆皮割开后取出，不要任意捣碎，不可将漆皮碎片搅在涂料中。如发现涂料有严重发胀、结块等现象，要请技术检验人员检查后，决定是否能够使用。

3）单组分涂料的搅拌。单组分涂料成分中比重较大者容易下沉，而较小者容易上浮，所以使用前必须搅拌均匀，才能充分发挥涂料的性能。

A. 当沉淀和结块比较严重时，可将涂料连同底部的沉淀一起倒入另一个清洁的大开口的容器内，彻底搅拌均匀方可使用，否则会影响涂料的性能。

B. 在搅拌时要注意颜色的均匀性，因为涂料中的某些着色颜料有"离析"现象，搅拌不均匀时会产生"色花"。

C. 搅拌用的工具可采用光滑的桨状木板，但操作时比较费力。现在已普遍采用专门的涂料搅拌机械，有气动和电动两种，从安全性考虑，以气动式搅拌机最合适。

D. 搅拌工具必须保持清洁，使用完毕后，应用溶剂清洗后保存。在使用气动搅拌机时，要注意避免将润滑油喷入涂料内。

4）双组分型涂料的混合和熟化。双组分型涂料一般是由基料、固化剂（或粉剂）组成，通过固化剂和基料混合后的化学反应来达到固化。所以，基料、固化剂（或粉剂）应按照一定比例来混合搅拌，并有一定时间熟化。

A. 混合时，先不断搅拌基料，然后将固化剂等缓缓加入基料内，直至全部加入，充分保证两组分搅拌混合均匀。

B. 某些涂料在产品说明书上规定有熟化时间，这是因为这些涂料在基料和固化剂混合以后，还需放置一段时间，使其进行一定程度的化学反应，达到规定的熟化时间后，才可用于涂装，以保证其性能。

C. 两组分型涂料一旦混合就要在规定的使用期限内用完。所以，必须严格掌握好用量，按实际使用量来配比两组分，避免浪费。

5）稀释。

A. 一般涂料产品在出厂时黏度都已调整好，在开听后即可使用。特殊情况时，需用稀释剂调整黏度，涂料中加入稀释剂以后，必须充分搅拌均匀。

B. 每种涂料使用何种稀释剂以及稀释剂的最大用量都在涂料产品说明书上有明确的规定，必须严格遵守，否则会导致涂料报废或性能下降。在特殊情况下需要增加稀释剂的用量时，应取得技术部门和涂料制造厂的认可。稀释剂过多会导致涂膜厚度减薄，过少会引起干喷、针孔或外观不良。

C. 涂料的黏度一般可用专门的黏度杯（计）来测量。至于触变型涂料，是无法用黏度计来测量的，这些涂料一般在出厂时都已调整好，可以直接使用。

6）过滤。涂料在使用前，一般都需要过滤。这是因为在涂料中可能产生或混入较大的固体颗粒、漆皮或其他杂质。这些杂质会影响涂层的美观，也会堵塞喷嘴，使喷涂作业无法顺利进行。

一般涂料可使用 60～100 目的尼龙网或金属筛子过滤。筛子必须保持清洁，用后立即用溶剂清洗，保存备用。经过滤的涂料要加盖保护，防止再混入杂质。

（3）涂装施工方法。金属结构涂装作业中，主要采用刷涂、压缩空气喷涂和高压无气喷涂方式，以前也有采用辊涂施工的，但由于其在施工过程中容易产生针孔和夹杂，水工金属结构防腐蚀规范中已不推荐采用辊涂方法施工。

1）刷涂。刷涂是最简单的手工涂刷方式，具有操作方便、适应性强的特点，是较为普遍使用的涂装方式，但刷涂费时、费力、经济效益低。

刷涂具有较强的渗透力，它能使涂料渗透到表面细孔和缝隙中去。而当物件表面有潮气时，刷涂能排挤潮气，从而使涂料直接黏附在基体表面上。对于高低不平的焊缝部位，以及喷涂难以达到的边角部位，如金属结构的边缘、角隅以及各种槽、泄水孔、通气孔等部位，在喷涂前，都应先刷涂 1 道，然后再进行喷涂，可以减少喷涂涂膜下面因表面不平截留空气而产生的针孔，能显著提高涂层质量。

刷涂不适合于某些快干的涂料。如乙烯基挥发性涂料，由于它们的快速干燥，会留下明显的刷痕和涂层交接处的明显重叠，造成涂层表面不平整。

2）压缩空气喷涂。压缩空气喷涂是利用压缩空气将涂料从加料杯或容器中吸引（或压迫）输送至喷枪，在 0.2～0.5MPa 个大气压下，涂料在喷嘴与空气混合并雾化，喷射在被涂表面，得到均匀分布的涂层。这种喷涂方法的效率，要比刷涂和辊涂高得多，同时，涂层的厚度也比较均匀。

压缩空气喷涂由于涂料微粒和压缩空气是混合在一起的，喷涂时压缩空气会从物体表面弹回，而这种弹回的结果，不仅增加了损耗，也使涂料微粒难以进入被涂物的细孔和洞穴中去，涂层的附着力也不好。当有大风并在室外操作时，涂料的浪费将会更严重。

3）高压无气喷涂。高压无气喷涂是利用压缩空气（也可用电动机或小型油机）作动力驱动高压泵，将涂料吸入并加压至 $7.5\sim30MPa$ 的压力，经过高压软管、喷枪、最后经呈橄榄形孔的喷嘴喷出。高压无气喷涂系统见图 5-9。当涂料离开喷嘴后，雾化成很细的微粒，喷射到工件表面，形成均匀的涂膜，达到喷涂的目的。

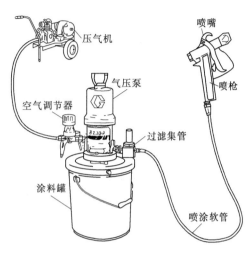

图 5-9　高压无气喷涂系统示意图

高压无气喷涂有很多优点，如涂料压力高，能与钢材表面紧密结合，涂料能渗透到表面细孔里面，涂层附着力好；良好的雾化，能获得光滑致密的涂层；涂料流量大，涂装效率高，特别适用于大面积的涂装。当采用厚浆型涂料时，一次能获 $300\sim500\mu m$ 厚的涂膜，能大大缩短涂装周期。由于压缩空气不与涂料直接接触，可以避免压缩空气中的水分、油分和其他杂质混入涂料所带来的弊病。

高压无气喷涂的施工应特别注意喷涂距离、喷枪角度、移动速度和操作安全4个方面操作。第一，喷涂距离通常在 $300\sim500mm$ 之间。距离太大时会造成涂膜表面粗糙，涂料的损失也大。对某些快速干燥的涂料（如车间底漆），在涂料粒子接触钢板时已开始固化，造成附着力不好，漆膜外观呈粉化状态。在露天有风的地方，距离也不宜过大，否则涂料损失过多。距离太小则操作困难，容易出现流挂和皱皮的情况。第二，喷枪与被涂表面应保持垂直，两端则以 $45°$ 为限，喷枪应在被涂表面作平行移动，尽量避免作弧形移动。第三，喷枪的移动速度，以膜厚达到规定标准又不出现流挂为宜。对于厚浆型涂料，可作数次反复喷涂，开始喷涂时，用湿膜测厚仪边测边喷，确定喷涂次数和移动速度。最后一遍喷涂速度要快一些，可使膜厚均匀，表面光洁。第四，由于涂料的喷嘴处压力很高，喷射速度很大，应注意安全，试枪和喷涂时严禁对着人员。

其他在施工操作过程中应注意喷涂压力和流量关系，喷涂压力与涂料黏度关系，以及喷嘴的选择等技术环节，施工操作人员应注意学习设备说明书和参加相关培训后才能上岗。

（4）涂膜质量缺陷及处理。涂膜在施工过程中的质量缺陷有多种多样，产生原因也各不相同。有的是在喷涂过程中湿膜状态时就形成和显示出来，有的则是喷涂完成后干膜状态才能发现。涂膜发现质量缺陷时，应及早分析原因，采取措施，认真处理。湿膜状态时涂膜缺陷及处理方法见表 5-13，干膜状态时涂膜缺陷及处理方法见表 5-14，施工人员可根据表中内容分别查找现象、分析原因，并进行处理。

表 5-13　　　　　　　　　　　　　　　湿膜状态时涂膜缺陷及处理方法表

缺陷	现象	原因	预防及处理方法	
曳尾（包括雾化不良）	高压无气喷涂时，喷幅两边产生粗线	稀释剂不当，或涂料黏度过高	调整稀释剂品种或用量	对缺陷严重的涂层进行修整
		无气喷漆机型或进气压力不当	调整机型或进气压力	
缩孔缩边	涂料表面弹性收缩，形成凹孔或不粘边的现象	被涂表面黏附水、油等污物，漆刷或喷漆机中混入水、油等污物	清洁被涂表面，充分洗净涂装工具	有缺陷的涂层进行返修处理
		被涂表面过于光滑，下层涂膜过于坚硬	砂纸打磨表面，使其具有一定粗糙度	
起泡	涂装涂料中混入的空气，在形成涂膜时未能避免产生气泡	涂料在激烈搅拌后立即涂装	避免激烈搅拌，搅拌后稍放置再涂装	起泡严重的涂层，应作返工处理
		涂料中溶剂挥发过快，表面温度过高时涂	适当调整稀释剂，一次涂装宜薄，避免温度过高时进行涂装	
		涂料的黏度过高	适当添加稀释剂，降低黏度	
		脂肪族聚氨酯漆施工时空气湿度大于75%，与水反应放出 CO_2	在空气相对湿度低于75%时施工	返工
喷丝	高压无气喷涂时，涂料到达被涂表面时已干燥成丝状	涂料的黏度过高	适当添加稀释剂	喷丝严重的涂层，应作返工处理
		涂料中溶剂挥发过快	调整稀释剂的品种	
		喷嘴口径太小，而喷涂压力太高（溶剂挥发快）	增大喷嘴口径或降低喷涂压力	
表面粗糙（起粒）	涂层表面粗糙，有起粒现象	颜料过粗	调整涂料品种	打磨后重涂
		被涂物表面有灰尘施工现场有粉尘	清理，并使涂装环境清洁，与喷砂场地隔离	
发白失光	透明的硝基漆，清漆等形成白色不透明的无光泽的涂层	涂装时湿度太高	避免高湿度时涂装	用布蘸稀释剂轻轻擦拭
		喷涂时与干燥时温差过大	避免傍晚时喷装	
		喷涂压力过高	调整喷涂压力	
浮色	数种颜料混合的涂料，固化时比重轻的颜料浮于表面，形成颜色与原来的不一致或花斑	涂料中的颜料分散	更换新的涂料	涂层干后，用砂纸打磨再作一次涂装
		一次涂装过厚	一次涂装宜薄	
		涂料中稀释剂添加过多	减少涂料中稀释剂的用量	
流挂	垂直涂装的涂料，一部分向下流淌，形成局部过厚不平整表面	喷涂时不均匀，局部超厚	按规定要求，认真施工	返工，除流挂部分重涂
		稀释剂添加过量（太稀）	按规定，不过量	
		被涂物温度过高或过低时涂装	在适当的温度下涂装	
渗色	底层深色涂料的颜色渗透到面层浅色涂面上	底层涂料未干时即涂面层涂料，两层涂料混合	待底层涂料干燥后，再涂面层涂料	渗色的面层干燥后再涂一层面漆
		两层涂料的稀释剂使用不当（面漆稀释剂溶解底漆）	改正稀释剂	
		底面漆配套不当	改正配套方案	返工

缺陷	现象	原　因	预防及处理方法	
咬底	底层涂料被面层涂料溶剂软化引起皱皮甚至脱落	面层涂料溶剂过强，底面漆配套不当	避免异种涂料配套	返工
		底层涂料干燥不足，间隔时间在太短	待底层涂料干燥后再涂面层涂料	
起皱橘皮	涂层表面起皱或呈橘皮状	底层涂料未干即涂面层，或一次涂装过厚	注意涂装间隔和推荐膜厚	打磨平整后再涂装
		被涂物温度过高，或涂装后受高热曝晒等	注意适当的温度条件，避免高热	
		干燥剂过量	调整干燥剂用量	
		高挥发剂，急剧挥发	调整干燥剂	

表 5－14　　　　　　　　　干膜状态时涂膜缺陷及处理方法表

缺陷	现象	原　因	预防及处理方法	
白化	涂层表面发白、模糊、发浑、无光	温度高时涂装或被涂物温度过低，致使表面潮湿引起涂层发白	加强温湿度控制或实行露点管理	轻微的白化用稀释剂涂擦，严重者则磨去重涂
		涂装后夜间气温下降结露，或涂装后遇雨水	实行露点管理，注意天气预报	
		溶剂迅速挥发，涂面产生冷凝水	调整稀释剂，使挥发较缓慢	
针孔	涂层表面发生大小如针刺过一样的小孔缺陷	喷涂时存在水分或油，不溶成孔	除去水分和油	对轻微细小的针孔表面用砂纸打磨，再薄薄涂一层，严重者返工
		被涂表面温度过高，溶剂挥发过快	在适当的温度条件下涂装	
		一次涂装过厚	按推荐膜厚涂装	
		高黏度涂料搅拌后含气泡即涂装	搅拌后，稍静置后再施工	
泛黄	白色、浅色涂膜变黄	涂料采用泛黄性较大的油料（如桐油、亚麻油等）或干燥剂过多	改进涂料配方	重涂
细裂龟裂	涂层表面呈现裂纹，细小者称细裂，较大较深者称龟裂	底层涂料未干即涂面层涂料或底层涂装过厚	待底层干后再涂面层涂料，按推荐膜厚涂装	除去裂纹部分，重新涂装
		涂层配套不当，如底软而面硬	注意涂层配套体系的正确性	
		温度急剧下降	有预见时采取措施	
粉化	涂膜分解，颜料成为细微粉末渐渐脱落	涂料展色剂耐候性差，或采用耐候性差的体质颜料过多（受紫外线、水、氧、化学药品的作用）	改进涂料配方	除去粉化后的表面后重涂

缺陷	现象	原因	预防及处理方法	
回黏	干燥的涂膜重新发黏	被涂表面有酸碱等化学物质附着	除净表面附着物质	轻度回黏再放置一段时间，严重者或长期放置仍不能干燥者，则应除去重涂
		添加挥发性差的稀释剂或质量不当的展色剂、干燥剂	改进涂料配方	
		低温自然干燥后，又在强烈的阳光下照射	更换涂料	
片落剥落脱皮	涂膜从底材表面脱落，6mm² 以下小片脱落称为片落，稍大于 6mm² 的脱落称为剥落，大片脱落称脱皮	被涂表面附有油脂、水分、锈、尘埃等杂质	认真注意表面处理的质量	剥落部分认真打磨后重新涂装，脱皮严重者则全面返工
		底面漆配套不当，底漆选择性不当，附着力差	注意涂层配套系统的正确	
		面层涂装已超过规定的涂装间隔时间	按规定的涂装间隔时间施工	
		水下区域涂料耐阴极保护性差，或阴极保护电流密度过大	注意涂层的耐电位性能及合理的阴极保护设计	
		被涂表面过于光滑	注意表面粗糙度	

5.3.4　涂料涂膜的质量检验

涂料涂膜的施工质量检验主要包括外观、厚度、结合力三项参数指标，三项参数均合格，则可判定涂膜质量合格。对厚浆型涂膜或有设计要求时，工程可增加针孔检测。

（1）外观检测。涂膜固化后应进行外观检验。表面应均匀一致，无流挂、皱纹、鼓泡、针孔、裂纹等缺陷。全部工件表面上如无上述可见缺陷，则可判定外观合格，填入记录表格。

（2）厚度检测。涂膜厚度检测包括施工过程中的膜厚控制检测和固化后的涂膜厚度检测，包括分析、判别、质量反馈与处理的过程。

1）涂膜厚度的规定要求。规定膜厚，一般是指应基本得到保证的膜厚值，但并不要求所有点的干膜厚度百分之百都要达到或超过这一厚度。因为被涂结构表面本身不可能是均匀的平面，喷涂工具的性能也不是绝对平稳，施工人员手工操作也不能做到毫无误差，这些因素决定了被涂表面各处的膜厚必定是不均匀的。如果要求所有点的膜厚都超过规定值，势必大大增加涂料的用量，也将给管理带来困难。因此，只有按干膜厚度测定值的分布状态来判断是否符合要求。

对于干膜厚度分布状态的要求，世界各国或不同行业不尽相同。《水工金属结构防腐蚀规范》（SL 105）要求 85％以上的测点测得的局部厚度值必须达到或超过规定膜厚值，余下不到 15％的不合格局部厚度值，必须不低于规定膜厚值的 85％，这就是膜厚评定的两个 85％准则。膜厚分布见图 5-10，如果没有达到这样的要求，则须根据具体情况作局部或全面补涂。

2）涂膜厚度的检测方法及判定准则。

A. 检测涂膜厚度使用的测厚仪精度应不低于±10％。

B. 测量前，应在标准块上对仪器进行校准，确认测量精度满足要求。

C. 测量时，在 1dm² 的基准面上作 3 次测量，其中每次测量的位置应相距 25～75mm，取这 3 次测量值的算术平均值为该基准面的局部厚度。对于涂装前表面粗糙度大于 $100\mu m$ 的涂膜进行测量时，其局部厚度应为 5 次测量值的算术平均值。

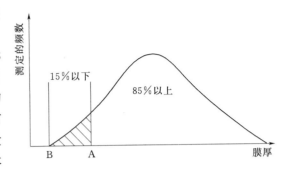

图 5-10　膜厚分布要求曲线图
A—规定膜厚；B—规定膜厚×85%

D. 平整表面上，每 10m² 至少应测量 3 个局部厚度；结构复杂、面积较小的表面，原则上每 2m² 测一个局部厚度。测量局部厚度时应注意基准面分布的均匀性、代表性。当产品规范或设计有附加要求时，应按产品规范或设计要求执行。

E. 判定准则。如涂料涂膜局部厚度值达到两个 85% 的要求，则判定该涂膜厚度合格。即要求 85% 以上的局部厚度值必须达到或超过规定膜厚值，余下不到 15% 的不合格局部厚度值，其最小值必须不低于规定膜厚值的 85%。

必须强调的是评定涂料涂膜厚度是否合格，一定要用局部厚度值来评定，也就是说用 3 点平均值或 5 点平均值来评定，而不是用每一个测量点的值来评定，也不是用所有点的平均值来评定。

（3）结合力检测。涂膜固化后应选用划格法或拉开法进行附着力检验。附着力检验为破坏性试验，宜做抽检或带样试验。

1）划格法。采用划格法进行附着力检验时，按涂膜厚度以 $250\mu m$ 为限分为划格法和划叉法两种检测方法。若涂膜厚度小于或等于 $250\mu m$，应按照《色漆和清漆　漆膜的划格试验》（GB/T 9286）或《水工金属结构防腐蚀规范》（SL 105）规定的划格法检查。其又分为涂膜厚度 0～$60\mu m$ 以下，用 1mm 间距刀头进行划格检验；涂膜厚度在 61～$120\mu m$ 之间，用 2mm 间距刀头进行划格检验；涂膜厚度在 121～$250\mu m$ 之间，用 3mm 间距刀头进行划格检验；检测方法及步骤详见 GB/T 9286。划格法检测结果评定共分为 0 级、1 级、2 级、3 级 4 级、5 级共六个级别，对于水工金属结构防腐蚀判定准则定为 0 级、1 级为合格，如设计另有规定，则按设计规定级别判定是否合格。

若涂膜厚度大于 $250\mu m$，用划叉法检查，在涂膜上划两条夹角为 $60°$（╳60°）的切割线，应划透至基底，用透明压敏胶黏带粘牢划口部分，快速撕起胶带，涂层无剥落为合格。

对于多层涂层体系，应报告界面间出现的任何脱落（是涂层之间还是涂层与底材之间）。

2）拉开法。采用拉开法进行附着力定量测试时，涂层附着力定量参考指标见表 5-15，或由供需双方商定。拉开法可选用拉脱式涂层附着力测试仪，检测方法按仪器说明书的规定进行。

表 5 - 15	涂层附着力定量参考指标表	单位：MPa
涂 料 类 别		附着力
环氧类、聚氨酯类、氟碳涂料		≥5.0
氯化橡胶类、丙烯酸树脂、乙烯树脂类、无机富锌类、环氧沥青、醇酸树脂类		≥3.0
酚醛树脂、油性涂料		≥1.5

（4）针孔检测。涂料在干燥过程中往往由于温度不当或湿度过高以及夹杂等原因，会产生肉眼难以发现的穿透涂膜的针孔。针孔的存在无疑会使腐蚀介质（水、氧等）很容易达到金属表面导致腐蚀。按《水工金属结构防腐蚀规范》（SL 105）的规定，对于厚浆型涂料涂膜，应用针孔仪进行全面检查，厚浆型涂料一次成膜较厚，干燥相对困难，产生针孔的可能性较大，由于整个涂层只由一道或两道涂膜组成，产生贯穿性针孔的几率较大，所以应作针孔检查。

发现针孔应及时处理。原则上有针孔的地方应补涂或区域补涂，如大量出现针孔，则该涂层质量应判定为不合格。

对于针孔的检测方法主要有高压针孔测试仪和低压针孔测试仪两种方法，其中高压针孔仪通常用于较厚的涂膜。

1）高压针孔测试仪。使用高压针孔测试前必须先进行涂膜厚度测量，输出电压要根据涂膜厚度进行调整。涂层厚度与检测电压关系见表 5 - 16。应注意的是导电性涂层会影响电压，调整电压时，导电性涂膜厚度必须从总涂膜中扣除。以规定的速度在构件涂膜表面刷过电刷，有针孔的地方会产生放电火花。

表 5 - 16			涂层厚度与检测电压关系表							
涂层厚度/μm	100	150	200	250	300	350	400	500	600	800	1000
电压/kV	1.0	1.2	1.5	1.7	2.0	2.2	2.4	2.9	3.3	4.0	4.7

高压针孔测试仪，目前主要有直流高压放电式和低频高压脉冲式两种。常用的以直流高压放电式为主。因为它击穿针孔放电时能量较低，不至于破坏涂层。

2）低压针孔测试仪。涂层厚度较薄时经常使用低压针孔测试仪（直流小于 75A）。测试方法是首先将低压针孔测试仪连接到测试构件上，然后扣牢一个湿海绵，平平地刷过被测物，如果听到鸣叫声，说明该部位存在针孔。注意不能一下刷过太大的面积，否则容易产生误报。

5.4 金属喷涂和涂料联合防腐体系及质量控制

金属热喷涂保护系统包括金属喷涂层和涂料封闭层。金属热喷涂系统和涂料的复合保护系统应在涂料封闭后，涂覆中间漆和面漆。复合保护系统中金属涂层给涂料层提供良好的基底，涂料层保护里面的金属涂层延缓腐蚀，两者发挥了最佳协同保护效应。

本节重点介绍金属线材火焰热喷涂和金属线材电弧热喷涂（两种喷涂形式以下统称为热喷涂）在金属结构表面防腐蚀中的应用。至于金属涂层外的涂层体系的选用，可根据使用环境参考相关规范选用。

金属热喷涂有以下主要特点：

（1）对工件尺寸没有限制。

（2）可一次达到规定的涂层厚度，不会流淌松垂。

（3）施工中涂层厚度容易控制。

（4）施工中的工件，必要时可吊运或堆放。

（5）涂层不受紫外线的影响而老化。

（6）工艺简单，易于掌握，投资相对较小。

5.4.1 常用热喷涂材料锌、铝及合金的性能

用于金属结构防腐蚀施工的金属喷涂线材主要是锌丝和铝丝，也有锌铝合金丝。本节主要从物理性能和化学行为上加以简介。

（1）喷锌涂层。锌是一种常用有色金属，呈青白色，熔点419℃，密度7.14g/cm³，标准电极电位—760mV，是较活泼的金属之一。锌涂层外观呈暗白色，在人工海水中的电位约为—1050mV（SCE），涂层密度一般为6.2g/cm³。纯锌在潮湿的大气或水中表面常生成白色的碱式碳酸锌 $[Zn(OH)_2 \cdot ZnCO_3]$，有一定的保护性。锌的优点在于其（实际）电极电位比铁低，与钢铁相比有明显的阳极特性。即使在很薄的情况下仍能显示防护性能。锌的抗蚀性和它的纯度有关，热喷涂用锌丝纯度不小于99.99%，如果锌中的杂质铁含量不小于0.0014%，在使用过程中阳极表面上就会形成高电阻、坚硬且不易脱落的腐蚀产物，使纯锌失去保护效能，这是因为锌中含铁量增加会形成 Fe-Zn 相，而使其电化学性能变劣，水电工程防腐施工前应检验锌丝纯度。

锌的耐蚀性与环境介质的 pH 值有关，在 pH 值为5～12范围内有很好的耐蚀性，锌、铝腐蚀速度与 pH 值的关系见图5-11。锌涂层在干燥的大气和农村大气中很耐腐蚀，腐蚀速度仅为0.001～0.0001mm/a。在工业和潮湿大气中，其耐蚀性能有所降低，在污染的工业大气中，其腐蚀速度大于0.006mm/a。饮用水对锌的腐蚀影响不大，随着水中的氧、二氧化碳、硫化氢和二氧化硫等气体含量的增加，腐蚀速度由0.03mm/a增加到0.3mm/a。

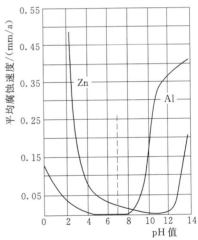

图5-11 锌、铝腐蚀速度与
pH 值的关系图

水中氯离子也会使锌的腐蚀速度增加。锌在海水中腐蚀速度约0.051mm/a，在潮汐带约0.025mm/a。由于锌腐蚀产物的可溶解性，随着海水的流速增大，腐蚀速度增大。

由于喷锌涂层具有较好的电化学保护性能和自封闭作用，在淡水环境中具有最好的防护效果，加上喷锌施工工艺成熟，容易操作和保证质量，是当前淡水环境钢结构防腐优先选用的工艺方案。如果喷锌涂层加上涂料封闭，再配套适合环境的面漆，可以有效地保护金属结构构件，至少达到20年以上的长效保护，国内实际应用的湖北白莲河水库和河北

岗南水库闸门喷锌，有效防护寿命达到 30 年以上。国家科研项目"材料（制品）淡水环境腐蚀试验站网及数据库"的试验结果证明，在淡水环境中喷锌（或锌铝合金）比喷铝（或稀土铝）具有更稳定的保护效果。

（2）喷铝涂层。纯铝是银白色的有色金属，熔点 660℃，密度 $2.72g/cm^3$，标准电极电位 −1660mV。纯铝涂层外观呈银白色，在人工海水中的标准电极电位 −850mV（SCE）、涂层密度约为 $2.3g/cm^3$。虽然铝的标准电极电位很负，但由于铝表面在空气中能迅速生成一层致密的氧化膜（Al_2O_3），因而其阳极特性不如锌，电化学保护效果在淡水中比锌差。铝涂层的优点是在工业气氛中具有较高的耐蚀性，在 pH 值为 4～8 的大气环境中自身有良好的耐蚀性。

纯铝中对耐蚀性有害的杂质是 Cu、Fe、Si、Ni，对耐蚀性有利的是 Mg、Zn、Mn、Cr。

（3）锌铝合金。在钢铁件的防护上，锌涂层阳极保护作用突出，但其耐蚀性不如铝。铝涂层耐蚀性很好，但其阴极保护效果不如锌。把锌和铝结合起来，则有更优异的防护性能。其中 Zn−Al 15（即 85％Zn−15％Al）是最常用的一种，Zn−Al 15 在人工海水中的电位为 −1000mV（SCE），熔点为 440℃，涂层密度约为 $5.0g/cm^3$。Zn−Al 合金的电化学性质在静特性方面与锌相似，其电位接近锌，在动特性方面与铝相似，腐蚀速率接近铝，其综合性能优于 Zn 和 Al 涂层，在海水中优选选用。

锌铝合金涂层的微观组织结构是由富锌相和富铝相二相结构组成。富铝相在组成涂层的颗粒范围内成连续的框架结构，具有较好的耐磨性和耐冲蚀性能。涂层中富锌相似块状形式存在于富铝相的网络包围之中。在腐蚀环境下，富锌相优先被溶解，其腐蚀产物封闭了涂层中的孔隙，还减缓了富铝相的腐蚀速度，两者相得益彰，既强化了涂层硬度，又提高了耐蚀性。

锌铝合金的施工工艺要求较高，由于锌中加入了铝，所以锌铝合金丝的硬度偏高，在喷涂时容易折丝、断弧，效率比喷锌低。另外，工程实践中经常发生由于封闭层或中间层施工质量不好，在喷涂面漆时经常发生起泡现象。

（4）铝镁合金。Al−Mg 合金中，一般 Mg 含量为 5％，其在人工海水中的电极电位为 −1100mV（SCE）左右在合金中加入微量的稀土元素能明显提高涂层结合强度，如火焰喷涂的 Al−Mg−Re 涂层，其平均结合强度可达 25MPa，且喷涂粒子细微均匀。

Al−Mg 合金可形成尖晶石结构的保护性氧化膜（$MgAl_2O_4$），它具有高温稳定性，对金属离子和氧的扩散有阻隔作用，因而具有较高的抗腐蚀性。Al−Mg 系合金的金属间化合物 Mg_2Al_3 是阳极相，有较负的电极电位，对钢铁起到有效的阴极保护作用。目前，铝镁合金主要应用在室内大型钢结构（或网架）的喷涂，外层多涂装防火涂料。

5.4.2　金属热喷涂施工工艺

无论火焰喷涂或电弧喷涂，基本工艺流程是一样的。在各工序之间必须设质量检查停点，上道工序经检验合格后才进入下一道工序。除此之外，尚有涂料涂层设计是否合理，即涂层品种、厚度和封闭涂料是否与环境介质相匹配，运输、安装与运行期间对喷涂层的损伤是否及时修补等，这些因素也对热喷涂质量有影响。常用的热喷涂工艺流程见图5−12。

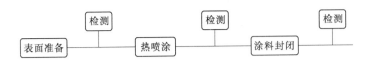

图 5 - 12　常用的热喷涂工艺流程图

（1）火焰喷涂。

1）工艺参数。以 SQP - 1 型喷枪为例。

氧气压力/MPa：0.5～0.7（喷铝）；0.4～0.5（喷锌）。

乙炔压力/MPa：0.05～0.10（喷铝）；0.04～0.07（喷锌）。

压缩空气压力/MPa：0.4～0.6（喷铝）；0.4～0.6（喷锌）。

进丝速度/(m/min)：～2.5（喷铝）；～4.0（喷锌）。

喷射距离/mm：100～200（喷铝）；100～200（喷锌）。

喷射角度（射束轴线与工件表面垂线的夹角）：0°～15°（喷铝）；0°～15°（喷锌）。

喷枪移动速度/(mm/s)：100～150（喷铝）；120～180（喷锌）。

2）喷涂前准备工作。

A. 点火前乙炔、氧气、压缩空气的调整与喷枪的试运转。将三种气体的导管与喷枪气体输入口接牢。打开乙炔阀，使乙炔气体压力达到正常工作压力。打开氧气瓶阀，调节氧气低压表到需要的压力。打开压缩空气的阀门，使管道充气升压，检查各部有无漏气现象。然后打开喷枪总阀（SQP - 1 型喷枪总阀杆柄旋转 180°）。使传动机构运行，同时排出混合气体。此时一面观察，一面倾听喷枪运转声音，检查有无不正常的现象。如有漏气、松动、调节失灵等问题，应及时调整。此后调节三种气体的压力至工艺参数规定的范围。当确认气体畅通而稳定后，关闭总阀即完成了此项准备。

B. 金属丝准备与送丝机构调整。将金属丝盘放在丝架上，拉出丝头并予校直，送至喷枪。将喷枪的支撑螺杆顺转，使推丝轮分开，由后导管伸入两推丝轮中间，进入喷嘴导管伸出 6～8mm。逆转支撑螺杆，使推丝轮夹紧金属丝。再次转动阀杆手柄 90°，短时透气，即行关闭，以观察送丝是否顺利，同时察看金属丝被两个推丝轮压出的齿痕是否一致。调节齿轮箱左右的弹簧壳，使两推丝轮处于对等的状态，如弹簧壳旋入齿轮箱一边偏多，则夹紧力较大，齿痕较深。

C. 点火与调整。点火前不得将枪嘴对着工作面。顺时针旋转阀杆手柄 90°，见图 5 - 13 的 2 位置，有钢珠落入凹槽的手感，乙炔气从喷嘴喷出。此时，氧气阀仍未打开，压缩空气也未从喷嘴喷出，很容易点火。用火种在喷枪前面点火，火焰粗长，颜色暗红，立即再旋转阀杆手柄至 180° 位置，见图 5 - 13 的 3 位置，此时，氧气进入混合室，氧气乙炔的混合气体从喷嘴喷出，火焰的长度缩短，其焰心如黄豆般大小，呈白色，处在喷嘴前沿。焰心前沿有内焰，其余为淡红色的外焰，同时压缩空气亦从喷嘴喷出，把熔化了的金属丝吹成微粒，形成火花束，喷枪发出一定的声响，达到喷涂状态。

这时对火焰的性质应做出判断并加以调整。若氧气比例过大，则焰心缩短很小，看不到内焰，喷枪的器叫声变大，这样可判定为氧化焰；此时金属微粒氧化较多，应该调整，调整时只需调低氧气压力。若氧气比例过小，则出现焰心加长，温度偏低，金属丝难以熔

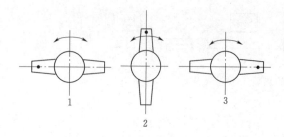

图 5-13　阀杆手柄喷涂前后的位置示意图
1～3—位置

化；应把氧气压力稍调高一些。一般只调整氧气压力或进丝速度，对乙炔和压缩空气的压力可不用调整。

观察火花束的形态，喷涂锌时不太明显，但仍可观察到。通过转动手动调速盘和推丝轮的弹簧压力，使火花束密集而角度较小，即完成了调整工作。

3）火焰喷涂操作方法。

A. 喷枪的移动与手的移动。喷涂操作时，喷枪的移动方式可以水平方向移动，也可以垂直方向移动。移动幅度以 300～500mm 为宜。移动速度视火焰情况、金属丝品种、散热情况等而略作调整。为使涂层厚度均匀，一般分两遍喷涂，第一遍与第二遍的移动方向应为互相垂直。喷枪移动应以手带动喷枪移动，即"手到枪到，枪随手动"。

B. 喷涂距离与角度。喷涂距离系指喷枪喷嘴至工件表面的垂直距离，喷涂距离的大小直接影响涂层的结合力。喷距过小，工件表面受热过多，除易产生工件热变形外，涂层在较高温度形成，而当降至常温时，涂层收缩应力过大，当超过涂层的抗拉强度和结合力时，会引起涂层破裂、翘皮和脱落。若喷涂距离过大，金属微粒的喷射动能因速度降低而减小，所形成的喷涂层结构疏松、孔隙增加、结合力下降，甚至出现熔融金属到达基体表面前已固化，不能与基体结合而形成喷涂层的情况，所以喷涂距离应适中。

喷射角度指喷束中心与工件表面法线的夹角，喷射角度以 0°～15°为宜。

C. 喷束的重叠。由于喷枪喷出的微粒流有一定的发散性，所以喷束扫过的面积涂层带各部位的厚度是不相同的。垂直喷涂时涂层厚度分布曲线见图 5-14，在垂直喷涂时，圆锥形喷束所形成的涂层厚度在半径方向上逐渐减小，圆心处最大，可认为是高斯分布，以中心部位涂层厚度最大，往两边逐渐减薄。为保证涂层厚度均匀，在往复喷涂时，喷束的重叠面，至少应为 1/3。

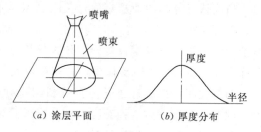

图 5-14　垂直喷涂时涂层厚度分布曲线图

D. 喷涂中"三气"的调节。虽然点火时已调整了"三气"，但随着情况的改变，随时应加以调整。如乙炔压力波动时，应相应同步调整氧气的压力，保证火焰的性质。当必须增大喷涂距离时，为保证涂层质量应加大压缩空气的压力。类似情况，需靠操作人员随时观察并加以调整。

E. 喷涂层厚度的控制。喷涂层厚度是质量的重要指标。理想状态是工件表面各处涂层厚度均匀一致且达到要求的最小局部厚度。产生厚度不均匀的因素较多，除了"三气"压力、喷涂距离、角度和进丝速度等因素外，最主要的因素是喷枪移动速度与喷束重叠程度。喷枪移动速度慢，喷束重叠面积大，则厚度就大，反之则小。喷涂为手工操作，操作人的技术水平和熟练程度是决定因素。手工操作，难免会使喷枪移动快慢不一，喷束重叠不均，所以应经常对喷涂层厚度进行检验。还有用单位面积耗用金属丝的重量来控制涂层厚度的。

F. 熄火。当完成喷涂任务后，迅速关闭喷枪总阀，即熄火。然后关闭乙炔气和氧气阀门，取出金属丝，用压缩空气吹净喷嘴后，关闭压缩空气阀门，最后清理和拆卸喷枪，予以例行保养。在清洁的环境里，畅通喷嘴小孔，清理推丝轮，蜗轮蜗杆及轴承处补充润滑油，紧固螺丝掌。还应将喷枪总阀手柄放在全开（180°）的位置，以维持橡胶零件的弹性，延长使用寿命。

4）火焰喷涂故障及排除。在火焰喷涂操作时，对各种气体的流量和压力要控制准确，且要严格按照喷涂枪说明书的操作程序执行，火焰喷涂对操作工人的技能要求较高，操作不慎容易造成各种故障，线材火焰喷枪常见故障及排除方法见表5-17。

表 5-17　　　　　　　　　　线材火焰喷枪常见故障及排除方法表

故障	产　生　原　因	解　决　办　法
点不着火	1. 氧气压力过高； 2. 在点火位置时，乙炔流量太小，原因是推开密封膜的 φ4 弹簧疲劳； 3. 喷嘴座上面的 O 形密封圈压偏，失去弹性，使三种气体混乱串气	1. 调整到 0.4MPa； 2. 更换新的，注意弹簧要顶在密封膜正中位置； 3. 换新
能点着火。但阀门全开时，随着一声爆声，火焰熄灭	1. 氧气压力太高； 2. 金属丝在点火时不走，或全开时走得太慢； 3. 阀杆手柄开得太快	1. 调整到 0.4MPa； 2. 调节进丝速度； 3. 略为缓慢
点火后，火焰恍惚，一亮一暗	1. 氧气压力太低； 2. 金属丝走得太慢	1. 调高氧压； 2. 增加送丝速度
火花不集中（散火较多）	1. 氧气压力太低； 2. 金属丝卡住走得太慢	1. 慢慢调高氧气压力； 2. 慢慢松开调速手盘到火花集中为止
部分火花向后喷射	金属丝与喷嘴套管间隙太大	1. 金属丝太细，换标准金属丝； 2. 喷嘴套管磨损，换新的
火花偏吹	1. 喷嘴套管单边磨损； 2. 空气帽内有部分结渣	1. 换新或重嵌套管； 2. 清除结渣
金属丝进丝不畅	1. 送丝轮上油垢多而打滑； 2. 送丝轮齿尖磨损； 3. 两个推丝轮弹簧太松或一松一紧； 4. 金属丝锈斑太多或油垢夹尘土使喷嘴套管堵塞； 5. 刹车片磨出凹槽或断油咬合； 6. 蜗轮严重磨损	1. 清洗； 2. 翻转送丝轮或换新； 3. 调整； 4. 清除金属丝上的锈斑和油垢尘土； 5. 更换刹车片，涂润滑油； 6. 更换新轮

（2）电弧喷涂。电弧喷涂是将两根喷涂的金属丝作自耗性电极，加电压后在其端部产生电弧作热源，熔化金属丝并用压缩气流将其雾化的热喷涂方法。这种喷涂方法应用很早，随着技术的不断完善和发展，在近二三十年开始大量推广应用。

电弧喷涂工艺以生产效率高、涂层结合强度高、能源利用率高和操作简便而受到人们重视。尤其是高生产效率和高结合强度是保证工期和质量的两个重要条件，现在水利水电工程较多指定采用电弧喷涂工艺方法。

1）电弧喷涂原理见图5-15，端部成一定角度（30°~60°）的连续送进的两根金属丝，分别接直流电源的正、负极。在金属丝端部短接的瞬间，由于高电流密度，接触点产生高热，使得在两根金属丝间产生电弧，在电源的作用下，维持电弧稳定燃烧。在喷涂过程中，在电弧的作用下，两电极丝的端部频繁地发生金属熔化—熔化金属脱离—熔滴雾化成微粒的过程。在电弧发生点的背后由喷嘴射出的高速气流（通常是压缩空气）使熔化的金属脱离并雾化成微粒，在高速气流的推动下喷射到经过预处理的基材表面形成涂层。

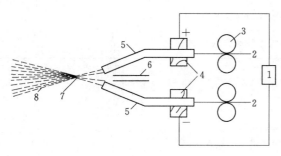

图5-15　电弧喷涂原理示意图

1—直流电源；2—金属丝；3—送丝滚轮；4—导电块；
5—导电嘴；6—空气喷嘴；7—电弧；8—喷涂射流

电弧喷涂最关心的问题之一是涂层粗糙度，它取决于雾化后微粒的粗细。影响雾化微粒粗细的因素较多，主要有雾化气流的压力增高，微粒变细；电弧电压愈高，微粒愈粗；两根金属丝间的夹角小，微粒要细些；除以上因素外，喷嘴的结构也影响雾化微粒粗细，采用封闭式喷嘴比敞开式喷嘴能产生更细的雾化微粒。

2）设备。一般电弧喷涂设备由专用整流电源、控制装置、电弧喷枪三个主要部分组成。附件包括金属丝盘架、送丝机构、压缩空气供给系统等。专用的整流电源具有平直的伏安特性。

3）电弧喷涂工艺参数。电弧喷涂的主要工艺参数有四项：电弧电压，工作电流，雾化空气压力和喷涂距离。喷枪（喷涂带）的走向与火焰喷涂相同。

A．喷涂电压。喷涂电压是指喷涂时两金属丝间的电弧电压。在电弧喷涂时，两根金属丝被均匀地送进，在喷涂枪前部两丝尖端产生电弧，欲得到性能稳定和质量可靠的涂层，就需要维持稳定的电弧电压。

材料的临界电弧电压值主要与材料的熔点有关，一般说来，熔点低的材料，临界电弧电压值低；反之，熔点高的材料，该电压高。除了受材料熔点影响外，线材表面的氧化膜的电阻率对材料的最低电弧电压值也有影响。例如，纯铝的熔点667℃，它的喷涂电弧电压要求在30~32V，这个数值与熔点为1500℃的钢丝喷涂电弧电压值相近。喷涂铝丝对电压要求较高是因为在铝丝表面氧化膜的电阻率较大，导电性差，需要高的电压值才能维持电弧的稳定。

当喷涂电压高于临界电弧电压值后，随着电弧电压的提高，线材尖端的距离增大，喷涂射流的角度增加，喷涂粒子的颗粒尺寸范围将会增大。由此可见，电弧电压对喷涂质量影响很大，欲得高质量涂层，在保证电弧稳定燃烧前提下，要选择尽可能低的电弧电压值。不同材料的喷涂工作电压选择见表5-18。

　　　　　　　　　　　不同材料的喷涂工作电压选择表

材　　料	工作电压/V	材　　料	工作电压/V
锌	26～28	碳钢及不锈钢	30～32
铝	30～32	锡合金	23～25
锌铝合金	28～30	镍合金	30～33
铝镁合金	30～32	铜合金	29～32
稀土铝合金	30～32	铝青铜（黏结层）	34～38
锌铝伪合金	28～30	镍铝合金（黏结层）	34～38

B. 工作电流。平特性的电弧喷涂设备，喷涂电流直接受到线材送进速度控制。提高线材送丝速度，线材尖端的间隙减小，由于线材的间距决定于电弧电压，电源有自动维持电弧电压稳定的特性。因此，只有增加输出功率，即增加工作电流，使线材更迅速地熔化才能维持这个平衡。工作电流正比于送丝速度，也就是说工作电流是喷涂生产效率的量度。从熔化的稳定方面看，电源的这个特点也很重要，假设由于某种原因，在喷涂过程中线材送丝速度发生微小变化，电源会自动调节熔化线材所需功率，而火焰喷涂时的能量输出不会自动随着送丝量的变化而变化。

提高工作电流，不但可以增加喷涂生产效率，还可以提高涂层质量。工作电流对涂层中氧化物含量和气孔率的影响见表 5－19，是在 0.5MPa 的雾化空气压力和 125mm 的喷涂距离条件下，选用不同工作电流时测得的 Cr13 型马氏体不锈钢涂层中的氧化物含量和气孔率。

表 5－19　　　　　　　　工作电流对涂层中氧化物含量和气孔率的影响表

工作电流/A	生产能力/(kg/h)	气孔率/%	氧化物含量/%	工作电流/A	生产能力/(kg/h)	气孔率/%	氧化物含量/%
50	1.14	4.29	8.48	200	4.54	1.96	9.33
100	2.27	2.47	11.80	300	8	1.79	6.56

较大的工作电流可以得到高质量的涂层，但工作电流的上限往往受到电弧喷涂设备容量的限制。当工作电流低于某一数值时，电弧也不能稳定燃烧。最低工作电流值不但与材料有关，还与线材尺寸截面有关，对具体规格的线材来说，每种材料都有对应的最低工作电流值。

C. 雾化空气压力。雾化空气压力很大程度地决定了喷涂粒子的雾化程度和飞行速度，并影响涂层的性能。对具体的喷枪说，当喷涂某种线材时，在其他工艺参数不变的情况下，高的雾化空气压力将得到高致密的涂层。

但对某些低熔点材料也不希望有过高的雾化空气压力，因为材料的熔点较低，高的雾化压力将使熔滴更细小，加剧熔滴氧化和冷却，在喷涂粒子流到达工件表面之前，许多比较细小的熔滴已经凝固和硬化，当撞击到工件表面时就会被反弹掉，降低喷涂的沉积率。如在喷涂锌涂层时，可明显地观察到这种现象。

压缩空气是最经济的雾化气源，在钢铁结构大面积防腐蚀的喷涂施工中，主要是采用压缩空气作为雾化气体。为了避免某些材料的过分氧化，有时，使用氮气作为雾化气源可得到非常致密，且氧化物含量很少的涂层，涂层的力学性能也有明显改善。由于电弧喷涂时气体消耗量很大，大量使用瓶装氮气会造成经济上和运输上的困难，因此限制了它的应用。

D. 喷涂距离。喷涂距离是指喷枪与工件表面间的距离。金属丝在电弧区被熔化后经雾化空气雾化和加速，撞击到工件表面形成涂层。在喷枪的喷嘴处，压缩空气的速度流动最大，熔滴的速度最低，随着喷涂距离的增加，喷涂粒子被逐渐加速，同时雾化气流的速度逐渐降低。对于电弧喷涂锌或电弧喷涂铝这些防腐蚀涂层来说，常用的喷涂距离应为150～250mm。

4）电弧喷涂的特点。

A. 生产效率高。电弧喷涂的生产效率与电弧电流成正比。当喷涂电流为300A时，喷涂各种铝丝可达8kg/h，喷涂锌则达30kg/h，大概相当于火焰喷涂的4倍左右。

B. 涂层质量好。电弧喷涂粒子的飞行速度明显高于火焰喷涂时的粒子飞行速度，获得的涂层更致密，氧化物含量较低。

C. 热效率高。电弧喷涂是用电弧直接作用于金属丝端部而熔化金属，能源利用率高达70%～90%，是所有喷涂方法中能源利用率最高的。像火焰喷涂，燃烧火焰产生的热量大部分散失到大气和冷却系统中去了，热能的利用率只有15%左右。

D. 喷涂成本低。火焰喷涂所消耗的燃料价格是电弧喷涂能耗的10倍左右。电弧喷涂的施工成本是火焰喷涂的一半左右。

E. 操作简单、维护容易。电弧喷涂的装置虽然比火焰喷涂复杂一些，但电弧喷涂只有四个工艺参数变量（喷涂电压、喷涂电流、喷涂距离和雾化空气压力），其中三个是预先设置好通常不会改变的，只有喷涂距离变化但较易掌握。而火焰喷涂则对操作人员的经验和技能要求较高，且喷涂过程中会发生氧气、乙炔压力波动，带来不稳定因素。

基于电弧喷涂以上优点，在金属结构金属热喷涂中已得到了大量推广应用，它的地位已超过火焰喷涂。特别是在人们十分重视节约能源的今天，使用电弧喷涂的能源开支只有氧气-乙炔火焰喷涂时的1/20～1/15，电弧喷涂的应用前景将更加广阔。有关国家科研项目结论也显示，电弧喷涂层的质量要优于火焰喷涂层。

5）电弧喷涂设备维护与故障排除。

A. 设备维护。电弧喷涂设备要定期维护。在现场防腐蚀施工作业时，喷砂和喷涂过程会产生大量的粉尘，它们可能积存在喷涂设备中。尤其是在喷锌作业时产生的粉尘更有害，因为微细锌粉的电阻较小，如果进入到电器元件内或积存在变压器线圈的间隙处可能引起短路，带来严重后果。由于锌尘细小，吸附性强，通常难以清理，最好将喷涂设备安放在与喷涂区域隔离的地方。要经常检查电缆接头、送丝软管接头等部位的压紧情况，如有发热松动，及时拧紧。

对送丝机构和控制箱上的粉尘要及时清理，可在每天喷涂工作完毕后，用压缩空气吹净浮尘。此外，还要适时对送丝机构定期清洗，添加润滑剂，清理和加润滑剂的间隔时间依使用情况而定。送丝轮应经常保持清洁与良好的润滑，在施工量较大时，至少每周对轮轴部位清理和润滑一次，以免送丝轮与轮轴间卡死。在粉尘严重的情况下，线材表面润滑剂会使粉尘黏附于线材表面而带入送丝机构，妨碍正常工作。

B. 故障及排除。任何设备在使用时都可能出现故障，设备的正确使用以及平时维护是减少设备故障的有效措施。总体来说，电弧喷涂设备比较简单，其电源部分与普通直流电焊机类似，送丝部分通常也只是简单的调速和机械传动。对于推丝方式的设备，送丝软管是经常损坏的部件之一，精心的使用会增长软管的寿命，保证喷涂施工的顺利进行。下面以 XDP 型电弧喷涂设备为例，介绍一些常见的电弧喷涂设备故障及排除方法见表 5-20。

表 5-20　　　　　　　　　　常见的电弧喷涂设备故障及排除方法表

现　象	原　因	排　除　方　法
设备不能启动 设备内风扇不转动	输入的电源没有连接好； 设备控制部分的熔断器熔断	检查输入电源线的连接； 查清熔断器熔断原因，排除后换上新的熔断器
送丝后不起弧（电压表无指示）	程控开关没在"工作"位置； 设备内的电压输出控制线路有故障	将程控开关置于"工作"位置； 请电气技术人员进行检查、修理
送丝后不起弧（电压表有指示）	电压输出电缆没有连接好； 导电管与金属丝之间接触不好	检查输出电缆； 清理或更换导电管
设备总开关（空气开关）自动断开或合不上	主变压器一次线圈发生匝间短路； 主电路有整流管击穿	请电气技术人员进行检查、修理更换整流管
电弧燃烧不稳定 电压表指示低于正常值	输入三相电源缺相； 主电路一个整流管烧断	检查输入电源接线； 更换整流管
送丝电机不转动	送丝电路熔断器烧断； 电机调速控制板中电子元件损坏； 电机控制线路故障； 电机接线有断路处	查清原因，更换熔断器； 更换电机调速板； 请电气技术人员检修； 检查电机连线，接通断路的电线
送丝电机不能调速	电机调速控制板中晶闸管损坏	更换晶闸管或更换调速控制板
电机转动，但不送丝	过分弯曲的金属丝不能通过导电管； 金属丝与导电管焊合	拆下喷涂枪，去除焊合或过分弯曲的金属丝
涂层质量差，雾化不好	压缩空气供应不足或压力低，流量不够； 喷枪的导电管或雾化嘴位置不当； 导电嘴磨损严重	增加气体供应，加大进气管直径调整导电嘴或雾化嘴的位置； 更换导电嘴
送丝不稳定 电弧燃烧不稳定	线材表面质量差，有较多非自然弯曲； 线材表面氧化膜导电不好，污物较多； 送丝软管过度弯曲； 送丝软管内污物积存较多或软管损坏	更换或平直金属丝； 去除氧化膜或污物； 使用时尽量避免软管过度弯曲，清理或更换送丝软管

5.4.3　金属涂层的涂料封闭

试验研究证明，金属喷涂层存在着大量孔隙，孔隙相互连通可以从涂层表面延伸到钢铁基体表面，为腐蚀介质进入基体界面提供了通道，从而加快电化学反应进程，使腐蚀速率加快。因此，现有热喷涂金属涂层都需要进行封闭处理。封闭涂料覆盖并渗透至金属涂层孔隙中，可对孔隙进行封闭处理，封闭涂层本身具有较高阻抗值，降低金属涂层的腐蚀速率并延缓金属涂层腐蚀发生的时间。国内外大量研究结果和现场应用实例都表明，经过封闭处理的复合涂层比单纯的金属电弧喷涂层使用寿命延长 1～3 倍。

金属热喷涂之后，要尽可能快地进行封闭处理（喷锌涂层 8h 以内，喷铝涂层 24h 左右）。只有在干燥和清洁的金属涂层上进行底漆封闭，才能有良好的效果。封闭宜采用刷涂或高压无气喷涂。涂料的使用应严格按照涂料使用说明或厂家现场指导的要求进行。

金属涂层的封闭涂料选择应遵循相容性、耐蚀性、黏度低三个原则。

（1）相容性。所谓相容性是指封闭涂料和金属涂层之间不能起不良化学反应，如醇酸涂料就不能直接涂装在喷锌涂层上，它们之间容易起皂化反应而开裂脱落。同时，封闭涂料与外层涂料的配套也应相容，适合做外层涂料的底漆，如外层涂料是硬度较大的环氧类或聚氨酯类涂料，封闭涂料也应具备一定的硬度。

（2）耐蚀性。耐蚀性是指封闭涂料本身应具有一定的耐蚀性，如三峡水利枢纽工程采用的环氧封闭清漆，其他工程采用较多的环氧云铁封闭涂料等。只有涂料本身耐蚀，才有可能长效防止有害离子的渗入。

（3）黏度低。虽然金属喷涂层多孔，但由于孔隙较小，所以要求封闭涂料黏度一定较低，才能有利于渗透进孔隙中去，起到封闭作用。

科技部中央级科研院所公益性科研项目——"材料（制品）淡水环境腐蚀试验站网与数据库"项目，研究了多种封闭涂料在喷锌、喷铝涂层的封闭效果，综合试验结果表明：环氧封闭涂料、环氧云铁、环氧沥青、氯化橡胶均适合直接作为喷锌层的封闭涂料；磷化底漆适合在碱性水质环境中作为喷锌的封闭涂层，在弱酸性的新疆某水库中表现为直接脱落，磷化底漆由于其成分中含有锌铬黄，在酸性介质环境中易发生水解失效，在 pH＜7 时不宜使用；环氧封闭涂料、环氧云铁、环氧沥青、氯化橡胶、磷化底漆在封闭喷铝层时，均表现出锈蚀或鼓泡现象，只有氯化橡胶在弱酸性的新疆某水库中效果较好，当然这与喷铝层本身在淡水环境中的保护效果不佳有关。

5.4.4　金属喷涂涂层质量检验

金属喷涂涂层的施工质量检验主要包括外观检测、厚度检测、结合强度检测三项参数指标。三项参数检测结果均合格，则可判定该金属喷涂层质量合格。

（1）外观检测。金属涂层外观应均匀一致，没有金属熔融粗颗粒、起皮、鼓泡、裂纹、掉块及其他影响使用的缺陷。有以上所述缺陷则判定外观不合格。

（2）厚度检测。金属涂层厚度检测方法及判定准则。

A. 检测涂膜厚度使用的测厚仪精度应不低于 ±10%。

B. 测量前，应在标准块上对仪器进行校准，确认测量精度满足要求。

C. 当有效表面的面积在 1m² 以上时，在一个面积为 1dm² 的基准面上用测厚仪测量 10 次，取其算术平均值为该基准面的局部厚度，测点分布见图 5-16；当有效面积在 1m² 以下时，在一个面积为 1cm² 的基准面上测量 5 次，取其算术平均值为该基准面的局部厚度，测点分布见图 5-17。

为了确定涂层的最小局部厚度，应在涂层厚度可能最薄的部位进行测量。测量的位置和次数，可以由有关各方协商认可，并在协议中规定。当协议双方没有任何规定时，按照分布均匀、具有代表性的原则来布置基准表面，一般在平整的表面上，每 10m² 不少于 3 个基准表面，结构复杂的表面可适当增加基准面。

D. 判定准则。金属涂层最小局部厚度值大于等于设计规定厚度，则判定金属涂层厚度合格。

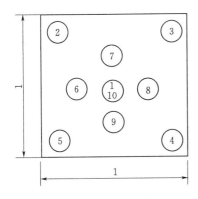

图 5-16　在 1dm² 基准面内测点
分布图（单位：10cm）
1～10—测点编号

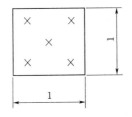

图 5-17　在 1cm² 基准
面内测点分布
（单位：cm）

（3）结合强度检测。结合强度检测为破坏性试验，宜做抽检或做带样试验，检验方法分切割试验法和拉开法。

1）切割试验法。

A. 检查原理是将涂层切断至基体，使之形成具有规定尺寸的方形格子，涂层不应产生剥离。

B. 检查采用具有硬质刃口的切割工具，其形状见图 5-18。

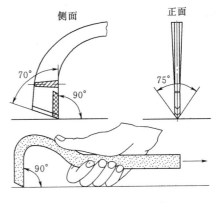

图 5-18　切割工具示意图

C. 在使用刀具时，应切出规定尺寸的格子，金属涂层切割格子尺寸见表 5-21。切痕深度，要求必须将涂层切断至基体金属。如有可能，切割成格子后，采用供需双方协商认可的一种合适黏胶带，借助于一个辊子施以 5N 的载荷将黏胶带压紧在这部分涂层上，然后沿垂直涂层表面方向快速将黏胶带拉开。如不能使用此法，则测量涂层结合强度的方法就应取得供需双方同意。

表 5-21　　　　　　　　　　金属涂层切割格子尺寸表

检查的涂层厚度 /μm	切割区的近似面积 /（mm×mm）	划痕之间的距离 /mm
≤200	15×15	3
>200	25×25	5

D. 如无涂层从基体金属上剥离，则认为合格。如在每个方格子的一部分仍然黏附在基体上，而其余部分黏在黏胶带上，损坏发生在涂层的层间而不是发生在涂层与基体界面处，也可认为合格。采用切割试验法时，在方格形切样内无论金属涂层从基底上剥离或剥离发生在涂层的层间而不是在涂层与基底界面处，则认为合格。出现金属涂层与基底剥离

的现象则判定为不合格。

2）采用拉开法进行结合强度定量测试时，结合强度应不低于3.5MPa或由供需双方商定。拉开法可选用拉脱式涂层附着力测试仪，检测方法按仪器说明书的规定进行。

5.5 牺牲阳极阴极保护防腐体系及质量控制

牺牲阳极阴极保护与涂料联合防护适用于高电导率的海水或淡海水介质中金属结构的保护，如防潮闸等。尤其是一些难以更换的金属埋件，建议在安装时加装牺牲阳极保护。

5.5.1 牺牲阳极阴极保护原理及准则

（1）原理。阴极保护技术包括外加电流和牺牲阳极两种方法，其原理是通过外加电流或者牺牲阳极的溶解使被保护的金属电位降到腐蚀电位以下，从而避免被保护金属发生腐蚀。

外加电流阴极保护受水工金属结构运行和水位的影响较大，且运行维护管理较为复杂，其应用受到很大限制；牺牲阳极阴极保护在海水、淡海水和电阻率较小（$600\Omega \cdot cm$以下）的淡水环境中都可应用，施工和维护也较为容易，推荐采用牺牲阳极阴极保护方法。

牺牲阳极阴极保护的金属结构应与水中其他金属结构电绝缘。采用牺牲阳极阴极保护时形成完整的电流回路是很重要的，如果不能保证和其他水中金属结构电绝缘，则保护电位达不到设计要求，保护效率就较低。无法电绝缘时应考虑其他金属结构设备对牺牲阳极阴极保护系统的影响。应尽量避免保护系统对邻近结构物的干扰。

牺牲阳极和涂料保护配合应用时可降低所需的保护电流，延长牺牲阳极的使用寿命。牺牲阳极安装时要注意保护涂层质量的完好，另外要避免保护电位过负，防止局部出现过保护而破坏涂层。

（2）牺牲阳极阴极保护使用准则。

1）金属结构采用碳素钢或低合金钢时，牺牲阳极阴极保护宜使用在含氧环境中，其金属结构的保护电位应达到$-0.85V$或更负（相对于铜/饱和硫酸铜参比电极）；在缺氧环境中，金属结构的保护电位应达到$-0.95V$或更负（相对于铜/饱和硫酸铜参比电极）。最大保护电位应以不损坏金属结构表面的涂层为前提。

2）金属结构包括不同材质的金属材料时，保护电位应根据阳极性能最强材料的保护电位确定，但不应超过金属结构中任何一种材料的最大保护电位。

3）自然电位和保护电位的测量应在金属结构设备表面具有代表性的位置进行，测量保护电位时应测量距阳极最远点和最近点的电位值，并应考虑电解质中IR降的影响。

正确解释保护电位测量值，必须考虑通过金属结构设备和电解质界面的电压降。美国腐蚀工程师协会标准《埋地或水下金属管线系统外腐蚀控制》（NACE RP0169）指出，"考虑"意味着使用以下正确做法：测量或计算IR降；检查阴极保护系统以往的效果；评价金属结构设备及其环境的物理和电性能；确定是否存在腐蚀的直接证据。

4）参比电极应根据金属结构设备所处的环境选用，其技术条件应符合《船用参比电极技术条件》（GB/T 7387）的规定。常用参比电极的主要参数和适用环境见表5-22。

表 5 - 22　　　　　　　　　　　　常用参比电极的主要参数和适用环境表

名称	电极结构	常用符号	电位/V（相对于标准氢电极）	适用环境
饱和甘汞电极	$Hg/HgCl/饱和\ KCl$	E_{Hg}、E_{SCE}	+0.25	海水、淡水
铜/饱和硫酸铜电极	$Cu/饱和\ CuSO_4$	E_C、E_{CSE}	+0.32	淡水、土壤
银/氯化银电极	$Ag/AgCl/海水$	E_{Ag}	+0.25	海水
锌及锌合金电极	Zn 合金	E_{Zn}	−0.78	海水、淡水、土壤

5.5.2　牺牲阳极保护系统的设计

牺牲阳极阴极保护设计前，应掌握金属结构的设计和施工资料，金属结构的电连续性以及与水中其他金属结构的电绝缘情况，介质的化学成分、pH 值、电阻率、污染状况以及温度、流速、潮位变化，必要时应进行现场勘测。

牺牲阳极材料常用的有锌基、铝基和镁基合金材料。其中，锌合金适用于海水、淡海水和海泥环境，铝合金适用于海水和淡海水环境，镁合金适用于淡水和淡海水环境。其性能、规格和电化学性能测试按《水工金属结构防腐蚀规范》（SL 105）相关章节的规定进行。

牺牲阳极阴极保护系统的设计使用年限，可根据钢结构的设计使用年限或维修周期确定。主要设计内容包括保护电流和保护系统计算，按 SL 105 的规定进行。

5.5.3　牺牲阳极保护系统施工及维护

（1）保护系统施工前应进行下述工作。

1）测量金属结构的自然电位。

2）确认现场环境条件与设计文件一致。

3）确认保护系统使用的仪器设备和材料与设计文件一致，如有变更，应经设计方书面认可，并加以记录。

（2）牺牲阳极的布置和安装应依据设计文件和下列要求进行。

1）牺牲阳极的工作表面不得黏有油漆和油污。

2）牺牲阳极的布置和安装方式应不影响金属结构的正常运行，并且金属结构各处的保护电位均符合前述牺牲阳极阴极保护使用准则的要求。

3）牺牲阳极与金属结构的连接位置应除去涂层并露出金属基底，其面积宜为 $1dm^2$ 左右。

4）牺牲阳极应通过钢芯与金属结构短路连接，宜优先采用焊接方法，也可采用电缆连接或机械连接。

5）牺牲阳极应避免安装在金属结构的高应力和高疲劳荷载区域。

6）采用焊接法安装牺牲阳极时，焊缝应无毛刺、锐边、虚焊。采用水下焊接时，应由取得相关资质证书的水下焊工进行。

7）牺牲阳极安装后应将安装区域表面处理干净，并按原技术要求重新涂装，补涂时严禁污染牺牲阳极表面。如果阳极表面粘有油漆和油污时，则阳极溶解速度降低，无法提供足够的保护电流，保护电位也就无法满足要求。

（3）保护系统运行和维护。

1）牺牲阳极正常使用后，应定期对保护系统的设备和部件进行检查和维护，确保在使用年限内有效运行。

2）使用单位应至少每半年测量一次并记录金属结构的保护电位，若测量结果不满足要求时，应及时查明原因，采取措施。

5.5.4 牺牲阳极保护系统质量检验

牺牲阳极阴极保护系统施工结束后，施工单位应提交牺牲阳极安装竣工图，应核查阳极的实际安装数量、位置分布和连接是否符合要求。保护系统安装完成交付使用前，应测量金属结构的保护电位，确认金属结构各处的保护电位均符合牺牲阳极阴极保护使用准则要求。

参 考 文 献

［1］ 庞启财．防腐蚀涂料涂装和质量控制．北京：化学工业出版社，2003.

［2］ 曹楚南．中国材料的自然环境腐蚀．北京：化学工业出版社，2005.

［3］ 张忠礼．钢结构热喷涂防腐蚀技术．北京：化学工业出版社，2004.

［4］ D. A. 贝利斯，D. H. 迪肯．钢结构的腐蚀控制．丁桦，等译．北京：化学工业出版社，2005.

［5］ 张学敏．涂装工艺学．北京：化学工业出版社，2003.

6 设备的起重和运输

6.1 起重作业方案的实施

为了使起重作业能够正确有秩序地进行，以保证安全可靠地完成任务，应根据实际情况编制起重作业方案。

（1）起重作业方案编制的依据。

1）工程施工图纸及有关的工程竣工图纸。

2）施工工期的计划安排。

3）施工场地的有关地质资料、大件运输条件、相关土建结构和自然资料。

4）有关的规程、规范、标准。

5）整个工程的施工组织设计。

6）施工作业方案的机索吊具、吊装设备等要求的情况和施工技术水平。

7）起重作业方案审查会议的决定和修改建议等。

（2）起重作业方案的确定。起重作业方案的确定应根据工程内容、工期要求，工艺配合以及现有的机索吊具条件和技术水平等方面进行考虑，同时要兼顾安装质量，施工作业安全和施工作业时间、作业量等因素。初步拟定几个可行方案，交有关人员、技术人员和有经验的专业人员讨论研究，通过论证比较，最终确定一个优化的切实可行的方案。由技术负责人（总工程师、主任工程师）审核后批准签发，重大工程由公司总工程师组织编制。方案审核批准程序见图6-1。

（3）作业方案实施。通过审核批准的作业方案，在施工前必需逐级进行交底，要求参加施工的有关人员，做到有目的有步骤地施工。作业方案明确施工负责人（重大施工方案建立现场组织机构），同时由专业人员带领班组执行。而计划、技术、安全、材料、劳资和附属临时设施加工等部门，必须按照作业方案认真安排各自工作。各级生产和技术领导应严格按照作业方案检查和督促各项工作的落实，有关的技术、质量和安全部门负责监督。经过审核批准的作业方案，是施工人员的指导性文件，不得随意更改。如方案在实施过程中，有特殊施工条件发生改变，作业方案应及时修改补充，修改或补充的作业方案，同样要经过审核批准或现场施工组织机构负责人通过组织、讨论研究后最终拍板实施。

（4）吊装方法的选择。吊装方法是起重作业方案的核心，因此吊装方法的选择是决定起重作业方案的科学性和先进性的关键。

1）吊装方法的分类。起重作业的吊装方法很多，且各有其特点，可归纳分类如下：按设备就位形态分为分散吊装、整体吊装和综合吊装三类。分散吊装又可分为正装（又称顺装法或顶接法）和倒装。

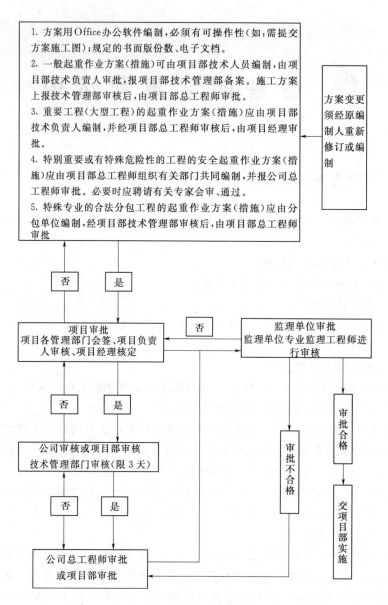

图 6-1 方案审核批准程序图

分散吊装中的正装，高空作业多，安全度差，施工工期长，施工管理要求高。但因一次起重量小，所以使用的机索吊具的规格尺寸小，但起升高度不降低。分散吊装中的倒装法，高空作业少，安全度好，质量又易保证。尽管一次起重量减少的不多，但起升高度可大大降低。组合整体吊装安装时间短，大大减少了高空作业，但吊装操作难度大，要增加整体上升的专用起重临时设施，起重设备的容量及起吊幅度要选择适当。

按设备整体竖立形式分滑移法和旋转法两大类。滑移法是在设备尾部装上滚排前牵后溜，随着起吊滑车组的起升而向前移动，直至脱排就位。这种方法滑车组的最大受力发生在脱排腾空时。旋转法是在设备底部与基础之间用铰轴连接，用旋转起升法竖起设备。这种方法滑车组最大受力发生在设备抬起时，此时铰轴受有较大的水平推力，而地脚螺栓必须是预留的。按设备就位形式还可分边抬吊、正吊、夺吊和侧偏吊几类。

2）吊装方法的选择依据。吊装方法的选择，要根据具体情况来确定，如：①被吊设备的条件和要求；②设备安装的部位和周围环境；③现有机索吊具的情况；④吊装施工设备的技术力量和技术水平；⑤经济性及工期要求等。

6.2 起重索具的选用与计算

6.2.1 麻绳

（1）麻绳的种类和用途。麻绳依制造材料不同分为吕宋绳、白棕绳、线麻绳、混合麻绳等。麻绳是起重作业中常用的一种绳索，一般用于重量较小的重物的绑扎，或用于受力不大的缆风、溜绳等，也有的用作起吊轻型物体。它具有轻便、柔软、容易捆绑等优点，但麻绳的强度较低，拉力强度仅为同直径钢丝绳的 10% 左右，且易磨损，受潮后易腐烂，而且新旧麻绳强度变化很大。

1）白棕绳。

A. 白棕绳以剑麻为原料，具有滤水、耐磨和富有弹性的特点，可承受一定的冲击载荷。

B. 白棕绳按照拧成的股数可分为三股、四股和九股三种。

C. 白棕绳多用于起重辅助作业和吊装重量较轻的小型设备（或小型装配部件），已广泛用于起重作业中。

D. 白棕麻绳许用拉力是按产品的破断拉力除以安全系数确定的，用于起重辅助作业或地面水平运输牵引的安全系数取 3，用于吊装设备的安全系数一般取 5。

常用白棕麻绳规格及技术性能见表 6-1。

表 6-1　　　　　　　　　常用白棕麻绳规格及技术性能表

直径 /mm	圆周 /mm	每卷重量 /kg （长 200m）	破断拉力 /N	直径 /mm	圆周 /mm	每卷重量 /kg （长 250m）	破断拉力 /N
6	19	6.5	2000	25	79	90.0	24000
8	25	10.5	3250	29	91	120.0	26000
11	35	17.0	5750	33	103	165.0	29000
13	41	23.5	8000	38	119	200.0	35000
14	44	32.0	9500	41	129	250.0	37500
16	50	41.0	11500	44	138	290.0	45000
19	60	52.5	13000	51	160	330.0	60000
20	63	60.0	16000	57	179	450.0	65000
22	69	70.0	18500	63	198	500.0	70000

2）高强度尼龙绳及吊带。

A. 尼龙（涤龙）绳耐油，不怕虫蛀，抗水性能强，能耐有机酸和无机酸的腐蚀。多用于吊装表面光洁的部件，软金属制品、轴销或其他表面不许磨损的设备。

B. 尼龙吊带的制作原料为化工尼龙或涤纶丝经多层绕制，形成环状吊带，外层用耐磨材料包裹。已广泛的使用于起重作业中。优点是重量轻、柔软、耐腐蚀，并具有一定的弹性，能减少冲击，抗拉能力强。一般吊带的载荷量为 1~20t，大吨位尼龙吊带载荷可达 100t。在水电站设备起吊作业中，尼龙吊带多用于吊装精细设备，大吨位的吊带常用于吊装大型的启闭机油缸，或机组组合大件，顶盖、接力器、控制环、推力头、堆力轴承座、上下机架等机件。

(2) 麻绳强度计算及安全系数确定。麻绳在交捻时受扭转力，在工作时受拉力和弯矩，但它的强度仍按拉伸计算。

为了保证起重吊装作业的安全可靠考虑到麻绳在制造时的缺陷，容易磨损和起重时受冲击载荷作用等因素影响，麻绳工作时的受力必须低于数倍产品规定的破断拉力，麻绳的许用拉力 T 可由式 (6-1) 求得：

$$T = \frac{P}{K} \tag{6-1}$$

式中　T——麻绳许用拉力，N；

　　　P——麻绳破断拉力，N；

　　　K——麻绳的安全系数。

常用麻绳的规格及破断拉力（见表 6-1），旧麻绳的破断拉力取新麻绳的 40%~50%。麻绳安全系数的规定值见表 6-2。

表 6-2　　　　　　　　　　　　麻绳安全系数的规定值

工　作　场　合	绳　类　名　称	
	棕绳	白麻绳
地面水平运输设备	3	5
高空系挂或吊装设备	5	8
用慢速机械操作，环境温度在 40~50℃ 和载人的情况	10	不准用

注　1. 使用旧绳起重时，应先做超载 25% 的静载试验或超载 10% 的动载试验。
　　2. 旧绳的允许拉力取新绳的 40%~60%。

通常麻绳许用拉力 T 按式 (6-2) 计算：

$$T = \frac{\pi d^2}{4} [\sigma] \tag{6-2}$$

式中　d——麻绳的直径，mm；

　　　$[\sigma]$——麻绳许用应力，N/mm²，见表 6-3。

表 6-3　　　　　　　　　　　　麻绳许用应力表　　　　　　　　　　单位：N/mm²

规　　格	起重用麻绳	捆绑用麻绳
白棕麻绳	10.0	5
浸油亚麻绳	9	4.5

若已知吊装重量和麻绳的许用拉力，通过式 (6-2) 可以计算出麻绳的直径

$$d=\sqrt{\frac{4T}{\pi[\sigma]}}$$。

【例】 用一根麻绳吊装300kg的设备，需选用多粗的绳径？

解：按表6-3选取 $[\sigma]=10\text{N/mm}^2$，代入式（6-2），得出麻绳的直径：

$$d=\sqrt{\frac{4T}{\pi[\sigma]}}=\sqrt{\frac{4\times3000}{3.14\times10}}=\sqrt{382}=19.6\text{mm}$$

选取 $d=20\text{mm}$ 的白棕绳，其破断拉力 $P=16000\text{N}$。代入式（6-1），校核安全系数：

$$K=P/T=16000/3000=5.33>5（安全）$$

利用麻绳作为索具时，其配套使用的滑车和卷筒的最小直径必须满足表6-4的要求。

表 6-4　　　　　　　　**与麻绳配套使用的滑车和卷筒的最小直径表**

使　用　情　况	滑车或卷筒最小直径
用于动力驱动时	$\geqslant 30d$
用于人力起重时	$\geqslant 10d$
人力起重而载荷小于许用拉力的25%时	$\geqslant 7d$

注　d 为麻绳直径，麻绳一般不用于动力起重。

6.2.2　钢丝绳

（1）钢丝绳的选用。钢丝绳的结构和规格，通常使用的钢丝绳是由几股经冷拔和热处理等工艺处理的优质碳素钢丝绕成股后和一根绳芯捻成，其特点是强度高、弹性大、有挠性、耐磨性、耐久性、且工作可靠、无噪声、运转平稳等。每股中钢丝分别有19根、37根和61根等。每根钢丝直径为0.4～3mm，一般以丝细、丝多、柔软为好。

钢丝绳绳芯的材料有天然纤维芯、合成纤维芯和钢丝芯，天然纤维芯的使用量最大。钢丝绳芯中的润滑油是起减小每股绳及钢丝之间的摩擦和防腐蚀作用。

一般起重作业选用的钢丝绳可采用《重要用途钢丝绳》（GB/T 8918—2006）中第二组6×19（b）类及第三组6×37（b）类，规格为6×19的钢丝绳多用作缆风绳。

6×37和6×61的多用作起重吊装、牵引和捆扎物体。型号6×37+NF(6×37)钢丝绳，用于起重作业中捆扎各种物件、设备及穿绕滑车组和制作起重用吊索索具。绳索受弯曲时采用。

6×19、6×37和6×61钢丝绳的破断拉力，分别见表6-5～表6-7。

表 6-5　　　　　　　　**6×19 钢丝绳的破断拉力表**

直径/mm		钢丝绳总断面积/mm²	参考质量/kg	钢丝绳的公称抗拉强度/MPa				
				1400	1550	1700	1850	2000
钢丝绳	钢丝			钢丝的破断拉力总和/kN				
6.2	0.4	14.32	13.53	20.0	22.10	24.3	26.4	28.6
7.7	0.5	22.37	21.14	31.3	34.60	38.0	41.3	44.7
9.3	0.6	32.32	30.45	45.1	49.60	54.7	59.6	64.4
11.0	0.7	43.85	41.44	61.3	67.90	74.5	81.1	87.7

直径/mm		钢丝绳总断面积/mm²	参考质量/kg	钢丝绳的公称抗拉强度/MPa				
				1400	1550	1700	1850	2000
钢丝绳	钢丝			钢丝的破断拉力总和/kN				
12.5	0.8	57.27	54.12	80.1	88.7	97.3	105.5	114.5
14.0	0.9	72.49	68.5	101.0	112.0	123.0	134.0	144.5
15.5	1.0	89.49	84.57	125.0	138.5	152.0	165.5	178.5
17.0	1.1	108.28	102.3	151.5	167.5	184.0	200.0	216.5
18.5	1.2	128.87	121.8	180.0	199.5	219.0	238.0	257.5
20.0	1.3	151.24	142.9	211.5	234.0	257.0	279.5	302.0
21.5	1.4	175.40	165.8	245.5	271.5	298.0	324.0	350.5
23.0	1.5	201.35	190.3	281.5	312.0	342.0	372.0	402.5
24.5	1.6	229.09	216.5	320.5	355.0	389.0	423.5	458.0
26.0	1.7	258.63	244.4	362.0	400.5	439.5	478.0	517.0
28.0	1.8	289.95	274.0	405.3	449.0	492.5	536.0	579.5
31.0	2.0	357.96	338.3	501.0	554.5	608.5	662.0	715.5
34.0	2.2	433.13	409.3	606.0	671.0	736.0	801.0	
37.0	2.4	515.46	487.1	721.5	798.5	876.0	953.0	
40.0	2.6	604.95	571.7	846.5	937.5	1025.0	1115.0	
43.0	2.8	701.60	663.0	982.0	1085.0	1190.0	1295.0	
46.0	3.0	805.41	576.1	1125.0	1245.0	1365.0	1490.0	

注　对于6×19+1钢丝绳，整根钢丝绳的破断应力应为钢丝的破断拉力总和乘以折减系数（即不均匀系数）φ，一般φ=0.85。

表6-6　　　　　　6×37钢丝绳的破断拉力表

直径/mm		钢丝绳总断面积/mm²	参考质量/(kg/100m)	钢丝绳的公称强度/MPa				
				1400	1550	1700	1850	2000
钢丝绳	钢丝			钢丝的破断拉力总和/kN				
8.7	0.4	27.88	26.21	39.0	43.2	47.3	51.5	55.7
11.0	0.5	43.59	40.96	60.9	67.5	74.0	80.6	87.1
13.0	0.6	62.74	58.96	87.8	97.2	106.5	116.0	125.0
15.0	0.7	85.39	80.27	119.5	132.0	145.0	157.5	170.5
17.5	0.8	111.53	104.8	156.0	172.5	189.5	206.0	223.0
19.5	0.9	141.16	132.7	197.5	218.5	239.5	261.0	282.0
21.5	1.0	174.27	163.8	243.5	270.0	296.0	322.0	348.5
24.0	1.1	210.87	198.2	295.0	326.5	358.0	390.0	421.5
26.0	1.2	250.95	235.9	351.0	388.5	426.5	464.0	501.5
28.0	1.3	294.52	276.8	412.0	456.5	500.5	544.5	589.0

直径/mm		钢丝绳总断面积/mm²	参考质量/(kg/100m)	钢丝绳的公称强度/MPa				
				1400	1550	1700	1850	2000
钢丝绳	钢丝			钢丝的破断拉力总和/kN				
30.0	1.4	341.57	321.1	478.0	529.0	580.5	631.5	683.0
32.5	1.5	392.11	368.6	548.5	607.5	666.5	725.0	748.0
34.5	1.6	446.13	419.4	624.5	691.5	758.0	825.0	892.0
36.5	1.7	503.64	473.4	705.0	780.5	856.0	931.5	1005.0
39.0	1.8	564.63	530.8	790.0	875.0	959.5	1040.0	1125.0
43.0	2.0	697.08	655.3	975.5	1080.0	1185.0	1285.0	1390.0
47.5	2.2	843.07	792.9	1180.0	1305.0	1430.0	1560.0	
52.0	2.4	1003.80	943.6	1405.0	1555.0	1705.0	1855.0	
56.0	2.6	1178.07	107.4	1645.0	1825.0	2000.0	2175.0	
60.5	2.8	1366.28	284.3	1910.0	2115.0	2320.0	2525.0	
65.0	3.0	1568.43	474.3	2195.0	2430.0	2665.0	2900.0	

注　对于 6×37+1 钢丝绳，整根钢丝绳的破断应力应为钢丝的破断拉力总和乘以折减系数（即不均匀系数）φ，一般 $\varphi=0.82$。

表 6-7　　　　　　　　　6×61 钢丝绳的破断拉力表

直径/mm		钢丝绳总断面积/mm²	参考质量/(kg/100m)	钢丝绳的公称抗拉强度/MPa				
				1400	1550	1700	1850	2000
钢丝绳	钢丝			钢丝的破断拉力总和/kN				
11.0	0.4	45.97	43.21	64.3	71.2	78.1	85.0	91.9
14.0	0.5	71.83	67.21	100.5	111.0	122.0	132.5	143.5
16.5	0.6	103.43	97.22	144.5	160.0	175.5	191.0	206.5
19.5	0.7	140.78	132.3	197.0	218.0	239.0	260.0	281.5
22.0	0.8	183.88	172.8	257.0	285.0	312.5	340.0	367.5
25.0	0.9	232.72	218.8	325.5	360.5	395.5	430.5	465.0
27.5	1.0	287.31	270.1	402.0	445.0	488.0	531.5	574.5
30.5	1.1	347.65	326.8	486.5	538.5	591.0	643.0	695.0
33.0	1.2	413.73	388.9	579.0	641.0	703.0	765.0	827.0
36.0	1.3	485.55	456.4	679.5	752.5	825.0	898.0	971.0
38.5	1.4	563.13	529.3	788.0	872.5	957.0	1040.0	1125.0
41.5	1.5	646.45	607.7	905.0	1000.0	1095.0	1195.0	1290.0
44.0	1.6	735.51	691.4	1025.0	1140.0	1250.0	1360.0	1470.0
47.0	1.7	830.33	780.5	1160.0	1285.0	1410.0	1535.0	1660.0
50.0	1.8	930.88	875.0	1300.0	1440.0	1580.0	1720.0	1860.0
55.5	2.0	1149.24	1080.3	1605.0	1780.0	1950.0	2125.0	2295.0

直径/mm		钢丝绳总断面积/mm²	参考质量/(kg/100m)	钢丝绳的公称抗拉强度/MPa				
钢丝绳	钢丝			1400	1550	1700	1850	2000
				钢丝的破断拉力总和/kN				
61.0	2.2	1390.58	1307.1	1945.0	2155.0	2360.0	2570.0	
66.5	2.4	1654.91	1555.6	2135.0	2565.0	2810.0	3060.0	
72.0	2.6	1942.22	1825.7	2715.0	3010.0	3300.0	3590.0	
77.5	2.8	2252.81	2117.4	3150.0	3490.0	3825.0	4165.0	
83.0	3.0	2585.79	2430.6	3620.0	4005.0	4395.0	4780.0	

（2）钢丝绳的强度计算。

1）钢丝绳的破断拉力计算。对钢丝绳的破断拉力作精确计算是困难的，式（6-3）为近似计算公式：

$$P=\frac{\pi d_i^2}{4}n\varphi\sigma_b=nF_i\varphi\sigma_b \qquad (6-3)$$

式中 P——钢丝绳的破断拉力，N（1kgf=9.8N≈10N，下同）；

d_i——钢丝绳中每根钢丝直径，mm；

n——钢线绳中钢丝的总根数；

σ_b——钢丝绳中钢丝的抗拉强度，N/mm²；

F_i——钢丝绳中每根钢丝的断面面积，mm²；

φ——钢丝绳中钢丝绕捻不均匀而引起受载不均匀系数，一般 $\varphi=0.85$。

2）在现场缺少钢丝破断拉力的数据时，不能应用以上计算公式计算，而且使用式（6-3）计算也较麻烦，可采用表6-8中的估算经验公式进行。

表6-8　　　　　　　钢丝绳破断拉力估算经验公式

钢丝绳抗拉强度 σ_b/(N/mm²)	经验公式/N	钢丝绳抗拉强度 σ_b/(N/mm²)	经验公式/N
1400	$P=428d^2$	1850	$P=566d^2$
1550	$P=474d^2$	2000	$P=612d^2$
1700	$P=520d^2$		

注　 d 为钢丝绳直径，mm。

【例】　有一直径为28mm的6×37+1的钢丝绳，其抗拉强度为 $\sigma=1700N/mm^2$ ，利用经验公式求钢丝绳的破断拉力。

解：按表6-8计算

$$P=520d^2=520\times28^2=407680N$$

按式（6-3）计算为415060N。

用上述两个公式所求得的钢丝绳的破断拉力的差为：

$$415060-407680=7380N$$

此差值尚不及破断拉力标称值的1/100，而且用经验公式求得的钢丝绳的破断拉力比标称值小，因此，采用经验公式求得的数据误差不会影响起重作业的安全。

（3）钢丝绳的许用拉力计算。钢丝绳在使用过程中严禁超载，合理正确地选择安全系数是选择和计算钢丝绳的重要前提，同时严格限制其在许用应力下使用。钢丝绳在起重作业中受到的力较复杂，如冲击力、拉伸力、弯曲应力、挤压和扭转力等的作用。当滑轮和卷筒直径按要求设计时，钢丝绳可仅考虑拉伸作用，钢丝绳许用拉力按式（6-4）计算：

$$[T] \leqslant \frac{P}{K} \tag{6-4}$$

式中　$[T]$——钢丝绳许用拉力，kN；

　　　P——钢丝绳破断拉力，kN；

　　　K——钢丝绳的安全系数，见表6-9。

表6-9　　　　　　　　　　　　　钢丝绳的安全系数表

起重机类型	特性和使用范围		钢丝绳最小安全系数 K
桅杆式起重机、自行式起重机及其他类型的起重机和卷扬机	手传动		4.5
	机械传动	轻型	5
		中型	5.5
		重型	6
1t以下手动卷扬机			4
缆索式起重机	承担重量的钢丝绳		3.5 （除承载索为3.5外）其余钢丝绳最小安全系数仍按起重机起升机构受力钢丝绳选用
各种用途的钢丝绳	运输热金属、易燃物、易爆物		6
	捆绑设备		6
	拖拉绳（缆风绳）		3.5
	千斤绳		6～10

【例】　有一直径为30mm 6×37+1的钢丝绳，钢丝的抗拉强度为 $\sigma = 1850\text{N/mm}^2$，用它来起吊一台设备，使用性质为一般机动，钢丝绳允许起吊多少重量？

解：因钢丝绳破断拉力 $P = 509400\text{N}$，一般机动用钢丝绳安全系数取5.5。

许用拉力　　　　　　　　$T = \frac{P}{K} = \frac{509400}{5.5} = 92618.2\text{N}$

（4）吊装钢丝绳的计算。在设备吊装中，应根据具体情况，钢丝绳使用时可采用单支、双支、四支或多支的形式。吊索的粗细与计算应根据所起吊设备的重量，吊索的根数和吊索与水平面的夹角大小决定。吊索拉力与夹角变化关系见图6-2。所以在起吊设备时，吊索最理想是垂直的，一般不要小于30°，夹角应控制在45°～60°之间。

吊索的拉力可按式（6-5）求得：

$$T = \frac{Q}{n} \frac{1}{\sin\beta} \leqslant \frac{P}{K} \tag{6-5}$$

式中　T——1根吊索可承受的拉力，N；

　　　Q——所吊设备的重量，N；

n——吊索的根数；

β——吊索与水平面的夹角；

P——钢丝绳的破断拉力，N；

K——安全系数，一般取 $K=6\sim10$。

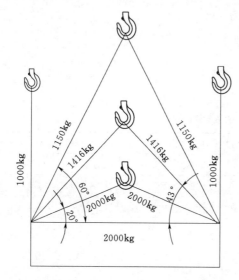

图 6-2　吊索拉力与夹角变化关系图　　　图 6-3　吊索受力图

用两根吊索起吊的受力分析见图 6-3，图 6-3 中 a 表示物体两绑扎点间的水平距离，h 表示吊索高，在三角形 ABC 中：

$$\sin\beta=\frac{h}{\sqrt{\left(\dfrac{a}{2}\right)^2+h^2}}$$

将 $\sin\beta$ 的值代入式（6-5），即得：

$$T=\frac{\sqrt{\left(\dfrac{a}{2}\right)^2+h^2}}{2h}Q$$

或　　　　　　　　　$$T=\frac{Q}{2}\sqrt{\left(\frac{a}{2h}\right)^2+1} \tag{6-6}$$

根据计算出的 T 值来选取吊索的直径。

从式（6-6）可以看出，$\dfrac{a}{h}$ 的数值越大，即吊索绑扎越平缓，吊索受力就越大。

根据图 6-3 可计算出吊索的水平分力：$H=T\cos\beta$。

（5）钢丝绳的报废标准。

1）当钢丝绳受磨损直径将减小，若直径减小不超过 30%，可允许降低拉力使用，如超过 30%，要进行报废处理。

2）钢丝绳经长期使用后，由于受自然条件侵蚀和化学腐蚀，当钢丝绳外表面检查发现明显的受腐蚀麻面时，则该钢丝绳不能使用。

3）整根钢丝绳纤维芯被挤出，使钢丝绳的结构受到破坏时，也不能继续使用。

4）钢丝绳断丝达到或超过表6-10规定的断丝数时应报废。

表6-10 钢丝绳报废标准表

钢丝绳的最初安全系数	钢丝绳结构					
	6×19+1		6×37+1		6×61+1	
	在一个捻距（或节距）内的钢丝断丝数					
	交互捻	同向捻	交互捻	同向捻	交互捻	同向捻
6以下	12	6	22	11	36	18
6～7	14	7	36	13	38	19
7以上	16	8	40	15	40	20

（6）使用钢丝绳的注意事项。

1）使用钢丝绳时，不能使它发生锐角曲折、挑圈，或由于被夹、被砸而被压成扁平。

2）要使钢丝绳缓慢受力，不准急剧改变升降速度，启动和制动均应缓慢进行。

3）穿钢丝绳的滑轮边缘不许有破裂现象，防止损坏钢丝绳。滑轮槽的宽度要比绳的直径大1～2.5mm。轮槽过大，绳易压扁，过小则易磨损。滑轮直径，对于手动设备不得小于钢丝绳直径的15倍；机动设备，不得小于20倍。

4）钢丝绳与设备构件及建筑物的棱角接触时，应加垫木块。

5）在起重作业中，要防止钢丝绳与电焊线或其他电线接触，以免触电或电弧击穿钢丝绳。

6）为防止钢丝绳生锈，应经常保持清洁，并定期涂抹特制的无水分的防锈油（其成分的重量比为：煤焦油68％，石油沥青10％，松香10％，工业凡士林7％，石墨3％，石蜡2％）。也可用其他浓矿物油（如汽缸油、钢丝绳油等）。钢丝绳使用期间、要定期涂防锈油。长时间保存时，每半年涂一次油，并放在库房内干燥的木板上。

6.3 起重工具

6.3.1 绳夹

绳夹主要用来夹紧钢丝绳末端或将两根钢丝绳固定在一起。常用的有骑马式绳夹、U形绳夹、L形绳夹等，其中骑马式绳夹是一种连接力强的标准绳夹，应用比较广泛。

（1）骑马式绳夹的规格。骑马式绳夹型号规格见表6-11，其结构见图6-4。

表6-11 骑马式绳夹型号规格表 单位：mm

型号	常用钢丝绳直径	A	B	C	D	H
Y1-6	6.5	14	28	21	M6	35
Y3-10	11	22	43	33	M10	55
Y4-12	13	28	53	40	M12	69
Y5-15	15，17.5	33	61	48	M14	83

型号	常用钢丝绳直径	A	B	C	D	H
Y6－20	20	39	71	55.5	M16	96
Y7－22	21，5，23.5	44	80	63	M18	108
Y8－25	26	49	87	70.5	M20	122
Y9－28	28.5，31	55	97	78.5	M22	137
Y10－32	32.5，34.5	60	105	85.5	M24	149
Y11－40	37，39.5	67	112	94	M24	164
Y12－45	43.5，47.5	78	128	107	M27	188
Y13－50	52	88	143	119	M30	210

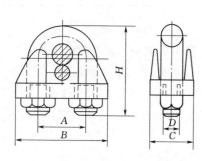

图 6－4　骑马式绳夹结构示意图

（2）绳夹的应用标准。在起重作业中，对于钢丝绳的末端要加以固定，通常使用绳夹来实现。用绳夹固定时，其数量和间距与钢丝绳直径成正比，绳夹使用标准见表 6－12。一般绳夹的间距最小为钢丝绳直径的 8 倍，绳夹的数量不得少于 3 个。

（3）绳夹使用的要点。

1）使用绳夹时，应将 U 形环部分卡在绳头（即活头）一边，U 形环与钢丝绳接触面积小，容易使钢丝绳产生扭曲和损伤，若卡在绳子一边则可能降低主绳的强度。

表 6－12　　　　　　　　　　　绳 夹 使 用 标 准 表

钢丝绳直径/mm	11	12	16	19	22	25	28	32	34	38	50
绳夹的数量/个	3	4	4	5	5	5	5	6	7	8	8
绳夹间距离/mm	80	100	100	120	140	160	180	200	230	250	250

2）为保证安全，每个绳夹应拧紧至卡子内钢丝绳压扁 1/3 为标准。

3）钢丝绳受力后，要认真检查绳夹是否移动。如钢丝绳受力后产生变形时，要对绳夹进行二次拧紧。

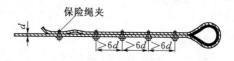

图 6－5　保险绳夹图

4）起吊重要设备时，为便于检查，可在绳头尾部加一保险绳夹见图 6－5，观察是否出现移动现象，以便及时采取措施。

6.3.2　卸扣

卸扣是起重施工作业中，广泛应用的轻便、灵活的连接工具，用卸扣可连接起重滑轮和固定吊索等。

（1）卸扣的种类、构造和规格。

1）卸扣种类。卸扣分为销子式和螺旋式两种，其中螺旋式卸扣比较常用，螺旋式卸扣结构见图 6-6。

2）卸扣的构造与规格。卸扣的构造比较简单，它有卸体（大环圈）和横轴。横轴有螺丝销和光直销两种。在螺丝销中有销子直接拧在有螺纹的弯环销孔中，也有销孔无螺纹而在销端外侧另加一个螺母固定的，而光直销则用开口销来固定。

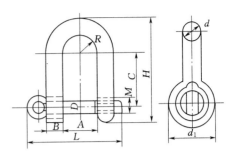

图 6-6　螺旋式卸扣结构示意图

卸体是用 Q235A、20 号、25 号钢锻制而成，横轴一般用 40 号、45 号钢制成。螺旋式直环卸扣技术规格见表 6-13。

表 6-13　　　　　　　　　　螺旋式直环卸扣技术规格表

卸扣号码	钢丝绳直径（最大的）/m	许用负荷/kN	D/m	H/m	A/m	C/m	L/m	质量/kg
0.2	4.7	2.0	15	49	12	35	35	0.02
0.3	6.5	2.3	19	63	16	45	44	0.03
0.5	8.5	5.0	13	72	20	50	55	0.05
0.9	9.5	9.3	29	87	24	60	65	0.10
1.4	13	14.5	38	115	32	80	86	0.20
2.1	15	21.0	46	133	36	90	101	0.30
2.7	17.5	27.0	48	146	40	100	111	0.50
3.3	19.5	33.0	58	163	45	110	123	0.70
4.1	22	41.0	66	180	50	120	137	0.94
4.9	26	49.0	72	196	58	130	157	1.23
6.8	28	68.0	77	225	64	150	176	1.87
9.0	31	90.0	87	256	70	170	196	2.63
10.7	34	107.0	97	284	80	190	218	3.60
16.0	43.5	160.0	117	346	100	235	262	6.60

（2）使用卸扣的要点。

1）使用卸扣时，不得超负荷。选用时可参照表 6-13，另外也可用式（6-7）所示的经验公式进行计算。

$$Q=6d^2 \qquad\qquad (6-7)$$

式中　Q——许用载荷，N；

　　　　d——卸扣弯曲部分直径，mm。

2）为防止卸扣横向受力，在连接绳索或吊环时，应将其中一根套在横销上；另一根套在弯环上，不准分别套在卸扣的两个直段上面。

3）起吊作业进行完毕后，要及时卸下卸扣，并将横销插入弯环内，上好丝扣，以保证卸扣完整无损。

4）卸扣上的螺纹部分，要定时涂油，保证其润滑不生锈。

5）卸扣要存放在干燥的地方，并用木板将其垫好。

6）不准使用横销无螺纹的卸扣，如必需使用时，要有可靠的保障措施，以防止横销滑出。

6.3.3 吊钩、吊环

吊钩与吊环是起重作业中比较常用的吊物工具。它的优点是取物方便，工作安全可靠。

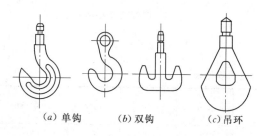

（a）单钩　　（b）双钩　　（c）吊环

图 6-7　吊钩与吊环图

吊钩与吊环见图 6-7。

1）单钩。这是一种比较常用的吊钩，它的构造简单，使用也较方便，但起重量较小。材质多用 20 号钢锻制而成，最大起重量不超过 80t。

2）双钩。起重量较大时，多用双钩起吊，它受力均匀对称，特点能充分利用。其材质也是用 20 号钢锻成。一般大于 80t 的起重设备，都采用双钩。

叠片式吊钩是由切割成形的多片钢板铆接而成，并在吊钩口上装有护垫，这样可减少钢丝绳磨损，使载荷能均匀地传到每片钢板上。它具有制造方便的优点。由于钩板不会同时断裂，故工作可靠性比整体锻造吊钩好，缺点是自重和尺寸较大。

3）吊环。它的受力情况比吊钩的受力情况好得多，当起重量相同时，吊环的自重比吊钩的自重小。但是，当使用吊环起吊设备时，其索具只能用穿入的方法系在吊环上。因此，用吊环吊装不如吊钩方便。

吊环通常在设备部件的安装、维修时作固定吊具使用。

6.3.4 花篮螺栓

花篮螺栓也称为拉紧器，主要用于绳索拉紧和在设备运输过程中捆绑设备用绳索与运输车板之间的连接固定用。花篮螺栓见图 6-8。

花篮螺栓的类别有开式、闭式，CC 型为两端挂钩，CO 型为一端挂钩；另一端为拉环，OO 型两端为拉环（设备运输捆绑紧固多用此型）。用于运输捆绑用的花篮螺栓规格尺寸见表 6-14。

表 6-14　　　　　　　　　　　　花篮螺栓规格尺寸

型式	螺旋扣号码	容许负荷/kN	适用钢丝绳最大直径/mm	主要尺寸/mm						
				左右螺纹直径 d	螺旋扣本体长 L	开式全长		闭式全长	
						最小 L_1	最大 L_2	最小 L_1	最大 L_2
OO 型	0.8	8.0	15.0	M16	250	386	582	386	572
	1.3	13.0	19.0	M20	300	470	690	470	680
	1.7	17.0	21.5	M22	350	540	806	540	806
	1.9	19.0	22.5	M24	400	610	922	610	914

型式	螺旋扣号码	容许负荷/kN	适用钢丝绳最大直径/mm	主要尺寸/mm						
				左右螺纹直径 d	螺旋扣本体长 L	开式全长		闭式全长		
						最小 L_1	最大 L_2	最小 L_1	最大 L_2	
OO 型	2.4	24.0	28.0	M27	450	680	1030	—	—	
	3.0	30.0	31.0	M30	450	700	1050	—	—	
	3.8	38.0	34.0	M33	500	770	1158	—	—	
	4.5	45.0	37.0	M36	550	840	1270	—	—	
CC 型	0.6	6.3	8.5	M16	250	442	638	442	628	
	0.9	9.8	9.5	M20	300	530	740	520	730	
CO 型	0.6	6.3	8.5	M16	250	414	610	414	605	
	0.9	9.8	9.5	M20	300	495	715	495	710	

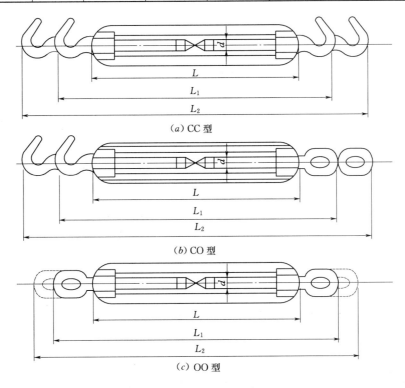

图 6-8 花篮螺栓示意图

6.3.5 平衡梁

在起重吊装作业中，一般会遇到一些大型精密设备和超长构件。它们在施工中，既要保持平衡，又要不使其产生变形和擦伤，因而多数采用平衡梁进行起吊。

平衡梁使用时比较方便，又安全可靠，它能承受由于吊索倾斜所产生的水平分力，减少起吊时重物所受的压力。同时还可缩短吊索的长度，减少动滑轮的起吊高度，又能缩短捆绑重物的时间，这种吊装工具使用比较普遍。一般平衡梁见图 6-9。

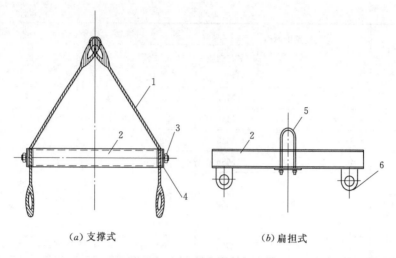

(a) 支撑式　　　　　　　　　(b) 扁担式

图 6-9　平衡梁示意图

1—吊索；2—平衡吊梁；3—螺帽；4—压板；5—吊环；6—吊耳

支撑式平衡梁吊索较长，主要用于吊装形体较长的构件，也可用在特殊零、部件在高空翻转作业。扁担式平衡梁吊索较短，多用于吊装大型构件（如屋架等）。吊索与平衡梁的水平夹角，一般应在 45°～60°之间。

在选择和制作平衡梁时应对平衡梁的各部件（吊索、横吊梁、吊环、吊耳等）进行力学计算，保证其刚、强度满足要求。

6.3.6　滑轮与滑轮组

（1）配滑轮组的原则。

1）设备或构件的重量和提升（下落）高度是选配滑轮组的重要依据。

2）当卷扬机的牵引力一定时，滑轮的轮数愈多，速比愈大，起吊能力也愈大。

3）提升设备或构件时，卷扬机要克服全部滑轮的阻力才能工作，而下放时则相反。因滑轮阻力在某种意义上帮助了卷扬机工作，因此，下放时牵引力，比提升时牵引力小得多。

4）双跑头牵引，能增加提升设备或下放高度的 1 倍，并能提高起吊重量而减小牵引力。

（2）滑轮的材质和系列。

1）滑轮的材质。

A. 铁滑轮的材质有：铸铁、球墨铸铁以及铸钢等。

B. 铸铁滑轮，加工比较容易，使用时，对钢丝绳的损伤较小。缺点是强度低，脆性较大，滑轮的轮缘易损坏。

C. 球墨铸铁滑轮强度较高，加工性能也好，有韧性，不易破裂。

D. 铸钢滑轮主要用于吊装大型设备，它的韧性好、强度高，但铸造性能差，表面硬度高，对钢丝绳磨损大，同时制作成本也高。

2）滑轮系列。H 系列滑轮起重量符合国家标准的规定，本系列由 14 种吨位、11 种直径的滑轮、17 种结构型式，共 103 个规格（见表 6-15）。

表 6–15

H 系列起重滑轮基本型式代号表

滑轮型式	滑轮代号（吨位）													
	0.5	1	2	3	5	8	10	16	20	32	50	80	100	140
单轮 开口 吊钩	H0.5×1K$_B$G	H1×1K$_B$G	H2×1K$_B$G	H3×1K$_B$G	H5×1K$_B$G	H8×1K$_B$G	H10×1K$_B$G	H16×1K$_B$G	H20×1K$_B$G					
单轮 开口 链环	H0.5×1K$_B$L	H1×1K$_B$L	H2×1K$_B$L	H3×1K$_B$L	H5×1K$_B$L	H8×1K$_B$L	H10×1K$_B$L	H16×1K$_B$L	H20×1K$_B$L					
单轮 闭口 吊钩	H0.5×1G	H1×1G	H2×1G	H3×1G	H5×1G	H8×1G	H10×1G	H16×1G	H20×1G					
单轮 闭口 链环	H0.5×1L	H1×1L	H2×1L	H3×1L	H5×1L	H8×1L	H10×1L	H16×1L	H20×1L					
双轮 吊钩		H1×2G	H2×2G	H3×2G	H5×2G	H8×2G	H10×2G	H16×2G	H20×2G					
双轮 链环		H1×2L	H2×2L	H3×2L	H5×2L	H8×2L	H10×2L	H16×2L	H20×2L					
双轮 吊环		H1×2D	H2×2D	H3×2D	H5×2D	H8×2D	H16×2D	H16×2D	H20×2D	H32×2D				
三轮 吊钩				H3×3G	H5×3G	H8×3G	H10×3G	H16×3G	H20×3G					
三轮 链环				H3×3L	H5×3L	H8×3L	H10×3L	H16×3L	H20×3L					
三轮 吊环				H3×3D	H5×3D	H8×3D	H10×3D	H16×3D	H20×3D					
四轮 吊环						H8×4D	H10×4D	H16×4D	H20×4D	H32×4D	H50×4D			
五轮 吊环									H20×5D	H32×5D	H50×5D	H80×5D		
五轮 吊梁										H32×5W	H50×5W	H80×5W		
六轮 吊环										H32×6D	H50×6D	H80×6D	H100×6D	
七轮 吊环												H80×7D		
八轮 吊环													H100×8D	H140×8D
八轮 吊梁													H100×8W	H140×8W

国内生产的滑轮系列产品代号中，字母 H 表示起重用滑轮，第一个数字表示起重量（吨），第二个数字表示滑轮门数，中间用乘号隔开，后面用字母 G 表示吊钩，用字母 D 表示吊环。用字母 K 表示开口，用字母 L 表示链环，用字母 W 表示吊梁，用字母 K_B 表示桃式开口，不加字母 K 表示闭口。例如，H10×2G 表示额定起重量为 10t 的双轮吊钩型滑轮。

滑轮的起重量，一般是标在滑轮夹套的铭牌上，起重作业时应该按规定的起重量使用。另外还可用经验公式估算滑轮起重量的方法用式（6-8）计算。其安全起重量 Q（以 N 计）为：

$$Q=\frac{D^2}{16}\times 10 \qquad (6-8)$$

式中 D——滑轮的直径，mm。

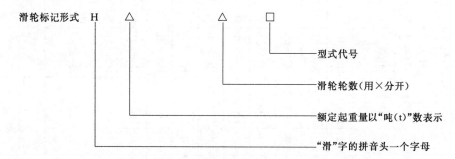

（3）起重滑轮的穿绕方法。钢丝绳的穿绕方法有顺穿法和花穿法两种。

1）顺穿法。又分单头顺穿法和双头顺穿法，这是一种比较简单的穿绕方法。

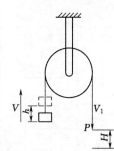

图 6-10　定滑轮示意图

2）花穿法。又分小花穿法和大花穿法，其穿绕方法能够在吊装大型设备或结构设施时降低牵引端绳头的拉力，并且能使滑轮组受力均匀，起吊平稳。

（4）滑轮与滑轮组的计算。

1）定滑轮。定滑轮见图 6-10，滑轮工作过程中，绳索的速度 V_1 和移动距离 H，分别与被吊设备的速度 V 和距离 h 相同，如不计算摩擦力，绳索拉力 P 与被吊物体重力 Q 相等。用公式表示：

$$P=Q, H=h, V=V_1$$

如考虑摩擦力，绳索拉力与重物重力是不相同的，考虑摩擦力的绳索拉力 P 用式（6-9）计算：

$$P=\frac{Q}{n} \qquad (6-9)$$

式中 n——单滑轮的效率，钢丝绳取 $0.94\sim0.98$，棕绳取 $0.8\sim0.94$；

P——绳索拉力，kN；

Q——重物的重力，kN。

2）动滑轮。动滑轮见图 6-11，设备的重力 Q 由两根绳索分担，每根绳索的力为设备重力的 50%，不计算摩擦力时的绳索拉力可用式（6-10）计算：

$$Qh=P2h$$

$$P=\frac{Q}{2} \qquad (6-10)$$

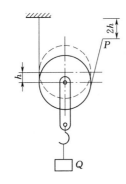

图 6-11　动滑轮示意图

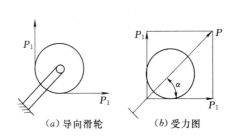

(a) 导向滑轮　　(b) 受力图

图 6-12　导向滑轮示意图

3）导向滑轮。导向滑轮见图 6-12，导向滑轮所受的力用式（6-11）计算：

$$P=P_1 Z \qquad (6-11)$$

式中　P——导向滑轮所受的力，kN；

　　　P_1——牵引绳拉力，kN；

　　　Z——角度系数，见表 6-16。

表 6-16　　　　　　　　　　　　角 度 系 数 Z

α	0°	15°	22.5°	30°	45°	60°
Z	1	1.035	1.082	1.15	1.41	2

4）滑轮组。滑轮组见图 6-13，滑轮组的绳索有从定滑轮引出的，有从动滑轮引出的，也有经过导向轮引出的。滑轮组绳索从定滑轮引出时，其拉力用式（6-12）计算：

$$S=QE^n \frac{E-1}{E^n-1} \qquad (6-12)$$

式中　S——拉力，kN；

　　　n——动滑轮的有效工作绳数；

　　　E——滑轮与轮槽的综合摩擦系数，滚动轴承为 1.02；青铜套为 1.04；含油轴承为 1.05；无衬套为 1.06。

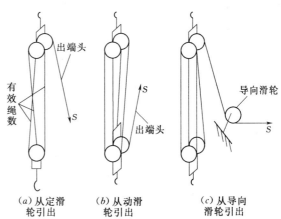

(a) 从定滑轮引出　　(b) 从动滑轮引出　　(c) 从导向滑轮引出

图 6-13　滑轮组图

若滑车组出端头从定滑车绕出，出头拉力还可直接通过滑轮组的效率系数用式（6-13）计算：

$$S=\frac{Q}{n\eta} \qquad (6-13)$$

式中　S——出头拉力，kN；

n——动滑轮工作绳数；

η——滑轮组的效率系数，可用式（6－14）计算：

$$\eta=\frac{1}{nE^n}\times\frac{E^n-1}{E-1} \tag{6-14}$$

滑轮组综合摩擦系数 E^n 值可查表 6-17 后计算得出，其效率系数 η 见表 6-18。

滑轮组综合摩擦系数 E^n 计算参考表

E	n								
	0	1	2	3	4	5	6	7	8
1.02	1.000	1.02	1.040	1.061	1.083	1.104	1.126	1.149	1.172
1.04	1.000	1.04	1.082	1.125	1.17	1.217	1.266	1.316	1.368
1.06	1.000	1.06	1.124	1.192	1.262	1.338	1.419	1.504	1.593

E	n								
	9	10	11	12	13	14	15	16	17
1.02	1.195	1.219	1.243	1.268	1.294	1.320	1.345	1.372	1.4
1.04	1.423	1.48	1.54	1.601	1.665	1.732	1.8	1.872	1.947
1.06	1.69	1.791	—	—	—	—	—	—	—

表 6-18 $E=1.04$ 滑轮组出端头从定滑轮引出时的效率系数 η

滑轮组绳数	单绳	双绳	三绳	四绳	五绳	六绳	七绳	八绳	九绳	十绳
滑轮组连接方式 $E=1.04$										
滑轮组效率 η	0.96	0.94	0.92	0.90	0.88	0.87	0.86	0.85	0.83	0.82
出端头拉力 S	1.04Q	0.53Q	0.36Q	0.28Q	0.23Q	0.19Q	0.17Q	0.15Q	0.13Q	0.12Q

在实际吊装作业中，牵引绳要经过许多导向滑轮，因此，宜考虑一个综合摩擦系数，所以在考虑了综合摩擦系数后引出的拉力按式（6-15）计算：

$$S_K=QE^n\frac{E-1}{E^n-1}E^k \tag{6-15}$$

式中 S_K——最末导向滑轮出头拉力，kN；

E^k——k 个导向滑轮的综合摩擦系数，查表 6-17。

滑轮组从动滑轮引出的拉力，按式（6-16）计算：

$$T=QE^{n-1}\frac{E-1}{E^n-1} \tag{6-16}$$

式中　T——拉力，kN；

　　　Q——起吊重力，kN；

　　　n——动滑轮工作绳数值；

　　　E——综合摩擦系数。

同样，从动滑轮引出的牵引绳也要经过导向轮，因此，要增加滑轮的综合摩擦系数，在考虑综合摩擦系数后从动滑轮引出的拉力按式（6-17）计算：

$$T_k = QE^{n-1}\frac{E-1}{E^n-1}E^k \tag{6-17}$$

式中　T_k——最末导向滑轮出头拉力，kN；

　　　E^k——k 个导向滑轮综合摩擦系数，见表6-17。

【例】　已知起重量 $Q=10t$，采用"二一走三"滑车组，出端头自定滑车引出（见图6-14），当滑车组的滑轮套为青铜时，求滑车组出端头拉力？

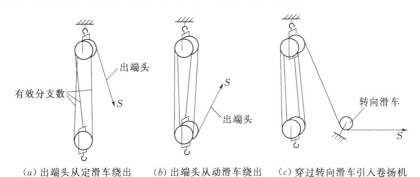

（a）出端头从定滑车绕出　（b）出端头从动滑车绕出　（c）穿过转向滑车引入卷扬机

图6-14　滑车组绳索穿绕示意图

解：由图6-14得知，动滑轮上有效分支数 $n=3$，青铜的综合摩擦系数 $E=1.04$。利用式（6-16）求得出端头的拉力：

$$T = QE^n\frac{E-1}{E^n-1} = 100000 \times 1.04^3 \times \frac{1.04-1}{1.04^3-1} = 100000 \times 1.125 \times \frac{0.04}{0.125} = 36000N$$

求得出端头的拉力为36000N（即3.6t，1tf=10000N）。

（5）使用滑轮的注意事项。

1）严格按滑轮的起重量进行使用，不准超载。

2）使用前，要检查滑轮的轮槽、轮轴、夹板、吊钩、吊环等零件，是否有裂纹、损伤和变形，轴的定位装置正确与否，如有上述问题时，不准使用。

3）使用过程中，滑轮受力后，要检查各运动部件的工作情况，有无卡绳、磨绳，如发现应及时进行调整。

4）在吊运施工中，滑轮与钢丝绳选配要合适，如轮槽窄，钢丝绳粗，会造成轮缘损坏，钢丝绳磨损严重。轮缘过宽，钢丝绳受力后易压扁而损坏。所以，选用滑轮时，轮槽宽度应比钢丝绳直径大1~2.5mm。

5）使用滑轮的直径，通常不得小于钢丝绳直径的16倍。

6）吊运中对于受力方向变化大和高空作业场所，禁止用吊钩型滑轮，要使用吊环滑轮，防止脱绳而发生事故。如必须用吊钩滑轮时，要有可靠的封闭装置。

7）滑轮组上、下间的距离，应不小于滑轮直径的 5 倍。

8）使用多门滑轮，仅用其中几门时，滑轮的起重量应降低应用。降低标准按门数比例确定。

9）使用滑轮起吊时，严禁用手抓钢丝绳，必要时，可用撬杠来调整。

10）检查钢丝绳的牵引方向和导向滑轮的位置是否正确，避免钢丝绳脱槽或卡住。

11）滑轮的轮轴磨损到轴公称直径的 3‰～5‰ 时，要更换新轴，轮槽壁磨损到其厚度的 10% 及径向磨损量达到绳直径的 25% 时，均应检修或更换滑轮。

12）滑轮要做好保养工作，并定期进行润滑，同时要检查以下内容：

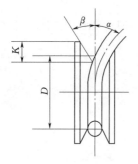

A. 滑轮转动是否灵活，侧向摆动不得超过 $D_0/1000$（D_0 为滑轮的名义直径）。

B. 对滑轮零件进行清洗，去掉铁屑和尘土。

C. 油孔与油槽是否对正。

D. 滑轮的裂纹不得进行修补焊接，应及时更换。

E. 轴孔内缺陷面积不应超过 0.25cm^2，深度不超过 4mm。

F. 在有腐蚀性的场地作业时，要随时进行检查，发现问题，及时进行处理。

图 6-15　钢丝绳在滑轮内偏角示意图

13）滑轮内穿入牵引绳，其偏角不能超过 30°（见图 6-15）。

14）滑轮使用完毕后，应放在干燥的库房内，垫好木板，妥善保管。

15）滑轮组穿绕钢绳的长度按式（6-18）确定。

$$L=h(n+3d)+l+c \qquad (6-18)$$

式中　L——需用钢丝绳长度，m；

　　　h——重物最大提升高度，m；

　　　n——滑车组的总轮数（或工作绳子数）；

　　　d——滑车直径，m；

　　　l——定滑轮至卷扬机距离，m；

　　　c——储备长度，一般为 10m。

6.3.7　电动卷扬机

（1）电动卷扬机的组成和分类。

1）电动卷扬机由于起重能力大，速度容易变换，操作方便和安全，因此，在起重作业中是常用的一种牵引设备。

2）电动卷扬机主要由卷筒、减速器、电动机和电磁抱闸等部件组成。

3）电动卷扬机种类较多，按卷筒分有：单筒和双筒两种。按传动方式分又有可逆齿轮箱式和摩擦式。按起重量分有 0.5t、1t、2t、3t、5t、8t、10t、15t、20t 等。

4）慢速卷扬机（可逆式电动卷扬机）的操作简单，起吊重物安全可靠，还可远距离操作，是施工现场常用的一种机具。

（2）电动卷扬机的安装固定。电动卷扬机固定时，要防止起吊和搬运设备时产生的倾覆与滑动。通常采用的方法有：

A. 固定基础法：将电动卷扬机安放在混凝土基础上，用地脚螺栓将其底座固定，这种方法适用于长期使用的地方。

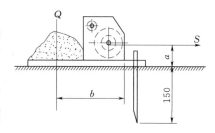

图 6-16 平衡重法示意图（单位：m）

B. 平衡重法：将电动卷扬机固定在方木上，前面设置木桩以防滑动，后面加平衡压重 Q，以防倾覆（见图 6-16），一般平衡压重量应满足式（6-19）的要求：

$$Q = 1.5 \frac{Sa}{b} \qquad (6-19)$$

式中　Q——平衡重，N；

a——牵引力距离地面的高度，mm；

S——钢丝绳拉力，N；

b——平衡重重心至卷扬机前沿的距离，mm；

1.5——倾覆稳定系数。

C. 地锚法：地锚又称地龙，它应用比较普遍，通常有卧式地锚和立式地锚，分别见图 6-17 和图 6-18。

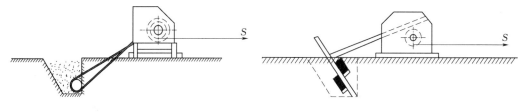

图 6-17　卧式地锚示意图　　　　图 6-18　立式地锚示意图

（3）使用电动卷扬机的注意事项。

1）使用前，要检查减速箱油量和纯度以及各润滑部分是否有油，减速箱通常使用 30 号机油。

2）开车前，先用手盘动传动系统，检查各部零件是否灵活，特别是制动装置是否灵敏可靠。

3）电动卷扬机安放地点应设置防雨棚，防止电气部分受潮失灵，影响正常的吊运作业。

4）操作人员，应经考试合格，持证上岗，对电动卷扬机的构造、性能比较熟悉，操作时精神集中，听从信号指挥。

5）起吊设备时，电动卷扬机卷筒上钢丝绳余留圈数应不少于 3 圈。

6）电动卷扬机的卷筒与选用的钢丝绳直径应当匹配。通常卷筒直径应为钢丝绳直径的 16～25 倍。

7）电动卷扬机严禁超载使用，以防止出现人身和机械事故。

8）用多台电动卷扬机吊装设备时，其牵引速度和起重拉力应相同，并且要做到统一指挥，统一动作，同步操作。

9）吊装大型设备时，对电动卷扬机应设专人监护，发现正常情况，应及时进行处理。

10）电动卷扬机应完整无损，如发现卷筒壁减薄10%，筒体裂纹和变形、卷筒轴磨损严重时，必须进行修理或更换。

11）电动卷扬机用完后，要切断电源，将控制器放到零位，用制动器自动刹紧，并使跑绳放松。

6.3.8 千斤顶

千斤顶是一种应用非常普遍的起重工具，具有结构轻巧，搬动移位快捷，使用方便的特点。它的承载能力，可从1～320t。顶升高度一般为100～300mm，顶升速度可达10～35mm/min。

千斤顶按其构造型式，可分为三种类型：螺旋千斤顶、液压千斤顶和齿条千斤顶，前面两种千斤顶应用比较广泛。

（1）螺旋千斤顶。

1）固定式螺旋千斤顶：这种千斤顶在作业时，未卸载前不能作平面移动，LQ型固定螺旋千斤顶；它的结构紧凑、轻巧，使用比较方便，其结构见图6-19，主要技术规格见表6-19。当往复摇动手柄时，小锥齿轮带动大锥齿轮，使锯齿形螺杆旋转，从而使升降套筒（螺母套筒）顶升或下落。由于特制推动轴承转动灵活，摩擦小，因而操作敏感，工作效率高。

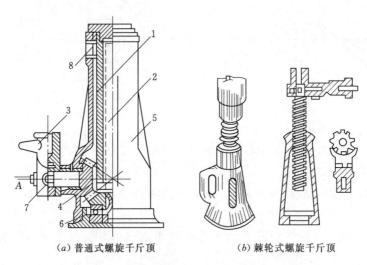

（a）普通式螺旋千斤顶 （b）棘轮式螺旋千斤顶

图6-19 LQ型固定式螺旋千斤顶结构示意图

1—螺母套筒；2—螺杆；3—摇把；4—伞形齿轮；5—壳体；6—推力轴承；7—换向板钮；8—导向条

2）移动式螺旋千斤顶：它是一种在顶升过程中可以移动的一种千斤顶。移动主要是靠千斤顶底部的水平螺旋转动，使顶起的重物连同千斤顶一同作水平移动。因此，在设备安装工作中，用它移动就位很适用。

（2）液压千斤顶。液压千斤顶的工作部分为活塞和顶杆。工作时，用千斤顶的手柄驱动液压泵，将工作液体压入液压缸内，进而推动活塞上升或下降，顶起或下落重物。

表 6 - 19 LQ 型固定螺旋千斤顶主要技术规格表

起重量 /t	最低高度 /mm	起重高度 /mm	手柄长 /mm	操作人数 /人	操作力 /N	自重 /kg
5	250	130	600	1	260	7.5
10	280	150	600	1	270	11
15	320	180	700	1	320	15
30	395	200	1000	1	600	27
30	325	180	1000	1	600	20
50	700	400	1385	3	1260	109
50	765	350	1900	3	920	184

安装工程中常用的 YQ 型液压千斤顶，是一种手动液压千斤顶，它重量较轻、工作效率较高，使用和搬运也比较方便。因而应用较广泛。YQ 型液压千斤顶外形见图 6-20。YQ 型液压千斤顶技术性能见表 6-20，QY 型液压千斤顶技术性能见表 6-21。

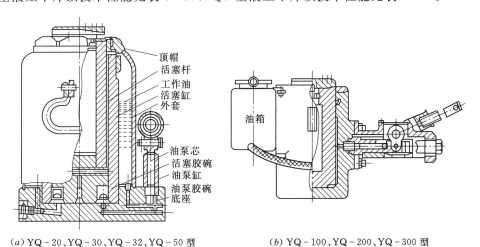

（a）YQ-20、YQ-30、YQ-32、YQ-50 型   （b）YQ-100、YQ-200、YQ-300 型

图 6-20　YQ 型液压千斤顶外形示意图

表 6-20 YQ 型液压千斤顶技术性能表

型号	起重量 /t	起升高度 h_1/mm	最低高度 h/mm	公称压力 /kPa	手柄长度 /mm	手柄作用力 /N	自重 /kg
YQ-5AD						320	5.5
YQ-5A	5		235	52			
SS-5A					620	350	5.8
						400	7
YQ-8	8	160	240	57.8		360	6.9
						350	7
YQ-10	10		245	63.7		300	10
YQ-12.5	12.5				850		9.1
YQ-15	15		250	67.4		280	13.8
YQ-16	16						

型号	起重量/t	起升高度 h_1/mm	最低高度 h/mm	公称压力/kPa	手柄长度/mm	手柄作用力/N	自重/kg
YQ-20	20	180	285	70.7	1000	280 / 310	20
YQ-30	30		290	72.4		340	29
YQ-32	32		290	72.4		310	29
YQ-50	50	180	305 / 300 / 305	78.6	1000	310 / 340	43
50-180H			330	66.3		420	74
100-180H	100		360	66.9		450	135
YQ-100	100	200	360	65		420×2	123
YQ-200	200	200	400	70.6			227
YQ-320	320	200	450	70.7			435

表 6-21　　　　　　　　　QY 型液压千斤顶技术性能表

型号	起重量/t	起升高度 h_1/mm	最低高度 h/mm	公称压力/kPa	手柄长度/mm	手柄作用力/N	自重/kg
QY1.5	1.5	90	164	33	450	270	2.5
QY3	3	130	200	42.5	550	290	3.5
QY5G	5	160	235	52	620	320	5.1
QY10	10	160	245	60.2	700	320	8.6
QY20	20	180	285	70.7	1000	280	18
QY32	32	180	290	72.4	1000	310	26
QY50	50	180	305	78.6	1000	310	40
QY100	100	180	350	75.4	1000	310×2	97
QW200	200	200	400	70.6	1000	400×2	243
QW320	320	200	450	70.7	1000	400×2	416

（3）齿条千斤顶。齿条千斤顶也称齿杆千斤顶，由齿条和齿轮组成，转动手柄可顶起重物。利用齿条的顶端，齿条千斤顶可顶起位于高处的重物，也可利用齿条的下脚钩面，顶起位于低处的重物。齿条千斤顶技术规格见表 6-22。

（4）使用千斤顶的注意事项。

1）千斤顶都不准超负荷使用，以免发生人身或设备事故。

2）千斤顶使用前，应检查各零件是否灵活可靠，有无损坏，油液是否干净，油阀、活塞、皮碗是否完好。

3）千斤顶工作时，要放在平整坚实的地面上，并要在其下面垫枕木、木板或钢板来扩大受压面积，防止塌陷。

表 6-22　　　　　　　　　齿条千斤顶技术规格表

型　号		Y63-01 型	Y63-02 型
起重量 /t	静负荷	15	15
	动负荷	10	10
最大起重高度/mm		280	330
钩面最低高度/mm		55	55
机座尺寸/mm		166×260	166×260
外形尺寸/(mm×mm×mm)		370×166×525	414×166×550
自重/kg		26	25

4) 千斤顶安放位置要摆正，顶升时，用力要均匀；卸载时，要检查重物是否支撑牢固。

5) 几台千斤顶同时作业时，要动作一致，保证同步顶升和降落。

6) 螺旋千斤顶和齿条千斤顶，在任何环境下都可使用，而液压千斤顶在高温和低温条件下不准使用。

7) 螺旋千斤顶和齿条千斤顶，应在工作面上涂上防锈油，以减少磨损避免锈蚀。液压千斤顶应按说明书要求，定时清洗和加油。

8) 螺旋千斤顶和齿条千斤顶的内部要保持清洁，防止泥沙、杂物混入，增加阻力，造成过度磨损，降低使用寿命。同时转动部分要添加润滑油进行润滑。

9) 液压千斤顶的储液器（或油箱）要保持洁净，如产生渣滓或液体混浊，都会使活塞顶升受到阻碍，致使顶杆伸出速度缓慢，甚至发生事故。

10) 液压千斤顶不准作永久支承。如必须作长时间支撑时，应在重物下面增加支撑部分以保证液压千斤顶不受损坏。

11) 齿条千斤顶放松时，不得突然下降，以防止其内部机构受到冲击而损伤，或使摇把跳动伤人。

6.3.9　链式起重机

(1) 链式起重机。链式起重机又称为手拉葫芦。它是一种构造比较简单、操作容易的起重机具。通常用 1～2 人即可将重物吊运到所需要的地方。

链式起重机的承载能力一般在 10t 左右，最大可承载 20t，它主要是作垂直吊装，也可水平或倾斜使用，同时也经常用在大型设备吊装中，对桅杆缆风绳进行拉紧调节。链式起重机的结构比较简单，它主要由拉链、链轮、传动装置、起重钩和上、下吊钩等部件组成（见图 6-21）。

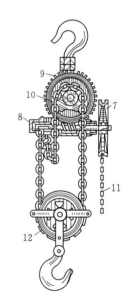

（a）齿轮式链式起重机　　　　（b）蜗轮蜗杆式链式起重机

图 6-21　链式起重机

1～4—两个轮轴；5—动滑车；6—链条；7—手动链轮；

8—蜗杆；9—蜗轮；10—蜗轮轴；

11—手拉链条；12—动滑车

链式起重机按传动方式，可分为蜗轮式和齿轮式两大类。蜗轮式传动方式工作效率较低，而且部件容易磨损，在施工现场中使用较少。

手拉葫芦按结构可分为蜗轮蜗杆式、齿轮式和摆线针轮式三种，常用的为摆线针轮式（SH 型）。SH、612、651 型手拉葫芦技术规格见表 6-23。WA 型手拉葫芦技术规格见表 6-24。SH 环链手拉葫芦规格见表 6-25。

表 6-23　　　　　　　　　SH、612、651 型手拉葫芦技术规格表

型号	起重量/t	标准起重高度/m	两钩间的最小距离 H_{min}/mm	满载时的手链拉力/N	起重链行数	起重链条圆钢直径/mm	重量/kg	起重高度每增加 1m 应增加的重量/kg
SH1/2	0.5	2.5	250	195	1	7	11	2
			235	195			11.67	
612			300	250		8	18	1.5
SH1	1	2.5	430	210	2	7	16	3.1
				230				
612			500	250		8	25	3.7
SH2	2	3	550	325	2	9	31	4.7
				340				
651			500	260		8	27	3.7
SH3	3	3	610	345	2	11	45	6.7
				360			46	
651			500	260		8.5	27.5	4.8
SH5	5		840	375		14	74	9.8

表 6-24　　　　　　　　　WA 型手拉葫芦技术规格表

型　号	WA1	WA1/2	WA2	WA3	WA5	WA10	WA20	WA11/2	WA21/2
起重量/t	1	1.5	2	3	5	10	20	1.5	2.5
标准起重高度/m	2.5	2.5	2.5	3	3	3	3	2.5	2.5
两钩间的最小距离 H_{min}/mm	270	370	380	470	600	700	1000	335	370
满载时的手链拉力/N	310	240	320	350	380	390	390	350	380
起重链行数	1	2	2	2	2	4	8	1	1
起重链条圆钢直径/mm	6	6	6	8	10	10	10	8	10
尺寸/mm A	142	142	142	173	210	358	580	178	210
尺寸/mm B	120	120	120	136	160	160	186	136	160
尺寸/mm C	28	32	34	38	48	64	82	32	36
尺寸/mm D	140	140	178	178	210	210	210	178	210
重量/kg	10	13.5	14	24	36	68	150	15	26
起重高度每增加 1m 应增加的重量/kg	1.7	2.5	2.5	3.7	5.3	9.7	19.4	2.3	3.1

型号	起重量/t	起重高/m	手拉力/N	拉链行数	型号	起重量/t	起重高/m	手拉力/N	拉链行数
SH1/2	0.5	2.5	≤195	1	SH5	5	3.0	≤375	2
SH1	1	2.5	≤210	2	SH10	10	5.0	≤400	4
SH2	2	3.0	≤325	2	SH20	20	5.0	≤435	8
SH3	3	3.0	≤345	2					

表 6-25　　　　　　　　　　SH 环链手拉葫芦规格表

（2）使用链式起重机的注意事项。

1）链式起重机使用前，要认真进行检查：转动部分是否灵活，有否卡链现象，链条是否有断节及裂纹，制动器是否安全可靠，销子牢固与否，吊挂绳索及支架横梁是否结实稳固，经检查合格后方可使用。

2）链式起重机不准超载使用，操作人员要熟悉机具的性能，并进行正确的操作。

3）使用链式起重机时，要检查起重链条是否有扭结现象，如有扭结，应调整好后方可使用。

4）操作链式起重机时，先将手链反拉，并将起重链条放松，使链式起重机有充分的起升距离。然后慢慢起升，待链条拉紧后，检查各零件部分有无异常，挂钩是否合适，确认正常后，才能继续操作。

5）链式起重机作水平和倾斜方向作业时，拉链的方向要同链轮方向一致，避免卡链或掉链现象发生。同时，还要求水平方向在细链的入口处垫物承托链条。

6.3.10　起重桅杆

起重桅杆又称为抱杆，是一种常用的起吊机具。它配合卷扬机、滑轮组和绳索等进行起吊作业。这种机具由于结构比较简单，安装和拆除方便，对安装地点要求不高、适应性强等特点，在设备和大型构件安装中，广泛使用。

起重桅杆为一立柱式，用绳索（缆风绳）拉紧立于地面。拉紧绳索一端固定在起重桅杆顶部；另一端固定在地面锚桩上。拉索一般不少于 3 根，通常用 4～6 根。每根拉索初拉力约为 10～20kN，拉索与地面成 30°～45°夹角，在特殊情况下可增至 60°。

起重桅杆可直立地面，也可稍向前倾斜于地面（一般不大于 10°），起重桅杆底部垫以枕木。起重桅杆上部装有起吊的滑轮组，用来起吊重物。绳索从滑轮组引出，通过桅杆下部导向滑轮引至卷扬机。

起重桅杆按其材质不同，可分为木桅杆和金属桅杆。木桅杆起重高度一般在 15m 以内，起重量在 10t 以下。木桅杆又可分为独杆、人字和三杆式三种。

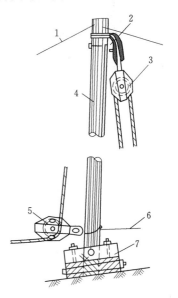

图 6-22　木桅杆示意图
1—缆风绳；2—枕木；3—定滑轮；
4—桅杆；5—导向滑轮；
6—牵索；7—支承座

金属桅杆可分为钢管式和格构式。钢管式桅杆起重高度在 30m 以内，起重量在 20t 以下。格构式桅杆起重高度可达 40m，起重量高达 100t。

（1）木桅杆。

1）木桅杆常用一整根坚韧木料做成，木料直径由起重量来决定。这种木料多采用杉木或红松。

2）木桅杆由桅杆、支座、缆风绳、地锚、起重索具、滑轮组和卷扬机等组成（见图 6-22）。

3）为了保证木桅杆具有必需的强度和刚度，有时可采用型钢或钢管进行加固。

4）木桅杆的技术参数，圆木单柱桅杆的技术参数见表 6-26。

5）木桅杆高度不够时，可采取接长的方法，一般有切口对接式（见图 6-23）、两杆并连搭接式 [见图 6-24（a）]、三杆并连搭接式 [见图 6-24（b）]。结合处用钢箍以螺栓旋紧，也可用 8 号镀锌铁丝扎结牢固（不少于 10 圈），再用铁爪钉锁死。

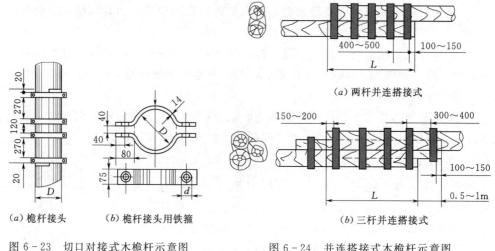

图 6-23　切口对接式木桅杆示意图　　　　图 6-24　并连搭接式木桅杆示意图
　　　　（单位：mm）　　　　　　　　　　　　　（单位：mm）

结合段长度要根据木桅杆的起重量和其尺寸大小来选择，一般接口长度为 1～1.5m。起重量较大的桅杆，可适当加长结合段。圆木单柱桅杆并连搭接长度尺寸见表 6-27。

（2）金属桅杆。金属桅杆又可分为管式桅杆和格构式桅杆两种。

1）管式桅杆。

A. 它一般是用无缝钢管加工制成，如用有缝钢管时，需经过严格的强度核算，并在管外壁作必要的加固处理。管式桅杆结构见图 6-25。桅杆顶部捆扎有拉索，并焊有管状支撑，用来固定滑轮。桅杆底部做成活动铰链支承型式，以适应起吊时，桅杆能有较小的倾斜，底部可用钢板作底座。

B. 为了拆装方便和起重高度的需要，管式桅杆一般可做成几段，连接时，有用法兰的，也有焊接的。法兰连接时，管内部加插管，对口焊接的管外壁用角钢进行加固。

C. 金属管式桅杆技术性能见表 6-28。

D. 用角钢加强管式桅杆技术性能见表 6-29。

圆木单柱桅杆的技术参数表

表 6 - 26

起重量/t	桅杆高度/m	桅杆顶的直径/cm	缆风绳的位置，当其倾斜角度分别为45°和30°的情况		缆风绳根数	标准支承座						缆风绳尺寸			滚滑轮			卷扬机起重量/t
						上面的			下面的			钢丝绳直径/mm	长度/m 当倾斜角为45°和30°		钢丝绳直径/mm	滑轮数		
			45°	30°		方木数	断面尺寸/(cm×cm)	长度/m	方木数	断面尺寸/(cm×cm)	长度/m		45°	30°		上端	下端	
3	8.5	20	8.5	14.8	4	2	20×24	0.7	3	16×20	0.8	15.5	70	80	11.5	2	1	1
3	11.0	22	11.0	19.1	4	2	20×24	0.7	3	16×20	0.8	15.5	86	100	11.5	2	1	1
3	13.0	22	13.0	22.5	4	2	20×24	0.7	3	16×20	0.8	15.5	96	112	11.5	2	1	1
3	15.0	24	15.0	26.1	4	2	20×24	0.7	3	16×20	0.8	15.5	100	120	11.5	2	1	1
5	8.5	24	8.5	14.8	4	2	20×24	0.9	4	16×20	1.0	20	70	80	15.5	2	1	3
5	11.0	26	11.0	19.1	4	2	20×24	0.9	4	16×20	1.0	20	86	100	15.5	2	1	3
5	13.0	26	13.5	22.5	4	2	20×24	0.9	4	16×20	1.0	20	96	112	15.5	2	1	3
5	15.0	27	15.0	26.1	4	2	20×24	0.9	4	16×20	1.0	20	100	120	15.5	2	1	3
10	8.5	30	8.5	14.8	4	3	20×24	1.1	5	16×20	1.4	21.5	70	80	17.0	3	2	3
10	11.0	30	11.0	19.1	4	3	20×24	1.1	5	16×20	1.4	21.5	86	100	17.0	3	2	3
10	13.0	31	13.0	22.5	4	3	20×24	1.1	5	16×20	1.4	21.5	96	112	17.0	3	2	3

注：
1. 缆风绳长度不包括系于锚碇上的长度。
2. 缆风绳的位置指自桅杆底部至锚碇的水平距离，单位 m。

表 6-27　　　　　　　　　　　　　圆木单柱桅杆并连搭接长度尺寸表

桅杆起重量/t	桅杆高度/m	圆木上部系绳的直径/mm	其中用钢丝绳的直径/mm	桅杆并连搭接处的长度/m
3	8.5	20	15.5	2.5～3.0
3	13.0	22	15.5	3.0～3.5
3	15.0	24	15.5	3.0～3.5
5	8.5	24	19.5	3.0～3.5
5	15.0	27	19.5	3.0～4.0
10	8.5	30	21.5	3.0～4.0
10	13.0	32	21.5	4.0～5.0

注　1. 圆木系指新圆木，旧圆木不适用。
　　2. 并连搭接长度，原则上一般采用1.5m的接口长，而粗圆木可以放长一些，最大不得超过表列接口长度。

表 6-28　　　　　　　　　　　　　　金属管式桅杆技术性能表

起重量/t	桅 杆 高 度/m					
	8	10	15	20	25	30
	管子截面尺寸（外径×壁厚）/(mm×mm)					
3	152×6	152×6	219×8	299×9	351×10	426×10
5	152×8	168×10	245×8	299×11	351×11	426×10
10	194×8	194×10	245×10	299×13	351×12	426×12
15	219×8	219×10	273×8	325×9	351×13	426×12
20	245×8	245×10	299×10	325×10	377×12	426×14
30	325×9	325×9	325×9	325×12	377×14	426×14

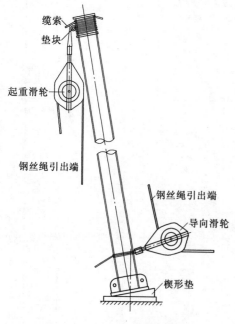

图 6-25　管式桅杆结构示意图

（缆索　垫块　起重滑轮　钢丝绳引出端　钢丝绳引出端　导向滑轮　楔形垫）

2）格构式桅杆。

A. 格构式桅杆是一种起重量较大的金属桅杆，它的起吊高度达40m，起重量可达100t。其结构主要采用角钢焊接成正方形截面，格构式桅杆见图6-26。

B. 根据起重量大小的需要及便于搬运，桅杆做成多节的连接件。同时考虑到桅杆的强度和稳定性，桅杆的中间断面作得较大些，两端截面则逐渐缩小。起重桅杆顶部焊有横梁，用来固定滑轮组，其底部制成可转动的铰链支座，底板做成撬板型式。其顶部和底部结构分别见图6-27和图6-28。

C. 格构式桅杆选用参考见表6-30。

（3）人字桅杆。

1）人字桅杆也称两木搭，有木制、钢管和格构式三种，木制人字桅杆见图6-29、钢管

表 6 - 29 **用角钢加强管式桅杆技术性能表**

规格/mm	高度/m	双面吊重/t	单面吊重/t
φ377×8 L75×8	10	50	30
	13	50	26
	15	48	25
	17	34	22
	20	30	21
	25	20	15
φ273×8 L75×8	10	38	21
	13	29	17.5
	15	26	16
	17	19	14
	20	16	11.5
	25	10	8

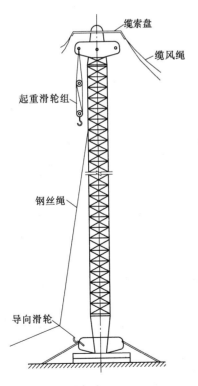

图 6 - 26 格构式桅杆示意图

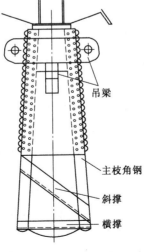

图 6 - 27 桅杆顶部结构
示意图

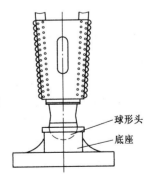

图 6 - 28 桅杆底部
结构示意图

表 6-30　　　　　　　　　　　　　格构式桅杆选用参考表

种类	主截面/(m×m)	两端截面/(m×m)	主肢角钢/(mm×mm×mm)	斜缀条角钢/(mm×mm×mm)	Q：起重量/t H：桅杆高度/m G：桅杆自重/t			
1	1.2×1.2	0.8×0.8	200×200×16	100×100×8	Q 100			
					H 40			
					G 21			
2	1.2×1.2	0.8×0.8	150×150×12	65×65×6	Q 50	55		
					H 45	40		
					G 15	13		
3	1.2×1.2	0.8×0.8	130×130×12	65×65×6	Q 45	50	55	60
					H 40	35	30	25
					G 14	13	11	11
4	1.0×1.0	0.7×0.7	100×100×12	50×50×5	Q 25	30	35	40
					H 40	35	30	25
					G 11	10	9	8
5	0.9×0.9	0.6×0.6	90×90×12	50×50×5	Q 20	25	27	29
					H 40	32	30	25
					G 10	9	8	7
6	0.75×0.75	0.45×0.45	100×100×12	50×50×5	Q 30	36	38	
					H 30	22	15	
					G 5.4	4.4	33	
7	0.6×0.65	0.45×0.45	75×75×12	50×50×5	Q 15	20	25	30
					H 30	25	20	15
					G 4.4	3.7	30	23

式人字桅杆见图 6-30、格构式人字桅杆见图 6-31。

2）人字桅杆通常交角为 25°～35°，在交叉处绑钢丝绳，并在其上挂上滑轮组，用卷扬机进行牵引。

3）在其中一根桅杆底部安设导向滑轮，钢丝绳通过导向滑轮引向起吊设备。在桅杆下面还要用钢丝绳作对称绑扎，将两脚连接固定，防止滑动。

4）人字桅杆倾斜起吊重物时，也要固定下部两脚，避免向后位移。

5）人字桅杆与直立（独脚）桅杆比较，它的优点是：横向稳定性好，安装和移动也较方便，起吊能力大。因此，它的适用范围较广。

6）木制及管式人字桅杆起吊设备的基本参数见表 6-31；人字桅杆见图 6-32。

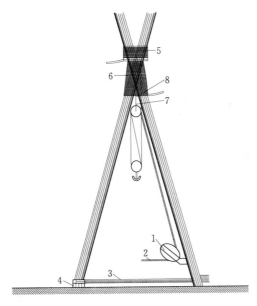
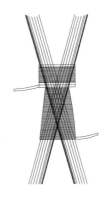

(a) 结构图　　　　　　　　　(b) 桅杆交叉节点扎结图

图 6-29　木制人字桅杆示意图

1—开口滑轮；2—通向卷扬机钢丝绳；3—绊绳；4—木楔；5—扎缆风绳的钢丝绳；
6—双层扎结的钢丝绳；7—固定滑轮组的吊索；8—木块

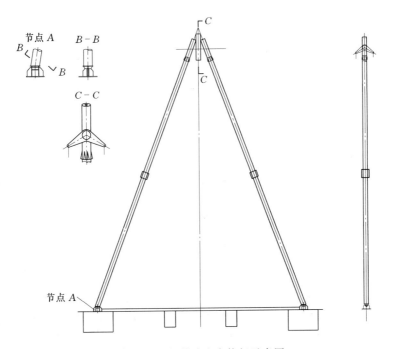

图 6-30　钢管式人字桅杆示意图

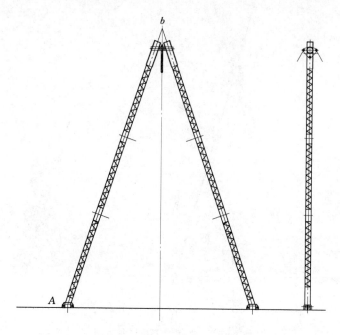

图 6-31　格构式人字桅杆示意图

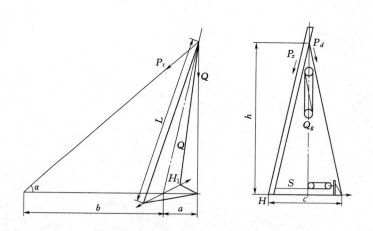

图 6-32　人字桅杆示意图

Q—吊物重量；h—人字桅杆的高度；P_d—滑轮组上部吊具受力；H—人字桅杆底部的水平推力；
b—主缆风绳锚点至人字桅杆跨距中心的距离；L—桅杆有效高度；S—卷扬机所需牵引力；
P_t—主缆风绳所受拉力；H_1—人字桅杆向后倾斜时向后的水平推力；
α—缆风绳与水平间的夹角；a—人字桅杆倾斜高度；
P_z—桅杆所受的正压力

表 6－31　木制及管式人字桅杆起吊设备的基本参数表

Q/t	L/m	c/m	a/m	h/m	工作绳数/股	S/kN	$\phi \times t$/(mm×mm)	P_d/kN	P_t/kN 30°	P_t/kN 45°	P_z/kN 30°	P_z/kN 45°	H/kN 30°	H/kN 45°	H_1/kN 30°	H_1/kN 45°	b/m 30°	b/m 45°
1	4	0.70	0.35	3.8		10	57×3.5 (φ90mm木)	10	1.4	1.8	7.1	7.5	1.8	1.9	0.6	0.6	6.6	3.8
			0.49	3.8					2.0	2.7	7.4	7.9	1.9	2.0	0.8	0.9	6.6	3.8
			0.69	3.8					2.8	4.1	7.7	8.5	2.0	2.2	1.3	1.4	6.6	3.8
	6	1.0	0.52	5.7			75×3.6 (φ110mm木)		1.4	1.8	7.3	7.8	1.9	2.0	0.6	0.7	9.9	5.7
			0.73	5.7					2.0	2.7	7.5	8.1	1.9	2.1	0.9	1.0	9.9	5.7
			1.00	5.7					2.8	4.2	7.8	8.8	2.0	2.3	1.3	1.5	9.9	5.7
3	4	0.70	0.35	3.8	手拉葫芦	30	75.5×3.8	50	4.2	5.4	22	23	5.7	6.0	1.9	1.9	6.6	3.8
			0.49	3.8					6.0	7.9	22	24	5.7	6.2	2.6	2.8	6.6	3.8
			0.69	3.8					8.3	12	23	26	6.0	6.7	3.9	4.4	6.6	3.8
	7	1.2	0.61	6.7			89×5		4.3	5.6	22	23	5.7	6.0	1.9	1.9	11.6	6.7
			0.85	6.7					6.1	8.1	23	24	6.0	6.2	2.7	2.8	11.6	6.7
			1.20	6.7					8.5	12	24	26	6.2	6.7	4.0	4.4	11.6	6.7
	10	1.7	0.87	9.6			127×4		4.3	5.6	22	24	5.7	6.2	1.9	2.0	16.6	9.6
			1.20	9.6					6.2	8.2	23	25	6.0	6.5	2.7	2.9	16.6	9.6
			1.70	9.6					8.6	13	24	27	6.2	7.0	4.0	4.5	16.6	9.6
5	4	0.70	0.35	3.8		50	76×5		7.5	9.2	36	39	9.3	10	3.0	3.3	6.6	3.8
			0.49	3.8					10	13	37	40	9.6	10	4.4	4.7	6.6	3.8
			0.69	3.8					14	20	29	43	10	11	6.5	7.2	6.6	3.8
	7	1.2	0.61	6.7			108×5		7.1	9.3	37	39	9.6	10	3.1	3.3	11.6	6.7
			0.85	6.7					10	14	38	41	9.8	11	4.5	4.8	11.6	6.7
			1.20	6.7					14	21	39	44	10.0	11	6.5	7.4	11.6	6.7
	10	1.7	0.87	9.6			127×6		7.2	18	37	43	9.6	11	3.1	3.6	16.6	9.6
			1.20	9.6					10	26	38	47	9.8	12	4.5	5.5	16.6	9.6
			1.70	9.6					14	40	40	53	10.0	14	6.7	8.9	16.5	9.5

Q/t	L/m	c/m	a/m	h/m	工作绳数/股	S/kN	$\phi \times t$/(mm×mm)	P_d/kN	P_t/kN 30°	P_t/kN 45°	P_z/kN 30°	P_z/kN 45°	H/kN 30°	H/kN 45°	H_1/kN 30°	H_1/kN 45°	b/m 30°	b/m 45°
10	5	0.87	0.43	4.8	4	37	127×6	157	14	18	123	128	32	33	10	11	8.3	4.8
			0.60	4.8					20	28	125	132	33	34	15	16	8.3	4.8
			0.86	4.8					28	41	128	138	33	36	21	23	8.3	4.8
	10	1.7	0.87	9.6			219×6		14	19	125	130	32	34	11	11	16.6	9.6
			1.20	9.6					21	27	128	134	33	35	15	16	16.6	9.6
			1.70	9.6					29	42	131	140	34	36	22	23	16.5	9.5
	15	2.6	1.30	14.4			219×8		15	19	128	132	33	34	11	11	24.9	14.4
			1.80	14.4					21	28	130	136	34	35	15	16	24.9	14.4
			2.60	14.4					30	43	133	143	34	37	22	24	24.9	14.4
15	5	0.87	0.43	4.8	6	38	159×5	221	21	28	162	170	42	44	14	14	8.3	4.8
			0.60	4.8					30	40	165	175	43	45	19	21	8.3	4.8
			0.86	4.8					42	61	170	185	44	48	29	32	8.3	4.8
	10	1.7	0.87	9.6			216×6		22	28	166	173	43	45	14	15	16.6	9.6
			1.20	9.6					31	41	169	179	44	46	20	21	16.6	9.6
			1.70	9.5					43	63	174	188	45	49	29	32	16.5	9.5
	15	2.6	1.30	14.4			373×7		22	29	169	176	44	46	14	15	24.9	14.4
			1.80	14.4					32	43	172	182	45	47	20	21	24.9	14.4
			2.60	14.4					45	65	177	192	46	50	30	32	24.9	14.4
20	10	1.7	0.87	9.6	8	40	219×8	284	29	38	204	214	53	55	17	18	16.6	9.6
			1.20	9.6					42	54	209	221	54	56	25	26	16.6	9.6
			1.70	9.5					58	84	215	234	56	61	36	39	16.5	9.5
	15	2.6	1.30	14.4			373×7		30	39	209	218	54	56	18	18	24.9	14.4
			1.80	14.4					43	57	213	226	55	58	25	27	24.9	14.4
			2.60	14.4					59	87	220	240	57	62	37	41	24.9	14.4
	20	3.5	1.70	19.2			325×8		31	40	213	223	55	58	18	19	33.3	19.2
			2.40	19.2					44	58	218	231	56	60	26	27	33.3	19.2
			3.50	19.0					61	89	224	245	58	63	38	41	32.9	19.0
30	12	2.1	1.10	11.5	10	50	373×8	417	44	57	291	309	75	80	24	26	19.9	11.5
			1.50	11.5					63	83	298	320	77	83	35	38	19.9	11.5
			2.10	11.4					88	128	308	341	80	86	52	57	19.7	11.4

（4）牵缆式桅杆。

1）牵缆式桅杆又称转盘抱子，牵缆式桅杆见图6-33。

2）主桅杆上端套在顶盖的圆孔内，并由5～8根牵缆使其保持垂直状态，下端与转盘相连，主桅杆自身可以转动。起重臂下端铰接在转盘上，上端由变幅滑轮组与主桅杆相连，它可作起落变幅起重臂架的动作。因起重臂长度只有主桅杆长度的60%～80%，故起重臂可在牵缆下作一周的旋转。

3）主桅杆的转动是通过卷扬机作正反转牵引钢丝绳和转盘来实现的，起重和变幅是由另外两台卷扬机牵引实现的。

4）起重桅杆，通常是可移动的。移动时是在底座下面的滑道上进行。滑道有两种：一种是在桅杆底部装滑行底架，上面有轨道，并涂以润滑油；另一种是用排子移动桅杆，排子两端装有固定钢丝绳的铁环，排子下面铺枕木并放置滚杠，利用卷扬机慢速移动。

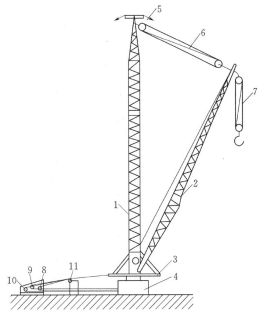

图6-33 牵缆式桅杆示意图

1—主桅杆；2—起重臂；3—转盘；4—支座；5—牵缆钢丝绳；
6—起重滑轮组；7—变幅滑轮组；8—转盘驱动卷扬机；
9—起升卷扬机；10—变幅卷扬机；11—转向滑轮

5）牵缆式桅杆的特点。它本身构造比较简单，操作时也较方便。整个结构占地面积小，工作的范围较广，主桅杆可转动360°，能适应重物放置的任何位置：桅杆升降、变幅、移动等，都比较方便。缺点是占用人员较多，机动灵活性较差，且制造也较困难。

（5）龙门桅杆。

1）龙门桅杆的特点是：横向结构比较稳定，只用前、后缆风绳，就能使桅杆处于垂直位置。它的起吊能力也比较大，移动时较方便，龙门桅杆见图6-34。

2）龙门桅杆主要由两个独脚桅杆用横梁连接而成，在横梁上部安有两套起吊滑轮组。为了保证桅杆的稳定性，在其顶部装有斜缆风绳，底部装有横向牵引绳，以防止桅杆产生位移。为了便于设备就位，龙门桅杆还可前、后倾斜10°。

3）龙门桅杆和技术性能见图6-35和表6-32。

（6）使用各种桅杆的注意事项。

1）各种桅杆使用前，应认真检查绳索、滑轮以及其他各部位是否完好无损。

2）桅杆起吊前，要试验其承载能力是否符合桅杆的使用说明，绝不准超载使用。

3）要根据起吊重物的各项数据，合理、准确地选择桅杆，其高度、起重量必须满足被吊物体的要求。

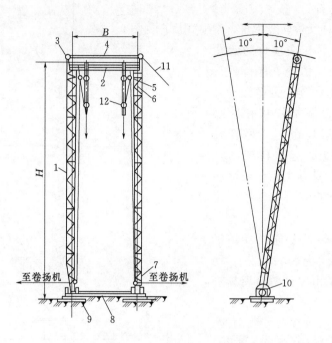

图 6-34　龙门桅杆示意图

1—桅杆；2—横梁门；3—缆风拉板；4—平衡缆风；5—导向滑轮；6—定滑轮；7—导向滑轮；
8—底座连接装置；9—底座；10—横向缆风绳；11—斜缆风绳；12—动滑轮

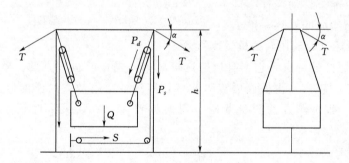

图 6-35　龙门桅杆示意图

Q—吊物重量；h—桅杆底部至吊点距离；S—卷扬机所需牵引力；P_d—滑轮组上部受力；
P_s—桅杆承受正压力；T—对称缆风绳所受工作拉力；α—缆风绳与水平间夹角

表 6-32　　　　　　　　　　龙门桅杆吊装设备的技术性能表

Q/t	h/m	工作绳数/股	S/kN	P_d/kN	P_s/kN		T/kN	
					α			
					30°	45°	30°	45°
50	6	2×8	50	354	399	410		
	7				401	412	28	36
	8				414	414		

Q/t	H/m	工作绳数/股	S/kN	P_d/kN	P_s/kN		T/kN	
					α			
					30°	45°	30°	45°
70	6	2×12	50	478	508	574	38	48
	7				452	578		
	8				544	580		
100	6	2×2×8	50	712	801	854	56	71
	7				805	858		
	8				809	862		
150	6	2×4×8	45	1054	1187	1268	84	107
	7				1200	1280		
	8				1211	1292		
200	6	2×4×8	50	1424	1602	1709	111	142
	7				1618	1725		
	8				1634	1741		

4）桅杆底脚与地面接触部分，要垫牢两层枕木，以防止其沉陷。桅杆底脚还要求同地面密合，如有缝隙可加垫木楔，保持其紧密，避免滑动。

5）缆风绳的固定点，要距离桅杆远些，一般最小距离不得小于桅杆高度的2倍。

6）卷扬机至桅杆底部导向滑轮处的距离要大于桅杆高度。其最小距离要超过8m，以保持钢丝绳与卷筒相垂直。

7）当重物起吊离开地面时，要检查机具的各部是否正常，确认无误后，方可继续起升。

8）在起吊过程中，要有专人检查地锚和缆风绳的受力情况，发现不正常情况，应及时加以处理。

9）起吊与运输重物时，不得与桅杆相碰撞，操作人员要听从统一指挥，集中精力，细心作业。

10）起吊重物不准在空中停留时间过久，如果需停留时间长时，要在重物下面搭设枕木垛，并使其平稳下落在上面，以保证桅杆的安全使用。

6.3.11 缆风绳

（1）缆风绳的数量和分布。缆风绳又称稳绳，主要用于系固各种桅杆，使其保持相对固定的位置，因此，缆风绳是起重作业中不可缺少的一种索具。

1）缆风绳的数量。缆风绳使用的根数，一般要根据桅杆的型式而定。独脚桅杆采用5～8根，双桅杆，每杆最少为4～5根；回转桅杆不少于6根。桅杆高度超过20m时，要增加缆风绳的数量。缆风绳通常采用股数为6×19+1的钢丝绳。

2）缆风绳的分布。缆风绳主要是连接桅杆和地锚，它的分布情况、位置的确定在起吊作业中占有很重要的地位。缆风绳的分布：一般独脚桅杆上部设置5～6根，其中受力情况只限于吊重方向的背面的几根缆风绳。因此，受力缆风绳应占其分布总数的一半以上，才能保证桅杆的稳定。缆风绳之间的夹角，当 4 根时为 90°，6 根时为 60°。缆风绳的长度，通常约为桅杆的 2～2.5 倍。它与地面夹角以 30°～45°为宜，但不得超过 60°。

（2）缆风绳的计算。

1）缆风绳的初拉力。缆风绳的初拉力（T_0）一般可按钢丝绳的直径 d 来确定；

当 $d \leqslant 22$mm 时：$T_0 = 10$kN；

当 22mm$< d \leqslant 37$mm 时：$T_0 = 30$kN；

当 $d > 37$mm 时：$T_0 = 50$kN。

2）缆风绳的计算载荷。在选取缆风绳直径时，要根据计算载荷来决定，通常采用三种方法：

A. 以主缆风绳承受最大拉力作为计算载荷。这种方法对多根主缆风绳时，则显得不经济。

B. 以承载时的最大张力作为缆风绳计算载荷，不考虑初拉力 T_0，这种方法比较稳妥。

C. 将承载时最大张力和初拉力叠加，作为缆风绳的计算载荷，这是目前普遍采用的一种方法。

3）缆风绳的工作拉力。缆风绳所承受的拉力见图 6-36，拉力用式（6-20）计算。

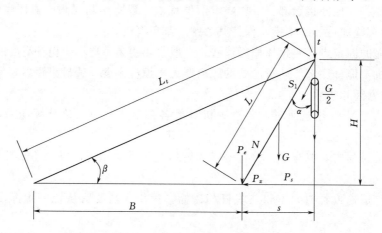

图 6-36 缆风绳所承受的拉力示意图

S_1—滑车组跑绳的拉力；P_s—桅杆支座或铰轴的水平推力；L_t—缆风索理论长度；β—拖拉绳与地平面的夹角；

α—桅杆倾斜角；s—桅杆倾斜幅度；B—桅杆底座中心至缆风索锚点的水平距离；H—桅杆高度；

L—桅杆长度；P_e—桅杆支座的垂直压力；P_z—桅杆中心压力

$$P_t = \frac{\left(P + \dfrac{G}{2} + t\right)\sin\alpha}{\cos\alpha\cos\beta - \sin\alpha\sin\beta} \qquad (6-20)$$

$$P = k(P_1 + g)$$

式中　P_t——主缆风索的受力；

　　　P——桅杆承受的负载（计算荷重）；

P_1——重物的重量；

g——起重滑轮组的重量；

k——载荷的动载系数（$k=1.3$）；

G——桅杆自重；

t——缆风索预张力给桅杆头总的垂直压力，

$t=(n_t-1)T\sin\beta$；

n_t——缆风索的根数（减去一根主缆风索）；

T——缆风索的预张力。

4）缆风绳的弛垂度。为防止缆风绳在不宽敞的场所施工中与建筑物、设备和管（电）线相碰，必须考虑缆风绳的弛垂度。缆风绳的弛垂度可用式（6-21）计算：

$$f=\frac{A}{\sin^2\alpha} \qquad (6-21)$$

式中　f——缆风绳跨度中间的挠度，m；

α——缆风绳与水平线的夹角；

A——系数，可从缆风绳弛垂度计算曲线图 6-37 中查出，$A=f\sin^2\alpha$。

图 6-37 为缆风绳弛垂度计算曲线图，图中横坐标为缆风绳所受的应力，缆风绳应力值由式（6-22）计算。

$$\sigma=\frac{S}{F} \qquad (6-22)$$

式中　S——缆风绳所受拉力，kN；

F——钢丝绳截面积，cm^2。

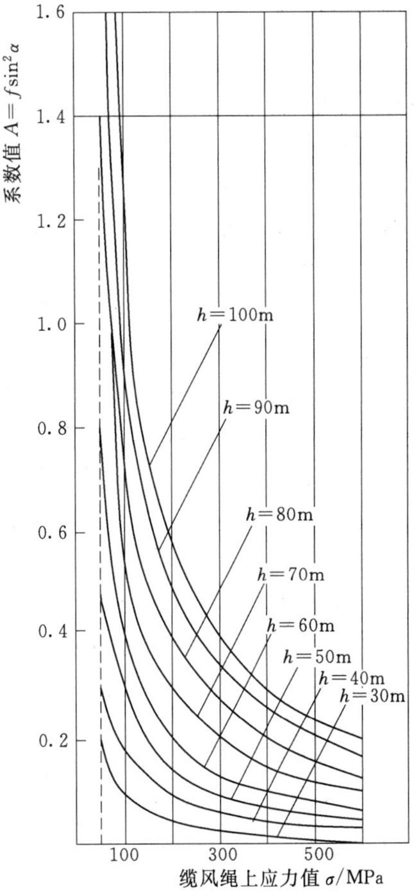

图 6-37 曲线的纵坐标即为系数 A 值，根据缆风绳所受的应力，按照不同的桅杆高度 h 可查出系数 A 值。

图 6-37　缆风绳弛垂度计算曲线图
h—高度

6.4　起重机械

起重机械种类繁多，结构庞杂，但总体参数和构成是基本统一的。

6.4.1　起重机械的主要参数

起重机的技术参数表示起重机的作业能力，是设计起重机的基本依据，也是所有从事起重作业人员必须掌握的基本知识。

《起重机　术语　第 2 部分：流动式起重机》（GB/T 6974.2—2010）中介绍了我国目前已生产制造与使用的各种类型起重机械的主要技术参数（标准的术语名称）、定义及示意图。

起重机的基本技术参数主要有：起重量、起升高度、跨度（属于桥式类型起重机）、幅度（属于臂架式起重机）、机构工作速度、利用等级、载荷状态和工作级别等。其中臂架式起重机的主要技术参数中还包括轮压及起重倾覆力矩等；对于轮胎、汽车、履带起重机，其爬行坡度、起重倾覆力矩和最小转弯（曲率）半径也是主要技术参数。

随着起重机技术的发展，工作级别已成为起重机一项重要的技术参数。

（1）起重量 G。起重量是指被起升重物的质量。一般分为有效起重量、额定起重量、总起重量、最大起重量等，单位为千克（kg）或吨（t）。

（2）起升高度 H。起重机停车水平面至吊具允许最高位置的垂直距离。对吊钩和货叉，算至它们的支撑表面；对其他吊具，算至它们的最低点（闭合状态），单位为米（m）。

对桥式起重机，应是空载置于水平场地上方，从地面开始测定其起升高度。

（3）跨度 S。桥架型起重机大车车轮支撑中心线之间的水平距离，单位为米（m）。

（4）幅度 L。起重机置于水平场地时，空载吊具垂直中心线至回转中心线之间的水平距离（非回转浮式起重机为空载吊具垂直中心线至船艏护木的水平距离），单位为米（m）。

最大幅度 $L_{\max}$：起重机工作时，臂架倾角最小或小车在臂架最外极限位置时的幅度。

最小幅度 $L_{\min}$：臂架倾角最大或小车在臂架最内极限位置时的幅度。

（5）运动速度 V。运动速度包括起升（下降）速度、微速下降速度、回转速度、起重机（大车）运行速度、小车运行速度、变幅速度等，单位为米/秒（m/s）。

1）起升（下降）速度 V_n：稳定运动状态下，额定载荷的垂直位移速度。

2）微速下降速度 V_m：稳定运动状态下，安装或堆垛最大额定载荷时的最小下降速度。

3）回转速度 ω：稳定状态下，起重机转动部分的回转角速度。规定为在水平场地上，离地 10m 高度处，风速小于 3m/s 时，起重机幅度最大，且带额定载荷时的转速。

4）起重机（大车）运行速度 V_k：稳定运动状态下，起重机运行的速度。规定为在水平路面（或水平轨面）上，离地 10m 高度处，风速小于 3m/s 时的起重机带额定载荷时的运行速度。

5）小车运行速度 V_t：稳定运动状态下，小车运行的速度。规定为离地面 10m 高度处，风速小于 3m/s 时，带额定载荷的小车在水平轨道上运行的速度。

6）变幅速度 V_r：稳定运动状态下，额定载荷在变幅平面内水平位移的平均速度。规定为离地 10m 高度处，风速小于 3m/s 时，起重机在水平路面上，幅度从最大值至最小值的平均速度。

（6）起重机的利用等级 U。起重机在设计有效寿命期间内总的工作循环次数分为十级。起重机作业的工作循环是从准备起吊物品开始，到下一次起吊物品为止的整个作业过程。工作循环总数表征起重机的利用程度，它是起重机分级的基本参数之一。工作循环总数是起重机在规定设计使用寿命期间所有工作循环次数的总和。

（7）起重机载荷状态 Q。起重机载荷状态表明起重机受载的轻重程度，即与所起升的载荷与额定载荷之比和各个起升载荷的作用次数与总的工作循环次数之比的两个因素有关，是起重机分级的基本参数，它表明起重机的主要机构——起升机构受载的轻重程度。

（8）起重机工作级别 A。起重机工作级别，按起重机的利用等级和载荷状态所决定，起重机的工作级别用符号 A 表示，其工作级别分为 8 级，即 A1～A8 级。起重机工作级别见表 6-33。

表 6-33 起重机工作级别表

载荷状态	名义载荷谱系数 K_p	利用等级 U0、U1、U2、U3、U4、U5、U6、U7、U8、U9
Q1—轻	0.125	A1、A2、A3、A4、A5、A6、A7、A8
Q2—中	0.25	A1、A2、A3、A4、A5、A6、A7、A8
Q3—重	0.5	A1、A2、A3、A4、A5、A6、A7、A8
Q4—特重	1.0	A2、A3、A4、A5、A6、A7、A8

6.4.2 起重机的基本构成

尽管各类起重机外观形式千差万别，但其组成都有共同特点，即各类起重机均由四部分组成，金属结构、工作机构、电力拖动与电气控制系统和安全保护装置等。

（1）金属结构。起重机金属结构作为起重机的主要组成部分之一，其作用主要是支撑各种载荷。因此，本身必须具有足够的强度、刚度和稳定性。

（2）工作机构。起重机最基本的机构是起升机构、运行机构、旋转机构（又称为回转机构）和变幅机构。起重机每个机构均由驱动装置、制动装置和传动装置等组成。

驱动装置分为人力、机械和液压驱动装置。手动起重机是依靠人力直接驱动；机械驱动装置是电动机或内燃机；液压驱动装置是液压泵和液压油缸或液压马达。

制动装置是制动器，各种不同类型的起重机根据各自的特点与需要，将采用各种块式、盘式、带式、内张蹄式和锥式等制动器。

传动装置是减速器，各种不同类型的起重机根据各自的特点与需要，将采用各种不同形式的齿轮、蜗轮和行星齿轮等形式的减速器。

（3）电力拖动与电气控制系统。起重机金属结构负责载荷支撑，起重机各工作机构负责动作运转；起重机机构动作的启动、运转、换向和停止等均由电气或液压控制系统来完成，为了起重机运转动作能平稳、准确、安全可靠，离不开电力拖动与电气控制与保护。

1）起重机电力拖动。起重机对电力拖动的要求有：调速、平稳或快速起制动、纠偏、保持同步、机构间的动作协调、吊重止摆等，其中调速装置常作为重要要求。

由于起重机调速绝大多数需在运行过程中进行，而且变化次数较多，故机械变速一般不太合适，大多数需采用电气调速。电气调速分为两大类：直流调速和交流调速。

直流调速有三种：固定电压供电的直流串激电动机，改变外串电阻和接法的直流调速；可控电压供电的直流发电机——电动机的直流调速；可控电压供电的晶闸管供电——直流电动机系统的直流调速。

直流调速具有过载能力大、调速比大、起制动性能好、适合频繁的起制动、事故率低等优点。缺点是系统结构复杂、价格昂贵、需要直流电源等。

交流调速分为三大类：变频、变极、变转差率。

调频调速技术目前已大量地应用到起重机的无级调速作业当中，电子变压变频调速系统的主体——变频器已有系列产品供货。

变极调速目前主要应用在葫芦式起重机的鼠笼型双绕组变极电动机上，采用改变电机极对数来实现调速。

变转差率调速方式较多，如改变绕线异步电动机外串电阻法、转子晶闸管脉冲调速法等。

除了上述调速以外还有双电机调速、液力推动器调速、动力制动调速、转子脉冲调速、涡流制动器调速及定子调压调速等。

2）起重机的自动控制，包括：

可编程序控制器——程序控制装置一般由电子数字控制系统组成，其程序自动控制功能主要由可编程序控制器来实现。

自动定位装置——起重机的自动定位一般是根据被控对象的使用环境、精度要求来确定装置的结构型式。自动定位装置通常使用各种检测元件与继电接触器或可编程序控制器，相互配合达到自动定位的目的。

大车运行机构的纠偏和电气同步——纠偏分为人为纠偏和自动纠偏。人为纠偏是当偏斜超过一定值后，偏斜信号发生器发出信号，司机断开超前运行侧的电机，接通滞后运行侧的电机进行调整。自动纠偏是当偏斜超过一定值时，纠偏指令发生器发出指令，系统进行自动纠偏。电气同步是在交流传动中，常采用带有均衡电机的电轴系统，实现电气同步。

地面操纵、有线与无线遥控——地面操纵的起重机多采用电动葫芦，其关键部件是手动按钮开关。有线遥控是通过专用的电缆或动力线作为载波体，对信号用调制解调传输方式，达到只用少数通道即可实现控制的方法。无线遥控是利用当代电子技术，将信息以电波或光波为通道形式传输达到控制的目的。

3）起重机的电源引入装置。起重机的电源引入装置分为三类：硬滑线供电、软电缆供电和滑环集电器等。

硬滑线电源引入装置由裸角钢平面集电器、圆钢（或铜）滑轮集电器和内藏式滑触线集电器进行电源引入。软电缆供电的电源引入装置是采用带有绝缘护套的多芯软电线制成的，软电缆有圆电缆和扁电缆两种形式，它们通过吊挂的供电跑车进行引入电源。

4）起重机的电气控制。不同类型的起重机的电气设备是多种多样的，其电气回路也不一样，但电气回路基本上还是由主回路、控制回路、保护回路等组成。

（4）安全保护装置。为保证起重机设备的自身安全及人员的安全，各种类型的起重机均设有多种安全防护装置，常见的起重机安全防护装置有各种类型的限位器、缓冲器、防碰撞装置、防偏斜和偏斜指示装置、夹轨器和锚定装置、超载限制器和力矩限制器等。

6.4.3 部分起重机的性能参数

（1）汽车起重机。汽车起重机的性能参数见表6-34。

（2）履带起重机。履带起重机的性能参数见表6-35。

（3）门座起重机。门座起重机的性能参数见表6-36。

（4）塔式起重机。塔式起重机的性能参数见表6-37。

（5）缆索起重机。部分缆索起重机的性能参数见表6-38。

表6-34

汽车起重机的性能参数表

序号		项目	单位	QY8D	QY16C	QY25K	QY25H	NK-250E-V	QY40V	QY40K	TG-500E	QY50A	KMK6200
1. 尺寸参数	(1)	整机全长	mm	9080	11780	12360	12700	11930	12900	13050	12860	13250	16900
	(2)	整机全宽	mm	2400	2500	2500	2500	2500	2750	≤2750	2820	2820	3000
	(3)	整机全高	mm	3180	3225	3380	3450	3300	3660	3430	3750	3700	4000
	(4)	前轮距	mm	1810		2079		2040		2240			
	(5)	后轮距	mm	1800		1834		1845		2055			
	(6)	轴距	mm	3950	4025/1350	4125/1350	5000/1350	4700/1300	1450/3850/1350	1520/3815/1350		1470/3780/1400	1750/3350/1750/2000/1750
2. 质量参数	(1)	行驶状态总质量	kg	10000	21200	27900	30930	24600	36900	39800	39000	38350	72000
3. 行驶参数	(1)	最高行驶速度	km/h	75		72	78	65	76	≥75	80	71	67
	(2)	最低稳定行驶速度	km/h	2.5		2.9				4.3			
	(3)	最小转弯直径	m	16		22	22	19	24	≤24			29.2
	(4)	臂头最小转弯直径	m	18		24.43		26.5		≤26.8			29.86
	(5)	最大爬坡度	%	28		30	30		32	≥46		24	47
	(6)	最小离地间隙	mm	260		260	254		284	≥285			
4. 动力参数	(1)	发动机型号		YC4E140-20	X6130	6CL280-2	WD615.56	6D22-1A	WD615.44	WD615.46	RE8柴油机	RE8柴油机	OM444A
	(2)	发动机功率	kW/(r/min)	105/2800	162	208/2200	193/2200	165/2200	243/2200	266/2200		224/2300	405/2100
	(3)	发动机扭矩	N·m/(r/min)	402		1170/1400	1100/1300~1600	764	1250/1400~1600	1460/1400	764	980/1400	

403

序号	项目		单位	汽车起重机型号									
				QY8D	QY16C	QY25K	QY25H	NK-250E-V	QY40V	QY40K	TG-500E	QY50A	KMK6200
5. 主要性能参数	(1)	最大额定总起重量	kg	8000	16000	25000	25000	25000	40000	40000	50000	50000	178000
	(2)	最小额定幅度	m	3	3	3	3	3	3	3	3	3	3
	(3)	最大起升力矩	kN·m	235.2	733	948	980		1430	1400			
	(4)	最大起升高度 基本臂	m	7.5	9.7	10.5	11	4.8	11.7	≥10.9		约11	约15
	(5)	最长主臂	m	16.98	24.5	32.5	39		40.6	≥40.4		约33	约53
	(6)	最长主臂加副臂	m	22.1	31	40.8	47.6		55.5	≥55.1		约47	约103
	(7)	支腿距离 纵向	m	3.825			5.36		5.60	5.65	6.6	6.6	8.65
	(8)	横向	m	4.0			6.1	6	6.60	6.6	6.6	6.6	8.6
6. 工作速度	(1)	起升速度(单绳) 满载	m/min	53		70		11				52	
	(2)	空载	m/min	96	120	100	115		140	≥110	92	92	130
	(3)	最大回转速度	r/min	2.8	2.5	2.5	0~2	2.6	0~2.2	≤2.0	2.2	2.2	
	(4)	起重臂伸(缩)时间 全伸	s	36		100	100		80	≤180			
	(5)	全缩	s	25		60	50		40				
	(6)	变幅时间 全程起臂	s	35		75				≤88			
	(7)	全程落臂	s	20		45							
	(8)	收放支腿时间 水平 同时收	s	16		30				≤20			
	(9)	同时放	s	16		35				≤30			
	(10)	垂直 同时收	s	17		35				≤30			
	(11)	同时放	s	17		40				≤35			

表6-35

履带起重机的性能参数表

序号	项 目	单位	CC1800	WK-4	QUY50	QUY50C
1	最大起重量	t	300	64.9	55	50
2	最大起重量时幅度	m	6	6.54	3.7	3.7
3	起重臂基本臂长度	m	18	21	13	13
4	起重臂主臂最大长度	m	72（重）/96（轻）	45	52	52
5	起重臂主臂长度范围	m	18~96	21~45	13~52	13~52
6	副臂长度	m	30~66	—	6/9/12/15	9.15/12.20/15.25
7	允许与副臂组合的主臂长度范围	m	24~72	—	25~43	22~43
8	额定起重量范围	t	273~5	64.9~4.34	55~0.8	50~1.1
9	额定起重量的幅度范围	m	5~62	6.54~41.12	3.7~34	3.7~34
10	起重臂倾角	(°)		30~78	30~81	30~80
11	起重钢丝绳速度	m/min	123	53	120	80
12	变幅钢丝绳速度	m/min	25（主）/43（副）	14.8	60	52
13	回转速度	r/min	0~1.1	0~1.4	0~3	3.2
14	行走速度	km/h	0~2	0.45	0~1.6	0~1.3
15	最大爬坡度	%	8	21	40	40
16	主机自重	t	97	约200	48	50
17	履带平均接地比压	kg/cm²	13.7	1.83	0.66	0.69

表 6-36

门座起重机的性能参数表

序号	项目	单位	DMQ540/30	MQ600B/30	MQ900B/20/10	MQ1260	SDTQ1800/60	MQ2000（吉林）	MQ2000（上海）	MQ6000
1	起重量	t	10~30	10~30	10~30	20~60	20~60	63	63	60~100
2	最大起重力矩	t·m	540	600	900	1260	1800	2192	2000	6000
3	工作幅度	m	18~37	17~50	22~62	19~45	26	32~71	22~71	25~75
4	起升范围	m	34	70	90	55~65	70~100	120	140	110
5	起升高度	m	37	70	90	0~55~65	-30~70	-40~80	-40~100	-40~70
6	回转范围	(°)	360	360	360	360	360	360	360	360
7	起升速度	m/min	15.2~46	15.3	18	18~32	17.3~52	28~50	25~80	6~30
8	变幅速度	(°)/min，m/min	3'15"	3'	3'30"		14.8~53.3	18~35	35~18	15
9	回转速度	r/min	0.75	~0.68	0.03~0.3	0.35	0.04~0.4	0.2	0.2	0.4
10	行走速度	m/min	20.3	~20	2~20		21	15	12	30
11	轨距	m	7	7	10.5	12	13.5	13.5	15	12
12	轨道型号		QU70	QU70	QU70	QU80	QU80	QU80	QU80	QU80
13	最大轮压	kN	504	490	470	532	461	425	≤500	≤450
14	起重机总重量	t	153	181.3	237		656	753.5	1224.8	1334
15	门架净空高度	m	3.9	5	6.4		5.78	6	6	6

表 6-37

塔式起重机的性能参数表

序号	项　目	单位	K1800	MD1100	MD1800	MD2200（固定式）	M900	M1200	M1500	K80/115	C7050	TC2400 塔带机	MD2200 顶带机
1	最大起重量	t	60	40	60	60	32	50	63	32	20	60	60
2	最大起重力矩	t·m	1800	1100	1800	2200	900	1200	1663	1000	450	2400	2200
3	最大工作幅度	m	71	80	70	80	70	80	80	70	70	80	80
4	起升高度	m	-50~100.4	86.7	-80~112.8	-61~139.2	86.7	80.36	100.84	81.5	79.7	-150~94	-72.2~92.8
5	回转范围	(°)	360	360	360	360	360	360	360	360	360	360	360
6	起升速度	m/min	0.5~110	20~96	30~82	30~120	13.7~110	19~76	13.7~60	18~110	23~92	18~75	30~120
7	回转速度	r/min	0~0.6	0~0.6	0~0.5	0~0.5	0~0.55	0~0.55	0~0.55	0~0.45	0~0.7	0.6	0.5
8	小车行走速度	m/min	0~70	0~100	0~120	0~120	0~50	0~50	0~50	0~50	0~60	0~100	0~120
9	大车行走速度	m/min	0~20	8.5~17	0~17	—	0~17	0~17	0~34	13/25	0~32	—	—
10	塔机总高度	m	121	106.19	132.32	158.865	103.7	101.71	118.84	92	93.7	117.53	112.97
11	轨距	m	13.5	8	15	—	8	8	15	8	8	—	—
12	钢轨型号		QU80	QU70	QU100Q		QU70	QU70	QU80	QU70	QU70		
13	最大轮压	kN	435		590	—					138	—	—
14	整机重量	kg	575000	218500	757000	612000	237000	410000	650000	336000	103000	780000	约610t
15	总装机功率	kW	450	242.6	512	479	280	357	366.4	250	167	300（塔机）	661

407

表 6-38

部分缆索起重机的性能参数表

缆索起重机安装的位置及型号

序号	项目	单位	向家坝水电站	三峡水利枢纽工程摆塔式	龙滩水电站 LT-20/25t 型	PWH20t 型	隔河岩水电站辐射式	大岗山水电站平移式
1	主跨度 L（设计/实用）	m	1400/1366、1358、1350	1416.12	950/906.44	350/348.85	底层 670 高层 892	677/675.82
2	副跨度 L（实用）	m	363.5、371.5、379.5					
3	主塔高	m	75	125	59.5			
4	主索支点高差	m	10	25	主塔 45.5 副塔 10			
5	非工作区域（两端各占主跨度 L 的百分比）	%	10	11	12		底层 10 高层 主塔 10/副塔 10	10
6	满载主索最大垂度（占主跨度 L 的百分比）	%	5.5	5.5	5.11	5.0	底层 5.5 高层 5.0	5.0
7	大车运行范围	m	161	—	123	213	底层 300 高层 261	11
8	两台缆机靠近时主索最小距离	m	10	10	20.4			
9	钢丝绳型号		QU120	—	QU120			
10	最大轮压	t	61	—	56.5			30
11	额定起重量（安装工况）	t	30	25	25		20	
12	最大提升高度	m	230	215	设计 260 使用 240	180	底层 105 高层 180	290
13	起升速度	m/min	125.6~188	105~180	40~200	120	底层 120~200 高层 180~200	132~180
14	小车平移速度	m/min	480	360~450	150	300	底层 450 高层 500	450
15	大车平移速度	m/min	12.3	—	15			18
16	两台缆机并车运行　并车距离	m	10	25		20	20	
17	两台缆机并车运行　起升速度	m/min	≤12					≤12
18	两台缆机并车运行　牵引速度	m/min	≤72					≤72
19	两台缆机并车运行　大车运行速度	m/min	≤6					≤6
20	台吊重量	t	两台缆机的荷载严格均衡时为 60，否则不大于 51					

408

6.4.4 自行式起重机载重的稳定性计算

（1）载重稳定性。在工作状态时，按以下不同情况进行验算。

1）若起重机的轮距大于轨距，则工作时较容易翻倒的状态是：处于最大幅度的臂架垂直于倾覆边轨道、起吊额定起重量、轨道前低后高、工作状态最大风力沿臂架方向由后向前吹、起重机上还作用着对稳定性不利的起升、回转和变幅机构在启动或制动时的惯性力（见图6-38）。在验算稳定性时，仅把设备的载重力矩作为倾覆力矩，而把其他倾覆力矩作为减少复原力矩的因素。因坡度角 γ 较小（$\cos\gamma=1$），载重稳定性安全系数用式（6-23）计算：

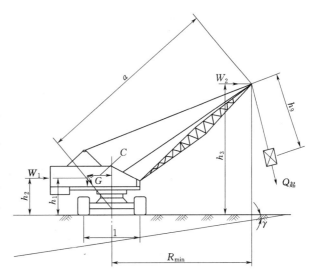

图6-38　履带式起重机有关尺寸图

$$K_1=\frac{1}{Q_{\text{起}}(a-0.51)}\left\{G[(0.5l+c)-h_1\sin\gamma]-\left[W_1h_2+W_2h_3+\frac{Q_{\text{起}}V_1}{gt_1}(a-0.5l)\right.\right.$$

$$\left.\left.+\frac{Q_{\text{起}}\,n^2R_{\max}h_3}{900-n^2h_0}+\frac{(Q_{\text{起}}+G_{\text{臂算}})V_{\text{变平}}h_3}{gt_2}+\frac{(Q_{\text{起}}+G_{\text{臂算}})V_{\text{变垂}}}{gt_2}(a-0.5l)\right]\right\}\geqslant1.15$$

$$(6-23)$$

$$a=R_{\max}+h_3\sin\gamma$$

式中　　　G——起重机自重，N；

　　　　　$Q_{\text{起}}$——起重机的起升载荷重量，N；

　　　　　l——起重机轨距，m；

　　　　　c——最大幅度时整台起重机旋转部分的重量自重心到回转中心的距离，m；

　　　　　a——轨距中心到最大幅度时臂架端部的水平距离，m；

　　　　$R_{\max}$——起重机最大幅度，m；

　　　　　h_1——最大幅度时起重机自重重心高度，m；

　　　　　h_2——起重机挡风面积形心高度，m；

　　　　　h_3——起重机最大幅度时臂架端点的高度，m；

　　　　　h_0——起重机的起重臂端点至被吊重物重心的垂直距离，m；

　　　　　V_1——设备起升（或下降）速度，如设备有可能自由下降时，应取 $1.5V_1$，m/s；

$V_{\text{变平}}$、$V_{\text{变垂}}$——变幅机构工作时，悬挂设备端点沿水平与垂直方向移动的速度，m/s；

　　　　　n——起重机每分钟转数；

　　　　t_1、t_2——起升机构与变幅机构启动（或制动）时间，s；

　　　　　W_1——作用在起重机上的工作状态最大风力，N；

W_2——作用在设备上的工作状态最大风力，N；

γ——允许最大坡度角（°），对汽车式起重机和履带式起重机，当用辅助支撑工作时，取 $\gamma=1°30'$；当不用辅助支撑工作时，取 $\gamma=3°$。对于履带式起重机如在松软的土壤上工作时，还应该考虑由于土壤沉陷引起的附加倾斜角；

$G_{臂算}$——臂架向悬挂设备端折算的重量，N；对于直臂架可近似取：

$$G_{臂算}=\frac{G_{臂}}{3}$$

对于四联杆组合臂架可近似取：

$$G_{臂算}=0.6G_{象}+0.5(G_{臂}+G_{拉})$$

式中　$G_{臂}$——臂架重量（包括臂架上附加设备的重量），N；

$G_{象}$——象鼻梁重量，N；

$G_{拉}$——拉杆重量，N。

若起重机变幅时设备保持水平移动，则式（6-23）中 $\dfrac{(Q_{起}+G_{臂算})V_{变垂}}{gt_2}(a-0.5l)$ 一项中的 $Q_{起}$ 应以零代入。

若起重机的轨距大于或接近轮距时，由于运行惯性力引起沿轨道方向的倾覆力矩较大，因此须验算沿轨道方向的稳定性。在式（6-23）中要增加 $\left(\dfrac{Q_{起}V_3}{gt_3}h_3+\dfrac{GV_3}{gt_3}h_1\right)$ 一项，V_3 与 t_3 分别为运行速度（m/s）和运行机构启动（或制动）时间（s）。

2）起重机臂架与倾覆边成 45°，其他与前一种情况相同。此时，虽然由设备引起的倾覆力矩与自重引起的复原力矩都相应地减小，但风力对起重机倾覆的影响增大，并且计及旋转机构启动（或制动）引起的切向惯性力的影响（见图 6-39），其载重稳定性安全系数 K_1 见式（6-24）。

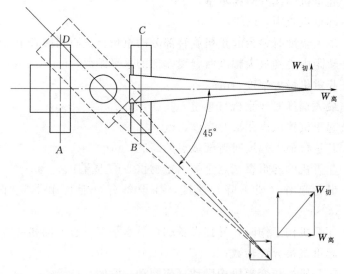

图 6-39　起重机臂与倾覆边成 45°时稳定计算图

$$K_1 = \frac{1}{0.7Q_{\text{起}}(a-0.51)} \{ [0.7G(0.51+c) - Gh_1 \times \sin\gamma] - [W_1 h_2 + W_2 h_3 +$$

$$\frac{0.7Q_{\text{起}} \ n^2 R_{\max} h_3}{900 - n^2 h_0} + \frac{66(Q_{\text{起}} + G_{\text{臂算}})nR_{\max}h_3}{(900 - n^2 h_2)gt_4} + \frac{0.7(Q_{\text{起}} + G_{\text{臂算}})V_{\text{变平}}h_3}{gt_2} + \frac{0.7(Q_{\text{起}} + G_{\text{臂算}})V_{\text{变垂}}}{gt_2}$$

$$\times (a-0.51)] \} \geqslant 1.15$$

$$\text{(6-24)}$$

式中　t_4——旋转机构启动（或制动）时间，s；

其他符号意义同前。

3）当不考虑附加载荷和坡度角影响时，其载重稳定性安全系数 K_1 应大于 1.4，即必须满足式（6-25）的要求：

$$K_1 = \frac{G(0.51+c)}{Q_{\text{起}}(R_{\max} - 0.51)} \geqslant 1.4 \qquad (6-25)$$

4）由于离心力引起的倾覆力矩公式（6-26）为：

$$M_L = \frac{Qn^2 R_{\max} h_3}{900 - n^2 h_0} \qquad (6-26)$$

式中　M_L——倾覆力矩，kN·m；

　　　Q——吊重，kN；

　　　n——起重机回转速度，r/min；

　　$R_{\max}$——起重机最大回转半径，m；

　　　h_3——起重机最大幅度时臂架端点的高度，m；

　　　h_0——起重机起重臂端点至被吊重物重心的垂直距离，m。

5）由于回转机构启动制动时，吊重与臂架自重所产生的切向惯性力对起重机倾覆力矩的计算公式（6-27）为：

$$M_L = \frac{66(Q+G_i)nR_{\max}h_3}{(900 - n^2 h_0)gt_4} \qquad (6-27)$$

式中　M_L——倾覆力矩，kN·m；

　　　Q——吊重，kN；

　　　G_i——起重机臂架自重，kN；

　　　n——起重机回转速度，r/min；

　　$R_{\max}$——起重机最大回转半径，m；

　　　h_0——起重机起重臂端点至被吊重物重心的垂直距离，m；

　　　h_3——起重机最大幅度时臂架端点至地面的垂直距离，m；

　　　t_4——回转机构启动（或制动）的时间，s。

【例】　某安装公司有一台履带式起重机，其有关尺寸见图 6-40。起重臂架 $l=13\text{m}$，仰角为 75°。所吊设备为六面体形状，实重为 165kN，已超过额定起重量（150kN）。设备起吊离地时，重心离地面为 2m。已知条件如下：

起重机的回转半径 $R=4.5\text{m}$，平衡压铁重 $G_0=30\text{kN}$，机棚及车身自重 $G_1=138\text{kN}$，底盘自重 $G_2=202\text{kN}$，臂架自重（包括吊钩）$G_3=43.5\text{kN}$，机棚后壁中心离地面高 $h_1=2.35\text{m}$，机棚后壁迎风面积 $F_1=3.12\text{m}\times2.6\text{m}$，臂架左面轮廓面积 $F_2=13\text{m}\times1\text{m}$，设备

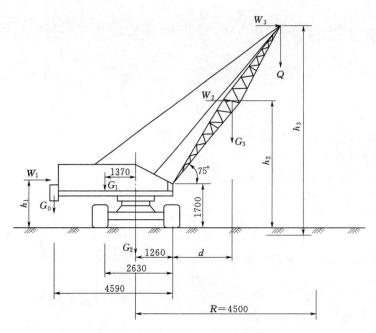

图 6-40　履带式起重机有关尺寸图（单位：mm）

迎风面积 $F_3 = 14\text{m}^2$，吊钩起升速度 $V = 0.25\text{m/s}$。

要求验算履带式起重机在工作状态下的整机稳定条件。

解： 按最不利的风向自左向右进行计算。

$$d = R - \left(1.26 + \frac{13}{2}\cos75°\right) = 1.56\text{m}$$

$$h_1 = 2.35\text{m}$$

$$h_2 = 1.7 + \frac{13}{2}\cos75° = 7.98\text{m}$$

$$h_3 = 1.7 + 13\sin75° = 14.25\text{m}$$

取基本风压 $W_0 = 175\text{N/m}^2$，在全部高度范围内不变，即 $K_2 = 1$，则：

$$W_1 = 1.3 \times 175 \times 3.12 \times 2.6 = 1845.48\text{N}$$

$$W_2 = 1.3 \times (1 + 0.33) \times 0.5 \times 175 \times (13 + 1) = 2118.025\text{N}$$

$$W_3 = 1.7 \times 175 \times 14 = 4165\text{kN}$$

所有风载的倾覆力矩为：

$$\begin{aligned}M_风 &= W_1 h_1 + W_2 h_2 + W_3 h_3 \\ &= 1845.48 \times 2.35 + 2118.025 \times 7.98 + 4165 \times 14.25 \\ &= 80589.97\text{kN} \cdot \text{m}\end{aligned}$$

设 l_1 为转台回转轴线到内履带中心的距离，h 为吊物重心至臂架顶端的距离，则：$l_1 = 1.26\text{m}$，$h = h_3 - 2 = 14.25 - 2 = 12.25\text{m}$。

起重机制动时惯性力产生的倾覆力矩 $M_惯$ 按前面公式进行计算，取 $t = 1\text{s}$。

$$M_惯 = \frac{QV}{gt}(R - l_1) = \frac{16.5 \times 0.25 \times 1.5}{9.8 \times 1} \times (4.5 - 1.26) = 24.3\text{kN} \cdot \text{m}$$

式中 V——吊钩下降速度，m/s，取为提升速度的 1.5 倍。

起重机回转时，离心力产生的倾覆力矩 $M_{离}$ 为：

$$M_{离} = \frac{QRn^2}{900 - n^2 h} h_3$$

一般回转速度可取 $n = 1 \text{r/min}$，则：

$$M_{离} = \frac{16.5 \times 4.5 \times 1}{900 - 1 \times 12.25} \times 14.25 = 11.9 \text{kN} \cdot \text{m}$$

将已知量代入整机稳定安全系数 K_1 的公式：

$$K_1 = \frac{稳定力矩}{倾覆力矩} \geqslant 1.15$$

$$K_1 = \frac{G_0 \times 4.59 + G_1 \times 2.63 + G_2 \times 1.26}{Q(4.5 - 1.26) + G_3 \times d + M_{风} + M_{惯} + M_{离}}$$

$$= \frac{3 \times 4.59 + 13.8 \times 2.63 + 20.2 \times 1.26}{16.5 \times (4.5 - 1.26) + 4.35 \times 1.56 + 7.95 + 20.5 + 1.19}$$

$$= \frac{75.5}{71.5} = 1.06 < 1.15$$

根据计算结果，起重机不够安全，可增加平衡压铁的重量 ΔG，保证起吊该设备时的整机稳定性。将 ΔG 代入上式得：

$$\frac{(G_0 + \Delta G) \times 4.59 + 13.8 \times 2.63 + 20.2 \times 1.26}{Q(4.5 - 1.26) + G_3 \times d + M_{风} + M_{惯} + M_{离}} \geqslant 1.15$$

$$\frac{75.5 + 4.59 \Delta G}{71.5} = 1.15$$

$$\Delta G = 14.65 \text{kN} \approx 15 \text{kN}$$

通过上述计算，为安全吊装该设备，应增加压铁 15kN。

（2）自重稳定性。在非工作状态下起重机最易翻到的状态是处于最小幅度的臂架垂直于轨道（有前高后低的允许最大坡角）、非工作状态的最大风力由起重机前面向后面沿臂架方向吹（见图 6-41）。起重机稳定性安全系数 K_2 用式（6-28）计算：

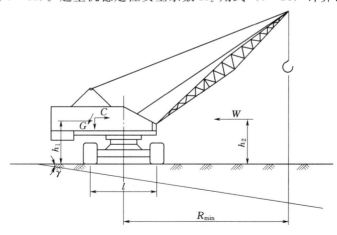

图 6-41 非工作状态下起重机自重稳定性的计算图

$$K_2 = \frac{G[(0.51-c)-h_1\sin\gamma]}{Wh_2} \geqslant 1.15 \qquad (6-28)$$

式中 c——最小幅度时整台起重机重心到回转中心的距离，m；

h_1——最小幅度时起重机重心的高度，m；

h_2——最小幅度时起重机迎风面积形心高度，m；

W——最小幅度时作用在起重机上的非工作状态最大风力，N；

其他符号意义同前。

6.5 重物的简易搬运方法

6.5.1 用滚杠搬运

（1）滚杠搬运设备的操作方法。

1）由于施工场地的限制，不能采用机械搬运，可利用托排将设备放在上面，下面放入滚杠（钢管制作），并用卷扬机与滑车组联合牵引。这种方法比较简单，施工现场也广泛使用。

2）采用滚杠运输设备时，滚杠的摆放位置与运输方向要协调。当直线搬运时，滚杠位置应垂直运输方向；滚杠间成平行状态，要进行转弯时，滚杠位置应成扇形，逐步改变运输方向。

常用滚杠规格见表6-39。

表 6-39　　　　　　　　　常 用 滚 杠 规 格 表

滚杆钢管规格 （直径×壁厚)/(mm×mm)	滚杆材料	每根滚杆压力 /kN	每根滚杆长度 /mm
$\phi89\times4.5$	10 号钢	20	2000
$\phi108\times6$	10 号钢	40	2000
$\phi114\times8$	10 号钢	65	2300
$\phi114\times10$	20 号钢	109	2300
$\phi114\times12$	35 号钢	160	2500
$\phi114\times14$	35 号钢	250	2500

（2）使用滚杠的注意事项。

1）滚杠下面应铺设枕木，防止设备压力过大，使滚杠陷入泥土中，影响设备的正常搬运。

2）摆放滚杠时，要将滚杠头放整齐。否则由于其长短不一，使滚杠受力不均，容易发生事故。

3）摆放和调整滚杠时，应将四个指头放在滚杠（钢管）内，以避免压伤手部。

4）在搬运过程中，发现滚杠走向不正时，要用大锤锤打加以调挂和纠正。

5）卷扬机操作人员要与搬运人员听从统一的指挥，配合要协调一致。

6）选择滚杠的数量和间距要根据设备的重量和外形尺寸来确定，滚杠的直径要尽量保持一致。

7）运输路线要选择好，要保持路面平整、畅通、无障碍物。

8）要找好设备的重心，以利于滚杠在底排下面顺利进行滚动。

9）设备在搬运过程中用稳定绳索保证其稳定性，防止摇晃而出现事故或损坏设备。

10）滚杠搬运遇到上坡和下坡时，都要有防止下滑的措施，用绳索控制前进的速度，不准设备自行下滑，以免发生危险。

11）放入或抽出滚杠时，可用千斤顶将设备顶起，并缓慢下落。

12）搬运过程中，使用的机械和索具，都要符合安全规程的规定，不符合要求的，在施工作业中严禁使用。

6.5.2 装卸车的基本要求

设备安装过程中的运输，分几个阶段进行，从生产厂到施工工地，这个阶段多半是通过铁路运输、公路或船舶运输，而装卸车则大多是通过起重机械进行的。

然而在施工现场的装卸车，特别是对于一些重量和外形尺寸较大的设备，在吊装机械不具备或承载能力不够的情况下，可以采用半机械化和人力相配合的装卸方法。这种方法就是枕木搭成坡度与地面的夹角不超过 10° 的斜坡状临时装卸台，用卷扬机在斜坡上牵引和溜放。

对于圆形设备（非加工件）可采用在装卸台上慢慢滚动的装卸方法，对于方形的设备或构件可用滚杠或滑行的搬运方法。在装卸过程中要正确选择索具和捆绑方式，同时要选好溜绳和卷扬机的方向和位置。下面具体介绍两种装卸方法。

（1）滑行装卸法。

1）滑行装卸车的方法主要是在搭好的斜枕木垛上铺放钢轨（钢轨数量要多一些），并在轨道上涂一层黄干油，以减少摩擦。然后用卷扬机进行牵引。

2）装车的具体做法是：先用千斤顶将设备顶起，再将钢轨与拖排放在设备下面（见图 6-42）。然后由货车平台与设备所在的底座平面之间搭设一个斜道枕木垛，再在货车另一端安放一台卷扬机，用绳索把设备捆绑好后，统一指挥开动卷扬机。与此同时，用绳索稳住设备，防止倾倒。这样就可顺利安全地将设备装上车。上车后，用千斤顶举起设备，抽出钢轨和拖排，并下落设备至货车平台上。

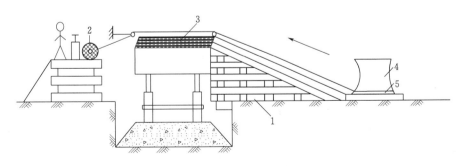

图 6-42 滑行装车法示意图

1—枕木垛；2—卷扬机；3—货车平台；4—设备；5—钢轨与拖排

3）卸车的具体方法是：用千斤顶将设备自货车平台上顶起，将钢轨与拖排放在下面（见图6-43）。与装车方法不同的是在设备的左右各放一台卷扬机1和卷扬机2。两台卷扬机各向相反方向开动，卷扬机1慢慢收绳，卷扬机2慢慢松绳。当设备滑到斜面上后，就有一个自重力向下滑动。此时卷扬机1已不受力，而卷扬机2要严格控制设备缓慢向下滑动。当滑行到地面后，再用千斤顶举起设备，抽出钢轨和拖排。

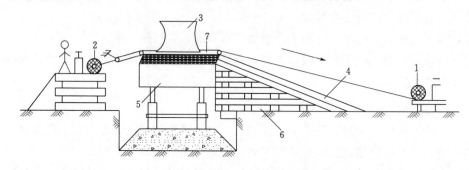

图6-43　滑行卸车法示意图

1、2—卷扬机；3—设备；4—轨道；5—货车；6—枕木垛；7—钢轨与拖排

（2）滚行装卸法。滑行装卸法主要是利用滑动摩擦原理进行作业的，而滚行装卸法是利用滚动摩擦原理来进行工作。

1）滚行装车法。用千斤顶将设备顶起，将钢轨与拖排放在设备下面，在钢轨与拖排底下放好滚杠，再由货车3上的平台与地面间搭设一个斜枕木垛1，然后在货车的另一端安装一台卷扬机2。用绳索将设备与拖排固定好，并与滑轮组连接，开动卷扬机进行牵引，同时调整好滚杠的走向，使设备平稳地拉到货车平台上。再用千斤顶将设备顶起，抽出钢轨与拖排和滚杠，放下设备，滚行装车法见图6-44。

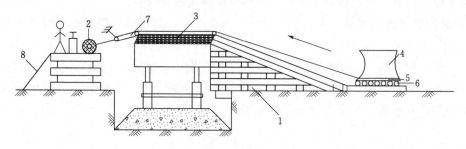

图6-44　滚行装车法示意图

1—枕木垛；2—卷扬机；3—货车平台；4—设备；5—钢轨与拖排；6—滚杠；7—滑轮组；8—地锚

2）滚行卸车法。它与滚行装车法的操作步骤恰好相反。卸车前，先用枕木搭好斜坡道，用千斤顶将设备顶起，下面放好枕木、钢拖排和滚杠，再用卷扬机滑轮组牵引，设备后部用溜放滑轮组拖住，滚行卸车法见图6-45。当设备进入斜坡时，牵引滑轮组已不受力，而后部溜放滑轮组的受力逐渐增大，此时设备靠自重缓慢下滑。为了确保设备平稳下滑，后面溜放的卷扬机与滑轮组应均匀地慢速开动。滚杠在滚动时应撒些干沙，防止其滑动，在拖排两侧要设专人调整滚杠的走向。

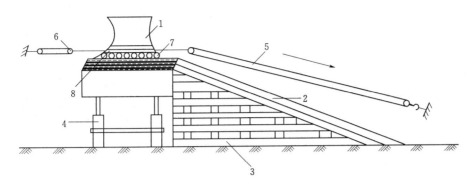

图 6-45　滚行卸车法示意图

1—设备；2—斜道；3—木垛；4—货车；5—牵引滑轮组；6—溜放滑轮组；7—滚杠；8—钢轨与拖排

6.5.3　搬运工作安全要点

（1）凡参加设备搬运的施工人员，要熟悉搬运的方法和有关技术规定。对于大型、复杂设备要制定搬运方案。

（2）在搬运设备的过程中，作业人员要分工明确，同时要听从统一指挥，不得擅离工作岗位。

（3）作业场地要平坦宽敞，清理好各种障碍物。夜间进行工作，要有充分的照明设施。

（4）搬运设备时，如需现场建筑物或构筑物系绳索时，必须经有关部门同意、核算后，方可使用，对于下面的构筑物不得使用：输电塔架及电线杆；生产运行中的设备及管道支架；树木。

（5）不符合使用要求或不明吨位的原有锚桩。

（6）搬运过程中，操作人员要佩戴各种防护用品，特别是搬运危险品时，更要做好防护工作，以免发生事故。

（7）夏季搬运设备时，要做好防暑降温工作；冬季要有必要的防护用品，并采取相应的防滑措施。工作中注意劳逸结合。

（8）沿下坡（大于10°）方向搬运设备时，要在后面拴接一套制动控制用的索具或卷扬机。如坡度小于10°时，在垫木运输道上与滚杠间放入干砂，以增大摩擦阻力，控制搬运速度，确保安全。

（9）搬运超高、超宽设备时，要有专人进行监护，随时观察各支撑点，捆绑处有无异常或松动现象，发现问题及时进行处理。

（10）搬运设备时，与高压线的距离，要符合安全操作规程的规定。

（11）设备搬运过程中，要做好防护工作，对设备

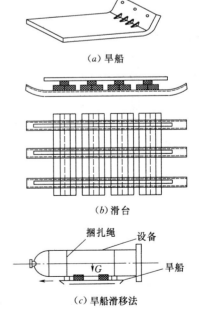

（a）旱船

（b）滑台

（c）旱船滑移法

图 6-46　旱船与滑台示意图

与索具和拖排接触处，要加草垫木板等软材料，防止碰坏设备的外表面。

（12）使用拖排搬运设备时，其重心应在拖排中心稍后部分。当用斜面滚行法装卸时，斜面要平缓，角度不宜过大，滑行时在反方向应设立控制装置。

（13）薄壁、细长设备搬运时，要采取适当的加固措施，避免设备发生局部变形。

（14）用旱船或滑台在钢轨上滑行时，轨面应涂上润滑油脂，并且要采取措施避免旱船与滑台横向移动。同时，钢板间接头应平整，焊疤要铲平。旱船与滑台见图 6-46。

6.5.4　设备的翻转和吊装捆绑保护

（1）设备的翻转。

1）水平回转。在安装过程中，由于安装位置和起吊作业的需要，设备或构件需回转一个角度，特别是一些重型和外形尺寸较大的设备或构件，在回转时，要求采取必要的措施和适宜的作业方法。具体操作时，常用搭设转台的工艺来完成。

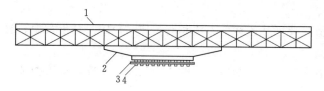

图 6-47　桥式起重机转动法示意图
1—起重机大梁；2—支撑装置；3—钢转台；4—枕木

图 6-47 是一台 30/5t 桥式起重机大梁，跨度为 31.5m，总重为 50.4t 当此台桥式起重机运到厂房内，为了吊装方便要转动一定角度，具体做法是：

A. 先用千斤顶将大梁顶起，并在其下面铺木垛，木垛应在大梁的重心位置上，木垛的大小要满足大梁重量的要求，以使其保持平衡状态。

B. 铺设的木垛上面要根据需要放上几层厚度大于 10mm 的钢板，钢板要平整，并在其上面涂以润滑脂（黄干油），大梁与钢板间还要铺设一层枕木。

C. 用卷扬机或人力在大梁的两头牵拉，使其转动到要求的位置。在转动过程中，要始终使钢板与木垛处于水平状态。

2）翻转设备。翻转设备，一般是按照设备组装方向和位置的要求，或是起吊过程中的需要而进行的，通常的翻转方法有：

A. 一次捆绑翻转法：将设备或构件用绳索捆绑后，经过起吊过程而达到翻转的目的。

B. 二次捆绑翻转法：设备或构件的翻转和吊装分两步进行。首先把部件翻转 90°，然后再捆绑，进行第二次翻转。横梁的二次捆绑翻转法见图 6-48。

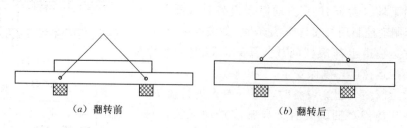

（a）翻转前　　　　　　　　　（b）翻转后

图 6-48　横梁二次捆绑翻转法示意图

在捆绑过程中要找好设备或构件的重心位置，这对于正确的吊装是至关重要的。如重心位置选准确，用一根绳索起吊时，设备或构件就能顺利完成翻转；重心选不好，就可能出现倾斜和翻倒，给吊装工作带来麻烦。用两根以上绳索吊装时，绳索的集中点，也应同设备或构件的重心相吻合。

C. 对于铸、锻件的翻转，还可用兜翻的方法进行，部件兜翻时将要翻转的部件放在砂堆中，找好部件重心并绑好绳索，同时在部件翻转处垫好木垫，然后进行起吊，并调整好起重机吊钩的位置，始终保持垂直状态。翻转后，吊钩要配合好，防止产生冲击，影响起重机的正常工作，甚至于出现连续倾翻现象。为了避免此种弊病，可在翻转部件的上角系一绳扣（副绳）。部件兜翻见图6-49。

（2）设备的吊装捆绑保护。

1）设备或构件在起吊过程中，要保持其平稳，避免产生歪斜；吊钩上使用的绳索，不得滑动，以保证设备或构件的完好无缺。

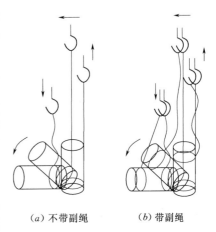

(a) 不带副绳　　(b) 带副绳

图6-49　部件兜翻示意图

2）使用吊索时，其夹角不要过大，通常要在60°的范围内。起吊精密设备和薄壁部件时，吊索间的夹角更应小些。

3）用吊钩起吊设备时，无论使用单钩或双钩，吊钩的中心线都应与设备重心相吻合，以保证吊装过程中不损坏设备或构件。

4）对起吊拆箱后的设备或构件，应对其油漆表面采取防护措施，不得使漆皮擦伤或脱落。

5）在起吊过程中，为了保持设备或构件的平衡，要考虑其重量、外形尺寸、重心和吊装要求等，可分别采取等长和不等长吊索以及增加吊点的方法。

6）对机床类的设备，起吊时要尽量使用其耳环、起吊钩、吊耳、起吊耳等，以满足机床本身对吊运过程的要求。

7）对于高度尺寸较大的设备，吊点应设在其上部，高度尺寸较小者，吊点应设在中、下部，以保证吊装中设备的稳定性。

8）吊运精密设备时，还可以采用特制的平衡梁进行起吊，以保证设备的精度不受损失。

9）大型解体设备的吊运，可采取分部件的吊运方法，边起吊、边组装，其绳索的捆绑应符合设备组装的要求。

10）在起吊过程中，绳索与设备或构件接触部分，均应加垫麻布、橡胶及木块等非金属材料，以保护其表面不被破坏。

6.6　锚锭的设置与计算

锚锭又称地锚或地垅，常用来固定揽风绳、卷扬机、定滑车或导向滑车，是起重吊装作业中的一种常用装置。根据设置方法和使用目的的不同，主要有坑式锚、桩式锚、钢结构组合锚等几种。

6.6.1 坑式锚的设置与计算

（1）坑式锚的设置。坑式锚也称卧式锚、木地龙、水平锚锭等，是用一根或几根圆木或方木、枕木捆绑在一起，横卧埋入土内而成。钢丝绳的一端从坑前端的槽中引出，钢丝绳与地面的夹角等于缆风绳与地面的夹角，然后用土石回填夯实。它可以承受较大的作用力，埋入深度应根据锚锭受力大小和土质情况而定，一般为 2.0～3.5m，可受作用力 30～400kN，当作用力超过 75kN 时，锚锭横木上应增加水平压板；当作用力大于 150kN，还应用原木做成板栅（护板）加固，以增强土的横向抵抗力。近年来，多采用钢管、混凝土梁或钢结构组件作为抗弯件。

钢丝绳拉出地面的倾斜角度一般为 30°（最大为 45°），钢丝绳地面下部分填土夯实。

（2）坑式锚计算。坑式锚大小主要根据受力大小、方向、埋入材料和土壤允许耐压力等因素决定。

1）无挡木坑式锚点计算。地锚抗拔力由两部分组成，即锚梁上部的土重 G 和锚梁与土壤之间的摩擦力 F。因此，地锚抗拔力应按如下程序进行设计：无挡木坑式锚点计算见图 6-50，无挡木坑式锚点拉线结构见图 6-51。

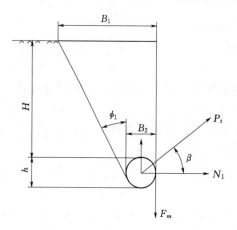

图 6-50　无挡木坑式锚点计算图

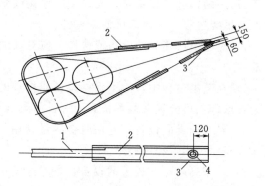

图 6-51　无挡木坑式锚点拉线
结构图（单位：mm）
1—钢带；2—槽钢；3—心棒；4—夹板

A. 坑式锚所受的水平分力：

$$N_1 = P_t \cos\beta = 0.866 P_t \quad (\beta = 30°)$$

式中　P_t——拖拉绳受力，N；

　　　β——拖拉绳与水平面的夹角。

B. 坑式锚所受的垂直分力：

$$N_2 = P_t \sin\beta = 0.5 P_t$$

C. 水平力对土壤的压力：

$$[q] \geqslant N_1 / hA\varphi \tag{6-29}$$

式中　$[q]$——在深度为 H 处土壤的允许压力，N/m^2，作用在 2m 深土层上的允许压力见表 6-40；

φ——因承压不均匀而采用的允许耐压力折减系数，对无挡木 $\varphi=0.25$；对有挡木 $\varphi=0.4$；

h——埋入件的高度或直径，m；

A——埋入件的长度，m。

表 6-40　　　　　　　　　　作用在 2m 深土层上的允许压力

土 层 种 类	允许压力/(N/m²)	土 层 种 类	允许压力/(N/m²)
干燥的密实的细砂地	3.5×10^5	硬质黏土	$(2.5\times10^5)\sim(6\times10^5)$
潮湿的密实的细砂地	3×10^5	片状黏土	$(1\times10^5)\sim(2.5\times10^5)$
干燥的中等密实的砂质壤土	2×10^5	硬块砂质黏土	$(2.5\times10^5)\sim(4\times10^5)$
潮湿的中等密实的砂质壤土	1.5×10^5	片状砂质黏土	$(1\times10^5)\sim(2.5\times10^5)$

D. 在垂直力作用下的稳定性：

$$G+F_m\geqslant N_2k \qquad\qquad (6-30)$$

$$G=(B_1+B_2)HA\gamma/2$$

$$B_1=B_2+H\tan\varphi_1$$

$$F_m=N_1f_1$$

式中　G——土壤的重量，t；

B_2——锚点的坑底宽度，m；根据埋件尺寸大小来确定；

B_1——锚点的坑口宽度，m；它与土壤性质和坑的深度有关；

φ_1——土壤的抗拔角，见表 6-41；

H——锚坑深度，m；

γ——密度，g/cm³，见表 6-41；

F_m——摩擦力，N；

k——抗拔安全系数，$k=2$；

f_1——滑动摩擦系数，对硬木与土壤，$f_1=0.45\sim0.5$；对钢与土壤，$f_1=0.25\sim0.35$；对混凝土与土壤，$f_1=0.3\sim0.5$。

表 6-41　　　　　　　　　　土的容重和抗拔角表

土的名称	黏 性 土						砂 性 土				
	坚硬黏土	硬黏土	可塑黏土	坚硬亚黏土	硬亚黏土	可塑亚黏土	坚硬亚砂土	可塑亚砂土	粗砂土	中砂土	细砂土
密度 γ/(g/cm³)	1.8	1.7	1.6	1.8	1.7	1.6	1.8	1.7	1.8	1.7	1.6
抗拔角 φ_1/(°)	30	25	20	27	23	19	27	23	30	28	26

E. 埋入件的计算。坑式锚计算见图 6-52。

a. 当采用单点牵拉时，见图 6-52 (a)，其最大弯矩为：

$$M=qA^2/8 \qquad\qquad (6-31)$$

$$q = P_t/A$$

式中　q——作用于埋入件的均布载荷，N/m；

　　　A——埋入锚件的长度，m；

　　　P_t——作用于锚件的集中载荷，N。

应力 σ 为：

$$\sigma = M/W \leqslant [\sigma] \qquad (6-32)$$

式中　W——埋入件的抗弯模量；

　　　$[\sigma]$——埋入件的许用应力。

b. 当采用双点牵拉时，见图 6-52 (b)，其最大弯矩为：

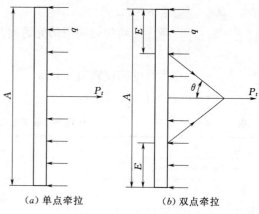

(a) 单点牵拉　　(b) 双点牵拉

图 6-52　坑式锚计算图

$$M = qE^2/2 \qquad (6-33)$$

式中　E——牵拉系挂点至埋入件端头的距离，m。

埋入件的系挂点最好选择在使系挂点和中点弯矩相等的部位，则有 $E = 0.207A$，所以 $M = 0.0214qA^2$。

轴向力为：

$$N = P_t \tan\theta/2 = 0.009\theta P_t \qquad (6-34)$$

式中　N——埋入件受到的轴向力，N；

　　　θ——埋入件中线与系结绳间的夹角。

应力为：

$$\sigma = M/W + N/S \leqslant [\sigma] \qquad (6-35)$$

式中　S——埋入件的横截面面积。

2) 有挡木坑式锚点计算。有挡木坑式锚见图 6-53。

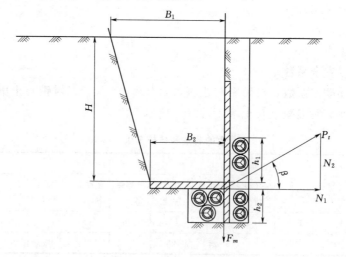

图 6-53　有挡木坑式锚示意图

A. 水平力对土壤的压力：

$$[q] \geqslant N_1/(h_1 + h_2)A\varphi \qquad (6-36)$$

式中　h_1——水平木以上的排木高度；

h_2——水平木以下的排木高度；

A——埋入锚件的长度，m。

B. 在垂直力作用下的稳定性：

$$G+F_m \geqslant kN_2 \tag{6-37}$$
$$F_m = f_1 N_1$$

式中　　F_m——在垂直方向的摩擦力；

f_1——在垂直方向的滑动摩擦系数，对硬木与硬木，$f_1=0.35\sim0.55$；对钢与硬木，$f_1=0.4\sim0.6$；

其他符号意义同前。

6.6.2　桩式锚的设置与选用

桩式锚又称垂直锚锭，采用原木成排垂直或稍倾斜打入土中而成，一般受力 $10\sim100$kN。所需的排数、原木尺寸以及入土深度，可根据作用力大小参考图 6-54 桩式锚锭简图和表 6-42 桩式锚锭尺寸及安全承载力一览表的数据选用。

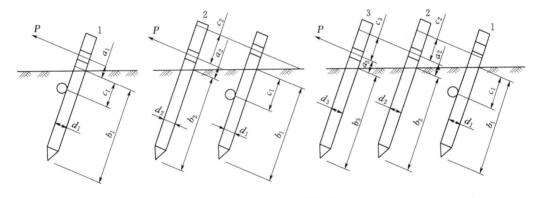

图 6-54　桩式锚锭简图

表 6-42　　　　　　　　　　　桩式锚锭尺寸及安全承载力一览表

承载能力/kN	桩式锚锭尺寸/cm											
	单根桩锚				双根桩锚				三根桩锚			
	a_1	b_1	c_1	d_1	a_2	b_2	c_2	d_2	a_3	b_3	c_3	d_3
10	30	150	40	18	—	—	—	—	—	—	—	—
15	30	150	40	20	—	—	—	—	—	—	—	—
20	30	150	40	26	—	—	—	—	—	—	—	—
30	30	150	40	20	30	150	90	22	—	—	—	—
40	30	150	40	22	30	150	90	25	—	—	—	—
50	30	150	40	24	30	150	90	26	—	—	—	—
60	30	150	40	20	30	150	90	22	30	150	90	28
80	30	150	40	22	30	150	90	25	30	150	90	30
100	30	150	40	24	30	150	90	26	30	150	90	33

6.6.3 钻孔灌注锚设置与计算

（1）钻孔灌注锚的设置。在山区施工遇有岩石不易挖坑、打桩时，可采用钻孔灌注桩锚（见图6-55）。先在岩石上钻孔，一般孔径为60～80mm，深1.2～1.8m，放入预埋件钢筋拉杆或地脚螺栓，灌注混凝土，待养护期到，即可使用。

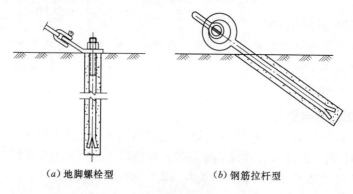

（a）地脚螺栓型   （b）钢筋拉杆型

图6-55　钻孔灌注桩锚示意图

有时为了提高承载能力，还采用组合钻孔灌注桩锚（见图6-56），其承载能力均应进行设计计算。

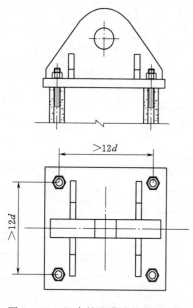

图6-56　组合钻孔灌注桩锚示意图

（2）钻孔灌注锚的计算。钻孔灌注锚的承载能力由地脚螺栓、钢筋拉杆本身具有的强度和它在混凝土中的锚固强度所决定。应对地脚螺栓、钢筋拉杆锚固强度进行计算。

地脚螺栓、钢筋拉杆锚固强度一般只考虑埋入混凝土部分螺杆、拉杆表面与混凝土的黏结力，而不考虑螺杆、拉杆尾部分叉、弯钩在混凝土中的锚固作用。

锚固强度按式（6-38）计算：

$$F = \pi d h \tau_b \qquad (6-38)$$

式中　F——锚固力，即作用于地脚螺栓、拉杆上的轴向拔出力，N；

　　　d——地脚螺栓、拉杆直径，mm；

　　　h——地脚螺栓、拉杆在混凝土中的锚固深度；

　　　τ_b——混凝土与地脚螺栓、拉杆表面的黏结抗剪强度，N/mm²，一般普通混凝土中，取$\tau_b = 2.5 \sim 3.5$N/mm²。

锚固深度计算时，应考虑一定的安全度。

$$h \geqslant F / \pi d [\tau_b] \qquad (6-39)$$

取 $[\tau_b] = 1.5 \sim 2.5$N/mm²。

螺栓、拉杆混凝土中锚固深度也可参考《混凝土结构设计规范》（GB 50010—2010）中第9.3节要求进行具体计算。

当 F 值未知时，则根据螺栓、拉杆受力形式，以螺栓、拉杆截面抗拉、抗剪强度代替。

一般光面螺栓、拉杆在混凝土中的锚固深度为（20～30）d；尾部有弯钩时为（15～20）d。

组合灌注锚的计算采用单个钻孔灌注锚累计进行。

混凝土砂浆与岩石结合黏结强度：当砂浆为 M30 时（M30 为水泥砂浆配合比，是指砂浆的标号，抗压强度不小于 30MPa），对页岩为 0.1～0.18N/mm^2，白云岩、石灰岩为 0.3N/mm^2，砂岩、花岗岩为 0.45N/mm^2。为确保混凝土砂浆与岩石黏结强度，钻孔孔径一般为螺栓、拉杆直径的 3 倍。

6.6.4 钢索锚的设置与计算

（1）钢索锚的设置。钢索锚一般设置在表层不甚稳定或基础状态不明的岩体上，近年因钢索锚施工繁琐，且施工队伍专业性较强，使用较少。锚索杆体结构见图 6-57。

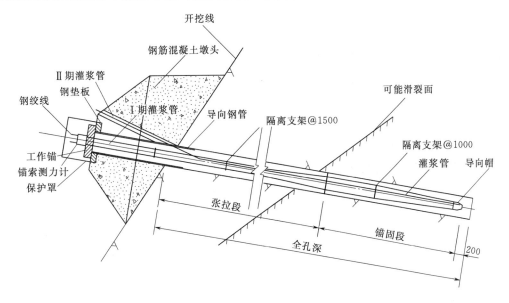

图 6-57 锚索杆体结构图（单位：mm）

钢索锚主要是对锚索锚具进行改造，采用在锚具处增加锚板、布设吊耳形式。

（2）钢索锚的计算。钢索锚的承载力取决于：预应力筋的极限抗拉强度，预应力筋与锚固体的极限握裹力，锚固体与岩土之间的极限抗拔力以及锚板、吊耳的极限承载力。对于土层钢索锚，其承载力主要验算锚固体与岩土之间的极限抗拔力。

对土层：
$$\tau = k_0 \gamma h \tan\varphi + c \tag{6-40}$$

式中　k_0——砂土取 1.0；

　　　γ——土的重度；

　　　φ——土的内摩擦角；

　　　h——锚固段中心到地面的距离（覆土深）；

　　　c——土的黏聚力。

预应力钢筋的截面面积 A_s，可按式（6-41）计算：

$$A_S = T/0.55 f_{ptk} \qquad (6-41)$$

式中　T——锚索的设计载荷；

　　　f_{ptk}——预应力钢筋的抗拉强度标准值。

锚固段长度 L，可按式（6-42）计算：

$$L = Tk/\pi d\tau \qquad (6-42)$$

式中　k——安全系数，临时性锚索取 1.5，永久性锚索取 2.0；

　　　πd——锚索的周长；

　　　τ——岩土与锚固体之间单位面积上的摩阻力；对硬质岩 $\tau = 1.2 \sim 2.5 \text{N/mm}^2$；对软质岩 $\tau = 1.0 \sim 1.5 \text{N/mm}^2$；对风化岩 $\tau = 0.6 \sim 1.0 \text{N/mm}^2$，黏土取 0.5。

土层锚索锚固段最佳长度为 6~9m。锚索预应力可取以式（6-43）、式（6-44）计算的较小值：

$$P = 0.7 f_{ptk} A_p \text{（按预应力钢筋的张拉控制应力）} \qquad (6-43)$$

$$P = P_f/(1.5 \sim 2.0) \text{（按锚索的极限承载力）} \qquad (6-44)$$

上两式中　P——预应力钢筋的张拉力；

　　　　　A_p——预应力钢筋的截面面积；

　　　　　P_f——锚索的极限承载力。

锚索的最终承载力应有现场试验验证，上述计算方法仅在初步设计时估算使用。钢索锚锚板及吊耳承载力按钢结构受力计算进行核算。

6.6.5　混凝土地锚的设置与计算

混凝土地锚目前在大型吊装过程中使用较多，混凝土地锚见图 6-58，地锚锚固件多采用预埋钢筋拉环、钢结构、钢丝绳等。

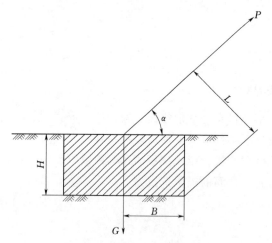

图 6-58　混凝土地锚示意图

混凝土地锚多用永久式锚碇，其稳定性根据受力分解可按式（6-45）、式（6-46）计算：

抗拔力：$G + fP\cos\alpha \geqslant KP\sin\alpha$

$$(6-45)$$

抗拉力：$HL\sigma_H\eta \geqslant P\cos\alpha \qquad (6-46)$$

上两式中　η——土壤允许耐压力折减系数，对于混凝土地锚取 0.7；

　　　　　f——土壤黏着力系数，取 0.6；

　　　　　K——安全抗拔系数，取 2；

　　　　　σ_H——土壤允许耐压力，具体取值见表 6-40。

实际混凝土地锚施工时，为防止混凝土断裂，增加混凝土韧性，需在混凝土中布设钢筋网。在受力较大的混凝土地锚底层常设置锚筋网以增加地锚可靠性，在地锚锚板中间设置横挡及加焊锚筋等防止地锚锚板抗拔

力。常用混凝土地锚布置形式见图 6-59。

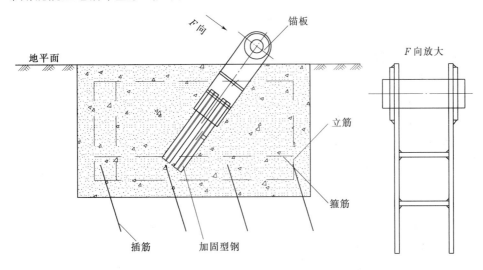

图 6-59　常用混凝土地锚布置形式图

6.6.6　压重式锚点设置与计算

常用压重式锚点有两种，一种为活动式地锚，又称积木式地锚；另一种为短桩压重式地锚，它综合了积木式地锚和桩式地锚的优点。压重式地锚形式见图 6-60。

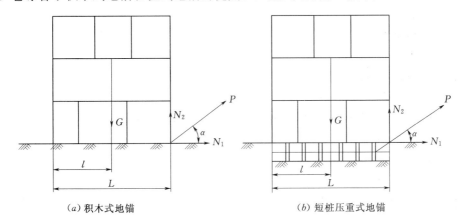

（a）积木式地锚　　　　　　　　　　（b）短桩压重式地锚

图 6-60　压重式地锚形式图

（1）积木式地锚计算。由图 6-60（a）可知，在拉力 P 的垂直分力和水平分力作用下，保持锚锭稳定的状态，活动锚锭允许拉力可按下述式（6-47）、式（6-48）进行计算，取两者较小值。

$$[P] \leqslant Gl/PKL\sin\alpha \tag{6-47}$$

$$[P] \leqslant Gf/K(\cos\alpha + f\sin\alpha) \tag{6-48}$$

式中　$[P]$——允许拉力；

　　　　K——安全系数，取 2；

　　　　L——活动锚锭的长度，m；

l——活动锚锭中心到边缘的距离，m；

α——活动锚锭受力方向与地面的夹角；

f——滑动摩擦系数，取 0.5；

G——活动锚锭重量，kN。

（2）短桩压重式地锚计算。短桩压重式锚点仅对已设计，较多应用的钢排和短桩（$\phi89\times3.5-500$ 和 $\phi95\times4-500$）如何计算选择压重重量和短桩数目进行分述。短桩强度计算、短桩水平承载力的计算以及试验等略。

1）压重重量的确定。根据锚点所受垂直分力的大小，并考虑钢排自重以及短桩与该土质条件下的表面摩擦力的大小来确定。但实际上当锚点受力后短桩产生位移，表面摩擦力很小，可忽略不计，作为安全储备，则压重重量为：

$$G=N_2k-Q \tag{6-49}$$

式中　N_2——锚点所受的垂直分力（若 $\beta=30°$，$N_2=0.5P$）；

　　　P——拖拉绳受力；

　　　k——安全系数，$k=3$；

　　　Q——钢排自重，取 $G=1000\mathrm{kgf}$（$1\mathrm{kgf}=9.8\mathrm{N}$）。

2）短桩数目的确定。短桩数目根据锚点所受水平分力的大小和钢排与土间的摩擦阻力，以及在该土质条件下单桩水平允许承载力的大小来确定，可按式（6-50）计算：

$$n=[N_1-(G+g)f_1]/[T] \tag{6-50}$$

式中　N_1——锚点所受的水平分力（若 $\beta=30°$，$N_1=0.866P$）；

　　　G——压重重量；

　　　g——钢排自重；

　　　f_1——滑动摩擦系数，钢与土壤取 $f_1=0.25\sim0.35$；

　　　$[T]$——该土质条件下的单桩水平容许承载力。

根据理论计算和实际测试，对 $\phi89\times3.5-500$ 的短桩，水平允许承载力为：Ⅰ类土（松软土）$[T]=3020\mathrm{N}$；Ⅱ类土（普通土）$[T]=4900\mathrm{N}$；Ⅲ类土（坚土）$[T]=7930\mathrm{N}$；Ⅳ类土（砂砾坚土）$[T]=11250\mathrm{N}$。

对 $\phi95\times4-500$ 的短桩，水平允许承载力为：Ⅰ类土（松软土）$[T]=4130\mathrm{N}$；Ⅱ类土（普通土）$[T]=6390\mathrm{N}$；Ⅲ类土（坚土）$[T]=10850\mathrm{N}$；Ⅳ类土（砂砾坚土）$[T]=14680\mathrm{N}$。

6.7　设备运输

6.7.1　运输机械

（1）铁路运输：平装车、凹底车。

（2）水路运输：货运驳船，货轮（带推进设备）。

铁路及水路运输在水电站金属结构及机组设备运输中，多为委托承运单位执行。在这里不作介绍。

（3）道路运输。常用道路运输机械分为短途运输机械和长途运输机械：

短途运输机械：包括叉车、铲车、拖拉机（轮式带拖斗）、连续运输机（皮带机）、卷扬机等。

长途运输机械：主要包括载重汽车、半挂车、全挂车（含组合式平板挂车）等。

1）叉车。叉车是一种工业搬运车辆，在水电站设备安装施工中多用于厂房（场内）、库房，中、小型带托盘的设备及配件箱、材料的装卸、堆放，是短距离轮式运输作业的车辆。主要特点是移动灵活、装卸、搬运作业适应性强。

A. 手动叉车。手动液压（链条）货叉能运载小型设备、配件、或材料等，起升高度一般为 1.5m，运载能力不大于 1.0t，便于小型设备、配件的装卸、搬运、堆放作业。

B. 燃油（电瓶）叉车。燃油或电瓶驱动，承载起重量为 2.0～8.0t，起升高度一般为 2.5m。

2）载重汽车（厢式货车）。

A. 载重汽车是一种应用广泛的燃油轮式运输工具。具有承载能力大，机动灵活、运行速度快（每小时最高时速可达到 120km）、适应性强，能实现门对门的直达运输设备。

B. 载重汽车主要由发动机（带离合器），底盘（传动系、行驶系、转向系、制动系），车身（车头、驾驶室、货厢），电气设备（照明、信号、仪表）等结构组成。

C. 载重车的分型：

$$N_1（重型）\quad G_a > 14t$$
$$N_2（中型）\quad 6t < G_a \leqslant 14t$$
$$N_3（轻型）\quad 1.8t < G_a \leqslant 6t$$
$$（微型）\quad G_a \leqslant 1.8t$$

3）半挂车。

A. 半挂车本身无动力，需与牵引车共同承载，并依靠牵引车牵引行驶。它的车轴置于车辆重心（当车辆均匀受载时）后面，并且装有可将水平或垂直力传递到牵引车的连接轴销装置的挂车，车型有：鹅式半挂车、低货位半挂车（即凹型车）、长货位半挂车。

B. 半挂车的构造主要由车架、悬架、轮轴、牵引连接装置、辅助支撑、制动系统和电路系统等组成。

C. 使用时应了解半挂车的外形尺寸，空载时的货台高度，自重、载重、轴距、载荷分布情况（载重中心线位置）、均布满载时的车速，最小转弯半径和通道宽度等性能参数。

4）全挂车。

A. 承载的重量由自身承受的称为全挂车，与半挂车一样无自带的动力装置，需与牵引车组成列车，才能运行。

B. 全挂车类中有：单平板挂车、长货挂车、桥式车（后加短挂车），凹型车、组合式平板挂车等。

C. 单平板挂车是由车架、轮轴、液压独立悬挂装置、制动系统、转向系统、电路系统、牵引装置等组成。

D. 组合平板挂车是由同系列的几个单体挂车组合而成的，可根据运输货物的重量和长度的不同，而有不同的组合形式，即可组成不同轴线数和纵列数（横向的车轮为轴线，纵向的车板为纵列）。

E. 使用时应了解挂车的外形尺寸，承载面宽度，运行高度，液压悬挂升降的范围，挂车的自重、总重、载重，支撑三角形的重心位置和轴荷等。

（4）部分载重车、挂车技术性能。国产载重汽车主要技术性能见表 6-43。国产半挂牵引车主要技术性能见表 6-44。进口牵引车主要技术性能见表 6-45。国产半挂车主要技术性能见表 6-46。国产全挂车（含组合式）主要技术性能见表 6-47。国外全挂车主要技术性能见表 6-48。

表 6-43　　　　　　　　　国产载重汽车主要技术性能表

车 型	载重量 /t	功率 /马力	车厢尺寸 （长×宽×高）/ （mm×mm×mm）	最小转弯 半径/m	最大爬 坡度 /%	最高车速 /(km/h)	重量/t	
							总重	自重
EQ140	5.0	135	4052×2294×550	8.0	28	90	9.29	4.08
SX3315NT	20.0	385				79	31.0	10.85
SX1255NR464C	13.5	345	8000×2326×800			99	25.0	11.38
CA10B	4.0	95	3540×2250×585	9.2	20	75	8.025	3.74

表 6-44　　　　　　　　　国产半挂牵引车主要技术性能表

车 型	功率 /马力	最大车速 /(km/h)	最大牵引力 /t	最小转弯 半径/m	外形尺寸/mm			净重 /t
					长	宽	高	
WP-10.37	276		22.5	15.6	6935	2495	3348	
BQ4256	250	90	60	8	6610	2490	2900	8.205
2534S	280	90	40	8.4				9.0
2534S	280	90	40	8.4				9.0
SX4255NR294XC	375	92			6600	2490	3320	9.0
HS991	400	30	300	12	9200	2800	3300	42.0
BJ4253MIFKB-S2	420							9.7

表 6-45　　　　　　　　　进口牵引车主要技术性能表

车 型	功率 /马力	最大车速 /(km/h)	最大牵引力 /t	最小转弯 半径/m	外形尺寸/mm			净重 /t
					长	宽	高	
3850A	500	80	44		7600	2495	3450	15.0
4850A	500	80	44		8350	2495	3625	17.0
L91200ZA	250	77	60	18.5	7610	2500	2800	26.15
TG200	434	51	250	11.7	8190	2820	3190	15.4
TG300	516	42	300	15.26	9270	3100	3500	22.0
DH6675	400		200		7950	3000		
W400	250	24	100	10	7565	2940	2915	16.78
40t	265	70	40	7.1	6275	2845	2820	7.5
60t	335	37	60	8.8	6875	2495	2900	2.9

表 6－46　　　　　　　　　　　　　　　国产半挂车主要技术性能表

型　号	重量/t		货台尺寸/m			轴数	轮胎		速度 /(km/h)	最大爬坡 度/%	最小转 弯半径 /m
	载重	自重	长	宽	高		规格	数量 /个			
zL9400TDT	30		16.0	3.0	1.1	3	10.0	12			
sGz9300TDT	40	9.85	11.5	3200	3200	3					
LyD9190TDTP	10	9.5	11.8	3.0	1.2						
．Hy930	8	2.59	6.0	2.3		1	9.00	4			
Hy942	15	6.0	7.0	2.9	1.1	2	11.00	8			
MT939TSDT	25	14.4	16.0	3.0	3.1	3		12			
ZXG9401TDP	29.5	10.4	12.6	3.0	3.6	3	10.00	12			

表 6－47　　　　　　　　　　　国产全挂车（含组合式）主要技术性能表

型　号	重量/t		货台尺寸/m			轴数	轮胎		速度 /(km/h)	最大爬坡 度/%	最小转 弯半径 /m
	载重	自重	长	宽	高		规格	数量 /个			
HY873	25.0	7.0	6.0	2.9	1.06		11.00	24	37.5	35	12.5
HY882	50.0	15.0	6.2	3.2	1.1		10.00	32	15	10	11.7
SSc880	80.0		70	35	1.258		11.00	24	＜15		10.7
BG40	40.0	11.0	6.9	3.2	1.2	2	90	16	40		11.0
THT（组合）	50.0		3.8	2.99	1.08	6	9.0	16	0～8		
180t	180.0	32.0	10.85	2.99	1.08	7		56	18		13.76
组合式	65.0	10.0	4.65	2.99	10.80	3	7.5IR	24	10		

表 6－48　　　　　　　　　　　　　国外全挂车主要技术性能表

型　号	重量/t		货台尺寸/m			轴数	轮胎		速度 /(km/h)	最大爬坡 度/%	最小转 弯半径 /m
	载重	自重	长	宽	高		规格	数量 /个			
PK150.6		20.2	9.0	3.0	1.19	6		48			
L91200ZA											
德制	60		330	330	110		10.00	24			
日制	100	36	8.45	3.4	1.2		10.00				

6.7.2　运输道路及电力设备运输分级范围

（1）国内各级公路主要技术指标汇总见表 6－49。

表 6 - 49　　　　　国内各级公路主要技术指标汇总简表

公路等级		高　速　公　路					一级		二级	三级		四级	
计算行车速度 /(km/h)		120		100	80	60	100	60	80	40	60	30	40	20
车道数		8	6	4	4	4	4	4	4	2	2	2	2	1 或 2
行车道宽度/m		2×15.0	2×11.25	2×7.5	2×7.5	2×7.5	2×7.0	2×7.5	2×7.0	9.0	7.0	7.0	6.0	3.5 或 6.0
路基宽度 /m	一般值	42.50	35.00	27.50 或 28.00	26.00	24.50	22.50	25.50	22.50	12.00	8.50	8.50	7.50	6.50
	变化值	40.50	33.00	25.50	24.50	23.00	20.00	24.00	20.00	17.00				4.50 或 7.00
极限最小半径/m		650		400	250	125	400	125	250	60	125	30	60	15
停车视距/m		210		160	110	75	160	75	110	40	75	30	40	20
最大纵坡/%		3		4	5	5	4	6	5	7	6	8	6	9
车辆荷载	计算荷载	汽车-超 20 级					汽车-超 20 级 汽车-20 级		汽车-20 级		汽车-20 级		汽车-10 级	
	验算荷载	挂车-120					挂车-120 挂车-100		挂车-100		挂车-100		履带-5	

（2）施工现场运输道路选择。

1）水电站进入金属结构设备和发电机组设备安装时期，施工现场的场内道路基本形成并投入使用。

2）因设备安装需要在工地现场须增设临时施工道路时，承运单位应向设备委托方及其有关人员提出申请，在得到批准后，才能进行施工。

3）运输的路线应选择弯道要少，坡度要小，以便减少运输中的难度，加快运输周期。

4）运输路线的路面要宽阔和坚实，坑洼地段要少，使设备或构件能顺利通过。

5）施工现场需增设的施工道路路面的宽度和坡度要求见表 6 - 50。

表 6 - 50　　　　　道路路面的宽度和坡度要求表

道 路 分 类			主要道路	次要道路	辅助道路	仓库引道
路面宽度 /m	汽车	大型	7～9	6～7	3.5～6	与仓库大门宽度相适应
		中型	6～8	3.5～6	3.5	
		小型	6	3.5	3	
最大纵坡 /%	汽车	平原地区	6	8～9	8～10	8～11
		山区	8			
	叉式运输车		4			5

注　计算车速：汽车 15km/h，叉式运输车 8km/h。

6）设备运输路线中，障碍物要尽量少，以减少处理障碍物的时间，加快运输进度。

7）设备运输过程中，需要通过水沟或电缆沟时，要采取必要的措施，在沟道上面铺设厚钢板或钢构件（其承重能力要符合实际承载的要求）。

8）设备运输线路通过桥梁时，要了解其承载能力，如设备或构件的总重超过桥梁承载能力时，要会同有关部门，采取相应的加固措施。

9）设备或构件在运输过程中，通过交叉路口，城镇街道，繁华集市时，行驶前要仔细观察周围的情况，要避开障碍物、车辆和行人，确保设备或构件顺利通过。

（3）电力设备运输分级范围。根据电力行业协会设备运输规范，大件设备按外形尺寸和重量可分为四级，按其长、宽、高及重量四个条件之一中级别最高的确定。电力大件分级标准见表6-51。

表6-51　　　　　　　　　　　　　　　　电力大件分级标准表

电力大件等级	设备长度/m	设备宽度/m	设备高度/m	设备重量/t
一级电力大件	14≤长度<20	3.5≤宽度<4.5	3.0≤高度<3.8	20≤重量<100
二级电力大件	20≤长度<30	4.5≤宽度<5.5	3.8≤高度<4.4	100≤重量<200
三级电力大件	30≤长度<40	5.5≤宽度<6.0	4.4≤高度<5.0	200≤重量<300
四级电力大件	长度≥40	宽度≥6.0	高度≥5.0	重量≥300

6.7.3　设备运输对包装的要求

水电站的机电设备大部分均由制造厂在厂内包装直接运至安装工地，本节主要针对水工金属结构设备和现场制作的机组设备介绍运输包装的要求。

（1）闸门包装（平板闸门和弧形闸门）。

1）闸门应分解为运输单元裸装发运，并按套分节编号。

2）发运的分节闸门门叶上应装焊吊装及运输捆绑用吊耳板。其符号为："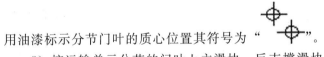"，并用油漆标示分节门叶的质心位置其符号为"   "。

3）按运输单元分节的门叶上主滑块，反支撑滑块组装在门叶上整体发运，对支撑工作面采用"   "型铁罩加以保护。

4）定轮闸门的滚轮应在出厂前安装调试后随门叶发运，链式闸门的链带可随门叶整体发运，也可将链带装箱发运，整体发运则应将链带部位进行硬性保护包装。

5）闸门上的止水座板面用止水压板加螺栓紧固保护，橡塑水封装箱应采用长木箱包装发运，装箱时应拉直，不允许弯曲。

6）埋件按设备编号及类型成对捆扎裸装发运（机加工面上涂黄油，贴纸后再加三夹板或橡皮板保护，机加工面相对用角钢长杆螺栓紧固包装）。

7）细长件（如侧轨）或平面型（如底槛）构件刚度较小时，应采用多件组合，或增加辅助刚性构件，防止运输变形。

（2）对工地现场制作或加工、组装的机组大型部件、压力钢管和运输包装要求。

1）机组大型部件，主要包括锥管、肘管、里衬、蜗壳埋件部分和座环、转轮等。

A. 锥管：按现场安装吊装单元组拼节运输。

B. 肘管：按现场安装吊装单元组拼节运输。

C. 里衬：整体或按现场安装吊装单元组拼节运输。

D. 蜗壳埋件部分：按安装单元组拼后运输。

E. 座环：按分瓣运输或在安装间整体组装起吊安装。

F. 转轮：在工地加工厂整体组拼运输。

2）压力钢管：按现场管节安装的吊装单元运输。

3）运输包装要求。

A. 工地现场制作或加工组装的大型件，均为裸装发运件。

B. 在每件发运部件（构件）的两个侧面上用不褪色的油漆刷标识牌。标明产品名称、型号、重量、外形尺寸、制造厂、制造日期等。

C. 在构件的外表面上标明构件的质心、支撑点位置、起吊点位置，应布设起吊和装车捆绑用的吊耳板，起吊吊耳板的选用和布设应能满足吊装作业工况的需要。

D. 对刚度较差的板材圆形构件，其圆内（或弧段内）特别是起吊点的对称位置，应增设内支撑，以避免起吊时构件产生变形。

6.7.4 设备运输及装卸

在水电站机电设备和金属结构的设备安装中，设备运输工作多为中、短途道路运输的现场运输（除承担制造机组埋件锥管、里衬、蜗壳，和金属结构闸门及埋件、压力钢管瓦片等，需经长途公路运输或经铁路、水路转运至工地现场交货外）。中途运输为设备委托方在靠近水电站距离较近的铁路货场（或水运码头）交货设备，由安装单位承运至工地仓库。短途运输为工地仓库至设备安装现场的场内运输工作，通常水电站设备运输分为外场运输和场内运输。

外场运输可采用公路、水路、铁路、空运、水陆联运、公路铁路联运等方式。

图 6-61　滚装船装运设备

采用道路运输与水路运输相结合，通过滚装船装载载重汽车（或重车组）装运设备。从发运地，经滚装码头坡道和滚装船上的可调节升降的跳板装置自行上船，到达交货地点的滚装码头后由装运设备的车辆自行下船，然后经公路直达交货地点。在工地重大件设备运输，跨河（江）桥梁承载能力有限时，也可修建滚装码头，采用滚装船装运方式运输。滚装船装运设备见图 6-61。

场内运输是指工程施工现场的物资仓库存放的设备，由公路，通过汽车、挂车（半挂、全挂）、组装平板拖车等运输设备，转运至施工现场的道路运输（又称二次运输）。

设备运输包括查验设备、考察运输道路及途中环境、确定运输方案、运输作业、设备装卸、现场大件运输及装卸等工作内容。

（1）查验设备（理货工作）。

1）了解设备的属性，查明是箱装还是裸露，裸露设备有无底托及类似底托的型式。

2）查明设备的几何形状和长、宽、高的尺寸。

3）查明设备的重量、重心位置、质量分布情况及有否可拆卸的附件和易泄漏的液体。

4）了解设备的吊点位置（顶升点、顶推点）或牵引点位置，支撑部位和支撑方法（必要时画出支撑部位简图）。特殊设备还应索取设备结构图、装配图等相关资料

5）了解设备在运输中的特殊要求，在防冲击震动、防潮、防尘、抗变形、倾斜度、内部气压、特定部位的允许受力等方面的特定要求。如有具体数值要求的，应了解其目标管理值和极限值。

（2）考察运输道路及途中环境。

1）根据交通部工程技术标准了解所经道路等级，查明道路宽度，路面材料和路面情况。

2）查验路基是否坚实，其抗压能力不得低于运载车辆轮胎的制造厂标定设计轮压。

3）查验道路竖曲线半径（上、下坡路段的坡度大小）、运输车辆的牵引、制动能力能否满足要求。

4）查验弯道半径和通道的宽度和高度（包括隧道、建筑物通道、交通洞）。

5）查明桥梁、涵洞承载能力。验道人员应根据空车的重量、重车的重量、轴荷、轴距、车长、车宽、车高（包括装载设备的总高）来决定能否通行。

6）查明沿途高空障碍（指驶经路线上空跨越的电力、照明、通信、广播线路，铁路、公路、公路立交、公路收费站构筑物、其他建筑物、行道旁树木等逐一核实）。

7）了解当地的地理环境条件和气候情况，包括封冻结冰期，雾、雪天气，雨季、洪水、大风季节及不同海拔的温度变化。

8）了解沿途地质构造情况，特别注重山坡地段在雨季山洪引发泥石流、坍方对运输工作的不利影响。

9）查验装卸作业现场，应能满足车辆进出、掉头的要求和通行安全以及应能满足所选用起重吊车的通行和装卸作业施吊要求。

10）勘察完成后，勘察人员应及时提交勘察报告。勘察报告应能客观、准确、详细、全面地反映大件运输沿途及装卸场地情况，并推荐最佳路线和备选路线，对不满足运输要求的障碍提出通行措施和整改的建议。路线图应标明路线名称、主要路经城镇、车站、码头、主要桥涵、复杂路段、沿途障碍的位置及状况。

（3）确定运输方案。

1）根据设备的几何尺寸、重量、重心位置、质量分布情况及路况和桥涵的负载限额，选配合乎设备运载车辆的规格、型号（包括牵引拖车动力机组）。

2）根据运输车辆的轴荷来确定途中最高车速限值。

3）规定特殊路段和气象条件变化时的运行技术措施，其中主要包括坡道、弯道、桥梁、涵洞、隧道、交通洞、漫水路段，遇有沙尘、冰雹、雨、雪、雾、结冰等情况的行驶速度，以及调整操作技术措施（包括加长牵引杆、增加牵引车、倒载、调整压载重量、降低挂车高度、控制转向、车轮加挂防滑铁链等）。

4）确定装卸方法，根据设备的重量及外形尺寸，选配满足装卸作业起重吊装的起重机规格型号，包括单机或多台起重机起吊作业，并对装卸作业场地做出运输车辆、起吊设备进退路线和装卸吊装作业场地的布置图示，并说明起重机的吊装操作中的技术性能。

5）确定装载支撑部位、支撑方法、捆绑方法等技术措施。

6）编制装卸作业和运输途中的安全技术措施，主要包括操作安全技术措施和改善运输途中不利因素的整改措施以及遵守道路交通法规等强制性的规定、要求，满足实施中的运行需要。

（4）运输作业。

1）设备装车（船）作业：

A. 运载的设备应均衡、稳定、合理地分布在载货平台上，不超载、偏载，不集重、偏重；能够经受运输过程中所产生各种力的作用，不发生移动、滚动、倾覆、倒塌或坠落等情况。

B. 设备的重心要与承运车辆或船舶的承载重心相吻合，遇到无法吻合的，其偏差应控制在车辆或船舶的许可范围内。

C. 运载的设备与载货平台接触处应铺设防滑材料，起到防滑的作用。

D. 根据大件设备情况选择合适规格的绑扎钢丝绳、手拉葫芦和卸扣，采用合理的方式进行捆扎固定，以避免侧翻和滑移。

E. 绑扎索具应设法避开设备薄弱、易损部位和精加工面，接触部位应以软织物或木板衬垫，防止损伤设备。

F. 有防潮、防振等特殊要求的大件设备应加装相应的监测仪器，采取相应的防护措施。

G. 装载部位应有足够的承压能力满足装载要求。需人工装卸的，顶升部位还应满足顶升时的强度要求。

2）道路运输工艺及要求：

A. 设备运输车辆应严格按照方案中规定的路线和要求行驶。

B. 运输超高大件时，车辆前需以开道车进行障碍查验，并与其他车辆保持密切联系，发现障碍及时处理清除。

C. 遇到道路施工、道路狭窄、逆向行驶、恶劣气候等特殊情况必须采取妥当措施，安全通行。

D. 严格遵照方案要求控制行驶速度，途中宜保持匀速行驶，应避免快速起步、急剧转向和紧急制动，长距离下坡应采取降温措施，保证运输车辆制动性能良好；运输车辆过桥涵、铁路道口时，时速不宜超过 5km/h，不得急刹或变速，缓缓居中通行。

E. 沿途穿过空中线缆时应减速行驶，同时应注意保持对电力线路的安全距离，在靠近带电区作业时应加强监护，工作人员的正常活动范围，应按照《电力建设安全工作规程 第 2 部分：架空电力线路》（DL 5009.2—2016）的规定执行，如有碍安全通行应由工作人员采取适当措施后方可通过。

F. 运输途中适时安排停车检查，着重检查车况及监测仪表数据、设备绑扎情况，发现异常，应及时处理。

G. 运输途中停车时，应做好车辆防溜措施，在车辆四周设警示标志，并派专人值守。

H. 夜间行驶，大件设备运输车辆应做好灯光警示。

3）内河水路运输工艺及要求：

A. 船舶应采用安全航速航行，安全航速应当根据能见度、通航密度、船舶操纵性能和风、浪、水流、流速、航路状况、货物特性要求以及周围环境等因素决定。

B. 航行过程中如遇复杂、拥堵航道或陌生水域，应向引航机构申请引航或护航。

C. 水路运输宜在白天进行，遇拥堵航道应加强瞭望，谨慎驾驶，对动态不明或信号不明的对象来船应及早鸣号预警，防止与其他船舶或障碍物相擦、碰撞。

D. 航行途中应注意收听气象台、站广播，密切关注沿途天气状况，及时做好防台、防汛工作。如遇六级及以上大风、浓雾、暴雨等恶劣天气，船舶应停止航行，抛锚避险。

E. 航行途中，作业人员每天至少下船舱检查两次，检查绑扎钢丝绳是否松动或断裂，设备有无移位，发现问题应及时纠正或进行重新加固。

4）铁路运输工艺及要求：

A. 严格遵守铁道部铁运〔1991〕40 号、铁运字〔79〕1900 号标准等对超限货物运输的相关规定。

B. 按铁路超限货物运输电报和调度命令运行。

C. 随车押运人员应遵守铁运〔1991〕40 号标准中的《押运人须知》，适时检查设备和装载加固情况，遇异常情况及时上报。

5）设备卸车（船）作业：

A. 大件设备卸车（船）作业应设专人指挥和安全监护，统一信号，作业人员严格按运输作业方案与技术交底内容执行。

B. 遇有大雪、大雾、雷雨、大风等恶劣气候，或夜间照明不足、视线不清，不得进行电力大件卸车（船）作业。

C. 设备卸车（船），只可在设备指定许可部位进行顶升、吊装、顶推、牵拉作业，未经允许，不得擅自变换位置。

6）大、重件设备运输：

A. 根据所运载货物的几何形状尺寸、重量、重心位置、质量分布情况，路线查验状况，坡道、转弯半径、桥梁负载等，计算所需牵引力，选配装载车辆（载重汽车、挂车、组合车）和动力机组及其附件。

B. 根据不同季节和运行的不同地区，选用燃料、润料。

C. 根据挂车的轴荷来确定列车的最高行驶车速。

D. 确定装卸方法和支撑部位、支撑方法，捆绑方法。

E. 定出特殊路段运行技术措施，主要包括：横坡调整、改变三点支撑、控制转向、降低挂车高度、加长牵引杆、增加牵引车等。

F. 制定运输途中的安全措施，主要包括：经过山区路段、城镇集市、交叉路口、桥梁、涵洞、夜间行驶、特殊气候条件下的机械设备、货物的安全防护措施。

G. 经场外运输送至工地的大型设备，应尽量进入安装现场（厂房）卸车，以实现直达"门对门"运输，减少中间周转环节。

H. 超限设备的道路运输：

a. 装运一般超限设备时，宜选用半挂车或单纵列平板挂车。由于半挂车、单纵列平板车的通过性能好，便于操作，一般应为优选车型。半挂车装运设备见图 6-62（此设备的装卸车作业，可利用设备自身的升降液压装置）。单纵列两组合全挂车装运设备见图 6-63。

图 6-62　半挂车装运设备

图 6-63　单纵列两组合全挂车装运设备

b. 当运输外形尺寸、重量超过单列挂车承载时，应选用两纵列组合式多轴挂车装运。两纵列四组合全挂车装运设备见图 6-64。

c. 当运输的设备（如塔状、管状、箱形金属结构件）其长度长，超过两纵列组合挂车较多时，而设备（或构件）自身又有足够的强度和刚度，同时又允许以两点支撑时，宜选用桥式挂车方式装运。桥式挂车装运方式见图 6-65。

图 6-64　两纵列四组合全挂车装运设备

图 6-65　桥式挂车装运方式

d. 对于特宽、超重的大型设备或设备的质量分布不均匀，重心偏移，或重心高，稳定性差的设备运输时，应根据所经道路的宽度实际情况，宜选用三纵列横拼挂车装运方式。三纵列六组合全挂车装运设备见图 6-66。

e. 施工现场短途运输外形尺寸较大，但重量较轻的设备时。应在考察所经过的道路宽度允许的条件下，选用单台半挂车（或单纵列平板挂车）装运。但所装运设备在车板两侧空悬较宽时，应在设备与车板间用长形型钢支垫，与设备捆绑时要牢固可靠，超宽处应挂

图 6-66　三纵列六组合全挂车装运设备

设明显的标记。经过狭窄的路段或交通洞时，应设专人观察引导通过。大型肘管交通洞内装载运输见图 6-67，大直径压力钢管公路运输见图 6-68。

图 6-67　大型肘管交通洞内装载运输

图 6-68　大直径压力钢管公路运输

　　f. 在施工现场运输道路特定的条件下，需运载重量不太大，但外形尺寸较大的钢构件（如大型压力钢管节，锥、肘管节），可选用长货平板车或半挂车装运。将管节在平板车上立式摆放，在管节与平板间支垫按管节外形形态制作的可调节凹型托架，利用钢丝绳与手拉葫芦捆绑。安全的行驶速度应为：坡、弯道路段 3km/h，平、直段 5km/h。装车时，注意管节的重心应对正车板的承载中心，压力钢管节立式装载运输见图 6-69，肘管节装载运输见图 6-70。

　　（5）设备装卸。

　　1）装卸方式。

　　A. 吊装法装卸：

　　a. 利用单台起重机。如：汽车吊、履带吊、门座式起重机、塔式起重机、缆索起重

图 6-69　压力钢管节立式装载运输

图 6-70　肘管节装载运输

机、桥机、龙门吊等装卸作业。

b. 利用多台起重机共同作业。

c. 利用桅杆式起重机装卸作业。

B. 用液压顶移法装、卸车。

C. 用卷扬滚排法装、卸车。

D. 利用车板自身的升降技术性能装卸作业。

组合式平板车车板自身有液压升降装置（一般在±300mm），在设备与地面间布设多个支撑点，利用车板自降离开装载的设备，然后车板退出。

2）设备装卸车作业，施工前的安全检查：

A. 现场是否具备条件（是否符合运输、起重设备进出场路线条件，包括道路、场地、空间障碍物等）。

B. 起重、运输设备的状况（是否能满足本项工作的作业工况条件，重型设备运输车辆轮胎的充气气压应作均压检查，其正负不得大于设定工作气压的 5%）。

C. 装卸车起重作业的器具、吊具检查。

D. 设备卸车（船），只可在设备指定许可部位进行顶升、吊装、顶推、牵拉作业，未经允许，不得擅自变换位置。

3）吊装法装、卸车（船）要求：

A. 起吊大件设备应绑扎牢固，需高处移动的应设溜放绳，起升钢丝绳应保持垂直并与负荷中心对齐，严禁偏拉斜吊。

B. 起吊前应进行试吊操作，对起重机械作全面细致检查，确认良好后方可正式起吊。

C. 吊装时，工作速度应均匀平稳，不得突然制动或没有停稳时作反向行走或回转，落钩时应低速轻放,设备未放稳时严禁松钩。

D. 两台及以上起重机抬吊大件设备时,应根据各台起重机的允许起吊重量按比例分配负荷;抬吊过程中各台起重机的起升钢丝绳应始终保持垂直,升降、行走应保持同步。各台起重机所受负荷应在额定起吊重量的80%以内。

E. 在吊装过程中如遇机械故障或有其他异常现象时,应放下设备、停止运转后进行排除,严禁在运转中进行调整或检修。如无法放下设备,必须采取适当的临时保险措施,除排险人员外,任何人严禁进入危险区。

F. 卸船时,根据船泊吃水动态变化及河流水位的变化,应及时采取调整缆绳或增减压载等措施,防止船泊过度抖动、缆绳崩断或船泊倾斜。

G. 起重吊装作业应执行《起重吊运指挥信号》(GB 5082)、《起重机械安全规程 第1部分 总则》(GB 6067.1)等相关规定。

4) 液压顶推滑移法装、卸车(船)要求:

A. 滑道应在大件重心对称位置上布置,滑道间距不宜小于2m,对于超长物件应考虑设置多组滑道。选作滑道的构件底部应平整,并可足够支承设备重量。

B. 钢轨应位于同一平面内,并相互保持平行,同一滑道上两根钢轨受压大致相当,以免产生抽轨现象;采用长度较长的滑道时,应每间隔4~5m设一定位卡子,用以固定钢轨间距。

C. 滑道设置一般要求水平,当滑道较长时,可根据现场情况搭设斜坡滑道,斜度应严格控制在2%以内,并采取防溜措施。

D. 钢轨滑道与混凝土基础、钢梁、钢板货台的接触面间应采取防滑措施。

E. 液压千斤顶应置于坚实、平整的基础上进行顶升。

F. 液压千斤顶与设备顶点间应采取防滑措施,千斤顶底部与道木间垫专用厚钢板防止道木沉陷。

G. 设备顶升、下降时,只允许在设备两端分次交替进行,两端高差不应超过5cm(当滑轨间距较长时,可适当增加高差),严禁四点同时顶空或越层升降,顶升时同侧千斤顶应严格保持同步。

H. 在顶升过程中应做好防止设备意外下沉、倾倒或滑移的保险措施,在顶升或下降过程中应根据设备高度变化及时调整垫木厚度,保险垫木与设备底部净空高度保持在2cm以内。

I. 在顶推过程中,在设备前后端应有专人看管,负责调整油管,监视道木平台、滑道、支墩受力情况;各岗位作业人员间应保持密切联系,发现问题及时反映并加以妥当整改。

J. 卸船时,随着大件设备的移动,船舶吃水动态和船舶倾角发生变化,应保证船泊平衡,不影响大件设备卸载的连续性。

5) 卷扬滚排法装、卸车(船)要求:

A. 牵引作业前,应对牵引系统进行试运转,观察滑车组、卷扬机运行情况,发现异常及时整改。

B. 锚点应经过满载试拉后才能正式使用,锚点受力后应指定专人监护,如发现变形、移位、松动等迹象，要立即采取措施进行修整。

C. 牵引作业时，任何人不得跨越卷扬钢丝绳，在拖拉钢丝绳导向滑轮内侧的危险区内严禁有人逗留或通过。

D. 滚杠两端应伸出拖排外面300mm左右，滚杠放置人员应蹲在侧面，采用正确手势作业，以免压伤手指。

E. 如有上下坡时，应在拖排上设置拖拉绳。

F. 中间停运时，应采取措施防止设备滚动。夜间应设红灯示警，并设专人看守。

6）长方形柱状构件的装卸：

A. 选择起吊拴挂点时，应首先确定设备的重心位置，细长杆件起吊时可采用布置多捆扎吊点，或填充其他硬质材料或型钢加强其强度、刚度，使物件不易变形，弯曲。

B. 车面摆放支撑点应满足挂车承载均布，可采用多支点支撑方式。应选择设备刚度大、抗弯力强的部位作为吊点和摆放支撑部位。

7）设备在货车车板上的摆放：

A. 设备在平板货车上的摆放：

a. 应根据设备的外形尺寸，重量选用运载车辆。

b. 设备应对称的摆放到运载货车上，使车辆轮轴载荷均衡。

c. 在设备与车板之间应加垫防滑软垫材料（木材、橡胶等）。

d. 运载高度超出车墙板的设备时，应采用绳索捆绑方式加固，防止设备倾翻或滑移、滑落事故发生。

B. 设备在组合式车板上的摆放：重型组合挂车均采用独立悬挂的平衡结构，所以各轴的轴荷是相同的，装车时，应使货物的重心位置与挂车承载的三角形的形心位置基本一致，才能使挂车具有最好的稳定性。组合式多轴挂车承载，组合挂车承载中心见图6-71。

C. 设备在半挂车上的摆放：货物在半挂式车上摆放的支撑一般原则是合理的分配载荷，根据半挂车的载荷特点，装车时货物重心的位置在纵向摆放时应偏移向半挂车的轮轴处，横向应位于半挂车纵梁的对称中心线上，因为半挂车鞍座处（牵引销）的负荷能力小于轮轴处（后当量桥）的负荷能力，所以装载时货物重心应偏向后，在选择支撑方式和支撑部位时（即支垫枕木，支垫构架或钢木混合支垫）既要使载荷分布合理，又不能引起设备变形和确保运行中车辆、设备的稳定性。

8）设备在装载车上的支撑方式：

A. 钢支撑：对于重量大的裸装设备（座环、转轮等），常用钢质支撑支垫车板运输，它具有强度高、抗变形能力强等优点，能较好地保护设备和运载车辆。它能依照设备支撑部位的形状而制作，常采用焊接或用紧固件连接而成。

B. 木支撑：支撑一般重量的设备，通常选用硬质杂木。木支撑常用紧固件连接而成，是应用较泛的支撑方法。支垫枕木的加工尺寸一般为：2.0m×0.25m×0.2m（长×宽×高）。

C. 钢木混合支撑：是用钢质材料和木质材料共同制成的结构，支撑的主要受力部位为钢质材料。

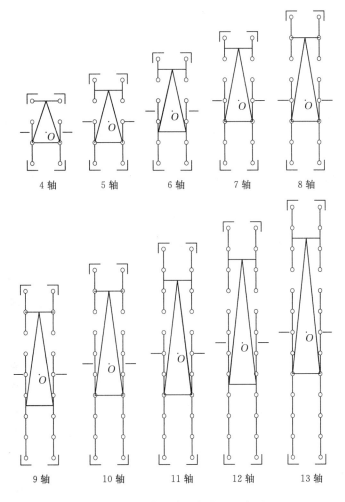

图 6-71　组合挂车承载中心示意图
注：O 点为承载中心。

9）设备在装载车（船）上的加固：

A. 应根据设备的重量、外形尺寸、重量、重心的位置和高低、质量分布情况，以及车辆在运行过程中可能引起设备的滑动、重心偏移等现象进行针对性的捆绑。

B. 选用的绳索、索具、张紧器具不得有任何缺陷，应有 3 倍以上的安全系数。

C. 运载的设备应均衡、稳定、合理地分布在载货平台上，不超载、偏载，不集重、偏重；能够经受运输过程中所产生各种力的作用，不发生移动、滚动、倾覆、倒塌或坠落等情况。

D. 设备的重心要与承运车辆或船舶的承载重心相吻合，遇到无法吻合的，其偏差应控制在车辆或船舶的许可范围内。

E. 绑扎索具应设法避开设备薄弱、易损部位和精加工面，接触部位应以软织物或木板衬垫，防止损伤设备。

F. 有防潮、防振等特殊要求的大件设备应加装相应的监测仪器，采取相应的防护措施。

G. 铁路运输的大件设备应遵照铁路总公司《铁路货物装载加固规则》等相关规定进行装载加固。

H. 大件设备装船时应合理配载，并绘制配载图。

I. 装载部位应有足够的承压能力满足装卸的要求，需顶升或顶移装卸的，顶升部位还应满足顶升时的强度要求。

J. 设备运输加固多为捆绑方式和焊接方式。焊接方式多用于设备超重、尺寸较大、运输距离较长、路况较差的远程运输中采用，将设备的钢构支架与运输车辆的支撑面直接或用钢材搭接施焊固定。

（6）现场大件运输及装卸。对于重量、外形尺寸较大的大型设备或部件、构件，装卸及工地现场的二次短途运输。在没有大型起重及运输设备时，可用卷扬机或其他牵引机械配合滑组进行拖排搬运的方式。特点是工具简便，设备的重量和外形尺寸不受限制，对路面的要求不高，即使有一定的坡度，影响也不大。缺点是速度慢、效率低，操作较复杂。

1）滑移拖运。

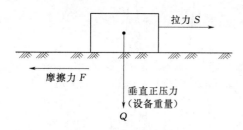

图 6-72　平地上滑运设备力系分析图

A. 滑移拖运有两种形式：一种是旱船拖板滑运，即是将设备放至用钢板或型钢按船体外型模仿制成的拖板上，在地面上利用牵引机构进行滑移拖运设备的；另一种是将设备放至拖排上，在地面与拖排之间，铺设木质或钢质拖轨和滑槽，并在拖轨和滑槽之间涂润滑油脂。利用牵引装置牵引滑移拖运设备。

B. 在平地上滑运设备时的牵引拉力：

a. 平地上滑运设备力系分析见图 6-72。

b. 平地上滑运设备时的牵引拉力按式（6-51）计算：

$$S = Qf \tag{6-51}$$

式中　f——滑动摩擦系数；

$\quad\quad Q$——设备重量，kN；

$\quad\quad S$——牵引拉力，kN。

C. 斜坡上滑运设备时牵引拉力：

a. 斜坡上滑运设备力系分析，斜坡上滑运设备力系分析见图 6-73。

b. 斜坡上滑运设备时的牵引拉力按式（6-52）和式（6-53）计算：

$$S = mg\sin\alpha \pm mg\cos\alpha f \tag{6-52}$$

或按近似值算法：

$$S = \frac{mg}{n} \pm mg\cos\alpha f \tag{6-53}$$

式中　f——滑动摩擦系数；

$\quad\quad g$——重力加速度，$g = 9.8 \text{m/s}^2$；

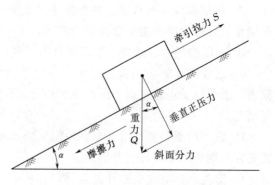

图 6-73　斜坡上滑运设备力系分析图

n——滑道的坡度，上坡为正，下坡为负（坡度越小 n 越大）。

D. 滑动启动摩擦力：启动时的摩擦力大于运动中的摩擦力。因此，在计算拉动设备的牵引力时，在实际情况中必须大于它的摩擦力（尤其是设备在地面上滑行时），一般情况启动时为运行摩擦力的 2 倍以上，表面不光滑时为 2.5 倍。

E. 几种不同材料的滑动摩擦系数见表 6-52。

表 6-52　　　　　　　　　　几种不同材料的滑动摩擦系数表

材　　料	静　　止		运　　动	
	干燥	润滑	干燥	润滑
钢—钢	0.15	0.1～0.12	0.15	0.05～0.15
钢—铸铁	0.2～0.3		0.18	0.05～0.15
钢—青铜	0.15	0.1～0.15	0.15	0.1～0.15
钢—碎石路面	0.36～0.39			
钢—花岗石路面	0.27～0.35			
钢—混凝土和黏土路面	0.4～0.45			
钢—冰和雪	0.01～0.02			
铸铁—铸铁		0.15	0.15	0.07～0.12
铸铁—橡木	0.65		0.3～0.5	0.2
木材—木材	0.4～0.6	0.1	0.2～0.5	0.07～0.1
木材—钢	0.4～0.6	0.1～0.15		
木材—土壤	0.5			
木材—混凝土和黏土路面	0.45～0.5			
木材—冰和雪	0.02～0.04			

2）滚杠拖运。滚杠拖运是将设备放置钢质拖排上，在拖排与地面之间铺设垫板和滚杠。利用卷扬机及滑轮组或其他牵引机械进行牵引，滚移拖运设备。

A. 滚运牵引力：

a. 滚动摩擦作用力见图 6-74。

b. 平地滚运设备牵引力按式（6-54）计算：

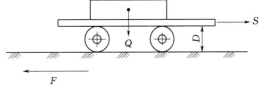

$$S=\frac{mg(f_1+f_2)}{D} \qquad (6-54)$$

图 6-74　滚动摩擦作用力分析图

式中　S——牵引拉力，N；

　　　m——设备质量，kg；

　　　g——重力加速度，$g=9.8\mathrm{m/s^2}$；

　　　f_1——滚杠与沿着滚杠平面之间的滚动摩擦系数，cm；

　　　f_2——滚杠与放置载荷的拖排之间的滚动摩擦系数，cm；

　　　D——滚杠的直径，cm。

c. 坡度滚运牵引力：斜坡上滚运设备时的力系分析见图 6-75。当有坡度滚运设备时，牵引力 S 按式（6-55）计算：

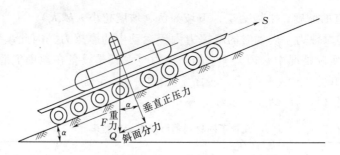

图 6-75 斜坡上滚运设备时的力系分析图

$$S=Q\left(\frac{f_1+f_2}{D}\right)\sin\alpha\pm Q\left(\frac{f_1+f_2}{D}\right)\cos\alpha \qquad (6-55)$$

或按近似值计算 $$S=Q\left(\frac{f_1+f_2}{D}\right)\pm\frac{Q}{n}$$

B. 几种不同材料的滚动摩擦系数见表 6-53。

表 6-53 几种不同材料的滚动摩擦系数表

滚轮材料	滚道材料	滚动摩擦系数	滚轮材料	滚道材料	滚动摩擦系数
钢	钢	0.02~0.04	钢球 (d=1.6mm)	硬钢	0.00002
	木	0.15~—0.25		软钢	0.00004~0.0001
	碎石路	0.12~0.5	充气轮胎	优质路	0.05~0.055
	软土路	7.5~—12.5		泥土路	0.1~0.15
铸铁	铸铁	0.05	实芯橡胶轮胎	优质路	0.1
木材	钢	0.03~0.04		泥土路	0.22~0.28

轴承类别		摩擦系数	轴承类别		摩擦系数
滑动轴承	液体摩擦	0.01~0.008	滚动轴承	深沟球轴承 径向载荷	0.002
	半液体摩擦	0.08~0.008		深沟球轴承 轴向载荷	0.004
滚针轴承		0.008		角接触球轴承 径向载荷	0.003
				角接触球轴承 轴向载荷	0.005
推力轴承		0.003		圆锥滚子轴承 径向载荷	0.008
				圆锥滚子轴承 轴向载荷	0.02

C. 设备由静止状态转变为运动状态时的启动牵引拉力, 大于设备正常运动时的牵引拉力。所以在计算滚运牵引力时要乘以启动附加系数 $K_{起}$: 钢滚杠对钢轨时 $K_{起}=1.5$; 钢滚杠对道木时 $K_{起}=2.5$; 钢滚杠对土地时 $K_{起}=3\sim5$。

D. 滚杠的允许载荷: 滚杠受力后, 不应被压变形, 应保持其圆形截面。根据实验与使用情况, 滚杠的允许载荷按式 (6-56) 计算:

$$W=(40.5\sim530)d \qquad (6-56)$$

式中 d——滚杠的直径, cm;

W——滚杠每厘米承压长度上的允许载荷, N/cm, 对于厚壁无缝钢管 $W=350d$

（N/cm）；对于厚壁无缝钢管充填混凝土 $W=400d$（N/cm）；对于铸钢滚杠 $W=530d$（N/cm）。

E. 放置滚杠的数量按式（6-57）计算：

$$m \geqslant \frac{Q_计}{Wl} \qquad (6-57)$$

式中　m——滚杠的根数；

　　$Q_计$——计算载荷，N/cm；

　　l——每根滚杠上有效承压长度，cm。

3）道路运输应注意的问题。

A. 根据设备的特点，及选择的道路路况，进行分析研究，选择合理的运输工具。

B. 设备启运前，应核算所通过桥的承载能力，分析路途中的特殊路段，如转弯半径过小，纵坡过大，路面过窄等特定路况的通行应对处理方法。

C. 装载设备车辆的启动、停车、运行中的加速、减速以及刹车制动等所引起的惯性力的大小，由于道路不平而引起的倾斜横向力和上下坡道时的纵向力，以及风力对装运设备产生的移位或倾翻因素。

D. 轮胎充气压力对挂车运行的影响：轮胎以低于标准的充气压力行驶时，轮胎的径向变形将增大，会造成爆胎和过早损坏，其滚动阻力增大，挂车牵引力损耗也会增加；轮胎充气压力高于标准压力行驶时，其变形及与路面的接触面积小，加剧胎面中部的摩擦，爆胎的可能性也会增多；在利用挂车（含半挂车）运输大型设备前，特别是较长距离或短距离但路面较差的现场施工道路，应对同一辆车的所有轮胎进行均压检查，使其达到标准的充气压力，才能保证轮胎在行驶途中的安全。

目前半挂拖车主要采用 9.00-20 型轮胎，常见的有三种负荷：

10 层级：最大负荷 18kN，气压 0.53MPa；

12 层级：最大负荷 20.5kN，气压 0.6MPa；

14 层级：最大负荷 22kN，气压 0.67MPa。

汽车-20 级桥梁通过各型车轮能力见表6-54。

表6-54　　　　　　汽车-20级桥梁通过各型车轮能力表

	类别	钢筋混凝土板		预应力混凝土板	钢筋混凝土 T梁			预应力混凝土 T梁			
车型及荷载	跨径/m	5	6	8	13	10	16	20	25	30	40	50
卡车	菲亚特（P340A） 三轴车	1	1	1	1	2	1	1	1	1	1	1
	载重176kN 总重260kN	1	1	1	1	1	1	1	1	1	1	1
	沃尔沃（拖车头） 三轴车	1	1	1	1	2	1	1	1	1	1	1
	860TC 总重312kN	1	1	1	1	1	1	1	1	1	1	1
	斯太尔（1490-230） 三轴车	2	2	2	2	2	2	1—	1	1	1	1
	载重240kN 总重320kN	2	2	2	2	1	1	1	1	1	1	1
	扶桑（NW313） 三轴车	2	2	2	2	2	1	1	1	1	1	1
	载重230kN 总重380kN	3	3	2	2	2	1	1	1—	2	1	1

车型及荷载		类别 跨径/m	钢筋混凝土板		预应力混凝土板		钢筋混凝土 T梁			预应力混凝土 T梁			
			5	6	8	13	10	16	20	25	30	40	50
吊车	多田野（TL451） 吊重450kN	四轴车 总重375kN	1 1	1 1	1 1	1 1	2 1	1 1	1 1	1 1	1 1	1 1	1 1
	加藤（NK400） 吊重400kN	四轴车 总重390kN	1 1	1 1	1 1	1 1	1 1	1 1	1 1	1 1	1 1	1 1	1 1
	阿尔斯（L3000） 吊重1100kN	五轴车 总重580kN	1 1	2 2	2 2	2 2	3 2	3 2	3 2	3 2	3 2	2 2	1 2
半挂车	广东 载重255kN	主二轴 拖二轴 总重430kN	2 1	1− 1	1− 1	1 2	1− 2	1− 2	1− 2	1− 2	1 2	1 2	1 1
	广东 载重400kN	主三轴 拖二轴 总重600kN	3 3	3− 3	3 3	3 3	3 3	3 3	3 3	3 3	2− 3	3 3	3 3
	扶桑113（＋TLE302） 载重400kN	主三轴 拖二轴 总重550kN	2 2	2 2	2 2	1 2	2 1−	2 2	2 2	2 2	2 2	1 1	
	长征XD980（＋汉阳960） 载重500kN	主三轴 拖二轴 总重774kN	3	3	3 3	3 3	3 3	3 3	3 3	3 3	3 3	3 3	2 3
全挂车	长征XD980（＋汉阳881） 载重500kN	主三轴 拖四轴 总重840kN	3	3	3	2	3	3	3	3	3	3	1−
	太脱拉 载重500kN	主三轴 拖三轴 总重697kN	3 3	3 3	3 3	3 3	3 3	3 3	3 3	3 3	3 3	3 3	3 3
	雅斯210 载重400kN	主三轴 拖三轴 总重760kN	3 3	3 3	2 3	2 3	3 3	3 3	3 3	3 3	3 3	2 3	1 3

参 考 文 献

[1] 杨文渊. 起重吊装常用数据手册. 北京：人民交通出版社，2001.

[2] 全国水利水电施工技术信息网. 水利水电工程施工手册. 金属结构制作与机电安装工程. 北京：中国电力出版社，2004.

[3] 蔡裕民. 吊装工艺计算近似公式及应用. 北京：化学工业出版社，2003.

[4] 交通部人事劳动司. 汽车货运. 北京：人民交通出版社，1995.

7 水电机电安装常用材料

7.1 钢铁材料

7.1.1 钢材分类

钢铁材料通常是指铁碳合金，按含碳量的大小分为生铁和钢，含碳量（质量分数）低于0.04%的为工业纯铁。钢材用途广泛，品种规格多达数万种。钢材产品按工艺化学成分、品种、用途、原料来源、规格等进行分类。

长期以来，我国习惯按断面形状不同把钢材分为型材、板材、管材和金属制品（线材）4大类。为了与国际惯例接轨，钢材又分为长材、扁平材、管材和其他钢材4大类。

（1）生铁的分类（按用途）。

1）铸造生铁：含碳高，具有表面硬度高、耐蚀、耐磨性较好的特点，但其塑性、韧性较差。一般作为铸铁件，用于加工制造机械零部件。

2）炼钢生铁：主要是用于炼钢的原材料。

（2）钢材的分类。钢是含碳量在0.04%～2.3%之间的铁碳合金。为了保证其韧性和塑性，含碳量一般不超过1.7%。钢的主要元素除铁、碳外，还有硅、锰、硫、磷等。钢的分类方法多种多样，其主要方法有如下7种。

1）按品质分类：普通钢（$P \leqslant 0.045\%$，$S \leqslant 0.050\%$）；优质钢（P、S均$\leqslant$ 0.035%）；高级优质钢（$P \leqslant 0.035\%$，$S \leqslant 0.030\%$）。

2）按化学成分分类：

碳素钢：低碳钢（$C \leqslant 0.25\%$）；中碳钢（$0.25\% < C \leqslant 0.60\%$）；高碳钢（$C > 0.60\%$）。

合金钢：低合金钢（合金元素总含量不大于5%）；中合金钢（合金元素总含量为5%～10%）；高合金钢（合金元素总含量大于10%）。

3）钢材按成型方法分类有：锻钢；铸钢；热轧钢；冷拉钢。

4）钢材按金相组织分类：

退火状态的：亚共析钢（铁素体＋珠光体）；共析钢（珠光体）；过共析钢（珠光体＋渗碳体）；莱氏体钢（珠光体＋渗碳体）。

正火状态的：珠光体钢、贝氏体钢、马氏体钢和奥氏体钢。

5）按用途分类：

A. 建筑及工程用钢：普通碳素结构钢、低合金结构钢、调质高强钢和钢筋钢。

B. 结构钢有机械制造用钢：调质结构钢；表面硬化结构钢（包括渗碳钢、渗氮钢、表面淬火用钢）；易切结构钢；冷塑性成型钢（包括冷冲压用钢、冷镦用钢）。还有弹簧钢、轴承钢。

C. 工具钢：碳素工具钢；合金工具钢；高速工具钢。

D. 特殊性能钢：不锈耐酸钢；耐热钢：包括抗氧化钢、热强钢、气阀钢；电热合金钢；耐磨钢；低温用钢；电工用钢。

E. 专业用钢：如桥梁用钢、船舶用钢、锅炉用钢、压力容器用钢、农机用钢等。

6）综合分类：

A. 普通钢：

碳素结构钢：Q195、Q215（A、B）、Q235（A、B、C）、Q255（A、B）和Q275。

低合金结构钢：Q295、Q345、Q390、Q420和Q460。

B. 优质钢（包括高级优质钢）：

结构钢：优质碳素结构钢；合金结构钢；弹簧钢；易切钢；轴承钢；特定用途优质结构钢。

工具钢：碳素工具钢；合金工具钢；高速工具钢。

特殊性能钢：不锈耐酸钢；耐热钢；电热合金钢；电工用钢；高锰耐磨钢。

7）按冶炼方法分类：

A. 按炉种分为：

平炉钢：酸性平炉钢；碱性平炉钢。

转炉钢：酸性转炉钢；碱性转炉钢；或底吹转炉钢；侧吹转炉钢；顶吹转炉钢。

电炉钢：电弧炉钢；电渣炉钢；感应炉钢；真空自耗炉钢；电子束炉钢。

B. 按脱氧程度和浇注制度分为：沸腾钢；半镇静钢；镇静钢；特殊镇静钢。

7.1.2 钢铁产品的牌号及表示方法

钢铁产品的牌号，是给每一具体的钢铁产品所取的名称代号。钢的牌号又叫钢号。我国钢铁产品的牌号，一般都能反映出其化学成分与力学性能。牌号不仅表明钢铁的具体品种，而且还可以大致判断其质量。牌号简便地提供了具体钢铁产品质量的共同概念，表示出产品的名称、用途、性能、成分、加工工艺及相应的状态等，为生产、使用和管理等工作带来很大方便。

根据《钢铁产品牌号表示方法》（GB/T 221—2008）的规定，凡列到国家标准和行业标准的钢铁产品，均应按照规定的牌号表示方法编写牌号。

（1）钢铁产品牌号的表示。通常采用大写汉语拼音字母、化学元素符号和阿拉伯数字有机结合的方法表示。为了便于国际交流和贸易的需求，也可以采用大写英文字母或国际惯例表示符号。

（2）采用汉语拼音字母或英文字母表示产品名称、用途和工艺方法时，一般从产品名称中选取有代表性的汉字的汉语拼音的首位字母或英文字母单词的首位字母。当和另一产品所选字母重复时，改造第二个或第三个字母，或同时选取两个（多个）汉字或英文单词的首位字母。原则上只取一个，一般不超过三个。

（3）钢铁产品牌号中各组成部分的表示方法应符合相应规定，各部分按顺序排列，如无必要可省略相应部分，除有特殊规定字母外、符号及数字之间应无间隙。

（4）钢铁产品牌号中的元素含量用质量分数表示。

牌号表示方法基本符合下列方法：

产品名称＋反映产品力学性能、化学成分、质量等＋用途特性工艺

前缀符号　　　　　　　特征代号　　　　　　　　牌号尾

常见示例：

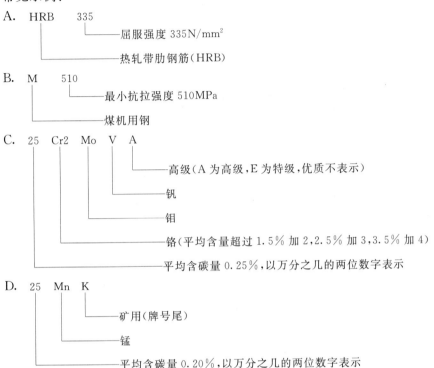

A. HRB 335
- 屈服强度 335N/mm²
- 热轧带肋钢筋（HRB）

B. M 510
- 最小抗拉强度 510MPa
- 煤机用钢

C. 25 Cr2 Mo V A
- 高级（A 为高级,E 为特级,优质不表示）
- 钒
- 钼
- 铬（平均含量超过 1.5％ 加 2,2.5％ 加 3,3.5％ 加 4）
- 平均含碳量 0.25％,以万分之几的两位数字表示

D. 25 Mn K
- 矿用（牌号尾）
- 锰
- 平均含碳量 0.20％,以万分之几的两位数字表示

7.1.3　常用钢铁材料

（1）钢轨。

1）钢轨主要用作铺设铁路道路，是铁路运输、工矿企业和工业结构中最基本的材料之一，钢轨是根据每米公称质量分为轻轨、重轨（轻轨不大于 30kg/m，重轨大于 30kg/m）。另外还有用于起重机行驶的钢轨（称为起重轨）。重轨、轻轨均以每米公称质量的近似值来表示其规格型号，起重轨道则是以轨头宽度来表示。钢轨属长材类。

示例：

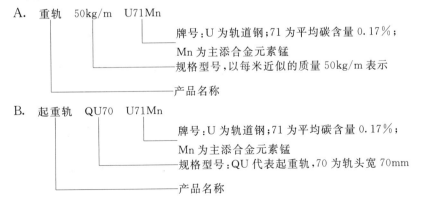

A. 重轨 50kg/m U71Mn
- 牌号:U 为轨道钢;71 为平均碳含量 0.17％;
  Mn 为主添合金元素锰
- 规格型号,以每米近似的质量 50kg/m 表示
- 产品名称

B. 起重轨 QU70 U71Mn
- 牌号:U 为轨道钢;71 为平均碳含量 0.17％;
  Mn 为主添合金元素锰
- 规格型号:QU 代表起重轨,70 为轨头宽 70mm
- 产品名称

C. 轻轨　30kg/m　55Q

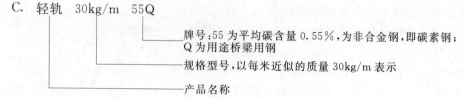

牌号:55 为平均碳含量 0.55%,为非合金钢,即碳素钢;
Q 为用途桥梁用钢

规格型号,以每米近似的质量 30kg/m 表示

产品名称

2) 钢轨的技术要求及验收要求:钢轨尤其是铺设铁路的重轨,对其质量要求相当高,且必须保证质量稳定。重点说明如下:

A. 重轨应逐根进行全长超声波探伤检查。

B. 标识要求:每根重轨一侧至少每 4m 应轧制清晰、凸起的标志,内容包括生产厂标志、轨型、牌号、制造年月。

C. 重轨质量保证期:从制造年度 N 生效起至 $N+5$ 年度 12 月 31 日,供方应保证没有制造上的任何缺陷。

(2) 热轧型钢。热轧型钢是用加热钢坯轧成的各种几何断面形状的钢材,根据断面形状不同,分为简断面、复杂断面(异形断面)和周期断面 3 种型钢。按习惯分类属型钢(型材),按国际惯例属长材类。

1) 普通热轧型钢:

A. 《热轧型钢》(GB/T 706—2008)。

B. 《热轧钢棒尺寸、外形、重量及允许偏差》(GB/T 702—2008)。

C. 《低碳钢热轧圆盘条》(GB/T 701—2008)。

D. 《热轧 H 型钢和部分 T 型钢》(GB/T 11263—2005)。

E. 《钢筋混凝土用钢　第 1 部分:热轧光圆钢筋》(GB/T 1499.1—2008)。

F. 《钢筋混凝土用钢　第 2 部分:热轧带肋钢筋》(GB/T 1499.2—2007)。

2) 煤矿专用型钢:

A. 《矿用热轧型钢》(YB/T 5047—2000)。

B. 《矿山巷道支护用热轧 U 型钢》(GB/T 4697—2008)。

C. 《煤机用热轧异型钢》(GB/T 3414—1994)。

3) 常用型钢规格型号表示:

A. 工字钢、槽钢:

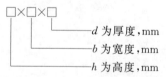

d 为厚度,mm

b 为宽度,mm

h 为高度,mm

【例】　高度 100mm、宽度 68mm、厚度 4.5mm 的工字钢,其规格表示为 $100\times68\times4.5$(或 10 号)。

B. 等边角钢:

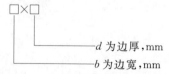

d 为边厚,mm

b 为边宽,mm

【例】 边宽 50mm，边厚 5mm，表示为 50×5（或 5 号）。

C. 不等边角钢：

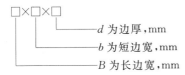

D. L 型钢：

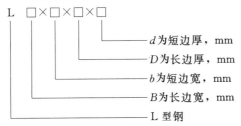

【例】 长边宽 250mm，短边宽 90mm，长边厚 9mm，短边厚 13mm，其规格表示为 L250×90×9×13。

E. 圆钢：

【例】 直径 20mm 圆钢。

F. U 型钢：以每米质量数值表示 25U、29U、36U、40U。

普通热轧型钢目前是用量大，生产工艺成熟，适用范围较广的钢材品种，主要用于建筑工程中的骨架结构、各类机械设备及水利水电工程中制作水工金属结构用钢，属于结构钢。按国际惯例钢分类多属于非合金钢及低合金钢类别。

4）检验与验收要求：

A. 外观截面尺寸必须符合型钢标准中的截面尺寸允许偏差，截面尺寸是决定型钢力学性能能否达到标准的主要因素之一。

B. 数量验收：通尺一般过磅计重验收，允许磅差±3‰；倍尺一般理算验收，允许误差±1‰。

（3）钢板和钢带。钢板和钢带都是宽厚比和表面积很大的矩形截面钢材。按国际惯例属于扁平材。一般有热轧和冷轧，可按使用要求进行切割、剪裁、弯曲冲压、焊接等。一般用于机械制造及生产维修。

规格表示方法：

习惯上，钢板的规格也可简单地以其厚度来表示。

（4）钢管。钢管是以钢管环或钢带为原材料，以热轧、冷轧、冷拔、挤压、顶管和焊接等工艺加工而成的金属管状物。按钢材分类属管材类别。钢管可用于管道、热工设备、机械工业，石油地质勘探、容器、化学工业和其他特殊用途。按生产方法可分为无缝钢管和焊接钢管（有缝管）两大类。

1）无缝钢管。无缝钢管是由钢管坯制成，断面上没有接缝的钢管，一般用途无缝钢管按化学性能成分和机械性能供应。常用的无缝钢管主要包括结构用无缝钢管、输送流体用无缝钢管、低中压锅炉用无缝钢管、高压锅炉用无缝钢管、地质钻探用无缝钢管。结构用无缝钢管《结构用无缝钢管》（GB/T 8126—2008）一般用于工程结构和机械结构制造等，不需做水压试验。输送流体用无缝钢管《无缝钢管》（GB/T 8163—2013）一般用于输送天然气、石油及水等液体，保证机械性能、做水压试验交货。

无缝钢管的尺寸表示方法：

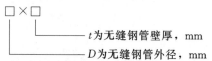

【例】 外径为108mm、壁厚为4.5mm的无缝钢管，其规格表示为108×4.5mm。

2）焊接钢管。焊接钢管是指用钢带或钢板弯曲为圆形，整形后再焊接而成的，表面有接缝的钢管。焊接钢管生产工艺简单，生产效率高，品种规格多，但一般强度低于无缝钢管，随焊接质量的不断提高，焊接钢管越来越多的代替了无缝钢管。

焊管按焊接方法不同可分为电弧焊管、高频或低频电阻、气焊管、炉焊管等。

焊管按焊缝形状可分为直缝焊管和螺旋焊管。

（5）金属丝绳。金属丝绳是金属制品中的一部分，是以优质碳素钢、合金钢等线材为原料，经冷拉或冷轧等加工工艺生产而成。工矿企业使用的金属丝绳主要有钢丝绳和钢绞线。

1）钢丝绳。钢丝绳是以优质碳素结构钢或合金钢线材为主原料冷拉（或冷轧）成钢丝，若干根钢丝按一定规则拉制成钢丝绳股，再将若干个钢丝绳股按一定规则绕制成一个致密的并具有较大抗拉能力和一定韧性的螺旋状钢丝束。

A. 钢丝绳规格型号表示方式：钢丝绳规格型号表示方法顺序为：结构型式；绳径；捻向；韧性；抗拉程度；钢丝表面状态；涂油。

【例】 直径为40mm，表面为A级镀锌，捻向为交右，韧性特级，抗拉强度1770MPa，结构为18股、19丝的瓦林吞式不涂油钢丝绳的规格型号表示：

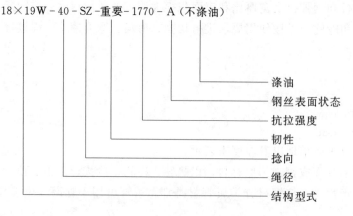

B. 钢丝绳的丝的横截面形状：除圆形外，还有异形，如 Z 形、H 形、V 形（三角）等。

C. 钢丝绳的绳股的截面形状：股是钢丝绳组件之一，常见的绳股有圆股、三角股（V）、椭圆（Φ）、扁带股（P）。

D. 钢丝绳的绳芯：绳芯是绳（股）内部的支持及缓冲物，其作用是当钢丝绳在外力作用下承受股（丝）对绳芯的径向压力，能使钢丝绳（股）不产生横向变形。绳芯根据材质不同分为天然纤维芯（NFC）、合成纤维芯（SFC）、金属芯（WC）、固态聚合物芯（SPC）。

E. 常用钢丝绳结构有：

圆股钢丝绳：一般用作立井和斜井的提升牵引绳，无级绳绞车和起重用钢丝绳等；

三角股钢丝绳：股面曲率小，接触点多，抗压性能好，主要用于立井提升；

阻旋转钢丝绳：具有一定不旋转性，主要用于立井提升和立井提升平衡尾绳；

密封绳：抗腐蚀性好，用于立井罐道绳；

扁绳：主要用于立井摩擦轮提升时做平衡尾绳。

F. 钢丝绳直径检验方法：钢丝绳直径应用游标卡尺测量，在无张力的情况下，距绳头 15m 外的直线部位，在相距至少 1m 的两截面上，同一截面互相垂直测取两个数值，4 个测量结果的平均值作为实测直径。

2）钢绞线。钢绞线是由若干根钢丝按一定的规律绞合成的，是金属制品之一，常用于吊架、悬挂、固定物件或做通信、架空地线及高压输电线路的杆塔拉线等。预应力混凝土用钢绞线是由圆形钢丝捻制而成的作预应力混凝土结构、岩土锚固（矿用锚索）等，目前煤矿常用预应力钢绞线规格 1×7-18 用于加工矿用锚索。

（6）金属支护用品。金属支护用品是矿井和水电站隧洞及过水流道支护用的金属加工产品，其品种主要有隧道金属支架、U 形支架卡缆、钢筋网片、金属顶梁、金属网、W 形钢带、金属锚杆、预应力用锚索等。

1）隧道金属支架。隧洞金属支架是以矿工钢、各种型钢、钢板或 U 型钢为主要材料加工而成的金属支架，主要用于隧洞开挖与混凝土浇筑支护。目前隧洞施工普遍使用的金属支架包括刚性支架（不可伸缩）和可伸缩支架两种。

2）金属顶梁。金属顶梁是位于隧洞开挖工作面单体支柱之上、顶板之下，传递顶板压力的支撑梁，是隧洞工作面支护顶板用顶梁。按连接方式可分为铰接顶梁和非铰接顶梁。

铰接顶梁：梁体端头焊有铰接结构部件的顶梁。

非铰接顶梁：梁体端头无铰接结构部件的顶梁。

3）隧洞用锚网材料。隧洞用锚网材料是近年来推行锚网支护改革，逐步推广应用的材料，对于提高工作面的生产效率具有十分重要意义。目前使用的锚网材料主要有顶用菱形金属网、钢筋网片、树脂锚杆、锚索等。

7.1.4 钢材锈蚀等级鉴别

轻锈又称浮锈，系轻微锈蚀，呈黄色或淡红色。锈蚀物呈粉末状。用粗麻布或棕刷擦拭可去除，去锈后仅轻微损伤氧化膜层。

中锈又称迹锈，系较重锈蚀，部分氧化膜脱落，呈红褐色或淡褐色，锈蚀物呈堆积状粉末。用硬棕刷或钢工刷才能除掉，去锈后的材料表面粗糙。

重锈又称层锈，系严重锈蚀，锈层面凸起或呈片状，一般为暗褐色或红黄色，除锈后表面呈麻坑状。

水渍，即材料受雨水或海水侵蚀，尚未起锈，仅在表面呈现灰黑色或暗红色的水温印迹。轻者用麻布可擦去，但已渗透进氧化膜的仍有水印。

粉末锈是指镀覆材料表面氧化后，形成白色或灰色粉末的锈层，用麻布可擦去，但表面失去光泽或留有锈痕，呈粗糙状。

7.2 非铁金属材料

7.2.1 非铁金属材料分类

非铁金属通常指铁、锰、铬三种金属以外的金属。这类金属材料因其外观具有各种不同的色泽，又称为有色金属。非铁金属材料按其密度和在自然界中的藏量可分为以下 5 大类：

（1）非铁轻金属：密度不大于 $4.5g/cm^3$ 的有色金属，如铝、镁、钛、钾、钠、钙、锶。这类金属化学性质活泼，多作轻质材料或金属热还原剂。

（2）非铁重金属：密度大于 $4.5g/cm^3$ 的部分有色金属，如铜、铅、锌、镍、钴、锡、锑、汞、镉。这类金属密度较高，化学性质稳定。

（3）贵金属：金、银和铂族元素（铂、钯、铱、锇、钌、铑）。这类金属密度大，化学性质稳定，价格昂贵。其中的金、银是国家稳定金融的基础。

（4）稀有金属：根据其理化性质及分布特点可分为稀有轻金属、稀有高熔点金属、分散金属、稀土金属和稀有放射性金属。

（5）半金属：理化性质介于金属和非金属之间，包括硅、硼、硒、碲、砷，半金属是生产半导体的主要材料。

7.2.2 常用非铁金属材料

（1）铜及铜合金。

纯铜：纯铜（俗称紫铜）纯度高于一般工业生产用铜。

无氧铜：经脱过氧的纯铜。

铜合金：主要有黄铜（铜锌合金）、白铜（铜镍合金）、青铜（除加锌、镍外的其他元素铜合金）。

（2）铝及铝合金。

纯铝：纯铝具有良好的耐蚀性、较高的比强度及良好的导电率，在水电工程建设中和输变电设备中应用较广，纯铝的密度为 $2.7g/cm^3$，质量较轻，在工程中得到广泛使用。

铝合金：纯铝的强度较低，为提高强度，常在纯铝中加入各种合金元素，主要有铝镁合金、铝锰合金及经热处理强化处理硬铝合金。

（3）镁及镁合金。

纯镁：镁是最轻的工程结构材料，其密度仅为 $1.74kg/cm^3$。镁的比强度较高，但强度很低，抗拉强度仅为 190MPa，不宜用于受力构件。

镁合金：适当加入合金元素可提高镁的强度，镁总是以镁合金的形式应用于各种工程结构中。

（4）硬质合金。硬质合金是一种具有高硬度、良好耐磨性、热硬性以及一定的抗弯强度的硬质材料。它是用难溶硬质金属化合物（通常为碳化物，如碳化钨、碳化钛等）作基体，以钴、铁、镍等作黏结剂制成。

1）按材质分以下几类：钨钴合金（YG）；钨钛合金（YT）；钨钛钽钴合金（YW）。硬质合金广泛应用于对硬度要求较高的工、量、模、刀具、钻具及耐磨材料。

2）按用途分类有：切削工具用硬质合金，如车刀、铣刀等各类工具刀头；模具用硬质合金，如拉伸、冲压和成型模等；地质矿山工具用硬质合金，如凿岩用钎头等；耐磨零件用硬质合金，如易磨损工具上镶的硬质合金。

7.3 管材及管件

7.3.1 常用管材

（1）管材的分类。

1）按生产方法分类有：

无缝管——热轧管、冷轧管、冷拔管、挤压管、顶管、焊管。

按工艺分——电弧焊管、电阻焊管（高频、低频）、气焊管、炉焊管。

按焊缝分——直缝焊管、螺旋焊管。

2）按断面形状分类有：

简单断面钢管——圆形钢管、方形钢管、椭圆形钢管、三角形钢管、六角形钢管、菱形钢管、八角形钢管、半圆形钢圆、波纹形钢管等。

3）按壁厚分类——薄壁钢管、厚壁钢管。

4）按用途分类——管道用钢管、热工设备用钢管、机械工业用钢管、石油用钢管、地质钻探用钢管、容器钢管、化学工业用钢管、特殊用途钢管等。

（2）常用管材。

1）碳素钢管材。碳素钢是指含碳量在 0.05%～0.7% 范围内的钢。含碳量低于 0.3% 的钢为低碳钢，含碳量在 0.3%～0.6% 之间的钢为中碳钢，含碳量高于 0.6% 的钢为高碳钢，用作管道材料的主要是低碳钢。

碳素钢中除了铁和碳两种元素外，还含有硅、锰、硫、磷等元素。根据钢中含硫量及含磷量的不同，又可分为普通碳素钢和优质碳素钢。优质碳素钢含硫量应在 0.04% 以下，含磷量应在 0.04% 以下。用来制造中、低压管道的主要有普通碳素钢 Q215A、Q235A、Q255A、Q275A 和优质碳素钢 08、10、15、20 等牌号。

碳素钢管道制造较为方便，且规格品种多，价格低廉，同时又具有较好的物理性能和机械性能，易于焊接和加工。

碳素钢管道能承受较高的压力和温度，所以可以输送多种等介质、经喷涂耐腐蚀涂料或作耐腐蚀材料衬里后还可输送有腐蚀性的介质。

2）不锈钢管材。不锈钢是在钢中添加一定数量的铬、镍和其他金属元素，除使金属内部发生变化外，还在钢的表面形成一层致密的氧化膜，可以防止金属进一步被腐蚀。这种具有一定的耐腐蚀性能的钢材称为不锈钢，有时也称耐酸钢。在不锈钢中，铬是最有效的合金元素。铬的含量必须高于11.7%才能保证钢的耐腐蚀性能。实际使用的不锈钢，平均含铬量为13%的称铬不锈钢，铬不锈钢只能抵抗大气及弱酸的腐蚀。为了使钢材能抵抗无机酸、有机酸、盐类的化学作用，除在钢中添加铬元素外，还需添加相当数量的镍（8%~25%之间）和其他元素称铬镍不锈钢，有时又称奥氏体不锈钢。这种不锈钢材被加热到高温并急速冷却（淬火）时，并不硬化，反而具有较低的硬度和较高的可塑性。奥氏体不锈钢没有磁性，它的线胀系数比碳素钢大，其值为碳素钢的1.5倍。

我国生产的不锈钢管大多数是用奥氏体不锈钢制成，分为无缝钢管和有缝卷制电焊钢管两种。

3）铜及铜合金的管材。铜是一种紫红色的有色金属，一般惯称紫铜。铜具有良好的导电性、导热性和延展性；由于铜具有良好的导热性能，不易使局部加热，因而铜的可焊性较差；铜的耐腐性能较好，在没有氧化剂存在时，铜在水中及非氧化性酸中是稳定的，当介质中有氧化剂存在时，在大多数情况下会加速铜的腐蚀，有苛性碱及中性盐类的溶液中，铜相当稳定。在大气中铜有一定的稳定性。

根据不同用途，在铜中加入一些其他元素，可制得铜合金，以提高铜的强度、硬度、易切削性和耐腐蚀性。常用的铜合金有黄铜、白铜、青铜。黄铜是铜和锌的合金。工业上常用的牌号有H62、H68、HPb59-1（铅黄铜）。黄铜有优良的铸造性和较好的流动性。铸造组织紧密，在大气条件下腐蚀非常缓慢，因此广泛应用于管道。白铜是在铜中加入适量的镍。白铜广泛应用于冷凝器及换热器的制作。青铜是铜和锡的合金。青铜具有很好的铸造性和抗腐蚀性及塑性，用途很广。

4）橡胶衬里管道。橡胶衬里管的分类。在碳素钢管内壁加衬不同橡胶材料，称为橡胶衬里管道。根据橡胶含硫量的不同，橡胶衬里管分为软橡胶衬里管、半硬橡胶衬里管和硬橡胶衬里管。

橡胶具有高化学耐腐蚀能力。除能被强氧化剂（硝酸、浓硫酸）及有机溶剂破坏外，它对大多数的无机酸、有机酸及各种盐类、酸类都是耐腐蚀的。

橡胶衬里管一般只适用输送低压（小于0.6MPa）和低温（小于50℃）的介质。

5）硬聚氯乙烯塑料管。硬聚氯乙烯塑料简称硬聚氯乙烯，硬聚氯乙烯塑料为轻质材料，其容重是钢的1/5，是铝的1/2。它具有良好的可塑性，在加热情况下，易加工成型。硬聚氯乙烯塑料的线胀系数大，是普通钢的4~5倍。因此，当管路较长时，应考虑其热伸长量，可安装伸缩节予以弥补。它的导热系数小，只有普通钢的1/400，加热时不易热透，给成型加工也带来一定的困难。同时，耐热性能差，使用温度为-10~60℃，当温度超过40℃时，焊缝强度迅速下降，约在80~85℃时开始软化，在130℃时呈柔软状态，到180℃时呈流动状态。因此，在使用时必须考虑介质温度的影响。

6）玻璃钢管道。在通风管道工程中，常选用玻璃钢管。玻璃钢管又称玻璃纤维增强塑料管，一般有环氧玻璃钢管、酚醛玻璃钢管和呋喃玻璃钢管等。

玻璃钢管和管件的制作方法是：先根据管子或管件的直径尺寸及壁厚、形状制成模具，用树脂胶作黏结剂，缠上玻璃布带做骨架，经过成型、固化、胀模、热处理，制成管子或管件。目前，有的厂家供应成品，如管子、法兰、弯头、三通、四通等。但国家对玻璃钢管的型号和规格尚未统一，常见的管子规格有内径 $\phi 25 \sim 300mm$；长度 $1800 \sim 2000mm$；壁厚 $5 \sim 10mm$。

7.3.2 管件

管道系统中用于直接连接、转弯、分支、变径以及用作端部等的零部件，称为管件。管件按连接方式分为螺纹管件、法兰管件、焊接管件、承插管件、卡套管件等；管件按材料可分为钢管件、可锻铸铁管件、铸铁管件、铜管件、塑料管件等。

（1）钢管件。

1）钢制对焊无缝管件。钢制对焊无缝管件包括弯头、异径接头、三通、四通、管帽等，是用碳钢、合金钢和奥氏体不锈钢等牌号的无缝钢管制成。

管接头又称为管箍、束结，用于直线连接两根直径相同的管子或有外螺纹的管件。管接头按管螺纹形式分为圆柱形管接头（通丝接头）和圆锥形管接头（普通管接头）。圆柱形管接头常与锁紧螺母和短管配合，使接口成为可拆卸接口，用于经常需要拆卸的地方。

弯头按照连接方式分为内弯头、外弯头和内外弯头，按弯头角度分 90°弯头。45°弯头和 180°弯头（U 形弯头）。

三通、四通是用于管道分支、合流的管件。三通可连接 3 个方向，四通可连接 4 个方向。

外接头是用来连接两段直管或连接两个有外螺纹部件的管件；内接头是用来连接直径相同的有内螺纹的管件或阀门；管堵、管帽是用来堵塞配件的端口或堵塞管道上的预留口。

异径弯头是既能使管道转向又能使管道变径的管件。异径三通、异径四通是用来分支变径的管件。异径外接头又称异径管箍、异径束结、大小头等。异径外接头按其结构几何形状又分为同轴异径外接头和偏心异径接头，用于连接两段直径不相同的管子。

内接头又称对称丝，用来连接管件和阀门的管件。

2）钢制法兰管件。钢制法兰管件是用碳钢、合金钢和奥氏体制成的标准型法兰管件，包括法兰弯头、法兰三通、法兰四通、法兰异径接头等。

3）钢制螺纹管件。钢制螺纹管件分钢制管接头和钢制螺纹管短节，钢制管接头按管螺纹的形式分为圆柱形管接头和圆锥形管接头。

（2）可锻铸铁管件。可锻铸铁管件的规格为 $D_{N6} \sim D_{N150}$，适用于公称压力 $P_N \leqslant 1.6MPa$（试验压力为 2.4MPa），输送介质温度不超过 200℃的水、油、空气等一般管路的连接。分为可锻铸铁管接头、可锻铸铁弯头、三通、四通、内外接头、管道、管帽、异径弯头、异径三通、异径四通、异径外接头、内接头、异径内接头、锁紧螺母、内外螺母、管堵、活接头等。

活接头是装在经常需要拆卸的地方的管件。活接头由活接弯头、内外丝或活接弯头、活接三通、通用活接头等。

（3）铜管件。铜管件包括等径三通接头、异径三通接头、45°弯头、90°弯头、180°弯头、异径接头、套管接头、管帽等，适用于海水、冷水、热水、饮用水、制冷和温度不大于150℃的管路系统。

（4）塑料管件。

1）给水用硬聚氯乙烯管件。给水用硬聚氯乙烯管件是以聚氯乙烯树脂为主要原料，经注塑成型和用管材加工成型的，适用于建筑物内外（架空或埋地）给水用，专与《给水用硬聚氯乙烯（PVC-U）管材》（GB/T 10002.1—2006）给水用硬聚氯乙烯管材配套使用。

给水用硬聚氯乙烯管件按其连接方式的不同分为黏结管件、变接头管件、金属变接头管件、弹性密封圈承口连接管件、弹性密封圈式和法兰连接变接头管件等多种。

2）排水用硬聚氯乙烯管件。排水用硬聚氯乙烯管件用于建筑物内排水系统，在考虑材料的耐化学性和耐温性的条件下，也可用于工业排水管件。《建筑排水用硬聚氯乙烯管材》（GB 5836.1—2006）与《内河助航标志》规定的管材配合使用。

（5）法兰。法兰适用于连接管子、设备等带螺栓孔的突缘状元件。法兰连接就是把固定在两个管口的一对法兰，中间放入垫片，然后用螺栓拉紧使其结合起来。法兰连接是可拆卸接头，使用范围广，但成本较高。

1）法兰种类。

A. 法兰按连接方式可分为平焊、对焊、螺纹、承插焊和松套法兰。

B. 法兰按法兰的密封面形式可分为平面、突面、凹凸面、榫槽面和环连接面等几种，我国现行法兰同时存在4种标准：国家标准（GB）、中国石油化工集团公司标准（SH）、化工行业标准（HG）、机械行业标准（JB）。各标准密封面名称有所不同，密封面名称对照见表7-1。

表7-1　　　　　　　　　　密封面名称对照表

密封面名称	国家标准（GB）	中国石油化工集团公司标准（SH）	化工行业标准（HG）	机械行业标准（JB）
平面	平面（FF）	全平面（FF）	全平面（FF）	—
突面	突面（RF）	凸台面（RF）	突面（RF）	突面
凹凸面	凹凸面（MF）	凹凸面（MF）	凹凸面（MF）	凹凸面
榫槽面	榫槽面（TG）	榫槽面（TG）	榫槽面（TG）	榫槽面
环连接面	环连接面（RJ）	环槽面（RJ）	环连接面（RJ）	环连接面

C. 法兰按结构型式可分为整体法兰、带颈螺纹法兰、对焊法兰、带颈平焊法兰、带颈承插焊法兰、对焊环带颈松套法兰、板式松套法兰、板式平焊法兰、对焊环板式松套法兰、平焊环板式松套法兰、翻边环板式松套法兰、法兰盖等。

D. 法兰按材料可分为铸铁法兰、钢法兰、塑料法兰、铜法兰等。

我国法兰同时存在四种标准，既有通用型，又有专用型，各法兰标准已不完全局限于本行业的范围，而是互相交叉和渗透。为了逐步统一法兰标准，国家机械委员会制定了一系列法兰标准，其中钢法兰标准 GB/T 9113.1—2000～GB/T 9123.4—2000 比较系统、全面，但这不是说新制定的法兰标准要取代其他法兰标准，使用何种标准的法兰，一方面按照设计要求；另一方面安装前要认真核对阀门或设备接口的规格、类别，同时要掌握所安装的实际外径，否则容易出错。

2）钢制管法兰。钢制管法兰是管路附件中应用量最多、最广的一种元件。国际上（包括我国）管法兰标准主要有两大体系，既欧洲体系（以 DIN 标准为代表）以及美洲体系（以美国 ASME B16.5、B16.47 标准为代表）。同一体系内，各国的管法兰标准基本上是可以互相配用的（指连接尺寸和密封面尺寸），两个不同体系的法兰是不能互相配用的。

管法兰标准繁多，大多属于欧洲体系。但近年来，随着对外开放，美洲体系管法兰也逐步在石油、化工等行业中被广泛采用，我国的 4 类法兰标准：GB/T 9112—2010～GB/T 9114—2000、HG 20592～20615—1997、JB/74～90—94、SH3406—96 等与国际通用法兰标准是接轨的，但都有所侧重。本章主要介绍国家法兰标准［即《整体钢制管法兰》（GB/T 9113.1—2010）和《钢制管法兰盖》（GB/T 9123—2010）］中所规定的钢制法兰和法兰盖。

A. 钢制管法兰参数：

公称压力：国家法兰标准规定了欧洲法兰体系和美洲法兰体系系列对应于我国法兰体系系列的 15 个公称压力等级。两个体系的公称压力等级（见表 7 - 2）［摘自《钢制管法兰 类型与参数》（GB/T 9112—2000）］。

表 7 - 2　　　　　　　　　欧洲法兰体系和美洲法兰体系的公称压力等级表

欧 洲 体 系		美 洲 体 系	
P_N/MPa	P_N/bar	P_N/MPa	P_N/bar
0.25	2.5	2.0	20
0.6	6	5.0	50
1.0	10	11.0	110
1.6	16	15.0	150
2.5	25	26.0	260
4.0	40	42.0	420
6.3	63		
10.0	100		
16.0	160		

公称通径与钢管外径：国家法兰标准适用的钢管外径为系列Ⅰ、系列Ⅱ两个系列，系列Ⅰ为国际通用系列（俗称英制管）；系列Ⅱ为国内常用系列（俗称米制）。两个体系管法兰的公称通径和钢管外径应符合表 7 - 3 规定［摘自《钢制管法兰》（GB/T 9112—2000）］。

表7-3　　　　　　　　　　欧洲和美洲法兰体系法兰的公称通径和钢管外径表　　　　　　　　单位：mm

公称通径 D_N	钢管外径			公称通径 D_N	钢管外径		
	欧洲体系		美洲体系		欧洲体系		美洲体系
	系列Ⅰ	系列Ⅱ	系列Ⅰ		系列Ⅰ	系列Ⅱ	系列Ⅰ
10	17.2	14		450	457	480	457
15	21.3	18	21.3	500	508	530	508
20	26.9	25	26.9	600	610	630	610
25	33.7	32	33.7	700	711	720	
32	42.4	38	42.4	800	813	820	
40	48.3	45	48.3	900	914	920	
50	60.3	57	60.3	1000	1016	1020	
60	76.1	76	73.0	1200	1220	1220	
80	88.9	89	88.9	1400	1420	1420	
100	114.3	108	114.3	1600	1620	1620	
125	139.7	133	141.3	1800	1820	1820	
150	168.3	159	168.3	2000	2020	2020	
200	219.1	219	219.1	2200	2220	2220	
250	273.0	273	273.0	2400	2420	2420	
300	323.9	325	323.9	2600	2620	2620	
350	355.6	377	355.6	2800	2820	2820	
400	406.4	426	406.4	3000	3020	3020	

B. 钢制管法兰的计量质量：国家法兰标准给出的钢制法兰近似质量，供设计、制造、建设和施工等单位工程咨询、报价、概算、预算等工作时参考，不作为检测法兰的技术指标。

C. 钢制管法兰标记：工程中为方便技术交流，常用法兰代号表示出法兰的规格、公称压力、密封面形式、法兰类型和法兰系列。如公称通径 $D_N = 100$mm，公称压力 $P_N = 2.5$MPa（25bar）的突面对焊法兰（配用米制管），则即为法兰 DN100—PN25 RF（系列Ⅱ）。

（6）垫片。

1）垫片的分类。

按垫片的材质分类：垫片按制成垫片的材质不同可分为非金属垫片（石棉垫片、合成树脂或高分子垫片、橡胶垫片、动物皮革、植物纤维垫片），半金属垫片（缠绕式垫片、金属包覆垫片、夹金属丝垫片），金属垫片（纯铁、钢、铜、铝、铅等垫片）。

按垫片的形状分类：垫片按其几何形状的不同可分为环状型垫片、复合型垫片、波纹型垫片、齿形垫片、环形垫片等。

2）常用垫片。

A. 石棉橡胶和耐油石棉橡胶垫片：属于软垫片，在管道工程中应用广泛，多用于中低压管道系统，实际使用时可用石棉橡胶板和耐油石棉橡胶板自行剪裁制作或购买成品垫片。

石棉橡胶和耐油石棉橡胶垫片是由石棉纤维和橡胶、硫黄混合物等组成，并为提高强度而添加硫化剂、填充剂、增强剂等，由加热轧辊压缩成型。石棉橡胶和耐油石棉橡胶垫片含石棉纤维 60% 以上，含橡胶 10% 以上，应用于工作温度 300℃ 以下，工作压力不大于 5MPa。

石棉是国际公认的公害物质，按 ISO 规定，含石棉的材料受到法律制约。一般少用或不用。

B. 橡胶垫片：应用于使用条件不太苛刻、工作条件不太严峻的低水压、气管路。橡胶垫片一般用合成橡胶，但法兰密封面上应有"水线"（沟槽），橡胶垫片使用温度范围为 -30~120℃。

C. 聚四氟乙烯垫片：是用聚四氟乙烯板按所规定的尺寸冲裁而成的环状垫片。这类垫片适用于凹凸面法兰和带水线的法兰，不适用于平面法兰。多用于耐腐蚀的场合，为了达到良好的密封效果，可在垫片上涂聚四氟乙烯膏。

D. 聚四氟乙烯石棉垫片：在石棉毡上浸聚四氟乙烯悬浮液，加热加压而成。其化学性质与聚四氟乙烯平垫片相同。但密封性能、耐压缩性能比聚四氟乙烯平垫片优越，可用于宽面法兰。

E. 聚四氟乙烯缓冲垫片：聚四氟乙烯缓冲垫片是以石棉板为中芯依次外包青石棉毡和聚四氟乙烯的夹层结构，垫片厚度约为 3.2mm，用于温度为 200~250℃，压力为 2MPa 的场合。

F. 缠绕式垫片：缠绕式垫片是半金属垫片中最理想的一种垫片。垫片的主体是由横断面 V 形或者 M 形的金属带夹石墨带或缠聚四氟乙烯带，沿垫片的中心线水平缠绕而成。

缠绕式垫片使用时要有一定的压缩，压得太紧变形太大，垫片失去弹性，密封性能差；压得太小，比压力太小会产生泄露。

G. 金属垫片：金属垫片用于高温、高压的管路系统。金属垫片有：齿形垫片、平形金属垫片、波形金属垫片、八角形金属垫片、椭圆形金属垫片、三角形金属垫片、透镜形金属垫片、O 形金属密封垫环（或称 O 形空心金属环）。

7.4 常用阀门

7.4.1 阀门的分类及型号

（1）阀门分类。按构成材质分为铸铁阀、铸钢阀、锻钢阀等；按连接形式分为螺纹连接阀门、法兰连接阀门、焊接阀门等；按驱动方式分为手动阀门、电动阀门、电磁阀门、液压阀门、气动阀门、自动阀门等；按压力分为低压阀、中压阀、高压阀等；按阀门的作用分为切断阀、止回阀、节流阀、安全阀、减压阀、疏水器等。

（2）阀门型号。阀门的型号由六个单元组成，用来表示阀件的类别、驱动方式、连接形式和结构型式、密封圈或衬里材料、公称压力以及阀体材料。各单元的排列顺序及表示的意义如下：

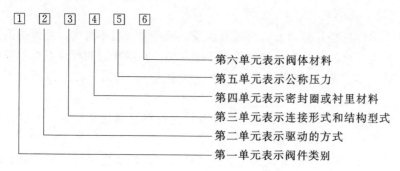

第六单元表示阀体材料

第五单元表示公称压力

第四单元表示密封圈或衬里材料

第三单元表示连接形式和结构型式

第二单元表示驱动的方式

第一单元表示阀件类别

第一单元用汉语拼音字母表示阀件类别及代号见表7-4。

表7-4　　　　　　　　　　阀件类别及代号表

阀门类别	闸阀	截止阀	止回阀	旋塞	减压阀	球阀	电磁阀	安全阀	调节阀	隔膜阀	蝶阀	节流阀
代号	Z	J	H	X	Y	Q	ZCLF	A	T	G	D	L

第二单元用一个阿拉伯数字表示阀件驱动方式及代号见表7-5。

表7-5　　　　　　　　　　阀件驱动方式及代号表

驱动种类	蜗轮传动的机械驱动	正齿轮传动的机械驱动	伞齿轮传动的机械驱动	气动驱动	液压驱动	电磁驱动	电动机驱动
代号	3	4	5	6	7	8	9

第三单元第一部分用一位阿拉伯数字表示阀件连接形式及代号见表7-6。

表7-6　　　　　　　　　　阀件连接形式及代号表

连接形式	内螺纹	外螺纹	法兰	法兰	法兰	焊接	对夹
代号	1	2	3	4	5	6	7

注　法兰连接代号3仅用于双弹簧安全阀，代号5仅用于杠杆安全阀，代号4代表单弹簧安全阀及其他类别阀门。

第三单元第二部分用阿拉伯数字表示阀门结构型式及代号见表7-7。

表7-7　　　　　　　　　　阀件结构型式及代号表

代号　类别	1	2	3	4	5	6	7	8	9	0
闸阀	明杆楔式单闸板	明杆楔式双闸板	明杆平行式单闸板	明杆平行式双闸板	暗杆楔式单闸板	暗杆楔式双闸板	暗杆平行式单闸板	暗杆平行式双闸板		
截止阀	直通式（铸造）	直角式（铸造）	直通式（锻造）	直通式（锻造）	直流式		隔膜式	节流式	其他	
旋塞	直通式	调节式	直通填料式	三通填料式	保温式	三通保温式	润滑式	三通润滑式	液面指示器	
止回阀	直通升降式	立式升降式	直通升降式	单瓣旋启式	多瓣旋启式					

代号 类别	1	2	3	4	5	6	7	8	9	0
减压阀	外弹簧 薄膜式	内弹簧 薄膜式	膜片活 塞式	波纹管式	杠杆弹 簧式	气热薄 膜式				
弹簧式	封闭				不封闭				带散热器 微启式	带散热器 全启式
安全阀	微启式	全启式	带扳手微 启式	带扳手全 启式	微启式	全启式	带扳手微 启式	带扳手全 启式		
杠杆式安 全阀	单杠杆 微启式	单杠杆 全启式	双杠杆 微启式	双杠杆 全启式	脉冲式					
调节阀	薄膜弹簧式				薄膜杠杆式		活塞弹簧式		浮子式	
	带散热片 气开式	带散热片 气关式	不带散热 片气开式	不带散热 片气关式	阀前	阀后	阀前	阀后		

第四单元用汉语拼音字母表示阀件，密封圈材料或衬里材料及代号见表7-8。

表7-8　　　　　　　阀件密封圈材料或衬里材料及代号表

密封圈或衬里材料	代　号	密封圈或衬里材料	代　号
铜（黄铜或青铜）	T	橡胶	X
耐酸钢或不锈钢	H	硬橡胶	J
渗氮钢	D	酚醛塑料	SD
巴氏合金	B	聚四氟乙烯	SA
硅铁	G	无密封圈	W
硬铅	Q	衬胶	CJ
蒙乃尔合金（镍铜合金）	M	衬铅	CQ
皮革	P	衬塑料	CS
硬氏合金	Y	搪瓷	TC
尼龙	NS	石墨石棉（层压）	S

第五单元直接用公称压力的数值表示，并用短线与前五单元隔开。阀件的公称压力为：0.1MPa、0.2MPa、0.5MPa、0.6MPa、1.0MPa、1.6MPa、2.5MPa、4.0MPa、6.4MPa、10.0MPa、16.0MPa、20.0MPa、32.0MPa。

第六单元用汉语拼音字母表示阀体材料及代号见表7-9。对于 $P_N<1.6$MPa 的灰铸铁阀体和 $P_N>2.5$MPa 的碳素钢阀体，则省略本单元。

表7-9　　　　　　　阀件材料及代号表

阀体材料	铸铁	可锻铸铁	球墨铸铁	铸铜	碳钢	硅铁	铬镍钛钢	铬镍钛钼钢
代号	Z	K	Q	T	C	Q	P	R

产品型号举例：H44T-1.0表示法兰连接旋启式止回阀，其密封圈为铜材，公称压力为1MPa，阀体材料为铸铁（铸铁阀门）。当 $P_N<1.6$MPa 时（不注材料代号）。

7.4.2 常用阀门

（1）截止阀。截止阀由阀座、阀盘、垫片、阀体、阀盖、填料、手轮等部分组成。

截止阀在管路上主要起开启和关闭作用。它的主要启闭零件为阀盘和阀座，当改变阀盘与阀座间的距离时，即可改变通道截面的大小，从而改变流体的流速或截断通道。阀盘与阀座间经研磨配合或装有密封圈，使两者密封面严密贴合。阀盘的位置是由阀杆来控制的，阀盖顶端有手轮、中部有螺纹及填料函密封段，保护阀杆免受外界腐蚀。为了防止阀内介质沿着阀杆流出，可用压紧填料进行密封。

截止阀按结构型式分有标准式及角式，截止阀的特点是操作可靠，易于调节，但结构复杂，价格较贵，阻力较大，启闭缓慢。

截止阀的介质流向是由低头流进、由高头流出。

（2）闸阀。闸阀由阀体、阀座、闸板、阀盖、阀杆填料压盖、手轮等部件构成。

闸阀在管路上起启闭作用。它的主要启闭零件是闸板和阀座。闸板平面与流体流向垂直，改变闸板与阀座间的相对位置，即可改变流通截面大小，从而改变流体的流速或流量。为了保证关闭的严密性，闸板与阀座间经研磨配合，或在闸板与阀座上装上耐磨、耐腐蚀的金属密封圈。

根据闸板阀的结构型式不同分为楔式闸阀和平行式闸阀两种。根据启闭时阀杆的运动情况分，有明杆式闸阀和暗杆式闸阀。

闸阀的特点是结构复杂，尺寸较大，价格较高；流体阻力最小；开启缓慢，无水锤现象；易于调节流量，闭合面磨损较快，研磨修理较难。

闸阀主要用于给水管路上，也可用于压缩空气；不适合用于介质含沉淀物的管路。

（3）旋塞。旋塞由阀体、栓塞、填料及填料压盖等部件构成。

旋塞在管路上有迅速开启和关闭的作用。它的主要启闭零件是锥形栓塞和阀座，栓塞和阀体以圆锥形的压合面相配，栓塞顶上有方头，可用扳手旋转栓塞，使其达到启闭作用。根据连接方法的不同，旋塞阀可分为螺纹旋塞阀和法兰旋塞阀。旋塞阀的特点是结构简单；启闭迅速，阻力甚小，转动费力；研磨费工。旋塞阀适用于 120℃ 和 1MPa 压力的含有悬浮物和结晶颗粒的液体管路及低温低压介质又要求启闭迅速的管路中，而不适用于需要精确调节流量的管路及高温高压管路。

（4）球阀。球阀的结构与旋塞十分相似，它由阀体、阀盖、密封阀座、球体和阀杆等零件构成。带孔的球体是球阀中的主要启闭零件。球阀的主要优点是操作方便，开关迅速，旋转 90° 即可开关，流动阻力小，结构比闸阀、截止阀简单，零件少，重量轻，密封面比旋塞易加工，且不易擦伤，得到日益广泛的应用。球阀主要用于低温、高压及黏度较大的介质和要求迅速启闭的管路中，而不适用于精细调节流量的管路。常见的球阀分带活动密封阀座的浮动球球阀及密封阀座在球前的固定球球阀。

（5）蝶阀。蝶阀由阀体、阀门板、阀杆与驱动装置手柄等部件组成，靠旋转手柄带动阀杆及阀门板，从而达到启闭的目的，蝶阀的特点是结构简单、维修方便；渗漏时只需更换密封圈。蝶阀一般适用于工作压力小于 0.05MPa，工作温度为 $-30\sim+40$℃，相对湿度为 30%～90% 的空气、水介质的管路上，用于启闭和调节流量，但是不能用来精确调节流量。

（6）节流阀。节流阀的结构与截止阀相似，所不同的是启闭件的形状不同，截止阀的启闭件为盘状，即阀盘，而节流阀的启闭件为锥状或抛物线状，即阀芯。节流阀阻力大，用于温度较低，压力较高的介质和需要调节流量、压力的管路上。常用的节流阀有中低压外螺纹节流阀和高压角式外螺纹节流阀。

（7）止回阀。止回阀又称单流阀。它的作用是阻止介质逆向流动。止回阀是根据阀前阀后介质的压力差而自动启闭的阀门。根据其结构型式的不同，止回阀可以分为升降式止回阀和旋启式止回阀两种。

1）升降式止回阀。升降式止回阀的阀体与截止阀相同，但阀盘上有导杆，可以在阀盖的导向套筒内自由升降。当介质自左向右流动时，能推开阀盘而流过；若逆流时，由于介质的重量和压力的作用而使阀盘下降，截断通路，阻止逆流。升降式止回阀必须安装在水平管路上，而且使阀盘轴线严格垂直于水平面，这样才能保证阀盘升降灵活与工作可靠。

2）旋启式止回阀。旋启式止回阀是利用摇板来启闭的。它可以安装在水平管路或介质由下面向上流动的垂直管路上，也可以安装在倾斜的管路上。安装时应注意介质流向，并且保证摇板的旋转轴呈水平状态。止回阀也可用于泵或压缩机的管路上及其他不允许介质作逆向流动的清洁介质管路上。

（8）安全阀。安全阀是一种根据介质工作压力而自动启闭的阀门。当管路中介质压力超过规定值时，阀盘自动开启，排出过量介质；当压力降至正常时，阀盘能自动关闭。安全阀是设备和管路上的自动保险装置。安全阀有杠杆重锤式和弹簧式两种，杠杆重锤式安全阀，是靠改变重锤的位置来调整工作压力的，当重锤向杠杆内侧移动时，力臂减小，使安全阀开启压力减小；如重锤向外侧移动，力臂加大，安全阀开启压力增大。

弹簧式安全阀是靠改变弹簧压力的大小来实现调压的。一般顺时针方向旋转弹簧上的螺母，弹簧压紧而压力加大，安全阀的开启压力也加大；相反，安全阀的开启压力也会减小。

杠杆式安全阀由于体积大而限制了使用，多用于锅炉和容器上。它必须垂直安装，应使杠杆保持水平。

弹簧安全阀分为封闭和不封闭两种。一般易燃、易爆、有毒介质应选用封闭式。蒸汽、空气、水或惰性气体可选用不封闭式。在弹簧安全阀中还有带扳手和不带扳手的。扳手的作用是检查阀瓣的灵活程度，有时也做手动紧急泄压用。弹簧安全阀可垂直地安装于任何场合，安全阀出口应无阻力，如在出口处装放空管道，应保证其直径不小于该安全阀的出口通径。安全阀安装好后应调整至设计压力，并加以铅封固定。

（9）减压阀。减压阀的作用是能够自动地将设备和管道内的介质压力降低到要求使用压力，常用的减压阀有薄膜式减压阀和活塞式减压阀两种。

1）薄膜式减压阀。薄膜式减压阀由阀体、平衡盘、阀盖、锁紧螺母、调节螺钉、弹簧、弹簧座、圆盘、橡胶薄膜、低压连通管、阀杆、阀座密封圈、阀盘、阀底等部件组成。它是靠敏感元件膜片改变阀瓣位置来实现减压的。

当介质自左端流入阀体时，由于阀杆上的平衡盘和阀盘直径相等，而作用在两盘上介质的压力大小相等方向相反，合力为零，阀门就不能自动开启。要开启阀必须先用扳手松开锁紧螺母，然后拧调节螺钉，压缩弹簧，使薄膜连同阀杆、平衡盘和阀盘下移，开启阀口，这时介质通过阀口间隙克服阻力消耗能量，压力下降，达到减压目的。减压后的低压介质压力一方面直接作用在阀盘下面；另一方面又通过低压连通管作用在平衡盘的上面，仍然互相平衡。但是低介质的压力又作用在薄膜的下面，使薄膜上移，这向上的压力刚好与弹簧压力相互平衡，因此使阀盘始终保持一定的开度。调节好后，将锁紧螺母拧紧。工作时，如果低压管路中介质消耗能量增加，则其压力要下降，这时薄膜下面的压力也随之下降，由于弹簧压力的作用使阀盘稍微开大，流过较多介质。使低压管路中压力自动恢复正常。反之，能使薄膜和阀盘上移，关小阀口，减少介质流量，使低压管路中的压力恢复正常。

2）活塞式减压阀。活塞式减压阀主要由阀体、阀盖、帽盖、活塞、弹簧、主阀、脉冲阀及膜片等零件构成。它是利用膜片、弹簧和活塞等敏感元件，改变阀芯与阀座之间间隙来达到减压的目的。在阀体的下部装有主阀弹簧以支撑主阀阀芯，使主阀阀芯与阀座处于密封状态。另外，下部端盖中的螺塞，用来排放阀中的积液。在阀体上部的气缸中装有气缸盘、气缸套、活塞和活塞环。气缸盘中间的导向孔与主阀阀杆相配合，活塞顶在主阀阀杆上，当活塞受到介质压力以后，通过主阀阀杆推动主阀阀芯下移，使主阀开启。阀盖内装有脉冲阀的弹簧、阀芯和阀座，在阀座上覆有不锈钢膜片。帽盖内装有调节弹簧、调节螺钉及锁紧螺帽，以便调节需要的工作压力。

减压阀按进口和出口压力的具体数值进行选择，并保证不得超过减压阀的减压范围，因为不同的进口压力和出口压力，所配的敏感元件是不同的。减压阀应直立地安装在水平管路上，注意阀体上箭头的方向应与介质流向一致。减压阀两侧应装置阀门，高、低压管路上都须装有压力表，低压管路上还得设置安全阀，减压阀前的管径与减压阀公称直径相同，减压阀后的管径比减压阀公称直径大 1～2 号。

7.5　焊接材料

焊接材料是指焊接时所消耗材料的通称，包括焊条、焊丝、焊剂、金属粉末及保护气体等，详见本册第 4 章相关内容。

7.6　油漆

7.6.1　简介

油漆原指防锈防腐蚀的各种油性材料。由于化学工业的发展，各种有机合成树脂原料被广泛应用，使传统的油漆产品的面貌发生了根本变化，故应当称之为有机涂料或简称为涂料。但对于具体的涂料品种，仍称为某某漆。在建筑安装工程中仍广泛使用"油漆"的称呼。

涂料主要按成膜物质来划分种类，成膜物质又可分为主要成膜物质和辅助材料两个部分。主要成膜物质可以单独成膜，也可以黏结颜料成膜，它是涂料的基础，因此也称为基料、漆料或漆基。根据《涂料产品分类、命名和型号》（GB/T 2705）的规定，涂料的类别、代号及主要成膜物资见表 7-10。辅助材料可按不同用途再加区分（见表 7-11）。

表 7-10　　　　　　　　　　涂料的类别、代号及主要成膜物资表

序号	涂料类别	代号	主 要 成 膜 物 资
1	油脂漆类	Y	天然植物油、鱼油、合成油
2	天然树脂漆类	T	松香及其衍生物、虫胶、动物胶、大漆及其衍生物等
3	酚醛树脂漆类	F	酚醛树脂、改性酚醛树脂、二甲苯树脂等
4	沥青漆类	L	天然沥青、煤焦沥青、石油沥青、硬脂酸沥青等
5	醇酸树脂漆类	C	甘油醇酸树脂、改性醇酸树脂、季戊四醇及其他醇类的醇酸树脂
6	氨基树脂漆类	A	脲醛树脂、三聚氰胺甲醛树脂等
7	硝基树脂漆类	Q	硝基纤维素、改性硝基纤维素等
8	纤维素漆类	M	乙酸纤维、苯基纤维、乙基纤维、羟甲基纤维、乙酸丁酸纤维等
9	过氯乙烯漆类	G	过氯乙烯树脂、改性过氯乙烯树脂等
10	乙烯漆类	X	聚二乙基乙炔树脂、氯乙烯共聚树脂、聚醋酸乙烯及其共聚物、聚乙烯醇缩醛树脂、聚苯乙烯树脂、合氟树脂、氯化聚丙烯树脂、石油树脂等
11	丙烯酸漆类	B	丙烯酸树脂、丙烯酸共聚树脂及其改性树脂等
12	聚酯漆类	Z	饱和聚酯树脂、不饱和聚酯树脂等
13	环氧树脂漆类	H	环氧树脂、改性环氧树脂等
14	聚氨酯漆类	S	聚氨基甲酸酯
15	元素有机漆类	W	有机硅、有机钛、有机铝等
16	橡胶漆类	J	天然橡胶及其衍生物，合成橡胶及其衍生物等
17	其他漆类	E	以上16种之外的成膜物资，如无机高分子材料、聚酰亚胺树脂等

表 7-11　　　　　　　　　　辅 助 材 料 代 号 表

材料名称	代号	材料名称	代号	材料名称	代号
稀释剂	X	催干剂	G	固化剂	H
防潮剂	F	脱漆剂	T		

　　根据涂料命名的有关规定，涂料的全名为：涂料的全名＝颜料或颜色名称＋成膜物质＋基本名称，如涂料的型号组成规定为：

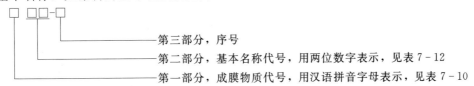

　　　　　　　　　　——— 第三部分，序号
　　　　　　　　　　——— 第二部分，基本名称代号，用两位数字表示，见表 7-12
　　　　　　　　　　——— 第一部分，成膜物质代号，用汉语拼音字母表示，见表 7-10

　　例如：红色 H52-3 为各色环氧树脂漆。
　　后面接辅助材料型号的组成规定为：

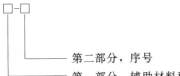

　　　　　　——— 第二部分，序号
　　　　　　——— 第一部分，辅助材料种类，用汉语拼音字母表示，见表 7-11

涂料基本名称代号见表 7-12。

表 7-12   涂料基本名称代号表

代号	基本名称	代号	基本名称	代号	基本名称
00	清油	31	（覆盖）绝缘漆	55	耐水漆
01	清漆	32	绝缘磁、烘漆	60	防火漆
02	厚漆	33	（黏合）绝缘漆	61	耐热漆
03	调和漆	34	漆包线漆	62	变色漆
04	磁漆	35	硅钢片漆	63	涂布漆
05	烘漆	36	电容器漆	64	可剥漆
06	底漆	37	电阻漆，电位器漆	65	粉末涂漆
07	腻子	38	半导体漆	80	地板漆
08	水溶漆、乳胶漆	40	防污漆、防蛆漆	81	渔网漆
09	大漆	41	水线漆	82	锅炉漆
10	锤纹漆	42	甲板漆，甲板防滑漆	83	烟囱漆
11	皱纹漆	43	船壳漆	84	黑板漆
12	裂纹漆	44	船底漆	85	调色漆
14	透明漆	50	耐酸漆	86	标志漆，路线漆
20	铅笔漆	51	耐碱漆	98	胶液
21	木器漆	52	防腐漆	99	其他
23	罐头漆	53	防锈漆		
30	（浸渍）绝缘漆	54	耐油漆		

注 00～09 代表基本品种；10～19 代表美术漆；20～29 代表轻工用漆；30～39 代表绝缘漆；40～49 代表船舶漆；50～59 代表防腐蚀漆；60～69 代表其他漆；10～19 代表美术漆。

常用术语：耐酸、耐碱、耐油等。

A. 黏度（涂-4 黏度计）。涂-4 黏度计单位为秒（s）。

B. 干燥时间。涂层的干燥是指经过物理蒸发、化学反应等作用而结成固体薄膜的过程。干燥程度分为表干和实干。表干也称为指触干燥，是指涂层表面形成的结膜不再沾手或灰尘；实干是指完全干燥，即涂层经过挥发和化学反应，形成了稳定坚固的薄膜。

C. 遮盖力。是指涂料涂覆于物体表面，形成均匀稳定的薄膜后，再也看不出原来的颜色，单位为 g/m^2。

D. 耐候性。指在日光照射和气候变化的条件下，漆膜耐久不变的性质。

7.6.2 油漆的品种和选用

油漆分底漆和面漆两种。油漆的选择主要取决于金属材质和腐蚀性质。不同金属常用底漆的选择见表 7-13，不同腐蚀性常用油漆的选择见表 7-14。建筑安装工程中常用油漆品种见表 7-15。

表 7 - 13 **不同金属常用底漆的选择表**

金属类别	底 漆 品 种
钢、铸铁	Y53 - 31 红丹油性防锈漆；F53 - 31 红丹酚醛防锈漆；C53 - 31 红丹醇酸防锈漆；Y53 - 32 铁红油性防锈漆；F53 - 33 铁红酚醛防锈漆；F53 - 39 硼钡酚醛防锈漆；X06 - 12 烯磷化底漆（分装）
锌及镀锌表面	X06 - 12 烯磷化底漆（分装）；H06 - 2 锌黄环氧脂底漆；F53 - 34 锌黄酚醛防锈漆
铝及铝合金	X06 - 1 乙烯磷化底漆（分装）；F53 - 34 锌黄酚醛防锈漆；H06 - 2 锌黄环氧脂底漆；H06 - 19 锌黄环氧底漆
铜及铜合金	X06 - 1 乙烯磷化底漆（分装）；H06 - 2 锌黄环氧脂底漆

表 7 - 14 **不同腐蚀性常用油漆的选择表**

腐蚀性质	油性漆	酚醛漆	过氯乙烯漆	乙烯漆	环氧漆	脂胶漆	醇酸漆	聚氨酯漆	沥青漆	无机富锌漆	有机硅漆
一般防护	√					√	√			√	
耐候性	√	√	√				√	√			√
防化工大气			√						√		
耐酸		√	√	√				√	√		
耐碱			√	√				√	√		
耐盐类			√	√				√	√		
耐溶剂			√	√				√			
耐油			√		√		√	√			
耐水	√		√	√				√	√	√	√
耐热					√					√	√
耐磨		√		√	√		√	√	√		

注 √ 为选用代号。

表 7 - 15 **建筑安装工程中常用油漆品种表**

种类	名称	型号	性 能 及 用 途
清油		Y00 - 1	干燥快，漆膜柔韧，但易挥发。主要用于调厚漆或调红丹防锈漆。调厚漆时，厚漆：清油＝80～60：20～40；调红丹防锈漆时，红丹粉：清油＝75～50：25～50
厚漆（铅油）		Y02 - 1	由植物油与颜料等混合研磨而成。干燥慢，漆膜软，不耐热，不耐潮，耐久性差，价格便宜。可作为钢铁面漆和管螺纹连接填料
调和漆	油性调和漆	Y03 - 1	附着力和耐候性好，干燥慢，抗化学腐蚀性能差，可作为室内外一般金属件面漆
	醇酸调和漆	C03 - 1	漆膜坚固，有较好的附着力和室外耐久性。性能优于一般调和漆，可作为室外面漆
	酚醛调和漆	F03 - 1	色泽鲜艳、光亮，但耐候性较差，可作为室内外一般面漆
	脂胶调和漆	T03 - 10	干燥快，硬度大，具有一定耐久性，可作为室外金属件防护面漆

种类	名称	型号	性 能 及 用 途
清漆	醇酸清漆	C01-7	由长油度季戊四醇醇酸树脂溶于有机溶液，加入适量催干剂而成，黏结性能好，可用作木面和金属面罩光
	环氧清漆	H01-1	由环氧树脂与乙二胺双组分，按比例混合使用，抗腐蚀性强，附着力好。适用于铝镁等金属面打底和金属构件、化工设备的防腐
	脂胶清漆	T01-1	由干性油与甘油、松香凝练，加入催干剂、200号溶剂汽油调配而成，漆膜光亮，耐水性好。适用于家具、门窗和金属表面
	石油沥青清漆	L01-6	防潮、耐水、耐腐蚀性能好，但耐候性能不好，漆膜强度差。可作为一般金属及木材表面防腐蚀用油漆，但不能用于室外和光照射场合
	沥青清漆	L01-13	漆膜较硬，常温下干燥快，涂刷方便，防水、防腐蚀性能好。可作为一般金属和木材表面防腐蚀用油漆，但不能用于室外和光照射场合
防锈漆	红丹油性防锈漆	Y53-1	防锈性能好，干燥较慢。由于红丹具有一定毒性，故不宜喷涂，可用200号溶剂汽油和松节油作为稀释剂，调整黏度，以刷涂为主，可作为钢铁材料防锈打底，不能用于锌、铝等轻金属表面
	铁红油性防锈漆	Y53-2	刷涂性能好，附着力好，价格较低，但防锈性能不及Y53-1红丹油性防锈漆，单独使用时耐候性不好，一定要与其他面漆配套使用，一般可用Y03-1油性调和漆作面漆，要求较高时，可用酚醛漆、脂胶漆作面漆
	铁红酚醛防锈漆	Y53-3	附着力强，但防锈性能较差，可用于钢铁表面打底
	黑铁油性防锈漆	Y53-4	由熬炼过的干性油与黑铁等颜料、体质颜料研磨后，加催干剂、200号溶剂油或松节油调配而成，有良好的耐晒性和一定的防锈性能，可用作室内外钢铁结构的打底，也可作为面漆使用
	锌灰油性防锈漆	Y53-5	由熬炼过的干性油与含铝氧化锌研磨后，加催干剂、200号溶剂油调配而成，耐候性比一般调和漆好，涂刷性好，有一定的防锈能力，可用作已涂过铁红或其他防锈漆的钢铁表面作面漆
	红丹酚醛防锈漆	F53-1	具有良好的耐水性、耐腐蚀性，附着力强，干燥较快，漆膜机械强度高。可作为钢铁表面打底（不能用于锌、铝、铅材料上），其配套面漆可选用酚醛磁漆、醇酸磁漆
	铁红酚醛防锈漆	F53-3	附着力强，干燥较快，加工便宜，防锈性能一般，耐候性较差，主要用作室内外要求不高的钢铁表面防锈打底，其配套面漆可选用酚醛磁漆、醇酸磁漆
	硼钡酚醛防锈漆	F53-9	防锈性能和附着力良好，但对表面除锈的要求比红丹防锈漆要高，可刷涂和喷涂，干燥较快，遮盖力较强，呈浅灰色，应用日益广泛
	云母酚醛防锈漆	F53-10	由酚醛漆料与云母氧化铁粉、铝粉浆和滑石粉研磨，加催干剂、200号溶剂油调配而成，防锈性能好，可作为钢铁表面打底
	红丹醇酸防锈漆	C53-1	防锈性能好，附着力强，干燥快，漆膜机械强度高，耐久性优于其他类型防锈漆，价格较贵，可用于要求较高的钢铁表面打底，基面最好经喷砂处理。宜刷涂，不宜喷涂
底漆	乙烯磷化底漆（分装）	X06-1	亦称为洗涤底漆，属乙烯漆类，主要作为有色及黑色金属底层的表面处理剂，能起磷化作用，可增加有机涂层与金属表面的附着力，但不能代替一般底漆使用。该漆耐碱性差，不应在其表面刷涂碱性涂料，也不宜在碱性介质中使用
	磷化底漆	X06-2	能增加漆料的附着力，结合力强，可用于钢铁和有色金属表面打底

种类	名称	型号	性 能 及 用 途
底漆	锌黄、铁红、灰酚醛底漆	F06-8	有良好的附着力和防锈性能。锌黄色用于铝合金表面，铁红色和灰色用于钢铁表面
	锌黄、铁红纯酚醛底漆	F06-9	耐水性好，有良好的附着力和防锈性能。锌黄色用于铝合金表面，铁红色用于钢铁表面
	锌黄、铁红过氯乙烯底漆	G06-4	耐化学腐蚀性好，可与过氯乙烯面漆配合使用。锌黄色用于铝合金表面，铁红色用于钢铁表面
	带锈底漆	7108稳化型	用合成树脂加入化学防锈颜料和有机溶剂制成，能将锈蚀物转化为保护性物质，可直接在锈蚀钢铁表面打底用
	锌黄环氧脂底漆	H06-2	漆膜坚硬耐久，附着力强，若与磷化底漆配套使用，可提高漆膜的耐潮、耐盐雾和防锈性能，适合于涂覆轻金属表面
	锌黄环氧底漆	H06-19	漆膜坚硬耐久，附着力强，若与磷化底漆配套使用，可提高漆膜的耐潮、耐盐雾和防锈性能，适合于铝及铝镁合金表面
	锌黄酚醛防锈漆	F53-4	具有良好的防锈性能，用于铝、锌等轻金属表面做防锈打底用
调和漆	各色油性调和漆	Y03-1	耐候性和附着力好，易于涂刷，但干燥较慢，漆膜较软，抗化学腐蚀性低，可作为室内外一般金属及木质构件的保护和装饰
	各色脂胶调和漆	T03-1	脂胶调和漆属磁性调和漆，比油性调和漆干燥快，漆膜较硬，有一定耐水性，可用作室内外一般金属及木质构件的保护和装饰
	各色酚醛调和漆	F03-1	色泽鲜艳、光亮，但耐候性差，可用作室内外一般金属及木质构件表面
	各色醇酸调和漆	C03-1	漆膜坚固，具有良好的附着力和室外耐久性，性能优于其他调和漆，可用于室外作面漆
磁漆	各色酚醛磁漆	F04-1	漆膜坚硬光泽、附着力较好，但耐候性较差，可用于室内外一般金属及木质物件表面的保护和装饰
	各色纯酚醛磁漆	F04-11	漆膜坚韧，常温干燥，耐水性、耐候性、耐化学腐蚀性优于F04-1酚醛磁漆，可用于防潮或干湿交替处的金属及木质表面保护
	各色酚醛无光磁漆	F04-9	常温干燥，附着力好，但耐候性比醇酸无光漆差，可用于一般金属及木质表面涂装
	各色醇酸磁漆	C04-2	具有较好的光泽和机械强度，且耐候性较好，能自然干燥，也可以低温烘干，可用于金属及木质表面的涂装
	各色醇酸磁漆	C04-42	耐候性及附着力良好，漆膜机械强度较高，质地优于C04-2醇酸磁漆，主要用于室外钢铁表面的涂装
	沥青磁漆	C04-1	漆膜黑亮，附着力好，耐水防潮性好，可作为室内金属面漆

7.6.3 溶剂和稀释剂

（1）溶剂及其有关剂类。

1）溶剂。凡是用于溶解动植物油、树脂、沥青、纤维素衍生物和增缩剂等成膜物质的挥发性液体，都称为溶剂。

2）助溶剂。助溶剂也称为潜溶剂。单独的某一液体（例如酒精）对另一物质（例如硝化棉）并无溶解力，但当它和后者的真溶剂（例如醋酸脂类）适当混合时，就可以比单独使用真溶剂获得更好的溶解力，因此称为该液体的助溶剂；另一种情况是，如果两种液体单独使用任何一种，对某物质均无溶解力，如果两种液体混合使用，则成为非常好的溶剂，这时两者均称为助溶剂。

3）冲淡剂。某物质对于涂料的成膜物质无溶解力，但对辅助成膜物质则有溶解力，如苯类用于硝基漆中，具有稀释硝基纤维及溶解组分中其他树脂的双重作用，此类物质称为冲淡剂。

4）稀释剂。稀释剂用于溶解和稀释涂料，以达到适宜的黏度，以便利于喷涂或刷涂。稀释剂的组分可能全部是溶剂或稀释剂，也可能是两者的混合物，有时也加助溶剂。

5）催干剂。某些重金属的氧化物或有机酸的金属盐（及皂类），加入干性油或清漆等成膜物质中，能促进干燥，具有此种作用的添加剂称为催干剂。

6）防潮剂。防潮剂也称为防白剂。能防止硝基漆或其他挥发性漆在成膜时由于潮湿作用，表面上产生发白现象的物质称为防潮剂。

（2）各种油漆（涂料）所用稀释剂。

1）油基漆类。一般采用 200 号溶剂油或松节油作为稀释剂。如果漆中树脂含量高或油脂含量低，就应将两者以一定比例混合使用，或加入少量芳香烃溶剂，如二甲苯。

2）沥青漆类。多用 200 号煤焦溶剂、200 号溶剂油、二甲苯作为稀释剂，在沥青烘漆中，有时添加少量煤油来改善流平性，有时还加一些丁醇。

3）醇酸树脂漆类。采用的稀释剂与漆的含油量有关。长油度的可用 200 号溶剂油；中油度的可用 200 号溶剂油和二甲苯，按 1 比 1 混合使用；短油度的可用二甲苯。如 X-4 醇酸漆稀释剂不但可以用于稀释醇酸漆，也可以用来稀释油基漆。

醇酸漆的含油量在 50％以下为短油度，50％～60％为中油度，60％以上为长油度。

4）氨基漆类。一般采用丁醇与二甲苯（或 200 号煤焦溶剂）得混合溶液（各 50％）作为稀释剂，也可以采用二甲苯 80％，丁醇 10％，醋酸丁酯 10％的混合溶液作为稀释剂。

5）硝基漆类稀释剂又称为香蕉水，因成分中含有醋酸戊脂的香味而得名，如 X-1、X-2 均是。它们由脂、酮、醇和芳香烃类溶剂组成，自制硝基漆稀释剂配方见表 7-16。

表 7-16   自制硝基漆稀释剂配方表

成　分	配　方　1	配　方　2	配　方　3
醋酸丁酯	25	18	20
醋酸乙酯	18	14	20
丙酮	2	—	—
丁醇	10	10	16
甲苯	45	50	44
酒精	—	8	—

6）过氯乙烯漆采用 X-3 稀释剂。配置稀释剂采用脂、酮及苯类等混合剂，但不能使用醇类溶剂（见表 7-17）。

表 7-17 **过氯乙烯漆稀释剂配方表**

成 分	配 方 1	配 方 2
醋酸丁酯	20	38
丙酮	10	12
甲苯	65	—
环己酮	5	—
二甲苯	—	50

7）环氧漆稀释剂配方见表 7-18。

表 7-18 **环氧漆稀释剂配方表**

成 分	配 方 1	配 方 2	配 方 3
环己酮	10	—	—
丁醇	30	30	25
二甲苯	60	70	75

8）聚氨酯漆稀释剂配方见表 7-19。

表 7-19 **聚氨酯漆稀释剂配方表**

成 分	配 方 1	配 方 2
无水二甲苯	50	70
无水环己酮	50	20
无水醋酸丁酯	—	10

以上各种稀释剂都是极易燃烧的危险品，要存放在空气流通、温度适宜的仓库中，并隔离火源和热源，同时防止强烈日光照射。

7.6.4 油漆用量

对于多数成品漆来说，不论喷涂或刷涂，都需要用稀释剂调制到所需黏度。安装施工中油漆的参考用量，钢铁表面刷油油漆参考用量见表 7-20。

表 7-20 **钢铁表面刷油油漆参考用量表** 单位：kg/10m²

配合成分	红丹防锈漆	调和漆	酚醛防锈漆	酚醛磁漆	自调银粉漆	厚漆	带锈底漆
红丹防锈漆	1.42						
调和漆		1.05					
酚醛防锈漆			1.31				
酚醛磁漆				0.95			
银粉					0.1		
厚漆（铅油）						0.82	
带锈底漆							0.74
酚醛清漆					0.36		

续表

配合成分	红丹防锈漆	调和漆	酚醛防锈漆	酚醛磁漆	自调银粉漆	厚漆	带锈底漆
200号溶剂油	0.35	0.12	0.39	0.30	0.72	0.31	0.36
清油						0.41	
酚醛耐酸漆	0.73						
煤焦油沥青漆		2.46					
醇酸清漆					1.05		
醇酸磁漆						1.20	
环氧富锌漆							2.64
10号石油沥青			1.21	25.8			
滑石粉				11.5			
动力苯		0.42					
醇酸稀释剂X6					0.11	0.28	
汽油			2.75				

注 表中系指第一道用量，第二道用量乘以 0.85。

设备和管道保温后玻璃布面及水泥保护层表面刷油油漆参考用量见表 7-21，金属构件刷油油漆参考用量见表 7-22。

表 7-21　　　　　保温后玻璃布面及水泥保护层表面刷油油漆参考用量表　　　单位：kg/10m²

配合成分	玻璃布面刷油			水泥保护层表面刷油				
	厚漆	调和漆	煤焦油	沥青漆	厚漆	调和漆	煤焦油	沥青漆
厚漆（铅油）	1.24				1.07			
调和漆		1.58				1.37		
煤焦油			4.17				3.34	
煤焦油沥青漆				4.33				3.75
清油	0.62				0.54			
200号溶剂油	0.46	0.18			0.34	0.14		
动力苯			0.50	0.70			0.40	0.61

注 表中系指第一道用量，第二道用量乘以 0.85。

表 7-22　　　　　　　　　金属构件刷油油漆参考用量表　　　　　　单位：kg/10m²

配合成分	红丹防锈漆	酚醛防锈漆	带锈底漆	银粉漆	厚漆	调和漆	酚醛磁漆	酚醛耐酸漆	沥青漆
红丹防锈漆	1.16								
酚醛防锈漆		0.92							
带锈底漆		0.54							
银粉				0.07					
厚漆（铅油）					0.58				
调和漆						0.80			

配合成分	红丹防锈漆	酚醛防锈漆	带锈底漆	银粉漆	厚漆	调和漆	酚醛磁漆	酚醛耐酸漆	沥青漆
酚醛磁漆							0.72		
酚醛耐酸漆								0.56	
煤焦油沥青漆									2.01
酚醛清漆				0.25					
清油					0.30		0.23		
200号溶剂油	0.30	0.58	0.26	0.52	0.23	0.09	0.15	0.13	
动力苯									0.33

注　表中系指第一道用量，第二道用量乘以0.85。

7.7　隔热及耐火材料

7.7.1　常用隔热材料

隔热材料分为多孔材料、热反射材料和真空材料三类。多孔材料利用材料本身所含的孔隙隔热，因为孔隙内的空气或惰性气体的导热系数很低，如泡沫材料、纤维材料等；热反射材料具有很高的反射系数，能将热量反射出去，如金、银、镍、铝箔或镀金属的聚酯、聚酰亚胺薄膜等。真空绝热材料是利用材料的内部真空达到阻隔对流来隔热。真空隔热板是最新的隔热材料，这种材料的导热系数极低仅为 $0.004W/(m·K)$［瓦/（米·开）］，所以使用这种材料对保温节能的效果非常突出。

常用隔热材料及其制品的性能见表7-23。

表7-23　　　　　　　　常用隔热材料及其制品的性能表

材料名称	使用密度/(kg/m³)		推荐使用温度/℃	热导率λ/[W/(m·℃)]	热导率λ的参考计算方程/[W/(m·℃)]	抗压强度/MPa
超细玻璃棉制品	板	48	≤300	≤0.043	$\lambda=\lambda_0+0.00011tm$	—
		64～120		≤0.042		
	管	≥45		≤0.043		
岩棉及矿渣棉	板	80	≤250	≤0.044	$\lambda=\lambda_0+0.00018tm$	—
		100～120		≤0.046		
		150～160		≤0.048		
	管	≤200	≤250	≤0.044		
微孔硅酸钙	170		≤550	≤0.055	$\lambda=\lambda_0+0.000116tm$	0.4
	220			≤0.062		0.5
	240			≤0.064		0.5
硅酸铝纤维制品	120～200		≤900	≤0.056	$\lambda=\lambda_0+0.0002tm$	—
复合硅酸铝镁制品	板	45～80	≤600	≤0.036	$\lambda=\lambda_0+0.000112tm$	—
	管（硬质）	≤300		≤0.041		0.4

材料名称	使用密度 /(kg/m³)	推荐使用温度/℃	热导率λ /[W/(m·℃)]	热导率λ的参考计算方程/[W/(m·℃)]	抗压强度 /MPa
聚氨酯泡沫塑料制品	30～60	−60～80	≤0.027	$\lambda=\lambda_0+0.00009tm$	—
聚苯乙烯泡沫塑料制品	≥30	−65～70	≤0.0349	$\lambda=\lambda_0+0.00014tm$	—
泡沫玻璃	150	−196～400	≤0.06	$\lambda=\lambda_0+0.00022tm$	0.5
泡沫玻璃	108	−196～400	≤0.064	$\lambda=\lambda_0+0.00022tm$	0.7

7.7.2 耐火材料

水电站常用耐火材料主要指电缆防火耐火材料。主要包括电缆防火堵料、电缆防火隔板、电缆防火包、防火涂料。

（1）电缆防火堵料。用于封堵电缆贯穿处的墙孔、楼孔的周围。常用电缆防火堵料分为有机防火堵料、无机防火堵料及阻火包。

有机防火堵料是以有机合成树脂为黏结剂，添加防火剂、填料等经碾压而成。该堵料长久不固化，可塑性很好，可以任意地进行封堵。这种堵料主要应用在建筑管道和电线电缆贯穿孔洞的防火封堵工程中，并与无机防火堵料、阻火包配合使用。

无机防火堵料，亦称速固型防火堵料，是以快干胶黏剂为基料，添加防火剂、耐火材料等经研磨、混合均匀而成。该产品对管道或电线电缆贯穿孔洞，尤其是较大的孔洞、楼层间孔洞的封堵效果较好。它不仅达到所需的耐火极限，而且还具备相当高的机械强度，与楼层水泥板的硬度相差无几。

常用有 FFD-Ⅱ型粉状速固防火堵料和 DFD-Ⅲ型软体防火堵料。

（2）电缆防火隔板。用于电缆层间分隔及大孔洞封堵阻火。

防火隔板也称防火隔板或不燃阻火板等，是由多种不燃材料经科学调配压制而成，具有阻燃性能好，遇火不燃烧时间可达 3h 以上，机械强度高，不爆、耐水、油、耐化学防腐蚀性强、无毒等特点。YD-Ba 型无机防火隔板燃烧试验中，火焰最好温度达 1000℃时不变形，各项指标符合《防火封堵材料的性能要求和试验方法》（GA 161—1997）的规定要求，燃烧性能达到《建筑材料及制品燃烧性能分级》（GB 8624—2012）规定的 A 级（不燃性）标准。J 防火隔板主要适用于各类电压等级的电缆在支架或桥架上敷设时的防火保护和耐火分隔。

常用电缆防火隔板有 EFF 型、EF 型、EFW 型。

（3）电缆防火包。主要用于封堵电缆贯穿孔。

常用电缆防火包为 PFB 膨胀型电缆防火包，形状如枕头，外包由玻璃纤维制成，内部填充以无机物纤维、无机阻燃剂、不燃成分、不溶于水的扩张成分及特殊耐热添加剂等。

（4）防火涂料。防火涂料是用于可燃性基材表面，能降低被涂材料表面的可燃性、阻滞火灾的迅速蔓延，用以提高被涂材料耐火极限的一种特种涂料。防火涂料涂覆在基材表面，除具有阻燃作用以外，还具有防锈、防水、防腐、耐磨、耐热以及涂层坚韧性、着色性、黏附性、易干性和一定的光泽等性能。

防火涂料是由基料（即成膜物质）、颜料、普通涂料助剂、防火助剂和分散介质等涂料组分组成的。除防火助剂外，其他涂料组分在涂料中的作用和在普通涂料中的作用一样，但是在性能和用量上有的具有特殊要求。

电缆防火涂料一般由叔丙乳液水性材料添加各种防火阻燃剂、增塑剂等组成，涂料涂层受火时能生成均匀致密的海绵状泡沫隔热层，能有效地抑制、阻隔火焰的传播与蔓延，对电线、电缆起到保护作用。

7.8 紧固件及常用工器具

7.8.1 紧固件

紧固件是作紧固连接用且应用极为广泛的一类机械零件。

（1）零件。通常包括以下 12 类零件：

1）螺栓。由头部和螺杆（带有外螺纹的圆柱体）两部分组成的一类紧固件，需与螺母配合，用于紧固连接两个带有通孔的零件。这种连接形式称螺栓连接。如把螺母从螺栓上旋下，有可以使这两个零件分开，故螺栓连接属于可拆卸连接。

2）螺柱。没有头部的，仅有两端均外带螺纹的一类紧固件。连接时，它的一端必须旋入带有内螺纹孔的零件中；另一端穿过带有通孔的零件中，然后旋上螺母，即将这两个零件紧固连接成一个整体。这种连接形式称为螺柱连接，也属于可拆卸连接。主要用于被连接零件之一厚度较大、要求结构紧凑，或因拆卸频繁，不宜采用螺栓连接的场合。

3）螺钉。也是由头部和螺杆两部分构成的一类紧固件，按用途可以分为三类：机器螺钉、紧定螺钉和特殊用途螺钉。机器螺钉主要用于一个紧定螺纹孔的零件，与一个带有通孔的零件之间的紧固连接，不需要螺母配合（这种连接形式称为螺钉连接，也属于可拆卸连接；也可以与螺母配合，用于两个带有通孔的零件之间的紧固连接）。紧定螺钉主要用于固定两个零件之间的相对位置。特殊用途螺钉例如有吊环螺钉等供吊装零件用。

4）螺母。带有内螺纹孔，形状一般呈现为扁六角柱形，也有呈扁方柱形或扁圆柱形，配合螺栓、螺柱或机器螺钉，用于紧固连接两个零件，使之成为一个整体。

螺母的特殊类别有以下几种：

高强度自锁螺母。是自锁螺母的一个分类，具有强度高，可靠性强的一面。主要是引进欧洲技术作为前提，用于运行时有防因振动而松动的机械设备，目前国内生产该类产品的厂家甚少。

尼龙自锁螺母。尼龙自锁螺母是一种新型高抗振防松紧固零件，能应用于温度 $-50\sim$ $100℃$ 的各种机械、电器产品中。目前，各类机械对尼龙自锁螺母的需求量剧增，这是因为它的抗振防松性能大大高于其他各种防松装置，而且振动寿命要高几倍甚至几十倍。当前机械设备的事故有 80% 以上是由于紧固件的松动而造成的，而使用尼龙自锁螺母就可以杜绝由于紧固件松脱所造成的重大事故。

5）自攻螺钉。与机器螺钉相似，但螺杆上的螺纹为专用的自攻螺钉用螺纹。用于紧固连接两个薄的金属构件，使之成为一个整体，构件上需要事先制出小孔，由于这种螺钉具有较高的硬度，可以直接旋入构件的孔中，使构件中形成相应的内螺纹，这种连接形式也是属于可拆卸连接。

6）木螺钉。木螺钉也是与机器螺钉相似，但螺杆上的螺纹为专用的木螺钉用螺纹，可以直接旋入木质构件（或零件）中，用于把一个带通孔的金属（或非金属）零件与一个木质构件紧固连接在一起，这种连接也是属于可拆卸连接。

7）垫圈。形状呈扁圆环形的一类紧固件。置于螺栓、螺钉或螺母的支撑面与连接零件表面之间，起着增大被连接零件接触表面面积，降低单位面积压力和保护被连接零件表面不被损坏的作用；另一类弹性垫圈，还能起着阻止螺母回松的作用。

8）挡圈。供装在机器、设备的轴槽或孔槽中，起着阻止轴上或孔上的零件左右移动的作用。

9）销。主要供零件定位用，有的也可供零件连接、固定零件、传递动力或锁定其他紧固件之用。

10）高强度螺栓。目前在水工金属结构工程中，高强螺栓已取代铆钉成为主要连接元件。高强螺栓连接方便，用测力扭矩扳手均匀拧紧，应力传递均匀。高强螺栓的抗拉强度超过 800～1000MPa，拧紧力矩大，承载力大。在交变载荷作用下，疲劳强度高，工作可靠，不会在连接钢结构元件时发生变形。在部件加工制作时，被连接接触面需进行特殊防滑移处理，使以增加工作面的摩擦系数。

11）组合件和连接副。组合件是指组合供应的一类紧固件，如将某种机器螺钉（或螺栓、自攻螺钉）与平垫圈（或弹簧垫圈、锁紧垫圈）组合供应；连接副指将某种专用螺栓、螺母和垫圈组合供应的一类紧固件，如钢结构用高强度大六角头螺栓连接副。

12）焊钉。由光杆和钉头（或无钉头）构成的异类紧固件，用焊接方法把他固定连接在一个零件（或构件）上面，以便再与其他零件进行连接。

（2）标准。不同国家的标准代号是：GB（中国国标）、ISO（国际标准）、DIN（德制标准）、JIS（日本标准）、ANSI/ASME（美国国家标准学会/美国机械工程师协会标准）、BS（英制标准）、IFI（美国工业紧固件协会的标准）、BA（英制标准）。

（3）紧固件的普通螺纹规格表示方法。粗牙普通螺纹规格用字母"M"及"公称直径"表示，细牙普通螺纹规格用字母"M"及"公称直径"表示，螺距用"x"表示，其中尺寸单位为"毫米"或"mm"，当螺纹为左旋时，在规格后加注字母"LH"。

（4）常用紧固件材料。

1）螺栓、螺钉和螺柱的材料技术要求见《紧固件机械性能　螺栓、螺钉和螺柱》（GB/T 3098.1）。

2）螺母（精牙螺纹）的材料技术要求见《紧固件机械性能　螺母》（GB/T 3098.2）、《紧固件机械性能　螺母　细牙螺纹》（GB/T 3098.4）、《铆螺母技术条件》（GB/T 17880.6）、《紧固件机械性能　有效力矩型钢六角锁紧螺母》（GB/T 3098.9）。

3）紧定螺钉的材料技术要求见《紧固件机械性能　紧定螺钉》（GB/T 3098.3）、《紧固件机械性能　有效力矩型钢六角锁紧螺母》（GB/T 3098.9）。

4）铆螺母的材料见 GB/T 17880.6。

5）不锈钢紧固件的材料技术要求见 GB/T 3098.3、《紧固件机械性能　不锈钢螺母》（GB/T 3098.15）、《紧固件机械性能　不锈钢紧定螺钉》（GB/T 3098.16）。

6）有色金属制造的螺栓、螺钉、螺柱和螺母的材料见《紧固件机械性能　有色金属制造的螺栓、螺钉、螺柱和螺母》（GB 3098.10）。

7）自攻类螺钉的标准见《紧固件机械性能　自钻自攻螺钉》（GB/T 3098.11）、《紧固件机械性能　自挤螺钉》（GB/T 3098.7）、《紧固件机械性能　自攻螺钉》（GB/T 3098.5）、《木螺钉技术条件》（GB/T 922）。

7.8.2　常用工器具

（1）台虎钳。台虎钳是用来夹持工件，以便于锯割、锉削、铲削等操作。它的种类有：台虎钳、手虎钳、桌虎钳等，按其构造形式有回转式和带砧座固定式。

（2）扳手。扳手是用来拆装螺栓的。常用的扳手有：螺母扳手，长柄、短柄装配扳手，死扳手，直柄、弯柄套筒扳手，棘轮扳手，调节扭矩扳手，管子扳手，螺柱扳手等。

（3）铰刀。铰刀是用来精铰削钻孔（扩孔），使孔圆直，提高精度、表面光滑、尺寸准确的一种刃具。

（4）曲柄钻。曲柄钻有两种类型：一种是锥形齿轮传动的曲柄钻；另一种是棘轮传动的曲柄钻。使用曲柄钻时，先将钻头装正、装牢。操作时，曲柄钻与工作物要垂直，用力要适当。这两种曲柄钻主要用于薄工件的钻孔。

（5）拆卸器。拆卸器又称"抓"，它是常用的一种拆卸工具。主要用来拆卸轴上的皮带轮、齿轮、轴承等零件。拆卸器是利用其上的卡爪及顶撑螺杆将零件取下来，撑杆及卡爪用 45 号钢制作，经淬火及回火使硬度达到 35～40HRC，顶撑螺杆用 45 号钢制作，经热处理后硬度达到 40～45HRC。

（6）锉刀、刮刀、钢锯、丝锥和板牙、钻头及画线工具等钳工工具。

（7）砂轮机。砂轮机是磨削刃具和工件的机具。有手提式和固定式两种。手提式砂轮机有电动和风动两类，一般在工件较大不便移动时使用。固定式砂轮机则用于小型工件和刀具等磨削。

（8）台钻。台钻是一种小型钻床。这种钻床是放在工作桌子上使用的，一般用来钻 ϕ13mm 以下的孔眼。它是由手动进刀的。工件较小时，可放在工作台上钻孔；工件较大时，将工作台移开，直接放在底座面上钻孔。这种钻床灵活性较大，可适应各种情况钻孔的需要。

（9）卡钳。卡钳是测量机械零部件尺寸的一种量具，由于它的测量方法是间接的。因此，卡钳要与钢尺或其他量具相配合使用。

卡钳分为外卡钳和内卡钳两种。外卡钳测量工件的外表面，内卡钳测量工件的内表面和内孔、内槽等。内外卡钳有各种不同的尺寸，以适应工作变化的需要。卡钳的钳口是否平整对测量精度有很大影响。有经验者可以用质量好的卡钳，测出的精度可达 0.02～0.05mm。

（10）水平仪。水平仪是机械设备安装中测量平面度和垂直度的一种不可缺少的精密量具。水平仪有框式水平仪、条形水平仪、光学合像水平仪等。

水平仪的构造及测量工作原理。水平仪由铸铁框架、主水准器（纵向水泡）、定位水准器（横向水泡）等组成。它是一种测角仪器，主要工作部分是水准器。水准器是封闭的玻璃管，内装乙醚或酒精，但不装满，留有一个气泡，这个气泡永远停在玻璃管的最高点。如水平仪在水平或垂直位置时，气泡就处于玻璃管的中央位置，若水平仪倾斜一个角度，气泡就向左或向右移动到最高点，根据移动距离，即可了解平面的水平度或垂直度。

（11）游标卡尺。游标卡尺是用来测量工件长度、宽度、深度及内外径的一种精密量具。

游标卡尺主要由固定卡脚连尺身（正尺）、活动卡脚连游标、固定螺丝等组成。有的游标卡尺在尺身后面附有深度尺与活动卡脚一齐移动，可量出沟槽的深度。在精密游标卡尺上还装有拖板（推板）、固定螺丝与调节螺母，用它可作精确的调节。

（12）千分尺。千分尺比游标卡尺的精度还要高。公制千分尺的精度可达 0.01mm。根据其用途不同，可分内径千分尺、外径千分尺、深度千分尺等。无论哪一种千分尺，其原理和用法是相同的。

（13）千分表（百分表）。千分表是用来测定工件的平面、圆度、锥形及配合间隙的精密量具，千分表通常是带表架一起使用的。

千分表表盘上分 100 格，每 10 格用数字 10、20、30、…、100 等标记。大指针转动一格表示 0.01mm，当大指针转动一周时，则小指针转动一格，即 1mm。

（14）水准仪。在设备安装工程中，经常用水准仪对设备基础、垫铁、吊车轨道等标高进行测量。水准仪有普通水准仪、精密光学水准仪和自动安平水准仪等。

（15）经纬仪。经纬仪是机械设备精度检查中的一种高精度测量仪器，它与平行光管组成光学系统，对坐标镗床的水平转台和万能转台，精密滚齿机和齿轮磨床的分度精度进行测量。同时，还用来对大、中型设备基础纵横向十字中心线、垂直线的位置和地面上两个方向之间的水平角进行测定等。

（16）塞尺。塞尺是检查间隙的一种精密量具，用它来检查两个结合面之间的间隙大小。

7.9 塑料

塑料是以合成树脂为主要成分，加入适量的添加剂，在一定的温度和压力下塑制成型的有机高分子材料。塑料具有以下特点。

（1）质轻。塑料的密度一般在 $0.83 \sim 2.2 \text{g/cm}^3$ 之间，只有钢铁的 1/9～1/4，铝的 1/2。

（2）具有一定的机械强度。塑料的强度比一般金属材料低，但由于其密度小，比强度高。

（3）优异的电绝缘性能。

（4）良好的耐腐蚀性能。一般塑料对酸碱、有机溶剂等化学药物具有良好的抗腐蚀能力，其中，聚四氟乙烯尤为突出。

（5）突出的减磨、耐磨性能。大部分塑料的摩擦系数都比较低。

（6）易成型加工。所有的塑料成型加工都比较容易，方法也比较简单，而且形式也多种多样，生产效率比较高。

（7）耐高温性能差，大多数塑料只能在 100℃ 以下，仅有少数品种可在 200℃ 左右长期使用。

（8）导热性差，热膨胀系数大，易老化，阻燃性差。

7.9.1 塑料的分类

（1）热塑性塑料。热塑性塑料是以热塑性树脂为主体成分，加工塑化成型后具有链状的线状分子结构，受热后又软化，可以反复塑制成型。

（2）热固性塑料。热固性塑料是以热固性树脂为主体成分，加工固化成型后具有网状体型的结构，受热后不再软化，强热下发生分解破坏，不可以反复成型。

（3）塑料制品，用于建筑管道、电线导管、化工耐腐蚀零件及热交换器等，主要介绍如下几种。

1）聚乙烯塑料管：无毒，可用于输送生活用水。常使用的低密度聚乙烯水管（简称塑料自来水管）的规格，这种管材的外径与焊接钢管基本一致。

2）ABS工程塑料管：耐腐蚀、耐温及耐冲击性能均优于聚氯乙烯管，它由热塑性丙烯腈-丁二烯-苯乙烯三元共聚体黏料经注射、挤压成型加工制成，使用温度为$-20\sim70℃$，压力等级分为B、C、D三级。

3）聚丙烯管（PP管）：丙烯管材系丙烯树脂经挤出成型而得，用于流体输送。按压力分为Ⅰ型、Ⅱ型、Ⅲ型，其常温下的工作压力为：Ⅰ型为0.4MPa、Ⅱ型为0.6MPa、Ⅲ型为0.8MPa。

4）硬聚氯乙烯排水管及管件：硬聚氯乙烯排水管及管件用于建筑工程排水，在耐化学性和耐热性能满足工艺要求的条件下，此种管材也可用于工业排水系统。

例如，塑料及复合材料水管常用的有：聚乙烯塑料管，涂塑钢管，ABS工程塑料管，聚丙烯管（PP管），硬聚氯乙烯管。建筑物中常用的排水管及管件是硬聚氯乙烯。

7.9.2　塑料的特性及用途

塑料的特性和用途见表7-24。

表7-24　　　　　　　　　　　塑料的特性和用途表

类　别	主　要　特　性	用　途　举　例
聚乙烯（PE）	加工性能优良；耐蚀性及高频电性能好；力学性能较低；热变形温度较低	小载荷齿轮、轴承和一般电缆包皮、电器和通用机械零件
聚丙烯（PP）	耐蚀性及电性能优良；抗弯曲、疲劳和应力开裂性较好；低温性脆；对铜敏感；易老化；可镀层，可在$-30\sim100℃$下工作	用作电器、机械零件及防腐包装材料
聚苯乙烯（PS）	价廉；易加工、着色；透明；性脆；高频电性能优异	仪表系统、汽车灯罩、光学电信零件及生活用品等
丙烯腈-丁二烯-苯乙烯（ABS）	刚韧；耐蚀性良好；吸湿性小；易镀层；耐候性差	汽车、电器、仪表和机械工业中零件、电镀装饰板和装饰件等
硬聚氯乙烯（PVC）	价廉；硬质、软质可通过配方调节；耐蚀性较好；有较高的强度；难燃；耐热性较低	电器零部件、通用机械零件、手轮、手柄等
氟乙烯	耐热性、耐蚀性、介电性能优异；摩擦系数很小，能自润滑；力学性能较差	飞机起落架、液压系统、油泵的密封件，润滑油、冷却系统的软管，绝缘材料等
聚酰胺（PA）	韧性、耐磨性突出，耐油，吸水性强	轴承、齿轮、衬套、凸轮、泵和阀门零件等
聚碳酸酯（PC）	冲击韧度优良；尺寸稳定性良好；透明；有应力开裂倾向；耐磨性差，可在$-60\sim120℃$下工作	航空、电子、机电工业中用作挡风玻璃、防弹玻璃、仪器仪表观察窗等

类　　　别	主　要　特　性	用　途　举　例
聚对苯二甲酸乙二酯（PET）	电绝缘性能优良；吸湿性小；摩擦系数较小	适于作结构件、高强度绝缘材料及耐焊接部件
聚对苯二甲酸丁二酯（PBT）	吸湿性小；成形性良好；耐油性能优异；热变形温度较低；对缺口冲击敏感。力学性能优异，刚性好；摩擦系数低；对有机溶剂有很好的耐应力开裂性	适于作阻燃耐热、电绝缘、耐化学品零部件、如电子和电器仪表各种变压器骨架、接线板等
聚甲醛（POM）	刚性好；耐疲劳，在热塑性塑料中最佳；耐磨、耐水性极佳；耐热性、耐燃性较差，可在－40～100℃使用	航空、机电、仪器仪表等工业中用作轴承、衬套、齿轮、凸轮、滑轮、手柄等
氯化聚醚	耐化学腐蚀性突出；吸湿性低；耐腐蚀性好；耐低温性能较差	主要作耐腐蚀产品，如泵、轴承保持器、齿轮等
聚苯醚（PPO）	吸湿性小，力学性能和制品尺寸稳定；电性能优异；熔融黏度高。工艺性较差；制品易发生应力开裂	适用于电气、仪表绝缘零件，如旋钮、衬套、接插件、手柄等
改性聚苯醚（MPPO）	吸湿性小；力学性能、介电性能优良；尺寸稳定性好收缩率低。比聚苯醚熔融黏度降低，流动性改善；成型加工性良好	适于作电器仪表、计算机、打印机、雷达等的外壳与基座等较大机件
聚苯硫醚（PPS）	高温耐蚀性良好；尺寸稳定性和抗蠕变性良好；难燃；加工温度高；性脆，用玻璃纤维增强后，冲击强度显著提高，其他力学性能也有改善	适于作高温电器元件、汽车及机械零部件，航空天线、高频线圈骨架等
聚砜（PSU）	耐热性好，热变形温度高；韧性好；抗蠕变性好；介电性能优良；可镀层；熔融黏度大，可在－100～150℃使用	适于作绝缘制品和结构件，常用作集成电路架、线圈管、灯具插座等
聚酰亚胺（PI）	耐高温性优异，使用高温达200～260℃；耐辐射；耐磨性优良，有良好的自润滑性；热膨胀系数较小；加工困难；价格昂贵	高、低温密封垫圈、阀门、自润滑轴承、印刷电路底板、接插件等
酚醛塑料	价廉；工艺性好；有较好的耐热性；力学性能和电绝缘性能也较好，色调有限	适于模塑耐热耐酸、有湿热要求的机电、仪器仪表零件
氨基塑料	价廉；易着色；易于模塑成形；耐溶剂性良好，但易变性、老化，不适于湿热条件下工作	适于塑制家用电器、机械零件、如着色按钮、开关板、插座等
聚邻苯二甲酸二烯丙酯（PDAP）	在高温、高湿环境中性能和尺寸几乎不变；易于模塑成形；可在－60～180℃使用	航空、宇航、电子工业中塑制可调微型电容、接插板、分线板、各种开关、按钮等
有机硅塑料	使用温度可达200～250℃；憎水、电绝缘性良好，耐电弧；力学性能较差；成型工艺性较差	适于模塑高温下工作的各种耐电弧开关、接插件和接线盒等

7.9.3　塑料管

常用塑料管的特性和用途见表7-25。

表 7 - 25　　　　　　　　　　　　常用塑料管的特性和用途表

名称	主要特性	用途举例
硬聚氯乙烯管（PVC - U 管）	抗腐蚀力强，易于黏合，价廉、质硬。其有单体和添加剂渗出，不适用于热水输送，接头黏合要求高，固化时间长	主要用作给水排水系统管道和电线电缆的保护套管等
埋地排污、排水管	该管除外壁为平滑的传统型外，还有内壁光滑、外壁带有垂直加强的新型管型，其环向刚度大，力学性能优良	用于埋地排污、排废水等
芯层发泡硬聚氯乙烯管（PVC - U 管）	与实壁管相比，不仅质量轻，隔声、隔热性能好，同时还具有抗冲击强度高、环向刚度大等特点	用于建造排水或埋地排水等
氯化聚乙烯管（PVC - C 管）	具有优良的耐候性、耐老化性，抗震性能好，防结垢，感染细菌率低，即使在高温（95℃）仍可防止酸、碱、盐、氯离子、氧及电位腐蚀，燃点482℃，防火安全性好	已应用于化学制造厂、造纸厂、废水厂及废水处理场、电镀厂、净水厂以及食品厂的压力与排水系统、民用冷热水管路系统、消防及空调系统
聚丙烯管（PP 管）	具有优良的耐热性能和较高的强度。但在同等压力和介质的条件下管壁最厚	属聚烯烃类通用塑料，产量大、价格便宜。用于给水排水管道系统
无规共聚聚丙烯管（PP - R 管）	质轻、耐腐蚀、无锈蚀、永不结垢，还具有良好的抗冲击性能	特别适合于民用建筑冷热水、饮用水及地板采暖管道系统等
聚丁烯管（PB 管）	耐温性能好，良好的抗拉及抗压强度，耐冲击，低蠕变，高柔韧性，无腐蚀，无结垢，使用寿命长。但原材料依赖进口，价格高	不仅可用于冷热水供应系统，也可用于消防管道等
聚乙烯管（PE 管）	韧性好，耐疲劳强度和耐温性能均较好，质轻，可挠性和抗冲击性能好。连接时要电力、机械连接，连接件大	适用于输送液体、气体、食用品等
交联聚乙烯管（PE - X 管）	具有极其优良的长期耐温、耐压、抗蠕变性能，柔韧性好，机械强度高，使用寿命可达50 年以上	不仅可在冷、热水系统中应用，还可使用于地板采暖系统等
耐热增强型聚乙烯管（PE - RT 管）	具有耐高温性强（可达95℃），抗冲击强度高、低温情况下柔韧性好，低温下抗脆裂性强，抗蠕变性良好等优点，而且安全卫生，还具有可焊接性	不仅可在冷、热水系统中应用，还可使用于地板采暖系统等
玻璃钢管	具有耐腐蚀，耐高温、强度高、质量轻、节能、安装方便、寿命长等特点	适用于石油和天然气工业、建筑业、造纸业、化肥场等
铝塑复合管（PEX - AI - PEX 管）	具有金属管的坚硬和塑料管的柔性，易于切割、加工、耐腐蚀、耐高温、耐高压，不结垢，抗静电，管内壁平滑，流体阻力小，使用寿命长等	应用于冷热水管道、煤气、天然气管道，电线、电缆穿管，地面及地下暖气管道

7.10　橡胶及常用胶管

7.10.1　橡胶

橡胶是具有高弹性的高分子材料，它由生胶、配合剂、增强剂组成，按材料来源不同分为天然橡胶和合成橡胶。天然橡胶弹性最好，具有强度大、电绝缘性好、不透水的特点。

橡胶制品有天然橡胶、丁苯橡胶、顺丁橡胶、异戊橡胶、氯丁橡胶、丁基橡胶、丁腈橡胶、乙丙橡胶、聚氨酯橡胶、聚丙烯酸酯等，用于密封件、衬板、衬里等。

各类橡胶的特性和用途见表7-26，常用胶管的特性和用途见表7-27。

表7-26　　　　　　　　　　　　各类橡胶的特性和用途表

名称	主要特性	用途举例
天然橡胶（NR）	弹性大、定伸强力高，抗撕裂性和电绝缘性优良、耐磨性和耐寒性良好，可加工性佳，易与其他材料黏合。缺点是耐氧及耐臭氧性差，容易老化变质；耐油和耐溶剂性不好，抵抗酸碱的腐蚀能力低；耐热性不高，不适用于100℃以上	制作轮胎、胶鞋、胶管、胶带、电线电缆的绝缘层和护套以及其他通用制品
丁苯橡胶（SBR）	性能接近天然橡胶，其特点是耐磨性、耐老化和耐热性超过天然橡胶，质地较天然橡胶均匀。缺点是弹性较低，抗屈挠、抗撕裂性能差，可加工性能差，特别是自黏性差；制成的轮胎，使用时发热量大、寿命较短	主要用以代替天然橡胶制作轮胎、胶板、胶管、胶鞋及其他通用制品
顺丁橡胶（BR）	突出优点：弹性与耐磨性优良，耐老化性佳，耐低温性优越。缺点是强度较低，抗撕裂性差，可加工性能与自黏性差	一般多和天然或丁苯橡胶混用，主要作轮胎胎面、输送带
异戊橡胶（IR）	性能接近天然橡胶，耐老化性优于天然橡胶，但弹性和强力比天然橡胶稍低，可加工性能差，成本较高	代替天然橡胶制作轮胎、胶鞋、胶管、胶带及其他通用制品
氯丁橡胶（CR）	具有优良的抗氧、抗臭氧性、耐油、耐溶剂、耐酸碱以及耐老化、气密性好等特点。主要特点是耐寒性较差、密度较大、电绝缘性不好、可加工性差	主要用于制造重型电缆护套，耐油、耐腐蚀胶管、胶带，以及各种垫圈、密封圈、模型制品等
丁基橡胶（IIR）	最大特点是气密性小，耐臭氧、耐老化性能好，耐热性较高，能耐无机强酸（如硫酸、硝酸等）和一般有机溶剂，电绝缘性好。缺点是弹性不好，加工性能差，黏着性和耐油性差	主要用作内胎、水胎、气球、电线电缆绝缘层、防振制品、耐热运输带等
丁腈橡胶（NBR）	特点是耐汽油及脂肪烃油类的性能特别好，耐热性好，气密性、耐磨及耐水性等均较好，黏结力强。缺点是耐寒性较差，强度及弹性较低，耐酸性差，电绝缘性不好	主要用于制造各种耐油的胶管、密封圈、贮油槽衬里等，也可作耐热运输带
乙丙橡胶（EPM）	特点是耐化学稳定性很好（不耐浓硝酸）。耐老化性能优异，电绝缘性能突出，耐热可达150℃。缺点是黏着性差，硫化缓慢	主要用作化工设备衬里、电线电缆绝缘层、汽车配件及其他工业制品
聚氨酯橡胶（UR）	耐磨性能高、强度高、弹性好、耐油性优良、耐臭氧、耐老化、气密性等也都很好。缺点是耐温性能较差，耐水、耐酸性不好	制作轮胎及耐油零件、垫圈、防振制品等
聚丙烯酸酯橡胶（AR）	兼有良好的耐热、耐油性能，可在180℃以下热油中使用；还耐老化、耐氧、耐紫外光线，气密性较好。缺点是耐寒性较差，弹性和耐磨、电绝缘性差，加工性能不好	可用作耐油、耐热、耐老化的制品，如密封件、耐热油软管等

名称	主要特性	用途举例
硅橡胶 （SR）	主要特性是耐高温（最高300℃），又耐低温（最低−100℃），电绝缘性优良。缺点是机械强度低，耐油、耐酸碱性差，价格较贵	主要用于作耐高低温制品、耐高温电缆电线绝缘层
氟橡胶 （FPM）	特性是耐高温可达300℃，不怕酸碱，耐油性最好，抗辐射及高真空性优良，电绝缘性、力学性能、耐老化等都很好。缺点是加工性差，弹性和透气性较低，耐寒性差，价格昂贵	主要用于国防工业制作飞机火箭上的耐真空、耐高温、耐化学腐蚀的密封件、胶管或其他零件
氯磺化聚乙烯橡胶（CSM）	耐臭氧及耐老化性能优良，不易燃、耐热、耐溶剂及耐酸碱性能都较好，电绝缘性尚可。缺点是抗撕裂性较差，可加工性能不好，价格较贵	可用作臭氧发生器上的密封材料，制作耐油垫圈、电线电缆绝缘层等

表 7-27　　　　　　　　常用胶管的特性和用途表

序号	名称	内径 /mm	工作压力 /MPa	特性和用途
1	《通用输水织物增强橡胶软管》 （HG/T 2184—2008）	10～100	0.3～2.5	适用于输送60℃以下的生活水、工业用水，但不适于输送饮用水
2	《压缩空气用织物增强橡胶软管》 （GB/T 1186—2007）	5～100	1～2.5	适用于工作温度在−20～45℃之间输送工作压力在2.5MPa以下的工业用压缩空气、采矿和建筑工程用压缩空气。采矿（不包括煤矿）和建筑工程用缩空气并有良好的耐油性能
3	《饱和蒸汽用橡胶软管及软管组合件规范》 （HG/T 3036—2009）	12.5～31.5	0.3～1.6	适用于输送饱和蒸汽或过热水，不适用于食品加工（如蒸、煮等）或特殊用途（如打桩机等）
4	《耐稀酸碱橡胶软管》 （HG/T 2183—2004）	12.5～80	0.3～0.7或负压	适用于−20～45℃环境中输送浓度不高于40％的硫酸溶液及浓度不高于15％的氢氧化钠溶液以及上述浓度程度相当的酸碱溶液（硝酸除外）
5	《喷砂用橡胶软管》 （HG/T 2192—2008）	12.5～51	0.63	适用于对金属表面作风压喷砂除锈及打磨
6	《气体焊接设备　焊接、切割和类似作业用橡胶软管》 （GB/T 2550—2016）	4～50	1～2	适用于气体焊接和切割，在惰性或活性气体保护下的电弧焊接，类似焊接和切割的作业
7	《吸水和排水用橡胶软管及软管组合件规范》 （HG/T 3035—2011）	16～315	吸水压力−80kPa，排水压力0.5MPa	适用于吸水压力可达−80kPa，排水压力可达0.3MPa的苛刻条件下使用
8	《橡胶软管及软管组合件油基或水基流体适用的钢丝编织增强液压型规范》 （GB/T 3683.1—2011）	5～51	2.6～35	适用于使用普通液压液体（如矿物油、可溶性油、油水乳浊液、乙二醇水溶液及水等）工作温度范围为−40～100℃，不适用于蓖麻油基和酯基液体

7.10.2 常用胶管

常用胶管是用以输送气体、液体、浆状或粒状物料的一类管状橡胶制品。由内外胶层和骨架层组成，骨架层的材料可用棉纤维、各种合成纤维、碳纤维或石棉、钢丝等。一般胶管的内外胶层材料采用天然橡胶、丁苯橡胶或顺丁橡胶；耐油胶管采用氯丁橡胶、丁腈橡胶；耐酸碱，耐高温胶管采用乙丙橡胶、氟橡胶或硅橡胶等。

7.11 绝缘材料

绝缘材料是用于使不同电位的导电部分隔离的材料。其电导率约在 $10^{-10}\,S/m$ 以下。本条所述的绝缘材料是电工绝缘材料。按《电工术语　绝缘固体、液体和气体》(GB/T 2900.5) 规定绝缘材料的定义是："用来使器件在电气上绝缘的材料"。也就是能够阻止电流通过的材料。它的电阻率很高，通常在 $10^9 \sim 10^{22}\,\Omega \cdot m$ 的范围内。如在电机中，导体周围的绝缘材料将匝间隔离并与接地的定子铁芯隔离开来，以保证电机的安全运行。

7.11.1 绝缘板

绝缘层压板又称层压板，绝缘层压板的种类很多，有酚醛棉布层压板，环氧玻璃布层压板，绝缘纸板，有机硅玻璃布层压板，二苯醚玻璃布层压板，高强度环氧玻璃布层压板等，简称绝缘板。绝缘板常用层压板名称及用途见表 7-28，常用层压板介电性能见表 7-29。

表 7-28　　　　　　　　　　　绝缘板常用层压板名称及用途表

型号及名称	耐热等级	主　要　用　途
3020 型 酚醛层压纸板	E	适用于对介电性能要求较高的电机、电器设备中作绝缘结构零部件，并可在变压器油中使用
3021 型 酚醛层压纸板	E	适用于对机械性能要求较高的电机、电器设备中作绝缘结构零部件，并可在变压器油中使用
3022 型 酚醛层压纸板	E	一定的耐潮湿性能，可用于潮湿条件下工作的电器设备中作绝缘结构零部件
3023 型 酚醛层压纸板	E	具有低的介质损耗，适用于无线电、电器设备中作绝缘结构零部件
3025 型 酚醛层压纸板	E	具有较高的机械性能及一定的介电性能，适用于机械、电机、电器设备中作绝缘结构零部件，并可在变压器油中使用
3027 型 酚醛层压纸板	E	具有一定的介电性能，适用于电机、电器设备中作绝缘结构零部件，并可在变压器油中使用
3240 型 环氧酚醛层压玻璃布板	B	具有较高的机械和介电性能，适用于电机、电器设备中作绝缘结构零部件，并可在潮湿环境和变压器油中使用
上 3242 型 环氧层压玻璃布板	F	具有较高的机械性能和介电性能，特别在高温下有较高的机械强度，适用于电机、电器设备中作绝缘结构零部件，并可在潮湿环境条件和变压器油中使用
3250 型 有机硅环氧层压玻璃布板	H	具有较高的耐热性、机械性能和介电性能，适用于 H 级电机及电器中作绝缘结构零部件

型号及名称	耐热等级	主 要 用 途
3251 型 有机硅环氧层压玻璃布板	H	具有较高的耐热性，机械强度比 3250 型略小，适用于 H 级绝缘电机及电器使用
3252 型 有机硅层压玻璃布板	H	具有较高的耐热性、耐潮性和耐电弧性，介电性能优良，适用于 H 级绝缘电机和电器使用
上 3255 型 二苯醚层压玻璃布板	H	具有较高的机械性能和介电性能，耐热耐潮湿性能优越，有自熄性能且耐辐射，是较理想的 H 级绝缘材料
346 型 环氧酚醛层压玻璃布板	F	具有较高的节电和机械性能，适用于电机和设备中作绝缘结构的零部件，可在潮湿环境中和变压器油中使用
350 型苯酚改性二苯 醚层压玻璃布板	H	具有优异的机械强度、电器性能及耐化学腐蚀性，适用于电机、电器、电子工业中作绝缘结构零部件
EPGC1 型 环氧层压玻璃布板	B	中等温度下，且有极高的机械强度，高温下，介电性能稳定，适于作电机、电器设备中的绝缘结构零部件
EPGC2 型 环氧层压玻璃布板	B	与 EPGC1 相似，具有耐燃性
EPGC3 型 环氧层压玻璃布板	F	与 EPGC1 相似，高温时机械强度高
EPGC4 型 环氧层压玻璃布板	F	与 EPGC3 相似，高温时机械强度高，且有耐燃性

表 7-29　　　　常用层压板介电性能表

型号	垂直层向耐压/(kV/mm) (20±5)℃于变压器油中 5min				备注
	0.2～1	1.1～2	2.1～3	3 以上经一面加工	
3020	25	22	19	19	
3021	16	15	13	13	
3022	17（板厚 0.5～1）	16	14	14	
3023	33（板厚 0.4～1）	27	25	25	
3025	4（厚 0.5～1）	3	2	2	于（90±2）℃油中
3027	8（厚 0.5～1）	6	5	5	于（90±2）℃油中
3240	22（厚 0.5～1）	20	18	18	于（90±2）℃油中
上 3242	16.9（厚 0.4）	13.7（厚 1.2）	12.4（厚 2）	11.5（厚 3）	
3250	板厚 2mm 及以下，18（常态）；12 [(180±5)℃]；12（受潮后）				
3251	板厚 2mm 及以下，10（常态）； 板厚 2mm 以上加工（2±0.1）mm，8（常态）				
3252	平行层向耐压：25kV				于（90±2）℃油中
上 3255	22（板厚 0.5～1）	20	18	18	于（90±2）℃油中
346	22（板厚 0.5～1）	20	18	18	于（90±2）℃油中
350	20（常态）；15（180h）；15（受潮后）				
EPGC1	11.5～16.9				于（90±2）℃油中
EPGC2	11.5～16.9				于（90±2）℃油中
EPGC3	11.5～16.9				于（90±2）℃油中
EPGC4	11.5～16.9				于（90±2）℃油中

7.11.2 云母板

云母板由云母纸与有机硅胶水黏合、加温、压制而成，其中云母含量约为90%，有机硅胶水含量为10%。常用云母板的名称及性能用途见表7-30。

表7-30 常用云母板的名称及性能用途表

型号及名称	耐热等级	标称厚度/mm	击穿强度/(kV/mm)	主要用途
5138-1型 环氧薄玻璃柔软粉 云母板	B	0.20、0.25、0.30、 0.40、0.50	平均值不小于35 个别值不低于标准 值的75%	适用于电机槽绝缘 及匝间绝缘
5151-1型 有机硅玻璃柔软 粉云母板	H	0.15、0.20、0.25、 0.30、0.40、0.50	≥15， ≥25， ≥20， 个别值不低于标准 值的75%	适用于电机槽绝缘 及匝间绝缘
5250型 有机硅塑型云母板	H	0.15、0.20、0.25、 0.3、0.4、0.5、0.6、 0.7、0.8、1.0、1.2	≥35， ≥30， ≥25， 个别值不低于标 准值的75%	在一定温度内可塑成 不同形状的绝缘零件， 适于做电机，电器 较复杂的绝缘零件

7.11.3 电气型SMC复合材料

SMC复合材料是Sheet molding compound的缩写，翻译成中文是片状模塑料。主要原料由SMC专用纱、不饱和树脂、低收缩添加剂、填料及各种助剂组成，是树脂基复合材料的一种，电气型SMC复合材料具有高介电性能，绝缘耐压，特别是耐电弧性能优异。适用于高压开关的绝缘隔板、灭弧片、防护板；电机滑环、槽楔、接线柱；变压器有载调压分节开关异向盘、线圈骨架、开关底盘、外壳、触头支架及其他绝缘件、结构件。电气型SMC绝缘材料的性能及用途见表7-31。

表7-31 电气型SMC绝缘材料的性能及用途表

项目		单位	性能指标	规格	用途
比重			1.75～1.85		
绝缘电阻	常态	MΩ	$10^6 \sim 10^8$	宽度1m， 厚度3～5mm	具有较高的介电性能。耐电弧性能优越，防潮性能好，且有阻燃性能。可用于高压开关隔板、灭弧片、防护板、绝缘支架、支座等绝缘件、结构件
	浸水		$10^6 \sim 10^8$		
	沸水		$10^4 \sim 10^6$		
介电强度 (在90℃油中)		kV/mm	9～15		
耐电弧		S	180～190		
氧指数		%	23～25		

注 SMC系引进的一种新型材料，分普通型和电气型。其电气型作为一种性能好的绝缘材料，得到较好的利用。

7.11.4 电气常用绝缘油

电气绝缘油通常由深度精制的润滑油基础油加入抗氧剂调制而成。主要用作电器设备的电介质。电器绝缘油的主要性能是低温性能、氧化安定性和介质损失。电气常用绝缘油名称及特性见表 7-32。

表 7-32   **电气常用绝缘油名称及特性表**

名　　称	10号变压器油	25号变压器油	45号变压器油	45号开关油	1号电容器油	2号电容器油
密度 20℃/(g/mL)(不大于)	895	895	895		0.90	0.90
运动黏度/(mm²/s) 20℃不大于 40℃不大于 -10℃不大于 -30℃不大于	 13	 13 200	 11 1800	30	40 15.2	37~45 12.4~17.0
闪点(闭口)/℃不小于	140	140	136	135	135	135
凝点/℃不大于			-5	-5	-5	-5
击穿电压(间距2.5mm 交货时)/kV不小于	35	35	35			
介电强度(20℃,50Hz)/(kV/cm)不小于					200	200
介质损耗因数(90℃)不大于老化前,100℃ 测试频率1000Hz不大于 测试频率50Hz不大于	0.005	0.005	0.005		 0.004	 0.002 0.005

注 1. 参照《电容器油》(GB 4624—1984)、《电工流体　变压器和开关用的未使用过的矿物绝缘油》(GB 2536—2011)。

    2. 击穿电压为保留项目,每年至少测定1次,用户使用前必须进行过滤并重新测定。

    3. 测定击穿电压允许用定性滤纸过滤。

    4. 1号为电力电容器油、2号为电信电容器油。

7.11.5　绝缘胶带

绝缘胶带专指电工使用的用于防止漏电,起绝缘作用的胶带,又称绝缘胶布,胶布带,由基带和压敏胶层组成。基带一般采用棉布、合成纤维织物和塑料薄膜等,胶层由橡胶加增黏树脂等配合剂制成,黏性好,绝缘性能优良。绝缘胶带具有良好的绝缘耐压、阻燃、耐候等特性,适用于电线接驳、电气绝缘防护等特点。几种绝缘胶带主要性能及用途见表 7-33。

表 7-33   **几种绝缘胶带主要性能及用途表**

型号及规格	规格厚度/mm	主　要　性　能	主　要　用　途
JD-27型 电工用 绝缘胶带	0.18~0.20	黏结力不小于 7.8N/25mm,热老化不小于 9.8N/25mm,耐电压:常态 1min 大于 3kV 耐热等级为 B 级	黏结力良好,电气性能、耐热老化性能及耐候性能优良,适用于电机、电器导体接头包绕及绕组的绑扎等

型号及规格	规格厚度/mm	主 要 性 能	主 要 用 途
J-6230型 聚酯胶黏带	0.06±0.02	拉伸强度不小于 32N/10mm，断裂伸长不小于 40%，体积电阻率不小于 $1×10^6$ MΩ·m，黏结力不小于 1.96N/10mm，耐电压：常态 1mm 不小于 2.5kV，击穿电压不小于 4.2kV	黏结性能良好，电绝缘性能和耐溶性能良好。耐热等级为 B 级。适用于电机、电器导体接头包扎、绕组包扎，电器仪表接线颜色标志
TJ6251型 聚酰亚胺薄膜 F46胶带	单面胶为 0.048 双面胶为 0.050	拉伸强度不小于 78MPa，伸长率不小于 30%，剥离力不小于 4.0N/25mm，体积电阻率不小于 $1×10^7$ MΩ·m，表面电阻率不小于 $1×10^6$ MΩ·m，介电强度不小于 90MV/m	H 级绝缘材料，适用于电工导线绕包绝缘
TJ6252型 聚酰亚胺薄膜有机 硅压敏黏带	0.06 0.08 0.10	拉伸强度不小于 58MPa，伸长率不小于 25%，体积电阻率不小于 $1×10^7$ MΩ·m，附着力不小于 2.94N/25mm，介电强度不小于 70mV/m	H 级绝缘材料，适用于作电机、电器、电线及电缆的绝缘材料
TS-88型 电气用特种压敏黏带	0.09±0.01	断裂强度不小于 19.6N/25mm，伸长率不小于 250%，黏结力不小于 3.7N/25mm，体积电阻率不小于 $1×10^5$ MΩ·m，温度指数 180，击穿电压不小于 8.5kV	具有较高的黏附性，在高温下的耐水性、耐油性及耐腐蚀性气体（硫化氢）性能较好，电气绝缘性能良好。主要用于潜油电机引接电缆的包扎密封及引出线与绕组连接、星点连接，以及扁电缆与圆电缆的连接
TA-88型	0.18±0.025	断裂强度不小于 118N/25mm，延伸率不小于 125%，黏结力不小于 11.76%，体积电阻率不小于 $1×10^5$ MΩ·m，温度指数 160，击穿电压不小于 14kV	具有较高的黏附性，在高温下的耐水性，耐油性及耐腐蚀性气体（硫化氢）性能较好，主要用于潜油电机引接电缆的包扎密封及引出线与绕组连接、星点连接，以及扁电缆与圆电缆的连接
Scotch33型 优质聚氯乙烯带	0.178	工作温度-18~+105℃，抗腐蚀和紫外线照射、耐磨、防潮湿、耐酸、碱，击穿电压 10kV/层	用于各种通常的导线或电缆接头的一次、二次绝缘。起到电气防潮和机械保护作用
Scotch22型 大功率聚氯乙烯带	0.254	温度范围 0~80℃具有良好的弹性、持久性，防腐蚀和紫外线照射及防潮性能良好，击穿电压 12kV/层	适合大功率应用，包括汇流条绝缘、配线、电缆外层修复，密封变压器和断路器连接以及软管的防潮保护
Scotch23型 自黏性乙丙橡胶 绝缘带	0.762	工作温度 90℃，抗拉强度不小于 1.4N/mm，绝缘电阻大于 $1×10^6$ MΩ，伸长率 100%，介电强度 31.5kV/mm	绕包时通过高拉伸，带材层间变薄，容易把层间空气挤出来，从而提高了耐压强度，是各种电气接头、电缆接头、终端头的主要绝缘材料
Scotch70型 硅橡胶带	0.305	工作温度达 180℃，张力强度 2.1N/mm，延伸断裂度 450%，介电强度 34.45kV/mm	具有耐高温及抗电弧能力，有良好的自黏力，用于各种高中压电缆终端的保护性缠绕及绝缘

7.11.6 绝缘漆

绝缘漆是漆类中的一种特种漆。绝缘漆是以高分子聚合物为基础，能在一定的条件下

492

固化成绝缘膜或绝缘整体的重要绝缘材料。绝缘漆分两大类：一是有溶剂浸渍漆；二是无溶剂浸渍漆。几种有溶剂和无溶剂浸渍漆特性见表7-34。

表7-34　　　　　　　　　几种有溶剂和无溶剂浸渍漆特性表

项　目	1032型三聚氰胺醇酸浸渍漆	1033型环氧酯浸渍剂	1053型有机硅浸渍漆	110型环氧无溶剂浸渍漆	CJ145型不饱和聚酯酰亚胺无溶剂浸渍漆	112型聚酯环氧无溶剂浸渍漆
外观	漆液均匀，不乳油，不含杂质，干后漆膜光滑	漆液均匀，不乳油，不含杂质，干后漆膜光滑	漆液均匀，无杂质和胶粒，允许有乳白光，漆膜平滑	漆液均匀，黄至棕色，不含杂质	漆液均匀，红棕色，无杂质	漆液均匀浅黄色至棕色无杂质
耐热等级	B	B	H	B	F	F
溶剂	甲苯、二甲苯及200号溶剂油	二甲苯和丁醇等	二甲苯等			
黏度4号黏度计（23±1）℃（s）	40±8	45±8	20～60	30～70（20±1）℃	20～60	60（25±1）℃
固体含量/%（2h）	50±2（105±2）℃	50±2（105±2）℃	≥50			
干燥时间/h	≤2（105±2）℃	≤2（120±2）℃	≤2（200±2）℃	≤2（135±2）℃	≤2（150±2）℃	≤2
酸值/mg（KOH/g）	≤10	≤6				
厚层固化能力	不次于S_1、U_1、$I_{4,2}$均可	不次于S_1、U_1、$I_{4,2}$均可	不次于S_1、U_1、$I_{4,2}$均可			
弹性芯轴直径3mm	不开裂	不开裂	不开裂			
漆在敞口容器中的稳定性	黏度增长值不大于标称值4倍	黏度增长值不大于标称值4倍	黏度增长值不大于起始值4倍			
耐油性于（105±2）℃变压器油中/h	≤24	≤24				
体积电阻率/(MΩ·m)　常态时（20±5）℃　水中浸24h　（130±2）℃	$1×10^5$　$1×10^4$　$1×10^2$	$1×10^6$　$1×10^5$　$1×10^2$	$1×10^6$　$1×10^4$（200±2）℃　$1×10^3$	$1×10^6$　$1×10^4$	$1×10^7$　$1×10^6$（155℃）　$1×10^2$	$1×10^6$　$1×10^4$
介电强度/(MV/m)　常态浸水24h　（130±2）℃	≥70　≥60　≥30	≥70　≥60　≥30	≥70　≥60（200±2）℃　≥30	≥70　≥40	≥20	≥70　≥40
主要用途及特性	适用于浸渍电机、电器绕组。有较好的干燥性、热弹性、耐油性、较高的介电性能	适用于浸渍防潮电机、电器绕组。有较好的耐油性、弹性和耐水性	适用于H级电机、电器绕组浸渍绝缘。防潮、耐热和耐寒性良好	适用于浸渍中小型电机、电器绕组。防潮、防霉性及介电性能良好	适用于F级电机、电器绕组浸渍。机械、电气性能好，耐化学性能及防霉性能好	适用于F级中小电机绕组浸渍。机械、电气性能优良

参 考 文 献

［1］ 周鹤良．电气工程师手册．北京：中国电力出版社，2010．

［2］ 黎文安．电气设备手册．北京：中国水利水电出版社，2007．

［3］ 周庆，张志贤．安装工程材料手册．北京：中国计划出版社，2004．

［4］ 刘光源．实用维修电工手册．第 2 版．上海：上海科学技术出版社，2001．

［5］ 孙克军．电工手册．北京：化学工业出版社，2009．

［6］ 曾正明．电工材料速查手册．北京：机械工业出版社，2006．

［7］ 温秉权．金属材料手册．北京：电子工业出版社，2009．

［8］ 刘胜新．实用金属材料手册．北京：机械工业出版社，2011．

［9］ 杨家斌．实用五金手册．北京：机械工业出版社，2011．

8 水电机电安装工程相关知识

8.1 常用金属材料性能

各种金属材料的成分不同，性能各异，正确了解各种金属材料的性能和特点，合理选用材料、施工方法和施工工艺，对水电机电安装工作者是至关重要的。金属材料的性能主要是指使用性能和工艺性能。使用性能是指金属材料在使用条件下所表现出来的性能，主要有力学性能、物理性能与化学性能。工艺性能是指制造工艺过程中金属材料适应加工的性能，如铸造、锻造、焊接、切削加工等性能。

8.1.1 金属材料的力学性能

金属材料在外界机械力作用下抵抗变形或破坏的能力，称为金属材料的力学性能，也称机械性能。衡量金属材料力学性能的指标有强度、塑性、硬度、冲击韧度、疲劳极限、高温性能等。

（1）强度。强度是指金属材料在静载荷作用下，抵抗塑性变形或断裂的能力。强度是工程构件在设计、加工、使用过程中的主要性能指标，特别是选材和设计的主要依据。按外力作用的性质不同分为抗拉强度、抗压强度、抗弯强度，抗扭强度等。材料的强度用极限应力值表示，如弹性极限、屈服极限、强度极限等，单位是 MPa。

强度用拉伸试验测试，常用强度指标有屈服极限、抗拉极限、屈强比。

1）屈服极限：在拉伸过程中力不增加（保持恒定），试样仍能继续伸长时的应力称为屈服强度。其中，屈服强度 R_{eH} 是指试样产生屈服而首次下降前的最大应力；下屈服强度 R_{eL} 是指屈服期间的最小应力。屈服强度是工程上最重要的力学性能指标之一，绝大多数零件在工作时都不允许产生明显的塑性变形，否则将丧失其自身精度或影响配合。对于无明显屈服现象的材料，则规定以试样卸除拉伸力后，其标距部分的残余应变量达到 0.2％时的应力值作为条件屈服强度 $R_{P0.2}$（国家标准称为规定残余延伸强度）。

2）抗拉极限：拉伸过程中最大力 F_m 所对应的应力称为抗拉强度，用 R_m 表示。无论何种材料，R_m 均是标志其承受拉伸载荷时的实际承载能力。抗拉强度表征材料对最大均匀变形的抗力，是材料在拉伸条件下所能承受最大力的应力值，是设计和选材的主要依据之一。

3）屈强比（屈服极限/抗拉极限）：屈服强度与抗拉强度的比值。屈强比愈小，工程构件的可靠性愈高，屈强比太小，材料强度的有效利用率太低。一般屈强比在 0.6～0.75 为宜。

（2）塑性。塑性是指材料在外力作用下能够产生永久变形而不破坏的能力。塑性大小可通过拉伸实验测得。常用断后伸长率和断面收缩率作为塑性指标。

1）断后伸长率（A）：试样拉断后，标距的伸长与原始标距的百分比称为断后伸长率。

2）断面收缩率（Z）：试样拉断后，缩颈处横截面积的最大缩减量与原始横截面积的百分比称为断面收缩率。

A 或 Z 数值越大，则材料的塑性越好。$A>5\%$ 的材料称为塑性材料（如低碳钢）；$A<5\%$ 的材料称为脆性材料（如灰口铸铁）。塑性好的材料可顺利进行塑性成型加工（如锻压、冷冲和冷拔等）。更重要的是良好的塑性可使零件在使用过程中，一旦发生超载时，能因塑性变形而避免突然断裂。

（3）硬度。硬度是指金属表面一个小的或很小的体积内抵抗弹性变形、塑性变形或抵抗破裂的一种能力，在一定程度上反映了材料的综合力学性能指标。硬度是检验产品质量、确定合理的加工工艺所不可缺少的检测性能之一。同时硬度试验也是金属力学性能试验中最简便、最迅速的一种方法。

常用硬度测试方法有压入法和回弹法。利用压入法可测布氏硬度（HBS、HBW）、洛氏硬度（HRA、HRB、HRC）和维氏硬度（HV）等。利用回弹法可测里氏硬度（HL）等。

1）压入法测硬度。压入法测硬度以材料表面受压后形成压痕的深浅，衡量硬度高低。测试时，根据压头形状和载荷的大小可得出不同的硬度指标。

A. 布氏硬度：布氏硬度的压头有淬火钢球（用 HBS 表示）和硬质合金球（用 HBW 表示）。用于测量比较软的材料。测量范围 HBS<450、HBW<650 的金属材料。

布氏硬度测定主要适用于各种未经淬火的钢、退火、正火状态的钢，结构钢调质件，铸铁、有色金属、质地轻软的轴承合金等原材料。压痕大，测量准确，但不能测量成品件。

B. 洛氏硬度：洛氏硬度是目前应用最广的性能试验方法，其压头是金刚石圆锥或淬硬钢球，根据压头和荷载测试结果，分别以 HRA、HRB、HRC 表示。HR 值越大，材料硬度越高。洛氏硬度测定仅产生很小压痕，并不损坏零件，因而适合于成品检验。这种测量方法设备简单，操作迅速方便。但测一点无代表性，不准确，需多点测量，取其平均值，洛氏硬度可用来测定各种金属材料的硬度。

C. 维氏硬度（HV）。为了从软到硬的各种金属材料有一个连续一致的硬度标度，制定了维氏硬度试验法。

维氏硬度试验法是压入试验法中较精确的一种，它与布氏硬度试验法相同，是用一种顶角为136°的金刚石角锥压头，在加载压力 P（N）作用下，试样表面压出一个四方锥形压痕，测量压痕对角线长度 d（mm），计算出压痕面积 F（mm^2），以 P/F 的数值表示试样的硬度值。

维氏硬度以 HV 表示硬度数值，有时为反映试验条件在硬度数值前用下标加上负荷。维氏硬度的压力一般可选 5N、10N、20N、30N、50N、100N、120N 等，小于 980N（10kgf）的压力可以测定显微组织硬度。

维氏硬度试验主要用来测定金属镀层、薄片金属以及化学热处理（如氮化、渗碳等）

后的表面硬度。

2）回弹法测硬度。利用回弹法可测出里氏硬度（HL）。里氏硬度用规定质量的冲击体在弹力作用下以一定的速度冲击试样表面，在距试样表面 1mm 处的回弹速度与冲击速度的比值计算硬度值。其用式（8-1）计算：

$$HL = 1000 \frac{V_R}{V_A} \qquad (8-1)$$

式中　　V_R——冲击体回弹速度；

　　　　V_A——冲击体冲击速度。

根据冲击体质量和冲击能量的不同，里氏硬度分 HLD、HLDC、HLG 和 HLC。表示方法为：硬度值＋冲击装置类型。例如，700HLD 表示用 D 型冲击装置测定的里氏硬度值为 700。

布氏硬度、洛氏硬度、维氏硬度和里氏硬度各有优缺点。布氏硬度由于压痕面积较大，能反映较大范围内的平均硬度，测量结果具有较高的精度和稳定性，但操作费时，对试样表面有一定破坏。洛氏硬度操作简单，可以直接读出硬度值，且压痕小，不伤工件，缺点是所测硬度值的离散性较大。维氏硬度的载荷小、压痕浅，广泛用于测定薄工件表面硬化层。里氏硬度操作简单，便携性好，广泛用于现场硬度测量。

各种硬度试验因其试验条件的不同而不能直接换算，需要查阅专门的表格进行换算比较。

材料的硬度与强度之间有一定的近似换算关系。对于未淬硬钢，布氏硬度与抗拉强度间存在如下的近似换算关系：

$$R_m \approx 0.362 HBS \quad （当 HBS < 175）$$
$$R_m \approx 0.345 HBS \quad （当 HBS > 175）$$

对于灰口铸铁：　　　　　　　　$R_m \approx (HBS - 40)/0.6$

焊接接头硬度的测量多用布氏硬度计。过去广泛采用的是便携式锤击布氏硬度计，能直接在大型工件上测定硬度，携带轻便，缺点是测量误差较大，试验重复性很差。近年来，国内外对大工件表面硬度测定，趋向于便携式里氏硬度计，该仪器小巧轻便，表面压痕小，工件表面损伤小，可立即用数字显示里氏硬度（HL），方便地换算出布氏、洛氏和其他方法的硬度值。测量精度和重复性均优于锤击式硬度计。特别是国内最近推出的带微机芯片和打印机，可通过键盘操作的里氏硬度计已逐步取代了锤击式硬度计。

硬度是同强度、塑性密切相关的综合性指标，金属材料的硬度越高，表面抵抗塑性变形的能力越强；材料的强度极限越高，塑性相反下降。

（4）冲击韧度（冲击韧性）。金属材料抵抗冲击载荷作用而不破坏的能力称为冲击韧性，用 α_k 表示。冲击韧性是通过冲击试验，冲断一定尺寸的标准试件所耗用的功与试件断口最小截面的比值来度量。单位是 J/cm^2。一般讲，冲击值愈大，金属材料的韧性愈好。冲击值高的金属材料称为韧性材料，冲击值低的金属材料称为脆性材料。

应当指出：韧性和塑性是两个不同的概念。断后伸长率和断面收缩率反映材料在单向拉伸时的塑性；冲击值反映在有应力集中和应力复杂状态下金属材料的塑性。

（5）疲劳极限。金属材料在远低于屈服极限的交变应力长期作用下发生的断裂现象，称为金属的疲劳。产生疲劳的原因很多，一般认为在交变应力作用下，虽然应力值远小于金属材料的抗拉强度，但由于金属材料表面或内部有划痕及夹杂物等缺陷，造成应力集中导致微裂纹，这就成为疲劳源，在交变应力作用下，微裂纹逐渐扩展，使未裂面积逐渐减小，当剩余的断面不能承受所加荷载时即发生突然的脆性断裂。

金属的疲劳性能用疲劳极限表示，符号为 σ_{-1}。定义是：金属材料在交变应力作用下，经规定的应力循环次数（钢通常取 10^7 次）仍未破坏时，认为它可以经受无限次循环，此时的最大应力值，定为疲劳极限。

（6）高温性能。金属在高温下表现出来的机械性能与室温下机械性能的差别很大，因为高温机械性能除了取决于承受的工作应力外，还要受工作温度、时间及组织变化等因素的影响。衡量金属材料的高温性能主要有以下三个指标：

1）蠕变极限。金属材料长时间在恒温、恒压作用下，发生缓慢而连续塑性变形的现象称为蠕变。为衡量金属材料在高温下抵抗蠕变的能力，以蠕变极限为高温强度指标。蠕变极限是指试样在一定温度下在规定的持续时间内产生一定蠕变变形量或引起规定蠕变速度时的最大应力。

2）持久强度。持久强度是评定在高温和应力长期作用下金属强度的指标。持久强度的符号用 σ^{tr}（MPa）表示，是表示试样在一定温度和规定的持续时间内引起断裂的最大应力值。

3）持久塑性。持久塑性反映材料在高温和应力长期作用下的塑性性能，通过持久强度试验，用试样断裂后的延伸率和断面收缩率表示。持久塑性低的材料，抗疲劳和抗裂纹发展的能力也降低，因此，一般要求持久塑性不小于 35%。

8.1.2　金属材料的物理性能

金属材料的物理性能是金属材料固有的属性，如密度、熔点、导电性、导热性、热膨胀性和导磁性等。

（1）密度。单位体积的质量称为密度，用符号"ρ"表示，单位是 g/cm^3。材料的密度可用式（8-2）求出：

$$\rho = m/V \tag{8-2}$$

式中　ρ——密度，g/cm^3；

　　　m——物体质量，g；

　　　V——体积，cm^3。

从式（8-1）中得出，在体积相同的情况下，密度大的金属，质量也大。对于金属材料来讲，密度小于 $5g/cm^3$ 的金属材料称为轻金属，密度大于 $5g/cm^3$ 的金属材料称为重金属。

（2）熔点。金属由固态转变为液态时的温度称为熔点，工业上把熔点低于 700℃ 的金属或合金称为易熔金属。熔点高低对金属和合金的熔炼、轧制、焊接有直接影响，对金属部件的性能影响也很大，如在高温下工作或承压承重的部件都含有高熔点的钨（W）、钼（Mo）、钒（V）、铬（Gr）等元素，以提高其高温性能。

（3）导电性。金属材料能传导电流的性能称为导电性，以导电系数或电导率 ρ 表示，单位为 m/(Ω·mm²)。各种金属导电性能各不相同，银的导电性最好，电导率为 0.66，铜和铝电导率分别为 0.59 和 0.37，铁的电导率仅为 0.1。

（4）导热性。金属材料受热后，能将热量向四周冷金属方向传导的能力叫金属的导热性，以导热系数（λ）表示，单位为 J/(cm·S·℃)。

不同金属，导热性亦不同，一般来说，导电性好的材料，导热性也好。工程中常用金属材料的物理性能见表 8-1。

表 8-1　　　　　　　　　　　　常用金属材料的物理性能表

金属名称	符号	密度 ρ /(×10³kg/m³) (20℃)	熔点/℃	热导率 λ /[W/(m·K)]	线胀系数 α_l /(×10⁻⁶K⁻¹) (0~100℃)	电阻率 /(×10⁻⁸Ω·m) (0℃)
银	Ag	10.49	960.8	418.6	19.7	1.5
铝	Al	2.6984	660.1	221.9	23.6	2.655
铜	Cu	8.96	1083	393.5	17.0	1.67~1.68 (20℃)
铬	Cr	7.19	1903	67	6.2	12.9
铁	Fe	7.84	1538	75.4	11.76	9.7
镁	Mg	1.74	650	153.7	24.3	4.47
锰	Mn	7.43	1244	4.98 (-192℃)	37	185 (20℃)
镍	Ni	8.90	1453	92.1	13.4	6.84
钛	Ti	4.508	1677	15.1	8.2	42.1~47.8
锡	Sn	7.298	231.91	62.8	2.3	11.5
钨	W	19.3	3380	166.2	4.6 (20℃)	5.1

（5）热膨胀性。金属材料随温度变化，体积发生膨胀或收缩的性能称为热膨胀性，以线膨胀系数（α）Ω 表示，单位为 1/℃，含义是温度改变 1℃，试件长度的增减与试件在 0℃时长度的比值。

（6）导磁性。金属材料能传导磁的性质称为导磁性，以磁导率（μ）表示，用式（8-3）计算，单位为 T/(A·m)。

$$\mu = B/H \qquad\qquad (8-3)$$

式中　B——磁感应强度，T；

　　　H——磁场强度，A/m。

磁导率大于 1 的材料称为顺磁材料，磁导率远远大于 1 的材料称为铁磁材料，磁导率小于 1 的材料称为逆磁材料。铁磁材料易被磁场吸引和磁化，逆磁材料非但不会被吸引和磁化，反而会削弱磁场。铁、钴、镍等属于铁磁性材料，其他大多数金属材料属于弱磁性或逆磁性材料。

8.1.3　金属材料的化学性能

金属材料的化学性能是指金属材料在室温或高温下抵抗各种化学介质作用的能力，包括耐腐蚀性与高温抗氧化性等。各种金属元素的原子结构不同，化学性能也不相同。金属的化学性能决定了不同金属与金属、金属与非金属之间形成的化合物的性能，有些合金的机械性能高，有些抗蚀性好，有的在高温下组织、性能有良好的稳定性，金属的化学性能对零件的使用寿命有直接影响。

（1）金属材料腐蚀的基本过程。金属腐蚀可分为化学腐蚀和电化学腐蚀两类。

1）化学腐蚀。金属材料与周围介质（非电解质）接触时单纯由化学作用而引起的腐蚀，称为化学腐蚀。一般发生在干燥的气体或不导电的流体（润滑油或汽油）中，氧化是最常见的化学腐蚀。在实际生产中，单纯地由化学腐蚀引起的金属材料损耗较少，更多的是电化学腐蚀。

2）电化学腐蚀（化学原电池）。金属材料与电解质溶液构成原电池而引起的腐蚀，称为电化学腐蚀。在原电池中电极电位低的部分遭到腐蚀，并伴随电流的产生。金属材料的腐蚀绝大多数是由电化学腐蚀引起的，电化学腐蚀比化学腐蚀快得多，危害性也更大。引起电化学腐蚀的因素很多，诸如元素的化学性质、合金的化学成分、合金的组织、金属的温度与应力等都直接影响其抵抗电化学腐蚀的能力。

（2）防止金属材料腐蚀的途径。提高金属材料的耐腐蚀能力，有以下主要途径：一是形成有保护作用的钝化膜；二是尽可能使金属保持均匀的单相组织，即无电位差；三是尽量减少两极之间的电极电位差，并提高阴极的电极电位，以减缓腐蚀速度；四是尽量不与电解质溶液接触，减少甚至隔绝腐蚀电流。

工程上经常采用的防腐蚀方法主要有：①选择合理的防腐蚀材料，如不锈钢；②采用覆盖法防腐蚀，如电镀、热镀、喷镀或采用油漆、搪瓷、涂料、合成树脂等防护；③改善腐蚀环境，如干燥气体封存等；④电化学保护，如阴极保护法等。

8.1.4　金属材料的工艺性能

金属零部件通过多种工艺手段（如铸、锻、焊、热处理及切削等）加工完成，金属材料对各种工艺手段所表现出来的适应性称为工艺性能。主要有铸造性能、锻造性能、淬透性能、焊接性能和切削加工性能等。材料工艺性能的差异，会直接影响制造零件的工艺方法、质量以及制造成本。

（1）铸造性能。铸造性能是指金属材料在铸造工艺中获得优质铸件的能力。流动性好、收缩率小、偏析倾向小的金属材料铸造性能好。在金属材料中，灰铸铁和铝硅合金的铸造性能较好。

（2）锻造性能。锻造性能是指金属材料进行压力加工时获得合格制品的难易程度。常用塑性和变形抗力两个因素来综合衡量。实际生产中，压力加工总是要求金属材料具有较高的塑性，并在具有足够塑性的情况下，希望变形抗力低。一般碳钢的锻造性能较好，而铸铁则不能进行锻压。

（3）焊接性能。焊接性能是指材料对焊接加工的适应性。焊接性能与材料的成分和焊接条件有关。低碳钢具有优良的焊接性，高碳钢、铸铁的焊接性能较差。

（4）切削加工性能。切削加工性能是指金属材料在切削加工时的难易程度。切削加工性好的金属材料容易切削，对切削刀具的磨损小，加工后的构件表面质量好。铸铁、铜合金、铝合金以及一般碳钢的切削加工性较好。

8.1.5　金属材料的经济性能

作为一名现代的生产、技术或管理人员仅仅关注材料的力学性能等还是远远不够的，必须建立材料性能的技术经济概念，力求材料选用的总成本为最低。水电机电和金属结构安装，特别是金属结构制作中材料价格占产品价格的比重较大。所以在能满足使用要求的前提下，应尽可能采用廉价的材料并充分考虑材料的可得性，把产品的总成本降至最低，以取得最大的经济效益，使产品在市场上具有较强的竞争力，零件的总成本通常包括材料本身的价格和与生产有关的其他一切费用。

8.2 金属材料热处理

8.2.1 钢的热处理

钢的热处理是指钢在固态下，采用适当的方式进行加热、保温和冷却以改变钢的内部组织结构，从而获得所需性能的一种工艺方法。热处理是强化金属材料、提高产品质量和寿命的主要途径之一。绝大部分重要的零件，在制造过程中都必须进行热处理。

钢的热处理方法可分为普通热处理（如退火、正火、淬火、回火）和表面热处理（如表面淬火、化学热处理）。热处理方法分类如下：

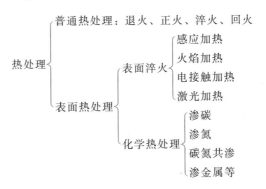

热处理方法虽然很多，但其基本过程都是由加热、保温和冷却三个阶段组成的。因此，钢的热处理工艺曲线见图 8-1。

热处理之所以能使钢的性能发生变化，其根本原因是铁有同素异晶转变，从而使钢在加热和冷却过程中，组织与结构发生了转变。

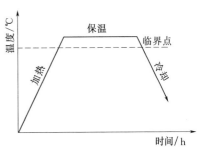

图 8-1　钢的热处理工艺曲线图

（1）钢的退火与正火。在生产中，退火与正火除经常作为预先热处理外，对一般铸件、焊接件以及一些要求不高的工件也可作为最终热处理。预先热处理是指为消除坯料或半成品的某些缺陷，或为后续的切削加工和最终热处理作组织准备的热处理；而最终热处理是指为使工件获得所要求的使用性能的热处理。

1）退火。将钢加热到适当的温度，保温一定时间，然后缓慢冷却的热处理工艺称为退火。

退火的目的是：降低钢的硬度，提高塑性，以利于切削加工及冷变形加工；细化晶粒，使钢的组织及成分均匀，改善钢的性能或为以后的热处理做准备；消除钢中的残余内应力，防止材料变形和开裂。

退火主要用于铸、锻、焊毛坯或半成品零件，为预备热处理。常用的退火方法有完全退火、球化退火、等温退火、均匀化退火、去应力退火等。

A. 完全退火：完全退火是将钢加热到完全奥氏体化（A_{c3}以上 30～50℃），保温一定时间后，随炉缓慢冷却到 600℃ 以下，再出炉空冷，以获得接近平衡状态组织的一种热处理工艺方法。

在完全退火加热过程中，钢的组织全部转变为奥氏体，在冷却过程中，奥氏体转变为细小而均匀的平衡组织（铁素体加珠光体），从而达到降低钢的硬度、细化晶粒、均匀组织、充分消除内应力的目的。

完全退火主要用于亚共析成分的碳钢及合金钢的锻件、铸件、热轧型材等，有时也用于焊接结构件。过共析钢不宜采用完全退火，因为过共析钢进行完全退火时需加热到 A_{cm} 以上，在缓慢冷却时，钢中将析出网状渗碳体，降低钢的力学性能。

B. 球化退火：球化退火是将钢加热到 A_{c1} 以上 20～30℃，充分保温后，缓慢冷却至 600℃ 以下，再出炉空冷的退火工艺。

球化退火工艺的特点是低温短时加热和缓慢冷却，以便形成球状珠光体组织，使渗碳体呈球形的细小颗粒弥散分布在铁素体基体内。其目的是使钢的渗碳体球状化，以降低钢的硬度，改善切削加工性，并为以后的热处理工序做好组织准备。

球化退火主要用于共析碳钢、过共析碳钢和合金工具钢。若钢的原始组织中有严重的渗碳体网，则在球化退火前应进行正火处理以消除渗碳体网，保证球化退火后获得球状珠光体，即在铁素体基体上均匀分布着球状（粒状）渗碳体。

C. 等温退火：完全退火或球化退火工艺所需时间较长，生产效率低。一般奥氏体比较稳定的合金钢和大型碳钢件常采用等温退火，其目的与完全退火或球化退火相同。

等温退火是将钢加热到 A_{c3} 以上 30～50℃（亚共析钢）或 A_{c1} 以上 20～30℃（共析钢和过共析钢），保温适当时间后，较快地冷却到 A_{r1} 以下某一温度，保温一定时间，使奥氏体发生珠光体转变，然后再空冷至室温的退火工艺。它不仅大大缩短了退火时间，而且转变产物容易控制，同时由于工件各部分在同一温度下发生组织转变，所以能获得均匀的组织和良好的性能。

D. 均匀化退火：均匀化退火是将钢加热至 A_{c3} 以上 150～200℃，长时间（10～15h）保温，然后缓慢冷却的退火工艺，其目的是消除钢中化学成分偏析和组织不均匀的现象。

均匀化退火耗能很大，烧损严重，成本很高，且使晶粒粗大。所以它主要用于质量要求高的合金钢铸锭和铸件。为细化晶粒，均匀化退火后应进行一次完全退火或正火。

E. 去应力退火：去应力退火是将钢加热到 A_{c1} 以下某一温度（一般为 500～650℃），保温一定时间后缓慢冷却到 200℃，再出炉空冷的热处理工艺方法。其目的是消除由于塑性变形、焊接、切削加工、铸造等形成的残余应力。

由于去应力退火温度低于 A_{c1}，所以在去应力退火时钢的组织不发生变化，只是消除内应力。

2）正火：正火是将钢加热到 A_{c3} 或 A_{cm} 以上 30～50℃，保温适当的时间后，在静止空气中冷却的热处理工艺方法。

正火的目的：正火可细化晶粒，当力学性能要求不太高时，正火可作为最终热处理，提高普通结构零件的强度、硬度和韧性；消除过共析钢中的网状渗碳体，为球化退火前作准备；低碳钢和低碳合金结构钢可用正火作为预先热处理，以提高硬度，改善切削加工性能。

当碳钢的碳含量小于0.6％时，正火后的组织为铁素体加珠光体，当碳含量大于0.6％时，正火后的组织为索氏体（伪共析组织）。

正火与退火相比，正火冷却速度较快，得到的组织中，先共析相较少，珠光体量较多，且组织较细，故强韧性相对较高；正火比退火生产周期短，成本低，操作方便，在可能的条件下应优先采用正火。但由于正火的冷却速度较快，对于形状较复杂的零件，有引起开裂的危险，所以采用退火为宜。

（2）钢的淬火。将钢加热到A_{c3}或A_{c1}以上某一温度，保温一定时间后，以大于临界冷却速度$V_{临}$的冷却速度冷却，获得马氏体或贝氏体组织的热处理工艺称为淬火。

淬火的主要目的是获得马氏体，再经回火，使钢得到所需要的组织、性能。淬火及回火是钢的重要强化手段。

淬火时除了正确地进行加热及合理地选择冷却介质外，还应根据工件的材料、尺寸、形状和技术要求选择合理的淬火方法，以最大限度地减小变形和避免开裂。

1）单介质淬火。将钢件奥氏体化后，在单一淬火介质中冷却到室温的处理，称为单介质淬火。单介质淬火时碳钢一般用水作为冷却介质；合金钢可用油作为冷却介质。

单介质淬火操作简单，易实现机械化和自动化，但单独用水或油进行冷却，综合冷却特性不够理想，容易产生硬度不足或开裂等淬火缺陷。

2）双介质淬火。将钢件奥氏体化后，先浸入一种冷却能力强的介质中，冷却至略高于马氏体终了点（M_S）温度时迅速取出，立即浸入另一种冷却能力较弱的介质中使之发生马氏体转变的淬火方法称为双介质淬火，如先水后油、先水后空气等。

双介质淬火的优点是淬火后材料内应力小，变形及开裂倾向小，缺点是操作困难，不易掌握，故主要应用于由碳素工具钢制造的易开裂的工件，如丝锥等。

3）马氏体分级淬火。钢件奥氏体化后，随即浸入温度稍高或稍低于钢的M_S点（150～260℃）的液态介质中（盐浴或碱浴），保温适当时间，待工件的内外层均达到介质温度后取出空冷，从而获得马氏体组织。这种热处理工艺称为马氏体分级淬火。

4）贝氏体等温淬火。钢件奥氏体化后，放入温度稍高于M_S点的盐浴或碱浴中，保温足够时间，使奥氏体转变为下贝氏体。这种热处理工艺称为贝氏体等温淬火。

贝氏体等温淬火的主要目的是强化钢材，获得下贝氏体组织。下贝氏体的硬度虽不如马氏体的硬度高，但是具有良好的综合力学性能。

贝氏体等温淬火能够显著地减小淬火应力和变形，基本上避免了工件的淬火开裂，故常用来处理形状复杂的各种冷热冲模、成型刀具和弹簧等。

（3）淬火钢的回火。将淬火后的钢，再加热到A_{c1}以下某一温度，保温一定时间，然后冷却到室温的热处理工艺称为回火。淬火钢一般不能直接使用，必须进行回火。

淬火钢回火的目的是：消除内应力；通过回火减小或消除工件在淬火时产生的内应力，防止工件在使用过程中产生变形和开裂；通过回火可以提高钢的韧性，适当调整钢的强度和硬度，使工件具有较好的综合力学性能；回火可使钢的组织稳定，从而保证工件在使用过程中尺寸稳定。

回火后，由于组织发生了变化，钢的性能也随之发生改变。其基本趋势是随着回火温度的升高，钢的强度、硬度下降，塑性、韧性提高。

一般情况下，回火钢的性能只与加热温度有关，而与冷却速度无关。有些合金钢在450～650℃范围内回火时，如果加热后缓慢冷却，钢的韧性会降低，这种回火后韧性降低的现象称为回火脆性。这种回火脆性可采用加热后快冷的方法加以避免。

回火时，决定钢的组织和性能的主要因素是回火温度。回火温度可根据工件要求的力学性能进行选择。按回火温度范围和组织不同，工业上一般将回火分为以下三种：

1）低温回火（150～250℃）。低温回火的目的是得到回火马氏体组织，保持淬火后高硬度（58～64HRC）、高耐磨性，降低淬火应力和脆性。低温回火主要用于高碳钢刀具、量具、冷冲压模具及滚动轴承及渗碳件等要求硬而耐磨的零件。

2）中温回火（350～500℃）。中温回火得到的组织是回火托氏体，其性能是：具有高的弹性极限、屈服点和适当的韧性，硬度可达35～45HRC，中温回火主要用于弹性零件及热锻模具等。

3）高温回火（500～650℃）。高温回火得到的组织是回火索氏体，其性能是：具有良好的综合力学性能（足够的强度与高韧性相配合），硬度可达200～330HBS。高温回火广泛用于汽车、拖拉机、机床等机械中的重要结构零件，如各种轴、齿轮、连杆、高强度螺栓等。

通常把淬火及高温回火相结合的热处理工艺称为"调质"。调质处理广泛用于重要的结构零件，特别是在交变载荷下工作的螺栓、连杆、齿轮、曲轴等。

调质钢与正火钢相比，不仅强度较高，而且塑性、韧性好，这是由于调质后钢的组织是回火索氏体，其渗碳体呈粒状，而正火后的索氏体中渗碳体呈层片状，因此，重要零件均应采用调质处理。

（4）钢的表面热处理。在机械设备中，有许多零件（如齿轮、活塞销、曲轴等）是在冲击载荷及表面摩擦条件下工作的。这类零件表面需要具有高硬度和高耐磨性，而心部需要有足够的塑性和韧性。要满足这类零件的性能要求，就必须进行表面热处理。常用的表面热处理方法有表面淬火及化学热处理两种。

1）表面淬火。在不改变钢的化学成分及心部组织的情况下，利用快速加热将工件表层奥氏体化后进行淬火，以强化零件表面的热处理工艺称为表面淬火。根据加热方法的不同，常用的表面淬火有火焰加热表面淬火和感应加热表面淬火两种。

A. 火焰加热表面淬火：应用氧—乙炔（或其他可燃气体）火焰对零件表面进行快速加热，随之快速冷却的工艺，称为火焰加热表面淬火。

火焰加热表面淬火的淬硬层深度一般为2～6mm。这种方法的特点是：加热温度及淬硬层深度不易控制，淬火质量不稳定，但不需要特殊设备。一般适用于大型工件（如大模数齿轮等）的单件或小批量生产。

B. 感应加热表面淬火：利用感应电流通过工件所产生的热效应，使工件表面局部加热，然后快速冷却的淬火工艺，称为感应加热表面淬火。为了得到不同的淬硬层深度，可采用不同频率的电流进行加热。感应加热表面淬火有如下特点：

a. 加热速度快，零件由室温加热到淬火温度仅需几秒到几十秒。

b. 淬火质量好，由于加热迅速，奥氏体晶粒不易长大，淬火后表层可获得细针马氏体，硬度比普通淬火高 2～3HRC。

c. 淬硬层深度易于控制，淬火操作易实现机械化和自动化，适用于大批量生产的形状简单的零件，但设备较复杂。

表面淬火主要适用于中碳钢、中碳低合金结构钢。如果含碳量太低，淬火后硬度低；而含碳量过高，则容易淬裂。但在某些条件下也可以用于高碳工具钢、低合金工具钢以及铸铁等材料。零件表面淬火前一般先进行正火或调质处理，表面淬火后需进行低温回火。

2）化学热处理。将工件置于一定温度的活性介质中保温，使一种或几种元素渗入它的表层，以改变其表层化学成分、组织和性能的热处理工艺，称为化学热处理。与其他热处理相比化学热处理不仅改变了钢的组织，而且改变了钢的表层化学成分。

化学热处理的种类很多，根据渗入元素的不同，化学热处理有渗碳、渗氮、碳氮共渗、渗金属等多种。下面主要介绍钢的渗碳。

将工件置于渗碳介质中加热并保温，使碳原子渗入工件表层的化学热处理工艺称为渗碳，其目的是提高工件表层的含碳量。渗碳后，经淬火及低温回火，使零件表面获得高硬度和耐磨性，而心部仍保持一定强度及较高的塑性和韧性。为了达到上述要求，渗碳零件必须用低碳钢或低碳合金钢来制造。

渗碳方法可分为固体渗碳、盐浴渗碳及气体渗碳三种，应用较为广泛的是气体渗碳。

零件渗碳后，其表层含碳量可达 0.8%～1.1%，并从表层到心部逐渐减小，心部仍保持原来低碳钢的含碳量。在缓慢冷却条件下，渗碳层的组织由表面向中心依次为：过共析区、共析区、亚共析区（过渡层），中心仍为原来组织。

渗碳只改变工件表层化学成分，要使渗碳件表层具有高的硬度、高的耐磨性和心部良好韧性，渗碳后还必须进行热处理，常用的热处理是淬火后低温回火。渗碳零件经淬火和低温回火后，表层显微组织为细针回火马氏体和均匀分布的细粒渗碳体，还含有少量残余奥氏体，硬度高达 60～64HRC；如果零件没有淬透，心部显微组织仍为铁素体加珠光体，硬度约为 10～15HRC；如果零件已淬透，心部组织为低碳回火马氏体、托氏体和铁素体，具有较高的韧性和适当的强度，硬度约为 30～45HRC。

（5）热处理新工艺。随着现代工业科技的发展与计算机的应用，热处理工艺不断得到改进和创新，热处理新技术不断出现。从而达到了既节约能源、提高效益、减小环境污染，又能获得更优异性能的目的。

1）形变热处理。形变热处理是一种把塑性变形与热处理有机结合起来的新工艺，可达到形变强化和相变强化的综合效果，因而能显著提高钢的力学性能，简化材料或工件的生产流程。形变热处理可分为高温形变热处理和低温形变热处理两种。

高温形变热处理是将工件加热到奥氏体化温度以上，保温后进行塑性变形，然后立即淬火、回火的综合热处理工艺。又称高温形变淬火。对于亚共析钢，形变温度大多选在 A_{c3} 以上，而对过共析钢选择在 A_{c1} 以上。高温形变热处理，不仅能提高材料的强度和硬度，还能简化工艺，降低成本，并能显著提高其韧性，取得强韧化的效果。这种工艺适用于碳钢、合金钢的调质件、加工余量不大的锻件或轧材（如连杆、曲轴、弹簧）等。

低温形变热处理是将钢奥氏体化后，急速冷却到过冷奥氏体孕育期较长的温度区间进行塑性变形，然后立即淬火、回火的工艺。这种热处理可在保持塑性和韧性不降低或降低不多的情况下，大幅度提高钢的强度，提高钢的抗回火和抗磨损能力。主要用于强度要求极高的零件（如高速钢刀具、弹簧、飞机起落架等合金钢零件）。

2）激光热处理。激光热处理是利用高能量激光束对工件表面扫描照射，使工件表面迅速升温而后自冷淬火的热处理方法。由于加热体积很小，可以自冷淬火，不需使用淬火介质。并且加热及冷却速度均很高，激光淬火后得到的淬硬层组织是极细的马氏体组织。因此，金属材料经激光热处理后得到的组织比高频感应加热淬火后得到的组织具有更高的硬度、耐磨性及疲劳强度，淬火后工件几乎无变形，解决了易变形工件的淬火问题。激光热处理不受钢材种类限制，淬火质量高，钢材的基体性能不变，是很有发展前途的新工艺。

3）电子束表面淬火。电子束表面淬火是利用电子枪发射的成束电子轰击工件表面，使工件表面温度迅速升高，而后自冷淬火的热处理方法。电子束表面淬火是在真空室中进行的，没有氧化，淬火质量好，基本不变形，经电子束表面淬火的工件可以不进行机械加工直接使用。

4）真空热处理。真空热处理是将工件置于 $1.33\sim0.0133$Pa 真空度的真空中加热。真空热处理可防止零件的氧化与脱碳，并使零件表面的氧化物、油脂迅速分解，而得到光亮的表面。这种热处理能使钢脱氧和净化，且变形小，可显著提高工件的耐磨性和疲劳极限。真空热处理不仅可用于真空退火和真空淬火，还可用于真空化学热处理。

真空热处理的工艺操作条件好，有利于实现机械化和自动化，而且节约能源，减少污染，因而得到很大发展。

8.2.2 零件热处理的技术条件与工序位置的确定

热处理是机械制造过程中的重要工序，正确理解热处理的技术条件，合理安排热处理工艺在整个加工过程中的工序位置，对于改善钢的切削加工性能，保证零件的质量，满足使用要求，具有重要的意义。

（1）热处理的技术条件。工件的最终热处理方法及在热处理后的组织、应达到的力学性能等要求，统称为热处理技术条件。设计者根据零件的工作条件、所选用的材料及性能要求提出热处理技术条件，并标注在零件图上。其内容包括热处理的方法及热处理后应达到的力学性能。一般零件需标出硬度值，重要的零件还应标出强度、塑性、韧性指标或金相组织要求。对于化学热处理零件，还应标注渗层部位和渗层的深度。应采用《金属热处理工艺分类及代号》（GB/T 12603—2005）的规定标注热处理工艺。热处理工艺代号标记规定如下：

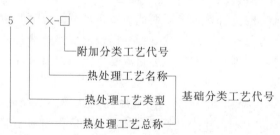

（2）热处理工序位置的确定。热处理工序一般安排在铸、锻、焊等热加工和切削加工的各个工序之间。根据热处理的目的和工序位置的不同，可将其分为预先热处理和最终热处理两大类。

1）确定热处理工序位置的实例。车床主轴是传递力的重要零件，它承受一般载荷，轴颈处要求耐磨。一般车床主轴选用中碳结构钢（如45钢）制造。热处理技术条件为：整体调质处理，硬度220～250HBS；轴颈及锥孔表面淬火，硬度50～52HRC。它的制造工艺过程是：锻造→正火→机加工（粗）→调质→机加工（半精）→高频表面淬火＋低温回火→磨削。

其中热处理各工序的作用是：正火作为预先热处理，目的是消除锻件内应力、细化晶粒，改善切削加工性。调质是获得回火索氏体，使主轴整体具有较好的综合力学性能，为表面淬火做好组织准备。高频表面淬火＋低温回火作为最终热处理，使轴颈及锥孔表面得到高硬度、高耐磨性和高的疲劳强度，并回火消除应力，防止磨削时产生裂纹。

2）热处理工序位置确定的一般规律。预备热处理包括退火、正火、调质等。其工序位置一般安排在毛坯生产之后，切削加工之前；或粗加工之后，精加工之前。正火和退火的作用是消除热加工毛坯的内应力、细化晶粒、调整组织、改善切削加工性，为后面的热处理工序做好组织准备。调质是为了提高零件的综合力学性能，为最终热处理做组织准备。对于一般性能要求不高的零件，调质也可作为最终热处理。

最终热处理包括各种淬火＋回火及化学热处理。零件经这类热处理后硬度较高，除可以磨削加工外，一般不适宜其他切削加工，故其工序位置一般均安排在半精加工之后，磨削加工（精加工）之前。

在生产过程中，由于零件选用的毛坯和工艺过程不同，热处理工序会有所增减。因此，工序位置的安排必须根据具体情况灵活运用。例如要求精度高的零件，在切削加工之后，为了消除加工引起的残余应力，以减小零件变形，在粗加工后可穿插去应力退火。

3）常用的热处理。各种热处理的适用材料、目的、工艺、组织和性能见表8-2；钢的常用热处理方法及应用见表8-3。

表8-2　　　　　各种热处理的适用材料、目的、工艺、组织和性能表

方法	要求	材料	目的	工艺规范	组织
退火	完全退火	亚共析钢	细化晶粒 均匀组织 降低硬度	A_{c3} 以上 30～50℃	铁素体＋珠光体
	球化退火	共析钢过共析钢	球化渗碳体	A_{c1} 以上 20～30℃	球状珠光体
	去应力退火	各种钢	消除残余应力	500～650℃	无变化
正火		各种钢	改善切削加工性，破碎网状渗碳体	A_{c3} 或 A_{cm} 以上 30～50℃	铁素体加索氏体或索氏体

方法 \ 要求	材料	目的	工艺规范	组织
淬火	各种钢	获得马氏体或贝氏体，提高钢的强度、硬度	A_{c3} 以上 30～50℃（亚共析钢） A_{c3} 以上 30～50℃（共析钢、过共析钢）	马氏体或贝氏体
回火	各种钢	获得较好的力学性能，消除应力，稳定组织和尺寸	A_{c1} 以下	回火马氏体、回火索氏体、回火托氏体

表 8-3   **钢的常用热处理方法及应用表**

名称	说　明	应　用
退火（闷火）	退火是将钢件（或钢坯）加热到适当温度，保温一段时间，然后再缓慢地冷却下来（一般用炉冷）	用来消除铸、锻、焊零件的内应力，降低硬度，以易于切削加工，细化金属晶粒，改善组织，增加韧性
正火（正常化）	正火是将钢件加热到相变点以上 30～50℃，保温一段时间，然后在空气中冷却，冷却速度比退火快	用来处理低碳和中碳结构钢材及渗碳零件，使其组织细化，增加强度及韧性，减小内应力，改善切削性能
淬火	淬火是将钢件加热到相变点以上某一温度，保温一段时间，然后放入水、盐水或油中（个别材料在空气中）急剧冷却，使其得到高硬度	用来提高钢的硬度和强度极限。但淬火时会引起内应力使钢变脆，所以淬火后必须回火
回火	回火是将淬硬的钢件加热到相变点以下的某一温度，保温一段时间，然后在空气中或油中冷却下来	用来消除淬火后的脆性和内应力，提高钢的塑性和冲击韧性
调质	淬火后高温回火	用来使钢获得高的韧度和足够的强度，很多重要零件是经过调质处理的
表面淬火	仅对零件表层进行淬火。使零件表层有高的硬度和耐磨性，而心部保持原有的强度和韧性	常用来处理轮齿的表面
时效	将钢加热不大于 120～130℃，长时间保温后，随炉或取出在空气中冷却	用来消除或减小淬火后的微观应力，防止变形和开裂，稳定工件形状及尺寸以及消除机械加工的残余应力
渗碳	使表面增碳，渗碳层深度 0.4～6mm 或大于6mm。硬度为 56～65HRC	增加钢件的耐磨性能、表面硬度、抗拉强度及疲劳极限。适用于低碳、中碳（$w_c < 0.40\%$）结构钢的中小型零件和大型重负荷、受冲击、耐磨的零件
碳氮共渗	使表面增加碳与氮，扩散层深度较浅，为0.02～3.0mm；硬度高，在共渗层为 0.02～0.04mm 时具有 66～70HRC	增加结构钢、工具钢制件的耐磨性能、表面硬度和疲劳极限，提高刀具切削性能和使用寿命。适用于要求硬度高、耐磨的中、小型及薄片的零件和刀具等
渗氮	表面增氮，氮化层为 0.025～0.8mm，而渗氮时间需 40～50h，硬度很高（1200HV），耐磨、抗蚀性能高	增加钢件的耐磨性能、表面硬度、疲劳极限和抗蚀能力。适用于结构钢和铸铁件，如气缸套、气门座、机床主轴、丝杠等耐磨零件，以及在潮湿碱水和燃烧气体介质的环境中工作的零件（如水泵轴、排气阀等零件）

8.2.3 铝合金的热处理

钢在淬火后可立即获得很高的硬度。铝合金则不然，刚淬火时，其强度和硬度并不立即升高，但塑性较高，但如果把这种淬火后的合金放置一段时间后强度和硬度都有显著提高，而塑性则明显降低。淬火后铝合金硬度、强度随着时间延长而发生显著提高的现象，称为时效或硬化现象。时效可以在常温下进行，也可以在高于室温的某一温度范围内进行，前者为自然时效，后者为人工时效。

（1）不能强化铝合金的热处理方法。防锈铝、低强铸铝合金和工业纯铝经热处理后不能强化。这些铝合金经过冷加工变形后将产生冷作硬化，为了消除冷作硬化和提高铝合金的塑性，常用不完全退火或完全退火的热处理。为了消除铝合金的冷作硬化，以便进行较小变形量的冷加工成型或在提高塑性的同时还需保留部分冷变形所获得的强化效果，常采用不完全退火。

（2）可强化铝合金的热处理方法。硬铝合金、锻铝合金及大部分铸铝合金都是在淬火时效状态下使用，在某些特殊情况下，也有在退火状态下使用的。形变铝合金的热处理包括：

1）软化退火。为了消除形变铝合金因轧制或淬火时效获得的强化，重新获得高的塑性，均可采用软化退火，其方法有完全退火和快速退火两种。

2）淬火时效。对于能热处理强化的铝合金可用淬火时效的方法进行强化。

8.2.4 铜合金的热处理

（1）工业纯铜和黄铜的再结晶退火。再结晶退火是为了消除铜和铜合金因塑性变形而产生的加工硬化现象，以恢复其塑性。再结晶退火的温度常采用 $500\sim700℃$，保温后可在空气中冷却，也可以在水中冷却，在水中冷却可以消除零件的氧化皮，获得光洁的表面。工厂中进行再结晶退火多采用水冷工艺。

（2）黄铜的防"季裂"退火。含锌量大于 20% 的黄铜经冷变形加工后，在潮湿的大气中，特别是在含有氨或氨盐的介质中，一定时间后将自行开裂。这种现象称为黄铜的"季裂"。其实质是腐蚀应力破坏，并与黄铜的含锌量有关。含锌量越高，"季裂"倾向越大。

防止"季裂"的退火温度一般低于黄铜的再结晶温度，通常为 $260\sim300℃$，温度达到后保持 $1\sim3h$。然后在空气中冷却。

（3）青铜的淬火时效。铍青铜、硅青铜等铜合金应采用淬火时效的方法，使合金获得高的强度，硬度和良好的弹性、疲劳强度及高的耐磨性和抗蚀性。

淬火时，将工件加热到 $（780\pm10）℃$，保温后迅速在水中冷却。淬火后，塑性高、强度低，可进行变形加工。淬火后，青铜在 $310\sim340℃$ 进行时效，可以提高零件的硬度、耐磨性和弹性。

8.3 机械传动方式

机械传动有带传动、链传动、摩擦轮传动、螺旋传动和齿轮传动等传动方式。

8.3.1 带传动

带传动是利用张紧在带轮上的带，借助它们间的摩擦或啮合，在两轴（或多轴）间传递运动或动力。带传动具有结构简单、中心距变化可调性大、传动平稳、造价低廉、不需润滑以及缓冲吸振等特点，在近代机械中应用广泛。但带传动存在传动比不能保证、传动轴受力大、寿命较低等缺点。

根据带传动原理不同，带传动可分为摩擦型和啮合型两大类，摩擦型带传动过载可以打滑，但传动比不准确（滑动率在2%以下）；啮合型带传动可保证同步传动。根据带的形状，可分为平带传动，V带传动和同步带传动。根据用途，有一般工业用、汽车用、农机和水电站施工用之分。

水电施工常用的带传动的类型、特点和应用见表8-4。

表8-4 水电施工常用的带传动的类型、特点和应用表

类型		简 图	结构	特点	应用	说明
平带	胶帆布平带		由数层挂胶帆布黏合而成，有开边式和包边式	抗拉强度较大，耐性好，价廉，耐热，耐油性能差，开边式较柔软	$v < 30\text{m/s}$、$P < 500\text{kW}$，$i < 6$ 轴间距较大的传动	v—带 速，m/s；P—传递功率，kW
	编织带		有棉织、毛织和缝合棉布带，以及用于高速传动的丝、麻、棉纶编织带。带面有覆胶和不覆胶两种	曲挠性好，传递功率小，易松弛	中、小功率传动	
	锦纶片复合平带		承载层为锦纶片（有单层和多层黏合），工作面贴有铬鞣革、挂胶帆布或特殊织物等层压而成	强度高，摩擦系数大，曲挠性好，不易松弛	大功率传动，薄型可用于高速传动	
	高速环形胶带		承载层为涤纶绳，橡胶高速带表面覆耐磨、耐油胶布	带体薄而软，曲挠性好，强度较高，传动平稳，耐油、耐磨性能好，不易松弛	高速传动	

类型		简　图	结构	特点	应用	说明
V带	普通V带		承载层为绳芯或胶帘布，楔角为40°，相对高度近似为0.7，梯形截面环形带	当量摩擦系数大，工作面与轮槽贴附着好，允许包角小、传动比大、预紧力小。绳芯结构带体较柔软，曲挠疲劳性好	$v < 25 \sim 30$m/s、$P < 700$kW；$i \leqslant 10$ 轴间距小的传动	
	窄V带		承载层为绳芯，楔角为40°，相对高度近似为0.9，梯形截面环形带	除具有普通V带的特点外，能承受较大的预紧力，允许速度和曲挠次数高，传递功率大，节能	大功率、结构紧凑的传动	有两种尺寸制：基准宽度制和有效宽度制

带传动的形式和各类带的适用性见表8－5。

表8－5　　　　　　　　　　带传动的形式和各类带的适用性表

传动形式	简　图	允许带速 v/(m/s)	传动比 i	安装条件	工作特点
开口传动		25~50	≤5 或 ≤7	轮宽对称面应重合	平行轴、双向、同旋向传动
交叉传动		15	≤6		平行轴、双向、反旋向传动，交叉处有摩擦，$d > 20b$（带宽）
半交叉传动		15	≤3 或 ≤2.5	一轮宽对称面通过另一轮带的绕出点	交错轴、单向传动
有张紧轮的平行轴传动		25~50	≤10	同开口传动，张紧轮在松边接近小带轮处，接头要求高	平行轴、单向、同旋向传动

传动形式	简　图	允许带速 $v/(m/s)$	传动比 i	安装条件	工作特点
有导轮的相交轴传动		15	≤4	两轮轮宽对称面应与导轮圆柱面相切	交错轴、双向传动
多从动轮传动		25	≤6	各轮轮宽对称面重合	带的曲挠次数多、寿命短
拨叉移动的带传动		25	≤5		带边易磨损

注　1. $v>30m/s$ 只适用于高速带、同步带等。
　　2. i 值适用于 V 带、多楔带和同步带等。

　　为保证带传动的有效运行，应考虑设置张紧装置，对带进行预紧。带的预紧力对其传动能力、寿命和轴压力都有很大影响。预紧力不足，传递载荷的能力降低，效率低，且使小带轮急剧发热，胶带磨损；预紧力过大，则会使带的寿命降低，轴和轴承上的载荷增大，轴承发热与磨损。因此，适当的预紧力是保证带传动正常工作的重要因素。带传动的张紧方法见表 8-6。

表 8-6　　　　　　　　　　　　　带传动的张紧方法表

张紧方法		简　图	特点和应用
调节轴间距	定期张紧	*(a)*　　　　　*(b)*	图 (*a*) 多用于水平或接近水平的传动；图 (*b*) 多用于垂直或接近垂直的传动是最简单的通用方法

张紧方法		简 图	特点和应用
调节轴间距	自动张紧	(c) (d)	图 (c) 是靠电机的自重或定子的反力矩张紧，多用于小功率传动。应使电机和带轮的转向有利于减轻配重或减小偏心距； 图 (d) 常用于带传动的试验装置
张紧轮		(e) (f)	可任意调节预紧力的大小、增大包角，容易装卸；但影响带的寿命，不能逆转张紧轮的直径 $d_2 \geqslant (0.8 \sim 1)d_1$ 应安装在带的松边； 图 (e) 为定期张紧； 图 (f) 为自动张紧
变带长		对有接头的平带，常采用定期截去带长，使带张紧，截去长度 $\Delta L = 0.01L$ （L—带长）	

8.3.2 链传动

链传动是属于具有中间挠性件的啮合传动，它兼有齿轮传动和带传动的一些特点。与齿轮传动相比，链传动的制造与安装精度要求较低；链轮齿受力情况较好，承载能力较大；有一定的缓冲和减振性能；中心距较大且结构轻便。与摩擦型带传动相比，链传动的平均传动比准确，传动效率稍高，链条对轴的拉力较小。同样使用条件下，结构尺寸更为紧凑，此外，链条的磨损伸长比较缓慢，张紧调节工作量较小，并且能在恶劣环境条件下工作。链传动的主要缺点是：不能保持瞬时传动比恒定，工作时有噪声，磨损后易发生跳齿，不适用于受空间限制要求中心距小以及急速反向传动的场合。

链传动的应用范围很广。通常，中心距较大、多轴、平均传动比要求准确的传动，环境恶劣的开式传动，低速重载传动，润滑良好的高速传动等都可成功地采用链传动。

按用途不同，链条可分为：传动链、输送链和起重链。在链条的生产与应用中，传动用短节距精密滚子链（简称滚子链）占有最主要的地位。通常，滚子链的传动功率在100kW 以下，链速在 15m/s 以下。现代先进的链传动技术已能使优质滚子链的传动功率达 5000kW，速度可达 35m/s；高速齿形链的速度则可达 40m/s。链传动的效率，对于一般传动，其值约为 0.94～0.96；对于用循环压力供油润滑的高精度传动，其值约为 0.98。常用传动链的类型、结构特点和应用见表 8-7。

表 8-7　　　　　　　　　　　　常用传动链的类型、结构特点和应用表

种类	简　图	结构和特点	应用
传动用短节距精密滚子链（简称滚子链）		由外链节和内链节铰接而成。销轴和外链板、套筒和内链板为静配合，销轴和套筒为动配合；滚子空套在套筒上可以自由转动，以减少啮合时的摩擦和磨损，并可以缓和冲击	动力传动
双节距滚子链		除链板节距为滚子链的两倍外，其他尺寸与滚子链相同，链条重量减轻	中小载荷、中低速和中心距较大的传动装置，亦可用于输送装置
传动用短节距精密套筒链（简称套筒链）		除无滚子外，结构和尺寸同滚子链。重量轻、成本低，并可提高节距精度以提高承载能力，可利用原滚子的空间加大销轴和套筒尺寸，增大承压面积	不经常传动，中低速传动或起重装置（如配重、铲车起升装置）等
弯板滚子传动链（简称弯板链）		无内外链节之分，磨损后链节节距仍较均匀。弯板使链条的弹性增加，抗冲击性能好。销轴、套筒和链板间的间隙较大，对链轮共面性要求较低。销轴拆装容易，便于维修和调整松边下垂量	低速或极低速、载荷大、有尘土的开式传动和两轮不易共面处，如挖掘机等工程机械的行走机构、石油机械等
齿形传动链（又名无声链）		由多个齿形链片并列铰接而成。链片的齿形部分和链轮啮合，有共轭啮合和非共轭啮合两种。传动平稳准确，振动、噪声小，强度高，工作可靠；但重量较重，装拆较困难	高速或传动精度要求较高的传动，如机床主传动、发动机正时传动、石油机械以及重要的操纵机构等

种类	简　　图	结构和特点	应用
成型链		链节由可锻铸铁或钢制造，装拆方便	用于农业机械和链速在 3m/s 以下的传动

8.3.3　摩擦轮传动

摩擦轮传动是两个相互压紧的滚轮，通过接触面间的摩擦力传递运动和动力的。由于其结构简单、制造容易、运转平稳、噪声低，过载可以打滑（可防止设备中重要零部件的损坏），以及能连续平滑地调节其传动比，因而有着较大的应用范围，成为无级变速传动的主要元件。但由于在运转中有滑动（弹性滑动、几何滑动与打滑），影响从动轮的旋转精度，传动效率较低，结构尺寸较大，作用在轴和轴承上的载荷大，多用于中小功率传动。

按摩擦轮的传动形式不同，可分为圆柱摩擦轮传动、槽形摩擦轮传动、端面摩擦轮传动和圆锥摩擦轮传动（见图 8-2）。

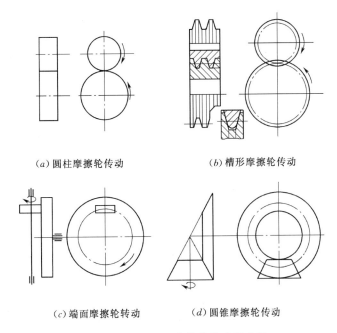

(a)圆柱摩擦轮传动　　　　　(b)槽形摩擦轮传动

(c)端面摩擦轮转动　　(d)圆锥摩擦轮传动

图 8-2　不同结构的摩擦轮传动形式图

根据润滑情况不同，传动可分为两种：一种是工作表面无润滑，其中一轮是组合的，即其轮毂是金属的，在轮毂上或轮缘表面固定有非金属材料（如皮革、橡胶、木材、混合织物等），虽有较高的摩擦系数，但允许的接触应力低，传递的功率较小。另一种是两滚轮均为经过硬化处理的金属轮，工作在压力黏度指数很高的润滑剂中，接触区在高压下产生抗剪强度很高的润滑油膜，使其处于弹性流体润滑状态，从而产生了很大的牵引力，提高了传动装置的承载能力，后者又称为牵引传动。

8.3.4　螺旋传动

螺旋传动是通过螺杆和螺母的旋合传递运动和动力。它主要是将旋转运动变成直线运动，以较小的转矩得到很大的推力，或者用以调整零件的相互位置。当螺旋不自锁时，也可以将直线运动变成旋转运动。

根据螺纹副摩擦性质不同，可分为滑动螺旋传动、滚动螺旋传动和静压螺旋传动，各类螺旋传动的特点和应用见表8-8。根据其工作性质的不同，可分为以传递动力为主的传力螺旋（如螺旋压力机、千斤顶螺旋）；以传递运动为主，并要求有较高传动精度的传动螺旋（如金属切削机床的进给螺旋）和调整零件相互位置的调整螺旋（如冲压机的调整螺旋、轧钢机轧辊的压下螺旋）。

表8-8　　　　　　　　　　　各类螺旋传动的特点和应用表

种类	滑动螺旋传动	滚动螺旋传动	静压螺旋传动
特点	1. 摩擦阻力大，传动效率低（通常为30%～60%）； 2. 结构简单，加工方便； 3. 易于自锁； 4. 运转平稳，但低速或微调时可能出现爬行； 5. 螺纹有侧向间隙，反向时有空行程，定位精度和轴向刚度较差（采用消隙机构可提高定位精度）； 6. 磨损快	1. 摩擦阻力小，传动效率高（一般在90%以上）； 2. 结构复杂，制造较难； 3. 具有传动可逆性（可以把旋转运动变成直线运动，又可以把直线运动变成旋转运动），为了避免螺旋副受载后逆转，应设置防逆转机构； 4. 运转平稳，启动时无颤动，低速时不爬行； 5. 螺母和螺杆经调整预紧，可得到很高的定位精度（$5\mu m/300mm$）和重复定位精度（$1\sim2\mu m$），并可以提高轴向刚度； 6. 工作寿命长，不易发生故障； 7. 抗冲击性能较差	1. 摩擦阻力极小，传动效率高（可达99%）； 2. 螺母结构复杂； 3. 具有传动可逆性，必要时应设置防逆转机构； 4. 工作平稳，无爬行现象； 5. 反向时无空行程，定位精度高，并有很高的轴向刚度； 6. 磨损小，寿命长； 7. 需要一套压力稳定、温度恒定、过滤要求较高的供油系统
应用举例	金属切削机床的进给、分度机构的传动螺旋，摩擦压力机、千斤顶的传力螺旋	金属切削机床（特别是加工中心、数控机床、精密机床）、测试机械、仪器的传动螺旋和调整螺旋，升降、起重机构和汽车、拖拉机转向机构的传力螺旋，飞机、导弹、船舶、铁路等自控系统的传动螺旋和传力螺旋	精密机床的进给、分度机构的传动螺旋

8.3.5　齿轮传动

齿轮传动是常用的机械传动方式。

（1）齿轮传动的分类。齿轮传动分为平行轴齿轮传动、相交轴齿轮传动和交错轴齿轮传动三大类。

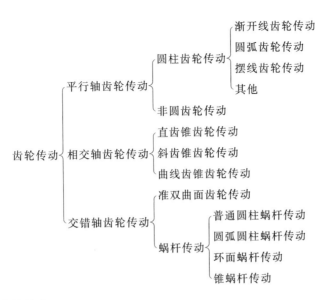

（2）齿轮传动的特点。

1）瞬时传动比恒定。非圆齿轮的瞬时的传动比又能按需要的变换规律来设计。

2）传动比范围大，可用于减速或增速。

3）速度（指节圆圆周速度）和传递功率的范围大，可用于高速、中速、低速的传动。

4）传动效率高。一对高精度的渐开线圆柱齿轮，效率可达到99%以上。

5）结构紧凑，适用于近距离传动。

6）制造成本较高。某些具有特殊齿形或较高精度的齿轮，因需要专用或高精度的机床、刀具和测量仪器，制造工艺复杂，成本较高。

7）精度不高的齿轮，传动时噪声大、振动和冲击大，污染环境。

（3）齿轮传动的特点和适用范围。各类齿轮传动的主要特点和适用范围见表8-9。

表8-9　　　　　　　　　各类齿轮传动的主要特点和适用范围表

名称	主要特点	适用范围			
		传动比	传动功率	速度	应用举例
渐开线圆柱齿轮传动	传动的速度和功率范围大；传动效率高，一对齿轮可达98%～99.5%，精度越高，效率越高；对中心距的敏感性小，装配和维修比较简便；可进行变位切削及各种修行、修缘，以适应提高传动质量的要求；易于进行精密加工	单级：1～8、最大到10、两级到45、三级到75	低速重载传动可达5000kW以上，高速传动可达40000kW以上	线速度可达200m/s以上	应用非常广泛

名称		主要特点	适用范围			
			传动比	传动功率	速度	应用举例
圆弧圆柱齿轮传动	单圆弧齿轮传动	接触强度高；效率高；磨损小而均匀；没有根切现象；不能做成直齿	同渐开线圆柱齿轮传动	低速重载传动可达 3700kW 以上，高速传动可达 6000kW	100m/s	高速传动如用于鼓风机、制氧机、汽轮机等，低速切削如用于轧钢机械、矿上机械、起重运输机械等
	双圆弧齿轮传动	具有单圆弧齿轮的优点，可用同一把滚刀加工一对齿轮；传动平稳；振动和噪声较单圆弧齿轮小				
锥齿轮传动	直齿锥齿轮传动	轴向力小；比曲线齿锥齿轮的轴向力小，制造也较容易	$1\sim8$	$<370\mathrm{kW}$	$<5\mathrm{m/s}$	用于机床、汽车、拖拉机及其他机械中轴线相交的传动
	曲线齿锥齿轮传动	比直齿锥齿轮传动平稳；噪声小、承载能力大，但由于螺旋角而产生轴向力较大，转向变化时，此轴向力易发生改变，轴承应考虑止推问题	$1\sim8$	$<750\mathrm{kW}$	一般 $v>5\mathrm{m/s}$，$>40\mathrm{m/s}$ 需磨齿	用于汽车驱动桥传动，以及机床、拖拉机等传动
准双曲面齿轮传动		比曲线齿锥齿轮传动更加平稳，利用偏置距增大小轮直径，因而可以增加小轮刚性，实现两端支撑。沿齿长方向有滑动，传动效率比直齿锥齿轮传动低，需用准双曲面齿轮油	一般 $1\sim10$；用于替代蜗杆传动时可达 $50\sim100$	一般$<750\mathrm{kW}$	$>5\mathrm{m/s}$	广泛用于越野及小客车，也用于卡车，可用以代替蜗杆传动
蜗杆传动	普通圆柱蜗杆传动	传动比大、传动平稳、噪声较小、结构紧凑。在一定条件下有自锁性；效率低	$8\sim80$	$<200\mathrm{kW}$	$v_s=15\sim35\mathrm{m/s}$	多用于中小负荷、间歇工作的机器设备中
	圆弧圆柱蜗杆传动	接触线形状有利于形成油膜；中间平面共轭齿面为凹凸齿啮合，传动效率及承载能力均高于普通圆柱蜗杆传动				
	环面蜗杆传动	接触线和相对速度夹角接近 $90°$，有利于形成油膜；同时接触齿数多，当量曲率半径大，因而承载能力大，一般比普通圆柱蜗杆传动大 $2\sim3$ 倍	$5\sim100$	$<4500\mathrm{kW}$		轧机压下装置，各种绞车、冷挤压机、转炉、军工产品以及其他冶金矿山设备等
	锥蜗杆传动	同时接触齿数多，齿面得到充分润滑和冷却，易形成油膜、承载能力高、传动平稳，效率高于普通圆柱蜗杆齿轮传动，设计计算和制造比较麻烦	$10\sim358$			适用于特定结构的场合

8.4 液压传动系统及液压元件

8.4.1 液压传动

（1）液压传动的工作原理及组成。液压传动是根据流体力学的基本原理，以液体（通常是油液）为工作介质，利用液体的压力能进行能量传递和控制的一种传动方式。液压传动利用各种元件组成具有所需功能的基本回路，再由若干基本回路组合成系统，从而实现能量的转换、传递和控制。

1）液压系统的组成。液压系统主要由动力装置、执行装置、控制调节装置、辅助装置和工作介质等组成。

2）液压系统各部分的作用。

A. 动力装置。液压泵，将原动机输入的机械能转换为液体的压力能，向液压系统提供压力油。

B. 执行装置。液压缸（或马达），将液体压力能转换为机械能，而对负载做功。

C. 控制调节装置。各种液压控制阀，用以控制液体的方向、压力和流量，以保证执行元件完成预期的工作任务。

D. 辅助装置。包括蓄能器、过滤器、油箱、管接头和油管等，用以保证系统正常工作。

E. 工作介质。用来传递液压能，如液压油等。

（2）液压传动的特点。

1）液压传动的优点：

A. 液压传动装置运动平稳、反应快、惯性小、能高速启动、控制和换向。

B. 在同等功率情况下，液压传动装置体积小、重量轻、结构紧凑（例如同功率液压马达的重量只有电动机的 $10\% \sim 20\%$）。

C. 液压传动装置能在运行中方便地实现无级调速，且调速范围最大可达 1∶2000（一般为 1∶100）。

D. 操作简单、方便，易于实现自动化。当它与电气联合控制时，能实现复杂的自动工作循环和远距离控制。

E. 易于实现过载保护。液压元件能自行润滑，使用寿命较长。

F. 液压元件实现了标准化、系列化、通用化，便于设计、制造和使用。

2）液压传动的缺点：

A. 液压传动不能保证严格的传动比，这是由于液压油的可压缩性和泄漏造成的。

B. 液压传动对油温变化敏感，这会影响它的工作稳定性。因此液压传动不宜在很高或很低的温度下工作，一般工作温度在 $-15 \sim 60\text{℃}$ 内较合适。

C. 为了减少泄漏，液压元件在制造精度上要求较高，因此它的造价高，且对油液的污染比较敏感。

D. 液压传动装置出现故障时不易查找原因。

E. 液压传动在能量转换（机械能→压力能→机械能）的过程中，特别在节流调速系统中，其压力、流量损失大，故系统效率低。

8.4.2　常用液压元件图形符号

《流体传动系统及元件图形符号和回路图　第 1 部分　用于常规用途和数据处理的图形符号》（GB/T 786.1—2009/ISO 1219—1：2006）见表 8-10。

表 8-10　　　　　　　　　　　流体传动系统及元件图形符号表

图　形	描　述	图　形	描　述
(1) 液压泵和马达			
	变量泵		机械或液压伺服控制的变量泵
	双向流动，带外泄油路单向旋转的变量泵		电液伺服控制的变量液压泵
	双向变量泵或马达单元，双向流动，带外泄油路，双向旋转		恒功率控制的变量泵
	单向旋转的定量泵或马达		带两级压力或流量控制的变量泵，内部先导操纵
	操纵杆控制，限制转盘角度的泵		带两级压力控制元件的变量泵，电气转换
	限制摆动角度，双向流动的摆动执行器或旋转驱动		静液传动（简化表达）驱动单元，由一个能反转、带单输入旋转方向的变量泵和一个带双输出旋转方向的定量马达组成
	单作用的半摆动执行器或旋转驱动		表现出控制和调节元件的变量泵，箭头表示调节能力可扩展，控制机构和元件可以在箭头任意一边连接
	变量泵，先导控制，带压力补偿，单向旋转，带外泄油路		连续增压器，将气体压力 p_1 转换为较高的液体压力 p_2
	带复合压力或流量控制（负载敏感型）变量泵，单向驱动，带外泄油路		液压源

图　形	描　述	图　形	描　述
（2）控制机构			
	带有分离把手和定位销的控制机构		双作用电气控制机构，动作指向或背离阀芯
	具有可调行程限制装置的顶杆		单作用电磁铁，动作指向阀芯，连续控制
	带有定位装置的推或拉控制机构		单作用电磁铁，动作背离阀芯，连续控制
	手动锁定控制机构		双作用电气控制机构，动作指向或背离阀芯，连续控制
	具有5个锁定位置的调节控制机构		电气操纵的气动先导控制机构
	用作单方向行程操纵的滚轮杠杆		电气操纵的带有外部供油的液压先导控制机构
	使用步进电动机的控制机构		机械反馈
	单作用电磁铁，动作指向阀芯		具有外部先导供油，双比例电磁铁，双向操作，集成在同一组件，连续工作的双先导装置的液压控制机构
	单作用电磁铁，动作背离阀芯		
（3）方向控制阀			
	二位二通方向控制阀，两通，两位，推压控制机构，弹簧复位，常闭		二位四通方向控制阀，电磁铁操纵液压先导控制，弹簧复位
	二位二通方向控制阀，两位，电磁铁操纵，弹簧复位，常开		三位四通方向控制阀，电磁铁操纵先导级和液压操作主阀，主阀及先导级弹簧对中，外部先导供油和先导回油

图　形	描　述	图　形	描　述
	二位四通方向控制阀，电磁铁操纵，弹簧复位		三位四通方向控制阀，弹簧对中，双电磁铁直接操纵，不同中位机能的类别
	二位三通锁定阀		二位四通方向控制阀，液压控制，弹簧复位
	二位三通方向控制阀，滚轮杠杆控制，弹簧复位		二位四通方向控制阀，液压控制，弹簧对中
	二位三通方向控制阀，电磁铁操纵，弹簧复位，常闭		二位五通方向控制阀，踏板控制
	二位三通方向控制阀，单电磁铁操纵，弹簧复位，定位销式手动定位		三位五通方向控制阀，定位销式各位置杠杆控制
	二位四通方向控制阀，单电磁铁操纵，弹簧复位，定位销式手动定位		二位三通液压电磁换向座阀，带行程开关
	二位四通方向控制阀，双电磁铁操纵，弹簧复位，定位销式（脉冲阀）		二位三通液压电磁换向座阀
（4）压力控制阀			
	溢流阀，直动式，开启压力由弹簧调节		用来保护两条供给管道的防气蚀溢流阀
	顺序阀，手动调节设定值		蓄能器充液阀，带有固定开关压差

图　形	描　述	图　形	描　述
	顺序阀，带有旁通阀		电磁溢流阀，先导式，电气操控预设定压力
	二通减压阀，直动式，外泄型		
	二通减压阀，先导式，外泄型		三通减压阀（液压）
（5）流量控制阀			
	可调节流量控制阀		三通流量控制阀，可调节，将输入流量分成固定流量和剩余流量
	可调节流量控制阀，单向自由流动		分流器，将输入流量分成两路输出
	流量控制阀，滚轮杠杆操纵，弹簧复位		集流阀，保持两路输入流量互相恒定
	二通流量控制阀，可调节，带旁通阀，固定设置，单向流动，基本与黏度和压力差无关		
（6）单向阀和梭阀			
	单向阀，只能在一个方向自由流动		双单向阀，先导式
	单向阀，带有复位弹簧，只能在一个方向流动，常闭		

图　形	描　述	图　形	描　述
	先导式液控单向阀，带有复位弹簧，先导压力允许在两个方向自由流动		梭阀（"或"逻辑），压力高的入口自动与出口接通

（7）液压缸

图形	描述	图形	描述
	单作用单杆缸，靠弹簧力返回行程，弹簧腔带连接油口		双作用带状无杆缸，活塞两端带终点位置缓冲
	双作用单杆缸		双作用缆绳式无杆缸，活塞两端带可调节终点位置缓冲
	双作用双杆缸，活塞杆直径不同，双侧缓冲，右侧带调节		双作用磁性无杆缸，仅右边终端位置切换
	带行程限制器的双作用膜片缸		行程两端定位的双作用缸
	活塞杆终端带缓冲的单作用膜片缸，排气口不连接		双杆双作用缸，左终点带内部限位开关，内部机械控制，右终点有外部限位开关，由活塞杆触发
	单作用缸，柱塞缸		单作用压力介质转换器，将气体压力转换为等值的液体压力，反之亦然
	单作用伸缩缸		单作用增压器，将气体压力 p_1 转换为更高的液体压力 p_2
	双作用伸缩缸		

（8）附件

图形	描述	图形	描述
	软管总成		带两个单向阀的快换接头，断开状态
	三通旋转接头		不带单向阀的快换接头，连接状态

图　形	描　述	图　形	描　述
	不带单向阀的快换接头，断开状态		带一个单向阀的快插管接头，连接状态
	带单向阀的快换接头，断开状态		带两个单向阀的快插管接头，连接状态
	压力测量单元（压力表）		温度计
	压差计		流量指示器
	带选择功能的压力表		流量计
	过滤器		带附属磁性滤芯的过滤器
	油箱通气过滤器		带光学阻塞指示器的过滤器
	隔膜式充气蓄能器（隔膜式蓄能器）		活塞式充气蓄能器（活塞式蓄能器）
	囊隔式充气蓄能器（囊隔式蓄能器）		气瓶

图 形	描 述	图 形	描 述
	两条管路的连接标出连接点	─+┼─	两条管路交叉没有节点，表明它们之间没有连接
	有盖油箱		回到油箱

注 本表中的点线（非常短的虚线）用来表示邻近的基本要素或元件，在图形符号中不用。

8.4.3 液压泵

液压泵是液压系统的动力元件，其功用是供给系统压力油。液压泵是将电动机（或其他原动机）输入的机械能转换为液体压力能的能量转换装置。

（1）液压泵的分类。液压泵的分类见表 8-11。

表 8-11 　　　　　　　　　　液 压 泵 的 分 类 表

液压泵	定量泵	齿轮泵	外啮合齿轮泵	
			内啮合齿轮泵	楔块垫隙式内啮合齿轮泵	渐开线内啮合齿轮泵
				摆线内啮合齿轮泵	直齿及其共轭齿廓内啮合齿轮泵
		螺杆泵		
		定量叶片泵		
		定量径向柱塞泵		
		定量轴向柱塞泵	定量斜轴式轴向柱塞泵	
			定量斜盘式轴向柱塞泵	
	变量泵	变量叶片泵		
		变量径向柱塞泵		
		变量轴向柱塞泵	变量斜轴式轴向柱塞泵	
			变量斜盘式轴向柱塞泵	

（2）液压泵的常用计算公式。液压泵的常用计算公式见表 8-12。

表 8-12 　　　　　　　　　　液 压 泵 的 常 用 计 算 公 式 表

参数名称	单位	计 算 公 式	说 明
流量	L/min	$q_0 = Vn$ $q = Vn\eta_v$	V—排量，mL/min； n—转速，r/min；
输出功率	kW	$P_0 = pq/60$	q_0—理论流量，L/min；
输入功率	kW	$P_i = 2\pi Mn/60$	q—实际流量，L/min；
容积效率	%	$\eta_V = \dfrac{q}{q_0} \times 100$	p—输出压力，MPa； M—扭矩，N·m；
机械效率	%	$\eta_m = \dfrac{100pq_0}{2\pi mn} \times 100$	η_V—容积效率，%； η_m—机械效率，%；
总效率	%	$\eta = \dfrac{P_0}{P_i} \times 100$	η—总效率，%

（3）液压泵的主要技术参数。

1）排量 $V(cm^3/r$ 或 $mL/r)$。

A. 理论排量：液压泵每转一周排出的液体体积。其值由密封容器几何尺寸的变化计算而得，又称几何排量。

B. 空载排量：在规定最低工作压力下，泵每转一周排出的液体体积。

C. 有效排量：在规定工况下泵每转一周实际排出的液体体积。

2）流量 $q(m^3/s$ 或 $L/min)$。

A. 理论流量：液压泵在单位时间内排出的液体体积，其值等于理论排量和泵的转速的乘积。

B. 有效流量：在某种压力和温度下，泵在单位时间内排出的液体体积，又称实际流量。

C. 瞬间流量：液压泵在运转中，在某一时间点排出的液体体积。

D. 平均流量：根据在某一时间段内泵排出的液体体积计算出的，单位时间内泵排出的液体体积，其值为在该时间段内各瞬间流量的平均值。

E. 额定流量：泵在额定工况下的流量。

3）压力 $p(MPa)$。

A. 额定压力：液压泵在正常工作条件下，按试验标准规定能连续运转的最高压力。

B. 最高压力：液压泵能按试验标准规定，允许短暂运转的最高压力（峰值压力）。

C. 工作压力：液压泵实际工作时的压力。

4）转速 $n(r/min)$。

A. 额定转速：在额定工况下，液压泵能长时间持续正常运转的最高转速。

B. 最大转速：在额定工况下，液压泵能超过额定转速允许短暂运转的最高转速。

C. 最低转速：液压泵在正常工作条件下，能运转的最小转速。

5）功率 $P(kW)$。

A. 输入功率：驱动液压泵运转的机械功率。

B. 输出功率：液压泵输出的液压功率，其值为工作压力与有效流量的乘积。

6）效率（%）。

A. 容积效率 η_V：液压泵输出的有效流量与理论流量的比值。

B. 机械效率 η_m：液压泵的液压转矩与实际输入转矩的比值。

C. 总效率 η：液压泵输出的液压功率与输入的机械功率的比值。

7）吸入能力（Pa）。液压泵能正常运转（不发生汽蚀）条件下吸入口处的最低绝对压力，一般用真空度表示。

（4）液压泵的技术性能和应用范围见表 8-13。

（5）液压泵的结构特点见表 8-14。

8.4.4 液压马达

液压缸与液压马达同属于液压系统执行元件，都是将液压能转换成机械能的一种能量转换装置。它们的区别是：液压马达将液压能转换成连续回转的机械能，输出通常为转矩

表 8-13　　　　　　　　　　　　　　液压泵的技术性能和应用范围表

类型 / 性能参数	齿轮泵			叶片泵		柱塞泵				
	内啮合		外啮合	单作用	双作用	轴向			径向轴配流	卧式轴配流
	楔块式	摆线式				直轴端面配流	斜轴端面配流	阀配流		
压力范围/MPa	≤30.0	1.6~16.0	≤25.0	≤6.3	6.3~32.0	≤40.0	≤40.0	≤70.0	10.0~20.0	≤40.0
排量范围/(mL/r)	0.8~300	2.5~150	0.3~650	1~320	0.5~480	0.2~560	0.2~3600	≤420.0	20~720	1~250
转速范围/(r/min)	300~4000	1000~4500	300~7000	500~2000	500~4000	600~6000	600~6000	≤1800	700~1800	200~2200
最大功率/kW	350	120	120	30	320	730	2660	750	250	260
容积效率/%	≤96	80~90	70~95	58~92	80~94	88~93	88~93	90~95	80~90	90~95
总效率/%	≤90	65~80	63~87	64~81	65~82	81~88	81~88	83~88	81~83	83~88
功率质量比/(kW/kg)	大	中	中	小	中	大	中~大	大	小	中
最高自吸真空度/kPa	—	—	425	250	250	125	125	125	125	
变量能力	不能			能	不能	能				
历时变化	齿轮磨损后效率下降			叶片磨损效率下降		配流盘、滑靴或分流阀磨损时效率下降较大				
流量脉动/%	1~3	≤3	11~27			1~5	1~5	<14	<2	≤14
噪声	小	小	中	中	中	大	大	大	中	中
污染敏感度	中	中	大	中	中	大	中~大	小	中	小
价格	较低	低	最低	中	中低	高	高	高	高	高
应用范围	机床、工程机械、农业机械、航空、船舶、一般机械			机床、注塑机、液压机、起重运输机、工程机械、飞机		工程机械、锻压机械、运输机械、矿山机械、冶金机械、船舶、飞机等				

表 8-14　　　　　　　　　　　　　　液压泵的结构特点表

类型		结构示意图	结构特点	优缺点
齿轮泵	外啮合式		利用齿和泵壳形成的封闭容积的变化，完成泵的功能，不需要配流装置，不能变量	结构最简单，价格低，径向载荷大
	内啮合式　渐开线式		利用齿和齿圈形成的封闭容积变化，完成泵的功能。在轴对称位置上布置有吸、排油口。不能变量	尺寸比外啮合式略小，价格比外啮合式略高，径向载荷大

类型			结构示意图	结构特点	优缺点
齿轮泵	内啮合式	摆线式		利用齿和齿圈形成的封闭容积变化，完成泵的功能。在轴对称位置上布置有吸、排油口。不能变量	尺寸小，价格低廉、压力较低，径向载荷大
叶片泵	平衡式			利用插入转子槽内的叶片间封闭容积变化，完成泵的功能。在轴对称位置上布置有两组吸油口和排油口	径向载荷小，噪声较低，流量脉动小
	非平衡式			利用插入转子槽内的叶片间封闭容积变化，完成泵的功能。在轴对称位置上布置有一组吸油口和排油口。改变定子偏心量进行变量	径向载荷大，噪声较低。流量脉动较平衡式大
螺杆式	双螺杆式			利用螺杆槽内封闭容积的变化，完成泵的功能，不能变量	无流量脉动。尺寸大，质量大。径向载荷大
	三螺杆式			利用螺杆槽内封闭容积的变化，完成泵的功能，不能变量	无流量脉动。尺寸大，质量大。径向载荷较双螺杆式小
径向柱塞式	轴配流式			定子壳体与缸体偏心，依靠配流轴配流，柱塞端部直接与定子壳体接触	柱塞头部易磨损。配流轴两侧的高低压腔不平衡，容易磨损。径向尺寸较大
	阀配流式			由中心曲轴的偏心转动使柱塞往复运动，采用单向阀配流	工作压力高，对油的污染敏感性不大。零件数多。多数为定量泵。径向尺寸大

类型		结构示意图	结构特点	优缺点
轴向柱塞式	斜轴式		传动轴轴线与缸体轴线倾斜一个角度。用柱塞和主动盘之间的球头连杆来带动缸旋转，由连杆的锥形表面与柱塞内壁接触来传递转矩，靠摆动缸体来改变流量	结构坚固，耐冲击，抗污染比斜盘式好
	斜盘式		斜盘法线和缸体轴线间有一倾斜角 γ。设有专门的变量机构，用来改变斜盘倾角 γ 的大小，以调节泵的排量。变量方式有手动、伺服、液力补偿等多种形式	应用广泛，但变量范围较斜轴式小

与转速；而液压缸则将液压能转换成能进行直线运动（或往复直线运动）的机械能，输出的通常为推力（或拉力）与直线运动速度。

（1）液压马达的分类见表 8-15。

表 8-15   **液 压 马 达 的 分 类 表**

液压马达	常速马达	定量式	齿轮式	
			叶片式	
			径向柱塞式	
			轴向柱塞式	斜轴式
				斜盘式
		变量式	叶片式	
			径向柱塞式	
			轴向柱塞式	斜轴式
				斜盘式
	低速马达	单作用式	径向柱塞式	连杆式
				无连杆式
				摆缸式
			轴向柱塞式	双斜盘式
		多作用式	柱塞传力式	柱塞轮式
				钢球柱塞式
				滚子柱塞式
			横梁传力式	
			滚轮传力式	
			连杆传力式	
			双列钢球式	

（2）液压马达的主要技术参数。

1）液压马达的压力、排量和流量。液压马达的压力、排量和流量均是指马达进油口处的输入值，它们的定义与液压泵的相同。

2）转矩 $T(\text{N} \cdot \text{m})$。

A. 理论转矩：由输入压力产生的、作用于液压马达转子上的转矩。

B. 实际转矩：在液压马达输出轴上测得的转矩。

3）功率 $P(\text{kW})$。

A. 输入功率：液压马达入口处输入的液压功率。

B. 输出功率：液压马达输出轴上输出的机械功率。

4）效率。

A. 容积效率 η_V^m：液压马达的理论流量与有效流量的比值。

B. 机械效率 η_m^m：液压马达的实际转矩与理论转矩的比值。

C. 总效率 η^m：液压马达输出的机械功率与输入的液压功率的比值。

（3）液压马达的主要参数计算公式见表 8-16。

表 8-16　　　　　　　　　　　　液压马达的主要参数计算公式表

参数名称	单位	计 算 公 式	说　明
流量	L/min	$q_0 = V_n$ $q = \dfrac{V_n}{\eta_V^m}$	V_n—排量，mL/min；ㅤn—转速，r/min；ㅤq_0—理论流量，L/min；ㅤq—实际流量，L/min；ㅤM—输出扭矩，N·m；ㅤP_0—输出功率，kW；ㅤΔp—入口压力和出口压力之差，MPa；ㅤP_i—输入功率，kW；ㅤη_V^m—容积效率，%；ㅤη_m^m—机械效率，%；ㅤη^m—总效率，%
输出功率	kW	$P_0 = \dfrac{2\pi Mn}{6000}$	
输入功率	kW	$P_i = \dfrac{\Delta p q}{60}$	
容积效率	%	$\eta_V^m = \dfrac{q_0}{q} \times 100$	
机械效率	%	$\eta_m^m = \dfrac{\eta_t^m}{\eta_V^m} \times 100$	
总效率	%	$\eta^m = \dfrac{p_0}{p_i} \times 100$	

（4）液压马达的选择。液压马达的种类很多，特性不一样，应针对具体用途选择合适的液压马达，典型液压马达的特性对比见表 8-17。

表 8-17　　　　　　　　　　　　典型液压马达的特性对比表

种类 特性	高速马达			低速马达
	齿轮式	叶片式	柱塞式	径向柱塞式
额定压力/MPa	21	17.5	35	21
排量/(mL/r)	4~300	25~300	10~1000	125~38000
转速/(r/min)	300~5000	400~3000	10~5000	1~500
总效率/%	75~90	75~90	85~95	80~92

种类 特性	高 速 马 达			低速马达
	齿轮式	叶片式	柱塞式	径向柱塞式
堵转效率	50～85	70～85	80～90	75～85
堵转泄漏	大	大	小	小
污染敏感度	大	小	小	小
变量能力	不能	困难	可	可

8.4.5 液压缸

液压缸的分类和特点见表8-18。

表8-18 液压缸的分类和特点表

分类	名 称		特 点
单作用液压缸	活塞缸		活塞只单向受力而运动,反向运动依靠活塞自重或其他外力
	柱塞缸		柱塞只单向受力而运动,反向运动依靠柱塞自重或其他外力
	伸缩式套筒缸		有多个互相联动的活塞,可依次伸缩,行程较大,由外力使活塞返回
双作用液压缸	单活塞杆	普通缸	活塞双向受液压压力而运动,在行程终了时不减速,双向受力且速度不同
		不可调缓冲缸	活塞在行程终了时减速制动,减速值不变
		可调缓冲缸	活塞在行程终了时减速制动,并且减速值可调
		差动缸	活塞两端面积差较大,使活塞往复运动的推力和速度相差较大
	双活塞杆	等行程等速缸	活塞左右移动速度、行程及推力均相等
		双向缸	利用对油口进、排油次序的控制,可使两个活塞做多种配合动作的运动
	伸缩式套筒缸		有多个互相联动的活塞,可依次伸出获得较大行程
组合缸	弹簧复位缸		单向液压驱动,有弹簧力复位
	增压缸		由一腔进油驱动,使另一腔输出高压油源
	串联缸		用于缸的直径受限制、长度不受限制处,能获得较大推力
	齿条传动缸		活塞的往复运动转换成齿轮的往复回转运动
	气—液转换器		气压力转换成大体相等的液压力

8.4.6 液压控制阀

液压控制阀是液压系统中的控制元件,用来控制系统中油液的流动方向、油液的压力和流量,简称液压阀。根据液压设备要完成的任务,对液压阀作相应的调节,就可以使液压系统执行元件的运动状态发生变化,从而使液压设备完成各种预定的动作。

(1)液压控制阀的分类。液压阀的种类很多,可按不同的特征进行分类。

1)按照液压阀功能和用途进行分类见表8-19。

表 8-19　　　　　　　　　　　　　　　　按照液压阀功能和用途进行分类表

阀　类	阀　种	说　明
压力控制阀	溢流阀、减压阀、顺序阀、平衡阀、电液比例溢流阀、电液比例减压阀	电液伺服根据反馈形式不同，可形成电液伺服流量控制阀、压力控制阀、压力—流量控制阀
流量控制阀	节流阀、调速阀、分流阀、集流阀、电液比例节流阀、电液比例流量阀	
方向控制阀	单向阀、液控单向阀、换向阀、电液比例方向阀	
复合控制阀	电液比例压力流量复合阀	
工程机械专用阀	多路阀、稳流阀	

2）按照液压阀控制方式进行分类见表 8-20。

表 8-20　　　　　　　　　　　　　　　　按照液压阀控制方式进行分类表

阀类	说　明
手动控制阀	手柄及手轮、踏板、杠杆
机械控制阀	挡块及碰块、弹簧
液压控制阀	利用液体压力进行控制
电动控制阀	利用普通电磁铁、比例电磁铁、力马达、力矩马达、步进电机等进行控制
电液控制阀	采用电动控制和液压控制进行复合控制

3）按照液压阀结构型式进行分类见表 8-21。

表 8-21　　　　　　　　　　　　　　　　按照液压阀结构型式进行分类表

名称	说　明
滑阀类	通过圆柱形阀芯在阀体孔内的滑动来改变液流通路开口的大小，以实现对液体的压力、流量和方向的控制
锥阀、球阀类	利用锥形或球形阀芯的位移实现对液流的压力、流量和方向的控制
喷嘴挡板阀类	用喷嘴与挡板之间的相对位移实现对液流的压力、流量和方向的控制。常用作伺服阀、比例伺服阀的先导级

4）按照液压阀连接方式进行分类见表 8-22。

表 8-22　　　　　　　　　　　　　　　　按照液压阀连接方式进行分类表

连接形式		说　明
管式连接		通过螺纹直接与油管连接组成系统，结构简单、重量轻，适用于移动式设备或流量较小的液压元件的连接。缺点是元件分散布置，可能的漏油环节多，拆装不够方便
板式连接		通过连接板连接成系统，便于安装维修，应用广泛。由于元件集中布置，操纵和调节都比较方便。连接板包括单层连接板、双层连接板和整体连接板等多种形式
集成连接	集成块	集成块为六面体，块内钻成连通阀间的油路，标准的板式连接元件安装在侧面，集成块的上下两面为密封面，中间用 O 形密封圈密封。将集成块进行密封组合即可构成完整的液压系统。集成块连接有利于液压装置的标准化、通用化、系列化，有利于生产与设计，因此是一种良好的连接方式

连接形式		说　明
集成连接	叠加阀	由各种类别与规格不同的阀类及底板组成。阀的性能、结构要素与一般阀并无区别，只是为了便于叠加，要求同一规格的不同阀的连接尺寸相同。这种集成形式在工程机械中应用很多，如多路换向阀
	嵌入阀	将几个阀的阀芯合并在一个阀体内，阀间通过内部油路沟通的一种集成形式。结构紧凑但复杂，专用性强，如磨床液压系统中的操作箱
	盖板式插装阀	将阀按标准参数做成阀芯、阀套等组件，插入专用的阀块孔内，并配置各种功能盖板以组成不同要求的液压回路。它不仅结构紧凑，而且具有一定的互换性。逻辑阀属于这种集成形式。特别适于高压、大流量系统
	螺纹插装阀	与盖板式插装阀类似，但插入件与集成块的连接是符合标准的螺纹，主要适用于小流量系统

（2）液压控制阀的典型应用见表8-23。

表 8-23　　　　　　　　　　液压控制阀的典型应用表

类型		典　型　应　用
方向控制阀	换向阀	1. 控制油液的流动方向，接通或关闭油路，从而使执行元件启动、停止或换向
		2. 用作先导控制阀
		3. 用电磁阀实现完整工作循环
		4. 用电磁阀的卸荷回路
		5. 利用滑阀机能实现差动连接
		6. 与其他阀构成具有单向功能的复合阀
		7. 将两个以上的手动换向阀组合在一起，形成以换向阀为主的多路换向阀（有并联式、串联式、顺序式和复合式四种组合方式）
	单向阀	1. 作单向阀用：正向流通，反向截止
		2. 单独用于液压泵出口，防止由于系统压力突升油液倒流而损坏液压泵
		3. 隔开油路间不必要的联系
		4. 配合蓄能器实现保压
		5. 作背压阀用
		6. 与其他阀构成具有单向功能的复合阀
	液控单向阀	使油液可以双向流动，常用于锁紧等回路
压力控制阀	溢流阀	1. 实现溢流稳压
		2. 作安全阀用
		3. 作背压阀用
		4. 实现远程调压
		5. 作卸荷阀用
		6. 实现多级调压

类型		典 型 应 用
压力控制阀	减压阀	1. 减压稳压
		2. 定差减压阀用作节流阀的串联压力补偿阀
		3. 定比减压阀用于需要两级定比调压的场合
	顺序阀	1. 控制多个执行元件的动作顺序
		2. 作平衡阀用
		3. 外控顺序阀作卸荷阀用
		4. 内控顺序阀作背压阀用
	压力继电器	1. 将油液的压力信号转换成电信号，自动接通或断开有关电路
		2. 控制多个执行元件的动作顺序
		3. 实现保压—卸荷
		4. 用于系统指示、报警、连锁或安全保护
流量控制阀	节流阀	1. 在定量泵液压系统中与溢流阀配合，组成进油路节流调速、回油路节流调速和旁油路节流调速系统
		2. 作背压阀用
	调速阀	1. 在定量泵液压系统中与溢流阀配合，组成节流调速系统，且流量不受负载变化的影响
		2. 与变量泵组成容积节流调速系统
		3. 作背压阀用

8.4.7 液压辅助元件

液压系统中的辅助元件有蓄能器、过滤器、油箱、油管和管接头等。

（1）蓄能器。蓄能器是一种把液压能储存在耐压容器内，待需要时将其释放出来的一种储能装置。其主要用途为：可作为辅助液压源在短时间内提供一定数量的压力油，满足系统对速度、压力的要求，如可实现某支路液压缸的增速、保压、缓冲、吸收液压冲击、降低液压脉动、减少系统驱动功率等。蓄能器的种类及特点见表 8-24。

表 8-24　　　　　　　　　　　　蓄能器的种类及特点表

种类		结构简图	特点	用途	安装要求
气体加载式	气囊式	气体	油气隔离，油不易氧化，油中不易混入气体，反应灵敏，尺寸小、重量轻；气囊及壳体制造较困难，橡胶气囊要求温度范围-20～70℃	折合型气囊容量大，适于蓄能；波纹型气囊用于吸收冲击	一般充惰性气体（如氮气）。油口应向下垂直安装。管路之间应设置开关（为充气、检查、调节时使用）

种类		结构简图	特点	用途	安装要求
气体加载式	活塞式		油气隔离，工作可靠，寿命长，尺寸小，但反应不灵敏，缸体加工和活塞密封性能要求较高	蓄能，吸收脉动	一般充惰性气体（如氮气）。油口应向下垂直安装。管路之间应设置开关（为充气、检查、调节时使用）
	气瓶式		容量大，惯性小，反应灵敏，占地小，没有摩擦损失；但气体易混入油内，影响液压系统运行的平稳性，必须经常灌注新气；附属设备多，一次投资大	适用于需大流量中、低压回路的蓄能	
重锤式			结构简单，压力稳定，体积大，笨重，运动惯性大，反应不灵敏，密封处易漏油，有摩擦损失	仅作蓄能用，在大型固定设备中采用。轧钢设备中仍广泛采用（如轧辊平衡等）	柱塞上升极限位置应设安全装置或信号指示器，应均匀地安置重物
弹簧式			结构简单，容量小，反应较灵敏，不宜用于高压，不适于循环率较高的场合	仅供小容量及低压 $p \leqslant 1 \sim 12$MPa 系统作储能器及缓冲用	应尽量靠近振动源

（2）过滤器。过滤器的功能是清除液压系统工作介质中的固体污染物，使工作介质保持清洁，延长器件的使用寿命、保证液压元件工作性能可靠。

1）过滤器的主要性能参数。

A. 过滤精度：又称绝对过滤精度，是指油液通过过滤器时，能够穿过滤芯的球形污染物的最大直径（即过滤介质的最大孔口尺寸数值）（mm）。

B. 过滤能力：又称通油能力，指在一定压差下允许通过过滤器的最大流量。

C. 纳垢容量：是过滤器在压力将达到规定值以前，可以滤出并容纳的污染物数量。过滤器的纳垢容量越大，使用寿命越长。一般来说，过滤面积越大，其纳垢容量也越大。

D. 工作压力：不同结构型式的过滤器允许的工作压力不同，选择过滤器时应考虑允许的最高工作压力。

E. 允许压力降：油液经过过滤器时，要产生压力降，其值与油液的流量、黏度和混入油液的杂质数量有关。为了保持滤芯不破坏或系统的压力损失不致过大，要限制过滤器最大允许压力降。过滤器的最大允许压力降取决于滤芯的强度。

2）过滤器的名称、用途、安装、类别、形式及效果见表8-25。

表8-25　　　　　　　过滤器的名称、用途、安装、类别、形式及效果表

名称	用途	精度类别	滤材形式	效果
吸油过滤器	保护液压泵	粗过滤器	网式、线隙式滤芯	特精过滤器：能滤掉 $1\sim5\mu m$ 颗粒 精过滤器：能滤掉 $5\sim10\mu m$ 颗粒 普通过滤器：能滤掉 $10\sim100\mu m$ 颗粒 粗过滤器：能滤掉 $100\mu m$ 以上铁屑颗粒
高压过滤器	保护泵下游元件不受污染	精过滤器	纸质、不锈钢纤维滤芯	
回油过滤器	降低油液污染度	精过滤器	纸质、纤维滤芯	
离线过滤器	连续过滤保护清洁度	精过滤器	纸质、纤维滤芯	
泄油过滤器	防止污染物进入油箱	普通过滤器	网式滤芯	
安全过滤器	保护污染抵抗力低的元件	特精过滤器	纸质、纤维滤芯	
空气过滤器	防止污染随空气侵入	普通过滤器	多层叠加式滤芯	
注油过滤器	防止注油时侵入污染物	粗过滤器	网式滤芯	
磁性过滤器	清除油液中的铁屑	粗过滤器	磁体式	
水过滤器	清除冷却水中的杂质	粗过滤器	网式滤芯	

（3）油箱。油箱的作用是储存液压系统工作循环所需的油液，散发系统工作过程中产生的一部分热量、分离油液中气泡等。油箱的分类见表8-26，其中开式油箱应用最广。

表8-26　　　　　　　　　　油　箱　的　分　类　表

根据液面与大气是否连通	开式油箱（应用最广泛）		
	闭式油箱	隔离式	带折叠器式
			带挠性隔离器式
		充气式	充气增压式
			气囊式
			自供式
根据油箱形状	矩形油箱		
	圆筒形油箱		
	其他几何形状油箱		
根据液压泵位置	上置式		
	旁置式		
	下置式		

（4）油管和管接头。液压系统中，各液压元件之间的连接是通过各种形式的油管和管接头来实现的。油管和管接头必须有足够的强度、可靠的密封性，还要便于装拆，油液通过时的压力损失要小。

1）各种油管的特点和适用场合见表8-27。

2）各种管接头的类型和特点见表8-28。

表 8－27　　　　　　　　　　　　　　　**各种油管的特点和适用场合表**

种类		特点和适用场合
硬管	钢管	耐高压、变形小，耐油性、抗腐蚀性比较好，价格较低，装配时不易弯曲，装配后能长久地保持原形。常在拆装方便处用作压力管道。中、高压系统常用冷拔无缝钢管，低压系统、吸油和回油管路允许用有缝钢管
	紫铜管	易弯曲成型，安装方便，其内壁光滑，摩擦阻力小，但耐压低（6.5～10MPa），抗冲击和振动能力弱，易使油液氧化，且铜管价格较贵，所以尽量不用或少用，通常只限于用作仪表等的小直径油管
软管	塑料管	耐油，价格低，装配方便，但耐压能力低，长期使用会老化。一般只作回油管路或泄漏油管路（低于 0.5MPa）
	尼龙管	乳白色、半透明，可观察油液流动情况，加热后可任意弯曲和扩口，冷却后定型。常用于中、低压系统
	橡胶软管	具有可挠性、吸振性和消声性，但价格高，寿命短。常用于有相对运动的部件的连接。橡胶软管有高压和低压两种，高压管用加有钢丝的耐油橡胶制成，钢丝有交叉编织和缠绕两种，一般有 1～4 层，钢丝层数越多，耐压越高；低压橡胶软管是由加有帆布的耐油橡胶制成，用于回油管路

表 8－28　　　　　　　　　　　　　　　**各种管接头的类型和特点表**

类型	特点	标准号
焊接式管接头	利用接管与管子焊接。接头体和接管之间用 O 形密封圈端面密封。结构简单，易制造，密封性好，对管子尺寸精度要求不高。要求焊接质量高，装拆不便。工作压力可达 31.5MPa，工作温度 −25～80℃，适用于以油为介质的管路系统	JB/T 966、JB/T 1003
卡套式管接头	利用卡套变形卡住管子并进行密封，结构先进，性能良好，重量轻，体积小，使用方便，广泛应用于液压系统中。工作压力可达 31.5MPa，要求管子尺寸精度高，需要冷拔钢管。卡套精度亦高，适用于油、气及一般腐蚀性介质的管路系统	GB/T 3733、GB/T 3765
扩口管接头	利用管子端部扩口进行密封，不需其他密封件。结构简单，适用于薄壁管件连接，且以油、气为介质的压力较低的管路系统	GB/T 5625.1、GB/T 5653
承插焊管件	将需要长度的管子插入管接头直至管子端面与管接头内端面接触，将管子与管接头焊接成一体，可省去接管，但要求管子尺寸严格，适用于油、气为介质的管路系统	GB/T 3733.1、GB/T 3765
锥密封焊接式管接头	接管一端为外锥表面加 O 形密封圈与接头体的内锥表面相配，用螺纹拧紧。工作压力可达 16～31.5MPa，工作温度 −25～80℃，适用于以油为介质的管路系统	JB/T 6381、JB/T 6385
扣压式软管接头	可与扩口式、卡套式、焊接式或快换接头连续使用。工作压力与软管结构及直径有关。适用于油、水、气为介质的管路系统，介质温度：油为 −40～100℃	GB/T 9065.1、GB/T 9065.3、JB/T 8727
三瓣式软管接头	装配式不需剥去胶管的外胶管，靠接头外套对胶管的预压缩量来补偿。胶管的预压缩量在 31％～50％ 范围内能保证在工作压力下无渗漏，不会拔脱、外胶层不断裂。可与焊接式管接头，快换接头连接使用，适用于油、水、气为介质的管路系统，其工作压力、介质温度按连接的胶管限定	

类型	特　点	标准号
两端开闭式快换管接头	管子拆开后，可自行密封，管道内液体不会流失，因此适用于经常拆卸的场合。结构比较复杂，局部阻力损失较大。工作压力可达31.5MPa。工作温度－25～80℃，适用于以油、气为介质的管路系统	GB/T 8606
两端开放式快换管接头	适用于油、气为介质的管路系统，其工作压力、介质温度按连接的胶管限定	
旋转管接头	液压旋转接头用于向旋转设备之上的液压执行机构输送液压介质	

8.5　岩锚梁

8.5.1　岩锚梁的基本概念

在河谷狭窄地区，一般将水力发电站布置在两岸山体内，地下式厂房多采用岩锚梁式吊车梁。岩锚梁是岩壁锚杆吊车梁的简称，亦可称作岩壁梁。它是地下洞室大吨位桥机的支撑结构。适用于水电站地下厂房、主变压器室、尾水闸门室和其他用途的地下洞室。岩锚梁的设计原理是，利用一定深度的注浆长锚杆将钢筋混凝土梁体锚固在岩体上，梁体承受的荷载通过长锚杆和岩石壁面的摩擦力传到岩体上。它与普通的现浇梁相比，不设立柱，充分利用了围岩的承载能力。

岩锚梁区别于支撑在水平岩层或钢筋混凝土柱上的吊车梁。岩锚梁是通过两组受拉锚杆和一组受压锚杆承受荷载，把钢筋混凝土梁锚固在岩壁斜面上的受力结构。

岩锚梁的优点是：

（1）不设吊车柱，可以减少钢筋混凝土和浇筑时的立模量，又可减少厂房跨度。较小跨度的洞室稳定性更好，可以节省洞室支护工程量，加快施工进度，降低工程造价。

（2）在地下厂房开挖到相应部位即可开始岩锚梁的施工，其后安装吊车，为洞室下部开挖和厂房内混凝土结构及机电设备安装提供方便，钢筋混凝土柱梁式的吊车梁则必须待厂房全部开挖后再浇筑柱和梁，相比之下，采用岩锚梁既方便施工，又加快了整体施工进度。

（3）岩锚梁的长锚杆或锚索伸入围岩中，起到了加固厂房边墙的作用，同时梁体具有较大的侧向刚度，可以约束边墙的不均匀变形。因此，只要在围岩条件允许的地下厂房，一般都采用岩壁吊车梁。

根据不同的地质条件、吊车轮压大小及结构要求，岩锚梁常见形式有四种（见图8-3）。其中以图8-3（d）半悬式结构和受力都较好，承载量大，因此被广泛采用。

岩锚梁于20世纪70年代首先在挪威使用，80年代引入我国。岩锚梁是一项集光面（预裂）爆破、锚固技术，混凝土技术，应力、应变和位移量测技术于一体的综合性施工技术，技术要求高，施工难度大。多用于大中型水电站地下厂房的吊车梁，目前我国已建或在建的地下厂房已超过20座，主厂房内均采用了岩锚梁式吊车梁。我国部分大型地下

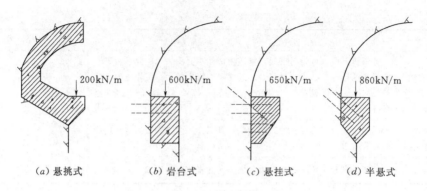

| (a) 悬挑式 | (b) 岩台式 | (c) 悬挂式 | (d) 半悬式 |

图 8-3　地下厂房岩锚梁的形式示意图

水电站主厂房尺寸统计见表 8-29。从表 8-29 中可看出，厂房的跨度均在 30m 及以上，高度均在 70m 以上，已经把这项高新技术应用和发展到了一个新的高度。

表 8-29　　　　　　　　　我国部分大型地下水电站主厂房尺寸统计表

序号	工 程 名 称	装机容量 /MW	主厂房尺寸 (长×宽×高)/(m×m×m)	所在河流
1	二滩	6×550	191.90×30.70×65.38	雅砻江
2	龙滩	9×700	388.50×30.70×75.40	红水河
3	小湾	6×700	298.10×30.60×86.43	澜沧江
4	瀑布沟	6×600	294.10×30.00×70.18	大渡河
5	三峡（右岸地下水电站）	6×700	301.30×31.00×83.84	长江
6	彭水	5×350	252.00×30.00×84.50	乌江
7	溪洛渡（左、右岸厂房）	9×710	430.00×31.90×75.10	金沙江
8	向家坝（右岸地下厂房）	4×800	245.00×33.40×85.50	金沙江
9	糯扎渡	9×650	418.00×31.00×77.47	澜沧江
10	拉西瓦	7×700	311.75×30.00×74.84	黄河

8.5.2　岩锚梁的尺寸控制和部分水电站岩锚梁的参数

（1）岩锚梁的尺寸控制。

1）梁顶宽度 B。梁顶宽度 B 是指岩壁到梁体外缘的距离。岩壁吊车梁基本尺寸断面见图 8-4。

《地下厂房岩壁吊车梁设计规范》第 4.3 节中有明确的规定：

岩壁吊车梁顶面宽度 B 应满足布置和运行条件，可按式（8-4）拟定：

$$B = c_1 + c_2 \tag{8-4}$$

式中　c_1——轨道中心线到上部岩壁边缘的水平距离，包括 c_5（岩壁喷混凝土厚度、防潮隔墙空隙和墙体厚度）、c_6（桥机端部至防潮隔墙的最小水平距离）和桥机端部到轨道中心的距离，mm；

　　　　c_2——轨道中心线至岩壁梁外缘的水平距离，一般可取 300～500mm，当桥机的轮压大时取大值，反之取小值，对于特大型吊车，尚应适当加大。

2）梁体高度 h。岩壁梁的截面高度，可参考类似工程初步拟定，并符合式（8-5）的规定：

$$h > 3.33(c_4 - c_2) \qquad (8-5)$$

3）梁体外缘高度 h_1。岩壁吊车梁外缘高度不应小于 $h/3$，且不小于 500mm。

4）锚杆尺寸。岩锚梁的锚杆布置一般为三层，靠梁体上方布置两排受拉锚杆，下方布置一排受压锚杆。锚杆的直径为 20～36mm，受拉锚杆间距为 500～1500mm。若轮压过大导致所需锚杆过多过密，以至无法满足构造和施工要求，则可考虑采用预应力锚索。

受拉锚杆入岩深度一般不应小于 5m，控制在 8m 以内。受压锚杆可以比受拉锚杆稍短，一般有 4m 即可。

（2）部分水电站岩锚梁的参数。我国部分已建水电站地下厂房岩锚梁参数见表8-30。

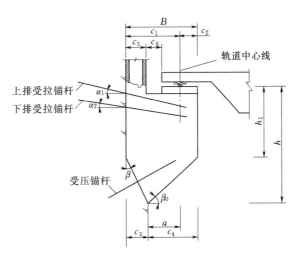

图 8-4 岩壁吊车梁基本尺寸断面图

B—岩壁吊车梁梁顶宽度；h—岩壁吊车梁的截面高度；h_1—岩壁吊车梁外边缘高度；应不小于 $\frac{1}{3}h$；a—竖向轮压作用点至岩壁吊车梁下部边缘的水平距离；c_1—轨道中心线到上部岩壁边缘的水平距离；c_2—轨道中心线至岩壁梁外缘的水平距离；c_3—岩壁吊车梁岩台的水平距离（宽度）；c_4—岩壁吊车梁悬臂长度，为岩壁吊车梁外边缘到梁下岩壁的水平距离；c_5—岩壁喷混凝土厚度、防潮隔墙空隙和墙体厚度；c_6—桥机端部到防潮隔墙的最小水平距离；α_1—上排受拉锚杆的倾角；α_2—下排受拉锚杆的倾角；β—岩壁角，一般为 20°～40°；β_0—岩壁吊车梁梁体底面倾角，一般为 30°～45°

表 8-30　　　　　　　　　我国部分已建水电站地下厂房岩锚梁参数表

工程名称 参数	鲁布革	广州抽水蓄能	东风	江垭
桥机起重量/kN	2×1600	2×2000	2×2500	2×2000
动载试验起重量/kN		4800	6250	4800
最大轮压/kN	485	550	248	560
梁顶宽度/m	1.75	1.60	2.10	2.15
梁高/m	1.60	1.80	1.70	1.60
梁体底面倾角/(°)	22.57	22.44	34.80	25.77
岩壁角/(°)	20	20	30	25.65
上排受拉锚杆	ϕ32，@0.75m，深8m，倾角20°	ϕ36，@0.70m，深8m，倾角25°	ϕ36，@0.66m，深8m，倾角20°	ϕ36，@0.75m，深8m，倾角25°
下排受拉锚杆	ϕ32，@0.75m，深8m，倾角20°	ϕ36，@0.70m，深8m，倾角20°	ϕ36，@0.66m，深8m，倾角15°	ϕ36，@0.75m，深8m，倾角20°
受压锚杆	ϕ25，@1.00m，深8m，倾角26.56°	ϕ32，@0.70m，深6m，倾角24.44°	ϕ25，@1.00m，深5m，倾角20°	ϕ25，@1.00m，深7m，倾角25.77°

注　1. 表中吊车起重量"2×1600"，表示厂房内布置两台起重量为1600kN的桥机。
　　2. 表中"ϕ"表示钢筋直径，单位 mm；"@"表示锚杆间距；"深"表示锚杆伸入岩壁的长度；"倾角"表示锚杆与水平面的夹角；上、下排锚杆的倾角为仰角，受压锚杆为俯角。

8.5.3 岩锚梁的承载试验

岩锚梁浇筑完成后，投入运行前必须进行现场的承载试验，最后验证设计方法和施工质量是否确实可靠，地质处理措施是否妥当。根据观测仪器和现场检查发现的情况来论证梁体在有限超载状态下是否处于正常工作状态。承载试验是为了确认结构的承载能力，发现结构中存在的问题，以便采取必要的处理措施，而不是破坏试验。所以加载一般由小到大分级递增。

按有关规范的要求，岩壁梁试验应根据设计要求和桥机荷载试验要求编制岩壁梁试验大纲。岩壁梁的荷载试验只能与桥机的荷载试验同步进行，荷载等级可按 0.7 倍、1.0 倍、1.10 倍设计承载能力进行动载试验和 1.25 倍设计承载力的静载试验。

测试中除了按有关规定测试起重机的机械、电气性能外，同时对混凝土结构及围岩进行主锚杆的应力、岩壁与梁体之间的裂缝及梁体附近围岩的检测与记录，并加强测试过程中的现场巡检。

从大量地下工程岩壁吊车梁的现场加载试验观测结果分析，岩壁吊车梁在额定荷载或动载试验荷载作用下，岩壁吊车梁锚杆应力增量均很小，增幅一般不到锚杆强度设计值的 10%，岩壁吊车梁与岩壁结合面的裂缝开度增量均不大，最大增量为 0.3mm，其他参数变化不大。

岩壁吊车梁现场加载试验宜结合桥机载荷同期进行。

8.6 脚手架

脚手架是为高处作业人员提供材料堆放和进行操作以及作为工程支撑架的临时构架设施。

脚手架是建筑安装工程施工必不可少的装备和手段。广泛用于工业与民用建筑工程、水电水利建筑工程、公路工程、铁路工程以及其他各类建筑安装工程的施工，满足施工需要和确保使用安全是对建筑施工脚手架的基本要求。

8.6.1 脚手架的分类

（1）按脚手架的用途分类。

1）结构工程作业脚手架。它是为满足结构施工作业需要而设置的脚手架，如在混凝土浇筑部位进行预埋作业的脚手架。

2）装修工程作业脚手架。它是为满足装修施工作业而设置的脚手架，如水电站厂房内部装修搭设的脚手架。

3）支撑和承重脚手架。简称模板支撑架或承重脚手架，是为支撑模板及其荷载或其他承重要求而设置的脚手架。

4）防护脚手架。它是指作围护用的墙式单排脚手架和通道防护棚等脚手架。

结构脚手架的施工荷载和架面宽度都大于装修脚手架，在结构工程完成后可继续用于装修作业，结构和装修作业架中操作人员进行施工作业的步架称为"作业层"。

（2）按脚手架的设置状态分类。

1）落地式脚手架。脚手架荷载通过立杆传递到架设脚手架的地面、楼面或其他支持结构物上。

2）挑脚手架。从建筑物内伸出或固定于工程结构外侧的悬挑梁或悬挑结构上向上搭设的脚手架，脚手架的荷载通过悬挑梁传给工程结构承受。

3）吊脚手架。悬吊于屋面结构或其他结构物上的脚手架，当脚手架呈篮式构造时，就称为"吊篮"。

4）悬挂脚手架。使用预埋托挂件或挑出悬挂结构将定型作业架悬挂于建筑物的外面。

5）桥式脚手架。由桥式工作台及其两端支柱构成的脚手架，工作台可提升或下降。

6）移动式脚手架。自身具有稳定结构，可移动使用的脚手架。

（3）按脚手架杆与配件的连接方式分类。主要有扣件式钢管、碗扣式钢管、门式钢管脚手架以及其他连接形式的钢管脚手架。

8.6.2 脚手架的基本术语

脚手架大多数是由细长杆件和连接件构成的空间构架。其中用散钢管搭设任意尺寸的脚手架应用广泛，如扣件式钢管脚手架设计和搭设施工中，经常用专业术语来进行交流。双排扣件式钢管脚手架构造见图8-5。在施工中常用到的脚手架基本术语如下：

（1）立杆：脚手架中垂直于水平面的杆件。

（2）双管立杆：两根并列紧靠的立杆。

（3）主立杆：双管立杆中直接承受顶部荷载的立杆。

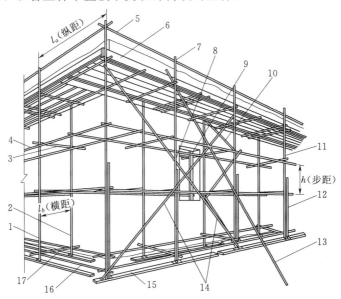

图8-5 双排扣件式钢管脚手架构造示意图

1—外立杆；2—内立杆；3—横向水平杆；4—纵向水平杆；5—栏杆；
6—挡脚板；7—直角扣件；8—旋转扣件；9—连墙件；10—横向
斜撑；11—主立杆；12—副立杆；13—抛撑；14—剪刀撑；
15—垫板；16—纵向扫地杆；17—横向扫地杆

（4）副立杆：双管立杆中分担主立杆荷载的立杆。

（5）角杆：位于脚手架转角处的立杆。

（6）水平杆：脚手架中的水平杆件。

（7）纵向水平杆：沿脚手架纵向设置的水平杆（俗称大横杆）。

（8）横向水平杆：沿脚手架横向设置的水平杆（俗称小横杆）。

（9）扫地杆：贴进地面，连接根部的水平杆。

（10）连墙件：连接脚手架与建筑物的构件。

（11）柔性连墙件：采用钢筋做拉筋的连墙件。

（12）刚性连墙件：采用钢管、扣件或预埋件组成的连墙件。

（13）横向斜撑：与双排脚手架内、外立杆或水平杆斜交呈之字形的斜杆。

（14）脚手架宽度：双排脚手架横向两侧立杆外皮之间的水平距离，单排脚手架为立杆外皮至墙面的距离。

（15）立杆步距（步）：上下水平杆轴线间的距离。

（16）立杆间距：脚手架相邻立杆之间的轴线距离。

（17）立杆纵距（跨）：脚手架立杆的纵向距离。

（18）立杆横距：脚手架立杆的横向距离，单排脚手架为立杆轴线至墙面的距离。

（19）主节点：立杆、纵向水平杆、横向水平杆三杆紧靠的扣接点。

（20）作业层：上人作业的脚手架铺板层。

（21）单排脚手架（单排架）：只有一排立杆，横向水平杆的一端搁置在墙体上的脚手架。

（22）双排脚手架（双排架）：由内外两排立杆和水平杆等构成的脚手架。

（23）剪刀撑：在脚手架外侧面成对设置的交叉斜杆。

（24）抛撑：与脚手架外侧面斜交的杆件。

（25）脚手架高度：自立杆底座下皮至架顶栏杆上皮之间的垂直距离。

（26）脚手架长度：脚手架纵向两端立杆外皮间的水平距离。

8.6.3 脚手架的设计

（1）脚手架在设计计算方面的特殊性。由杆件和连接件构成的脚手架，也是一种结构，它具有与普通建筑物结构相同的一些共性，但也存在许多差别，因而在其设计计算方面表现出许多不同于普通建筑结构的特殊性，可以归纳为以下几个方面。

1）构架的不严格性。主要表现在脚手架的构造型式、尺寸参数和杆件设置常随应用对象和施工要求的不同而变化，搭设施工没有如同工程结构施工那样严格按设计图纸施工，而且大多没有设计图纸、荷载设计图很不详细。在搭设过程中又常常由于各种原因，如架设材料供应不足，操作人员凭经验和主观意愿等而改变构架参数，随意拆除连墙件或其他杆件等。这些情况的存在，都将导致脚手架的设计计算依据与施工实际情况不符，甚至差别显著。

2）节点性能的差异性。脚手架的连接点，如扣件节点、碗扣节点、插（套）固定式节点等大都属于接近铰接或者半刚性，而节点刚性的大小，则随连接件的质量和安装质量直接有关，因而常存在较为明显的差异。

3）附壁约束性能的变异性。附壁连接对脚手架的约束性能取决于连墙点的传力性能（可靠性）、设置间距以及载体（墙体结构或其他受力可靠的结构物）的承载性能，其变异性往往较大。

4）结构和材料缺陷的难控性。脚手架是周转使用的设施，在反复搭设、使用、拆除、运输和存放的过程中，会使其杆件、配件产生一些不同程度的损伤，如锈蚀、弯曲变形、连接件裂纹、螺栓滑扣等，都是难以严格控制和消除的。

5）荷载的变异性。脚手架的结构静载荷施工动载分布情况变化较大，局部荷载集中和受力偏心较大的情况很普遍，不容易掌握和控制。

上述种种特殊性，给脚手架的设计与计算带来诸多难以控制的影响因素。上述特殊性虽然具有普遍性，但是对于不同的脚手架系列，其影响程度也有差别，一些采用定型杆件的脚手架，如碗扣式、门式脚手架等，由于构架相对严格，其变异性相应就小些。

鉴于脚手架的特殊性，脚手架的设计与计算较为复杂，本节仅对脚手架设计与计算的一般规定和设计与计算项目进行介绍。详细的设计与计算可查阅脚手架设计手册和相应的规范和标准。

（2）脚手架设计与计算的一般规定。

1）脚手架设计的一般要求。

A. 在确定脚手架构架的适宜形式和尺寸时，应充分考虑工程结构的构造、工程结构上的凸凹构造、洞口、通道、连墙件和撑拉点的位置以及作业面的宽度、高度、单层或多层作业的施工操作要求。

B. 脚手架必须具有受力明确的稳定结构和足够的整体与单肢的稳定承载能力。对荷载超限和构架尺寸加大的部位，应根据计算结果对其构架结构予以加强。

C. 对重荷载和高大脚手架，应根据具体使用条件及合理性的要求，采用缩小立杆间距、下部使用双立杆或分段卸载措施。在采用上述措施时，应对其构造进行设计并提出对搭设、使用和拆除工作的相应要求或规定。

D. 必须对脚手架设置（足够数量）的连墙点及连墙点构造作出设计。对不能设置的点位，应采取适当移位或其他弥补措施解决。避免因考虑不周、施工中无法按规定位置和数量设置连墙点的情况出现。

E. 按确保施工作业和现场安全的要求，确定脚手架外围表面、作业层、层间、进出口、通道、现场以及特殊作业条件下的安全防（围）护措施。

F. 按现行脚手架及其他相关安全技术规范的要求、规定与设计要求，对脚手架杆配件和材料的规格、质量和允许缺陷，构架节点构造，脚手架的搭设、使用和拆除作业以及其他技术很强的安全方面的管理要求，做出具体的要求和规定。

G. 在设计或首次采用新型脚手架、非常规脚手架、自制架设工具盒等其他尚无相应规范的脚手架时，均应进行实物荷载试验，以检查是否达到使用要求和确保使用安全。

H. 对支撑脚手架及其拉接、挑挂、悬吊设施的支持物，（地基、基础、楼面、屋面和工程结构物）应进行验算和对加强措施进行设计。

2）脚手架设计的计算项目。在设计脚手架时仔细对下列项目进行计算，满足刚度、强度和稳定性的要求。

A. 按承载力极限状态的计算项目：

a. 立杆、纵向水平杆、横向水平杆和脚手板的强度。

b. 脚手架节点的连接强度。

c. 连墙件（固定件）的抗倾覆验算。

d. 脚手架的整体和局部（单肢）的稳定性。

e. 脚手架基础和支撑结构的承载能力。

B. 按正常使用极限状态的计算项目：

a. 脚手板、纵向水平杆和横向水平杆的弯曲变形。

b. 脚手架结构的换算长细比和单排立杆的长细比。

C. 一般计算项目：

a. 按整架或立杆单肢（件）计算的稳定承载力。

b. 跨度较大的水平杆配件的抗弯强度和变形。

c. 连墙件抵抗水平力作用的拉、压强度。

d. 立杆地基或基础的承载力。

e. 挑、挂、吊和撑拉设施及其支撑结构的承载力。

3）脚手架荷载计算的一般规定。

A. 永久荷载与可变荷载的划分。

a. 永久荷载：在使用期间数值无显著变化的脚手架杆、配件（包括防护材料）的自重。

b. 可变荷载：在脚手架使用期间数值有显著变化的荷载，如施工（活）荷载、风荷载以及其他数值随时间有显著变化的荷载。

B. 荷载的标准值、代表值和设计值取用。应根据采用不同的脚手架，查阅相应的设计规范取用。例如采用扣件式钢管脚手架，其设计规范规定施工活荷载的标准值：结构脚手架为 $3kN/m^2$；装修脚手架为 $2kN/m^2$；防护脚手架为 $1kN/m^2$。

C. 设计荷载的取值和设计荷载组合。准确地取用设计荷载和进行荷载组合，是标准脚手架正常和安全使用的重要保证，我国近几年加大对脚手架安全性能的试验，对设计荷载的取值和设计荷载组合有新的规定，在设计脚手架时应充分注意，以确定一个安全经济的荷载值。值得提出的是，对于室外的高大脚手架，应充分调查当地可能出现的最大风速，以保证连墙件有足够的承载力及整体抗风稳定值。

8.6.4 扣件式钢管脚手架的应用和构造

（1）扣件式钢管脚手架的特点和适用范围。扣件式钢管脚手架由钢管杆件、扣件底座、脚手板、安全网等组成。其特点为：

1）承载力大。当脚手架的几何尺寸及构造符合设计规范的要求时，一般情况下，脚手架的单立柱的承载力可达 15～35kN。

2）拆装方便，搭设灵活。由于钢管的长度易于调整，扣件连接方便，因而可适合各种平面、立面的建筑物与构筑物用脚手架。

3）比较经济。与其他钢管脚手架（门式、碗扣式）相比，加工简单，一次投资费用较低，如果精心设计脚手架的几何尺寸，注意提高钢管周转使用率，则材料用量也可以取得较好的经济效果。

扣件式钢管脚手架在我国应用很广泛，适用于各类建筑工程中不同形式的结构建筑物脚手架工程中。

（2）扣件式钢管的构造。扣件式钢管脚手架在我国应用已近 40 年，积累了较为丰富的应用经验，已有成熟的安全技术规范。目前扣件式钢管脚手架的规范为《建筑施工扣件式钢管脚手架安全技术规范》（JGJ 130—2016），该规范对扣件式钢管脚手架的应用和安全技术作了详细的规定。以下是该规范对应用和安全管理的重点。

1）构配件及质量要求。

A. 钢管。脚手架钢管应采用《直缝电焊钢管》（GB/T 13793—2008）或《低压流体输送用焊接钢管》（GB/T 3092—2008）中规定的 3 号普通钢管，其质量应符合《碳素结构钢》（GB/T 700—2006）中 Q235 - A 级钢的规定。钢管截面尺寸和最大长度质量要求（见表 8 - 31）。

表 8 - 31 脚 手 架 钢 管 尺 寸 表

截面尺寸/mm		最大长度/mm	
外径 ϕ、d	壁厚 t	横向水平杆	其他杆
48	3.5	2200	6500
51	3.0		

对钢管外观质量要求：

a. 每根钢管的最大质量不应大于 25kg，宜采用 $\phi48 \times 3.5$ 钢管。

b. 钢管表面应平直光滑，不应有裂缝、结疤、分层、错位、硬弯、毛刺、压痕和深的划道。

c. 钢管锈蚀检查应每年一次，表面锈蚀深度超过 0.5mm 时不得使用。

d. 钢管必须涂防锈漆。

B. 扣件。采用可锻铸铁制作，材质应符合《钢管脚手架扣件》（GB/T 15831—2006）的规定，在螺栓拧紧力矩达 65N·m 时，不得发生破坏。扣件种类包括：

a. 直角扣件：用于垂直交叉杆件间连接的扣件。

b. 旋转扣件：用于平行或斜交杆件间连接的扣件。

c. 对接扣件：用于杆件对接连接的扣件。

C. 脚手板。脚手板可采用钢、木、竹材料制作。冲压钢脚手板的材质不低于 Q235 - A 级钢《碳素结构钢》（GB/T 700—2006），防滑性能可靠；木脚手板采用杉木或松木制作，材质应符合国家 II 级材质的规定，厚度不小于 50mm，两端用 4mm 镀锌铁丝箍两道；竹脚手板采用毛竹或楠竹制作，分为竹串片板和竹笆板。每块脚手板的宽度和长度应便于现场搬运和使用安全，每块脚手板的质量不宜大于 30kg。

D. 连墙件。采用钢筋或钢管，材质不低于 Q235 - A 级钢《碳素结构钢》（GB/T 700—2006）。

2）脚手架上的荷载。

A. 永久荷载（恒荷载）：脚手架结构自重（立杆、水平杆、剪刀撑、横向斜撑、扣件)、配件自重(脚手板、栏杆、挡脚板、安全网等的自重)。

B. 可变荷载(活荷载):包括施工荷载(作业层上的人员、器具、材料的自重)、风荷和雪载。

可变荷载是脚手架设计和施工时重点注意的问题,也是脚手架安全的关键问题之一。尤其是在施工过程中不得随意增加,并且注意脚手板上黏积的建筑砂浆等引起的重量增加是不利于安全的。对于设计人员,应考虑荷载组合效应,根据使用过程中可能出现的荷载按最不利组合进行计算。可变荷载的取值:装修脚手架 2kN/m²;结构脚手架 3kN/m²。

3)扣件式钢管脚手架的构造要求。

常用脚手架设计尺寸。常用敞开式单、双排脚手架结构的设计尺寸分别见表 8 - 32、表 8 - 33。

表 8 - 32　　　　　　　　常用敞开式单排脚手架结构的设计尺寸表　　　　单位:m

连墙件设置	立杆横距 l_b	步距 h	下列荷载时的立杆纵距 l_a		脚手架允许搭设高度 H
			2+2×0.35 (kN/m²)	3+2×0.35 (kN/m²)	
二步三跨 三步三跨	1.20	1.20~1.35	2.0	1.8	24
		1.80	2.0	1.8	24
	1.40	1.20~1.35	1.8	1.5	24
		1.80	1.8	1.5	24

注　1. 2×0.35 (kN/m²) 是指二层作业层脚手板。
　　2. 作业层横向水平杆间距,应按不大于 $l_a/2$ 设置。

表 8 - 33　　　　　　　　常用敞开式双排脚手架结构的设计尺寸表　　　　单位:m

连墙件设置	立杆横跨 l_b	步距 h	下列荷载时的立杆纵距 l_a				脚手架允许搭设高度 H
			2+4×0.35 (kN/m²)	2+2+4×0.35 (kN/m²)	3+4×0.35 (kN/m²)	3+2+4×0.35 (kN/m²)	
二步 三跨	1.05	1.20~1.35	2.0	1.8	1.5	1.5	50
		1.80	2.0	1.8	1.5	1.5	50
	1.30	1.20~1.35	1.8	1.5	1.5	1.5	50
		1.80	1.8	1.5	1.5	1.2	50
	1.55	1.20~1.35	1.8	1.5	1.5	1.5	50
		1.80	1.8	1.5	1.5	1.2	37
三步 三跨	1.05	1.20~1.35	2.0	1.5	1.5	1.5	50
		1.80	2.0	1.5	1.5	1.5	34
	1.30	1.20~1.35	1.8	1.5	1.5	1.5	50
		1.80	1.8	1.5	1.5	1.2	30

注　1. 表中所示 2+2+4×0.35 (kN/m²),包括下列荷载:2+2 (kN/m²) 是二层装修作业层施工荷载;4×0.35 (kN/m²) 是指包括二层作业层脚手板和另外二层非作业脚手板。
　　2. 作业层横向水平杆间距,应按不大于 $l_a/2$ 设置。

4)纵向水平杆。纵向水平杆的构造应符合下列规定:

A. 纵向水平杆宜设置在立杆内侧，其长度不宜小于 3 跨。

B. 纵向水平杆接长宜采用对接扣件连接，也可采用搭接。对接、搭接应符合下列规定：

a. 纵向水平杆的对接扣件应交错布置：两根相邻纵向水平杆的接头不宜设置在同步或同跨中；不同步或不同跨两个相邻接头在水平方向错开的距离不应小于 500mm；各接头中心至最近主节点的距离不宜大于纵距 1/3（见图 8-6）。

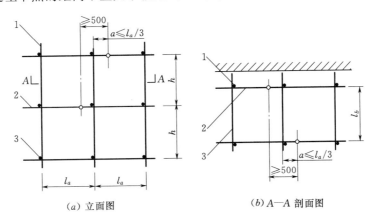

(a) 立面图　　　　　(b) A—A 剖面图

图 8-6　纵向水平杆接头布置图（单位：mm）

1—立杆；2—纵向水平杆；3—横向水平杆

b. 搭接长度不应小于 1m，应等间距设置 3 个旋转扣件固定，端部扣件盖板边缘至搭接纵向水平杆杆端的距离不应小于 100mm。

c. 当使用冲压钢脚手板、木脚手板、竹串片脚手板时，纵向水平杆应作为横向水平杆的支座，用直角扣件固定在立杆上；当使用竹笆脚手板时，纵向水平杆应采用直角扣件固定在横向水平杆上，并应等间距设置，间距不应大于 400mm。铺竹笆板时纵向水平杆的构造见图 8-7。

5）横向水平杆。横向水平杆的构造应符合下列规定：

A. 主节点处必须设置一根横向水平杆，用直角扣件扣接且严禁拆除。主节点处两个直角扣件的中心距不应大于 150mm。在双排脚手架中，靠墙一端的外伸长度不应大于 0.4L，且不应大于 500mm。

B. 作业层上非主节点处的横向水平杆，宜根据支撑脚手板的需要等间距设置，最大间距不应大于纵距的 1/2。

C. 当使用冲压钢脚手板、木脚手板、竹串片脚手板时，双排脚手架的横向水平杆两端均应采用直角扣件固定在纵向水平杆上；单排脚手

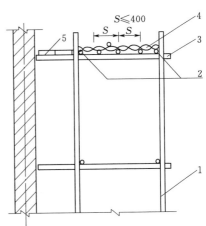

图 8-7　铺竹笆板时纵向水平杆的构造图（单位：mm）

1—立杆；2—纵向水平杆；3—横向水平杆；
4—竹笆脚手板；5—其他脚手板

架的横向水平杆的一端，应用直角扣件固定在纵向水平杆上；另一端应插入墙内，插入长度不应小于 180mm。

D. 当使用竹笆脚手板时，双排脚手架的横向水平杆两端，应用直角扣件固定在立杆上；单排脚手架的横向水平杆的一端，应用直角扣件固定在立杆上；另一端应插入墙内，插入长度不应小于 180mm。

6）连墙件。连墙件数量的设置除应满足规范设计计算要求外，尚应符合表 8-34 的规定。

表 8-34　　　　　　　　　　　　连墙件布置最大间距表

脚手架高度/m		竖向间距 h/m	水平间距 l_a/m	每根连墙件覆盖面积/m²
双排	≤50	3h	3l_a	≤40
	>50	2h	3l_a	≤27
单排	≤24	3h	3l_a	≤40

注　h—步距；l_a—纵距。

7）剪刀撑与横向斜撑。双排脚手架应设剪刀撑与横向斜撑，单排脚手架应设剪刀撑。剪刀撑的设置应符合下列规定。

A. 每道剪刀撑跨越立杆的根数宜按表 8-35 的规定确定。每道剪刀撑宽度不应小于 4 跨，且不应小于 6m，斜杆与地面的倾角宜在 45°~60°之间。

表 8-35　　　　　　　　　　　　剪刀撑跨越立杆的最多根数表

剪刀撑斜杆与地面的倾角 α/(°)	45	50	60
剪刀撑跨越立杆的最多根数 n	7	6	5

B. 横向斜撑的设置应符合下列规定。

a. 横向斜撑应在同一节间，由底至顶层呈之字形连续布置，斜撑的固定应符合《建筑施工扣件式钢管脚手架安全技术规范》（JGJ 130—2016）第 6.5.2 条第 2 款的规定。

b. 一字形、开口型双排脚手架的两端均必须设置横向斜撑，中间宜每隔 6 跨设置一道。

c. 高度在 24m 以下的封闭型双排脚手架可不设横向斜撑，高度在 24m 以上的封闭型脚手架，除拐角应设置横向斜撑外，中间应每隔 6 跨设置一道。

8.6.5　脚手架的安全规定

（1）脚手架的搭设作业应遵守以下规定。

1）搭设场地应平整、夯实并设置排水措施。

2）立于土地面之上的立杆底部应加设宽度不小于 200m、厚度不小于 50mm 的垫木、垫板或其他刚性垫块，每根立杆的支垫面积应符合设计要求且不得小于 0.15m²。

3）底端埋入土中的木立杆，其埋置深度不得小于 500mm，且应在坑底加垫后填土夯实。使用期较长时，埋入部分应作防腐处理。

4）在搭设之前，必须对进场的脚手架杆配件进行严格的检查，禁止使用规格和质量不合格的杆配件。

5）脚手架的搭设作业，必须在统一指挥下，严格按照以下规定程序进行。

A. 按施工设计放线、铺垫板、设置底座或标定立杆位置。

B. 周边脚手架应从一个角部开始并向两边延伸交圈搭设；一字形脚手架应从一端开始并向另一端延伸搭设。

C. 应按定位依次竖起立杆，将立杆与纵、横向扫地杆连接固定，然后装设第 1 步的纵向和横向水平杆，随校正立杆垂直之后予以固定，并按此要求继续向上搭设。

D. 在设置第一排连墙件前，"一"字形脚手架应设置必要数量的抛撑；以确保构架稳定和架上作业人员的安全。边长不小于 20m 的周边脚手架，亦应适量设置抛撑。

E. 剪刀撑、斜撑等整体拉结杆件和连墙件应随搭升的架子一起及时设置。

F. 脚手架处于顶层连墙点之上的自由高度不得大于 6m。当作业层高出其下连墙件 2 步或 4m 以上、且其上尚无连墙件时，应采取适当的临时撑拉措施。

6）脚手板或其他作业层板铺板的铺设应符合以下规定。

A. 脚手板或其他铺板应铺平铺稳，必要时应予绑扎固定。

B. 脚手板采用对接平铺时，在对接处，与其下两侧横向水平杆的距离应控制在100～200mm 之间；采用挂扣式定型脚手板时，其两端挂扣必须可靠地接触横向水平杆并与其扣紧。

C. 脚手板采用搭设铺放时，其搭接长度不得小于 200mm。且在搭接段的中部应设有横向水平杆，铺板严禁出现端头超出横向水平杆 250mm 以上未作固定的探头板。

D. 长脚手板采用纵向铺设时，其下支撑横杆的间距不得大于：竹串片脚手板为 0.75m；木脚手板为 1.0m；冲压钢脚手板和钢框组合脚手板为 1.5m（挂扣式定型脚手板除外）。纵铺脚手板应按以下规定部位与其下横向水平杆绑扎固定；脚手架的两端和拐角处；沿板长方向每隔 15～20m；坡道的两端；其他可能发生滑动和翘起的部位。

E. 采用下述板材铺设架面时，其下支撑杆件的间距不得大于：竹笆板为 400mm，七夹板为 500mm。

7）当脚手架下部采用双立杆时，主立杆应沿其竖轴线搭设到顶，辅立杆与主立杆之间的中心距不得大于 200mm，且主辅立杆必须与相交的全部纵、横向水平杆进行可靠连接。

8）用于支托挑、吊、挂脚手架的悬挑梁、架必须与支撑结构可靠连接。其悬臂端应有适当的架设起拱量，同一层各挑梁、架上表面之间的水平误差应不大于 20mm，且应视需要在其间设置整体张拉结构件，以保持整体稳定。

9）装设连墙件或其他撑拉杆件时，应注意掌握撑拉的松紧程度，避免引起杆件和整架的显著变形。

10）两项重要安全规定。

A. 搭设人员在架上进行搭设作业时，作业面上宜铺设必要数量的脚手板并临时固定。搭设人员必须戴安全帽和佩挂安全带。不得单人进行装设较重杆配件和其他易发生失衡、脱手、碰撞、滑跌等不安全的作业。

B. 在搭设中不得随意改变构架设计、减少杆配件设置和对立杆纵距作不小于 100mm 的构架尺寸放大。确有实际情况，需要对构架作调整和改变时，应提交技术主管人员解决。

（2）脚手架搭设质量的检查验收规定。脚手架搭设质量的检查验收工作应遵守以下规定。

A. 构架结构符合前述的规定和设计要求，个别部位的尺寸变化应在允许的调整范围之内。

B. 节点的连接可靠。其中扣件的拧紧程度应控制在扭力矩达到 $40\sim60N\cdot m$；碗扣应盖扣牢固（将上碗扣拧紧）。

C. 钢脚手架立杆垂直度应不小于 $1/300$，且应同时控制其最大垂直度偏差值：当架高不小于 20m 时为不大于 50mm；当架高大于 20m 时为不大于 75mm。

D. 纵向钢平杆的水平偏差应不小于 $1/250$，且全架长的水平偏差值不大于 50mm。木、竹脚手架的搭接平杆按全长的上皮走向线（即各杆上表面中线的折中位置）检查，其水平偏差应控制在 2 倍钢平杆的允许范围内。

E. 作业层铺板、安全防护措施等应符合上述的要求。

（3）脚手架的验收和日常检查按以下规定进行，检查合格后，方允许投入使用或继续使用。

1）搭设完毕后。

2）连续使用达到 6 个月。

3）施工中途停止使用超过 15d，在重新使用之前。

4）在遭受暴风、大雨、大雪、地震等强力因素作用之后。

5）在使用过程中，发现有显著的变形、沉降、拆除杆件和拉结以及安全隐患存在的情况时。

（4）脚手架的使用规定。脚手架的使用应遵守以下规定。

1）作业层每 $1m^2$ 架面上实际的施工荷载（人员、材料和机具重量）不得超过以下的规定值或施工设计值：施工荷载（作业层上人员、器具、材料的重量）的标准值，结构脚手架采用 $3kN/m^2$；装修脚手架取 $2kN/m^2$；吊篮、桥式脚手架等工具式脚手架按实际值取用，但不得低于 $1kN/m^2$。

2）在架板上堆放的标准砖不得多于单排立码 3 层；砂浆和容器总重不得大于 1.5kN；施工设备单重不得大于 1kN，使用人力在架上搬运和安装的构件的自重不得大于 2.5kN。

3）在架面上设置的材料应码放整齐稳固，不影响施工操作和人员通行。按通行手推车要求搭设的脚手架应确保车道畅通。严禁上架人员在架面上奔跑、退行或倒退拉车。

4）作业人员在架上的最大作业高度应以可进行正常操作为度，禁止在架板上加垫器物或单块脚手板以增加操作高度。

（5）脚手架的拆除规定。脚手架的拆除作业应按确定的拆除程序进行。拆除作业必须由上而下逐层拆除，严禁上下同时作业；连墙件必须随脚手架逐层拆除，严禁先将连墙件整层或数层拆除后再拆脚手架；分段拆除高差不应大于 2 步，如高差大于 2 步，应增设连墙件加固。连墙件应在位于其上的全部可拆杆件都拆除之后才能拆除。在拆除过程中，凡已松开连接的杆配件应及时拆除运走，避免误扶和误靠已松脱连接的杆件。拆下的杆配件应以安全的方式运出和吊下，严禁向下抛。在拆除过程中，应作好配合、协调动作，禁止单人进行拆除较重杆件等危险性的作业。

（6）模板支撑架和特种脚手架的规定。模板支撑架使用脚手架杆配件搭设模板支撑架和其他重载架时，应遵守以下规定。

1）使用门式钢管脚手架构配件搭设模板支撑架和其他重载架时，数值不大于 5kN 集中荷载的作用点应避开门架横梁中部 1/3 架宽范围，或采用加设斜撑、双榀门架重叠交错布置等可靠措施。

2）使用扣件式和碗扣式钢管脚手架杆配件搭设模板支撑架和其他重载架时，作用于跨中的集中荷载应不大于以下规定值：相应于 0.9m、1.2m、1.5m 和 1.8m 跨度的允许值分别为 4.5kN、3.5kN、2.5kN 和 2kN。

3）支撑架的构架必须按确保整体稳定的要求设置整体性拉结杆件和其他撑拉、连墙措施。并根据不同的构架、荷载情况和控制变形的要求，给横杆件以适当的起拱量。

4）支撑架高度的调节宜采用可调底座或可调顶托解决。当采用搭接立杆时，其旋转扣件应按总抗滑承载力不小于 2 倍设计荷载设置，且不得少于 2 道。

5）配合垂直运输设施设置的多层转运平台架应按实际使用荷载设计，严格控制立杆间距，并单独构架和设置连墙、撑拉措施，禁止与脚手架的杆件共用。

6）当模板支撑架和其他重载架设置上人作业面时，应按前述规定设置安全防护。

（7）特种脚手架。凡不能按一般要求搭设的高耸、大悬挑、曲线形和提升等特种脚手架，应遵守下列规定。特种脚手架只有在满足以下各项规定要求时，才能按所需高度和形式进行搭设。按确保承载可靠和使用安全的要求经过严格的设计计算，在设计时必须考虑风荷载的作用。

1）有确保达到构架要求质量的可靠措施。

2）脚手架的基础或支撑结构物必须具有足够的承受能力。

3）有严格确保安全使用的实施措施和规定。

4）在特种脚手架中用于挂扣、张紧、固定、升降的机具和专用加工件，必须完好无损和无故障，且应有适量的备用品，在使用前和使用途中应加强检查，以确保其工作安全可靠。

（8）脚手架对基础的要求。良好的脚手架底座和基础（或地基）对脚手架的安全极为重要，在搭设脚手架时，必须加设底座、垫木（板）或基础并作好对地基的处理，并达到以下的规定。

1）脚手架地基应平整实。

2）脚手架的钢立柱不能直接立于土地面上，应加设底座和垫板（或垫木）。垫板（木）厚度不小于 50mm。

3）遇有坑槽时，立杆应下到槽底或在槽上加设底梁（一般可用枕木或型钢梁）。

4）脚手架地基应有可靠的排水措施，防止积水浸泡地基。

5）脚手架旁有开挖的沟槽时，应控制外侧立杆距沟槽边的距离；当架高在 30m 以内时，不小于 1.5m；架高为 30～50m 时，不小于 2.0m；架高在 50m 以上时，不小于 3.0m。当不能满足上述距离时，应核算土坡承受脚手架的能力，不足时可加设挡土墙或其他可靠支护，避免槽壁坍塌危及脚手架安全。

6）位于通道处的脚手架底部垫木（板）应低于其两侧地面，并在其上加设盖板，避免扰动。

所有上述的安全施工规定，均应有相应的检查表，在检查中如实记录。并有检查人、被检查人、技术负责人的签名，作为施工档案收藏保管好。

8.7 水动力学特性

8.7.1 液体运动的若干基本概念

为了便于描述液体的运动规律，根据实际情况将液体流动加以归纳分类，不同的流动采用不同的研究方法和计算方法。

（1）恒定流与非恒定流。

恒定流：在流场中任何空间点上所有的运动要素都不随时间而改变的流动。

非恒定流：流场中任意一点处，只要有一个运动要素的大小或方向随时间变化的流动。

（2）迹线和流线。

迹线：某液体质点在不同时刻所流经的空间点的连线，也即某液体质点运动的轨迹线。

流线：在指定时刻，通过某一固定空间点在流场中画出一条瞬时曲线，在此曲线上各液体质点的流速向量都在该点与曲线相切。流线只能是一条光滑的曲线，流线间不能相交也不能转折。

绘制一定边界尺寸的流线图，可以确定流速的方向，了解流速的相对大小，反映出边界对流动影响的大小以及能量损失的类型和相对大小。

（3）均匀流与非均匀流、渐变流与急变流。

均匀流：流线是相互平行直线的流动，即平行流动，如液体在直径不变的直线管道中的运动，均匀流具有如下特点。

1）过水断面为平面，其形状和尺寸沿程不变。

2）各过水断面上的流速分布相同，各断面上的平均流速相等。

3）过水断面上的动水压强分布规律与静水压强分布规律相同，即在同一过水断面上 $z+\dfrac{p}{\gamma}=$ 常数。但是，过水断面上的这个常数不相同，它与流动的边界形状变化和水头损失等有关。

非均匀流：流线不是相互平行直线的流动。根据流线弯曲的程度和彼此间的夹角大小，非均匀流又分为渐变流和急变流。

渐变流：流线几乎是平行的直线，如果有弯曲，其曲率半径很大；如果有夹角，其夹角很小。渐变流流动近似于均匀流，故渐变流过水断面上的动水压强也近似按静水压强规律分布。但是需要注意此结论只适合于有固体边界约束的水流。

急变流：流线弯曲的曲率半径很小，或者流线间的夹角很大的流动。急变流多发生在流动的边界急剧变化的地点。急变流中过水断面上的动水压强不按静水压强规律分布。

（4）流管、元流、总流。

流管：通过流场中非流线的任意闭曲线 l 上的每一点做流线，所构成的管状封闭曲面。

元流：充满微小流管内的液流。

总流：当曲线 l 所包围的面积占一定尺度时，充满流管内的液流。总流可以看作为无数元流的总和。

（5）过水断面。

过水断面：与液流所有流线正交的横断面，也称为过流断面或通流截面。

过水断面的形状可为平面，也可为曲面。

（6）流量和断面平均流速。

流量：单位时间内通过某一过水断面的液体体积，记为 Q，单位 m^3/s 或 L/s。

设元流过水断面上的流速为 u，面积为 dA，则元流的流量为：

$$dQ = udA \qquad (8-6)$$

总流的流量为：

$$Q = \int_A dQ = \int_A u\,dA \qquad (8-7)$$

断面平均流速：指过水断面上流速的 Q 平均值，这是一个假想的流速，用此流速计算的通过过水断面的流量等于用实际不均匀分布流速 u 计算的通过该断面的流量。

$$Q = \int_A u\,dA = vA \qquad (8-8)$$

由此得：

$$v = \frac{\int_A u\,dA}{A} = \frac{Q}{A} \qquad (8-9)$$

（7）一元流、二元流、三元流。考察运动要素与坐标变量数目的关系，液体的流动可分为一元流、二元流与三元流。

液体一般在三元空间中流动。平面流动属于二元流动。若考虑流道（管道或渠道）中实际液体运动要素的断面平均值，这种流动属于一元流动。

显然，坐标变量越少，问题越简单。因此，在工程问题中，在保证一定精度的条件下，尽可能将复杂的三元流动简化为二元流动乃至一元流动，求得它的近似解。在水力学中，经常运用一元分析法或总流分析法来解决管道与渠道中的许多流动问题。

（8）无压流和有压流。

无压流：凡过水断面的周界不全部被固体边界所限制，具有自由表面的水流，自由表面上各点受当地大气压的作用，其相对压强为零，也称为明渠流，促使无压流流动的主要动力是重力。

有压流：水流充满封闭的固体边界，没有自由表面的水流，又称为管流。促使有压流流动的主要动力是压力。

8.7.2　液体运动的基本规律

（1）恒定总流的连续性方程。连续性方程是质量守恒定律在水力学中的表现形式，反映了水流的过水断面面积和断面平均流速沿程变化的规律性。

对于恒定不可压缩液体，各断面通过的流量相等，并且断面平均流速与其过水断面面积成反比。

$$Q = v_1 A_1 = v_2 A_2 = C(常数) \tag{8-10}$$

即：
$$\frac{v_1}{v_2} = \frac{A_2}{A_1} \tag{8-11}$$

恒定总流的连续性方程不涉及任何作用力，它对于理想液体（黏性系数 $\mu = 0$）和实际液体都适用。

若分析区域沿程有流量汇入或分出（见图8-8），则总流的连续性方程在形式上需做相应的修正。

$$\sum Q_{流进} = \sum Q_{流出} \tag{8-12}$$

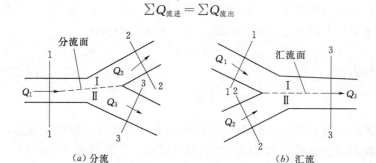

图8-8　流量的汇入和分出示意图

1～3—断面

(2) 恒定总流的能量方程。能量方程（伯努利方程）是能量守恒定律在液体流动中的表现形式，用于研究液体运动时能量转化与能量守恒问题。

1) 实际液体恒定总流能量方程的基本形式。

$$z_1 + \frac{p_1}{\gamma} + \frac{\alpha_1 v_1^2}{2g} = z_2 + \frac{p_2}{\gamma} + \frac{\alpha_2 v_2^2}{2g} + h_{w1-2} \tag{8-13}$$

式中　z——总流过水断面上单位重量液体所具有的平均位能，又称为位置水头；

　　$\dfrac{p}{\gamma}$——总流过水断面上单位重量液体所具有的平均压能，又称为压强水头；

　　$z + \dfrac{p}{\gamma}$——总流过水断面上单位重量液体所具有的平均势能，又称为测压管水头；

　　$\dfrac{\alpha v^2}{2g}$——总流过水断面上单位重量液体所具有的平均动能，又称为流速水头；

　　α——动能修正系数。在没有特殊说明时，可以取过水断面上的 $\alpha = 1.0$；

　　h_{w1-2}——总流单位重量液体由1—1断面流到2—2断面时的平均能量损失，又称为水头损失。

而对于总水头 H，有如下定义：

$$H = z + \frac{p}{\gamma} + \frac{\alpha v^2}{2g}$$

式中　H——总流过水断面上单位重量液体所具有的平均总机械能，又称为总水头。

两断面之间单位能量守恒：

$$H_1 = H_2 + h_{w1-2}$$

沿流向各断面 $z + \dfrac{p}{\gamma} + \dfrac{\alpha v^2}{2g}$ 值的连线称为总水头线。沿流向各断面 $z + \dfrac{p}{\gamma}$ 值的连线称为测压管水头线。

A. 水力坡度。它反映了液流总机械能的沿程变化率，也反映水头损失的沿程变化率，当总水头线为直线时：

$$J = \frac{H_1 - H_2}{L} = \frac{h_{w1-2}}{L} \geqslant 0 \tag{8-14}$$

当总水头线为曲线时：

$$J = -\frac{\mathrm{d}H}{\mathrm{d}L} = \frac{\mathrm{d}h_w}{\mathrm{d}L} \tag{8-15}$$

B. 测压管的坡度。

$$J_p = \frac{\left(z_1 + \dfrac{p_1}{\gamma}\right) - \left(z_2 + \dfrac{p_2}{\gamma}\right)}{L} \geqslant 0 \ \text{或} < 0 \tag{8-16}$$

2）能量方程的推广形式。在水流有分支或汇合情况下（见图 8-8），可分别对每一支水流建立能量方程式。

A. 分流情况：

$$z_1 + \frac{p_1}{\gamma} + \frac{\alpha_1 v_1^2}{2g} = z_2 + \frac{p_2}{\gamma} + \frac{\alpha_2 v_2^2}{2g} + h_{w1-2} \tag{8-17}$$

$$z_1 + \frac{p_1}{\gamma} + \frac{\alpha_1 v_1^2}{2g} = z_3 + \frac{p_3}{\gamma} + \frac{\alpha_3 v_3^2}{2g} + h_{w1-3} \tag{8-18}$$

B. 汇流情况：类似可得。

3）流程中途有能量输入或输出时的能量方程。

A. 抽水管路系统中设置的抽水机，是通过水泵叶片转动向水流输入能量。

B. 水电站有压管路系统上所安置的水轮机，是通过水轮机叶片由水流输出能量。

$$z_1 + \frac{p_1}{\gamma} + \frac{\alpha_1 v_1^2}{2g} \pm H_p = z_2 + \frac{p_2}{\gamma} + \frac{\alpha_2 v_2^2}{2g} + h_{w1-2} \tag{8-19}$$

式中，"＋"为能量输入；"－"为能量输出。

（3）恒定总流的动量方程。动量方程用于解决急变流动中水流与周界之间相互作用力问题，如水流作用于闸门上的动水压力，管道弯头上的动水作用力，射流冲击力等。

1）恒定总流动量方程的形式。

A. 矢量式：

$$\rho Q(\beta_2 \vec{v_2} - \beta_1 \vec{v_1}) = \sum \vec{F} \tag{8-20}$$

B. 投影式：

$$\begin{cases} \rho Q(\beta_2 v_{2x} - \beta_1 v_{1x}) = \sum F_x \\ \rho Q(\beta_2 v_{2y} - \beta_1 v_{1y}) = \sum F_y \\ \rho Q(\beta_2 v_{2z} - \beta_1 v_{1z}) = \sum F_z \end{cases} \tag{8-21}$$

式中　F_x、F_y、F_z——作用于控制体上所有外力在三个坐标方向的投影（不包括惯
性力）；

β——动量修正系数。一般地对于渐变流断面，$\beta \approx 1.02 \sim 1.05$，取
$\beta = 1.0$。

2）动量方程推广。可以应用于流场中任意选取的封闭控制体，流量沿程可不相等，
其形式应改为：

$$\begin{cases} \sum_j (\rho Q_j \beta_j v_{jx})_2 - \sum_i (\rho Q_i \beta_i v_{ix})_1 = \sum F_x \\[2mm] \sum_j (\rho Q_j \beta_j v_{jy})_2 - \sum_i (\rho Q_i \beta_i v_{iy})_1 = \sum F_y \\[2mm] \sum_j (\rho Q_j \beta_j v_{jz})_2 - \sum_i (\rho Q_i \beta_i v_{iz})_1 = \sum F_z \end{cases} \tag{8-22}$$

对于图 8-8 所示的分流情况，有：

$$\sum \vec{F} = \rho Q_2 \beta_2\ \vec{v}_2 + \rho Q_3 \beta_3\ \vec{v}_3 - \rho Q_1 \beta_1\ \vec{v}_1 \tag{8-23}$$

8.7.3　液流形态与水头损失

（1）水头损失的两种形式。

1）液流边界几何条件对水头损失的影响。液体的黏滞性是液体产生能量损失的根本
原因。在液压传动中，能量损失主要表现为压力损失。影响水头损失 h_w 的外因是固体边
界的几何条件。

A. 横向固体边界的形状和大小的变化对水头损失影响，引入水力半径 R 来全面反
映。它等于液流的过水断面面积 A 与湿周（过水断面上与液流接触的固体边界的长度）χ
之比，即 $R = \dfrac{A}{\chi}$。水力半径大，表明液流与边界接触少，过流能力大；反之，通流不畅，
容易堵塞。

B. 固体边界纵向轮廓不同，水流可能发生均匀流与非均匀流。均匀流时，产生水头
损失的原因只有黏滞性；非均匀流时，边界条件不同且改变，黏滞性及边界条件引起水流
产生 h_w。

2）水头损失的分类。为便于计算，把液体流动的水头损失分为沿程水头损失 h_f 和局
部水头损失 h_j 两大类。

沿程水头损失 h_f：当固体边界的形状和大小沿程不变，液流在长直流段中的水头损
失。在产生沿程损失的流段中，流线彼此平行，主流不脱离边壁，也无漩涡发生。一般
地，在均匀流和渐变流情况下产生的水头损失只有沿程损失。

局部水头损失 h_j：当固体边界的形状、大小或两者之一沿流程急剧变化所产生的水
头损失。在局部损失发生的局部范围内，主流与边界往往分离并发生漩涡，如水流在管道
突然收缩或流经阀门和突然扩大处。

总水头损失 h_w：是水流流经整个流程的各段沿程损失 h_f 和各个局部损失 h_j 之
和，即：

$$h_w = \sum h_f + \sum h_j \tag{8-24}$$

（2）液流的两种形态——层流和紊流。

层流：当液体流速较小时，各流层的液体质点是有条不紊的，不掺混的作直线运动，流层间互不干扰。

紊流：当液体流速增大后，各流层的液体质点互相掺混，杂乱无章，不仅沿纵向运动，还有横向运动。

流态判别用雷诺数 $Re = \dfrac{vd}{\nu}$。若实际液体 $Re < Re_K$（临界雷诺数），管中液流为层流；反之，为紊流，雷诺数的物理意义可理解为水流的惯性力和黏滞力之比。

一般，下临界雷诺数较为稳定，作为标准，由实验求得。如管流的 $Re_K \approx 2300$，明渠及天然河道的 $Re_K = \dfrac{v_K R}{\nu} \approx 500$。

紊动水流在不同位置处，质点间混掺程度不同。靠边壁的液体质点受边界限制，无横向运动，也就无混掺。也就是说，在边界附近有一很薄水体层做层流运动，称为黏性底层；在黏性底层以外统称为紊流核心。

黏性底层厚度估算公式：

$$\delta_0 = \frac{32.8d}{Re\sqrt{\lambda}} \tag{8-25}$$

式中　d——管道的内径；

　　Re——液体流动的雷诺数。Re 越大，δ_0 越薄；管径越大，δ_0 越厚。

（3）水头损失 h_w 的分析与计算。

1）沿程水头损失 h_f 的计算。

A. h_f 的理论公式——达西—魏斯巴哈公式。

$$h_f = \lambda \frac{l}{4R} \frac{v^2}{2g} \tag{8-26}$$

式中　h_f——管流的沿程水头损失；

　　l——管段的长度；

　　R——管道的水力半径；

　　v——管道过水断面的平均流速；

　　g——重力加速度；

　　λ——沿程水头损失系数（或沿程阻力系数）。

$\lambda = f\left(Re, \dfrac{\Delta}{R}\right)$，其变化规律绘成了尼古拉兹试验曲线，$\lambda$ 值可查莫迪图得或用经验公式计算，见李炜主编《水力计算手册》2006 年（第二版）。

对于圆管：

$$h_f = \lambda \frac{l}{d} \frac{v^2}{2g} \tag{8-27}$$

式（8-27）在均匀流条件下建立，适用均匀流的层流与紊流。

或写成为：

$$h_f = S_0 Q^2 l \tag{8-28}$$

式中　Q——管道输水流量；

S_0——比阻，即单位管长（$l=1$）在单位流量（$Q=1$）下的沿程水头损失，s^2/m^6。

对于圆管：

$$S_0 = \frac{8\lambda}{\pi^2 g d^5} \tag{8-29}$$

B. h_f 的经验公式——谢才公式：

$$v = C \sqrt{RJ} \tag{8-30}$$

$$J = \frac{h_f}{L}$$

$$R = \frac{A}{\chi}$$

$$v = C \sqrt{R \frac{h_f}{L}} \tag{8-31}$$

$$h_f = \frac{v^2}{C^2 R} L \tag{8-32}$$

式中　v——断面平均流速；

　　　J——水力坡降；

　　　R——水力半径；

　　　A——过水断面面积；

　　　χ——湿周，水流与固边界接触的周长；

　　　C——谢才系数，单位为 $m^{1/2}/s$，$C = \sqrt{\frac{8g}{\lambda}}$。

目前，应用较广的 C 值的经验公式——曼宁公式：

$$C = \frac{1}{n} R^{1/6} \tag{8-33}$$

式中　R——水力半径，m；

　　　n——糙率或边壁的粗糙系数，反映边壁阻力影响的综合系数，各种管道的糙率见表 8-36。注意 n 值的选定对计算结果的影响。

公式适用范围为：$R < 0.5$m，$n < 0.02$。

表 8-36　　　　　　　　各 种 管 道 的 糙 率 n

管道种类	壁 面 状 况	n 值		
		最小值	正常值	最大值
有机玻璃管		0.008	0.009	0.010
玻璃管		0.009	0.010	0.013
黑铁皮管		0.012	0.014	0.015
白铁皮管		0.013	0.016	0.017
铸铁管	1. 有护面层； 2. 无护面层	0.010 0.011	0.013 0.014	0.014 0.016

管道种类	壁 面 状 况	n 值		
		最小值	正常值	最大值
钢管	1. 纵缝和横缝都是焊接，但都不束窄过水断面；	0.011	0.012	0.0125
	2. 纵缝焊接，横缝铆接（搭接），一排铆钉；	0.0115	0.013	0.014
	3. 纵缝焊接，横缝铆接（搭接），两排或两排以上铆钉	0.013	0.014	0.015
水泥管	表面洁净	0.010	0.011	0.013
混凝土管及钢筋混凝土管	1. 无抹灰面层：			
	(1) 钢模板，施工质量良好，接缝平滑；	0.012	0.013	0.014
	(2) 光滑木模板，施工质量良好，接缝平滑；		0.013	
	(3) 光滑木模板，施工质量一般。	0.012	0.014	0.016
	2. 有抹灰面层，并经过抹光；	0.010	0.012	0.015
	3. 有喷浆面层：			
	(1) 用钢丝刷仔细刷过，并经仔细抹光；	0.012	0.013	0.015
	(2) 用钢丝刷刷过，且无喷浆脱落体凝结于衬砌面上；		0.016	0.018
	(3) 仔细喷浆，但未用钢丝刷刷过，也未经抹光		0.019	0.023
陶土管	1. 不涂釉；	0.010	0.013	0.017
	2. 涂釉	0.011	0.012	0.014
岩石泄水管道	1. 未衬砌的岩石：			
	(1) 条件中等的，即壁面有所整修；	0.025	0.030	0.033
	(2) 条件差的，即壁面很不平整，断面稍有超挖。	—	0.040	0.045
	2. 部分衬砌的岩石（部分有喷浆面层，抹灰面层或衬砌面层）	0.022	0.030	—

2）局部水头损失 h_j 的分析与计算。实际输水系统的管道往往是由许多管段组成，常设有变径管、三通、弯管、渐变管等管件连接，直线段上还可能装置有阀门；在渠道中也常有弯道、渐变段、拦污栅等。水流在经过这些局部障碍处，由于流向或过水断面有所改变，水流内部各质点的机械能也在转化，形成局部阻力，由此产生局部水头损失。

局部水头损失的计算应用理论来解是很困难的，目前只有少数情况可以用理论作近似分析，大多数情况还只能用实验方法来解决。

局部水头损失的计算公式：

$$h_j = \zeta \frac{v^2}{2g} \qquad (8-34)$$

式中　ζ——局部水头损失系数，其数值主要取决于水流局部变化，边界的几何形状和尺寸，可由李炜主编《水力计算手册》2006 年（第 2 版）中查得。

8.7.4　管流

（1）管道系统。工程中，为输送液体常用各种有压管道，如水电站压力引水钢管；水库有压泄洪隧洞或泄水管；供给的水泵装置系统及管网；输送石油的管道。这类管道被液体充满，管道周界各点受到液体压强作用，称为有压管道。其中的液体流动称为管流或有压流，其断面各点压强一般不等于大气压强。

管道系统的水力计算就是管流的计算。

在管流计算中，主要涉及沿程水头损失和局部水头损失的计算，为了简化计算，将管道进行分类。在管道系统中，局部水头损失只占沿程水头损失的 5%～10% 以下，或管道长度大于 1000 倍管径时，在水力计算中可略去局部水头损失和出口流速水头，称为长管；否则称为短管。在短管水力计算中应计算局部水头损失和管道流速水头。

在实际工程中，管道系统按其布置情况可分为简单管道和复杂管道。管道内径和沿程阻力系数不变的单线管道，称为简单管道；由两根以上管道组成的管道系统，称为复杂管道，例如，由内径不同的两根以上串联组成的串联管道，以及并联管道、枝状和环状管网等。

（2）短管的水力计算。

1）自由出流。管道出口流入大气中，水股四周受大气作用（见图 8-9）。

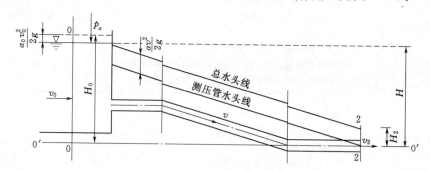

图 8-9　简单短管自由出流示意图

管流流量计算式：

$$Q = vA = \frac{1}{\sqrt{\alpha + \sum \lambda \dfrac{l}{d} + \sum \zeta}} \sqrt{2gH_0} A = \mu_c A \sqrt{2gH_0} \qquad (8-35)$$

$$\mu_c = \frac{1}{\sqrt{\alpha + \sum \lambda \dfrac{l}{d} + \sum \zeta}}$$

式中　μ_c——管道系统流量系数；

　　　A——管道断面面积；

　　　d——管道内径；

　　　l——管道计算段长度；

　　　H_0——包括行近流速（v_0）水头；

　　　λ——沿程水头损失系数；

　　　$\sum \zeta$——管道计算段中各局部水头损失系数之和。

2）淹没出流。管道出口淹没在水下（见图 8-10）。

管流流量计算式：

$$Q = vA = \frac{1}{\sqrt{\lambda \dfrac{L}{d} + \sum \zeta}} \sqrt{2gz_0} A = \mu_c A \sqrt{2gz_0} \qquad (8-36)$$

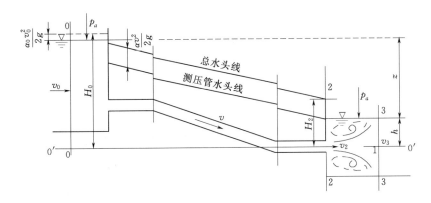

图 8 - 10　简单短管淹没出流示意图

式中　μ_c——管道系统流量系数，$\mu_c = \dfrac{1}{\sqrt{\lambda \dfrac{L}{d} + \sum \zeta}}$；

　　$\sum \zeta$——包括管道出口水头损失系数的计算段各局部水头损失系数之和；

　　z_0——包括行近流速（v_0）的上下游水面高程差；

其他符号意义同前。

为了计算简便，可将管道系统的局部水头损失之和按沿程水头的百分数估算。不同用途的室内给水管道系统，其局部水头损失占沿程水头损失的百分数为：

A. 生活给水管道系统：$25\% \sim 30\%$。

B. 生产给水管道系统：20%。

C. 消火栓消防给水管道系统：10%。

D. 自动喷水消防给水管道系统：20%。

E. 共用给水管道系统：生活、消防共用时为 20%；生产、消防共用时为 15%；生活、生产、消防共用时为 20%。

3）管道线路布置的合理性检查。由总水头线、测压管水头线和基准线三者的相互关系可以明确地表示出管道任一断面各种单位机械能量的大小。通过测压管水头线的绘制，可得到管道系统各断面上的压强和压强沿程的变化，从而评价管道线路布置的合理性。

绘制总水头线和测压管水头线时，应先绘总水头线，再绘测压管水头线。总水头线一般从上游进口断面开始向下游绘制，测压管水头线一般从下游出口断面开始向上游绘制。

绘制总水头线时，局部水头损失可作为集中损失绘在边界突然变化的断面上，沿程水头损失则是沿程逐渐增加的。因此，总水头线在有局部水头损失的地方是突然下降的，在有沿程水头损失的管段中则是逐渐下降的直线。从总水头线向下减去相应断面的流速水头值，便可绘出测压管水头线；也可采用计算出各断面的测压管水头值来绘制管道的测压管水头线（见图 8 - 11）。

管道出口断面压强受到边界条件的控制。管道进出口处的总水头线和测压管水头线见图 8 - 12。

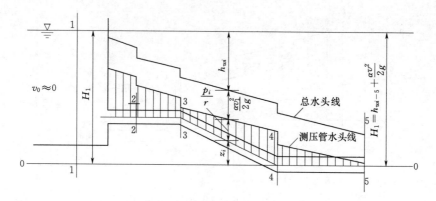

图 8-11 总水头线和测压管水头线示意图

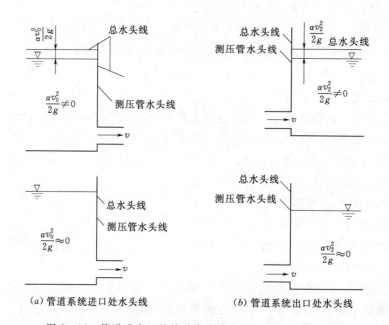

（a）管道系统进口处水头线　　　　　（b）管道系统出口处水头线

图 8-12 管道进出口处的总水头线和测压管水头线示意图

当测压管水头线位于管道轴线的下方时，该断面中心点的压强为负值。当管道内存在较大的负压时，水流常处于不稳定状态，且有可能产生空蚀现象，使管道遭到破坏。应采取措施调整管道内水流的压强分布，通过改变管线布置来调整是一种有效办法。

压力管道还要特别注意边界线型发生急剧改变的管段设计。

4）管道直径 d 的选定。管径的选定是在管道系统的布置（包括管道长度）和所需输水流量 Q 已定的情况下进行，需要通过技术经济的综合比较，一般，经济管径可由式（8-37）计算：

$$d = \sqrt{\frac{4Q}{\pi v_e}}$$ （8-37）

式中　v_e——管道的经济流速，可由表 8-37 选择。

表 8-37　　　　　　　　　　　　　　**管道的经济流速表**

管道类型	经济流速 v_e/(m/s)	管道类型	经济流速 v_e/(m/s)
水泵吸水管	0.8~1.25	钢筋混凝土管	2~4
水泵压水管	1.5~2.5	水电站引水管	5~6
露天钢管	4~6	自来水管 $d=100\sim200$mm	0.6~1.0
地下钢管	3~4.5	自来水管 $d=200\sim400$mm	1.0~1.4

由管道产品规格选用接近经济管径，又满足输水流量要求的管道，然后由此管径计算管道系统的作用水头 H。

（3）长管的水力计算。

1）简单长管。直径不变没有分支的简单管道，是长管中最基本的情形。

简单管道自由出流的情形［见图 8-13（a）］。由谢才公式得：

$$H=h_{f1-2}=\frac{v^2}{C^2R}l=\frac{Q^2}{C^2A^2R}l$$

令 $K=CA\sqrt{R}$，则上式变为：

$$H=\frac{Q^2}{K^2}l \tag{8-38}$$

K 称为流量模数或特征模数。其物理意义为水力坡度 $J=1$ 时的流量，单位与 Q 相同，它综合反映了断面形状、尺寸和边壁粗糙程度对输水能力的影响。

长管的总水头线与测压管水头线重合（见图 8-13）。

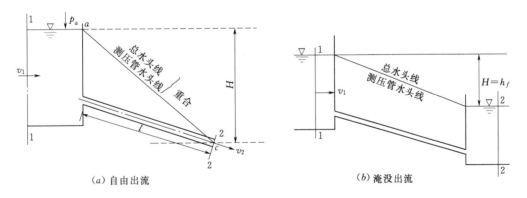

（a）自由出流　　　　　　　　　　　　　　　　（b）淹没出流

图 8-13　简单长管示意图

对于简单管道淹没出流，同理可得 $H=\dfrac{Q^2}{K^2}L$，水头 H 指的是上、下游水池的水面高差［见图 8-13（b）］。

在给排水工程的管道水力计算中，习惯采用比阻 S_0 计算水头损失，用式（8-29）计算。

2）复杂长管。串联管道、并联管道及管网，一般都按长管计算，即不计局部水头损失和流速水头，可以认为是简单管道的组合。

A. 串联管道。由直径不同的简单管道首尾相接串联而成的管道为串联管道（见图 8-

14)，每一管段都可用简单管道的水力计算公式。

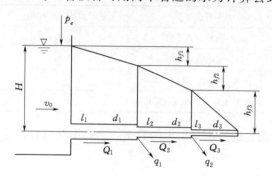

图 8-14 串联管道示意图

设串联管道中任一管段的直径为 d_i，管长为 l_i，流量为 Q_i，管段末端分出的流量为 q_i，则

$$H = \sum_{i=1}^{n} h_{fi} = \sum_{i=1}^{n} \frac{Q_i^2}{K_i^2} l_i \qquad (8-39)$$

或

$$H = \sum_{i=1}^{n} S_{0i} Q_i^2 l_i \qquad (8-40)$$

串联管道各管段的流量可用连续方程为：

$$Q_{i+1} = Q_i - q_i \qquad (8-41)$$

式中　q——流入为正，流出为负。

若管道的各节点无流量流出，$q_i = 0$，则管道各段流量相同，$Q_i = Q$。

B. 并联管道。由两条以上的简单管道在同一处分开，又在另一处汇合，并联而成的管道称为并联管道。三个并联管道系统见图 8-15，通过每段管道的流量可能不同，但每段管道的水头差是相等的，即 $H = H_A - H_B = h_f$。

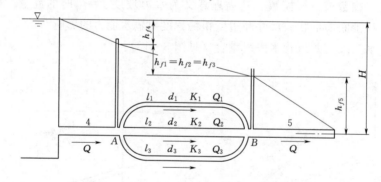

图 8-15 三个并联管道系统示意图

总流量计算式：

$$Q = \left(\frac{K_1}{\sqrt{l_1}} + \frac{K_2}{\sqrt{l_2}} + \frac{K_3}{\sqrt{l_3}} \right) \sqrt{h_f} \qquad (8-42)$$

A、B 两点间的水头损失：

$$h_f = \frac{Q_1^2}{K_1^2} l_1 = \frac{Q_2^2}{K_2^2} l_2 = \frac{Q_3^2}{K_3^2} l_3 \qquad (8-43)$$

式中　K_i、l_i——各并联管段的流量模数和长度。

有上述方程联立求解，可得出节间水头损失和通过各管段的流量。

各管段流量分配应满足节点流量平衡条件，即流向节点的流量等于流出节点的流量：

$$Q_1 + Q_2 + Q_3 = Q$$

（4）管网计算。

1）枝状管网。由输水管道逐段分支构成的枝状管网系统，各末梢管路末端保持一定

的各自所需的水头 h_e 和流量 q_e，见图 8-16。

进行水力计算时，应根据已布置的枝状管网系统，选定一设计管线。一般是选择从水源到最远的、最高的、通过流量最大的管线为设计管线，也就是以最不利的管线为设计管线。从水源至末梢沿设计管线各管段的序号记为 i，则水源的供水所需水头 H 为：

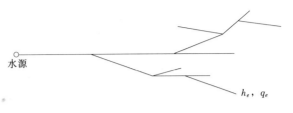

图 8-16　枝状管网示意图

$$H = \sum_{i=1}^{n} \frac{Q_i^2}{K_i^2} l_i + h_e = \sum_{i=1}^{n} h_{fi} + h_e \qquad (8-44)$$

式中　Q_i、K_i、l_i——通过 i 管段的流量、流量模数和管段长度；

h_e——末梢管段末端水头；

$\sum_{i=1}^{n} h_{fi}$——从水塔到管网控制点的总水头损失。

各管段的管径可由式（8-37），根据各管段的流量和经济流速选定。枝状管网的水力计算可分为两种情形：

A. 新建给水系统的设计。已知管路沿线地形、各管段长度 l 及通过的流量 Q 和端点要求的自由水头 h_e，确定管路的各段直径 d 及水塔的高度 H。

计算时，首先按经济流速在已知流量下选择管径；然后利用 $h_{fi} = S_{0i} Q_i^2 l_i$，在已知流量 Q、直径 d 及管长 l 的条件下计算出各段的水头损失；最后按串联管路计算干线中从水塔到管网的控制点的总水头损失（管网的控制点是指在管网中水塔至该点的水头损失、地形标高和要求自由水头三项之和最大值之点）。于是水塔高度 H 可按式（8-45）求得：

$$H_t = \sum h_{fi} + z_0 - z_t + H_z = \sum S_{0i} Q_i^2 l_i + z_0 - z_t + H_z \qquad (8-45)$$

式中　H_z——控制点的自由水头；

z_0——控制点的地形标高；

z_t——水塔处的地形标高。

B. 扩建已有给水系统的设计。已知管路沿线地形、水塔高度 H、管路长度 l、用水点的自由水头 H 及通过的流量，要求确定管径。

因水塔已建成，用前述经济流速计算管径，不能保证供水的技术经济要求时，根据枝状管网各干线的已知条件，算出它们各自的平均水力坡度 $J = \dfrac{H_t + (z_t - z_0) - H_z}{\sum l_i}$。然后选择其中平均水力坡度最小 $J_{\min}$ 的那根干线作为控制干线进行设计。

控制干线上按水头损失均匀分配，即各管段水力坡度相等的条件，由 $h_{fi} = S_{0i} Q_i^2 l_i$ 计算各管段比阻：

$$S_{0i} = \frac{J}{Q_i^2}$$

式中　Q_i——各管段通过的流量。

按照求得的 S_{0i} 值就可选择各管段的直径。

实际选用时，可取部分管段比阻 S_{0i} 大于计算值 S_{0i}，部分小于计算值，使得这些管段比阻的组合，正好满足在给定水头下通过需要的流量。

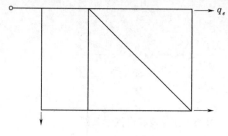

图 8-17　环状管网示意图

当控制干线确定后应算出各节点之水头。并以此为准，继续设计各支线管径。

2）环状管网。环状管网是由若干闭合的管环组成（见图 8-17）。环状管网的水流必须满足下列两个条件：

A. 节点流量平衡条件：任一节点处流入的流量应等于流出的流量（包括节点供水流量 q_e）。记流入的流量为负，流出的为正，则有：

$$\sum Q_i + q_e = 0 \tag{8-46}$$

B. 环路闭合条件：任一闭合的管环，从某一节点到另一节点，沿顺时针流动的水头损失应等于沿逆时针流动的水头损失。记顺时针方向为 c，逆时针方向为 cc，则有：

$$\sum_c \frac{Q_i^2}{K_i^2} l_i = \sum_{cc} \frac{Q_i^2}{K_i^2} l_i \tag{8-47}$$

计算步骤为：

第一，计算时根据各节点供水流量，假设各管段的水流方向，并对各管的流量进行初步分配，使其满足式（8-46）。

第二，按初步分配的流量 Q_i，选定各管段的直径，并按假设的水流方向计算水头损失。若满足式（8-47），则所假设的水流方向、分配的流量和所选管径，即为管网所求的结果。

若不满足式（8-47），则需进行流量校正。

第三，若有：

$$\sum_c \frac{Q_i^2}{K_i^2} l_i > \sum_{cc} \frac{Q_i^2}{K_i^2} l_i \tag{8-48}$$

则沿顺时针方向分配的流量应减少 ΔQ，逆时针方向应增加 ΔQ；反之亦然。

校正流量 ΔQ 可按式（8-49）计算：

$$\Delta Q = \frac{\displaystyle\sum_c \frac{l_i}{K_i^2} Q_i^2 - \sum_{cc} \frac{l_i}{K_i^2} Q_i^2}{2\left(\displaystyle\sum_c \frac{l_i}{K_i^2} Q_i + \sum_{cc} \frac{l_i}{K_i^2} Q\right)} \tag{8-49}$$

第四，再进行下列水头损失计算：

$$\sum_c \frac{l_i}{K_i^2} (Q_i - \Delta Q)^2 \tag{8-50}$$

$$\sum_{cc} \frac{l_i}{K_i^2} (Q_i + \Delta Q)^2 \tag{8-51}$$

直至两者相等，或两者相差 $0.2 \sim 0.5 m$，即为所求结果。

（5）有压管路中的水击。

1）水击现象。由于外界原因使有压管道中水流流速突然变化，引起管内压强发生急剧升降的现象称为水击现象。水击带来的危害极大，在水电站输水系统、液压系统等的设

568

计和运行中，必须设法防止或减小水击压力，采用合理的阀门关闭规律是一种经济而有效的措施。

2）水击压强的计算。

A. 直接水击。如果关闭阀门的时间 T_s 不大于一个相长，即 $T_s \leqslant \dfrac{2l}{c}$，$l$ 为管道长度，那么最早发出的水击波的反射波在到达阀门之前，阀门已经关闭完毕，这样水击波的运动特征相同于阀门突然关闭（$T_s=0$）水击波特征，称为直接水击。直接水击压强计算公式：

$$\Delta p = \rho c(v_0 - v) \tag{8-52}$$

式中　c——水击波传播速度；

　　　v_0——水击前管道中的平均流速。

B. 间接水击。如果管道长度较短，或阀门关闭 T_s 的时间较长，即 $T_s > \dfrac{2l}{c}$，那么最早发出的水击波的反射波到达阀门时，阀门仍在继续关闭，则增压和减压会相互叠加后抵消，称为间接水击。这种水击在阀门处的水击压强小于直接水击的水击压强。间接水击在阀门处的最大升压的近似值计算是假定最大升压和关闭时间的乘积是一个常量，也就是说：

$$\Delta p T_s = \rho v_0 c \frac{2l}{c}$$

$$\Delta p = \rho v_0 \frac{2l}{T_s} \tag{8-53}$$

8.7.5　孔口、管嘴出流

（1）简述。孔口、管嘴是流体输送过程中测定过流能力的泄流装置。水利工程上的各种取水、泄水闸孔，路基下的有压涵管，水力采煤用的水枪，消防用的龙头，喷射泵以及人工降雨器；机械制造的液压技术及矿山机械液压传动中的换向阀、减压阀、节流阀、溢流阀等都属于孔口或管嘴的出流问题；在自动控制的喷嘴挡板、阻尼器等处，以及某些量测流量设备，也同样会遇到孔口出流的问题。

孔口出流：直接在容器壁或底部打开一个形状规则的小孔（孔口），液体经孔口流出的水力现象。

管嘴出流：在孔口上接出一直径与孔口完全相同的很短的管子，流体经此短管并在出口断面满管流出的水力现象。

孔口出流与管嘴出流是不施加外来能量，完全靠自然位差获得能量来输送或排泄液体的管路，是自流管路。

1）孔口出流的分类。在容器上开一孔口，形成孔口出流（见图 8-18），其几何参数有：孔径 d，壁厚 δ，孔口中心水头 H；孔口断面面积 A；收缩断面面积 A_c。

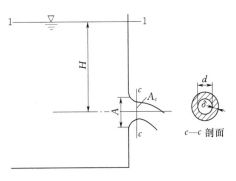

图 8-18　薄壁孔口出流示意图

孔口出流的分类如下：

A. {薄壁孔口：$\delta/d \leqslant 2$，孔为锐缘，即液流与孔口周围只有线接触；
   厚壁孔口：$2 < \delta/d < 4$，按管嘴考虑。

B. {定水头（恒定）出流：液面位置保持不变；
   不定水头出流：液面位置随时变化。

C. {自由出流：孔口出流直接与大气接触；
   淹没出流：孔口流出水流在下游水面以下，不与大气接触。

D. 根据 d/H 的大小，孔口分为两类：

第一，$d/H \leqslant 0.1$，小孔口，其上各点的水头可认为都等于 H；

第二，$d/H > 0.1$，大孔口，其上各点的水头各不相同。

2）管嘴的分类。

A. 圆柱形外管嘴见图 8-19。在孔口外连接一段很短的等径管子。

B. 圆柱形内管嘴。这类管嘴适合装置于外形需隐蔽之处。与外伸管嘴相比，它的阻力较大，流速和流量大约要降低 15%。

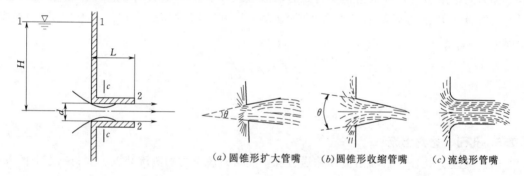

图 8-19　圆柱形外管嘴示意图

（a）圆锥形扩大管嘴　（b）圆锥形收缩管嘴　（c）流线形管嘴

图 8-20　外管嘴其他形式示意图

C. 圆锥形扩大管嘴见图 8-20（a）。在收缩断面处形成真空，其真空值随圆锥角 θ 增大而加大，并具有较大的过流能力和较低的出口速度。这是几种管嘴中流量最大的一种，它适用于大流量而低流速的场所，如引射器、水轮机尾水管、人工降雨设备、喷射水泵、文丘里流量计等。但扩张角 θ 不能太大，一般 $\theta = 5° \sim 7°$ 时阻力最小，否则形成孔口出流。

D. 圆锥形收缩管嘴，见图 8-20（b）。这类管嘴具有较大的出口流速。用于水力机械施工，如水力挖土机喷嘴、消防用喷嘴等设备。

E. 流线形管嘴，见图 8-20（c）。它的阻力系数最小，水流在管嘴内无收缩和扩大，不易产生气穴，流线不脱离壁面，适用于减小阻力、减小干扰等情况。常用于水坝泄水管。

（2）孔口、管嘴的恒定出流。

1）基本公式。

$$Q = v_c A_c = \varepsilon A \varphi \sqrt{2gH_0} = \mu A \sqrt{2gH_0} \tag{8-54}$$

式中　ε——收缩系数，$\varepsilon = \dfrac{A_c}{A} = \left(\dfrac{d_c}{d}\right)^2$；

φ——流速系数，$\varphi=\dfrac{1}{\sqrt{1+\xi}}$；

ξ——局部阻力系数；

A——出流断面面积；

H_0——出流断面中心处的总水头；

μ——流量系数，$\mu=\varepsilon\varphi$。

各种孔口出流和各种类型管嘴出流的出流系数 ε、φ、ξ、μ 是不同的，可查阅有关水力学的教材及文献。

2）孔口、管嘴的自由出流。

A. 薄壁小孔口的自由出流。

对薄壁小孔口（见图 8 - 18），试验证明，不同形状孔口的流量系数 μ 差别不大，孔口在壁面上的位置（图 8 - 21）对收缩系数 ε 有直接影响。

全部收缩：即孔口的全部边界都不与容器的底边、侧边或液面重合时，孔口的四周流线均发生收缩，如孔 a、孔 b；反之，称为部分收缩，如孔 c、孔 d。

全部收缩孔口又分为完善收缩和不完善收缩。

完善收缩：凡孔口与相邻壁面或液面的距离大于同方向孔口尺寸的 3 倍，孔口出流的收缩不受壁面或液面的影响，如 a 孔；否则，称为不完善收缩，如 b 孔。

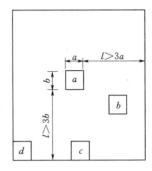

图 8 - 21　孔口在壁面上的位置示意图

ε、φ、μ 值由试验确定。对于圆形薄壁小孔口（完善收缩），这些系数都接近常数，即 $\xi_{\text{孔}}=0.06$，$\varphi=\dfrac{1}{\sqrt{1+\xi_{\text{孔}}}}=0.97$，$\varepsilon=0.62\sim0.64$，$\mu=\varepsilon\varphi=0.60\sim0.62$。

B. 大孔口自由出流。将大孔口分解为许多水头不等的小孔口，应用基本公式计算其流量时，公式中的 H_0 指大孔口形心处的总水头。

在实际工程中，大孔口往往为部分收缩或不完善收缩，因 ε 较小孔口大，因而 μ 值也较大。水利工程中的闸孔可按大孔口计算。

C. 管嘴自由出流。工程中应用管嘴是为了增大孔口的出流流量，或者是为了增加或减小射流的速度。圆柱形外管嘴 $\xi=0.5$，$\varphi=0.82$，$\mu=\varepsilon\varphi=0.82$，管嘴出口断面处的收缩系数 $\varepsilon=1$。

通过比较，在同样的水头和孔径条件下，$v_{\text{孔口}}>v_{\text{管嘴}}$，$Q_{\text{孔口}}<Q_{\text{管嘴}}$，管嘴的流量是孔口的 1.33 倍。所以，管嘴常用作泄水管。

孔口外面加管嘴后，增加了阻力，但流量反而增加了，这是由于收缩断面处真空的作用。其真空度为：

$$\frac{p_v}{r}=-\frac{p_c}{r}=0.75H_0 \tag{8-55}$$

式（8 - 55）说明圆柱形外管嘴收缩断面处真空度可达总水头的 0.75 倍，相当于把管嘴的作用水头增加了 75%，这就是相同直径、相同作用水头下的圆柱形外管嘴的流量比孔口大的原因。还需注意，H_0 愈大，则 $\dfrac{p_v}{\gamma}$ 愈大，但 $\dfrac{p_v}{\gamma}$ 不能太大，否则会使管嘴不能保持满管出流。因此，圆柱形外管嘴正常工作的条件有二：一是作用水头 $H_0 \leqslant 9\text{m}$；二是管嘴长度 $l = (3 \sim 4)d$。

3）孔口、管嘴的淹没出流。在自由出流情况下，孔口的水头 H 系水面至孔口形心的深度；在淹没出流情况下（图 8-22），孔口的水头 H 系孔口上、下游的水面高差。因此，对于孔口淹没出流及平底的底孔，因孔口断面各点水头相等，流速和流量均与孔口的淹没深度无关，也无大、小孔口之分。

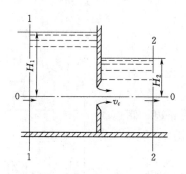 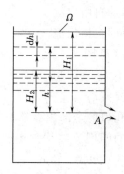

图 8-22　孔口淹没出流示意图　　　图 8-23　孔口非恒定出流示意图

（3）孔口、管嘴的非恒定出流。在孔口、管嘴出流过程中，如容器水面随时间变化，孔口的流量也会随时间变化，这种情况称为变水头出流，即非恒定出流（见图 8-23）。如水池放空，船闸充水和泄水等。

容器"泄空"（即水面降至孔口处）所需时间 t：

$$t = \frac{2\Omega}{\mu A} \frac{\sqrt{H}}{\sqrt{2g}} = \frac{2\Omega H}{\mu A} \frac{1}{\sqrt{2gH}} = \frac{2V}{Q_{\max}} \qquad (8-56)$$

式中　V——容器泄空体积；

　　　Ω——容器内水的表面积，棱柱形容器 $\Omega =$ 常数；

　　　$Q_{\max}$——在变水头情况下，开始出流的最大流量。

8.7.6　堰流及闸孔出流

（1）简述。水利工程中，为防洪、灌溉、航运、发电等要求，需修建溢流坝、水闸等控制水流的水工建筑物。堰是既能挡水又能顶部过流的水工建筑物。堰流及闸孔出流是水利工程中常见的水流现象。

堰流：过堰水流不受闸门控制影响［见图 8-24（a）、(b)］。当水流接近堰顶，流线收缩，流速加大，自由表面连续逐渐下降，为一条光滑曲线，过水能力强。

闸孔出流：过堰水流受到闸门控制［见图 8-24（c）、(d)］，上、下游水面曲线不连续且过水能力弱。

堰流和闸孔出流是相对的，取决于闸孔相对开度 $\dfrac{e}{H}$、闸底坎型式、闸门（或胸墙）型式（平板闸门或弧形闸门）以及上游来流条件（涨水或落水），其界限是：

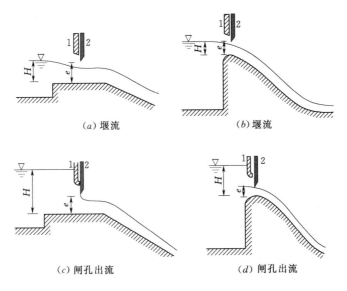

(a) 堰流　　　　　　　　(b) 堰流

(c) 闸孔出流　　　　　　(d) 闸孔出流

图 8-24　堰流及闸孔出流示意图
1—胸墙；2—闸门

底坎为宽顶堰：$e/H \leqslant 0.65$，为闸孔出流；$e/H > 0.65$，为堰流。

底坎为实用堰：$e/H \leqslant 0.75$，为闸孔出流；$e/H > 0.75$，为堰流。

式中　e——闸孔开度；

　　　H——堰上水头，指堰前断面堰顶以上的水深。

堰前断面是堰上游水面无明显下降的断面，到堰上游壁面的距离 $L = (3 \sim 5)H$，堰前断面的流速称为行近流速，用 v_0 表示。

（2）堰流的分类。水利水电工程中，常根据不同建筑材料，将堰作成不同类型。例如，溢流坝常用混凝土或石料作成较厚的曲线或者折线型；实验室量水堰一般用钢板、木板做成薄堰壁。根据堰流与下游水位的连接关系，当下游水位足够小，不影响堰流性质，为自由堰；当下游水位足够大，为淹没堰。根据水流是否与堰垂直，有正堰、斜堰、侧堰。

研究表明，流过堰顶的水流形态随堰坎形状、堰顶厚度与堰顶水头之比 δ/H 而变化，堰外形、厚度不同，能量损失及过水能力不同。工程上将堰流分为：

1）薄壁堰流。$\delta/H < 0.67$，越过堰顶的水舌形状不受堰厚影响，水舌下缘与堰顶为线接触，水面呈降落线。由于堰顶常作成锐缘形，故薄壁堰也称锐缘堰［见图 8-25 (a)］。

薄壁堰流具有稳定的水头和流量关系，常作为水力学模型实验、野外的一种有效量测流量的工具。有的临时挡水建筑物，如叠梁闸门也可近似作为薄壁堰，曲线型实用堰的外形一般按薄壁堰水舌下缘曲线设计。

根据堰口的形状，一般有矩形薄壁堰、三角形薄壁堰、梯形薄壁堰。矩形薄壁堰适宜量测较大的流量，在流量小于 100L/s 时，宜采用三角形薄壁堰作为量水堰。

2）实用堰流。$0.67 < \delta/H < 2.5$，堰顶加厚，水舌下缘与堰顶为面接触，水舌受堰顶

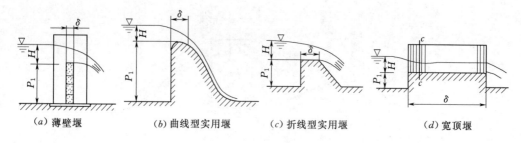

（a）薄壁堰　　　（b）曲线型实用堰　　（c）折线型实用堰　　　（d）宽顶堰

图8-25　各种堰流示意图

约束和顶托，已影响水舌形状和堰的过流能力。

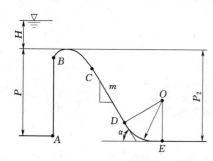

图8-26　曲线型实用堰的
剖面形状示意图

实用堰是水利工程中常见的堰型之一，主要作为挡水和泄水建筑物——溢流坝，或净水建筑物的溢流设备。低堰常用石料砌成折线型［见图8-25（c）］；高的溢流坝一般作成曲线型［见图8-25（b）］。实际工程中，实用堰由闸墩和边墩分隔成数个等宽堰孔。

曲线型实用堰的剖面形状见图8-26，一般由四段组成：

A. 上游直线段 AB：垂直，或倾斜，取决于溢流坝体的强度和稳定要求。

B. 下游直线段 CD：坡度 $m = \tan\alpha$。

C. 下游河底连接段 DE：即反弧段，使直线 CD 与下游河底平滑连接，避免水流冲刷河床。

D. 堰顶曲线段 BC：对堰流影响最大，是设计曲线型实用堰剖面形状的关键。国内外对堰的剖面形状有许多设计方法，主要区别在于曲线段 BC 如何确定。工程上，常通过试验研究，或适当修正矩形薄壁堰自由溢流水舌下缘曲线，得出堰顶曲线的坐标值。常用的有克—奥剖面、Ogee剖面、WES剖面等，其剖面设计方法可参考李炜主编《水力计算手册》2006年（第二版）。

3）宽顶堰流。$2.5 < \delta/H < 10$，堰顶厚度对水流顶托非常明显。其水流特征为水流在进口附近的水面形成降落；有一段水流与堰顶几乎平行；下游水位较低时，出堰水流二次水面降落［见图8-25（d）］。

宽顶堰出流会产生垂直、侧向收缩，还受下游水位影响。具有宽顶堰流水流特征的实际情况有两种：

A. 有坎宽顶堰流：底坎引起水流在垂直方向收缩［见图8-27（a）］。

B. 无坎宽顶堰流：由于侧向收缩，进口水面跌落。例如，水库溢洪道进口、水利工程中的各种水闸（闸门全开时）、小桥桥孔、无压短涵管、施工围堰等过流时，都会出现宽顶堰的水力现象［见图8-27（b）、（c）、（d）］，基本上都按宽顶堰理论计算。

4）短渠水流。堰顶厚度 $\delta/H > 10$，沿程水头损失不能忽略（见图8-28）。

（3）堰流水力计算的基本公式：

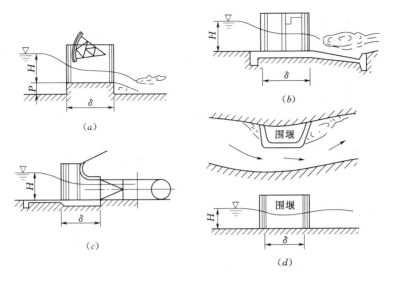

图 8-27 宽顶堰流示意图

$$Q = \varepsilon \sigma_s m B \sqrt{2g} H_0^{3/2} \qquad (8-57)$$

$$B = nb$$

$$H_0 = H + \frac{v_0^2}{2g}$$

图 8-28 短渠水流示意图

式中　n——闸孔孔数；

　　　b——每孔净宽；

　　　m——堰自由溢流的流量系数，它与堰
　　　　　　型、堰高等边界条件有关；

　　　ε——侧收缩系数，它反映由于闸墩（包括翼墙、边墩和中墩）对堰流的横向收
　　　　　　缩，减小有效的过流宽度和增加的局部能量损失对泄流能力的影响，$\varepsilon \leqslant 1$
　　　　　　（见图 8-29）；

　　　σ_s——淹没系数，当下游水位过高影响堰的泄流能力时，堰流为淹没堰流，其影响
　　　　　　用淹没系数表达，$\sigma_s \leqslant 1$；当下游水位不影响堰的泄流能力时，为自由出流，
　　　　　　此时 $\sigma_s = 1.0$；

　　　H_0——包括行近流速水头的堰前水头；

　　　v_0——行近流速。

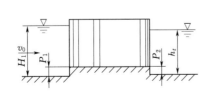
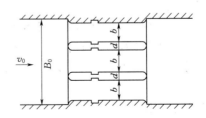

图 8-29 闸墩及边墩的侧向收缩示意图

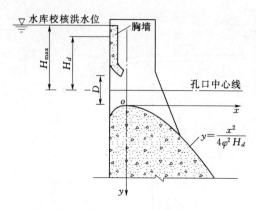

图 8-30 有胸墙的溢流堰示意图

在满足泄洪要求下，为了减少堰高，可将堰顶高程定得较低，同时又考虑挡水闸门高度不宜过大，常可设置胸墙挡水，形成有胸墙的溢流堰（见图 8-30）。

1）闸门全开时：当库水位较高，水流受胸墙控制，水从胸墙下大孔口泄出。可按胸墙孔口出流计算。

2）闸门局部开启时：闸门局部开启控制时，流量系数可按曲线型实用堰的闸孔出流流量系数公式计算。

（4）闸孔出流的水力计算。

1）闸孔出流流量计算公式。常用的闸孔出流流量计算式（8-58）、式（8-59）两种形式。

$$Q = \sigma_s \mu enb \sqrt{2g(H_0 - \varepsilon e)} \qquad (8-58)$$

式中　e——闸门开度；

　　　ε——垂直收缩系数；

　　　μ——闸孔自由出流的流量系数，它综合反映闸孔形状和闸门相对开度 e/H 对泄流量的影响。

$$Q = \sigma_s \mu_0 enb \sqrt{2gH_0} \qquad (8-59)$$

式中　μ_0——闸孔自由出流的流量系数，其与式（8-58）的 μ 关系为：

$$\mu_0 = \mu \sqrt{1 - \varepsilon \frac{e}{H_0}}$$

其余符号意义同前。

在一般情况下，行近流速水头比较小，计算时常忽略，用 H 代替 H_0 计算。

横向侧收缩对闸孔出流的泄流能力影响较小，一般当计算闸孔泄流量时不予考虑，故在式（8-58）和式（8-59）中没有反映横向侧收缩的影响。

2）闸孔自由和淹没出流的界限。当闸门下游发生淹没水跃，下游水位影响闸孔的泄流能力时称为淹没出流 [见图 8-31（a）]。如果水跃远离闸门，即使下游水位高于闸孔开启高度，仍是自由出流 [见图 8-31（b）]。其判断界限是：

自由出流：　　　　　　　　　　　$h_c'' \geqslant h_t$

淹没出流：　　　　　　　　　　　$h_c'' < h_t$

式中　h_t——从闸室坎顶起算的下游水深；

　　　h_c''——收缩水深的共轭水深，见图 8-31。

收缩水深 h_c 见图 8-31，用式（8-60）计算：

$$h_c = \varepsilon e \qquad (8-60)$$

式中　符号意义同前。

上述堰流及闸孔出流计算中，各系数的确定具体可参阅李炜主编《水力计算手册》2006 年（第 2 版）。

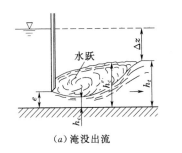

(a)淹没出流

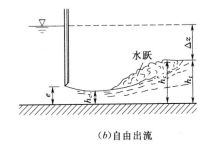

(b)自由出流

图 8-31　闸孔出流示意图

参 考 文 献

[1]　闻邦春. 机械设计手册. 第 5 版. 北京：机械工业出版社，2010.

[2]　王纪安. 工程材料与成形工艺基础. 北京：高等教育出版社，2013.

[3]　张应龙. 液压识图. 北京：化学工业出版社，2011.

[4]　雷天觉. 新编液压工程手册. 北京：北京理工大学出版社，2003.

[5]　王益群，高殿荣. 液压工程师技术手册. 北京：化学工业出版社，2010.

[6]　梁炯鋆. 锚固与注浆技术手册. 北京：中国电力出版社，2007.

[7]　张建均，王中祥. 锦屏二级水电站地下厂房岩锚梁混凝土施工技术. 葛洲坝集团科技，2010（1）25-28.

[8]　杜梁军. 建筑施工脚手架实用手册. 北京：中国建筑工业出版社，1994.

[9]　北京土木工程学会. 建筑施工脚手架构造与计算手册. 北京：中国电力出版社，2009.

[10]　李大美，杨小亭. 水力学. 武汉：武汉大学出版社，2004.

[11]　李炜. 水力计算手册. 第 2 版. 北京：中国水利水电出版社，2006.

附 录

附录1 物理单位换算

附1.1 国际单位制［摘自《国际单位制及其应用》（GB 3100—1993）］

国际单位制的基本单位见附表 1-1，包括国际单位制辅助单位在内的具有专门名称的国际单位制的导出单位见附表 1-2，与国际单位并用的我国法定计量单位见附表 1-3。

附表 1-1   国际单位制的基本单位

量的名称	单位名称	单位符号	量的名称	单位名称	单位符号
长度	米	m	热力学温度	开［尔文］	K
质量	千克（公斤）	kg	物质的量	摩［尔］	mol
时间	秒	s	发光强度	坎［德拉］	cd
电流	安［培］	A			

注 1. 圆括号中的名称，是它前面的名称的同义词，下同。

2. 无方括号的量的名称与单位名称均为全称。方括号中的字，在不致引起混淆、误解的情况下，可以省略。去掉方括号中的字即为其名称的简称。下同。

3. 本标准所称的符号，除特殊指明者外，均指我国法定计量单位中所规定的符号以及国际符号，下同。

4. 人民生活和贸易中，质量习惯称为重量。

附表 1-2　包括国际单位制辅助单位在内的具有专门名称的国际单位制的导出单位

量 的 名 称	SI 导 出 单 位		
	名称	符号	用 SI 基本单位和 SI 导出单位表示
［平面］角	弧度	rad	$1rad=1m/m=1$
立体角	球面度	sr	$1sr=1m^2/m^2=1$
频率	赫［兹］	Hz	$1Hz=1s^{-1}$
力	牛［顿］	N	$1N=1kg \cdot m/s^2$
压力，压强，应力	帕［斯卡］	Pa	$1Pa=1N/m^2$
能［量］，功，热量	焦［耳］	J	$1J=1N \cdot m$
功率，辐［射能］通量	瓦［特］	W	$1W=1J/s$
电荷［量］	库［仑］	C	$1C=1A \cdot s$
电压，电动势，电位（电势）	伏［特］	V	$1V=1W/A$
电容	法［拉］	F	$1F=1C/V$
电阻	欧［姆］	Ω	$1\Omega=1V/A$

量 的 名 称	SI 导 出 单 位		
	名称	符号	用 SI 基本单位和 SI 导出单位表示
电导	西［门子］	S	$1S=1\Omega^{-1}$
磁通［量］	韦［伯］	Wb	$1Wb=1V\cdot s$
磁通［量］密度，磁感应强度	特［斯拉］	T	$1T=1Wb/m^2$
电感	亨［利］	H	$1H=1Wb/A$
摄氏温度	摄氏度	℃	$1℃=1K$
光通量	流［明］	lm	$1lm=1cd\cdot sr$
［光］照度	勒［克斯］	lx	$1lx=1lm/m^2$

附表 1-3 **与国际单位并用的我国法定计量单位表**

量的名称	单位名称	单位符号	与 SI 单位的关系
时间	分	min	$1min=60s$
	［小］时	h	$1h=60min=3600s$
	日（天）	d	$1d=24h=86400s$
［平面］角	度	(°)	$1°=(\pi/180)rad$
	［角］分	(′)	$1'=(1/60)°=(\pi/10800)rad$
	［角］秒	(″)	$1''=(1/60)'=(\pi/648000)rad$
体积、容积	升	L，(l)	$1L=1dm^3=10^{-3}m^3$
质量	吨	t	$1t=10^3kg$
	原子质量单位	u	$1u\approx1.660540\times10^{-27}kg$
旋转速度	转每分	r/min	$1r/min=(1/60)s^{-1}$
长度	海里	n mile	$1n\ mile=1852m$（只用于航行）
速度	节	kn	$1kn=1n\ mile/h=(1852/3600)m/s$（只用于航行）
能	电子伏	eV	$1eV\approx1.602177\times10^{-19}J$
级差	分贝	dB	
线密度	特［克斯］	tex	$1tex=10^{-6}kg/m$
面积	公顷	hm^2	$1hm^2=10^4m^2$

注 1. 平面角单位度、分、秒的符号，在组合单位中应采用 (°)、(′)、(″) 的形式。例如，不用°/s 而用 (°)/s。

2. 升的符号中，小写字母l为备用符号。

3. 公顷的国际通用符号为 ha。

附1.2 质量单位换算

质量单位换算见附表 1-4。

附表 1-4　　　　　　　　　质 量 单 位 换 算

吨/t	千克/kg	克/g	英吨/ton	美吨/US ton	磅/lb	盎司/oz	市斤	市两
1	1×10^3	1×10^6	0.984207	1.10231	2204.62	35274.0	2×10^3	2×10^4
1×10^{-3}	1	1×10^3	9.84207×10^{-4}	1.10231×10^{-3}	2.20462	35.2740	2	20
1×10^{-6}	1×10^{-3}	1	9.84207×10^{-7}	1.10231×10^{-6}	2.20462×10^{-3}	0.0352740	2×10^{-3}	2×10^{-2}
1.01605	1016.05	1.01605×10^6	1	1.12	2240	35840		
0.907185	907.185	9.07185×10^5	0.892857	1	2000	32000		
4.5359237×10^{-4}	0.45359237	453.59237	4.46429×10^{-4}	5×10^{-4}	1	16	0.907184	9.07184
2.83495×10^{-5}	0.0283495	28.3495	2.79018×10^{-5}	3.125×10^{-5}	6.25×10^{-2}	1	0.0566990	0.566990
0.5×10^{-3}	0.5	5×10^2			1.10231	17.6370	1	10
0.5×10^{-4}	0.05	50			0.110231	1.76370	0.1	1

注　1. 英吨的单位符号为"ton"，在我国书刊中也有用"UK ton"。
　　2. 美吨是美国单位，又称为"short ton"，即短吨。

附 1.3　密度单位换算

密度单位换算见附表 1-5。

附表 1-5　　　　　　　　　密 度 单 位 换 算

千克每立方米(克每升)/(kg/m³)或(g/L)	克每毫升(克每立方厘米，吨每立方米)/(g/mL)或(g/cm³)或(t/m³)	磅每立方英寸/(lb/in³)	磅每立方英尺/(lb/ft³)	磅每英加仑/[lb/(UK gal)]	磅每美加仑/[lb/(US gal)]
1	0.001	3.61273×10^{-5}	6.24280×10^{-2}	1.00224×10^{-2}	0.834540×10^{-2}
1000	1	0.0361273	62.4280	10.0224	8.34540
27679.9	27.6799	1	1728	277.420	231
16.0185	0.0160185	5.78704×10^{-4}	1	0.160544	0.133681
99.7763	0.0997763	3.60165×10^{-3}	6.22883	1	0.832674
119.826	0.119826	4.32900×10^{-3}	7.48052	1.20095	1

注　$1lb/yd^3$（磅每立方码）$=0.037lb/ft^3=0.593276kg/m^3$。

附 1.4　速度单位换算

速度单位换算见附表 1-6。

附表 1-6

速度单位换算表（精确值用粗体字）

单位	米每秒/ (m/s)	厘米每秒/ (cm/s)	米每分/ (m/min)	米每时/ (m/h)	千米每时/ (km/h)	英尺每时/ (ft/h)	英尺每分/ (ft/min)	英尺每秒/ (ft/s)	英寸每秒/ (in/s)	英里每时/ (mile/h)	国际海里每时/ (kn)	市里每时/ (市里/h)
1 米每秒 (m/s)	**1**	**100**	**60**	**3.6×10³**	**3.6**	11.8110×10³	196.850	3.28084	39.3701	2.23694	1.94384	**7.2**
1 厘米每秒 (cm/s)	**0.01**	**1**	**0.6**	**36**	**0.036**	0.118110×10³	1.96850	0.0328084	0.393701	0.0223694	0.0194384	**0.072**
1 米每分 (m/min)	0.0166667	1.66667	**1**	**60**	**0.06**	0.19685×10³	3.28083	0.0546807	0.656168	0.0372823	0.0323973	**0.12**
1 米每时 (m/h)	0.277778×10⁻³	0.0277778	0.0166667	**1**	**1×10⁻³**	3.28084	0.0546807	0.911344×10⁻³	0.0109361	0.621371×10⁻³	0.539957×10⁻³	**2×10⁻³**
1 千米每时 (km/h)	0.277778	27.7778	16.6667	**1×10³**	**1**	3.28084×10³	54.6807	0.911344	10.9361	0.621371	0.539957	**2**
1 英尺每时 (ft/h)	0.846667×10⁻⁴	0.846667×10⁻²	0.508×10⁻²	**0.3048**	0.3048×10⁻³	**1**	0.0166667	2.77778×10⁻⁴	0.333333×10⁻²	1.89394×10⁻⁴	1.64578×10⁻⁴	0.6096×10⁻³
1 英尺每分 (ft/min)	**0.00508**	**0.508**	**0.3048**	**18.2880**	0.018288	**60**	**1**	0.0166667	**0.2**	0.0113636	9.87473×10⁻³	0.036576
1 英尺每秒 (ft/s)	**0.3048**	**30.48**	**18.2880**	**1.09728×10³**	**1.09728**	**3600**	**60**	**1**	**12**	0.681818	0.592484	2.19456
1 英寸每秒 (in/s)	**0.0254**	**2.54**	**1.524**	**91.44**	**0.09144**	**300**	**5**	0.0833333	**1**	0.0568182	4.93737×10⁻²	0.18288
1 英里每时 (mile/h)	**0.44704**	**44.704**	**26.8224**	**1609.344**	**1.609344**	**5280**	**88**	1.46667	**17.6**	**1**	0.868976	3.218688
1 国际海里 每时（kn）	0.514444	51.4444	30.8666	**1852**	**1.852**	6076.12	101.269	1.68781	20.2537	1.15078	**1**	3.704
1 英海里每时 (UK knot)	0.514773	51.4773	30.8864	**1.85318×10³**	**1.85318**	**6080**	101.333	1.68889	20.2667	1.15152	1.00064	3.706368
1 市里每时 (市里/h)	0.138889	13.8889	8.33333	**500**	**0.5**	1.64042×10³	27.3403	0.455672	5.46807	0.310686	0.269978	**1**

581

附 1.5　角速度单位换算

角速度单位换算见附表 1-7。

附表 1-7　　　　　　　　　　　　角 速 度 单 位 换 算

弧度每秒 /(rad/s)	弧度每分 /(rad/min)	转每秒 /(r/s)	转每分 /(r/min)	度每秒 /[(°)/s]	度每分 /[(°)/min]
1	60	0.159155	9.54930	57.2958	3437.75
0.0166667	1	0.00265258	0.159155	0.954930	57.2958
6.28319	376.991	1	60	360	21600
0.104720	6.28319	0.0166667	1	6	360
0.0174533	1.04720	0.00277778	0.166667	1	60
2.90888×10^{-4}	0.0174533	4.62963×10^{-5}	2.77778×10^{-3}	0.0166667	1

附 1.6　质量流量单位换算

质量流量单位换算见附表 1-8。

附表 1-8　　　　　　　　　　质 量 流 量 单 位 换 算

千克每秒 /(kg/s)	克每分 /(g/min)	克每秒 /(g/s)	吨每小时 /(t/h)	吨每分 /(t/min)	千克每小时 /(kg/h)	千克每分 /(kg/min)	英吨每小时 /(ton/h)	美吨每小时 /(US ton/h)
1	6×10^4	1000	3.6	0.06	3600	60	3.54315	3.96832
1.66667×10^{-5}	1	0.0166667	6×10^{-5}	1×10^{-6}	0.06	1×10^{-3}	5.90524×10^{-5}	6.61386×10^{-5}
0.001	60	1	0.0036	6×10^{-5}	3.6	0.06	0.354315×10^{-2}	0.396832×10^{-2}
0.277778	0.166667×10^5	277.778	1	0.0166667	1000	16.6667	0.984207	1.10231
16.6667	1×10^6	1.66667×10^4	60	1	6×10^4	1000	59.0524	66.1386
0.277778×10^{-3}	16.6667	0.277778	1×10^{-3}	1.66667×10^{-5}	1	0.0166667	0.984207×10^{-3}	1.10231×10^{-3}
0.0166667	1000	16.6667	0.06	0.001	60	1	0.0590524	0.0661386
0.282236	0.169342×10^5	282.236	1.01605	1.69342×10^{-2}	1016.05	16.9342	1	1.12
0.251996	15119.8	251.996	0.907185	0.0151198	907.185	15.1198	0.892859	1

附 1.7　体积流量单位换算

体积流量单位换算见附表 1-9。

附表 1-9 　　　　　　　　　　　　体 积 流 量 单 位 换 算

立方米每秒/(m³/s)	立方米每分/(m³/min)	立方米每小时/(m³/h)	立方厘米每秒/(cm³/s)	升每秒/(L/s)	升每分/(L/min)	升每小时/(L/h)	立方英尺每秒/(ft³/s)	立方英尺每分/(ft³/min)	立方英尺每小时/(ft³/h)
1	60	3600	1×10^6	1000	6×10^4	3.6×10^6	35.3147	0.211888×10^4	0.127133×10^6
0.0166667	1	60	0.166667×10^5	16.6667	1000	6×10^4	0.588578	35.3147	2118.88
2.77778×10^{-4}	0.0166667	1	277.778	0.277778	16.6667	1000	9.80963×10^{-3}	0.588578	35.3147
1×10^{-6}	6×10^{-5}	3.6×10^{-3}	1	1×10^{-3}	0.06	3.6	3.53147×10^{-5}	0.211888×10^{-2}	0.127133
0.001	0.06	3.6	1000	1	60	3600	0.0353147	2.11888	127.133
1.66667×10^{-5}	1×10^{-3}	0.06	16.6667	0.0166667	1	60	5.88578×10^{-4}	0.0353147	2.11888
0.277778×10^{-6}	0.166667×10^{-4}	0.001	0.277778	0.277778×10^{-3}	0.0166667	1	9.80963×10^{-6}	0.588578×10^{-3}	0.0353147
0.0283168	1.69908	101.941	0.283169×10^5	28.3168	1699.01	101940	1	60	3600
0.471947×10^{-3}	0.0283168	1.69902	0.471947×10^3	0.471947	28.3168	1699.02	0.0166667	1	60
7.86579×10^{-6}	0.471947×10^{-3}	0.0283168	7.86579	7.86579×10^{-3}	0.471947	28.3168	0.277778×10^{-3}	0.0166667	1

附 1.8　压力单位换算

压力单位换算见附表 1-10。

附表 1-10 　　　　　　　　　　　　压 力 单 位 换 算

帕斯卡/Pa (N/m²)	牛顿每平方毫米/(N/mm²) (MPa)	千克力每平方厘米/(kgf/cm²)	磅力每平方英寸/(lbf/in²)	巴/bar	毫巴/mbar	标准大气压/atm	托/Torr	英寸水柱/inH₂O	毫米汞柱/mmHg
1	1×10^{-6}	1.01972×10^{-5}	1.45038×10^{-4}	1×10^{-5}	0.01	9.86923×10^{-6}	0.750062×10^{-2}	4.01463×10^{-3}	7.50062×10^{-3}
1×10^6	1	10.1972	145.038	10	10^4	9.86923			
9.80665×10^4	9.80665×10^{-2}	1	14.2233	0.980665	980.665	0.967841	735.559		
6.89476×10^3	6.89476×10^{-3}	0.0703070	1	0.0689476	68.9476	0.0680460	51.7149		

帕斯卡/Pa （N/m²）	牛顿每 平方毫米 /(N/mm²) （MPa）	千克力每 平方厘米 /(kgf/cm²)	磅力 每平方 英寸 /(lbf/in²)	巴 /bar	毫巴 /mbar	标准大气压 /atm	托 /Torr	英寸水柱 /inH₂O	毫米汞柱 /mmHg
1×10^5		1.01972	14.5038	1	1000	0.986923	750.062		
100	1.01972×10^{-3}	0.0145038		0.001	1	9.86932×10^{-4}	0.750062	0.401463	0.750062
101325.0		1.03323	14.6959	1.01325	1013250	1	760		760
133.322	1.35951×10^{-3}	0.0193368	0.00133322	1.33322		1.31579×10^{-3}	1		1
249.089					2.49089			1	1.86832
133.322					1.33322			0.535240	1

注　1. 1at（工程大气压）＝1kgf/cm²＝0.96784atm＝98066.5Pa＝10^4mmH₂O＝735.6mmHg＝10mH₂O。

　　2. 1mmH₂O（kgf/m²）＝10^{-4}at＝0.9678atm＝9.80665Pa＝0.0736mmHg。

　　3. 1mmHg＝13.595mmH₂O＝133.322Pa＝0.001316at。

　　4. 托/Torr＝1mm 水银柱高。

附1.9　力单位换算

力单位换算见附表1-11。

附表1-11　力 单 位 换 算

牛/N	千克力/kgf	达因/dyn	吨力/tf	磅达/pdl	磅力/lbf
1	0.101972	100000	1.01972×10^{-4}	7.23301	0.224809
9.80665	1	980665	10^{-3}	70.9316	2.20462
10^{-5}	0.101972×10^{-5}	1	0.101972×10^{-8}	7.23301×10^{-5}	2.24809×10^{-6}
9806.65	1000	980665×10^3	1	70931.6	2204.62
0.138255	0.0140981	13825.5	1.40981×10^{-5}	1	0.0310810
4.44822	0.453592	444822	4.53592×10^{-4}	32.1740	1

附1.10　力矩与转矩单位换算

力矩与转矩单位换算见附表1-12。

附表1-12　力矩与转矩单位换算

牛米/(N·m)	千克力米/(kgf·m)	磅达英尺/(pdl·ft)	磅力英尺/(lbf·ft)	达因厘米/(dyn·cm)
1	0.101972	23.7304	0.737562	10^7
9.80665	1	232.715	7.23301	9.807×10^7
0.0421401	4.29710×10^{-3}	1	0.0310810	421401.24
1.35582	0.138255	32.1740	1	1.356×10^7
10^{-7}	1.020×10^{-8}	2.373×10^{-6}	0.7376×10^{-7}	1

附1.11　温度单位换算

温度单位换算见附表1-13。

附表 1-13　　　　　　　　　　　温 度 单 位 换 算

摄氏度/℃	华氏度/℉	兰氏度①/°R	开尔文/K
C	$\frac{9}{5}C+32$	$\frac{9}{5}C+491.67$	$C+273.15$②
$\frac{5}{9}(F-32)$	F	$F+459.67$	$\frac{5}{9}(F+459.67)$
$\frac{5}{9}(R-491.67)$	$R-459.67$	R	$\frac{5}{9}R$
$K-273.15$②	$\frac{9}{5}K-459.67$	$\frac{9}{5}K$	K

① 原文是 Rankine，故又称兰金度。

② 摄氏温度的标定是以水的冰点为一个参照点作为 0℃，相对于开尔文温度上的 273.15K。开尔文温度的标定是以水的三相点为一个参照点作为 273.15K，相对于摄氏 0.01℃（即水的三相点高于水的冰点 0.01℃）

附 1.12　功、能与热量单位换算

功、能与热量单位换算见附表 1-14。

附表 1-14　　　　　　　　　　　功、能与热量单位换算

焦耳/J	千瓦时/(kW·h)	千克力米/(kgf·m)	英尺磅力/(ft·lbf)	米制马力时/(Hp·h)	英制马力时/(hp·h)	千卡/kcal$_{IT}$①	英热单位/Btu	尔格/erg
1	2.77778×10^{-7}	0.101972	0.737562	3.77673×10^{-7}	3.72506×10^{-7}	2.38846×10^{-4}	9.47813×10^{-4}	1×10^{7}
3600000	1	367098	2655220	1.35962	1.34102	859.845	3412.14	3.6×10^{13}
9.80665	2.72407×10^{-6}	1	7.23301	3.70370×10^{-6}	3.65304×10^{-6}	2.34228×10^{-3}	9.2949×10^{-3}	9.80665×10^{7}
1.35582	3.76616×10^{-7}	0.138255	1	5.12055×10^{-7}	5.05051×10^{-7}	3.23832×10^{-4}	1.28507×10^{-3}	1.356×10^{7}
2647790	0.735499	270000	1952193	1	0.986321	632.415	2509.62	2.6478×10^{13}
2684520	0.745699	273745	1980000	1.01387	1	641.186	2544.43	2.68452×10^{13}
4186.80	1.163×10^{-3}	426.935	3088.03	1.58124×10^{-3}	1.55961×10^{-3}	1	3.96832	4.186798×10^{10}
1055.06	2.93071×10^{-4}	107.66	778.169	3.98467×10^{-4}	3.93015×10^{-4}	0.251996	1	10.55×10^{9}
10^{-7}	27.78×10^{-15}	0.102×10^{-7}	0.737×10^{-7}	37.77×10^{-15}	37.25×10^{-15}	23.9×10^{-12}	94.78×10^{-12}	1

注　1. 米制马力无国际符号，PS 为德国符号。

　　2. 在英制中功、能单位用"英尺磅力（ft·lbf）"以便与力矩单位"磅力英尺（lbf·ft）"区别开来。

① kcal$_{IT}$是指国际蒸汽表卡。

附 1.13　功率单位换算

功率单位换算见附表 1-15。

附表 1－15　功率单位换算

瓦[特]/W	千瓦[特]/kW	兆瓦[特]/MW	吉瓦[特]/GW	尔格每秒/(erg/s)	千克力米每秒/(kgf·m/s)	米制马力	英尺磅力每秒/(ft·lbf/s)	英制马力/hp	卡每秒/(cal/s)	千卡每小时/(kcal/h)	英热单位每小时/(Btu/h)
1	1×10^{-3}	1×10^{-6}	1×10^{-9}	1×10^{7}	0.101972	1.35962×10^{-3}	0.737562	1.34102×10^{-3}	0.238846	0.859845	3.41214
1×10^{3}	1	1×10^{-3}	1×10^{-6}	1×10^{10}	0.101972×10^{3}	1.35962	0.737562×10^{3}	1.34102	0.238846×10^{3}	0.859845×10^{3}	3412.14
1×10^{6}	1×10^{3}	1	1×10^{-3}	1×10^{13}	0.101972×10^{6}	1.35962×10^{3}	0.737562×10^{6}	1.34102×10^{3}	0.238846×10^{6}	0.859845×10^{6}	3.41214×10^{6}
1×10^{9}	1×10^{6}	1×10^{3}	1	1×10^{16}	0.101972×10^{9}	1.35962×10^{6}	0.737562×10^{9}	1.34102×10^{6}	0.238846×10^{9}	0.859845×10^{9}	3.41214×10^{9}
1×10^{-7}	1×10^{-10}	1×10^{-13}	1×10^{-16}	1	0.101972×10^{-7}	1.35962×10^{-10}	0.737562×10^{-7}	1.34102×10^{-10}	0.238846×10^{-7}	0.859845×10^{-7}	3.41214×10^{-7}
9.80665	9.80665×10^{-3}	9.80665×10^{-6}	9.80665×10^{-9}	9.80665×10^{7}	1	0.0133333	7.23301	0.0131509	2.34228	8.43220	33.4617
735.499	0.735499	0.735499×10^{-3}	0.735499×10^{-6}	0.735499×10^{10}	75	1	542.476	0.986320	175.671	632.415	2509.63
1.35582	1.35582×10^{-3}	1.35582×10^{-6}	1.35582×10^{-9}	1.35582×10^{7}	0.138255	1.84340×10^{-3}	1	1.81818×10^{-3}	0.323832	1.16579	4.62624
745.700	0.745700	0.745700×10^{-3}	0.745700×10^{-6}	0.745700×10^{10}	76.0402	1.01387	550	1	178.107	641.186	2544.43
4.1868	4.1868×10^{-3}	4.1868×10^{-6}	4.1868×10^{-9}	4.1868×10^{7}	0.426935	5.69246×10^{-3}	3.08803	5.61459×10^{-3}	1	3.6	14.286
1.163	1.163×10^{-3}	1.163×10^{-6}	1.163×10^{-9}	1.163×10^{7}	0.118593	1.58124×10^{-3}	0.857785	1.55961×10^{-3}	0.277778	1	3.96832
0.293071	0.293071×10^{-3}	0.293071×10^{-6}	0.293071×10^{-9}	0.293071×10^{7}	2.98849×10^{-2}	3.98466×10^{-4}	0.216158	3.93015×10^{-4}	0.0699988	0.251996	1

附 1.14 比能单位换算

比能单位换算见附表 1-16。

附表 1-16　　　　　　　比 能 单 位 换 算

焦每千克 /(J/kg)	千卡每千克 /(kcal$_{IT}$/kg)	热化学千卡每千克 /(kcal$_{th}$/kg)	15℃千卡每千克 /(kcal$_{15}$/kg)	英热单位每磅 /(Btu/lb)	英尺磅力每磅 /(ft·lbf/lb)	千克力米每千克 /(kgf·m/kg)
1	0.238846×10^{-3}	0.239006×10^{-3}	0.238920×10^{-3}	0.429923×10^{-3}	0.334553	0.101972
4186.8	1	1.00067	1.00031	1.8	1400.70	426.935
4184	0.999331	1	0.999642	1.79880	1399.77	426.649
4185.5	0.999690	1.00036	1	1.79944	1400.27	426.802
2326	0.555556	0.555927	0.555728	1	778.169	237.186
2.98907	7.13926×10^{-4}	7.14404×10^{-4}	7.14148×10^{-4}	1.28507×10^{-3}	1	0.3048
9.80665	2.34228×10^{-3}	2.34385×10^{-3}	2.34301×10^{-3}	4.21610×10^{-3}	3.28084	1

注　比能又称质量能。

附 1.15 比热容与比熵单位换算

比热容与比熵单位换算见附表 1-17。

附表 1-17　　　　　　　比热容与比熵单位换算

焦/(千克·开) /J/(kg·K)	千卡/(千克·开) /kcal/(kg·K)	热化学千卡 (千克·开) /kcal$_{th}$/(kg·K)	15℃千卡 (千克·开) /kcal$_{15}$/(kg·K)	英尺·磅力/ (磅·℉) /ft·lbf/(lb·℉)	千克力·米/ (千克·开) /kgf·m/(kg·K)
1	0.238846×10^{-3}	0.239006×10^{-3}	0.238920×10^{-3}	0.185863	0.101972
4186.8	1	1.00067	1.00031	778.169	426.935
4184	0.999331	1	0.999642	777.649	426.649
4185.5	0.999690	1.00036	1	777.928	426.802
5.38032	1.28507×10^{-3}	1.28593×10^{-3}	1.28507×10^{-3}	1	0.54864
9.80665	2.34228×10^{-3}	2.34385×10^{-3}	2.34301×10^{-3}	1.82269	1

注　比热容又称质量热容，比熵又称质量熵。

附 1.16 传热系数单位换算

传热系数单位换算见附表 1-18。

附表 1-18　　　　　　　传 热 系 数 单 位 换 算

瓦/(米²·开) /[W/(m²·K)]	卡/(厘米²·秒·开) /cal/(cm²·s·K)	千卡/(米²·小时·开) /kcal/(m²·h·K)
1	0.238846×10^{-4}	0.859845
41868	1	36000
1.163	2.77778×10^{-5}	1
5.67826	1.35623×10^{-4}	4.88243

附1.17 热导率单位换算

热导率单位换算见附表1-19。

附表1-19   热 导 率 单 位 换 算

瓦/(米·开) /[W/(m·K)]	卡/(厘米·秒·开) /cal/(cm·s·K)	千卡/(米·小时·开) /kcal/(m·h·K)	英热单位/ (英尺·小时·℉) /Btu/(ft·h·℉)
1	0.238846×10^{-2}	0.859845	0.577789
418.68	1	360	241.909
1.163	2.77778×10^{-3}	1	0.671969
1.73073	4.13379×10^{-3}	1.48816	1
0.144228	3.44482×10^{-4}	0.124014	0.0833333

附1.18 常用计量单位换算

长度单位换算见附表1-20，面积单位换算见附表1-21，体积、容积单位换算见附表1-22。

附表1-20   长 度 单 位 换 算

米/m	英寸/in	英尺/ft	码/yd	公里/km	英里/mile	(国际)海里/n mile
1	39.3701	3.28084	1.09361	0.001	6.21371×10^{-4}	5.39957×10^{-4}
0.0254	1	0.0833333	0.0277778	0.0254×10^{-3}	1.57828×10^{-5}	1.37149×10^{-5}
0.3048	12	1	0.333333	0.3048×10^{-3}	1.89394×10^{-4}	1.64579×10^{-4}
0.9144	36	3	1	0.9144×10^{-3}	5.68182×10^{-4}	4.93737×10^{-4}
1000.0	39370.1	3280.84	1093.61	1	0.621371	0.539957
1609.344	63360	5280	1760	1.609344	1	0.868976
1852	72913.4	6076.12	2025.37	1.852	1.15078	1

附表1-21   面 积 单 位 换 算

平方米 /m²	平方英寸 /in²	平方英尺 /ft²	平方码 /yd²	市亩	平方英里 /mile²	平方千米 /km²	公亩 /a	公顷 /hm²
1	1550.00	10.7639	1.19599	0.15×10^{-2}	3.86102×10^{-7}	1×10^{-6}	1×10^{-2}	1×10^{-4}
6.4516×10^{-4}	1	6.94444×10^{-3}	7.71605×10^{-4}	9.67742×10^{-7}	2.49098×10^{-10}	0.64516×10^{-9}	0.64516×10^{-5}	6.4516×10^{-8}
0.0929030	144	1	0.111111	1.39355×10^{-4}	3.58701×10^{-8}	9.29030×10^{-8}	9.29030×10^{-4}	9.29030×10^{-6}
0.836127	1296	9	1	1.25419×10^{-3}	3.22831×10^{-7}	8.36127×10^{-7}	8.36127×10^{-3}	8.36127×10^{-5}
6.66667×10^{2}	1.03333×10^{6}	7.17593×10^{3}	7.97327×10^{2}	1	2.57401×10^{-4}	6.66667×10^{-4}	6.66667	6.66667×10^{-2}

平方米 /m²	平方英寸 /in²	平方英尺 /ft²	平方码 /yd²	市亩	平方英里 /mile²	平方千米 /km²	公亩 /a	公顷 /hm²
2.58999×10^6	4.01449×10^9	2.78784×10^7	3.09760×10^6	3.88499×10^3	1	2.58999	25899.9	2.58999×10^2
1×10^6	1.55000×10^9	1.07639×10^7	1.19599×10^6	1500	0.386102	1	1×10^4	1×10^2
1×10^2	1.55000×10^5	1.07639×10^3	1.19599×10^2	0.15	3.86102×10^{-5}	1×10^{-4}	1	1×10^{-2}
1×10^4	1.55000×10^7	1.07639×10^5	1.19599×10^4	15	3.86102×10^{-3}	1×10^{-2}	1×10^2	1

注 1 英亩（acre）＝0.404686ha＝4046.86m²＝2.59km²。

附表 1－22 　　　　　　　　　　体积、容积单位换算

立方米 /m³	立方分米，升 /dm³，L	立方英寸 /in³	立方英尺 /ft³	立方码 /yd³	英加仑 /UK gal	美加仑 /US gal
1	1000	61023.7	35.3147	1.30795	219.969	264.172
0.001	1	61.0237	0.0353147	1.30795×10^{-3}	0.219969	0.264172
$0.16387064 \times 10^{-4}$	1.6387064×10^{-2}	1	5.78704×10^{-4}	2.14335×10^{-5}	3.60465×10^{-3}	4.32900×10^{-3}
0.0283168	28.3168	1728	1	0.0370370	6.22883	7.48052
0.764555	764.555	46656	27	1	168.178	201.974
4.54609×10^{-3}	4.54609	277.420	0.160544		1	1.20095
3.78541×10^{-3}	3.78541	231	0.133681		0.832674	1

注 1. 1 桶（barrel）（用于石油）＝9702in³＝158.9873dm³＝42USgal＝34.97UKgal。

　　2. 1 蒲式耳（bu）（美）＝2150.42in³＝35.239dm³。

附录 2　常用材料力学公式

附 2.1　基本符号

材料力学的基本符号见附表 2－1。

附表 2－1 　　　　　　　　　　材料力学的基本符号表

符号	名　　称	定　义　式	单位
A	面积		m²
a	长度		m
d	直径		m
d_i	内径		m
d_o	外径		m
E	弹性模量	$E = \dfrac{\sigma}{\varepsilon}$	Pa

符号	名　称	定　义　式	单位
F	纵向力、载荷		N
f	力、载荷		N
f_0	挠度		
G	剪切弹性模量	$G=\dfrac{1}{\beta}=\dfrac{\tau}{r}$	Pa
h	高度		m
I	轴向惯性矩		m^4
I_n	抗扭惯性矩		m^4
I_p	极惯性矩	$I_p=\displaystyle\int\gamma\rho^2\,\mathrm{d}A$	m^4
M	弯矩		N·m
m	弯矩		N·m
Q	剪力、载荷		N
q	应力、载荷		N
W	变形功	$W=\dfrac{1}{2}F\Delta s=\dfrac{1}{2}\dfrac{Fl^2}{GA}$	J
W	阻抗面矩		m^3
W_x	抗弯截面模量		m^3
W_n	抗扭截面模量		m^3
W_P	截面模量		m^3
ω	单位体积变形功	$\omega=\dfrac{W}{V}=\dfrac{1}{2}\dfrac{\tau^2}{G}$	J/m^3
α_0	角度		(°)
β	剪切因素		
γ	剪切角	$\gamma=\dfrac{\Delta s}{l}$	rad
ε	纵向线应变	$\varepsilon=\dfrac{\Delta l}{l}$	
ε'	横向线应变		
θ	转角		(°)
μ	泊松比	$\mu=\varepsilon'/\varepsilon$	
σ	正应力、胡克定律	$\sigma=\varepsilon E$	Pa
σ_B	抗拉强度	$\sigma_B=\dfrac{F_{\max}}{A}$	Pa
σ_V	等效应力		Pa
σ_z	许用正应力		Pa
τ	切应力	$\tau=\gamma G$	Pa
$\tau_{\max}$	最大切应力		Pa
τ_z	许用切应力		Pa

附 2.2 应力和应变

（1）应力状态分类。当三个主应力均不为零时称为三向应力状态，有一个主应力为零时称为二向应力状态，有两个主应力为零时称为单向应力状态。应力状态分类与实例见附表2-2。

附表 2-2 应力状态分类与实例

应力状态	实例	应力状态图示
单向应力状态 （线应力状态）	拉杆 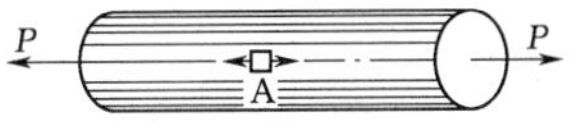 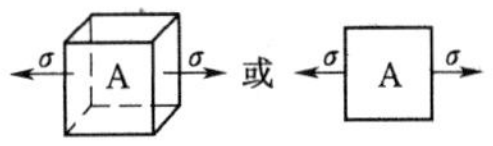	
	纯弯曲梁 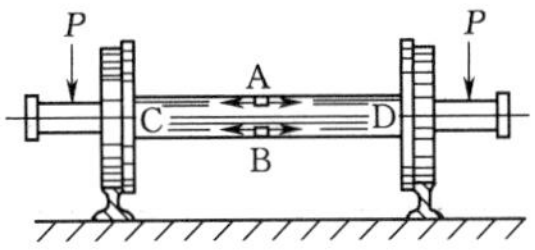 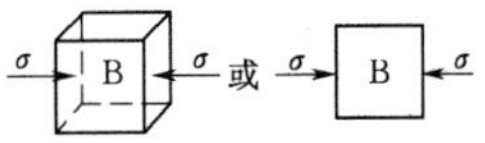	
二向应力状态 （平面应力状态）	高压气瓶 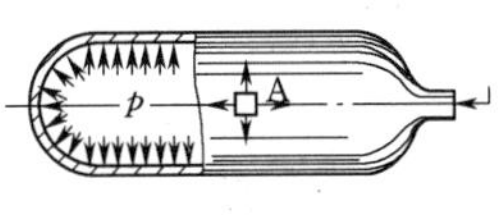 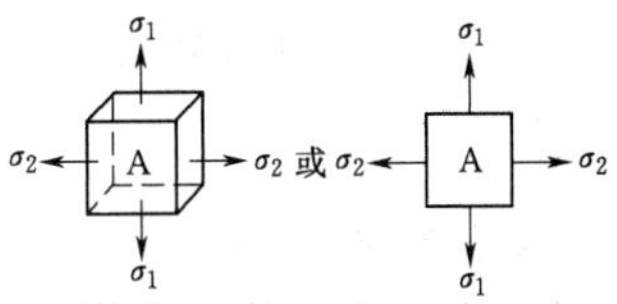	
	受扭杆  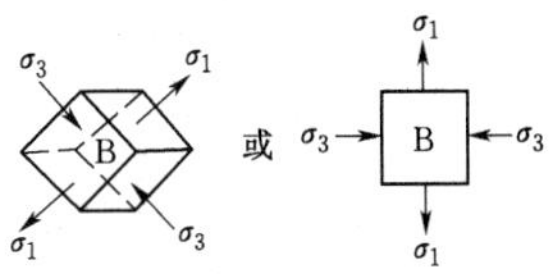	
	旋转盘 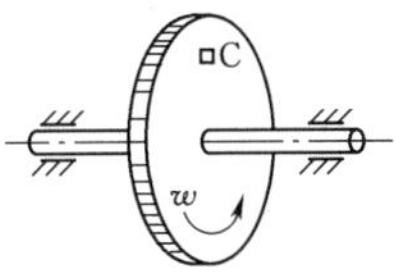 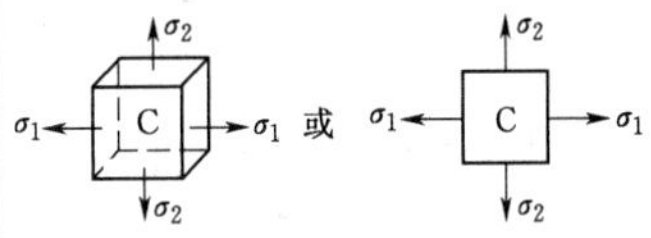	
三向应力状态 （空间应力状态）	滚柱轴承接触点 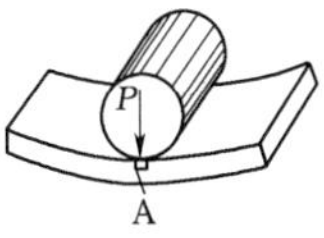 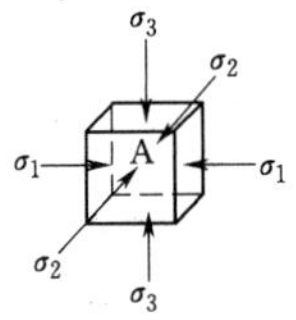	

（2）常用材料的 E、μ、G 值。在应变计算中，要用到弹性模量（E）、泊松比（μ）、剪切弹性模量（G）。常用材料的 E、μ、G 值见附表 2-3。

附表 2-3 常用材料的 E、μ、G 值

材料名称	E/GPa	μ	G/GPa
碳钢	196～206	0.24～0.28	78.5～79.4
合金钢	194～206	0.25～0.30	78.5～79.4
灰口铸铁	113～157	0.23～0.27	44.1

材料名称	E/GPa	μ	G/GPa
白口铸铁	113～157	0.23～0.27	44.1
纯铜	108～127	0.31～0.34	39.2～48.0
青铜	113	0.32～0.34	41.2
冷拔黄铜	88.2～97	0.32～0.42	34.4～36.3
硬铝合金	69.6	—	26.5
轧制铝	65.7～67.6	0.26～0.36	25.5～26.5
混凝土	15.2～35.8	0.16～0.18	—
橡胶	0.00785	0.461	—
木材（顺纹）	9.8～11.8	0.0539	—
木材（横纹）	0.49～0.98	—	—

注 E—弹性模量；μ—泊松比；G—切变模量。

（3）广义胡克定律。在弹性范围内线性的应力-应变关系常称为广义胡克定律见附表 2-4。

附表 2-4 　　　　　　　广　义　胡　克　定　律

应力状态		以应力表示应变	以应变表示应力
单向应力状态	$\sigma_1 \longleftarrow \Box \longrightarrow \sigma_1$	纵向主应变 $$\varepsilon_1 = \frac{\sigma_1}{E}$$ 在垂直于主应变 ε_1 方向上的横向应变 $$\varepsilon_2 = \varepsilon_3 = -\mu\varepsilon_1 = -\mu\sigma_1/E$$	主应力 $$\sigma_1 = E\varepsilon_1$$
二向应力状态	已知主应力或主应变	主应变 $$\varepsilon_1 = \frac{1}{E}(\sigma_1 - \mu\sigma_2)$$ $$\varepsilon_2 = \frac{1}{E}(\sigma_2 - \mu\sigma_1)$$ $$\varepsilon_3 = -\frac{\mu}{E}(\sigma_1 + \sigma_2)$$	主应力 $$\sigma_1 = \frac{E}{1-\mu^2}(\varepsilon_1 + \mu\varepsilon_2)$$ $$\sigma_2 = \frac{E}{1-\mu^2}(\varepsilon_2 + \mu\varepsilon_1)$$ $$\sigma_3 = 0$$
	已知一般应力或应变	应变分量 $$\varepsilon_x = \frac{1}{E}(\sigma_x - \mu\sigma_y)$$ $$\varepsilon_y = \frac{1}{E}(\sigma_y - \mu\sigma_x)$$ $$\varepsilon_z = -\frac{\mu}{E}(\sigma_x + \sigma_y)$$ $$\gamma_{xy} = \tau_{xy}/G$$ $$\gamma_{zx} = \gamma_{yz} = 0$$	应力分量 $$\sigma_x = \frac{E}{1-\mu^2}(\varepsilon_x + \mu\varepsilon_y)$$ $$\sigma_y = \frac{E}{1-\mu^2}(\varepsilon_y + \mu\varepsilon_x)$$ $$\tau_{xy} = G\gamma_{xy}$$ $$\sigma_z = \tau_{zx} = \tau_{zy} = 0$$

应力状态	以应力表示应变	以应变表示应力
三向应力状态 已知主应力或主应变 σ_2 σ_1 σ_3	主应变 $\varepsilon_1=\dfrac{1}{E}[\sigma_1-\mu(\sigma_2+\sigma_3)]$ $\varepsilon_2=\dfrac{1}{E}[\sigma_2-\mu(\sigma_3+\sigma_1)]$ $\varepsilon_3=\dfrac{1}{E}[\sigma_3-\mu(\sigma_1+\sigma_2)]$	主应力 $\sigma_1=2G\varepsilon_1+\lambda\theta$ $\sigma_2=2G\varepsilon_2+\lambda\theta$ $\sigma_3=2G\varepsilon_3+\lambda\theta$ 式中 $\theta=\varepsilon_1+\varepsilon_2+\varepsilon_3$ $\lambda=\mu E/[(1+\mu)(1-2\mu)]$

（4）应变能。在弹性范围内构件在变形状态下储存有能量，当外力卸掉时此能量可全部释放出来。这种能量称为应变能。材料单位体积所存有的能量称为应变能密度。不同应力状态下应变能密度的表达式见附表 2-5。

附表 2-5　　　　　　　　　　　　**应 变 能 密 度**

应力状态		应 变 能 密 度
单向应力状态		$u=\dfrac{1}{2}\sigma\varepsilon=\dfrac{1}{2}E\varepsilon^2=\dfrac{1}{2}\dfrac{\sigma^2}{E}$
纯剪应力状态		$u=\dfrac{1}{2}\tau\gamma=\dfrac{1}{2}G\gamma^2=\dfrac{1}{2}\dfrac{\tau^2}{G}$
三向应力状态	总能密度	$u=\dfrac{1}{2E}[\sigma_1^2+\sigma_2^2+\sigma_3^2-2\mu(\sigma_1\sigma_2+\sigma_2\sigma_3+\sigma_3\sigma_1)]$
	体积改变能密度	$u_V=\dfrac{1-2\mu}{6E}(\sigma_1+\sigma_2+\sigma_3)^2$
	畸变能密度	$u_d=\dfrac{1+\mu}{3E}(\sigma_1^2+\sigma_2^2+\sigma_3^2-\sigma_1\sigma_2-\sigma_2\sigma_3-\sigma_3\sigma_1)=\dfrac{1+\mu}{6E}[(\sigma_1-\sigma_2)^2+(\sigma_2-\sigma_3)^2+(\sigma_3-\sigma_1)^2]$

附2.3　材料强度和许用应力

（1）材料破坏的种类。

1）塑性破坏（延性破坏）。构件在静载荷作用下破坏前经历比较明显的塑性变形。

2）脆性破坏（脆断）。构件在静载荷作用下破坏前只经历很小的塑性变形。

3）疲劳破坏。构件在交变应力作用下经历足够的应力循环次数后而发生的突然断裂。即使是塑性材料在疲劳破坏时也无明显的塑性变形。

（2）强度理论。

1）常用的强度理论。对于材料破坏原因而提出的假说称为强度理论。根据不同的强度理论可将强度条件统一写成 $\sigma_r\leqslant[\sigma]$，其中 σ_r 为相当应力；$[\sigma]$ 为许用应力。

目前常用的强度理论及其相当应力见附表 2-6。

2）强度理论的适用范围。

A. 对于塑性材料建议采用第四强度理论，但是第三强度理论也能给出满意的结果。两种理论给出的结果相差不超过 15%。

B. 对于脆性材料建议采用莫尔强度理论。

C. 对于承受二向或三向拉伸的脆性材料建议采用第一强度理论。

附表 2-6　　　　　　　　　　　　　　　强度理论及其相当应力

强度理论名称	基 本 假 设	相 当 应 力
第一强度理论（最大拉应力理论）	最大拉应力是引起材料断裂的原因	$\sigma_{r1} = \sigma_1$
第二强度理论（最大拉应变理论）	最大拉应变是引起材料断裂的原因	$\sigma_{r2} = \sigma_1 - \mu(\sigma_2 + \sigma_3)$
第三强度理论（最大剪应力理论）	最大剪应力是引起材料屈服的原因	$\sigma_{r3} = \sigma_1 - \sigma_3$
第四强度理论（畸变能理论）	畸变能是引起材料屈服的原因	$\sigma_{r4} = \sqrt{\dfrac{1}{2}\left[(\sigma_1-\sigma_2)^2 + (\sigma_2-\sigma_3)^2 + (\sigma_3-\sigma_1)^2\right]}$
莫尔强度理论（修正的第三强度理论）	材料沿某一断面破坏的条件是该面上的 τ 和 σ 满足某一关系式 $\tau = f(\sigma)$	$\sigma_{rM} = \sigma_1 - \dfrac{\sigma_{bt}}{\sigma_{bc}}\sigma_3$ σ_{bt} ——抗拉强度； σ_{bc} ——抗压强度

（3）疲劳强度。

1）交变应力。金属构件承受周期性变化的应力称为交变应力，应力在最大应力和最小应力之间交替变化。在交变应力作用下构件的破坏常称为疲劳破坏。几种典型的交变应力变化规律见附表 2-7。

附表 2-7　　　　　　　　　　　　　　　几种典型的交变应力变化规律

序号	循环名称	循环特点	应力特点	图　　示
1	对称循环	$r = -1$	$\sigma_{max} = -\sigma_{min}$ $\sigma_m = 0$ $\sigma_a = \sigma_{max} = -\sigma_{min}$	
2	脉动循环	$r = 0$	$\sigma_{max} \neq 0$ $\sigma_{min} = 0$ $\sigma_m = \sigma_a = \sigma_{max}/2$	
3	不对称循环	$1 > r > -1$	$\sigma_{max} = \sigma_m + \sigma_a$ $\sigma_{min} = \sigma_m - \sigma_a$	
4	静载荷	$r = 1$	$\sigma_{max} = -\sigma_{min} = \sigma_m$ $\sigma_a = 0$	

2）交变应力的强度校核。交变应力的强度校核按附表 2-9 的公式进行，其中包括疲劳强度和屈服强度两种。对于 $r<0$ 的构件通常只作疲劳强度校核。对于对称循环，可令表中公式中的 $\sigma_m = \tau_m = 0$，而将 σ_a、τ_a 分别换为 $\sigma_{\max}$、$\tau_{\max}$。

附表 2-9 中的因数和系数可在相关手册的图中查取。表面强化时的表面质量系数 β 见附表 2-8。

附表 2-8 表面强化时的表面质量系数 β

强化方法	心部强度 σ_b/MPa	β		
		光滑试件	有应力集中的试件	
			$K_\sigma \leqslant 1.5$ 时	$K_\sigma \geqslant 1.8 \sim 2$ 时
高频淬火	600~800	1.5~1.7	1.6~1.7	2.4~2.8
	800~1000	1.3~1.55	1.4~1.5	2.1~2.4
氮化	900~1200	1.1~1.25	1.5~1.7	1.7~2.1
渗碳	400~600	1.8~2.0	3.0	3.5
	700~800	1.4~1.5	2.3	2.7
	1000~1200	1.2~1.3	2.0	2.3
喷丸	600~1500	1.1~1.25	1.5~1.6	1.7~2.1
滚压	600~1500	1.1~1.3	1.3~1.5	1.6~2.0

注 1. 高频淬火的数据系根据直径为 10~20mm、淬硬层厚度为 (0.05~0.20)d 的试件实验求得；对大尺寸试件，强化系数的值有所降低。
2. 氮化层厚度为 0.01d 时用小值；为 (0.03~0.04)d 时用大值。
3. 喷丸层厚度的数据系根据厚度为 8~40mm 的试件求得，喷丸速度低时用小值，速度高时用大值。
4. 滚压强化的数据，系根据直径为 17~130mm 的试件求得。

附表 2-9 交变应力的强度校核

受力情况	疲劳强度条件	屈服强度条件（只限于塑性材料）
弯曲或拉、压交变应力	$n_\sigma = \dfrac{\sigma_{-1}}{\dfrac{K_\sigma}{\varepsilon_\sigma \beta}\sigma_a + \psi_\sigma \sigma_m} \geqslant [n]$	$\sigma_{\max} \leqslant [\sigma]$ 或 $\dfrac{\sigma_s}{\sigma_{\max}} \geqslant n_s$
扭转交变应力	$n_\tau = \dfrac{\tau_{-1}}{\dfrac{K_\tau}{\varepsilon_\tau \beta}\tau_a + \psi_\tau \tau_m} \geqslant [n]$	$\tau_{\max} \leqslant [\tau]$ 或 $\dfrac{\tau_s}{\tau_{\max}} \geqslant n_s$
扭弯联合交变应力	$n_{\sigma\tau} = \dfrac{n_\sigma n_\tau}{\sqrt{n_\sigma^2 + n_\tau^2}} \geqslant [n]$	按附 2.5；附表 2-18

注 $n_\sigma n_\tau$—疲劳安全系数；n_s—以屈服极限作为极限应力时的安全系数，此时 n_σ 用 n_s 表示；$[n]$—疲劳许用安全系数；K_σ、K_τ—有效应力集中系数；ε_σ、ε_τ—尺寸系数；β—表面质量系数；ψ_σ、ψ_τ—反映材料性质的材料常数；

$$\psi_\sigma = \frac{\sigma_{-1} - 0.5\sigma_0}{0.5\sigma_0}, \quad \psi_\tau = \frac{\tau_{-1} - 0.5\tau_0}{0.5\tau_0}$$

对于碳钢 $\psi_\sigma = 0.1 \sim 0.2$，$\psi_\tau = 0.05 \sim 0.10$；对于合金钢 $\psi_\sigma = 0.25$，$\psi_\tau = 0.15$。

（4）许用应力与安全系数。

1）常温静载荷下的许用应力和安全系数。

塑性材料 $[\sigma]=\sigma_s/n_s$

脆性材料 $[\sigma]=\sigma_b/n_b$

式中 $[\sigma]$——许用应力；

σ_s、σ_b——材料的屈服强度及抗拉强度；

n_s、n_b——屈服及断裂的安全系数。

常温、静载下的安全系数推荐值及弯曲、扭转、剪切、承压许用应力与拉伸许用应力的近似关系分别见附表 2-10 和附表 2-11。

附表 2-10　　　　　　　　　常温、静载下安全系数的推荐值

n_a		n_b	
轧、锻钢件 1.2~2.2	铸钢件 1.6~3.0	钢 2.0~2.5	铸铁 4

附表 2-11　　　弯曲、扭转、剪切、承压许用应力与拉伸许用应力的近似关系

变形情况	弯曲 $[\sigma_f]$	扭转 $[t]$	剪切 $[t_{sh}]$	承压 $[\sigma_{bs}]$
塑性材料	$(1.0\sim1.2)[\sigma]$	$(0.5\sim0.6)[\sigma]$	$(0.6\sim0.8)[\sigma]$	$(1.5\sim2.5)[\sigma]$
脆性材料	$1.0[\sigma]$	$(0.8\sim1.0)[\sigma]$	$(0.8\sim1.0)[\sigma]$	$(0.9\sim1.5)[\sigma]$

2）动载荷下的安全系数。

A. 受动载荷或冲击载荷作用的构件，其动应力 σ_d 等于对应静载荷引起的静应力 σ_{st} 乘以动荷系数 K_d，即 $\sigma_d=K_d\sigma_{st}$。强度条件 $\sigma_d\leqslant[\sigma]$ 常写成 $\sigma_{st}\leqslant[\sigma]/K_d$。

B. 许用疲劳安全系数 $[n]$ 的推荐值为：材质均匀，计算精确时 $[n]=1.3\sim1.5$；材质不均匀，计算精度较低时，$[n]=1.5\sim1.8$；材质较差，计算精度很低时，$[n]=1.8\sim2.5$。

附 2.4　梁的相关计算公式

（1）梁的种类及载荷。处于弯曲变形的杆件称为梁。在下列条件下杆将产生平面弯曲（即杆轴弯曲后变为一平面曲线）：

1）对于实芯截面杆，当所有垂直于杆轴的外力（即横向外力）均位于截面的一个形心主惯性平面之内，其特性是截面至少有一个对称轴（如矩形，圆形，梯形截面等）而外力均位于一个对称平面之内。

2）对于薄壁截面杆件，当所有横向外力均通过截面剪切中心并且与截面的形心主惯轴之一平行。

梁的支反力由平衡方程可以确定时则为静定梁，其种类有：简支梁、悬臂梁、外伸梁、铰接梁。

梁上承受的载荷有：集中力，力偶和分布载荷。

（2）梁的剪力图和弯矩图。梁横截面上的内力有剪力和弯矩。常见的等截面静定梁的支反力、内力图及变形的计算公式见附表 2-12。

附表 2－12 常见的等截面静定梁的支反力、内力图及变形的计算公式

序号	梁的剪力图和弯矩图	支反力	弯矩方程式	挠曲线方程	梁端转角	最大挠度
1		$M_A = m_0$	$M(x) = -m_0$	$y = -\dfrac{m_0 x^2}{2EI}$	$\theta_B = -\dfrac{m_0 l}{EI}$	在 $x = l$ 处 $y_{max} = -\dfrac{m_0 l^2}{2EI}$
2		$R_A = P$ $M_A = Pl$	$M(x) = P(x - l)$	$y = -\dfrac{Pl^3}{6EI}\left(3\dfrac{x^2}{l^2} - \dfrac{x^3}{l^3}\right)$	$\theta_B = -\dfrac{Pl^2}{2EI}$	在 $x = l$ 处 $y_{max} = -\dfrac{Pl^3}{3EI}$
3		$R_A = P$ $M_A = Pa$	$M(x) = P(x - a)$ $(0 \le x \le a)$ $M(x) = 0$ $(a < x \le l)$	$y = -\dfrac{Px^2}{6EI}(3a - x)$ $(0 \le x \le a)$ $y = -\dfrac{Pa^2}{6EI}(3x - a)$ $(a < x \le l)$	$\theta_B = -\dfrac{Pa^2}{2EI}$	在 $x = l$ 处 $y_{max} = -\dfrac{Pa^2}{6EI}(3l - a)$
4		$R_A = ql$ $M_A = ql^2/2$	$M(x) = q\left(lx - \dfrac{l^2 + x^2}{2}\right)$	$y = -\dfrac{ql^4}{24EI}\left(6\dfrac{x^2}{l^2} - 4\dfrac{x^3}{l^3} + \dfrac{x^4}{l^4}\right)$	$\theta_B = -\dfrac{ql^3}{6EI}$	在 $x = l$ 处 $y_{max} = -\dfrac{ql^4}{8EI}$

序号	梁的剪力图和弯矩图	支反力	弯矩方程式	挠曲线方程	梁端转角	最大挠度
5	(图)	$R_A = R_B = P/2$	$M(x) = \dfrac{Px}{2}$ $\left(0 \leqslant x \leqslant \dfrac{l}{2}\right)$	$y = -\dfrac{Pl^3}{48EI}\left(3\dfrac{x}{l} - 4\dfrac{x^3}{l^3}\right)$ $\left(0 \leqslant x \leqslant \dfrac{l}{2}\right)$	$\theta_A = -\theta_B = -\dfrac{Pl^2}{16EI}$	在 $x = \dfrac{l}{2}$ 处 $y_{\max} = -\dfrac{Pl^3}{48EI}$
6	(图)	$R_A = \dfrac{Pb}{l}$ $R_B = \dfrac{Pa}{l}$	$M(x) = \dfrac{Pbx}{l}$ $(0 \leqslant x \leqslant a)$ $M(x) = \dfrac{Pbx}{l} - P(x-a)$ $(a < x \leqslant l)$	$y = -\dfrac{Pbx}{6EIl}(l^2 - x^2 - b^2)$ $(0 \leqslant x \leqslant a)$ $y = -\dfrac{Pb}{6EIl}\left[(l^2-b^2)x - x^3 + \dfrac{1}{b}(x-a)^3\right]$ $(a < x \leqslant l)$	$\theta_A = -\dfrac{Pab(l+b)}{6EIl}$ $\theta_B = \dfrac{Pab(l+b)}{6EIl}$	若 $a > b$, 在 $x = \sqrt{\dfrac{l^2-b^2}{3}}$ 处 $y_{\max} = -\dfrac{Pb}{9\sqrt{3}EIl}(l^2-b^2)^{3/2}$ 在 $x = \dfrac{l}{2}$ 处 $y_{l/2} = -\dfrac{Pb}{48EI}(3l^2-4b^2)$
7	(图)	$R_A = \dfrac{m_0}{l}$ $R_B = \dfrac{m_0}{l}$	$M(x) = m_0\left(1 - \dfrac{x}{l}\right)$	$y = -\dfrac{m_0 l^2}{6EI}\left(2\dfrac{x}{l} - 3\dfrac{x^2}{l^2} + \dfrac{x^3}{l^3}\right)$	$\theta_A = -\dfrac{m_0 l}{3EI}$ $\theta_B = \dfrac{m_0 l}{6EI}$	在 $x = \left(1 - \dfrac{1}{\sqrt{3}}\right)l$ 处 $y_{\max} = -\dfrac{m_0 l^2}{9\sqrt{3}EI}$ 在 $x = \dfrac{l}{2}$ 处 $y_{l/2} = -\dfrac{m_0 l^2}{16EI}$
8	(图)	$R_A = \dfrac{m_0}{l}$ $R_B = \dfrac{m_0}{l}$	$M(x) = \dfrac{m_0 x}{l}$	$y = -\dfrac{m_0 l^2}{6EI}\left(\dfrac{x}{l} - \dfrac{x^3}{l^3}\right)$	$\theta_A = -\dfrac{m_0 l}{6EI}$ $\theta_B = \dfrac{m_0 l}{3EI}$	在 $x = \dfrac{l}{\sqrt{3}}$ 处 $y_{\max} = -\dfrac{m_0 l^2}{9\sqrt{3}EI}$ 在 $x = \dfrac{l}{2}$ 处 $y_{l/2} = -\dfrac{m_0 l^2}{16EI}$

序号	梁的剪力图和弯矩图	支反力	弯矩方程式	挠曲线方程	梁端转角	最大挠度
9	A, C, B, m_0, a, b, l, R_A, R_B；弯矩图 $m_0 a/l$, $m_0 b/l$	$R_A = \dfrac{m_0}{l}$ $R_B = \dfrac{m_0}{l}$	$M(x) = -\dfrac{m_0 x}{l}$ $(0 \le x < a)$ $M(x) = m_0\left(1 - \dfrac{x}{l}\right)$ $(a < x \le l)$	$y = \dfrac{m_0 x}{6EIl}(l^2 - 3b^2 - x^2)$ $(0 \le x \le a)$ $y = -\dfrac{m_0(l-x)}{6EIl}\big[l^2 - 3a^2 - (l-x)^2\big]$ $(a < x \le l)$	$\theta_A = \dfrac{m_0}{6EIl}(l^2 - 3b^2)$ $\theta_B = \dfrac{m_0}{6EIl}(l^2 - 3a^2)$ $\theta_C = -\dfrac{m_0}{6EIl}(3a^2 + 3b^2 - l^2)$	在 $x = \sqrt{\dfrac{l^2 - 3b^2}{3}}$ 处 $y_{1max} = \dfrac{m_0(l^2 - 3b^2)^{3/2}}{9\sqrt{3}EIl}$ 在 $x = \sqrt{\dfrac{l^2 - 3a^2}{3}}$ 处 $y_{2max} = -\dfrac{m_0(l^2 - 3a^2)^{3/2}}{9\sqrt{3}EIl}$
10	A, B, q, θ_A, θ_B, x, l, R_A, R_B；剪力图 $ql/2$, $ql/2$	$R_A = R_B$ $= \dfrac{1}{2}ql$	$M(x) = \dfrac{qx}{2}(l - x)$	$y = -\dfrac{qx}{24EI}(l^3 - 2lx^2 + x^3)$	$\theta_A = -\theta_B = -\dfrac{ql^3}{24EI}$	在 $x = \dfrac{l}{2}$ 处 $y_{max} = -\dfrac{5ql^4}{384EI}$
11	A, B, q, a, b, c, l, R_A, R_B；$\dfrac{qb}{l}\left(\dfrac{b}{2}+c\right)$, $\dfrac{qb}{l}\left(\dfrac{b}{2}+a\right)$, M_{max}	$R_A = q\dfrac{b}{l}\left(\dfrac{b}{2}+c\right)$ $R_B = q\dfrac{b}{l}\left(\dfrac{b}{2}+a\right)$	$M(x) = \dfrac{qb}{l}\left(\dfrac{b}{2}+c\right)x$ $(0 \le x \le a)$ $M(x) = \dfrac{qb}{l}\left(\dfrac{b}{2}+c\right)x - \dfrac{q}{2}(x-a)^2$ $(0 \le x \le a+b)$ $M_{max} = \dfrac{qb}{l}\left(\dfrac{b}{2}+c\right)\left[a + \dfrac{b}{2l}\left(\dfrac{b}{2}+c\right)\right]$ $\left[$在 $x = a + \dfrac{b}{l}\left(\dfrac{b}{2}+c\right)$ 处$\right]$	$y = -\dfrac{qbx}{6EI}\left(\dfrac{b}{2}+c\right) \times$ $\left[l^2 - \left(\dfrac{b}{2}+c\right)^2 - \dfrac{1}{4}b^2 - x^2\right]$ $(0 \le x \le a)$ $y = -\dfrac{qb}{6EI}\left\{\left(\dfrac{b}{2}+c\right)\left[\left(\dfrac{b}{2}+c\right)^2 - \dfrac{1}{4}\right]x + \dfrac{l}{4b}(x-a)^4\right\}$ $b^2 - x^2$ $(a < x \le a+b)$ $y = -\dfrac{qb}{6EIl}(a+b)(l-x) \times$ $\left[l^2 - \left(a+\dfrac{b}{2}\right)^2 - \dfrac{1}{4}b^2 - (l-x)^2\right]$ $(a+b < x \le l)$	$\theta_A = -\dfrac{qb}{6EIl}\left(\dfrac{b}{2}+c\right)$ $\times \left[l^2 - \left(\dfrac{b}{2}+c\right)^2 - \dfrac{b^2}{4}\right]$ $\theta_B = \dfrac{qb}{6EIl}(a+b)$ $\times \left[l^2 - \left(a+\dfrac{b}{2}\right)^2 - \dfrac{b^2}{4}\right]$	在 $a \le x \le a+b$ 令 $y'=0$，求出 x 的数值解，代入方程即得 y_{max}

序号	梁的剪力图和弯矩图	支反力	弯矩方程式	挠曲线方程	梁端转角	最大挠度
12		$R_A = \dfrac{qb^2}{2l}$ $R_B =$ $qb\left(1-\dfrac{b}{2l}\right)$	$M(x) = \dfrac{qb^2}{2l}$ $(0 \le x \le a)$ $M(x) = \dfrac{qb^2}{2l}x - \dfrac{q}{2}(x-a)^2$ $(a < x \le l)$	$y = -\dfrac{qb^5}{24EIl}\left[\dfrac{x}{b}\left(2\dfrac{l^2}{b^2}-1\right) - 2\dfrac{x^3}{b^3}\right]$ $(0 \le x \le a)$ $y = -\dfrac{q}{24EIl}[b^2 x(2l^2-b^2) - 2b^2 x^3 + l(x-a)^4]$ $(a < x \le l)$	$\theta_A = -\dfrac{qb^2(2l^2-b^2)}{24EIl}$ $\theta_B = \dfrac{qb^2(2l-b)^2}{24EIl}$	若 $a>b$ 在 $x=l/2$ 处 $y_c = -\dfrac{qb^5}{24EIl}\left(\dfrac{3}{4}\dfrac{l^3}{b^3}-\dfrac{l}{2b}\right)$ 若 $a<b$ 在 $x=l/2$ 处 $y_c = -\dfrac{qb^5}{24EIl}\times\left[\dfrac{3}{4}\dfrac{l^3}{b^3}-\dfrac{l}{2b}\right.$ $\left.+\dfrac{1}{16}\dfrac{l^5}{b^5}\left(1-\dfrac{2a}{l}\right)^4\right]$
13		$R_A = R_B = P$	$M(x) = Px$ $(0 \le x \le a)$ $M = Pa$ $(a < x \le l-a)$	$y = -\dfrac{Px}{6EI}[3a(l-a)-x^2]$ $(0 \le x \le a)$ $y = -\dfrac{Pa}{6EI}[3x(l-x)-a^2]$ $(a < x \le l-a)$	$\theta_A = -\theta_B = -\dfrac{Pa}{2EI}(l-a)$	在 $x=l/2$ 处 $y_{max} = -\dfrac{Pa}{24EI}(3l^2-4a^2)$
14		$R_A = \dfrac{Pa}{l}$ $R_B =$ $\dfrac{P(a+l)}{l}$	$M(x) = -\dfrac{Pax}{l}$ $(0 \le x \le l)$ $M(x) = -P(l+a-x)$ $(l < x \le l+a)$	$y = \dfrac{Pal^2}{6EI}\left(\dfrac{x}{l}-\dfrac{x^3}{l^3}\right)$ $(0 \le x \le l)$ $y = \dfrac{P}{6EI}[al^2 x - ax^3 +$ $(a+l)(x-l)^3]$ $(l < x \le l+a)$	$\theta_A = \dfrac{Pal}{6EI}$ $\theta_B = -\dfrac{Pal}{3EI}$ $\theta_D = -\dfrac{Pa}{6EI}(2l+3a)$	在 $x=l+a$ 处 $y_{max} = -\dfrac{Pa^2}{3EI}(l+a)$ 在 $x=l/2$ 处 $y_{l/2} = \dfrac{Pal^2}{16EI}$

序号	梁的剪力图和弯矩图	支反力	弯矩方程式	挠曲线方程	梁端转角	最大挠度
15	A, R_A, B, C, l, q, a, D, R_B；$qa^2/2l$，$qa^2/2l$，$\frac{1}{2}qa^2$	$R_A = \frac{1}{2}\frac{qa^2}{2l}$ $R_B = qa\left(1+\dfrac{a}{2l}\right)$	$M(x) = -\dfrac{qa^2}{2l}x$ $(0 \le x \le l)$ $M(x) = -\dfrac{q}{2}(l+a-x)^2$ $(l < x \le l+a)$	$y = \dfrac{qa^2 l^2}{12EI}\left(\dfrac{x}{l} - \dfrac{x^3}{l^3}\right)$ $(0 \le x \le l)$ $y = -\dfrac{qa^2}{12EIl}\left[-l^2x + \dfrac{l}{2a^2}(x-l)^4 - (a+2l)(x-l)^3\right]$ $(l < x \le l+a)$	$\theta_A = \dfrac{qa^2 l}{12EI}$ $\theta_B = -\dfrac{qa^2 l}{6EI}$ $\theta_D = -\dfrac{qa^2}{6EI}(l+a)$	$x = l/2$ 处 $y_{l/2} = \dfrac{qa^2 l^2}{32EI}$ 在 $x = l+a$ 处 $y_{\max} = -\dfrac{qa^3}{24EI}(3a+4l)$
16	E, P, A, a, R_A, B, C, l, a, D, P, R_B；P，Pa，Pa	$R_A = R_B = P$	$M(x) = -Px$ $(0 \le x \le a)$ $M(x) = -Pa$ $(a < x \le l+a)$	$y = -\dfrac{P}{6EI}\left[a^2(2a+3l) - 3a(a+l)x + x^3\right]$ $(0 \le x \le a)$ $y = \dfrac{P}{6EI}\left[3a(a+l)x - a^2 \times (2a+3l) - x^3 + (x-a)^3\right]$ $(a < x \le l+a)$	$\theta_A = -\theta_B = \dfrac{Pal}{2EI}$ $\theta_E = -\theta_D = \dfrac{Pa(l+a)}{2EI}$	$y_D = y_E = -\dfrac{Pa^2(2a+3l)}{6EI}$ 在 $x = a+l/2$ 处 $y_C = \dfrac{Pal^2}{8EI}$
17	A, R_A, C, B, l, a, D, m_0, R_B；m_0/l，m_0	$R_A = \dfrac{m_0}{l}$ $R_B = \dfrac{m_0}{l}$	$M(x) = \dfrac{m_0}{l}x$ $(0 \le x \le l)$ $M(x) = m_0$ $(l < x \le l+a)$	$y = -\dfrac{m_0 l^2}{6EI}\left(\dfrac{x}{l} - \dfrac{x^3}{l^3}\right)$ $(0 \le x \le l)$ $y = \dfrac{m_0}{6EI}(l-3x)(l-x)$ $(l < x \le l+a)$	$\theta_A = -\dfrac{m_0 l}{6EI}$ $\theta_B = \dfrac{m_0 l}{3EI}$ $\theta_D = \dfrac{m_0}{3EI}(l+3a)$	在 $x = l/2$ 处 $y_{l/2} = -\dfrac{m_0 l^2}{16EI}$ $y_D = \dfrac{m_0}{6EI}(2la + 3a^2)$

序号	梁的剪力图和弯矩图	支反力	弯矩方程式	挠曲线方程	梁端转角	最大挠度
18		$R_A = R_B =$ $q\left(\dfrac{1}{2} + a\right)$	$M(x) = -\dfrac{qx^2}{2}\ (0 \le x \le a)$ $M(x) = q(x-a)\left(\dfrac{1}{2} + a\right)$ $-\dfrac{qx^2}{2}$ $(a < x \le a+l)$	$y(x) = \dfrac{qx}{24EI}(6a^2 x + 4ax^2$ $+ x^3 + l^3 - 6a^2 l)$ $(0 \le x \le a)$ $y(x) = \dfrac{qx}{24EI}[6a^2(x-l) -$ $2lx^2 + x^3 + l^3]$ $(a < x \le a+l)$	$\theta_A = -\theta_B =$ $-\dfrac{ql^3}{24EI}\left(1 - 6\dfrac{a^2}{l^2}\right)$	$y_{(a+\frac{l}{2})} = y_{max} = -\dfrac{ql^4}{384EI} \times$ $\left(5 - 24\dfrac{a^2}{l^2}\right)$ $y_C = y_D = -\dfrac{qa^3}{24EI} \times$ $\left(6\dfrac{a^2}{l^2} + 3\dfrac{a^3}{l^3} - 1\right)$
19		$R_B = qa$ $M_B = -qa$ $\left(l - \dfrac{a}{2}\right)$	$M(x) = -\dfrac{qx^2}{2}$ $(0 \le x \le a)$ $M(x) = -qa\left(x - \dfrac{a}{2}\right)$ $(a < x \le l)$	$y(x) = -\dfrac{ql^4}{24EI} \times$ $\left[3 - 4\dfrac{a^3}{l^3} - 4\left(1 - \dfrac{a^3}{l^3}\right)\right.$ $\left.\times\dfrac{x}{l} + \dfrac{x^4}{l^4}\right]$ $(0 \le x \le a)$ $y(x) = -\dfrac{ql^4}{24EI} \times$ $\left[3 - 4\dfrac{a^3}{l^3} - 4\left(1 - \dfrac{a^3}{l^3}\right)\right.$ $\left.\times\dfrac{x}{l} + \dfrac{x^4}{l^4} - \dfrac{(x-b)^4}{l^4}\right]$ $(a < x \le l)$	$\theta_A = \dfrac{ql^3}{6EI}\left(1 - \dfrac{a^3}{l^3}\right)$	$y_A = y_{max} = -\dfrac{ql^4}{24EI} \times$ $\left(3 - 4\dfrac{a^3}{l^3} + \dfrac{a^4}{l^4}\right)$
20		$R_B = qb$ $M_B = -qb$ $\left(c + \dfrac{b}{2}\right)$	$M(x) = 0\quad(0 \le x \le a)$ $M(x) = -\dfrac{q(x-a)^2}{2}$ $(a < x \le a+b)$ $M(x) = -qb\left[x - \left(a + \dfrac{b}{2}\right)\right]$ $[(a+b) < x \le l]$		$\theta_A = \dfrac{qb}{24EI} \times$ $\left[12\left(c + \dfrac{b}{2}\right)^2 + b^2\right]$	$y_A = y_{max} = -\dfrac{qb}{24EI} \times$ $\left[12l\left(c + \dfrac{b}{2}\right)^2 - 4\right]$ $\left(c + \dfrac{b}{2}\right)^3 + \left(a + \dfrac{b}{2}\right)b^2$

注 式中 x 为从梁左端起量的横坐标，y 轴以向上为正。

（3）梁的应力。梁平面弯曲时存在一长度不变的中性层，中性层与横截面的交线称为中性轴，中性轴通过截面的形心。在横截面上沿截面高度出现线性分布的正应力和抛物线分布的切应力。

通常情况下只需对梁的正应力进行强度校核。只在下列情况时尚须补充作剪切应力强度校核：一是梁的跨度较短，或在支座附近施加有大的集中载荷；二是铆接或焊接的工字梁，如腹板较薄而截面高度较大，此情况还须对铆钉或焊缝作剪切强度校核。弯曲时最大切应力计算公式见附表 2-13。

附表 2-13　弯曲时最大切应力的计算公式

序号	横截面积与切应力分布图	切应力与最大切应力计算公式
1		$\tau_y = \dfrac{3}{2}\dfrac{Q}{A}\left[1-4\left(\dfrac{y}{h}\right)^2\right]$ $\tau_{max} = \dfrac{3}{2}\dfrac{Q}{A}$（$y=0$ 处）
2		$\tau_y = \dfrac{4}{3}\dfrac{Q}{A}\left[1-\left(\dfrac{y}{r}\right)^2\right]$ $\tau_{max} = \dfrac{4}{3}\dfrac{Q}{A}$（$y=0$ 处）
3		$\tau_y = \dfrac{2Q}{A}\left[1-\left(\dfrac{y}{r}\right)^2\right]$ $\tau_{max} = \dfrac{2Q}{A}$（$y=0$ 处） （薄环，$r \geqslant 10t$）
4		$\tau_y = \dfrac{4Q}{3\pi(r_2^4-r_1^4)}(r_2^2-y^2)$（$r_1 \leqslant y \leqslant r_2$） $\tau_y = \dfrac{4Q}{3\pi(r_2^4-r_1^4)}\left[r_2^2+r_1^2-2y^2+\sqrt{(r_2^2-y^2)(r_1^2-y^2)}\right]$ （$0 \leqslant y < r_1$） $\tau_{max} = \dfrac{Q}{A}\dfrac{4(r_2^2+r_2r_1+r_1^2)}{3(r_2^2+r_1^2)}$（$y=0$ 处）
5		$\tau_y = \dfrac{3Q}{2[Bh_1^3-b(h_1-\delta_1)^3+\delta_2h_2^3]}(h_2^2-y^2)$ $\tau_{max} = \dfrac{3Qh_2^2}{2[Bh_1^3-b(h_1-\delta_1)^3+\delta_2h_2^3]}$

序号	横截面积与切应力分布图	切应力与最大切应力计算公式
6		$\tau_y = \dfrac{3Q}{2(b_2 h_2^3 - b_1 h_1^3)}(h_2^2 - 4y^2) \left(\dfrac{h_1}{2} \leqslant y \leqslant \dfrac{h_2}{2}\right)$ $\tau_y = \dfrac{3Q}{2(b_2 h_2^3 - b_1 h_1^3)}\left(\dfrac{b_2 h_2^2 - b_1 h_1^2}{t} - 4y^2\right)\left(0 \leqslant y < \dfrac{h_1}{2}\right)$ $\tau_{\max} = \dfrac{Q}{A} \cdot \dfrac{3(b_2 h_2^2 - b_1 h_1^2)(h_2 b_2 - h_1 b_1)}{2(b_2 h_2^3 - b_1 h_1^3)t}(y=0 \, 处)$

注　Q—横截上的切力；τ_y—沿 y 向的切应力；A—横截面面积。

（4）等强度梁。对于变截面梁，当梁的每一截面上的最大正应力均达到材料的许用应力时，这种梁称为等强度梁，其截面变化规律应按照 $\dfrac{M(x)}{W(x)} \leqslant [\sigma]$ 计算。等强度梁的截面尺寸与挠度计算公式见附表 2-14。

附表 2-14　　　　　　　　等强度梁的截面尺寸与挠度计算公式

序号	梁 的 形 状	计 算 公 式	
		截面尺寸	最大挠度
1	等宽截面悬臂梁受集中力 	$h(x) = \sqrt{\dfrac{6Px}{b[\sigma]}}$ $h = \sqrt{\dfrac{6Pl}{b[\sigma]}}$ $h_{\min} = \dfrac{3P}{2b[\tau]}$	$y_{\max} = \dfrac{8Pl^3}{Ebh^3}$
2	等宽截面悬臂梁受均布力 	$h(x) = \left(\sqrt{\dfrac{3q}{b[\sigma]}}\right)x$ $h = \left(\sqrt{\dfrac{3q}{b[\sigma]}}\right)l$ $h_{\min}$ 按结构决定	$y_{\max} = \dfrac{6ql^4}{Ebh^3}$
3	等高截面悬臂梁受集中力 	$b(x) = \dfrac{6Px}{h^2[\sigma]}$ $b = \dfrac{6Pl}{h^2[\sigma]}$ $b_{\min} = \dfrac{3P}{2h[\tau]}$	$y_{\max} = \dfrac{6Pl^3}{Ebh^3}$
4	等高截面悬臂梁受均布力 	$b(x) = \dfrac{3qx^2}{h^2[\sigma]}$ $b = \dfrac{3ql^2}{h^2[\sigma]}$ $b_{\min}$ 按结构决定	$y_{\max} = \dfrac{3ql^4}{Ebh^3}$

（5）平面图形的几何性质。平面图形对通过面内任一点的某一坐标轴的惯积如果为零时，这一对轴称为图形过该点的主惯轴，图形对两个主惯轴的惯矩称为主惯矩。图形对过某点的所有轴的惯矩中主惯矩具有极值，即其中一个主惯矩有极大值，另一个主惯矩有极

小值。最常用的是通过形心的主惯矩和形心主惯矩。静矩、惯矩、惯积、极惯矩定义见附表 2-15，惯矩与惯积的平行轴公式和转轴公式见附表 2-16，常用平面图形几何性质的计算公式见附表 2-17。

附表 2-15   静矩、惯矩、惯积、极惯矩定义

	单个图形	组合图形
平面图形几何性质	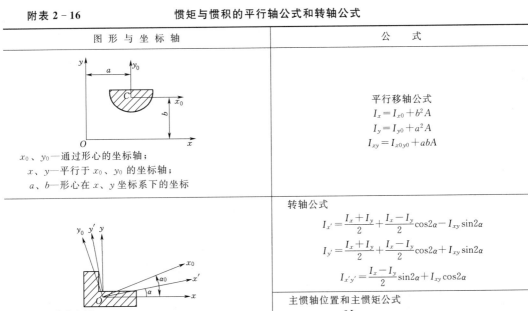	
静矩	$S_x = \int_A y \, dA = Ay_c$ $S_y = \int_A x \, dA = Ax_c$	$S_x = \sum A_i x_i = Ay_c$ $S_y = \sum A_i y_i = Ax_c$
惯矩	$I_x = \int_A y^2 \, dA$ $I_y = \int_A x^2 \, dA$	$I_x = \sum \int_{A_i} y^2 \, dA = \sum (I_x)_i$ $I_y = \sum \int_{A_i} x^2 \, dA = \sum (I_y)_i$
惯积	$I_{xy} = \int_A xy \, dA$	$I_{xy} = \sum \int_{A_i} xy \, dA = \sum (I_{xy})_i$
极惯矩	$I_P = \int_A \rho^2 \, dA$	$I_P = \sum \int_{A_i} \rho^2 \, dA$

附表 2-16   惯矩与惯积的平行轴公式和转轴公式

图 形 与 坐 标 轴	公 式
x_0、y_0—通过形心的坐标轴； x、y—平行于 x_0、y_0 的坐标轴； a、b—形心在 x、y 坐标系下的坐标	平行移轴公式 $I_x = I_{x0} + b^2 A$ $I_y = I_{y0} + a^2 A$ $I_{xy} = I_{x0y0} + abA$
x、y—基本坐标； x'、y'—基本坐标轴绕 O 点旋转 α 角后的位置，α 角逆时针转为正，反之为负； x_0、y_0—通过 O 点的主惯轴	转轴公式 $I_{x'} = \dfrac{I_x + I_y}{2} + \dfrac{I_x - I_y}{2} \cos 2\alpha - I_{xy} \sin 2\alpha$ $I_{y'} = \dfrac{I_x + I_y}{2} + \dfrac{I_x - I_y}{2} \cos 2\alpha + I_{xy} \sin 2\alpha$ $I_{x'y'} = \dfrac{I_x - I_y}{2} \sin 2\alpha + I_{xy} \cos 2\alpha$ 主惯轴位置和主惯矩公式 $\tan 2\alpha_0 = -\dfrac{2 I_{xy}}{I_x - I_y}$ (α_0 有两个主值，对应两个主惯轴) $I_{\max} = \dfrac{1}{2}(I_x + I_y) + \dfrac{1}{2}\sqrt{(I_x - I_y)^2 + 4 I_{xy}^2}$ $I_{\min} = \dfrac{1}{2}(I_x + I_y) - \dfrac{1}{2}\sqrt{(I_x - I_y)^2 + 4 I_{xy}^2}$

附表 2-17

常用平面图形几何性质的计算公式

序号	简图	面积 A	惯矩 I_x、I_y	形心至边界距离 e_x、e_y	抗弯截面模量 W_x、W_y	惯性半径 i_x、i_y
1	正方形	$A=a^2$	$I_x=I_y=\dfrac{a^4}{12}$	$e_y=\dfrac{a}{2}$ $e_{y_1}=0.7071a$	$W_x=\dfrac{a^3}{6}$ $W_{x_1}=0.1179a^3$	$i=0.289a$
2	矩形	$A=bh$	$I_x=\dfrac{bh^3}{12}$ $I_y=\dfrac{b^3h}{12}$	$e_y=\dfrac{h}{2}$ $e_x=\dfrac{b}{2}$	$W_x=\dfrac{bh^2}{6}$ $W_y=\dfrac{hb^2}{6}$	$i_x=0.289h$ $i_y=0.289b$
3	空心正方形	$A=a^2-b^2$	$I_x=I_y=\dfrac{a^4-b^4}{12}$	$e_y=\dfrac{a}{2}$ $e_{y_1}=0.7071a$	$W_x=\dfrac{a^4-b^4}{6a}$ $W_{x_1}=0.1179\dfrac{a^4-b^4}{a}$	$i=0.289\sqrt{a^2+b^2}$
4	三角形	$A=\dfrac{bh}{2}$	$I_x=\dfrac{bh^3}{36}$	$e_y=\dfrac{2}{3}h$	$W_x=\dfrac{bh^2}{24}$	$i=0.236h$

序号	简 图	面积 A	惯矩 I_x、I_y	形心至边界距离 e_x、e_y	抗弯截面模量 W_x、W_y	惯性半径 i_x、i_y
5	梯形	$A=\dfrac{h(a+b)}{2}$	$I_x=\dfrac{h^3(a^2+4ab+b^2)}{36(a+b)}$	$e_y=\dfrac{h(a+2b)}{3(a+b)}$	$W_x=\dfrac{h^2(a^2+4ab+b^2)}{12(a+2b)}$	$i=\dfrac{h}{3(a+b)}\times\sqrt{\dfrac{a^2+4ab+b^2}{2}}$
6	圆	$A=\dfrac{\pi}{4}d^2$	$I_x=I_y=\dfrac{\pi}{64}d^4$	$e_y=d/2$	$W=\dfrac{\pi}{32}d^3=\dfrac{\pi R^3}{4}\approx0.1d^4$	$i=d/4$
7	空心圆	$A=\dfrac{\pi}{4}(D^2-d^2)$ $\approx0.393D^2(1-a^2)$ $a=d/D$	$I_x=I_y=\dfrac{\pi}{64}(D^4-d^4)$ $\dfrac{\pi D^4}{64}(1-a^4)$ $a=d/D$	$e_y=D/2$	$W=\dfrac{\pi}{32D}(D^4-d^4)$ $=\dfrac{\pi D^3}{32}(1-a^4)$ $a=d/D$	$i=\dfrac{1}{4}\sqrt{D^2+d^2}$
8	半圆形	$A=\dfrac{\pi(D^2-d^2)}{8}$	$I_x\approx0.00686(D^4-d^4)-$ $\dfrac{0.0177D^2d^2(D-d)}{d+D}$ $=0.00686D^4\times$ $\left(1-a^4-2.58a^2\dfrac{1-a}{1+a}\right)\times$ $I_y=\dfrac{\pi(D^4-d^4)}{128}$ $=\dfrac{\pi D^4}{128}(1-a^4)$ $\approx0.0246D^4\times(1-a^4)$	$e_x=\dfrac{D}{2}$ $e_y=\dfrac{2}{3\pi}\dfrac{D^2+Dd+d^2}{D+d}$ $e_{y'}\approx D\times$ $\left(0.288-0.212\dfrac{a^2}{1+a}\right)$	$W_x\approx0.00686D^3\times$ $\dfrac{(1-a^4)(1+a)(1-a)}{0.288(1+a)-0.212a^2}$ (对顶边) $W_x\approx0.0324D^3\times$ $\dfrac{(1-a^4)(1+a)(1-a)}{1+a^2}$ (对底边) $W_y=\dfrac{\pi D^3}{64}(1-a^4)$ $\approx0.05D^3(1-a^4)$	$i_x=\sqrt{\dfrac{I_x}{A}}$ $i_y=\dfrac{D}{4}\sqrt{1+a^2}$

序号	简图	面积 A	惯矩 I_x, I_y	形心至边界距离 e_x, e_y	抗弯截面模量 W_x, W_y	惯性半径 i_x, i_y
9	半圆	$A=\dfrac{\pi d^2}{8}\approx 0.393d^2$	$I_x\approx\dfrac{d^4}{16}\left(\dfrac{\pi}{8}-\dfrac{8}{9\pi}\right)$ $\approx 0.00686d^4$ $I_y=\dfrac{\pi d^4}{128}=\dfrac{\pi r^4}{8}$ $\approx 0.0246d^4$	$e_x=d/2$ $\dfrac{2d}{3\pi}\approx 0.212d$ $e_y'=0.288d$	$W_x\approx 0.0324d^3$ (对底边) $W_x\approx 0.0239d^3$ (对顶边) $W_y=\dfrac{\pi d^3}{64}\approx 0.05d^3$	$I_x=0.132d$ $I_y=d/4$
10	薄壁正方形	$A\approx 4a\delta$ $\delta<a/15$	$I_x=I_y=\dfrac{2}{3}a^3\delta$	$e_x=e_y=a/2$	$W_x=W_y=\dfrac{4}{3}a^2\delta$	$i_x=i_y=\dfrac{a}{\sqrt{6}}$ $=0.408a$
11	侧置正方形	$A=a^2$	$I_x=I_y=\dfrac{a^4}{12}$	$e_x=e_y=\dfrac{a}{\sqrt{2}}$ $=0.707a$	$W_x=W_y=\dfrac{a^3}{6\sqrt{2}}$ $=0.118a^3$	$i_x=i_y=0.289a$
12	单键圆截面	$A=\dfrac{\pi}{4}d^2-bt$	$I_x=\dfrac{\pi d^4}{64}-\dfrac{bt(d-t)^2}{4}$ $I_y=\dfrac{\pi d^4}{64}-\dfrac{tb^3}{12}$	$e_y=d/2$ $e_x=d/2$	$W_x=\dfrac{\pi d^3}{32}-\dfrac{bt(d-t)^2}{2d}$ $W_y=\dfrac{\pi d^3}{32}-\dfrac{tb^3}{6d}$	$i_x=\dfrac{1}{4}\sqrt{\dfrac{\pi d^4-16bt(d-t)^2}{\pi d^2-4bt}}$ $i_y=\dfrac{1}{8}\sqrt{\dfrac{4(3\pi d^4-16tb^3)}{3(\pi d^2-4bt)}}$

序号	简　图	面积 A	惯矩 I_x、I_y	形心至边界距离 e_x、e_y	抗弯截面模量 W_x、W_y	惯性半径 i_x、i_y
13	双键圆截面	$A=\dfrac{\pi}{4}d^2-2bt$	$I_x=\dfrac{\pi d^4}{64}-\dfrac{bt(d-t)^2}{2}$ $I_y=\dfrac{\pi d^4}{64}-\dfrac{tb^2}{6}$	$e_y=d/2$ $e_x=d/2$	$W_x=\dfrac{\pi d^3}{32}-\dfrac{bt(d-t)^2}{d}$ $W_y=\dfrac{\pi d^3}{32}-\dfrac{tb^3}{3d}$	$i=\sqrt{\dfrac{I}{A}}$
14	带横孔的圆	$A=\dfrac{\pi}{4}d^2-d_1d$	$I_x=\dfrac{\pi d^4}{64}(1-1.69\beta)$ $I_y=\dfrac{\pi d^4}{64}(1-1.69\beta^3)$ $\beta=d_1/d$	$e_y=d/2$ $e_x=d/2$	$W_x=\dfrac{\pi d^3}{32}(1-1.69\beta)$ $W_y=\dfrac{\pi d^3}{32}(1-1.69\beta^3)$	$i=\sqrt{\dfrac{I}{A}}$
15	花键	$A=\dfrac{\pi}{4}d^2$ $+\dfrac{zb(D-d)}{2}$ （z—花键齿数）	$I_x=\dfrac{\pi d^4}{64}$ $+\dfrac{bz(D-d)(D+d)^2}{64}$	$e_y=D/2$ $e_x=d/2$	$W_x=$ $\dfrac{\pi d^4+bz(D-d)(D+d)^2}{32D}$	$i_x=\dfrac{1}{4}\sqrt{\dfrac{J}{K}}$ $J=\pi d^4+bz(D-d)\cdot(D+d)^2$ $K=\pi d^2+2zb(D-d)$

序号	简 图	面积 A	惯矩 I_x,I_y	形心至边距离 e_x,e_y	抗弯截面模量 W_x,W_y	惯性半径 i_x,i_y
16	型钢截面	$A=BH+bh$	$I_x=\dfrac{BH^3+bh^3}{12}$	$e_y=H/2$	$W_x=\dfrac{BH^3+bh^3}{6H}$	$i_x=\sqrt{\dfrac{I_x}{A}}$
17	型钢截面	$A=BH-b(e_{y_2}+h)$	$I_x=\dfrac{1}{3}\left(Be_{y_1}^3+ae_{y_2}^3-bh^3\right)$	$e_{y_1}=\dfrac{aH^2+bd^2}{2(aH+bd)}$ $e_{y_2}=H-e_{y_1}$	$W_{x_1}=\dfrac{I_x}{e_{y_1}}$ $W_{x_2}=\dfrac{I_x}{e_{y_2}}$	$i_x=\sqrt{\dfrac{I_x}{A}}$
18	型钢截面	$A=BH-bh$	$I_x=\dfrac{BH^3-bh^3}{12}$	$e_y=\dfrac{H}{2}$	$W_x=\dfrac{BH^3-bh^3}{6H}$	$i_x=\sqrt{\dfrac{I_x}{A}}$

附 2.5 圆轴扭弯组合的强度

工程中的传动轴大多承受扭转与弯曲的同时作用，须要按照强度理论进行强度计算。圆轴扭弯组合的强度条件见附表 2-18。

附表 2-18　　　　　　　　　　　圆轴扭弯组合下的强度条件

强度理论	相 当 应 力	强 度 条 件
第三理论	$\sigma_{r3} = \sqrt{\sigma^2 + 4\tau^2}$	$\sigma_{r3} = \dfrac{1}{W}\sqrt{M^2 + T^2} \leqslant [\sigma]$
第四理论	$\sigma_{r4} = \sqrt{\sigma^2 + 3\tau^2}$	$\sigma_{r4} = \dfrac{1}{W}\sqrt{M^2 + 0.75T^2} \leqslant [\sigma]$
莫尔理论	$\sigma_{rM} = \dfrac{1-s}{2}\sigma + \dfrac{1+s}{2} \times \sqrt{\sigma^2 + 4\tau^2}$	$\sigma_{rM} = \dfrac{1-s}{2W}M + \dfrac{1+s}{2W} \times \sqrt{M^2 + T^2} \leqslant [\sigma]$

注　σ—危险横截面上最大弯曲正应力；τ—危险横截面上最大扭转剪应力；s—脆性材料的拉伸与压缩强度极限之比 σ_{bt}/σ_{bc}；W—圆截面的抗弯截面模量；M—危险截面的合成弯矩，即 $M = \sqrt{M_y^2 + M_z^2}$；T—危险截面的扭矩；$[\sigma]$—强度许用应力。

附录 3　常用电工公式

附 3.1　直流电路计算公式

直流电路的计算公式见附表 3-1。

附表 3-1　　　　　　　　　　　直流电路的计算公式

名称	公　　式	备　　注
电阻	$R = \rho \dfrac{l}{S}$	l—导体的长度，m； S—导体的截面积，m^2； ρ—导体的电阻率，$\Omega \cdot m$； R—导体的电阻
	$r_2 = r_1[1 + a_1(t_2 - t_1)]$	t_1、t_2—导体的温度，℃； a_1—t_1 温度时导体电阻的温度系数； r_1—t_1 温度时导体的电阻，Ω； r_2—t_2 温度时导体的电阻，Ω
	$R = \dfrac{U}{I}$	U—电压，V； I—电流，A； R—电阻，Ω
电导	$G = \dfrac{1}{R}$	R—电阻，Ω； G—电导，S
电流	$I = \dfrac{Q}{t}$ $I = \dfrac{U}{R}$	Q—电量，C； t—时间，s； U—电压，V； I—电流，A
电压	$U = \dfrac{W}{Q}$，$U = IR$	W—电功，J； U—电压，V； I—电流，A

名　称	公　式	备　注
全电路欧姆定律	$I=\dfrac{E}{R+r}$	E—电动势，V； R—负载电阻，Ω； r—电源内阻，Ω
电功	$W=Pt=UIt=I^2Rt=\dfrac{U^2}{R}t$	P—电功率，W； W—电功，J 或 kW/h； t—时间，s 或 h
电功率	$P=\dfrac{W}{t}=UI=I^2R=\dfrac{U^2}{R}$	
电阻串联	$R=R_1+R_2+R_3+\cdots+R_n$	
电阻并联	$\dfrac{1}{R}=\dfrac{1}{R_1}+\dfrac{1}{R_2}+\dfrac{1}{R_3}+\cdots+\dfrac{1}{R_n}$	R—总电阻，Ω； R_1、R_2、R_3、$\cdots$、R_n—分电阻，Ω
电阻混联	$R=(R_1//R_2)+R_3=\dfrac{R_1R_2}{R_1+R_2}+R_3$	
电池串联	$E=E_1+E_2+E_3+\cdots+E_n$ $I=\dfrac{nE}{R+nr}$ 当 $R\geqslant r$ 时，$I\approx nE/R$ 当 $R\leqslant r$ 时，$I\approx E/r$	E—电源电压，V； I—电路中的电流，A； r—电源的内阻，Ω； R—外电阻，Ω； n—每串电池数； m—电池串数
电池并联	$E=E_1=E_2=E_3=E_n$ $I=\dfrac{E}{R+\dfrac{r}{n}}$ 当 $R\geqslant r$ 时，$I\approx E/R$ 当 $R\leqslant r$ 时，$I\approx nE/r$	
电池混联	$I=\dfrac{nE}{R+\dfrac{nr}{m}}$ n 个电池串联后与 m 串电池并联	
电容值	$C=\dfrac{Q}{U}$	Q—电容器所带电量，C； U—电容器两端电压，V； C—电容器的电容量，F
电容串联	$\dfrac{1}{C}=\dfrac{1}{C_1}+\dfrac{1}{C_2}+\cdots+\dfrac{1}{C_n}$	
电容并联	$C=C_1+C_2+C_3+\cdots+C_n$	

附3.2　基尔霍夫定律

基尔霍夫定律见附表 3-2。

附表 3-2　　　　　　　　　　基 尔 霍 夫 定 律

定　律	公　式	备　注
基尔霍夫第一定律：流入任意节点的电流的代数和等于零	$\sum I_入=\sum I_出$ 或 $\sum I=0$ $I_1+I_3+I_4+I_5=I_2$ 或 $I_1-I_2+I_3+I_4+I_5=0$	$\sum I$—电流代数和； $\sum I_入$—流入节点电流之和； $\sum I_出$—流出节点电流之和

定 律	公 式	备 注
基尔霍夫第二定律：任一回路中，电阻压降的代数和等于电动势代数和	$\sum IR = \sum E$ $I_1R_1 + I_2R_2 - I_3R_3 = E_1 + E_2 - E_3$	$\sum IR$—电阻压降代数和； $\sum E$—电动势代数和

附3.3 戴维南定理、叠加定理和电流源与电压源的等效变换

戴维南定理、叠加定理和电流源与电压源的等效变换见附表3-3。

附表3-3　　　　戴维南定理、叠加定理和电流源与电压源的等效变换

名称	图 形 及 公 式	说明
戴维南定理——任何一个有源二端网络都可用一个具有恒定电动势（U_0）和内阻（r_0）的等效电源来代替	$I_3 = \dfrac{U_0}{r_0 + R_3}$	U_0—将待求支路断开的有源二端网络的开路电压； r_0—电路中所有电动势短路时的无源二端网络间的等效电阻； I_3—待求支路的电流
叠加定理——电路中任一支路的电流是每一个电源单独作用时，在该支路中电流的代数和	$I_1 = I_1' - I_1''$ $I_2 = -I_2' + I_2''$ $I_3 = I_3' + I_3''$	I_1、I_2、I_3—待求支路的电流； I_1'、I_2'、I_3'—设$E_2=0$，E_1单独作用时在各支路的电流； I_1''、I_2''、I_3''—设$E_1=0$，E_2单独作用时在各支路的电流
电流源与电压源的等效变换——串联内阻的电压源与并联内阻的电流源可相互等效转换	$E = I_s r_0$，$I_s = \dfrac{E}{r_0}$ $I_{fa} = \dfrac{E}{r_0 + R_{fz}}$，$I_{fz} = \dfrac{r_0}{r_0 + R_{fz}} \times I_s$	E—电压源； r_0—内阻； I_s—电流源； R_{fz}—负载电阻

附3.4 电阻的星形连接和三角形连接的等效变换

电阻的星形连接和三角形连接的等效变换见附表3-4。

附表 3－4   **电阻的星形连接和三角形连接的等效变换**

名称	图形及公式	备注
电阻星形连接等效变换为三角形	$$R_{12} = R_1 + R_2 + \frac{R_1 R_2}{R_3}$$ $$R_{23} = R_2 + R_3 + \frac{R_2 R_3}{R_1}$$ $$R_{31} = R_3 + R_1 + \frac{R_3 R_1}{R_2}$$	R_1、R_2、R_3—星形连接的电阻；R_{12}、R_{23}、R_{31}—等效变换成三角形后的电阻
电阻三角形连接等效变换为星形	$$R_1 = \frac{R_{12} R_{31}}{R_{12} + R_{23} + R_{31}}$$ $$R_2 = \frac{R_{12} R_{23}}{R_{12} + R_{23} + R_{31}}$$ $$R_3 = \frac{R_{23} R_{31}}{R_{12} + R_{23} + R_{31}}$$	R_1、R_2、R_3—星形连接的电阻；R_{12}、R_{23}、R_{31}—等效变换成三角形后的电阻

附 3.5 电磁感应定律

电磁感应定律见附表 3－5。

附表 3－5   **电 磁 感 应 定 律**

名 称	图 示	备 注
直导体右手螺旋定则		大拇指—指向电流方向；弯曲四指—指向磁力线方向
螺旋线圈右手螺旋定则		大拇指—指向螺旋线圈内部的磁力线方向；弯曲四指—指向电流方向

614

名　　称	图　　示	备　　注
左手定则		伸直四指—指向电流方向； 　掌心—穿过磁力线，即对住N极； 　大拇指—电磁力方向
右手定则		大拇指—导体运动方向； 　掌心—穿过磁力线，即对住N极； 　伸直四指—感应电动势方向

附3.6　交流电路计算公式

交流电路计算公式见附表3－6。

附表3－6　　　　　　　　交　流　电　路　计　算　公　式

名　　称	公　　式	备　　注
周期、频率、角频率	$T=\dfrac{1}{f}=\dfrac{2\pi}{\omega}$ $f=\dfrac{1}{T}=\dfrac{\omega}{2\pi}$ $\omega=2\pi f=\dfrac{2\pi}{T}$	T—周期； f—频率，Hz； ω—角频率，rad/s
最大值	$I_m=\sqrt{2}\,I$ $U_m=\sqrt{2}\,U$ $E_m=\sqrt{2}\,E$	I_m—电流最大值，A； U_m—电压最大值，V； E_m—电动势最大值，V； I—电流有效值，A； U—电压有效值，V； E—电动势有效值，V； I_P—电流平均值，A； U_P—电压平均值，V； E_P—电动势平均值，V
有效值	$I=\dfrac{I_m}{\sqrt{2}}=0.707I_m$ $U=\dfrac{U_m}{\sqrt{2}}=0.707U_m$ $E=\dfrac{E_m}{\sqrt{2}}=0.707E_m$	
平均值	$I_P=\dfrac{2}{\pi}I_m=0.637I_m$ $U_P=\dfrac{2}{\pi}U_m=0.637U_m$ $E_P=\dfrac{2}{\pi}E_m=0.637E_m$	

名　称	公　式	备　注
纯电阻电路 I　R　U_R $\overset{U}{\sim}$ 矢量图 $\overline{I}$　$\overline{U}$	$I=\dfrac{U}{R}=\dfrac{U_R}{R}$ $P=IU_R$ $\cos\varphi=1$ $i=I_m\sin\omega t$ $u=U_m\sin\omega t$	U_R—电阻两端电压，V； P—有功功率，W； $\cos\varphi$—功率因数； i—电流的瞬时值，A； u—电压的瞬时值，V； $\overline{U}$—电压矢量； $\overline{I}$—电流矢量
纯电感电路 I　L　U_L $\overset{U}{\sim}$ 矢量图 $\overline{U_L}$　$\overline{I}$	$X_L=\omega L=2\pi fL$ $I=\dfrac{U_L}{X_L}=\dfrac{U_L}{\omega L}=\dfrac{U_L}{2\pi fL}$ $Q_L=IU_L=I^2X_L=I^2\omega L$ $\cos\varphi=0$ $i=I_m\sin\omega t$ $u_L=U_{Lm}\sin(\omega t+90°)$	X_L—感抗； L—电感量，H； U_L—电感两端电压，V； Q_L—电感上无功功率，var
纯电容电路 I　C　U_C $\overset{U}{\sim}$ 矢量图 $\overline{I}$　$\overline{U_C}$	$X_C=\dfrac{1}{\omega C}=\dfrac{1}{2\pi fC}$ $I=\dfrac{U_C}{X_C}=U_C\omega C=U_C2\pi fC$ $Q_C=IU_C=I^2X_C=U^2\omega C$ $\cos\varphi=0$ $i=I_m\sin\omega t$ $u_C=U_{Cm}\sin(\omega t-90°)$	X_C—容抗； C—电容，F； U_C—电容两端电压，V； Q_C—电容上无功功率，var
电阻、电感串联电路 I　R　U_R　L　U_L $\overset{U}{\sim}$ 矢量图 $\overline{U_L}$　$\overline{U}$　φ　$\overline{U_R}$　$\overline{I}$	$Z=\sqrt{R^2+X_L^2}$ $I=\dfrac{U}{Z}=\dfrac{U}{\sqrt{R^2+X_L^2}}$ $U_R=IR$ $U_L=IX_L$ $U=IZ=\sqrt{U_R^2+U_L^2}$ $\cos\varphi=\dfrac{R}{Z}=\dfrac{U_R}{U}=\dfrac{P}{S}$ $P=IU_R=IU\cos\varphi$ $Q_L=IU_L=IU\sin\varphi$ $S=IU=\sqrt{P^2+Q_L^2}$ $i=I_m\sin\omega t$ $u_R=U_{Rm}\sin\omega t$ $u_L=u_{Lm}\sin(\omega t+90°)$ $u=U_m\sin(\omega t+\varphi)$	Z—阻抗，Ω； S—视在功率，VA

名　称	公　式	备　注
电阻、电容串联电路 矢量图	$Z=\sqrt{R^2+X_C^2}$ $I=\dfrac{U}{Z}=\dfrac{U}{\sqrt{R^2+X_C^2}}$ $U_R=IR$ $U_C=IX_C$ $U=IZ=\sqrt{U_R^2+U_C^2}$ $\cos\varphi=\dfrac{R}{Z}=\dfrac{U_R}{U}=\dfrac{P}{S}$ $P=IU_R=IU\cos\varphi$ $Q_C=IU_C=IU\sin\varphi$ $S=IU=\sqrt{P^2+Q_C^2}$ $i=I_m\sin\omega t\,(\text{A})$ $u_R=U_{Rm}\sin\omega t\,(\text{V})$ $u_C=u_{Cm}\sin(\omega t-90°)\,(\text{V})$ $u=U_m\sin(\omega t-\varphi)\,(\text{V})$	
电阻、电感、电容串联电路 矢量图	$Z=\sqrt{R^2+(X_L-X_C)^2}$ $I=\dfrac{U}{Z}=\dfrac{U}{\sqrt{R^2+(X_L-X_C)^2}}$ $U_R=IR$ $U_L=IX_L$ $U_C=IX_C$ $U=IZ=\sqrt{U_R^2+(U_L-U_C)^2}$ $\cos\varphi=\dfrac{R}{Z}=\dfrac{U_R}{U}=\dfrac{P}{S}$ $P=IU_R=IU\cos\varphi$ $Q=I(U_L-U_C)=Q_L-Q_C$ $S=IU=\sqrt{P^2+(Q_L-Q_C)^2}$ $i=I_m\sin\omega t\,(\text{A})$ $u=U_m\sin(\omega t\pm\varphi)\,(\text{V})$	$X_L>X_C$—感性电路； $X_L<X_C$—容性电路
电阻、电感并联电路 	$\dfrac{1}{Z}=\sqrt{\left(\dfrac{1}{R}\right)^2+\left(\dfrac{1}{X_L}\right)^2}$ $=\sqrt{G^2+B_L^2}$	$G=\dfrac{1}{R}$—电导，S； $B_L=\dfrac{1}{X_L}$—感纳，S
电阻、电容并联电路 	$\dfrac{1}{Z}=\sqrt{\left(\dfrac{1}{R}\right)^2+\left(\dfrac{1}{X_C}\right)^2}$ $=\sqrt{G^2+B_C^2}$	$B_C=\dfrac{1}{X_C}$—容纳，S

名　　称	公　　式	备　　注
电阻、电容、电感并联电路	$\dfrac{1}{Z}=\sqrt{\left(\dfrac{1}{R}\right)^2+\left(\dfrac{1}{X_L}-\dfrac{1}{X_C}\right)^2}$ $=\sqrt{g^2+b^2}$	
电阻、电感串联后与电容并联电路　　矢量图	$I_1=\dfrac{U}{\sqrt{R^2+X_L^2}}$ $I_C=\dfrac{U}{X_C}$ $\overline{I}=\overline{I_1}+\overline{I_C}$ $I=\sqrt{I_{1有}+(I_{1无}-I_C)^2}$ $=\sqrt{(I_1\cos\varphi_1)^2+(I_1\sin\varphi_1-I_C)^2}$ $\cos\varphi=\dfrac{I_1\cos\varphi_1}{I}$ $=\dfrac{I_1\cos\varphi_1}{\sqrt{(I_1\cos\varphi_1)^2+(I_1\sin\varphi_1-I_C)^2}}$ $\tan\varphi=\dfrac{I_{1无}-I_C}{I_{1有}}$ $=\dfrac{I_1\sin\varphi_1-I_C}{I_1\cos\varphi_1}$	I_1—电阻电感支路电流，A； I_C　电容支路电流，A， I—总电流，A； $I_{1有}$—电阻电感支路的有功分量电流，A； $I_{1无}$—电阻电感支路的无功分量电流，A； $\cos\varphi_1$—未并电容前电阻电感电路的功率因数； $\cos\varphi$—并电容后功率因数
负载的星形连接	$U_{线}=\sqrt{3}U_{相}$ $I_{线}=I_{相}$	$U_{线}$—线电压，V； $U_{相}$—相电压，V； $I_{线}$—线电流，A； $I_{相}$—相电流，A
负载的三角形连接	$U_{线}=U_{相}$ $I_{线}=\sqrt{3}I_{相}$	
对称三相负载功率	$P=3U_{相}\,I_{相}\,\cos\varphi$ $=\sqrt{3}U_{线}\,I_{线}\,\cos\varphi$ $Q=3U_{相}\,I_{相}\,\sin\varphi$ $=\sqrt{3}U_{线}\,I_{线}\,\sin\varphi$ $S=3U_{相}\,I_{相}$ $=\sqrt{3}U_{线}\,I_{线}$ $=\sqrt{P^2+Q^2}$	P—三相总的有功功率，W； Q—三相总的无功功率，var； S—三相总的视在功率，VA

附3.7 电磁吸力计算公式

电磁吸力计算公式见附表3-7。

附表3-7 电磁吸力计算公式

名称	公式	备注
直流电磁铁吸力	$F = 4B^2S \times 10$	F—电磁铁吸力，N； B—磁感应强度，T； S—铁芯截面积，cm^2
交流电磁铁吸力	$F_m = 4B_m^2S \times 10$ $F = 2B_m^2S \times 10$	F_m——一个周期内电磁铁吸力的最大值，N； F——一个周期内电磁铁吸力的平均值，N； B_m—磁感应强度的最大值，T

附3.8 变压器计算公式

变压器计算公式见附表3-8。

附表3-8 变压器的计算公式

名称	公式	备注
变压比	$\dfrac{U_1}{U_2} = \dfrac{N_1}{N_2}$	U_1—变压器一次侧电压，V； U_2—变压侧二次侧电压，V； N_1——次侧绕组匝数；
变流比（理想变压器）	$\dfrac{I_1}{I_2} = \dfrac{U_2}{U_1}$	N_2—二次侧绕组匝数； I_1—变压器一次侧电流，A； I_2—变压器二次侧电流，A；
·电压调整率	$\Delta U_N = \dfrac{U_{2N} - U_2}{U_{2N}} \times 100\%$	ΔU_N—额定电压调整率； U_{2N}—变压器二次侧额定电压，V； N_0—变压器每伏应绕匝数； B—铁芯中磁感应强度，T；
每伏匝数	$N_0 = \dfrac{45 \times 10^{-4}}{BS}$	S—铁芯截面积，m^2

附3.9 三相异步电动机计算公式

三相异步电动机的计算公式见附表3-9。

附表3-9 三相异步电动机的计算公式

名称	公式	备注
同步转速	$n_1 = \dfrac{60f}{p}$	f—电源频率，Hz； p—磁极对数
转差率	$S = \dfrac{n_1 - n}{n_1} \times 100\%$	n_1—同步转速，r/min； n—转子转速，r/min； S—转差率；
转子转速	$n = \dfrac{60f}{p}(1 - S)$	P_N—电动机额定功率，kW； U_N—额定电压，V；
额定电流	$I_N = \dfrac{P_N \times 10^3}{\sqrt{3}U_N \cos\varphi\eta}$	$\cos\varphi$—功率因数； η—电动机效率； n_N—电动机额定转速，r/min；
额定转矩	$T_N = 9.55 \times \dfrac{P_N}{n_N}$	T_N—电动机额定转矩，N·m

附3.10　直流电动机计算公式

直流电动机计算公式见表 3-10。

附表 3-10　　　　　　　　　直流电动机计算公式

名　称	公　式	备　注
电枢电流	他励电动机：$I_a = I_N$ 并励电动机：$I_a = I_N - \dfrac{U_N}{R_f}$ $I_a = \dfrac{U_N - E_a}{R_a}$	I_a—电枢电流，A； I_N—电动机额定电流，A； U_N—额定电压，V； R_f—励磁绕组电阻，Ω； R_a—电枢绕组电阻，Ω； E_a—反电势，V
功率	额定功率： $P_N = I_N U_N \eta$ 输入功率： $P_1 = I_N U_N$	P_N—电动机额定功率，W； η—电动机效率； P_1—电动机输入功率，W
反电势	$E_a = U_N - I_a R_a = C_e \Phi n$	C_e—电势常数； Φ—主磁通，Wb
转速	$n = \dfrac{E_a}{C_e \Phi} = \dfrac{U_N - I_a R_a}{C_e \Phi} = \dfrac{U_N}{C_e \Phi} -$ $\dfrac{R_a}{C_e C_T \Phi} T_N$	$\dfrac{U_N}{C_e \Phi}$—理想空载转速 n_0； $\dfrac{R_a}{C_e C_T \Phi} T_N$—转速降落
转矩	输出额定转矩： $T_{2N} = 9.55 \times \dfrac{P_N}{n_N}$ 额定电磁转矩： $T_N = C_T \Phi I_a = 9.55 \times \dfrac{I_a E_a}{n_T}$	n_T—电动机额定转速，r/min； T_{2N}—额定转矩，N·m； T_N—额定电磁转矩，N·m； C_T—转矩常数

附3.11　同步发电机计算公式

同步发电机计算公式见附表 3-11。

附表 3-11　　　　　　　　　同步发电机计算公式

名　称	公　式	备　注
同步转速	$n = \dfrac{60 f}{p}$	f—电网频率，Hz； p—磁极对数； n—发电机同步转速，r/min； U_N—发电机额定电压，V； I_N—发电机额定电流，A； P_S—发电机视在功率，kW； $\cos\varphi_N$—额定功率因数； P_A—发电机有功功率，kW； P_N—发电机无功功率，kvar
视在功率	$P_S = \dfrac{\sqrt{3} U_N I_N}{10^3}$	
有功功率	$P_A = P_S \cos\varphi_N$	
无功功率	$P_N = P_S \sin\varphi_N$	
额定电流	$I_N = \dfrac{P_S 10^3}{\sqrt{3} U_N}$	

附录4 常用热工公式

附4.1 常用热工符号

常用热工符号见附表4-1。

附表4-1 常 用 热 工 符 号

量的名称	量的符号、定义	单位名称	单位符号、定义	换算系数	备注
热力学温度	T，(θ) 热力学温度是基本量之一	开〔尔文〕	K 热力学温度单位开尔文是水的三相点热力学温度的 $\dfrac{1}{273.16}$		
摄氏温度	t，$\theta t = T - T_0$ $T_0 = 273.15\text{K}$	摄氏度	℃ 摄氏度是开尔文用于表示摄氏温度值的一个专用名称		热力学温度 T_0 准确地比水的三相点热力学温度低0.01K，即273.15K
线〔膨〕胀系数 体〔膨〕胀系数 相对压力系数	α_l，$\alpha_l = \dfrac{1}{l} \times \dfrac{\mathrm{d}l}{\mathrm{d}T}$ α_V，$\alpha_V = \dfrac{1}{V} \times \dfrac{\mathrm{d}V}{\mathrm{d}T}$ α_p，$\alpha_p = \dfrac{1}{p} \times \dfrac{\mathrm{d}p}{\mathrm{d}T}$	每开〔尔文〕	K^{-1}		在不会发生混淆时，符号的下标可以省略 压力系数的名称及符号 β 也可以用于相对压力系数的量上
压力系数	β，$\beta = \dfrac{\mathrm{d}p}{\mathrm{d}T}$	帕〔斯卡〕 每开〔尔文〕	Pa/K		
等温压缩率 等熵压缩率	κ_T，$\kappa_T = -\dfrac{1}{V}\left(\dfrac{\partial V}{\partial P}\right)_T$ κ_s，$\kappa_s = -\dfrac{1}{V}\left(\dfrac{\partial V}{\partial P}\right)_s$	每帕〔斯卡〕	Pa^{-1}	$\text{Pa}^{-1} = 1\text{m}^2/\text{N}$	
热，热量	Q，等温相变中传递的热量，以前常用符号 L 表示，并称为潜热，应当用适当的热力学函数的变化表示，如 $T \cdot \Delta S$，这里 ΔS 是熵的变化或 ΔH 焓的变化	焦〔耳〕	J	$1\text{J} = 1\text{N} \cdot \text{m}$ $= 1\text{Pa} \cdot \text{m}^3$ $= 1\text{W} \cdot \text{s}$ $= 1\text{V} \cdot \text{A} \cdot \text{s}$ $= 1\text{kg} \cdot \text{m}^2/\text{s}^2$	
热流量	ϕ，单位时间内通过一个面的热量	瓦〔特〕	W	$1\text{W} = 1\text{J/s}$	

量的名称	量的符号、定义	单位名称	单位符号、定义	换算系数	备注
面积热流量 （热流量密度）	q，φ 热流量除以面积	瓦［特］ 每平方米	W/m^2	$1W/m^2=1Pa\cdot$ $m/s=1kg/s^3$	
热导率 （导热系数）	λ，(κ) 面积热流量除以温度梯度	瓦［特］ 每米开 ［尔文］	$W/(m\cdot K)$		
传热系数 表面传热系数	K，(k) 面积热流量除以温度差 h，(a) $q=h(T_a-T_s)$，式中 T_a 为表面温度，T_s 为表征外部环境特性的参考温度	瓦［特］ 每平方米 开［尔文］	$W/(m^2\cdot K)$	$1W/(m^2\cdot K)$ $=1J/(s\cdot K\cdot m^2)$ $=1N/(s\cdot K\cdot m)$ $=1Pa\cdot m/(s\cdot K)$ $=1kg/(s^3\cdot K)$	在建筑技术中，这个量常称为热传递系数，符号为 U
热绝缘系数	M 温度差除以面积热流量 $M=1/K$	平方米开 ［尔文］ 每瓦［特］	$m^2\cdot K/W$		在建筑技术中，这个量常称为热阻，符号为 R
热阻	R 温度差除以热流量	开［尔文］ 每瓦［特］	K/W		
热导	G，$G=1/R$	瓦［特］ 每开［尔文］	W/K		
热扩散率	a，$a=\dfrac{\lambda}{\rho c_p}$	平方米每秒	m^2/s	$1m^2/s=1J\cdot s/kg$ $=1N\cdot s\cdot m/kg$ $=1Pa\cdot s\cdot m^3/kg$	λ—热导率； ρ—体积质量； c_p—定压质量热熔
热容	C 当每一系统由于加给一位小热量 dQ 而温度升高 dT 时，$\dfrac{dQ}{dT}$ 这个量即是热容	焦［耳］ 每开［尔文］	J/K	$1J/K=1N\cdot m/K$ $=1Pa\cdot m^3/K$ $=1kg\cdot m^2/(s^2\cdot K)$	除非规定变化过程，这个量是不完全确定的
质量热容， 比热容 质量定压热容， 比定压热容 质量定容热容， 比定容热容 质量饱和热容， 比饱和热容	c 热容除以质量 c_p cv c_{spt}	焦［耳］ 每千克开 ［尔文］	$J/(kg\cdot K)$	$1J/(kg\cdot K)$ $=1Pa\cdot m^3/(kg\cdot K)$ $=1m^2/(s^2\cdot K)$	相应的摩尔量，参看 GB 3102.8 —1993

附 4.2　常用物质热力学特性

热导率单位换算见附表 4-2，材料线膨胀系数 α_l 见附表 4-3，金属材料的热力学性能见附表 4-4，液体的热力学性能见附表 4-5，气体的热力学性能见附表 4-6，耐火材料、保温材料和其他材料的热力学性能见附表 4-7，常用换热器传热系数的大致范围见附表 4-8。

附表 4-2　　　　　　　　　　热 导 率 单 位 换 算

瓦/(米·K) [W/(m·K)]	千卡/ (米·时·℃) [kcal/(m·h·℃)]	卡/ (厘米·秒·℃) [cal(cm·s·℃)]	焦耳/ (厘米·秒·℃) [J/(cm·s·℃)]	英热单位/ (英尺·时·℉) [Btu/(ft·h·℉)]
1.16	1	0.00278	0.0116	0.672
418.68	360	1	4.1868	242
1	0.8598	0.00239	0.01	0.578
100	85.98	0.239	1	57.8
1.73	1.49	0.00413	0.0173	1

注　法定计量单位为瓦特每米开尔文，单位符号为 W/(m·K)。

附表 4-3　　　　　　　　　材料线膨胀系数 α_l　　　　　　　单位：$10^{-6}℃^{-1}$

材料	温 度 范 围/℃								
	20	20～100	20～200	20～300	20～400	20～600	20～700	20～900	20～1000
工程用钢		16.6～17.1	17.1～17.2	17.6	18～18.1	18.6			
紫铜		17.2	17.5	17.9					
黄铜		17.8	16.8	20.9					
锡青铜		17.6	17.9	18.2					
铝青铜		17.6	17.9	19.2					
铝合金		22.0～24.0	23.4～24.8	24.0～25.9					
碳钢		10.6～12.2	11.3～13	12.1～13.5	12.9～13.9	13.5～14.3	14.7～15		
铬钢		11.2	11.8	12.4	13	13.6			
40CrSi		11.7							
30CrMnSiA		11							
3Cr13		10.2	11.1	11.6	11.9	12.3	12.8		
1Cr18Ni9Ti		16.6	17.0	17.2	17.5	17.9	18.6	19.3	
铸铁		8.7～11.1	8.5～11.6	10.1～12.2	11.5～12.7	12.9～13.2			17.6
镍铬合金		14.5							
砖	9.5								
水泥、混凝土	10～14								
胶木、硬橡胶	64～77								
玻璃		4～11.5							
赛璐珞		100							
有机玻璃		180							

材料名称	20℃			热导率 λ/[W/(m·K)]							
	密度 ρ /(kg/m³)	比热容 c_p /[J/(kg·K)]	热导率 λ /[W/(m·K)]	温度 t/℃							
				−100	0	100	200	400	600	800	1000
纯铝	2710	902	236	243	236	240	238	228	215		
杜拉铝（96Al－4Cu，微量 Mg）	2790	881	169	124	160	188	188				
铝合金（92Al－8Mg）	2610	904	107	86	102	123	148				
铝合金（87Al－13Si）	2660	871	162	139	158	173	176				
铍	1850	1758	219	382	218	170	145	118			
纯铜	8930	386	398	421	401	393	389	379	366	352	
铝青铜（90Cu－10Al）	8360	420	56		49	57	66				
青铜（89Cu－11Sn）	8800	343	24.8		24	28.4	33.2				
黄铜（70Cu－30Zn）	8440	377	109	90	106	131	143	148			
铜合金（60Cu－40Ni）	8920	410	22.2	19	22.2	23.4					
黄金	19300	127	315	331	313	310	300	287			
纯铁	7870	455	81.1	96.7	83.5	72.1	63.5	50.3	39.4	29.6	29.4
阿姆口铁	7860	455	73.2	82.9	74.7	67.5	61.0	49.9	38.6	29.3	29.3
灰铸铁（$W_c \approx 3\%$）	7570	470	39.2		28.5	32.4	35.3	36.6	20.8	19.2	
碳钢（$W_c \approx 0.5\%$）	7840	465	49.8		50.5	47.5	44.8	39.4	34.0	29.0	
碳钢（$W_c \approx 1.0\%$）	7790	470	43.2		43.0	42.8	42.2	40.6	36.7	32.2	
碳钢（$W_c \approx 1.5\%$）	7750	470	36.7		36.8	36.6	36.2	34.7	31.7	27.8	
铬钢（$W_{Cr} \approx 5\%$）	7830	460	36.1		36.3	35.2	34.7	31.4	28.0	27.2	27.2
铬钢（$W_{Cr} \approx 13\%$）	7740	460	26.8		26.5	27.0	27.0	27.6	28.4	29.0	29.0
铬钢（$W_{Cr} \approx 17\%$）	7710	460	22		22	22.2	22.6	23.3	24.0	24.8	25.5
铬钢（$W_{Cr} \approx 26\%$）	7650	460	22.6		22.6	23.8	25.5	28.5	31.8	35.1	38
铬镍钢（18－20Cr/8－12Ni）	7820	460	15.2	12.2	14.7	16.6	18.0	20.8	23.5	26.3	
铬镍钢（17－19Cr/9－13Ni）	7830	460	14.7	11.8	14.3	16.1	17.5	20.2	22.8	25.5	28.2
镍钢（$W_{Ni} \approx 1\%$）	7900	460	45.5	40.8	45.2	46.8	46.1	41.2	35.7		
镍钢（$W_{Ni} \approx 3.5\%$）	7910	460	36.5	30.7	36.0	38.8	39.7	37.8			
镍钢（$W_{Ni} \approx 25\%$）	8030	460	13.0								
镍钢（$W_{Ni} \approx 35\%$）	8110	460	13.8	10.9	13.4	15.4	17.1	20.1	23.1		
镍钢（$W_{Ni} \approx 44\%$）	8190	460	15.8		15.7	16.1	16.5	17.1	17.8	18.4	
镍钢（$W_{Ni} \approx 50\%$）	8260	460	19.6	17.3	19.4	20.5	21.0	21.3	22.5		
锰钢（$W_{Mn} \approx 12\% \sim 13\%$，$W_{Ni} \approx 3\%$）	7800	487	13.6			14.8	16.0	18.3			
锰钢（$W_{Mn} \approx 0.4\%$）	7860	440	51.2			51.0	50.0	43.5	35.3	27	

材料名称	20℃			热导率λ/[W/(m·K)]							
	密度ρ /(kg/m³)	比热容c_p /[J/(kg·K)]	热导率λ /[W/(m·K)]	温度t/℃							
				−100	0	100	200	400	600	800	1000
钨钢（W_W≈5%~6%）	8070	436	18.7		18.4	19.7	21.0	23.6	24.9	25.3	
铅	11340	128	35.3	37.2	35.5	34.3	32.8				
镁	1730	1020	156	160	157	154	152				
钼	9590	255	138	146	139	135	131	123	116	109	103
镍	8900	444	91.4	144	94	82.8	74.2	64.6	69.0	73.3	77.6
铂	21450	133	71.4	73.3	71.5	71.6	72.0	73.6	76.6	80.0	84.2
银	10500	234	427	431	428	422	415	399	384		
锡	7310	228	67	75	68.2	63.2	60.9				
钛	4500	520	22	23.3	22.4	20.7	19.9	19.4	19.9		
铀	19070	116	27.4	24.3	27	29.1	31.1	35.7	40.6	45.6	
锌	7140	388	121	123	122	117	112				
锆	6570	276	22.9	26.5	23.2	21.8	21.2	21.4	22.3	24.5	26.4
钨	19350	134	179	204	182	166	153	134	125	119	114

附表 4-5　　　　　　　液 体 的 热 力 学 性 能

名称	密度ρ (t=20℃) /(kg/dm³)	熔点 t/℃	沸点 t/℃	热导率λ (t=20℃) /[W/(m·K)]	比热容 0<t<100℃ /[kJ/(kg·K)]
水	0.998	0	100	0.60	4.187
汞	13.55	−38.9	357	10	0.138
苯	0.879	5.5	80	0.15	1.70
甲苯	0.867	−95	110	0.14	1.67
甲醇	0.8	−98	66		2.51
乙醚	0.713	−116	35	0.13	2.28
乙醇	0.79	−110	78.4		2.38
丙酮	0.791	−95	56	0.16	2.22
甘油	1.26	19	290	0.29	2.37
重油（轻级）	≈0.83	−10	>175	0.14	2.07
汽油	≈0.73	−（30~50）	25~210	0.13	2.02
煤油	0.81	−70	>150	0.13	2.16
柴油	≈0.83	−30	150~300	0.15	2.05
氯仿	1.49	−70	61		
盐酸（400g/L）	1.20				
硫酸（500g/L）	1.40				

名称	密度 ρ ($t=20℃$) /(kg/dm³)	熔点 t/℃	沸点 t/℃	热导率 λ ($t=20℃$) /[W/(m·K)]	比热容 $0<t<100℃$ /[kJ/(kg·K)]
浓硫酸	1.83	≈10	338	0.47	1.42
浓硝酸	1.51	−41	84	0.26	1.72
醋酸	1.04	16.8	118		
氢氟酸	0.987	−92.5	19.5		
石油醚	0.66	−160	>40	0.14	1.76
三氯乙烯	1.463	−86	87	0.12	0.93
四氯代乙烯	1.62	−20	119		0.904
亚麻油	0.93	−15	316	0.17	1.88
润滑油	0.91	−20	>360	0.13	2.09
变压器油	0.88	−30	170	0.13	1.88

附表 4－6　　　　气 体 的 热 力 学 性 能

名称	密度 ρ ($t=20℃$) /(kg/dm³)	熔点 t/℃	沸点 t/℃	热导率 λ ($t=0℃$) /[W/(m·K)]	比热容 ($t=0℃$) /[kJ(kg·K)]	
					C_p	C_V
氢	0.09	−259.2	−252.8	0.171	14.05	9.934
氧	1.43	−218.8	−182.9	0.024	0.909	0.649
氮	1.25	−210.5	−195.7	0.024	1.038	0.741
氯	3.17	−100.5	−34.0	0.0081	0.473	0.36
氩	1.78	−189.3	−185.9	0.016	0.52	0.312
氖	0.90	−248.6	−246.1	0.046	1.03	0.618
氪	3.74	−157.2	−153.2	0.0088	0.25	0.151
氙	5.86	−111.9	−108.0	0.0051	0.16	0.097
氦	0.18	−270.7	−268.9	0.143	5.20	3.121
氨	0.77	−77.9	−33.4	0.022	2.056	1.568
干燥空气	1.293	−213	−192.3	0.02454	1.005	0.718
煤气	≈0.58	−230	−210		2.14	1.59
高炉煤气	1.28	−210	−170	0.02	1.05	0.75
一氧化碳	1.25	−205	−191.6	0.023	1.038	0.741
二氧化碳	1.97	−78.2	−56.6	0.015	0.816	0.627
二氧化硫	2.92	−75.5	−10.0	0.0086	0.586	0.456
氯化氢	1.63	−111.2	−84.8	0.013	0.795	0.567
臭氧	2.14	−251	−112			

名称	密度 ρ ($t=20℃$) /(kg/dm³)	熔点 $t/℃$	沸点 $t/℃$	热导率 λ ($t=0℃$) /[W/(m·K)]	比热容 ($t=0℃$) /[kJ(kg·K)]	
					C_p	C_V
硫化碳	3.40	−111.5	46.3	0.0069	0.582	0.473
硫化氢	1.54	−85.6	−60.4	0.013	0.992	0.748
甲烷	0.72	−182.5	−161.5	0.030	2.19	1.672
乙炔	1.17	−83	−81	0.018	1.616	1.300
乙烯	1.26	−169.5	−103.7	0.017	1.47	1.173
丙烷	2.01	−187.7	−42.1	0.015	1.549	1.360
正丁烷	2.70	−135	1			
异丁烷	2.67	−145	−10			
水蒸气①	0.77	0.00	100.00	0.016	1.842	1.381

注 1. 表中性能数据在 101.325kPa 压力时测出。

　　2. 表中 C_p 表示比定压热容，C_V 表示比定容热容。

① 该项是在 $t=100℃$ 时测出的。

附表 4-7　　耐火材料、保温材料和其他材料的热力学性能

材料名称	测试密度 ρ/(kg/m³)	最高使用温度 $t_{max}/℃$	热导率 λ/[W/(m·K)]
耐火黏土砖	1800～2000	1350～1450	0.698+0.000582 {t}℃
超轻质耐火黏土砖	270～330	1100	0.058+0.00017 {t}℃
耐火黏土制品	950	1350	0.28+0.000233 {t}℃
膨胀珍珠岩散料	40～160	1000	0.0652+0.000105 {t}℃
水玻璃珍珠岩制品	190	600	0.0658+0.000106 {t}℃
水泥珍珠岩制品	350～400	600	0.065+0.000105 {t}℃
玻璃棉原棉	80～100	300	0.038+0.00017 {t}℃
超细玻璃棉	46	450	0.0280+0.000233 {t}℃
无碱超细玻璃棉毡	≤60	600	0.033+0.0003 {t}℃
树脂超细玻璃棉制品	60～80	350	0.037+0.00023 {t}℃
矿棉纤维	80～200	600	0.035+0.00015 {t}℃
酚醛矿棉制品	80～150	350	0.047+0.00017 {t}℃
岩棉管壳	100～200	350	0.037+0.00021 {t}℃
微孔硅酸钙制品	200～250	650	0.052+0.000105 {t}℃
聚氨酯硬质泡沫塑料	30～50	100	0.021+0.00014 {t}℃
聚苯乙烯硬质泡沫塑料	20～50	75	0.035+0.00014 {t}℃
煤粉灰泡沫砖	500	300	0.099+0.0002 {t}℃
普通红砖	1600～2600	600	0.465+0.000512 {t}℃
玻璃			0.7～1.05

材料名称	测试容重 $\rho/(kg/m^3)$	最高使用温度 $t_{max}/℃$	热导率 $\lambda/[W/(m \cdot K)]$
钢筋混凝土（20℃）	2400	200	1.51
碎石混凝土（20℃）	2200		1.28
黏土砖砌体（20℃）	1700～1800		0.76～0.81
实芯砖砌体（20℃）	1300～1400		0.52～0.64
松木（纵纹，21℃）	527		0.35
5层间隔铝箔层（21℃）			0.042
草绳	230		0.064～0.113
棉花（20℃）	117		0.049
锅炉水垢（65℃）			1.13～3.14
烟灰			0.07～0.116

附表 4-8　　　　　　　常用换热器传热系数的大致范围

热交换器形式	热交换器流体		传热系数 $/[W/(m^2 \cdot K)]$	备　注
	内侧	外侧		
管壳式（光管）	气	气	10～35	常压
	气	高压气	170～160	$(200～300) \times 10^5 Pa$
	高压气	气	170～450	$(200～300) \times 10^5 Pa$
	气	清水	20～70	常压
	高压气	清水	200～700	$(200～300) \times 10^5 Pa$
	清水	清水	1000～2000	
	清水	水蒸气凝结	2000～4000	
	高黏度液体	清水	100～300	液体层流
	高温液体	气体	30	
	低黏度液体	清水	200～450	液体层流
水喷淋式水平管冷却器	水蒸气凝结	清水	350～1000	
	气	清水	20～60	常压
	高压气	清水	170～350	$100 \times 10^5 Pa$
	高压气	清水	300～900	$(200～300) \times 10^5 Pa$
盘香管（外侧沉浸在液体中）	水蒸气凝结	搅动液	700～2000	铜管
	水蒸气凝结	沸腾液	1000～3500	铜管
	冷气	搅动液	900～1400	铜管
	水蒸气凝结	液	280～1400	铜管
	清水	清水	600～900	铜管
	高压气	搅动水	100～350	铜管 $(200～300) \times 10^5 Pa$

热交换器形式	热交换器流体		传热系数 /[W/(m²·K)]	备　　注
	内侧	外侧		
套式管	气	气	10～35	
	高压气	气	20～60	(200～300)×10⁵Pa
	高压气	高压气	170～450	(200～300)×10⁵Pa
	高压气	清水	200～600	(200～300)×10⁵Pa
	水	水	1700～3000	
螺旋板式	清水	清水	1700～2200	
	变压器油	清水	350～450	
	油	油	90～140	
	气	气	30～45	
	气	水	30～60	
板式（人字形板片）（平直波板片）	清水	清水	3000～3500	水速为 0.5m/s 左右
	清水	清水	1700～3000	水速为 0.5m/s 左右
	油	清水	600～900	水速与油速均为 0.5m/s 左右
蜂螺型伞板换热器	清水	清水	2000～3500	材料为 1Cr18Ni9Ti
	油	清水	300～370	
板翅式	清水	清水	3000～4500	
	冷水	油	400～600	以油侧面积为准
	油	油	170～350	
	气	气	70～200	
	空气	清水	80～200	空气侧质流密度为 12～40kg/(m²·s)，以气侧面积为准

附 4.3　常用传热学计算公式

（1）热传导。

1）平壁导热公式：

$$\Phi = \lambda A \frac{t_{w1} - t_{w2}}{\delta} = \lambda A \frac{\Delta t}{\delta} = \frac{\Delta t}{R_d} \tag{附 4-1}$$

$$q = \lambda \frac{t_{w1} - t_{w2}}{\delta} = \frac{\Delta t}{r_d} \tag{附 4-2}$$

式中　Φ——单位时间内通过平壁的热量，W；

　　　q——热流密度，W/m²；

　　　A——垂直于导热方向的截面积，m²；

　　　λ——热导率或导热系数，W/(m·K)；

　　　δ——平壁厚度，m；

　　　t_{w1}——固体高温面温度，℃ 或 K；

　　　t_{w2}——固体低温面温度，℃ 或 K；

　　　Δt——导热温差，℃ 或 K，$\Delta t = t_{w1} - t_{w2}$；

R_d——导热面积为 A 时的导热热阻，K/W，$R_d = \dfrac{\delta}{\lambda A}$；

r_d——单位导热面积的导热热阻，$m^2 \cdot K/W$，$r_d = RA$。

2）多层平壁导热公式：

$$\Phi = \frac{A(t_{w1} - t_{w,n+1})}{\displaystyle\sum_{i=1}^{n} R_{\lambda,i}} \qquad (附4-3)$$

$$q = \frac{t_{w1} - t_{w,n+1}}{\displaystyle\sum_{i=1}^{n} R_{\lambda,i}} \qquad (附4-4)$$

式中　$\displaystyle\sum_{i=1}^{n} R_{\lambda,i} = \frac{\delta_1}{\lambda_1} + \frac{\delta_2}{\lambda_2} + \cdots + \frac{\delta_i}{\lambda_i}$；

其余符号含义同前。

3）多层圆筒壁导热公式：

$$\Phi = \frac{t_{w1} - t_{w,i+1}}{\dfrac{1}{2\pi l} \displaystyle\sum_{i=1}^{n} \dfrac{1}{\lambda_i} \ln \dfrac{d_{i+1}}{d_i}} \qquad (附4-5)$$

$$q_l = \frac{t_{w1} - t_{w,i+1}}{\dfrac{1}{2\pi} \displaystyle\sum_{i=1}^{n} \dfrac{1}{\lambda_i} \ln \dfrac{d_{i+1}}{d_i}} （单位管长的热流量） \qquad (附4-6)$$

式中　d_i、d_{i+1}——管道直径；

其余符号含义同前。

（2）对流换热。对流换热是指流体与其温度不同的固体壁面相接触时所进行的热量传递过程，简称换热。影响对流换热的因素包括流体流动状态（层流、紊流、过渡态等）、流动的起因（强制对流、自然对流、混合对流）、流体物性、流体集态变化（沸腾、凝结）及换热表面的几何形状和放置的方式等。

对流换热的热流量 $\Phi(W)$ 和热流密度 $q(W/m^2)$ 用公式（附4-7）和公式（附4-8）表示

$$\Phi = hA(t_f - t_w) \qquad (附4-7)$$

$$q = h(t_f - t_w) \qquad (附4-8)$$

式中　h——表面传热系数；

A——换热面积；

t_f、t_w——流体与换热壁面温度，℃。

对流换热可分为单相流体（无相变）对流换热和有相变（凝结和沸腾）流体的对流换热。单相流体对流换热按流体流动原因又分为强迫对流换热和自然对流换热。对流换热的影响因素多而复杂，除了用数学分析法求解之外，多数依靠实验与理论分析相结合方法来研究。实验研究是根据相似理论或量纲分析法，利用实验研究得到的相似准则关联式求解同类现象的一些换热问题。各种准则关联式都有一定的局限性，只能在实验验证过的范围内使用，严格注意它的定性温度、定型尺寸和使用条件。附表4-9表示单相流体强迫对流传热特征数实验关联式。其他数值见附表4-10～附表4-12。

附表 4 - 9　单相流体强迫对流传热特征数实验关联式

流动状态		特征数关联式	特征尺寸	特征温度	特征流速	适用范围
纵掠平壁	层流	$Nu=0.664Re^{1/2}Pr^{1/3}$	l	t_m	v_∞	$Re<5\times10^5$
	层流＋湍流	$Nu=0.037(Re^{0.8}-23500)Pr^{1/3}$	l	t_m	v_∞	$Re>5\times10^5$
管内强迫对流	层流	$Nu=1.86\left(RePr\dfrac{d_i}{l}\right)^{1/3}(\eta_f/\eta_w)^{0.14}$	d_i	t_f	v_f	$Re<2200,Pr=0.5\sim17000,\eta_f/\eta_w=0.044\sim9.8,RePrd_i/l>10$
		$Nu=\dfrac{0.0668RePr\dfrac{d_i}{l}}{1+0.04\left(RePr\dfrac{d_i}{l}\right)^{2/3}}(\eta_f/\eta_w)^{0.14}$	d_i	t_f	v_f	$Re<2200,RePrd_i/l<10$
		$Nu=0.15Re^{0.32}Pr^{0.33}(GrPr)^{0.1}(Pr_f/Pr_w)^{0.25}c_l$	d_i	t_f	v_f	$Re<2200$,　$\begin{array}{cccccc}l/d_i & 10 & 15 & 20 & 30 & 50\\ c_l & 1.28 & 1.18 & 1.13 & 1.05 & 1\end{array}$
	过渡区	$Nu=0.116(Re^{2/3}-125)Pr^{1/3}\left[1+\left(\dfrac{d_i}{l}\right)^{2/3}\right](\eta_f/\eta_w)^{0.14}$	d_i	t_f	v_f	$Re=2200\sim10^4$
	湍流	$Nu=0.0214(Re^{0.8}-100)Pr^{0.4}\left[1+\left(\dfrac{d_i}{l}\right)^{0.4}\right](T_f/T_w)^{0.45}$	d_i	t_f	v_f	气体,$Re=2200\sim10^4,Pr=0.6\sim1.5(T_f/T_w)=0.5\sim1.5,$
		$Nu=0.012(Re^{0.87}-280)Pr^{0.4}\left[1+\left(\dfrac{d_i}{l}\right)^{0.4}\right](Pr_f/Pr_w)^{0.11}$	d_i	t_f	v_f	液体,$Re=2200\sim10^4,Pr=1.5\sim500(Pr_f/Pr_w)=0.5\sim1.5,$
		$Nu=0.023Re^{0.8}Pr^nc_lc_R\quad n=\begin{cases}0.4\ 流体加热\\0.3\ 流体冷却\end{cases}$	d_i	t_f	v_f	$Re\geqslant1\times10^4\sim1.2\times10^5,Pr=0.7\sim120,$ $l/d_i\geqslant60,\Delta t\ 不大$
		$Nu=0.023Re^{0.8}Pr^{0.4}c_lc_R$	d_i	t_f	v_f	$Re=1\times10^4\sim1.2\times10^5,Pr=0.7\sim120$
		$Nu=0.027Re^{0.8}Pr^{1/3}(\eta_f/\eta_w)^{0.14}$	d_i	t_f	v_f	$Re\geqslant1\times10^4,Pr=0.7\sim16700,l/d_i\geqslant60$
横掠单管		$Nu=cRe^mPr^{1/3}$	d_o	t_m	v_o	c 和 n 见附表 4 - 10
横掠管束		$Nu=cRe^mPr^n(Pr_f/Pr_w)^k(s_1/s_2)^pc_\varphi c_z$	d_o	t_f	$v_{f,\max}$	c,m,n,k 和 p 等见附表 4 - 11,附表 4 - 12

附表 4-10　　　　　　　　　　横掠单管 Nu 数的 c 和 n 值

Re_m	c	n	Re_m	c	n
0.4~4	0.989	0.330	4000~40000	0.193	0.618
4~40	0.911	0.385	40000~400000	0.0266	0.805
40~4000	0.683	0.466			

附表 4-11　　　　　　　　　　横掠管束 Nu 数的 c、m、n、k 和 p

排列	$Re_{f,max}$	c	m	n	k	p	备注
顺排	1.6~100	0.90	0.40	0.36	0.25	0	
	100~1000	0.52	0.50	0.36	0.25	0	
	10^3~2×10^5	0.27	0.63	0.36	0.25	0	
	2×10^5~2×10^6	0.033	0.8	0.40	0.25	0	
叉排	1.6~40	1.04	0.40	0.36	0.25	0	
	40~10^3	0.71	0.50	0.36	0.25	0	
	10^3~2×10^5	0.35	0.60	0.36	0.25	0.2	$\dfrac{s_1}{s_2}\leqslant2$
	10^3~2×10^5	0.40	0.60	0.36	0.25	0	$\dfrac{s_1}{s_2}>2$
	2×10^5~2×10^6	0.031	0.8	0.40	0.25	0.2	

附表 4-12　　　　　　　　斜向冲刷管束时的修正系数 c_φ

排列方式 $\diagdown$ $\varphi/(°)$	15	30	45	60	70	80~90
顺排	0.41	0.70	0.83	0.94	0.97	1.00
叉排	0.41	0.53	0.78	0.94	0.97	1.00

常用特征数的定义式及其物理意义：

1）毕渥数 Bi：

$$Bi=\frac{hl}{\lambda_s}=\frac{\dfrac{l}{\lambda_s}}{\dfrac{1}{h}}=\frac{r_i}{r_0}=\frac{内部导热热阻}{外部（表面）传热热阻}$$

式中　h——表面传热系数，$W/(m^2 \cdot K)$；

　　　l——导热物体的某一尺寸，有时用定型尺寸 l_c，有时用引用尺寸 l_e。用定型尺寸 $l_c=V/A$ 时 Bi 以下脚标"V"表示；

　　　λ_s——导热物体的热导率，$W/(m \cdot K)$。

2）傅里叶数 Fo：

$$Fo=\frac{a\tau}{l^2}$$

式中　a——$a=\dfrac{\lambda}{\rho c_p}$，导热物体的热扩散率，$m^2/s$；

　　　l——热扰动波及的距离，m；

　　　τ——从初始扰动算起到所研究时刻所经历的时间，s 或 h。

傅里叶数 Fo 是一个无量纲时间，可理解为热扰动经 l 距离后传播到 l^2 面积上所需的时间。所以，傅里叶数又可理解为表征从扰动时刻算起的导热时间与扰动经 l 路程后传播到 l^2 面积上所需时间（l^2/a）的比值。

3）雷诺数 Re：

$$Re = \frac{ul}{\nu} = \frac{\rho u l}{\eta} = \frac{\rho l^3 a}{\eta \frac{u}{l} l^2} \sim \frac{惯性力}{黏性力}$$

由此可见，雷诺数 Re 是流体惯性力和黏性力比值的量度。由 Re 的大小可判断流体运动时处于何种流型（层流、湍流还是过渡区）。

4）普朗特数 Pr：

$$Pr = \frac{\nu}{a} = \frac{\eta c_p}{\lambda}$$

式中　a 和 ν——流体的热扩散率和动量扩散率（即运动黏度），它们都是物性值，所以普朗特数 Pr 是无量纲物性值或物性特征数。

它反映了流体动量传递能力和热量传递能力的相对大小。

5）努塞尔数 Nu：

$$Nu = \frac{h l_c}{\lambda_f}$$

努塞尔数 Nu 是壁面处流体无量纲过余温度变化率的大小。在其他条件（特征尺寸 l_c 和流体热导率 λ_f）相同的情况下，努塞尔数 Nu 的值反映对流传热的强弱。

6）格拉晓夫数 Gr：

$$Gr = \frac{g \alpha_V \Delta t l^3}{\nu^2} \sim \frac{浮升力}{黏性力}$$

式中　α_V——流体的体膨胀系数，K^{-1}。

它可由自然对流传热的动量微分方程无量纲化后得出。格拉晓夫数 Gr 表征流体浮升力与黏性力的比值。

7）斯坦登数 St：

$$St = \frac{Nu}{Re \cdot Pr} = \frac{h}{\rho u c_p} \frac{\Delta t}{\Delta t} = \frac{对流传热热流密度}{流体可传递的最大热流密度}$$

斯坦登数 St 表征对流传热热流密度与流体可传递的最大热流密度的比值。

（3）辐射换热。物体的热辐射是一种它的产生受热温度因素支配的电磁辐射，投射在其他物体上产生热效应。在电磁波谱中，热辐射的波长通常在 $0.1 \sim 1000 \mu m$ 范围内，包括波长小于 $0.38 \mu m$ 的紫外线、$\lambda = 0.38 \sim 0.76 \mu m$ 的可见光和波长大于 $0.76 \mu m$ 的红外线。红外线还常分为 $\lambda = 0.76 \sim 1.4 \mu m$ 的近红外线、$\lambda = 1.4 \sim 3 \mu m$ 的中红外线和 $\lambda = 3 \sim 1000 \mu m$ 的远红外线。工程上遇到的温度一般都在 $2000℃$ 以下，热辐射的主要组成是远红外线，其中可见光的能量极少。

当两物体温度不同时，高温物体辐射给低温物体的能量大于后者辐射给前者的能量，总的效果为净热量由高温物体传递给低温物体，于是形成物体间的辐射换热。

1）两个灰体表面组成的封闭系统的辐射传热。大多数工程材料在红外线波段可以近似当作灰体。灰体是假想物体，它的黑度小于1，数值与波长无关。于是，两个温度不同的物体进行辐射换热时，净热流计算式可表示为：

$$\Phi_{1,2} = \Phi_1 = -\Phi_2 = \frac{\sigma_b(T_1^4 - T_2^4)}{\frac{1-\varepsilon_1}{\varepsilon_1 A_1} + \frac{1}{A_1 X_{1,2}} + \frac{1-\varepsilon_2}{\varepsilon_2 A_2}} \qquad (附 4-9)$$

对于附图4-1所示的各种情况，上式经适当变化后可得下列各式：

同心长圆筒壁

$$\Phi_{1,2} = \frac{\sigma_b(T_1^4 - T_2^4)A_1}{\frac{1}{\varepsilon_1} + \frac{1-\varepsilon_2}{\varepsilon_2}\frac{A_1}{A_2}} \qquad (附 4-10)$$

平行大平壁

$$\Phi_{1,2} = \frac{\sigma_b(T_1^4 - T_2^4)A}{\frac{1}{\varepsilon_1} + \frac{1}{\varepsilon_2} - 1} \qquad (附 4-11)$$

同心球壁

$$\Phi_{1,2} = \frac{\sigma_b(T_1^4 - T_2^4)A_1}{\frac{1}{\varepsilon_1} + \frac{1-\varepsilon_2}{\varepsilon_2}\frac{A_1}{A_2}} \qquad (附 4-12)$$

包壁与内包小物体

$$\Phi_{1,2} = \varepsilon_1 \sigma_b(T_1^4 - T_2^4)A_1 \qquad (附 4-13)$$

式中　　T——温度，K；

　　　　σ_b——辐射系数，$m^2 \cdot K^4$；

　　　　A——面积，m^2；

　　　　ε——黑度系数（发射率）。

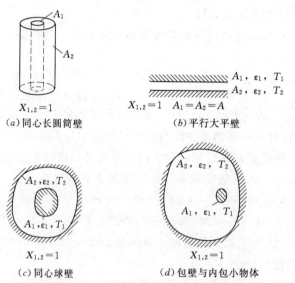

附图4-1　几种典型情况下的辐射传热

2）两个任意黑体间的辐射换热公式。能全部吸收投射辐射能的物体称为绝对黑体，